ABHANDLUNGEN ZUR GESCHICHTE DER MATHEMATISCHEN WISSENSCHAFTEN MIT EINSCHLUSS IHRER ANWENDUNGEN
BEGRÜNDET VON MORITZ CANTOR. XXI. HEFT

LEIBNIZENS NACHGELASSENE SCHRIFTEN PHYSIKALISCHEN, MECHANISCHEN UND TECHNISCHEN INHALTS

HERAUSGEGEBEN
UND MIT ERLÄUTERNDEN ANMERKUNGEN VERSEHEN

VON

Dr. ERNST GERLAND
PROFESSOR DER PHYSIK UND ELEKTROTECHNIK
AN DER KÖNIGLICHEN BERGAKADEMIE ZU CLAUSTHAL

MIT 200 FIGUREN IM TEXT

LEIPZIG
DRUCK UND VERLAG VON B. G. TEUBNER
1906

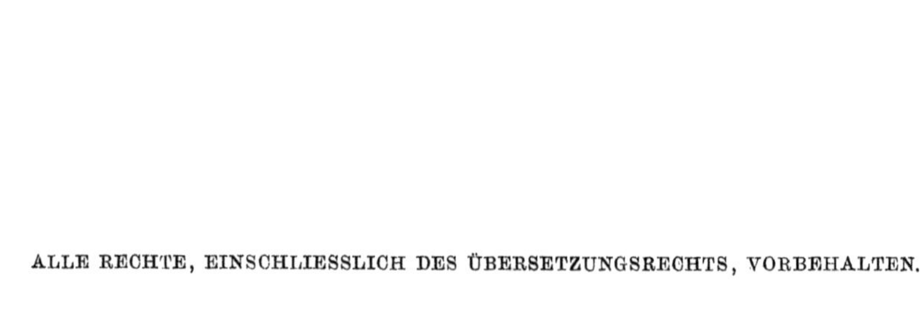

Vorwort.

Die Schriften physikalischen, mechanischen und technischen Inhaltes aus Leibnizens Nachlasse, welche hier zum ersten Male veröffentlicht werden, befinden sich auf der Königlichen Bibliothek in Hannover. Eine kurze Angabe ihres Inhaltes ist im ersten Bande der dritten Folge der Bibliotheca mathematica (Leipzig 1904) erschienen. Sie sind teils in lateinischer, teils in deutscher, teils endlich in französischer Sprache geschrieben, oft freilich so nachlässig und schlecht, daß ihr Entziffern einem Erraten gleichkommen mußte. Es war deshalb in vielen Fällen, namentlich auch dann, wenn Wörter oder Satzteile abgerissen waren, nötig, Konjekturen zu machen, die in Noten unter dem Texte beigegeben sind. Der Text selbst ist eine möglichst getreue Wiedergabe des Urtextes, nur die Interpunktion, die bei Leibniz oft ganz fehlt, habe ich zur Bequemlichkeit des Lesers zugefügt. Obwohl Leibniz sich der deutschen Schriftzeichen bediente, sobald er in deutscher Sprache schrieb, so sind doch durchgehends lateinische Schriftzeichen verwendet worden. War es dadurch auch nicht tunlich, die lateinischen oder französischen Worte, die er in seine deutschen Arbeiten nach Sitte seiner Zeit einflocht, durch die Schriftzeichen hervorzuheben, so war doch die Möglichkeit gegeben, auch seine deutsch geschriebenen Notizen und Abhandlungen dem nicht deutschen Leser bequem zugänglich zu machen. Die Rechtschreibung Leibnizens ist dagegen überall beibehalten, mit der Einschränkung jedoch, daß etwaige Inkonsequenzen unberücksichtigt blieben, daß offenbare, meist auf Nachlässigkeit zurückzuführende Fehler verbessert wurden. Das Datum der Abfassung seiner Notizen oder Abhandlungen hat Leibniz nicht immer zugefügt. Wo es fehlt, ist es, soweit dies möglich war, zu bestimmen versucht worden; doch wurden die zu seiner Ansetzung führenden Gründe in beigegebenen Anmerkungen dargelegt. Diese Anmerkungen enthalten außerdem Mitteilungen, die geeignet schienen, die Bedeutung der Texte in das richtige Licht zu rücken. Über die Rechenmaschine ist nichts aufgenommen; sie ist bereits Gegenstand von Veröffentlichungen gewesen, dürfte auch richtiger ihre Stelle unter den mathematischen Schriften finden. Die im Text in ( ) eingeschlossenen Zusätze rühren von Leibniz her, von mir zugefügte sind durch [ ] kenntlich gemacht.

Herrn Geheimen Regierungsrat Bodemann, dem Vorstand der Königlichen Bibliothek in Hannover, bin ich durch sein liberales Entgegenkommen, das mir die schwierige und mühsame Arbeit wesentlich erleichtert hat, zu größtem Danke verpflichtet.

Clausthal, im November 1905.

E. Gerland.

Inhaltsverzeichnis.

[*D* bedeutet deutsch, *Fr* französisch, *L* lateinisch.]

Verbesserung. S. 161 Z. 8 und 9 v. o. Statt „Es ist“ bis „ausgeführt ist“ lies: Auf den nämlichen Gedanken kam, wie Desaguiliers in den Phil. Trans. von 1722 mitteilt, Haskins und später Vreem. Die von Desaguiliers mit dem von ihm verbesserten Apparat Haskins' angestellten Versuche lieferten gute Ergebnisse (vgl. auch Desaguiliers A course of Experimental Philosophy. Holländ. Übers. III. S. 116).

Einleitung.

Es ist ein bekannter Ausspruch Friedrichs des Großen, daß Leibniz mit seinem ungeheuren Wissen für sich selbst eine ganze Akademie dargestellt habe. In der Tat war seine Vielseitigkeit einzig in ihrer Art, aber sie ist ihm keineswegs immer zum Ruhme angerechnet worden. Über die staunenswerte Weite seines Wissens übersah man die damit vereinigte Tiefe, und wenn ihn die einen nur als Polyhistor gelten lassen wollten, so machten ihm die anderen zum Vorwurf, daß er durch seine übermäßige Zersplitterung es versäumt habe, sich zu einem großen, seiner gewaltigen Geisteskraft würdigen Werke aufzuraffen. Wer freilich als solche seine großartigen mathematischen und mechanischen Entdeckungen und Arbeiten, seine Protogaea, seine Monadologie nicht gelten lassen will, dem ist nicht zu helfen, auch wenn man ihn auf die umfangreichen und gehaltvollen Schriften historischen und archäologischen Inhaltes hinweisen wollte. Bedenkt man dagegen, daß der nämliche Mann als praktischer Staatsmann eine reiche Tätigkeit an den Tag legte, deren Möglichkeit allein auf seiner auch auf diesem Felde ihre Probe bestehende Tüchtigkeit beruhte, so bleibt es unfaßlich, woher der eine die zu alle diesem nötige Zeit hernehmen konnte, aber es ergibt sich zugleich, daß sein Hauptwerk sein Leben selbst gewesen ist. Er, der Privatmann, nahm, von vaterländischem Eifer beseelt, kühn den Kampf mit dem mächtigsten Herrscher seiner Zeit, mit Ludwig XIV. auf, war für seinen Landesfürsten, ebenso wie für den Kaiser unablässig diplomatisch tätig und behielt doch noch Zeit für Arbeiten auf jedem Gebiete des menschlichen Wissens, die als Lebenswerk eines Fachmannes auf einem solchen anerkennenswert genug gewesen wären.

Manches davon hat er in Druck gegeben, den bei weitem größeren Teil nicht. Obwohl seine Zeit eine Reihe wissenschaftlicher Zeitschriften entstehen sah, so waren die Gelehrten doch, wenn sie sich mit den Ergebnissen ihrer Arbeiten gegenseitig bekannt machen wollten, mehr oder weniger auf den brieflichen Verkehr angewiesen. Ihre Briefe sind deshalb das wesentlichste Material für die Geschichte der Naturwissenschaften und Technik geworden, und wie man bereits in früheren Jahrhunderten eine Reihe davon veröffentlicht hat, so ist man in unserer Zeit dazu übergegangen, sie in möglichster Vollständigkeit herauszugeben. So sind denn auch viele Leibnizsche Briefe gedruckt, mehrere harren noch der Veröffentlichung. Neben den Briefsammlungen sind es dann die hinterlassenen Schriften der Vorkämpfer jener Periode des Aufschwunges der Naturwissenschaften, die das wertvollste Material bergen, und dieses von Leibniz auf dem Gebiete der

Physik und der Technik herrührende der allgemeinen Kenntnis zugänglich zu machen, ist der Zweck des vorliegenden Buches.

Man findet demnach in den nachfolgenden Blättern die Arbeiten Leibnizens, deren Inhalt physikalische, angewandt mechanische und technische Fragen behandelt. Von der Aufnahme der auf denselben Gebieten sich haltenden, reichlich vorhandenen Briefe mußte einstweilen abgesehen werden. Die hier mitgeteilten Schriften sind teils längere, wohl zu späterer Veröffentlichung bestimmte Aufsätze, teils kürzere Notizen, die festhielten, was für spätere Benutzung oder Weiterbearbeitung von Bedeutung schien. So stellen die vorliegenden Mitteilungen gleichsam einen Briefwechsel Leibnizens mit sich selbst dar, und sie haben mit anderen veröffentlichten Korrespondenzen das gemein, daß Wiederholungen vorkommen. Doch sind diese insofern wertvoll, als sie einen Einblick in die Art, wie Leibniz arbeitete, gewähren. In stets wechselnden Gesichtspunkten wird der Gegenstand von den verschiedensten Seiten beleuchtet. Abgesehen von geringfügigeren Dingen sind es namentlich Probleme der Akustik und Optik, sodann solche der Zeitmessung, der Wasserhebung und des Transportes zu Wasser und Lande, die ihn beschäftigen. Die akustischen Arbeiten geben die erste genaue Darstellung der longitudinalen Luftschwingungen, wenn auch diese Bezeichnung noch nicht angewendet wird, die ja erst Sinn bekam, als man die transversalen Schwingungen eines Mittels kennen gelernt hatte. Seine optischen Bemühungen führen Leibniz nicht über das Ergebnis hinaus, welches er in den Actis Eruditorum von 1682 auf S. 185 unter dem Titel: Unicum Opticae, Catoptricae et Dioptricae Principium veröffentlicht hatte, wonach das Produkt des Widerstandes beider Mittel in die Wege des Lichtes ein Minimum sein müsse, da das Licht den am leichtesten zurückzulegenden Weg von einem Punkte zum anderen einschlägt. Es hat ein gewisses Interesse zu sehen, wie unbequem Leibnizen die sich daraus ergebende Folgerung ist, daß die Geschwindigkeit des Lichtes im optisch dichteren Mittel größer sein müsse, wie im optisch dünneren, wie es ihm aber trotz aller Anstrengung nicht gelingt, sich von derselben frei zu machen. Es war ihm nicht möglich, sich der Annahme der sich geradlinig fortbewegenden Lichtteilchen zu entziehen, obwohl Huygens bereits 1678 der Pariser Akademie der Wissenschaften den Weg, auf dem die entgegengesetzte Folgerung zu erhalten war, gezeigt, ihn aber erst 1690 in seinem Traité de la Lumière veröffentlicht hatte. Ganz einzig steht Leibniz in seinen technischen Arbeiten da. Die Ideen dazu sind am Schreibtisch entworfen und ausgearbeitet, aber er hat keine Mühe gescheut, sie praktisch im großen auszuführen oder ausführen zu lassen und sie so auf ihre Brauchbarkeit zu prüfen. Wie sich Galilei oder Otto von Guericke von den Lehren, durch die sie herangebildet waren, nie ganz frei machen konnten, obwohl ihre Arbeiten es waren, die jene überwanden, so steht auch ein Teil der technischen Arbeiten Leibnizens gänzlich auf dem Standpunkte seiner Zeit und mutet uns wohl altmodisch an, während andere wieder die modernsten Ideen aussprechen, wie sie für die damalige Zeit völlig unverständlich sein mußten. Sollte aber darin nicht gerade die wahre Größe jener Eroberer im Gebiete des Geistes liegen, sollte dies nicht die einzig mögliche Art sein, wirkliche Fortschritte in der Wissenschaft zu machen? Es ist ein arges Mißverständnis, wenn man (wie Poske[1]) in seinem Vortrag zum 300. Geburtstag Guerickes tut) dem Andenken eines großen Forschers dadurch zu dienen glaubt, daß man überall in seinen Anschauungen bereits die unsrigen wiederzufinden versucht, anstatt zu zeigen, wie er die ihm durch den Standpunkt seiner Zeit angelegten Fesseln ganz oder zum Teil sprengte.

So haben jene nachgelassenen Schriften Leibnizens zunächst ein hohes Interesse, insofern sie uns die Art, wie ihr Urheber arbeitete, zeigen, sodann ein wohl noch höheres, indem sie uns die Fortschritte verfolgen lassen, zu denen er sich in den betreffenden Wissenschaften aufschwang, und von denen bisher nur ein Teil bekannt geworden ist, endlich aber geben sie, und dies betrifft namentlich eine Anzahl der kürzeren Notizen, manchen wertvollen Einblick über die Art, wie Leibniz und seine Zeit verschiedene Fragen wissenschaftlicher oder technischer Art auffaßten. Von diesem dreifachen Gesichtspunkte aus dürfte die Veröffentlichung der nachgelassenen Schriften Leibnizens, welche physikalische oder technische Fragen behandeln, wohl berechtigt sein.

[1]) Poske, Verhandlungen d. D. Physik. Gesellsch. 4. S. 362—376. 1903.

Physikalischer Teil.

Barometer.

1. [Blatt in 2°.]

Man hat gefunden, daß der Mercurius bey Sonnenschein ziemlich hoch gestanden, bey regenwetter, weil sich der Luft entlediget, gefallen, bei starken winden am tieffsten herabgestiegen. Es war aber unbequem, daß man immer ein so kleines spatium differentiae, nehmlich ohngefähr 2 Zoll des auff- und absteigens hatte. Dahehr die Engländer durch eine freie Invention einen Weiser mit einem Circul daran applicirt, Hugenius hat ein Mittel gefunden, aus den 2 Zollen der Differenz wohl an 28 zu machen, indem er spiritus vini übers Quecksilber in einigen weiten Bauch des Glases geschüttet, wenn dann das Quecksilber bei veränderung der Luft in den engen Bauch hinaufftritt, so muß der spiritus vini den ganzen langen Hals über dem weiten Bauch einnehmen, wie denn Ew. Churf. Gn. die figur, so in Kupfer gestochen werden wird, schicken will. Damit aber die Differenzen noch sichtbarer werden, habe ich vorgeschlagen, man solte anstatt der ersten gläser serpentine brauchen, da dann eben die Höhe über das Niveau bleibe, die Länge des glases aber durch die viele windung vermehrt werde, so dann mit succeß geschehen. dahehr iezo offt in einer Stunde die Lufft an 7 Zoll sich ändert, da sie vor diesem in allen sich nicht über 2 Zoll ändern kann.

Anmerkung. Die Abhandlung von Huygens, auf die sich Leibniz bezieht, erschien unter dem Datum des 12. Dezember 1672 im Journal des Sçavans. Etwas später müssen also die obigen Zeilen geschrieben worden sein, die aus einem Berichte an den Kurfürsten von Mainz, Johann Philipp von Schönborn, zu stammen scheinen, bei dessen oberstem Gerichtshof Leibniz von 1670—1672 als Rat tätig war. Den mitgeteilten Worten voran geht eine Beschreibung der Versuche von Pascal, die dieser zur Prüfung der Lehre vom Luftdruck angestellt hatte. Die in England gemachte Invention ist das Radbarometer von Hooke (Mikrographia 1665. Preface 10. Seite, vgl. Gerland und Traumüller, Geschichte der physikalischen Experimentierkunst. Leipzig 1899. S. 261. Abbildung). Das Barometer von Huygens ist beschrieben in Hugenii Opera varia I. S. 278 und im Journal des Sçavans III. 1673. S. 137. Abgeb. in Gerland und Traumüller a. a. O. S. 191. Die von Leibniz vorgeschlagene Einrichtung wird nicht ganz klar. Ein Luftthermometer, dessen Rohr in Schlangenwindungen gebogen war, hatte schon Sanctorius benutzt (es ist in Burckhardt, Die Erfindung des Thermometers Fig. V abgebildet), eines mit schraubenförmig gewundenem der Großherzog Ferdinand II. von Toscana. Es ist noch vorhanden und in meinem Bericht über den historischen Teil der internationalen Ausstellung wissenschaftlicher Apparate in London im Jahre 1876, in Hofmanns Bericht, Braunschweig 1878. S. 70, Fig. 41 und in Gerland und Traumüller a. a. O. S. 168, Fig. 161, abgebildet.

2. [Blatt, sehr sauber und gut geschrieben mit einigen Korrekturen.]

Cum motus corporis est insensibilis, ut non nisi progressu facto notari possit, potest tamen motus et directio ejus in liquido agnosci ex ipsa ejus figura. ita in Barometro ascensus Hydrargyri vel descensus est insensibilis et tamen ex inspectione ipsa judicari statim potest, utrum et quorsum tendat, id est ascensumne an descensum moliatur. Nam si motus tendat sursum, superficies erit convexa, sin descendat concava erit. Quoniam media minus extremis resistant, quia ipsa interna tubi superficies contactu suo descensum moratur. Ex Mediis igitur procedentibus in ascensu intumescit superficies, in descensu excavatur.

Wesen der Luft.

3. [Blatt von der Hand Leibnizens, der rechts darauf „Cassini" gesetzt hat.]

l'huyle qui est plu legere que l'eau et aussi moins dense, fait pourtant une moins grande refraction. Mons. Cassini[1]) dit, que la hauteur de l'air trouvée par les refractions est moindre, que celle qui se trouve par les raisonnemens sur le Barometre. Ainsi il y a apparence, qu' il y a deux matieres qui composent l'air: L'une unie comme une huyle, qui est repercée dans certaines bornes et qui fait la refraction, l'autre est discontinue, comme une matiere branchue, qui passe au dessus de cette huyle et se etend par son ressort; c'est celle qui fait la pesanteur de l'atmosphère ...

Anmerkung. Es sind hier offenbar die Dünste in der Luft gemeint, über deren Wesen man zu Zeiten Leibnizens noch keineswegs klar war. Meinten einige, das Wasser könne sich in Luft verwandeln, so hielten andere den Wasserdampf der Luft für einen ihr verwandten Stoff. Mariotte[2]) sah in ihm eine matière aërienne, welche das Wasser auflösen könne. Leibniz nennt sie ein Öl, das er aber mit dem Wasser vergleicht. Ihn interessiert namentlich ihre Wirkung auf die Spannkraft oder das Gewicht der Luft; bei einer anderen Gelegenheit[3]) spricht er die Ansicht aus, daß sie den Druck der Luft nur so lange vermehren können, als sie von ihr getragen werden. Über die Spannkraft des erhitzten Wasserdampfes hatte er dagegen den unsrigen nahekommende Anschauungen, wenn er ihren Grund sucht im Vorhandensein „des petites boules qui frappent".[4])

---

1) Wohl in der im 1. Band der Memoiren der Pariser Akademie abgedruckten etwa 1682 verfaßten Table des refractions et des parallaxes de Soleil.

2) Histoire de l'Academie Royale des Sciences I. Paris 1733. Die Arbeit war 1679 verfaßt.

3) Ephemerides barometricae Mutinae etc. Christ. Kortholtii Tomus I. Lipsiae 1734. epist. CXXVI. p. 181. Vgl. Heller, Geschichte der Physik II. Stuttgart 1884. S. 230.

4) Brief Leibnizens an Papin vom Mai 1704. Gerland, Leibnizens und Huygens' Briefwechsel mit Papin. Berlin 1881. S. 306.

Wesen der Flamme.

4. [Die folgenden Bemerkungen sind dreimal gleichlautend vorhanden auf 2 und 3 Quartseiten aufgeschrieben.]

Ut cognoscamus, utrum et quatenus vis aeris Elastica inminuatur per flammam, sequentia examinanda crediderim.

1^0 Quantis temporibus extinguatur eadem candela in diversae capacitatis vasis numeratis penduli ictibus, ut sciamus, an tempora sint capacitatibus tuborum proportionalia.

2^0 Quantis temporibus extinguantur diversae candelae in eodem vase, ut appareat, an servetur proportio materiae combustibilis consumtae, seu magnitudo flammae. Hoc est an tempora flagrandi in eodem vasi sint tanto breviora, quanto major fuit flamma. Idem melius ope olei sciri poterit, ponderando ante immissionem et post extinctionem.

3^0 In istis vasorum varietatibus notanda est eadem vel diversa aquae intra recipientem insurrectio, ut appareat exempli gratia, an major flamma in eodem tubo plus Elastri aerei consumserit vel altius assurgere possit aqua aliaeque hujusmodi proportiones.

4^0 Videndum etiam, an in Recipiente oris paulo angustioris caeteris paribus altius ascendat aqua an verò eadem sit altitudo.

5^0 Examinanda etiam est variatio aquae durante experimento, an nimirum semper ad extinctionem usque servet aequilibrium, quod initio immersionis habuit. Videtur enim per aërem inclusum calore rarefactum debere depelli nonnihil et post refrigerationem aequilibrium recuperare. Itaque illud accuratè examinandum est, quanto aqua ultra primum immersionis statum postremo assurgat.

6^0 Cavendum est, ne quid turbet dilatatio et contractio vasis a calore et frigore. Vas enim recipiens calefactum se dilatat, et aquam attrahit, dum interim aër calore dilatatus aquam repellit. Et quia videtur tubus diutius retinere calorem quam aër fieri posset, ut post extinctionem candelae minuto calore aëris praevaleat attractio tubi et aqua assurgat, sed in vase oris capacioris minus efficit attractio tubi, caeteris paribus. Et ex altitudine aquae variata pro orificiis, capacitatibus et flammae magnitudine aestimari potest, quantum ipse sit tribuendum. Remedium, etiam dabit refrigeratio Recipientis exterior.

7^0 Sed optimum erit videre, an duret elevatio aquae etiam refrigerato tubo et quamdiu. Nam si non durat ultra tubi calorem, suspectum est experimentum. Sin durat notabili tempore, jam dignum scitu erit, an et quando Elastrum amissum ab aëre sponte recuperetur. Atque hoc ultimum de duratione elevationis ante omnia examinandum puto. Hinc enim maximè apparebit, quid de experimento sit sperandum, et an caetera examinari mereantur, quae numero 3. 4. 5. 6. notavimus, nam quae numero 1 et 2 quaesivimus, semper scitu digna erunt.

8^0 Cavendum autem est, ne aër sit calefactus ante inclusionem, ita enim mirum non foret, si postea refrigeratus aquam attraheret. itaque candela accensa in locum, ubi stare debet, posita subito a recipiente tegenda est, ne tempus habeat aerem nondum clausum circa se calefaciendi; quod si hac cautione servata, deinde post tubi refrigerationem durat elevatio, fatendum est novi aliquid in hoc experimento latere.

Anmerkung. Aus dem Umstand, daß sich die vorstehenden Sätze in dreifacher Ausfertigung vorfinden, scheint hervorzugehen, daß sie Leibniz an Beobachter versenden wollte, von denen eine sachgemäße Behandlung der Frage zu erwarten war. Darüber, ob er es wirklich getan hat, wage ich keine Ansicht auszusprechen. Vergleicht man die zeitgenössischen Werke, die sich über das Wesen der Luft aussprechen, so findet man nichts, was dafür zu sprechen scheint. Die Zeit, in welcher Leibniz die obigen Fragen zusammenstellte, ist freilich nur mit einiger Wahrscheinlichkeit zu bestimmen. Da sie abgeklärtere Ansichten aussprechen, wie die unter 3) mitgeteilte Notiz, so wird man sie als jünger zu betrachten haben. Da nun die Erwähnung der Cassinischen Arbeit für jene eine spätere Zeit wie 1682 zu fordern scheint, so würde die vorliegende noch später zu setzen sein. Redet nun Leibniz dort von einem Öl, welches die Refraktion bewirken, während die andere Materie für die Spannkraft und das Gewicht der Luft aufkommen soll, so setzt er hier statt dessen das Elastrum als den Teil der Luft, welchen die Flamme konsumieren soll. Das aber soll derjenige sein, welcher die elastische Kraft ausübt, wie er denn zu öfteren in den unten mitgeteilten Abhandlungen akustischen Inhaltes es mit der Spannung identifiziert, indem er z. B. in Nr. 11 sagt: Aër suum habet determinatum Elastrum sive tensionem. So würde dieses Elastrum mit Hookes salpetrigen Teilchen, mit Mayows Spiritus nitroaëreus in Parallele zu setzen sein. Ob man alsdann zur Erklärung des Öles an die in der Luft vorhandenen Wasserdünste zu denken hat, steht dahin. Es sieht fast so aus, als habe sich Leibniz über die Beteiligung der Luft am Verbrennungsprozeß einer Kerze noch keine feste Ansicht gebildet gehabt und deshalb zur Aufklärung dieser Frage die obigen Sätze niedergeschrieben. Sie zeichnen sich durch die mustergültige Art der Fragestellung aus, und diese ist um so mehr hervorzuheben, als man das Problem damals nur qualitativ zu behandeln gewohnt war, es hier aber quantitativ in Angriff genommen werden soll. Bewundernswert ist die Umsicht, mit der dies geschieht, die ebensowohl durch Kapillarität, als durch störende Erwärmung bewirkte Fehler zu vermeiden sucht.

Tragkraft der Luft.

5. [Blatt in 8°.]

Aero-nautica.

Aeris pes cubicus pondere aequat unciam unam cum dimidia. Laminae è cupro satis adhuc consistentes pedem unum longae et latae, quae tres uncias suo pondere non excedant; quarum 12 constituunt libram. Sphaera ex his laminis, quae pedem haberet in diametro, esset (secluso aëre) ponderis, $9\frac{3}{7}$ unciarum. Nam diam. sphärae est a, nempe 1. pes. circumf. $\frac{22}{7}a$, superficies sphärae est $\frac{22}{7}a^2$. sit a^2 pes una: vel 3 unc., [!] erit superficies sphärae $\frac{66}{7}$ unc. seu $9\frac{3}{7}$ unc.

Aeris inclusi pondus esset $\frac{11}{14}$ unc. Nam area externa [?] sphärae fit multiplicata superficie eius per sextam partem diametri. seu $\frac{22}{7.6}a^3$, est autem a^3 pondus $1\frac{1}{2}$ unciae, fiet $\frac{22}{7.6}a^3$ aequ. $\frac{11}{14}$ unc.

Multiplicemus a per b fiet $\frac{22}{42}a^3b^3$ aequ. $\frac{11}{14}b^3$ et $\frac{22}{7}a^2$ aequ. $\frac{66}{7}b^2$. debent esse $\frac{66}{7}b^2$ aequ. $\frac{11}{14}b^3$ seu fiet: 12 aequ. b. itaque si ponatur sphära pedum 12. aequale erit pondus sphärae cupreae et aeris ei inclusi.

Generaliter sphärae cupreae pondus est $\frac{11}{14}b^3$ unciarum posito b esse numerum pedum diametri. et aeris inclusi pondus esse $\frac{66}{7}b^2$ unciarum posito b numero eodem.

Sed mea sententia laminae istae cupreae sunt nimis tenues. Itaque calculum instituamus generalius. Numerus pedum diametri sphärae sit b. A sit 4 pes et area superficiei sphärae $\frac{22}{7}b^2 4^2$ et area solidi $\frac{11}{21}b^3A^3$ seu unius pedis quadrati cuprei pondus esto c, similiter A^3 seu unius pedis cubici pondus esto aequale $1\frac{1}{2}$ unc.

fiet pondus cupreae sphärae . . . . . $\frac{22}{7}b^2c$

pondus autem aeris inclusi . . . . . $\frac{11}{21}b^3\frac{3}{2}$ unc.

seu $\frac{11}{14}b^3$ unc. Rem ergo breviter ita ponamus

Sit pondus pedis quadrati laminae cupreae c
varians pro crassitie laminae
pondus cubici aeris . . . . $\frac{3}{2}$ unc.
Numerus pedum diametri sphärae . . b
Erit pondus sphärae cupreae . . . . . $\frac{22}{7}b^2c$
pondus aeris inclusi . . . . . . $\frac{11}{4}b^3$ unc.

Quare si laminam pedis quadrati cuprei ponamus esse duarum librarum seu 32 unciarum: quaeratur magnitudo diametri talis, ut tantum ponderet sphära cuprea quantum aer inclusus, fiet:

$$\frac{22}{7}b^2 \ 32 \text{ unc} \sqcap \frac{11}{14}b^3 \text{ unc}$$

seu fiet 32 A, aequ. b sive deberet esse sphära 128 pedum.

Generaliter si quaeratur longitudo diametri sphärae, ut fiat aequatio, habebitur $\frac{22}{7}b^2c$ aequ. $\frac{11}{14}b^3$ unc. seu $4\,c$ unc. aequ. b, sive numerus b quaesitus erit ad 4.

Ut pondus c laminae pedis quadrati materiae, ex qua globum conficere volumus, est ad unciam. itaque si lamina esset unius librae, erit sphaera necessaria minimum diametri 64 pedum. itaque rem ad usum transferri posse non puto. Nam nec tantas sphaeras etiam per partes si quis parabit, et si paratae essent, quis credat laminas, si tanto ponderi comparentur tam tenues, resistere posse ponderi tam immensi, quantum est alias inviis ventis. Nec aequabilitas sphärae privare potest ea enim tanta, non potest quia exiguae inäqualitates supersint, quae horribili isti ponderi, cui nihil in natura simile visum est, necessario cedent. itaque rem puto esse supra

vires humanas. Numerus unciarum ponderis laminae pedis quadrati materiae unde fit sphaera quadriplicatus
est numero pedum diametris sphärae in suspenso in aeri manentis.

[In die Überschrift hineingeschrieben steht:]

(Conclusi numerum pedum diametri sphärae esse ad numerum 4, ut numerus unciarum ponderis laminae pedis quadrati unde fieri debet sphära, est ad unciam seu numerum unciarum ponderis laminae pedis quadrati quadruplicatum esse numerum pedum sphärae minimae in aere elevabilis.)

Anmerkung. Leibniz sagt im Anfange der vorstehenden Notiz, daß 12 Unzen auf 1 Pfund gehen, setzt aber nachher 2 Pfunde gleich 32 Unzen, so daß also auf 1 Pfund 16 Unzen kämen. Da die erste Einteilung beim Apothekergewichte, die letzte beim altfranzösischen Gewichte verwendet wurde, so ließ sich nur bestimmen, welche Einteilung Leibniz seiner Rechnung zugrunde gelegt hat, indem man für beide Annahmen das Gewicht der Luft berechnete. Legt man das altfranzösische Gewicht mit dem Pfund zu 16 Unzen zugrunde und nimmt die Dichtigkeit der Luft bei 0^0 und 760 mm Barometerdruck zu 0,001293 an, so erhält man als Gewicht von 1 Kubikfuß Luft 1,45 statt $1\frac{1}{2} = 1{,}50$ Unzen, welche Zahl Leibniz angibt. Da die Dichtigkeit der Luft damals keineswegs genau bekannt war, Leibniz offenbar auch nur mit abgerundeten Zahlen rechnet, so kommt man zu dem Ergebnis, daß er seinen Rechnungen das altfranzösische Maß zugrunde gelegt, also 1 Pfund = 16 Unzen gesetzt hat. Unter Annahme des Apothekergewichtes erhält man in der Tat das Gewicht von 1 Kubikfuß Luft zu 1,09 Unzen. Auffallend ist der hohe Wert der Dichtigkeit der Luft, der sich aus der von Leibniz angegebenen Zahl ergibt, wenn man nach dem altfranzösischen Gewichte sie berechnet. Man erhält nämlich 0,001339, während die gleichzeitigen Forscher viel niedrigere Werte erhielten, Boyle 0,001066, Halley und Cotes als größten Wert 0,001191, Wolf 0,001158, endlich 's Gravesande, der die von Bernoulli angegebene Methode anwendet, 0,001253. Das Mittel aus seinem und dem von Leibniz angenommenen Werte würde 0,001296, also sehr nahe den jetzt als richtig geltenden geben. Die vorstehende Notiz dürfte Leibniz kurz nach 1670 niedergeschrieben haben, in welchem Jahre Lana den Vorschlag gemacht hatte, mittelst luftleerer Kugeln von Kupfer ein Schiffchen in die Luft zu heben.

Kapillarität.

6. [Kleines Blättchen.]

Es ist gewiß, daß das waßer über seine Wage in die höhe steiget, sowohl in engen röhren, als in sand, schwamm und dergleichen an die 18 Zoll, videatur Experimentum Maignani[1]) relatum et excultum à Dn Rohalto[2]) libro die origine fontium, sed ut effluat seu redundet ultra tubulos, in quibus ascendit, effici non potest. Ego verò pro rectum habeo non id

1) Maignan (1601—1676) war Minorit. Er lebte als Lehrer der Theologie und Mathematik in Rom, später in Toulouse und ist der Verfasser eines 1673 herausgegebenen Cursus philosophiae.

2) Rohault (1620—1675), Privatlehrer in Paris, war der Verfasser eines Traité de Physique.

fieri ex propria vi aequilibrii, ut concipere videtur Robervallus[1]), quod aqua in tubulis angustis non aequiponderet, sed ex vi externa circiter, ut explicat Rohaltus. Quoniam igitur adest illa vis, videndum est, an non revera eius ope effici possit motus perennis, qui tamen revera non foret mechanicus non magis, quam ille, quem Leisnerius ope Magnetis procurare voluerat. Adhibeantur tenuissima folia ut talci et eorum motu, dum rursus à se dimoventur, recidat. vel si circuletur aliquid perpendiculariter erectum circa subtilissimos axes, ut eius motu modo fiant, modo destinantur subtiles crenae. Experiamur etiam, quod fiat, si quam continua pagina venae (?) alicubi angustior alicubi laxior sit, erunt enim et liquores inaequales altitudinis. Quid si foliolis ab intus accedat exigua pressio, ut liquorem exprimat, an sponte alius succedet, fluentque etiam recessante pressione? non puto, alioqui res foret egregia: puto igitur potius subinde repetita pressione opus fore. videndum autem, an vis exprimens minor sufficiat, quam est ipsum aquae elevatae pondus. Certe non solum pondus aquae superandum est, sed et adhaesio ad superficiem foliolorum.

Anmerkung. Die obige Notiz scheint Leibniz vor 1683 geschrieben zu haben, denn er erwähnt die Schrift von Jacob Bernoulli über denselben Gegenstand noch nicht, in der dieser die Haarröhrchenanziehung, wie die Festigkeit usw. auf die Gravitas Aetheris zurückführen zu können glaubt. Da über sie in den Actis Eruditorum des nämlichen Jahres auf S. 106 ausführlich berichtet worden ist, so ist mit Sicherheit anzunehmen, daß Leibniz in dem Jahre ihres Erscheinens Kenntnis von ihr erhielt. In dieser Schrift aber bezeichnet Bernoulli die Hoffnung derer, welche die Haarröhrchenanziehung zur Herstellung eines Perpetuum mobile benutzen wollen, als eine eitle und macht im Gegensatz zu Rohault auf das verschiedene Verhalten des Quecksilbers, sowie auf die Form der Menisken aufmerksam. Darauf wäre seiner sonstigen Gepflogenheit nach Leibniz sicher eingegangen, wenn er Bernoullis Schrift oder deren Auszug gekannt hätte.

Akustische Arbeiten.

7. [Zwei kleine Blätter von Leibnizens Hand.]

1) Über Moreland's Sprachrohr. Ein krummes leistet dieselben Dienste, wie ein gerades. Ce seroit une chose curieuse, si on le pouuoit cacher sous la perruque.[2])

2) Es ist anjezo ein Mann in England, der in ein gläsern Instrument eigener Applikation redet und zwar leise ziemlich, wie man auch in einer Trompete nicht so stark bläset, daß man durch den ganzen Parck oder Garten höhret und zwar deutlich. Imgleichen wenn ers vors ohre hält, so hört er alles hahrkleine si hoc verum, potest magis augmentari. hoc[3]) mihi dixit Dr. v. Helmont anno 1671.

Anmerkung. Moreland hatte 1670 das Sprachrohr erfunden.

---

1) Giles Persone, gebürtig aus dem Dorfe Roberval (1602—1675), war Professor in Paris, Verfasser verschiedener Schriften und Erfinder der oberschaligen Wage und des Gewichtsaräometers.

2) Für die damalige Zeit der Allongeperücken ein brauchbarer Vorschlag!

3) Von hier an mit anderer Tinte.

8. [Kleines schlecht geschriebenes Blättchen von Leibnizens Hand.]

Der Donner scheint großenteils ein Echo in den Wolken zu seyn, wie denn solcher aus der relation des Fiolichii de Carpathis monte und anderen umbständen abzunehmen. Daher auch der Donner fortzulauffen und sich uns zu nähern scheint. Etwa eine Meile von Helmstad[1]) bey einem Dorff zum Drewdel ist ein aus der maßen schöhnes Echo, welches den Donner wohl nachahmet. Die Studenten kommen bisweilen dahin, bringen kleine mörser mit hinauß und schießen im Holz herumb in der ebene zeiget sich wie ein gelbes (?) theatrum, der schall antwortet erstlich sehr stark ein baar mahl, dann wird er immer geschwinder und schwächer und laufft also wie ein Donner an dem Wald herumb.

9. [4 Seiten in 2°, halb beschrieben mit vielen Korrekturen. Konzept.]

De soni generatione, propagatione et expressione in organo Mechanice explicatis; excerpta ex Epistolis G. G. L.[2]) ad viros quosdam clarissimos, qui in Germania Galliaque idem argumentum versant.

Quae hactenus extant de hoc argumento nondum satisfaciunt. Vetustissima est explicatio per circulos lapillo in aquam projecto nascentes; quidam aerem ad instar pulveris et sagittularum excuti arbitrantur, aut originem soni explicant ebullitione quadam aëris tremulo sonori corporis motu in innumeras partes divisi, quemadmodum aquam in vasi turbari videmus, in quo baculus ultro citròque celerrimè agitatur. Sed hae explicationes rei intima non tangunt, nec aditum ad phänomena primaria distinctè explicanda praebent, nec ostendere possunt, quomodo ipse sonus seu soni gradus tam accuratè propagetur; nec adhibens Elastrum[3]) aëris, sine quo aptum propagando sono vehiculum non esset; circuli illi in aqua nihil aliud sunt quam fluctus in aquae superficie sed orbiculares, et ut alias ita hic quoque fluctus unus dilabendo producit alium, altior humiliorem et hic iterum humiliorem, donec novissimi prope evanescant. Orbicularis ergo producit orbicularem, quique propior centro sive origini, eo angustior sed altior, quo remotior eo depressior, sed amplior quae nihil cum sono commune habent, et fluctus aquae rectius vento in aere quam sono comparuntur.[4])

Explicationis meae summa haec est: Omnia quae sonant tremere, quae tremunt ea aëri corporibusque densis sed maximè homotonis novas trepidationes communicare, corporis sonori trepidationibus isochronas aures nostras eo naturae artificio conditas esse, ut sint omnibus corporibus, quorum sonos percipimus, homotonae; itaque considero objectum sonans instar chordae pulsatae, organon verò auditus instar chordae homotonae ad prioris pulsationem resonantis.

---

1) Helmstedt war noch zu Leibnizens Zeiten Universität. Von 1576 bis 1810 hat die Academia Julia bestanden.

2) Unter dieser Bezeichnung pflegte Leibniz seine Arbeiten in den Actis Eruditorum und den Nouvelles de la Republique des lettres zu veröffentlichen.

3) Den Ausdruck Elastrum (τὸ ἔλαστρον das Antreibende) gebraucht Leibniz in verschiedener Bedeutung, oft als gleichbedeutend mit Spannung und Federkraft, aber auch so, daß man darunter ein dem Äther ähnliches Fluidum verstehen möchte. Er scheint damit eine bestimmte Eigenschaft der Luft, abgetrennt von anderen, ausdrücken zu wollen.

4) Vgl. auch Nr. 4 und 10.

Quod omne sonans tremat instar chordae pulsatae et proinde Elasticum sit, plerique hodie consentiunt. quia tamen vir quidam doctus scrupulum injecit de corpore molli, ut est culcita, quae icta sonum edit, cum mollis tamen videatur, sciendum est ictum esse posse tam fortem ut culcita rumpatur, dum autem, quod rumpitur, antea tenditur, itaque ictus qui chordam non rumpit, sed tamen tendit, facit sonum in filamentis tensis sese restituentibus. imò nihil est tam molle aut fluidum, quod non aptum habet duritatis atque firmitatis gradum, ut ex ipsa aqua corpora impacta repercutiente intelligi potest, porro Tonus seu gradus soni ex eo oritur, quod chordae tensae vibrationes posteriores sunt aequidiuturnae prioribus, licet posteriores debiliores sint, ubi chorda minus excurrit. Unde chorda eundem tonum edit, sive fortiter, sive debiliter pulsetur, hic sonus itaque tum mediatè repetendus est ab ictu, qui infligitur corpori sonoro, sed à restitutione corporis sonori post ictum cessantem, quae semper aequidiuturna est eodem manente gradu tensionis et corporis magnitudine, ex quorum compositione fit tonus. quam propositionem alibi demonstravi, quemadmodum et multa alia nova circa rem elasticam. quo autem breviores sunt aut diuturniores itiones et reditiones, eo acutior vel gravior est sonus. unde patet, aliam esse soni divisionem in acutum et gravem, quam in debilem et vehementem. porro quoniam illa à sono corporis sonori, haec à vi ictus petenda est. Ex vibrationum periodis conventus duarum chordarum seu consonantiae et dissonantiae oriuntur. Nam si duae chordae ita tensae sunt, ut vibrantes alterius ictibus consentiant seu secundus quisque chordae tensioris sive celerius vibrationem absolventis ictus coincidat cuilibet ictui laxioris seu tardioris, octava est; si tertius tensionis incidat in secundum laxioris, est quinta; etc.

Ad concipiendum nunc melius propagationem, soni fingamus (Fig. 1) chordas plures homotonas *a*, *b*, *c*, *d*, *e* etc. sibi parallelas in eodem plano (in quo vibratio earum fit) disponi, easque sibi tam vicinas esse, ut chorda *a* vibratione sua feriat chordam *b*, et haec porro chordam *c*, etc. cum ergo sint homotonae, quaelibet eundem edet tonum quem prima, et ita propaga-

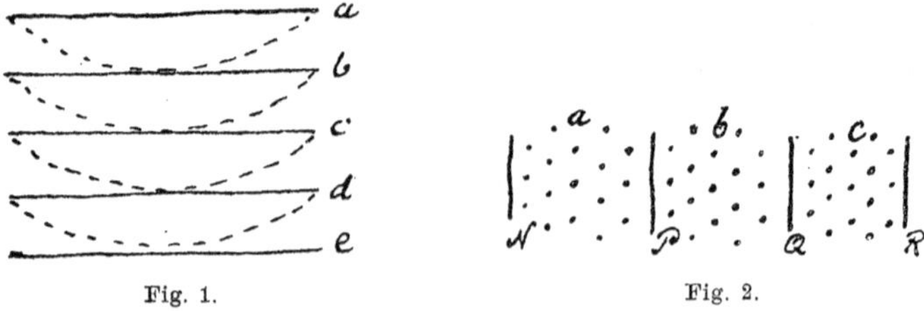

Fig. 1. Fig. 2.

bitur aliquousque tonus seu soni gradus. verum cum posteriores chordae debilius pulsentur, ideò excursiones inter vibrandum ratione loci fient minores, etsi eadem maneat periodus respectu temporis. Hinc tandem alicujus chordae ut *d* excursio fiet tam parva, ut sequentem *e* non attingat, ubi cessabit propagatio. Haec ad aerem nunc transferemus, qui cum sit fluidum Elasticum seu tensionis capax, imò jam tensionem certam habens à pressione aëris incumbentis, partes ejus *a*. *b*. *c*. (in Fig. 2) possunt considerari, ut totidem chordae tensae, et quia continuae sunt inter se, hinc non potest vibratio unius tam exiguae esse excursionis, quia proxima portio ab ea attingatur et vibratio propagetur.

Sed explicandum est distinctius, quomodo una aliqua aëris portio tremorem à corpore sonoro accipiat. Sit chorda LM tensa, Fig. 3, annexumque ei corpus AB vibrante chorda aerem feriens, quo corpore designatae intelligi possunt ipsae partes chordae secundum crassitiem, quae hic non nisi in AB nunc consideratur. cum ergo chorda vibrans ex LAM procurrit in $L(A)M$, tunc corpus annexum ex AB procurrit in $(A)(B)$, aeremque in loco $B(B)$ positum expellit et percutit et cum eo tempore, quo corpus vibrans occupat locum $B(B)$, deferat locum $A(A)$; hinc fit, ut quemadmodum ictu comprimatur aer interior BC, ita vicissim dilatetur aer posterior AF ad locum desertum implendum. Etsi enim omnis compressio et dilatatio evitari posset, si aer circulum suum statim, prout oportet, absolveret, ut cum aer expellitur ex $B(B)$ präcise aequalis subeat in $A(A)$, tamen elastica hoc habent, ut fortiter percussa prius flectantur, quam cedant seu cedant per partes potius quam tota, quod multis experimentis doceri potest. unde notatum est, ictu globi sclopetari portam perforari potius quam claudi, et baculum vitro impositum ictu forti alterius baculi frangi posse vitro salvo. Hinc cum tam subito perfici circulus ille aeris non possit, necesse est aerem anteriorem BC comprimi, posteriorem AF dilatari. Aer autem tensus, hoc est compressus, vel dilatatus (generaliter enim Tensionis virtus accipio) sese vi sua elastica (cujus causam nunc non attingo) restituit et more tensorum aliorum vibrationes plurimas peragit primo aequidiuturnas, si nihil impediat. sed hic nascitur difficultas. nam cum chorda interim ipsa novas peragat vibrationes, fieri potest, ut vibrationes chordae sequentes non consentiant duratione vibrationibus aeris BC, ex prima chordae vibratione natis. cum enim aer jam habeat suum determinatum tensionis gradum, non videtur se semper accommodare posse chordae vibrationibus. itaque chordae vibratio novum iterum aeri imprimens ictum novasque vibrationes, pugnabit cum prioribus ei prius impressis, unde sequetur non propagatio vibrationum chordae vibrationibus respondentium, sed confusio. Verùm sciendum est, etsi aër habeat determinatam suam tensionem (a pondere scilicet aeris incumbentis et proposita consistentia) tamen ad determinatam durationem vibrationis considerandum esse, non tantùm tensionem corporis sed et magnitudinem, nam constat ex sectione monochordi, chordae ejusdem partes minores acutius sonare. Itaque si ponamus aeris portionem BE citius vibraturam esse quam chordae, portionem Bd tardius et mediam BC aequaliter, itaque post aliquot reciprocationes et pugnis[nas], ipsae naturae necessitate res redibit eò, ut

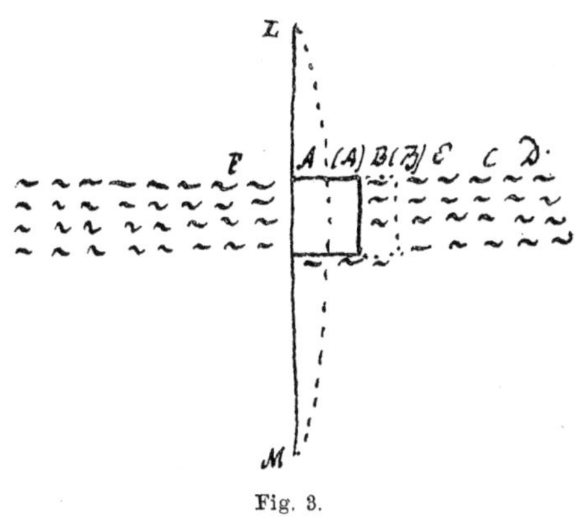

Fig. 3.

illae solum vibrationes conserventur seu satis magnae maneant, quae inter se et cum praedominante et toties repetita illa originaria vibratione, ipsis chordae consentiunt. nempe vibrationes partium *BC*, et huic aequalium destructas caeterarum vibrationibus jamque distinctè apparet. unde mirabile sequitur corollarium, nempe aerem praecisè dividi in partes vibrantes magnitudinis determinatae, quae inter se sunt aequales quousque aer eundem habet tensionis gradum, tales sunt *a. b. c.* in fig. 2, quarum prima *a* respondeat ipsi *BC* in Fig. 3 quemadmodum jam propter *a* vel *BC* vibratione chordae pulsatur et ad vibrandum incitatur, ita portio aeris *a* pulsat portionem *b* et *b* portionem *c*. Et ita porro. Atque ita sonus propagatur per aerem eodem semper manente sono seu isochronismo vibrationum. licet tandem vis tot aeris partibus in solo sphaerae activitatis, ut vocant, ambitu communicata, tam exigua fiat, ut vibrationum excursiones minores fiant, quam ad sensorium nostrum excitandum requiritur sonusque proinde longuescat. Atque ita distinctè satis exposuisse videor arcanum illud naturae artificium, quo sine ulla perturbatione non sonus tantum, sed et ipsa toni species in tam dissito spatio propagatur. Nec mirum est, quod tot diversi soni per idem foramen sive confusione transire possunt, quia idem corpus variis motibus inter se compositis moveri potest, fluidaque innumerabilibus modis dividuntur in partes, quae singulae diversis motibus sese quam facillima ratione accommodant. scimus enim partem aliquam corporis habere posse vibrationem à vibratione totius diversam, quod etiam chordarum experimentis demonstrare possem. Imò aer diversas recipere potest divisiones simul ut unius soni exprimendi causa vibret partibus *NP. PQ. QR.* (Fig. 2) et alterius soni causa partibus *NS. SR.* divisionem enim in partes hic non avulsionem, sed diversam flexionem diversarum ejusdem continui partium, ad plicarum instar, salva cohaesione, intelligo.

Quemadmodum autem signum rationis probè redditae est, si inde solutiones multarum difficultatum sua velut sponte nascantur, ita operae pretium erit annotare, quomodo huic deducatur phaenomenon ab Academia Medicaea[1]) praeclarè comprobatum, nempe motum soni esse uniformem seu tempora propagationis esse spatiis proportionalia, ac si sonus minutulo milliari[um] percurrat, duplo eodem minutulo duo milliaria esse percursurum. Nimirum enim in Fig. 2 pars a eodem tempore vibrationem absolvit, quo pars, b et haec, quo pars c, et partes vibrantes sint inter se aequales, a aequalis ipsi b et ipsi c. etc., quia aequalitas partium aeris ad aequalitatem temporis vibrationum necessaria est, ut supra ostendimus; nam pars a vibratione sua pulsat partem b, et haec rursus sua partem c. Est autem vibratio partis a isochrona vibrationi partis b, ergo pulsatio partis b isochrona vibrationi partis b, ergo pulsatio partis b isochrona pulsationi partis c. Est enim vibratio partis unius pulsatio partis sequentis. Ergo propagatio soni ab *a* ad *b* isochrona propagationi à *b* ad *c*, uti spatium *ab* aequale spatio bc. Atque ita pono, erunt enim tempora propagationum, ut numeri pulsationum, seu ut numeri partium aequalium spatiis, id est ut distantiae, tempora ergo spatiis proportionalia, seu sonus in aere aequè tenso aequabiliter incedet et sonus perutilis erit ad metiendas majores distantias, si

1) Die 1657 von Leopold von Medici gegründete Accademia del Cimento, die bis 1667 bestand.

tormento exploso unus pendulo horologii accuratè notet momentum explosionis, alter in loco remoto momentum percepti ictus. Eodem modo notari poterit tempus, quod intercedit inter fulgur et tonitum, ex quo de distantia poterit judicari. haec non ita exactè, quia altioris aëris minor tensio est.

Intellecto jam modo, quo propagatur sonus per aerem, explicandum est, quomodo mediante aëre, à sonoro corpore imprimatur corpori alteri homotono veluti chordae, vel organo. explicanda est ergo prius ratio sympathiae illius inter duas chordas aeque tensas, quae multis negotium facessit. si enim duae chordae aequè tensae sint in eadem lyra, una pulsata nonnihil et altera resonabit. Imò sunt in lyris diversis tamen vel sonus aliquis vel subinde tremor pluma chordae adhaerente satis notabilis continget, praesertim si ambae eidem tabulae ligneae incumbant. Nimirum una chorda pulsata vibrationes isochronas sufficientes aeri vicino imprimit imò et ligno, cui incumbit, hic aliis et ligni vibrationibus pulsantur vicissim chordae vicinae, verum vibrationes chordarum diverso modo tensarum non consentiant cum vibrationibus aliis et chordae primae etc. Ergo non augentur sed potius impediuntur, si qua verò chorda eodem modo tensa sit, seu vibrationem exerceat isochronam vibrationibus chordae primae, ipsiusque aeris vel ligni. tunc non impeditur talis vibrationis continuatio, sed potius novis semper ictibus consentientibus impressis augetur. Ut si fingamus pendulo vibranti novum semper ictum ab alio pendulo imprimi non contrarium, sed in easdem partes mox utique inaequum admodum impetum acquiret. Eodem modo haec chorda corpori sonoro homotona ab aere aliquandiu ob corporis sonori tremorem vibrante lente licet tamen sentienter et crebrò pulsatur, quoniam praecisè cum chorda vibratione priore absoluta novam propriè elastri nisu inchoat, etiam novo corporis sonori per aërem vel aliud medium in ipsam agentis ictu sollicitatur, cum periodi vibrationum chordae et corporis sonori vel aëris sint aequales, ictusque consentientes. Unde ad quemvis ictum novum consentientem receptum fortior, semper fit chordae tremor, donec tandem visu (adhaerente pluma) vel etiam ipso denique auditu percipi possit. Atque ita distinctè explicatum est phaenomenon, quod egregiis nostri quoque temporis philosophis difficilius videri memini. Confirmatur haec explicatio eleganti experimento, quod extat in diario eruditorum. Duo pendula valdé accurata, cum ab eodem baculo ligneo suspensa essent, etsi diverso modo incitata ictibus, tamen ob insensibiles partium ligni tremores, per quos ipsa ictus sibi mutuè communicabant paulatim inter se in breve spatium, ad concordiam redibant; cum tamen à baculo illo ligneo communicationem faciente separate diversitatem retinerent. Unde intelligi potest, quomodo in hujus modi conflictibus corporum vibrationes ad concordiam reducantur et debiliores, si non possint consentire, destinantur. item quomodo ipsum lignum tremore suo in partibus homotonis servato vibrationes propaget, nam in qualibet parte innumerae magnitudinum tensionumque varietates sunt. unde multae semper particulae assignari poterunt corpori sonoro homotonae. In aere autem hoc longè subtilius exactiusque fit licet non tam validè, quàm per lignum aliudve corpus aptum sonus propagatur. Unde accedente ligni communicatione chordae homotonae distinctius suam resonantiam edunt, quàm si tantùm aere conjungerentur.

Unum jam explicandum superest.

[Hier bricht das Manuskript ab.]

10. [Zwölf Seiten, von Leibniz korrigierte Reinschrift.]

G. G. L.

Cogitationes novae, quomodo formetur sonus et per aërem propagetur atque in organo auditus exprimatur.

Saepe mecum cogitavi, quonam arcano artificio natura id assequatur, ut multiplex soni varietas et, quod potissimum est, ipse ejus gradus, quem tonum aliqui vocant, per medium aërem propagetur et in organo exprimatur. Et venit in mentem corpus sonorum comparari posse cum chorda pulsata, organon vero auditus cum chorda alia priori unisona, quae etiam non tacta prioris pulsatae vibrationem exprimit, adeo ut aliquando et sonum imitetur. Verum explicandum erat, tum quae sit causa hujus sympathiae unisonorum (quam vir cl. Henricus Morus[1]) in Epistola ad Cartesium explicationem ejus flagitans, sed cui Cartesius morte praeventus non respondit, difficillimam habet, nec ullam Sympathiam magis rationes mechanicas fugire sibi visum ait) tùm verò ostendendum est, quia una chorda non potest omnibus aliis unisona esse, quomodo effecerit natura, ut idem organon auditus possit esse tot rebus diversissimos tonos edentibus homotonum. Utriusque modum atque adeo subtilissimum naturae inventum satis distinctè mihi assecutus videor. Itaque deprehendi, quamvis in sono distingui possint origo, propagatio et expressio in organo, tamen haec tria fieri eodem ferè modo scilicet per tensi cujusdam corporis tremorem, nec aliis speciebus propagatis opus esse, quas in schola advocant Philosophi[2]): Circulos verò, qui in superficie aquae lapillo injecto nascuntur (quos vulgò huc accommodant) nihil distincte exhibere, et longè hinc abesse, quia aliud enim sunt, quàm fluctus orbiculares, locum lapilli circumdantes ubi (quemadmodum et in aliis fluctibus sit) humilior et remotior nascitur ex maiori et propiori, unde cum circulus loco remotior, necessario major circuitus sit, patet cur circuli illi crescant amplitudine, donec evanescant humilitate; sed quid haec ad sonum, tonum, isochronismos, Elastrum aliaque huc pertinentia distincte explicanda faciant, non apparet: praesertim cum fluctus sint affectiones magnarum partium aquae, soni exiguarum atque adeò insensibilium aëris, ac proinde fluctus cum vento meliùs quam sono conferantur.[3]) Exponam igitur ego primum omnia, quae sonant, Tremere, deinde, quae tremunt, aëri corporibusque, terris, sed maximè unisonis seu ejusdem toni capacitatibus easdem reciprocationum tremularum periodos communicare, denique aures nostras eo naturae artificio conditas esse, ut sint omnibus corporibus, quorum sonos percipimus homotonae.

Origo Toni petenda est a corporis sonori ab aliquo percussi tremore qualem notamus itionis et reditionis, flexionis et rectitudinis, figurae et

---

1) Verfasser eines 1671 in London erschienenen Werkes: Enchiridion Metaphysicum sive de Rebus incorporeis Dissertatio, über welches Oldenburg in Nr. 72 der Phil. Trans. berichtete. Auf die darin gegen ihn enthaltenen Angriffe antwortete Boyle in einer kleinen Schrift: An Hydrostatical Discourse, die einen Teil der in London 1672 erschienenen Tracts usw. bildete. Huygens Oeuvres complètes. Bd. VII. La Haye. 1897. S. 89 und 223, wo auch die S. 88 untergelaufene Verwechselung mit Jonas Moore korrigiert wird.

2) Die Scholastiker, in den gleichzeitigen Schriften auch oft als Peripatetiker bezeichnet. 3) S. S. 11.

voluminis, mutati ac restituti, reciprocationem, saepe repetitam in chordis tensis quidem nonnihil, sed satis tamen longis laxisque, ubi motus ipsis oculis patent. Nec dubitandum est, quin idem fiat in chorda breviore et magis tensa, etsi non aequè sit visibile. Constat tamen oculo, chordam pulsatam, cujus vibrationes videri satis non possunt, durante sono apparere solito majorem, nam omne spatium, quod celerrimis reciprocationibus successivè obtinet, hoc implere videtur, quia successio ob velocitatem notari nequit, quemadmodum rotatus in tenebris baculus, in cujus extremo est carbo accensus, circulum ignitum quasi partes habentem simul existentes, optica deceptione exhibet.

Posito jam sonum esse à tremore, qui à percussi restitutione oritur, hinc causa patet, cur campanae sonantes, vitra, fictilia vasa, aliaque id genus mollis imprimis corporis contactu velut obmutescant, aut certè inconditum aliquid sonent, nam mollia percussionem acceptam non repercutiendo aut se restituendo reddunt, sed absorbent, quemadmodum nec lapillus molli et laxo corpori illapsus resiliet, vibrationes quoque corporis duri percussi, cum apprehenditur, utique impediuntur, ne libere exerceri queant. His consideratis causa reperiri poterit, cur carbones tinniant instar fragminum ex metallis, lignum vero non tinniat, sed surdum magis sonum edat, quoniam aquositas, quae in ligno est, partibus durioribus mixta, considerari potest instar stuppa, quae campanis circumponeretur, aut quae testudinis fidibus circumvolveretur. Sed cum lignum in carbones redigitur, satis quidem uritur, quantum opus ad aquosas partes expellendas, quia verò id fit in occluso loco, calor non satis est validus ad humorem magis fixum aut viscosum aut, si ita vocare libet, sulphureum[1]) eliciendum, quo nempe partes solidiores connectuntur, itaque perinde est, ac si igne immisso stuppa circa campanas conflagraret, ipsis campanis igne mediocri non laesis, unde impedimento molli, quod in ligno fuerat, ustione sublato, corpus carbonis fit tinnulum; licet fatendum sit, in arbore non parum etiam viscositatis perdi cum aquositate, unde sit fragilis. addantur, quae infra de sono Atono notabimus. Objiciat nobis aliquis forte soni originem à tremore repetentibus, etiam mollia satis fortiter percussa validum sonum edere, et mollia tamen non videri tensa, quicquid autem tremit, tensum esse debere. Deinde objiciat quaedam tam dura, tam solida, tam magna esse, ut cum sonant, tremor ipsis aptè ascribi non posse videatur. Verum ut posteriori primum occurram, jam ab aliis plurimis agnitum est, etiam corpora magna et solida ab ictu tremere; ipsa terra equorum satis adhuc distantium ungulis percussa applicatae propius auri adventum nondum adhuc visibilem nuntiat. Sola voce in Alpibus ingentes nivium cumulos commoveri atque corruere constat. Vitrum, quod proprio sono tremit, acutiore satis forti et continuato etiam rumpi vulgato jam experimento scimus, quod doctissimus Morhofius[2]) primus

1) Die drei Elemente, aus denen nach Ansicht der Alchemisten alle Körper bestanden, waren Salz, Quecksilber und Schwefel. Diese Annahme wurde durch Leibnizens Zeitgenossen Boyle bekämpft, aber durch keine andere ersetzt. Vgl. Kopp, Gesch. der Chemie. I. S. 165.

2) Epistola de scypho vitreo per certum humanae vocis sonum rupto a Nicolo Pettero, ad J. D. Majorem, Kilon. 1672. Morhof geb. 1639, gest. 1691 war bis 1666 Professor zu Rostock, dann zu Kiel.

descripsit et erudite illustravit, de cujus causa ac modo plura infrà. Magnis muris aut rupibus, si vas aqua plenum imponas, superficiem aquae ictus in murum loco satis remoto impactus, faciet crispari. Et qui sciunt, nullum corpus tam solidum nostri comparatione esse, quin habeat in se aliquem flexibilitatis gradum, et nullum impetum tam exiguum esse, quin propagetur in infinitum, et maximum a minimo aliquid pati, haec non mirantur. Praeterea certum est et demonstrabile (licet hoc Cartesio[1]) in Epistola ad Mersennum pro falso habitum fuerit) corporum reflexiones non aliam habere causam, quam quòd collisa corpora ob ictum nonnihil cedunt, mox verò se restituentia sese mutuò, si possint, iterum rejiciunt atque desiliunt, ut oculis ipsis manifestum est, si pilae inflatae lapillus incidat; de quo jam olim in Hypothesi nostra. Haec de solidissimis quorum quo major durities est, eò celerior restitutio acutiorque sonus. Quod vero mollia attinet, sciendum est nihil tam molle esse, quin aliquo sit opus nisu ad partes ejus divellendas. Quicquid autem rumpitur, id antequam rumpatur, tenditur, potest ergo ictus ita esse temperatus, ut tendat quidem, sed non rumpat, ita cum culcita baculo percussa sonat, dubium nullum est fila ejus ictu ipso nonnihil tendi. Ita ipsa aqua sonum edit, quid ni? cum tanta sit ejus soliditas, ut corpora sufficiente celeritate, obliquitate, latitudine impacta etiam repercutere possit. Imò quo celerior est ictus dividentis, hoc major est dividendi resistentia, et licet vincatur, tamen divisio non sine magna partium concussione ac tremore fit. Si tubulum aere exhaustum et sigillatum, in quo aliquid aquae inest, fortiter moveas, aquae partes subita divulsione et collisione magnum edunt sonum.[2]) De aere aeri concurrente dicam postea. porro cum omnia percussa sint tensa, hinc sequitur tremor, seu restitutio et exorbitatio, aliquoties reciprocatae; omne enim tensum, si pulsetur, tremit aliquoties, quia quae semel impetum concepere, etsi sese restituant in statum, ad quem tendunt, tamen non confestim in eo quiescere possunt, sed ultra tendunt et paulatim demum ad quietem propius accedunt, etsi fortasse eam nunquam omnino assequantur et vibrationes in infinitum continuent, quae tamen insensibiles redduntur aliisque supervenientibus confunduntur. Haec omnia ex chordarum vibrationibus et tunc pendulorum oscillationibus aliisque ex exemplis patent, videnturque et ad memoriam seu conservationem specierum impressarum explicandam conferre posse. Notandum quoque corpora quò sunt puriùs et in partibus quoque minoribus uniformius elastica minusque heterogeneorum, imprimis mollium, admixtum habent, hoc [haec] ad sonum esse aptiora; nam alioqui magnam impetus portionem in partium suarum insensilium motus internos dispersam absumunt impingenti vel aëri totam simul una totius restitutione reddunt. Caeterum si quis causam Elastri seu restitutionis hujusmodi in rebus tensis quaerat, is sciat, nullam aliam esse, quam quòd subita mutatio, quae percussione fit praesentem rerum statum ac fluidorum invisibilium motum turbat, ut vias quas in corporibus crassioribus vix sibi paulatim magno temporis tractu fecerant, flexu corporis facto non aeque faciles sed impeditas inveniant, unde obstacula removere, cunctaque eo nisu restituere in priorem statum nituntur,

1) Les Lettres de René Descartes. Paris 1657—1667.

2) Ottonis de Guericke. Experimenta nova (ut vocantur) Magdeburgica de vacuo Spatio. Amstelodami 1672. p. 79.

quali aqua in aggeres objectos agit; ubi vero pori satis ampli sunt pro subtilitate fluidi permeantis aut paulatim tales redduntur, elastrum cessat. sed haec alias distinctiùs. Ex his autem omnibus intelligi potest, percussionem esse causam soni remotam tantùm, propinquam vero esse percussi restitutionem tremulam, haec enim semper aequidiuturna est, adeoque aequè acuta aut aequè gravis, quamdiu corpus aequè tensum manet, sive fortis sive debilis sit percussio; quod nisi esset, nullus in sono esset tonus, nec explicari posset, quomodo chorda eadem, sive fortius sive debilius pulsata, eundem tamen tonum ederet. Nam Elastica sive celeriter sive tarde pressa et tensa aequali tamen celeritate restituuntur, quod alibi demonstrabitur accuratè, multaeque singulares hujus motûs proprietates ex intima Geometria proferentur, neque enim hactenus causa satis reddita est. Hinc autem nascitur usus elastri duplex ad Chronometrum, unus ad instar pendulorum, quia vibrationes magnae et parvae sunt aequidiuturnae; alter adhuc absolutior, si ad eundem semper gradum tensionis restituatur unum Elastrum, dum adhuc vibrat alterum, quod chronometrum à me aliquando adhibitum et publicatum est.[1])

Sequitur, quomodo Sonantia tremorem aliis tensis sed maximè unisonis communicent. hoc autem satis aptè non fieret, nisi natura excogitasset fluidum aliquod, sed tensum tamen sive Elasticum, quale sit aër; nam experimento Gerickii[2]) habemus tinnitum non aequè produci in loco ab äere communi vacuo, considerandum tamen praeterea est, dum latera vasis exhausti intus ictum excipiunt, eum eo ipso ad aërem externum propagari, deinde aërem nunquam perfectè exhauriri sed tantum dilatari, aquae quoque et aliis fluidis multum aëres inesse: denique et aquam ipsam et omnia fluida, aliquo elastri gradu aërem imitari et esse aliquod fluidum aëre communi subtilius et penetrantius experimentis evictum est. Itaque quae de aëre dicemus, de aliis aliqua proportione intelligentur. Modus, quo sonus in aëre propagetur, nunquam quod sciam satis explicatus est. Circulos aqueis similes supra rejecimus, nec putandum sit, opus esse, ut quasi sagittulae quaedam aereae à sonante spargantur, itaque utile erit, aliam figuram adhibere ad faciliorem rei novae intellectum. Sit chorda $L\,A\,M$ tensa per se, inque duobus extremis fixis L, M firmata, ea in medio puncto A apprehensa pulsetur, seu ex linea recta $L\,M$ producatur in arcum $L\,(A)\,M$, et ultra; inde dimissa sibi relinquatur, ut redire ad priorem statum, quia A in contrariam partem versus F, deinde evagari atque aliquamdiu motum reciprocare possit. Cum igitur durante hac reciprocatione sonoque inde orto, rursus excurrit ab A in (A), tum ponamus facilioris ratiocinationis causa in puncto A alligatum vel affixum chordae esse corpus $A\,B$ (quale corpus ipsa chordae materia ad punctum A ab uno latere chordae existens intelligi potest), quod per vibrationem ex

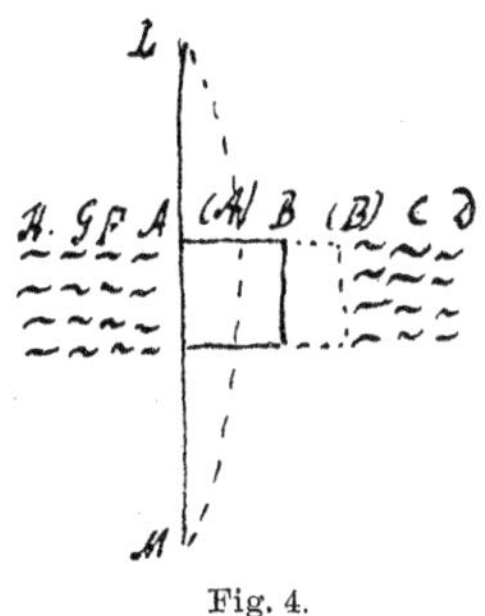

Fig. 4.

1) Journal des Sçavans de l'An 1675. Amsterdam 1677. S. 96. Dutens Leibnitii Opera omnia III. Geneva 1778. S. 135.

2) Ottonis de Guericke experimenta nova (ut vocantur) Magdeburgica de vacuo Spatio Amstelodami 1672. Liber III. Caput XV p 91. De Sono in Vacuo.

loco AB transferatur in locum $(A)(B)$, itaque aerem expellet ex loco $B(B)$, quem corpus AB nunc novè ingreditur et contra aërem alium faciet succedere in locum $A(A)$, quem deserit. Sed cum vibratio sit celerrima, nec satis celeriter circulus aeris absolvi aërque ex $B(B)$ expulsus in spatio circumfuso aequaliter distribui possit; hinc fit ut aër $(B)C$ anterior corpore moto, per istum impetum nonnihil comprimatur, seu plus aëris expulsi accipiat, quam alius remotior CD. Et contrà, cum aëre AF, qui posterior est corpore moto, non tantum novi aëris statim subministratur, quantum opus esset ad locum vacuum $A(A)$ à corpore desertum sine rarefactione implendum, ideò ipse aër AF nonnihil dilatatur, eoque magis ipsi A est propior; itaque necesse est aërem sonanti propinquum comprimi ac dilatari sive (quia Tensionis nomine omnem corporis Elastici à naturali statu dimotionem intelligo) praeter solitum tendi. Habet autem aër suum jam Elastrum naturale determinatumque compressionis gradum, quem partim à sua natura, partim ab incumbentis aëris pondere accepit, et omne elasticum sive tensum corpus, cum majorem solito tensionem accipit sive cum pulsatur, tremit; aeris ergo portio chordae propinqua ipsum ad instar chordae alicujus tremit. Et hunc tremorem continuaret alicujus tremit. Et hunc tremorem continuaret aliquandiu, etsi non alius aër ipsi esset vicinus. Veruntamen adhuc praeterea accedit nova causa ab aëre quoque vicino, quae continuationem auget. Nam ut aër $(B)C$ justo compressior sese exonerare conatur in ambientem, ita contra ambiens aër magna vi irruit in locum aëris $F(A)$ justo dilatatioris: sed aër se exonerans sese justo amplius exonerat; et contrà aër irruens, justo largius irruit, uti pendulum descendendo exorbitat justòque longius movetur atque iterumque ascendit; unde vibratio nascitur aliquandiu duratura. Aër jam vibrans $(B)C$ vicinum quoque sibi aërem, sed à corpore sonante longius remotum, commovet ad vibrandum, non tantùm cum in ipsum irruit et exonerare se conatur, sed etiam cùm justo amplius dilatatus iterum redit ad se et sese contrahens ab altero distrahitur. Quod et de aëre AF dicendum est, qui dum locum $A(A)$ corporis AB transitu in $(A)(B)$ vacuefactum, replere conatur, ut supra diximus, et versus $A(A)$ tendit, quodammodo distrahitur à vicino GH, unde aër interceptus FG tenditur ac dilatatur, quam dilatationem sequitur restitutio nimia seu compressio et utriusque reciprocatio seu vibratio. Habemus ergo, quomodo aër $(B)C$ vel AF tam latans sese seu distrahens à vicino (postquam à corpore vibrante propulsus est aut propriae restitutionis nisu nimium compressus est) quam contrahens sese seu distrahens (postquam à corpore vibrante attractus aut propriae restitutionis nisu nimium dilatatus est) vicinum (ut aër $(B)C$ ipsum CD et aër AF ipsum FG) comprimat vel deducat, adeoque pulset vel tendat et ad similiter vibrandum commoveat. Atque ita propagatur et vibratio ab aëre AF ad vicinum FG, et ab hoc similiter ad vicinum GH et ita porro; perinde ac si imaginaremur plures chordas LM, NO, PQ sibi vicinas esse; unamque LM pulsatam vibrare usque ad sequentem NO, quae hoc modo etiam pulsata pulset rursus sequentem PQ atque ita porro, quousque continuantur chordae, donec paulatim in postremis chordis frangatur pulsandi impetus excur-

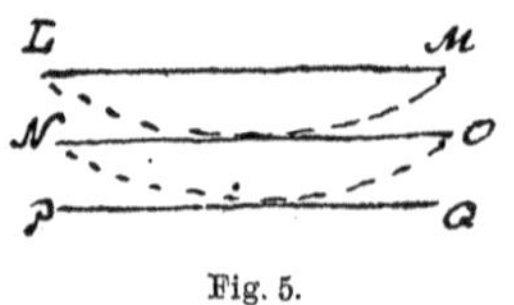

Fig. 5.

sionesque minuantur ut chorda licet vibrata sequentem non amplius attingat; quod licet in aëre non fiat, quia continuum est corpus, vibrationes tamen postremae imperceptibiles fient exiguosque nimis habebunt excursus ac proinde, cum idem ferè tempus semper etiam parvo excursu insumant, motum habebunt tardissimum. Haec autem, quae diximus de aëre aërem pulsante, illustrantur non parum experimento vacui ab aëre ordinario loci. Nam quemadmodum si duo hemisphaeria exhausta subito distrahantur aërque ab omni parte magna vi irruat, duo aëres concurrentes ingentem instar sclopeti fragorem edent, seu in partibus suis vicinisque tremorem efficient. Ita hic quoque cum dilatato partim, partim compresso aëre per sonori corporis vibrationem, etiam oriatur aliquid vacui, id est loci aëre valde exhausti, hinc etiam ex collisione aëris irruentis in locum vacuum, seu sese exonerantis ex compresso rudimentum aliquod soni seu tremorem et hujus aëris et vicini, consequi necesse est. Hactenus porro unam tantùm corporis sonori AB itionem spectavimus ab AB in $(A)(B)$, quae, si promta sit, aerem modo explicato pulsabit. Atque aër quidem semel in motu reciproco positus aliquandiu vibrationes continuaret, ut ostendimus, etsi chordam tensam statim post primam vibrationem requiescere fingeremus; tametsi hinc nullus fortasse oriturus esset sonus, quemadmodum pauciores justo radii non faciunt visum. Verum nunc considerandum est corpus AB, cum excurrit in $(A)(B)$, rursus regredi in locum AB, imò transgredi in alteram partem versus F idque facere aliquoties; semper ergo novos vibrandi conatus aëri ambienti imprimet. Sed cum aër ille retineat adhuc vibrationes à praecedentibus ejusdem chordae impressionibus acceptas, hinc sequetur aliqua perturbatio: continget enim saepe, ut vibrationes inter se non consentiunt, dum enim nova chordae impressio aërem forte sollicitabit ad compressionem, ipse ex prioris vibrationis reliquiis tendet ad dilatationem vel contrà. Sed haec cùm magnam factura sint motuum perturbationem et chorda fortior praesenti vibratione reliquiis prioris vibrationis praevaleat sintque chordae vibrationes semper aequabiles et aequidiuturnae, hinc aër se paulatim ita chordae accomodat, ut mox vibrationes aëris vibrationibus chordae consentiant, et nisi hoc fieret, non propagaretur sonus, sed mox ob perturbationem destrueretur. Verùm ista continuatione atque consensu et communicatur longius et repetitione ipsa fortior fit, ac denique sensibilis redditur. Sed quaeret aliquis, quomodo evitetur perturbatio ista soni propagationem impeditura, neque enim in aëre intelligi potest prudentia aliqua[1]), qua se chordae vibranti accommodet, cùm determinatum sit ejus elastrum ac proinde et determinata vibrationum periodus, celeritas enim vibrationis non à quantitate pulsationis, sed constitutione pulsati pendet, ut supra monuimus. Hic ergo distinctius explicari meretur admirandae creatoris sapientiae specimen, quo consensus sive isochronismus vibrationum chordae vel corporis sonantis et aëris obtinetur. Constat ex sectione Monochordi (cujus ratio vera alias reddetur) idem corpus sonorum quo est minus, eâdem manente tensione, eo sonare acutius, id est vibrationes absolvere celeriùs; qua occasione notavi, cùm chorda fit nimis brevis sonum quoque fieri nimis acutum, qui degenerat in sonum quendam atonum, quem clappantem dicere possis, ubi scilicet tonus non distinguitur; unde soni quoque hujus atoni

1) Leibniz denkt hier wohl an den horror vacui der Scholastiker.

natura illustratur. Certè corporum percussorum, sed apprehensorum similiter fit atonus, quia impeditis vibrationibus totius, impetus conceptus, qui perire non potest, consumit sese in vibrationes exiguarum partium adeoque nimis brevium, quae vibrationes sunt nimis celeres, quam ut distingui possint, unde sonus Atonus. Hinc et corpora valde heterogenea, in quibus scilicet ad exiguas nimis partes vibratio reducta est, sonum quendam inconditum edunt, quae vero partes habent magis unitas et sulphure fortasse quodam sive glutine tenaci aequabiliter diffuso connexas, aut quae alioqui homogenea sunt, sonant cum tono, ut aes, vitrum, ingens tabula ex alabastro rupe excisa. Addi possunt, quae supra de tinnitu arborum et sono ligni diximus, sed haec obiter. Iam vero redeundo ad figuram nostram consideremus, nihil adhuc à nobis allatum esse, quo determinetur, quantae debeant esse portiones aëris *AF. FG. GH* item *(B) C. CD* in quos, velut in totidem elastra, aerem chordae sonantis vibratione divelli diximus. Et quidem initio magnitudo portionum hujusmodi à quibusdam casibus ac circumstantiis valde variantibus pendere potest, non tantùm prout corpus *AB* majus minusve est, sed et prout multas habet cavernas, in quas aër penetrat, quibus velut totidem filis corpus aërem ambientem magis trahit (quanquam omnis tractionis ultimam causam esse pulsionem non negem); est enim in aëre tenacitas quaedam et adhaesio; accedit, quod corpora heterogenea in diversis aëris portionibus diversimodè repereriuntur, ergo pro magnitudine aëris puri existentis in partibus AF. FG. vibrationes diversarum portionum erunt inter se et cum chorda inaequales. Verum inde oritur perturbatio et impeditis ipso conflictu atque destructis vel in exiguum atque insensibile redactis et coërcitis vibrationibus tum partium justo majorum (aut saltem partis eorum excedentis), tum justo minorum, quarum illae justo tardiùs, hae justo celeriùs vibrant, solae denique partium justae magnitudinis vibrationes servabuntur, et ceterae quoque in partes justae magnitudinis abibunt, nempe dissilient majores, coalescent minores; ipsa necessitate naturae motum earum quod licet servare quaerentis. Praesertim cùm idem corpus liquidum continuum varias simul vibrationes habere possit: unam propriam adaequatam, alias communes cum aliis corporibus majoribus, quorum pars esse intelligi potest, alias denique suarum partium ipsi toti inadaequatas, quae variae imò infinitae esse possunt, pro variis velut plicis, quae pro variis externorum impulsibus in eo factae intelligi possunt, itaque ad hoc ut justae vibrationes praevaleant justaeque magnitudinis partes intelligantur, non opus est novis divisionibus sive plicis (tametsi et ipsae fiant subinde), sed sufficit ex his vibrationibus, quae jam factae sunt, eas, quae aptae sunt, et quibus perturbatio evitatur irrefractas servari, caeteris magis coërcitis, quae amplius illustrabuntur ex afferendo mox experimento de diversis ejusdem chordae vibrationibus secundum diversas suas partes. Hoc igitur modo paulatim aer ita se componet, ut evitetur haec perturbatio, et in partes sese mox accommodabit tantae magnitudinis, quanta cum data aëris tensione naturali datum exhibeat tonum seu desideratum vibrandi periodum, ut scilicet vibrationes chordae et partium aëris fiant Isochronae ictusque habeant consentientes. Itaque etsi aër apud nos instar chordae tensae suam habeat certam naturalemque tensionem, à pondere aëris incumbentis quo comprimitur natam, tamen datum quemlibet tonum accipere potest, prout portio assumitur major et minor, quemadmodum et chorda acutius graviusque sonat prout major minorve fit, dum ponticulus huc illucve ducitur. Atque ita fecit natura, ut quemlibet aër soni gradum accipere ac propagare posset, quod, quomodo fieret, hactenus quod sciam explicatum non habebatur. Hinc etiam explicari potest, quod Academici Florentini cum Gassendo[1]) egregie observarunt, velocitatem soni propagati esse uniformem seu spatiis percursis proportionalem seu, si sonus uno subscrupulo temporis mille passus conficiat duobus (tribus) etc. subscrupulis, duo (tria) etc. passuum millia conficere circiter solere atque ideò, quod paradoxum videri possit, sonum aequè velocem esse in fine itineris ac in initio, licet factus sit debilior, quemadmodum et viri clarissimi Heigelius et Schelhamerus[2]) me hunc monente Helmaestadii, observârunt. Nam vibrationes sive debiles sive fortes, sunt isochronae et vibrationes unius particulae aëris sunt simul percussiones particulae sequentis; percussio autem haec et soni propagatio idem sunt; ergo et soni propagationes sunt isochronae, et proinde si uno tempusculo aër AF accipiat vibrationem, proximo aequali tempusculo accipiet eam proximus aër FG, et tertio tempusculo aër GH, ergo insumentur tot tempuscula, quot aëris portiunculae, posito autem aëris portiunculas esse inter se magnitudine sive spatio circiter aequales (quoniam aër ipse aequalis fere tensionis apud nos est et ideo ad easdem vibrationum periodos eadem magnitudo requiritur); sequitur spatia quoque cum portionibus aëris aequaliter crescere ac proinde spatia temporibus propagationum soni proportionalia esse. Fallere tamen hoc debet nonnihil, cum sonus ascendit multum aut descendit, vel inter loca calore et frigore aut etiam heterogeneis in aëre contentis valde diversa commeat.

His ita positis vibratio aeris perveniens ad portionem aeris aliud corpus tensum attingentem, exempli causa chordam novam à prima chorda sonante non nimis remotam, infligit illi ictum aliquem unde vibrationes, sed si illae non consentiant vibrationibus aëris aut chordae prioris. tunc nova chorda vibrationem in se tota satis sensibilem non accipit, novae enim vibrationes nascentes mox contrariis aëris vibrationibus, à quibus ortae sunt, rursus suffocantur, sed si chorda nova priori sit unisona, seu vibrationes habeat isochronas sequentibus aëris vibrationibus à chorda priore venientibus non tantum non destruuntur, sed et potius augentur, novis semper ictibus inter se conspirantibus sine eodem tendentibus, inflictis; unde tandem sensibilis satis vibratio imò sonus chordae novae priori unisonae nasci solet, ut pila in planitie decurrens repetitis ictibus eorum, quos currendo praeterit, magnam satis celeritatem acquirit et tale, quid licet ob non satis cognitam potentiae Elasticae naturam obscurè et per nebulam vidit olim Fracastorius[3]),

1) Gassendi stellte seine Versuche zur Bestimmung der Geschwindigkeit des Schalles früher an, wie die Florentiner Akademiker. Beide bewiesen, daß sie eine konstante Größe sei. Gassendi Opera omnia. T. II. Saggi di naturali esperienze fatte nell' Accademia del Cimento. Cap. XI.

2) Heigel war von 1666 bis zu seinem Tode 1690 Professor der Mathematik in Helmstedt, beschäftigte sich hauptsächlich mit Optik, Schelhammer bis 1679 daselbst Professor der Botanik.

3) Fracastoro, geb. 1483, gest. 1553, war Arzt in Verona, später Professor in Bologna. Er nahm als Ursache der magnetischen und physiologischen Erscheinungen ein imponderables Agens an und handelt davon in seiner Schrift: De Sympathia et Antipathia vgl. Heller, Geschichte der Physik I, 343.

cujus locum mihi indicavit et postea eleganti atque erudito libro de organo auditus inseruit Cl. Schelhamerus.[1]) Tria tamen adhuc notanda: primò quod de unisono diximus, aliquo modo porrigi ad intervalla concinniora, ut octavae, duplicis octavae, quintae, in quibus non quidem omnes tamen alterni aut tertii quique ictus conveniunt. secundò, etiam chordam non unisonam ex toto tamen intelligi posse unisonam pro parte; unde observatum audio à viris ingeniosis chordam TZ duplo longiorem altera RS sed alias aeque tensam crassamque non totam quidem attamen duabus suis medietatibus TV, VZ singulatim priori RS nonnihil (quod pennulis[2]) in locis XX adhaerentibus apparuit) contremuisse, nam revera singulae partes TV, VZ ipsi RS sunt unisonae, et putem determinari quoque posse, quid in aliis chordarum duarum proportionibus sit futurum, quae res iterum nostram explicationem egregiè illustrat, nam ut hic in chorda percipimus, ita in aëre colligimus, partes sponte naturae assignari tales, ut vibrationum isochronismus servetur. quibus consentiunt egregiè, quae habet Chalesius in Musica ad explicandos Tubae et fistularum saltus à Mersenno propositos. dum enim vehementiùs inspiratur tuba, cogitur aër ad celeriorem motum, cumque in tota tuba vibratio sit per modum unius chordae, chorda autem tantae longitudinis tantum motum facile praestare non possit, dividitur tota haec quasi chorda per mediam et bifariam, ut ita dividatur in partes consonas (ne vibrationes se mutuò perturbent). Atque hoc se quoque expertum refert Galilaeus[3]), cum enim laminam aeream aut ferream aliquando ita tereret, ut ejus etiam vibrationes animadverteret, quotiescunque motus ejus erat concitatior, non tota lamina per modum unius vibrabatur, sed dividebatur vibratio in duas, et tonus ascendebat per octavam; ita dum scyphi aqua pleni labra digito teruntur, si vehementior sit motus, ascendit sonus ad octavam. Hinc etiam, ut obiter dicam, veram, nî fallor, rationem inveni, cur is, qui vitrum soni vehementia rumpere conatur, ascendat ad octavam ejus soni, quem in vitro pulsatione explorato comperit. Nam ita et vibrationes fient tanto velociores et, cum totum vitrum nec consentienter vibretur, nec tam vehementem agitationem facilè recipiat, potius dividetur bifariam, nam quaelibet pars facilius agitatur, et (cum dimidium ad octavam ascendit respectu totius) eo ipso cum eo, qui sonum edit, perfectè consonat, non

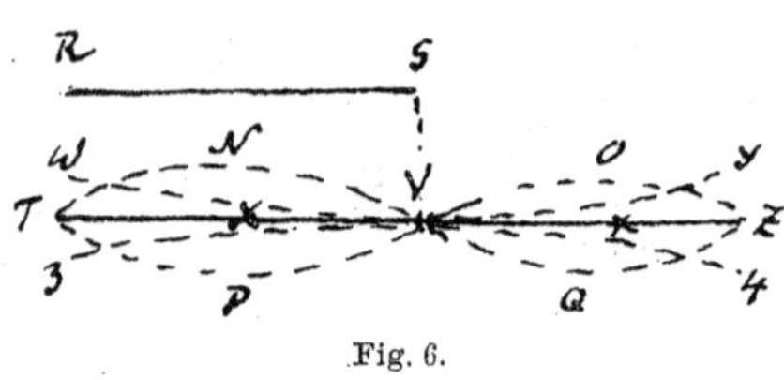

Fig. 6.

1) Schelhammer, De auditu. In Manget, Bibliotheca anatomica. Genevae. Vol. II, S. 380.

2) Die Pennulae scheinen die Stelle der jetzt angewandten Papierreiterchen vertreten zu sollen. Doch war, wie Leibniz ein andermal bemerkt, ihm auch das Festhalten des Knotenpunktes mit einer Gänsefeder bekannt, welchen Versuch nach ihm als erster der Abbas Bertheo machte.

3) Galilei, Discorsi. Ostwalds Klassiker der exakten Wissenschaften, No. 11, S. 88, wo indessen nur vom Auftreten der Quinte, nicht der Oktave die Rede ist, während er diese (S. 87) bei einem am Rand gestrichenen, in Wasser gestellten Glase beobachtete. Er spricht dabei auch von Luftwellen, die er aber als ebenso geartet, wie die Wasserwellen zu betrachten scheint (86).

minùs quam una pars alteri; vibrationesque non sese mutuò confundunt, sed juvant, atque magis magisque intendunt. Cum vero sonus et valde sit vehemens et satis diu continuatus (quae duo ad rumpenda sono vitra requiruntur), continuatis semper novis impulsibus motum continuo acceleratum tantumque denique impetum concipiunt partes duae vitri separatim (licet consentienter) vibrantes, ut tandem vis vibrandi et conatus excurrendi, major fiat vitri firmitate, quo facto ruptura sequetur. Si enim vitrum concipiamus per modum lineae seu chordae *TZ*, divisum in duas partes *TV*, *VZ*, separatim vibrantes in *TPV*, *VQZ* eodem tempore, et rursus eodem tempore transferendas in *TNV*, *VOZ*, patet punctum *V*, quod eas connectit atque earum libertatem coërcet, magnam vim sentire debere inter tot flexuum commutationes, et conceptos à reliquis partibus longiùs excurrere conantibus impetus, quibus ipsum solum immotum manens resistit. Unde firmitas ejus vi vibrationum atque celerrimorum excursuum nimis aucta et distrahente, tandem superabitur. Idem est, utrum non ex statu *TPVQZ* in statum *TNVOZ*, sed ex statu *TPVOZ* in statum *TNVQZ* transferatur. Sed multo adhuc magis locum habebit, si puncta *T*, *Z* a connexione duarum partium vitri maximè remota, non immota sed liberè vibrantia, ut revera sunt, concipiamus, ita ut *TVZ* translatum in *WVY* redeat in 3*V*4 ita cum facile (ad baculi instar hoc modo flexi) frangetur vitrum in *V*. Tertium, quod hic notandum videbatur, hoc erat, quod chorda chordam unisonam melius imitatur, si in eadem sint tabula. lignum enim velut corpus solidius sonum fortius propagat et hanc in rem notari potest experimentum in diario eruditorum Gallico[1]) aliquando relatum de duobus horologiis in eodem ligneo sustentaculo suspensis quorum vibrationes perfectè congruebant aut ex compositione turbatae ad concordiam redibant. Quod sola aëris connexio non effecisset. cessavit enim consensus, ubi à communi sustentaculo sunt amota: patet autem ex his quomodo chorda quaelibet ipsumque adeò lignum pro diversis suis partibus cuilibet alteri corpori unisonum intelligi possit, unum tamen corpus alio aptèque et aptissime omnium aer et organon auditus in hoc à natura destinata.

His jam explicatis facilius intelligetur, quomodo organon auditus sit cuilibet corpori sonoro unisonum. Et sanè possumus enumerare omnes modos possibiles, quibus id consequi licet. Est autem unum corpus diversis aliis (inter se non unisonis) unisonum vel actu vel potentia, actu secundum diversas suas partes easque rursus vel discretas, vel continuas. Discretae sunt in lyra, quae potest diversis aliis chordis esse consona, secundum diversas suas chordas. Aliquando continuae sunt partes; ita paulo ante ostendimus, aerem imò et chordam proxime propositam sponte quadam in partes abire magnitudinis tantae, ut cum data tensione sua fiant dato corpori unisonae, ita in chorda *TZ* ipso sonandi opere partes assignantur *TV*, *VZ*, singulae, ipsi *RS* unisonae. Potentiâ denique consonum intelligi potest unum aliis diversis, si scilicet, prout opus est, plus minusve tendatur aut laxetur. Naturam autem, cujus inimitabilis est sagacitas, arbitror omnes modos possibiles in organo auditus conjunxisse. Nam et cavitates aëre implevit et membranam detendit, quam tympani vocant,

1) Das seit 1677 in Amsterdam erscheinende Journal des Sçavans.

et trans tympanum in ossis petrosi labyrintho variae magnitudinis partes conjunxit; minores celerioribus seu acutioribus, majores gravioribus sonis seu vibrationibus experimendis aptas. Cum igitur sonus incidit in cavitatem auris, primum ab aere exprimitur modo dicto, deinde tympanum pulsatum tenditur, ut oportet, et accomodat sese, ut ejus vibrationes fiant vibrationibus aëris impingentis isochronae, eo naturae consilio, quo et humores et partes oculi foramenque pupillae à musculis ita formare possunt, prout objectorum distantia aut lux exigit. propagatur simul eadem vibratio tum in aërem trans membranam tympani, tum in ossicula multiplicia trans eandem membranam in tympano posita, membranae ipsi connexa, malleum, incudem et stapedem. Inde denique pervenit vibratio in labyrinthum in osse petroso excavatum, idque tum per tremorem ipsius ossis petrosi, tum per foramina in osse petroso. ipsum os petrosum tremit ad imitationem membranae tympani, tum ob vibrationes aëris inter ipsum et membranam hanc positi à membranae pulsatione per aerem externum facta incitati; tum ob tremores ossiculorum dictorum inter membranam et os petrosum interjectorum, nam malleus membranae tympani, stapes ossi petroso connectitur, incus eos jungit, unde communicatio. Foramina in osse petroso, quae tympanum respicit, sunt ovale et rotundum. Ovale clauditur à stapede, cuius basis membranâ adnatâ jungitur orae foraminis. Rotundum clauditur propria membrana, quae membranae tympani similis est. Labyrinthus intra os petrosum undique conclusus constat potissimum tribus canalibus in semicirculum inflexis et cochlea. Cochleae autem canalis à lamina quadam (axem cochleae spiraliter circumeunte atque interiore sua acie, ut ita dicam, ad axem cochleae annata, exteriore verò per membranam quandam pariete canalis, in quo excavatus est, adhaerente) dividitur in duas quasi scalas (seu duplicem ascensum), quarum una cum altera non communicat etsi una super alia sit, solaque lamina dividantur. Horum ascensuum superior communicat cum aere canalium semicircularium, qui vibrationem accepere, tum ab ipso tremore ossis petrosi, tum à stapede per foramen ovale. At inferioris ascensus sive meatus aer cum nullo alio immediatè communicat, vibrationem verò accepit tum à dicto tremore ossis petrosi, tum a membrana foraminis rotundi, quam aëris intra tympanum et os petrosum positi vibratio ad imitationem membranae tympani in tremorem concitavit. Lamina autem cochleae inter hos duos ascensus seu meatus intercepta, tum à superioris tum ab inferioris meatus aëre pulsatur. Unde patet quoque, cur dentibus manubrium barbiti apprehendentes sonum percipiamus, etiam auribus obturatis, quod per mandibulae et temporum ossa tremor ossiculis supradictis et ita per stapedem ossi petroso communicatur. Caeterum cum canales semicirculares, tum cochleae meatus et lamina coeunt ex amplo in arctum instar tubarum, unde partes sive gyri minores facilius exprimunt sonos acutiores, ampliores verò gyri exprimunt sonos graviores, atque ita organon diversis corporibus sonoris unisonum fit, accedentibus diversis pro re nata accommodatis tensionibus membranarum (tympano, foramine rotundo et ovali laminae annexarum) diversaque (supra explicata) divulsione particularum aëris acustici non tantum in externo meatu auditorio citra tympanum et spatio trans tympani membranam contenti (qui ambo cum aëre libero communicant), sed et labyrintho inclusi, quem veteres vocabant implantatum[1]), qui cum externo nonnisi insensibiliter communicare potest. Omnes autem particulae et aëris et organi, quae debitae sunt magnitudinis atque inter se et sonoro corpori unisonae, sive jam praeexistentes sive (explicata superiùs ratione) in ipso exprimendi soni opere commoditatis causa factae atque à natura assignatae, easdem accipiunt vibrationes, easque mutuò juvant et propagant. Acceditque officium cavitatum organi, quibus fit quasi Echo multiplex, sonusque velut stentoreae tubae reflexionibus multiplicatur et fortior rédditur. Quod ad ultimum sensorium attinet, observatum est duas esse partes nervi auditorii, unam duram, alteram molliorem et ad usum sentiendi magis, ut videtur, comparatam, quae consumitur in partes Labyrinthi (immediati auditûs organi) interiores, laminam scilicet cochleae et canales semicirculares et amborum membranas. Unde suspicari licet, comparando sensum visûs cum sensu auditûs, ut jam aliquoties feci, partem duram respondere nervo optico, at partem molliorem ejusque propagines magis respondere choroeidi tunicae, propagini piae matris, quam (prae retina et nervo optico) visus organon ultimum dicendum satis mea sententia ostendit Mariottus.[2])

Caeterum de partibus organi auditus earumque usu duo nuper egregii libri prodiere clarissimorum virorum primum Schelhammeri professoris Medici Helmastadiensis deinde novissimè Du Verneji[3]) Anatomici Regii parisini, quorum hic quibusdam Mariotti (viri certè in his studiis egregii, et magna naturalis scientiae jachora nuper extincti[4]) ille meis nonnullis sententiis uti sese pro sua humanitate profitetur. Mirus autem inter Mariotti measque sententias quoad summa capita in hoc argumento fuit consensus, quod ipse mihi indicavit Epistolâ explicationi meae sibi transmissae reposita. Et his verò congruenter Du Vernejus generaliora haec cogitata ad partes organi auditorii applicat, ex quo plurimum profeci; atque ita confirmatus sum, ut jam noster explicandi modus rationibus atque observationibus in solido collocatus et recipiendus videatur. idem Du Vernejus cogitationum Clari Perralti[5]) ad hoc argumentum pertinentium meminit, quas non vidi, egregias tamen esse apud me, cui perspectum est viri ingenium, dubitatio nulla est.

11. [Vier Blätter, die halben Seiten beschrieben mit sehr leserlicher Schrift und nur wenig Korrekturen.]

Omne, quod sonat, tremit.

Quicquid tremit, aëri et corporibus tensis sed maximè homotonis eandem trepidationem communicat.

Aures eo naturae artificio sunt conditae, ut sint omnibus corporibus, quarum sonus percipimus, homotonae.

Auris corporum sonos exprimit et imitatur.

---

1) Die Lehre von der eingepflanzten Luft als unmittelbarem Werkzeug des Gehöres, die noch Perrault annahm, hatte zuerst Schelhammer widerlegt. Vgl. Sprengel, Versuch einer pragmatischen Geschichte der Arzneykunde, 2. Aufl., IV. Teil. Halle 1801. S. 270. Bekanntlich ist das Labyrinth mit Wasser gefüllt.

2) Mariotte, Lettres écrits sur le sujet d'une nouvelle découverte touchant la vue. Oeuvres T. II. S. 517. Acta Eruditorum 1683, S. 67.

3) Du Verney, Traité de l'organe de l'ouie. Paris 1683.

4) Mariotte starb am 12. Mai 1684.

5) Perrault, Du bruit. Oeuvres diverses. T. II.

Objectum sonans est instar chordae pulsatae, organon verò auditus est instar chordae homotonae sine tactu resonantis.

Tremere quid itiones et reditiones in chordis valde tensis fiunt, ut in laxis, etsi non aequè oculis percipiantur.

Quicquid tremit, tensum est.

Nullum corpus tam molle est, quin celeri nimis divisioni resistat.

Quicquid divisioni resistit id, antequam rumpatur, tenditur, ut fila calcitae.[1])

Corporum repercussio omnis est à restitutione tensorum et flexorum. itaque quicquid repercutit, tensum est.

Visibile hoc in pila, in flato in pectine, vel simili labente.

Nihil tam durum, quin nonnihil flectitur.

Nihil tam magnum, quin nonnihil tremat.

Ratio, cur flexa et restituta sponte iterum flectantur.

Omne corpus, cui continuè novus impetus implicitur, novissimé impetum habet ex omnibus collectum.

Quicquid magnum impetum collegit, id trans locum, ubi alias quieturum esset, feretur.

Non potest videri, an et quando cesset trepidatio scissi semel pulsati.

Aqua et aer sonum edunt sola suarum partium collisione. experimentum

Aer est fluidum elasticum.

Et spiritus vini esse videtur fluidum aeri valde cognatum.

Aqua non est corpus satis elasticum.

(tractatus della renitenza dell' aqua alla compressione.)[2])

Circulus, qui in aqua fit injecto lapillo, nihil est aliud quam fluctus orbicularis.

Ut ex uno fluctu nascitur alius parallelus sed humilior, ita et fluctu orbiculari nascitur alius orbicularis remotior ac proinde major priore, sed humilior.

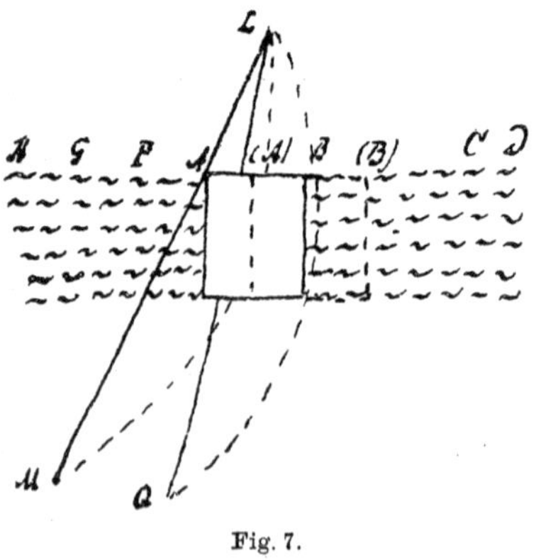

Fluctus aquae potius conferendi sunt vento in aere, quàm sono.

Sonus non oritur ex percussione corporis sonantis immediatè, sed ex restitutione percussi.

Ad sonum sensibilem efficiendum opus est multis trepidationibus repetitis, ut ad videndum aliquid punctum sensibile multis est opus radiis. ita ad videndum apicem montis, qui instar puncti videtur.

Fig. 7.

Si aer subitò percutiatur, pars eius, quae est ante rem percussam, comprimitur, pars, quae post eam sit, rarescit. sit corpus AB, quid magna celeritate transfertur in (A) (B) et percutiet aerem anteriorem BC eumque expellit ex loco B (B), et quoniam aër tanta celeritate circulum commode

1) Ein Tonpfeifenrohr.

2) Kap. VI der Saggi di naturali esperienze fatte nell Accademia del Cimento. Firenze 1841.

peragere non potest, ut statim tantundem aëris, eundem quam ante densitatis gradum habentis expellatur ex *(B) C* et vicissim in locum ipsius *FA* succedentis in locum à corpore relictum *AB*, quia corpora elastica malunt tendi nonnihil, quam celeriter moveri; hinc necesse est aëre *B (B)* expulso a corpore *AB* et in locum ipsius *(B) C* non satis statim recedentis subeundo, aërem in loco *(B) (C)* existentem nonnihil comprimi et in loco *FA* existentem, quia etiam locum *AC* a corpore *AB* descitum implere debet, novo aëre sufficiente non statim succedente dilatari.

Si in medio aëre ordinario sit locus repletus aëre justo dilatatiore, aër circumstans magno impetu in eum irruens jam tum aliquem efficiet sonum. Experimentum est in Machinis Gerickianis[1]), nam si duo hemisphäria, ex quibus exhaustus est aër, divellantur, aër circumstans ad locum replendum fluens sonum edit instar sclopeti.

Idem proportione continget in loco *FA*, etsi enim exigua sit aëris in eo dilatatio et exiguus etiam ipse locus (tantus scilicet, quando chorda tremens major apparet quiescente) orietur tamen si non sonus, certè soni rudimentum, id est, quod percipi possit multis repetitionibus.

Ex aëre ambiente dum scilicet locus *FA* aëris dilatati iterum impletur, in locum *FA* cum impetu ex *GH* confluente et ex aëre compresso incluso in loco *(B) C*, dum is depletur et in vicinum aërem *CD* erumpit nova, oritur percussio, novaque iterum compressio et dilatatio.

Dum aër vicinus *GF* irruit in locum replendum *FA*, ipse quoque nonnihil dilatatur, ubi cohaeret aëri *GH*, à quo satis celeriter sine dilatatione aliqua divelli non potest. Et quemadmodum dilatatio ex *FA* propagatur in *GF*, ita ex *GF* propagatur in *HG*. Similiter compressio propagatur, dum enim locus *(B) C*, in quo nonnihil compressus subitò depletur in locum *CD*, necesse est *CD* nonnihil comprimi. Similiterque ex *CD* compressio porro in sequentem adhuc remotiorem propagatur.

Omnem autem compressionem sequitur mox restitutio iterum dilatans et dilatationem restitutio iterum comprimens; ita aër jam ipse per se aliquamdiu vibrationes peraget, etsi corpus sonans non vibraret. Sed non erit satis sensibilis illa vibratio, quia ex una tantum percussione orta est corporis *AB* semel tantùm translati in *(A) (B)*.

Si corpus tremens vel ejus pars *AB* translatum in *(A) (B)* redeat in *AB* et iterum *(A) (B)* aliquoties reciprocatis itionibus et reditionibus, toties aër denuò percutietur et novum impetum acquiret, qui denique tam fortis fiet, ut possit percipi.

Praeterea si vibrationes aëris a dilatatione ad compressionem reciprocè transeuntis non sint synchronae reciprocationibus corporis trementis, novae supervenientes percussiones aërique impressae impetus reciprocandi, quos aër ex priore adhuc percussione residuos habet, turbabunt. nam aliquando dilatandi sese impetum imprement aëri, dum ipse jam tendit ad compressionem; aut contra videndum igitur, qua arte efficiat natura, ut perturbatio ista evitetur.

Si duo corpora inaequalia sint ejusdem tensionis percussura, eo celerius celeriores habet reciprocationes, quo est minus. Hujus propositionis veram

---

1) Den Magdeburger Halbkugeln.

rationem aliquando reddam. nunc satis est eam assumere velut comprobatam experimento. Nam constat ex sectione monochordi chordam, quo est minor, eo sonum reddere acutiorem manente eadem tensione; idem de corporibus quoque alterius figurae constat.

Consideremus jam quanta esse debeat portio aëris *AF. FG.* item *(B) C* aut *CD.* et utique apparet, hoc esse satis indeterminatum, et primis ictibus, ut portiones aliis majores minoresve eligantur, ex variis pendere posse casibus, prout ipsum corpus *AB* non tantum maius minusve est, sed et plures habet cavernas, quibus aër ipsum ingreditur, eo enim velut totidem filis aërem ambientem fortius trahit; ut taceam diversa corpora heterogenea, quae in aëre in diversis portionibus diversimodè reperiuntur. Verum hoc de primis ictibus intelligenda sunt: at corpore sonoro suas reciprocationes continuante paulatim aër ita se componit, ut fiat unisonus corpori sonoro, ut nempe vibrationum aëris et corporis sonori sibi obstantium perturbatio minuatur; atque ita tunc dum ex repetitis percussionibus acceptus ab aëre impetus satis redditus est validus, ut percipi possit, jam aër etiam ad unisonum devenit; id est in portiones discerptus est *AF. FG. GH* etc. *(B) C. CD. DX* tantae magnitudinis, quantae in data aëris tensione faciant, ut vibrationes portionum aliis cum vibrationibus sonori sunt aeque diuturnae.

Nam aër suum habet determinatum Elastrum sive tensionem (utor autem hic tensionis voce generaliter pro compressione vel dilatatione vel etiam flexione, quae fit sine utroque, aut cum utroque, simul ut in arcu tenso).

quae scitur ex pondere aëris superstantis. itaque eligitur magnitudo partium, quae cum data tensione datae diuturnitatis desideratae (quae scilicet sonori est) exhibent vibrationem.

itaque in locis altioribus ut montibus majoribus opus est partibus aëris, quae causa esse potest, cur sonus illic sit debilior. Nam in majoribus portionibus non tam exactè res succedit, ut in minoribus ob varia impedimenta; et cum aër ibi sit valde rarus respectu puri aëris, est tamen non ideò minus heterogeneis partibus plenus, cur sclopeti sonus solite exilior fuerit. Quae servire poterunt ad explicandam causam eius in Carpathis cuiusdam montis apice, quod Frolickius[1]) sibi evenisse narrat.

Etiam in Vacuo Gerickiano sonus admodum debilitatur, ipso Gerickio narrante.[2])

Ex his etiam ratio reddi potest phaenomeni memorabilis, quod occasione narrationis Gassendi deprehendere Academici Florentini[3]); nempe soni celeritatem esse uniformem ratione loci sive distantiis proportionalem; ita

---

1) Die Besteigung der Tatra und die daselbst gemachten Beobachtungen bilden das Kap. VIII des Lib. V in Guericke Experimenta nova (ut vocantur) Magdeburgica. S. 161 und haben die Überschrift: observatio quaedam, à Davide Frölichio in Monte Carpatho Hungariae instituta, quae non parum facere videtur, ad judicium de Aëris sensibili altitudine et Regionum ejus constitutione, ferendum.

2) Guericke a. a. O.

3) Gassendis Werke, deren 2. Bd. seine physikalischen Arbeiten enthält, waren 1658 in Leiden erschienen, drei Jahre nach seinem Tode. Die in den Saggi der Accademia del Cimento beschriebenen Versuche zur Ermittelung der Geschwindigkeit des Schalles hatten Borelli und Viviani bereits 1656, also vor Stiftung der Akademie angestellt.

ut si certo tempusculo mille passus percurrat duobus, tribus etc. similibus tempusculis percursurum sit duo, tria etc. passuum millia. Hoc ita demonstratur:

Ut vibrationibus corporis AB aequidiuturnae sunt vibrationes aëris AF, ita his aequidiuturnae sunt vibrationes aëris FG, et ita porro. Eadem enim causa est isochronismi, ut perturbationes evitentur. Unde tandem propagatur vibratio isochrona, ad chordam unisonam datam, vel locum Echûs, vel denique organon auditus.

Sed percussiones tam sunt celeres, quam sunt vibrationes, id est corpus vel aër tam celeriter percutet, quam celeriter vibrat. Sequens autem corpus tam celeriter accipit vibrationes, quam celeriter praecedens ipsum percutit. itaque eadem celeritate accipit aër AF vibrationem (à corpore AB), qua celeriter aër FG (ab aëre AF) et aër GF (ab aëre FG).

Est autem portio AF circiter aequalis portioni FG, et ita porro, aër enim apud nos in eodem ferè ubique tensionis statu est, itaque tempora propagationum erunt, ut numeri portionum, in quas aër divisus est, id est, ut distantiae. Erit tamen aliquod licet forte [?] non ita sensibile discrimen progressionis ratione magnitudinis partium, quando sonus tendit à loco superiore in inferiorem, vel à calido in frigidum.

12 [$3\frac{1}{2}$ Blatt 4°. Auf gutem Papier gut geschrieben.]

De vibrationibus aëris tensi.

Fingamus, Embolum exactè respondentem Tubo vas Aëre communi (hoc est neque compresso ultro statum reliqui aëris ambientis, neque dilatato) plenum ingredienti [tem] nonnihil extrahi ex tubo, ut ita aër dilatetur, deinde, antequam totus egrediatur, à trahente subito dimitti; manifestum est non sine vi rursus in tubum subingredi debere, nec tantùm in priorem statum redire, sed impetu concepto ultra provehi, aëremque inclusum comprimere; moxque ab eo rursus repulsum impetu concepto contrario iterum ultra justam mensuram exire et nova dilatatione facta denue deinde intra tubum compelli, easque vibrationes aliquoties reciprocare. jam investigare operae pretium est, an tempora vibrationum tubi magis vel minus extracti sint aequalia, quemadmodum sic satis esse experimur in chordis pulsatis.

Concipiamus autem majoris facilitatis causa, vas esse tubum cylindricum AB, cuius media pars AE sit aëre communi plena, altera pars EB embolo CD, embolum autem usque ad ostium extrahi non ultra, ne pereat obturatio; et jam videamus, quid consequatur, si C, emboli extremitas, transferatur in B, et ibi embolus rursum dimittatur. Quoniam igitur effectus est aequalis suae causae, embolus rursum intromissus non sistet in E, sed introrsum progreditur usque in F, donec vis compressionis seu vis Aëris compressi AEC sit aequalis vi dilatationis seu vi aeris dilatati ABC (quod fiet si ipsis AB, AE sit tertia proportionalis AF aëre tantundem compresso nunc, quantum antea

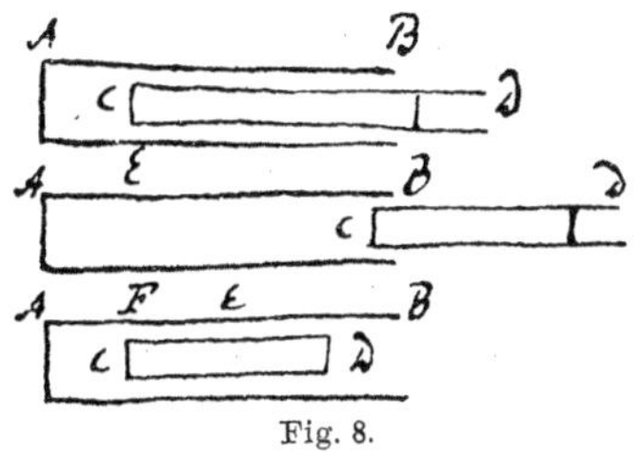

Fig. 8.

fuit dilatatus; quos duos stratus inter se aequilibrium facere seu aequales esse ostendemus). Extructo embolo ex CE in CB columna aëris aequè ampla elevata est ad altitudinem EB vel, quod idem est, pondus CD, quod ponamus huic columnae aequale, fingendo tubum esse ad horizontem erectum et pro columna aëris esse in vacuo. porro punctum F tale esse debet, ut eo repulsum pondus CD, rursus in E praecisè eam celeritatem acquirat, quam ibi habebat, cùm introrsum pelleretur.

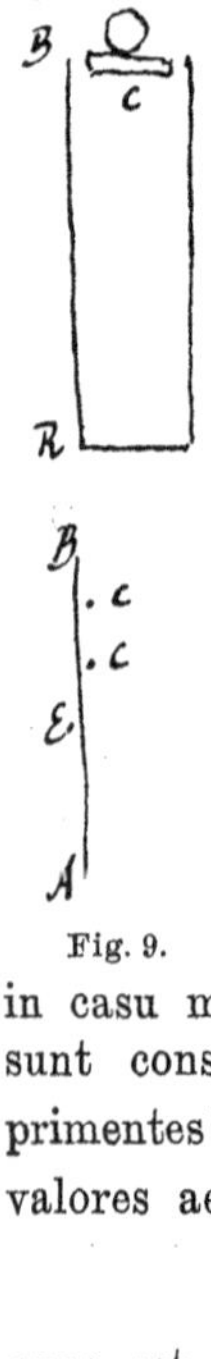

Ut igitur motum ponderis C accuratè cognoscamus, considerandum est gradus celeritatis impetus novos, qui ponderi C cadenti imprimuntur, eo esse minores, quo magis ingreditur embolus in tubum, et resistentias aëris, qui semper est compressus, esse ut compressiones, hoc est reciprocè, ut spatia. Nam aër, cum dilatatus dicitur nostri respectu, revera tantum est minus compressus. Sit igitur AB b, et AC x, varians pro vario situ ipsius C; conatus impressus à gravitate semper est proportionalis temporis elementis; adeoque si tempus t, erit df conatus gravitatis; sed conatus contrarius à compressione impressus est reciprocè ut x, seu ut $1 : x$, posito igitur AB esse b. Et conatum, quem gravitas imprimit, esse $\overline{df}$ et diminutionem ejus ab initio in B ortam à resistentia aëris inclusi esse in ratione r seu esse $df - r\overline{df}$, utique patet diminutionem seu resistentiam aëris inclusi in alio loco quocunque C esse ad rdf, ut AB est ad AC, seu ut b ad x; adeoque resistentia in C vel conatus à gravitate impressi diminutio erit $\overline{dfrb} : x$, et conatus totus erit $\overline{df}\;\overline{1 - rb : x}$, qui est elementum velocitatis seu $\overline{dv}$. jam aliunde scimus esse $\overline{dx}$, spatii elementa, in ratione composita velocitatum, et elementorum temporis, seu esse dx elementum spatii in loco quocunque percursum ad m elementum, percursum in E seu in casu maximae velocitatis ut est $\overline{df}$ ad m velocitatem maximam ductam in ϑ seu conatum à gravitate impressum, seu elementa in casu maximae velocitatis, adeoque fiet $\overline{dx} : v :: b\overline{dt} : m\vartheta$, ubi b, m, ϑ sunt constantes; habemus ergo duas aequationes, valorem ipsius dt exprimentes[1]), unam $dt = dv : \overline{1 - rb : x}$, alteram $dt = \overline{dx}\,m\vartheta : vb$, quos valores aequando inter se fit $vp\overline{dv} = dx\,\overline{1 - rb : x}\,m\vartheta$, seu

Fig. 9.

$$\tfrac{1}{2}bvv = m\vartheta\int\overline{\overline{1 - rb : x}\;\overline{dx}},$$

quae est relatio inter velocitatem et spatium et quia

$$v = \sqrt{\overline{2m\vartheta : b}\int\overline{\overline{1 - rb : x}\;\overline{dx}}}, \text{ fiet utique}$$

$$t = \int dx : \sqrt{\overline{2b : m\vartheta}\int\overline{\overline{1 - rb : x}\;\overline{dx}}},$$

unde habetur relatio inter tempus et spatium, (vel erit

$$\overline{dx}^2 : \overline{df}^2 = \overline{2b : m\vartheta}\int\overline{\overline{1 - rb : x}\;\overline{dx}}, \text{ vel erit}$$

1) Hier ist am Rande mit anderer Tinte geschrieben: literae m ϑ, v ad complendam homogeneitam legem adubiose in calculo tamen sequenti dissimulari possunt.

$$\frac{2\,\overline{dx}\;\overline{ddx}\;\overline{df^2} - 2\,\overline{df}\;\overline{ddf}\;\overline{dx^2}}{\overline{df^4}\,m\vartheta : 2b} = \overline{1 - rb : x\,dx} \quad ^{1)}$$

ubi ponendo $\overline{ddf} = o$, fiet utique : $\overline{ddx} : \overline{1 - rb : x} = \overline{df^2}\,m\vartheta : b$ [2]) qui calculus est memorabilis. Aequatio tamen haec ultima imperfecta est, nec determinata satis, nisi supponendo ipsa et esse aequabiliter crescentia).

Sed jam per figuram explicandum est, quid sit $\int \overline{1 - rb : x\,dx}$ seu $\int \left(\frac{x - rb}{x}\,dx\right)$, quae quantitas exprimit quadrata velocitatum, seu ipsius potentiae gradus Et considerandum praeterea alicubi, ut in E aequalem esse conatum impressum à gravitate et resistentiam aëris inclusi et ut AE, vocemus e, utique conatus gravitatis in puncto E, qui est ut ϑ, per temporis elementum ibi assumtum, seu resistentia aëris in puncto E erit ad resistentiam compressi aëris[3]) initio seu in puncto A, seu ad $r\overline{df}$, ut b seu AB est ad AE[4]) seu e.[5])

Ergo $dt : rdf : : b : e$, seu $r = e : b$, seu $rb = e$ et fit : $\int \overline{1 - e : x}\;\overline{dx}$ seu

$$\int \overline{x - e : x}\;\overline{dx}.$$

quaeramus jam ordinatas ad AE, quae sint proportionales ipsis $x - e : x$ seu quae aequ. $ax - ae : x$ seu $a - ae : x$.

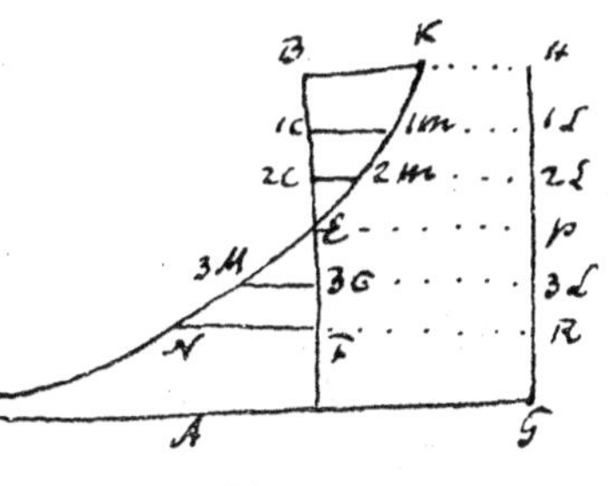

Fig. 10.

Angulo ad B recto ducatur A et compleatur rectangulum $GABH$ ac centro G et asymptotis GA, GH describatur ad partes B Hyperbola KNM talis, ut ex M ducta utrimque ordinata normalis ML in GH, sit rectangulum GLM semper aequale ipsi ae seu rectangulo et GE sub GA sive a, et AE sive e (Unde si a et e sumantur aequalis, erit E vertex Hyperbolae). Ex hac constructione patet LM esse $ae : x$ et CL esse a. Ergo CM est $a - ae : x$ et potentia à pondere descendente acquisita, loco quovis C erit, repraesentata spatio Hyperbolico $KBCMK$. Et summa potentia acquisita in puncto E repräsentabitur trilineo Hyperbolico $KBEK$, nam Hyperbola rectam secat in E. Sed gradus post E, qui cadunt in alteram partem insignem rectae AB, non sunt acquisitiones, sed detractiones, quia quod

1) Muß wohl links im Nenner heißen $2b : m\vartheta$.
2) Muß wohl heißen $b : m\vartheta$. 3) Im Ms. steht hier nur compr.
4) Von hier an dieselbe Tinte wie die der Note S. 50.
5) Hier ist an den Rand geschrieben:
$rb = e$, AB b vel h, m maxima velocitas, qui [sic] est in E.
Et ds elementum spatii
AB, $h \cdot BH$, $a \cdot HK$, $e \cdot AC$, $x \cdot LM$, $ae : x$
h unitas seu cuius log. v

$$x = ae^v$$

$KHLMK$, qr $\qquad$ $KHPEK$, qh
$KHLMK$, $h\;\overline{\log. x : \log e}$
in casu, quo K est AF fit $KHLMK$, id est $KHRFK$ aeq BR, seu $d\,\overline{h - x}$.

detrahitur maius est, quam quid additur. ergo descendet pondus eo usque, donec ut in F sit $NFEN = KBEK$ seu $KBFNEK$ (id est $KBEK - NFEN$) = Nihilo.

NB. quod est notandum, ut appareat, quomodo in figuris destructio seu nihilum exhibeatur. jam investigandum est punctum F. Punctum F tale seu recta $AE = x$ talis in M [ut] $\int \overline{a\,dx} = \int \overline{ae : x\,dx}$ seu ut sit rectangulus FH = quadrilineae $KHLMK$. Constat verum esse spatia $KHLMK$ progressiones arithmeticae, si rectae GL vel AC sint progressiones Geometricae, seu si spatia illa, ut numeri, rectas has essent logarithmos, ergò si GH sit h vel unitas, cuius logarithmus est 0 sitque AE e, $\frac{AC}{AB}$ vel $\frac{GC}{AB}$ sit $\overline{e : h}\,\boxed{v : h} = x : h$, erunt spatia $KHLMK$ ut $v = qv$. $KHPEK$ erit ut $\underline{\log e}$ et $KHRNK$ ut $\log x$ propor AF, x. ex natura logarithmorum fiet $v : h$ $\log e = \log x$, nam $\log h$ est $= 0$. Ergo $v = h \log x : \log e$ et $KHLMK = qh.\ \log x : \log e$, ergo in casu quo $x = e$ fit $KLPEK = qh$ [quam quantitatem detrahendo à rectangulo PB, seu ab $a \cdot \overline{v - e}$ fit $ah - ae - qh = KBEK$.

Sit jam $AF = x$, erit $EPKNP$[1]) $= qh \cdot \log x : \log e - qh$ unde auferendo PF seu $a\,\overline{e - x}$ fiet $qh \cdot \log x : \log e \left(\overline{- qh - ae}\right) + ax = NFEN = KBEK = ah \left(\overline{- qh - ae}\right)$ seu $qh \log x : \log e = a\,\overline{h - x}$. quae aequatio determinat punctum x quod etiam inveniri potest per intersectionem rectae et lineae logarithmicae. idem etiam brevis sic invenitur. Inventum est supra in casu puncti F quaesiti esse rectang. FH aequale spatio quadrilineo hyperbolico $KHRNK$, sed rectang. FH est $a \cdot \overline{h - x}$ et quadrilin. $KHRNK$ est in quadrilin. $KHPEK$ seu ad eh ut log AF seu log x ad $\log e$. Ergo fit $qb = a\overline{h - x} = qh \log x : \log e$ prorsus ut ante.

Etsi autem a assumserimus pro arbitrio, tamen ab eo semel assumto, certo modo pendet q. Et non licet facere $q = a$, nam fieret $qh = ah$, seu quadrilin. $KHPEK$ (quod fecimus qh), erit aequ. rectangulo BG (seu ah), pars toti, quod est absurdum. Porro aequationem Logarithmicam mutando in potentialem, quia haberimus $\log e = \log x$ $qh = a\,\overline{a - x}$. fiet inde $e = x\,\boxed{qh : a\,\overline{a - x}}$.

(Etsi autem q sit semper minor, quam a, videamus tamen, an non mutato a mutetur ratio inter a et q, et an non proinde reperiri possit ratio omnium possibilium minima, ubi q maximè vicina ipsi a. Sed video nihil, hinc dare semperque tandem manere proportionem inter q et a. Nam sit EC q, fiet $KHPEK$ aequ $\int \overline{ae : \overline{e + x}\,dx} = qh$ et ista summa dividens ah dabit rationem inter ah et qh seu inter a et q quam faciendo omnium possibilium minimam M. Fiet $\int \overline{e : \overline{e + x}\,dx} : h = C$ ubi patet evanescere a. adeoque non posse hinc inveniri valore ipsius h.)

Illud potius consideratione dignum videtur, ex calculo nostro duci modum aestimandi, ex quanta altitudine cadere debeat pondus datum, ut

1) Wohl $EPRNE$.

aerem comprimat intra datum spatium, seu quousque aer datae compressionis pondus datum attollere possit, seu quanta sit vis compressionis viva respectu dati ponderis. Nam pondus, quod cum aere intra AE compresso in aequilibrio est, cadens ex altitudine BF aerem dictum diffusum PG und RG AB comprimet intra AF.

13. [Kleiner Zettel von Leibnizens Hand.]

Si chorda musica AD variè dividatur in punctis x (x) etc., tonos edet proportionales rectis xy, $(x)(y)$ posito AxD esse Asymptotam Hyperbolae y (y) et Ax abscissas et xy ordinatas. Nam chordae aequabiles, aequaliter tensae, habent tonos longitudinibus reciprocè proportionales. Hinc dicimus reciprocos arithmeticorum esse progressiones harmonicae, ubi ea est proprietas et differentiae trium sint ut extremae.

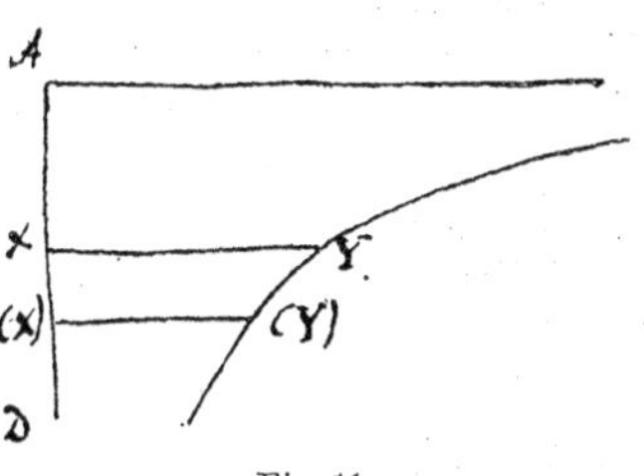

Fig. 11.

Anmerkung. Die Zeit der Abfassung der als Nr. 10 mitgeteilten Abhandlung läßt sich ziemlich genau bestimmen. Denn da in ihr von dem Ableben Mariottes im Jahre 1684 als von einem vor kurzem eingetretenen Ereignis die Rede ist, so muß sie um die Mitte der achtziger Jahre des 17. Jahrhunderts niedergeschrieben sein. Man wird nun wohl die Annahme machen dürfen, daß die übrigen Arbeiten etwa aus der nämlichen Zeit stammen, da sie inhaltlich einander sehr nahe stehen. Stellen sie doch gegen Leibnizens frühere Ansichten einen bemerkenswerten Fortschritt dar. Diese finden sich in der 1671 in Mainz unter dem Titel Hypothesis physica nova gedruckten Schrift, in der sich ihr Verfasser folgendermaßen im § 32 ausspricht: „*Sonus non consistit in motu aëris,* aërem enim voco illam rem, cujus gravitas in baroscopio sentitur, quae comprimi, exhauriri, ponderari potest. Jam constat, exhaustis utcunque et clausis vasis campanulam intus pulsatam extrinsecus audiri. Consistit ergo in motu aetheris, sed moderato et in circulos abeunte, ut lapide aquae injecto videmus, cùm lux consistat in forti et recto partis subtilioris.“[1]) Den Äther aber erklärte er, wohl in Anlehnung an die verschiedenen Materien des Cartesius. Im § 7 heißt es: *Major materiae pars in fundum collecta terram debet, aqua supernatabit, aër emicabit*: *Intrusus AETHER.* (Is enim fortasse est ille *Spiritus Domini,* qui super aquis ferebatur, easque digerebat, ex eis ventilatione sua crassiora praecipitabat, tensiora sublimabat, cujusque ablatione omnia in pulverem inertem, incohaerentem, mortuum rediguntur) et intus omnia pervadet.[2]) Und weiter § 9: *Terra* verò *nostra*, ut ad hanc redeamus, etsi radiis lucis dehiscens in partes heterogeneas abierit, ubique tamen subtilissimo *aethere penetratur.* Is aether proportionatum sibi subtilitate partium radiorum lucis actionem potissimum recipit. *Cùm igitur terra agatur* circa proprium centrum ab *occidente versus orientem*, ex hypothesi; subtilissimus *aether* terram circumdans contrario motu non tantùm retarda-

1) Dutens, Leibnitii Opera omnia. Genevae 1788. Tomi II Pars altera. S. 16. 2) Dutens a. a. O. S. 5.

tionis, sed et obnitentiae, *lucem sequutus, movebitur ab oriente versùs occidentem*, cujus etiam in Oceano vestigia deprehenduntur.[1])

Zur besseren Würdigung der Arbeiten Leibnizens wird es von Nutzen sein, auf die Ansichten vom Wesen des Schalles, wie sie in früheren und gleichzeitigen Schriften vorliegen, kurz einzugehen. Daß Galilei Luftwellen für die Ursache des Schalles hielt, ist schon oben angegeben worden. Nach ihm hatten Mersenne, Taylor u. a. die Saitentöne genauer untersucht, auch die Erscheinung des Mittönens war bekannt. Aber über die Fortpflanzung des Schalles hatte man sich noch keine einigermaßen klare Anschauungen gebildet. Huygens hatte sie nur benutzt, um aus der Fortpflanzung des Schalles durch die Luft, die des Lichtes durch den Äther begreiflich zu machen.[2]) Aber seine darüber 1678 der Akademie der Wissenschaften in Paris gemachten Mitteilungen waren erst 1690 veröffentlicht worden, und so hatte, wie er in der Vorrede ausdrücklich hervorhebt, Leibniz keine Kenntnis davon nehmen können. Guericke hatte als erster gezeigt, daß eine Glocke im luftleeren Raume nicht klingt, und daraus geschlossen, „sonora, ceu sunt campanulae, cymbala, vitra et chordae instrumentorum musicorum, aliaque id genus tinnitum suum beneficio aëris edere, scilicet eâ trepidatione seu tremore, quâ aërem feriunt: Contrà strepitum vel stridorem qui solâ confricatione vel attritu rerum invicem redditur, haud mediante aëre sed ex ipsa Virtute sonante excitari[3]), und obwohl er den Kanonenknall usw. in der nämlichen Weise wie Leibniz erklärt, so weiß er doch zur Erklärung des Schalles nur zu sagen „Sonum Virtutem aliquam Mundanam et quidem Incorpoream esse, quae cum ceteris his Virtutibus etiam dura penetrat et intra suum Virtutis Orbem in corpore apto, suum exerceat effectum“[4]), und zu seiner Fortpflanzung, daß er „sicut omnes hae Virtutes non in infinitum propagatur“, das Echo aber nennt er eine „Virtus sonans in corpore ad recipiendum sonum cum omnibus suis qualitatibus habili, recepta et iterum cum omnibus suis qualitatibus reddita“.[5]) Die allgemein damals herrschende Ansicht über den Schall dürfte Senguerd[6]) aussprechen, wenn er sagt, daß soni *naturam consistere in vehementiore motu aëris tremulo*, resultante à resistentià, quam aër propulsus patitur in corpore, in quod incidit. Aëris enim motum simpliciter *ad sonum* non sufficere, sed variam ejus propulsionem, et *reflexionem necessariam esse*, ventus docet, qui aëris quidem motus est, sonum autem sibi concomitatem non habet, quamdiu in alia non incidit corpora, à quibus resistentiam patitur et reflectitur . . . *Ex qua* reflexione à corpore resistente ortà, et propulsione, facta à corpore sonoro, varii *in aëre oriuntur circuli*, *motu vibrationis agitati*, à corpore sonoro, veluti à centro propagati, similes iis, qui in superficie aquae, à lapide ipsi immisso excitantur . . . Hisce positis *sequitur omnem sonum cum aliquali reflexione*

1) Dutens a. a. O. S. 6.
2) De Lumine. Opera reliqua I. Amsterdam 1728, S. 3. Ostwalds Klassiker Nr. 20, S. 11.
3) Guericke, Experimenta nova (ut vocantur) Magdeburgica de vacuo Spatio. Amstelodami 1672. S. 92.
4) Guericke a. a. O. S. 140. 5) Guericke a. a. O. S. 139.
6) Philosophia naturalis. 2. Aufl. Lugd. Bat. 1685. S. 134ff.

fieri, illudque tantum inter directum et reflexum vulgo dictum, sive echum discrimen intercedere quod *in echo major aëris moles,* ab eodem corpore solidiore, *reflectatur . . . in directo minor;* idque non tam à corpore vel duro, sed in primis ab aëris particulis; quodque *in directo ad minorem distantiam fiat reflexio, in echo ad majorem.*

Diesen Ansichten gegenüber dürften die Ausführungen Leibnizens einen bedeutenden Fortschritt darstellen, und es ist zu bedauern, daß er nicht dazu gekommen ist, sie zum Drucke zu befördern.

Optische Arbeiten.

14. [$3^1/_2$ Blatt 2°. Sehr gut geschrieben, zur Hälfte frei gelassen.]

Prop. 1. La lumière est tournée tousjours à l'entour de la terre, dans l'equateur et ses paralleles.

Cette proposition depend du sens, et est veritable, soit qu'on attribue le mouvement à la terre, ou au soleil.

Prop. 2. Il y a tousjours une matiere dans un espace illuminé.

Car ce que la lumière est l'action d'un corps si par consequent ou un mouvement ou une pression. Mais un mouvement ou pression ne peut pas estre propagée d'un lieu à un autre lieu éloigné, comme du luisant à l'opaque, si non par un corps. il faut donc qu'il y a necessairement un corps dans un espace illuminé.

Cette proposition est veritable, soit qu'on suppose, que la lumière se fait par emission des atomes, soit qu'on soustienne, qu'elle se fait par une simple pression propagée à l'entour. Mais pour sçavoir si l'espace est tout à fait rempli de matiere, ou s'il y a du vuide entremêlé, c'est une question, dont nous nous pouvons passer sans faire tort à nostre dessein; il suffit, qu'il n'y a point de vuide sensible depuis soleil jusques a nous, parce qu'il n'y a point de point sensible, qui ne soit pas illuminé.

Prop. 3. Un corps estant meu dans une certaine ligne a un effort ou pression proportionnée dans toutes les autres lignes imaginables. Soit le corps A meu dans la ligne droite bc. il fait donc deux efforts ensemble, l'un dans la ligne bd, et l'autre dans la ligne be. Parceque ce deux efforts ou mouvemens composez donnent le mouvement bc. de meme l'effort bd de deux autres bl et bf et l'effort bl deux autres $bg \, . \, bf$. Et ainsi comme on peut subdiviser par tout à l'infini, il n'y a point de ligne droite erigée de b, dans la quelle il n'y aye pas de pression, quoyque la force de ses pressions se diminue tousjours avec les lignes. il est de même avec les lignes courbes, parce qu'il n'y a point de ligne courbe, dont le mouvement ne soit composé du mouvement dans quelques droites.

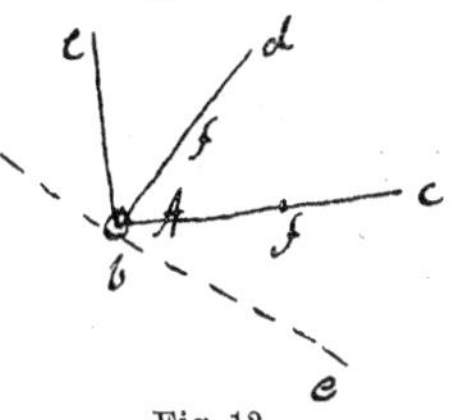

Fig. 12.

il ne faut pas dire, que ces efforts laterales soient imaginaires, car l'experience les confirme. Par ce que un de ces efforts laterales estant osté par un obstacle, l'autre reste, comme nous éprouvons dans la reflexion et refraction.

Prop. 4. Un corps ayant une pression sur un autre corps, et avancant en même temps par un autre mouvement, tache d'emporter avec soy le corps, sur lequel il presse; non seulement vers l'endroit, vers ou il le presse, mais aussi du costé, vers ou il avance à part.

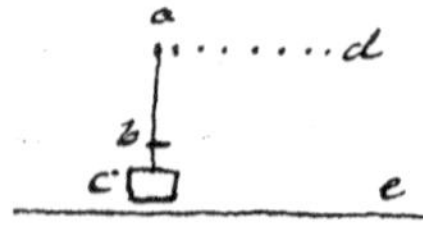

Fig. 13.

Soit un corps *ab* pressant le corps *c*. imaginons nous, qu'*ab* soit un bâton pressé avec la main sur le corps *c* posé sur un plan ferme *ce* et que l'homme cependant avance vers *d*. je dis, qu'il tachera d'emporter avec soy le corps *c* vers *e*. c'est à dire, qu'il l'emportera effectifement, s'il n'y a point de resistance suffisante dans le corps *c*. La raison est, par ce qu'un corps pressant sur un autre tache d'entrer dedans ou de le penetrer, et même commence à le penetrer. Par ce que tacher et commencer sont une même chose. Car ce qui tache dans le premier instant, fait déja quelque chose, parce que tacher est quelque chose de plus que rien faire; mais ce qu'il fait est si petit, qu'il est moins que chaque grandeur donnée, c'est à dire comme un point. Il faut donc que ce qui tache de penetrer commence à penetrer, mais seulement avec un point dans un point, c'est à dire les extremitez des choses, qui se pressent ou dont un presse l'autre, se penetrent, sont dans un même point ou lieu, sont un. Et c'est la difference entre les choses contigües, qui se touchent seulement, dont les extremitez sont ensemble, et entre les choses continües, qui se pressent, dont les extremitez sont devenües un. Comme Aristote même l'observe. il s'ensuit donc que le corps, qui presse comme *ab* estant poussé à part vers *d* son extremité *b*, soit poussée de même avec le tout *ab*. mais l'extremité *b* est entrée dans l'extremité du corps *c*. même ces deux extremitez sont devenus un, ou sont precisement dans un méme lieu, donc l'une ne peut pas estre poussée sans l'autre. Mais l'extremité du corps *c* estant poussée le corps *c* est poussé aussi. il faut donc que le corps pressant *ab* estant poussé, ou avancant vers *d* le corps *c* y soit poussé aussi, et même emporté, en cas qu'il n'a point de resistence. Q. E. D.

Ce raisonnement s'accorde toût à fait avec l'experience : mais comme on peut repliquer à l'experience du bâton, que quelques pointes de son boût entrent dans quelques pores du corps *c* et qu'ainsi la pression d'*a* vers *b* ne fait pas, que le mouvement vers *d* soit imprimé dans le corps *c*, mais plustost les pointes entrantes dans les pores et poussantes devant soy les parties du corps *c*, entre les quelles elles entrent; j'apporteray une autre experience qui ne souffre pas cette replique. Soit *f* un corps, qui va vers *g*, comme un navire et de ce corps *f* soit jetté un autre vers *h*. il ira en même temps vers *h* et vers *g*, par ce qu'en *f* on luy a imprimé non seulement le mouvement vers l'endroit, vers ou on le pressoit, sçavoir vers *f*, mais aussi vers l'endroit, ou la chose qui pressoit (: par l'exemple l'homme ou l'arc dans la navire :) alloit à part. Et en effect on observe, que *f* le corps jettant estant arrivé en *g* le corps jetté ou pressé (car pour estre jetté il faut estre pressé) arrive en *i* et que les corps jettés en haut d'un navire, qui avance cependant, retombent neantmoins dans le même navire.

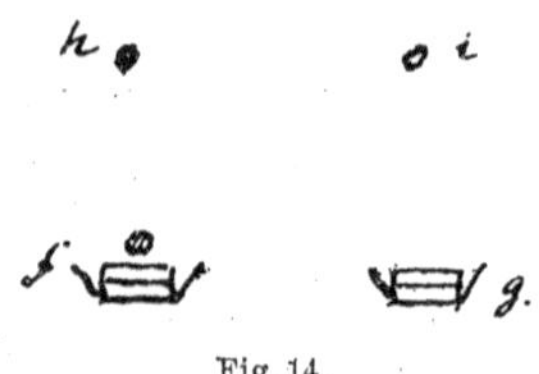

Fig. 14.

Prop. 5. Un corps ayant un mouvement dans un espace rempli de matiere tache d'emporter avec soy à un semblable mouvement toute la matiere.

Cela est aisé à demonstrer par les propositions precedentes. Car il n'y a point de point imaginable dans toute la matiere de cet espace, sur lequel le corps meû dans cet espace ne presse pas par la prop. 3, et par consequent, qu'il ne tache pas d'emporter avec soy par la prop. 4.

Prop. 6. Si la matiere dans l'espace illuminé n'a point de mouvement particûlier, elle se tourne avec lumière

parce que la lumière est un mouvement ou pression et toute la pression est un commencement d'un mouvement. La lumière donc avancant d'un lieu à l'autre, presse la matiere illuminée de l'avancer de même. par la prop. 4. car soit dans la figure de la prop. 4. ab le rayon de la lumiere pressant la matiere illuminée *c* d'*a* vers *b* et en même temps avancant vers *d*, il tachera d'emporter la matière illuminee *c* vers *e*. Et comme la matiere n'a point de resistence ou mouvement particulier, comme nous supposons, elle sera emportée en effect, et suivra exactément le mouvement de la lumière.

Prop. 7. Le mouvement de la lumière ou de la matiere illuminée qui accompagne la lumière, est plus viste dans les cercles concentriques plus eloignées du centre et dans les cercles paralleles plus éloignées du Pole.

Car la lumière, ou la sphere de la matiere illuminée, qui accompagne la lumière, si elle n'est pas interrompue par une resistance, c'est a dire si elle accompagne la lumière exactement, se tourne à l'entour de la terre comme un globe solide ou dur à l'entour d'un axe, par ce quil n'y a point d'interruption des parties. Mais un globe dur ou solide se tournant il est constant, que tous les points achevent leurs tours en même temps, et que les cercles décrites par les points plus éloignés du centre ou axe sont les plus grands. Il faut donc, que le mouvement du point, qui acheve en même temps un cercle plus grand pendant qu'un autre acheve un plus petit, soit plus viste.

Anmerkung. Die merkwürdige Arbeit scheint den Zweck zu verfolgen, in der Zeit, die dem Erscheinen der optischen Arbeiten von Huygens und Newton voranging, eine brauchbare Erklärung des Wesens des Lichtes zu geben. Es lagen die Annahme von Cartesius und die von Gassendi vor. Jener ließ bekanntlich alles Vorhandene aus drei Elementen (Stoffarten) bestehen; das erste Element, die materia prima, setzte die Sonne und die Fixsterne, das zweite aus kugelförmigen Teilchen bestehende, die materia secunda, den Himmel, das dritte, die materia tertia, die Erde und die Planeten zusammen. Die materia secunda war also der Träger des Lichtes. Sie war in wirbelförmiger Bewegung um die Sonne begriffen. „Sic itaque sublato omni scrupulo de Terrae motu", schildert dies Cartesius,[1]) „putemus totam materiam coeli in qua Planetae versantur, in modum cujusdam vorticis, in cujus centro est Sol, assiduè gyrare, ac ejus partes Soli viciniores celeriùs moveri quàm remotiores", und weiter[2]): „Ac praeterea ut saepe in aquarum vorticibus vidi contingere, in majori illo coelestis materiae vortice

1) Cartesius, Principia philosophiae. Amstelodami MDCXCII. Pars III. § XXX. p. 58.

2) ib. § XXXII. p. 59.

sint alii minores vortices, unus in cujus centro sit Jupiter, alter in cujus centro sit Terra etc." Die Frage „Quid sit lux", beantwortet er folgendermaßen[1]): „Ea enim est lex Naturae, ut corpora omnia quae in orbem aguntur, quantum in se est, à centris sui motus recedant. Atque hîc illam vim, quâ sic globuli secundi elementi, nec non etiam materia primi circa centra *SF* (der beigefügten Figur) congregata, recedere conantur ab istis centris, quàm potero accuratissimè explicabo: in eâ enim solâ lucem consistere infrà ostendetur." Die Wirkungsweise des zweiten Elementes sucht er dann auf folgende Weise begreiflich zu machen[2]): „Nemo nostrum est, cui non evenerit aliquando ambulanti noctu sine funali, per loca aspera et impedita, ut baculo usus sit ad regenda vestigia: et tunc notare potuimus, per baculum intermedium nos diversa corpora sentire, quae circumcirca occurrebant." Und weiter: „Nunc itaque ad comparationem instituendam, cogitemus lumen in corpore luminoso nihil esse praeter motum quemdam, aut actionem promptam et vividam, quae per aërem et alia corpora pellucida interjecta, versùs oculos pergit; eodem planè modo quo motus aut resistentia corporum quae hic caecus offendit per interpositum scipionem ad manum ejus tendit. Statimque ex hoc mirari desinemus, lumen illud à summo Sole, nullâ morâ interpositâ, radios suos in nos effundere; novimus enim illam actionem, quâ alterum baculi extremum movetur, similiter nullâ interpositâ morâ ad alterum transire, et eodem modo ituram, licèt majori intervallo distarent istius baculi extrema, quàm à coeli vertice terra abest."[3])

Diese allerdings nicht sehr klaren Ansichten sucht nun Leibniz weiter auszuführen und abzuklären, aber auch mit Gassendis Annahme, daß das Licht aus einzelnen Atomen mit leeren Räumen dazwischen bestehe, in Einklang zu bringen. Namentlich liegt es ihm daran, die Schwierigkeiten aus dem Wege zu schaffen, welche der von Cartesius gegebenen Erklärung der Brechung entgegenstanden. Dazu wurde der Lichtstrahl in zwei Komponenten zerlegt, von denen die eine senkrecht zur Oberfläche stehende ihre Richtung umkehrte oder ihre Größe veränderte, die andere unverändert blieb. Das letztere sucht Prop. 4 glaubhaft zu machen. Es ergab sich so freilich die Geschwindigkeit des Lichtes im dichteren Mittel als größer, wie im weniger dichten, wie dies auch eine Folgerung aus der Newtonschen Emanationshypothese ist.

Die Arbeit muß aus früher Zeit stammen. 1682 erklärt sich Leibniz in seiner Arbeit Unicum Opticae, Catopticae et Dioptricae principium gegen Cartesius' Meinung. Man könnte daran denken, daß er in dieser Beziehung von Huygens beeinflußt worden wäre, den er 1673 in Paris kennen lernte. In seinem Traité de la Lumière, der 1675 der Academie des Sciences eingereicht und in deren Sitzungen verlesen wurde, sprach sich das damalige Mitglied dieser gelehrten Gesellschaft sehr entschieden gegen Cartesius aus. „Qui ne le sont nullement à mon avis selon l'opinion de Des Cartes", heißt es da[4]), „qui fait consister la lumiere dans une pression continuelle, qui ne fait que tendre au mouvement. Car cette pression ne pouvant agir

1) ib. § LV. p. 69.

2) Cartesius, Specimina philosophiae. Amstelodami MDCXCII. Dioptrice Cap. I. § II. p. 50. 3) ib. § III. p. 50 und 51.

4) Huygens, Traité de la Lumière. A Leide MDCXC. p. 20.

tout à la fois des deux costez opposez contre des corps qui n'ont aucune inclination à s'approcher". Aber in der Vorrede der genannten Schrift bezeugt er, wie bereits erwähnt, ausdrücklich, daß Leibniz nichts von seinen Aufzeichnungen gesehen hat. Man wird also annehmen dürfen, daß dieser die Ideen aufzeichnete, die er um 1670 vom Lichte hatte. Sie stimmen in der Tat mit denen überein, die er in der 1671 erschienenen Hypothesis physica nova ausspricht (s. oben Nr. 13).

15. [Kleines Blatt, gut geschrieben.]

Demonstratio, quod spatium non sit res à corpore distincta.

Ponamus, Spatium per se sine ullo corpore esse Ens reale ipsumque initio esse merè vacuum sine ullo corpore. Hoc est, solo spatio existente nullum adhuc à Deo creatum esse corpus. Dico, in tali spatio nihil unquam à Deo creatum iri, illud enim corpus, quod creabitur à Deo in tali spatio, vel erit finitum vel infinitum, sit primo in spatio AB creatum corpus CD. Cum spatium sit ubique uniforme, nulla ratio reddi potest, cur corporis pars C debeat respicere potius A, quam B. Sed etsi corpus sit infinitum, non minus quàm ipsum spatium, nihilominus ratio reddi non potest, cur non omnia fuerint inversa, seu transposita. Nam si spatium est Ens reale, utique prout corpus in spatio collocabis, aliam partem corporis et aliam partem spatii applicabis; et ita inter duas illas diversas collocationes erit differentia realis. Unde enim nulla sit ratio, cur una eligatur prae alia, ob spatii uniformitatem, sequitur neutrum modum à Deo iri electum; et proinde nihil à Deo creabitur, quod est contra experientiam, ergo absurdum est, spatium considerari ut Ens reale.

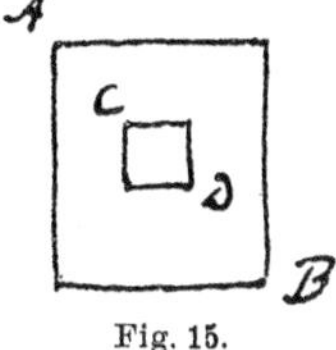

Fig. 15.

Anmerkung. Der Inhalt dieser Notiz ist mehr philosophisch wie physikalisch. Sie dürfte aus dem Jahre 1711 stammen, wie der Vergleich mit den an Hartsoeker gerichteten Briefen ergibt, die Dutens in Leibn. opera omnia Tomus II. Pars II S. 60 ff. mitteilt. Der erste der beiden Briefe Leibnizens trägt kein Datum, die Antwort Hartsoekers darauf ist vom 13. März 1711 datiert, die Antwort Leibnizens vom 12. Juli dieses Jahres.

16. [Ganz kleines Blättchen, ziemlich schlecht geschrieben.]

Reflexio infringens.

Quod Cartesius tanquam imaginarium tantum consideravit, ut reflexio ipsa non fiat ad angulos incidentiae et reflexionis aequales, sed immutet atque infringat radii directionem, ad non tantum fingi sed et reapse exhiberi potest hoc modo. Sit opacum politum AB, cui insistant duo diversa perspicua ECF et CFD. verbi gratia ECF potest esse aër, CFD potest esse vitrum et CF erit linea separationis. Si ergo radius in aëre adveniens incidat in ipsum angulum C seu punctum commune opaco, aëri et vitro, reflectetur per vitrum non quidem per CT angulis RCA, TCB aequalibus, sed infractà ad perpendicularem per CS concipi

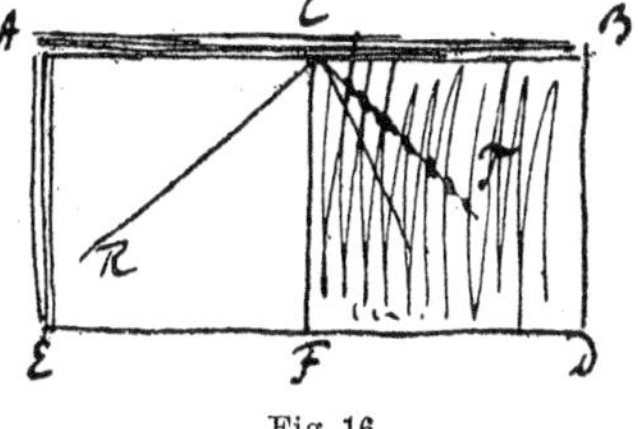

Fig. 16.

potest, totum esse vitream tabulam $ACFDGHA$ ita jactam, ut partis $CAHG$ exigua sit latitudo GC, at partis $CFDCG$ major GF. et post HG applicetur Hydrargyrum, quod opacam seu specularem reddat extremitatem HGB. ita radius RCM etiam infringetur reflectendo. Verum, quia tunc ob crasſitiem aliquam vitri ea infractio fit in CM ante reflexionem, melius est adhibere viam priorem, ut perspicuum opaco perfectè oppositum seu continuum intelligatur, ut si aqua sit in vase politissimo.

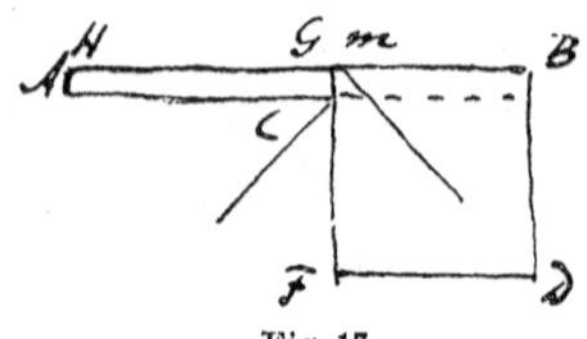

Fig. 17.

[An die Seite ist geschrieben:]

Concipe vas AD, fundus BD, summum AE, aqua BF, ejus Superficies CF.

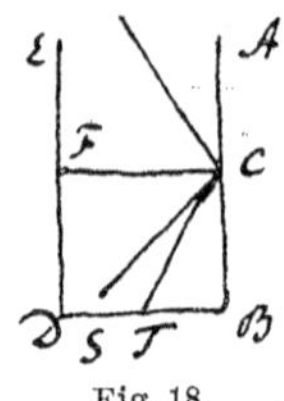

Fig. 18.

Anmerkung. Wie die auf Nr. 14 mitgeteilten Propositionen beweist auch diese Notiz, daß sich Leibniz eingehend mit Cartesius' optischen Arbeiten beschäftigt hat, andererseits aber auch sein Interesse für Grenzfälle.

17. [Kleines Blättchen, gut geschrieben.]

Aer lucem reflectetur.

Quod narrat Aristoteles, quendam sui umbram in aëre vidisse, facilé credo, si aër fuit nebulosus, et tamen sol vel luna luxit. Nuper enim, cum aër esse valde nebulosus et ego nocte per fenestram prospicerem, lumen candelae in mensa posita per eandem fenestram exiens aërem oppositum nonnihil illustrabat, ita ut lucem reflecteret nec per ipsum objecta domus, sed ipse potius aër obscurè lucidus videretur; excepta parte cui interposita erat meum per fenestram prospicientis caput, cuius proinde umbram in aëre videbam, ut alias in pariete, et quidem quia propinquam ideò vero capitis magnitudini circiter aequalem, nam si in opposita domo vidissem fuisset umbra longè major. Et verò alias aër lucem nonnihil reflectit, et ipse solus reflexione suâ illustrat loca, ad quae radii solis rectà pertingere non possunt.

Anmerkung. Dieselbe Erscheinung von Berggipfeln aus beobachtet, hat bekanntlich den Namen des Brockengespenstes erhalten. Durch sie erklärt sich wohl auch die Erzählung des Pomponius Mela, daß es im Atlasgebirge Geister gäbe, welche auf den Bergen säßen und die Bewegung der Menschen nachäfften.[1])

18. [Ein Blatt in 4° auf beiden Seiten beschrieben.]

Sit planum $A(A)$, quod radios reflectere debet. Ponamus, radium rementem à puncto C reflecti in punctum D. quaeritur, ubi fuerit punctum A vel (A), unde reflexus est, ajo, punctum A ita sumi debere, ut iter CAD sit omnium possibilium facillimum, id est in eodem medio omnium possibi-

1) Pomponius Mela. De situ orbis, libri III. Vgl. Gehler, Physikalisches Wörterbuch. Neu bearbeitet. Bd. VIII. S. 1155.

lium brevissimum. Nam aliud erit infra, cum de refractione agetur, ubi medium mutatur. Quaeritur ergo punctum A tale, ut aggregatum duarum $CA + AD$ sit omnium possibilium minimum. Ponamus, C et D aequaliter distare a plano A, seu rectam CD esse ipsi $A(A)$ parallelam. cum enim in radio reflexo AD punctum D ubilibet sumi possit, eadem semper existente ratiocinatione, quia radius semel reflexus sine mutatione in eodem medio procedit, quando nullum novum obstaculum ocurrit; ideò satius

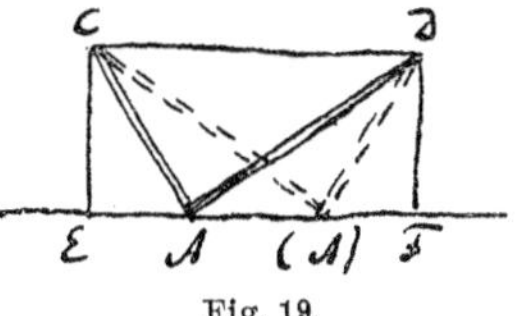

Fig. 19.

erit, sumi aequidistans ipsi C. demittantur in planum perpendiculares CE, DF inter se aequales jam calculum ita instituemus: CE vel DF aequal: c et CD aeq. d, EA aequ. e, AF aequ. $d - e$. CA vel $C(A)$ aequ.

$$\sqrt{CE\boxed{2} + \underset{(A)}{EA}\boxed{2}} \text{ seu } \sqrt{c^2 + e^2} \text{ rursus } AF^{1)} \text{ vel } (A)F^{1)} \text{ aequ.}$$

$$\sqrt{AF\boxed{2} + DF\boxed{2}} \text{ vel } \sqrt{c^2 + d^2 - 2de + e^2}$$

Ergo erit $\sqrt{c^2 + e^2} + \sqrt{c^2 + d^2 - 2de + e^2}$ aequ. m seu $\underset{(A)}{CAD}$ omnium possibilium minimum seu

$$m^2 + (c^2) + d^2 - 2de (+ e^2) - 2m\sqrt{c^2 + d^2 - 2de + e^2} \sqcap (c^2 + e^2).$$

$$\text{Ergo } \underset{0}{m^4} + 2\underset{0}{m^2}d^2 - 4m^2de + \underset{0}{d^4} - 4d^3e + \underset{\frown 2}{4d^2e^2} \sqcap \underset{0}{4m^2c^2}$$
$$+ \underset{0}{4m^2d^2} - 8m^2de + \underset{\frown 2}{4m^2e^2}$$

fiet destructione et multiplicatione peractis $\begin{matrix} + 8d^2e & + 4m^2d \\ - m^2 & - d^3 \end{matrix} \sqcap 0$

et dividendo per $d^2 - m^2$ fiet e aequ. $\frac{d}{2}$

id est AE quaesita erit aequalis ipsi CD vel EF dimidiatae. Brevis idem investigari potuisset hoc modo: quia constat esse $\int y\,dy = \frac{y^2}{2}$ erit $\overline{dy^2} \sqcap 2y\overline{dy}$

$$\overline{dy} \sqcap \frac{\overline{dy^2}}{2y}. \text{ Ergo fiet } d\sqrt{c^2 + e^2} \sqcap \frac{2e}{2\sqrt{c^2+e^2}} \text{ et } d\sqrt{c^2 + f^2} \sqcap \frac{f}{\sqrt{c^2 + f^2}}{}^{2)}$$

$$\text{ergo } \overbrace{\frac{e}{\sqrt{c^2+e^2}} + \frac{f}{\sqrt{c^2+f^2}}} \sqcap \text{ vel } \frac{e^2}{c^2+e^2} \sqcap \frac{f^2}{c^2+f^2} \text{ seu } e^2c^2 + e^2f^2 \sqcap f^2c^2 + e^2f^2$$

seu destructis destruendis e aequ. f. id est, si sint $CE \sqcap DF$ et CA ad AD ut EA ad AF aut EA aequ. AF, ubi notabile ipsis f explicatis divers calculo necessarium non esse.

Veniamus ad regulam refractionis.

1) Muß wohl AD vel $(A)D$ heißen.
2) $AF = f$ gesetzt.

Sit superficies refringens seu mediorum duorum separatrix EF, puncta duo C et D, quorum distantiae a dicta superficie, nempe CE, DF sumantur aequales, ponaturque radius à C per refractionem venisse in D per A, quaeritur, ubi sumendum sit illud punctum A. ajo, ita esse sumendum, ut via CAD sit omnium possibilium facillima. Viae autem facilitas atque difficultas aestimanda est à duobus, scilicet longitudine itineris et resistentia medii, seu est in ratione composita ex longitudine et medii densitate. Sit medii CE densitas repraesentata recta CG et medii DH densitas repraesentata recta DH, ajo, punctum A tale sumi debere, ut aggregatum rectangulorem $GCA + ADH$ sit omnium possibilium minimum. Patet statim calculum fore similem priori; inventae enim eodem modo CA, AD tantum in rectas g (seu CH)[1]) et h (seu DH) sunt, nam ut ante si EA aequ. e, AF aequ. f et EF aequ. d et $CE \sqcap c$, fiet aequatio ad minima:

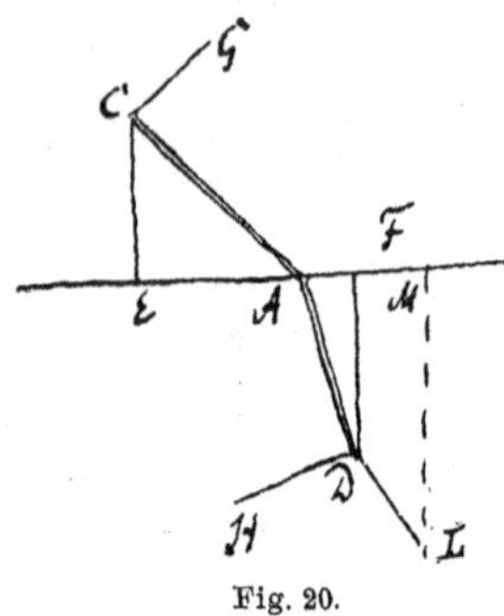

Fig. 20.

$$\frac{ge}{\sqrt{c^2+e^2}} + \frac{hf}{\sqrt{c^2+f^2}} \sqcap \frac{e \smile \sqrt{c^2+e^2}}{f \smile \sqrt{c^2+f^2}} \sqcap \frac{h}{g}$$

seu ratio EA ad AC est ad rationem FA ad AD in ratione DH ad CG.

Haec relatio cum Cartesiana et Fermatiana non consentit, quia enim ratio EA ad AC itemque FA ad AD semper eadem manet, utcunque producantur radii, hinc jam radio AD producto in L ita, ut fiat AC aequ. AL, et demissa perp. LM, erit EA ad AC ut MA ad AC[2]), id est EA ad MA ut DH ad CG, id est in reciproca resistentiarum

$$\frac{c^2}{g^2e^2} + \frac{1}{g^2} \sqcap \frac{c^2}{h^2f^2} + \frac{1}{h^2} \text{ seu } \frac{g^2e^2}{c^2+e^2} \sqcap \frac{h^2f^2}{c^2+f^2},$$

vel $g^2e^2c^2 + g^2e^2f^2 \sqcap h^2f^2c^2 + h^2f^2e^2$

$$\begin{array}{l} g^2c^2e^2 - h^2c^2f^2 + g^2e^2f^2 \sqcap 0 \\ \qquad\qquad\qquad\qquad\quad - h^2 \end{array}$$

$$\text{seu } \frac{g^2}{h^2} \sqcap \frac{c^2+e^2}{c^2+f^2} \quad \text{seu } \frac{g^2}{h^2} \sqcap \frac{c^2+e^2}{c^2+e^2-2ed+d^2}, \quad \text{seu } \frac{h^2}{g^2} \sqcap 1 + \frac{-2ed+d^2}{c^2+e^2}$$

$$\frac{h^2}{g^2} - 1 \text{ vocetur } \frac{a}{b}, \text{ fiet } c^2a + e^2a \sqcap -2bde + bd^2$$

$$\text{seu } e^2 + \frac{2bd}{a}e + \frac{b^2d^2}{a^2} \sqcap \frac{b^2d^2}{a^2} + \frac{bd^2}{a} - c^2$$

$$\text{seu } e + \frac{bd}{a} \sqcap \sqrt{\frac{b^2d^2}{a^2} + \frac{bd^2}{a} - c^2}$$

sed non habemus d opus, satis est invenire relationem inter f et e.

$$g^2c^2e^2 + g^2e^2f^2 \sqcap h^2c^2f^2 + h^2e^2f^2.$$

---

1) Soll wohl CG heißen. 2) Soll wohl AL heißen.

Unde patet eandem relationem $e.\ f.\ c.\ g.$

$$\text{seu } \frac{e}{f} \sqcap \frac{hc}{\sqrt{g^2c^2+g^2f^2-h^2f^2}} \text{ vel } \frac{f}{e} \sqcap \frac{gc}{\sqrt{h^2c^2+h^2e^2-g^2e^2}} \text{ seu } \frac{e}{f} \sqcap \frac{fech}{\frac{\sqrt{h^2c^2+h^2e^2-g^2e^2}}{gc}}$$

$$\text{erit } e \sqcap \frac{hcf}{\sqrt{g^2c^2+g^2f^2-h^2f^2}}; \quad \frac{c^2}{g^2e^2} - \frac{c^2}{h^2f^2} \sqcap \frac{1}{h^2} - \frac{1}{g^2} \text{ seu } \frac{h^2f^2-g^2e^2, c^2}{g^2h^2e^2f^2} \sqcap \frac{g^2-h^2}{h^2g^2}$$

$$\text{seu } \frac{h^2f^2-g^2e^2}{f^2e^2} \sqcap \frac{g^2-h^2}{c^2}$$

patet facile, si radius sit in medium densius, refractionem esse ad perpendicularem, seu si h major quam g, esse f minorem quam e. Possunt poni g et c vel g et e aequalia.

Anmerkung. Nr. 18 scheint eine Vorarbeit zu der 1682 in den Actis Eruditorum S. 185 unter dem Titel „Unicum opticae, Catoptricae, et Dioptricae Principium“ erschienenen zu sein, welches Prinzip Leibniz dort so ausspricht: „Lumen à puncto radiante ad punctum illustrandum pervenit viâ omnium facillimâ; quae determinanda est primùm respectu superficierum planarum, accomodatur verò adconcavas aut ad convexas, considerando earum planas tangentes.“ Das Prinzip selbst ist für die Reflexion zuerst von Heron in seiner Katoptrik in der Weise gefaßt, daß das Licht dabei den kürzesten Weg einschlage, um von einem Punkte zum anderen zu gelangen, während Fermat für Reflexion und Brechung annahm, daß das Licht den Weg einschlage, den es in der kürzesten Zeit zurücklegen könne (vgl. Wilde, Geschichte der Optik I. S. 232).

19. [Ein Blatt lang 8° auf beiden Seiten beschrieben.]

Demonstratio Legum Reflexionis et Refractionis.

Propositio: Anguli incidentiae et reflexionis sunt aequales, quoties impetus incidentis resistentiae non minuitur. Esto corpus A incidens ex puncto A in planum (nam et superficies curva ex planis infinitis tot scilicet, quot sunt tangentes composita intelligi potest) in planum inquam bc in puncto d lineâ ad. Positum ergo corpus A in puncto d conabitur continuare motum eadem celeritate in eandem plagam ex d in e. Motus autem ex d in e compositus esse intelligi potest ex conatibus duobus ex d in c et ex d in f, ita tamen conatus in c sit tanto fortior, quam conatus in f, quanto recta dc est major, quàm df. Conatus autem dc non habet resistentem, conatus df habet. Corpus ergo A conans recta df in corpus bc cogitetur repercuti, quasi incidisset recta dg eadem celeritate, quae incidentiae fuit. Erunt ergo in corpore A, posito in d, conatus duo, alter in recta dg, alter in recta dc, quorum impetus sint, ut rectae; ac proinde motus erit ex his conatibus compositis in recta dh. q. e. d.

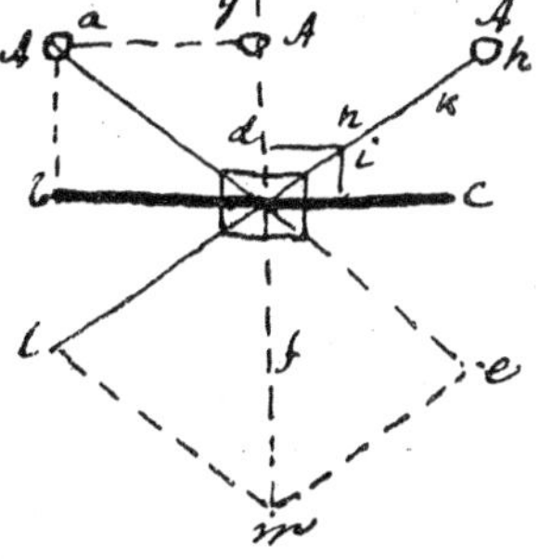

Fig. 21.

Ex hac demonstratione intelligi potest idem fore, etsi linea incidentiae sit obliqua quomodocunque. Omnis enim in obliqua motus ex conatibus rectilineis compositus intelligi potest, si nulla sit reflexio. Corpus incidens continuaturum solo conatu *dc*, plano incidentiae parallelo, cum nullus sit conatus *dg*. Nulla autem reflexio est, quoties corpus non motu publico, sed privato, id est suo, non medii seu systematis fertur. Item si corpus A sit ità molle, ut pro reflexione in recta *dg* cedat in se ipsum. Unde pueri cum factis ex charta humidis globulis per calamos in muscas fenestrarum angulis insistentes collineant, sentiunt globulum obliquè in vitrum emissum, etiamsi in locum, cui musca insidet, recta non pervenerit, per planum tamen laeve illuc deferri et ferire. Ut si vitrum ponatur esse *dc*, musca sedere in ejus extremo, quo ligno includitur puer globulum mollem flata immittere in recta *ad*, globulus muscam in *c* tantum morantem intercipiet Hinc intelligi potest pilas nonnihil cedentes, nonnihil resistentes simul et progredi et alio puncto quam *d*, ut ex puncto *i* linea *ik* lineae *dh* parallela. Ex his etiam intelligi potest, quanto celeritas reflexionis jam incidentiae minor esse, si corpus A perpendiculari *gd* incidisset, tanto rectam *dh* reflexam fore parallelis, quàm perpendiculari amoventem.

Sentimus autem, corpus a nobis impulsa nunquam tanta celeritate resilire, quanta incidere, alioquin motum perpetuum artificialem, quo nullus fingi posset facilior, haberemus. Unde tam debilis potest esse ictus, ut reflexio sensibilis sit nulla. Est et alia causa, cur reflexio sit nulla quoties ipsum planum incidentiae totum recedit, cùm scilicet vel planè liberum facillimumque mobile est, vel resistentia ejus ab insistentia superatur. Utroque modo recedet per perpendicularem *df* et parallelas, quoniam, ut ex dictis patet, omnis conatus rectilineae in planum incidentiae dat ei conatum per perpendicularem. Et quidem, si non possit etiam per parallelam, (ut si planum sit navis et in c opponatur aquae gubernaculum) tantùm per perpendicularem, imò si nec per perpendicularem queat etiam ex *d* versus *b*, imò plane ex *d* versus *a*. Quoniam omnis conatus rectilineus ex aliis rectilineis in planum quam libet ex dato puncto componitur servatae velocitatis proportione conatus *de*, potest intelligi compositus ex conatu *dc* et *df* et conatus *df* ex conatu *de* et *dl* et conatus *dl* ex conatu *df* et *db*, et conatus *df* est ad conatum *de*, ut *df* ad *de*, conatus *dl* ad *df*, ut *dl* ad *dm*, conatus *db* ad *dl*, ut *db* ad *dl* vel ut *df* ad *de*, conatus *da* ad *db*, ut *dl* ad *dm*. Ergo conatus *da* ad *de*, ut $de \smile df_{//} \frown dl_{///} \smile dm_{///} \frown de_{////} \smile df_{//////} \frown dl_{///////} \smile dm$.

Finge, *de* esse *df*. 4. *dm*. conatus igitur in *dl* circiter ut 8, conatus in *db* ut 2, in *da* ut 1. Ergo poterit quidem sic navigari contra ventum, si vento flante *ad* ubique in *g. h. c. e. f. l. b.* gubernacula ei obstent, sed impetu tanto minore, quantum computus ostendit. Qui tamen tum à machinis, tum ab hominibus moveri potest. Nota ratio *dl* ad *dm* est, quae diagonalis ad latus in rhombo, id est aequalis ad . . .

Hier bricht das Manuskript ab.

20. [4 S. 2°. Ziemlich gut, zur Hälfte beschrieben.]

Leges Reflexionis et Refractionis demonstratae.[1])

Incidentia est motus in resistens. Ita corpus A in Fig. 1 cogitetur ex puncto *a* incidere in superficiem duri vel liquidi resistentis *bc* recta *ad*.

Reflexio est motus incidentis à resistente versus locum priorem. Ita corpus A incidens in locum *d* cogitetur inde reflecti in *h*, reflecti autem à resistente versus locum, à quo inciderat, hinc patet. Cum incideret ex *a* in *d*, cogitandum est, tum ex recta *ah* venisse in rectam *bc*, tum ex recta *ab* in rectam *gf*; hinc ergo, cum reflectitur ex *d* in *h*, non tantum venit ex *gf* in *he*, quo respectu versus neutrum locum, à quo aut ad quem inciderat, magis tendit cum ea reflexione tam à *gf*, quàm ab *hc*. aequè removeatur magis, quam ante reflexionem, quanta est recta *gh*. Sed quatenus ex recta *bc* redit reflexione in rectam *ah*, unde incidentia venerat reflecti dicitur.

Refractio est incidentis penetratio in medium resistens, qua linea incidentiae imaginatione producta frangitur in duas in incidentiae seu penetrationis puncto, parte producta lineae quidem incidentiae in puncto incidentiae cohaerente, sed circa illud punctum velut centrum retrorsum conversa. ita corpus B rectae *hd* incidens ex *h* puncto, quo inciderat, in *d* punctum incidentiae conatur ex medio *abch* penetrare in medium *bcel* linea incidentiae continuata seu producta *hl*, sed quia medium novum aliter resistit, quam pristinum ob alium densitatis gradum, ideò, ut mox patebit, linea *hl* frangitur in *d* et pars producta *hl* gyratur circa centrum *d* vel versus superficiem *db* vel *bc* vel versus perpendicularem *dm* vel *gf*. illa refractio dicitur perpendicularis, haec dicitur ad perpendicularem, utroque modo linea *hl* refracta seu linea *ld* re-versa dici posse.* refracta ad perpendicularem linea *dl* transit in lineam *dt* à perpendiculari in lineam *dm***. cùm enim corpus B venerit ex *h* in *d*, patet venisse tum ex *hc* in *gf* perpendicularem, tum ex *dh* in *bc* superficiem, ac proinde, sive ad perpendicularem, sive ad superficiem frangatur, linea reversa seu refracta est.

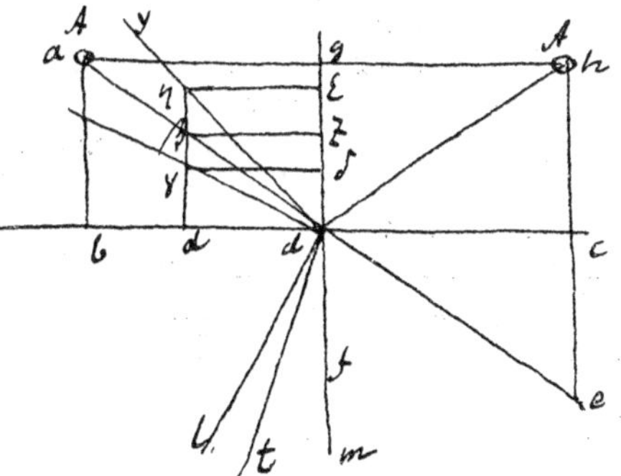

Fig. 22. [Fehlt im Manuskript, hat sich aber nach dem Text herstellen lassen.]

Hactenus vocabula explicata sunt non sine causâ, ut in progressu patebit, nunc de re ipsa dicendum est. An et qualis existat in mundo. Quod antequam faciamus, sciendum est, duo esse genera motuum in mundo alios puros seu privatos, alios publios seu à systemate affectos. Privatos exercebunt corpora, si in vacuo aut medio quiescente ferri cogitentur,

1) An den Rand ist geschrieben: Ne quis putet, hunc laborem frustra suscipi, ante omnium dicendum est, nec reflexionis legem esse hactenus debitis limitibus circumscriptam. Legem autem refractionis omnino à nullo, quod sciam, verè demonstratam.

*) von * bis ** späterer Zusatz.

publios et varie concretos, cum medium plurimum ad motum confert, non obstinendo tantum, sed et movendo seu ferendo. ita descensus gravium non minus à systematis aequilibrio aquae alioquin turbato, idem de vi elastica sentio eam quoque àb inaequali systematis pressione quaerentis restitutionem quaerente petendam. Et rationi consentaneum est motus plerosque omnes, quos sentimus, ab ejusmodi aequilibrio esse: etiam de radiorum solarium pressione idem, ut credam, adducor. Quia corpora motu puro seu proprio progredientia fractum semel impetum non resumant, etsi impedimentum cesset; at quae alieno impetu et imprimis à systemate feruntur, cum primum liberatiora sunt, intendunt vires, quia systema ipsum occasionem se restituendi non negligit. Jam radios solares constàt etiam tum in medium minus resistens venire vim intendere, ut refractionum experientia constat. Unde eos à vi Elastica oriri rationis est non minus ac radios, quos spargit ignis noster. Discrimina inter motus privatos et publicos seu puros et concretos plurima sunt; et accurate philosophaturo omnino cognoscenda, etsi hactenus vix suspicione tenui delibata; aliaque phaenomena motuum concretorum demonstrationibus phoronomiae universalis seu purae à sensu non minus, quàm Geometria independentis nunquam conciliabimus.

Ex iis autem differentiis, quae ad rem pertinent, una est quam paulo ante attigi, quòd corpora motu publico lata sublato impedimento vim resumunt; si privato ferantur minimè, et hujus usus erit in doctrina refractionum; alia est, quòd corpora motu privato lata, cum progredi non possunt, non reflectuntur; motu publico lata reflectuntur; haec differentia generalis ita proponi potest: motu publico lata occurrente impedimento viam elabendi ubique quaerunt; ut quae motu privato cientur, sola conatuum compositione determinantur, nec à via deflectunt. Unde si duo corpora in eadem linea concurrant aequivelociter, motu puro quiescant, si motu publico recurrent. Tertia differentia haec afferri potest, in motibus publicis plurimum, in privatis nihil refert, quae sit corporum magnitudo. Quarta est omnis motus continuè acceleratus vel decrescens, est publicus non privatus. Quinta quiescentis nulla est resistentia in statu puro, est omnino in statu systematico seu concreto. Sexta est in statu naturae, potest dari motus perpetuus in statu systematico, motus sensibilis absolutè perpetuus corporum minorum ab aliorum motu pendentium dari non potest. Septima et hoc loco postrema esto, ad quam tum antecedentes, tum aliae omnes mihi reduci posse videntur. In statu naturae puro (ut in intermundus Epicuri) omnia sunt bruta, conatuum compositione determinantur, in statu systematico omnia videntur intelligentia quadam fieri miraque ratione ad harmonicae sapientiae justitiaeque leges exigi, unde omnia in omnium usum conspirantia, omnia sibi accomodata, omnia per periodos quasdam decurrentia, hinc ipsi decepti fuere, qui motus perpetuos inanes commenti speravere callidissimam naturam decipi posse: ut proinde instar demonstrationis propemodum, in mechanicis haec ratiocinatio sit: sequitur ex hac hypothesi, motus perpetuus ergo falsa est. In auxilium consiliumque vocanda natura est, eludi non patitur. Satis illum esse hoc argumentum est providentiae rectricis perfectum, cum ostendetur, quod philosophi officium est, quo modo combinatione purorum seu brutorum motuum leges systematis tam admirandae, tam ad vitam necessariae sint enatae.

His motus publici legibus à privato differentibus explicatis nunc demum Leges Reflexionis et Refractionis mihi demonstrare et suis finibus circumscribere posse videor. Dicam autem hoc loco non de concursibus corporum, sed de incidentia simplici corporis vel conatus sensibilis in corpus sensibile quiescens (quam quidem ad rem pertinet) et resistens, quia concursus sunt et varii nimis et parum explorati ob experimentorum fidorum penuriam. Etsi enim constitutis ritè Harmoniae universalis in systemate regulis, videantur omnia inde deduci posse a priori, quod praestari aliquando tum philosophiae, tum theologiae interest; experimenta tamen negligere praesertim, cum pleraque in ...[1]) sint, et ex facili ...[2]) possent, parum consultum fuerit.

Si corpus motum incidit in quiescens, quiescens aut cedit omnino, aut resistit omnino, aut partim cedit, partim resistit. Si excipiens cedit omnino (saltem quantum sentiri potest, revera enim nullum corpus sensibile sine aliqua resistentia cedit), impingens lineam incidentiae eadem celeritate continuabit, et cedens in eadem antecedet Esto impingens A, id, in quod impingitur B, linea celeritasque cd, quam scilicet corpus A dato tempore absolvit. Posito igitur, nullum esse resistentiam corporis B (ut si planum ce sit exactè laevigatum, quale repraesentat glacies hyberna, positumque, sub aqua et corpus B ita exactè libratum, ut aquae pars spatii

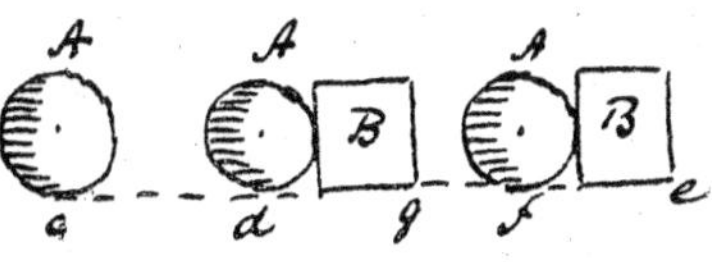

Fig. 23.

aequi ponderet, quo casù attolli deprimique atque huc illuc agi in aqua sine resistentia potest) compingens in d excipienti B posito in g continuabit lineam cd in f eadem celeritate, id est ut lineae cd, df aequali tempori descriptae sint aequales et corpus B antecedens corpus A. eadem linea et celeritate eodem tempore deferetur e in, ita ut tanta sit ge, quanta df vel cd. neque enim ratio est ex hypothesi, qua impingenti resistat aut excipiens retineat. Non frustra hanc propositionem adduxi, quia potest usum habere, praesertim in exemplo adducto insignem, sequetur enim navem submarinam rectè librata in summa et facilitate et celeritate moveri posse.

Si corpus excipiens omnino resistit ac proinde durum simul et firmum, tunc impingens aut molle est, seu cedit in seipsum aut durum est, seu non cedit. Si excipiens durum firmumque et impingens molle est, reflexio nulla est in perpendiculari, continuatio aliqua est in parallela ad superficiem excipientis. Esto impingens molle A, excipiens durum (ut pars cedere non posset nisi cedente toto) et firmus (ut totum cedere non possit loco) bc, linea incidentiae de, motus de compositus ex conatibus db in perpendiculari et df in parallela ad superficiem, excipientis conatus continuationis

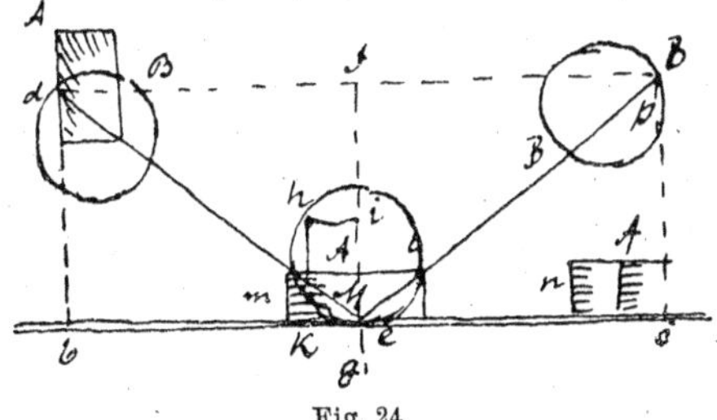

Fig. 24.

1) unleserlich, vielleicht dubio. 2) unleserlich, vielleicht cognosci.

post impactum in *e* factum erit per parallelam *ec*, et per perpendicularem *eg* irritus, quia corpus *bc* durum firmumque est. Ergo ex legibus motuum systematicarum reflexus ex *e* in *f*, in perpendiculari *ef*. sed quia corpus *A* positum initio impetus in situ *hi ke* (eo qui fuit etiam in *d*) molle est, ex hypothesi ideò conatus reflexionis non imprimitur toti, sed partibus tantùm infimis versus *ke*, ad superiores versus *hi*. interea procedunt, impetum reflexionis frangunt ac proinde componunt totum in corpus minus quidem altum, sed magis latum, quale est in situ *lm*. Fracto nunc conatu reflexionis in *ef* vel, ex quo ille ortus est, conatu continuationis in *eg* perpendiculari, superest conatus continuationis in *ec* parallela. Cui cum nihil obstet corpus *A*, situ *ml*, perget in *ec* celeritate priore non quidem totius motus *de*. sed conatus *df* ac proinde, quo tempore *A* ex *d* venit in *e*, eo tempore et ex *m* venit in *n*, sunt enim *mn* et *df* aequales. Sed si *A* venisset linea incidentiae *fe*, manifestum est, nullum esse conatum continuationis in parallela *ec*, quare nec continuationem ullam. Si verò corpus impingens sit durum et liberum, corpus excipiens durum et firmum et aequalis conatus incidentiae et reflexionis in perpendiculari, angulus incidentiae et reflexionis sunt aequales, ut, si corpus incidens durum liberum sit *B*, post impetum habebit conatum in *eg* et *ec* (ut supra *A*), conatus *eg* reflectetur in conatum *ef* aequalem et similem ex hypothesi, conatus *ec* erit integer. Ergo ex conatibus *ec* et *ef*, qui conatibus *df* et *db* aequales et similes sunt, componetur motus *ep* aequalis et similis motui *de*. id est anguli incidentiae et reflexionis erunt aequales. Cum enim motus *de*, *ep* sint aequales, erunt et lineae *de*, *ep*, eodem tempore decursae aequales et inter easdem parallelas. Quod patet, nam initium motus *de* componitur ex conatibus *df*, *db* et initium motus *ep* ex conatibus *ec*, *ef*, contra finis motus *de* ex conatibus vel *be*, *fe* (qui continuati sunt *ec*, *eg*) et finis motus *ep* (eodem tempore) ex conatibus *fp*, *cp*. Sunt autem *fp* et *ec*, item *df*, *be* parallelae, omnis enim motus ducitur à pluribus conatibus per easdem semper parallelas. Ergo et rectae *dfp*, *bec* parallelae et rectae *de* incidentiae et *ep* reflexionis inter easdem parallelas erunt et, quia aequales sunt et aequalium linearum inter easdem parallelas aequales sunt anguli ad parallelas, anguli *deb* incidentiae et *pec* reflexionis aequales erunt.

Nihil autem refert, rectae *df* et *db* sint aequales, an inaequales, quare nec in solo angulo incidentiae 45 graduum *bca* propositio est, sed in omni, quod ex ipsa praecedente demonstratione patet. Sed ut est manifestius, inspiciatur Fig. 1 [22] ubi angulus incidentiae corporis *A* in corpus *bc* est *adb* triginta graduum, et *ad* linea motus est radius lineae *ab*, conatus perpendicularis dimidium radii et linea *ag* conatus parallelis est cathetus, cuius basis sint dimidium radii, hypotenusa radius. manifestum est tamen, eadem omnia oriri. Nam corpus *A* delatum ex *a* in *d* punctum incidentiae conatur continuare lineam *ad* in *e* per *de* et ideò tendit conatus, ut *ab* in *f* per *df*, conatus, ut *ag* in *c* *dc*. salvoque conatu *dc* reflectitur conatus *dg*. Simili et aequali ex hypothesi. Ergo et motus *dh* motui *ad* similis et aequalis erit.

Si conatus incidentiae et reflexionis in perpendiculari sint inaequales, reflexio refracta erit, et siquidem reflexio est debilior, à perpendiculari ad parallelam, si fortior, à parallela ad perpendicularem; caeteris tamen requisitis ad aequalitatem angulorum incidentiae et reflexionis salvis. Pone, in Fig. 1 [22] A incidere recta hd in bdc, ex d conabitur in l, ac proinde tum in f, tum in b eritque ratio conatuum, quae linearum db, df, dl per priora, conatus db manet salvus, conatus df reflectitur in conatum dg. pone conatum dg et ef esse aequales, linea reflexionis erit da, aequalis similis lineae incidentiae hd. si conatus dg sit debilior, refringetur, reflexio à perpendiculari dg ad parallelam dl et linea reflexionis dx cadet inter a et b, contra linea reflexionis refracta ad perpendicularem parallela, si conatus reflexionis sit fortior, cadet in dy inter a et g; ut autem puncta x et y determinentur accuratius, sumetur in dg ex d portio aliqua dz et in db ex b portio $d\alpha$, quae ita sit ad dz, ut est bd ad dg. Erige perpendiculares ex z et α, versus da concurrent ad β inter se et in recta da. Unde sequitur, si conatus dg et df sint aequales, corpus A ex h veniens reflecti in recta $\alpha\beta$, id est da. Conatus enim dg est in recta dg et parallelis, qualis est $\alpha\beta$, et conatus $d\alpha$ in recta da et parallelis, qualis est $z\beta$, ergo motus in parallelarum intersectione, qualis est in β. Sed si servata $d\alpha$ pro dz sumatur minor, imminuto scilicet conatu, ita ut eo tempore, quo conatus db fert in α conatus dg ferat non in z, sed citra in δ perpendiculariter ex α et δ erectae se secabunt in γ. ac proinde linea reflexionis refracta à perpendiculari erit $\delta\gamma$, continuata in x seu dx, contra si conatus dg sit fortior, ac proinde portio $d\varepsilon$ major quam dz, intersectio perpendicularium ex α et ε erit in η et y in producta $d\eta$. determinataque erat linea reflexionis refracta ad perpendicularem dy.

Regula determinandi igitur haec erit: ut est conatus novus ad priorem, ita est sinus anguli reflexionis refracti ad sinum anguli refractionis irrefracti seu aequalis. Ut enim sunt $d\delta$, dz, $d\varepsilon$ mensurae conatuum, ita sinus $\alpha\gamma$, $\alpha\beta$, $\alpha\eta$ angulorum $\gamma d\alpha$, $\beta d\alpha$, $\eta d\alpha$ pro certo igitur habendum est, non angulis sed sinubus divisis quantitates refractionum determinandas, de quo frustra hactenus nonnulli dubitârunt. potest autem conatus reflexionis variis modis augeri vel minui, ut si incidentia fuerit contra innatam gravitatem aut levitatem, reflexio ei consentanea, vel contra augebitur. Si pila reticulo aut alio corpore occurrente repercutiatur, si corpus, in quod incidit, elasticum seque post impactum restituens cogitetur, minuetur, si corpus impingens excipiens nonnihil molle sit, seu cedat sine restitutione, si ipse incidentiae aut reflexionis motus sit continuè decrescens. Et aliae possunt intervenire causae, quas enumerare longum foret.

Est alia ratio, qua tollitur aequalitas incidentiae et reflexionis, cum salvis licet caeteris conditionibus incidens in reflexione non est liberum, sed vias alicubi obstructas invenit. unde mihi regulam aliquam Obstructionum condere non minus necessarium visum est, quam Reflexionum et Refractionum. Ut si incidens A ex h in d inveniat vias omnes reflexionis obstructas praeter dx aut dy aut db vel, quod idem est, praeter $d\eta$ aut $d\gamma$ aut $d\alpha$, illam ibit, quam solam apertam inveniet, sed eodem tempore percurret $d\alpha$, vel $d\gamma$ vel $d\eta$, quo percurrisset $d\beta$. Quod quia fortasse novum videbitur, ostendi operae pretium est. Et manifestum est, sanè obstructis aliis viis omnibus eodem tempore absolvi $d\alpha$ vel dz, quo $d\beta$. nam etiamsi via in $d\beta$ pateret, eodem tempore absolveretur motus in $d\alpha$ et parallelis et in $d\varepsilon$ et parallelis, quo motus in $d\beta$. ipse enim motus in $d\beta$ fit ex conatu in $d\alpha$ et parallelis et innata in $d\varepsilon$ et parallelis se continuè intersecantibus. Nunc ergo cum non patet via in $d\varepsilon$, suffererit solus conatus in $d\alpha$ integer et contra. Si integer eo tempore, quo ante absolvet cursum suum, hinc facilè patet, idem esse in viis $d\gamma$ et $d\eta$. Cum enim posita via $d\gamma$ conatus $d\alpha$ supersit integer, de conatu autem $d\varepsilon$ portio tantum $d\delta$ patet, portionem $d\delta$ et parallelas eodem tempore absolvi, quo integer conatus $d\alpha$ et paralleli, ergo eodem tempore et portionem $d\gamma$ (qui fit conatuum $d\alpha$ et parallelorum et $d\gamma$ et parallelorum intersectione) absolvi, quo conatum $d\alpha$. nam conatus $d\alpha$ eodem tempore absolvitur, quo motus $d\beta$, ut ostensum est. ergo et motus $d\gamma$ eodem tempore absolvetur, quod erat ostendendum. Eadem mutatis tantùm nominibus ratiocinatio est, si pro integro $d\alpha$ sumas integrum $d\varepsilon$, pro portione $d\delta$ portionem $d\gamma$ et ita pro motu $d\varepsilon$ motum $d\eta$. Idem verum est tum in refractione simplici, tum in refractione refractionum, in refractione reflexionum, quam paulo ante exposuimus. Ut si corpus A incidens ex h in d aucto in d impetu cogitetur reflecti debere in η, sed obstructis viis non possit reflecti nisi in d. in eodem tempore perveniet in γ, quo pervenisset in η. In refractione simplici, quam postea exponemus, ut, si corpus cogitetur venire ex h in d et refringi debere in γ. cogatur autem deflectere in η nulla celeritatis accessione aut decessione, sed ob obstacula eodem tempore perveniet in γ, quo pervenisset in η.

Ex his legem Obstructionis et Exitûs universalem sic investigabimus; cum celeritates sint, ut lineae aequali tempore decursae $d\alpha$, $d\gamma$, $d\beta$, $d\eta$. Lineae autem eodem tempore decursae sint, ut portiones viarum inter easdem parallelas ita interceptae, ut debita quidem major sit (ut inter parallelas $\beta\varepsilon$, αd interceptae sunt $d\beta$ debita et $d\eta$ indebita, $\alpha\beta$ autem major est, unde assumus, non debent $\eta\alpha$ et εd, inter quas interceptae $d\beta$ et $d\eta$, ex quibus indebita $d\eta$ major), erunt, ut Hypotenusae triangulorum rectangulorum $\alpha\beta d$ et $\gamma\eta d$ aequalium basium $\alpha\beta$, $\gamma\eta$, cathetorum αd, $\gamma\delta$. An differentiam ut altera alterius pars sit. Manifestum est autem, cathetos ita differre, bases non differre, quod manet conatus in (perpendiculari) $d\varepsilon$ et parallelis imminutus est, viâ indebitâ fit enim in (horizontali) $\delta\gamma$ et parallelis, cum via debita patenti futurus sit in $d\alpha$ et parallelis. Sunt ergo conatus deflexione imminuti ad integrum, ut catheti (seu sinus angulorum hypotenusae ad basin) viae seu celeritates, ut Hypotenusae, seu ut radices summarum ex quadratis conatuum componentium (perpendicularis et horizontalis), compositarum Regula ergo haec esto: motus liber et impeditus seu impeditus et minus impeditus sunt inter se, ut hypotenusae rectangulorum generantium basi sumta utrobique aequali. Caeterum Rectangulum generans voco, quod fit ex ductu conatus horizontalis in perpendicularem. Conatus in conatum duci intelligitur, cum mensurae conatuum in se invicem dicuntur. Mensurae conatuum motuumve sunt lineae, quas duo conatus eodem tempore absolvent. Basin voco lineam in rectangulo minorem. Haec propositio non in iis tantum, quos enumeravi, casibus reflexionis refractionisque, sed et quolibet motu impedito gravium aut Elasticorum ut in plano inclinato, in Elateriis spiralibus verissima est. Adeo ut penduli quoque phaenomenis conciliari possit, ut alias ostendetur.

21. [Eine Seite 2°, ganz beschrieben.]

In Cartesii doctrina de refractione multiplex error inest. Supponit ipse et ex eo Rohaultius (p. 1. c. 15. n. 11)[1]) novum medium densius obstare solum perpendiculariter, non vero horizontaliter, quod falsum est, nisi in momento primo, secus in sequentibus. Hinc et recte ait, pilam perdere dimidium suae celeritatis, si in medium duplo densius ingrediatur, sed hoc non potest conciliare cum priore Hypothesi, ubi horizontali conatui nihil ademit. Cogitum ergo supponere corpus reflecti non refringi, si angulus incidentiae sit minor 45 graduum. Imò inesse videtur error delineationi et calculo Rohaultii dict. prop. XI. ponamus enim lineam *ab* describi intervallo unius minuti lineam *bm*, intervallo 2 minutorum, ob dimidiatam celeritatem in medio duplo resistentiore. Ponamus cum Rohaultio et celeritatem non nisi conatus perpendicularis *pb* aut *bh* dimidiari, celeritatem in *bd* horizontali manere. Ergo in duobus minutis describet lineam *Bl* vel *om* duplae lineae prioris horizontalis descriptae *ag* vel *fb*. Hactenus rectè Rohaultius. Sed in iisdem duobus minutis non debet percurrere dimidiam perpendicularis *gb*. nempe *bo*, ut vult Rohaultius, ita enim celeritas erit quadruplo minor, si enim duobus minutis dimidium describit eius, quod alias uno. Sed debet duobus minutis describere lineam *bh*, m. ergo extra circulum cadet. Quare necesse est, locum pilae cadere extra circulum contra Hypothesin. Imò impossibile est, supposita dimidiatione celeritatis lineae explicare compositiones. Retineatur enim duobus minutis eaedem lineae, manifestum est, corpus perventurum esse duobus minutis eodem, quo antea uno sine ulla refractione ac proinde in sola celeritate, non in determinatione fiet mutatio. Quaerendum est, unde veniat resistentia corporis, an ab Elatere. Si corpus purè Elasticum est, restituet se in statum priorem.[2]) Sed quia nullum corpus perfecte se restituit, verum aliud alio magis, uti videmus altius repercuti pilam à marmore, quam à ligno, ita similiter, si resistentia corporum oritur ab eorum Elaterio, nulla erit refractio, sed imminutio celeritatis, quia Reactio est incidentiae proportionalis, ac proinde utrique conatus tam horizontali, quàm perpendiculari idem detrahetur in proportione non arithmetica, sed geometrica. Contra si resistentia oritur non ab Elaterio, sed à causa quadam ab incidentia non determinata, sed quo forti et debili incidentia tantundem detrahit, ut est densitas, tenacitas, gravitas, tunc et celeritas et determinatio minuitur, ut alibi demonstravi. Nisi celeritas imminui possit, ut si sit momentanea in lumine videlicet. Ibi enim supponendum est, quasi esset pila mota retenta eadem celeritate, quae minuto veniat ex centro in circumferentiam, sed quae ob resistentiam mutet determinationem.

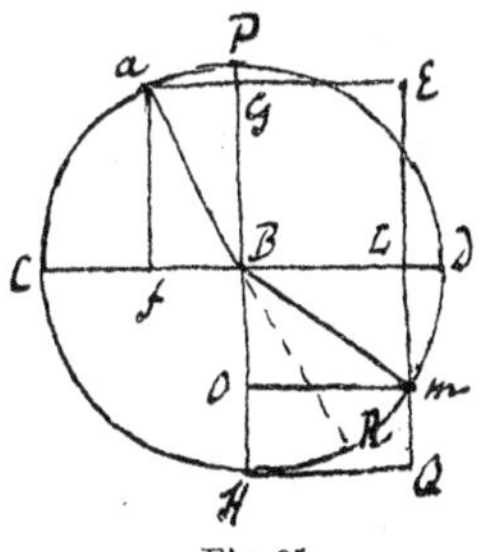

Fig. 25.

1) Wohl in seinem Traité de physique. Paris 1672, das den Cartesianischen Standpunkt einhielt und später von Samuel Clarke in das Lateinische unter Beigabe von Glossen, die die Ansicht Newtons darlegten, übersetzt wurde.

2) Hier ist am Rande bemerkt: Nota pressio luminis pertinget in momento spatium quantumcunque indefinitae celeritatis.

Rohault p. 1. c. 27 n. 38 les passages de la lumière sont dejà tout faits. Hinc facilius ire per corpora dura, quia in iis canales expolitiores. An sic dicendum est: Corpus excipiens radios reagit, cedit ergo primo radio, sed minus quàm aliud corpus, ergo et à secundo impellitur, et a tertio, quarto, quinto aliisque insequentibus, tanta majore celeritate, quanta est corporis luminaris pressio, etsi conatus sunt infiniti intra datum temporis spatium. Et quia in omni corpore est reactio quaedam, hinc in omni corpore reflexio quaedam est et in omni corpore refractio, sed perturbata. Et quia radii lucis repetuntur saepe intra tempus minimum sensibile in unum corpus hinc luminis sensibilitas, alioqui enim rei momentaneae sensibilitas nulla. Illuminare nihil aliud quam calefacere, id est dividere in minutas partes motus separatos habentes. Sed hoc faciunt non singuli radii, sed diversi collecti, dum unus huc, alius illuc nititur. Porro quia major vis ingruit in magis reagens, hinc in magis reagente radius fortius ingruit. Hinc major vis pressionis, sed quomodo hinc determinatio ad perpendicularem. An quod omne pressum reagit in perpendiculari et quod pressio à lumine non fit, nisi in perpendiculari? Imò pressio etsi obliqua sit, potest tamen dici, restitutionem esse in perpendiculari. Hinc sequitur incrementum non esse, nisi in perpendiculari, quia reactio non nisi in perpendiculari.

Propositiones: Si corpus incidit in corpus excipiens immobile et utrumque durum, nec tamen Elasticum est, corpus continuat motum horizontalem ommisso perpendiculari. (Omne corpus Elasticum restituit linea brevissima seu perpendiculari.) Anguli incidentiae et reflexionis sunt aequales, si tanta est vis restitutionis, quanta pressionis. Si incidentia est perpendicularis, etiam reflexio est perpendicularis, etsi vis restitutionis et pressionis sint inaequales. $\frac{\bigcirc}{\bigcirc}$ Si incidentia et reflexio sunt inaequales, et incidentia fortior est, reflexio declinabit ad perpendicularem. Si reflexio fortior est incidentia declinabit à perpendiculari. Si corpus movetur in medio resistente, eius celeritas continuè decrescit determinatione salvâ. Si corpus transit ex medio minus resistente in magis resistens et resistentia arithmeticè eadem est contra[1]) incidentiam quamcunque, primo momento seu sub initium immersionis directio refractionis est a perpendiculari. Si nisus incidentis est continuè reparatus, refractio in medium magis Elasticum est ad perpendicularem: in medium minus Elasticum à perpendiculari. Si verò à magis resistente transeat in minus resistens, non ideò augetur a determinatione celeritas (etsi minuatur resistentia seu celeritatis decrementum), nisi accedat nova causa. Sequentibus momentis immersionis continuè minuitur directio refractionis à perpendiculari. Si primum et ultimum momentum immersionis sint idem, seu si corpus incidens supponatur esse punctum (et resistentia arithmeticè eadem seu determinata est). tunc si angulus incidentiae est minor 45 graduum, directio reflexionis erit à perpendiculari, si major ad perpendicularem. (Aliud est directio reflexionis aut refractionis, aliud reflexio aut refractio ipsa. Directio conatus, ipsa reflexionis motus, uti directionem habet in tangente, quod movetur circa centrum.) Idem est si pressio transeat de medio in medium. Si resistentia medii est geometricè eadem, seu proportionalis incidenti, refractio nulla est, sed celeritas imminuitur.

1) Hier ist darübergeschrieben: seu determinate.

22. [Ein Blatt 2°, auf beiden Seiten beschrieben.]

De legibus refractionis.

Ante omnia constat radium perpendicularem non refringi. Videamus, an sumendo, quod experientia certum est, refractionem ex aëre in aquam esse ad perpendicularem, concludi possit, quaenam sit lex refractionis.

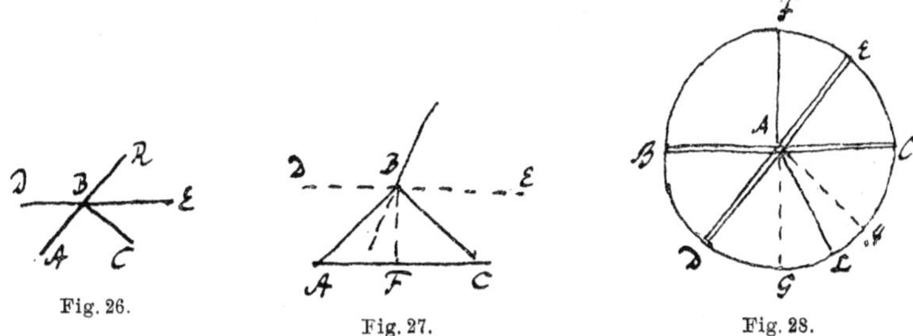

Fig. 26. Fig. 27. Fig. 28.

Quomodo fiat Refractio in angulo. Videri posset eam perinde fieri ac si esset ad rectam angulum bisecanti perpendicularem. Sit in Fig. 1 prisma vitreum, cujus sectio axi perpendicularis sit ABC et in eo plano Radius RB occurrat triangulo in ipso angulo B, ajo refractionem perinde fieri, ac si esset ad rectum DBE, quae sit perpendicularis ad BF angulum ABC bisecantem. Sed jam video id esse falsum. Ponatur enim RBA esse sita in directum et ABC esse angulum rectum, utique nulla ipsius radii BR fiet refractio, quae tamen utique contingeret, sic consideraretur radius, ut perpendicularis ad DBE, itaque quaerenda refractio, tum secundum rectam CB, tum secundum rectam AB, angulusque bisecandus.[1])

Sit porro in Fig. 2 circulus descriptus centro A, radio AB. Ponatur semicirculo BDC dari vis radium FA refringendi, quae vis sit, ut a et praeterea adhuc dari semicirculo DCE vim refringendi, ut b erit portioni communi seu sectori ADC data vis refringendi, ut $a+b$. Refractio ita fiet, ut primum quaeramus, quae sit refractio secundum separatricem BC et resistentiam a, deinde quae secundum separatricem DE et resistentiam b. Angulus inventus bisicetur. Quod si jam ponamus, radium repercussum perpendiculariter eadem via redire, qua venit, considerationem aliquam hinc provenire necesse est.

Ponatur ex medio BFE in medium BDC (DCE) cognita refractio et secundum eam seu secundum resistentiam a (b) radium FA iri refractum in AG (AH), ergo bisecto angulo GAH per AL erit radius FA refractus in AL. Nunc rursus invertendo, si radius LA ponatur incidere in duo media DBE et BEC, refringendi vis (sed in contrariam priori partem), cuiusque medii sint data, habebitur modo priori et rectae AF, ubi nota aliam planè esse relationem medii DAC ad DBE et DCE. Si jam plures adhibeantur hujusmodi radii, puto aliquid hinc duci posse.

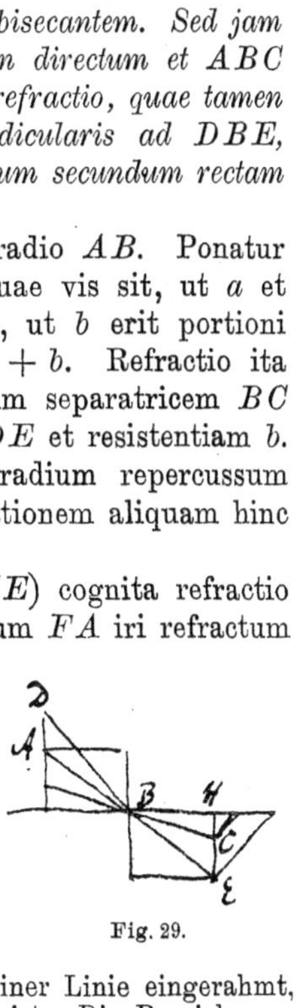

Fig. 29.

1) Die kursiv gedruckte Stelle ist von Leibniz mit einer Linie eingerahmt, deren horizontaler unterer Teil dann wieder ausgestrichen ist. Die Bezeichnung der Figuren fehlt, ist aber leicht zu ergänzen.

23. [4 Seiten 2°, ganz beschrieben. Das meiste ist durchstrichen, das Folgende übriggeblieben.]

Regula refractionis.

Regulam reflexionis Hero, Ptolemaeus et alii veteres ex eo demonstravere, quod posito angulo incidentiae et reflexionis aequali fit via radii à puncto, a quo venit, ad punctum, quò reflexione pervenit, omnium possibilium facillima. idem si in refractione tentemus, calculus hic prodit. Sint

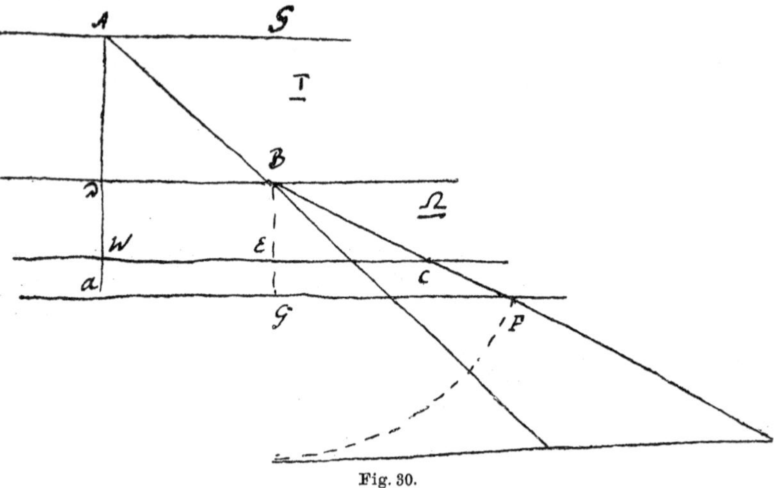

Fig. 30.

duo media: ADB resistens resistentia, ut T et BEC resistens resistentia, ut Ω. Difficultas trajectus AB aestimatur ductu itineris AB in resistentiam medii BE. quaeritur utinam sumendum sit punctum B, ut totus trajectus ABC sit omnium possibilium ab A in C facillimus seu ut aggregatum rectangulorum sit omnium possibilium minimum.

Sit $AD \sqcap d$, $BE \sqcap f$, $DB \sqcap z$, $WC \sqcap c$

erit $EC \sqcap c - z$

et fiet $\sqrt{d^2 + z^2} \sqcap AB = e$ et $\sqrt{f^2 + c^2 + z^2 - 2cz} \sqcap BC \sqcap h$

fiet $t\sqrt{d^2 + z^2} + \omega\sqrt{f^2 + c^2 + z^2 - 2cz}$, quae debet esse minimum omnium possibilium, ponatur $\sqcap y$.

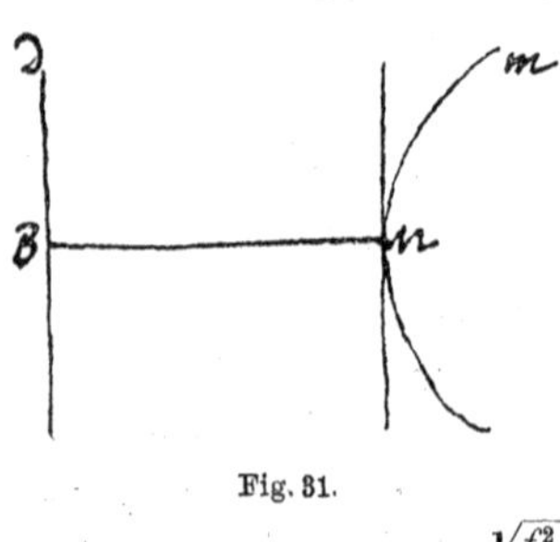

Fig. 31.

Sitque curva Mm, cuius ordinata BM sit y et abscissa DB sit z. quaeritur illud punctum M, in quo minima est curvae latitudo, seu ut haec sit BM omnium aliarum minima. Patet, tangentem in M fore axi parallelum adeoque fore $dy \sqcap 0$. Est autem per meum methodum tangentium

$$dy \sqcap t\frac{2z}{2\sqrt{d^2+z^2}} + \frac{\omega\,\overline{2z-2c}}{2\sqrt{f^2+c^2+z^2-2cz}} \sqcap 0.$$

$$\text{seu}\ \frac{\sqrt{f^2+c^2+z^2-2cz}}{\sqrt{d^2+z^2}} \sqcap \omega\,\frac{c-z}{tz}$$

id est: BC debet esse ad BA in composita ratione ex EC ad DB et ex Ω ad T.

Producatur BC in F, ut fiat BF aeque BA et per F ducta FG parallela CE, producatur BE, dum ei ocurrat in G, erit FB seu AB: $CB::FG:EC$ et paulò ante $AB:CB::BD$ in $T:EC$ in Ω.

Ergo $FG:EC::BD$ in $T:EC$ in Ω et $FG:BD::EC$ in $T:EC$ in Ω seu $FG:BD::T:\Omega$ id est: FG, sinus anguli refractionis, erit ad BD, sinus anguli incidentiae, in reciproca ratione densitatis seu resistentiae mediorum ideoque radius incidens in medium densius refringitur ad perpendicularem, sinu quippe imminuto incidens in medium rarius refringitur à perpendiculare, sinu quippe aucto.

Brevius sic concludemus: ex superioribus $AB:BF::$compos. ex $BD:FG$ et $T:\Omega$. Est autem ratio $AB:BF$ aequalitatis, ex constructione, ergo composita ratio ex $BD:FG$ et $T:\Omega$ est ratio aequalitatis, ergo ratio $BD:FG$ est rationis $T:\Omega$ reciproca, seu $BD:FG::\Omega:T$, sive sinus angulorum sunt in ratione reciproca resistentia mediorum.

24. [$6\frac{1}{4}$ Seiten in 4° gut geschrieben auf gutes Papier.]

Cartesii explicatio Refractionis.

Radius AB veniens ex medio densiore ADB atque incidens in DBF superficiem medii rarioris $BDEC$ refringitur à perpendiculari, seu radius refractus BC angulum facit FBC majorem, quam erat angulus incidentiae ABD. Hujus rationem Cartesius ita reddit. supponit, et rectè quidem, motum, vel impulsum aut conatum secundum directionem AB intelligi posse ex conatibus secundum directiones AD, DB. Conatui autem DB non obstat superficies refringens, sed tantùm conatui AD. itaque conatus AD tantum imminuitur, id est posita EC aequali DB erit BE minor quam AD. Supponit itaque Cartesius medium rarius, ut aërem magis obstare radio quàm densius, ut lumen [!], idque conatur explicare comparatione duarum tabularum, quarum una superficiem habet duram et politam, altera tapete instratam: quemadmodum enim mollities tapetis magis globuli in eo decurrentis celeritatem minuit, ita raritas quoque medii lucis vim debilitat.

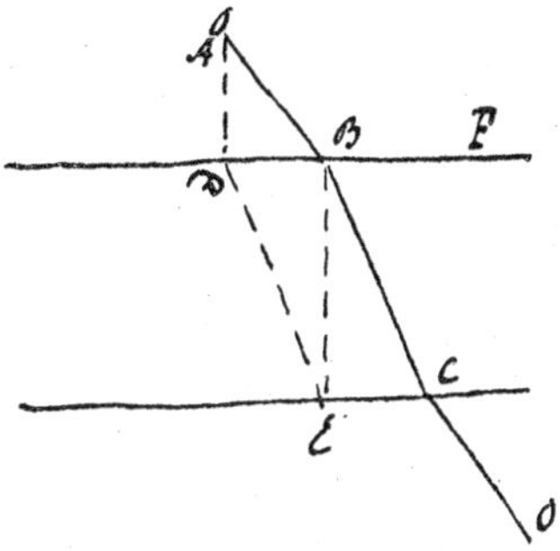

Fig. 32.

Mitto jam, comparationem hanc minimè ad rem quadrare; tantum ostendam, etiamsi omnia concedantur, quae postulat Cartesius, minimè rem succedere. Quod ita breviter ostendo. Experimento constat, radium BC medio raro rursus egredientem in medium CGH aequè densum, ac erat primum ABD, resumere primam inclinationem, ac radium secundo refractum CG esse primo ante refractionem AB parallelum. Hoc verò ostendam, ex hypothesi Cartesii evenire non

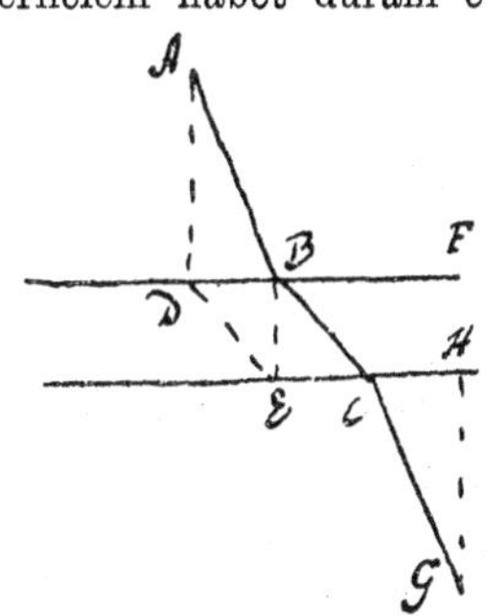
Fig. 33.

posse. Nam radius, qui resistentia sine mollitie (inde ille resistentiam deducit) medii rarioris partem impetus scilicet perpendicularis amisit, cum occursu medii minus resistentis seu densioris non recuperabit, atque ideò priorem directionem non resumet, prorsus ut globus ex polita superficie in mollem et resistentem delatus, in parte impetus in ea amissa, ubi trajectu peracto iterum ad superficiem politam pervenerit, amissam celeritatem ex sola resistentiae cessatione non recipiet. Alia ergo ratione explicanda videtur refractio, ut appareat non tantùm, cur radius inflectatur, cum in medium rarius incidit, sed et postea, cur in medium densius ingressus restituatur.

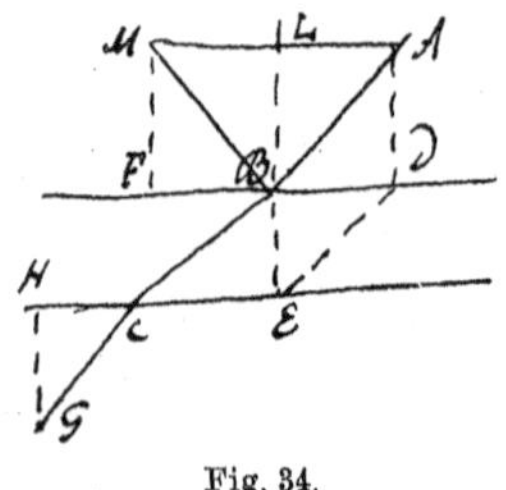
Fig. 34.

Fermatius assumsit contrariam Hypothesin Cartesianae; nam Cartesius ponit medium rarius magis resistere et ita explicat refractionem eo modo, quem dixi, et quem imperfectum esse ostendi. At Fermatius contra ponit medium densius magis resistere atque ita procedit: Videri naturam radium ex puncto lucido C ad punctum A ducturam per viam omnium facillimam, ostendit autem illo posito medium rarius CED, minus resistere, quàm densius GHC, in ratione EB ad GH vel DA (positis GH et DA aequalibus, item HC, CE, BD aequalibus), ostendit, inquam, radium à lucido G ad punctum A facillimè pervenire, si transeat per puncta C, B. Ratiocinatio eius elegantissima est, et planè geometrica, ponit enim, difficultatem esse inter se in composita ratione itinerum et resistentiae mediorum, exempli causa difficultas itineris per CB est ad difficultatem itineris per AB in ratione composita ex ratione CB ad AB, quae rectae repraesentant longitudinem itineris; et ex ratione EB ad AD, quae rectae repraesentant resistentiam medii seu difficultas per CB ad difficultatem per BA, erit, ut rectangulum sub CB et BE ad rectangulum sub BA et AD. Unde Fermatius per Geometriam de maximis et minimis elegantissimè ostendit, viam $GCBA$ esse omnium possibilium facillimam adeoque radium tendentem ex G lucido ad punctum A transiturum per CB.

Huic Fermatianae ratiocinatione sanè ingeniosae simul ac felici occasionem dedisse videntur Ptolemaeus alii veteres, qui fiunt ferè modo licet in exemplo faciliori, probant aequilitatem angulorum incidentiae et reflexionis. Sit punctum radians M, à quo radius reflexus transmittendus est ad punctum N (nam à quolibet puncto ad quodlibet punctum radius pervenit, si nihil obstet). quaeritur, per quam viam, utrum per punctum P, an per punctum Q aliudve, et respondetur per viam omnium facillimam, ea autem hoc loco, in eodem nempe medio, est omnium brevissima. itaque eligendum est punctum P tale, ut aggregatum rectarum MP, PN sit omnium hujusmodi possibilium aggregatorum minimum, id est minus, quàm aliud quodlibet, verbi gratia aggregatum rectarum MQ, QN. Geometria autem ostendit minimum esse, si anguli MPR et NPS sint aequales.

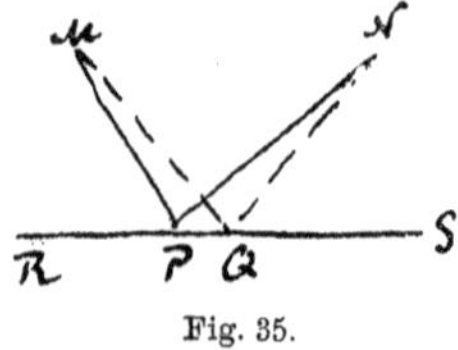

Fig. 35.

Habet tamen aliquid haec ratiocinatio utcunque ingeniosa et felix, quod animo nondum penitus satisfacit. Nam videtur radius ex puncto M

tendere ad P nulla habita ratione, quod inde ad N sit reflectendus, et certè haec ratiocinatio non potest applicari globo, qui etiam angulo aequali repercutitur à pavimento, nam is, cum manu ex M emittitur, pavimentum RS, à quo repercutiendus est, non utique praesentit, nec quaerit viam facillimam tendendi ad N, sed potius quaerit viam facillimam persequendi conatum, quem ei dedit manus. Hinc ad globi reflexionem ostendendam melior utique est Cartesii ratiocinatio per motuum compositionem, nam globulus ab A, veniens ad B, ibique à superficie FBD reflexus retinet conatum parallelum DB, cumque continuat in BF, sed conatum perpendicularem AD in contrarium aequalem BL vertit, quia soli perpendiculari superficies reflectens obstat. itaque angulus MBF et ABD sunt aequales. itaque et ad globorum inclinationem ob medii mutationem factam ostendendam, melior est Cartesii via; verùm ea refractioni luminis applicare non potest, quemadmodum supra dixi, nam nec globus ob viam difficiliorem oblatam à cursu deflectens, trajectu eius peracto priorem inclinationem sive vim semel amissam recipit. Cum tamen lumen videamus, eo angulo egredi è medio, quo ingressum est, si medium, à quo ingressum est, et in quod egreditur, sint eadem.

Videtur pro Ptolemaei et Fermatii ratiocinatione dici posse aliquid non comtemnendum, nimirum ponendo cum Aristotele lumen operari in instanti, quod etiam admittit Cartesius, non utique radius primum tendit ex A in B et deinde in C. Sed lux conatur à puncto dato lucidi A versus omnes partes, illique conatus tantùm exitum sortiuntur modo omnium facillimo, id est ita, ut appareat effectum unumquemque, exempli causa (radiationem ab A ad C) productum fuisse modo omnium facillimo, quo produci potuit.

Verùm si, quod multi, suspicantur, lumen non instanti sed in tempore operatur, Ptolemaei et Fermatii ratiocinatio reflexionis et refractionis causas non explicat. Nam corpora mota, quae intellectu carent, nulla futuri ratione habitu id quaerunt, ut praesentem tantùm operationem quàm facillimè peragant. Equidem fateor, corollarium esse admirabile doctrinae de lumine, quòd deprehenditur naturam modo facillimo operari posito angulo incidentiae et reflexionis aequali, item posita mutatione sinuum in angulis refractionis; sed hoc pro causa finali haberi non potest. Fateor enim sapientiam DEi, rerum autoris, spectanti probabile visum iri, ita duci radios luminis, ut à puncto uno ad aliud quàm commodissimo itinere perveniant, praesertim cum luminis operatio sit generalis et latè fusa, quamquam similis concinnitas in particularibus corporum motibus servari nec possit, nec debeat. Verum quia in physicis praeter finalem etiam efficiens cognoscenda est causa, eaque propinqua, et verò luminis effectus non inter primas naturales leges ex sola DEi mente ductas, habendus est, sed ex aliis naturae legibus nasci videtur, quod ex coloribus variisque lucis phaenomenis satis intelligi potest. Nam in primis et simplicibus principiis (quorum nulla est causa praeter DEi voluntatem perfectissimo modo operantem) nullae sunt varietates phänomenorum: luminis verò regulae ex causa propinqua speciali duci debent. itaque et valde credibile est lumen non agere in instanti.

Quocunque autem modo denique luminis natura explicetur, videtur nihilominus generale, quiddam ex omnibus explicandi modis commune notari posse, ex quo regulas reflexionis et refractionis ducere tentabimus. quemadmodum enim multa de centro gravitatis et aequipondere demonstravit Archimedes, causa licet gravitatis non explicata, ita fortasse quaedam circa lumen demonstrare poterimus ex principiis communibus, etsi speciale luminis causas ignoramus.

Primum autem illud sumo (1) lumen esse operationem quandam à potentia aliqua sive vi profectam; quoniam videmus lumen speculis aut lentibus collectum potentissimè operari, quare si singulis eius radiis nulla inesset potentia, nec inesset collectis. illud etiam manifestum est (2) lumen vim suam exercere in objectum corpus ipsumque immutare, plus minusve, prout plus minusve collectum est. Radium autem non in latus, sed in objectum sibi corpus operari etiam constat, utique (3) plus minusve, prout corpus magis directè ipsi oppositum est, quod experimenta satis confirmant. Jam (4) omnis potentia in Objectum aliquod corpus agens resistentiam patitur tantum secundum eam directionis suae partem, qua perpendicularitate in eius superficiem cadit. Exempli causa potentiae secundum directionem AB aget in superficiem DBF tantùm directione AD, non autem directione DB.

Porro (5) omnis potentia in corpus aliquod agens corpori cuidam communicata. Ea (6) omnis potentia corpori cuidam communicata minuitur intensione in ea ratione, qua corpus augetur extensione, quemadmodum constat corpus maius potentia alterius accepta tardius moveri, quàm si fuisset minus. Intensionem autem potentiae distinguo à velocitate, quia celeritas motûs effectus est tantum intensionis potentiae et potentia est jam initio et in primo instanti, cum nondum est motus. Extensionem autem metior non loco, quem corpus amplectitur, sed soliditate. His autem praestructis ita mihi ratiocinari posse videor. Radius AB (per suppos. 2) in medium BE potentiam (per supposit. 1) quandam transfert.

25. [4 Blätter 2°, zum Teil halb, zum Teil ganz beschrieben.]

Primarii problematis Diophili hactenus à nemine soluti constructionem traditurus, ab initio orsus prima catoptricae Diophilaeque fundamenta ad suas causas revocabo, quae hactenus observatione potius, quam firmis rationibus stabilita erant. Quod duobus capitibus praestabo et primo capite explicabo per causam finalem seu per scopum naturae operantis, secundo per efficientem seu modum, quo natura operatur.

Cap. I.

Suppositiones Geometricae facilè demonstrabiles.

„1. via à puncto ad punctum per reflexionem à plano omnium brevis„sima est, si in plano punctorum communi, planum reflectens ad angulos „rectos secante angulus incidentiae et reflexionis sint aequales."

Sit punctum A, unde aliquod pervenire debet ad punctum B, ita tamen, ut priùs rectâ perveniat ad punctum aliquod F plani DE, unde rectâ reflectatur ad B, quaeritur utinam sumendum sit punctum F sic, ut via $AF + FB$ sit brevior alia quaelibet, ut $AG + GB$, ubicunque tandem punctum G (extra F) in plano sumtum fuisset. Hoc itafiet secundum suppositionem nostram. Ex punctis A,B in planum DE reflectens demittantur perpendiculares AL, BM, fungatur AB et LM, erit $ABML$ planum punctorum AB commune, quod est perpendiculare ad planum reflectens DE. Denique in sectione duorum planorum communi LM sumatur punctum F ita, ut anguli AFL et BFM sint aequales et habebitur quaesitum.

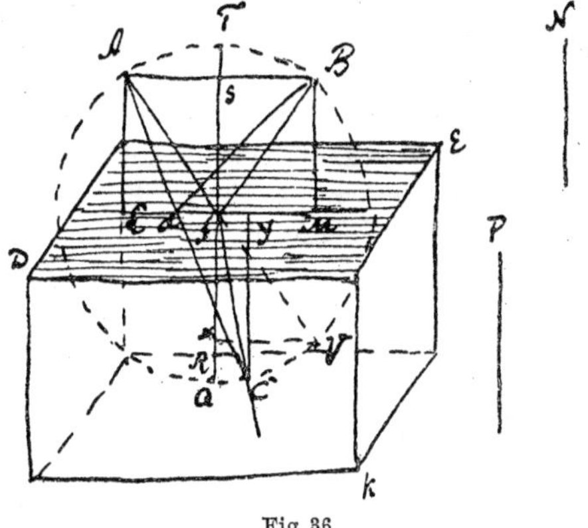

Fig. 36.

„2. Via à puncto unius medii „penetrabilis ad punctum alterius „medii penetrabilis per refractionem „in plano separante omnium facillima est, si in plano punctorum „communi planum refringens ad „angulos rectos secante angulorum „incidentiae et refractionis sinus „sint inter se in reciproca ratione resistentiae mediorum."

Sit punctum A in medio aliquo, ut aëre, unde aliquid pervenire debet ad punctum C in alio medio, ut vitro. ita tamen ut prius recta perveniat ad punctum aliquod, ut F, in sectione planorum (DE et $ABML$) communi, ubi ita refringatur à plano DE, ut inde recta pergat ad C. quaeritur, quomodo sumendum sit punctum F, ut via AFC omnium facillima, facilior scilicet utique quaelibet, ut AGC. Est autem viae difficultas sumenda ex duobus, longitudine viae et resistentia medii. ita difficultas viae AF ad difficultatem viae FC est in composita ratione longitudinum et resistentiarum, seu ut rectangulum sub longitudine AF et resistentia medii eius repraesentata per rectam N; ad rectangulum sub longitudine FC et resistentia medii eius repraesentata per rectam P. Cum ergo his rectangulis difficultates repraesententur, ideò tunc punctum F erit quaesitum, quando aggregatum duarum difficultatum radii scilicet incidentis et refracti est omnium possibilium minimum, seu, quando rectang. AF in N + rectang. FC in P minus est alio hujusmodi aggregato quolibet, seu minus quam rectang. AG in N + rectang. GC in P sumto puncto G ubicunque. Id autem Geometria ostendet praestari hoc modo. Sumatur punctum F in linea LM, ita, ut si centro F radio FA describatur circulus secans radium refractum in puncto quocunque, ut C et ducatur diameter TQ secans LM ad angulos rectos in F, in quam ex punctis A, C demittantur perpendiculares AS, CR, sinus scilicet angulorum AFS, CFR sint. est sinus in reciproca ratione resistentiarum duorum mediorum, „seu AS ad CR, ut P ad N. „Et quia VX aequae AS Radio AF continuato donec circulo occurrat in „Verit etiam VX ad CR, ut resistentia medii refringentis ad resistentiam „medio, a quo radius venit".

Suppositio physica.

„Natura radiis lucis operatur per vias facillimas in casibus simpli-„cissimis."

Nimirum via facillima est, si idem effectus praestari non possit per faciliorem. ita si a puncto A radiante vis quaedam sive effectus radii perveniat ad punctum B per reflexionem a plano DE, id secundum hanc suppositionem fieri debet per punctum F, non per punctum G, posito viam $AF + FB$ esse minorem via $FG + GB$. in refractione autem jam diximus non viae longitudinem tantum, sed et resistentiam adeoque rectangulum sub via in resistentiam considerari debere. Adjeci autem, naturam facillimè quidem operari, sed in casibus simplicissimis, unde secundum hanc methodum constitui poterunt regulae reflexionis et refractionis radiorum in planum aliquod incidentium. Si vero radii incidant in superficiem curvam seu gibbam, concavam vel convexam, consideranda non est ipsa superficies, sed planum eam tangens in puncto incidentiae. Exempli causa si in Fig. 2 [37] radius AF in superficiem concavam incidens inde reflectetur ad punctum B ita, ut anguli incidentiae et reflexionis ad tangentem LFM sint aequales, nempe angulus AFL angulo BFM, licet via AFB non sit brevissima, qua à puncto A ad punctum B per reflexionem a superficie circulari concavo radiari potest, sed potius longissima, sumto enim alio puncto superficiei nempe. G erit $AG + GB$ brevior, quam $AF + FB$. Verùm natura rationem non habet curvorum, sed planorum vel rectarum tangentium, quoniam scilicet regulatè et constanter agit. Alioqui si ponamus radium AF incidere in rectam LM atque inde reflecti in B secundum leges dictas et ponamus postea rectam LFM nonnihil inflecti in $NPQR$ vel etiam in GFH, sequeretur radium in F incidentem ideò aliter reflecti quam ante, cum tamen circa F nulla inciderit mutatio, quae in constanti turbaret omnes opticae rationes et minimè Methodo Naturae consentanea est. Haec ratiocinatio petita est à causa finali seu consilio Dei, in natura perfectissimè operantis, et vim demonstrationis haberet in rebus simplicissimis; ubi determinare potest, quod sit perfectissimum. Verùm à magis compositis, vel etiam in his, ubi incertum est, composita an simplicia sint, vim tantum habet conjectura. Nam in compositis disceditur à simplicitate vel ideò, quia constantia naturae exigit, ut regulae perfectionis à simplicibus sumantur, ut paulo ante ostendimus. Quare quamdiu non constat, an operatio lucis sit ex simplicissimis, haec ratiocinatio non nisi conjectura est. Verùm hoc loco plus aliquid, quàm conjectura est. transit enim in hypothesin, quia per eam phaenomena accuratè et feliciter salvantur. Itaque Methodus à causa finali minima in physica recipienda est (quod quidam celebris autor[1]) nostri temporis parum consultè tutove fecit), servit enim ad inventionem, felicesque praebet conjecturas. Demonstratio tamen accurata habetur ab efficiente causa explicato scilicet modo, quo lux operatur.

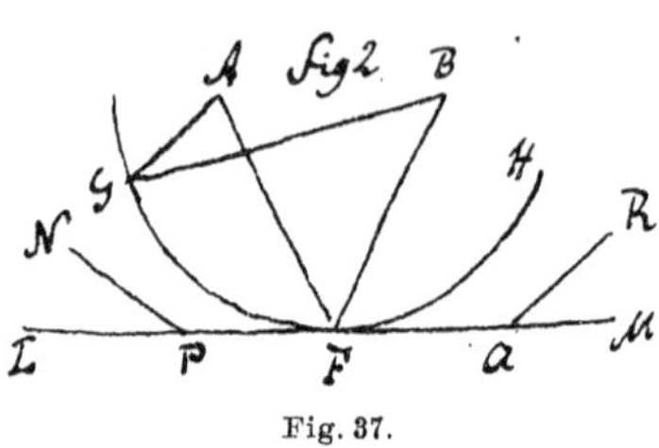

Fig. 37.

Regulae opticae.

„I. Si radius AF (Fig. 1) [36] in planum reflectens DE incidat in puncto „aliquo F et ab eo reflectatur, demittatur AL perpendicularis ex aliquo radii „puncto A in planum et per podium et perpendicularem ducatur aliud planum

1) Wohl Cartesius.

„(quod erit normale plano reflectenti), radius in hoc plano etiam reflectetur, „nempe ex AF in FB sic, ut anguli AFL et BFM, incidentiae nempe et „reflexionis, quorum illum radius incidens, hanc reflexus facit ad LM sec- „tionem communem duorum planorum, sint inter se aequales."

Patet ex praecedentibus positis enim, naturam radiis lucis operari per vias facillimas in casibus simplicissimis, qualis est incidentia radit in planum per suppos. phys. via autem facillima in eodem semper medio manenti est brevissima, et brevissima est AFB, cum anguli dicti sunt aequales per suppos. Geom. 1. Hoc catoptricae fundamentum ita methodo Ptolemaeus et alii veteres demonstrarunt et extat eorum demonstratio apud Heliodorum Larissaeum. Si quis autem per causam efficientem ostendere velit, quod ipsi per finalem eam methodum sequi poterit, quam capite seq. exponemus.

„II. Si radius AF de medio diaphano TF in aliud FQ transeat in „isto plano suo AM, quod ad planum refringens normale est, trans ipsum „planum refringens continuato AF perget rectam FC, ut ratio sinuum AS „et CR anguli incidentiae AFG et anguli refractionis CFR sit semper eadem; „in reciproca scilicet ratione resistentiae mediorum, sive erit AG ad CR, ut „resistentia medii FQ ad resistentiam medii TF."

Patet etiam ex suppositionibus praecedentibus: quia natura radiis lucis operatur per vias facillimas in casibus simplicissimis per supposit. physicam, via autem facillimum[1]) est, si ea, quam diximus sinuum ratio, observetur per suppos. Geom. 2.

Cap. II.

Sed quoniam haec argumentatio sumta est à causa finali, operae pretium erit, quaerere et efficientem modumque investigare, quo natura finem suum assequitur, in quo nemo hactenus satisfecit.

Sed multo meditatione mihi videor mysterium hoc sic assecutus. Ponamus in figur. 1. [36] radium CF in vitro venientem exire directione FA in aërem. Pono aërem minus luci resistere et facilius esse illuminabilem, quam vitrum. hoc est, vim radii in plures partes diffundi in aëre, quàm in vitro, sed hinc sequitur paradoxum, nempe vim radii in quaelibet aëris parte separatim sumta esse minorem. Ut si globus A simul impergat in duos globulos B, C, minorem velocitatem singulis imprimet, quàm si in unum tantùm incidisset. Hinc in quolibet radio in aëre separatim sumto minor erit impetus, quàm respondentis radii in vitro. Unde jam pulchrè procedet ratiocinatio in hunc modum. Centro F semidiametro FC describatur circulus radio FA refracto occurrens in A. Cumque impetus radii in FA sit in ea ratione minor impetu radii in CF, in qua ratione aër (seu medium radii FA) est illuminabilior vitro seu medio radii CF, hinc duplo tempore veniet lux ex F in A eius temporis, quo venit ex C in F. Sed cum conatus radii CF in superficiem DE, aërem terminantem, incidentis in puncto F, ibique aëri oblique occurrentis sit compositus ex duplici directione, una perpendiculari penetrandi in aërem directione FT, altera parallela FL, qua in aërem non agit, hinc tempore, quo radii actio pervenit ex F in A, id est duplo temporis, quo

A
B C
Fig. 38.

1) Muß wohl facillima heißen.

venit ex C in F seu quo venit ex CY ad RF, radii refracti vis perveniet ex FS in LA integer atque minimè imminutus, ideò erit aequalis illi, quo venit ex CY in RF. ergo positis velocitatibus aequalibus spatia erunt, ut tempora, cumque tempus, quo radius pervenit ex F in A seu ex FS in LA sit ad tempus, quo venit ex C in F seu ex CY in RF, ut illuminabilitas aëris ad illuminabilitatem vitri, etiam intervallum inter FS et LA erit ad intervallum inter CY et RF, seu recta FL, sinus anguli refractionis, erit ad rectam CR, sinum anguli incidentiae, ut illuminabilitas medii excipientis ad illuminabilitatem medii emittentis, cumque illuminabilitates sint reciprocè, ut resistentiae mediorum diaphanorum (tanto enim magis resistet medium, quanto minus est illuminabile), hinc erunt sinus angulorum in reciproca ratione resistentiae mediorum, quod ostendendum susceperamus. jam enim mirari desinimus, cur aër, qui radiis lucis minus restitit, tamen radios à perpendiculari velut repellat, quod ratiocinatio superior à facillima via sumta verum quidem esse ostendebat, sed non tollebat admirationem. Cartesius verò ea difficultas adegit, ut statueret aërem magis resistere luci, quàm aquam aut vitrum, quod declarare volebat similitudine tapetis villosi, in quo globulus difficilius feratur, quàm in solido marmore. Sed ea similitudo minimè quadrat, quia globulus partem suarum virium amittit in tapete, et cum eum superavit, vim amissam non recuperat, at radius lucis, qui ex vitro in aërem venit, cum rursus ad vitrum redit, vim priorem recuperat eoque angulo egreditur ex aëre, quo in eum ingressus est, positis superficiebus ingressionis egressionisque parallelis. Verum distincto nostra omnia feciliter conciliat, nam totus aër quidem est illuminabilior, adeoque luci minus resistat, sed tamen cum hinc vis lucis magis disgregetur, singuli radii simul debiliores. Quare posset dici aërem extensiori lucis non resistere, sed intensiori. Absolutè tamen dicendum est, aërem luci minus resistere, quia ea lucis aliorumque agentium natura est, ut diffundere se nitantur, unde jam corollarii instar deduci potest, quod via a puncto emittente radium, ut C, ad punctum excipiens sit omnium possibilium facillima, atque ita causae duae efficiens et finalis sese mutuo demonstrant. Sed prior magis.

26. [1½ Seiten 2°. Auf einer Hälfte beschrieben.]

Si motus ex medio in medium inaequalis resistentiae transeat, refringetur ex medio magis resistente in minus resistens à perpendiculari, in magis resistens ad perpendicularem.

Esto corpus B (in fig. 1) [39] incidens per medium $abhc$ in medium $bcel$, linea incidentiae $h\xi$, locus, à quo incidit h, linea incidentiae producta $h\xi dl$ momento postremo, quo corpus B est in solo medio $ahbc$, erit in loco incidentia ξu tangetque superficiem separationis bc in u. Initio penetrationis erit corpus B parte sui in priore, parte in posteriore. Cum autem initium penetrationis sit momentum, id est tempus, quovis dato, minus, etiam corpus spatiumque, quovis dato, minus considerandum est, momento enim seu initio motus corpus non potest progredi, nisi per spatium, quovis dato, minus. Cogitemus ergo corpus B esse punctum, quam u. Certè punctum est, quod per se considerari potest. Punctum ergo u saltem cogitemus penetrare momento dato. Manifestum est, punctum u in momento penetrationis in utroque simul medio esse, nam in altero esse desinit, in altero esse incipit simul. Divisum ergo intelligendum est in duas partes, quarum altera sit cis, altera trans lineam separationis et, quanto fortior impetus est penetrantis, tanto major pars ab initio statim penetrasse censenda est. Haec nunc, ne contradictioni obnoxia sint et clarius intelligantur, ab in expossibilibus ad quantitates expossibiles transferamus, contenti priora attulisse, ut intima rei aperiantur. Pro initio igitur seu momento penetrationis sumatur tempus determinatum pro puncto *u* corporis *B*. Mensura conatus penetrandi erit pars altitudinis corporis, quae tempore dato immensa cogitatur. Primum autem cogitetur, medium prius et posterius esse resistentiae ejusdem, sequetur tempore dato corporis *B* dimidiam partem *dq* penetraſse, dimidiam *dδ* extare. Ergo si resistentia medii posterioris major est, sequetur eodem tempore (initiali) penetrare partem altitudinis minorem *po*, extare majorem p*π*. contra si medii posterioris resistentia minor est, penetrabit eodem tempore pars major *ik*, extabit minor *iσ*. Hactenus initium seu punctum momentumque penetrationis spectavimus ac proinde corpus *B* in linea *hd* producta reliquimus. Nunc quae continuatio penetrationis eadem erit cum linea incidentiae productâ. Idem enim eveniet sive corpus *B* in ξ, sive in *d*, sive in ϱ locemus, cum linea separationis *bc* sit eo casu, ut medii prioris et posterioris inaequalia, nec nisi mente designetur ac proinde aequè per ϱ ac per ξ aut *d* ducta intelligi possit. Si verò corpus *B* locatum sit in situ *πϱo*, discrimen apparet. Quod ut appareat distinctius motum penetrationis in conatus suos resolvamus. Corpus positum in *d* tendit versus *l*. ergo mensuris conatuum *db*, *df*. Conatui in *df* resistitur a medio novo. Quantum ergo resistitur, tanto minus dato tempore intrat. Transferatur *o* in *q* et cogitetur partem de *qδ* intrare, quanta est *op*, extare, quanta est *pπ*. Manifestum est primum, conatum in *df* etsi tardiorem seu impeditiorem, ob majorem novi medii resistentiam, indeclinatum tamen tendere ex *d* in *f*, nam totum extendit, ac proinde toti aequaliter resistitur. Conatum autem corporis *B* ex *d* in *b* vel, quod idem est, ex *p* in *d* est partim in medio magis, partim in

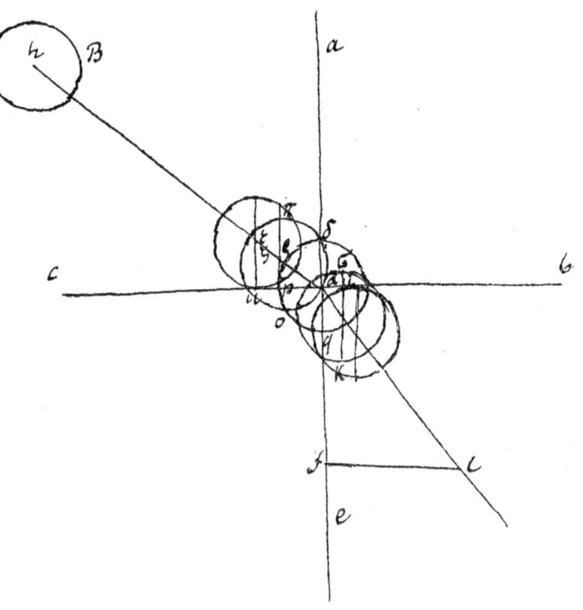

Fig. 39.
[Diese Figur fehlt im Manuskript. Ist hier nach dem Text entworfen.]

medio minus resistente. Et quanto minor eius pars est in medio minus resistente, tanto minus ei resistitur. Quanto major pars intravit, tanto resistitur magis. Ergo quanto minor pars intravit dimidiâ, tanto fortior est conatus *db*, quanto major dimidiâ, tanto debilior. Simul ergo et conatus *db* est fortior et conatus *df* debilior et contra idque proportione eadem. Sed ne hinc sequatur refractio duplicata, rursus detrahendum est aliquid: nimirum cum conatus *d*.

27. [$^1/_2$ Seite 2°. Schlecht geschrieben.]

Vera Ratio Refractionis ad perpendicularem hoc est: Omnis Motus à vi continuo supplemento reparata refringetur ad perpendicularem, quia omnis vis continuo supplemento reparata fortius agit in resistens, quam cedens. Ratio est, quia omnis vis supplemento reparata cedens non nisi semel impellit seu secum fert, at resistens plus semel impellit et procedens ictus ipsum impulit et sequens adhuc invenit. Pone, obstaculum aquae objici, id, si ab aqua statim superatur, feretur celeritate aquae ordinaria, nec motum accelerabit. At pone, aliquandiu aquae obsistere, tandem nova aqua continue se conglomerante ictusque multiplicante, vinci, quo facto aqua maximo impetu ipsum superatum tandem aufert. Haec ratio est etiam, cur ventus velocius navem ingentem debet . . .[1]), quam levem ferat, et cur fortius pilam plumbeam, quam ligneam projicere possimus. Unde intelligi potest, ipsum motus pilae plumbeae initium physicum seu sensibile in partes quasdam dividendum esse, pilam primum resistere jactanti, hinc novo impetus conatum ipsi imprimi aliumque super alium, donec tandem motu multiplicato et quasi accelerato conatu moveri incipiat. Hinc etiam, si nucleum cerasi diutius inter digitos premimus, fortius exilit. Hinc etiam, si januam perrumpere conaris, perrumpis, sed tempore adhibito agis enim motu accelerato, ac si perrumpis, fortius perrumpis, quàm si initio perrupisses. Non ergo de Lumine tantum, sed in generale omni nisu continuato verum est, eum esse fortiorem in resistens, quàm statim cedens. Etsi fieri possit, ut ipsum resistens nimis resistat, ut ne continuato quidem nisu superetur aut non nisi parum ob conatum impressum a resistente aut statim aut mox superatum. Hinc aquae jam liquorum jactibus continuatis praestari possit, quod Luminis, ut scilicet refringeretur ad perpendicularem in medium licet densum, intrantes, si diutius continuentur. sed nullum est experimentum luculentius, quàm ipsius fluminis seu torrentis resistentiam fortius impellentis. Hoc ergo experimentum loco jactuum aquae exhibendum. At in quiete poterit hoc fieri etiam in nisu non reparato, qualis est corporis simpliciter in aliud corpus projecti, v. g. non manus tantùm aut arcus fortius projicient pilam plumbeam, quàm ligneam, seu et alia pila in eam propulsa. Sed sciendum est, hanc propulsionem pilae per aliam in eam propulsam fieri ob Elaterium. Haec enim instar chordae adductae tenditur, sed subitò se restituit, restituens sese pilam, in quam inciderat, impellit. Ergo pila secunda projicitur ab arcu aliquo tenso, arcus autem tensi nisus est continuè reparatus seu fortius insurgens contra resistens. Fortius ergo impellitur pila plumbea, quàm lignea ab alia in eam projecto. Navis vento opposito primum stat dubitabunda, tandem cedit ob ictus continuationem.

1) Unleserlich, wohl impellere.

28. [2 Blatt, 2° auf einer Hälfte beschrieben.]

De Refractione.

Willibrordi Snellii regulam Refractionis ex Manuscriptis tribus eius libris opticis apud filium visis refert Isaacus Vossius lib. de Luce Cap. 16.[1])

Sit vas parallelepipedum aquae plenum $AEIY$, oculus in o positus, rem in E sitam non videbit suo loco, sed altiorem velut in g et rem in r sitam velut in l et in p sitam velut in q idque ea conditione

ut radius verus ae sr np
ad apparentem ag sl nq

eandem servet rationem.

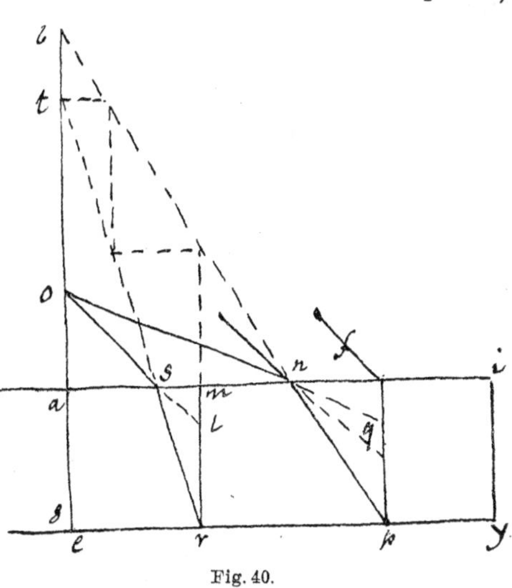

Fig. 40.

Hanc eius sententiam ex naturali aliqua causa deducere, difficile videtur, nam obstaculum medii densioris videri poterat debere corpus facile apparere potius remotius, quam propius debilitando radios, quasi ex longinquo venirent, et si dimensio sumenda in altitudine, cur ratio itinerum habetur. Neque enim apparet, cur eadem medii resistentia faciat rationem eandem radiorum. Si regula haec vera est, etiam pro medio oai continuando rs versus t; et pn versus b. Erit so ad st, ut on ad nb. sed hoc obiter.

Cartesius[2]) in dioptricis ita procedit. corpus vel lumen linea AB incidens in medium CEG, cuius superficies CE, in ipsam impingit secundum duas diversas determinationes CB et HB et quidem medium non opponitur directioni CB, sed directioni HB. Ponamus, resistentiam medii CEG esse duplam resistentiae prioris medii AHB. Utique perrumpendo linteum CBE (vel irrumpendo in medium CEG) perdit dimidiam suae velocitatis partem, atque adeò duplum temporis ei impendendum est, ut infra B ad aliquod punctum circumferentiae (verbi gratia J vel D) pertingat (nam cum linea BJ vel BD sit aequalis lineae AB et velocitas sit dimidia prioris, duplo tempore opus habebit ad ipsam lineam, qualis est BJ vel BD, percurrendam). Sed

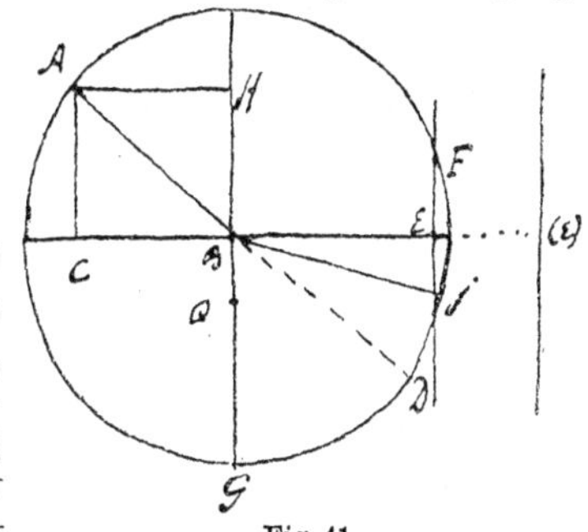

Fig. 41.

1) Der Titel heißt vollständig: De Lucis natura et proprietate. Das Buch erschien 1662 in 4° in Amsterdam.

2) Cartesii Dioptrice. Cap. II. § IV, woher Leibniz die zweite Figur genommen und die er zum Teil wörtlich anführt.

cum nihil ex dispositione, qua dextrorsum ferebatur, intereat, in duplo istius temporis, quo à linea *AC* pervenit in *HB,* duplum eiusdem itineris in eandem partem conficere debet eodemque momento, quo accedit ad circumferentiam infra *B*, etiam accedet ad punctum *E* posito *BE* esse duplum ipsius *CB* ac proinde, si per *E* ducatur parallela ipsi *AC*, nempe *FEJ,* erit radius BJ refractus quaesitus. Quodsi punctum *E* cadat extra diametrum seu circulum, ut in *(E),* ita ut parallela per *E* ducta circulum secare non possit, impossibile est fieri refractionem et fiet reflexio perinde, ac si superficies *CE* fuisset solida.

Sic occurrunt nonnullae difficultates. Quamvis haec potissima est: si potentia, qua corpus vel radius tendit à *B* versus *C,* manet integra, sequitur tantum potentiam, quà tendit à *B* versus *G,* diminui, adeoque fieri duplo minor et itaque, quo tempore corpus percurrit *CB*, eodem percurret *BM*[1]) aequalem ipsi *BC*. Sed eodem tempore tantùm infra *B* usque ad *Q*, posito *BQ* esse dimidium ipsius *AC,* vel saltem quadratum ipsius *BQ* esse dimidium quadrati *AC*. Nam cum Cartesius ipse potentiam, quae tendit versus *E* conservavit integram, utique fatendum est illi, potentiam solam, qua corpus tendit versus *G*, diminui, nec proinde liberum est illi, diminuere postea potentiam seu dicere, corpus dimidia celeritate pervenire à *B* ad circumferentiam, qua venit à circumferentia ad *B;* nam ille motus ad circumferentiam vel à circumferentia jam conatum à *B* ad *E* in se continet. Nam verbi gratia conatus à *B* ad *J* componitur à conatu à *B* ad *E* et à conatu ab *E* ad *J,* quod si ergo totus conatus à *B* ad circumferentiam, *B* ad *J,* dimidius fit, etiam totus conatus à *A* ad *B* fit dimidius. Et quemadmodum conatus à circumferentia superiore ad centrum *B* composuerat ex uno parallelo, alteri perpendiculari ita conatus à centro ad circumferentiam inferiorem ex duobus his conatibus componere debebat.

Sed error sine dubio ortus est ab eius errore generali, quod separari possit determinatio à vi. Nam ita videtur sentire vim universam absolutè sumtam esse dimidiatam adeoque corpus dimidia celeritate ferri, sed vim respectivam, seu vim, qua tendit à *B* versus *E* conservari. sed quomodo vis respectiva conservari possit integra, si diminuatur vis absoluta, id equidem non capio. Nam vim respectivam considero, ut partem vis absolutae.

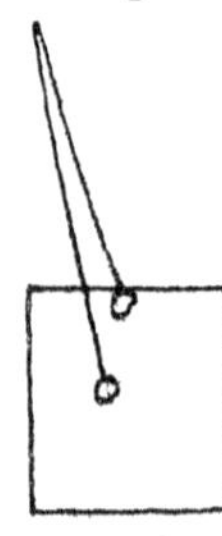

Fig. 42.

Praeterea non video, quomodo dicere possit, partem superficiei aquae certium facere angulum ad radium, si lumen in motu materiae subtilis consistit, cuius ratione profecto aqua, utrumque nobis plana videatur, innumeras habeat inaequalitates. Hinc colligo, lumen non posse esse seu usque adeò subtilem adeòque non posset à nobis percipi, quem angulum ad corpora à nobis aut natura sensibili polita habent. Certè enim, si materiam subtilem respiciens [!] more Cartesii, fortasse in paucissimis locis aquae, vel vitri superficies vera superficiei sensibili illi respondebit, quam nos imaginamur et supponimus, respondebit ob valles et monticulos innumerabiles. Unde sequitur luminis actionem in aliquo liquore valde facto crasso subsistere, cuius respectu montes illi et valles negligi possunt, et planitiem

1) Der Buchstabe M fehlt im Original der Figur, wohl weil er sich auch bei Cartesius nicht findet.

superficiei non impedire censentur, quemadmodum montes et valles non censentur impedire rotunditatem terrae. Et haec ratio demonstrat, mea sententia, impossibile esse, ut lumen sit actio primi elementi, sed videtur lumen esse actio liquoris cuiusdam, qui in comparatione nostra subtilis est, sed satis crassus et à primis principiis remotus est, adeoque et causa specialiore indiget.

Tertia est difficultas in Cartesii sententia, quod non explicat, quomodo lumen in medio rariore vel molliore majorem resistentiam inveniat. nam tametsi dicat, parietes pororum corporis mollis magnam impetus partem intercipere, tamen non apparet, quomodo id pertineat ad extimam superficiem, cum ea differentia non in superficie, sed in ipso corpore sentiri tantùm possit.

Quarta est, etsi ponamus, in vim luminis a resistentia diminuti parere refractionem à perpendiculari, non tamen apparet, quomodo postea iterum vim amissam recipiat, cum denuò corpore refringente egreditur.

Itaque concludo sententiam Cartesii de refractione non esse demonstratam. Contra ponamus, servari conatum perpendicularem tantum nimium, seu corpus eodem tempore, quo percurrit latitudinem BM (aequalem ipsi CB) descendere de B in Q, ita ut BQ sit in certa ratione ad AC, sequitur refractiones non sinibus BE, sed sinibus versis esse mensurandis, sinibus rectis manentibus iisdem. In nova figura ex puncto A (verbi gratia $1\,A$, $2\,A$, $3\,A$) radius incidit in B. inde refringitur in E. ponamus, sinum CB ante refractionem aequari sinui post refractionem, erit sinus anguli complementi DE dimidius sinus complementi AC. Verum, si ad circumferentiam usque producantur radii refracti BE, nempe usque ad F, patet eandem sinuum versorum rationem, seu rationes AC ad FG constantem non manere. Videamus, quae sit curva transiens per puncta E, si per puncta F transeat circulus. item videamus, quae fit ratio AC ad FG. Sit BC aeq. x, AB aeq. a et AC ergo $\sqrt{a^2-x^2}$, erit BD etiam x et DE aeq. $\frac{m}{n}\sqrt{a^2-x^2}$. Ergo curva $1\,E$, $2\,E$, $3\,E$ etc. erit Ellipsis, qualis esset, quae transeat per puncta, rectas AC in constanti rationi secantia,

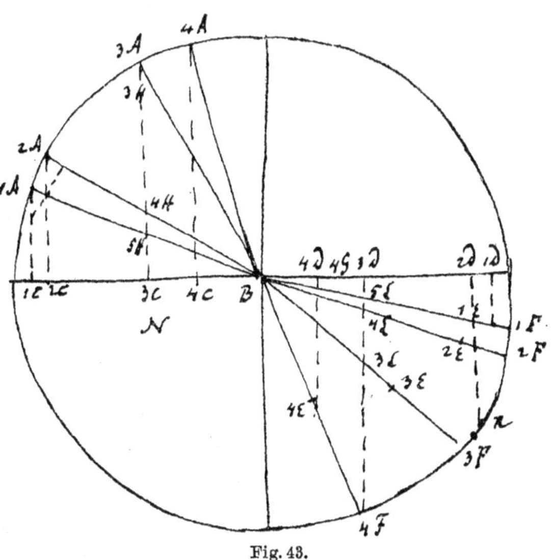

Fig. 43.

$$\text{et } BE \text{ erit } \sqrt{x^2-\frac{m^2}{n^2}a^2-\frac{m^2}{n^2}x^2}\ ^{1)}$$

$$\text{ergo } \frac{FG}{DE}\sqcap\frac{a}{BE} \text{ seu } FG \text{ aeq. } \frac{a\cdot DE}{BE.}$$

1) Die Formeln sind neben den Text geschrieben.

Quemadmodum autem hypothesi nostra puncta radiantia in circulum cadentia servata constante ratione refringuntur non in circulum, sed in Ellipsin. ita contra, si linea recta utamur, refringentur in lineam rectam. itaque nostra Hypothesis simplicius enuntiari potest assumta linea recta. Sint enim puncta radientia *H* in recta *HN* perpendiculari ad refringentem superficiem *CBD* et ponantur, omnia puncta refringi in rectam priori parallelam *LM* seu notantur puncta *L*, quibus radii *HB* refracti in *BL* secant rectam *LM*, manifestum est ex prioribus, sinuum *LM* ad sinus *NH* respondentes fore rationem constantem, seu ita esse 3 *HN* ad 3 *LM*, ut 2 *HN* ad 2 *LM*. Sed videntur, an per progressum experimenti *HN* ad *LF* inveniri.[1]) Notabiliter differt certè à Cartesiana nostra hypothesis, ex Cartesiana radius 2 *AB* refringitur in *BR*, ex nostra in 3 *F*.

29. [4 Seiten 4°.]

xbri 1677.

Cartesius refractionem et reflexionem explicat comparatione pilae. Missa nunc sanè reflexione, quae sic satis commodè per pilam explicari potest, modo alia tamen accedant. Ostendam, Cartesium nullo modo refractionem explicuisse. Constat radium lucis *AB* in medium densius illapsum refringi ad perpendicularem in *BC* atque ibi rursus ingressum restitui in viam *CD*, parallelam priori *AB*, modo scilicet plana refringentia sint parallela. Hoc ille ita explicat pro radio lucis. sumamus pilam *B*, quae in Tabula polita *BC* decurrens occurrit alteri *CD* tapete instratae, ubi difficilior paulo motus fit, adeoque pergens in ea per rectam *CD* ob majus obstaculum à perpendiculari nonnihil declinat. Eodem modo ponendo radium facilius in vitro, ut *BC*, quàm in aëre, ut *CD* progredi. vitrum tabulae politae, aërque tabulae tapete instratae locum habebit adeoque radius exiens ex vitro in aërem à perpendiculari declinabit. Plausibile hoc est et plerisque satisfecit, sed non mihi, cum enim variis de refractione olim tentatis Hypothesibus vidissem, plerasque ex eo refutavi, quod in nonnullis daretur, regressus seu conversio, constitui idem experiri in Cartesiana, et sanè comperi non satisfacere, quod ita ostendo. Verum est, pilam recta *BC* venientem intelligi posse motum composita directione ex perpendiculari ad planum refringens in *C* et horizontali ad hoc planum parallela et motu parallelo salvo minùs per resistentiam solum perpendicularem patet unde fieri refractionem à perpendiculari. Sed si pila in medio difficiliori *CD* pergens, tandem rursus priori nempe faciliori, accurate tunc non recuperabit amissam directionis perpendicularis celeritatem, sola enim medii facilitas celeritatem non auget. Ponamus enim, pilam tormento excussam perforare maceriam inque ea virium partem amittere, utique eas ingressu in aërem non temperabit. Quod tamen necesse esset, nam manente semper motu horizontali debeat intentio perpendicularis, ut fiat refractio ad perpendicularem. quae, cum ita sint, certum est, Cartesium veram refractionis causam non reddidisse.

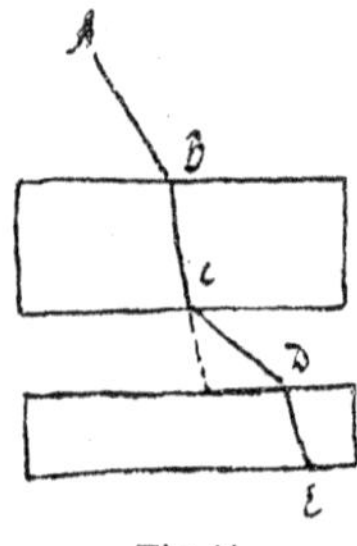

Fig. 44.

1) Sehr undeutlich geschrieben, so daß es sehr schwer war, eine einigen Sinn gebende Konjektur zu machen.

Ptolemaeus et Heron aliique veteres alio usi sunt principio facillimo scilicet via, qua scilicet radiatio à dato puncto ad datum punctum pervenire potuit. nempe à puncto A radius à superficie BD reflexus pervenit in C, quaeritur, qua via seu qualenam sit punctum B ... est quaestio quasi per algebram sive modus quaerendi inversus, alioqui enim directè procedendo et posito radio AB, quantum punctum B debere sumi tale, ut recta $AB + BC$ aggregatum sit aliorum quorumlibet aggregatorum, ut $AD + DC$ (alio scilicet quolibet puncto D sumto) minimum. Quod facile ostenditur fieri, si anguli ABE et CBD sint aequales.

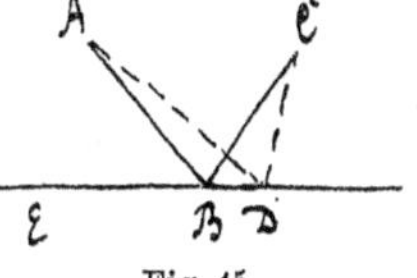

Fig. 45.

Idque aliquando ita explicabam[1]: fingamus in puncto B esse aërem compressum, eumque subito laxari conabitur in omnes partes et ita etiam ab A versus C, per B vel D. reperiendo ex variis autem nisibus ille demum effectum suum sortietur, quo omnia fiunt facillimo modo, id est quo ictus facillime perveniet in C. Verum quod Ptolemaeo objectum est, id etiam huic ratiocinationi objici potest, nimirum in concavo sphaerico ponendo, quod reflexio fiat, angulis aequalibus ad tangentem non fore aggregatum omnium possibilium ex directo et reflexo ab A ad C compositorum minimum. Et paralogismus in eo erat, quod improprie dicimus, ex omnibus nisibus eligi, commodissimum sortiri effectum; nam ipse nisus jam est aliquis effectus.

Quaerendus est ergo modus explicandi, ita ut appareat tangentis tantùm habendam rationem. ponamus ergo punctum quidem C esse sic satis à B remotum, sed punctum A propemodum ei incumbere seu rectam AB esse, quantum satis est, parvam, patet objectionem cessaturam, poterit enim referri ad tangentem tantùm. Imo enim in finem etiam C ipsi B, quantum satis est, admovere possumus.

Sunt autem ista non in punctis remotis, sed in ipso contactu et nisu aestimanda, ac proinde in punctis, quantùm satis est, propinquis, ut pro punctis infinitè parvam habentibus distantiam seu plane incumbentibus sumi possit, id est, ut idem proveniat, utrumque minora assumantur. Natura ergo suspensa nisus suos non alio exercet modo, quàm quo quam minimum immutatur, seu quo quam minimum amittitur virium, id est facillimo. Eamque ratiocinationem pariter ratiocinationi[2]) et refractioni applicari posse patet. In pila autem locum cur non habeat, quod hic in refractione ostendimus. haec ratio est, quod hic quasi infiniti sunt nisus, inter se invicem luctantes optimamque eligentes operandi rationem, nempe radiationes ab eodem puncto ad alia varia aeque remota. At pila, cum ipsa pereat, nec his de nisibus sermo sit, non quaeritur, à quo venerit puncto, sed in quo nunc sit, quoque celeritate ex directione pergat ire. At de virium propagatione agitur sive diffusione cuiusdam liquidi, alia ratio

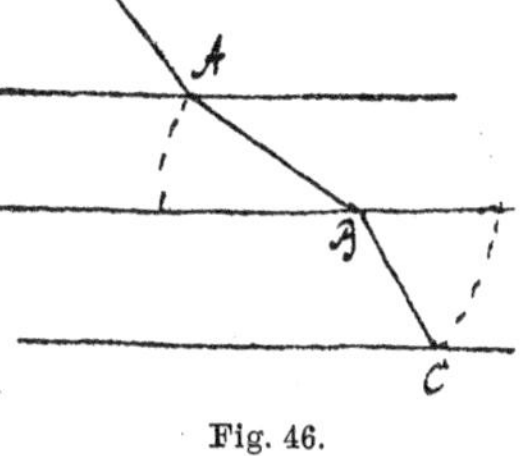

Fig. 46.

1) In: Cartesii explicatio Refractionis. Nr. 24.
2) Wohl Schreibfehler für reflexioni.

esse videtur. Nam alii omnes radii ab aliis punctis venientes ad idem punctum et ex hoc exituri cogent nos tandem tale quippiam eligere, ut effectus sit similis causae, in plano, seu cum similiter se habet ad planum, sed hoc paulo obscurius.

Cum pila movetur privato motu, non est quaestio de via facillima, sed determinata, hoc loco determinatio sumitur non ex privato, sed publico; item quia hoc non motus, sed conatus sive impulsus ratio habetur.

Illud certum est, si pila venit ex *A* in *C*, via non facillima, seu utique aliquando elegit, quod non erat commodissimum; quod non est mirum, quia non poterat providere obstacula, quae ponenda essent, pila ergo recta fertur ad aliquod punctum. ideo cum pila ad aquae superficiem venit, in ipsam aquam agit plus minusve pro modo obliquitatis, ut solent omnes ictus. Unde si nimia est obliquitas, potius repellitur, quam penetrat. Et hinc res, ni fallor, manifesta est, sed in actionibus publicis seu in nisibus omnia sunt recipienda, fitque ut commodissima ratio eligatur. Sed hic tamen rursus difficultas est, nam reapse non semper in lumine eligitur commodissima, ut in concavo.[1])

Lumen sit vis quaedam, quam corpus illuminatum recipit. Corpus quo magis illuminatur extensivè, hoc minus illuminatur intensivè. Id est, quo plures partes impressionem luminis recipiunt, hoc minor est impressio in singulis.

Nam eadem vis in plura subjecta distributa in singulis fit debilior. Quod in motu manifestum sit, nam si corpus aliquod in plura corpora impingat, debilior est motus in singulis, etsi vis sit eadem.

Ponamus esse corpora *A*, et alia his multo minora atque ideo arctius ac plus molis in pari spatio continentia *B*, denique alia *C*, ipsis corporibus *A* similia. Percutiatur materia *A* ictu *EFG*, qui in *G* occurrens materiae *B* vim imprimet suam; sed quia majorem eam imprimit moli, ideò debilior erit impetus in singulis partibus, adeoque ictus perpendicularis

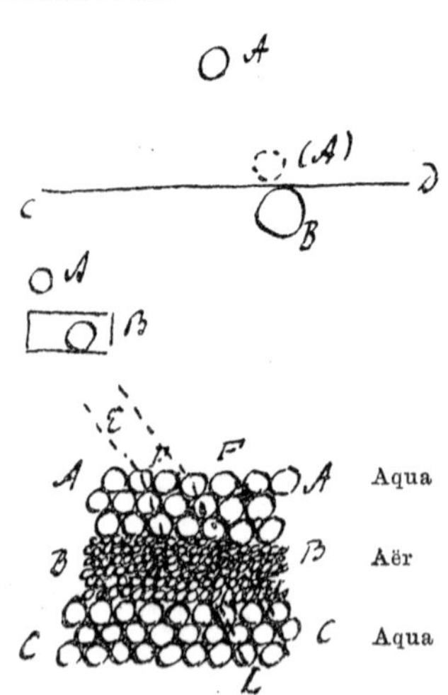

Fig. 47.

1) Hier ist an den Rand das Folgende mit anderer Tinte und kleinerer Schrift geschrieben, also wohl als ein späterer Zusatz zu betrachten:

Si hoc ratio locum satis non habet, habebit ista:

A impigit in superficiem *CD*, trans quam est corpus *B*. quaeritur, qua linea eat *B*. Si corpus *A* impingat in corpus *B* ictu non centrum *B* tendente, sed obliqua, quid fiet?

Volubile hic modo, quod refractio sit pro gradibus illuminabilitatis. Nam etsi aër minus densior aqua, vix illuminabilitas ut 2 ad 3. Ita ergo refractio.

Non procedebat in corporibus Rectis sine globulis, non aequare.

debilitabitur salvo conatu horizontali, huic enim, ut ex natura ictus notum est, soli resistitur. Unde oritur refractio à perpendiculari. Contra ictus GH in H occurrens materiae C, majores adeoque minus spatium implentes globos habenti, minori moli communicabitur adeoque majorem imprimit ipsis celeritatem, eam scilicet, quae erat in materia A; unde HL et EF parallelae. Quae omnia pulcherrimè ad lumen quadrant. Ut enim plus est in B materiae, ictum recipientis, ita plus est in aëre materiae illuminabilis. Utque in B salva vi in toto minuitur impressio perpendicularis in singulis partibus, ita in aëre eodem manente lumine, singuli tamen radii retunduntur, sed ad perpendicularem refringuntur. Restitutio autem fit ad eundem angulum, si aërem B rursus excipiat aqua C etce. Porro et in perpendiculari radio in medium illuminabilius intrante necessario aliqua fit diffractio seu disgregatio et contra congregatio, si in minus illuminabile medium intretur. Unde opinor, colorum origo est. Experimenta optime fient in plano ope lapillorum rotundorum ac planorum, quales in alea vulgò adhibentur. Ubi majores minoribus interponi et experimenta jucunda institui possunt. Hoc modo in terminis experientur.[1])

30. [1 Blatt 2°.]

Decembr. 1681.

Sit radius AC, ex medio DC transiens in medium CE. sitque densitas illius ad hujus, ut d ad e. quaeritur, quo duci debeat radius ACB, ut via omnium facillima, seu ut sit $AC \frown d + CB \frown e$ minimum. Sit DC, l, et EC, m. datur et FG, f, sit AD seu FC, x; erit CG seu EB, $f - x$. ergo AC $\sqrt{ll + xx}$ et CB ergo

$$\sqrt{m^2 + ff + xx - 2fx}$$

fiet $d\sqrt{ll + xx} + e\sqrt{m^2 + ff + xx - 2fx}$ aequ minimo.

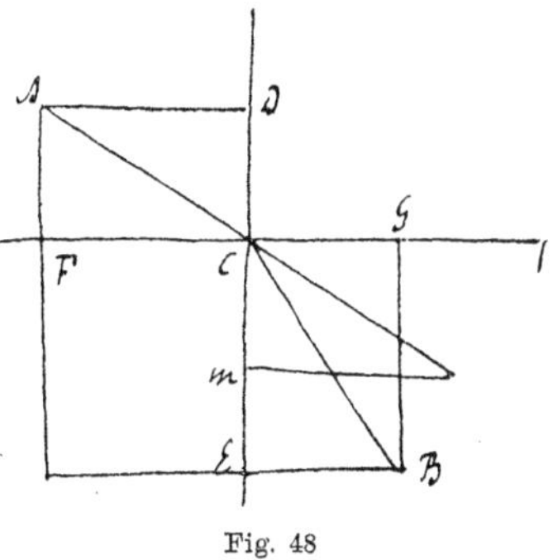

Fig. 48

Ergo per methodum tangentium meam fiat:

$$\frac{2dx}{\sqrt{ll + xx} \sqcap AC} + \frac{2ex - 2ef}{\sqrt{m^2 + ff + xx + 2fx} \sqcap BC} \text{ aequ } 0.$$

seu fiet $\frac{AC}{BC}$ aeq. $\frac{dx}{ef - x}$. ponamus jam AC et BC aequales, fiet: $f - x$ ad x, ut d ad e. Ergo, si centro C radio CA vel CB describatur circulus, erit AD seu x, sinus anguli incidentiae, ad BE seu $f - x$, sinum anguli refractionis, ut e, densitas medii refractionis ad d, densitatem medii incidentiae, sive erunt sinûs angulorum in reciproca ratione mediorum seu densitatum.

1) Der letzte Satz ist mit anderer Tinte geschrieben, also wohl späterer Zusatz.

31. [1½ Seiten 2°. Die erste enthält das unvollendete Konzept einer Rechnung, die zweite das Folgende:]

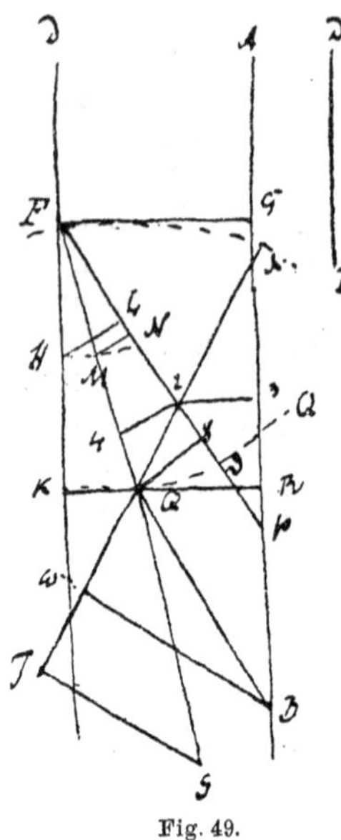
Fig. 49.

Data curva FF invenire curvam QQ talem, ut omnes radii, qui paralleli incidunt in FF, ut DF, inde refringantur in punctum B.

Per punctum B ducatur recta radiis DF parallela, nempe BG et ex puncto datae curvae F ad eam ducatur perpendicularis. erit BG abscissa, FG ordinata, illa appelletur x, haec y, et cum datur curvae natura, dabitur et relatio inter x et y. Sit FP perpendicularis ad curvam, axi occurrens in P. dabitur et GP (per methodum inveniendi tangentes curvae datae), nempe $FG : GP :: d\overline{x} : d\overline{y}$. Jam radius DF ipsi BG parallelus non perget versus H in linea recta, sed intrans in vitrum refringetur in FM versus perpendicularem FP, ita ut, si centro F radio FH aequ. C, describatur circulus secans FM in M et ex punctis H, M in FP ducantur perpendiculares HL, MN, data sit ratio $HL : MN :: d : e$ secundum quantitatem refractionis vitri. Quia FH parallela GP, erit triang. FLH simile triangulo PGF et

$$PG : GF : PF :: d\overline{y} : d\overline{x} : d\overline{\omega} \left(\text{posito } d\overline{\omega} \sqcap \sqrt{d\overline{x}^2 + d\overline{y}^2}\right) :: FL : HL : FH$$

et FH aequ. c, fiet $FL \sqcap \dfrac{c\,d\overline{y}}{d\overline{\omega}}$, $HL = \dfrac{c\,d\overline{x}}{d\overline{\omega}}$. jam $MN \sqcap \dfrac{HL\cdot e}{d}$,

ergo

$$MN \sqcap \frac{ce\cdot d\overline{x}}{d\cdot d\overline{\omega}} \text{ et } FN^2 \sqcap FM^2 - MN^2,$$

ergo

$$FN \sqcap \frac{\sqrt{c^2 - c^2 e^2 d\overline{x}^2}}{d^2\cdot d\overline{\omega}^2} = \frac{c}{d\cdot d\overline{\omega}} \sqrt{d^2\cdot d\overline{\omega}^2 - e^2\, d\overline{x}^2}.$$

Porro FM radius refractus continuatusque occurrat curvae QQ in puncto Q. porro ex suppositis punctis RQ calculo habetur FQ. Sit enim $BR \sqcap z$, $QR \sqcap v$, jam $FK^2 + KQ^2 \sqcap FQ^2$ et $FK \sqcap GR \sqcap BG - BR \sqcap x - z$ et $KQ \sqcap GF - QR \sqcap y - v$. fiet $FQ \sqcap \sqrt{\boxed{2}\,\overline{x - z} + \boxed{2}\,\overline{y - v}}$. Ex puncto Q in ipsum FP ducatur perpendicularis $Q\gamma$. eritque

$$FM : MN^{1)} :: FQ : Q\gamma :: d\,d\overline{\omega} : e\cdot d\overline{x}.$$

Ergo

$$Q\gamma \sqcap \frac{\sqrt{\boxed{2}\,\overline{x-z} + \boxed{2}\,\overline{y-v}}\; e\cdot d\overline{x}}{d\cdot d\overline{\omega}}.$$

$$\text{jam } Q\gamma : Q\vartheta :: PR : P\vartheta :: FG : PF :: d\overline{y} : d\overline{\omega}.$$

---

1) Unter FM ist c, unter MN $\dfrac{ce\cdot d\overline{x}}{d\cdot d\overline{\omega}}$ geschrieben.

Ergo

$$Q\vartheta \sqcap \frac{\sqrt{\boxed{2}\,\overline{x-z}+\boxed{2}\,\overline{y-v}}\;e\cdot d\bar{x}}{d\cdot d\bar{y}}$$

Porro $F\vartheta : FK :: P\vartheta : PR :: d\bar{\omega} : d\bar{y}$.

Ergo

$$F\vartheta \sqcap (\underline{FK})\frac{\overline{x-z}\,d\bar{\omega}}{d\bar{y}},$$

rursus

$$F\vartheta \sqcap \sqrt{\overline{FK}^2+\overline{K\vartheta}^2} \sqcap \sqrt{\boxed{2}\,\overline{x-z}+\boxed{2}\,\overline{y-v}\frown\overline{1+\frac{e^2\cdot d\bar{x}^2}{d^2\cdot d\bar{y}^2}}+\frac{2\,\overline{v-y}\sqrt{\boxed{2}\,\overline{x-z}+\boxed{2}\,\overline{y-v}}\;e\,d\bar{x}}{d\cdot d\bar{\omega}}}$$

quos duos valores aequando et pro $d\bar{\omega}^2$ ponendo $d\bar{x}^2+d\bar{y}^2$ fiet:

$$\boxed{2}\,\overline{x-z}-\frac{d\bar{x}^2+d\bar{y}^2}{d\bar{y}^2} \sqcap \boxed{2}\,\overline{x-z}+\boxed{2}\,\overline{y-v}\frown\overline{1+\frac{e^2\cdot d\bar{x}^2}{d^2\cdot d\bar{y}^2}}+\frac{2\,\overline{y-v}\sqrt{\boxed{2}\,\overline{x-z}+\boxed{2}\,\overline{y-v}}\;e\,d\bar{x}}{d\cdot d\bar{\omega}}$$

$$\text{vel } \boxed{2}\,\overline{x-z}\,\frac{d\bar{x}^2}{d\bar{y}^2}\frown\overline{1-\frac{e^2}{d^2}} \sqcap \boxed{2}\,\overline{y-v}\frown 1+\frac{e^2\,d\bar{x}^2}{d^2\,d\bar{y}^2}+\cdots$$

Haec aequatio nihil difficile involvit.

Quod si jam aequatio accedat, quae relationem exprimit inter x et y, item inter $d\bar{y}$ et $d\bar{x}$, ea tolli possunt $d\bar{x}$, $d\bar{y}$, item alterutra harum duarum x et y. igitur una adhuc aequatione opus est, qua tollatur et altera, ut scilicet tantùm restent z et v. Hanc novam ita porro pergendo inveniemus: Radius FQ ipsi curvae occurrens inde non pergit in QS recta linea, sed ibi ex vitro in aërem egreditur adeoque refringitur à perpendiculari $\lambda Q\bar{\omega}$ in QB occurrens tandem puncto dato B. sumatur QS aeq. QB et ex punctis S, B in ipsam perpendicularem curvae QQ, nempe $\lambda Q\bar{\omega}T$, ducantur perpendiculares $B\bar{\omega}$, ST. Et quidem $B\bar{\omega}$ bis inveniri potest, primum ex eo, quod semper in curva supposita, ut data perpendicularis ex puncto dato ad curvae perpendicula (seu tangenti curvae parallela) duci potest. Sed eadem $B\bar{\omega}$ etiam ex eo habetur, quod ratio eius ad ST data est. Primum itaque $B\bar{\omega}$ quaeramus communi methodo ex curvâ.

$$d\bar{\psi}^2 \sqcap d\bar{z}^2+d\bar{v}^2$$

fiet $d\bar{v} : d\bar{z} : d\bar{\psi} :: \lambda\bar{\omega} : \bar{\omega}B : \lambda B$ datur autem $AB \sqcap AR + RB$

$$\lambda R \sqcap \frac{v\,d\bar{v}}{d\bar{z}},\ RB \sqcap z, \text{ fiet } \lambda B \sqcap z+v\frac{d\bar{v}}{d\bar{z}}$$

$$\text{et } B\bar{\omega} \sqcap v\,\overline{1+\frac{d\bar{v}}{d\bar{z}}},\frown\frac{d\bar{z}}{d\bar{\psi}} \sqcap v,\frac{d\bar{z}+d\bar{v}}{d\bar{\psi}}\ ^{1)}$$

---

1) Hier ist am Rande zugesetzt:

$B\bar{\omega} \sqcap v,\frac{d\bar{z}+d\bar{v}}{d\bar{\psi}}$, quod notabile. v est autem perpendicularis x, adhuc melius, si tangentem aliter sumemus, nempe QB vocando W et circulationem circa centrum vocemus $d\bar{c}$, fiet $d\bar{\omega} : d\bar{c} : d\bar{\psi} :: QN : \bar{\omega}N : Q\bar{\omega} :: Q\bar{\omega} : \bar{\omega}B : QB$.

Ergo $B\bar{\omega} \sqcap \frac{QB\,d\bar{c}}{d\bar{\psi}}$. Ergo quod notabile $v\;\overline{d\bar{z}+d\bar{v}} \sqcap 2B\,d\bar{c}$ seu

$$d\,c \sqcap \frac{d\bar{z}+d\bar{v}}{\sqrt{d\bar{z}^2+d\bar{v}^2}},\ \frac{v}{\sqrt{z^2+v^2}};\ d\bar{z}^2+d\bar{v}^2 \sqcap d\bar{c}^2+d\bar{\omega}^2;\ \omega \sqcap \sqrt{z^2+v^2}$$

Ut autem $B\overline{\omega}$ adhuc semel nanciscimur, quaerenda est ST. Quod ita fiet: Ex puncto 2, ubi se secant FP, $Q\lambda$ (productae, si opus, ducantur) in axem BG perpendicularis 23

$$p3 : 32 :: d\overline{y} : d\overline{x};\ 3p \sqcap \frac{32,\, d\overline{y}}{d\overline{x}},\ 3\lambda : 32 :: d\overline{v} : d\overline{x}.$$

Ergo

$$3\lambda \sqcap \frac{32,\, d\overline{v}}{d\overline{z}} \text{ jam } 3\lambda + 3p \sqcap \lambda R + RP \text{ et } RP \sqcap GP - GR \text{ et } GR \sqcap x - z$$

ergo

$$\lambda 3 + 3p \sqcap \lambda R + GP - x + z \text{ sive } 3\lambda + 3P^{1)} \sqcap \frac{v\, d\overline{\omega}}{d\overline{z}} + \frac{d\overline{y}}{d\overline{x}} - x + z.$$

Ergo

$$32 \sqcap v + y - \frac{-x+z}{\frac{d\overline{v}}{d\overline{z}} + \frac{d\overline{y}}{d\overline{x}}} \qquad 3\lambda \sqcap v + y - \frac{x+z}{\frac{d\overline{v}}{d\overline{z}} + \frac{d\overline{y}}{d\overline{x}}} \frac{d\overline{v}}{d\overline{z}}$$

$$3R \sqcap \lambda R (-3\lambda) - \cdots\cdots$$

$$\frac{v\, d\overline{v}}{d\overline{z}}$$

$$2Q : 3R :: d\overline{\psi} : d\overline{v}. \text{ Ergo } 2Q \sqcap \frac{(v\, d\overline{\psi} - v\, d\psi) - y\, dy}{} + \frac{+x-z}{\frac{d\overline{v}}{dz} + \frac{d\overline{y}}{d\overline{x}}} d\overline{\psi}.^{2)}$$

Ex puncto 2 ducatur ad FD perpend. $\overline{24}$.

$$\text{jam } 2F : Fp :: 3G^{3)} : Gp \text{ fiet } 2F \sqcap \frac{d\overline{x}\, d\overline{\psi} \cdot v}{d\overline{x}^2} - \left(\frac{y\, d\overline{y}}{d\overline{x}}\right) - v\left(-\frac{y\, d\overline{y}}{d\overline{x}}\right) + \frac{x-z}{\frac{d\overline{x}}{d\overline{z}} + \frac{d\overline{y}}{d\overline{x}}}$$

$24 : 2F :: MN : FN.$[4]) ita habetur 24. Habita 24 et $2Q$ habetur et ratio $QS(\sqcap QB)$ ad ST, adeoque et ST, ergo et $B\overline{\omega}$ adhuc semel. Calculus talis erit

$$24 \sqcap \frac{\frac{c\, e\, d\overline{x}}{d\, d\overline{\omega}}}{\frac{c}{d\, d\overline{\omega}} \sqrt{d^2\, d\overline{\omega}^2 - e^2\, d\overline{x}}},\quad \frac{d\overline{y}\, d\overline{\psi}\, v}{d\overline{x}^2},\quad -v + \frac{x-z}{\frac{d\overline{v}}{d\overline{z}} + \frac{d\overline{y}}{d\overline{x}}}.$$

---

1) Unter 3λ ist gesetzt: $32 \frac{d\overline{v}}{dz}$, unter $3P$ steht $\frac{32\, d\overline{y}}{d\overline{x}}$.

2) Am Rande daneben geschrieben: $\frac{FP}{p} \sqcap \frac{d\overline{\psi}}{d\overline{v}}$

$$FR \sqcap \frac{d\psi,\, v\, d\overline{v}}{d\overline{v} \cdot d\overline{x}}$$

3) Darunter ist geschrieben: $\overbrace{GP - 3P}$

$$\underbrace{\qquad}_{-32 \frac{d\overline{y}}{d\overline{x}}}.$$

4) Unter FN hat Leibniz c gesetzt.

Jam $24 : 2Q :: ST : QS$ ob triangula $Q42$, QTS similia

itaque $ST \sqcap \frac{QS,\,24}{2\,Q}$ $\quad QS \sqcap QB \sqcap \sqrt{z^2+v^2}$

et $B\bar{\omega} : ST :: HL : MN :: d : e$. Ergo $B\bar{\omega} \sqcap \frac{QS,\,24,\,d}{2\,Q,\,e}$

$$\text{Ergo} \quad B\bar{\omega} \sqcap \frac{\dfrac{d\sqrt{z^2+v^2},\; e\,d\bar{x}}{e\sqrt{d^2 d\bar{\omega}^2 - e^2 d\bar{x}^2}},\quad \dfrac{d\bar{z}\,d\bar{y}\,(\overline{\underline{d\bar{\psi}}})(\overline{\underline{v}})}{d\bar{x}^2}\;\overline{-v+\dfrac{x-z}{\frac{d\bar{v}}{d\bar{z}}+\frac{d\bar{y}}{d\bar{x}}}}}{-y\,(\overline{\underline{d\bar{\psi}}})+\dfrac{x-z}{\frac{d\bar{v}}{d\bar{z}}+\frac{d\bar{y}}{d\bar{p}}}\,(\overline{\underline{d\bar{\psi}}})} \sqcap.$$ [1])

Melius rem ita instituemus, si curva FF existente data et sumta QQ qualicunque sumtoque in axe AG puncto fixo A positoque radium axi occurrere in B, quaeratur calculo AB, ex datis x, y, v, z. expliceturque relatio inter v et z. ita ut evanescant omnes indeterminatae, fiet recta AB constans; et solutum erit problema.

32. [2 Seiten 2°. Die Innenseiten eines Bogens sind gänzlich beschrieben, die Außenseiten sind es auch, doch ist das auf ihnen Befindliche wieder durchgestrichen. Die vordere Außenseite trägt quergestellt die Aufschrift.]

Calculus Dioptricus. Novembris 1679.

Ut calculum dioptricum complectamur, quem postea facile sit accommodare cuivis casui et repetere pro multitudine refringentium; sit radius quicunque DF occurrens curvae FF, sit axis curvae AG, in qua punctum fixum A, et FG ordinata ex puncto curvae F ad axem perpendicularis. Linea radii DF continuetur recta, donec axi occurrat in H, radius autem ipse DF refringatur in $F\,(H)$, ita ut axi occurrat in (H), jam centro F radio FH desiniatur arcus circuli FH secans ipsam $F\ (H)$ productam, si opus est, in M. ex punctis H, M demittantur in FP, curvae perpendicularem[2]) (productam si opus) perpendiculares HL, MN, quae erunt inter se in data ratione refractiones vitrorum metiente, nempe b ad c. tam ut longitudinem linearum omnium calculo exprimamus, considerandum est, dari curvam F adeoque relationem ordinatarum FG, quas vocabimus y, ad abscissas AG, quas vocabimus x. posito curvam esse analyticam. Ex puncto curvae F ducta intelligatur curvae vel eius tangenti perpendicularis FP axi occurrens in P. manifestum est, dari et ipsas GP et FP ex datis x vel y per methodum tangentium notam. Vocemus FP, s et GP, p rursus, quia positione data radius

---

1) Daneben ist geschrieben:

$$(\overline{\underline{v}})\,\frac{d\bar{z}+d\bar{v}}{d\bar{\psi}} \sqcap \frac{\sqrt{dz^2+d\bar{v}^2+2\,d\bar{z}\,d\bar{v}}}{d\bar{z}^2+d\bar{v}^2} \sqcap 1+\frac{2\,d\bar{z}\,d\bar{v}}{d\bar{z}^2+d\bar{v}^2}.$$

2) Die Worte curvae perpendicularem sind späterer Zusatz.

DF, sive sit axi parallelus aut aliis radiis, sive sit aliis radiis convergens aut divergens, sive sit quomodocunque ab alia forte curva refractus; dabitur punctum concursus ad axem H, seu recta AH, dabitur et inclinatio eius ad axem seu ratio HG ad GF, quae sit d ad e. Sit $AH \sqcap h$, erit $GH \sqcap x+h \sqcap g$ et $HG:GF$ seu $x+h:y::d:e$, seu fiet $g:y::d:e$, seu $ge \sqcap yd$, seu $xe+he \sqcap yd$. Cumque valor ipsius y datur adhuc semel ex natura curvae, hinc sublata y habetur valor ipsius x, adeoque et ipsius y, seu determinatur punctum F ex datis positione punctis A, H in axe et linea recta DF, curva FF.

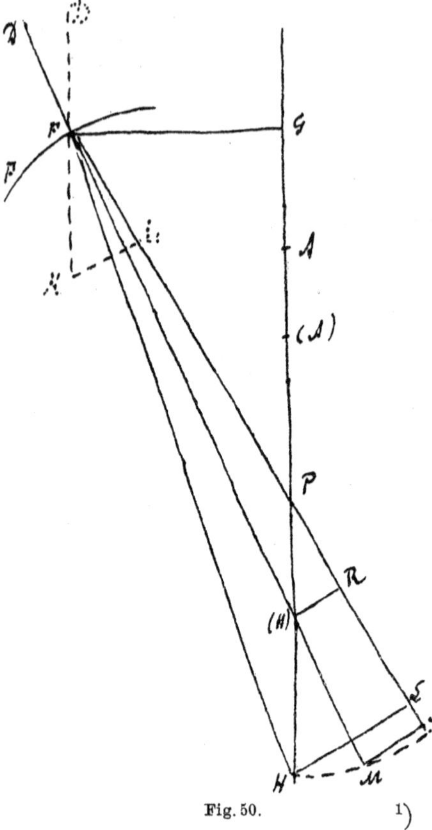

Fig. 50. [1]

Quaerendum jam est punctum (H), in quo radius refractus FM axi occurrit, quod postea serviet ad inveniendum punctum, quo radius FM occurrit alteri curvae QQ, quemadmodum serviet punctum H ad inveniendum punctum F, quo radius DF occurrit curvae FF. punctum autem (H) ita inveniemus: Hoc punctum est intersectio rectarum FM et GH. Ergo quaerenda recta, ad quam referri possint (cognito modo) tam omnia puncta rectae FM, quam omnia puncta rectae GM. Haec recta communis est FP. Ergo ex punctis (H) demissa intelligatur perpendicularis in FP, quae sit $(H)\,R$ ob

1) Neben und unter die Figur ist geschrieben:

$AG, x \sqcap \frac{d}{e}y - h; \qquad FG, y; \qquad GP, p$

$FP, s \sqcap \sqrt{y^2+p^2}; \quad AH = h; \quad GH \sqcap x+h \sqcap g$

$\left.\begin{matrix} FH \\ FM \end{matrix}\right\} f \sqcap \sqrt{y^2+g^2} \sqcap \sqrt{y^2+x^2+h^2+2xh}$

$HG:GF::d:e::g:y$

$HL:MN::b:c$

$GH, g-p \sqcap l$

$(A)(H) \sqcap (h) \sqcap A(H) - A(A); \quad A(A) \sqcap a$

$x+(h) \sqcap (\vartheta); \qquad (H)\,G:GF::(d):(e)::(g):y$

$a-p \sqcap q; \qquad r^6 \sqcap y^2 + x^2 b^2 s^2 - q^2 c^2 y^2$

H est punctum in axe, ad quod tingitur radius primus ante refractionem.
(H) est punctum in axe, ad quod dirigitur radius primus refractus.
$((H))$ est punctum in axe, ad quod dirigitur radius per secundam refractionem.
$(((H)))$ est punctum in axe, ad quod dirigitur radius per tertiam refractionem.
Et ita pono.

triangula similia $FR\,(H)$ et FNM, item ob triangula similia PGF et $PR\,(H)$ fiet $FR:R\,(H)::FN:NM$ et $R\,(H) \sqcap \frac{FR\cdot NM}{FN} \sqcap \frac{\overline{s+PR}\cdot NM}{FN}$, quia $FR \sqcap FP + PR \sqcap s + PR$, $PR:R\,(H):P\,(H)::PG:GF:FP$, seu $p:y:s$ et $R\,(H) \sqcap \frac{PR\cdot y}{p}$. Ergo $PR \sqcap \frac{ps\cdot NM}{y\cdot FN - p\cdot NM}$ et $R\,(H) \sqcap \frac{ys\cdot NM}{y\cdot FN - p\cdot NM}$ et $P\,(H) \sqcap \frac{PR\cdot s}{p} \sqcap \frac{s^2\cdot NM}{y\cdot FN - p\cdot NM}$. jam ut NM et FN inveniamus, debet primum haberi HL, nam ratio ipsius MN ad HL data est. ipsa autem HL sic habetur: $PF, s:FG, y::PH, g-p:HL, \frac{y\cdot\overline{g-p}}{s}$ et $b:c::HL:MN$.

$$\text{Ergo } MN \sqcap \frac{HL\cdot c}{b} \sqcap \frac{cy\overline{g-p}}{bs}$$

$$\text{et } FN \sqcap \sqrt{FM \text{ quad.} - MN \text{ quad.}} \sqcap \sqrt{f^2 - \frac{c^2y^2}{b^2s^2}\overline{g^2+p^2-2pg}}$$

$$\text{Ergo } A(H) \sqcap AP + P(H) \sqcap \frac{s^2c\,\overline{g-p}}{\sqrt{f^2b^2s^2 - c^2y^2\overline{g^2+p^2-2gp}} - pc\overline{g-p}} + p - x$$

$$\text{Sit } g-p \sqcap l \text{ et fiet } A(H) \sqcap \frac{s^2cl}{\sqrt{f^2b^2s^2 - c^2y^2l^2} - pcl} + p - x \sqcap (h)$$

$$(H)G : GF :: (d) : (e) :: \frac{s^2cl}{\sqrt{f^2b^2s^2 + c^2y^2l^2} - pcl} + p - x : y.$$ [1]

Habemus ergo tam punctum (H) et inclinationem radii FH ad axem. ex quibus porro investigari possunt rectae omnes, prodituræ, si radius refractus tendens ex F ad (H) occurrat novae lineae, cuius natura data supponitur aut, quemadmodum oportet, assumenda est; quemadmodum ex puncto H et inclinatione radii ex D tendentis ad H occurrentisque curvae FF omnes rectas calculo indagavimus. itaque huius paginae calculo continuato atque pro re nata explicato tota dioptrica continetur. Tantum enim pro x, y, s etc. sumendo (x), (y), (s) etc.: inveniemus iisdem literis retentis: $A((H))$, e (s) autem et (l) et alias eodem modo inveniemus, ut s et l inveniemus literis iisdem retentis, sed ut alias eodem modo tractatus esse appareat parenthesi inclusis, ita $(s) \sqcap \sqrt{(x^2) + (y^2)}$, si radius sit DF; sit parallelus, erit h vel g vel l vel f infinita, unde caetera rejicientur, et quantitas ipsa infinita divisione evanescat.

---

1) An den Rand ist hier geschrieben:
Nota ob aequationem

$$(x)c + (h)e \sqcap y \text{ fiet } (d\overline{x})\,e + d\overline{h}e \sqcap d\overline{y}$$

$$\text{et } \frac{(d\overline{y})\,(y)}{(d\overline{x})} \sqcap (p) \text{ unde}$$

tolli videtur posse p et nota $(d\overline{x})$ differt à $d\overline{p}$. alioqui res esset absoluta.

Sed placet rem omnem unica aequatione complecti, quam solum in toto calculo dioptrico inspicere opus sit

$$(A)(H) \sqcap h \sqcap \frac{s^2 c, \overline{x+h-p}}{\sqrt{y^2+x^2+h^2+2\overline{xh}b^2s^2-\text{quad.}\,\overline{x+h-p}\,c^2y^2-\overline{x+h-p}\,pc^2}}$$

et $((A))((H)) \sqcap ((h)) \sqcap$

$$\frac{(s^2)b\overline{(x)+(h)-(p)}}{\sqrt{(y^2)+(x^2)+(h^2)+2\overline{(x)(h)}c^2s^2-\text{quad.}\,\overline{(x)+(h)-(p)}\,b^2y^2-\overline{(x)+(h)-(p)}(p)b^2}}$$ [1])

possunt puncta A, (A), $((A))$ etc. poni coincidentia et tunc a et (a) et $((a))$ erunt p. Caeterum patet b, c manere semper easdem, sed alternare, quia radius modo ingreditur vitrum, modo egreditur, unde rationes refractiones metientes sunt reciprocae alternantes. patet et $(x)\,(y)\,(p)\,(s)$ esse lineas pendentes ex natura curvae secundae, eodem modo, ut x, y, p, s pendebant ex natura curvae primae. supra $xe + he \sqcap yd$, seu $x \sqcap \frac{d}{e}y - h$ et $(x) \sqcap \frac{(d)}{(e)}(y) - (h)$ atque ita tolli poterit x vel (x) unde postea data relatione inter x et y; vel (x) et (y) etiam reliquorum y, p, s vel $(p)-(s)$ valor inveniri poterit, ita ut tandem sublatis omnibus x, p, s, (y), (p), (s) etc. et pro (h), $((h))$ etc. substituendo eorum valorem tandem ex omnibus indeterminatis superfuturae sint in valore ultimi $(((h)))$. Tantum primae y et h, ex quibus h prima vel evanescit, vel determinata est, et tunc sublatis omnibus positis primus radius parallelis, si verò ab uno puncto veniant, est indeterminatus ut ex aliis, et ex ipso h primo . . . . .[2]), tandem omnia inveniuntur. sublatis x, y, p, (x), (y), (p) quaeramus, autem superest indeterminatura prima nunc in valore ultimae h inveniendo ea (ut ultima h fiat quantitas data, si omnes radios tandem in unum punctum colligere volumus) tentandum an . . . . .[3]) possit in eius valore certa cognitarum seu determinatarum explicatione, si verò relationes inter x, y, vel (x), (y) etc. non sint cognitae, sed quaerantur. tunc assumendae arbitrariae et postea ita explicandae, ut satisfiat proposito

$$\text{pro calculo } (h) \text{ aequ } \frac{ssch}{\sqrt{hh+2\overline{hx}bbss+b^2s^2+h^2c^2y^2-chx}}.$$

Notandum in circulo p aequ. x unde in valore ipsius (h) evanescit $(p-x)$ et s est quantitas data compendii causa faciendo $x - p \sqcap q, y^2 + x^2b^2s^2 - q^2c^2y^2 \sqcap r^6$, in circulo q aequ $a^2y^2 + x^2$ data seu aequ ss. Ergo r^6 in circulo aeq. b^2s^4. Ergo r^6 dato fiet:

$$(h) \sqcap \frac{s^2c\overline{q+h}}{\sqrt{h^2+2\overline{xh}b^2s^2+r^6-\sqrt{h^2+2\overline{gh}c^2y^2}-pc\overline{q+h}}} + p - x.$$

1) Hier ist an der Seite zugesetzt:

$$x \sqcap \frac{d}{e}y.h, \quad \frac{d}{e} \sqcap \text{datae}, \quad \frac{(d)}{(e)} \sqcap \frac{x+(h)}{y}, \quad \frac{((d))}{((e))} \sqcap \frac{(x)+((h))}{(y)} \text{ etc.}$$

2) Unleserlich, vielleicht menso.

3) Unleserlich, vielleicht destrui.

Nota pro comprobatione calculi ponendo b aeq. c fit (h) aequ. h.

Nota, ut eodem modo prorsus exprimatur valor ipsius (h) et ipsius $((h))$ et ipsius $(((h)))$. Explicando autem x, (x), $((x))$ in valore (h) retinebimus $\frac{d}{e}$, in valore $((h))$ retinebimus $\frac{(d)}{(e)}$, in valore $(((h)))$ retinebimus $\frac{((d))}{((e))}$ et quoad significationem notabimus in primo (h), non posse explicari $\frac{d}{e}$, sed considerari, ut dato in secundo $((h))$ fore $\frac{(d)}{(e)} \sqcap \frac{x+(h)}{y}$, in tertio $(((h)))$ fore $\frac{((d))}{((e))} \sqcap \frac{(x)+((h))}{(y)}$

Si radii DF sint axi paralleli, fiet $(h) \sqcap \frac{s^2 c}{\sqrt{b^2 s^2 - c^2 y^2 - p c}} + p - x$

pro calculo (h) aeq. $\frac{s^2 c}{\sqrt{b^2 s^2 + c^2 y^2 - c x}}$ etiam infi.

x autem tunc non invenitur pro valore $h - \frac{d}{e} y$, sed simpliciter invenitur valor ipsius y, qui est datus, quia distantia DF parallelae ipsi GA ab ipso GA aequalis ipsius utique est data, si recta DF est positione data.

33. [3 Seiten 2⁰ mit vielen Korrekturen.]

Sentiemus, an per meras superficies circulares radii inter se paralleli in unum punctum cogi possint. Id quoniam constat, uno vitro non posse, sentiemus, an praestari possit duobus. Recurratur ideò ad calculum meum dioptricum generalem, et posito primos radios incedere circulo parallelos inter se adeòque diametro eius velut axi, atque inde refringi ita, ut radius refractus primus dirigatur versus punctum axis (H), idem a secunda superficie refractus versus punctum axis $((H))$, idem à tertia superficie circulari refractus dirigatur versus punctum axis $(((H)))$, idem denique à quarta superficie circulari refractus dirigatur versus punctum axis $((((H))))$. Sumto puncto fixo in axe, nempe centro circuli primi, quod sit A. Sit $A\,(H)$ aequ. (h), $A\,((H)) \sqcap ((h))$, $A\,(((H))) \sqcap (((h)))$, $A\,((((H)))) \sqcap ((((h))))$. Positisque radiis circulorum primi s, secundi (s), tertii $((s))$, quarti $(((s)))$ et y vel (y) vel $((y))$ etc. ordinata à puncto sui circuli ad axem et x, (x), $((x))$ etc. abscissa in axe inde a centro usque ad ordinatam atque ratione b ad c refractiones metiente. Est a aequ. $A\ (A)$, (a) aeq. $(A)\ ((A))$ et $((a))$ aeq. $((A))\ (((A)))$ etc.

fiet $(h) \sqcap \frac{s^2 c}{\sqrt{b^2 s^2 - c^2 y^2 - xc}} - a$, ex qua patet, non posse tolli y et x

$$((h)) \sqcap \frac{(s^2)\, c\, (h)}{\sqrt{\overline{(s^2)+(h^2)+2\,(xh)}\, c^2\, (s^2) - (h^2)\, b^2\, (y^2) - (h)\, (x)\, b}} - (a)$$

$$(((h))) \sqcap \frac{((s^2))\, c\, ((h))}{\sqrt{\overline{((s^2))+((h^2))+2\,((xh))}\, c^2\, (s^2) - ((h^2))\, b^2\, ((y^2)) - ((h))\, ((x))\, b}} - ((a))$$

$$((((h)))) \sqcap \frac{(((s^2)))\, c\, (((h)))}{\sqrt{\overline{(((s^2)))+(((h^2)))+2\,(((xh)))}\, c^2\, (((s^2))) - (((h^2)))\, b^2\, (((y^2))) - (((h)))\, (((x)))\, b}} - (((a)))$$

compendiosius

$$((h)) \sqcap \frac{(s^2)\, c}{\sqrt{\overline{\left(\frac{s^2}{h^2}\right)+1+\frac{2\,(x)}{(h)}}\, c^2\, (s^2) - b^2 y^2 - (x)\, b}} - (a)$$

Itaque in valore posterioris h semper inserendus valor prioris, in quo incipiendum ab ultimo h nempe $(((h)))$ eius inserendus valor perultimi et hinc valor ante perultimi, usque ad primum. Quod melius est, quàm si incipiamus à secundo et hinc inseramus primum et tertio secundum etc. Ratio, cur potius regrediendum ad ultimum, quam à primo progrediendum, haec est, quod primum est heterogeneum nonnihil, unde calculum statim ab initio turbat, et incipiendum ab ultimo semper similiter compositi valores inseruntur, et ita calculus cum quodam ordine procedit usque ad primum exclusivè. sed certum tamen utile, incipere à primo, ut videamus, an non in secundo, vel tertio scopum assequi liceat, ne necesse sit ire usque ad quartum.

Caeterum semper $y^2 \sqcap s^2 - x^2$, seu $(y^2) \sqcap (s^2) - (x^2)$ et primi quidem x valor non invenitur, sed debet relinqui adhuc. Secundum vero x et tertium, et quartum habentur hoc modo.

$$(x) \sqcap \frac{x+(h)}{y}(y) - (h) \sqcap \frac{x(y)+(h)(y)-(h)y}{y}$$

$$((x)) \sqcap \frac{(x)+((h))}{(y)}((y)) - ((h))$$

$$(((x))) \sqcap \frac{((x))+(((h)))}{((y))}(((y))) - (((h))).$$

$$(y) \sqcap \frac{(x)+(h)}{x+(h)}\,y$$

$$(y^2) \sqcap \frac{(x^2)+2(x)(h)+(h)^2}{x^2+2x(h)+(h^2)}\,y^2 \sqcap (s^2) - (x^2)$$

fietque $(x^2) + \dfrac{2(h)y^2}{\underbrace{y^2+x^2}_{s^2}+2x(h)+(h^2)}(x) \sqcap \dfrac{x^2+2x(h)+(h^2),\ (s^2)-(h^2)\cdot y^2}{\underbrace{y^2+x^2}_{s^2}+2x(h)+(h^2)}$

Sit $\qquad s^2 + 2x(h) + (h^2) \sqcap \omega^2$ et $x + (h) \sqcap \psi$

fit per compendium $\qquad x^2 + \dfrac{2(h)y^2}{\omega^2}(x) \sqcap \dfrac{\psi^2(s^2)-(h^2)y^2}{\omega^2}$

sit $\qquad (x^2) + \dfrac{2(h)y^2}{\omega^2}(x) + \dfrac{(h^2)y^4}{\omega^4} \sqcap \dfrac{\omega^2\psi^2(s^2)-\omega^2(h^2)y^2+(h^2)y^4}{\omega^4}$

et $\qquad (x) \sqcap \dfrac{\sqrt{\omega^2\psi^2(s^2)-\omega^2(h^2)y^2+(h^2)y^4}-(h)y^2}{\omega^2}$

et $\qquad (y) \sqcap \dfrac{y\ \sqrt{\omega^2\psi^2(s^2)-\omega^2(h^2)y^2+(h^2)y^4}-(h)y^3+(h)y\,\omega^2}{x\,\omega^2+(h)\,\omega^2}$

explicentur rursus ω^2 et ψ et habebitur valor ipsius (x) pariter et ipsius (y). et eodem modo valor etiam ipsius $((x))$ et ipsius $((y))$, item ipsius $(((x)))$ et ipsius $(((y)))$. Quos valores ubique inserendae in valoribus ipsius $((((h))))$, $(((h)))$, $((h))$, ac denique in valore (h). pro y ponendo $\sqrt{s^2-x^2}$ habebitur denique valor ipsius $((((h))))$ per solum indeterminatam x. Quo obtento ponantur omnes termini ipsius x nihilo aequales, quod si fieri potest, tunc poterunt etiam omnes radii paralleli ope circulorum in unum punctum colligi.

NB. $$(x) \sqcap \frac{\sqrt{\boxed{2}\,\overline{s+(h)}\;\overline{x+(h)}\,(s) - \boxed{2}\,\overline{s+(h)}\,(h)\,(s^2) - x^2 + \boxed{2}\,(h^2)\,\overline{s^2-x^2} - (h)\,\overline{s^2-x^2}}}{\boxed{2}\,s+(h)}$$

utile substitui hunc valorem ipsius x ubique in $((h))$ et habebitur plenus valor ipsius h. Quod si substituatur valor et h procedentis, habet semper plenus valor duarum refractionum. Et ita porro. Aeque hoc fieri in calculo generali pro qualibet curva. Soli circulo utile praemitti valorem primi (h), qui sit, cum radii initio sunt convergentes vel divergentes.

Praeterea ut contrahatur calculus pro mechanica investigandus est focus per appropinquationem, quod fieri potest tollendo x non quidem verè, sed ita, ut id, quod restat, sit valde parvum, seu ut x restans multiplicetur per qualitatem valde diminuentem seu fractionem, ita reperto foco apparebit modus postea componendi vitra.

Si $((h))$ quantitas constans, erit

$$\sqrt{\frac{(s^2)}{(h^2)} + 1 + \frac{2\,(x)}{(h)}\,c^2\,(s^2) - b^2\,y^2} - (x)\,b \sqcap \beta^2 \text{ quantitati constanti} \sqcap \frac{(s^2)\,b}{((h)) + (a)}$$

Ergo

$$\sqrt{\left(\frac{s^2}{h^2}\right) \ldots\ldots} \sqcap \beta^2 + (x)\,b \text{ et } \overline{\frac{(s^2)}{(h^2)} + 1 + 2\,\frac{(x)}{(h)}\,c^2\,(s^2) - b^2\,y^2} \sqcap \beta^4 + (x^2)\,b^2 + 2\,\beta^2\,b\,(x)$$

et ponendo $$\beta^4 - c^2\,(s^2) \sqcap \gamma^4$$

fiet $$\overline{\frac{(s^2)}{(h^2)} + \frac{2\,(x)}{(h)}\,c^2\,(s^2) - b^2\,y^2} \sqcap \gamma^4 \left(+\,x^2\,b^2\right) + 2\,\beta^2\,b\,(x)$$

$$\overbrace{\qquad\qquad}$$
$$-\,b^2\,x^2 + \left(b^2\,(y^2)\right)$$

faciamus $$\gamma^4 + b^2\,s^2 \sqcap \delta^4 \text{ et fiet}$$

$$\overline{\frac{(s^2)}{(h^2)} + \frac{2\,(x)}{(h)}\,c^2\,(s^2)} - 2\,\beta^2\,b\,(x) \sqcap \delta^4 \text{ seu } c\,(s^2)\,s^2 + 2\,c^2\,(s^2)\,(x)\,(h) - 2\,\beta\,b\,(x)\,(h^2) \sqcap \delta^4\,(h^2)$$

in hac aequatione. ut h et x tolli possunt, si ponatur $\delta^4 \sqcap 0$ (quod fieri potest per se), si ponatur et $\beta \sqcap 0$, quod etiam fieri potest, debet esse $(x)\,h \sqcap$ quantitati constanti assumtae, sed hoc non videtur possibile. videndum tamen accuratius. si $(x)\,(h)$ non potest esse quantitas constans, hinc β et δ simul non possunt poni 0. Quod si jam solum β ponatur 0, debet $-\,2\,(x)\,(h)\,c^2\,(s^2) + \delta^4\,(h^2)$ aequari constanti $c^2\,(s^2)\,s^2$. cumque (β^4) non sit constans, debet nec $2\,(x)\,c^2\,s^2 + \delta^4\,(h)$ esse constans. Si solum δ ponatur 0, non potest $(x)\,(h)$ esse constans, sed facta ex ipsa $\underline{(x)\,(h)}$ in $2\,c^2\,(s^2) - 2\,\beta\,b\,(h) \sqcap -\,c^2\,s^2\,(s^2)$ constans.

Quartum est, ut sit (h) in $-\,2\,c^2\,(s^2)\,(x) + 2\,\beta\,b\,(x)\,(h) + \delta^4\,(h)$ quantitas constans praecedentibus non existentibus, et si nihil horum quatuor succedit explicatis (x) et (h) problema est impossibile.

Calculanda est figura, quae omnes radios venientes cuiuslibet puncti in superficie quadam data existentis colligat in unum punctum proprium;

si quidem circulo possunt colligi radii ab uno puncto venientes in unum punctum, sequitur omnia puncta superficiei cuiusdam circularis radios suos mittere in totidem alia. Sed difficultas est, quod id fieri non posset vitro duarum superficierum, nisi essent ambo concentrica. Sed satius est ad tentare in plano, quomodo scilicet possit effici figura, cuius ope omnes radii à quolibet puncto plani venientes colligantur in punctum unum proprium investigandum, quomodo id fieri per circulares appropinquandos eadem methodo, qua dixi, posse per circulares focum effici valde parvum. sed quia tunc nisi superficies sint concentricae, non succedit pro secunda superficie, ideò non tum id quaerendum pro una superficie, quàm potius pro duabus.

Calculandum etiam, quomodo fieri possit, ut quam maximè magnum appareat objectum, item quomodo limitari possint aperturae. In his quibus calculi compendia comminiscenda.

Fundamentalis ante omnia sumendae experientiae, ut construatur regula refractionum. Nam si Snelliana esset vera, aliter esset longè calculandum, quàm in Cartesiana. Et videndum, an assumi possit eiusmodi regula etsi falsa, tamen vero propinquissima, quae in circulo valde contrahat calculum.

34.

Calculus Refractionum.

Sit AR Refringentis superficies sectio secundum axem AX, sit in axe punctum L emittens radium luminis LR, qui in R refringitur versus punctum axis V. Datis A, L, R natura lineae quaeritur V.

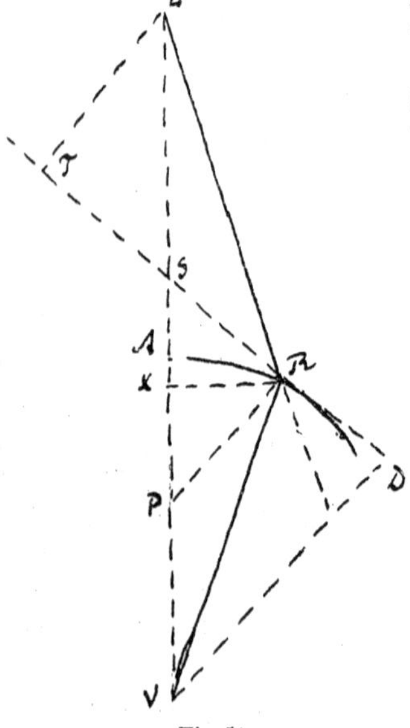

Fig. 51.

Seu datis AL, AX, cum caetera determinantur, quaeritur AV. Ex L et V demittantur normales LT, VD in tangentem RS, qui eum secat in S.

Sit ratio medii LT ad medium VD respectu refractionis, ut t ad d, erit LT ad VD in composita ratione LR ad RV et t ad d; ergo LS ad SV similiter se habebit, seu erit $LT : VD :: LS : SV :: t \cdot LR : d \cdot RV$. Ergo vicissim $LR : RV :: d \cdot LS : t \cdot SV$. Hoc est: partes viae refractae (LRV) à puncto L ad punctum V (hoc est LR ad RV) sunt in ratione composita ex ratione ipsarum (LS, SV) partium viae rectae (LV) et ratione reciproca mediorum. Et si ponantur LT, VD aequales (adeoque ut LS, SV aequales), seu si punctum emittens L et recipiens V aeque à superficie plana refringente remota conantur, erit $LR : RV = d : t$, radii $LR : RV$ in reciproca ratione mediorum incidentiae et reflexionis sunt in ratione mediorum directa, ita sinus complementi sunt in reciproca suntque, ut sinus incidentiae proportionales sinibus refractionis, ita et sinus complementi incidentiae sinibus complementi refractionis, unde, si LR radius incidentiae productus intelligatur, dum rectae VC[1]) parallelae ipsi SR occurrat in C, erit RC radius apparens (aequalis ipsi LR). cum enim omnia putemus in linea recta cadere, ideò si oculus ponatur in L et radians in V, videbitur V esse in rectam VC, quantum ad hunc scilicet radium RV. jamjam AX vocetur x et AS (quae ex natura lineae data est) vocetur h et XR, y et AL, l et AV, v. est $LR : RV$

$$\text{(seu } \sqrt{yy+\overline{l+x}^2} : \sqrt{yy+\overline{v-x}^2}) :: d \cdot LS : t \cdot SV \text{ (seu } :: d \cdot \overline{l-h} : t \cdot \overline{v+h})$$

seu fiet

$$yy+l^2+2lx+x^2 : yy+v^2-2vx+x^2 :: d^2 \cdot \overline{l^2-2lh+h^2} : t^2 \cdot \overline{v^2+2vh+h^2}\ {}^{2)}$$

in circulo est $yy = 2ax - xx$ et $h = ax : \overline{a-x}$ et fiet

$$\overline{l+a}\,2x+l^2 \text{ in } t^2 \cdot \overline{v^2+2vh+h^2} = \overline{2ax-2vx+v^2} \text{ in } d^2 \cdot \overline{l-h}^2$$

videamus, an aliquo casu possimus efficere, ut omnes radii puncti L colligantur in unum punctum post refractionem. Videamus, annon saltem liceat, nova aliqua superficie circulari colligere omnes radios quam proximè in unum punctum. Si radii paralleli, fit l infinita, adeò y et $t^2 : d^2 :: 2ax - 2vx + v^2 : \overline{v+h}^2$

35.

Calculus Refractionum ad superficiem circularem.

Lucidum L in perspicuum refringens AR, cuius axis LA projicit radium LR. Radius sine refractione continuatus foret RC, radius refractus seu verus RV, axi occurrens in V. Quaeritur longitudo ipsius AV ex data naturae curvae AR et ordinata AX. Sit SR tangens curvam AR in R, secans axem in S et ex R angulo SRP recto educta RP axi occurrat in P. in SR agantur normales LT in medio tenuiore, VD in medio densiore.

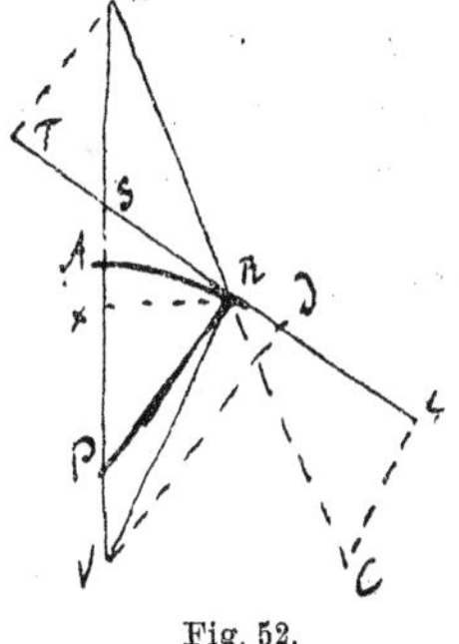

Fig. 52.

jam LT et VD sinus angulorum incidentiae et refractionis sunt in composita ratione diametrorum et rationis refractionem metientis, quae sit $t : d$. fiet $LT : VD :: t \cdot \overline{LR} : d \cdot \overline{VR}$. porro datur LA item AP ex Hypothesi puncti R et AP ex natura curvae, datur ergo et LS et ob triangula LTS et VDS et PXR similia fiet $LT : LS :: PX : PR$ et

$$VD : DS :: PX : PR \text{ et } LT : VD :: LS : VS :: \overline{t \cdot LR} : \overline{d \cdot VR},$$

1) C fehlt in der Figur, kann aber leicht zugesetzt werden. Vgl. die zu Nr. 35 gehörige Figur.

2) Hier ist an den Rand geschrieben: pro parallelis l in c et $d^2 : t^2 :: \overline{b+h}^2 : y + \overline{v-x}^2$.

jam $\overline{LR}^2 - \overline{LX}^2 = \overline{VR}^2 - \overline{VX}^2 = \overline{XR}^2\cdot$ itaque fiet

$$SR : VR :: \sqrt{\overline{XR}^2 + \overline{LX}^2} : \sqrt{\overline{XR + VX}^2} :: d \cdot LS : t \cdot VS.$$

Notabile autem theorema est $LS : VS :: t \cdot \overline{LR} : d \cdot \overline{VR}$, ratio radiorum incidentis et refracti LR, VR et mediorum t et d, vel quod eodem redit

$$LS : VS :: t \cdot LR :: d \cdot VR, \text{ seu } LR : RV :: d \cdot LS : t \cdot SV.$$

Si ex puncto L unius medii radius perveniat in punctum V alterius medii et superficies separatrix SR plana intelligatur, erit via radii in uno medio ad viam eiusdem in alio medio seu LR ad RV in composita ratione ex ratione viarum rectarum à puncto ad punctum, seu ratione LS et SV, et ratione reciproca mediorum, seu ratione d ad t. Quod si ST, SR ponerentur aequales (adeoque etiam LS, VS), proinde utrum punctum emittens et recipiens aequè à superficie ab tangente abesse intelligantur, erunt radii LR, RV seu secantes ipsi angulorum incidentiae et refractionis in reciproca ratione mediorum.

36. [1½ Blatt 2°.]

Leibniz sucht in dieser Arbeit die Gesetze der Brechung für eine beliebige Kurve geometrisch zu lösen, kommt aber, zum Teil wohl durch einen Rechenfehler, zu keinem Ergebnis. Er fährt dann fort: „Per calculum alibi factum constat posito curvam F esse circulum" ... und berechnet nun noch einmal die Gleichung des Calculus Dioptricus von 1679 (s. Nr. 32). Von der Mitteilung dieser Arbeit schien deshalb abgesehen werden zu können.

Anmerkung. Die Lösung der Aufgabe, die die Nr. 31, 32, 33 u. 34 für die Brechung enthalten, hat Leibniz 1689 in den Actis Eruditorum[1]) unter dem Titel: „De Lineis opticis et alia" mitgeteilt. „Eadem", sagt er dort, „et dioptricis applicari possunt." Es ist eine bekannte Tatsache, daß die Lösungen mathematischer Aufgaben in damaliger Zeit von ihren Urhebern zurückgehalten, höchstens die Ergebnisse der Untersuchung und diese oft auch nur in Worten ausgesprochen wurden. So sagt er denn auch in derselben Notiz der Acta: „Porrò a praesenti opere Newtoniano praeclaro quaeque expecto, et ex relatione actorum video, cùm multa prorsus nova, magni sanè momenti, tum quaedam etiam ibi tradi, à me nonnihil tractata; nam praeter motuum coelestium causa, etiam lineas catoptricas, vel dioptricas, et resistentiam medii explicare aggressus est. *Lineas* illas *Opticas Cartesius* habuit, sed celavit, nec suppleverunt commentatores; neque enim res communi analysi subest. Eas postea ab *Hugenio* (sed qui nondum edidit) et nunc a Newtono inventas intelligo. Etiam mihi, sed per diversam, ut arbitror, viam, innotuere."

1) Acta Eruditorum, 1689. S. 36 auch Dutens Leibnitii opera omnia Tomus III. p. 202.

37. [2 Blatt 4°. Das eine ganz, das andere zum vierten Teil beschrieben.]

BC vitrum. *GHD* radius perpendicularis, qui transit sine refractione. *FH* radius obliquè incidens. *HE* radius refractus, *EL* iterum refractus. *FHA* angulus incidentiae. *FHG* angulus inclinationis seu compl. anguli incidentiae. *EHN* angulus refractionis, *HN* via radii sine refractione, *EK* via radii refracti sine nova refractione. Si radius ex *FB*, aëre, veniat in *BC*, vitrum, erit angulus refractionis *EHN* tertia pars anguli inclinationis *FGH*. experimentum. Hinc si radius ex *BC*, vitro, veniat in *CL*, aërem, erit angulus refractionis *KEL* dimidium anguli inclinationis *KEJ*[1]). *EL* parallela *HN*.

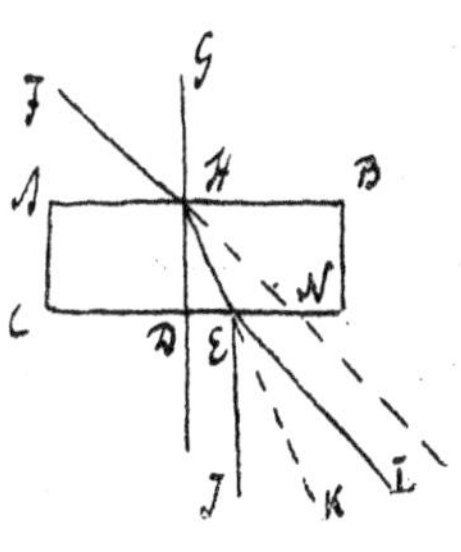

Fig. 53.

BC vitrum. *FB* aër. *CL* aër. *EHN* aequ. $\frac{1}{3}$ *DHN*, *KEL* aeq. $\frac{1}{2}$ *i EK*. *EL* parallela *HN*.

$\left.\begin{matrix} FHG \text{ et } DHN \\ KEJ^1) \end{matrix}\right\}$ anguli inclinationis $\left.\begin{matrix} EHN \\ LEK \end{matrix}\right\}$ anguli refractionis

anguli minores 30 gradibus sunt physice, ut latera.

vitrum plano convexum. centrum convexitatis *A*, semidiameter *AE* et *AR*. productus in *J*. Axis *ARL*. *HE* radius axi parallelus. Angulus inclinationis *KEJ*. Ex praecedenti sit *EM* aequ. *AE*, erit *ML* aeq. *EM*, aequ. *AE* ex geometria. Ergo *MR* minor *AE*,

Ergo *LR* minor diametro. Sit angulus inclinationis 30 graduum, et sumatur [*MR*] paulo minor sesquidiametro seu *RL* paulo minor diametro. tunc si radius 1, erit *RM* $\sqrt{3} - 1$ et *LR*[2]) erit $\sqrt{3}$.

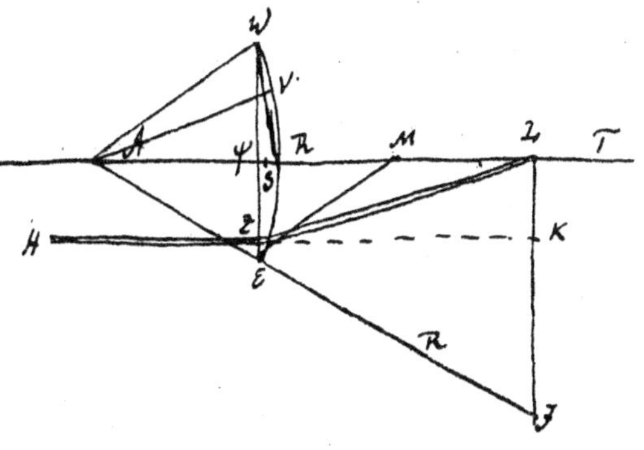

Fig. 54.

Poterimus aliter et paulo verius calculum instituere, si ponamus esse non angulum *KEL* dimidium anguli *KEJ*, sed potius subtensam *JK* duplam subtensae *KL*. quaeritur recta *AL*. ipsa *LK* est subtensa anguli *RAE*, quam vocabo *s*, et *KJ* erit 2*s*. Ergo *LJ* ⊓ 3*s*, et *EJ* aequ. bis *AE*. Ergo *AL* ⊓ $\sqrt{9a^2 - 9s^2}$ seu 3*AS*. Unde sequitur omnes radios axi *AR* parallelos in superficiem sphaericam, quae arcus *VRE* circà axem *SR* revolutione fit, incidentes colligi in recta *LT*, quae sit tripla ipsius *SR* sagittae, et ipsa *AT* est sesquidiameter, itaque focus arcus *VRE* medio loco inter *L* et *T* assumi potest. si arcus *VRE* esset 30 graduum, seu *RE* graduum 15, *SR* adeoque et *LT* perexigua erit. Sit *WRZ* 60 grad. *WVR*

1) Muß wohl *LEJ* heißen. 2) Unter *LR* ist *AM* geschrieben.

30 grad. et V medium arcus WVR, $WZ \sqcap a$, $\psi Z \sqcap \frac{1}{2} a \sqcap \sqrt{\psi R,\, \overline{2a - \psi R}}$ seu $\frac{a^2}{4} \sqcap 2a \frown \psi R - \overline{\psi R}^2$. Ergo $\overline{\psi R}^2 + \frac{a^2}{4} - 2a\psi R \sqcap 0$, seu $\overline{\psi R}^2 + a^2 - 2a\psi R \sqcap \frac{3a^2}{4}$. Ergo $a - \psi R$, vel $A\psi \sqcap \frac{a\sqrt{3}}{2}$, seu $\psi R \sqcap a - \frac{a\sqrt{3}}{2}$ et $\psi R^2 \sqcap 2a^2 + a^2\sqrt{3} - \frac{a^2}{4} \sqcap \frac{7}{4}a^2 + a^2\sqrt{3}\ \left(a^2 + \frac{3}{4}a^2 + a^2\sqrt{3}\right)$ et $W\psi^2 \sqcap \frac{a^2}{4}$. Ergo $\overline{WR}^2 \sqcap \frac{a^2}{2} + a^2\sqrt{3}$, $WR \sqcap a\sqrt{\frac{1}{2} + \sqrt{3}}$, cuius dimidium XR vel SE, $\frac{a}{2}\sqrt{\frac{1}{2} + \sqrt{3}}$, cuius quadr. auferatur ab a^2, fiet $a^2 - a^2\sqrt{\frac{1}{2} + \sqrt{3}}$ seu $\frac{15}{16}a^2 - a^2\sqrt{3}$ et erit AX vel $AS \sqcap \sqrt{\frac{15 - 16\sqrt{3}}{4}}\,a$, quam auferendo ab a fiet: $VX \sqcap \frac{4 - \sqrt{15 - 16\sqrt{3}}}{4}\,a$, quae quantitas satis exigua est; sed commodius erit, uti regula nostra serierum infinitesim. Nimirum sit arcus Z seu RV, radius a, erit sinus complementi AS, vel Ax, seu c sic habebitur:

$$c \sqcap a - \frac{Z^2}{1.\,2a} + \frac{Z^4}{1.\,2.\,3.\,4a^3} - \frac{Z^6}{1.\,2.\,3.\,4.\,5.\,6a^5} + \frac{Z^8}{1.\,2.\,3.\,4.\,5.\,6.\,7.\,8a^7} \text{ etc.}$$

adeoque $a - c$, seu SR vel VX, seu f erit:

$$\frac{Z^2}{1.\,2a} - \frac{Z^4}{1.\,2.\,3.\,4a^3} - \frac{Z^6}{1.\,2.\,3.\,4.\,5.\,6a^5} - \frac{Z^8}{1.\,2.\,3.\,4.\,5.\,6.\,7.\,8a^7} \text{ etc.}$$

ponamus Z esse 15 grad., VRE esse 30 graduum. fiet $\frac{12a^2 - Z^2 - Z^4}{24a^3}$, et si Z 15, erit circumferentia 360. per quae multiplicata per 100 000 104 et divisa per 3 141 592 dabit diametrum.

(Die folgende Zahlenrechnung ist zum größten Teile abgerissen.)

38. [1 Blatt 4°. Halb, sehr klein und undeutlich beschrieben.]

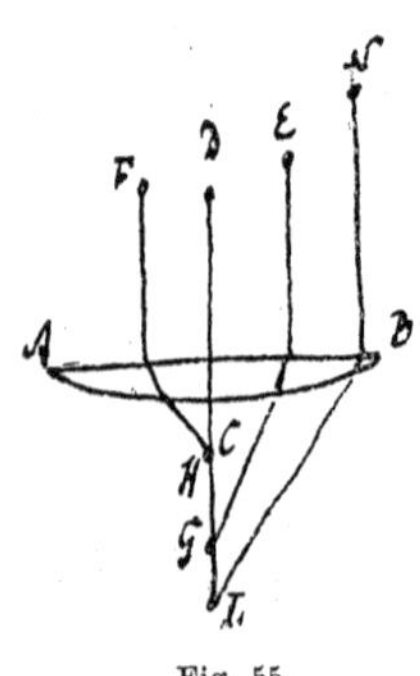

Fig. 55.

Radii $DG : FC$ axi paralleli incidentes (ad angulos rectos) in superficiem planam AB vitri plani convexi $ABCA$ concurrunt in axe ad CG, distantiam diametri convexitatis; a superficie convexa convergentes ad axem, ut FH propius vitro uniuntur in H, unde in vertendo; si punctum objecti H propius sit superficiei convexi vitri, quam diametro convexitatis radii (tanquam G) et radii incidant in superficiem convexam, postea divergunt ut HFC. Hinc sequitur, radios à remotiore puncto ad superficiem convexam vitri plani convexi fieri iterum convergentes, ut LN. Supponitur portio convexae superficiei esse minor, quàm 30 grad, quia anguli minores censentur sinubus proportionales.

Si radii axi paralleli axi incidant in vitrum convexo-convexum aequalium convexitatum, concurrunt circiter ad distantiam semidiametri convexitatis. Quae distantia non est sumenda à superficie una aut altera, sed potius à medio inter utramque, licet Keplerus distantiam superficierum negligat.

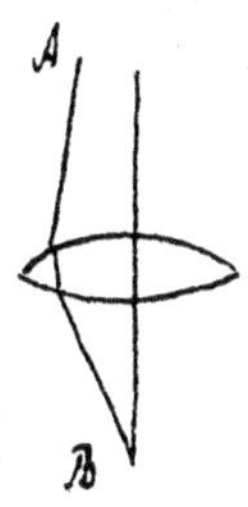

Fig. 56.

In vitris convexo-convexis aequalium aut inaequalium sphaerarum, ut est summa duorum radiorum ad radium convexitatis radios parallelos recipientis, ita duplum alterius radii est ad distantiam foci à vitro.

In vitris convexo-concavis vel concavo-convexis, ut est differentia radiorum ad radium superficiei recipientis, ita duplum alterius radii ad distantiam foci à vitro.

Hinc etiam si punctum objecti eam habebit, quam foco tribuimus, seu in foco collocetur, radii eius à vitro redduntur paralleli, seu propius sit, fiunt divergentes, si remotius convergentes (de his convergentibus rursus examinandum, quis eorum focus et an aliquis?) et quo magis remoti à foco (adeoque à vitro seu propior erit concursus vitro).

Fig. 57.

Duo vitra convexo-convexa similia, sibi vicina, habent focum seu concursum radiorum parallelorum circiter ad dimidiam distantiam unius. Hinc si duo vitra inaequalis potentiae seu distantiae foci minoris aut majoris sibi vicina sint collocata, diminuet secundum distantiam primi plus aut minus medietate.

39. [Blatt von Leibnizens Hand.]

Mr. Joulie à Heidelberg a de si belles Lunettes, qu'il peut voir exactement dans la Venus quasi tres stellas minores, item nigras quasdam maculas. In luna videt nihil σ͞ι͞ο, quod est mirabile. Mars adhuc rubicunda. Jupiter pulcherrimus. Veneris magnitudo, wie eine große Blauische Landkarte. Un intelligente homme à Paris peut faire les verres hyperboliques, ou un seul fait de merveille.

Anmerkung. Fontana sah 1645 die Lichtgrenze bei Venus zackig, bemerkte also Berge, nahm aber bereits 1638 einen Flecken auf dem Mars wahr, 1630 beobachteten er und Zucchius die Streifen des Jupiter (Wolf, Geschichte der Astronomie, München 1877 S. 398 und 399). Es ist zu verwundern, daß Joulie derartiges nicht bemerkte. Man möchte deshalb geneigt sein, das Fernrohr des Mr. Joulie keineswegs für so vorzüglich zu halten, wie Leibniz anzunehmen scheint, wohl indem er an die Anwendung hyperbolischer Linsen dachte.

40. [4 Seiten 2° anfangs ziemlich gut, zuletzt schlecht geschrieben, zum Teil halb, zum Teil ganz beschrieben.]

Problemata optica nova

reperta a

G. G. L. L.

Probl. 1. Efficere, ut omnes radii a quolibet puncto dato objecti dati ducti ad puncta superficiei objectivae aequi distantia à puncto dato colligantur in unum punctum.

Solutio: Efficitur hoc: si omnes superficies refringentes sunt sphaericae concentricae, et faciant radios convergentes.

Demonstratio. Est objectum *abc*. Superficies refringens sphaerica objectiva *def*, cuius centrum *g*, puncti *b* radius perpendicularis refractionis expers *beg*. continuetur ultra *g*. Radius *bd* refractus in *d* ad perpendicularem in medium densius ex rariore versus *h*. incidat in *h* in aliam superficiem sphaericam *hik*, superficiei *def* concentricam, per quam rursus in medium rarius egrediatur. Ne igitur divergat radius *bdh* a irrefracto *beg* continuato, patet superficiem *hik* debere concavitatem obvertere medio densiori. Ita radius *bdh* secabit radium *beg* in *l*. Eodem modo radius *bf* refractus ad *f* in medium densius ad *k* ex densiore refringetur ad *l*. Idemque dicendum est de omnibus punctis superficiei *def* distantibus à puncto *b*, quantum ab eo distat punctum *d*. Id est, qui continentur circumferentia circuli in superficie sphaerica, cuius diameter est *df*. Idem dicendum de radiis *ad*, *an* et omnibus aliis in plano non designabilibus, qui continentur circumferentia circuli in superficie sphaerica, cuius diameter *dn*. Colligentur enim omnes in puncto *O*.

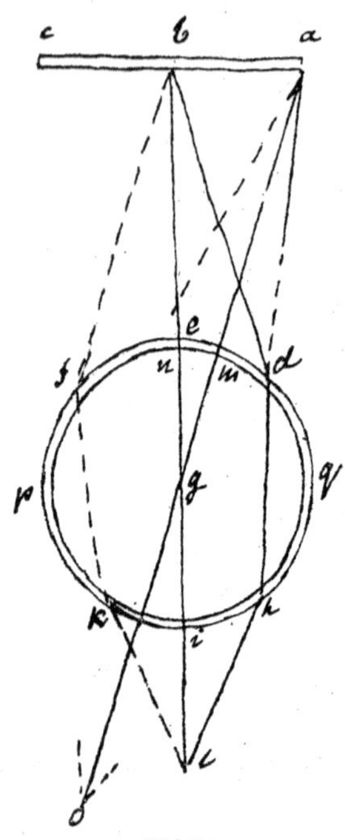

Fig. 58.

Observandum est, nihil referre sive superficies *def* et *hik*. sunt portiones eiusdem sphaerae sive sphaerarum concentricarum. posse item vel adhiberi vel corpus cylindricum *def*, *kih*, contentum superficiebus sphaericis *def*, *hik* et planis *dh*, *fk* vel sphaeram integram *defpkih*.

Cum Hyperbola et Ellipsis colligant omnes radios ex puncto in axe optico et vicinissimos tanto . . .,[1]) licet tam minus accurata, quando ipsa Hyperbola et Ellipsis obtusior. Hinc fieri ut figura. Optica quasi perfecta . . .[2]) vel Ellipsibus Hyperbolisque sibi oppositis, quasi mechanicè quadam construendi . . .,[3]) ut huic hoc illi aliud objecti punctum sit in axe optico, ita totum simul perfectè, quantum possibile est, detegetur: imprimis si illae variae projectiones inter se . . .,[4]) ut si in unum speculum concavum incidant ubi . . .[5]) ob auctam magnitudinem. Aut si in convexum ubi . . .[6]) ob arctitatem . . .[7]) poterunt inde projici in amplificans speculum tubumque. Amplificantur in puncto.

41. [1 Blatt 4°, halb beschrieben.]

Hugenius et Newtonus statuunt, imperfectionem vitrorum opticorum maximè oriri à diversa refrangibilitate radiorum et ideò magis opus esse

1) Unleserlich, wohl in uno puncto.
2) Unleserlich, wohl non circulis utitur. 3) Unleserlich, vielleicht arte.
4) Unleserlich, wohl consentiunt. 5) Unleserlich, wohl distinctiores fiunt.
6) Ebenso vielleicht minores. 7) Ebenso vielleicht videri.

minore apertura pro majoribus vitris. Errorem à sphaera non multo plus esse bis millesima parte erroris à refrangibilitate. Et errorem à sphaera plurimum corrigi, si pro objectivo adhibeatur vitrum aqua plenum, Newton opt. p. 74[1]), quod, ni fallor, primus observarat Hookius. sed videndum, an non hinc saltem effici possit, ut accuratius videantur microscopio, quae radiis homogeneis constant, ita ut radii lucis convenientes colori adhibeantur ad res ejusdem coloris spectandas.

Notatum occasione bullae aqueae, quae ad summam tenuitatem reducta non amplius reflectebat radios, aliqua ad immutandam vim rudiorem densitate opus esse, et haec causa videtur, cur media uniformia sint perspicua, quod scilicet ex partibus seu foliis valde tenuibus constat. itaque discontinuatio partium facit opacitatem.

lib. 3. pag. 60. Acida ...[2]) aut alcalia praecipitant et incrassant.

Non examinatur, quid circa colores contingat in saltu a refractione ad reflexionem.

Neque etiam consideratum est, quos colores producat crystallus islandicus disdiaclasticus.

Anmerkung. Da die erste Auflage von Newtons Opticks 1704 erschien, so kann Leibniz die obige Notiz nicht früher niedergeschrieben haben.

42. [2 Blatt 8° beiderseits beschrieben.]

Tuborum opticorum finis est visum perficere. Visus praestantiae: videre 1 rem magnam, 2 claram, 3 multum. Ita Telescopiorum est, rem magnificare, illustrare, multum simul detegere. Magnitudo dat rem, claritas figuram rei et colorem. Myopes rem claram vident, sed parvam seu propinquam; presbitae rem magnam vident, licet non claram seu propinquam. Bini oculi nobis dati, ut plus simul spatii detegeremus. Huc ergo res redit, ut vi tubi optici 1, plures radios eiusdem puncti reduniant ad idem punctum, 2 majorem efficiant refractionem radiorum, ac proinde angulum internum, seu arcum retinae abscissum, 3 plurium punctorum radios praestent. Manifestum est autem, quo plura sint puncta, hoc singulorum refractionem debere esse minorem, alioqui retinae spatium ea distinguendum non sufficeret. Sed sciendum tamen et hoc est, plus sufficere, quam nunc solet, quia major pars retinae intacta radiis relinquitur. Rheita[3]) invenit binocula, commodè utique, puto, ut plus simul detegeretur; praeterea saepe nobis minus detegitur, quia minor facienda apertura. Haec minor facienda, quia excludendi radii inutiles et nocivi, sed observavit Lana[4]) ingeniossissimè,

---

1) In der mir zugänglichen 2. Auflage der Opticks, London 1718, findet sich die Stelle auf S. 90; in Nr. 96 von Ostwalds Klassikern auf S. 68.

2) Unleserlich, vielleicht sal tartari, offenbar ein Zitat.

3) Anton Maria Schyrlaeus, Kapuzinermönch im Kloster Rheit in Böhmen. Der Vorschlag befindet sich in seinem 1645 erschienenen Werke Oculus Enoch et Eliae, sive radius sidereo-mysticus, das auch die Erfindung des terrestrischen Fernrohrs mit vier Linsen enthält.

4) Franciscus de Lanis, dem man u. a. den Vorschlag einer als Luftballon zu verwendenden hohlen kupfernen Kugel verdankt.

posse modum excogitari eos omnes retinendi. Unde posse eligi portiones sphaericas aliasve quàm maximas. Ingens fructus. Est alius modus denique per motum. conjunctione plurium tuborum ac per eos oculi motu, ita, ut sibi continuo admoti sunt, ita altero inchoante, ubi alter desinit, uno velut ictu res tota detegetur. quam longa lataque est. Quanquam et plures a parvis sphaeris simul venientes radii fortasse inconfusi simul ad oculum venire possunt, ut ab una magna. Sed haec de majoris partis detectione poterunt, hunc in finem et Ellipses vel Hyperbolae et parabolae adhiberi et opponi objecto non suis punctis accuminatis seu quibus coeunt, sed lineis illis tam longe tensis, pene ad rectas accedentibus. Jam videamus, quomodo plures eiusdem puncti radios colligi possunt in unum locum. Hoc fit tum uno vitro, tum pluribus. Uno vel ob latitudinem seu magnitudinem chordae pigmenti, vel longitudinem seu magnitudinem tractus. Utraque in conicis, quam sphaeris major simul (in sphaeris paulum alterutra), quia hoc opponas latitudinem sive longitudinem objecto, simul plures radios excipis, quam sphaerae portione. Hoc tantum demonstrandum est, refringi omnes ad unum punctum. possunt autem fieri hyperbolae hyperbolarum, seu hyperbolae secundi, tertii pluriumque generum, facturae omnes effectum majorem semper, quam procedentes, quod non memini observatum. Nam si conoides Hyperbolica secetur similiter ut conus, prodibit Hyperbolastrum et parabolastrum et Ellipticum secundi generis, idem de conoide parabolica. Nam Ellipticum quomodocunque[1]) sectum, dat nisi Ellipses. Sunt autem hyperbolastra parabolicorum et parabolastra Hyperbolicorum et Ellipses amborum, quae omnia ad praxin traducibilia. aut optimo puto hyperbolastra hyperbolarum (Possunt et esse hyperbolastra parabolico hyperbolica ob intermixtionem). Haec omnia in praxi produci possunt. Et datur progressus in infinitum augmentandi objecta. Nisi quod denique metuendum est, ne atomi aëris intermixtae et vitrorum videantur retrimenta. Quod tamen nondum spero. Et multa detegi possunt, antequam illuc pervenerimus. Sufficietque in Microscopiis adhiberi posse naturae illustrandae et rei medicae perficiendae causa. Sed hinc unioni radiorum multorum ad unum punctum adhibenda exclusio aliorum eo non commixturorum, unio pro exclusione potius.

Hier bricht das Manuskript ab.

Anmerkung. Ebensowenig wie es Cartesius und seinem Freund Mydorge gelang, hyperbolische Linsen zu schleifen (s. Gerland und Traumüller, Geschichte der physikalischen Experimentierkunst, Leipzig 1899, S. 124), so hat sich Leibnizens Hoffnung auch in neuester Zeit nur in sehr unvollkommenem Grade bewährt. Man schleift zwar Linsen, für größere Fernrohre so, daß die sphärische Aberration möglichst vermieden ist, aber hyperbolische oder parabolische Linsen zu schleifen, ist auch jetzt noch nicht gelungen (vgl. den von mir verfaßten Artikel Fernrohr in Valentiner, Handwörterbuch der Astronomie. I. Bd., Breslau 1897 S. 742).

1) So glaube ich das abgekürzte Wort lesen zu sollen.

43. [1 Blatt 8°. Beiderseits beschrieben. Die Abhandlung schließt an die vorige an.]

De tuborum opticorum perfectione vid. praeced. shedulam. Persuasio[?], ut eodem denique pertingunt adhibenda, demonstrandumque omnes radios in sphaeram, vel hyperbolam, vel Ellipsin incidentes ab eodem puncto concurrere in idem punctum. (Hyperbola parte acuta objecto obversa valde illustrabit, parum deteget parte planiore contra idem de Ellipsi), quod Cartesius vult in solis Ellipsibus contingere, potius quam circulis et Hyperbolis, imo in circulis non nisi, quatenus Ellipsibus inservassent, aut in eas degenerassent. Demonstratio illa expendenda et aliorum ratiociniis conferenda. Pro certo ergo habeatur, non posse plures excipi radios, quàm Hyperbolastro, maximi gradus Hyperbolae, quam maxime ad rectam ascendentis seu coni altissimi. Quo latior conus, hoc simul latior Hyperbola erit, sed hoc minus incedet rectae. Sed hoc, inquam, quòd excipiat plures radios. Sed an conjungat omnes in unum punctum, faciat exire ex uno puncto, aut faciat parallelas, id est nunquam concursuras vel exituras, id verò dubito et vellem demonstratum habere. Omne punctum hyperbolae habeatur pro recta minore, quam quae dari potest, portione tangentis; et ita videatur, quo angulo incidat, . . .[1]) perventum sit, refractio. Et poterimus contra investigare per analysin, quae linea, seu quis flexus tangentium hoc praestet, si non praestat circulus. Determinato illo flexu tangentium poterimus ope doctrinae locorum determinare lineae genus, modo sit descriptile. poterimus vero rationem [?] adhibere conjungendi radios aliò abituros aliis generibus vel circulorum vel aliarum figurarum. Hactenus de una figura. Addo hic obiter, ne excidat modum detegendi plura augeri posse adhibito celeri motu, vel oculi de tubo in tubum, vel objecti partium per eundem tubum, vel tubi ipsius. Item ut natura musculis efficit contra actionem et explicationem retinae, ita possumus nostros quoque tubos cum omni apparatu collocare in eo statu, ut possimus pro libitu immutare. Sed ut plurimum vitrorum ope colligamus plures radios in unum punctum, si vitra illa non sint concentrica, vel saltem non sint in eadem recta ducta ab oculo ad objectum, de hoc nemo hactenus cogitavit; sed si esset possibile colligere nobis infinitum plus radiorum, quomodo vero tractos istos redunieinus? Non aliter, quam ope speculi, inferenda ergo specula telescopiis, sed quae specula licet ita collocare utique, ut nullis modis rursus reflexi et refracti tandem in uno solo puncto coeant radii. Sed turbulantur opinor ab obliquitate excludenturque, qua incident in pupillam. id maximè, vereor, probant tamen fortasse sic reflecti, ut fere retro redeant in lineam priorem, et ita non obliquè incidant in pupillam. Summa fructus fortasse ingens huic sperari potest. Et nemini hoc unquam in mentem venit. Certum superest, ut major fiat refractio, id fiet, si adhibeantur alia, quam vitrum immixti scilicet liquores perspicui et tamen vitro densiores, tam alii, quam maximè rarius addo Bartholinum[2]) de crystallo islandico. Tale

1) Muß vielleicht gelesen werden: et ita videatur, quo angulo incidentiae radius ad punctum perventum sit.

2) Erasmus Bartholinus hat bekanntlich die Doppelbrechung im Kalkspat entdeckt und 1669 in seiner Schrift: Experimenta crystalli islandici disdiaclastici, quibus mira et insolita refractio detegitur, behandelt.

artificium Hookii Transact. m. 12. p. 202. In poliendis vitris compendium esse potest, si eccentricae tornationes possent institui. ita possent facile octo mille pedum in diametro fabricari. Et fortè sic Oltius [?], Hevelius et Lana polit vitra conica in formis sphäricis, Wrenni radius [?] et forma [?] securissima. Cogitandum de vi Elastica, quaerendum de ...[1]) Hugenio, Hevelio, Wrenno.[2])

Anmerkung. Die beiden Nr. 42 und 43 sind ungemein flüchtig niedergeschrieben und waren deshalb äußerst schwer zu entziffern, manches hat nur erraten werden können. Auch machte sich ganz besonders Leibnizens Gepflogenheit, bei seinen flüchtig hingeworfenen Notizen gegen den Schluß hin immer undeutlicher zu werden, bei diesen in unliebsamster Weise geltend. Obgleich die Notizen mehr mathematischen Inhaltes sind, so schienen sie doch nicht ausgeschlossen werden zu dürfen.

44. [1 Blatt 8°. Eine Seite beschrieben.]

Possumus tubis objectum facere maius, quantum volumus. Non lucidius, quantum volumus. Longitudo tubi, seu multitudo vitrorum facit ad magnitudinem, non ad claritatem. Sed nos obtinebimus magnitudinis satis in tubo utrumque brevi. Constat multo objectum videri minus oblique tractum ab extremitate ad axem opticum. Ergo quanto magis ad eum inclinabitur seu angulum majorem faciet seu refringetur? Refringitur ad eum, quoties transit per convexum ex tenui, vel per concavum in tenue medium. Centra sint in axe optico. Haec autem possunt admoveri sibi quam plurime pro lubito. Et, si velis, inter lentem utraque convexam relinqui potest aër, intercipi vel etiam cum Hookio[3]) liquor alius. Etiam natura in oculo tam multis refringentibus sibi propè admotis usa est. Lux qua ratione augeri posse videatur. De conventis ad punctum eodem oculo objectis aut radiis, plurium vitrorum objectivorum refractione vel pluribus imaginibus reflexione unitis alibi diximus. De ratione per hyperbolam, parabolam, ellipsim et circulos concentricos etc. comparendi radios allapsos nihil nunc dicere attinet.

Nota, non minus praecisè puncto radios, ab eodem venientes puncto, à lentibus colligi; documento esse potest, quod objectum delineatum in camera obscura, aut interdum ibi qualibet trajectione apparet distinctum superficie refringente modò magis, modò minus remota.

Tentandum, an quod speculo Lugdunensi id fieri possit vitro usitatorio. Item quia speculum facit fluxum vehementiorem quam opus, an possit refractione per concavum disgregari aestus [?] parum, calor in plura puncta

1) Unleserlich.

2) Hooke hat seine Schleifmaschine auf der 18. Seite des Preface der Micrographia abgebildet, Wren seinen Vorschlag, hyperbolische Linsen zu schleifen, in den Phil. Transact. von 1668 Nr. 53, S. 1059 mitgeteilt. Hevel wollte konische Linsen in einer kugelförmigen Schüssel schleifen, s. Phil. Transact. 1665/66, Nr. 6, S. 98. Die Art, wie die Brüder Huygens ihre Linsen herstellten, geht aus Christians Schrift: Commentarii de formandis poliendisque vitris ad Telescopia hervor, die in den Opuscula posthuma vol. I. S. 205 abgedruckt worden ist.

3) Hooke nahm Wasser, Terpentinöl, Alkohol oder Salzlösung. Philos. Trans. I. 1665/66. S. 202.

omnibus tamen fundendis suffecturus. Ita quod desiderant Galli efficietur, focus speculi latior, nec in uno puncto consistet. Adde mobilitatem et speculi cum vitro et objecti.

Anmerkung. Über den Leidschen Spiegel habe ich nichts finden können. Ob die Spiegel gemeint sind, die Huygens im Haag für Fernrohre verfertigte, und deren einen dem Sohn des Herzogs von Luines zu zeigen er seinem Bruder Constantin empfiehlt[1]), oder der Spiegel des Utrechters Everard van Weede, Herrn von Dyckveld[2]), der ihn 1679 mit dem des Königs von Frankreich vergleichen wollte, muß ich dahingestellt sein lassen. Der letztere ist jedenfalls mit dem der „Galli" gemeint, mit welchem Duhamel 1679 Versuche machte.[3]) Er war von Villette in Lyon verfertigt und ist noch in Paris vorhanden. Huygens erwähnt ihn zuerst in dem Brief an Oldenbourg vom 26. Juni 1669,[4]) spricht allerdings auch schon 1662 einmal vom „Miroir du Roy".[5]) Villette verfertigte noch zwei oder drei weitere. Der, welchen der Landgraf von Hessen-Cassel erhielt, ist noch in Cassel vorhanden; er hat 1,347 m Durchmesser bei einer Brennweite von 1,177 m. Den dritten erhielt der König von Dänemark und einen vierten nach Klügel[6]) der Schah von Persien durch Tavernier. Eine genauere Zeitbestimmung der obigen Notiz läßt sich aus diesen Daten jedoch nicht herleiten.

45. [1½ Blatt 2°. Eine Hälfte beschrieben mit ziemlich viel Korrekturen. Ein Stück abgerissen, was durch ... bezeichnet ist.]

... rum[7]) causticorum ...[8]) agendo.

...[9]) vitra caustica miri effectus ostende ...[10]) possunt in fundendis immutandisve variè corporibus, qui prodesse queant, tum ad naturam corporum detegendam, tum etiam ad habenda producta, quae alia ratione non facilè obstineantur. Nam constat ignem solarem collectum omnem vim furnorum chymicorum superare neque ut alii ignes corpora imparitatibus afficere.

Sed quoniam ingentia vitra caustica, quae magnos et promtos effectus producere debent, proportione etiam spissitudinem habere oportet, quam insignem in vitri materia salva puritate et perspectuitade obtinere, magnae est difficultatis, ut taceam, non parvae molis esse, ingentibus illis massis dare polituram: idèo jamdudum cogitavi, ad vitra caustica maxima et optima posse summa facilitate perveniri, si spatium vitris cavis, quae magna admodum obtinere jam licet et perpolita, interceptum liquore

1) Huygens, Oeuvres Complètes. IV. p. 361.
2) Ebenda VIII. S. 181.
3) Journal des Sçavans. Decemb. 1679. S. Pristley, Geschichte der Optik. Deutsch von Klügel. I. 171.
4) Huygens, Oeuvres Complètes. VI. S. 460.
5) Ebenda. IV. S. 100.
6) Pristley, Geschichte der Optik. I. 171.
7) wohl De vitrorum. 8) vielleicht proprio.
9) Magna? 10) ostendere.

convenienti impleatur, qui nec colore, nec refractionis gradu multum differat a vitro.

Hinc liquorem puto esse posse spiritum vini bene rectificatum[1]), quod tali calculo comperi; in tabulam vitream A ex lucido puncto L incidat radius LP in puncto P superficiei anterioris et ibi refringatur ad perpendicularem PR. Sit radius refractus PQ aequalis ipsi LP et sinus incidentiae Pi, sinus refractionis QR, erit QR ad iP, ut 11 ad 17. Quodsi post Q radius PQ rursus in aërem egrediatur, posita superficie QT parallela ipsi Pi, erit radius ad Q ex vitro rursus egrediens radio LP ingredienti parallelus. Nunc ponamus medium infra vitri tabulam, in quod radius QP post Q pervenerit, esse spiritum vini, in quo radius progrediens sumatur QV aequalis rursus ipsi PQ vel LP et per V ducatur VN parallela ipsi QR, cui ex R educta occurrat ad angulos rectos in N. Sic jam rationem VN ad QR sic investigabimus: Fingamus, tantillam aëris intra vitri superficiem QR et spiritus vini superficiem VN intercedere, itaque radio ad Q ex vitro veniente in aërem ratio sinuum QR ad b foret 20 ad 31, si jam porro radio ex aëre veniente in spiritum vini ratio sinuum foret ut b ad VN, 100 ad 73. itaque erit QR ad VN in ratione composita QR ad b et b ad VN, seu in ratione composita ex rationibus 20 ad 31 et 100 ad 73, quae est 1000 ad $1126\frac{1}{2}$.[2]) Est ergo QR pa . . .[3]) minor, quam VN in ratione ad 1000 ad $1126\frac{1}{2}$, quae ratio, cum non magna sit, . . . eat[4]) un . . .[5]) . . . st[6]) à ratione . . .[7]) ibique ad nostrum usum fere perinde erit ac . . .[8]) duo vitra cava unum component spissum.

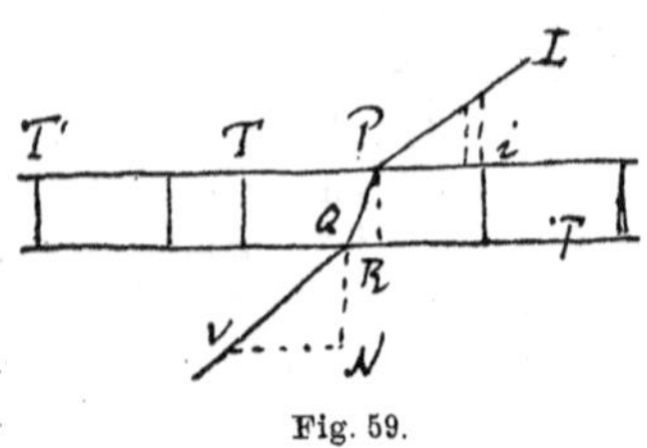

Fig. 59.

Ut tamen de quantitate exerrationis melius consti . . .[9]), eò contenti ex priore calculo deduxisse quantitatem refr . . .[10]) inter vitrum et spiritum vini, ipsam nunc concavitatem vitri sphaerici consideremus. Sed prius videamus utrum praestet vitrum utrinque sphaericum an convexoplanum. Ante omnia superficiem sphaericam haberi potest pro parabolica osculante. parabolam in vertice osculatur circulus, cuius centrum L in axi VL sumtum abest à vertice distantia LV, quae sit dimidium lateris recti. Sed F focus ita abest, ut VF sit lateris recti pars 4ta et licet parabola non serviat refractionibus, tamen idem de Hyperbola et Ellipsi intelligitur

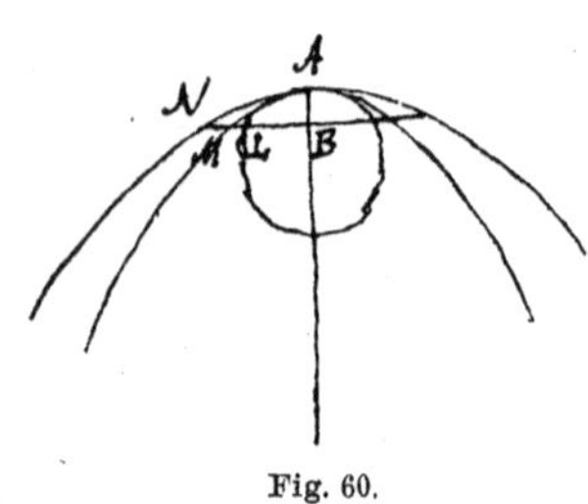

Fig. 60.

1) Hier ist an dem Rand bemerkt: Spiritus therebinthinae melior ad refractionem.

2) Hier hat sich bei Leibniz ein Rechenfehler eingeschlichen. Die Zahl ist $1131\frac{1}{2}$.

3) paulo? 4) redeat? 5) unum?

6) est? 7) abstrahendum? 8) accipiendum?

9) constituamus? 10) refractionis?

[Hier einiges abgerissen.]

$$dx : dy = \ldots$$

$$y : 2a - \frac{a}{q} x$$

in casu soli

$$2ax - \frac{a}{q} xx = aa$$

quaeritur x

$$2qx - xx = aq$$

$$xx - 2qx + qq = qq - aq$$

$$x - q = \sqrt{(qq - aq)}$$

$$x = q - \sqrt{qq - aq}$$

in Hyperboli y sit a, fiet

$$y = -q - q\sqrt{2}$$

$$\text{et } x = -q + q\sqrt{2}$$

Notandum praeterea est, Hookium jam olim observasse, si pro vitro objectivo adhibeantur duo vitra concava sibi obversa et aqua interfundatur, corrigi errores sphaerae. Quamque in rem ipsam regulam dedit Newtonus[1]); ut res commodissime fiat itaque examinandam ad causam urendi praestitutum liquorem interfundi, cuius refractio si ferè eadem quae vitri, an cuius sit multo minor.

46. [Kleines Blättchen, auf beiden Seiten beschrieben.]

Nota: Lentes pandochae colligunt omnes radios in unam lineam, in quolibet plano repraesentat objectum distinctè. potest vitrum objectivum magnitudinis esse cujusque. potest movendo planum excipiens modò hoc, modò illud punctum distinctè conspici.[2]) potest augeri magnitudo objecti in infinitum aucta magnitudine vitri. Certa scilicet distantia objecti fundique excipientis servata. Si plus distat objectum, quam est semidiameter, fundus excipiens distabit minus, si plus summa magnitudo non tantùm parvitate vitri sed et longitudine tubi provenienda potest.

Oppone speculum concavum concentricum radiis recollectis, mirè eos dilatabis et his oppone rursus aliud, etiam mirè dilatabis et potes specula pro libito multiplicare; dummodo omnia sint concentrica inter se, ita manebunt item per imaginem pandochà seu omnis confusionis expertes, et tamen multiplicabuntur in infinitum. Et si alicubi spatium non reperias, ut novum habeas, dirige radios in aliquod speculum concentricum convexum. inde reflecte in aliud concavum, vel dirige in lentem convexam. Nota: Speculis hoc commodum ad multiplicandum inest prae lentibus, quod lentes parvae

1) Hooke hatte seinen Vorschlag in den Phil. Trans. von 1666 veröffentlicht, Newton den seinigen in einem Brief an Oldenburg gemacht, hatte ihn aber später wieder aufgegeben, da er das Versuchsergebnis erhalten zu haben glaubte, die Farbenzerstreuung sei bei allen Körpern die nämliche.

2) Hier ist an den Rand geschrieben: Non potest effici, ut non planum punctorum radii transeant per datum, sed non ut bini radii plurium.

convexae magnificant, specula concava magna. Augeri autem possunt specula in infinitum non verò minus lentes. Miror neminem construxisse tubos merè catoptricos, quod tamen possemus.

Anmerkung. Den ersten Vorschlag zu einem katoptrischen Fernrohr hatte bereits Zucchi in seiner Optica philosophica, die 1656 in Leiden erschien, gemacht, ebenso findet sich ein solcher in Gregorys Optica promota vom Jahre 1673. Ausgeführt waren diese Fernrohre nicht, vielmehr war das erste Spiegelfernrohr, welches wirklich ausgeführt wurde, dasjenige, welches 1672 Newton verfertigte. Darüber berichtete Oldenburg am 25. Januar 1672 an Huygens (Oeuvres complètes VII. S. 128); ob damals auch Leibniz davon Kenntnis erhielt, wissen wir nicht. Zucchis und Gregorys Vorschläge scheinen ihm unbekannt geblieben zu sein. Man wird also die Zeit der Abfassung der obigen Notiz in Leibnizens Aufenthalt in Paris von 1672—1676 setzen müssen (vgl. Guhrauer: Gottfr. Wilh. Freiherr von Leibniz, Breslau 1846, Bd. I, S. 116).

47. [4 Seiten 4°, ziemlich gut geschrieben.]

October 1677. **Dioptrica.**

Cum nunc vitra dioptrica sine ullo torno, atque machinis sola fusione parare possim, spes est, novum orbem in nostro mox apperiturum. Primum autem de elaboratione, postea de usu horum vitrorum uterque. Eligatur primum materia purissima ex vitro, crystallo, adamantide occidentalibus silicibusque. Haec ab omni sale purgetur; quod fit prima fusione; qualis autem fusio esse debeat, ne infuscet, mox dicam. Sal crustam quandam circa vitri massam componit albidam, ubi refrigeravit, detrahendam. Hoc ita peracto materia purificata vel in partes exiguas dirumpatur, vel in fila distrahatur. Distrahitur in fila, si calore rursus emollita in medio at extremis apprehensa vel manu aut forcipula vel aliis vitri forcipibus, parti fusae applicatis, distrahatur. Si in frusta distituerit, tantum flatu tubuli in globulos fundantur; si in fila distructa sit, fili extremum flammae applicatum in globulum pulcherrimum se colliget, etiam sine flatu. Si non globulos, sed lentes majores etiam ingentia vitra objectiva desideremus, sic opinor agendum erit. Majore calore adhibito massarum vitrearum majorum superficies fundantur, certum enim est, eas curvedinem quandam accepturas eamque tanto minorem, seu plano, vel portioni sphaerae majoris diametri propiorem, quanto et latior erit superficies et latior focus seu locus fusionis. Et credibile est eventurum, quod in superficie liquoris, quae ubi planè replet vas, in medio eminet et gibbum format, si inferior sit margini vasis in medio, ni fallor, cava est. ita et cava et convexa parabimus. Convexa simplici massa vitri, nam ipsa sibi plus quàm plana est, margines habens extra se, ultra quos eminet, ut aqua effusa. si includatur vitrum intra vas, vel aliud vitrum altius vel jam sit nonnihil cavum, superficies fusione formata cava erit, faciliora et utiliora sunt convexa. At inquies, quo scimus figuram fore sphaericam. Respondeo, id à me non asserui, nec omnino esse necesse, nam sphaericis usi sumus hactenus non ut optimis, sed ut parabolissimis. Imò alia meliora sunt, quibus credibile est, hac ratione accedi posse, et cum usque adeo multa vitra intra unius horae spatium parata possint, quis dubitat, quin ex innumeris figuris saepe natura mirificè aptas refractioni, caeterum mirificè politas et figuram, quam habere debent, perfectè habentes nobis datura sit; nam in tanta varietate et combinandi facilitate vel unicum artis miraculum unius diei irritum laborem solabitur, quando alioqui aliquot septimanis indiget, neque tamen ad illam ipsius naturae polituram fusione factum accedi potest. Cavenda est subita nimis refrigeratio, quae distrahet figuras et franget massam. Tantum de flamma monendum et modo massam ipsi exponendi. Ex omnibus flammis nec fortior, nec purior est, quam quae speculo urente excitatur, quale est Lugdunense. Hoc si praesto haberemus, mirificè omnia et maxima allevitate efficeremus. Focus eius satis in rem praesentem latus est, et si non esset, motu aliquo objecti suppleri posset. Fusio haec nihil fuliginis aërisque fert. proxima est flamma Lampadis petroleo distillato et forte cum spiritu vini rectificato animatae. Facilius hoc modo multiplicari possunt lampades in unumque dirigi objectum. Obiter hic noto: si linea urens per latus eat in objectum, id non aequaliter fusum iri, sin perpendiculariter erectum sit objectum ponderi suo descendens etiam aequaliter non fundetur, si verò vitrum superpositum sit flammae horizontaliter seu in eius zenith sit locatum, tunc fundendo cavum credo fiet, si vero flammae in ipsum horizontaliter locatum perpendiculariter descendant, aequaliter erit convexum. Sed haec difficultas non nisi, cum majora vitra paranda sunt aut ex majore sphaera, locum habet. cum inter fundendum metuendum sit, ne minores superficies expandantur in majores, caveri poterit vel limite adjecto, vel si vitra jam tum nonnihil gibbosa. Imponenda autem erit massa sibi ipsi, id est pars fundenda parti non fundendae, ita manebit purissima: eamque in rem praeclarus est pro minoribus usus filorum vitreorum, de quibus supra. ita nec conspurcantur cineribus, nec rei agglutinantur, à qua non facilè separentur.

Paratis jam vitris ad conficienda inde Telescopia vel Microscopia venio. Microscopia vel uno constant vitro, vel pluribus. Si ex pluribus vitris microscopium molimur acutissimam sphaerulam, quae obvertatur objecto, et vitrum mollius, quod oculo obvertatur, sive paratum fusioni, sive communi more tornatum. Crediderim tandem, vitrum fusum esse acutioris objectivi patientius ob perfectam polituram. Et vitrum oculare vel erit ex majore massa superficietenus fusa, vel erit sphaera fusa integra, si prius magis amplificabunt, sed minus et claritatis et in refringendo regularitatis habebunt, si posterius tantùm opus est, ut sphaeras vitreas paulo majores satis perfectas fundendo assequamur, quàm in rem fortissima opus est flamma. Ut si habeatur vitrum oculare ut minimum granulum sinapis, ab sphaera ocularis instar pisi habebimus credo microscopium admirabile et paratu facillimum, nec crassitiè vitrorum obscuratum et perfectissimè politum, et vix puto longius iri debere ante humana, quia claritas sufficiens auctam magnitudinem sequi non potest; nisi fortè eveniat, ut inter multas fusiones vera vitra Hyperbolica et Elliptica vel ipsis proximè accidentia producantur. Quibus fiet, ut claritatis defectu minus laboremus. Sed hoc non ausus asseverare, num ab experientia pendet, quanquam forte hic aliquis geometriae usus esse possit ad vitrorum formam nonnihil determinandam, quam fusio productura est. porro vix opus esse, puto, lentium adhiberi vitrum, ut solet fieri in microscopiis. Illud in vitris fusis egregium, quod, quaecunque sit forma, admirabiliter politum est, itaque non dubito, ex tam multis figuras aliquas desideratis proximas fore. Omnibus microscopiis hoc commune esse debet, ut objectum, quam maximè licet, illustretur. hoc ita fiet, ut objectum locetur intra vitrum objectivum (id est, si lens sit unica) ipsum et sphaeram vitream aqua plenam, accensa face post tergum quam maximè illustratam igne imprimis nitidissimo et clarissimo inhibito, quod solari proximè accedat, cum ipsum lumen solare non habetur. si velimus, potest sphaera vitrea tingi viridi colore, vel etiam coeruleo obscuriore, ut super nigro clarius omnia appareant. Caetera omnia nigro colore tingenda. Ut verò objectis variis sphaerae aqua vel spiritu vini plenae atque alia clariorem, aut obscuriorem magis minusque illustrationem se proponere licent, utile erit has sphaeras ita locatas esse in circulo mobili, ut ordine venire possint. Eodem modo microscopia poterunt esse in circulo mobilia, ut alia post alia eidem objecto admoveantur. Denique objecta quoque ipsa erunt in circulo mobilia, praeterea poterit objectum idem admoveri, amoveri, elevari, deprimi, gyrari, quod ita fiet. esse eiusdem circuli, cuius centrum C, varios radios ac, bc, dc. poterit bc poni in locum ipsius ac, sed ipsum bc poterit ope cochleae exigue elevari aut deprimi, id est a admoveri ipsi c, aut ab eo amoveri. item cylinder ac gyrando circa summum axem poterit mutari, ut res objecta alia atque alia facie appareat. Imò hoc modo dabitur mutatio non tantum sursum et deorsum et in latus

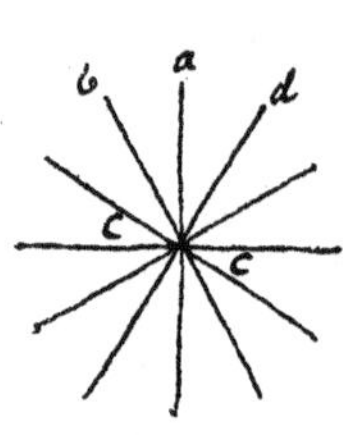

Fig. 61.

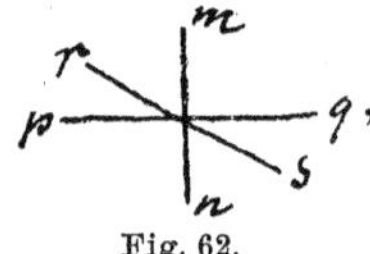

Fig. 62.

id est non totum secundum mn, pq, sed etiam secundum rs, si scilicet ipse cylinder ac nonnihil inclinetur, ne sit perpendicularis, dum circa centrum gyratur. porro ut objecti suspensio fiat commodius, utile erit ipsum inter duo tenuissima fila (qualia ex aloes ligno, de quo P. Kircher in arte magnetica), vel duos acus esse sustentatum, vel etiam et melius inter duo fila vitra, sunt enim transparentia, sed fateor nonnihil fragilia, sed hoc nihil refert. porro utile erit praeterea, objectum posse variare aliis modis, e. g. ut pulicis, cuius caput sursum, pedes deorsum, non tantum anteriora et posteriora, sed et verticem capitis et plantam pedum videamus, quam in rem utile, ipsum pulicem z esse acui xy inter fila fg firmiter inserto, sed gyrabili esse infixum et exire semper ex acus extremo rotulam instructam dentibus, Griffel, quo circumagendo manu aciculam variabimus, atque ita omnia exactissimè exhibebuntur in omni situ possibili. non acus gyrari potest, fila autem $gfgf$ elevari aut deprimi, nonnihil in latus inclinari, imò plane amoveri, denique circa axem per medium inter f, g transeuntem gyrari possunt. Unum restat, ut minutissimas objecti partes movere possimus, quod fiet, si rem aliam, etiam subtilem ac microscopio tantum visibilem, sed duram et rigidam paratam habeamus, ut pedem pulicis vel simile quiddam, cuius ope subtilissima filamenta et vasa moveamus, comprimamus, inflectamus, rumpamus, vesiculas perforemus. cochleis autem ista movenda sunt, id est lentissimè. Melius adhuc erit, si genu infixum sit acui mobili

Fig. 63.

xy in medio eius, super quo sit acicula alia mobilis cum genu, cui objectum infixum. Haec de microscopiis sufficere arbitror.

Pro Telescopiis repeto posse vitra Elliptica et Hyperbolica confici, vel ipsis proxima ex tot fusionibus, sed his missis constat, tubos contrahi posse admirabiliter salvo effectu, si vitra ocularia essent acutissima. ita enim intra pedis spatium fieri poterit, quod alias viginti pedibus; sed opus objectivo probè polito, quod optime fiet fusione sive duas adhibendo sphärulas ad mirificè differentes sive ob alterius parvitatem, sive pro objectivo sumendo vitrum superficietenus fusum. puto hoc demum modo parari posse Telescopium non inferius Drebeliano, quod possit gestari in mansueto et unius ope literae ad aliquot consilia [?] legi possit. Itaque tempus esse arbitror, ut paulo majora conamur.

Anmerkung. Die Erfindungsgeschichte des Fernrohres und des Mikroskops hat noch nicht vollständig aufgeklärt werden können. Wie die Verfertiger der ersten Uhren mit Hemmung waren die Erfinder der optischen Instrumente praktische Mechaniker, welche versäumten, ihre Arbeiten durch den Druck bekannt zu machen. So kann man es nur als wahrscheinlich hinstellen, daß Janßen um 1590 das zusammengesetzte Mikroskop[1]) und vielleicht auch das holländische Fernrohr zuerst angab, die älteste aktenmäßige Nachricht über die Erfindung des letzteren aber ist das Patent, welches 1608 Lippersheim darauf erhielt.[2]) Drebbel, der ein Gewerbe daraus machte, neue Apparate, auch wenn sie nicht von ihm herrührten, dem großen Publikum bekannt zu machen, indem er der besseren Wirkung auf dieses wegen sie und sich mit einem die Neugierde reizenden Geheimnis umgab, hatte sich in den Besitz beider Instrumente gesetzt, und sein Schwiegersohn Kuppler, der nach des Schwiegervaters Tode das Geschäft fortsetzte, hatte das Mikroskop und vielleicht auch das Fernrohr nach Italien und dort zur Kenntnis Galileis gebracht, welcher das Fernrohr nacherfand, die Wirkungsweise des Mikroskops erklärte. So nennt denn auch Leibniz das Fernrohr das Drebbelsche Teleskop. Die vorstehende Arbeit hat im Gegensatz zu den früheren mehr einen praktischen Zweck. Leibniz hat offenbar die Bestrebungen der Cartesius, Huygens, Campani u. a., größeren Linsen durch Schleifen die richtige Form zu geben, im Gegensatz zu Tschirnhaus und Hartsoeker, welche bestrebt waren, sie, freilich ohne wirklichen Erfolg, durch Gießen der Glasmasse in Formen zu erhalten, im Auge. Es ist wohl begreiflich, daß er, da er darüber keine Versuche anstellte, oder Erfahrungen sammeln konnte, dem gegossenen Glase den Vorzug gab. Mit dem einfachen aus einer kleinen kugelförmigen Linse bestehenden Mikroskop machte seit den 70er Jahren des 17. Jahrhunderts Leeuwenhoek seine berühmten Beobachtungen. Sowohl seines, als auch eine Menge anderer gegen das Ende des 17. Jahrhunderts von Jan van Musschenbroek, Leutmann u. a. verfertigter einfacher Mikroskope zeigen die von Leibniz empfohlene Anwendung feiner Spitzen und Schräubchen, sowie Knie darstellender, sehr geschickt angebrachter und verfertigter Kugelgelenke in größter

1) Gerland und Traumüller, Geschichte der physikalischen Experimentierkunst. Leipzig 1899. S. 115.

2) Gerland, Geschichte der Physik. Leipzig 1892. S. 100.

Mannigfaltigkeit.[1]) Die Fernrohre aber war man gezwungen gewesen immer länger zu machen, so daß Huygens 1684 das Rohr ganz weggelassen und nur die beiden Linsen beibehalten hatte.[2]) Mit einiger Wahrscheinlichkeit wird man also die Abfassungszeit der obigen Abhandlung um das Jahr 1680 setzen dürfen.

48. [Ein Blatt 2°, zum Teil beschrieben, oben etwas abgerissen.]

. . .[3]) de la nature des couleurs.

. . s[4]) pendant quelque temps le dedans de votre main avec quelque étoffe, vous . . .[5])ires une chaleur entierement semblable à celle, que le feu fait sentir, quand on en est proche. pressez avec le doigt un des coins de vos yeux pendant la nuit, vous verres paroistre vers le costé opposé, comme un rond lumineux; si on se heurte rudement la teste contre un mur, on apperçoit des eclairs et des lumieres et si on ferme les yeux apres avoir regardé le soleil, on voit pendant quelque temps une espece de lumiere, dont l'eclat s'efface peu à peu, prenant successivement des couleurs moins vives, comme le rouge, (+ le jaune) le vert, le bleu et le violet.

Ayes une chambre exposee au soleil pendant 2 ou 3 heures de suite, fermes les fenestres et laisses seulement une ouverture ronde ou quarrée environ d'un pouce de largeur à la quelle vous appliqueries une petite lame de cuivre [ou] de fer blanc forée de 4 ou 5 trous ronds, dont le plus grand de 3 ou 4 lignes de diametre, le moindre d'une demiligne, selon qu'on voudra plus ou moins de lumiere. Leurs bords ne seront pas luisans, mais induits de quelque teinture noire sans éclat.

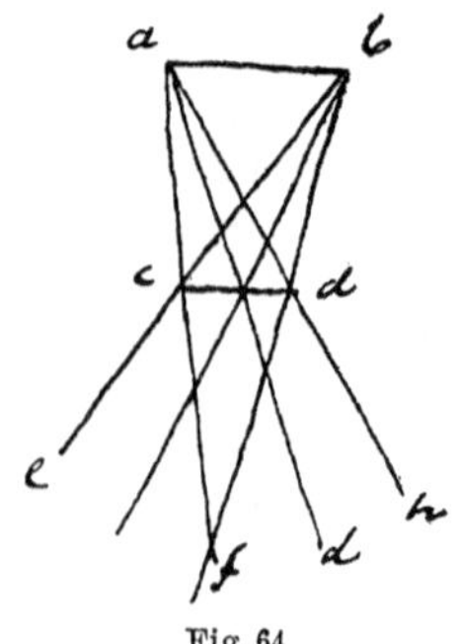

Fig. 64.

Les rayons qui partent d'un même point de soleil sont censés paralleles à cause de la grande distance, savoir *dh*, *cf* venant de *a* et *ce*, *dg* venans de *b*. je suppose *ab* le disque de soleil, *cd* le diametre de l'ouverture d'une chambre obscure.

CD[6]) radius à puncto solis *C* per punctum diametri foraminis *D*.

CD, *CE*, *CF* censendi paralleli inter se
BD, *BE*, *BF* „ „ „ „
AD, *AE*, *AF*, „ „ „ „

1) Vgl. Gerland, Bericht über den historischen Teil der internationalen Ausstellung wissenschaftlicher Apparate in London im Jahre 1876 in Hofmanns Bericht usw. Braunschweig 1879. S. 51 ff. Cöster und Gerland, Beschreibung der Sammlung astronomischer, geodätischer und physikalischer Apparate im Königlichen Museum zu Cassel. Cassel 1878. S. 45.

2) Huygens, Journal des Sçavans III. 6. Dec. 1684. Amsterdam 1685. S. 384; auch Opera varia I. Lugd. Bat. 1724. S. 261.

3) Abgerissen, vielleicht Note. 4) Abgerissen, wohl frottes.

5) Abgerissen, wohl sentires.

6) Das Folgende späterer Zusatz.

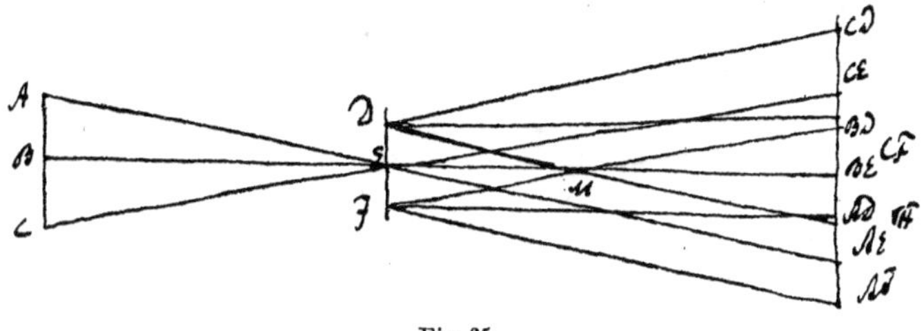

Fig. 65.

orbicularis
CD, AF diameter luminis in camera obscura recepti.

Lux inter CF et AD satis aequabilis, sed annulus inter CD, CF et AF, AD comprehensus continuè versus extremitates diminuetur, velut quaedam penumbra; si C, BE est quadrupla lineae E, erit M sedecuplo illuminatior.

L'experience de diffraction du *P.* Grimaldi, qui dit, que le rayon s'écarte passant par un petit trou, et fait une figure plus grande, que la rectitude des rayons ne demande, ne s'est pas trouvée veritable.

In transitu ex aëre in aquam sinus compl. anguli refractionis est $^3/_4$, sinus compl. anguli incidentiae, si transeat in vitrum, est $^2/_3$.

Radii, qui ob nimiam obliquitatem refringi non possunt, reflectuntur (an sine coloribus? puto +) Etsi ˘‿˘ et ♁ aqua leviores, tamen refractio in his major, quàm in aqua et vitro propior.

Si radius lucis ad punctum choroidis perveniat, videri videtur in recta ad tangentem choroidis perpendiculari, non in ea, qua venit. Hinc omnes radii, ab eodem objecti puncto venientes ad idem punctum choroidis per diversas refractionum vias, videntur esse unus idemque radius et eadem via venire. Hoc multis experimentis probatur, inter alia isto: Sit k objectum exiguum opacum pupillae aperturae minus, ut caput aciculae. hoc trium aut quatuor linearum distantia absit ab oculo, sit aliud valde exiguum objectum valde clarum in distantia majore et magis debile, cuius medium A, à quo radii AD, AE refracti in H uniantur,

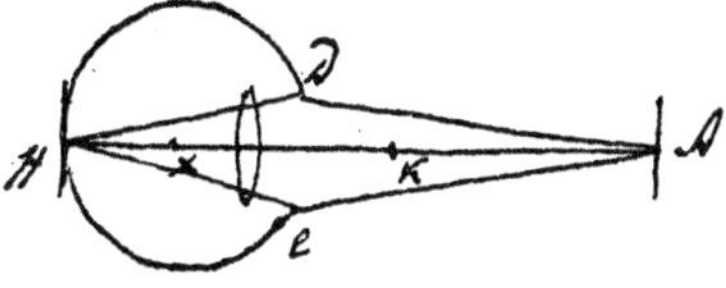

Fig. 66.

apparebit punctum A in medio seu in linea AKH, etsi objectum K obstet. ratio est, quin omnes radii, ut DH, EH videntur venire per xH, seu ex x, centro visionis. Hinc objectum videtur in vera situatione, licet inversum pingatur in oculi fundo. Item duo oculi uno videbunt loco objectum scilicet in intersectione duorum axium.

Anmerkung. Man möchte die vorstehende Notiz für einen Versuch halten auf Grund der Scheinerschen Beobachtungen die von Grimaldi entdeckten Beugungserscheinungen für nicht vorhanden zu erklären. Indem Leibniz sie auf das Auge anwendet, kommt er zu anderen Resultaten. Immerhin tritt Leibnizens Absicht nicht scharf genug hervor, um sie mit aller Klarheit erkennen zu können. Scheiners hier in Betracht kommende Schrift Oculus sive Fundamentum opticum war zuerst 1619, Grimaldis

Physico-mathesis de lumine, coloribus et iride 1665 erschienen. Es scheint demnach, als ob die Leibnizsche Note nicht allzu lange nach dieser Zeit geschrieben sei. Die Lichterscheinungen im Auge, die durch Druck hervorgerufen werden, kannte übrigens bereits Aristoteles; Newton macht über ihre Ursache die Annahme, daß sie in der mechanischen Erschütterung der Netzhaut ihren Grund habe. „When a Coal of Fire" sagt er[1]), „moved nimbly in the circumference of a Circle, makes the whole circumference appear like a Circle of Fire: Is it not because the Motions excited in the bottom of the Eye by the Rays of Light are of a lasting nature, and continue till the Coal of Fire in going round returns to its former place? And considering the lastingness of the Motions excited in the bottom of the Eye by Light, are they not of a vibrating nature?"

49. [1 Blatt 8°, die eine Seite zum Teil schlecht beschrieben.]

Experimentum circa oculum. Admove filum aliquod aut pedem unum circini oculo. minus propinque videbis ab uno eodemque oculo plus una vice videri et per multiplicatas imagines nihilominus transparentiam, ut aliud objectum, v. g. liber oppositus videatur. Vero tum imago paulo crassior in modo tot imaginum spurcarum erit. Eae spurcae imagines constituent quasi medium densius circa oculum, ita ut moto filo cum eo moveatur quasi haec iris et cum eo objectum aliud, quod per eius transparentiam videtur. In certa autem distantia ab oculo transparet omnis illa corona. Et id observandum sit, ne in pluribus . . .[2]) diversa et quo gradu, quaeve hinc consequentur, ducenda. Notabile est, nimis propinquum pedem circini licet satis crassi evanescere in istam iridem, ita ut intermedium undique [?] sit instar fili tenuis tantùm aut quasi umbrae. Fit hoc, quia radii tunc non colligentur ad unum punctum.

Anmerkung. Das schwer zu lesende Blatt gibt eine Beobachtung Leibnizens, welche zeigt, wie er sich über alles, was ihm auffiel, klar zu werden suchte und alles für ihn Bemerkenswerte in für ihn ausreichender Weise zu Papier brachte. Hinsichtlich der beobachteten Tatsache selbst ist daran zu erinnern, daß Leibniz[3]) kurzsichtig war. Den dicker erscheinenden Faden benutzt man jetzt, allerdings wohl in etwas anderer Haltung, wie ihn Leibniz angewendet zu haben scheint, als einfachstes Optometer zur Bestimmung des Fernpunktes und des Nähepunktes.

50. [1 Blatt lang 8°, einseitig beschrieben.]

Radii quidam ex lucido prodientes sunt interoculares, quia obtecta re evanescunt. aperto oculo in situ parallelo non apparent. sunt multiplicati. Nimia contractione oculi apparent, nimia apertura non apparent. Sed si

1) Newton Opticks. 2. Ed. London 1718. S. 322. Query 16. Vgl. Helmholtz, Handbuch der physiologischen Optik. 2. Aufl. Hamburg u. Leipzig 1896. S. 238. 2) Unleserlich, vielleicht distantiis.

3) Vgl. die oft abgedruckte, von anderer Hand als Imago Leibnitii überschriebene Schilderung, die Leibniz von sich selbst macht. Sie findet sich u. a. in Guhrauer, Gottfried Wilhelm, Freiherr von Leibniz. Breslau 1846. Bd. II. S. 338 ff.

contractio sit ultra modum rursus evanescunt. Duplicis generis sunt, alii oriuntur ab oculo nimis elevato, alii à nimis contracto, à nimis aperto, item nimis depresso oriuntur multi, si oculus sit nimis depressus, ne ex contractione quidem oriuntur. Si oculus contrahatur, oriuntur in partem et superiorem et inferiorem, si elevetur tantum in superiorem, si parum elevetur et contrahatur eunt radii sursum et deorsum, sed si parum deprimatur vel parallelus sit oculus et contrahatur, tantum deorsum. Radii ejus elevatione decussati sunt, oculi sinistri tendunt à dextro versus sinistrum, oculi dextri à sinistro versus dextrum. quanto altius elevas, tanto magis explicant se radii et quasi multiplicant, sed attenuant instar protegminis solaris explicabilis sonnenfächer, quo feminae urbanae utantur. qui deorsum tendunt, sunt duo ab uno tantum oculo decussati, in diverso tamen euntes. Et notandum iterum, quod qui a parte lucidi dextra venit, est sinisterior et tendit versus sinistrum et contra. Non decussantur, quia ex uno quasi puncto prodeunt. in compressione praeterea nebula quaedam videtur circumdare lumen, quae vera et non intentionalis, ut caetera. Notandum, si nimis comprimas, statui evanescere radios, si minus eleves, non evanescere, sed redire. Et eos, qui ab elevatione fiunt, esse crassiores. Et quo longius lux abest, longiores, item dilatiores et quasi a se distantiores et rarioris texturae, pauciores etiam ab uno oculo, quam duobus, adeo ut credibile sit, haec inde distantias metiri licere, sed non longas, nisi lumen sit vivacissimum, alioqui enim radios non emittit.

Anmerkung. In bezug auf diese Notiz ist das nämliche zu sagen, wie zu Nr. 49. Auch hier ist festzuhalten, daß Leibniz kurzsichtig war.

51. [Letztes Stück eines abgeschnittenen halben Bogens. Sehr schwer zu lesen.]

Optima ratio repraesentandi, quod vides, seu campum integrum facilè repraesentandi sine camera obscura, quae non est portabilis aut si est portabilis, manus intus commodè agere non potest. Id ergo ita fiat. Sumatur speculum statuaturque immobile, in eo speculo delineetur ita ut tegatur objectum, vel saltem extrema ejus lineamenta et partium quaeque lineamenta. Haec delineatio ex speculo in chartam exprimatur: speculum facile rursus detergetur. Utile est speculum esse magnum. Sed ut fiat nihilominus portabile, possunt juncturae sibi bene aptari, incedente forte mastyche etc. Nota etiam picturas colorem sic facilè in speculo repraesentatas, videbis enim, an consentiat sibi color objecti et speculi, quippe sibi in ipso speculo contingi. Nulli est pingendi ratio melior, etiam personae sic optimè pingentur et alia mobilia. Si ipsis speculum ita alligas, ut modis ipsis, speculum ad eos retineat perfectè . . .[1]) eundem, vel quia id difficile ob modum artium primarium, sint limites in speculo, intra quos homo se restituat semel egressus et picta speculum reddat hominis in limites priores, saltem per partes inprimi, ut vultus exprimatur.

Anmerkung. Eine recht flüchtig hingeworfene kaum zu entziffernde Idee, deren Ausführung Leibniz gewiß nicht versucht hat, noch hat versuchen lassen.

---

1) Unleserlich, vielleicht modum.

52. [Kleines Blättchen, auf einer Seite beschrieben.]

Prodiit tandem Newtoni liber de coloribus, et ad me ex Anglia missus est. Magna diligentia versavit vim colorum. Sed nec parva opus est, ut quae habet, expendantur, quod vellem mihi liceret. Lucem, qualis est solaris, constare, ait, ex radiis diversae refrangibilitatis, et qui maximè refringantur, violaceos esse, qui minimum rubeos. Unum quemque esse constantem in sua refrangibilitate, et sinuum legem servare. in quo experientia eius, si bene memini, contradicit experientiae Mariotti, viri alioquin diligentis, qui deprehendere sibi visus est, radios coloratos nova refractione iterum mutare colorem. Sed Newtono, qui id diu et pene unum agit, fidere malim, donec ad experimentum venire liceat. Notavit et radios, qui magis refringuntur, etiam prius nimiam obliquitatem pati, qua reflectantur, si . . .[1]) examinasset, quid fiat in hoc saltu a refractione ad reflexionem! Addit et objecta semper radii colorati homogenei colorem assumere. Homogenei, inquam, nam duplex v. g. viride esse naturalem seu homogeneum et ex flavo et coeruleo mistum, illud immutabile hoc secus. Spatia quae radii colorati occupant puto invenire sic satis cum musicis intervallis.

Refractionem et reflexionem cognatae rationis esse, et superficiem, quae sit magis refractionis, esse et magis reflexionis.

Anmerkung. Newtons Optik war 1704 erschienen, die Abfassung obiger Notiz muß also in diese Zeit fallen. Die erste Veröffentlichung seiner Ideen war übrigens in einer 1672 in den Philosophical Transactions erfolgt, Mariotte hatte sich in seiner 1681 in Paris erschienenen Schrift Essai sur la nature des couleurs gegen sie erklärt. Den Nachweis, daß Mariottes Widerspruch auf ungenauen Experimenten beruhte, führte viel später Desaguliers, nicht bereits, wie man nach Poggendorffs (Geschichte der Physik, Leipzig 1879, S. 672) und Rosenbergers (Geschichte der Physik, Bd. II, Braunschweig 1884, S. 198) Darstellung schließen möchte, kurz nach dem Erscheinen von Mariottes Essai. War doch Desaguliers erst 1683 geboren! Aus obiger Notiz ergibt sich wiederum Leibnizens Interesse an der totalen Reflexion. Auch möchte man aus der Vergleichung der Farbenunterschiede mit den musikalischen Intervallen schließen, daß Leibniz damals bereits die Möglichkeit der Erklärung der Farben aus der Undulationstheorie vor Augen sah.

53. [Kleiner Zettel.]

Mirum, quod Luna nobis major apparet, cum horizonti propior est, quam ubi valde elevata est in coelo, minor. quanto magis elevatur coelo, major fit; vera diameter apparens instrumento mensurata. Hoc jam notum sit Keplero Astron. opt. p. 360. Lunam majorem revera apparere, ubi elevatur super horizontem, minor non est, quia revera propior est, quantum satis semidiameter terrae; illud mirum, cur sensus communis horizonti propiorem majorem judicet. (Causa est quod majorem judicamus, quia corporibus pluribus respondet, ut fit, cum luna horizonti propior est et intuens simul terram vidit.)

1) Unleserlich, vielleicht quidem.

Anmerkung. Es ist bekannt, daß die merkwürdige Erscheinung bereits im Altertum beobachtet und in der Weise, wie es Leibniz in der Klammer tut, schon von Ptolemaeus erklärt worden ist. Das Werk von Kepler, was Leibniz zitiert, ist wohl: Ad Vitellionem paralipomena, quibus astronomiae pars optica traditur. Francofurti 1604. Die erste wirklich brauchbare Erklärung der optischen Täuschung stellte Robert Smith[1]) 1728, also 14 Jahre nach Leibnizens Tode, auf, eine vollständige gelang erst Helmholtz[2]).

54. [$1\frac{1}{4}$ Seiten 2°. Auf einer Seite beschrieben.]

An ope opticae fieri possint lineae altioris gradus, seu plusquam conicae, ut parabolastra, scilicet elaborata certi generis per tornationem. Hac ratione describi poterunt omnia genera figurarum, quibus opus est ad aequationes, quae fortasse fingi possunt. Maximi haec res momenti est, quia nullum habemus aptiorem describendi figuras modum, quo enim observantur lineae radiis visualibus exactiores. Et hoc modo faciendum est pantographum, quod eadem opera erit pantometrum, quantum ad praxin, dabitque perfectum circulum proportionum. Nam profectò motus necesse esset, esse tam impositum, ut nulla alioquin futura sit praxeos in describendis tot figuris spes. Si posset ustoria vitrea [?] linea in plano vel solido exactè delineari, haberemus perfectum artis Tornatoriae mirificum, actis illis planis circa sua centra descriptisque conoeidibus aut cylindroeidibus. Tentandum an, si homo lineam illam motu stabili sequatur, homo scilicet manuum ad aliquid stabiliter persequendum assuetarum. an non fortassè tam exacta futura sit abscissio, quàm per Tornum. Nam certè et Tornus haberi non potest, qui non aliquantum vacillet, et tamen videmus figuras sphaericas satis esse bonas. Et homo aliquis exercitatus manuum ad animam persequendam promtarum, agit fere id, quod Tornus, nam plura agit non variis conatibus repetitis, sed uno in una linea, in quo consistet habitus promtitudo, ut videmus, eos facere, qui instrumentis Musicis ludunt, et eos quoque, qui libera manu circulos bene tornatos aliaque figurarum genera exhibent, et mira velocitate aliorum delineata aut etiam naturae lineamenta in charta exhibent, ita ut non ovum ovo videatur similius. Hi profecto facilius longè super lineam à luce aut umbra repraesentatam aliam lineam ei congruentem ducent idque, qua aqua forti fieri utile est, nam instrumentum sculptorum, cum subitò moveri non possit, non aequè delinearet uno modo. Aqua fortis locum ipsae foveae designabit, quae si infundatur copiosius planum perfectè abscindet. Quare ita instituendae sunt rationes nostrae, ne Geometriam practicam ab Optica divellamus, sed ut parallelae inter se decurrant. Opera fortasse nobis potest practicè inveniri, non duas tantum, sed et plures medias proportionales. vide, quae dixit Lana in prodromo, ubi Microscopium adhibet ad quosdam usus Geometricos. Tentandum, an ope opticae possit describi Linea Logarithmica,

---

1) Smith, A complete system of optics. Cambridge 1728. Deutsche Ausgabe. S. 418.

2) Helmholtz, Handbuch der physiologischen Optik. 2. Aufl. Hamburg und Leipzig 1896. S. 774.

de qua Renaldinus, Jac. Gregorius, P. Pardies. Fortasse et maius aliquid praestari potest optica. Scilicet analysis lineae datae in causis generationis, ut ei dubio situ linea ipsa data, Hyperbola aut quid aliud, poterit hoc exactè definiri per effectus, quos praestant vitra optica conflicta. Quod tale est, ut non possit praestari ab ipsa Geometria, nec à motu, nec ulla alia arte humana. Idque applicari poterit et ad analysin numerorum figuris recommodatorum, ut in circulo proportionum, in linea arithmetica a. aliter. adde, quae mihi de Arithmetica eiusmodi dixit Bûot. Omnes resolutiones Numerorum fieri possunt, ut invenire Radicem surdosolidam numeri dati, id faciemus, si percurramus omnes numeros surdosolidos, usque dum inveniamus datum, aut sciamus, nos eam jam praecesisse assumamusque proximum. Sed compendia in his invenire, id verô artis ist.

Anmerkung. Der Proportionalzirkel, den Leibniz meint, ist offenbar der von Galilei 1596 erfundene. Er war ein Instrument, „qui sert à connoître les proportions entre les quantitez de même espece, comme entre une ligne et une autre ligne, entre une surface et une autre surface, entre un solide et un autre solide etc.“[1]) und bestand aus zwei so durch ein Gelenk miteinander verbundenen Linealen aus Messing, daß diese unter allen Winkeln von 0^0 bis 180^0 gegeneinander geneigt werden konnten. Auf den Linealen waren die zum Gebrauch notwendigen Maße angebracht. Während dieser Zirkel nur noch einen geschichtlichen Wert hat, ist der etwa um dieselbe Zeit von Bürgi erfundene Proportional- oder Reduktionszirkel, ein Zirkel mit zwei auf beiden Seiten in Spitzen endenden Beinen, die durch ein verschiebbares, den Kopf bildendes Gelenk verbunden sind, noch im Gebrauch. Zur Erklärung des Ausdruckes surdosolidus sei daran erinnert, daß Leibniz die Irrationalzahlen numeri surdi nannte. In einem in der Königlichen Bibliothek zu Hannover befindliche, Initia Mathematica betitelten Manuskript sagt er in dem Abschnitt de Quantitate: „itaque non est numerus nisi irrationalis, ut vocant, sive potius ineffabilis, ἄλογος, surdus“ und erläutert ihren Begriff an $\sqrt{2}$ und in dem folgenden Abschnitt: De Magnitudine et Mensura bemerkt er: „et numerus ei, quod cum mensura pro unitate assumta incommensurabile est, assignandas vocatur surdus vel irrationalis; sin commensurabilis sit unitati, rationalis appellatur“.[2]) Der Titel der angezogenen Schrift von Francesco de Lana ist: Prodromo, ovvero Saggio di alcune invenzioni nuove premesso all' arte maestra. Brescia 1670. Die logarithmische Linie behandelt Carlo Renaldini im Opus algebraicum, in quo praeter antiquam algebram nova quoque pertractatur. Über James Gregory s. Cantor Vorlesungen über Geschichte der Mathematik III. 2. Aufl. Leipzig 1900. S. 62 und 75. Der Jesuit Pardies war Professor in Pau und starb kurz nach seiner Übersiedelung nach Paris im Jahre 1683. Jacques Buot war Professor der Mathematik des Pages de la grande Ecurie in Paris, wo er 1675 starb.

---

1) Bion, Traité de la Construction et des principaux usages des Instruments de Mathematique. A la Haye 1723. S. 29.

2) Gerhardt, Leibnizens mathematische Schriften. 2. Abt. Bd. III, Leibnizens gesammelte Werke. Bd. 7. Halle a. S. 1863. S. 31 und 38.

Distanzmesser.

55. [1 Blatt 4° auf einer Seite beschrieben.]

Diu quaesita est apud mathematicis ratio metendi intervalla magnitudinesque ex una paulum statione, quia plures eligere non semper pro arbitrio licet. Aggressi sunt hoc quidem, sed omnes, qui quidem in publicum prodiêre sophismate aliquo subtili, eligebant scilicet in hac, quam dicebant una statione, duas alias parum distantes, atque ita pene, ut ex duabus valde remotis stationibus alii, objecta dimetiebantur: ita Camillus, Raverta caeterique, sed eo fructu, ut in quam talicunque notabili distantia ob baseos parvitatem angulique statim coeuntis ac parvitate evanescentis acutiem nullus usus esset. Mihi verò incidit ratio quaedam mirabilis nec, quod sciam, ab nullo tentata, ex eadem praecisè statione, seu eodem datae stationis puncto oculo pariter objectoque immobili manente, quod ab omnibus mathematicis uno ore impossibile pronuntiatum est, distantiam objecti dati ac proinde veram eius magnitudinem inveniendi: idque in distantia propemodum quantacunque, imò, quod incredibile ni paradoxum videbitur, in distantia etiam majore, quàm in qua vulgaris ex pluribus stationibus metiendi ratio ausa esse possit. cùm enim in coelestibus constet parallaxes, id est ex duabus stationibus metiendi rationem aegrè ad solem usque sufficere, in mea ita comparata est, ut ad Saturnum pertingere certum, ad fixas spes sit posse. Et est praeterea huic operari, quod auget admirationem, lapis quidam Lydius, vel, ut vocant, proba ita comparata, ut impossibile sit evenire vel minimum in observando, instrumentis, computatione errorum, quin universalitate inventi eum subesse detegat. Quod quanti sit in coelestibus terrestribusque manenti nemo prudens dubitare potest.

Anmerkung. Es ist zu bedauern, daß Leibniz über seinen Plan, von dem er sich so viel zu versprechen scheint, nichts Weiteres mitgeteilt hat. Aus den wenigen Angaben, die er macht, möchte man an einen Distanzmesser mit Latte denken, bei dem ja die Messung der Entfernung auf der Messung des parallaktischen Winkels beruht, wenn er nicht Entfernungen damit zu messen beabsichtigte, welche die auf der Erde vorkommenden um ein bedeutendes übertreffen. Schon während seines Pariser Aufenthaltes von 1672—1676 redet Leibniz von seinem Plane, den er, ohne ihn kund zu machen, ein bisher vergebens gesuchtes Mittel nennt.[1]) Unmöglich wäre es auch nicht, daß er einen Fadendistanzmesser im Auge hatte, wie ihn 1674 der damalige Professor der Mathematik und Astronomie zu Bologna Gemiani Montanari angab. Übrigens nannte man noch viel später Distanzmesser aus einem Stand solche, die von den zwei Endpunkten einer Basis beobachteten, wenn diese nur eine geringe Länge hatte, wie dies z. B. der im Museum in Cassel befindliche, aus der ersten Hälfte des 18. Jahrhunderts stammende, von Hergett und der ebendaselbst aufbewahrte, 1745 von Kleinschmid angegebene, aber erst 1770 von J. C. Breithaupt ausgeführte[2]) beweisen.

1) Guhrauer, Gottfried Wilhelm, Freiherr von Leibniz. Breslau 1846. Bd. I. S. 116.

2) Cöster und Gerland, Beschreibung der Sammlung astronomischer, geodätischer und physikalischer Apparate im Königlichen Museum zu Cassel. Cassel 1878. S. 36ff.

Magnetismus.

56. [9 Zeilen von Leibnizens Hand.]

Si verum est, dari polos magneticos mobiles à polis telluris differentes, sequetur, loca omnia, quae sub eodem meridiano sunt cum loco variatione carente etiam variatione carere, nec simul loca diversorum meridianorum variatione carere posse. Quae an ita sint, observationes facilè docebunt. is, qui contra Bondium scripsit, non videtur admodum rei intelligens, loquitur non satis mathematicè, defendit quietem terrae. Bondius vult non horizontalem sed inclinatorium acum adhibere, nec satis mentem suam explicat.

Anmerkung. Zu Leibnizens Zeiten verstand man unter Variation das, was wir jetzt Deklination nennen. Henry Bond war Lehrer der Mathematik und Navigationskunst zu Radcliff bei London. Er hatte, wie andere bereits vor ihm, 1676 den Vorschlag gemacht, die Länge eines Ortes durch Beobachtung der Deklination und der Inklination zu finden. Der, welcher gegen ihn schrieb, ist wohl Beckborrow. Der Streit zwischen ihm und Bond in Verbindung mit Acostas Ansicht von vier Linien ohne Abweichung, welche die ganze Erdoberfläche teilen sollen, ist vielleicht, wie Alexander von Humboldt (Kosmos IV. S. 58. Stuttgart und Tübingen 1858) meint, auf Halleys schon 1683 entworfene Theorie von vier magnetischen Polen oder Konvergenzpunkten von Einfluß gewesen.

Darstellung der physikalischen Lehren.

57. [3 Seiten 2°, ziemlich gut geschrieben.]

Elementorum physicae conscribendus erit libellus, cui adjiciatur descriptio pyropi, id est noctilucae constantis, simulque ignis non consumentis, neque alimento indigentis.

Physica nostra non aget de observationibus utque Historia naturae, sed de rationibus sive qualitatibus, et quae ex illis vel necessariò, vel certe per se (si nil impediat scilicet) sequuntur. Nam tantum postea opus erit, has ratiocinationes observationibus applicare. Erit ergo prima pars de Qualitatibus; altera pars verò aget de Subjectis qualitatum sive de corporibus, quae in mundo extant, ubi Historia cum ratiocinatione jungetur.

Agemus igitur de corpore et eius qualitatibus tum intelligibilibus, quae distinctè concipimus, tum sensilibus, quae confusè percipimus.

Corpus est extensum mobile, resistens, id est quod agere et pati potest, quatenus extensum est. Agere si sit in motu, pati si motui resistat considerанda itaque primum Extensio, deinde Motus, tertio Resistentia seu Concursus.

Extensum est, quod habet magnitudinem et situm. Est autem magnitudo modus determinandi omnes rei partes, cum quibus res intelligi possit.

Situs est modus determinandi omnes rei partes[1]), cum quibus res percipi possit.

---

1) Die Worte omnes rei partes fehlen bei Leibniz.

Magnitudo rei exactè cognita est cognito numero partium cuidam mensurae congruentium. Agendum erit ergo de Numeris, tam certis seu definitis, quod est Arithmeticae, tum indefinitis, quod est Algebrae. Hic de aequalitate et ratione. Nam aequalia sunt quae congrua fieri possunt. Ratio est ad aequalitatem, ut numerus ad unitatem. Situs partium rei inter se dicitur Figura. Hinc oriuntur similia, quae discerni non possunt, nisi simul percipiantur. Homogenea autem sunt, quae reddi possunt similia. Omnia similia et aequalia sunt congrua.

Antequam de figura agatur, agendum de Spatio ipso et de puncto; de sphaera et de intersectione duarum sphaerarum seu circulo; de plano, de intersectione duorum planorum seu recta; de intersectione trium sphaerarum seu puncto. Unde patet, cur puncti locus sit datus, si ejus distantia ex tribus aliis punctis sit data; et praeterea plaga; nam tres sphaerae se in duobus punctis secare possunt. Hinc habebimus et naturam lineae rectae, cur scilicet duae rectae non possint nisi duo puncta habere communia: hinc jam elementorum facilis erit demonstratio. Et haec quidem erit consideratio Figurarum sine ullo adhibito motu.

Sequitur jam Motus seu mutatio situs, ubi motus efficiendi circulum et rectam. Hic explicanda erit scientia ...[1]) sive de motuum vestigiis. De modo exhibendi rectam, planum, sphäram, conum, coni sectiones earumque in plano delineationes; de figuris magis ad has compositis, de varia motuum compositione.

De concursu seu de motu et resistentia inter se junctis. Ubi de variis machinis, rotis, palis.

Hoc potius omittetur.

Hinc jam demonstrandum est: Spatium esse indefinite extensum, nam nulla ratio esse potest, cur alibi finiatur, quia de quocunque aliquid concludi potest, id de eius simili similiter concludi potest. Itaque idem magis adhuc de circulo majore concludetur, quod conclusum est de minore. Itaque impossibile est assignari posse certam aliquam sphäram, ultra quam ne spatium extet. Nam si ratio esset aliqua pro ista, eadem ratio proportionaliter pro aliis omnibus valere. Deus autem nihil agit sine ratione.

Demonstrandum est etiam, omne corpus esse actu divisum in partes minores seu non dari atomos ac nullum in corpore assignari posse accuratè continuum. Ex hujus divisionis modo oritur fluidum et firmum; spatium vacuum et corpus perfectè fluidum nullo modo discerni posse. Non dari corpus perfectè fluidum. Non dari vacuum. Cartesius introducta sua materia subtili, vacuum solummodo nominetenus sustulit.

Sequitur jam de incorporeis. Fiunt quaedam in corpore, quae ex sola necessitate materiae explicari non possunt; qualia sunt leges motus, quae pendent ex principio Metaphysico de aequalitate causae atque effectus. Hic ergo agendum de anima et ostendendum omnia esse animata. Nisi anima esset seu forma quaedam, corpus non esset ens aliquod, quia nulla eius pars assignari potest, quae non iterum ex pluribus constet, itaque nihil assignari posset in corpore, quod dici posset hoc aliquid sive unum quiddam. De natura animae seu formae esse perceptionem aliquam et appetitum, et

1) Unleserlich, wohl de motu.

cur; quae sunt animae passiones et actiones, nimirum quia resultant animae ex DEO res cogitante, seu sunt imitationes idearum. Omnes animae sunt inextinguibiles, sed eae demum immortales sunt, quae cives sunt in Republica universi, seu quibus DEus non solum autor, sed et Rex est, his enim peculiari quadam ratione conjungitur, hae animae dicuntur Mentes, hae unquam obliviscuntur sui, hae solae cogitant DEUM; distinctasque habent de rebus conceptiones, ineptum est perceptionem soli homini tribuere velle; cum tamen omnia corpora perceptionem aliquam pro modulo perfectionis suae habere possunt adeoque et habeant, nam quicquid fieri potest, nullo aliorum detrimento id utique fit, quia omnia perfectissimè fiunt. Explicanda hic natura voluptatis et doloris, quae est nihil aliud, quam perceptio successus, seu perfectionis suae; itaque cum conatui satisfit, successus est, cum ei resistitur, oritur dolor. Tot sunt specula universa, quot mentes; omnis enim mens totum universum percipit, sed confusè.

De vi seu potentia nunc agendum est; ubi sciendum est, eam aestimandam esse â quantitate effectus. Esse autem potentiam effectus et causae inter se aequales, nam si major esset effectus, haberemus motum perpetuum mechanicum, si minor, non haberemus motum perpetuum physicum. Hic operae pretium ostendere, non posse eandem servari quantitatem motus, sed servari tamen eandem quantitatem potentiae. In Universo tamen videndum est, an non servetur et eadem quantitas motus.

De perturbationibus et restitutionibus, de natis inde reciprocationibus. de Isochronismo reciprocationum liberarum et omnimodarum. Tempora igitur esse, ut potentias. In omni machina seu composita potentia aequabili ratione tenditur ad restitutionem.

De pondere seu corporis soliditate, ac de centro gravitatis. Ostenditur in unoquoque corpore esse centrum gravitatis.

De vi elastica.

De vi magnetica.

De concursibus, de reflexionibus.

De firmitatis gradibus, de fluidis, firmis, flexilibus, tenacibus etc.

De motu solidi in fluido.

De refractione in transitu ab uno fluido in alterum.

Videntur revera, omnia esse fluida, sed variè tantum plicata, sine solutione continui.

De his, quae ex certis quibusdam legibus reflexionis et refractionis sequuntur.

De corporibus tensis eorumque pulsationibus et vibrationibus.

De fluido intra fluidum; de fluido intra solidum, quod exire non potest; de fluido extra solidum, quod intrare non potest, de fluido permeante.

De fluido Elastico, ac de propagatione vibrationum in eo; ac de corporibus homotonis.

Tractandum de stellatis crystallis aliisque corporum figurationibus.

Optimum erit parum immorari τῇ ἀκριβολογίᾳ defininiendi ac demonstrandi, sed continuo atque lucido sermone rem omnem exponere. itaque sic ordiemur:

Cum felicitas nostra in mentis perfectione consistat, mens autem nostra in hac vita à corpore suo variè afficiatur et corpus humanum ab aliis circumstantibus corporibus juvari et laedi posset, ideò corporum naturam nosse magna sapientiae pars haberi debet; ut vim eorum noxiam declinemus, amicam experiamur. Bona enim censenda sunt tum, quae voluptate in praesens afficiunt, modo non maius malum post se trahant, tum, quae dolorem impediunt, tum verò, quae nos reddunt potentiores ad grata comparanda, ingrata amolienda. Quae his contraria sunt, Mala habentur. Bona autem tum produci, tum, si jam producta sint, nobis admoveri possunt, contra mala vel destrui sive immutari, vel depelli. itaque cognoscendae sunt corporum proprietates, item quomodo corpora produci, immutari, atque etiam loco moveri possint. Antequam enim corporum natura ad usus nostros satis referri possit, prius ipsa per se intelligenda est.

Duo sunt modi, quibus corporum attributa cognoscimus, experientia et ratiocinatio. Sunt enim, quae solis sensibus discimus, exempli causa, quod magnes ferrum tracturus sit, nemo unquam divinâsset. Sunt alia, quae praevideri possunt sine ullo experimento, ut si libra quaedam accuratè elaborata sit, id est ab utraque parte eodem se modo habeat, et duo globuli accuratè tornati aequales ejusdemque materiae duabus lancibus imponuntur, nemo ratione utens dubitabit, bilancem in aequilibrio fore, etiamsi hoc nunquam fuisset expertus. Sunt denique, quae principiis partim à sensu, partim à ratione sumtis nituntur, exempli causa, quod speculum sphaericum concavum soli expositum materiam combustibilem in aliquo loco, quem focum appellant, accendet. Nam sensu didicimus, radios solis collectos flammam excitare posse, et vel sensu vel ratione constat, radios lucis in superficiem aliquam incidentes inde reflecti ad angulos aequales respectu tangentis; hinc jam adhibitis propositionibus Geometriae sola ratione cognitis ex natura superficiei sphäricae facile colligitur, radios solis ita reflecti, ut in exiguo spatio colligantur, ibique adurant. itaque fieri potest, ut specula caustica sint inventum rationis potius, quam casus: quemadmodum Tubi optici jam apud Portam adumbratim extabant, antequam in Belgio executioni fuissent mandati. Et huiusmodi multa alia vitae utilia esse arbitror, quibus ob solam exequendi segnitiem hactenus caretur.

Anmerkung. Es ist sehr zu bedauern, daß Leibniz diesen vielversprechenden Entwurf, der u. a. bereits auf das Prinzip der Erhaltung der Energie hindeutet, nicht weiter ausgeführt hat. Der Wissenschaft, die wir jetzt Physik nennen, würde freilich der kleinere Teil des Werkes gewidmet gewesen sein. Da Leibniz in den einleitenden Bemerkungen offenbar auf die 1680 erschienenen Arbeiten Boyles über Phosphoreszenz anspielt, so wird man die Zeit der Niederschrift des obigen Entwurfes etwa auf die Mitte der 80er Jahre des 17. Jahrhunderts setzen dürfen.

Mechanischer Teil.

Bewegungslehre.

58. [1 Blatt 8° von Leibnizens Hand.]

De Motu tractationis conspectus. Febr. 1678.

Lib. I. metaphysicus. de motu relato ad subjectum suum; (utrum sit absolutus, an respectivus, id est uni an pluribus simul insit) tempus; (an incipere ac finire possit: continuus sit, an interruptus); de eius causa, seu motore (Deo).

non nisi respectu causae seu modi explicandi proprius cui libet corpori tribui potest moto, id est corpus, cujus impenetrabilitas in considerationem adhibenda est ad explicandam mutationem.

Lib. II. Geometricus. de determinatione et descriptione, uno verbo, de designatione punctorum, linearum, superficierum solidorum. quoad figuram ac magnitudinem. seu de motuum vestigiis. seu de relatione motus ad spatium.

Huc quae de motuum compositionibus. Huc de motu optico et apparentiis astrorum.

Lib. III. Organicus. de instrumentis, quibus fit, ut unum corpus aliud ducat, seu de effectu praesenti motus corporis in alio corpore, seu quomodo in dato corporum positu motus motum comitetur. Deque usu organorum tum ad magnitudines designandas, tum ad alia quaedam singularia circa situm motumque praestanda adhibitis corporibus fluidis flexilibus.

Breviter de consideratione motus relati praeter spatium ad corporis impenetrabilitatem.

Ex praesenti corporum satis concludere praecedentem, quod quaeritur seu de accessu et regressu factum supponendum.

Lib. IV. Physicus. De Potentiis seu quomodo motu praesenti aliud motus futurus sequatur; praecedenti libro tantum explicata sit motuum concomitantia. Hic praeter considerationem spatii impenetrabilitatis adhibetur consideratio autoris, nam ex hac sola absolvi potest, non verò ex sola consideratione spatii et impenetrabilitatis. Nam motor ille non aget sine ratione. Huc resistentia solidorum.[1])

1) An den Rand ist ganz klein geschrieben: Natura semper tendit ad aliquem finem, et ubi enim assecuta est, eadem vi rursus ab eo recedit. Ut semper in rebus varietas servetur. Alioqui dudum omnia ad quietem pervenissent. Hinc corpus eadem celeritate recedit, qua accessit.

Lib. V. De Machinis seu Mechanicis.[1]) Huc pertinebit descriptio potentissimarum machinarum utilium ex. g. Domus, quoad resistentiam, navis, quoad motum. Organum pneumaticum. Horologium. Sclopetum. Thermoscopium. Baroscopium. Horologiorum follis. Antlia (quanquam simplex consideratio embolorum etc., si virium consideratio absit, potius ad mechanicam spectent), jactus aquae, elevatio aquae ex profundis fodinis (instrumenta Musica, quae pendent ex Elaterio aliisque mechanicis. Optica, quin etiam intensio soni. Musargia, quanquam forte rectius tunc separentur Musica et Optica, quia soni et colorum rationes nondum perfectè patent, itaque videndum, et an resistentiae natura perfectè pateat), venti vis, pyrobolica, in quantum calculo subfici possunt (sed et haec forte tamen excludentur). De vorticibus. De curru. De arte gladiatoria. De Funambulis. Descriptio horologii per planum inclinatum temperati inventum funambuli artificialis, ubi inclinando statum pondus in alteram transferatur pontem, ne facile cadere possit, quod graditur. De viribus . . . . .[2]) et de machina animali imitata. Machina mea arithmetica. libra se determinans. Architectonica quatenus columnas et proportiones considerat, pertinet ad doctrinam de geometria. Nam geometriae est explicare, quid sit maximè elegans ex capite proportionum. Si paranda tamen hinc, quorum pulchritudo oritur ex humana opinione, id est ex eo, quod homini placet, non bufoni, nec araneae. Haec enim physica sunt. Et pertinent ad doctrinam de voluptate excitanda.

Lib. 1. De motus natura. Lib. 2. De motus vestigiis in spatio. Lib. 3. De Motuum concomitantia seu quomodo corpora sese ducant. Lib. 4. De Motuum effectu seu de potentia corporum. An forte tutius erit, proponere Librum 3. secundo. Nam excomitantiis resultant vestigia, non verò ex vestigiis concomitantiae. Itaque duo videntur esse effectus Motus unus in mente, nempe apparentiae, alter in alio corpore, nempe potentiae.

Anmerkung. Im Vergleich zu den zu Leibnizens Zeiten und auch noch viel später üblichen schulmäßigen Einteilungen der Mechanik und Physik ist dieser auf philosophischer Grundlage ruhende Entwurf sehr beachtenswert.

Reibung.

59. [4 Seiten 2° mit sehr vielen Korrekturen.]

G. G. L. Observatio Mechanica de Resistentia Frictionis.

Frictionem dixeris resistentiam, quam motus patitur ab inaequalitate superficia, per quam incedit. Et habet locum, sive solidum a solido, sive liquidum a liquido, sive denique solidum a liquido tangatur. Liquidum à liquido ut cum gutta . . .,[3]) solidum à solido, ut cum traha in solo incedit, solidum à liquido, ut cum aqua per canalem fluit; et contra

1) Mit kleiner Schrift über Lib. V. etc. geschrieben steht: Elementa Machinarum simul problemata edunt [?], de quibus alii, ut vim in distans transferre per motus in liquido.

2) Unleserlich, wohl animalibus. 3) Vielleicht in aquam cadit.

cum navis in aqua fertur. Et constat, diu in itinere versatam muscoque obsitam lentius ire. Et nuper à viris ingeniosissimis examinata est ex subtilioris matheseos fundamentis et calculo infinite simali certaque hypothesi inventa figura navis quam minimum caeteris paribus resistens.[1])

Sed hoc loco magis de Frictione solidi contra solidum agemus, ubi fit ob superficierum inaequalitatem (utcunque politae videantur), ut una respectu alterius limae aut serrae rationem habeat, unumque corpus dentibus quasi alterius mordeatur. Porro ut motus unius corporis ad alterum incedentis procedat non obstante hac, ut sic dicam, inserratura, necesse est, ut vel corpora à se invicem nonnihil removeantur inter incedendum, et extricantur, vel ut obstacula illa eminentiolarum seu inaequalitatum superentur: prius locum habet, cum corpus unum super alio volvitur, posterius cum sese ut ita dicam, radunt. Et quidem de motu volutionis mox plura, tanquam de remedio frictionis.

Porro illae inserraturae resistentia sive asperitas superatur vel abradendo, vel deprimendo. Et asperitas vel tota ferè redit post depressionem, depressa se in modum elastri restituente vel pro parte saltem non redit, dum quod depressum manet. Plerumque tamen continua quaedam restitutio fit, eadem ad sensum resistentia manente, cum scilicet aliquandiu jam motus duravit. tunc enim ferè aut certè subacta sunt, quae hoc pati potuere. illa vel ad transeundum necessaria.

His ita expositis faciliùs examinabimus elegans problema Cl. Amontons[2]) non ita pridem cum jactura scientiae defuncti: Ponatur, super plano AB incedere corpus plano CD appressum pondere E. Statuit Dn. Amontons, eodem manente pondere E, nihil referre, quantum sit planum CD. Atque hoc, ut videtur argumento, quod plano CD aucto plures suae partes pondus sustinentes: ideoque minor est depressio in qualibet parte, adeoque et minor in qualibet parte resistentia; adeoque commodo incommodum compensatur. Quod quidem argumentum depressionum foret, si resistentia frictionis foret proportionalis depressioni et depressio ponderis incumbenti. Sed neutrum satis locum habet non prius; nam praeter depressionem, qua denticuli, ut sic dicam, unius superficiei in alteram intrant, aestimandus est rigor et figura eminentiarum: non posterius, quod exemplo aëris elastici illustrari potest. Finge embolum ope ponderis impositi in cylindrum cavum aëre plenum intrudi ad altitudinem pedis, patet non posse duplicato pondere intrudi statim ad altitudinem bipedalem, sed crescere difficultatem. Et rota currus onerati ad sex pollices in tellurem penetrans, non ideò duplicato

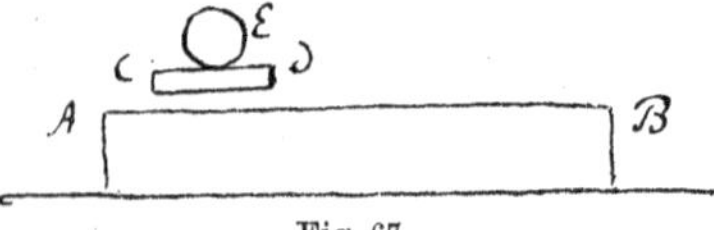

Fig. 67.

1) Der ursprüngliche durch Randbemerkung beseitigte Text lautete: est quòd superficies unius inaequalis alteri transeunti sive liquido sive solido, obstaculum facit. Etiam liquido, inquam; nam constat, naves diu in itinere versatas, musco et aliis adhaerentibus obsitas lentius navigare. Et idèo nuper examinata à viris doctissimis ex subtilioris Matheseos fundamentis figura navis, quàm minimum caeteris paribus resistentis et ope calculi infinitesimalis inventa est.

2) Sur la resistance causée dans les machines par le frottement et par la roideur des Cordes. Mém. de l'Acad. des Sciences. Paris 1699.

onere penetrabit ad altitudinem pedis; cum terra magis magisque constitutior et ad cedendum difficilior. praeterea si, ut plerumque fit, onus E non ubique aequaliter incumbat plano CD, non ubique aequalis erit depressio, unde multae nascuntur varietates, quae impedire possint, ne magnitudo sustentantis difficultatem sustentationis accuratè compenset.

Porro non tantum pondere resistentia frictionis intenditur, sed etiam ipso moventium nisu, cum scilicet directio unius non est superficiei alterius parallela, sed penetrare, quodammodo nititur in ipsum ejus corpus. Unde oritur coactura quaedam (es zwinget sich).[1] Atque hoc imprimis fit in dentibus rotarum in se invicem agentium; quae rotae tantam invicem pressionem exercent, ut ipse axis, qui rotam firmare debent, interdum loco emoveantur; si facilius scilicet id fieri possit, quam sisti potentia, aut vinci onus, aut frangi dentes. Et haec violenta appressio dentium aut bacillorum efficit, ut non minus intendatur inde frictio, quam si ingentibus ponderibus dens denti apprimeretur. ita enim alterum corpus ab altero profundius mordetur, valles fiunt depressiores, eminentiolae altiores, una verò major inserratura seu asperitas; atque adeò difficilior obstaculi superatio.

Venio nunc ad remedia Frictionis: ea duûm sunt generum, vel enim minuitur frictio in incessu corporis super corpore; vel ipse tollitur super incessu ex toto, vel parte. Minuitur et quodammodo evanescit frictio in incessu. si corpus in alio incedat non vadendo, sed intercedente Volutione. ita enim eminentiae ex alterius vallibus seu depressionibus se rursus attollunt exeuntque, ita ut jam abrasio vel depressio inaequalitatum minus necessaria sit. Quod intelligatur clarius sciendum est, si intimum esse contactum superincedentis radentem, volventem et mixtum. Radens est contactus, si idem punctum unius incedat per diversa puncta alterius, ut tracta super glacie incedit; ubique politior est utriusque superficies, eò facilior est superincessus. Sed volvendo fit superincessus (velut cum super rotis, aut cylindris, aut globis inceditur). ubi puncto contactionis in utroque corpore continuè mutantur, quando scilicet perfecta volutio est. Denique mixtus est modus radens provolutione, ut saepe fit in curruum rotis, cum difficulter circa suum axem versantur. Etiam cum funis aut catena super trochleis aut cylindris incedunt, quos movent, provolutio fit. nam provolutio locum habet, sive circumferentia circuli incedat super linea, sive linea super circuli circumferentia, modo circulus volvatur, at radens motus foret, si et funis super cylindro immoto labi deberet, quod in casu repetitae aliquoties circumplicationis difficillimum est. Eaque consideratione usus est, qui apud Galilaeum machinam excogitavit, qua quis commodè se ex alto demittere possit.[2])

Volvi autem possunt non tantum circuli, qui describunt Cycloides vel Epicycloides, sed etiam aliae curvae, quae describunt trochoidales quascunque. Circuli autem (quorum revolutione magis indigemus) dupliciter volvuntur; vel enim volvuntur super ipso puncto contactus, quae verè provolutio est, quemadmodum fit, cum onus aliquod cylindris vel globis

1) Dieser und die folgenden Zusätze in deutscher Sprache von Leibnizens Hand.

2) Discorsi e dimos trazioni matematiche. S. Ostwalds Klassiker der exakten Naturwissenschaften. Nr. 11. Erster und zweiter Tag. Leipzig 1890. S. 10.

liberis imponitur; vel circuli aut cylindri aut trochleae volvuntur circa centrum immotum; praestat prior modus enim commodè adhiberi potest, cessatque tunc frictio circa axem. Est textoribus ingeniosoribus instrumentum emblematibus figurandis aptum, quod Spigilicum, nî fallor, vocant, ubi trochleae quaedam suspensae et centro axeque carentes, intusque vacuae tamen circumaguntur. Quin etiam quidem axem rotae horizontalem ex catena suspendit, cui ipse vicem trochleae praestabat: ita frictio ab incumbente axe orta cessabat.

Commodum volutionis supra motum radentem egregiè consideravit olim illustris vir Olaus Romerus Danus, cum Parisiis in Observatorio Regio ageret: animadvertit enim dentes rotarum, ut vulgo fiunt, sine certae figurae debitu, valde coactè et incommodè moveri, dum alterius rotae vel regulae dentem violentes radunt. itaque excogitavit figuram, qua tantum volverentur, non raderent, et eam non sine profundioris Geometriae auxilio invenit esse Epicycloidalem; orandusque est, ut tandem aliquando totam pulcherrimi rationem in lucem edat.[1]) Quanquam autem incommodum vulgò minui soleat brevitate et multitudine dentium; (quae etiam efficit, ut divisa in plures actione non ita facile frangantur) interdum tamen non exiguum observatur. veluti cum ope dentium rotae apprehenditur pollex (Germanis Däumling) ingenti et ponderoso conto tusorio vel pistillo (Stämpel) verticaliter posito affixus eoque ipso perpendiculariter attollitur contus tusorius, et mox, dimisso pollice à dente lapsu suo comminutioni aut triturae corporum, vel expressioni succorum inservit. ibi enim operae pretium est dentibus pollicique figuram convenientem dari.

Alterum remedium frictionis est, ut ipse incessus unius super altero tollatur aut diminuatur. Et Machinae quidem Perraltianae in notis ad Vitruvium[2]) diarioque eruditorum editae ad priorem classem pertinent, quia res ibi ad incessum funis vel catenae super trochlea adeòque à motu radente ad volutorium traducitur. Sed tollit incessum ipsum Motus Axis curvati (Galli Manivellam vocant), cum ausa ad angulum rectum inflexa. perticam quandam huc illuc movet, quod praestat, quam dentes adhibere, aut ovalem viri celeberrimi Salomonis Morlandi[3]), in quibus multum est frictionis, quae in axe curvato pro maxima parte cessat. Etsi enim motus ejus non sit aequabilis (ut objicit Morlandus), id ipsum tamen sua commoda habet. Veluti cum exigua est quantitas aquae rotam circumacturae, sufficit tamen initio, quando et exigua est operatio, cum scilicet magna circuli portio exiguum propulsum rectilineum facit; interea nova affluente aqua impetus concipitur, qui tunc quoque sufficit; cum progressu circulationis major fit propellendi difficultas. Si verò resistentia semper esset aequalis, rota per intervalla interquiesceret; quod sua interdum incommoda habet. Adde durabilitatem axis curvati, qua longè dentibus praestat. Frictio autem perticae ad ansam, à qua movetur, et ad vectem, quem movet, aliqua quidem, sed

1) Dies ist nicht geschehen, wohl aber hat Leibniz die Mitteilung übernommen in Miscellanea Berol. 1710. I. S. 315.

2) Les dix livres d'architecture de Vitruve. Paris 1673, 2. Aufl. Paris 1684.

3) Élevation des eaux part toute sorte de machines, reduite à la mesure, aupoids à la balance, par le moyen d'un nouveau piston et corps de pompe et d'un nouveau mouvement cyclo-elliptique. Paris 1685.

exigua est, si dentium (non emendatae figurae) aut similium transferendi motus organorum resistentiae conferatur; caeterum obliquitas motus perticae ne noceat in Antliis aut similibus variis modis, effici potest et vulgo plerumque obtinetur ipsa longitudine hastarum, quas trahit pertica, ut non amplius sensibilis sit obliquitas, ubi ad embolum usque pervenit.

Habentur et Machinamenta non nulla superincessu carentia, in quibus sine dentium et trochlearum ope, motus transfertur, et nihilo minus rota vel ab alia rota, vel à motu reciproco aliquo continuatim circumagitur; quae feliciter adhibita sunt in magnis operibus. Sed ea hoc loco describere prolixum foret. itaque finiemus hanc Notationem, ubi admonuerimus, data vi motrice datoque tempore effectum augeri machinis non posse, nisi accidentaria obstacula (quorum potissimum à frictione oritur), quoad licet removenda, ut parcamus potentiae, caveamusque, ne in supervacua effundatur. Nullum hîc aliud est quàm parsimoniae lucrum.

Anmerkung. Da Amontons, von dem Leibniz als dem vor kurzem verstorbenen spricht, am 11. Oktober 1705 verschied, die durch Leibniz besorgte Veröffentlichung der Arbeit Römers aber 1710 erfolgte, so muß die vorliegende Arbeit zwischen diesen beiden Grenzen, wahrscheinlich 1706 verfaßt sein. Besonderes Interesse dürften die Schlußworte haben, die zu einer noch eifrig nach dem Perpetuum mobile suchenden Zeit dessen Unmöglichkeit durchblicken lassen und sehr entschieden auf das Prinzip der Erhaltung der Energie hinweisen.

Perpetuum mobile.

60. [Blatt von Leibnizens Hand.]

D. Bechers inventio motus perpetui könte ausgemachet werden durch eine invention einer unsichtbaren Windmühle, dadurch die Uhr allezeit ohne einges Spannen auffziehen gehen müsse, weil ers mit Regenwasser guth machen wollen, welches lächerlich gewesen. Hatte nur eine Sommer Uhr gehen. Aber die sind keine wahren motus perpetui, so man sucht, were doch gleichwohl nützlich. Geschehe also, wenn das Hauptrad allezeit vor sich gehen müsse, wenn gleich das andere bald auff, bald abgienge, were es hinunter, trieb es der wind doch allezeit wieder herauff. Wir woltens aber verdecken, dass der Wind oben dazwischen hinein gienge und kein Mensch das Werck sehen köndte.

61. [Blatt in 2° von Leibnizens Hand zur Hälfte beschrieben.]

Es scheint, dass des Hn. Orphiraei machina nicht zu verachten, sondern etwas sonderliches in sich habe und vielleicht einen ansehnlichen Nutzen ergeben möchte.

Solte sich nun bey einer zulänglichen Untersuchung finden, dass das Werck nüzlich im grossen zu thun und zum Exempel die Wasser bey Bergwercken damit auss den gruben zu heben, so getraute man sich dem inventori dafür eine ansehnliche Summa geldes zu schaffen, welche aber, dafern sie auff einmahl oder auf kurtze Termine aussgezahlet werden solte, gleichwohl bekandter Ursachen wegen, die sich bey denen Rentkammern finden, nicht alzu hochgespannt werden müsse.

Demnach sowohl dem publico als dem inventori zu helffen, wäre nöthig

(1) dass man durch genaue Untersuchung sich versichere wasmassen etwas durch diese. invention nüzlich im grossen zu thun, damit man sich nicht durch Vortragung einer unzulänglichen Sache bei den Höfen prostituire.

(2) Köndte man alsdann mit dem inventore wegen einer gewissen Summe geldes abrede nehmen, auff der er zu bestehen hätte und da man ihm zu verschaffen suchen würde.

(3) Köndte ihm zu seiner interimssubsitzenz gleich anfangs etwas ausgezahlet und ferner biss zur erlangung seiner ganzen recompens mit einem jährlichen an Hand gegangen werden.

Anmerkung. Orffyreus (Orphiraeus), eigentlich Beßler, war 1680 zu Zittau geboren. Er hat ein abenteuerndes unstetes Leben geführt, das ihn in Deutschland, England und Holland seine Apparate und Medikamente vertreibend weit herumbrachte, bis er für kurze Zeit bei dem Landgrafen Carl von Hessen auf Grund der Erfindung eines Perpetuum mobile, was sich später freilich als Betrug erwies, angestellt wurde. Er starb 1745. Die Nr. 61 scheint für den Landgrafen Carl bestimmt gewesen zu sein, dem dann auch Leibniz das Konzept für die Ernennung des Orffyreus ausgearbeitet hat. Wenigstens findet sich ein Entwurf zu einer solchen mit dem Datum des 14. November 1704 in seinen hinterlassenen Schriften, von dessen Veröffentlichung aber abgesehen werden kann, doch setzt sie den Zeitpunkt der Abfassung von Nr. 61 fest. Auf das Ergebnis der von Leibniz angeratenen und durch damit Betraute ausgeführten Untersuchung hin wurde Orffyreus wirklich in Cassel angestellt.

Mit dem Begriffe des Perpetuum mobile nahm es indessen die übrige damalige Gelehrtenwelt nicht so genau, wie Leibniz. Während Drebbel und Otto von Guericke ihre Luftthermobarometer Perpetuum mobiles nannten und damit bewiesen, daß sie über die eigentliche Bedeutung dieses Begriffes noch im unklaren waren, faßte ihn Leibniz, wie der Schluß von 59 erkennen läßt, im strengen Sinne und bewies die Unmöglichkeit seiner Ausführung auf die nämliche Weise, wie es nach Aufstellung des Prinzips der Erhaltung der Energie auch jetzt noch geschieht. Bei den Apparaten von Becher und von Orffyreus vermutete er deshalb die Nutzbarmachung einer äußeren Kraft und, da er den Wert einer solchen, die sich, wie Wasser- und Windkraft, immer wieder erneuerte, bei seinen Bestrebungen, dem Harzer Bergbau aufzuhelfen (s. unten Nr. 74 ff.), sehr wohl erkannt hatte, so interessierte er sich für alles, was dafür neue Wege zu eröffnen schien, in hohem Grade.

Technischer Teil.

Uhren und Uhrwerke.

62. [1 Blatt 4°, halb beschrieben.]

Ad habendum horologium gnomonicum in cylindro seu baculo erecto sit sphaera, cuius poli 1. 2; et aequator 3. 4. 5. et horizon 6. 7. 8, cuius Zenit Z et Nadir N. adeoque Meridianus loci 1 Z 2 N, omnes circulos hic positos secans et centrum sphaerae 9, per quod transeat axis cylindri 10. 11, qui axis sit perpendicularis ad planum horizontis et N. 10. 9. 11. Z erit recta. Sit Zodiacus 12. 13. 14. et tropici 12. 15 et 14. 16. Et sit hodie sol in loco Zodiaci 13 adeoque in parallelo 17. 13. 18. Et hoc momento sit hora respondens meridiano 1. 19. 2, secans Zodiacum in 19 sitque sol in loco 19 supra horizontem. Consideretur sol, ut punctum et juncta[1]) intelligatur 9. 19. Exhibeatur planum horizontis 6. 7. 8, in quo linea meridiana 6. 8, axis cylindri, erectus sit 9. 11. Ex puncto solis 19. 20 junctaque intelligatur recta 9. 20. Et angulus 19. 9. 20 erit elevatio solis super horizontem et angulus 8. 9. 20 erit declinatio solis a meridiano sit 21. 22. 23 superficies cylindrica, cuius axis 9. 11 et pinna 9. 24 soli obversa, et 25 projectio puncti 19 in recta 21. 22, parallela ipsi 11. 9, dare debet horam. Res ergo huc redit: data elevatione poli et loco solis in Zodiaco seu declinatione solis et hora diei invenire elevationem solis super horizontem vel contra, datis duobus prioribus et elevatione solis super horizontem invenire tempus diei seu horam.

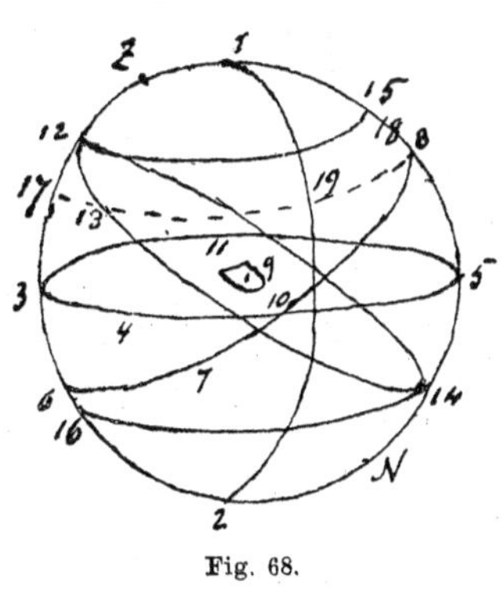

Fig. 68.

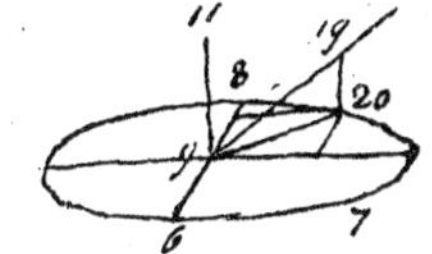

Fig. 69.

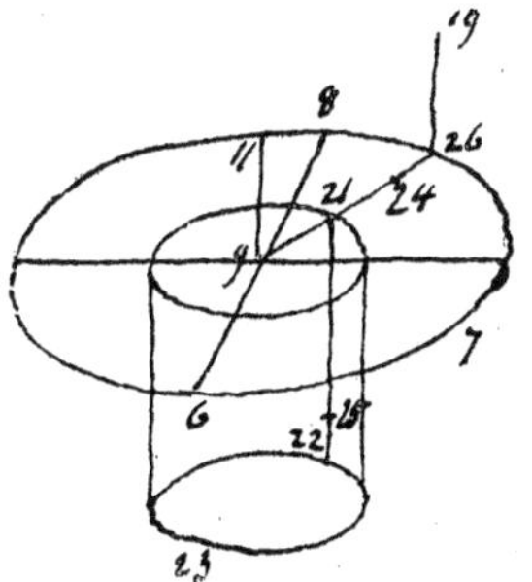

Fig. 70.

Datur distantia paralleli 17. 19. 18 ab aequatore nempe 19. 26.

1) Scil. recta.

63.

Extrait d'une Lettre de Mr. Leibniz à l'Auteur du Journal, touchant le principe de justesse des Horloges portatives de son Invention.

[Journal des Scavans de l'An MDCLXXV par le Sieur G. G. A. D. C. à Amsterdam M. D. CLXXVII. S. 96. Abgedruckt in Dutens, G. G. Leibnitii opera omnia. T. III. Genevae. MDCCLXVIII. S. 135.]

Le principe dont je me suis avisé il y a quelques années pour donner une horloge juste et portative, est tout different de celuy de la durée égale des balancements ou vibrations inégales des pendules, ou des ressorts, que M. Hugens[1]) a appliqué aux horloges avec un applaudissement si general. Celuy-là depend d'une observation Physique, au lieu que le mien n'est fondé que sur une reflexion purement mechanique assez aisée, et dont la raison et demonstration même est manifeste à nos sens, à laquelle on n'a pas pris garde, faute de l'art de combinaisons, dont l'usage est bien plus general que celuy de l'Algebre. Car ayant consideré qu'un ressort estant rebandé au même point se debandera toûjours en même temps; s'il trouve la même liberté de se debander subitement; j'ay inferé qu'on en pourroit employer deux, dont l'un joueroit pendant que le premier mobile de l'horloge debanderoit l'autre. car ainsi il n' importera pas s'il le rebande plus ou moins viste, pourveu qu'il le rebande avant que l'autre acheve de se rebander, et par consequent l'un délivrant l'autre sur la fin de son mouvement, ce jeu durera toûjours uniformement, et en laissant passer à chaque retour ou periode de ces deux ressorts, une dent d'une certaine roüe entrainée par le mouvement ordinaire, et qui conte les secondes ou autres parties du temps égales aux periodes, nous avons une horloge ou montre telle que nous pourrons desirer.

I'ay fait executer cette pensée de la façon qui s'ensuit. Soit AB une de plaques de l'horloge: deux barillets dentez dans lesquels les petites spires ou ressorts sont enfermez, C et M. Les dents de barillets prennent celles

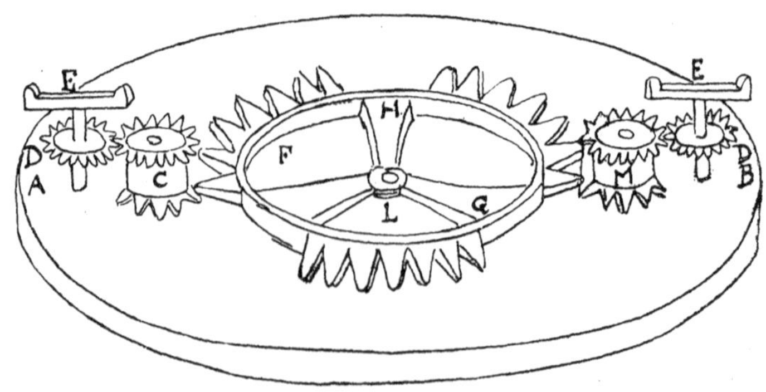

Fig. 71.

des pignons DD, qui portent les balanciers EE, et d'autres dents des dits barillets sont prises par celles de la roüe interrompuë FG. Imaginons à

1) So unterschrieb sich der holländische Gelehrte in französischer Sprache, in lateinischer Hugenius, in holländischer Huygens (nicht Huyghens).

present, que cette roue *FG* uniē dans le sens *HF*, par la force du premier mobile d'horloge, et tournant le barillet *C*, bande le ressort qu'il renferme, et s'arreste avec le barillet aussi tost qu'elle a bandé ce ressort. La piece qui sert à arrester, est aisée et on n'a pas jugé necessaire de la marquer pour ne pas embarasser la figure. Mais pendant qu'une partie dentée de la roue interrompuë *FG*, sçavoir *F*, tourne le barillet *C*, la partie vuide qui luy est opposée scavoir *G*, répond à l'autre barillet *M*, et donne la liberté au ressort qu'il renferme de se débander. Ainsi pendant que le mouvement d'horloge bande le petit ressort du barillet *C*, en même temps le petit ressort de l'autre barillet *M*, se debande luy même. Je dis, en même temps, excepté que le ressort *C*, aura un peu plustôt achevé d'estre bandé, que le ressort *M* n'ait achevé de se débander. De sorte que le ressort *C*, estant bandé, et la roue *FG* arrestée; tous deux attendent en cette que le ressort *M*, quand il sera tout à fait débandé, touche sur la fin de son mouvement, une détente au piece qui les délivre. Alors le ressort *C* se débande de soy même à son tour; les dents de la rouë interrompuë qui continuë son mouvement en même sens qu'auparavant depuis qu'elle est délivrée ne pouvant plus l'en empescher, parce que le barillet *C* rencontre à present à la partie vuide *H* de la dite rouë. Mais avant qu'il acheve de se bander, la partie dentée *L*, opposée à la partie vuide *H* tournant le barillet *M*, rebande son ressort et l'ayant fait, s'arreste avec luy, attendant que le ressort *C* achevant de se débander, les delivre par une grace reciproque, et rende au ressort *M* les mêmes services, qu'il en avoit receus pour en attendre d'autres tout semblables.

Cela bien consideré, il est manifeste que les mêmes fonctions alternatives dureront toûjours. Que les periodes prises du moment qu'un ressort commence à se débander, jusqu'au moment qu'il se débande encore une fois, seront toujours Isochrons, ou d'égale durée quoyque les deux petits ressorts ne soient pas également forts. Que le balancier d'une telle horloge ou montre sera double; qu'on le charchera plus ou moins, et qu'on luy donnera le délay, en avançant ou reculant le long des deux bras deux poids égaux, dont l'un contre-balance l'autre, afin que le changement de la situation ne puisse nuire aucunement à l'égalité de l'horloge. Au reste on se pourra passer dans les montres de cette construction de la fusée, et par consequent de la corde ou chainette. Il est aisé aussi de juger qu'elles pourront estre assez petites; qu'elles ne feront pas plus de bruit que les montres ordinaires[1]), qu'elles seront aussi exactes que les pendules, et qu'elles ne cesseront pas de marcher, pendant qu'on le remonte.[2]) Et quoy que le mouvement de rouës de l'horloge puisse estre alteré par plusieurs accidents: comme sont celuy de l'inegalité

1) Auf den lautlosen Gang der Uhren legte man damals viel Gewicht; in einem Briefe an Christian Huygens vom 25. März 1660 hebt Guisony besonders hervor, daß „un ouurier" (Matteo Campani) eine geräuschlos gehende Pendeluhr gebaut habe (Huygens, Oeuvres complètes. III. S. 46).

2) Huygens hatte bereits bei der ersten Konstruktion seiner Pendeluhr im Jahre 1658 eine Einrichtung getroffen, welche bewirkte, daß die Uhr auch während des Aufziehens weiter ging. (Huygens, Opera varia. Vol. I. S. 1. c. f. Gerland und Traumüller, Geschichte der physikalischen Experimentierkunst. Leipzig 1899. S. 180.)

du mouvement du grand ressort ordinaire ou du premier mobile; le frottement des rouës plus ou moins grand selon que l'huyle se fond ou s'épaissit; la rouille, le verdegrès, le jeu de pieces, l'inegalité des dents, et quantité d'autres sujétions: neantmoins les periodes des petits ressorts n'y seront pas interessées, pourveu que le mouvement des rouës de l'horloge ait toûjours plus de force qu'il ne luy en faut pour les rebander: ce qui est en nostre pouvoir. Ainsi le principe d'egalité est assuré icy par une espece de demonstration toute Geometrique, et toute rigoureuse; mais aussi toute évidente aux capacités même les plus mediocres.

Il reste de toucher en peu de mots les Objections faites par quelques personnes intelligentes. Ils sont tous demeuré d'accord que ce seroit un montre ou horloge parfaitement juste pour l'usage ordinaire: mais à l'égard de l'application aus LONGJTUDes, on a fait d'abord les difficultez suivantes. Que le choc fait trembler les ressorts aussi bien que les autres pieces, que la roüille le mangera, puisque l'humidité salée de la mer dans les longues, navigations n'épargne pas mêmes les aigüilles de boussoles; quoy qu'enfermées dans leur boëttes, que les changemens des saisons et des climats altérent sensiblement les ressorts, sur tout les grandes chaleurs, ou les pluyes entre les Tropiques, qui détrempent l'acier en quelque façon à la longue: on adjoûte que les experiences de l'Illustre Academie de Florence font voir avec quelle facilité la chaleur et le froid changent les ressort minces; outre que l'air plus ou moins condensé resistera aussi plus ou moins au mouvement du Balancier. Qu'en travaillant les ressorts s'affoiblissent, et qu'enfin il y aura toûjours quelque peu de frottement, qui fera que les pieces marcheront avec plus ou moins de facilité, et que mêmes elles s'useront à la fin.

Je pretends de surmonter tous ces defauts, qui viennent d'imperfection de la matiere par un remede general, sans les examiner iey en détail. C'est qu'on se peut servir pour l'execution en grand, de ressorts massifs, comme sont ceux des Archelestes[1]), puisqu'on en est le maistre, et puisqu'on ne manquera pas de force ny de place dans un vaisseau, pour gouverner un grands poids qui se serve à les rebander continuellement. or les ressorts massifs pourront estre si forts, et leur restitution si subite en augmentant leur nombre, que tous les défauts susdits n'auront point de proportion considerable à cette force, et l'amas de leurs repetitions ne sera sensible qu'aprés un fort long temps. Il est aisé mêmes de monstrer qu'en augmentant la grandeur de la machine, et la force des ressort massifs, on pourra rendre l'erreur aussi petite que l'on voudra; pourvu qu'on ne passe pas les bornes de la commodité, et qu'on se contente d'une exactitude suffisante pour la fin, à la quelle on les destine principalement, qui est la découverte des Longitudes. Cette réponse est si claire, et si generale, que tous ceux qui l'ont considerée, ont temoigné d'en estre fort satisfaits.

Anmerkung. Die vorstehende Abhandlung findet sich nicht in den von Leibniz hinterlassenen Papieren, sie ist, wie die Überschrift bereits besagt, aus dem Journal des Sçavans entnommen. In einer Sammlung der von Leibniz verfaßten Schriften physikalischen und technischen Inhaltes

1) Bei Dutens (S. 137) findet sich arbalêtes.

aber durfte sie nicht fehlen, da sie die Aufgabe der Längenmessung in derselben Weise zu lösen versucht, wie dies Huygens wirklich und erfolgreich getan hat. Beide großen Männer kamen auf die nämliche Idee, die Schwingungen des Horizontalpendels durch die Kraft einer zweiten Feder regulieren zu lassen, wie die des lotrechten Pendels durch die Schwerkraft reguliert werden. Beide faßten sie unabhängig voneinander fast gleichzeitig, Leibniz, wie er berichtet, einige Jahre früher wie 1675, Huygens am 20. Januar dieses Jahres. Beide sandten ihre Erfindung an den Herausgeber des Journal des Sçavans, beide Erfindungen sind daselbst im Jahrgange 1675 veröffentlicht, die von Huygens auf S. 68, die von Leibniz auf S. 96. Die Priorität gehört also unbedingt dem ersteren.

Huygens traf hier das nämliche Schicksal, wie bei der Erfindung der Pendeluhr.[1]) Die erste Idee dazu hatte Galilei gehabt; sie war in einer Zeichnung niedergelegt worden, die er nach seiner Erblindung seinem Sohne Vincenzo und seinem Schüler Viviani diktiert hatte, von diesen aber so geheim gehalten worden war, daß Huygens unmöglich irgendwelche Kunde von ihrem Vorhandensein haben konnte. Er machte die Erfindung der Pendeluhr ganz selbständig und war auf das unangenehmste überrascht, als der Fürst Leopold von Medici sofort nach Kenntnisnahme der Huygensschen Schrift die Erfindung für Galilei in Anspruch nahm. Zur Einführung in die Technik eignete sich die Idee des großen Italieners freilich nicht, während die Huygenssche bald in ausgebreitetster Weise an die damals im Gebrauch befindlichen Uhren angebracht wurde. Nun lagen die Verhältnisse ähnlich, als er das Horizontalpendel der Tafeluhren mit der Regulierfeder versah. Sogleich nach seiner Veröffentlichung erfolgte die von Leibniz, der die Regulierung in ähnlicher Weise vornehmen wollte und besonders bemerkte, daß er die Idee dazu bereits mehrere Jahre vorher, ehe er sie veröffentlichte, gefaßt habe. Aber auch jetzt wiederholte sich Ähnliches, wie früher. Während die Huygenssche Regulierfeder wohl an keiner Taschenuhr, an keinem Chronometer gegenwärtig fehlt, während sie bei den empfindlichsten elektrischen Meßinstrumenten in ausgiebiger Weise verwendet wird, ist Leibnizens Idee wohl niemals ausgeführt, ja wohl kaum beachtet worden. War sie doch, so schön sie erdacht war, ebenso unpraktisch, wie die Galileische, und fiel wie diese nur zu bald der Vergessenheit anheim.

Ist es nun aber gewiß, daß Galilei von Huygens' Erfindung nie etwas erfahren hat, da er, als sie ins Leben trat, längst aus dem Leben geschieden war, so liegt die Möglichkeit vor, daß Leibniz Huygens' Idee kannte, und es ist deshalb nicht überflüssig darzutun, daß er die seinige selbständig gefaßt hatte, ehe er die seines holländischen Freundes kennen lernte. Scheint das letztere doch aus dem von Huygens über seine Erfindung geführten Tagebuch[2]) mit großer Wahrscheinlichkeit hervorzugehen. Am 20. Januar 1675 hat der berühmte Niederländer in dieses eine rohe Skizze der Idee eingezeichnet und als Beweis für die Wichtigkeit, die er

1) S. Gerland, Wiedemanns Annalen 1878. Bd. 4. S. 585 und Bibliotheca mathematica. 3. Folge. V. Bd. 1901. S. 234.

2) Huygens, Oeuvres complètes VII. La Haye 1897. S. 410.

ihr zuschrieb, ein freudiges „Εὕρηκα“ dazu gesetzt. Er berichtet weiter, daß er sie am 21. Januar Thuret mitteilte, um von ihm ein Modell machen zu lassen, dieser dann aber einige Tage später das Verlangen stellte, Huygens solle ihm „donner quelque part à l'invention“, ein Verlangen, auf das der letztere selbstverständlich nicht einging. Am 22. Januar aber schreibt er: „Esté chez M. de Maubuisson, a qui je dis d'avoir trouué une belle invention en mechanique ce que j'avois aussi dit à M. Libnitz.“ Libnitz ist offenbar ein Schreibfehler oder Druckfehler für Leibnitz (im Druckfehlerverzeichnis des VIII. Bandes der Oeuvres complètes ist er freilich nicht verbessert). In der Tat war Leibniz 1675 in Paris und verkehrte mit Huygens. Genaueres über seine Idee hat dieser ihm aber wohl nicht angegeben, denn sein Tagebuch berichtet, daß er am Morgen des nämlichen Tages Thuret seine Erfindung „sub fide silentii“ mitteilte. Am 15. Februar erhielt er dann das Privileg für seine Erfindung,[1]) deren Beschreibung er nun an Gallois zur Veröffentlichung im Journal des Sçavans einschickte.[2]) Danach ist es wohl möglich, daß die ihm gemachte Mitteilung für Leibniz die Ursache der Veröffentlichung seiner eigenen Erfindung wurde. Daß diese von Huygens in keiner Weise beeinflußt war, beweist weiter ein Blick auf die seinem Briefe beigefügte, oben wiedergegebene Figur. Einmal wirken in ihr die Federn zwar einander entgegen, aber eine jede trägt selbständig zum Antrieb des Balanciers bei, während bei Huygens dies nur die eine tut, dann aber ist in diesem Apparat eine Leibniz gehörige Idee wohl zum erstenmal verwirklicht, die er später unter ganz anderen Verhältnissen wieder zur Anwendung gebracht hat (als er die Wasserhebung in den Harzer Bergwerken verbessern wollte), eine Idee, die darin besteht, Maschinenteile sich fortbewegen zu lassen, während der geometrische Zusammenhang mit den sie antreibenden zeitweilig ganz aufgehoben ist, dann aber zur richtigen Zeit diesen Zusammenhang wieder herzustellen. Überdies besitzen wir in dem Eingang der folgenden Nr. 64 Leibnizens eigenes Zeugnis für die Selbständigkeit seiner Erfindung Auch hat er sich über denselben Gegenstand ausführlich in der 1718 im Journal de Trevoux veröffentlichten Abhandlung ausgesprochen, die als Nr. 66 mitgeteilt werden wird.

64. [4 Seiten 2°, halb beschrieben, mit ziemlich schlechter Schrift.]

ich habe bereits vorm jahr 1670 ein neues Principium Mechanicum der gleichheit in den Uhren aussgefunden und umb selbige Zeit des hochseel. Churfürsten zu Pfalz Carl Ludwigs[3]) Durchlaucht entdecket, auch etliche jahr hernach, als ich in Frankreich gewesen, dem Pariser Journal einverleibet.[4])

Solches bestehet darin, dass zwey oder mehr federn, oder andere natürliche Kräffte wechselsweise auf ihrem natürlichen trieb ablauffen, wenn

1) Oeuvres complètes VII. S. 419. 2) Oeuvres complètes VII. S. 424.

3) Der älteste Sohn Friedrichs V., der durch den Westfälischen Frieden die Pfalz mit der Kurwürde zurückerhalten hatte und 1680 starb. Er und sein jüngerer Bruder Rupert interessierten sich sehr für die Naturwissenschaften, wie denn De Roberval in einem Briefe an Carl Ludwig, den Monconys mitteilt, zuerst die Erfindung des Gewichtsaräometer veröffentlichte.

4) Journal des Sçavans 1775. S. Nr. 63.

eines einen gewissen lauff vollendet, das andere so fort anfanget; aber ehe die reihe herumbkommet, ein jedes durch die Haupt krafft des Ersten Bewegers wieder hehrstellet findet und wartet, biss es von neuem getroffen wird, umb seinen gang zu wiederhohlen.

Denn weilen der natürliche trieb allezeit gleich den anfang und ende des ablaufens auch sich ein wie das andere mahl, so viel mercklich, befindet, muss auch der gantze periodus oder abgang jedes mahl gleich lang während seyn, und also die Zeit dadurch gleich getheilt werden.

zum Exempel wir wollen uns einbilden, es wären 7 gespannte Federn 1, 2, 3, 4, 5, 6, 7 umb einen Kreiss herumbgestellet, welche ihre anfänge hatten bei 11, 12, 13, 14, 15, 16, 17, aber am Ende von gewissen Wiederständen 21, 22, 23, 24, 25, 26, 27 aufgehalten werden, und man drücke mit der Hand den ersten wiederstand 21 nieder, damit schnapfe die Feder los, und anstatt dass sie wie ein Bogen oder Sprengel war, werde sie dadurch gerad, reiche mit ihrem ende 21 biss an den anfang 12 der folgenden Feder 2, treibe solchen anfang 12 mit dem gegebenen schlag etwas fort nacher 22 zu; damit würde die feder 2 mehr gespannt, und kräfftiger umb den Wiederstand 22 zu über winden, auch gerad zu werden, und die feder 3 auff gleiche weise zu treffen und zu befreyen, welche an 4, und diese an 5 und solche an 6, diesselbige aber letztens an 7 dergleichen thäte. Die Feder 7 aber finde die Feder 1 schohn wieder gespannt, nach dieser wieder die folgenden, um den vorigen umgang zu wiederhohlen. Die Hehrstellung aber oder wieder-bespannung würde geschehen durch die Hauptbewegung der Uhr, dadurch das radt A beständig umblauffend alle Federn, die es gespannet, abgeschnapfet findet, durch rücktreibung der wiederstände 21, 22, 23, 24, 25, 26, 27 wieder spannen und in vorigen stand seyn würde.

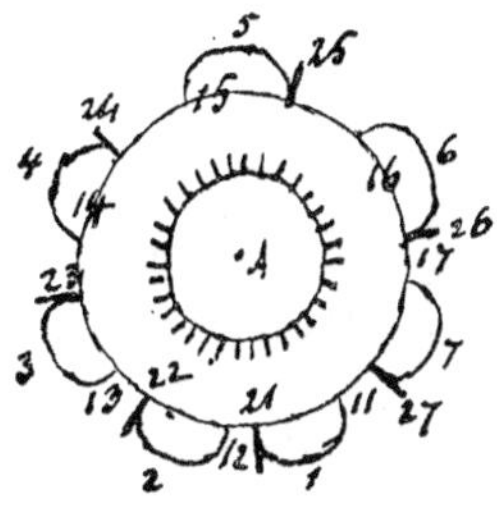

Fig. 72.

Es gehöhret noch einiger Vortheil dazu, umb zu wege zu bringen, dass die wiederstände 21, 22, 23, 24, 25, 26, 27 vom radt A und dessen Zähnen nicht gehindert werden, sich niederdrücken zu lassen und sich doch hernach von denenselbigen auffspannen und wieder stellen zu lassen und wäre dazu guth ein gewisses Mechanisches problema zu solviren, nehmlich wie sich etwas in die Zähne eines rades ohne Hindernis einlassen könne, umb hernach von selbigen angegriffen und geführet zu werden.

Alles vortheilhaft zu wege zu bringen köndte man anstatt der 7 Federn 1, 2, 3, 4, 5, 6, 7 rings herum sezen 7 kleine räder, deren jedes als B in 3 oder mehr berge CDE, EFG, GHC und folglich so viel thäler DEF, FGH, HCD abgetheilet, also dass eine Feder ik, vermittelst Umgang des Rades auff den Berg zu steigen gezwungen werde, und hernach wieder herabfallen könne. Demnach wenn erst die Feder 1 im thal gelegen im punkt C und es gehet der sechste Theil des rades herumb als von C nach D, so muss die Feder i den Berg hinauff

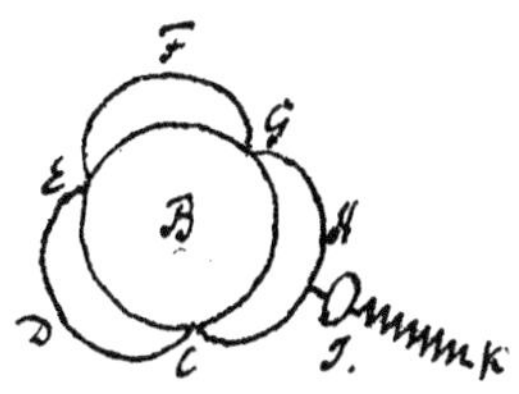

Fig. 73.

steigen bis nach *H* und kann auff jedem Berg ein einschnitt seyn, damit die feder alda etwas fest bestehen bleibe, biss das radt mit einiger gewalt fortgetrieben wird. wenn nun solches in etwas geschieht, nehmlich von dem schlag eines andern gleichmässigen Rades, so komt die feder 1 vollends über den Berg, fallet hinab in das thal *G* und treibet damit das rad *B* noch mal den sechsten theil herumb und verrichtet also diese feder ihren schlag, womit sie zugleich das folgende radt (krafft etwa eines herüberragenden Zahns an dem radt *B*) etwas trifft, dadurch dessen Feder auch wie iezo die Feder 1 befreyet wird. wenn nun die Feder 1 also hinab auf 2 gefallen, so hat sie dadurch zugleich das radt *B* also herumb getrieben, dass ein Zahn von demselben sich denen Zähnen des Hauptradtes *A* praesentiret, davon ergriffen, und dadurch das radt *B* wieder umb ein sechstheil fortgeführet, mithin die feder wiederumb gespannet wird und auff dem berg im punct *F* zu stehen komet. Und damit der grosse wiederstand, den etwa der Zahn, so sich den Zähnen des Hauptrades *A* präsentiren soll, daran finden möchte, wenn von ohngefähr gegen einen solchen Zähne des Hauptrades treffen solten, so kan man machen, dass solches ehe befreyet werde, als der Zahn bey dem gegenwärtigen radt *B* sich den Zähnen des Hauptrades nähern kan.

Durch diese Weise nun wieder ein gleichwährender periodus der Schnappfeder zu erhalten, welcher durch des Hauptrades Veränderungen im geringsten nicht verändert wird. Und derart solches bloss als principium inventoris betrachten. Allein pro praxi würde diese Construction ungelegenheiten haben, und eine grosse gewalt zu behuf des Hauptrades erfordern, auch wegen des vielen abnüzens bey so vielen federn und Rädern wenig bestand haben

Derowegen dienlich zarthe helicalfedern zu brauchen, welche einen gelinden schwung verrichten; deren 2 oder 3 genug seyn können, also dass sie miteinander wechseln und weil eine ihre Spontaneam evolutionem verrichtet, die anderen herstellet werden.

Damit auch die Hauptbewegung nicht mit einer überflüssigen rapidität geschehe, kan man sie mit einer unruhe und steigradt aufhalten, wie es gemach geschieht, man applicire gleich an solche Unruhe eine feder oder nicht; und dennoch trifft dieses Hauptradt die kleine feder zu rechter Zeit (welche nicht eben auff einem gewissen punct beruhet, sondern nur binnen eines gewissen intervalli geschehen darff), und hilft ihnen zu ihrer vollkommenen hehrstellung.

Man köndte zwar das Hauptradt noch per intervalla hemmen, ich finde aber zur conservirung des schwungs oder impetus besser, dass es immer in seinem gang bleibe und nur die kleinen Federn wechselsweise aufgehalten werden.

Solche kleine Helicalfedern köndten also so schwingen, dass die Feder nach der Befreyung nicht nur hin, sondern auch wieder hehr oder zurückgienge, und im rückgang, wenn sie der anderen feder befreyung verrichtet, alsdann in stand komme, von dem Hauptradt getroffen zu werden und hülffe zu empfangen, damit sie ihre erste stelle und völlige Spannung gänzlich wieder erreiche. Solcher Stand aber würde bey der völligen Spannung und dabey geschehenden aufhaltung wieder benommen, also dass sie hernach, ohne vom Hauptradt gehindert zu werden, [Hinderniss werde][1]) von neuem hin gehen könne.

Gesezt eine der Helicalfedern, so den wechsel thun sollen, seye L, am axe MN, davon normaliter eine stange PR und PR schwinge sich biss in SQ durch $^3/_4$ des Zirkels $PQRS$, komme aber zurück wieder biss nacher QS durch den halben Zirkel SRQ, fehle also nur $^1/_4$ der Circumferenz, nehmlich QP, dass das in P anfangs gewesene Ende der stange nicht wieder bis P komme. Ehe es nun nacher Q kommt, sezen wir, es treffe die stange QS mit dem ende Q auff einen federhaacken, so die andere wechsel-feder auffhält, damit selbige befreyet werde. Es köndte aber zu gleich die stange QS durch solches antreffen bei Z entweder sich verlängern oder zurückgetrieben werden, dadurch bey S in das Hauptradt (doch erst nach verrichteter influenz in der folgenden federbefreyung) fallen, also dadurch eine hülffe bekommen, damit QS biss auf PR komme, alda es gefangen und bey der fangung S wieder herein getrieben würde

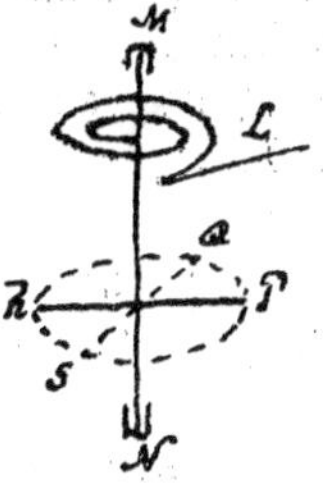

Fig. 74.

Es köndte[2]) auch wohl die Sach also eingerichtet werden, dass die alternirende Feder, wenn sie in ihrem Schwunck ihren Cameraden befreyet, zugleich eine andere kleinere Feder drücke und die Kraft, so sie derselben gibt, von deren Herstellung meist wieder empfange und dadurch fortgetrieben werde, damit solche krafft desto weniger verlohren gehe, und solches kondte geschehen aus dem principio der sonst bekannten Unruhe, nehmlich der Zirkel L, so da schwanket, trifft mit seinem Zacken M die Feder N oder, was von ihr dependiret, Q. wenn nun M ...[3]) nach (M), wäre der Zacken P gegangen nach p[4]) und werde alda von der rückgehenden Feder N an derer Spitze R, welche der Spitze Q antwortet, ab opposita parte getroffen und das Rad L damit eben den Weg fortgetrieben, also werde keine gewalt verlohren, inzwischen aber das N zurückgetrieben, kann das andere Schwunckrad, so befreyet worden, mit seinem Zapfen M ohne anstoss vorbey. Es kann auch die sach so gestimmet werden, dass N fast nicht ehe sich ganz wiederherstelle, biss L fast auff seinen ersten stand, da es dann durch endliche Dahinbringung des L von dem Hauptradt wieder am kranz zurückgetrieben und gespannt werde. Damit L mit etwas anschnapfen etwa wiederumb vermittelst eines Zackens als S ab opposito. Es ist nicht nöthig, dass der Zacken S in einem horizont sey mit N, sondern höher oder niedriger, also dass er anderswo, als an Q oder R die feder N treffe und sich fange, davon nicht wieder zurückkomme, biss er befreyet.

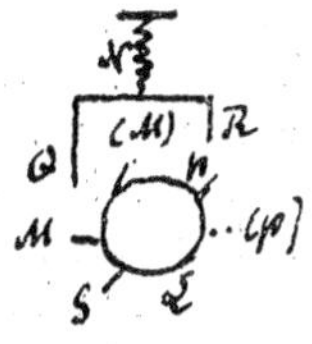

Fig. 75.

Es hat sich nun bereits, wie gedacht, ein weg gezeiget, wie die Spannung N bey der Befreyung nicht verlohren, sondern bey der Hehrstellung solcher feder N zu verfolgung der bewegung des befreyenden zu-

1) Die Worte in [ ] sind von Leibniz wohl auszustreichen vergessen worden.

2) Hier ist neben den Text geschrieben: Haec via facit cessare § praecedentem. Das Folgende ist viel kleiner und mit anderer Tinte geschrieben, ist also wohl ein späterer Zusatz.

3) Unleserlich, wohl: gegangen. 4) Muß wohl (p) heißen.

statten komme, weilen aber bey der fangung des Zackens *S* die feder *N* noch etwas weichen muss und sich gleich wieder stellet, umb den regress zu verhindern, so aber durch die Hauptbewegung geschieht, so kondte man solche hehrstellung auf einen schlag an der Hauptbewegung thun machen, damit sie nicht verlohren gehe, also kann alles zu Nuzen und weilen nur die auff die frictiones angewendete Kraft verlohren, welches nicht zu vermeiden, inzwischen sind die frictiones soviel möglich zu vermeiden.

65. [Kleines Blatt von Leibnizens Hand.]

Die Schläge der Uhren sind ohngleich, ob sie schohn von dem Schwung eines gewichtes oder von einer spielenden Feder regiert werden, dieweil die Hauptbewegung bey dem Schlage einfliesset und solchem eine Hülffe gibet.

Dem wäre zu helffen, wenn die schläge allemahl gleich wären, und die Hauptbewegung nur zu der Hehrstellung ausser des Schlages hülffe.

Zu solchem ende ist mir folgendes eingefallen: Gesezet man habe eine gemeine Uhr, die ihre Schläge thut, obgleich weder Schwung-gewichte, noch Spiralfeder daran. es seyen auch solche Schläge gleich oder ohngleich, ist nichts an gelegen, wenn sie nur zeitig genug geschehen.

Ueberdem so ist eine Spiralfeder an ihrer Spindel mit ihrer eigenen Unruhe oder Cirkel, den die Spindel tragt, so schwehr oder leicht, nachdem die Schläge dieser Spiralfeder langsam oder geschwind geschehen sollen, die wollen wir nennen die Schwungfeder.

Diese Spiralfeder ist gespannt und sobald sie losgelassen wird, thut sie einen Schlag und befreyet einen Sperrkegel mit einem kleinen Federgen, welches durch ein Rad mit eingeschnittenen Zähnen gespannt wird. Dieses federgen schlagt alsdann zwischen die Zähne des rades, und zugleich an die schwungfeder, die wird dann zurückgeschlagen und bekomt Hülfe, dass sie ihren schwung, wie zuvor, verrichten kann. Inzwischen wird der sperrkegel von der Hauptbewegung wieder gespannt und zwar vermittelst unterbrochener Zähne an der Spindel der axe des Sperrades. Besiehe die Figur hierbey samt deren Erklärung.

Sperrradfeder[1]) oder Schwungfeder *A* treibt die Spindel *B* und schlägt mit dem Zahn *C* an den Zacken *D* und treibt durch die Spindel *F*, daran er ist, das Sperrad *G*, befreyet den Sperrkegel *H*, so an einem kleinen Spiralfedergen bei *E*. Der Sperrkegel schlägt in das Thal *K* und treibt das Sperrad von *K* nach *i* und die unterbrochenen Zähne *L* des Rades *LM* von *L* nach *M*. alda kriegt sie das radt *N* zu fassen, so vom Hauptwerk beständig umgetrieben wird und spannt den Sperrkegel wieder auff (*i*). Zuvor aber habe der Sperrkegel, als er den Schlag von *i* nacher *K* gethan, mit seinem andern Ende *Z* am Zacken *D* an dem Unruherad die Schwungfeder *A* getroffen und damit die Schwungfeder zurückgeschickt, also ihr Hülffe gegeben,

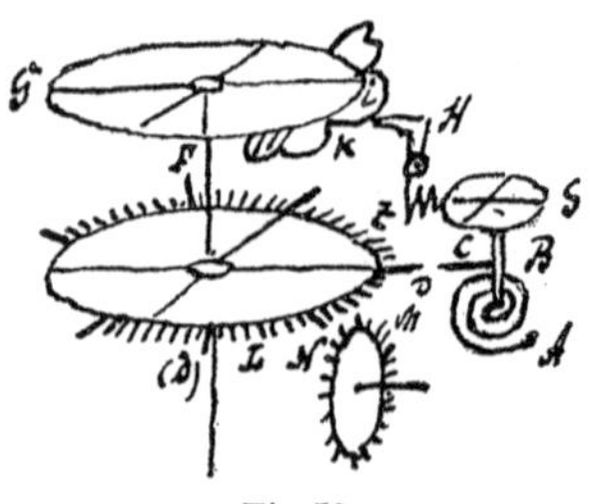

Fig. 76.

1) Das von hier an Mitgeteilte ist in ganz kleiner, sehr schwer zu lesender Schrift oben auf das Blatt zu beiden Seiten der Figur geschrieben.

dass sie wieder schwencken kann, und ehe sie mit dem Zacken *C* wieder auff (*D*), so an die Stelle *D* gekommen, komt, muss (*D*) auff *D* und der Sperrkegel *H* wieder auff (*i*), wie zuvor auff *i* gekommen seyn, so gehet das continuirlich also fort.

Anmerkung. Die vorstehende Nr. 65 scheint eine eingehendere Ausführung des in Nr. 64 vorgetragenen Gedankens zu sein und ist also wahrscheinlich nach jener niedergeschrieben.

66.

Remarques de Mr. Leibnitz sur les Horloges.

[Journal des Trevaux 1718. Abgedruckt in Kortholtus. Leibnitii Epistolae ad diversos III. Lipsiae 1738 und in Dutens G. G. Leibnitii opera omnia T. IX. genevae MDCCLXVIII. S. 502.]

Il seroit fort à souhaiter qu'il y eût un ouvrage sur l'horlogerie, propre à faire entendre toute la pratique de l'art, non seulement dans le principal, qui est la mesure du tems; mais encore par rapport à l'accessoire, qui consiste en quantité de jolies inventions pratiquées par les Maitres de l'art. L'Auteur de ce discours, qui a joint la théorie à la pratique, et qui a encore le talent de s'exprimer assez bien, y seroit très-propre.[1])

La parthie Arithmetique, par rapport à la denture, à été bien traitée en Latin par Mr. Oughtread[2]). Ce qui appartient au reglement des pendules, c'est-à-dire des poids en vibration, à été bien expliqué par Mr. Huguens, premierement dans un discours Flamand,[3]) qu'il fit imprimer lorsqu'il donna au public les premieres pendules; et puis plus amplement et plus entierement dans son ouvrage Latin, de *pendulis*,[4]) où il rend raison de la Cycloîde. Mais il y auroit encor quelque chose à dire de la nature des vibrations des ressorts, dont l'égalité est verifiée par celles des cordes touchées, qui rendent toujours le même ton, quand elles sont également tenduës.

Ce fut environ en 1674 qu'on fit paroitre dans le monde le premier ressort spiral reglant la montre[5]) par ses vibrations. Je fus allors à Paris, où Mr. Huguens fit éxécuter par M. Turet, fameux horologer. Mr. Hook lui fit une querelle là dessus, prétendant dans un éscrit public d'avoir déja fait auparavant une montre reglée par les vibrations d'un ressort; mais on n'avoit encore point vû de montres de sa façon, au moins avec un ressort vibrant spiral. Un François nommé Mr. Hautefeüille, ententa même un Procès au Parlament de Paris, à Mr. Huguens, prêtendant que c'étoit son invention; mais il fut débauté. Il y a des horloges à pendule d'une espece toute particuliere, où le poids vibrant ne va pas en allant et retournant,

1) Bis hierher Vorbemerkung des Herausgebers des Journal des Trevaux.

2) Oughtred (1574—1660) war Pfarrer zu Albury in Surrey. Gemeint ist wohl sein 1652 in Oxford erschienener Clavis mathematica denuo limata, sive potius fabricata, cum variis aliis tractatis.

3) Unter dem Titel: Brevis institutio de usu horologiorum ad inveniendas longitudines 1657 . . s. Poggendorff, Biogr. liter. Handwörterbuch.

4) Die Schrift Horologium veröffentlichte Huygens 1658. Die Cycloide erwähnt Huygens zuerst in seiner Schrift Horologium oscillatorium, die 1673 erschien.

5) Vgl. meine Arbeit in Bibliotheca mathematica III. Folge I, S. 421, auch die Anmerkung zu Nr. 63.

mais toujours d'une même côté. Ces horloges ont cela de particulier, qu'elles vont sans bruit, et ont été recherchées quelques fois par ceux qui manquent de sommeil et veulent avoir des horloges dans leurs chambres qui ne les empêchent pas de dormir. Mr. Huguens en a fait un discours, qui n'a pas etè imprimé où a lieu de cycloïde, il a employé une espèce de solide parabolique, pour en rendre les vibrations égales.

Lorsque Mr. Huguens publia son ressort vibrant spiral, je publiai un peu après dans les Journal des Sçavans un autre principe d'égalité, qui n'est pas physique, comme est la supposition de l'égalité des vibrations des pendules, ou des ressorts; mais purement mécanique, consistant dans une parfaite restitution de ce qui doit vibrer, puisqu'alors les vibrations sont égales, parce qu'elles sont justement les memes. Monsieur Hook en écrivant contre Monsieur Huguens, dit, qu'il avoit aussi eû la même pensée que moi, mais qu'il avoüoit ne l'avoir point fait paroître. J'ai pensé quelquefois à faire executer cette invention, qui promet des nouveaux avantages assez considerables; mais j'ai toujours manqué de l'assistance d'un bon maitre, qui eût la volonté d'y travailler; les ouvriers ordinaires, sur tout en Allemagne, n'ayant point d'envie de s'écarter de leur routine. Cependant une montre, ou horloge, faite de cette maniere, pourroit se passer de la fusée, et iroit de même, quand on ne redoubleroit le poids, ou la force du premier mobile, elle seroit aussi plus propre aux horloges de mer que l'horloge à pendule.

Par raport au ressort spiral, dont on se sert dans les montres de poche, il seroit important d'examiner, combien l'air a d'influence sur les vibrations d'un tel ressort, et particulierement combien le froid et le chaud en changent l'egalité. Entre les causes qui changent la justesse de l'horloge, ou de la montre vulgaire, est aussi le tems qui se perd en les remontant lorsqu'elles sont arrêtées pendant ce tems la, comme il arrive ordinairement; car les tems de la remonte, n'est pas toujours de même; mais des bonnes et d'excellentes montres, ont, ou peuvent avoir une construction, suivant laquelle elles continuent d'aller pendant qu'on les remonte.[1])

Dans la comparaison de la resistance de l'air aux vibrations du balancier des montres, avec la resistance que l'air fait aux oscillations des pendules, il semble qu'il faudroit rabattre quelque chose, parceque le chemin du poids, qui va et vient, est plus grand que celui du balancier.

Il est vrai, que la pendule a beaucoup plus de part au gouvernement de l'horloge, que le ressort, spiral n'en a au gouvernement de la montre. Outre la preuve qu'on a alleguée, en voici une autre tout aussi sensible, c'est que l'horloge à pendule ne sçauroit aller, à moins qu'on ne mette la pendule en vibration; mais la montre va par sa propre force, et fait vibrer le ressort spiral.

Les longues pendules à secondes font des vibrations assez egales, par la raison, qu'un si petit arc de cercle d'un si grand rayon ne sçauroit guerre être distingué sensiblement d'un arc de cycloide. Cependant il faut avouer, que le premier mobile et le roüage ont encore quelque influence sur le tems de la pendule, puisque dans l'axe de sa vibration elle tombe dans la denture,

---

1) Um diesem Übelstand vorzubeugen, hatte Huygens, worauf bereits in der 3. Note zu Nr. 63 hingedeutet wurde, das treibende Gewicht seiner Uhr an eine Schnur ohne Ende gehängt, die ein kleineres an einer losen Rolle wirkendes Gewicht auch beim Aufziehen des größeren stets gespannt erhielt.

et agissant sur les dents qui résistent, ne sçauroit vibrer avec une liberté entiere, qui fait aussi que la pendule est un peu avancée par une grande augmentation de la force du premier mobile.

On pourroit regler la figure de la fusée des montres par experience, en bandant le ressort avec des poids et marquant par quelque addition de poids, jusqu'où le ressort est bandé; et les diametres des endroits de la fusée seront reciproquement comme les poids, qui peuvent tenir le ressort dans l'état où il est agissant sur cet endroit de la fusée.

Je ne veux point parler ici de la reduction du tems égal au tems apparent, cependant je reconnois, que si la machine de l'horloge ou de la montre faisoit cette reduction par elle même suivant ce que l'ingenieux Auteur de ce discours nous fait esperer, ce seroit quelque chose de très beau et de très commode.

Anmerkung. Wie Nr. 63 findet sich die vorstehende Abhandlung nicht in Leibnizens hinterlassenen Papieren. Doch dürfte die Wichtigkeit, die sie für die Geschichte der Erfindung der Pendeluhr hat, ihre Aufnahme rechtfertigen. Sie läßt erkennen, daß Leibniz seine schönen Ideen von Tafel- und Taschenuhren aus demselben Grunde nicht zur Ausführung gebracht hat, wie Hevel seinen Gedanken einer Pendeluhr, aus Mangel an einem genügend geschickten Mechaniker.

67. [Kleiner Zettel von Leibnizens Hand, schlecht geschrieben.]

Pied de biche.[1])

Credo apud Gallos in den Taschenuhren ist das Rad CD an der schnecke, so von der Kette gezogen wird, und gehet den Weg CGD und nimt das concentrische Rad AB mit sich vermittelst des gelenkes ED, so in die scharffen Zähne des rades CD fasset und das rad AB mit seinen Zähnen treibt ferner die Räder der Uhr: wenn man aber die Uhr spannen will, wird das rad CD contra nach dem weg DGC gedreht. Da giebt sich das gelenke ED zurück und die solches haltende Feder EF giebt noch nach. Dadurch wird vermittelst der am rad oder schnecke CD hangende Kette die feder, so in einen absonderlichen tambour, auch wieder aufgezogen.

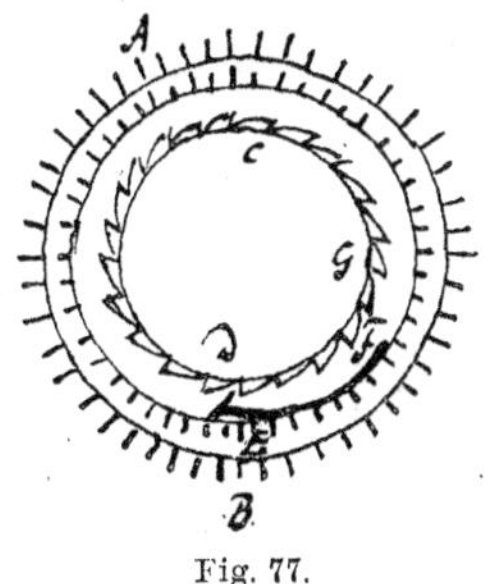

Fig. 77.

68. [Blatt von Leibnizens Hand.]

Horologium aptum mari ita fiet etc. in vase A mercurio pleno natet Tabula B, in qua fixus siphon CDE, ex quo effluit Mercurius. effluens in E circumaget rotulam etc.

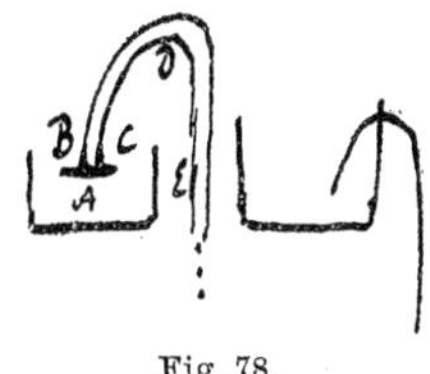

Fig. 78.

Anmerkung. 67 und 68 sind Notizen, wie sie Leibniz über Gesehenes oder Gehörtes sich machte, oder um Ideen, die er faßte, vielleicht zu späterer Ausführung festzuhalten. Die Quecksilberuhr wurde durch Huygens' Chronometer unnötig, die Idee hatte wohl der schwimmende Kompaß eingegeben.

1) Pied de biche, eigentlich Rehfüße, Füße besonderer diesen ähnlicher Form an Stühlen und Tischen, hier das Ende E der Feder EF.

69. [Blatt von Leibnizens Hand.]

Galilei ist der erste gewesen, der die Bewegung der Pendeln oder schwengel in Regeln bracht und, so wohl durch erfahrung, als demonstrationen erwiesen, dass eines gegebenen im centro fest gemachten und, aus was für höhe man wolle, fallen gelassenen schwengels vibrationes gleichwärend seyen. Hugenius hat sie zuerst zu Uhren gebrauchet, und wiewohl die Florentiner vorgeben, dass Galilei sohn vor vielen Jahren schohn bey ihnen des gleichen gethan, so mag es doch vielleicht zu solcher vollkommenheit nicht kommen seyn. Es hat zwar Hugenius vermeint, man werde sich solcher Uhren auff der See bedienen können.

Anmerkung. Da Huygens 1675 die Unruhe erfand, wie in der Anmerkung zu Nr. 63 bereits angegeben wurde, so muß diese Notiz früher niedergeschrieben sein. Über den wahren Sachverhalt in betreff der Erfindung der Pendeluhr durch Galilei und deren Herstellung durch seinen Sohn, wovon Leibniz wohl bei seinem damaligen Aufenthalt in Paris gehört hatte, vgl. die Anmerkung zu Nr. 63 sowie Gerland, Wiedemanns Annalen 1878. Bd. IV, S. 585 und Bibliotheca mathematica 3. Folge Bd. V, 1904, S. 234. Die mannigfachen Versuche, die Huygens anstellte und anstellen ließ, um die Uhr mit lotrechtem Pendel zur Längenbestimmung auf der See brauchbar zu machen, hatten nicht den gewünschten Erfolg.

70. [4 Seiten 2° von Leibnizens Hand. Die verschiedene Tinte, die vielen Korrekturen und die mit sehr ungleicher Sorgfalt ausgeführte Schrift deuten darauf hin, daß Leibniz zu verschiedenen Zeiten an dem Manuskript gearbeitet hat. Außer dem Original ist eine Reinschrift von der Hand eines Schreibers mit Korrekturen von Leibniz vorhanden. Das Folgende gibt den Text der Reinschrift wieder.]

Machina coelestis.

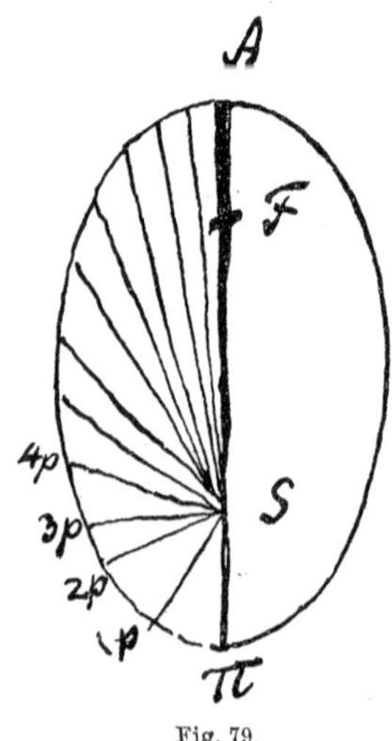

Fig. 79.

Vellem systema planetarium per Madinam ita exhiberi, ut quantum licet, coelum artificiale vero assimiletur, nec periodi tantum cujusque planetae, sed et situs astrorum inter se exhibeantur. Hoc modo Machina praestabit compendio, quicquid Tabulae Ephemeridesque longo calculo possunt. Omnigenasque Astrorum apparentias nobis spectabiles exhibebit.[1])

Assumo autem interim, quod Keplerus invenit, et sic satis observationibus consentire deprehensum est, planetas in Ellipsibus ferri, et quidem ita, ut sole posito in uno focorum, sint areae per rectas ex sole ad orbitam abscissae temporibus proportionales. Sit Ellipsis $Ap\pi$, cujus axis major $A\pi$, in quo foci F et S et quidem Sol in S, et A Aphelium, π Perihelium, planeta in orbita loca $1p$, $2p$ etc. et denique tempora, quibus planeta percurrit arcus $\pi 1p$, $\pi 2p$, $\pi 3p$, sint proportionalia areis seu trilineis $\pi S1p$, $\pi S2p$, $pS3p$ etc.

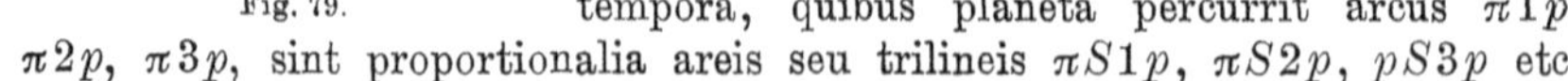

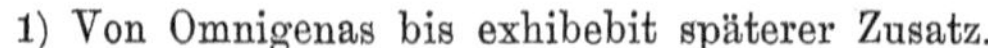

1) Von Omnigenas bis exhibebit späterer Zusatz.

Hoc vero reperi per Circulationem Harmonicam praestari, nempe si mobile feratur in orbita quacunque planâ, ut $\pi p A$, et quidem duobus motibus inter se compositis, uno accessûs ad solem vel recessûs à sole ad orbitam praestandam appropriari, altero Circulationis harmonicae circa Solem; areae $\pi S p$ erunt, ut tempora arcuum in orbita percursorum πp. Circulationem verò Harmonicam voco, quae ita temperata est, ut distantiis Sp à centro circulationis procedentibus in progressione Arithmeticâ, velocitates circulationum procedant in progressione Harmonicâ. Exempli gratia: Si distantia $S\pi$, $S1p$, $S2p$, $S3p$ etc. sint ut 10, 11, 12, 13, tunc circulationum velocitates circa S in punctis $1p$, $2p$, $3p$ etc. erunt ut $^1/_{10}$, $^1/_{11}$, $^1/_{12}$, $^1/_{13}$ etc. seu reciprocè, ut distantiae, adeoque crescentibus distantiis proportionaliter decrescent velocitate vel contra. Constat autem hoc modo, si una Progressio fiet in proportione Arithmetica, alteram in harmonica fore.[1])

Quod autem in tali casu tempora sint, ut areae, sic demonstratur. Ex punctis $1p$, $2p$ agantur in rectas $S2p$, $S3p$, $S4p$ normales $1p\,1E$, $2p\,2E$, $3p\,3E$, quae repraesentabunt velocitates circulationum Mobilis circa S, dum rectae $2p_1E_1$, $3p_2E$ repraesentabunt ejusdem Mobilis recessum ab S, si Mobile ponatur ita transire ab $1p$ ad $2p$, vel à $2p$ ad $3p$, ut tempora transitionum sint aequalia inter se. Quod si jam circulatio sit harmonica, erunt circulationum velocitates reciprocè, ut distantiae à centro S, ergo erit S_2p ad S_3p, ut $2p\,2E$ ad $1p\,1E$. ergò rectangulum $S2p$ in $1p\,1E$ erit aequale rectangulo $S3p$ in $2p\,2E$, ac proinde etiam horum rectangulorum dimidia, nempe triangula $1pS2p$, $2pS3p$ sunt aequalia inter se; atque adeo aequalibus sumtis elementis temporum, erunt etiam aequalia elementa arearum, quod ostendendum erat. Areae enim ex hujus modi triangulis in assignabilibus conflatae intelligi possunt.[2]) Distantia media in foco est semiaxis eademque proinde est medium arithmeticum inter apheliam et periheliam distantiam. In Ellipsi distantia media simul bisecat arcum ellipticum inter aphelium et perihelium contentum, quod in aliis lineis necesse non est.

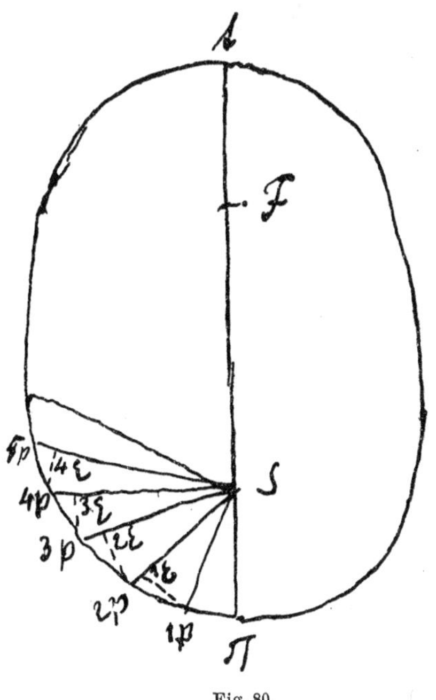

Fig. 80.

---

1) Die Worte von Constat bis fore sind von Leibniz in die Reinschrift eingesetzt.

2) Die Worte Areae bis possunt sind erst später von Leibniz in das Konzept eingefügt; die Worte von Distantia bis necesse non est fehlen in der Reinschrift.

Jam[1]) ut actu ipso repraesentetur in Machina Motus planetae Ellipticus lege temporum areis per radios ex sole abscissis proportionalium exponam modum generalem mechanicum exhibendi motum mobilis in orbita data quacunque secundum legem temporum datam quamcunque.

Hoc fit orbitam ipsam realem ita eam exhibendo praescribendoque materialiter, ut mobile eam deserere non possit; eandemque incisis singularis formae dentibus inaequaliter (si opus) secando prout sunt arcus, qui aequalibus temporum elementis percurri debent. Nempe in plano orbitae aliquod punctum assumatur pro centro fixo, circa quod moveatur regula, quae maneat semper in ipso orbitae plano vel ei parallelo et Mobile aliquid secum circumferat, quod regulae adhaerebit, inque ea incedet, prout orbita materialis cogit, atque ita puncto quodam suo seu apice in orbitam[2]) linearem describet motum. Verò regulae circa centrum moderabitur pendulum, cujus quovis ictu vel certo ictuum numero dens orbitae unus à regula vel mobili aedhaerente transmittetur; ita intervalla saltuum fiunt tempori aequalia, seu quot fient saltus, tot aequales temporis particulae insumentur.[3])

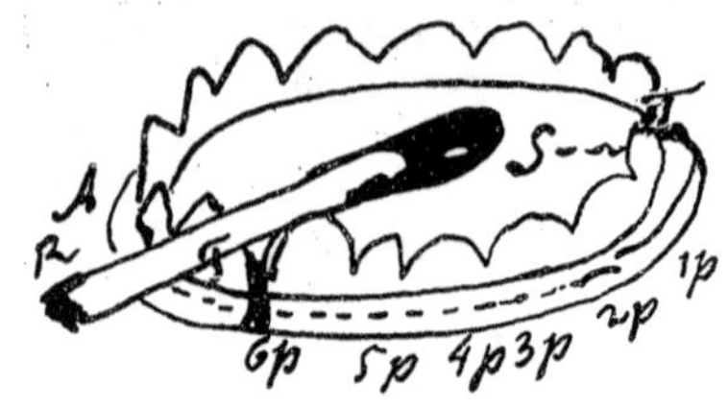

Fig. 81.

Nota: Die Zähne dieses Rades sind einwendig 3'' hoch.

Esto[4]) centrum S, Regula SR mobilis circa S, et orbita $\pi p A$, sit materialis instar orbis Elliptici plani, sed excisi seu intus vacui, ita ut margo tantum planus restet, in quo incisa sit crena, orbitam repraesentans, hoc loco per lineam curvam punctatam expressa. Et in hac crenâ semper incedat stylus, qualis est T[5]) simulque manebit curretque idem stylus in fissura ipsius regulae SR, ut ita centro S accedere aut eo recedere possit, prout orbita praescribit. Porro ex eadem orbita latitudinem aliquam suam habente exurgant dentes ad planum orbitae perpendiculares, quales sunt rotarum

---

1) Hier ist am Rande im Konzept bemerkt:

	perihel	medium	aphel		
♄	$89\frac{1}{2}$	95	$100\frac{1}{2}$	proportiones distantiarum, quas habent planetae à sole circiter	Haec obiter.
♃	$49\frac{1}{2}$	52	$54\frac{1}{2}$		
♂	14	$15\frac{1}{4}$	$16\frac{1}{2}$		
⊕	$9\frac{4}{5}$	10	$10\frac{1}{5}$		
♀	$7\frac{1}{5}$	$7\frac{1}{4}$	$7\frac{3}{10}$		
☿	3	4	$4\frac{1}{2}$		

2) Das Konzept hat statt der Worte orbitam linearem das Wort cartam.

3) Die Worte seu bis insumentur hat Leibniz in der Reinschrift zugefügt.

4) Hier hat das Konzept noch eine rohere Figur, welche dasselbe darstellt, wie die obige, nur daß die Regel SR nach rechts gelegt ist. Sie fehlt in der Reinschrift. Unter dieser Figur befindet sich im Konzept die Bemerkung: (Nota in figura hîc adjecta. Regula SR non debet cadere intra dentes, sed elasma tantum E, de quo moc. ipsa autem regula dentibus constanter supereminebit.)

5) In Konzept und Reinschrift steht hierfür $T6p$.

coronarium, sed inaequalibus intervallis distincti, prout orbita secanda est, ut elementa arearum sint inter se aequalia, seu ut perpendiculares supra dictae $1p1E$, $2p2E$, etc.: sint radiis, in quos aguntur seu distantiis $S2p$, $S3p$ reciprocè proportionales. Hi dentes sint instar monticulorum, quos ascendere debet Elasma E, quod cum stylo in regula incedit et ubi monticulum superavit rursus in alteram partem, declivitatem secutum descendit, atque ita regulam vi sua promovet, eo usque donec ipsum Elasma imum vallis attingat.

Fig. 82.

Nempe esto monticulus LMN, itaque Elasma E, cum adhuc esset inter H[1]) et LM, dum promovetur ab H versus N, quod fit ope motus primarii pendulo agitati. cogetur assurgere per acclivitatem LM, sed ubi montem superavit et trans locum M pervenerit[2]), jam ipsum vi suâ propriâ ad liberationem sui seu deorsum tendens, non quiescet, donec ab M ad N pervenerit, atque ita regulam circumaget, quantum ad hoc est opus. Atque ita similiter deinde novo ictu penduli regula SR promovebitur, quantum satis ad acclivitatem NQ ab Elasmate superandum, quo peracto regula vi Elasmatis usque ad V descendentis promovebitur ab N ad V, ubi notandum est, acclivitates dentium seu monticulorum LM, NQ esse aequales et satis exiguas, ut facilius à motore communi superentur, sed declivitates ut MN variare, prout majus est dentium intervallum seu prout inaequalis dentium distantiae ratio postulat. Nempe ex M vel Q summo monticuli in basi demittendo perpendiculares seu altitudines MW, QX erunt, altitudines quidem istae semper aequales inter se, itemque erunt aequales inter se ipsae LW vel NX bases acclivitatum, sed quia totae bases LN, NV seu intervalla dentium aequilitatem non habent, ideò etiam inaequales inter se erunt bases declivitatum WN vel XV et similes. Ita parvo licet progressu a primo motore dato, quantum opus ad superandam acclivitatem, reliquum dentis intervallum vi Elasmatis propriâ absolvetur. Et sanè efficiendum est, ut motus, quem primus motor dat regulae, semper minor sit integro dentium inaequalium intervallo, nec multo major basi acclivitatis: ita accedente ope Elasmatis, quolibet ictu penduli seu aequali saltem temporis intervallo regula SR absolvet unum dentem, et nunquam tamen plus uno.

Sed cum planetarum plurium orbitae sint inclinatae ad se invicem, quaeritur quomodo efficiatur, ut nec orbitae, nec axes in centro communi S concurrentes sese impediant mutùo, respondeo, id fieri posse, si regulae motrices debito modo sint inflexae. Exempli gratia ponamus, regulam SR moveri circa centrum S et circa axem $\alpha S\beta$ per hoc centrum transeuntem, sed regulam JK moveri circa idem centrum S, circa axem verò $\gamma S\lambda$ ud priorem inclinatum: ideò ne axes $\alpha\beta$ et $\gamma\lambda$, si essent reales, se mutuo im-

1) Der Buchstabe H fehlt in der Figur der Reinschrift; er ist nach dem Konzepte zugefügt.

2) Die Worte von et trans bis pervenerit fehlen in der Reinschrift.

pediant, prolongetur axis $\gamma\lambda$ in $\upsilon\vartheta$ et ibi fiat axis realis, circa quem agatur regula inflexa $FGJK$, sic tamen ut KJ producta incidat in S angulo ad rectam $\gamma S\lambda$ recto: patet JK agi circa axem $\gamma\lambda$ centrumque S, perinde ac si axis $\gamma S\lambda$ fuisset realis. Et quemadmodum[1]) unam planetam circumfert regula SR modo supra praescripto, ita alteram circumferret regula SK, licet sola ejus pars JK sit materialis; ambae regulae ferentur circa centrum S, licet una SR moveatur in plano, quod describet mota circa axem $\alpha\beta$, altera verò JK id in alio plano, quod describet mota circa axem priori inclinatum $\gamma\lambda$.

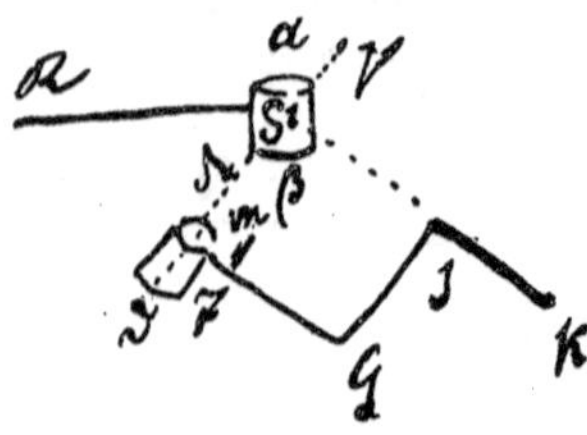

Fig. 83.

Etsi autem inter se inclinati sint axes $\alpha\beta$ et $\gamma\lambda$, tamen idem motus communis penduli rotas cylindris $\alpha\beta$, $\upsilon\vartheta$ affixas licet nonnihil ad se invicem inclinatas circumagere et quovis ictu penduli per unum dentem, si opus[2]), promovere regulam potest propellendo, quantum satis est ad acclivitatem dentis cujusque superandam. Quod si rotae cylindris ut $\alpha\beta$, $\upsilon\vartheta$ affixae erunt, non statim affici possint immediatè à primario penduli communis axe vel cylindro, poterit res per alias rotas interpositas, prout situs exiget, facile praestari. Et est hoc notandum, quod regula qualis SR ope elasmatis sui E longius quidem propelli potest, quam à cylindro suo seu motu primario promovetur, ut jam diximus, et ita movetur adhuc nonnihil, cum jam cylinder ipsius quiescit; ita tamen ut non possit vicissim moveri cylinder $\alpha\beta$, cui affixa est regula SR, quin simul et regula moveatur, et ergo cylinder promoveat regulam et tamen regula longiùs eunte cylinder nec obstet, nec persequatur. * id praestabitur, si cylindro $\alpha\beta$ affixae sunt duo rotae dentatae, una N, quae circumacta à pendulo circumaget secum cylindrum; altera Ʒ dentibus deorsum spectantibus coronata, infra quam cylindrum $\alpha\beta$ circumdet et accurate complectatur cylinder alius brevior cavus $zpM\lambda 7$ circa priorem mobilis, sed intus pauloque superius versus rotam Ʒ, prominentem habens dentem M incidentem in rotam Ʒ. qui dens sit ejus naturae, ut in unam partem cedat seu flectat sese, in alteram sit rigidus, quod pedem Capreae[3]) Galli vocant. Hic autem cylinder cavus $zpM\lambda 7$ regulam $7R$ (quam supra appellavimus SR) sibi affixum secum feret, ita rota N circumactâ vi penduli etiam cylinder $\alpha\beta$, cui affixa est, circumagetur et cum eo rota Ʒ

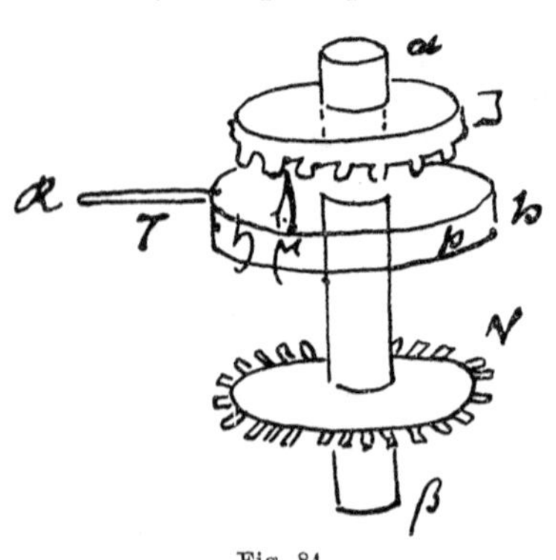

Fig. 84.

1) Die Worte von Et quemadmodum bis inclinatum $\gamma\lambda$ fehlen in der Reinschrift.

2) Statt der Worte penduli bis opus hat das Konzept die anderen: vel certo ictuum numero quolibet unum dentem.

3) Pied-de-chèvres, Sperrkegel oder -haken.

eidem cylindro affixa, quae suis dentibus prehendit dentem cylindri circumpositi atque adeò et regulam ⅂R. Sed si regula longius impellatur (nempe per Elasma) velut ab λ, versus ⅂ flectetur dens M et progressum non impediet. Hunc autem in finem utile erit plures esse dentes flexibiles retrorsum ut M. quoniam enim non consentiunt dentes rotae Ƹ cum dentibus orbitae, fieri posset, ut saltu in orbita facto, dens M non esset a flexione restitutus, quo casu nec retentionis officium jam faceret, quod ipsi injunctum est, ut nempe circumacta aequabiliter rota N et Ƹ simul capiatur propellaturque cylindrus cavus Z cum regula ⅂R. Sed si plures sint dentes, ut M, verb. gr. tres aut quatuor (licet omnes paulo minores) rite dispensati intervallis, semper unus aut alter ex ipsis officium faceret, dum reliqui adhuc nonnihil sunt suspensi. Nempe dum unus dens flexibilis, ut M est totaliter intra dentes rotae coronariae Ƹ possunt alii dentes flexibiles esse supra hos dentes coronarios aut semi infra.

Venit tamen et alius modus in mentem, paulo, ni fallor, commodior, quo evitabitur haec machinatio cylindri cavi cum requisitis caeteris*[1]), ut nimirum pendulum seu primus motor ope rotae, quam aequabiliter movet, tantùm modo quovis ictu vel certo ictuum numero elevet ponduscuIum aliquod (vel si mavis novum Elasma) quod deinde casu suo vel restitutione operationem faciet in cylindrum $\alpha\beta$, à quo pendet regula SR faciatque ejus Elasma E supradictum superare monticulum dentis in orbita; ita regula SR seu planeta movebitur quidem in orbita, afficieturque à motu penduli, sed non retro aget neque, cum vicissim peculiari motu suo (ab Elasmate E dentibusque orbitae orto) afficiet, impedietur.

Re praestita collocabimus lampadem in loco terrae, ita per umbram planetae vel alterius sideris errantis in firmamento (vel potius in parte ejus Zodiacum continente) projectum designabuntur loca planetarum apparentia ex terra et ita ex heliocentricis habebuntur Geocentrica et vicissim; magno ad phaenomena solvenda vel praevidenda usu.

Postremo terra vel alius planeta, ut Jupiter, vel proprio motu inclusi automati circa suum axem agetur et satellitem suum circumferet, qualis Luna terrae est. Vel quod potius puto (quo magis debitè consentiant omnes motus inter se), si regula ⅂R vel SR perforata sit, communicatio obtineri poterit ope axis rigidi per cavum transeuntis, ut etiam motus terrae aequabilis circa suum centrum à primo motore praestetur motusque etiam Lunae circa terram licet inaequabilis (ob orbitam scilicet Lunarem debitè incisam) ab eodem primo motore efficiatur. Curandum etiam, ut Axis terrae semper maneat sibi parallelus. Eademque intelligentur de ♃

---

1) Der zwischen den beiden ** befindliche Passus ist in der Reinschrift ausgestrichen und durch den folgenden ersetzt: id duobus modis, qui nunc in mentem veniunt, poterit praestari. Unus est paulo operosior, ut cylinder à pendulo circumactus sibi circumdatum gerat tympanum, cui affixa regula, et secum circumagat; tympanum tamen longius ire in circumactione possit, quàm cylinder. nempe dente aliquo tympani cadente in rotam dentatam cylindri, sed firmo in unam partem, ut a dentibus rotae prehensus circumagatur cum rota; sed flexili in alteram partem, quo dentes rotae transsilire possint, cum tympanum longiùs ire debet. Elasmatis autem dens ille tympani flexus rectitudini suae restituetur et hoc dentis genus Galli artifices pedem capreae vocant, pied de biche. Alter modus facilior est, ut nimirum usw., wie im Texte.

et ♄ eorumque satellitibus sive Lunis. Sed etsi regulae sint inflexae, qualis supra descripta est *FGJK*, hoc nihil impediet communicationem motus per cavitatem regulae interiorem, nam tot axes intus erunt, quot rectae flexam componentes, quas ad se angulum rectum facere consultum est. ita axis per cavum *FG* transiens à primo motore circumactus, circumaget axem per *GJ* et hic axem per *JK*. Praestabunt autem elasmata, ut in tantâ licet multiplicitate durabilis sit exactitudo motus, quamdiu tantùm dentes orbitarum incisarum non sunt detriti, quicquid enim praeter primum motorem, quem ope penduli aequabilem haberi difficile non est, erroris in propagatione motuum irrepet, ab Elasmate in tantum propellente, in quantum patitur intervallum incisurarum orbitae, corrigetur.[1])

Ut umbra, quam ob lumen in terra vel sole vel alibi positum planeta projicit in firmamentum, sit, quantum fieri potest, accurata et definita, convenit tam lucens, quam opacum quantum fieri commodè potest, accedere ad punctum et lucens tamen esse vividum, cui usui fortasse servire possunt multi radii, ex lucido collecti speculis aliterve in unum locum, ubi intensior sit lux. Oportet etiam tam punctum lucidum, quam opacum, quam proxime cadere in centrum astri et licet projectio umbrae non perfectè loca definiat, tamen, cum circiter indicet, poterit accuratior definitio deinde aliter haberi; et quidem inter alia per radios visuales ope speculi in terra collocati, et incidentia in speculum ad oculum extra machinam positum reflectentis. Ita

Fig. 85.

apparebit, quam fixam planeta in speculo tangat spectatori extra machinam rite intuenti projectione etiam umbrae (vel etiam, si placet, luminis per circulos perforatos). horizontem et meridianum, aliosque circulos tam variabiles pro situ spectatoris, quam constantes in firmamentum designare licebit. Et quoniam aliquando projectionibus obstabunt opes rigidi inflexi aliaque necessaria pro machinamentis, curandum est, ut obstacula illa quantum possibile est, extra annulum planetarium cadant. (Nempe ipsae orbitae, regulae et axes poterunt esse extra annulum et ex apice planetam repraesentante exire recta rigida perpendicularis ad orbitam planetam verum intra annulum praesentans. Ita is aliam orbitam intra annulum describet priori congruam. neque aliud, quam tot regulae rigidae, quot planetae, intra annulum cadent. Hae luneae rectae lineae non erunt perforatae et possunt habere suos flexus, ita ut gyrandae ipsae circa axem, qui ponitur recta perpendicularis ad orbitam planetae vicariae affixus, possent removeri nonnihil ad latus, quoties obstant, projectionis.)

Quoties machinam sibi relinquamus, motus erit satis lentus, nempe qualis planetarum. Sed quoties quaerimus faciem coeli tempore aliquo futuro oportet declarari motum, idque tunc fiet independenter a pendulo seu primario motore, qui motus regit, à quo machinamentum eo in casu poterit liberari, ita tamen, ut accurate notemus situm, ex quo dimovemus machinam, quò deinde omnia restituere liceat in veros motus, perinde ac si nihil ignovissemus. Quodsi retro ire velimus in tempore praeterito, ideò quoniam machina ipsa secundum praesentem structuram retrogrataduram non fert, hoc tamen remedio assequeremur statum praeteriti, si exploratum

1) Bis hierher geht die Reinschrift.

aliunde habentes statum coeli in puncto temporis vel instante anteriore ad id, cujus statum quaerimus. omnia debitè ad illud anterius instans accomodata in machina constitueremus. Unde tanquam à praesente progrediens ad futura in statum ejus temporis, quod illi anteriori futurum nobis autem praeteritum est, deveniremus, etsi fortasse mutata nonnihil structura nostrae machinae excogitari posset ratio motus retrogradi. Sed quoniam eo non usu adeò opus est, supersedebimus eique explicationi (Breviter res huc redit, ut orbita sit duplex et dentes ejus, quae retrogradationi servit, sint inversi priorum, manentibus tamen intervallis, et duo adsint Elasmata *E*, unum in unius dentes, alterum in dentes alterius incidere aptum, ita tamen ut removeri posset. ita prout unum vel alterum Elasma adhibetur motus fieri, prout introrsum vel retrorsum). Finis.

Anmerkung. Mit der Machina coelestis ist es Leibnizen ähnlich ergangen, wie mit der Unruhe der Taschenuhren. Er hat den Entwurf gemacht, zur Ausführung ist er aber nicht gekommen. Es fehlte ihm auch dazu wohl an mechanischen Hilfskräften, aber unzweifelhaft nicht weniger an der Lust, seine Entwürfe in die Wirklichkeit überzuführen. Man wird nicht sagen dürfen, daß er nicht die nötige Geduld gehabt hätte; Proben von solcher hat er durch die Konstruktion seiner Rechenmaschine ausreichend gegeben. Gerade daraus ergibt sich aber der Grund, warum das Interesse an seinen Entwürfen erlosch, nachdem er sie zu Papier gebracht hatte. Er sah sie mit den Augen des Mathematikers, aber nicht des Physikers an, munterte wohl andere auf, die Versuche zu machen, ließ es aber selbst, zudem durch andere Arbeiten immer im reichsten Maße beschäftigt, bei der Erfindung bewenden. Im Gegensatz dazu ruhte Huygens nicht eher, bis er seine Ideen auch zur Ausführung gebracht hatte, und erreichte dadurch auch den weiteren, freilich wohl auch durch besondere Anlage bedingten Vorteil, daß seine Erfindungen viel praktischer waren, wie die Leibnizens, wobei jedoch auch nicht vergessen werden darf, daß ihm die tüchtigsten Mechaniker zur Verfügung standen. So hat denn auch Huygens es nicht beim Entwurf seines Automati planetarii, „in quo planetarum motus in plano pulcherrime aemulatus est“[1]), bewenden lassen, er ließ ihn auch ausführen, und er bildet noch eine Zierde der im physikalischen Kabinett der Universität zu Leiden aufbewahrten Sammlung von Huygens' hinterlassenen Apparaten. Die Beschreibung und Abbildung seines Planetariums ist 1703 in seinen Opera varia veröffentlicht.

Spiegelfabrikation.

71. [4 Seiten 4° nicht von Leibnizens Hand geschrieben, von ihm korrigiert und mit einem Zusatz versehen.]

Ceux qui ont entrepris la Manufacture Royale des Glaces en France, et qui en ont des Privileges, ont demandé en même temps, que toutes les personnes nobles, qui pourroient s'associer dans cette Manufacture, le feroient sans déroger à leur noblesse, ce que sa Majesté leur [a] accordé avec exemtion de tailles, logemens de gens, de guerres etc. à tous ceux, qui pourroient y travailler, même a leurs commis, serviteurs et domestiques.

1) Hugenii vita in den von 's Gravesande 1724 herausgegebenen Opera varia.

Le premier Privilege de cette Manufacture est du mois d'octobre 1665 accordé en faveur de Nicolas du Noyer pour vingt années, qui fut renouvellé par lettres Patentes du dernier Decembre 1683 pour trente années sous le nom de Pierre Baynout.

Le second Privilege obtenu pour la Manufacture Royale des grandes glaces fut accordé le 14. Decembre 1688 en faveur d'Abraham Thevart pour le temps de trente années avec les mêmes Privileges que les Nobles, qui pourroient s'y associer, ne derogeroient pas à leur noblesse. Mais ayant depuis fait leur établissement à Saint Gobin près la Fere ils ont obtenu Lettres Patentes au mois de fevrier 1693, portant exemtions de tailles et autres impositions, tant en faveur des interessez, que leurs commis et serviteurs.

Ces deux Manufactures furent réunis ensemble par arrest du Conseil d'Etat du 19. April 1695, pour eviter aux contestations, qui etoient entre les Interessez: ce qui fut confirmé par lettres Patentes du premier May suivant, sous le nom de François Plastrier.

La maniere de jetter la Matiere vitreuse et christalline pour faire les Glaces n'a pas été mise en usage aussitôt, que des Miroirs: car d'abord que l'invention en fut trouvée, on n'avoit pas encore celle d'en faire de grandes. Ainsi, comme les Glaces étoient fort petites au commencement, les Ouvriers se contentoient de former une grande bosse de leur Matiere christalline au four, de la tailler ensuite avec de cizeaux, après les avoit bien maniere sur le marbre, et d'en faire des morceaux quarrez de la grandeur qu'ils desiroient, qu'ils mettoient sur une palette de fer au Fourneau, où ils les laissaient tant qu'ils se fussent etendus et unis. Alors ils les retiroient et les mettoient dans un petit Fourne[1]) au fait expres pour les recuire, en les stratifiant avec de la cendre bien fine et tamisée. Ce petit Fourneau estant plein, ils y donnoient peu de feu, et le laissoient refroidir de luy-même, puis retiroient leurs Glaces et les faisoient travailler, ainsi que nous le dirons au Chapitre suivant.

Les petits Miroirs ronds se faisoient et font encore de même: on fait un etoffe, on l'allonge en tournant tant, qu'elle soit de la grosseur que l'on veut: puis on la coupe avec les cizeaux comme les autres, on les met sur la palette de fer pour les unir, et on les fait ensuite recuire au petit Fourneau, puis on le polit.

Depuis ce temps là, voulant faire de plus grandes Glaces on trouva le moien de les jetter, comme on fait le metail c'est-à-dire sur un sable preparé, comme celuy de fondeurs et on les faisoit plus grandes, en passant un railleau de métail par dessus cette Matiere, pour l'etendre et la rendre egale et unie.

Ceux qui sont parvenus à les faire d'une grandeur extraordinaire, comme elles se font à Muran près de Venis et dans nos Manufactures Royalles, ont encore cherché des moyens plus aises et plus solides, que le sable, qui a ses difficultés. Ils ont d'abord fait faire de grandes tables de cuivre polies, sur les quelles ils ont jetté leur Matiere; mais ces Tables n'etant pas assez épaisses, la chaleur de la Matiere les faisoit travailler de maniere, que les glaces n'étoient pas bien unies. Depuis cela, ils ont eu recours au fer, et ils en ont fait faire des Tables fort épaisses, capables

1) Lies Fourneau.

de resister à tout; qu'ils ont rendues tres unies et polies, de maniere qu'elles ont une grande solidité, et qu'elles sont durables.

A ces Tables, qui sont de la grandeur des Glaces, que l'on veut faire, il doit y avoir une espece de coulisse de l'epaisseur, que la même Glace doit être, que l'on pousse promtement aussitôt que la matiere est jettée sur la Table, pour l'etendre partout et la rendre egale et unie.

Il y en a qui se sont servis de Tables de Marbre dur, creusées de l'epaisseur des Glaces, ayant un bout ouvert, que l'on fermoit ou ouvroit pour les retirer, et l'on glissoit par dessus une piece de metail, pour etendre celuy de la Glace partout et la rendre egale et unie.

Voilà la maniere usitée pour faire les grandes Glaces, qui ne sont pas moins surprenantes qu'elles sont belles. Et si on considere le point où on est aujourd'huy parvenu par la grandeur extraordinaire que l'on donne aux Glaces de Miroirs: on admirera à quel degré de perfection le genie de l'homme se peut porter et qu'il est capable de tout entreprendre, pour veu qu'il applique serieusement à l'etude des sciences profondes.

Apres[1]) que vous aves faites recuire vos glaces, il faut le poser en un lieu preparé sur le sable, afin qu'elles portent par tout, autrement on pourroit les casser en les travaillant. Alors avec du sable tres fin et de l'eau et une molette très propre a ce sujet l'ouvrier leur dònne la premiere façon en les pottant et polissant bien partout. En suite avec l'Emery en poudre l'eau et la molette ils donnent à ces glaces un second poliment qui les rend fort unies. Et lorsqu'elles sont dans l'estat ou elles doivent estre, ils leur en donnent une troisieme avec de tripoli pour les rendre douces, et constans avec l'eau à la moulette de maniere, qu'ils rendent ces glaces dans la perfection, ou nous les voyons. il y en a, qui passent encor la chaux d'estain pour une preparation pour leur donner plus de lustre. pour bizeler ces glaces on se sert du grec[2]) avec l'eau, qui use le cristal autant que l'on veut en frottant un temps convenable et de telle largeur, qu'on le desire.

Pour donner l'Estain aux miroirs, il faut avoir une table bien unie, qui soit plus grande que la glace, puis etendre sur cette table une ou plusieurs feuilles d'estain d'Angleterre du plu [wohl plus] fin, epaisse comme une feuille de papier sans ply ny raye ny macule, prenez du bon Mercure et les versez sur cette feuille en sorte, qu'elle en soit tout couverte. Estant bien imbibée vous coulerez vostre glace dessus et elle y attachera. Apres cela retournes vostre glaces et mettes des feuilles de papier bien unies sur l'etain, que vous presseres doucement en coulant la main, pour en faire sortir le superflu du mercure. En sorte vous feres secher cet etain au soleil, ou bien à un feu fort doux et il sera parfait.

Mais pour les grandes Glaces il faut les poser sur la table du costé bizelé, et que celuy ou l'on doit appliquer l'étain soit en haut, puis appliquer pardessus et feuilles d'etain bien uniment, en faites verser le mercure en sorte, qu'il pousse dissoudre toutes les feuilles et peu de temps apres mettre des feuilles de papier par dessus, comme nous avons dit, et presses doucement en coulant la main pour oster le superflu de Mercure, puis faire secher comme dessus.

---

1) Von hier an von Leibnizens Hand geschrieben. 2) Wohl craie.

Anmerkung. Im April 1673 schrieb Leibniz aus Paris, wohin er 1672 gegangen war, an Habbeus: „Ich habe seit ich in Frankreich bin, wahrgenommen, daß die Manufakturen hier zum größten Teil in dem blühendsten Stande sind, teils durch die Geschicklichkeit der Nation, teils durch die besondere Sorge des Königs, welcher die besten Arbeiter von allen Seiten hat kommen lassen und nichts spart, um ihnen ihre Geheimnisse und Erfindungen abzunehmen, welche oft in den Händen eines Privatmannes nicht viel bedeuten, aber fähig sind viele Menschen zu bereichern, wenn sie durch das Ansehen eines großen Fürsten gepflegt werden ... Wie nun Paris die Metropole der Galanterie ist, so wäre es wichtig, von den Arbeitern hier das Feine und Delikate ihrer Geheimnisse zu fischen, was man zuweilen durch Geschicklichkeit, mit Anwendung einer kleinen Aufmerksamkeit, tun kann.“ Und weiter: „Was mich betrifft, so habe ich Gelegenheit gehabt, nicht nur mit einer Menge guter Handwerker umzugehen, sondern auch etwas aus ihnen herauszuziehen.“ (Nach Guhrauer, Gottfried Wilhelm Freiherr von Leibniz. Breslau 1846. Bd. I. S. 114.) Das Ergebnis eines solchen Fischzugs dürfte die obige Mitteilung sein, doch ist sie nach 1695 niedergeschrieben und also wohl kaum das Ergebnis seiner persönlichen Nachforschung.

Schußwaffen.

72. [1 Blatt 4°. Auf der einen Seite ganz, auf der anderen halb beschrieben; ziemlich unleserlich mit viel Korrekturen.]

Tormentum mortarium, quod globum projiciat vi vacui seu aëris pondere. Tormentum hoc ponatur esse longum pedes p, basis ejus pedum quadratorum y. Erit cylinder aqueus eandem cum tormento basin habens cylindro aëris aeque pollens pedum $30y$. unus autem pes cubicus aquae ponatur ese minimum semicentenarii ponderis (est enim ...[1]) librae 60 et 70). Ergo pondus, quod agit, aestimari potest minimum 30 y semicentenarium. Jam pondus tale decidens per altitudinem, quanta est longitudo tormenti, videamus, quam aequat vim. sit AB aequ. BC et sit AB tempus ABC, ut p, seu ut spatium percursum. Experimento Mersenni[2])

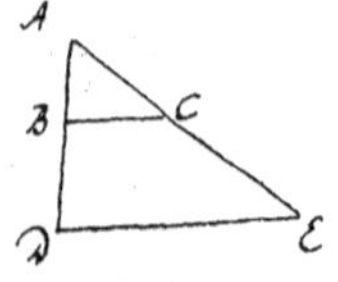

Fig. 86.

1) Unleserlich, wohl pondus.

2) Hierüber findet sich die folgende Notiz in Leibniz' hinterlassenen Papieren: „La balle du bombe enfonce egalement dans la terre labourée, soit qu'on la tire directement de haut en bas contre la terre, comme la balle (A) tirée contre la terre avec la mortier (B) enfoncée dans la terre CC jusqu'en (2 A), soit qu'on tire la Balle 1 A en haut 2 A, avec la mortier B et que delà retombant, elle enfonce jusqu'en 3 A. Cette experience a esté faite par le P. Mersenne et ses amis, lorsque van Helmont estoit à Paris“. van Helmont hielt sich während des ersten Jahrzehnts des 17. Jahrhunderts in Paris auf. Über die Phaenomena ballistica handelt Mersenne in seinem 1644 in Paris erschienenen Werke Cogitata physico-mathematica.

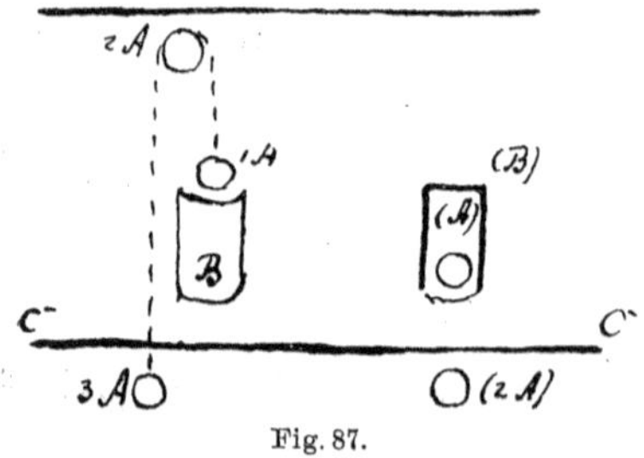

Fig. 87.

globus plumbeus intra duo secunda percurrit pedes 48. Licet autem medulla sambucea ob resistentiam aëris opus habet secundis ...[1]) nobis tamen von videtur desideranda magnopere aëris resistentia ipso aëre decidente et ita ...[2]) sit ergo AD, ut secunda 2 et ADE triang., ut 48. est autem AB^2 ad AD^2 seu ad 4, ABC seu p ad ADE seu 48. Ergo erit AB^2 aequus $4p:48$ et AB aequ. $2\sqrt{p:48}$, quod erit tempus, quo decidit cylinder aëreus. idem AB re ...[3]) celeritatem, quae tam celeritas et vis ...[4]) $4p:48$ seu $p:12$, quae datur in pondus $3y$ ...[5]) integram potentiam $\frac{5y}{2}$, quaeritur, si aër totam suam vim communicet bombo semicentenariae ponderis ejiciendo, quanta futura sit bombi celeritas, ea sit x ...[6]), si aliud sit pondus bombi nempe b fiet $2bx^2 = syp$, unde dato pondere bombi b et celeritate ejus x seu spatio, quod uniformi motu absolvit, haberi poterit p longitudo tormenti vel saltem $2p$. sit xx altitudo (ad quam celeritate x attolli potest pondus b) pedum 3000 ...[7]) unitas hoc loco pesant icy aquae seu semicentenariis 100 ...[8]) si $b = 10$ [?] semicentenaria erit $yp = 600$ pedum cubicorum spatii $= 24$ $\boxed{2}s$.

Utque esse possit in obsidionibus, tum pulveris pyrii paucius impendendi causa, tum ut accuratè scopum feriamus. sed longè majorem adhuc vim exercere poterit aëris compressio. Nam cum aër in dimidium aëris compressum est, tantam vim exercet, quantam hoc tormentum aëris exhausti, si in quartam partem spatii duplo majorem! Et ita non augendo tormenti magnitudinem vis augeri potest non computavimus quantam aeris resistentia vis jactus diminuatur.

73. [Notiz auf einem Blatt.]

Neue manier zu schiessen, welche zur gewissheit des schusses ein grosses thun würde. es ist aus den florentinis experimentis, so von Renaldino[9]) in Analysi erzehlet worden, zu nehmen, dass die ursach des ungewissen schusses meist daher komt, dass die Kugel im Lauff spielet und bald auff der einen, bald andern seite anstösset und hin und her prallet; solchem vorzukommen, so ist befunden worden, dass, wenn die kugel nur am rande des mörsers aufliegt, alsdann ein gewisser schuss damit zu thun gewesen, allein sie verfangt nicht soviel gewalt, als wenn sie eine Zeit lang im Mörser vom Pulver getrieben wird. Beydes nun zu erhalten, habe bedacht, ob nicht versuche, dass der mörser die Kugel a treibe, welche aber am ausgang finde die Kugel b, welche an gewicht und form gleich, der sie ex legibus motorum meis ihre ganze Kraft geben wird, und würde also anstatt der Kugel a die Kugel b hinaus gehen mit eben der gewalt, wie a, die Kugel a aber ganz matt wieder herunter fallen. Nur ist zu besorgen, die eisernen Kugeln dürffen den allzu grossen Choc nicht ausstehen. Daher wenn dieses nicht mit pulver zu thun, dürffte es doch zum wenigsten bei meinen neuen Windtbüchsen angehen

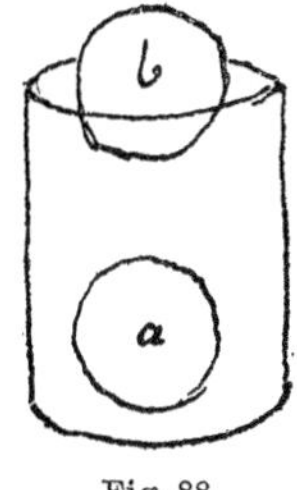

Fig. 88.

1) Unleserlich. 2) Unleserlich, vielleicht non resistente.
3) Unleserlich, wohl repraesentat. 4) Unleserlich, vielleicht erit ut.
5) Unleserlich, vielleicht Pono. 6) Unleserlich, vielleicht igitur.
7) Unleserlich. 8) Unleserlich. 9) S. Anmerkung.

und also keine neue Ladung von nöthen seyn, sondern eine Kugel bliebe darin, bey jedem Schuss aber legte man nur eine neue Kugel auf die Mündung. Dass were das erste mahl, dass man die regulas percussionum zu Nuz gemacht.

Anmerkung. An der Aufgabe, zweckmäßigere Schußwaffen herzustellen, als die zu dieser Zeit üblichen haben sich die Zeitgenossen Leibnizens mehrfach versucht. Guericke und nach ihm Papin suchten das Schießpulver durch den Druck der Luft auf einen luftleer gemachten Raum zu ersetzen, doch wollte der letztere zu dem nämlichen Zweck auch komprimierte Luft, ja Wasserdampf anwenden. Hier spricht nun auch Leibniz von „seiner" neuen Windbüchse, über die jedoch weiter nichts bekannt ist, so daß er möglichenfalls auch die Papins mit komprimierter Luft[1]) gemeint haben kann. Auf einem Blatt wenigstens, welches ich am Schlusse seines Briefwechsels mit Papin mitgeteilt habe, und das mit den Worten beginnt:[2]) „On n'est pas ingenieur mais ayant des correspondences fort étendues, on connoist des ingenieurs habiles et fort experimentés, qui proposent des inventions importantes comme par exemple:" und nun beschreibt er unter 1) einen Apparat, der nur als eine Windbüchse mit komprimierter Luft aufgefaßt werden kann, als 2) die in obiger Notiz auseinandergesetzte Art zu schießen, aber als 6) die erste Dampfmaschine Papins. Was nun die Zeit der Niederschrift von Nr. 73 betrifft, so hatte Huygens die Stoßgesetze 1669 veröffentlicht, Leibniz sein Prinzip von der Unveränderlichkeit der lebendigen Kraft in den Actis Eruditorum von 1686 mitgeteilt. Dies führt demnach noch zu keiner genaueren Zeitbestimmung, eher vielleicht die Erwähnung Renaldinis. Denn da die Saggi der Accademia del Cimento, die 1667 erschienen waren, die Namen der Urheber der einzelnen Versuche nicht mitgeteilt haben, so dürfte Leibniz die 1694 erschienene Philosophia naturalis des Renaldini gemeint haben und die Abfassungszeit der in Rede stehenden Notiz in die Mitte der 90er Jahre des 17. Jahrhunderts zu setzen sein.

Wasserhebung und Pumpen.

74. [4 Blatt 2°, voll beschrieben.]

Allerhand observationes Mechanicae et sigillatim Hydraulicae.

Scheda 1.

Man hat mehr Sätze[3]) in den gruben, theils weil einem die Last zu schwehr, theils noch weil unter wegens Wasser mitzunehmen, so sonst hinab in die tieffe fallen werde. Das erste belangend, so wird ein Saz, so das Wasser auff die 220 schuh heben soll, mit 50 Zentnern oder 5000 ℔ beschwehret, und müste derowegen der Kolben und die Stangen sehr stark seyn; das andere betreffend kondte man endtlich das hinabfallende Wasser wohl brauchen, an einer mit eymern versehenen Kette, umb durch das hineinfallende Wasser das erz heraus zu fördern.

1) Gerland, Leibnizens und Huygens' Briefwechsel mit Papin pp. Berlin 1881. S. 16. 2) Ebenda S. 399.

3) Es sind Pumpensätze, übereinander befindliche Pumpen, gemeint.

Man köndte das wasser, so man in der Höhe über den 1.) Lachter Stollen des Clausthalschen Burgstädter Zugs[1]) behält, anizo, wenn solche Durchschlagung, zu Einhang eines seyls mit Eymern anstatt Kehrrades[2]) brauchen.

Wenn durch saugung oder pressung der Lufft in Distans wohl zu operiren, gienge alles gestänge ab, und das wäre ein überauss grosses worth.

Blasebalg A sauget die Lufft aus der Röhre BCD und per consequens das wasser aus den sümpfen[3]) E in die Mörser F, mittelst der communicationen G; wenn nun der Mörser F voll, öfnet sich H, so laufft das wasser hinaus zu i, in wärender Zeit schliesset sich G, wie anderswo ausführlicher. Nun ist diess die difficultät, wenn BC sehr lang, kommt die saugungskrafft nicht sobald in die Röhre CD, weniger bei die gossen, wenn gleich mehr Lufft gehet in A, als in alle gossen.

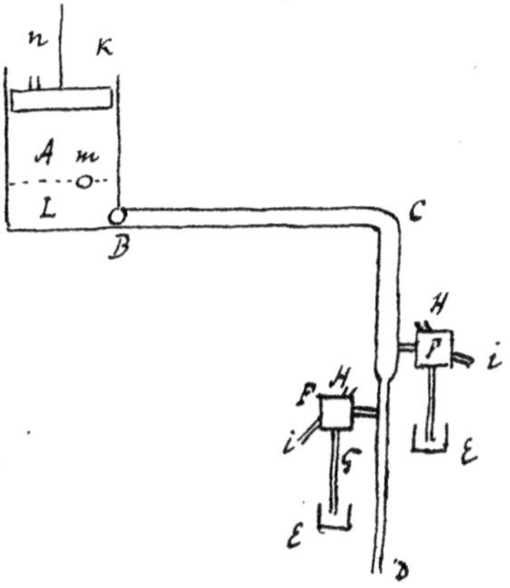
Fig. 89.

Der mörser F muss nicht hoch seyn, sonst ist soviel Krafft, als dessen Höhe austrägt, verlohren, weil das bis auff H gehobene wasser malen danach i heraus fliessen muss, müste desto weiter seyn. Konnte man nicht auch höhe verlieren, als bey den ordinari aussgüssen, alda nach dem wasser wieder herab in den Sumpf aus der gosse fallen muss. Soviel im saugen lufft aus der langen röhre sich in den blasebalg A ziehet, umb soviel vermindert sich der wiederstand, den der Kolben K im auffgehen fordert, denn die lufft im blasebalg hält die äussere in balance. aber umb soviel weniger wird er hernach von der äusseren Lufft wieder hineingetauchet. Der Verlust der Krafft bestehet darinnen, wenn im wärenden saugen die Luft BCD als zu weit entfernt nicht hilfft, noch sich geschwind genug gleich austheilet oder austhänet, hernach aber erst im nieder gehen sich angefunden und dann wiederstehet. Deme zwar in etwas zu helffen, wenn bey B eine der Röhre BC auswendige Klappe, so sich schliesse, doch bleibt noch ein grosser Verlust, denn im wärenden auffgehen des Kolbens K, findet sich die lufft in A allmählig an aus BC, und da sie nicht die ganze Zeit des auffgehens aber geholffen, hindert sie doch die gantze Zeit des Niederdrückens über. Diesem

1) Die seit dem 13. Jahrhundert auf dem Oberharz betriebenen Gruben, deren Ausbeutung die Bergstädte Clausthal und Zellerfeld ihre Entstehung verdanken, gehörten zu Leibnizens Zeiten zum Teil zu Hannover. Einer der Erzgänge, auf denen dort das Erz gewonnen wird, führt den Namen des Burgstädter Zuges (s. Das Berg- und Hüttenwesen des Oberharzes, herausgegeben von H. Banniza, F. Klockmann, A. Lengemann und A. Sympher. Stuttgart 1895. S. 45).

2) Kehrräder nennt der Bergmann mit zwei nebeneinander liegenden, entgegengesetzt gerichteten Schaufelkränzen versehene Wasserräder, die sich in der einen oder der anderen Richtung drehen, je nachdem man durch einen verstellbaren Schützen das Betriebswasser auf den einen oder anderen Schaufelkranz fallen läßt.

3) Sümpfe nennt der Bergmann die in den Tiefen der Gruben zusammenlaufenden Wassermengen, die durch die Pumpen gehoben werden müssen.

zu remediiren müste machen eine separation *L*; unter *A* in wehrendem auffsteigen ist die Communication bey *B* zu, damit sich in wehrender solcher Zeit nichts aus *BC* nach *L* ziehe, dazu muss es nicht durch eine genaue Klappe, sondern durch eine falzung oder dergleichen geschehen. hingegen thut sich die Klappe oder communication *m* auf und wird die lufft in *A*, wie in *L*, und die Lufft in *L* hilfft zur balance gegen die äussere Lufft; in dem aber der Kolben *K* hinabgehet, thut sich die Klappe *m* zu, die Falze *B* in eben dem Moment auff, und unterdessen ziehet *L* aus *BC* neue Lufft an sich. der Kolben aber findet in *A* nicht mehr wiederstand im niedersteigen, als er Hülffe gehabt im aufsteigen. der Kolben *K* muss ebenwohl im auff-, als im niedergehen schliessen, damit er von der äusseren lufft wieder niedergestossen werde, weil der Zug nicht hoch und *A*, darinn der Kolben aufgehet, weit seyn kan, liess sich das perfecte schliessen am füglichsten mit Mennige zu wege bringen; so gienge alle friction und liederung ab. ich glaube, das rathsam seyn würde, die sätze *FE* über 24 schuh nicht hoch zu machen; denn weil die lufft nicht sobald vollkommen ausgesauget wird in *CD*, so dürffte das wasser nicht auf seine ordinäre Höhe sobald steigen wollen; ich finde, dass in dem Kolben *K* eine Klappe seyn muss *n*, welche sich im niedergehen nicht alsbald, sondern alsdann erst aufthut, wann die ausgethänte lufft in *A* wieder durch das niedersteigen des Kolbens zusammen gepresset und endlich stärcker wird, als die äusere. Da hebet sich die Klappe und wird die Lufft alle ausgetrieben aus *A*. Wenn sich die Klappe *N* im niedersteigen des Kolben *K* bald hebet, ist es ein Zeichen, das *L* wohl sauge.

Alle Liederung und Friction oder überflüssige resistens bey den ordinären Pumpen abzuschaffen. ich habe zum öffteren considerirt, das bey den Pumpen und Wasserkünsten durch die liederung und friction der Kolben oder embolorum ein grosses Theil der Krafft absorbirt werde, denn weilen es genau schliessen soll, damit das wasser zwischen der Gosse und dem Mörser nicht durchschlüpfe, so hält es hart wieder, man köndte dann eine gewisse Liederung finden, es sey mit feder, wie bei den hölzernen blasbälgen, welches aber in die rundte nicht wohlen gethan und über diess sehr klares wasser erfordert, oder mit schwammichte Materien oder mit Küssen, so mit eisern Draht auf Hrn. Weigelii[1]) Weise ausgestopfet, oder mit einem ring oder feder, so sich aufthut, oder mit einer wulst, darinn gepressete Lufft. Der simpleste modus aber scheint zu seyn per ipsam naturam angustiae oder per principium inertiae corporum naturalis, dass nehmlich die Cörper einer geschwinden Bewegung wiederstehen.

Gesezt es sey ein hölzerner Mantell *AB*, so etwa mit Blech gefüttert, wie wohl solches nicht nöthig scheint. Darinne gehet der Kolben *C*, gezogen von der Stange *CD*, so durch das schmale Rohr *EF*, welches so hoch als dienlich, genau gehet, ferner damit der Kolben in gerader Linie auff und abgehe und an den Mörser nicht antreffen könne, dient die eiserne Stange *GHLM*, so durch den Kolben gehet, in *HL* und

1) Der bekannte Jenenser Professor und weimarische Oberbaudirektor, der 1699 starb.

nicht in demselben, sondern nur oben und unten in mössingenen büchslein anrühret, darff nicht ganz in der mitten, sondern muss etwas an die ecke seyn, soviel die Dicke der Zugstange betraget, ist oben bei *G* und unten bei *M* vermittelst herabgehender Querstangen in dem Mörser befestiget. Unter dem Mörser ist ein kleines Röhrenstück *Np*, damit der Kolben das Wasser auss dem sumpf *Q* in den Mörser sauget. Damit aber das wasser soviel thunlich rein sey, kan *Np* auff einem stück geflochtener Matte stehn oder selbige dafür genagelt seyn. über *N* ist eine Klappe *r*, so sich im niedergehen des Kolbens schliesset und das wasser nicht wieder herauslässet. Indem nun der Kolben aufgehet, kan die grosse Quantität wassers, so darüber, nicht alsbald durch die enge zwischen dem Kolben und dem Mörser durchkommen, also muss das übrige notwendig zur schlam Röhre hinaus. Damit aber gleichwohl der wenige grand, so durchschluppen möchte, nicht zwischen dem Kolben und dem Mörser sich schliffe, so kan der Kolben oben ein wenig dicker seyn, also unten, dergestalt, dass der grand, so zwischen Kolben und mörser kommen, besser hinabfallen kan; ich halte dafür, man könne den mörser ehern nehmen in grösse eines der grossen stangenstöckl von Holz ausgebohrt; den Kolben ebenmässig von Holz; und dergestalt wäre der Mörser in die 13 bis 14 Zoll weit, je weiter der mörser nach proportion der enge zwischen mörser und gosse, ie schärffer wird der Kolben ziehn und je mehr wird er aussgiessen; weil aber grössere Pumpenstöckel alhier aufem Harz nicht gebohrt werden, vermeine ich, dass diese Mörser weit genug und, im übrigen kan man die operation oder aussguss durch die länge des Kolbens verstärken, doch muss alsdann das pumpenstöckel anoch desto länger seyn. Summa, ie weiter der Mörser *AK* und ie länger *HL*, so die Länge des Kolbens ist, ie schärffer giesset der Saz aus. Weilen aber geschehen kann, dass der Saz gar zuviel aussgiesse, dadurch die Kunst[1]) beschwehret wird, so kan man solches wiederumb verringern, indem man einige Klappen im Kolben, welcher durchbohret seyn muss, wegnimmt und alda öffnung macht, man kan auch von der Länge des mörsers etwas abnehmen; item man kann vom Kolben unten abnehmen, damit die angustia nicht so lang seyn, und köndte auch dieses mit blossem Stopftuch, so umb den Kolben gewunden, geben und nehmen und die angustias enger oder weiter machen, und hat man sonderlich den Zug zu schärffen, damit es nicht matt gehe, wenn die Kunst etwas langsam gehet. ich wollte rathsam achten, dass man den mörser noch eins so hoch nehme, alss jezo die gossen seyn, und den Kolben fast so hoch, als jezo die gossen, köndte aber hohl seyn, damit das wasser durch den Kolben zu gehen keine difficultät finde.

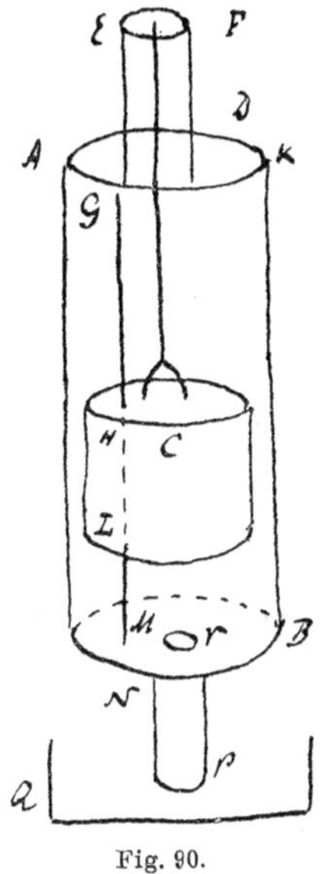

Fig. 90.

man muss machen, dass es nicht geschwinder gehe, als sonst, denn sonsten würde die naturalis cohäsio des wassers sowohl secum, als am Kolben desto mehr resistiren

1) Bergmännischer Ausdruck für Maschine.

Es ist zu mercken, dass dieser Satz angefrischet werden muss, wie die gemeinen säze, die da saugen, sonst kann er schwehrlich das Wasser aus dem sumpf Q an sich ziehen.

Auff dem Burgstedter Zug zum Clausthal können sie nicht wohl Kehrräder anlegen, dieweil sie die Kehrräder nahe bey den Gruben oder in die Gruben hinein zu hängen pflegen. in die gruben dürffen sie das wasser nicht schlagen, wegen des Stollenkerwegs mit der Communion;[1]) nahe bey den Gruben dürffen sie am tage[2]) keine Kehrradtsstuben brechen, denn die erde alda überall verlezet und voll alte gängen oder lächter, daher dass wasser sich in die grube hinein ziehen und in die erde verlieren würde; aber die Kehrräder, welche eigentlich alda gebraucht werden, das Erz aus der gruben zu ziehen, etwas von den gruben abzulegen und das Erzräderwerk durch ein gestänge zu treiben, hält das Bergamt vor unmöglich laut ihres protocolls, weil es darauff ankomt, durch ein abgelegens Radt eine welle rund umbgehen zu machen, alleine solches kan geschehen durch einen doppelten Krumm-Zapfen, dessen ein theil ortsschicks oder perpendicular auf das andere. es kan auch wohl das rad sowohl, als die welle auf ieder seite einen Krumm-Zapfen haben, doch dass der eine ortschicks auff den andern. So bleibt das rad und welle besser in der wage und kan nicht kippen, man kan beyderley gestänge mit einerley böcken unterstützen.

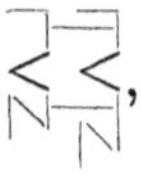

Modus mit der Helffte des wassers, so iezo gebraucht wird, ein Kehrrad zu treiben; auf iezige weise, da das Eiserne Seil[3]) seine zwey enden, hat man alsdann, wann das seil auff beyden seiten gleich schwehr, die blosse last der tonne zu ziehn, vorhehr aber hält es hart, denn man muss das schwehre seyl hinauff ziehn, hernach aber gehts geschwind und ziehet das überhangende ende des Seils die Last selbsten, unterdessen lasset sich gleichwohl das wasser auffs Kehrrad nicht alsbald abschlagen, werde auch vergebens abgelauffen, weil es doch einmahl auss dem Teich gezapfet. Wenn aber ein Seil ohne ende umb die welle gehet, so hat man allzeit

---

1) Der Oberharz bildete einen Teil des 1235 für den Enkel Heinrichs des Löwen, Otto das Kind, errichteten Herzogtumes Braunschweig. Durch mannigfache Erbteilungen wurden seine Gruben zum Teil unter dessen Nachkommen verteilt, zum Teil als Kommunionharz gemeinsam von ihnen betrieben. Seit 1642 standen der Wolfenbüttelschen Linie drei, der Lüneburgischen (zu Leibnizens Zeiten anfangs herzoglich, später kurfürstlich Hannoverschen) Linie vier Siebentel davon zu. Die Gruben standen mehrfach in unterirdischer Verbindung.

2) Jetzt: über Tage, d. h. an der Erdoberfläche.

3) Man möchte hierbei an Drahtseile denken, die ja nach neueren Funden bereits im Altertum bekannt gewesen zu sein scheinen. Solche sind aber offenbar nicht gemeint, da sie erst 1834 durch Albert und Mühlenpfordt erfunden und im Bergbau in Anwendung gekommen sind (s. Köhler, Lehrbuch der Bergbaukunde. 6. Aufl. Leipzig 1903. S. 418). Hier sind unter eisernen Seilen Ketten zu verstehen, die 1568 Sander zuerst zur Förderung im Rammelsberg bei Goslar verwendet hatte, die aber am Anfang des 19. Jahrhunderts ihres großen Gewichtes wegen wieder außer Gebrauch kamen und durch Hanfseile ersetzt wurden. Daß Leibniz Drahtseile noch nicht kannte, geht aus Nr. 126 hervor, wo er Wagen auf kurz gespannten Stricken gehen lassen will. Auch sonst redet er nur von Ketten und Stricken.

eine gleiche last zu ziehen, nehmlich allein die last der tonne Erz, etwa 5 Zentner, welche bey weitem nicht der last des eisernen seils gleichet und also bin versichert, dass nicht einmahl die helffte des wassers erfordert werde, oder man köndte es wohl mit dem halben fall verrichten.

Wie man anstatt des fluchtgestänges mit langen wellen in distans operiren könne, muss aber praecise in gerader Linie bleiben, oder hernach ein räderwerk gebraucht werden. wenn nehmlich unterschiedne wellen *ab*, *cd*, *ef*, *gh* an einander gefüget mit Zapfen *bc*, *de*, *fg*, so in der mitten rund, damit sie auff den böcken *h*, *l*, *m* umbgehen; an den beyden enden aber viereckigt oder mit blettern, damit sie in den wellen befestigt seyn.

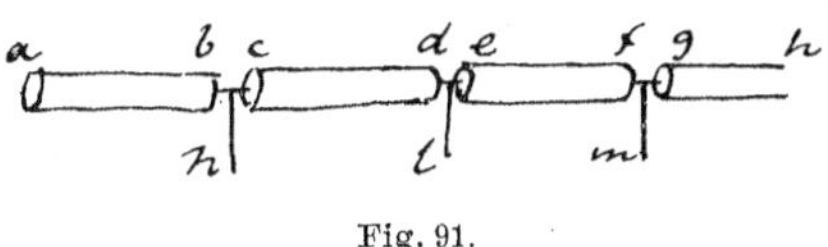

Fig. 91.

Demonstration wie das Teichwasser[1]) besser zu gebrauchen ohne änderungen der Machinen, darauff es geschlagen wird. Gesezt es sey ein Teich, dessen Spiegel sei *a*, der obere spiegel *b*, der untere spiegel *c*. Gesezt der Teich sei hoch 4 lachter und der obere Spiegel sey in der mitten, der untere aber unten, so wäre[2]), weil nun das wasser *ab* zum Zapfenloch *b* abgezapfet wird, so verliert das wasser soviel fall vergebens, als es höher stehet, dann *b*; nehmlich das wasser in *d* verliert einen fall, wie *ab* oder *aq*, das wasser in *l* einen fall, wie *lb* oder *lr*, das wasser in *m* verliert einen fall, wie *mb* oder *ms*. Daher wenn das triangulum *qab* auffgerichtet auf das planum Papier gestellt wird, also dass *ab* bleibet, und wird hernach über das trapezium *dfeg* hergeführt, also dass die puncten *a* auff der Linie *dg* und der punct *b* auff der linie *bf* hehrgehen und also consequenter, so macht der ductus oder das solidum *kdfegh*, welches die perpendiculariter aufgerichteten Linien dieses trianguli, so lange sie auff dem trapezio gehen, beschreiben, das quantum, dabey der verlust des falles zu ästimiren. Ein gleichmässiger calculus kan mit wasser *fec*, so zwischen dem oberen und unteren zapfenloch begriffen, angestellt werden.

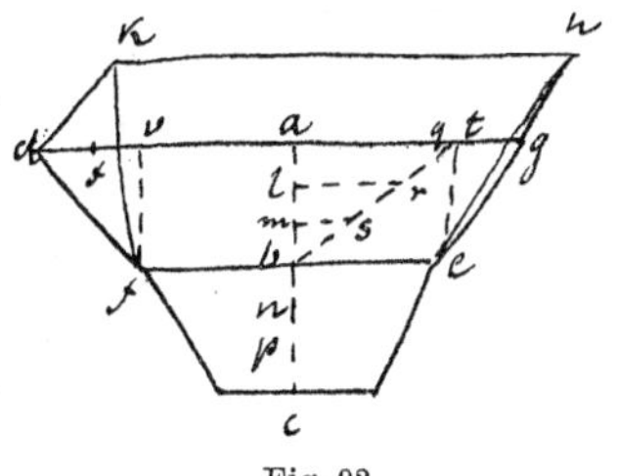

Fig. 92.

Den calculum besser zu ziehen, seze eine hypothesin oder exemplum in specie. *vfet* sey ein parallelogrammum octangulum, *dg* sey 20 lachter, *fe* oder *vt* sey 10 lachter, *dv* oder *tg* sey 5 lachter, *ab* oder *vf* oder *te* sey 2 lachter, ich will noch sezen, der Teich seiner Länge nach behalte überall die form, so hier die fronte oder der Teich . . . .[3]) Um die Enden *qab* oder *vfet* ist das halbe Prisma *ve* in *ab* oder halb *fe* in qu. *ab*, ferner *qab* in *dvf* + *gte* ist das halbe Prisma *ab* in *vf* in *dv*

1) Die auf dem Oberharze bereits im 16. Jahrhundert, wenn nicht noch früher, angelegten Teiche liefern die für den Bergbau nötigen Aufschlagwasser. Es sind sämtlich Talsperren.

2) Die Worte „so wäre" wohl von Leibniz vergessen auszustreichen.

3) Unleserlich, vielleicht: sey ein Pyramidenstumpf.

oder halb dv in qu. ab, ergo wenn man in dv bezeichnet den mittelpunkt x, so ist das solidum $kdfegh$ gleich dem quadr. ab (welches ist 4 quadr. lachter) multiplicirt durch ax, (welches $7\frac{1}{2}$ lachter), thut 30 cubische lachter. Dividiren wir nun solches prisma durch das trapezium def, bekommen wir die Höhe des prisma oder was eigentlich an fall von der dem Teich entfallenden quantität wassers verlohren wird. Nun ist des trapezii inhalt ve (20 qu. lachter) + bis dv in ab (10 qu. lachter) summa 30 qu. lachter. Dadurch dividirt 30 cubische lachter giebt 1 lachter oder halb ab, welches ist der verlorene fall des wassers im Teiche, also dass ein Viertheil eines radt wassers dadurch verloren geht, wenn man es auf 4 lachter rechnet.

Anmerkung. Der von Leibniz berechnete Körper hat die folgende Form. Die von ihm angenommenen Abmessungen sind eingeschrieben.

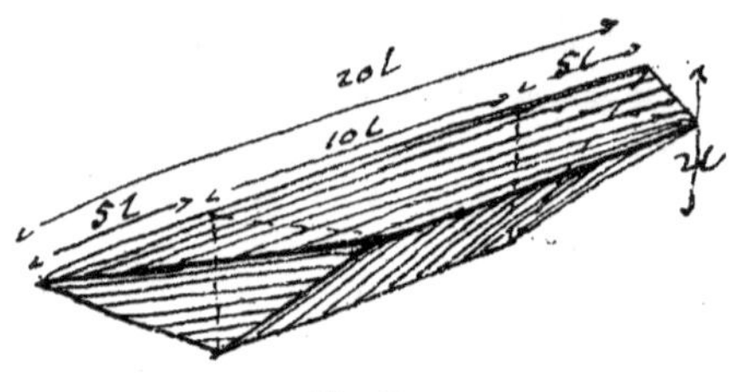

Fig. 93.

In der Beurteilung des von Papin in den Nouvelles de la Republique des Lettres 1688 mitgeteilten Planes, der einen ähnlichen Zweck verfolgt, wie die am Anfang dieser Scheda 1 mitgeteilte maschinelle Einrichtung, die den Inhalt von Nr. 89 bildet, sagt Leibniz, daß er sie bereits einige Jahre zuvor angegeben habe, ihre Entstehungszeit und dann wohl auch die der folgenden Scheda 2 wird also etwa in das Jahr 1685 zu setzen sein. Damit würde auch stimmen, daß sich Leibniz damals mit den Mitteln zur Überwindung der dem Harzer Bergbau infolge von Wassermangel erwachsenen Schwierigkeiten beschäftigte und in dieser Zeit öfters in Clausthal aufhielt, wo er die obige Skizze zu Papier gebracht zu haben scheint.

75. [4 Seiten 2°.]

Observationes Mechanicae et singulariter Hydraulicae.

Scheda 2.

ich habe erwiesen (pleynle ewiedent), dass ongefähr in den teichen wegen der Zapfenlnlöcher ein vierthel rad wasser verlohren gehet, wobey zu consideriren, dass sie gemeiniglich das obere und untere[1]) Zapfenloch einer halben radeshöhe von einander nehmen, damit im nothfall das wasser des untern striegels[2]) auf's halbe radt (darauf das wasser des obern striegels fallet) geschlagen werden könne; weil nun die helffte dieser Differenz, wie bewiesen, ohngefehr verlohren wird, so folgt, dass auch ohngefehr die helffte eines halben rades verloren werde. Es muss aber solches nur einmahl, obgleich das Wasser auff unterschiedene räder nach einander fallet, verstanden werden. Damit nun dieser Fall nicht verlohren, sondern angewendet

1) Hier ist darüber geschrieben: Bergwerck.

2) Striegel heißt auf dem Harz der Zapfen, welcher die zum Ablassen des Teiches dienende Öffnung verschließt.

werde, wäre folgendes das beste Mittel meines ermessens. gesezt der Teich sei *ab*, der teichtannen *nc*, das Zapfenloch *d*, so soll seyn ein sipho *e* in dem Tannen befestiget, unten etwas enge und oben weiter, in welchem das Wasser so hoch steige, als es im teich. in solchem siphone seind unterschiedene löcher, daraus das Wasser zu zapfen. Dann nachdem es hoch gestiegen, wird das nächste Loch geöffnet. oben ist er weit, damit genugsam wasser damit auss dem teig zu zapfen sey. das wasser von *e* kann man auff die schauffeln eines rades unten bei *f* herabschiessen lassen, welches dadurch kan umbgetrieben werden, und entweder etwas arbeiten oder ein theil des wassers in die Höhe entweder in einen höheren graben oder gar wieder in den teich bringen, der sipho kondte schief stehen // und auch das rad mit seinen Schauffeln und welle, so kan am besten aus dem siphone das wasser in die schauffeln gezapfet werden, doch ist solches auch eben nicht nöthig.

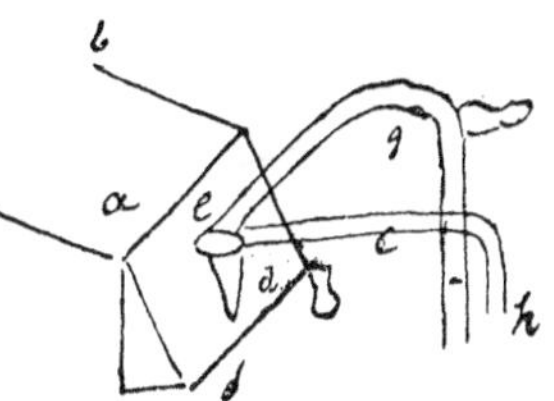

Fig. 94.

Wie man umbgekehrte Siphones oder heber in bestendigem gange unterhalten, auch das wasser damit höher als die ordinäre 30 schuh heben könne. gesezt obgedachter sipho *ef*, nachdem er voll, schliesse sich oben zu und öffne sich unten in *f*, so wird er verkehrt zum heber *fegh*. so wird soviel Wasser bei *h* hineingezogen (so etwas höher dann *f*) als bey *f* herausgelauffen, bis die höhe des hineingezogenen wassers über *h* dem noch übrigen über *f* gleich sey. gesetzt nun *gh* sey höher, als dass es dergestalt die Last anziehen könne, so kann man machen, dass mitten im ziehen eine kurze Zeit wasser ermangle unter *h*, so wird lufft gezogen und das Wasser, so einmahl zwischen *h* und *g*, steigt doch unterdessen immer höher, dann findet sich wieder Wasser, so gehet das ziehn des Wassers wieder an, und ist also Wasser und Lufft wechselsweise, doch das alles wasser zusammen zwischen *g* und *h* nicht soviel höhe betrage, als die höhe des Wassers ist zwischen *e* und *f*. nachdem das wasser kommen nach *g*, laufft es in die retraite oder weiterung *h*, nachdem alda voll, schliesset sich die Klappe in *g* und öfnet sich bey *h*, so kan das gezogene Wasser herauslauffen. Zu der Zeit ohngefehr schliesset sich noch der Sipho *egh* bey *e*, und öffnet sich *fe* bey *e* und schliesset sich *f*, das frisch wasser aus dem teiche komme und also die operation continuire, dieser modus ist valde curiosus.

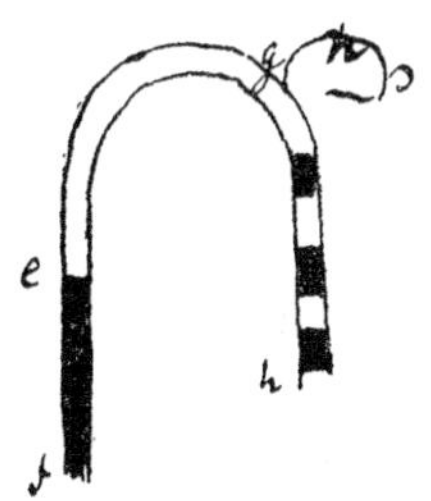

Fig. 95.

Das Wasser mit einem Heber auss einer grube zu bringen, wenn man am Berge einen orth hat, so tieffer als die grube, wäre dieses der beste modus, dass das andere ende *ab* in der grube, so etwas auffwärts gebeugt, unter wasser stehe und mit einem embolo Wasser hineingetrieben werde, da thut sich die Klappe *c* auff, hernach, wenn man den embolum aus *ab* wieder herausziehet, schliesset sich die Klappe *c*, damit das Wasser über *c* nicht wieder zurück könne. Dann treibt man mit dem embolo neu wasser hinein, bis der ganze Heber *cde* voll, alsdann können die grubenleute zu arbeiten aufhöhren, und laufft alles Wasser, so in der grube, selbst hinauss. Solte nun gleich die grube nicht um 30 fuss, sondern ungleich höher seyn, so kan es durch meine invention der interruption ebenmässig angehen, wenn der sipho alternis bald lufft, bald wasser bekomt, also dass des Wassers zusammengerechnet Höhe nicht mehr betrage, als 30 schuh, und köndte man dergestalt ohne Stollen die tieffen Gruben soviel von wasser befreyen, als man mit Stollen bekommen kan.

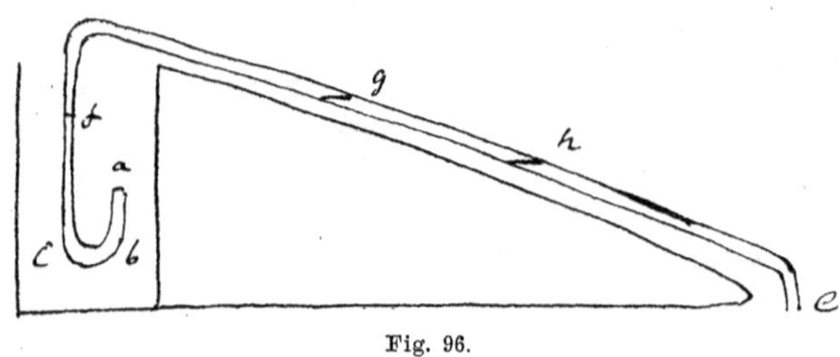

Fig. 96.

Und hat man das Wasser durch Künste, Pferde oder Menschen nur bis auf solche Höhe zu bringen, ferner köndte man durch dieses Mittel die kostbaren Durchschläge in den gruben offtmahls vermeiden und dennoch das Wasser abführen, als gesezt, es sey eine grube *ab* und noch eine tieffere *cd*, welcher letzteren der Stollen *de* das Wasser benimt, so kan man mit dem Siphone *fghl* nach jener das Wasser nehmen und hat keines Durchschlages *fl* von nöthen, zumahl man offt den Durchschlag versparen will, bis man von *b* abgesunken bis nach *d* in die tieffe des Stollens, es kan auch seyn, dass bereits oben ein Durchschlag oder oberer Stollen *gh* oder *ac* und also *a* und *c* nicht am tage, so ists eben soviel und kan man also, soweit die wechselung des wetters[1]) leidet, den Stollen entbehren. — Damit in einer Höhe, so 5 lachter oder 400 Zoll oder 33 lachter etwa übertrifft, Wasser und Lufft alternis vom Heber gezogen werden, kan man ein geschirr adhibiren, welches sich alsdann erst auslehret, wenn es voll ist und man in den sumpf schaltet, darinn der Heber ziehet, und kan man den Zufluss temperiren nach dem geschirr, so gross machen, als nöthig. Ferner wenn es in solcher Höhe angehen soll, so mus der Arm des Hebers *de* umb soviel enger seyn, als der Arm der röhre *de*, als jener länger ist, dann dieser. Denn sonsten trägt zu Zeiten die Höhe des Wassers in *de* nicht soviel aus, als die Höhe des Wassers in *dc* und würde alssdann der Zug interrumpiret. Diese proportion ist meistentheils thunlich, denn die röhren sich verhalten, wie die quadrate der diametrorum und also die länge desto eher zu compensiren. gesezt *cd* sey 50 lachter, und *de* sey 1250 lachter und also 25 mahl so lang als *cd*, so dürffte die röhre *cd* 5 mahl so weit seyn, als die röhre *de*, welches wohl thunlich, und damit die lufft sich in

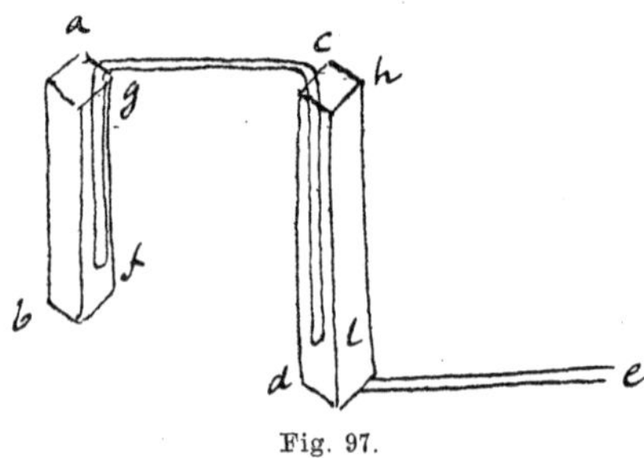

Fig. 97.

1) Wetterwechsel bergmännischer Ausdruck für Lufterneuerung.

eine etwas weitere röhre nicht zwischen dem Wasser und dem rohre insinuire, kan man sie in fache eintheilen, oder wohl etliche rohre an einander sezen, so sich alle in die röhre *dė* endigen. Die engigkeit der röhre *de* kan auch das incommodiren möglichst verhüten, dass die lufft nicht über dem Wasser hin wische, wo die rohre mit buchsen in einander geschlossen sind und regards haben, so darinn [sich] fänden. Von einem regard zu dem andern und etwas an beyden enden, so in der röhre wohl hin und hehr gehet und was etwa darinn sich findet wegräumen kan.

Es ist vielleicht nicht rathsam, dass die interruptiones geschehen, denn sonst das Wasser wenig und wegen ermangelnden falles nicht wohl rutschet, auch die lufft sich dazwischen ehe insinuiret, derowegen kondte die sach also gestimmet sein, dass die 30 schuh wasser hoch auf einmal beysammen bleiben und gesezt *df*, *dg* und *eh* seyen, die seigere[1]) tieffe oder perpendiculari nach 30 fuss, dahero, wenn die vorherigen 30 fuss perpendicular Höhe Wasser in *eh* ankommen, so müssen alsdann die folgenden 30 fuss *df* auch in *dg* ankommen seyn. Damit wenn *eh* aufhöhre, alsdann *dg* wieder anfange zu ziehen, macht man die röhre *de* etwas enger als nach proportion nöthig, so ziehet diese Wasser desto besser. Damit die grube desto eher erledigt werde, kann [man] der röhren *cd* desto mehr neben einander sezen, so wird die röhre *ce* fast continuirlich voll seyn können, denn dass selbige voll, hindert nichts, wenn nur in der röhre *cd* nicht mehr als 30 schuh auff einmal voll.

Anmerkung. Derartige Vorschläge scheitern immer an der Unmöglichkeit, die Röhrenwände luftdicht zu machen.

76. [1 Blatt 4° weißen Papiers, sorgfältig geschrieben.]

Ihre Durchlaucht der Hr. Administrator von Würtemberg haben eine gewisse invention eines Hebers, so einer ihrer Unterthanen erfunden, aber heimlich gehalten, nach dessen Tode von denen Erben an sich gekaufft und halten dessen Construction annoch geheim, wie aus Hrn. Reiselii tractat unter dem titel: Sipho Würtenbergicus zu sehen. Nun scheinet dessen invention sehr ingeniös zu seyn, wiewohl es scheint, dass er mehr curiös, als nüzlich.

Nun ist bekanndt, dass die Alten vor gewiss gehalten, man köndte vermittelst eines Hebers dass Wasser über einen hohen berg bringen. Als gesezt, es sey ein teich oder quell *A* und man wolle dessen wasser gern haben nach *B*, es ist aber dazwischen der berg *C*, also dass man entweder einen stollen durch denselben treiben, oder das Wasser sehr weit herumb führen müsse, so haben die alten vermeint, wenn ein Heber *ADEB* angeleget würde, dessen dünnes *DEB* theil *EB* etwas tieffer, als *A*, so würde das Wasser, wenn der Heber einmahl an-

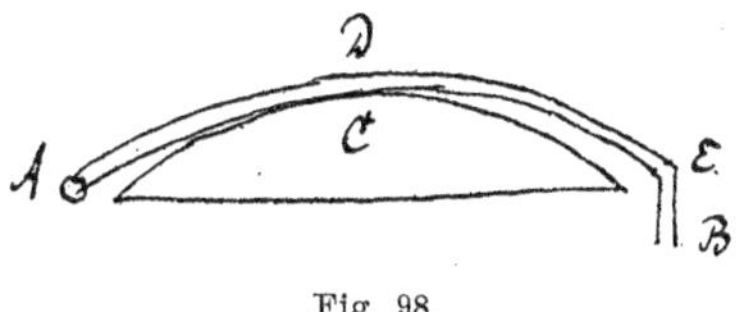

Fig. 98.

1) seiger bergmännischer Ausdruck für lotrecht.

gefüllet, continuirlich von A nach B lauffen. Es befindet sich aber, das alle saugenden Wasserkünste, darunter auch der Heber begriffen, sich über etliche dreissig Schuh nicht erstrecken, dessen ursache man wohl weiss. Wie dann der Obriste Reussner so deswegen mit dem Feldmarschall Wurz gewettet, solches in der Tat mit schaden befunden.

Weilen aber gleichwohl eine solche Operation des Hebers einen unsäglichen Nuzen haben würde, und zuweilen sonderlich bei Bergwerken ganze Tonnen goldes damit zu erspahren, als habe ich der sach nachgedacht, ob nicht ein Mittel auszufinden, dadurch der Heber zu seiner Vollkommenheit zu bringen. Als gesezt, man habe einen stollen GF in den berg hinein getrieben, dessen aussgang oder mundtloch sey G, so die Wasser der Grube HF abzapfet, wenn aber die Grube tieffer abgesunken bis L, so muss man die Wasser mit Künsten von L auff den stollen F heben, wozu es aber oft an gelegenheit oder Kosten mangelt und muss deswegen manche Hoffliche Zeche verlassen werden, weilen einen zweiten von M hinaus zu treiben bis nach L, zu Zeiten ganze Tonnen Goldes und eine Zeit von vielen Jahren erfordert. Köndte man nun einen wohlgeschlossenen Heber $OPQR$ anlegen, so das Wasser aussen tiefsten L auff den bereits getriebenen Stollen FG brächte und in selbigem fort zum mundloch G heraus, bey Q dann ferner in QR herab bis nach R unter M führete, also dass es allezeit von O bis R in einer continuirlichen verschlossenen röhre bliebe, so hätte man nicht nöthig, einen neuen Stollen mit überaus grossen Kosten durchs feste gestein zu treiben. Wie dann es sich begiebt, dass der Stollen ML mit der Zeit nicht zureichet, sondern wenn die grube noch tieffer und bis N abgesunken, alsdann noch ein tiefferer Stollen angefangen werden muss. Dahingegen auff diese weise nur beyderseits den Heber zu vertieffen nöthig. Die Länge des Hebers (solte er sich auch über eine Meil Weges erstrecken) kan nicht schaden, dieweilen ja hölzerne röhren (denn anders braucht man sie nicht) wenig kosten und endtlich auch wohl verschlossen werden können, wenn man sie mit eisernen buchsen an einander schliesset und gebührenden fleiss anwendet, allein das eintzige Hinderniss ist, dass mit dem Heber das Wasser über 5 lachter hoch nicht zu bringen, da doch wohl 50 und mehr lachter erfordert würden.

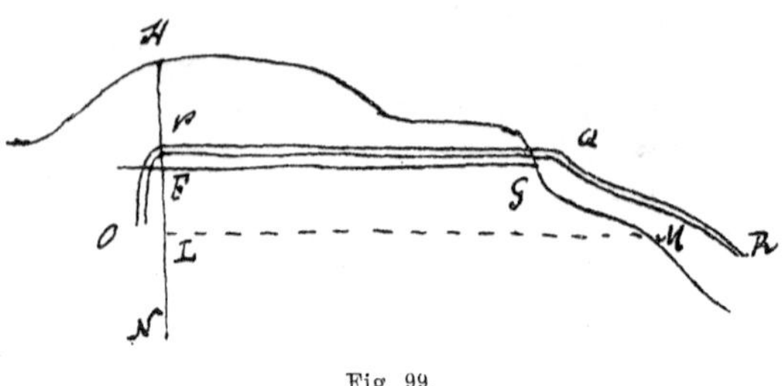

Fig. 99.

Alss ich nun dem Ursprung dieses Hinderniss nachgesonnen, so habe befunden, dass das Wasser, so vom Heber gehoben oder gesauget oder, wenn man eigentlich davon reden will, von der Luft gedrückt und in die Höhe getrieben wäre, deswegen höher, als etwa 5 lachter nicht zu bringen, weil nach der gemeinen Weise der gantze Heber OPQ von Wasser angefüllt wird, und daher muss das Wasser OP von der Lufft getragen werden, da doch die Lufft, wie bekannt, über 5 lachter Wassers nicht tragen kan. Als ich nun ferner der Ursach nachgedacht, so habe gesehen, dass solches nicht nöthig, dafern man machet, dass der Heber nicht voll Wasser angefüllet werde, sondern nur jedesmal per intervallum in der Röhre *OP* Wasser sich finde, nehmlich *OS*. Denn gesezt, man giesse bey *c* durch eine Oeffnung hinein das Wasser *QT*, so mehr als 5 lachter und schliesse dann wohl wieder zu, so wird es aus dem sumpfe oder receptaculo unter *O* etwas heben bis nacher *S*, dieweilen sonsten die lufft zwischen *S* und *Q* dünner wird, dahehr [in] die Röhre Lufft hinein will und, weil sie *QT* als schwehrer dann 5 lachter Wasser nicht heben kan, so hebt sie *OS*, dessen Höhe also zu erforschen: gesezt *QT* sey so weit herabgestiegen, dass die lufft *OPS* vier Dritttheil des vorigen spatii einnehme, so thut ihr eine gespante Feder, so $^3/_4$ dessen, so sie zuvor vermocht. Weil nun solche ihr gegenwärtige Krafft mitsamt dem Wasser *OS* soviel vermögen soll, als die Lufft zuvor vermochte oder als die äussere Lufft, so als bekannt, nehmlich 4 lachter, so würde *OS* austragen $^3/_4$ lachter; ie mehr aber hinab steiget, ie mehr wird *S* steigen, bis es endlich fast auff 5 lachter kommen wird, dafern sich wasser genug im receptaculo findet. Wenn aber allezeit Wasser im receptaculo, wird endtlich das Wasser *OS* stehen bleiben und höher nicht wollen, wenn aber das receptaculum alterne ledig und voll, wird *OS* steigen noch *VW*, danach ferner biss *xy*, da es dann selbst weiter laufft und wegen *YR* enger als *OP* weiter sauget, es muss aber das receptaculum unter *O* nicht eher wieder Wasser bekommen, biss dass Wasser *VS* in *XY* angelanget, solches kann auch durch den Heber geschehen, wenn das geschirr 1., giesst nicht aus bis es voll, als es 2 alsdann fliesset, so lange und . . .

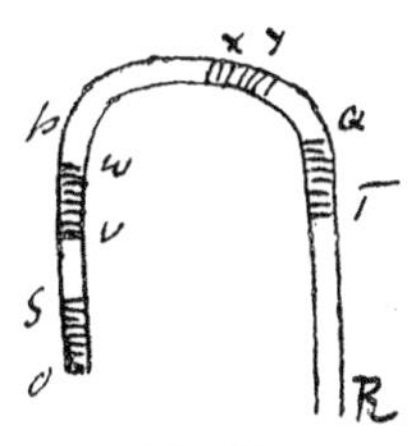

Fig. 100.

Anmerkung. Hier bricht das Manuskript ab. Die im Eingang erwähnte Arbeit des württembergischen Hofrates Salomon Reisel (1625 bis 1702) war 1684 erschienen, die Zeit der Abfassung der obigen Schrift wird also in die Mitte der achtziger Jahre des 17. Jahrhunderts zu setzen sein, in welche Zeit, wie wir sahen, Leibnizens Versuche, dem Harzer Bergbau aufzuhelfen, fallen. Reisel hatte verschiedene Aufgaben gestellt, die die Anwendung des Hebers betrafen, von denen eine verlangte, das Wasser aus dem oberen Teile des gefüllten Hebers abzuziehen. Die Lösung dieser Aufgabe lieferte Papin[1]), doch scheinen damals wenigstens seine Arbeiten, die zum Entwurfe der Zentrifugalpumpe dienten, Leibnizen noch nicht bekannt gewesen zu sein. Auch hier interessiert Leibnizen hauptsächlich die Aufgabe und ihre Lösung vom physikalischen Standpunkte aus. Die experimentelle Prüfung seiner Ideen hat er nicht unternommen.

77. [Auf einem Blatt 8⁰ findet sich die folgende Stelle.]

Bekandt ist, der sipho bicranius, der Heber nicht über etliche 30 schuch operiren. es köndte aber zu wege gebracht werden, dass er auff viel 100 schuch laborieren müsse, nehmlich also; der heber *ABCDE*, dessen

1) Gerland, Leibnizens und Huygens' Briefwechsel mit Papin. Berlin 1881. S. 24 und 52.

Höhe AC so hoch, als man will, nacher A, BC ist wasser, dessen perpendicular Höhe von B nach C 30 schuch, etwa also auch DE, doch ist DE noch etwas niedriger, und indem nun BC heruntersteigt, folgt ED und steigt hinauff, und wann CD herunter nach A, so komt ED an seine stelle CB, alsdann wird ein loch geöfnet bey D, dass neues Wasser wieder in DE lauffe und abermals von im CD befindlichen angezogen werde. Bey E ist eine Klappe, so einwärts in den tubum gehet, aber nicht auswärts, also dass das Wasser aus E nicht auss lauffen, aber wohl die lufft hernieder steigen kann. die Höhe CB und DE sind determinatae durch BA, item DC sind indefinitae, nur muss AC länger als EC.

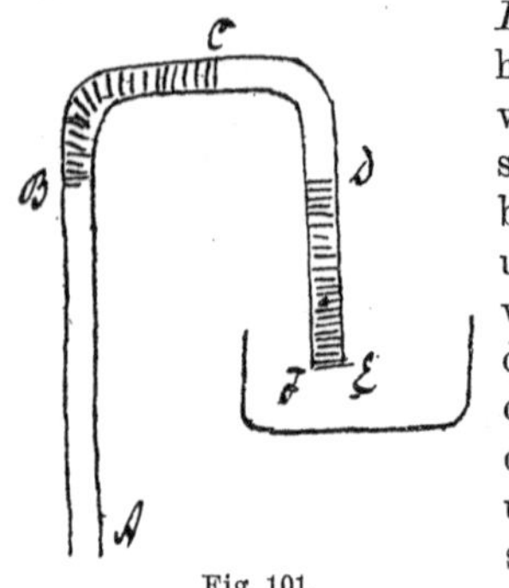

Fig. 101.

Anmerkung. Vgl. Nr. 76.

78. [Kleines Blatt von Leibnizens Hand, gut geschrieben.]

Duo primaria in Machinis nocentia, frictio seu attritio et amissio impetus materiae impressi. qui ut proficiat semper ad progressum motus, res quâ licet ordinanda est. Prior machinarum defectus aliis consideratus posterior, non item. ita videndum, si faciamus antlias ubique aequè massas ut alias in mortario, an non ita nimium aquae in motum inutilem cogatur. wäre mit einem wort, qui deinde non proficit.

Anmerkung. Dies Bedenken ist neuerdings von großer Bedeutung geworden, als die Anwendung der Dynamomaschine rasch laufende Pumpen erforderte, und hat zu Pumpenkonstruktionen Veranlassung gegeben, bei denen sich das Wasser nur in einer Richtung bewegt.

79. [Kleiner Zettel von Leibnizens Hand. Notiz über eine Spritze, die Franchini gemacht, mit Schläuchen, jedenfalls nach dem Muster der Amsterdamer. Dann heißt es weiter:]

Das ein rundter Mörser ohne Liederung wohl schliesse, wenn man in einig Ranfft oder Kerbe einen breiten messingen Draht, so federgurt leget und solchen continuirlich also anschleiffet an dem messingen Mörser oder stiefel, dass er endtlich anpasset an den Kolben, wie ein Hahn bey den rothgiessern.

Anmerkung. Es ist bekannt, daß Leibniz sich sehr um die Einführung der von Hans Hautsch um 1654 angegebenen Feuerspritze mit dem Windkessel bemüht hat.[1]) Die Schläuche wandten zuerst die beiden Brandmeister von Amsterdam Jan van der Heide und Jan van der Heide de jonge an.[2]) Die Zeichnung eines von Gengenbach in Zeitz hergestellter Kolben mit fast moderner Liderung befindet sich unter den von Leibniz hinterlassenen Papieren.[3])

1) O. Klopp, Die Werke von Leibniz I. Reihe, 10. Bd. Hannover 1877. S. 457.

2) S. Gerland, Glasers Annalen für Gewerbe- und Bauwesen 1883. Bd. XII. Heft I. No. 133.

3) Gerland und Traumüller, Geschichte der physikalischen Experimentierkunst. Leipzig 1899. S. 213.

80. [Kleines Blatt, schlecht geschrieben.]

Januar 1685.

ich finde, dass zu pompen dieser modus der beste, dass man eine kleine wulst von Leder oder gedärmen mache und in dieselbe die lufft hinaus presse, dass wohl 3mahl so viel darinn als zuvor, alsdann in das Wasser, so kan es die last des Wassers nicht weiter drücken, wenn es über 2 à 3 säze nicht hoch. Es ist zugleich ganz homogenâ steiff und legt sich allzeit selbst an, wenn gleich ein steingen etc. dazwischen käme. Damit sich aber der wulst nicht abschleiffe, sondern beständig bleibe, so lege ich einen riemen etc. da herumb, der schleiffet sich allmählig abe und wird verändert salvo primordiali. Mit einem so aufblasendem Wulst, darinnen wasser oder lufft, will nicht wohl angehen, die lufft wird zusamen zu sehr gepresset vom wasser, wenn sie nicht höher gepresset. überdiess es sey wasser oder lufft an der Wulst, so wird ebensowohl solche wulst von oben als von der seite zusamen gepresset und also schlipfet das Wasser leicht zwischen durch. Küssen mit eisernem Drat nach Hrn. Weigelii meinung solte nicht besser seyn, wenn der Drat frei und soweit im Küssen abgeteilt, dass er auf alle seiten wohl widerstehe einem particulo quovis, ein gemachtes stäubgen sich herstelle.

81. [Abgerissenes Blatt von Leibnizens Hand, zum Teil sehr unleserlich geschrieben.]

Wenn die pompen oder säze stille stehen, müssen sie wieder angefrischet werden aus folgender Ursach: Nehmlich das in der Gosse stehende Wasser verlieret sich, alsdann schliesset die liederung nicht sowohl in freyer Luft, als im Wasser und also kan die pompe nicht saugen.

Derowegen mus eB so wohl verwahrt werden, nehmlich das thürlein e sowohl als die commissura der röhre eF mit AB, dass nichts sich verlieren könne, welches meines Ermessens wohl zu wege zu bringen.

Die Liederung erfordert nicht alleine grosse Kosten, sondern wegen der starken friction, so sind die pompen schwehr zu ziehen. Es muss auch deswegen die Gosse von eisen seyn.

Der beste Weg alle friction abzuschneiden, auch die angelegenheit des anfrischens und zurückfallenden und sich verlierenden Wasser zu heben, ist dieser.

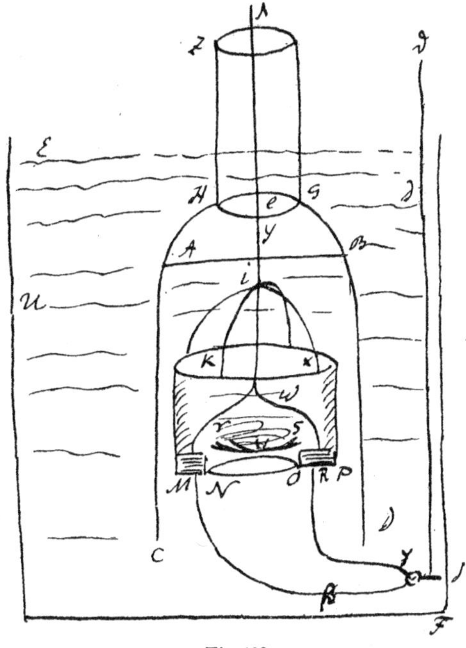

Fig. 102.

$ABCD$ Gosse. EF Trog, darin die Gosse stehet. GH röhre, so aus der Gosse gehet. KP Kolben oder Schöpfer. STV Ventil oder Klappe, konte wohl um mehreres schliessens willen doppelt seyn, nehmlich noch das gleiche, wie in NO, $KMRX$ ist hohl und hebet das Wasser, welches zwischen KM und AC und zwischen KXP und BD wegen der enge nicht zurück kann, sondern nothwendig danach die röhre GHZ hinaus mus. Solcher Kolben nun kann gehoben werden entweder durch die stange λyiw, so durch die röhre GHZ gehet, oder aber von unten durch $M\beta\gamma\delta\vartheta$. Wird er von oben gehoben, so sind zwey inconvenientien, erstlich dass die stange plaz in der röhre wegnimmt und also die röhre überflüssig weit seyn muss, auch die stange darin anstossen und also unnöthige friction machen kan, vors andere, dass die ganze last des wassers so in der röhre GHZ eben also auff den Klappen und Ventiln wegen würde, als ob die gosse in gleicher weite hinauff gienge. Alleine wenn der Kolben von ....[1]) kann man in GH ein Ventil legen. Wenn nun der Kolben ....[2]) das Ventil GH ....[3]) wenn er aber hinauffgehet, geschichts contrarium und die pressung ....[4]) aber seyn, wenn MP oder Kx weit ist. Wann γ feste an der gosse $ABDC$, so kan man die ganze Machina in einen Teich bringen, so tieff man will, und nicht wie sonst dieselbe umb des anlegens oder reparirens willen ablassen. Was den hub von unten hinauff betrifft, ist $\vartheta\delta$ die stange, $\gamma\delta$ der arm, γ das centrum, βNo ziehet den Kolben. Es kan alles so gemacht seyn, dass der Kolben im auff- und abgehen gar nicht anrühre, wenn er nehmlich sowohl als die hölzerne Gosse danach geschnitten und formiret, wie es die Bewegung in ....[5]) licenti mit sich bringet. Man kan die weite und Höhe recht proportioniren. obgleich der Kolben hoch, mus doch der Hub etwas klein seyn, so weit nöthig. ie enger der plaz zwischen gosse und Kolben und ie höher der Kolben, ie besser. Vis claudendi est in composita ratione ex his duabus. Nam si resistentiam et laxitatem auges, auges et frictionem et pondus immissum.

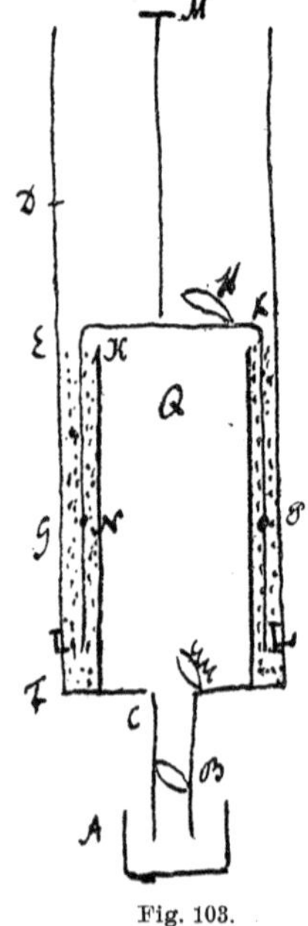

Fig. 103.

82. [Kleiner Zettel, schlecht geschrieben.]

Pumpe, so unten sauget und oben presset, auff der freyberger arth, doch mit 8[6]) nach meiner invention, also ohne Friction.

A sumpf, daraus man sauget.

B circuläre Klappe, wiewohl solche eben nicht nöthig.

AC so lang, als man will, doch dass AD nicht höher, denn etwa 30 schuh.

ED oder FG der hub, wenn nun der Kolben $KKLL$ in die Höhe gezogen wird (mit der Zugstange MK) bis nach D, bleibt der Mercurius, so punktirt, schweben in der Höhe NP, welche dem Gewichte des Wassers praevalirt. Kan also weder luft noch wasser in die Höhle Q hinein, sondern, indem KK aufsteiget,

1) Abgerissen, wohl: unten gestossen wird.
2) Ebenso, wohl: herabgeht, wird.
3) Ebenso, wohl: geschlossen.
4) Ebenso, wohl: wird grösser.
5) Ebenso, vielleicht: Statu.
6) So lese ich dieses Zeichen. Es ist wohl Liderung gemeint.

gehet das Charnier *B* auff, das Charnier aber *H* zu, und *Q* wird nach etlichen Zügen mit Wasser angefüllet, ja alles biss oben herauff nacher *M*. Wenn nun *K* wieder nieder gehet, schliesset sich das Charnier *B* zu, das Charnier *H* auff, und geschieht nichts. Sobald aber *K* wieder hinauff gehet, weil nun alles voll wasser biss auff *M*, mus Wasser oben hinaus. hingegen wird anders hinein gesauget, weilen das Quecksilber *NP* nicht leidet, dass es in die Höhle hinein dringe.

Anmerkung. Es ist mir nicht bekannt, ob dieser gewiß beachtenswerte Vorschlag jemals ausgeführt ist.

83. [1 Blatt 4° auf beiden Seiten schlecht beschrieben.]

Novum antliae genus, quae sine frictione est, ac neque Mercurio, neque altitudine aquae indiget, quae altitudini atmosphärae respondeat. Sit antliae corpus *AB*, embolus *CD*, sit antlia tota circumdata cavitate rotunda quantulacunque eiusdem cum ipsa altitudine *EFGH*, cuius basis clausa, supra autem aperta est, haec cavitas inter duplicem antliae murum intercepta. Eodem modo Emboli corpus sit duplex, interior nucleus *CD*, in corpus intret antliae *CD*, exterior verò cortex *LMNO* nucleum ambiens (cavitate tamen relicta) et cum eo in summo *LCO* connexus intrabit in antliae cavitatem intra *BA* et *EHGF*. Nota autem opus esse, ut sit *EH* vel *FG* paulo altior, quam *BA*. His ita praeparatis, si manibus attollatur *LCO*, aqua in antliam sequetur, quia aër intrare non potest, deberet enim transire per aquam in cavitate *EBHA* interceptam, ac attollere aquam, cuius altitudo *EH*, libentius autem attollet aquam, cuius minor est altitudo. Sed quoniam assurgente embolo compellenda tantum est altitudo *ME*, quae verò continuè minuitur. ideò alio quoque est remedio, nempe omittatur omnino cortex antliae *EHGF*, relicto solum cortice emboli *LMNO*. Contra sit cortex emboli longior ipso embolo, vel antlia, ita ut excessus *MP* sit tantae altitudinis vel paulo majoris, quanta est altitudo, ad quam aquam elevare volumus; ita utcunque attollis embolum semper difficilius erit aëri, attollere aquam interceptam inter corticem emboli et antliam, utque intrare in antliam, quam attollere aquam in antliam. Et ut aqua in antliam sublata inde expelli possit, opus est duobus ventilibus, quae vocant Galli soupapes, unum in *A*, quod aperitur aqua in antliam per *A* intrante, clauditur exeunte, alterum in *C* clauditur aëre in antliam per *C* intrante, aperitur aqua in antlia inclusa expulsa atque exeunte. Una tantum est difficultas, quod hoc modo necesse est, aquam paulo plus habere profunditatis, quam est altitudo ad quam eam per antliam elevare possumus; quod si velimus evitare, opus est, redire ad priorem formam corticis antliae infra clausi, sed duplo altioris, quam est altitudo, in quam volumus elevare aquam in antlia, nempe *HER* vel *GFS*. ita enim cavitate aqua repleta, semper aqua attolli nequebit; quae in cavitate est, et altera, quae est in ipsa

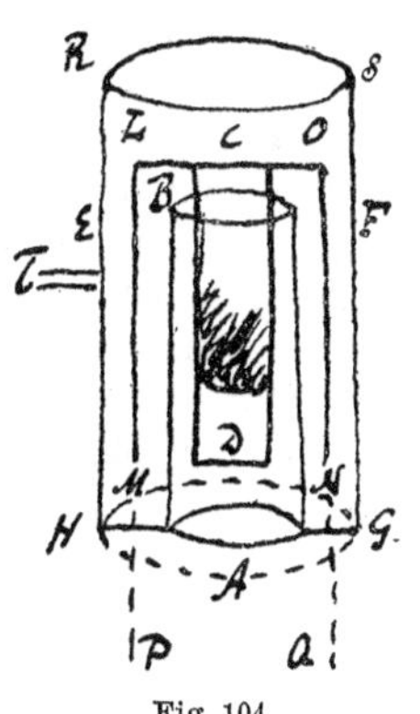

Fig. 104.

antlia, potius attolletur. Sed ut aqua in antliam suctu ingesta ex ea expellatur, retinebitur quidem ventilabrum in *A*, sed non opus erit ventilabro in *C*; nam quia clauditur infra, hinc aqua expelletur ex antlia transibitque in cavitatem antliae per aperturam *B*, atque ita assurget et exibit per *R* vel per *T*, si per *T* exire facimus. opus erit epistomio in *T*, quod tunc aperiemus. Si verò volumus exire per *R*, tunc huc commode inde habebimus, quod faciemus aquam altissime exurgere, quantum libet brevi antlia. sed iam praevideo difficultatem, cur fieri nequeat, ut *HR* sit altior, quam *AB*, quia effluet aqua ex *R* in antliam. nec proinde opus erit, ut alia aqua embolum in antliam sequatur. itaque redeo ad priorem formam, sublato scilicet cortice antliae, ne lento solo cortice emboli opus est, vel duplo; longiorem esse emboli corticem, quam antliae. vel inferiora corticis emboli esse plicatilia instar follis, ut sublato embolo ipso descendant. Atque ita semper claudant, quod tamen, ut fieri possit, mole consumtum follem esse necesse est.

iam tandem video, rem non procedere sola aqua, nisi sit altitudo antliae major quam 30 pedum, tametsi aquam nolimus ad tantam altitudinem elevare; satis est, quia obclausum est supra spatium aëre plenum inter emboli cavum superius et antliam interceptum, quod fit maius elevato embolo, necessariè ergo attolletur aqua in antliae cavitate posita, quia cur externa potius per antliam, quàm ipso eo attollatur, ratio multa est. ipsa autem eo assurgente influet in antliam, et aquae externae ingressus cessabit aut certe non nisi exiguus erit. sed forte remedium hoc erit, si supra cavitas illa sit aperta, tota autem emboli et antliae cavitas sumatur. omnino *EHGFBMNCM* aqua plena, apertum autem foramen inter *L* et *C* vel inter *O* et *C*. quum hoc quoque fieri non potest, tum enim antlia elevata aqua superior in eam influet, non externa ingredietur. Concludo ergo, nisi vel magna sit altitudo aquae in cavitate antliae, scilicet ultra 30 pedum, vel nisi adhibeatur Mercurius ultra 30 pollicum circiter, non posse rem succedere caelerius, etsi Mercurius vel debitae etiam altitudinis aqua adsit. Supererit tamen difficultas, quomodo aqua ex antlia expelli possit in usum. Sed videtur, id fieri posse ope ventilabri: nimirum duo erant in ipsius antliae corpore ventilabra, unum per quod aqua externa intrat in antliam, alterum per quod aqua in antlia transire potest in antliae cavitatem. Prius ventilabrum claudetur, posterius aperietur embolo descendente atque expellente aquam. Aqua autem antliae cum externa mixta, etiam ex corpore corticis antliae externae effluet, si scilicet altior eius aqua hoc modo fiat, quam sine effluxu esse possit.

Sed hoc tantum pro casu, quo aqua sola adhibitur. sed adhibito Mercurio ob exiguam eius altitudinem potest et quia hoc modo necesse non est, antliam esse totam duplicatam, exibit aqua per valvulam seu ventilabrum in corpore antliae, infra duplicatae. per caeterum hoc obstat adhuc methodo per Mercurium, quod non potest attolli antlia aqua in antlia ad majorem altitudinem, quam quae Mercurii est. Hactenus hoc tamen egregium ita eveniet, ut aqua attollitur altius, quam est antlia, id est in ipsum spatium vacuum superius inter embolum et antliam; atque ita poterit esse ventilabrum emittens supra intra *L* et *C*. modo altitudo non sit major, quàm ad aquam attolli aqua per antlia potest.

84. [1 Blatt 4°. Sehr schlecht geschrieben.]

Wenn man pumpet, und der stiefel ist weiter, als die rohre, zum exempel nur das vierdte theil am gehalt, so muss das wasser 4 mahl so geschwind durch, als wenn es überall gleich weit, als im stiefel. So also das zuvor gewesene Wasser *W*, geschwindigkeit *g*, Kraft *Wgg*, so ist izo Wasser *W*, geschwindigkeit 4*g* und Krafft *W*.16.*gg*, welche dazu employirende Krafft doch nicht zu nuzen komt, denn das wasser erlangt mehr Krafft, als es nöthig, also dass es nicht nur aufsteigen, sondern auch sprüzen könne. Es steigt aber deswegen nicht höher auff, sondern wenn der stiefel weiter, so lasset er es nicht steigen, denn das hinterste, denn das hinterste dem fordersten nicht kan vorgehen.

Mit wasser ohne friction zu pompen ausser saugen anstatt quecksilbers. *A* wasser, pumpenstock oder pompe *bcde*. Kolben oder embolus *fghl*. Gesezt nun in der pompe *bcde* sey *mfn* wasser und man ziehe *l* nach (*l*), so muss das wasser folgen; oder die lufft muss zwischen *b* und *g* hinein, und umb *f* herum nacher *e*, und von *e* hinab zwischen *d* und *e* hinein gehen, welches weil es ein grosser Weg, so ist zu vermuthen, es werde ehe das wasser folgen, als dass die lufft sich so plözlich bewegen könne, dass sie wohl 20 mahl so geschwind gehe, als dass wasser. Sonderlich glaub ich, wenn sie solte etwa 30 mahl geschwinder gehn, so würde es eben die proportion seyn, die das wasser hat gegen die lufft, nehmlich 900 mahl geschwinder; weil *el* wasser ist, so würde das ansaugen geschwind hinab wollen, aber nicht wegen der geschwindigkeit hinderniss finden. Wenn man aber das wasser weit unter *a* herauffsaugen will, bis nacher (*l*), also die pumpe unter *a*, der pumpenstock *bcde*, welcher sehr hoch etwa etliche 30 schuh. Damit wenngleich die höhe *l* (*l*) davon abgezogen, so etwa 4 schuh, das wasser *ef* doch der atmosphaerae die Wage halte und sich nicht herein treiben lasse, weilen aber das wasser aus *l* keinen Ausfluss hat, kan entweder eine andere pumpe dahinein gehen, oder bey der lezten pompe, die ausgiessen soll, kan es entweder eine gemeine kleine pompe o. ordinaire oder ein siphon recurrens nehmen.

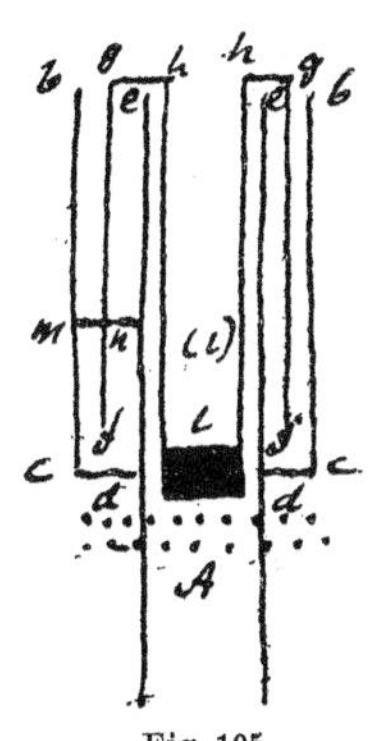

Fig. 105.

Sonst wenn nicht sowohl die ganze gegenwage der atmosphärae als die geschwindigkeit der lufft oder des wassers angesehen wird, so scheint die sache noch leichter zu erreichen. ponatur labyrinthus seu instructionis aquam impelli, multo difficilius adhuc erit motum necessariae celeritatis ei imprimi, et facilius aqua attolletur. der Kolbe *edbc* greift mit der Kammer *de* in die Kammer *fg*. Nun *bccb* ist voll wasser, gehet in die Höhe von *c* nach *b*, sauget damit wasser herauff auss *A*, welches folgen muss, weil keine lufft zwischen die Kammern hinein kan, dann wieder herabgestossen *c* von *b* nach *c*, es öffnet sich das thürlein *cc* und wird

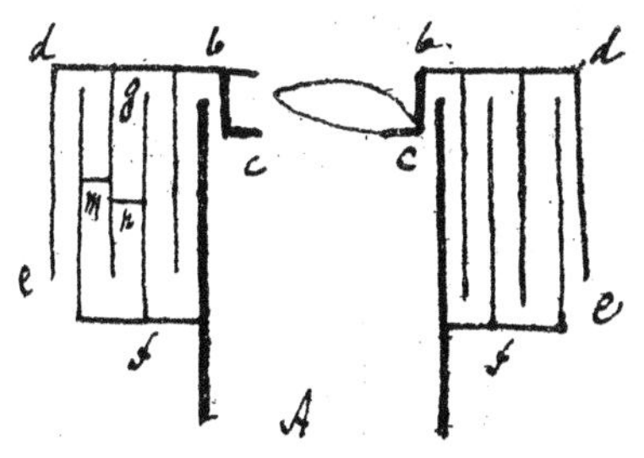

Fig. 106.

das wasser, so in *bccb*, herausgestossen und laufft über. Nun wird es zwar zwischen die Kammern hineindringen und also endlich gar überlauffen. Darauss folgt dann, dass *c*, nicht aber die stehende Kammer gehoben werden müsse, und also noch nicht könne ausgiessen, sondern eine pompe in der andern stehen müsse. Zulezt kan es ein gar kurze ordinair pumpe oben tun. Muss auch wohl die Kammer mit wasser füllen, damit die blosse bewegung eruptionem doch hindere, da noch etwas quecksilber dabey, da dann nicht nur die bewegungen, sondern auch die last.[1]) Es wäre zu überlegen, quia angustia et celeritas sit necessaria zu balance.

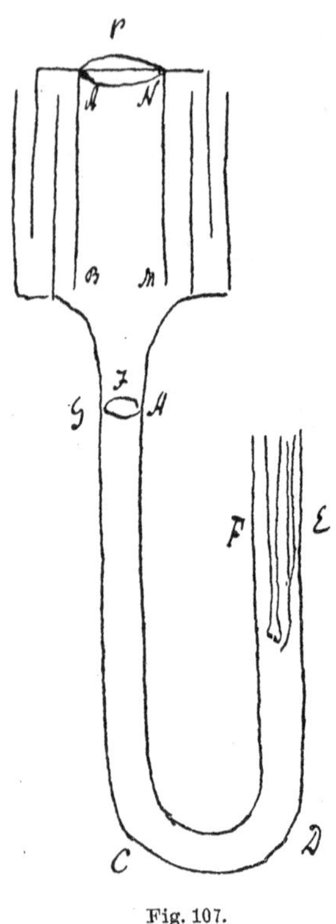

Fig. 107.

85. [1 Blatt 8°.]

AN sit a

GH sit b

$$\frac{ANP}{GHJ} \text{ erit } \sqcap \frac{a^2}{b^2}$$

Aëris resistentia ad motum esse ad aquae resistentiam ad motum, ut 1 ad 1000.

error.

Drey röhren in der grösseren röhre als tres circuli in unum inscripti aequales, damit, wenn die röhre zu weit die Lufft nicht zwischen durch wische.

$$ap^2 = \alpha q^2$$

sit $\alpha = 1000\,a$

fiet

$$1000 \text{ vel } 900 = q^2 : p^2$$

seu $30 = q : p$.

Ergo circiter tricecuplice celeritate, quam habet aqua, aër tantundem habet virium, quantum aqua.

86. [Blatt lang 8°. Auf beiden Seiten mit sehr kleiner und ziemlich schlechter Schrift beschrieben.]

Antlia sine omni frictione et appressione corticea per solam aquam.

Antlia est semisuctoria LM, aquam hauriens ex receptaculo M. Mortarium NP occupat circiter dimidium et paulo amplius. Ut eo Embolus LS per altitudinem QR moveatur sursum et deorsum et ne vacet et lateribus illidatur, ferreo Stylo ST intra annulum V suis trochleis [ad] motum faciliorem utilibus munitum manente, coercetur Mobile seu Embolus $HGEF$ reliqua immota.

---

1) Fehlt, wohl: grösser würden.

Cum primum ascendit embolus ex *R* in *Q*, aperit assarium *K* et aërem ex tubo *KM* et ex vacuifacto *N* admittit in locum *QR* eademque opera pondere aëris externi aqua ex *AB* nonnihil assurgit in *HN*, et ex *M* in *MK*. descendente embolo clauditur assarium *K*, aqua in *MK* iterum delabi non potest. Sed aër inclusus in *RQ* descendente rursus embolo et aperto assario *S* expellendus, rursus aquae ex *HN* descendendi libertatem dabit. Sed secundo emboli ascensu non prius ascendet aqua altius in *MK*, quod aqua tum alte ascenderit. Tertia vice similiter aqua altius ascendet in *MK* et ita porro, donec repleatur antlia usque ad *Q*. oportet tamen *HN* esse altiorem, quam *MQ*. porro cum *QP* semel aqua repleta est, tunc aqua delibente ex *HN* aqua ascendit in *QN*. Sed ea rursus descendit ascendente aqua in *HN*, cum embolus iterum sugit. Unde manebit semper haec reciprocatio descensus et ascensus, quae et ipsa non caret frictione, et hoc habet incommodi, quod non ante incipit suctus antliae, quam ascendit aqua in *HN*. Si tamen celer sit motus et *HN* valde angusta, ut et *QN*, prius fient suctus et expulsiones, quam illi ascensus descensusque. Vulvulas aut simile quiddam, quae intervenire possint, non video. si altitudo *MK* valde sit exigua, manet eadem difficultas. Res igitur procedit, sed habet incommoda.

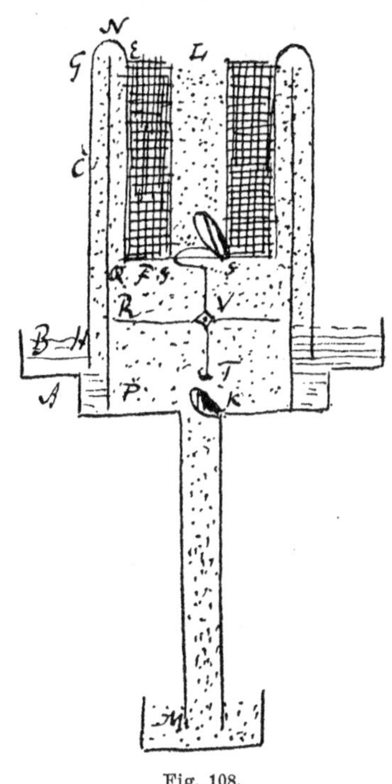

Fig. 108.

Res[1]) indiget compluribus auxiliis. Assarium *S* debet facile aperiri, ne, si resistat aqua *HN*, transpellatur in *HN* et effluat in *B*. *QF* non erit massa, sed potius cavitas, *LS* ampla, ut aqua libenter inter descendendum se insinuet: *QN* supra versus *N* arctum, soviel der Hub infra necesse non est. Altitudo *LS*, quanta maxima *KM*, quanta minima sit ita, ut suctionis altitudo non multum excedat den Hub. sic enim aquae ascensus et descensus in *HN* exiguus, quanta pili suctio *HN* infra soviel den Hub, quantum licet arcta et parum aquae ascendat et descendat; et subito difficultas, ut inter sugendum aqua *CGNQ* velabatur, rursus in *QR* et nihil sugatur per *MK*, quod machinae usum fere destrueret. Sed puto non plus de *QN* in *GC* defluere, quam motu aequali assurgeret in *HN*, quod ubi altius assurrexit, quam aqua in *MR* suspensa est. aër ambiens potius aquam *MR*, quam in *HN* altius attollit et fit suctio. res tamen experimentum mereretur, quanquam dubitare de effectu non possim. haec difficultas, quod aër in *ERH* non sufficienter rarefieri potest, ob deficiens

1) Mit dem Bisherigen ist die eine Seite des Blattes beschrieben. Das Folgende ist oben rechts neben die Figur gesetzt.

spatium in *EK.* ultima[1]) difficultas, quod aqua effluat ex *LGC* allito margine exhibitur. An Sipho extra machinam firmam, cuique inferior aqua est, assumente ad ipsam embolo. Cur eius cavitate sipho tingitur, non pendeat et ita provalet alteritus tractium et incipit fluxus. quod sipho initio aqua replendus. sipho habeat unum orificium suctus plana emissentia [?].

Necesse[2]) est, ut *GM* extollatur super *M* aliudque enim inter descendendum aperto assario *S*, nam aqua in *SL* et *QN* collocat in aequilibrio, aqua ex *QN* ibit in *NH.* Sed tamen et hoc evitari non posset, nisi facerem, ut aqua juste altior effluit ex *L*, antequam item descendere incipit, ita ut aqua initio descensus non fit supra *N.* ex initio igitur descensus ....[3]) debet esse intervalli inter *G* et *M.* soviel der Hub.

(Es folgt eine unleserliche Stelle.)

Auf der anderen Seite des Blattes:

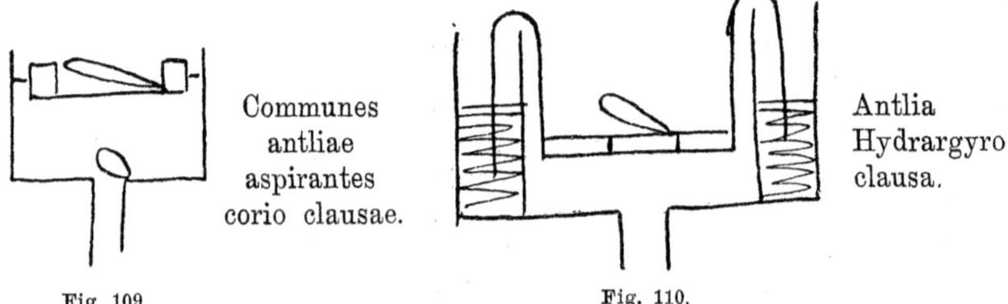

Fig. 109. Fig. 110.

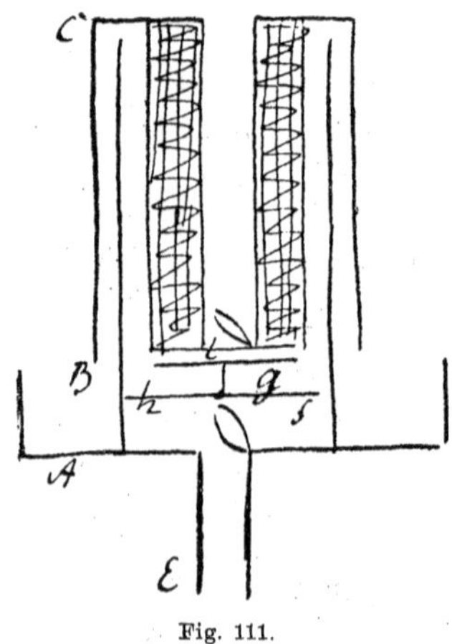

Fig. 111.

idem cum aqua procedit, sit enim *AB* der Hub et *BC* residua altitudo major, quam *EB* altitudo attractionis: Est tamen dubium novum in eo, quod aqua suspensa in *BC* simul videtur deorsum trahi ab aqua interiore, quia revera nulla est tractio

(Folgen einige unleserliche Worte.)

Itaque pulcherrimum hoc est inventum cuius ope ab antliis aspirantibus omnis frictio seu corii appressio Liederung removetur.

fh transversus baculus si placet ferreus, in cuius medio annulus rotundus vel potius quadratus vel polygonus *g* trochleis suis munitus, quibus includitur baculus *lg* intra annulum incedens.

1) Das nunmehr Folgende ist links neben die Figur geschrieben.

2) Das Folgende ist in senkrechter Richtung zu dem vorigen geschrieben.

3) Unleserlich, wohl satis.

87. [Kleines Blättchen.]

De embolis.

Constat, quantitates aquae, quae per antlias habentur, ex emboli magnitudine et motu pendere. Sed pro magnitudine emboli augetur et frictio; licet verum sit, quantitatem aquae triplicata frictione non triplam esse et proinde praestare embolos magnos. Cogitavi an magnitudine emboli manente frictio der Liederung fieri posset minor, eamque in rem talem machinationem consideravi, ubi embolus est *ab*, sed frictio tantum est *cd* Sed re accuratè considerata hoc deprehendi per elegans, non plus praestari, quam si embolus etiam esset tantum ut *cd.* quod mereretur demonstratione distincta exponi.

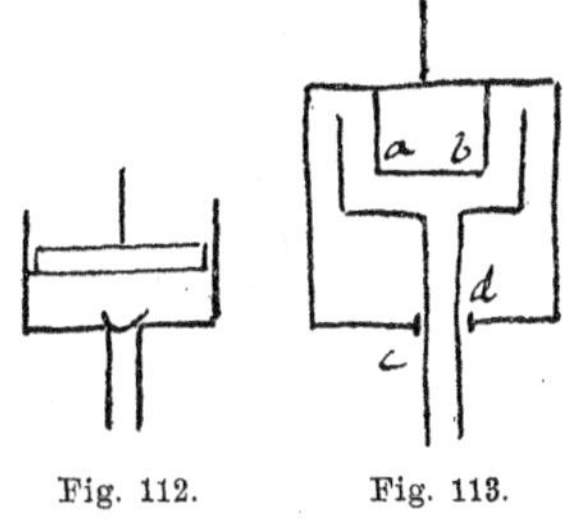

Fig. 112. Fig. 113.

88. [Kleines Blättchen.]

abc ☿

puncta ☿ strich √[1])

si in medio ponas tantum dimidia ☿, altitudine est √ opus.

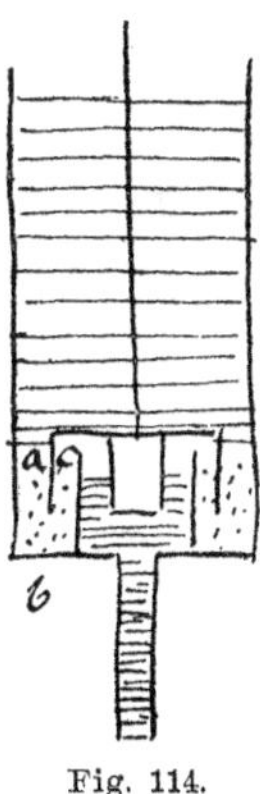

Fig. 114.

Anmerkung. Mit der Verbesserung der Pumpen hat sich Leibniz sehr viel und eingehend beschäftigt. Auch in den Briefen an Papin geht er mehrmals darauf ein, so im Postskriptum des Briefes vom 29. Juli 1698, in dem er seinem Casseler Korrespondenten den in Nr. 84 skizzierten Entwurf vorlegt, sodann in einem nicht datierten Briefe, der in den April 1704 zu setzen ist, wo er die in Nr. 83 dargestellte Idee berührt. In dem Schreiben, mit dem Papin die erstere Mitteilung Leibnizens am $\frac{28}{18}$. August 1698 beantwortet, kritisiert er des letzteren Entwurf nicht günstig. Er schreibt: Pour ce qui est de la pompe par le moien du vif argent, Ie ne crois pas qu'elle se mette jamais en pratique tant à cause de l'embarras d'avoir trois tuyaux les uns dans les autres et que devront étre fort longs si on veut faire des pressions un peu considerables: qu'à cause aussi qu'il faudra tousjours donner un mouvemt reciproque à un de ces tuyaux et à une grande quantité de vif argent: ce qui, à ce que Ie crois, feroit bien autant de resistence que le frottement des pompes ordinaires: et sur ce que vous dites, Monsieur, qu'on pourroit emploier cette force à aider le mouvement du piston: Ie crains fort que les pieces qu'il faudroit pour cela avec l'embarras ne paiassent trop cher les avantages qu'on en tireroit. vû, sourtout, qu'il est facile de faire des pompes assez bonnes pour que le frottement soit peu considerable en comparaison du reste de la resistance qu'on surmonte.[2])

1) Wasser.

2) Gerland, Leibnizens und Huygens' Briefwechsel mit Papin etc. Berlin 1881. S. 237.

Papin hat recht behalten, die Idee Leibnizens eignete sich nicht für den praktischen Gebrauch. Das Mitgeteilte ergibt indessen, daß es sich bei Leibnizens Plänen lediglich um Wasserpumpen handelt und nicht, wie mir damals[1]) möglich schien, um eine an der Dampfmaschine anzubringende Verbesserung.

89. [Die folgenden Bemerkungen hat Leibniz der Nouvelle Machine pour transporter la force des Riviéres dans les lieux fort éloignez, die Papin in den Nouvelles de la Republique des Lettres. 1688. Bd. X. S. 1308 und daraus übersetzt in den Actis Eruditorum vom Dezember 1688. S. 644 veröffentlicht hatte, zugefügt; abgebildet ist die Maschine in Gerland, Leibnizens und Huygens' Briefwechsel. Berlin 1881. S. 26.]

Dutum ego habui hoc inventum, quemadmodum ex schedis meis jam ante aliquot annos scriptis apparet. Et habui multo perfectius. Autor enim postulat tot folles, quot sunt intervalla, säze. quod impossibile, quia Aspirantes Antliae Aquam ultra triginta pedes elevare non possunt. quod verum est, sed ego eundem tubum attrahentem singulari artificio singulis applico.

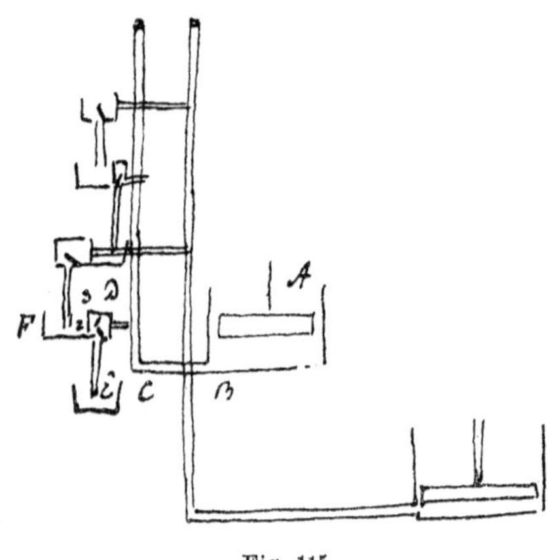

Fig. 115.

Ex his, quae habet in Novellis literariis Mensis sequentis, ubi applicatio Machinae ad Rotam aliquam Aquariam proponitur, video et ipsum duobus tantum follibus uti, pro Antliis quotcunque. Sed tunc illud subest incommodum, quod aqua ex imo quidem elevari hac ratione potest, ea vero, quae in medio itinere accedit, recipi, et simul attolli nequit. Atque illa vel peculiaribus pro illa opus esset antliis, atque adeò in magna profunditate, ubi pluribus locis nova aqua supervenit, multiplici opus esset ordine antliarum, quod sumtuosum et incommodum, praesertim cum putei non sint pro multiplicandis antliis satis capaces, nec simul sumtibus maximis amplificari queant. Veniendum ergo est ad inventum meum, cuius ope communicatio cum nova aqua affluente dari utque redimi possit. Nempe follis *A* ope tubi *BCD* facit antliam *DE* sugere aquam ex receptaculo *E*. Eoque suctu aperitur valvula 1, quae est intra antliae ventrem *D*, clauditur verò valvula 2, quae est extra eum. Suctu verò peracto clauditur valvula 1, ne aqua relabetur, aperitur verò valvula 2, ut aqua ex antlia *D* effluat in receptaculum apertum. Verum ut hoc fieri possit, necesse est aperturam ac valvulam 2 esse duplicem, unam ad imum aquae in *D*, alteram ad ejus summum. Praeterea aër externus conabitur magna vi illabi in tubum *CD*, dum aperitur 2, cui remedium à solis valvulis inter *D* et *CD* ponendis nullum. ea enim via, qua sugendo aperiuntur valvulae, etiam aperirentur cessante suctione ab aëre irrumpente.

1) Ebenda S. 236, Note.

Itaque loco valvularum opus est Epistomiis (vel quia periculum est, ne Epistomia corrumpantur Materià sese interserente, vel etiam spatio paulatim aperto ex aëre tractu temporis debito). singularis generis valvulae sunt adhibendae. Ponamus valvulam, quae communicationem facit inter *D* et *C* vel etiam valvulam 1 apertam, cum follis sugit, secum claudere Epistomium 3, quod facit superiorem communicationem ipsius *D* cum aëre externo. id epistomium cum perexiguum esse possit, etiam durabile esse potest. Durante igitur suctu nec aër externus per Epistomium irrumpet, nec per 2, quia valvula 2 tum suctu, tum vi aëris externi clauditur et peracta suctione follis valvula (ut 1) à suctione aperta rursus claudetur à suo elastro, simulque aperietur Epistomium 3 ubi aëre externo in antliam irrumpente. Nihil amplius claudet valvulam 2, adeoque ipsa aperta poterit effluere aqua, sed jam circumspiciendum, quid impediat, ne aër irrumpit et in *CD*. An igitur, dum aperitur 3, claudendum epistomium *CD*: sed quis item aperit tam 3, quam *CD*.

Videndum, an velit Papinus clausum esse *DF*, sed ita non procedit suctio, revera enim externo aëre non admisso per intervalla aër solus infra tubum ingrediens efficeret elevationem. itaque aquam attollet ad primum spatium contiguum (?). si verò apertum sit vas *F*, unde sugitur, non apparet ex Papino, quomodo aqua ex *D* effluat in *F*: claudi scilicet debet communicatio cum tubo longo *CD*, aperiri cum aëre aperto in 3 et 2. Horum cum nihil consideravit Papinus, non potest sufficere ejus descriptio.

90. [Oktavblatt, allseitig beschrieben.]

Reflexion sur la Machine Hydraulique proposée par M. Papin.

La manière de lever l'eau à distance par le moyen des tuyaux de communication, ou il n'y a que de l'air, peut avoir des usages considerables. je m'y suis appliqué moy même et j'ay fait quelque essay en grand il y a deja plusieurs années, ayant fait faire une maniere de souflet pour attirer l'air par des tuyaux de bois, qui descendoient jusqu'au bas de la vallée, on estoit l'eau, et autant que je pouvois juger l'action passait à travers des tuyaux aussi facilement, que si le soufflet auoit esté près de l'eau, mais le diametre du dedans des tuyaux estoit trop gros pour pouuoir servir à des grandes distances.

Mes pensées differoient de celles de M. Papin en ce que les receptacles sont fermés chez lui et tout fait une pièce continue deux tuyaux aboutissant à chaque receptacle, ce qui pourra estre bon pour elever l'eau de quelque riviere ou fontaine au haut d'un chateau ou reservoir, mais pour les mines, aux quelles j'avois principalement egard, il est apropos, que ces receptacles soyent ouverts et communiquent avec l'air libre. Dont la raison est, que dans les mines ou ne tire pas seulement l'eau du plus profond endroit de la mine, mais on la reçoit encor dans les receptâcles moyens par tout, ou on l'a peut découurir par la retenir en haut autant qu'on peut; autrement si on la laissoit tomber en bas, on augmenteroit sans necessité la difficulté de la tirer hors de la mine. Car de vouloir faire des receptacles et des pompes à part pour cette eau, qui se doit prendre en chemin, il y auroit trop d'embarras.

je penserois donc, que les receptacles deuoient estre faits comme ils sont ordinairement dans les mines, et ou ils sont ouverts pour recevoir non seulement l'eau qu'on a elevee, mais encor celle, qui survient des endroits voisins de la mine, qu'on a grand soin d'y mener; dans chaque receptacle il trempe le bas bout d'un tuyau, qui puise cette eau pour l'elever plus haut; comme il y repond encor le haute bout d'un autre, qui y porte l'eau plus basse. Mais il faut, que ce tuyau, qui apporte l'eau de dessous aye en haut une capacité, qui soit close ordinairement, mais qui aye une ouverture par la quelle l'eau ne sorte que pour faire place hors que l'air retournant à sa constitution naturelle reprend sa place dans cette capacité, d'ou le souflet avoit attiré. Mais l'eau en estant sortie dans ouvert, et le souflet commencant de rechef à attirer, l'air l'ouverture se renfermera et une soupape empechera l'air exterieur d'entrer.

J'apprehende que dans les tuyaux fort estroits comme ceux d'un neuvième de pouce que M. Papin propose, l'air n'aille moins viste de beaucoup que le calcul ne porte ayant trop peu de corps à proportion de la surface exposée à un grande friction dans cette grande longueur de chemin, qui seroit faire en ce peu de temps et d'ailleurs n'ayant pas toute la facilité à se diviser. qu'on luy pourroit attribuer.

Ce qui me fait croire que les tuyaux pourroient estre un peu plus gros et tout accomodé à proportion. Mais pour sçavoir les meilleures proportions il faudroit des experiences, afin de pouvoir faire un calcul asseuré de la perte de la force et afin de sçavoir, combien de celle est necessaire à elever le piston ou souflet, surpasse celle qui seroit necessaire à elever l'eau immediatement sous les tuyaux de communication. Ainsi comparant cette perte avec celle, qui se fait dans les communications ordinaires de la force, qu'on obtient par le moyen des perches ou chaines, on puisse juger de l'avantage, qu'on y pourroit trouuer.

Anmerkung. Der von Leibniz in der unter Nr. 74 mitgeteilten Scheda I dargelegte Plan ist nach den obigen Mitteilungen von ihm experimentell geprüft worden, wohl in der Umgegend von Clausthal um die Mitte der siebziger Jahre des 17. Jahrhunderts. Es ist dies der erste Versuch einer Kraftübertragung auf größere Entfernungen gewesen, über dessen Einzelheiten uns leider nichts weiter bekannt ist. Doch hat Papin einen ähnlichen dasselbe Ziel verfolgenden Plan 1688 zuerst und offenbar ohne von Leibnizens Versuchen Kenntnis zu haben veröffentlicht. Beiden Männern gebührt also die Priorität in dieser für die Gegenwart so wichtig gewordenen Frage. Die obigen Zeilen aber werden im Jahre 1688 oder 1689 niedergeschrieben sein.

91. [1 Blatt in 4°, auf beiden Seiten beschrieben.]

Im Uebrigen haben diese saugenden Windkasten bey Wasserkünsten den Vortheil, dass der wiederstand gleich gross, man hange soviel sätze daran, als man wolle. Nur nachdem derselben mehr, wird die lufft langsamer ausgepompet werden und die röhre wasser saugen, daher man es dann nach der Krafft, so man hat, stimmen kan, damit der gebührende effect erreichet werde. an dem windkasten kan man sehn, ob er zu geschwinde gehet; wenn er einmahl weniger, als das andere lufft ausbläset, so geht er zu geschwind, ehe ihm von der ansaugenden Lufft genugsam kan geholffen werden. Ferner findet sich, dass er nicht genugsam Wasser bringet oder gewaltiget; wenn man Wasser gehen machet, so muss man den Hub oder windkasten eher vergrössern, dass wenn er zum angriff komt, nachdem nehmlich die Lufft sich meist gleich austhente, auff einmal desto mehr lufft auspumpe. Dass man Zeit lasse der Lufft, in den langen röhren sich überall gleich zu vertheilen, dient auch dazu, dass sie bey allen sätzen gleichen Effekt thue und überall gebührend sauge, sonst würde an den oberen mehr als an den unteren und entfernteren, als deren Lufft anfangs nicht genugsam ausgethent, gesauget werden. Solte man finden, dass das intervallum temporis zu lange seyn wolte, müssten die röhren desto weiter seyn. Es müssen experimenta gemacht werden, wie geschwinde die Lufft vi elateris proprio von einem orth zum andern gehe und sich vertheile. Wenn kein Krafftverlust sich bey diesen machinis finden soll, so muss der windbalg so viel wasser ohngefehr 30 lachter hoch heben, als vom embolo aus dem windkasten in werender Zeit herausgetrieben würde, wenn er voll wasser wäre, und danach ist so viel thunlich die sach zu stimmen, denn in der that mus der embolus so viel lasten, nehmlich incumbentis aëris, aussstehen, als ob er soviel wasser brächte. solte aber ein solches nicht zu erreichen seyn (wie denn etwas abgang seyn muss), so wäre solcher abgang gegen denjenigen, welcher bey denen in Distantz operirenden Feldkünsten sich findet, zu balanciren.

Man köndte noch sich hier sowohl als bey den gemeinen Wasserkünsten einer excellenten Methode bedienen, da durch quecksilber alle frictionem und Liederung abschneidet; zumahl bey dem einfachen Kasten, so continuirlich aus den rohren sauget, blieb zwar die kleine auswendige Liederung, dass die Zugstange gedrange gehe, als welches von keiner importanz; wiewohl es noch mit Quecksilber zur perfection zu bringen, da dann dessen sehr wenig vonnöthen. Vor dem embolum selbst aber wäre es hoch nuzlich; solcher gienge inwendig verschlossen im Kasten, und wäre also das Quecksilber auch verschlossen; man kan noch bey dem auswendigen gewisse Dinge drüber schütten, ohne das verschliessen, so wohl geschehen kan, damit das Quecksilber desto weniger zu observiren seye. ich weis nicht, ob ein festes Saugen sowohl durch Hähne, als Klappen zu wege zu bringen, weil die Hähne sich nicht andrücken. Es wäre dann vermittelst einer schraube, dass die Hähne zugiengen und würde im Zudrehen enger mit einer feder oder leder in der Schraube.

wenn der Embolus *a* im windkasten in die Höhe gehet, pumpet er die Lufft auss der Röhre *bcde* und diese per consequens aus dem saze *fgh*, vermittelst der communicationsröhre *lm*. Der saz ist bey *f* und *g* aniezo zu, bey *m* und *h* aber offen, also dass er bei *m* mit *de* bey *h* aber mit dem Wasser im druntenstehenden sumpf communiciret und also den Saz fast bis an *m* voll wasser ziehet. wenn nun das wasser fast *m* erreichet, hebet es etwas, so im Wasser schwimmen kan, in die Höhe, so einen Hahnen umbdrehet, dadurch auff einmahl *m* geschlossen und *f* geöfnet wird, so kan durch *f* die freye lufft hier ein. Dann thut sich auch die Klappe *g* (so auswendig) auff und laufft das Wasser auss dem Mörser *fg* in den sumpf *n*, weilen unterdessen eine Klappe über *h*, so innewendig in der Röhre *gh*, geschlossen und das Wasser nicht wieder herunter nach *h* fallen könne. Es muss aber *fg* nicht hoh, sondern mehr breit seyn, damit wenig Höhe, so das Wasser vergebens gehoben wird und wieder darauss in den sumpf gehoben werden muss, verlohren werde, desgleichen muss auch der Sumpf breit seyn. *m* aber und *f* können etwas höher seyn, als das übrige *gf*, auch *g* etwas niedriger, als das übrige, gleichsam als ob *gf* oben und unten etwas spizig und eng. Wenn nun das Wasser fast ganz aus *gh* heraus gelauffen, dann mus erst durch Herabsteigung eines gewissen corporis mit dem wasser der Hahn wieder, wie er zuerst gewesen, gedreht werden. posito nun, dass dieses mit dem Hahnen oder dergleichen zu practiciren, so wäre sonderlich noch eine caution nöthig zu verhüten, dass nicht viel Krafft verlohren gehe, nehmlich wenn die Lufft nicht geschwind genug von *d* nacher *b* kommen köndte, würde vergebens seyn, dass unterdessen der embolus *a* öffter auff und abgienge, alss nöthig, dann wenig lufft auss *d* nach *b* kommen, so hilfft sie dann *a* wenig in die Höhe zu kommen und muss er also ohne gegen Hülffe die antreibende Lufft überwinden, daher die Bewegung so langsam seyn muss, dass die Lufft zeit habe hin zu kommen und zu helffen, nicht nur, wenn man iedes mahl so lange abwarte, bis die Lufft sich überall fast gleich vertheilt und dann der Zug auff einmahl zuletzt desto stärker wäre, würde am wenigsten Krafft verlohren, hingegen müste der windkasten fein weit seyn, oder der Hub gross, dass er en recompense hernach desto stärker angriffe, wäre also guth, wenn die Kunst wie beym krummen Zapfen ein guthes Theil der Zeit gleichsam ledig ginge.

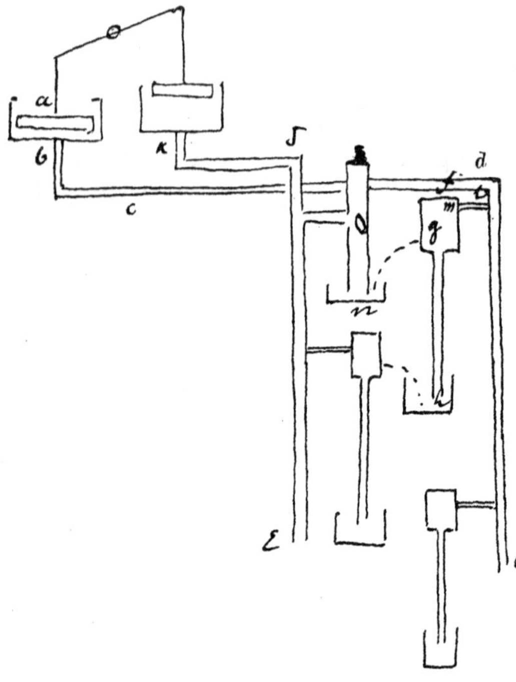

Fig. 116.

Ferner wird nöthig seyn, dass die Hahnen gleichsam in einem Augenblick und vermittelst einer feder, nach dem über einen gewissen terminum das Wasser kommen, gebührend gestellt werde, denn sonst möchte die stellung des Hahnen durch das wasser auf halbem wege bleiben.

Es ist noch zu consideriren, dass sich wasser allmählig in den Lufftröhren samlen wird, so abzuzapfen. Es ist auch zu consideriren, dass alles durch einfache röhren zu thun, dass die andere κδε nicht nöthig, denn wenn der eine embolus niedergeht, so gehet der andere auff und die niedergehende Communications Klappe mit den röhren dort zu, nicht der freyen Lufft auff, also dass er die zuvor geschöpfte röhrenlufft in die freye Lufft austreibt, des auffgehenden Emboli aber communicationsklappe mit den röhren gehet auff, mit der freyen Lufft aber zu, damit er wieder etwas aus den röhren schöpfen könne. Nehmlich wenn der embolus *b* aufgehet nacher *l*, geht die Klappe *c* inwendig auff, die Klappe *d* auswendig zu, die Klappe *f* inwendig zu, die Klappe *e* auswendig auff, so wird die Lufft zwischen *b* und *e* ausgetrieben durch *e* in die freye Lufft und aus der röhre *mnp* durch *cg* in das spatium *cb* andere lufft gesauget. Hingegen geht der embolus wieder nieder, so geht *c* nieder, *d* auff, *f* auff, *e* zu und wird die Lufft zwischen *b* und *d* durch *d* ausgetrieben in die freye Lufft und aus den Röhren *mnp* durch *hf* in das spatium *be* andere Lufft gesauget. Es muss aber der ausgang des Windkasten *l* geliedert seyn, damit die Zugstange *ab* alda gedrange gehe und keine Lufft einlasse.

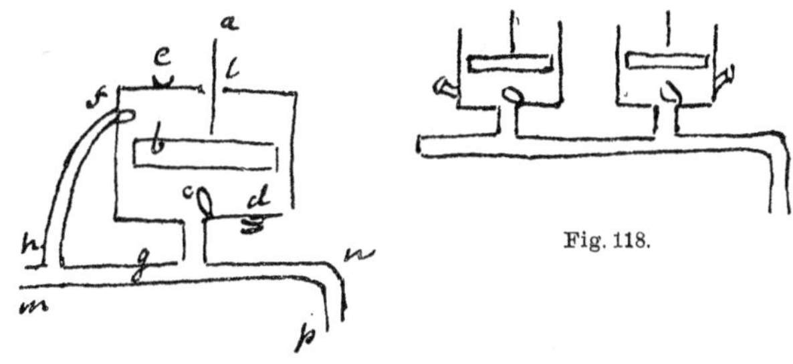

Fig. 117.

Fig. 118.

92. [Kleines schlecht geschriebenes Blatt.]

Blasebalg, Sprize oder Pumpe, mit einem einfachen stiefel, so allezeit zu einer röhre hinauss in einem strahl im hin- sowohl, als hehrziehn Wind oder Wasser giebet.

non inelegans Machinamentum jactus continui ex simplici vase a me nuper excogitatum.

Stiefel oder Kasten ⊙, Ziehestange *ab*, embolus *b*, so geliedert, desgleichen auch der eingang des Kastens *c* dadurch die Zugstange *ab* gehet. Vier Klappen *e*, *n*, *p*, *h*. stosset man nun den embolum *b* hinein, so gehen die Klappen *n* und *e* auff, aber *p* und *h* zu; und weil der Kasten in Lufft oder Wasser stehet, so ziehet sich solches durch *n* hinein und vermittelst der röhre *ef* gehet es zu *f* hinaus. Ziehet man aber *b* wieder zurück, so gehen *p*, *h* auff, aber *n* und *e* zu; und wind oder Wasser gehet zu *p* hinein, aber durch die nebenröhre *hmg* nach *f* und da ferner, wie zuvor, hinauss. Man solte meinen, die Klappe *h* wäre unnöthig, alleine wenn solche nicht da wäre und man triebe den embolum *b* hinein, nacher *e* zu, so würde das wasser *eb*, so durch *ef* hinauss etwa hoch oder weit getrieben werden sollen, lieber per circulum und folglich durch *eghm* wieder hinein in das spatium *cnb* gehen

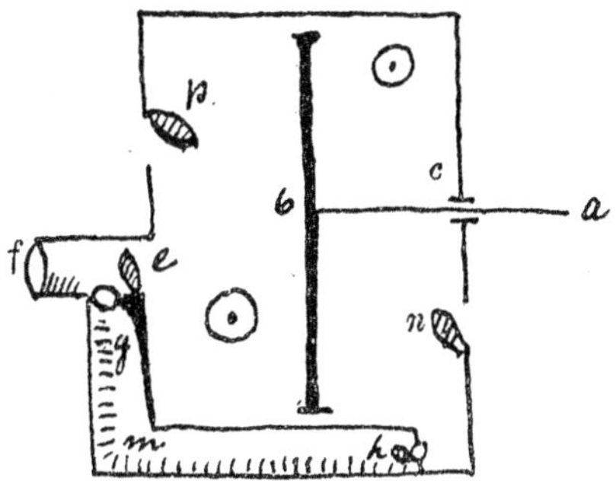

Fig. 119.

und solches wieder füllen, auch *n* zu schliessen, also das Wasser nicht recht zum Kasten hinauss, sondern, welches leichter, im Kasten nur herumbtreiben, wiewohl gleichwohl der conceptus impetus ein theil des Wassers zu *f* hinauss treiben würde, so würde der effect nicht sicher, noch vollkommen seyn.

[An der Seite ist die folgende Notiz angefügt.]

Not. man wolte die Kunst noch mehr verdrehen, dass die Lufft nur zu einem loch bey *n* eingienge, massen in dem recessus *r* 2 Löcher seyen *n*, so geht in das spatium *bc* und *i*, so da gehet in die röhre *ptv*, so die Lufft herein führete, in das spatium *bc* und *ih*

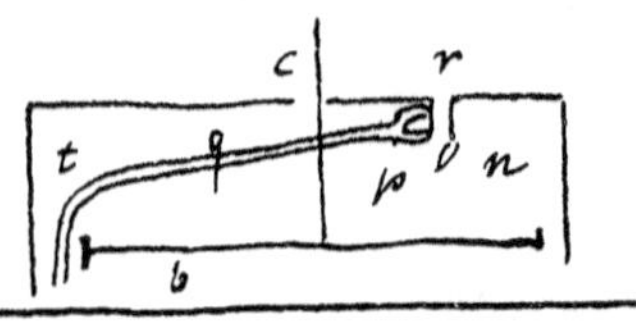

Fig. 120.

[das übrige unleserlich].

Anmerkung. Diese von Leibniz entworfene Gebläsemaschine oder Pumpe ist neuerdings häufig in der Technik angewendet. Von ihm selbst ist sie nicht zur Ausführung gebracht worden. Sie ist von mir besprochen in Berg- und Hüttenmännische Zeitung. 1900. Nr. 27 und 28.

93. [Kleines Blatt.]

Antlia. Rudbeckius[1]) ait, se invenisse machinam, quae aquam elevare possit ad 80 pedes sine ullis valvulis simplicissima ratione. Ego id puto fieri posse per Hydrocontisterium[2]) frictionis expers à me inventum. nescio autem an idem sit inventum Rudbeckii. circa hoc hydrocontisterium quaeri potest, ad quantum altitudinem aquam possit elevare. Scilicet tandem pondus tarditatem aquae vincit. item quaeri potest commodissima rotarum dispositio, ut neque se tangant, sed procedant vel subsequantur; et quam minimum inter se spatii relinquant.

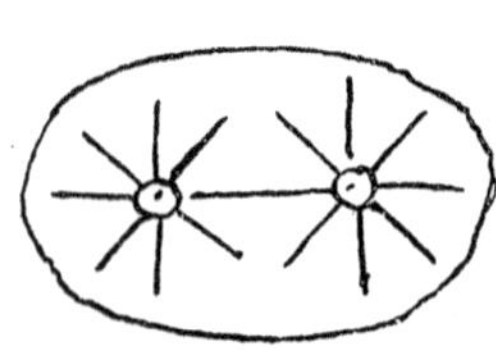
Fig. 121.

Anmerkung. Ein Zettel aus Leibnizens Nachlaß mit dem Datum vom Januar 1678 enthält die Beschreibung des Wasserriegels des Prinzen Ruprecht von der Pfalz, ein ebensolcher vom November 1678 unter der Überschrift Novum Hydracontisterium die Beschreibung der Pappenheimischen Kapselkunst[3]), der Leibnizens Entwurf sehr nahe kommt. Nun ist aber diese Kapselkunst bereits im 13. Teil der Erquickstunden von Schwenter, die 1636 in Nürnberg erschienen waren, abgebildet und beschrieben, einem Buche, welches Leibniz anderweitig erwähnt, welches er also gekannt hat. Wenn er deshalb die in obiger Skizze dargestellte Figur eine von ihm gemachte Erfindung nennt, so kann er damit nur die Anordnung der Räder meinen, die Schaufelräder gewesen zu sein scheinen, während sie bei der Pappenheimischen Kapselkunst Zahnräder waren. Die

1) Rudbeck war zu Arosa in Westmanland 1630 geboren und starb 1702 als Professor in Upsala. Die betreffende Schrift ist 1653 in Arosa erschienen unter dem Titel Nova exercitatio anatomica exhibens ductus hepatis aquosos. Auch in Marget Bibliotheca anatomica. vol. II. S. 700. 2) Wasserriegel oder Kapselkunst.

3) Beide sind abgebildet in Gerland und Traumüller, Geschichte der physikalischen Experimentierkunst. Leipzig 1899. S. 215 ff.

Kapselkünste sind neuerdings häufig in Anwendung gekommen, so der Wasserriegel als Gebläse an der Dynamomaschine von Thomson-Hauston, die Pappenheimische als schnell laufende Pumpe etc.

94. [Kleines Blatt 8°. Gut geschrieben.]

29. April 1685.

Es solte scheinen, ein seil, welches lang, reisse mit gleichem gewicht nicht so leicht, als ein anderes, so kurz und ebenso dick und stark. Dieweilen die tensio oder spannung in mehr partes vertheilet wird in einem langen seil und also jedes theil eines langen seils bey weitem nicht mit gleichem Gewicht so viel gespannet als iedes theil eines kurzen, daher auch das lange nicht so sehr nothleidet. Denn wenn man ein langes seil einem kurzen gleich spannen will, dass es oben den Thon oder laut bekommt, muss man umb soviel mehr gewichte geben. Dieses nun ist theoretice ganz gewiss und ohnfehlbar, wenn das lange seil überall gleich stark ist. Alleine wenn man sezet, dass ein theil schwächer, als das andere (wie denn solches in praxi nicht zu vermeiden), so komt es auff eins hinauss, das seil sey lang oder kurz, wenn ein gewichte daran hanget; denn nicht nur das gewicht, sondern auch die feder oder Spannung der anderen theile arbeitet gegen das schwächste, dahehr obschohn das gewicht die Krafft nicht ganz auff jedes theil wenden kan, so macht doch der gespannten theile widerstand per suam vim Elasticam, dass jedes theil insonderheit von der ganzen Krafft gleichsam alternative angegriffen wird und also das schwächste überwunden wird. Weil nun ie länger das seil, je grösser der unterschied der theile und ie ehe ein allerschwächstes darunter, so pflegen auch lange seile ehe zu reissen, als kurze.

95. [$1^1/_8$ Blatt in 4° gut geschrieben.]

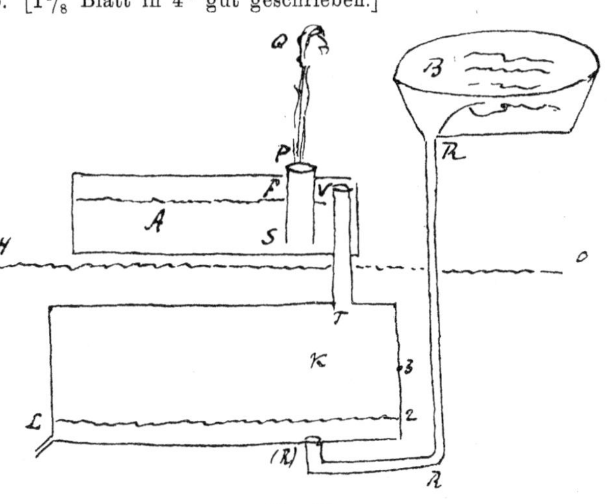

Fig. 122.

Ohne räder oder Druckwerck und dergleichen gewalt, durch blosse geschirr und röhren zu wege bringen, dass das wasser höher springe, als der behälter, daraus es geflossen. Behälter *B*. Horizont oder Boden *HO*. Noch unter dem Boden in einem Keller ie tieffer, ie besser, doch dass man darauss einen abfluss oder abzug haben könne, stehet ein wohlverschlossener Wasserkasten *K*, darin das wasser aus dem Behälter durch die röhre *RRR* fället und weil solcher keinen ausgang hat, als durch die röhre oder tubum TV, so wird dadurch das wasser in dem andern Kasten A, der so hoch über dem Boden stehen kan, als man will (nur dass er allezeit aus dem Behälter oder sonst mit wasser würde angefüllt werden können) durch die Sprüzröhre SP heraus zu schieben und zu springen gezwungen. Es mus aber V höher seyn, als das wasser im Kasten A, hingegen P mus fast auff des Kastens A boden ruhen. Der Wasserkasten A hat keiner ordinären öffnung nöthig, als bey P, damit frisch wasser hinein lauffen könne, welches aus dem Behälter B oder anders wo hehr kommen kan. Und darff also vorn nicht geöfnet werden, als wenn er gesäubert werden soll; hingegen der Kasten K mus noch ein loch oder öffnung haben L, damit das wasser so bald der kasten voll, abgezapfet werden kan, und ist dienlich, dass man unterdessen das Loch R könne zu machen, damit in wärendem abfluss kein neues wasser hinein fliesse.

Soviel B höher ist, als die superficies des wassers im Kasten K, umb soviel kan das wasser im Kasten A über seine superficies F hinaus getrieben werden, welches praecisè zutreffen würde, wenn SPQ eine röhre wäre; wenn es aber aus P bis Q in freyer lufft sprüzen soll, geht ein ziemliches ab. Nachdem die sprüzung FQ hoch sein soll, mus die lufft in $KTVFP$ stark gepresset werden. gesezt zum exempel die Höhe von B bis 3 sey etliche dreissig schuh und wenn das wasser in K bis 3 gestiegen habe, sey die lufft in die helffte gepresset, so kan SF wohl 25 schuh hoch werden. Und ob gleich das spatium der Lufft im Kasten A immer grösser wäre, so wird es hingegen im Kasten K immer kleiner, kan also der Abgang den Zugang compensiren und das wasser in einem springen bleiben (ausgenommen, dass soviel von PQ abgehet, nun noch ein wenig drüber als die superficies des Wassers 3 in K aufsteiget), bis der Kasten K voll wird.

Damit aber das springen continuirlich unterhalten werde, ohngeacht man den Kasten K abzapfen und den Kasten A wieder anfüllen muss, so wäre dienlich, dass die beyden Kasten mit ihren röhren nehmlich $KTVAS$ zweymahl da seyn und die beyden springröhren in einem Ausgang P zusammen kommen, da dann in werender Zeit, dass am Kasten A abgezapft wird, der andere springen könne. Und dergestalt in werender Zeit, dass der eine springet, werde der andere bereits in etwas angefüllet, damit die lufft in ihm recht zusammengepresset werde; die röhre R aber kan beyden wasser geben.

Der Kasten A wird aus dem Behälter oder sonst mit Wasser angefüllet, also dass eine Klappe für der röhre inwendig des Kastens sich schliesset, wann nehmlich die lufft gepresset wird und das wasser springet. wenn aber die Pressung der lufft aufhöhret, thut sich die Klappe auff und laufft frisch wasser hinein. Inzwischen springt der andere Kasten A.

Diese beyden subjectiones sind nur bey diesen werck, erstlich dass man eine tieffe abzucht haben mus vor den Kasten K, so nicht überall thunlich. Vors andere das in werdendem springen eine Person im Keller auff die Wasserkasten achtung haben mus, solche wechselsweise abzuzapfen.

Den wasserkasten A köndte man neben das behälter oder reservoir sezen und in gleicher höhe mit dessen Boden, so wäre es schwer und wunderlich, dass ein behälter dass wasser über seine superficiem hinaus sprüzen machte.

Man köndte auch dergestalt die subjectionem des tieffen Brunnens mit der abzucht ganz abschaffen, wenn man nicht will, dass es höher sprüzen soll, als der Behälter sonst ohne dem sprüzen machen kan und dergestalt käme ein artliches inventum heraus, dass man zu Herrenhausen ganz oben auff dem orth das wasser köndte in die lufft springen lassen; wenn nehmlich die Kastens K in einem verschlossen, als zum exempel an der grotte dem Boden gleich: was aber die Kastens A wären, solche ganz zu oberst des hausses und unter einem Bassin, darein das heraus geströmte Wasser meistentheils wieder fiele und also in die Kastens A wieder lieffe. Doch müste anfangs in dem Bassin etwas überflüssiges seyn, den abgang zu ersezen. Und hernach unter der hand wieder frisch wasser in die Bassins von dem Küchen gehende oder dergleichen voll hinauffgepompet werden, welches ohnedem überall im Hause, sonderlich gegen feuer dienen kan.

Sonsten durch diese inventionem spiritalem kan man das Wasser noch ohne einigen fall springen machen, so hoch man will, mit gewalt der pferde oder dergleichen, so man alsdann, wenn es nöthig umbgeben und damit lufft pressen lässet.

Anmerkung. Die Arbeit ist offenbar angeregt worden durch die Anlage der Wasserkünste in Herrenhausen, wie solche damals als Nachahmung der Versailler von vielen deutschen Fürsten auch anderwärts eingerichtet wurden. Wie hier wurden und werden auch dort zum Pumpen des Wassers Wasserräder, zum Emporschleudern Druckpumpen mit Windkesseln angewendet.

96. [1 Blatt in 4°.]

Pour estimer la hauteur des jets d'eau je pose pour principe, qu'un jet d'eau jailliroit precissement aussi haut que le hauteur de reservoir, si rien d'externe l'empechoit. Cecy est un theoreme, que je pourrois demonstrer en cas de besoin. L'empechement ne peut venir que de deux causes; le canal par ou il sort et l'air ou milieu, par lequel il se repand. Mettant le canal ou tuyau apart à present; je dis que l'eau trouve quelque resistance à chasser pareil volume d'air de sa place. Cette resistance est d'autant plus grande, que le mouvement est plus viste, et cela pour deux raisons, l'une qu'un corps qui pousse, un autre perd de sa vistesse à proportion du corps, qu'il pousse. C'est à dire la somme des mouvemens est la même apres, et par consequent, si le premier corps est a, le second b, la vistesse seconde sera à la première, comme est a à $a+b$, donc la première estant V, la seconde sera $\frac{a}{a+b}V$ et la difference ou perte sera $V-\frac{a}{a+b}V$ ou $\frac{\overline{(aV)}+bV-\overline{(aV)}}{a+b}$ ou $\frac{b}{a+b}V$, qui est proportionnele à V, car si (V) estoit double de V, $\frac{b}{a+b}(V)$ seroit double de $\frac{b}{a+b}V$. En second lieu cette resistance est d'autant plus grande, que l'eau rencontrera plus d'air à chasser; or l'air à chasser est proportionel à la hauteur du jet; donc: les pertes seront en raison composée de celle des hauteurs et des vitesses. Mais je voy deja la vitesse compliquée dans la hauteur. L'estime exacte de cela est assez compliquée. il faut considerer la vitesse, avec laquelle l'eau sort privant une goutte à part la diminuation perpetuelle de cette cause de la diminuation de la vitesse même. Et nous determinerons par la jusqu' à ou ira une goutte d'eau poussée par une certaine force; par exemple tombant à une certaine hauteur. Vouloir determiner la hauteur des jets d'eau est la meme chose, que de vouloir determiner jusqu' à ou remontera une pendule. Et celuy qui donnera l'un, donnera l'autre. Cela se peut determiner parfaitement supposant certaines experiences, mais le probleme estant purgé de la physique et reduit à la pure geometrie est bien difficile.

Anmerkung. In der Tat hat der erste, der für die Sprunghöhe von Springbrunnen eine Formel aufgestellt hat, hat Mariotte sie auf Versuche gegründet. Er teilte sie mit in seinem 1686 erschienenen Traité du mouvement des eaux. Da Leibniz sie nicht erwähnt, so wird man annehmen müssen, daß er die obige Notiz vor 1686 niedergeschrieben hat.

Benutzung der Windkraft.

97. [Zettel von Leibnizens Hand.]

Vernae domestili commodissima et pulcherrima ratio ingens habeatur cupa, cujus embolus in insertione tenui hydrargyro plena liberrime excluso 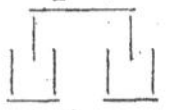 tamen optime aëre externo moveatur. Ea cupa potest esse vasta, et bene firmata, cujus embolus continuo descendendo rotam vel, quid vis agere potest, ipso verò vi venti planitiem [?] in tecto circumagentis rursus attollitur. Atque ita semper (excepta diutula malacia aëris) habebimus molendinum robustissimum, quod saltem interdum agere in domo possit. Pro certo habeo, si pro aëre exhausto adhibeatur compressus aër, et non tantum venti sed et ipsius thermometri pariter et barometri operationes hac ratione conjungantur, posse Molendinum magnum perpetuum obtineri. imo fortassè hoc sine accedente vento praestare licebit, cum mutationes caloris frigoris magnae quotidie contingant. sed magna vasis contenti atque Emboli tantam potentiam coercentis robore est opus. Majus adhuc aliquod praestari poterit, si haec magna vis faceret [?] ingens vacuum sub aqua, quae ipsa lente comprimat vento vicissim deducente NB.

Anmerkung. Es ist darauf aufmerksam zu machen, daß, wie Leibniz daran dachte, die Druckluft zur Kraftübertragung zu verwenden, er auch mit Hilfe des Windes häusliche Arbeiten etc. zu verrichten in Aussicht nahm, wie man es jetzt mit Hilfe elektrischer Sammler in der Tat ins Werk gesetzt hat. Die Schwankungen des Thermobarometer würden sich für diesen Zweck als nicht ausreichend herausgestellt haben, der Vorschlag erinnert an die Thermobarometer Drebbels oder Guerickes, die ja als Perpetuum mobiles betrachtet wurden.

Krummzapfen.

98. [1 Blatt 4°.]

Wenn durch krumme Bewegung etwas in gerader Linie gezogen oder gehoben werden soll, so ist die arbeit in werendem umbgang ganz ungleich, wie man an den Kurben, Krickeln, manivelles oder bey dem Bergwerck so genannten Krummzapfen siehet. Als gesezt die Kurbe oder Handhabe *abc* werde umb ihre Axen *Bd* herumb bewegt und ziehe den angehengten Bleyel bf samt gestänge mit sich, so ist der Zug anfangs von $1b$ bis $2b$ sehr gering. Hernach wird er immer stärcker und wachset so, wie die sagittae umb be arcubus $1b\,2b$ uniformiter licet crescentibus. Weil nun solches bey etlichen Künsten schädlich, welche wie sie den schwung verlohren und an dem orth stehen bleiben, da es am Hartesten hält, hernach eine mehr als sonst nöthige Krafft erfordern, umb wider in gang gebracht zu werden, als habe dahin gedacht, ob durch eine gewisse application der Zug zu vergleichen. Dergleichen stehet auch zu fragen, wenn ein rad das andere führet, es sey gleich, dass sie in einem plano der perpendicular auf einander: insgemein wird die Vergleichung des Zuges zu wege gebracht durch die Vermehrung der Zähne oder angreiffende arme, denn ie mehr derselben, ie mehr wird der Zug verglichen. Es können noch allerhand quaestiones compositae vorfallen, als zum exempel, wenn nicht nur allezeit ein gleicher Zug, sondern auch eine gleichförmige Hebung der auch im Zirkel steigenden Last gesucht wird, als gesezt der krumme Zapfen AB solle mit dem Bleyel BC ein halbes kreuz $FEDLG$ schieben und umb L herumb und also einen langen Baum GH, so bei H mit einer Last beschwehret haben. fragt sichs, wie EF vor eine Linie seyn solle, damit das centrum gravitatis der Last GH in werendem Zug alle Zeit gleichförmig aufsteige, also dass die auffsteigungen des gedachten Centri Gravitatis dem Theil des umbganges, so der Krummzapfen bei B verrichtet iedesmahl proportional sey. Nun bleibt der Bleyel BC allezeit in einer Linie, denn seine aussschweifung oder Circularbewegung ist bey C nicht zu constatiren, zumahl C etwas lang, und gehet also C immer fast in einer Linea recta hin und hehr.

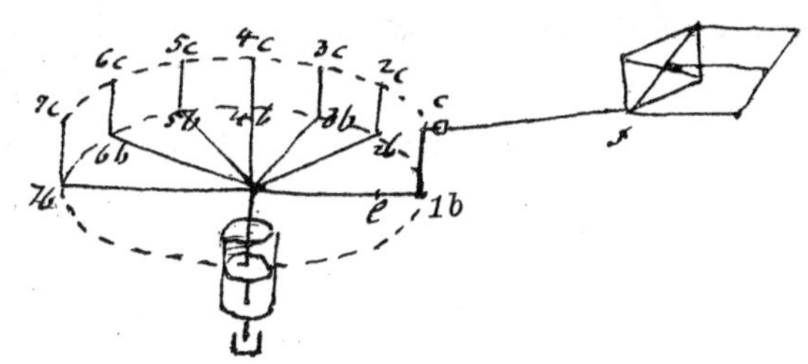

Fig. 123.

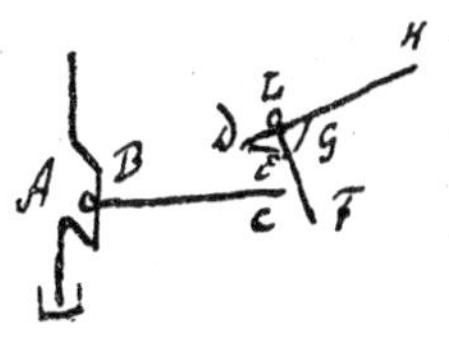
Fig. 124.

99. [2 Seiten 4°, jede zum Teil beschrieben.]

Aus dem Centro A werden mit dem radio AB oder AD, welche zusammen einen rechten winkel machen, die octantes BC und DE beschrieben. umb des octantis sinum EF beschreibet man einen circulus und theilet dessen semicirculus EHF, EGF in gleiche Theile einen, wie den andern, mit 1, 2, 3, 4, 5, 6, 7, ziehet dann 1 und 1, 2 und 2 etc. zusammen und bezeichnet die Punkte 11, 12, 13, 14, 15, 16, 17, da der diameter durchschnitten wird. Nun AJ und BK theilet man in eben soviel gleiche Theile, als man den halben Zirkel EHD getheilet hat mit den Punkten 21, 22, 23, 24, 25, 26, 27, zieht die Linien 21 und 21, 22 und 22 etc. zusammen, so den Octanten BC durchschneiden in den Punkten 31, 32, 33, 34, 35, 36, 37, die tragt man auff den andern Octanten ED mit, mit 41, 42, 43, 44, 45, 46, 47. Dann E bringt man umb das Centrum A nach 41 und ziehet die Linie 41. 11, ferner 41.11

bewegt man umb A herumb nach 42 (12) und zieht die Linie (11) 12, dann 42 (11) 12 bewegt man nach 43 (11) (12) und ziehet die Linie (12) 13, und also bewegt man 43 (11) (12) 13 nach 43 (11) (12) (13) und zieht (13) 14 und so fort, so bekomt man eine krumme Linie (11) (12) (13) etc. Wenn nun der krumme Zapfen den Zirkel 1 2 3 4 5 etc. beschreibet und seine Bleyel in der geraden Linie 11, 12, 13, 14 etc. fortgehet, so schleiffet sich der Däumling des armes AE mit einer krummen Linie an dem Bleyel hin und, wenn die Bogen E 1, 12 etc. gleich, so sind die Elevationes des gewichtes B, nehmlich B, 21; 21, 22; 22, 23 etc. auch gleich und also die revolutiones des motoris den elevationibus der Last proportional. ie näher nun die puncta 1, 2, 3 etc. item 21, 22, 23 etc. beysammen, ie genauer wird die Linie beschrieben, welches aber Mechanicum.

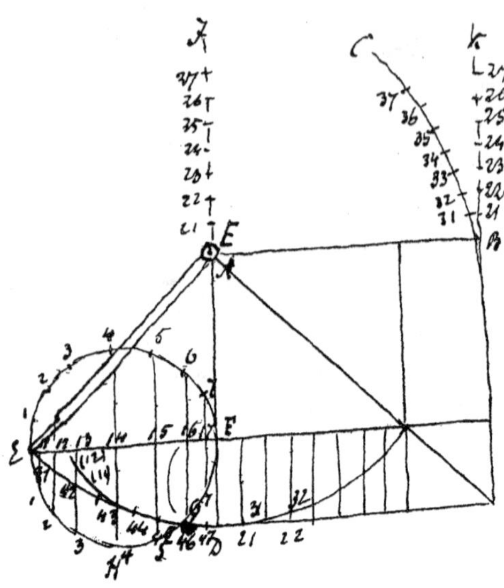

Fig. 125.

Ihre naturam aber geometrice zu consideriren [das Folgende ist ausgestrichen, dann heißt es weiter:] Putat autem 12 13 et (12) 13 non esse aequales, nec F. 13, nach A. 13 curvam tangere. Tota res eò redit breviter, regula GH semper manens perpendicularis ipsi EF, movetur certa quadam celeritate ab E ad F.

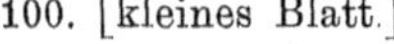

100. [kleines Blatt.]

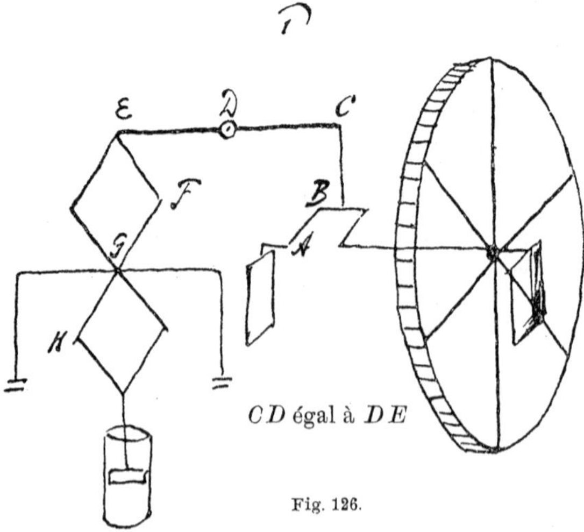

Fig. 126.

Quant à la force et resistance essentielle ces trois machines 1, 2, 3 sont equivalentes.

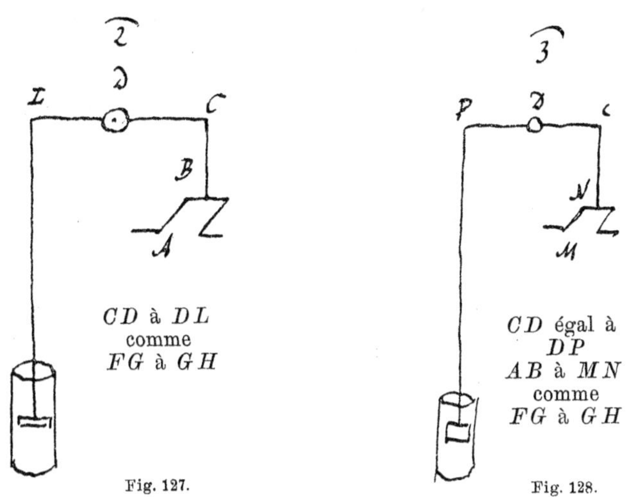

Fig. 127.

Fig. 128.

Wasserhebung mittelst der Kraft des Windes.

101. [4 Seiten 2°. Ziemlich gut beschrieben.]

Oben rechts hat Leibniz bemerkt: Habe es besser ausgesonnen in Scheda 20. April 1685.

Windtmühlen, so das Wasser bey bergwercken aus tieffen gruben ziehen sollen, haben diese schwührigkeit, dass sie bey starken Wind das Gestänge alzu geschwind umbgehen machen, dahehr leicht etwas reisset, bey schwachem Winde aber haben sie nicht Kraft genugsam, und dafern man nur lange schwingen brauchen will, daran der Bleyel bald weniger oder mehr nahe bey dem centro oder Walze der Schwinge gehanget und also der Hub gemindert oder gemehret wird, so gehet der Kolben in den Mörsern der Pumpen oder size, alzu langsam, und verliert das wasser wieder. Dem nun vorzukommen habe endlich diesen Modus ausgesonnen, welcher meines ermessens der vollkommenste, so einmahls in Vorschlag seyn.

A flügel der Windtmühle, so in der liegenden Eichenen welle *AB*, deren Zapfen *B*. deren angewege unter der welle *C*, alda eiserne Stäbe in die Welle geleget, so auff einem harten sandstein gehen. Das angewege unter Zapfen *B* ist *D*, alda der Zapfen in einem pfosteisen gehet und von einem wangeisen wieder gehalten wird, dass er sich nicht hebe. Auff der Welle (ohnweit *B*, alwo sie aber $1^1/_2$ schuh leicht dick, auch wohl bis auff einen schuh auszuründen stehet) gehet ein eisern Seil *EFGHLE*, so von der welle *E* unter die rolle *F*, von dannen auff den Korb *GH* geführet wird, davon zurück auff die rolle *L* und von solcher wieder nacher *E* komt. Die beyden rollen *F*, *L* sind an einem angewege *MN*. Der Korb aber *HGPQ* ist an der stehenden Welle *RS*, deren oberer Zapfen *R* in einem angewege *TT*, der andere aber *S* in einer pfanne, darin eine stähline platte geleget, umbgehet. Der Korb besteht aus einem radt *Q*, etwa von 10 schuhen, von welchem büchene stangen auffwerts zusammen nacher *HG* gehen und alda in die stehende Welle befestiget seyn. Nachdem man nun die Kette hoch oder niedrig im Korb henget, als bey *p*, gehet die stehende Welle geschwind oder langsam umb und daher muss das angewege *MN* beweglich seyn, damit man die Kette spannen oder damit nachgeben könne. Es sind wohl umb die liegende Welle herumb bey *G*, als in die Stangen des Korbes quehre Eiserne zacken oder welches besser, gabeln, wie solche bey den Winden der Hafen seyn gebräuchlich, eingeschlagen, damit das seil nicht darauff rutsche. γ ist das Bremsenrad, damit die Windtmühle zu hemmen. wenn die Flügel umbgehen,

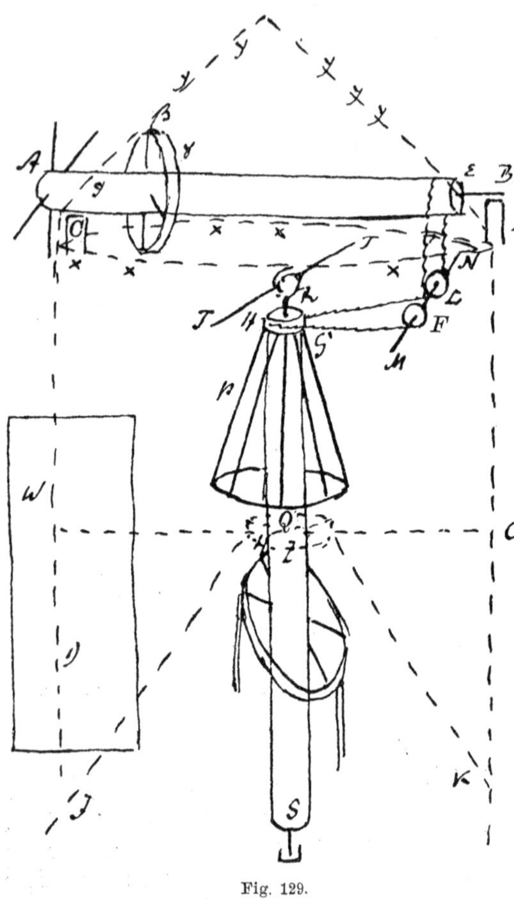

Fig. 129.

1) Hat Leibniz in die Figur geschrieben und bemerkt dazu unter dem Texte: Anstatt des Korbes kann man etliche scheiben übereinander setzen, immer eine kleiner, als die andere, darin eiserne gabeln *V*, worinn das seil gehe, ingeschlagen, das Angewege *TT* würde am besten der Welle *AB* parallel seyn, weil der zapfen *R* solchen weg hin von dem seil *FGHL* gezogen wird, und das angewege der rollen, nehmlich *MN* kan mit Hülffe des angeweges *TT* besser befestiget werden, und weil von seil das angewege *TT* hin nach *B*, aber *MN* hehr nach *A* gezogen wird, so halt eins das andere. An den Zapfen *B* köndte noch eine gegossene Scheibe, so etwa eines halben schuhs im diametro, darin die Gabeln gegossen, so hätte man desto mehr Veränderungen.

so gehet die Welle *AB* samt den angewegen *CDTMN* und rollen *FL* mit umb, als welche alle im Dache oder umbgehenden Häuslein fest, die stehende Welle aber als in der Mitten wehret ihren Umbgang, wenn sie von den Windflügeln getrieben wird, stehen aber die flügel still und man drehet die Mühle umb, so muss von dem eisernen seil entweder die stehende Welle umbgezogen und also die ganze Kunst beweget werden, so erfolget, wenn die flügel gebremset; oder wenn die flügel frey, so wird die liegende Welle, mitsamt den flügeln im umbdrehen in etwas umbgezogen, gleich wie solches anizo bey der Mühle, so ich zum Clausthal bauen lasse, geschieht, alda ein Driliz in der liegenden und ein Kammrad in der stehenden Welle.

Sonst hat man alhier die wahl entweder das Dach *xy* (daran alles fest ist, so im umbdrehen mit herumbgehen muss) auff das unbewegliche Hauss *JWXOK* zu sezen, dass es vermittelst rollen auff *xx* umbgehe, oder aber ein beweglich häusslein zu bauen *ZWXYXOZ,* welches auff dem Kranz *Z*, dadurch die stehende Welle geht, ruhe und mit rollen darauff umbgehe. Weil nun dieser Kranz klein, so ist die bewegung desto leichter, es müste aber noch überm Kranz *Z* unterm Korbe *Q* noch eins so gefasset seyn, umb fester zu stehen, der Kranz aber *Z* würde von den pfosten *JZ*, *KZ* getragen. Es köndten auch Pfosten von *J* und *K* bis fast an *Z* hinauff gehen, weil zwischen *Q* und *Z* ein ziemliches intervallum seyn kan.

Nachdem nun die Gestalt des primus motor mit seinen umbständen richtig, so folget nun die application, welche darinn bestehen soll, dass der primus motor nicht immediaté das feld- und grubengestänge bewege, sondern nur eine gewisse last in die höhe hebe, welche von selbsten wieder niedergehe, und dadurch das gestänge ziehe. denn dergestalt bleibt der Zug allezeit gleich, weil einerley pondus, so allezeit einerley resistenz findet, auch allezeit gleich geschwinde hinabgehet; hingegen nach dem der wind schwach oder stark, kan man solches pondus geschwind oder langsam wieder in die Höhe heben und auffziehn, und also noch mit sehr gelindem, so fast allein capabel die flügel und wellen ledig umb zu treiben operiren, doch iedesmal in gewisser Zeit weniger oder öffter nach proportion der Krafft des Windes. Und kan man dergestalt auch geringen Wind soviel es möglich zu Nuze bringen und doch einen gleichförmigen Zug erhalten, dessen ermangglung das einzige, so bishehr die vortheilhaffte application bey Bergwerken verhindert haben mag.

Diese Application kan auff folgende Weise bewerkstelligt werden: An der stehenden Welle *RS* ist ein schieffer Kragen oder Ellipsis 1. 2, welche zween stempel 1. 3 und 2. 4 im umbgehen wechselsweise aufhebet und niederdrücket und diese stempel, damit sie in gerader Linie auff- und abgehen, sind zwischen zweyen in der mitten etwas eingetiefften rollen, als 8 und 9, 6 und 7, 10 und 11, 12 und 13. Doch scheinet besser, dass die oberen rollen etwas höher und über dem Däumling. Davon aniezo. jeder stempel hat seinen Däumling 14 oder 15, an iedem ist eine rolle 16 oder 17. Vermittelst dieser Rolle, als 16, drücket am stempel 2. 4 der Däumling hinab den kurzen arm 16, 17 des langen baums 16, 17, 18, welcher bey 17 umb einen nagel oder walze sich beweget. Wenn hernach die rolle bey 16 von arm 16, 17 abtritt, so gehet der arm 17. 18 vermittelst seiner grossen last und habenden Länge wieder hinab und drücket das ende 20 des Kreuzes 19. 20. 21, welches bey 20 mit einer rolle versehen ist, mit sich hinab, dadurch das Gestänge 19. 21. 23. 27 gezogen oder gehoben wird. Auff gleiche weise operirt hernach der

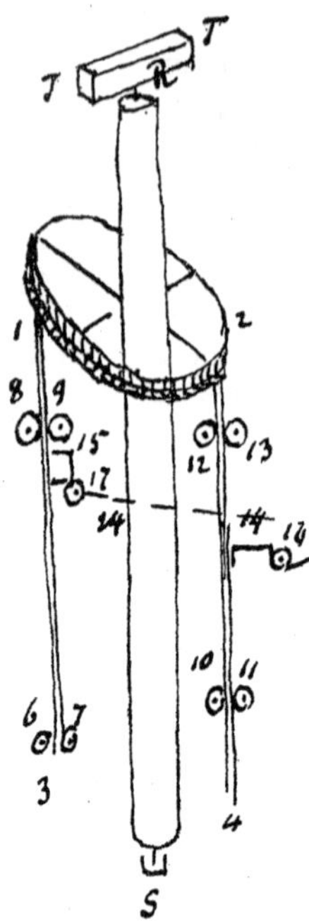

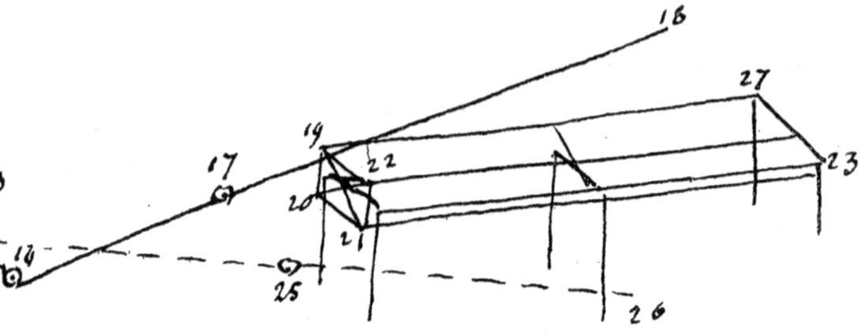

Fig. 130.

stempel 1. 3 und dessen Däumling 15, welcher am andern Baum 25. 26 mit dessen kurzen Ende in die Höhe hebt, so hernach das andere Ende des Kreuzes, nehmlich 22 wieder niederdrücket und das gestänge zurück ziehet oder schiebet, dadurch im Hinzug die eine Helffte, im Hehrzug die andere Helffte der Pumpen oder säze gehoben wird. Und wenn der Baum 16. 17. 18 an der linken seite des Kreuzes bey 20, so ist die andere 24. 25. 26 an der rechten bey 22.

Es ist aber zu consideriren, dass wenn der Däumling, als 14, vom arm, als 16. 17, abtritt, dass er alsdann unter den arm komme, und selbiger alsbald (wegen der Last 17. 18 auff der anderen seite) in die Höhe gehe und gemeiniglich oben wieder anlange vor dem Däumling (ausgenommen, wenn starker Wind, da der Däumling auch schnell in die Höhe gehet) daher weil der Däumling, so einmahl unter dem arm, wieder über ihn soll, so würde eine penetratio dimensionum nöthig seyn, es sey denn, dass jenige bei 16, daran der Däumling angriff, aufwärts beweglich sey, nicht aber niederwerts, damit es dem aufgehenden Däumling weiche, von dem niedergehenden aber hinabgedrückt werde. Es kan ohndem ein stück hart holz, so vielleicht mit Eisen beschlagen, an den arm bei 16 angehefftet seyn, dem diese beweglichkeit zu geben. Eine gleichmässige Bewandtniss hat es mit dem andern Däumling und Baum. Ein gleichmässiges wird bey dem Kreuz und Baume nöthig seyn, dass nehmlich ein Holz am Baum befestiget, so aber beweglich, dass es dem auffgehenden Kreuz nachgebe.

Allein indem ich dieses schreibe, fällt mir bey, wie zu der sach noch kürzer zu gelangen und ein grosses theil der weitläufftigkeit abzuschneiden, also dass die stehende welle alsbald durch ihren umbgang die langen bäume treibe, und das oblonge radt 1. 2, samt den stämpeln 1. 2 und

3. 4 abgebe. Zum Exempel ein arm 29. 30 perpendiculariter in die stehende Welle *RS* gesezet, kan ja vermittelst des halben Kreuzes 28. 16. 17 den Baum 16. 17. 18 umb das centrum 17 herumb bewegen, wie begehret wird, gehet auch, nachdem solches verrichtet, einen andern weg und hindert 16, wenn es wieder in die Höhe gehet, am Rückgehen gegen 31, und weiter gegen 32 kondte der arm 29. 30 den andern baum 24. 25. 26 vermittelst eines andern halben kreuzes, doch welches nicht neben, sondern oben, ebenmässig bewegen. denn also thut der motus contrarius eben den effect. wofern dergestalt zwey ein kreuz machende Haspelbäume in der stehenden Welle wären, als 30. 32 und 31. 33 und die Last 19 gienge geschwind wieder hinab, würde in einem umbgang der stehenden welle der Hin- und Hehrzug des gestänges zweymahl geschehen.

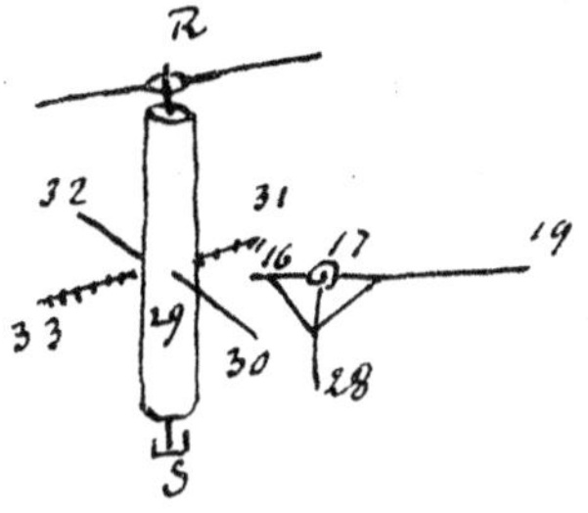

Fig. 131.

Weilen aber solche Verdoppelung uns nicht anstehet, sondern vielmehr das absehen ist bei s . . . . .[1]) wieder mit etlichen umbgängen nur den ordinären Zug zuwege zu bringen, überdiess 29 ausser des Hauses 28 darinnen seyn müsse, daher die windtmühlenflügel, wenn sie nach dem Bleyel zu standen, zwischen 17 und 19 anstossen mochten, bey der bereits gebauten Windtkunst sich auch unter der stehenden Welle ein krummer Zapfen oder Kurbe befindet, als würde folgender modus wohl der beste sein.[2])

Der krumme Zapfen 34 schiebet den bleyel 34. 35 zum Hause hinaus, alwo er unter den Windtmühlenflügeln hingeht. Dieser Bleyel stösset mit der rolle 36 auf das halbe Kreuz bey 28 und beweget damit den langen Baum 17. 19 in die Höhe, im Rückgehen gehet der Bleyel mitsamt der rolle 36 etwas auff die seite und einen andern weg, als er kommen und hindert dahehr nicht, das 28 wieder durch niedergehen des langen Baumes zurückgehe. Gedachte Rolle 36 treibet im Rückgehen das halbe Kreuz des andern langen Baumes 24. 25. 26, welches halbe Kreuz aber, wie gedacht oben, damit in die Ruhbewegung des Bleyels 25. 26 gehoben werde. Es köndte auch die rolle 36 etwas schieff gestellet werden, denn ▯, so parallela horizonti und perpendicular auffs halbe +, dienet zum schieben des halben Kreuzes 28. Wenn aber die rolle aufrecht stände und dem horizont perpendicular wäre, so diente sie zum wenden der Bleyell; weil nun beydes geschehen soll und das wenden wenig, der Hub aber viel,

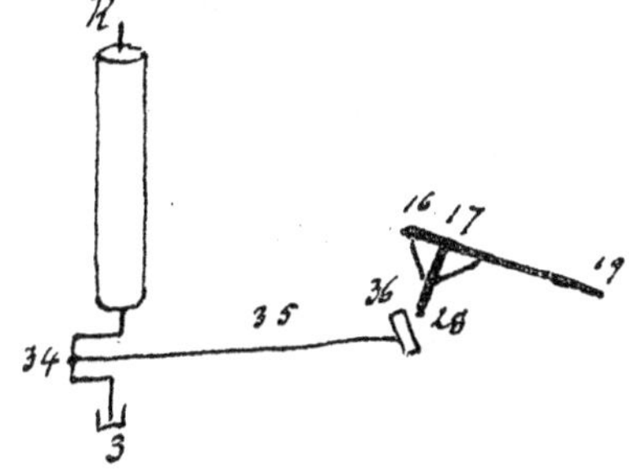

Fig. 132.

1) Unleserlich, wohl: bei solcher Windtkunst.

2) Unter die Figur ist geschrieben: Der Baum, so im Hingehen des Bleyels gehoben, wird, als er müsste, angreifen am fernesten ende des vollen Kreuzes, nehmlich 22, die aber im Hehrgehen gehoben, wird aussen am nahesten ende des Kreuzes 20 angreiffen, wiederum nach jener zur rechten und dieser zur linken.

als köndte die rolle also gewendet werden, dass sie inclinata ad horizontem, doch wieder vorwärts. Es wäre dann so zu tun, dass das angewege, darauf sie ruhet und damit sie an dem bleyel fest, sich etwas horizontaliter lenken köndte, oder dass bey 28 dasjenige, daran die rolle angreifft, sich um axem perpendicularem 17. 28 könne herumbdrehen, wenigstens dasjenige Theil, so angegriffen wird, wenn der Bleyel sich am meisten wendet, oder welches das äusserste, so köndte nur die rolle an ihrer walze etwas hin und hehr gehen, zumahlen ie länger 34. 36, ie geringer ist die wendung. Nun ist noch übrig ausszumachen, dem arm des halben Kreuzes 28 einen solchen schnitt oder form zu geben, dass die resistenz oder Hebung der Last allezeit gleich sey, ohngeacht der Bleyel ungleich schiebet und die Last ungleich steiget. Welches dann sowohl durch den Versuch, als durch die Geometrie zu determiniren, wenn wie die tangentlinie der krummen Linie 17. 28 einen sehr stumpfen winkel zu der Linie des Bleyels 34. 36 machet, dahrbei der Bleyel wenig, ob er gleich viel schiebet und ist also der alzuviele Zug dadurch zu recompensiren und die Arbeit gleich einzutheilen, was aber 17. 28 vor eine krumme linie seyn müsse, wäre eine questio Geometrica satis curiosa et utilis in re mechanica.

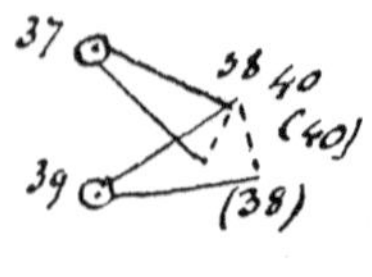

Fig. 133.

Endlich ist noch diese Hauptconsideration hierbey übrig, dass im niedergehen des Gewichtes 19 der Widerstand continuirlich wachsen muss, bis endlich solcher widerstand dem Gewicht überlegen sey, und solches stillstehn machte und alda aber auch der Hub zu ende sey. Welches sonst nöthig, denn auch wenn der wiederstand gleich bleibet, und das gewicht allezeit, wie anfangs, überschuss behält, so muss es nothwendig einen schwung gewinnen, welcher sich immer vermehrte, und wenn es dann auf einmahl stehn soll, so wird es nicht allein prellen, sondern es ist auch eben dieser schwung dadurch verloren, und hat man dem gewicht vergebens soviel Krafft gegeben, da sie nicht gebraucht werden soll; wenn sie sich aber gerad mit dem Hub consumirte, so ist ein Zeichen, dass alles gut proportionirt. Die resistenz nun kan man aus folgendem fundament continuirlich wachsen machen: umb das centrum 37 gehet der arm 37. 38 und soll umb das centrum 39 treiben den baum 39. 40. wenn nun 40 kommen nach (40), so komt 38 nach (38), so zwischen 39 und (40), greifft also 38 immer näher am centro 39 an und findet also immer mehr resistenz, so alhier gehörig zu appliciren.

Anmerkung. Diese Arbeit verdankt ihre Entstehung den ergebnislos verlaufenen Versuchen, die Leibniz an einer Clausthaler Grube zum Zwecke der Hebung der Wasser mit Hilfe der Kraft des Windes angestellt hat. Er war auf folgende Weise zu ihrer Ausführung gekommen:[1]) Mit dem fortschreitenden Bergbau des Oberharzes stellte sich je länger, je mehr ein sich in sehr unliebsamer Weise fühlbar machender Mangel an Aufschlagwassern, an Wasserkräften für den Betrieb der Schachtpumpen ein, und Leibniz machte den Vorschlag, diesem Übelstand durch die Kraft des Windes abzuhelfen. „Da kein Mittel und Gelegenheit zu mehreren Tagewassern für

1) v. Trebra, Des Hofraths von Leibnitz misslungene Versuche an den Bergwerksmaschinen des Harzes. Bergbaukunde Bd. I, Leipzig 1789, S. 305 ff., vgl. auch Gerland, Berg- und Hüttenmännische Zeitung 1898, Nr. 24 und 26.

die Bergwerke zum Clausthal ist", schrieb er[1]), „so will ich demselben für Wasser nöthige Zeiten mit einer avantageusen Invention zu Hülfe kommen und vermittelst der Conjunction des Windes und Wassers, die Gruben dergestalt zu Sumpfe halten[2]), dass eine notable Quantität der Erze mehr als sonsten mit ansehnlichen Vortheil des Bergwerks nach Abzug der Kosten gefördert und herausgebracht werden soll. Ich bin erböthig zu dem Ende eine Windmühle an einem schicklichen Orte auf meine Kosten anzulegen und damit ein Jahr über eine Probe zu thun, woraus man wird abnehmen können, dass dergleichen auch bey andern Gruben, sie mögen seyn alt und tief, oder neu und untief, hoch oder niedrig respectu des Windes gelegen, zu grossem Nutzen des Bergwerks werde zu appliciren seyn." Trotz der von dem Clausthaler Bergamt erhobenen Zweifel an der Ausführbarkeit des Angebots kam ein Vertrag am 14. April 1680 zustande, wonach Leibniz eine solche Maschine ausführen und ein Jahr auf Probe arbeiten lassen sollte. Bewährte sie sich, so sollte er alljährlich zeit seines Lebens von dem Bergamt 1200 Rtlr. ausgezahlt erhalten. Daraufhin teilte Leibniz seinen Plan mit. Er beabsichtigte[3]) „die von den Kunsträdern abgefallenen Aufschlagewasser in einem unter denselben liegenden Behälter zu sammeln und aus diesem durch Windmühlen in einen andern oben liegenden Behälter in die Höhe zurück heben zu lassen, woher sie auf die Kunsträder gekommen waren". Die Gründe aber, aus denen er bis zum Abschlusse des Vertrages seine wahre Absicht verheimlicht hatte, teilt er dem Bergwerksdirektor am Harze mit folgenden Worten mit[4]): „Vous verrés, que j'ai entendu la combinaison du vent et de l'eau un peu autrement qu'on n'a crû, et que j'ai eu raison peut-être de ne me pas allarmer des objections, et de dire dans l'écrit, que je donnai un jour sur le champs à l'assemblée, que je croyois avoir un moyen general et sur, pour les retrancher tout d'un coup. Mais je ne voulois pas encore m'expliquer: cependant mes paroles sur tout dans ma proposition ont été formées exprés en sorte qu'elles se puissent appliquer à ce dessein."

Für eine so einfache Lösung der Aufgabe, die das Bergamt für unausführbar gehalten hatte, schien diesem der Preis von 1200 Rtlr. zu hoch, und es suchte sich von seinen Verpflichtungen loszumachen. Um dazu zu gelangen, berief es sich darauf, daß Leibniz ihm eine durch Wind getriebene Pumpmaschine in Aussicht gestellt habe, und stellte die Forderung, daß ihm eine solche zu übergeben sei. Leibniz fand sich bewogen, dieser Forderung nachzugeben, offenbar reizte ihn auch die Schwierigkeit der Aufgabe. Er ließ nach seinen Entwürfen auf der jetzt längst außer Betrieb gesetzten Grube Catharine die nötigen Maschinen aufstellen, hatte aber in einer Weise mit der Ungunst der Witterung und, was schlimmer war, mit dem Widerwillen der Grubenbeamten und Arbeiter zu kämpfen, daß je länger, je weniger auf einen günstigen Ausgang zu hoffen war und man endlich infolge beiderseitiger Ermüdung am 30. März 1686 der Sache durch einen Vergleich zur Regelung der Kosten ein Ende machte.

Der Anfang der obigen Arbeit beweist, daß Leibniz dieses Mißlingen durchaus nicht für einen Beweis der Unbrauchbarkeit seiner Idee ansah. Er

1) v. Trebra, a. a. O., S. 308.
2) Bergmännischer Ausdruck für: gehörig auspumpen.
3) v. Trebra, a. a. O., S. 312. 4) v. Trebra, a. a. O., S. 314.

führte sie vielmehr mit Eifer weiter, und die Richtigkeit und Zweckmäßigkeit der von ihm ausgearbeiteten Entwürfe ergibt sich aus dem Umstand, daß die Mittel, die er zur Anwendung bringen wollte, die er aber nie bekannt gegeben hat, gegenwärtig Gemeingut der Technik geworden sind. Findet sich darunter doch das Prinzip, die Geschwindigkeit der Kettenübertragung bei veränderlicher Geschwindigkeit der Kraftmaschine durch Anwendung kegelförmiger Rollen gleichmäßig zu erhalten, das bei Fördermaschinen, das Prinzip der zeitweiligen Unabhängigkeit einzelner einander bewegender Teile einer Maschine, das bei der Wasserhaltung, und das Prinzip des Gewichtsakkumulators, das bei Pumpmaschinen in ausgedehnter Verwendung steht. Über die Sache selbst spricht sich ein so kompetenter Beurteiler, wie v. Trebra folgendermaßen aus[1]): „So war durch das Abweichen vom ersten Vorschlage, der so ungemein viel Nutzen in sich enthielt, so leicht ausführbar war, der glückliche Ausgang schon halb verloren. Daß die sogenannte Hauptwindmühlenkunst auf der Catharine zuerst gebauet ward, die zwo andern Windmühlen, die den Nutzen des eigentlichen Leibnitzischen Modi beweisen sollten, wahrscheinlich gar nicht einmal bis zum Dienst leistenden Umgang kamen, machte vollends alles verlieren.“

102. [1 Blatt 2°.]

20. April 1685 pro Oelmann für eine Wkunst.

rs bremsräder. Eisern Seil geht über sich über die beyden rollen *cd*, damit beim arbeiten die Welle leichter und nicht niederdrücke. *e*, *f*, *g* Drei Rollen, darauff die Welle umbgehet.

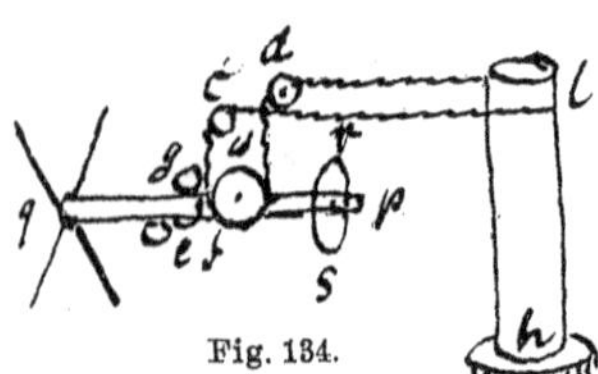

Fig. 134.

Weilen die stehende Welle *lh* in der Mitten und das eiserne Seil *ed* umb selbige gehet, sô kann die Welle *pq* samt den Flügeln *q* und dem ganzen Hause *deq* herumb gedreht werden, ohne dass solches die Bewegung hindert. das seil wird von der Welle *pq* vermittelst einer unbeweglichen Scheibe *w* umbgezogen, deren . . .[2]) einer Seite grösser, als der der andern, desgleichen auff der stehenden Welle bei *l*, damit man die Geschwindigkeit mehren und mindern könne. An der Scheibe *w* oder bey *l* hat die Kunst ein V-Zeichen, in welches sich das Seil lege. ratio der Kurbel. die armen des eisernen . . .

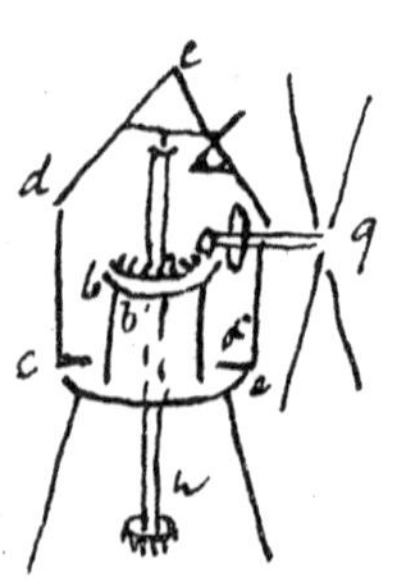

Fig. 135.

das gehäuse *cde* liegt mit dem beweglichen Kranze *aa* auff dem unbeweglichen *bb*. Es ist aber das gehäusse unten nach aussen gefasset bey *ef*, damit es nicht kippen können. *lh* ist die stehende Welle.

Die flügel oder bäume (daran die Sprossen) kan man beweglich machen, dass sie ohne ab- und ankleiden zu richten. Zum unbdrehen sehr simpel. Die Schnecke oder Schraube *E* geht umb nach der Ordnung ☉☽. davon geht auff der einen Seite

1) v. Trebra, a. a. O., S. 316 mit einigen Kürzungen.

2) Unleserlich, wohl diameter.

das Kranzrad von *a* nach *b*, das getriebe von *c* nach *d*, das grosse horizontale Kamrad, in welches das getriebe greiffet, von *e* nach *f*. Und auff der andern Seite das sternrad von *g* nach *h*, das getriebe von *l* nach *m*, das gedachte grosse Kamrad von *n* nach *o*, welches den Weg von *e* nach *f* zutrifft.

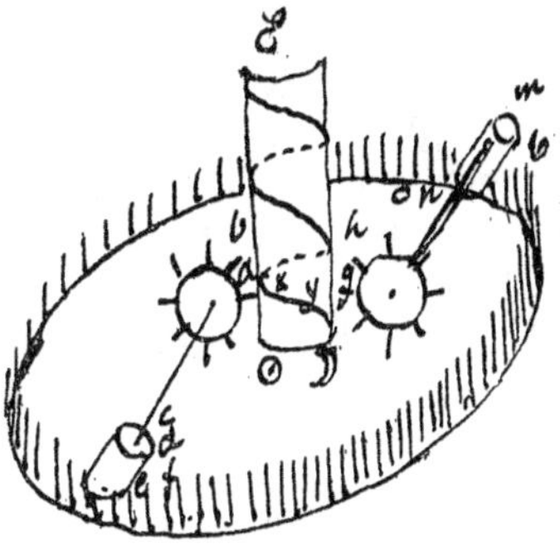

Die Schraube ist fest am Wellbaum daran eine kleine horizontale Windtmühl mit gegen einander gehenden schirmen, vermittelst deren das Dach allezeit in Wind gedreht wird.

Das grosse horizontale Kamrad ist unbeweglich und fest.

Fig. 136.

Hauptbewegung, vermittelst welcher auch der gelindeste Wind das Wasser mit schnellem Zug und doch auss der grösseren tieffe heben kan, nur das die interpositae quietes grösser, wenn der wind geringer. Inventum mirabile et summi momenti.

Die stehende Welle *lh* vom winde getrieben, treibt umb die grossen mit gewicht beschwehrten Theile der schwenkräder 1. 2 vermittelst des Kamrades *h* und der getriebe 3, 4. nach dem die schwenkräder hinauff getrieben, fallen sie auff der andern seite wieder hinab, und im hinabsteigen heben sie mit Däumlingen die stangen 5, 7 oder 6, 8 und bewegen also das Kreuze 7 9 8 10 der feldkunst 9. 10. 11. 12 hin und hehr. Damit das rad *h* bey den getrieben 3 (oder 4) und denen schwenkrädern, welche sie auffheben anfangs leicht, dann schwehr, letzt wieder leicht gleichen Zug verursachen, *h* ist ein oblong radt, dessen diameter *h*, 13, viel kleiner, als der diameter 14, 15 und treibet umb die welle 3, welche gleich dick, aber die Zähne schraubenweise gesezt hat 16, 17, 18, 19, also dass theils nahe bey dem Mittel des rades *h* gehen, als 19, 20, theils weiter davon als 16. 17. (Es gehen aber alle Zähne 16. 17. 18. 19. 20 perpendiculariter auff die Axen der Welle 3 zu)

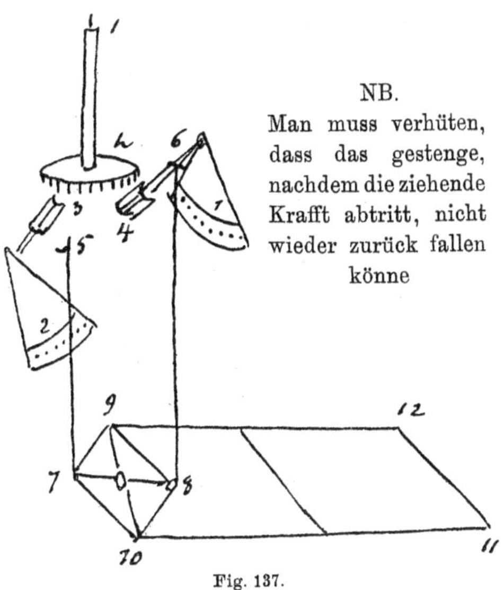

NB.
Man muss verhüten, dass das gestenge, nachdem die ziehende Krafft abtritt, nicht wieder zurück fallen könne

Fig. 137.

Die Form des oblongen rades muss man determiniren, damit der Zug soviel thunlich leisere werde

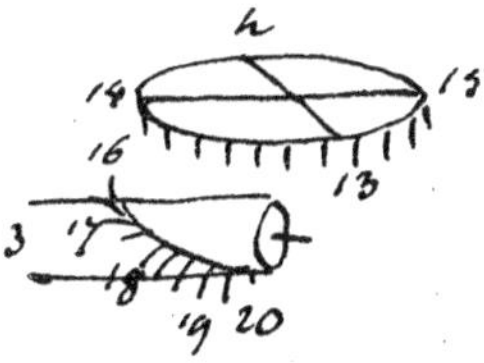

Fig. 138.

und dergestalt können sie allezeit von den Kämmen des rades *h* erreichet werden, als 14 erreichet 16, aber 13 erreichet 20. Es muss aber also angerichtet seyn, dass das rad *h* einmahl, wie das andere an das Rad 3 griffe, theils an dem rade 3 ist angezähnet, umb nachdem 20 nach 16 getrieben und an die stelle von 16 komt, so sindt die Zähne 16, 17, 18, 19, 20 auff der einen seite und ist oben die ledige seite, also dass das rad *h* mit seinen Zähnen am ledigen orthe des rades angreift, so lange biss der Zahn 16 wieder an die Stelle 16 komt, alda er in der Figur, und wird also wieder angegriffen, bis 14 oder 15 auff ihn trifft, die andern also zu kurz gehen . . .

Anmerkung. Der vorstehende Entwurf ergänzt den ersten unter 101 beschriebenen. Nach ihm sollte die Windkunst gebaut, in Clausthal ausgeführt werden. Über seine Deutung, sowie weitere von Leibniz für Verbesserung der Treibewerke angestellte Versuche siehe meine Arbeit in Berg- und Hüttenmännische Zeitung, 1900, Nr. 27 und 28 Treibarbeit nennt man auf dem Oberharze die zur Förderung des Erzes nötige Arbeit. Der Name stammt noch aus der Zeit, in der dies mit Hilfe des Göpels geschah, wobei die ihn in Bewegung setzenden Pferde fortwährend angetrieben werden mußten.

103. [Zeichnung mit Notiz.]

Wie der Mittelpunkt mit umbgehenden Windkasten ohne stehende Welle zu erhalten.

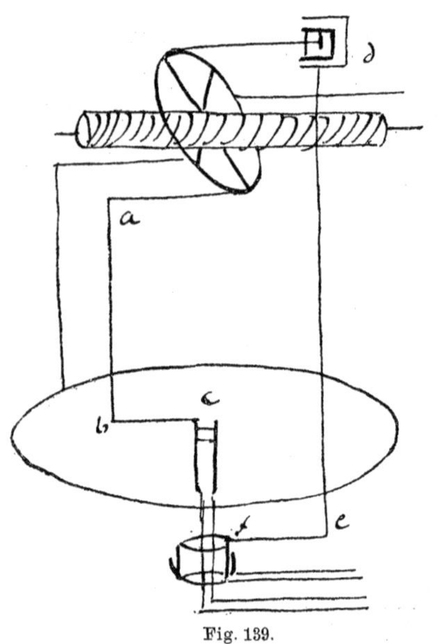

Fig. 139.

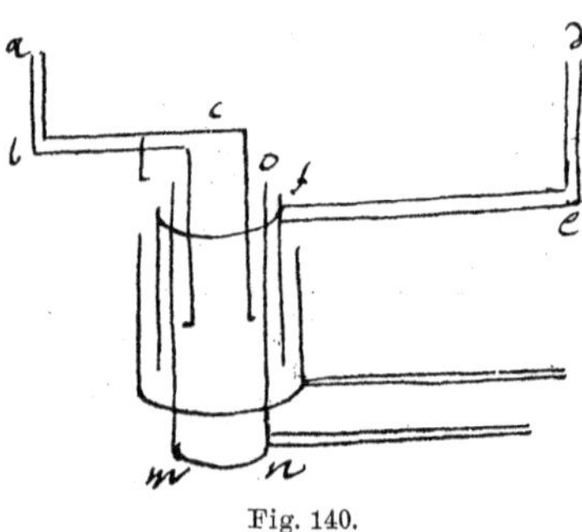

Fig. 140.

Anmerkung. Die zweite Figur ist auf dasselbe Blatt wie die erste gezeichnet, deshalb hier mit aufgenommen, obwohl sie wohl eher zu Nr. 95 gehören möchte. Eine Beschreibung ist nicht vorhanden.

104. [1 Blatt 4°.]

Thal *AB* zwischen der Cathariner Windkunst und den Herzberger Teichen ist abgemessen worden. — Von *CE* herab nach den Teichen zu längs perpendiculariter 21 schuh 4 Zoll, *EG* desgleichen nach der Windkunst zu. aber röhre *DE* oder *FE* giebt perpendicular Höhe 5 schuh 7 Zoll weniger, so man wieder hinab gewogen, also bleibt 15 schuh 17 Zoll, oder $2\frac{1}{2}$ lachter weniger 8 Zoll. Wollte man nun in *A* einen Damm stossen 15 schuh 7 Zoll hoch, würde das wasser im thal komen bis *H*; will man es stauen lassen bis in den Winkel *B*, müste man noch 3 Zoll den Damm aufführen. Man hat bei der abwegung sich einer schnur bedienet von 30 schuh lang, daran die wasserwage gehanget, also von einem stand zum andern den Unterschied der höhe gemessen.

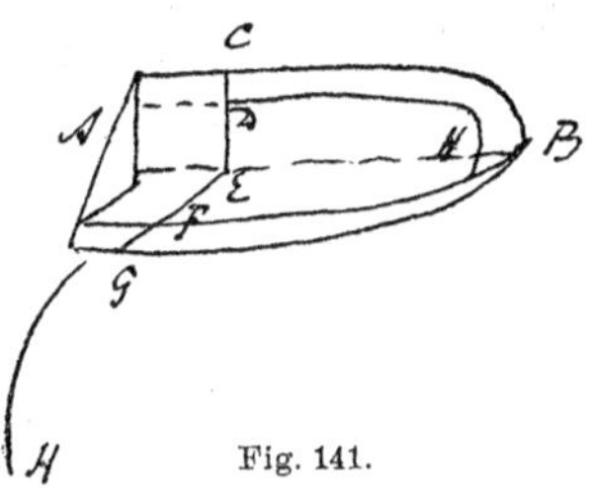

Fig. 141.

Von[1]) *C* nacher stationen

	1	2	3	4	5	6	7	8
	3 schuh 3 Zoll	2,10	1,3	3	2,4	2,4	2,10	3,6
	LM	*nO*	*pZ*	*RS*	*TV*	*Wx*	*yζ*	*βγ*
summa	3,3	6,1	7,4	10,4	12,8	15	17,10	21,4

tem von *C* nacher *D* wieder herab 3,1. 2,8 minus 3,1. 5,9

von *E* nacher *G*.	4	3,9	3,4	1,6	3	2,4	3,5	—3,1 2,8
Suma	4	7,9	11,1	12,7	15,7	17,11	21,4	—3,1 5,9

item von *G* nacher *E* wieder herab 3,1. 2,8.

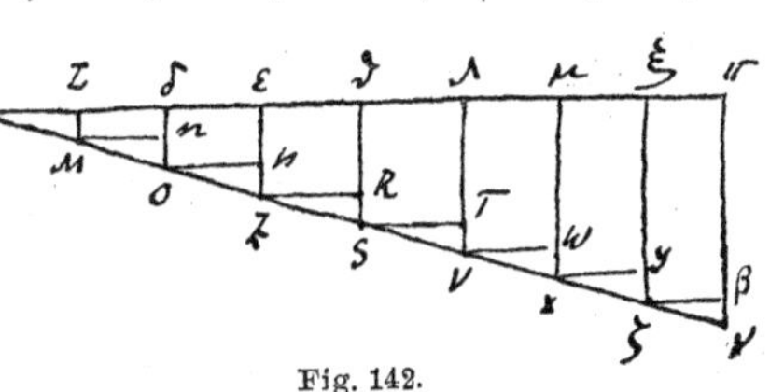

Fig. 142.

Acht stationes waren von *e* nacher *i*, davon 2 wieder zurück, bleiben 6, 7 stationes von *E* nacher *G*, davon zwei zurück, bleiben 5, Nun 6 und 5 thut 11 stationes, iede von 30 schuhen; gesezt, es waren 32 schuh oder 2 ruthen, so wären 28 ruthen weniger 11 mahl 2 ruthen oder weniger 22 schuh, das ist weniger 2 ruthen und 6 schuh, thut 25 ruthen 6 schuh. Die länge des Dammes, oder dessen inhalt muss aus der abhängung und distanz der stationen intentiert werden. Graben *GH* umb den berg herumgeführt, so das wasser, das der wind bey *H* herauffbringen soll, empfanget und nach *G* führet, hat 28 stationes, iede von 30 schuhen, sind 56 ruthen weniger 36 schuh, d. ist weniger 3 ruthen und 8 schuh, thut 52 ruthen und 4 schuh.

Abwegung: 2 stangen *AB*, *CD*. abhängiges Land *BD*, schnur *AC*, welche horizontal vermittelst der angehängten Wasserwage *FH*. gesezet, und *AB* sey 1 schuh und *CD* 3 schuh, so ziehet man von *CD* ab *CE*, gleich so viel als *AB*, nehmlich 1 schuh, bleibt *DE*, welches ist der fall, oder umb 2 schuh, wie *D* tieffer, als *B*.

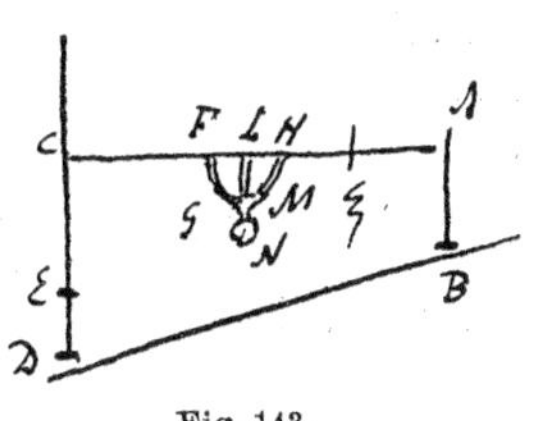

Fig. 143.

Die Wasserwage *FH* hanget an der schnur mit eingebogenen Krampen, so dass man sie

1) Hier an die Seite geschrieben: bei *C*, *D*, *E*, *F*, *G* sind pfähle eingeschlagen, längs des grabens allemahl vor 2 stationen vier pfahl eingeschlagen.

leicht hinein und heraushangen; ist ein halber Zirkel *FMH* mit graden, daran gehet in der Mitte herab *LM*, an *L* hanget das Loth oder die Bleywage *LN*, welche wenn sie recht auff *M* trifft, so ist die schnur horizontal. Wenn man durch viele stationes gemessen, kan man zur probe von einem ende zum andern sehen und 2 stangen nicht weit von einander stecken; in gerader Linie auff *S*, weil *Q* und *S* die beyden enden; erst mit der schnur abwegen die enden, finde *q* und *r* mit einander horizontal, alsdann etwas hineingesteckt und alsdann fortgesehen von *q* über *r* nach *S*. *S* und *q* gleicher Höhe, so weiss man, dass *p* und *t* horizontal, wenn es zutrifft; so soll man auch von *S* wieder zurück sehen.

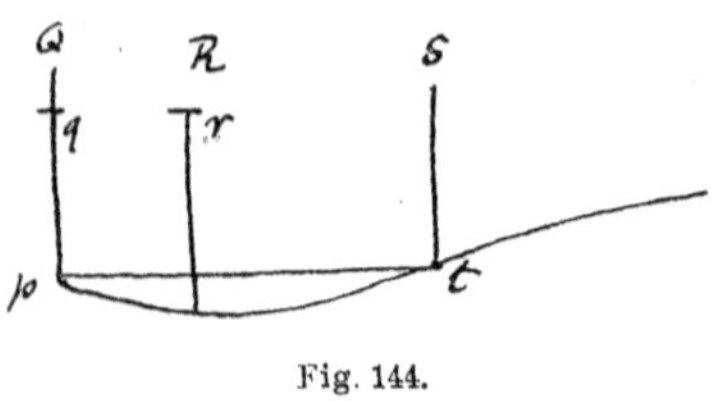

Fig. 144.

Anmerkung. Der noch vorhandene Hausherzberger Teich liegt oberhalb der früheren Grube Catharina. Die mitgeteilten Messungen beweisen, wie ernsthaft es Leibniz mit seinem ursprünglichen Entwurfe nahm, und daß nur die überaus ungünstigen Verhältnisse seine Ausführung verhindern konnten.

Probleme der Schiffahrt.

105. [$3^1/_2$ Seiten 2°. Ziemlich gut geschrieben, jedoch mit viel Korrekturen.]

1684 Maii.

Aestimare vim venti vel fluminis velocitatem aut navis in aqua non currente, ope penduli.

Sit aquae superficies *AB*, corpus pendulum *D* affixum filo *CD* in *C* vel extra aquam, modo ipsum pendulum *D* sub aqua sit. Constat pendulum *D* certo aliquo in situ *CD* ab impetu fluminis sustineri, angulo scilicet *CDE* ad perpendicularem *ED*. Sit *CE* horizonti parallela, erit velocitas, quam flumen mobili *D* imprimit, dum ipsum secum rapere conatur, recta parallela ipsi *AB*, vel *CE*, (Suppono enim *AB* ab horizontali notabiliter non differre) ad velocitatem, quam gravitas ipsi imprimit, ut descendat in recta *ED*, ut *CE* ad *ED*; unde *D* conabitur tendere directione et celeritate *CD*, cumque à filo retineatur quiescit, tanta autem vi tendetur filum. Hinc cum *ED* possit concipi semper eodem quocunque existente angulo *CDE*, tantum longiore vel breviore sumto filo *CD* patet velocitates aquae fore, ut *CE*, tangentes angulorum, quos filum penduli aquae cursu sustentati facit ad perpendiculum. Subest tamen exiguus error, quatenus linea cursus *AB* non est parallela Horizonti, sed nonnihil inclinata, quem corrigere possemus, si res esset tanti. Imo si linea debeatur realis in navi parallela superficiei aquae, seu limiti partis navis mersae et extantis, eique parallela fiat *FH*, cessat hic error. At in mari, quod omnino planum supponitur, nulla hic quidem difficultas interveniet. Quare summè utile erit pendulum ad aestimandum navis cursum adhibito non tam filo, quam regula, ut angulus exactius

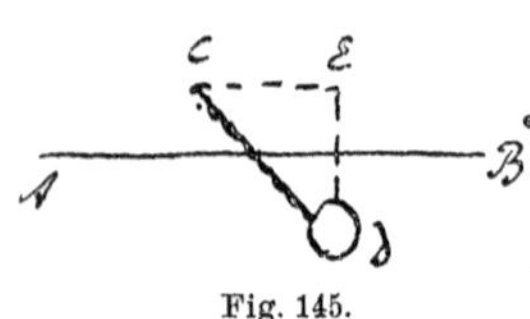

Fig. 145.

habeatur; ut verò ipsius regulae pondus turbare nequeat, sit ita excavata, ut cum aqua sit in aequilibrio.

Sit ergo navis *CN*, cuius cursus linea in superficie maris *AB*, et circa punctum aliquod navis *C* in plano *CED* mobilis regula *RCD*, quae inferiore parte, cui affixum est grave pendulum *D*, in aquam procurrit. Sit *CF* perpendicularis horizonti et *CE* parallela in suas partes divisa. patet, regulae *RCD* partem *CR* supra *C*, secantem *FH* in *G*, abscindere *FG*, tangentem anguli *GCF*, adeoque metientem velocitatem navis. quod si praeterea ponamus, in *FH* esse venam, in qua sit mobilis cursor, quem *CR* secum ultro citroque ducit, et ex hoc cursore, eminens acus impingens in chartam supra imminentem, quoties ea deprimitur, quae charta ab uniformi quadam machina pondere aliquo vel elaterio mota aequalibus temporis intervallis deprimitur et promovetur, et poterit in charta illa lineis ipsi *FH* parallelis numerisque interstincta notantibus, quae chartae pars quo tempore ipsi *FH* imminuerit, perfectè sciri, quae quovis tempore fuerit navis velocitas, si jam diligenter praeterea notati habeantur numeri una cum declinatione magnetis, ut sciatur etiam navis flexus. tunc perfectè quantum ab hoc Methodo sperari potest, cursus navis delineari poterit haberique locus, ad quem pervenit. in quantum scilicet non turbant currentes in ipso mari.

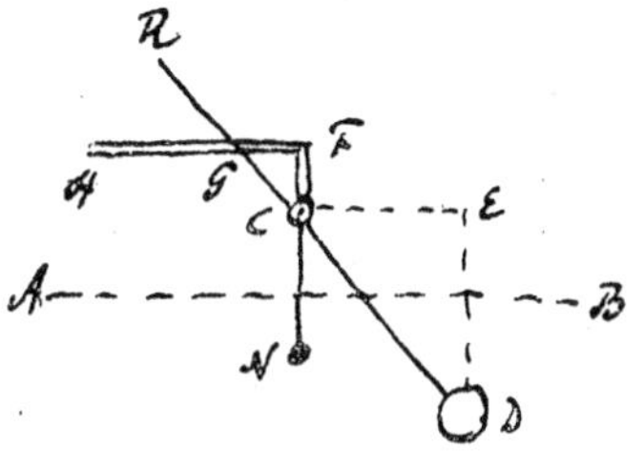

Fig. 146.

Video etiam, nihil nocere, [si] regula ipsius ponderis licet materia eius cum aqua aequilibrium non servet. Uti certè vitari eius consideratio per cavitatem regulae non posset ob partem regulae modo majorem, modo minorem supra aquam extantem. Sed nihil id regulae pondus nocet, qualecunque enim sit vis eius, proportione in *D* translata intelligi potest, ut ibi cursui aquae resistat, seu res semper eodem redibit, ac si regula pondere carens eiusque loco pondus aliquod novum ipsi *D* appensum intelligatur. jam ponderis ipsius *D* magnitudo nihil variat in angulo, etiamsi continuè variata ponatur.

Notari hoc quoque meretur, si *AB* ponatur esse libella seu superficies fluminis et adhibeatur corpus *D* excavatum, quod ejusdem cum aqua sit gravitatis specificae, quo casu nulla ratio gravitatis eius habebitur, cum in quovis loco fluminis quiescat, ergo corpus *D* a flumine elevabitur, donec portio eius extet extra flumen.

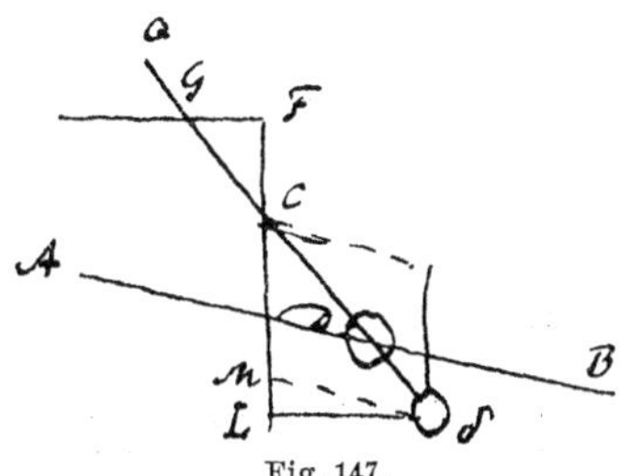

Fig. 147.

Si corpus natet in aqua, manifestum est, partem extantem esse in aequilibrio et parte aquae, quam summersa ejecit, adeoque centri gravitatis extantis partis distantiam a superficie aquae, ductam in partem extantem, aequari distantiae centri gravitatis partis summersae, ductae in partem summersam multiplicandam prius per rationem gravitatis specificae corporis natantis ad gravitatem specificam aquae.

Si prisma aliquod in aqua natans uniformis gravitatis una superficierum parallelarum imponatur aquae currentis videndum, an inter natandum maneat superficies aquae parallela. quo posito tantum oporteret prisma aliquod, ut asserui, aquaè currenti imponi et in eo perpendiculum collocari, et perpendiculi ope in circulo aliquo gradibus diviso haberi posset aquae inclinatio.

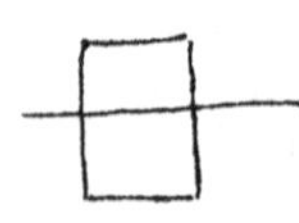
Fig. 148.

Sed accuratius haberi poterit ex ipsa cursus velocitate, sed adhibita Algebra assumenda quaesitam tanquam datam. Nimirum sit δ pendulum, $L\delta$ horizontalis, $M\delta$ parallela superficiei aquae, deturque angulus $M\delta L$, hinc datur velocitas fluminis. pono enim sciri datis inclinationibus, quae sint velocitates seu quae ratio virium cursus[1]) ad vires velocitatis. Ergo quae ratio $M\delta$ ad CM, ergo ob datam $C\delta$ datur angulus δCM, seu FCG. Sed is datur etiam ob experimentum, habebitur ergo aequatio, cuius ope invenietur inclinatio, quam assumsimus.

Verùm contra totam istam speculationem ipsamque Machinationem tam pulchram paginae superioris occurrit difficultas improba, quod scilicet vis gravitatis cum impetu fluminis non videtur posse comparari, quia initium gravitatis respectu concepti impetus ab aqua quasi infinitè parvum. si respondeas, nec in aqua conceptum impetum, sed solum gravitatem conari debere, refelleris, quia in ipso actuali lapsu quamdiu continuato magis aliquid deprehenditur. idem est venti, qui pendulum in aliquam altitudinem elevatum actu aequo, quo navis, sustinetur, . . .[2]) accuratius exploranda.

Ut experimento determinetur, quinam anguli pendulorum in aqua quibus velocitatibus respondeant, sit canalis longus horizonti parallelus $ABCD$ aquam continens, in cuius duabus crepidinibus AB, DC crena inest. incedere possint duae rotulae E, F, communi axe connexae, circa quem sint mobiles, cuius axis medium H trahat funis HG, rotae G circumactus tractus ipse. Tantum opus est, ut motus sit uniformis continuus, quem non puto alia melius ratione haberi posse, quam ope vasis intra L perforati, quod aquae sufficientis, vel etiam abundantis affluxu semper plenum maneat, unde aequalis semper aquae pressio erit, praesertim, si in summo cursus fit nonnihil angustum. Ac enim inaequalitas plenitudinis ob affluxum nimium parum erit notabilis. Aqua autem effluens continuè ducatur in rotam, quae cum rota G ad eundem axem sit firmata, rota autem M asperata esto, ut facilius circumagatur, sed exiguis interfissuris, ut aequabilior sit motus. ita post primos aliquot circumactus rotae, mox aequabilis motus reddetur rotae M vel G circularis, adeoque et motus axis FE, rectus, cum axe autem movebitur pendulum rigidum, seu regula circa axem FE

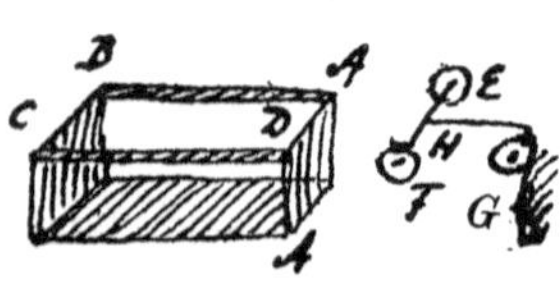

Fig. 149.

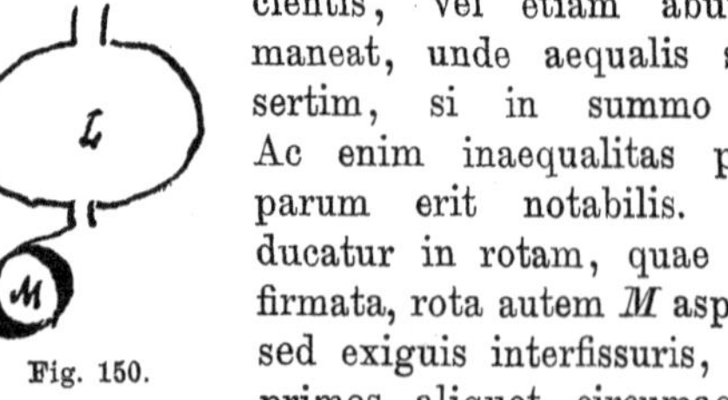

Fig. 150.

1) Hier ist am Rande bemerkt: licet autem regulae, quam diximus, locum non haberent tangentesque non metirentur velocitates, tamen experimentis determinari posset, qui tangentes quibus velocitatibus respondeant; quod perficeret ad praxin. 2) Abgerissen, wohl vis.

mobilis pondus infra affixum habens, quod aquae immergitur, angulus autem seu potius tangens anguli apparebit modo supra dicto.

Illud etiam dubitabile adhuc in re tam obscura videtur, utrum eodem existente pondere eademque velocitate idem sit angulus, imò contrarium videtur esse verius. nam et ventus elevabit altius perpendiculum leve, quam grave. Hinc etiam turbatio erit, quia ob regulae ipsius plus minusve immersae pondus (quod non potest negligi, quia regula, quae pondus magnum sustinere debet, ipsa non contemnenda esset) illo ipso determinato perpendiculo, quo in mari aut flumine uti volumus, prius in canali sumto cessat, et hoc difficulter imò videtur adhiberi posse in canali exiguo perpendiculum ponderi alteri majori aequivalens, quoniam majus quidem debet esse firmius et adeò ponderosius per se, sed ope compensationis ab utraque parte regulae et excavationis regulae pondus eius satis diminui potest, longitudo autem perpendiculi, si omnia sint proportionalia, nihil videtur immutare.

Operae pretium autem est experimenta hac de re sumi. latent enim hic arcana non contemnenda circa intimam naturam gravitatis, quae ex solis principiis mechanicae communis detegi non possunt. Etiam sine canali possemus experiri jactus aquae horizontalis aut ad horizontem inclinatus vel etiam verticalis, quo angulo quaque vi, in qua altitudine sustineri possit pendulum. item jactus aquae perpendicularis versus Zenith quantum grave sustinerè possit. Videtur esse in gravi continua quaedam pulsio sursum et redescensio ex ea orta, quòd aquae fluxus sive jactus non est uniformiter continuus, quemadmodum nec gravitatis ipsius. Sed prout initio major est conatus gravitatis (differt enim pro angulis), eo celerior fit descensio et plus descendit, antequam aqua rursus vires resumat, quàm postea ab aquae vi denuò incandescente sursum pellitur ante vires impellentis iterum imminutas; donec res ad eum angulum deveniat, ubi praecise tantundem duravit, imminutio. impetus . . . .[1]) descendit, quantum eo incandescente ascenderat.

Per motum aquae vel eius loco Mercurii supradictum, dum machina adhibitur, liquor effusus et iterum canali redditur, ubi exuberanter effluit et vas clepsydrae semper plenum tenit, putem porro[2]) satis aequabilem motum effici posse, praesertim, si rota circumacta cursu liquoris effluentis pendulum agitet, cuius ictus deinde numerentur rotâ indice. Quanquam sine pendulo putem etiam in nave satis exacta fore, modo vas ita suspensum sit, ut semper perpendiculare maneat, licet enim parum agitetur, non videtur pressionem magnopere statim immutare, praesertim, cum hoc modo nihil referat, an paululum obliquè aqua effluat, modo eodem semper effluat.

Ad majorem exactitudinem posset etiam addi aestimatio virium venti eodem artificio facta, pendulo scilicet à vento elevato, licet ob majorem venti interruptionem minoremque vim crebrius ne prope continuè mutetur, nihilominus ex plus minusve magno crebroque perpendiculari delapsu de vi venti judicari potest. Ubi tamen notandum ipsam celeritatem navis esse, cum hac vi venti complicatam, eo minus enim agit ventus in perpendiculum, quod cum ipsa navi procedit, quo celerius ei cedit navis. Hîc ergo

1) Unleserlich, wohl impellentis. 2) Leibniz schreibt pō.

etiam subtilis occurret aestimatio. Ex combinatione utriusque videtur sciri posse, utrum currentes maris sese admisceant, tunc enim non consentiet regula derivandi vim venti ex celeritate navis vel contra. Caeterum considerandum simul velorum variè expansorum diversitas, itaque venti observatio ordinariè non erit apta ad usum continuum, sed tamen demum utilis et adhibenda cum currentium suspicio est.

Anmerkung. Die erste Idee, die Stärke und daraus die Geschwindigkeit des Windes durch die Beobachtung des Winkels, um welchen er eine vertikal herabhängende Scheibe hebt, zu bestimmen, findet sich in den Philosophical Transactions. T. II S. 444 vom Jahre 1667. Sie hat Leibniz jedenfalls gekannt. Beachtenswert ist der Vorschlag eines selbstschreibenden Apparates, der hier wohl zum erstenmal gemacht wird.

106. [1 Blatt 2° zur Hälfte beschrieben. Oben an dem Rand befindet sich das Zeichen #, so daß man vermuten möchte, es habe in ein anderes Manuskript eingeschaltet werden sollen.]

Machina Longitudinum sine coelo et magnete in eo tota consistit, ut tum cursus, tum flexus navis designentur. Cursus, dum aër aut potius aqua navi progredienti contranititur rotamque circumagit, cuius circumactiones in aliis rotis decadicis numerantur. Et haec rota circumagenda ita locatur in canali, per quem aqua currit, ut ejus extrema radantur. At rota, quae flexus designat, liberè attingere debet aquam navi subjacentem, ita tamen, ut objecto tecto fluctus excludantur, seu ut polum non sit motum, nisi ob flexum. Eadem rota in medio aquae praetereuntis locata esse debet, ne ab altera parte magis impellatur ac proinde moveatur aliter, quam tempore flexus, et ut res sit securior, sunt plures sibi parallelae, alia sub alia in eodem baculo firmae vel non firmae, quae, si similiter moventur, liberant indicium bonum. Seu secum medium eligendum item adhibenda ratione et altera aliqua sive alia aliqua moveri non possit; nonque possit autem simul moveri nisi ob flexum, item ut flexus solus aperiat aliquid, quod libertatem motus det rotis. Hanc vero rotam vel has rotas optandum esset collocatas[1]) in centro navis; ac navem esse talem, ut semper idem eius sit motus centrum. Sed quia hoc non facilè fieri potest (nisi peculiari navis structura adhibita, quae tamen alias navis exactè persequi non posset nisi alligata, sed alligatae perdent centrum) ideò excogitandum aliud remedium, scilicet sumtarum plurium rotarum in eadem linea longitudini navis parallelae (vel in diversis) cognita distantia. Ex quarum varietate collata perspiciatur, quod tunc fuerit centrum motus. Et per consequens, quantum flexus excentricus, rotae flexus differat à flexu navis. Sed verendum valde est, ne impetus ille, qui navem tam mirificè jactat, rotae flexum perturbet, exactissimè semper regat observetque flexum navis. Sed ut hoc facere possit, opus est, esse semper rem immobilem, quae efficiat, ut flexum ab ea notari possit. Breviter si quis homo haec semper exactè notet adhibitis observationibus poli, declinationis magnetae, is potest continuè praecisè determinare locum navis. Non igitur nisi diligentia opus est rectoris seu gubernaculum tenentis, sed exactis ingentibusque Quadrantibus ad eam rem

1) Hierüber ist geschrieben: centrum navis est in gubernaculo.

opus aliquo exacto horologio, dummodo observetur eodem tempore, quo ille vel ille flexus fit, tantum spatium decursum esse, etsi ignoretur exactè quanto tempore, dummodo esset eodem. Semper gubernator aut videbit aliquod immobile, aut saltem sciet declinationem loci magneticam ad exactè determinandum gradum flexus. Imò in ipso gubernaculo sentire potest, cum ab ipsomet dependeat, quantum navem flectere velit. Sed si verum esset Experimentum Meridiani universalis Grandamitiani[1]) possemus illa cura supersedere. Nunc verò quoniam id nondum mihi satis exploratum est, etsi Cartesio[2]) quoque credibile videatur, ideò alia ratio indaganda. Manifestum est, acum magneticum, quia dato momento flexus navis quoddam mundi punctum (sive polum, sive plagam nonnihil à polo declinantem) independenter à navi respicit, ideo flexum navis designare posse. Nec refert in centro, an extra centrum conversionis navis sita sit acus. Sunt enim omnes acus eodem tempore sibi parallelae. Ergo et eundem angulum faciunt ad eandem lineam, longitudinem scilicet navis, seu lineam cursus navis. Angulus iste augetur minuiturve pro navis flexu. Et nave se flectente acus retinens directionem suam intuenti in navem flecti videbitur in contrarium, flexus (id est discessus accessusque lineae cursus navis et acus) seu variatio anguli lineae directionis magneticae et lineae directionis navigatoriae fit ob duas causas, vel quia acu retinente eandem directionem variatur cursus navis, variatur directio acus. Priore modò realiter navis discedit ab acu, posteriore acus discedit à navi. Sed discrimen sensibile in ipsa navi hoc est, quod omnis variatio orta ab acu, fit tractù temporis et insensibiliter, v. g. uno die vix unum gradum notabiliter declinat.[3]) Hinc fit etiam, ut non misceantur invicem variationes dato momento, seu ut nunc nullus sit flexus, compositus ex flexù navis et acus, quia flexus acus per se est insensibilis exiguo tempore. Quare principium habemus sensibile discernendi flexus navis et acus et per consequens inveniendae declinationis magneticae pariter et flexus navis sine ulla coeli observatione, etiamsi Experimentum Grandamici irritum sit. Cum tamen, ne illi quidem, qui ut Newtonus, Zucchius [?] aliique declinationum ope nobis longitudines promisere et sine observatione coeli praestare possent, quia aliter non possunt nosse declinationes magnetis sine artificio, quod nunc propono.[4]) ex hoc patet multa, quae longe quaerimus, inveniri posse, si tantum exactè instrumentis et patienter operari vellemus. Duobus jam modis possumus haec notare, partim homine adhibito (aliis sibi per vices succe-

1) Jacques Grandami, Jesuit, 1588—1672 schrieb 1645 Nova demonstratio immobilitatis terrae petita ex virtute magnetica.

2) Leibniz meint wohl den § 169 von Cartesius' Principia Philosophiae. Amstelodami MDCXCII. S. 203.

3) Späterer Zusatz am Rande: Residua omnis difficultas est in applicando compasso ad Navim. Id forte singulari quadam arte fieri possit, ut scilicet machina, quaenam non moveatur, nisi motu conspirante.

4) Späterer Zusatz am Rande: NB. Res rectè intelligenda est: datur quaedam mutatio acus insensibilis, quae non est ab acu, etiamsi navis in eadem manens lineâ rectâ. Ut cum navis movetur in alia linea quàm Meridiano aut parallelo. Interim illud quoque verum est, omnes mutationes linea cursus navis, tractibus quibusdam continuis apparere. Datis autem omnibus istis angulis datur navis flexus, quo collato cum Hydrographo incorrecto fit correctio et inveniri possunt declinationes.

dentibus pluribus, item eodem tempore in diversis acubus attendentibus, ut securius faciliusque res peragatur), partim machina quadam, quae sua sponte haec notet, ut in thermometro seu Baroscopico quodam fecere. Huic potest modus alterus et plures alii inter se conjungi. Id enim certe operae pretium est. Machina autem ita institui potest. Compassus esto *adb* centro *c*. acus magnetica *cd* linea immobilis (secundum apparentiam in navi) seu longitudini vel cursui navis respondens à rostro ad puppem ducta *ab*, ponatur, cursum primò directè in eum locum tendere, quem acus adspicit, seu *ab* et *cd* coincidere. pone navem flectere cursum, is flexus designabitur angulo *bcd*. quia quantum est tamen navis deflecta à linea acus *cd*, tantum videbit acus deflectere à linea navis *cb*. Ut ergo motus ille acus designetur, utile erit stipitem *ick* [adhibere], qui firmus in fundo *i* sustinet compassum *acbd* et centro compassi *c* producitur ultra *c* in *k* ibique sustinet stylum subtilem *kfl* acui *cd* parallelum et cum ea circumeuntem, qui in papyro *mengh* leviter raso arcum describat *fn*, centro *k* arcui *db* centro *c* similem. Quod erit tanto exactius, quanto stylus *kf* erit longior, quantum salva vectilitate fieri potest. Erit autem papyrus immobilis in navi, seu linea *mn* lineae *ab* longitudinis seu cursus navis parallela. Stylus intinctus esse debet colore aliquo liquido, ut levissimo attactu designet subtilitate, quanta pili est.

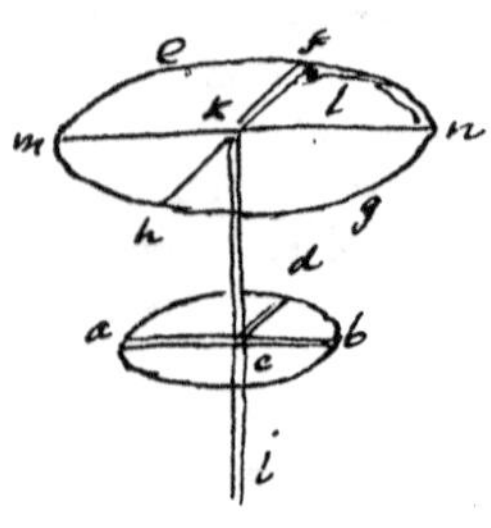

Fig. 151.

Nunc ad declinationem ipsius acus venio, quae et exigua est, et pene insensibilis, nisi per temporis tractum. Id sentietur non uno arcu facto, sed linea quadam spirali, cum . . .[1]) papyrum internum sit in longitudinem mobilis, seu . . .[2]) stylus lineam perpetuam, sed eam declinantem in latus, et quasi rhombicam, non ergo nisi longo chartae tractu consideratione, qui scilicet unius diei spatio procurrit, sentietur flexus. Ex eo ergo discrimen sensibilissimum: omnis flexus, qui in uno arcu designatur, est à navi; qui linea recta inter producendum inclinata est ab acu. Et ne stylus impingens à charta retardetur eae artificium novum, nimirum liquor aliquis subtilis e stylo continuè distillans chartaeque illabens motum flexumque designet. Et procurari potest, ut destillatio sit semper aequabilis, tam ut continua. Hoc inventum ad determinandas arcus per se sufficit. Principium enim universale et continuum et ab externis casibus independens locum navis designandum praebet: ita si caetera auxilia temporaria, observationes elevationis poli tum per declinationem magneticam, tum per coelum, observatio declinationis magneticae ex coelo sumtae, observatio temporis longitudinumque dierum, flexus navis alio semper . . .[3]) in gubernaculo, venti currentesque simulque denique attentione certorum in id destinatorum hominum conjungantur, scientiam infallibilem habebimus. Nam inventum styli per se, neque Horologiorum perturbationibus, neque navis jactationibus corrumpitur. Neque enim tempore sed longitudine cursus

1) Unleserlich, vielleicht tenens. 2) Unleserlich, vielleicht designet.
3) Unleserlich, wohl determinante.

post quemlibet flexum determinata opus est: et jactationes illae turbulentae se prodent et in verum modum redeunt, ipso cursu ducto, ordinato inter vacillationes eminentes.

Anmerkung. Diese Abhandlung dürfte in dieselbe Zeit, wie die vorhergehende zu setzen sein, da man wohl annehmen darf, daß Leibniz durch die Beschäftigung mit den Aufgaben der Schiffahrt von einer zu den anderen geführt worden ist. Vielleicht ist sie aber noch früher wie jene niedergeschrieben, da in ihr die Räder mit den zugehörigen Zählwerken eingehend besprochen werden, welche Leibniz in jener wenigstens zu den Versuchen benutzen will. Da sie sich auf die Benutzung der Uhren bezieht, die dazu allein tauglichen mit Horizontalpendel und Spiralfeder aber 1675 von Huygens angegeben worden waren, so wird man die Arbeit in eine frühere Zeit auf keinen Fall setzen dürfen.

107. [4 Seiten groß 8°. Anfangs leserlich, dann sehr unleserlich beschrieben.]

Observata inclinatione determinari potest latitudo loci. Cognita duorum locorum latitudine et distantia cognita erit longitudinum differentia; determinare: mutatio acus, sitne ab acu, an à navi.

Duo sunt casus. Cursus scilicet navis vel ita comparata est, ut semper declinet nunc quidem per satis longum spatium à septentrione in orientem, ab austro in occidentem, vel ut à septentrione in occidentem, ab austro in orientem. Similiter acus nunc per satis longum spatium declinat aut in orientem tantùm, aut in occidentem tantùm scilicet a septentrione. Supponamus ergo I° navem et acum declinare eodem, scilicet à septentrione v. g. in orientem aut contra. Ponatur linea cursus navis esse ab, septentrio a, navis declinet in orientem, ut linea cursus fiat bc, si acus bd supponatur immobilis, manifestum est, eam in circulo immobiliter ad bc affixo, centro b, designaturam esse acuum flexus. id ponatur interea, acus itidem declinare versus orientem seu versus c. manifestum est, si acus spectetur ut immobile, uti certè in navi spectandaest, in effectu lineam exiguam bc retroactam versus d. Et proinde inclinationem navis et acus in eandem plagam[1]), quoad effectum motus in tabula seu pyxide designandi esse sibi contrarias. Ut ergo determinetur in tabula, quando et qualiter mutato situ tabulae fuerit à d versus c, id est à navi, vel à c versus d, id est ab acu: ita fieri potest. sit annulus cd in circulo cd mobilis, divisus in gradus etc., non minus quam circulus. Is annulus ita comparatus sit, ut quando ab acu premitur versus d, quod fit, cum acus tendit versus c, et id est, si navis sola versus c seu declinat, tunc non possit à circulo separari, ac proinde invita acù abripiatur circulo; contra quanto ab acu premitur versus c, id est, cum acus declinat, abripiatur in acu relicto circulo; ita annulus monstrabit flexus navis sine declinatione acus, quia declinante acu annulus ipse cum ea declinabit. Et differentia

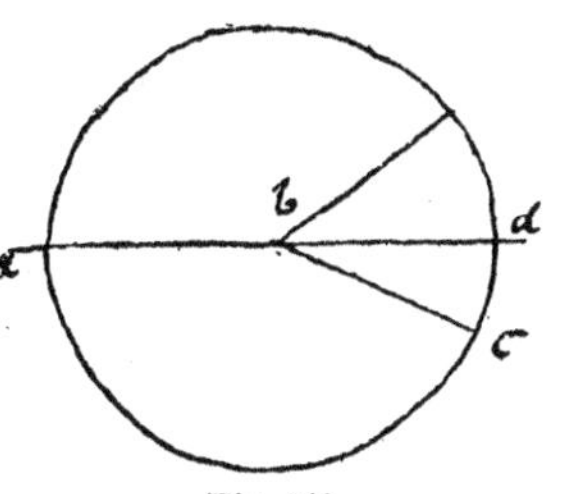

Fig. 152.

1) Hier hat Leibniz an den Rand bemerkt: faciendum ut omnia sint difficilis motus sed fortificanda acus.

inter annulum et circulum monstrabit acus declinationes. Ut *a* annulus modo moveatur acu, modo non effici potest, vel si semper fortiter prematur ab acu, sit connexio inter tabulam et annulum, annulus possit ire sine circulo seu versus *c*, non sine circulo versus *d*. Huius rei non difficilis procuratio est. Alia etiam methodus esse potest in connexione acus cum annulo, ut quando acus movetur versus *c*, annulum suum, ut flecti styli extremitas non possit. Sed quando acus movetur versus *d*, obvertet aliam styli extremitatem flexibilem et ideò annulum relinquet. Ideò styli extremitas debet esse flexilis in unam tantum partem. Secundus casus est, si acus declinat in contrariam partem navis. pone navem ut ante declinare ex *d* in *c*, acum ex *d* in *e*, manifestum est, in idem latus esse mutationem, sive acus, sive navis declinet. Semper enim circulus ibit versus *c*, acus versus *e*. Sed quod discrimen sensibile in hoc motu. Sit denique (?) pyxis simul et verticalis et perpendicularis, id est dupliciter suspensa, poterit inveniri magnetis declinatio sine omni observatione coeli, quoties acus exactè polum respicit.

Inventio Meridianorum supposita veritate inclinationum magneticarum. mutatur inclinatio acus mutata elevatione poli, ex Hypothesi sequitur construi posse pyxidem horizonti perpendicularem, quae monstret exactè quando vel unico miliari magis quam ante a polo recessimus. Etsi enim inaequali proportione crescant decrescantve inclinationes et elevationes, constat tamen in Regionibus circumpolaribus 5 circiter gradus elevationis, mutare duos inclinationis, in regionibus aequatori vicinis contra unum gradum elevationis mutare 5 inclinationis versus aequatorem, et in mediis magis pari possit ambulari. Nec ferè unquam major differentiae proportio est, quam ut 1: ad 5. Porro quando inclinationis mutatio celerior, tanto est sensibilior utique elevationis notatio. Sed fingamus semper inclinationem esse quinquies tardiorem elevatione, tamque aut miliare spatium sit minutum unum gradum, sequitur certe, quanta parte minuti primi deprehendi inclinationis mutationem, etiam quando est tardissima. Ac si esset notata [?], per aliquod tempus saltem itineris miliaris navem aut recta linea cucurisse, aut quantus exactè flexus fuerit, quod sine fraude praestarunt tum magnetis rotae alterius ajo, in quam hoc posito si perfectè constare, in quo sit meridiano. Quod ita demonstro: si nulla est mutatio inclinationis et tota mutatio fuit meridianorum, transit ergò navis in parallelo dato de meridiano in meridianum, et cognita celeritate cursus cognita est mutatio meridianorum. si navis movetur de parallelo in parallelum inclinatio acus crescit summo modo. si navis transit et simul mutat meridianum et parallelum, cum tanto major sit mutatio meridianorum, quanto minor parallelorum, sequiter constare, utrum ex mutatione parallelorum per inclinationem residuam esse mutationem meridianorum, seu quae sit obliquitas motus, sive quis angulus ad meridianos et parallelos. Est enim angulus ad meridianos complementum anguli ad parallelos.

Deprehendere flexum navis. navi grandi addatur exigua puncto aquae insistens, nec proinde mobilis, nisi circa unum axem. haec suam lineam cursus seu proram et puppim parallelam seu coincidentem teneat lineae majoris. Flexus ejus dabunt exacte flexus majoris . . . .[1]) enim flectet uno

1) Unleserlich, wohl minor.

tantum puncto. sola quaestio est, quomodo efficiatur, ut persequitur majorem. hoc fiet, vel si ante eam agatur vel ei alligetur, ita cum navi se flectente acus ea non flectetur, nisi ab homine dioptram, ubi hoc sentit, adhibente. collocentur duae rotae in navi flexum ejus designaturae, altera in prora, altera in puppi, tertia in medio. Si navis flectitur in medio correspondent flexus extremarum rotarum, si in extremis aut inter extrema differunt, et ex ratione differentiae determinari potest punctum navis, in quo facta est flexus. Ne perturbent fluctus inaequales corresponsum rotarum, complicari ita possunt inter se, ut non possint moveri nisi correspondentes, cum tamen fluctus turbinate non impingant correspondentes, quod fiet, si aliae rotae sumtis his subjiciantur; sufficiant vel duae rotae. In eo difficultas, quod quando jactatur navis, saepe fit, ut ejaculatur modò in deorsum. Hinc remedium istud sufficit; si centrum est medium, aequalis est celeritas duarum rotarum. Si centrum est extra medium, inaequalis est celeritas. Si centrum est in altero extremum, quanto magis distat rota, tanto circumagetur celerius: nota: ducendum est arcus circuli minoris in arcum circuli magni seu cujus centrum navis; quaternus cum continget productae motus rotae.

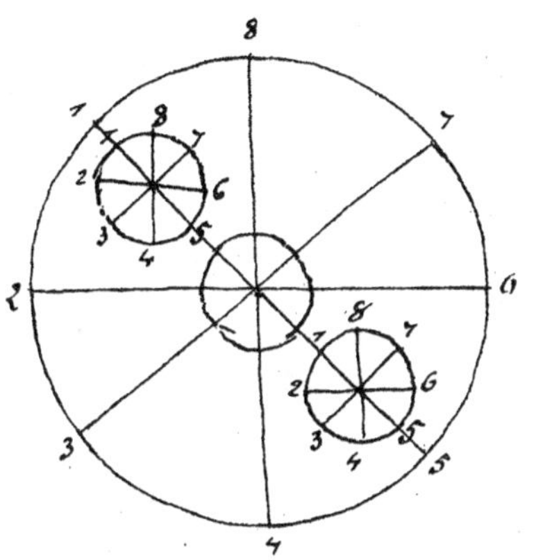

Fig. 153.

Anmerkung. Die nicht zutreffende Annahme, daß die Inklination der Magnetnadel zur Bestimmung der Polhöhe dienen könne, hatte Gilbert bereits 1600 ausgesprochen. Dürfte man die beiden vorigen Abhandlungen als aus dem Bestreben entstanden ansehen, den Seefahrer von den Angaben der Magnetnadel unabhängig zu machen, so müßte man die vorstehende Abhandlung zeitlich vor die beiden vorangehenden zu setzen haben.

108. [1 Blatt 4°, auf beiden Seiten beschrieben.]

Problemata Hydrographica nova.

(1) pyxides Nauticas fabricare, ita grandes, ut ipsa minuta secunda in iis possint distincte observari.

Hoc fiet, si stylus vel semidiameter pyxidis ab acu magnetica circumagendus, sit satis longus. Sed quanto erit longior, tanto erit gravior, ac proinde difficile ab acu circumagetur. Necesse est ergo rationem quantum haberi fortificandi acum, ut onus solito majus moveri, quod fiet per problem. sequens.

(2) Acum nauticam, quantum satis esse, fortificare.

Viribus ejus decuplicatis, imò si opus centuplicatis. Hoc fiet nova quadam certa facilique ratione armandi, hactenus non observata, multo minus adhibita. Cujus usus magni ad rem nauticam momenti est, tum ad inclinationes, tum ad declinationes exactè observandas.

(3) Latitudinem loci seu Elevationem Poli sine coelo et stellis exactè invenire. Hoc fiet pyxide inclinatoria seu ad horizontem perpendiculare eaque satis grandi, ut ad minuta usque secunda subdividi possit per problem. 1. ita ex gradibus minutis secundisque inclinationis determinabuntur gradus, minuta et secunda elevationis Poli. Sed quia proportio inclinationis et elevationis est diformis (nam v. g. observatum est elevationem Poli ut 30 habere inclinationem acus ut 60, et elevationem Poli ut 35 habere inclinationem arcus ut 63 etc.), ideò opus est Globi Artificialis, qui si satis grandis et meridiano mobili exactè ad minuta usque secunda subdiviso instructus sit, poterit sine ulla calculatione exactè ad usum inveniri, quis gradus elevationis, quem det gradum inclinationis.

Haec pyxis inclinatoria dudum observata, hactenus ad perfectionem deduci non potuit, quia ob debilitatem acuum stylum nimis longum ferentium pyxides satis grandes satisque exacte subdivisae fieri non potuere.

(4) Cursum navis in globo articifiali exactè delineare. Declinationibus tantum Magnetis subinde observatis, quotiescunque cursus non fit in eodem praecisè Parallelo.[1])

Esto globus artificialis *abc* in meridianos parallelosque subdivisus. Esto punctum discessus cognitum *d*, cadens in parallelum *ed*, meridianum *ac*. Nave progrediente extra parallelum *ed*, esto punctum observationis novae primum, quo scilicet incipit sentiri nutatio inclinationis *f* (quod tanto se offeret citius, ac proinde omnia erunt tanto exactiora, quanto pyxis inclinatoria erit grandior magisque subdivisa). Huius puncti *f*, cum detur inclinatio ex Hypothesi, dabitur et parallelus. Ponatum, eum parallelum esse *gh*, cadet ergo punctum *f* in *gh*. Sed ut praecisè determinetur, quod punctum paralleli sit *f*, nihil aliud scire opus est, quàm angulus, quem linea *df* seu distantia puncti cogniti et quaesiti faciat ad parallelum *ed* in puncto cognito *d*. Determinato enim puncto unius paralleli *ed*, ex quo ducitur recta *df* de parallelo *ed* in parallelum *gh*, determinatoque angulo *fde* determinabitur quoque punctum, in quo secabit *df* alterum parallelum *gh*.

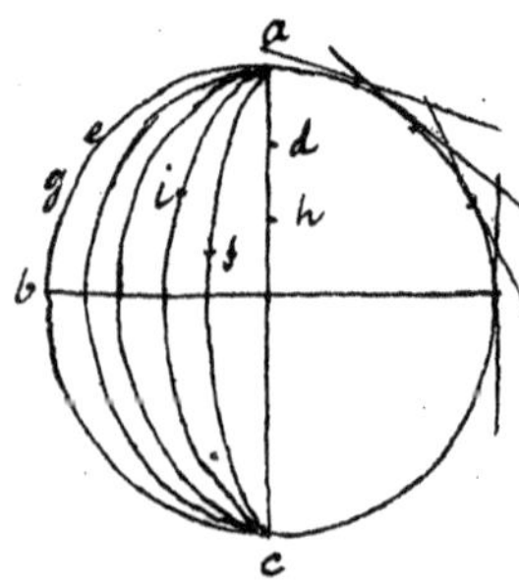

Fig. 154.
Die Kreise mit dem Zirkel eingedrückt.

Angulus *fde* ita determinabitur: Constat, quem angulum linea motus navis ad punctum cognitum dimissa faciat, seu ad quam plagam mundi se direxerit. Hanc lineam cursus, si servat, servabitur angulus *fde*. ac proinde cognitum erit punctum *f*. Si mutat, demonstrabit acus magnetica (demtis declinationibus) quantitatem flexus ac proinde anguli mutationem, ac proinde punctum *f*, quo linea cursus navis utcunque flexa secat parallelum *gh*. Ponatur similiter, navis primo moveri ex *d* in *i*, et postea flecti

1) Hier hat Leibniz in sehr schwer zu lesender Schrift zwischen die Reihen gesetzt: (Multi [?] ita non procedunt. Nisi constat praestare [?] navem quemlibet motum flexum. Aliqui non datur tamen [?] motus navis, sed tantum ei parallela.)

ex *i* in *f*. Invenietur utique eadem methodo primum punctum *i*. inde invenietur quoque punctum *f*. Notabitur *h* in puncto artificiali atque ita totus in *e* cursus navis, tanto punctis delineabitur, quanto pyxis erat exactius subdivisa. Dixi a flexù navis cognoscendo adimendas esse magnetis declinationes. Esto ergo problema: quod ut exactè fiat, an non habet magnas difficultates, notari enim potest in longissimis etiam itineribus in Indiam Orientalem susceptis, nautas pene quotidie, ut eorum diaria monstrant, observandarum declinationum potestatem habuisse.

(5) locum navis invenire. Invento cursu navis per probl. 3 inventus erit quoque locus navis, quippe extremum cursus tempore dato. Loco navis invento solutum est magnum hoc problema.

(6) Longitudines invenire declinationibus tantùm magneticis observatis. Nulla licet Theoria seu Regula universalis declinationum constituta.

Multi hactenus ex declinationibus longitudines provisere, sed vel theoriam quandam universalem declinationum, quae tamen falsa comperta est, vel aliorum observationes de declinationibus supposuere, quae tamen tractu temporis immutatae sunt. Hic vel nulla theoria, nullis diversis observationibus, sed sola diligentia in eadem nave reperita subinde declinationum observatione opus est, quam alioqui à bonis Navium rectoribus semper fieri debere constat.

Anmerkung: Auch die hier gemachten Vorschläge zur Bestimmung des Ortes eines Schiffes benutzen nur die Magnetnadel. Diese Abhandlung ist demnach wohl ebenfalls vor 1684 zu setzen.

109. [4 Blatt 2° zur Hälfte beschrieben, auf der leer gelassenen Hälfte gut geschriebene Korrekturen von Leibnizens Hand.]

Propositio Machinae Hydrographicae.

Machinae Hydrographicae, si perficiatur, fructus erunt:

(1) inventio loci navis.

(2) delineatio cursus navis.

(3) emendatio Hydrographiae, mapparumque nauticarum.

(4) navigatio[1]) non in rhombo, sed lineâ rectâ (seu accuratius loquendo non in linea spirali sed circulari) quantum scilicet, — venti, currentes, litora et brevia permittunt.

(5) Supplementum impatienter ignaviaeque rotarum, per quibus machina delineandi officium facit.

Quare sequitur (6). Etsi longitudines inventae supponerentur, nihilominus summum hujus machinae usum fore ad Geographiam Hydrographiamque perficiendas.

Requisita.

Ut cursus navis, quantum fieri potest, exactè delineatur (unde caetera sequuntur) opus est haberi

---

1) Die im Manuskript untereinander stehenden Worte: „navigatio non in" und „sed circulari" sind von Leibniz nachträglich durch zwei im Kreuz stehende Striche (⨯) durchstrichen.

(1) quantitatem cursus navis, seu quantae longitudinis futura esset chorda per omnia eius vestigia ducta.

Hanc quantitatem cursus navis non difficulter habebimus applicata (loco debito) Rota, conversiones suas numerante.

Numerabit applicatis aliis rotis decadicis, ut in instrumento Passuum aut machina Arithmetica.

Haec Rota non est adeo magnae difficultatis et jam aliis in mentem venit. Sed peculiare et hactenus non observata industria opus est ad efficiendum, ne numerus regularitasque conversionum à currentibus maris turbetur.

(2) flexus navis omnes.

Ad hos habendos opus est Re, quae vehatur navi, nec tamen flectatur cum navi. ita enim in navi vehentibus flecti videbitur in contrariam partem, ac proinde designabit illis flexus Navis.

Corpus, quod hoc praestat, una voce magneticum est. Magnes scilicet aut acus magnete imbuta.

(3) Complicationem quantitatis et flexuum.

Ut scilicet constet, quantum iter intercesserit inter quemlibet flexum.

Hoc fieri potest vel homine perpetuò annotante, vel rectius Machinâ.

Machina, cum nec labore fatigatur, nec negligentia labitur.

Constructio Machinae.

Constabit machina

(1) ex rota primaria seu cursoria, cujus omnes conversiones simul sumtae aequant lineam motus navis.

(2) ex rotis decadicis, quibus conversiones numerantur.

(3) ex mappa mobili, quae ad singulas 1000 (aut 100), ut lubet, rotae primariae conversiones amovetur seu progreditur, cylindro involvente veterem, evolvente novam.

(4) ex stylo ab acu magnetica dependente, qui ductus faciat in mappa subjacente, tum rectos, tum curvos.

Rectos, cum mappa subjacens ob revolutiones progreditur
Curvos, cum ad sensum acus manente mappâ converti videtur. re ipsa mappa cum navi manente seu directionem retinente acu, se convertit.

illi designant lineas
hi angulos cursûs navis seu lineae motus.

Difficultates seu objectiones.

(1) non satis accurata erit delineatio

quia pyxis nautica non potest esse in satis multas partes divisae, pyxidem enim parvam esse necesse est alioqui stylus ductor, quippe a centro valde remotus, minus ponderabit, nec satis virium in acu erit ad eum circumagendum.

(2) ad ductus imprimendos vi quadam styli opus est. Acus autem magnetica est debilis.

(3) Jactatione navis jactabitur et pyxis, ac proinde ductus perturbabuntur.

(4) Declinationes magneticae exactam cursus delineationem impedient.

Remedia.

(1) forticatio acus magneticae.

ut vim acquirat decuplo, imo centuplo majorem. Unde sequitur, pyxidem posse fieri satis magnam satisque accurate subdivisam. Satis item virium in acu fore ad ductus in mappa describendos. Magni ad rem nauticam momenti haec fortificandarum ácuum inventio est.

(2) Ductus possunt fieri subtiles levesque.

(3) acus, utcunque jactatione perturbata sit, restituit se ipsam in lineam flexumque priorem. veri ergo flexus emergent semper ex perturbatis.

(4) Quod declinationes attinet, etsi supponeremus, nullum hic ex ipsa pyxide remedium esse, constat tamen earum observationem pene quotidianam non esse difficilem, et in longissimis itineribus Nautas quosdam acus declinationem singulis propemodum diebus annotare, quare nihil aliud eo casu ad rei Hydrographicae perfectionem restabit, quàm ut declinatio diligenter observetur. Et sequitur ergo ex hac machina (sine ulla constituta declinationum Theoria universali) id quod hactenus irrito conatu quaesitum est, ut solis observatis declinationibus Longitudines dentur.

Constat, plurimos eorum, qui nobis longitudines promisere, declinationes observari praesupposuisse.[1])

(5) Accedit, quod declinatio mutatur non per saltus, sed paulatim, potest ergo continue error machinae emendari; et quamvis uno alterove die non possit observari declinatio, interea tamen, sic satis aestimari ex praecedentibus potest, errore postea ex sequentibus observationibus emendato.

(6) Et potest ratio institui, ut machina continuè emendet se ipsam quasi nulla esset declinatio.[2])

(7) Est et alias Emendatio. Nam si acus et Navis eodem declinant, v. g. utraque a Septentrione in Orientem, potest haberi ratio determinandi in ipsa pyxide, quis flexus sit a navi, quis ab acu.

(8) Cum item ope pyxidis inclinatoriae determinari semper possit latitudo, qualitercunque collatio pyxidis inclinatoriae cum Machina Hydrographica dabit nobis praecisè, quantum a latitudine aberravimus. Hinc autem poterit calculo satis subtili supputari, quantum et in Longitudine Machina exerraverit. constat enim de effectu, quoad latitudinem, constat item de proportione mutatae longitudinis ad mutatam latitudinem. Hinc supputabitur ex dato errore latitudinis error longitudinis, semper enim latitudo et longitudo sunt sibi complementa ad angulum rectum ac proinde, quanto minor est latitudo, tanto major est longitudo et contra. Haec machina Hydrographica rectificata est universalis, a coelo et sole independens semper in potestate. Et si inclinationis mutatio continuè observabitur, calculus rectificandarum quoque longitudinem ita exactus erit, ut vix gradu aberrari posse putem.

Difficultas[3]) Machinae Hydrographicae in distantiis exhibendis ideò magna est, quia aqua non est stabilis et quieta, ita ut navis in ea feratur,

---

1) De la Porta 1589 in seiner Magia naturalis, den aber bereits Gilbert 1600 in seinem Werk De Magnete widerlegte.

2) Die Worte quasi bis declinatio hat Leibniz ausgeschrieben und statt ihrer nullo gesetzt. 3) Von hier an wohl späterer Zusatz.

ut currus in terra. Et aqua saepe persequitur navem, ut, quando ab eius currente fertur, non ergo tunc aqua rotas circumagens discrimen dabit, adde, quod currentes modò adversi, modò secundi, modò obliqui haec omnia turbant. Idem est in ventis, nam et venti sunt aëris currentes. Aestimari posset instrumentis certis, quae sit vis venti in navem data obliquitate datoque velorum positu, ita aestimari posset celeritas cursus navis ex calculo. et fateor, hanc aestimarem dignam exquiri caeterisque addendam. sed tamen currentium complicatio rem perturbat. Posset poni aliquid ante navem, in linea cursus, quod assequamur, aut relinqui, quod attrahamus. Idque saepe repeti, aut saltem quamdiu ex omnibus apparet idem rerum status semel atque inde fieri aestimatio. Sed haec omnia per incommoda atque illicita.[1]

Credidimus etiam, cum ventus impellit[2] navem, non tamen portare et ideò nave licet secundo vento provehente alium tamen sibilum in contrarium esse posse in canali. Sed quomodò sibilans aër egredietur canali contra ventum: an dabimus ei exitum in navem. Hoc optimum. Sed videtur totus aër impelli cum nave, unde et sagitta relabens. Ergo et aqua eodem modò super filiaria inprimis non nihil sequitur navem. Et omnino si navis quodammodo currente feratur: Illud tamen observandum: quando currens fert navem ex aëre, quando ventus ex aqua, nonnihil sciri posse celeritatem. praesertim utrobique machina talis fit, ut non nisi motu conspirante ferat. Quod fiet, si sit machina, in qua tractio in contrario seu reactio rotarum impediatur, etsi apperta communicavit ut ex. g. rota a capiat actionem a b et tum, si quis impetum agere velit, sua moles vel porro vel retro ingenio nonnihil non possit . . .

Anmerkung. Der Schluß ist teils unleserlich, teils in grammatikalischer Hinsicht schwer verständlich. Was Leibniz damit sagen wollte, ist gleichwohl aus dem Vorangehenden zu entnehmen. Die Arbeiten 105 bis 109 hat Leibniz unzweifelhaft in Paris, wo er sich von 1672—1676 mit einer Unterbrechung durch eine im Jahre 1673 nach London aus-

---

1) Hier hat Leibniz daneben an den Rand geschrieben:

Fig. 155.

NB. Solis flexibus cognitis, nisi detur distantia inter flexus, non tanta motus, sed ejus parallela invenitur. Quae jam tum (demto declinationis errore) semper nota est, angulus quoque (?), quem faciat navis motus ad plagas mundi. Ergo solis istis flexibus sola invenitur declinatio, quod non est tanti nisi optimè ipsa, machina adtributis non flexibus tantum sed et intervallis emendet.

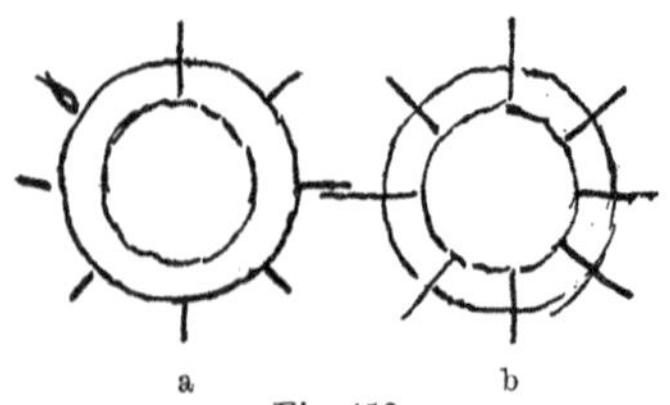

Fig. 156.

2) Neben dieser Reihe steht am Rande:

quod ita tento. Ante omnia facile fiet, ut rota b possit quidem progredi, sed non regredi. Et per consequens etiam rota a. Sed ut rota a ne ire quidem celerius possit, quam impetus impellit a rota b, quod efficiemus. Ecce modum, qui mihi in mentem venit.

geführte Reise aufhielt, niedergeschrieben. Wenigstens schrieb er von dort, daß ihm aus der Nautik nur eine genaue Erkundigung über ein einziges Experiment, welches für wahr ausgegeben werde, mangele; in diesem Falle wolle er demonstrieren wie die Längen vollkommen zu finden seien, und an die Hand geben, wodurch ein Schiff ohne Hilfe von Sonne, Mond und Sterne, welche man nicht allezeit beobachten könne und worauf eine viel gerühmte Erfindung von Huygens beruhe, den Ort, wo man sei, finden könne: was dem Huygens noch nicht gelungen sei. Aber wenn auch gleich jenes Experiment nicht Stich halten und nicht ganz genau sein sollte, so werde diese seine Erfindung doch die universellste und genaueste unter allen vorhandenen sein (nach Guhrauer, Gottfried Wilhelm von Leibnitz. Breslau 1846. Bd. I. S. 115). Die obigen Aufzeichnungen geben seinen Plan, den er damals nicht mitteilte.

110. [Kleines Blatt.]

Si lunae cursus satis exacte haberetur, nulla esset melior longitudinum ex coelo deprehendarum ratio, quam per appulsum Lunae ad fixas, si modo observetur intervallum temporis inter hunc appulsum et solis vel lunae ortum aut occasum aut transitum per meridianum, aliumve circulum secundum horizontem loci. Oportet autem calculatum haberi hunc appulsum respectu centri terrae et detrahi parallaxes, vel addi pro ratione loci observationes. Etiam Hevelius in Transactionibus loco alibi à me invitato observavit, melius deprehendi posse longitudines per lunae appulsus quàm per joviales satellites. Sane si satis accuratè provideri possunt appulsum et in calculum redigi, eadem sunt facilia. Est enim observandus modus iste facillimus, qui per nullis indiget instrumentis. sit . . .[1]) non appulsus solum, sed et distantias à diversis sideribus sumere placeat. Ex junctis inter se eo accuratior erit observatio. Horologio opus erit, quod tantum per aliquot horas fidele perstet. certè si error quadrantem horae non excedat (qualem nec . . .[2]) excedere calculi Ellipsium), error in longitudine non excedet quatuor gradus. Sed si effici posset, ut error non excederet unum gradum sufficientia haberemus desiderata.

Ex solo loco solis in Zodiaco seu intervalle inter solem et electas fixas, comparato cum horizonte loci seu ortu et occasu solis, vel meridie nescio, an propositum satis obtineri posset, cum paucis gradibus longitudinis mutatis visibilis illa variatio futura. Si tamen accuratis aliis instrumentis praecisè observare liceat momentum, quo sol meridiem facit, aut alium altitudinis circulum subit, momentumque, quo idem fit ab astro ac . . .[3]) intervallum temporis ope horologii solis per aliquot horas accurati, res haberetur. Neque sane despero; cum meminerim vulgo juberi, ut pendula per reditus fixarum ad aliquod . . .[4]) rectificentur. altitudo autem solis in navi . . .[5]) faciliter observari possit

Anmerkung. Die Benutzung der Beobachtung der Jupitertrabanten zur Längenbestimmung hatte bereits Galilei vorgeschlagen, der Plan war

1) Unleserlich, wohl opus, ut.
2) Abgerissen, muß wohl potest heißen.
3) Unleserlich, wohl semihorum.
4) Unleserlich, wohl tempus.
5) Unleserlich, wohl non.

an der Unvollkommenheit der damaligen Fernrohre gescheitert. Man wird diese Notiz als aus früher Zeit, vor 1670 stammend, anzusehen haben, da hier Leibniz sich zur Zeitbestimmung noch der Sonnenuhr bedienen wollte, nach Ausweis von Nr. 64 aber in dem genannten Jahre eine Uhr erfunden hatte, die im Gegensatz zur Sonnenuhr durch die Bewegungen des Schiffes in ihrer Brauchbarkeit nicht beeinträchtigt wurde. Gerade die Schwierigkeit einer genauen Zeitbestimmung zur See ließ ihn dann auf andere Methoden der Längenbestimmung sinnen, die in den Nrn. 105—109 enthalten sind.

111. [Sehr undeutlich geschriebene Notiz auf einem Blatt, auf welchem sich außerdem viele Figuren und Rechnungen befinden.]

Comme les pilotes prennent les hauteurs sur mer.

Primum male sumunt lineam horizontalem, aquam aspicientes, fleur d'eau. Sed ipsa primum altitudo navis errorem facit. Deinde quod longe importantius, usus instrumenti, quod vocant l'arc baleste[1]), est complicatior. deberent inspicere ex centro *a* super extremam spinam at illi inspiciant *db ec* separatius, ut ipsi dubium ponunt in mediam rectam *ad*.

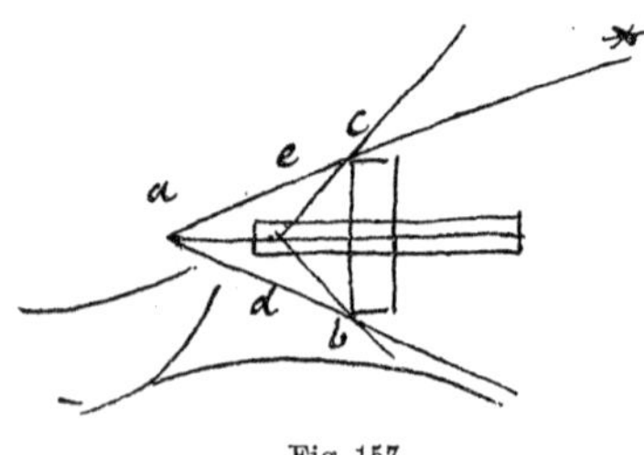

Fig. 157.

Methodum habeo perfectè observandi in navibus, quantum ab homine possibile est. Ope Instrumenti Thevenotiani[2]) haberi potest linea horizontalis, inde forma quadam . . . .[3]) portatilis adhibita, chartaque indita eiusque mutetur situs, dum stella quaesita in certo appareat puncto chartae. Ubi ibi apparuit tacto quodam Elaterio machinae partibus stabilis quidam situs detur, quo facto habebitur angulus quaesitus. Hoc modo non opus est inspicere per dioptram, quo casu quaerere difficile. At ipsam dioptram dirigere in stellam, non inspiciendo per dioptram videtur adhuc difficilis, sed hoc invento emendatur.

112. [4 Seiten. 2°. Gut geschrieben.]

De gubernaculis navium.

Sit navis *AB*, cuius prora *A*, puppis *B*, clavus *CD*, puncto *C*, circa quod mobilis est clavus, cadente in rectam *AB*. Mota jam navis in recta *AB*. Tunc Aqua *FG* lineis ipsi *AB* parallelis impinget in navem et clavum; et aqua quidem *GH* impingat in navim, cumque aequaliter ab utraque parte ipsius *AB* in eam impingat, nihil aget ad eam convertendam in

1) Arbalète (Arbalestrille) der von Regiomontan angegebene Jacobstab oder Radius astronomicus. Vgl. Herz in Valentiner, Handwörterbuch der Astronomie. Bd. II. S. 48. Breslau 1898. V. Günther in Atti del Congresso internazionale di Scienze storiche Roma 1904. S. 187.

2) Die Röhrenlibelle. Vgl. Wolf, Geschichte der Astronomie. München 1877. S. 272.

3) Unleserlich, aber einer Ergänzung kaum bedürftig.

alterutram partem. Sed aqua FH impinget in clavum, quemadmodum et aqua HA inter corpus navis et aquam FH intercepta, quae in partem clavi CL incurret et ita clavus faciet officium vectis. quanquam et nonnihil aquae à clavo reflexae impinget in BM puppis latus à parte clavi. Sed hoc distinctius et minutius examinare nihil necesse est, sequens enim consideratio rem omnem conficit.

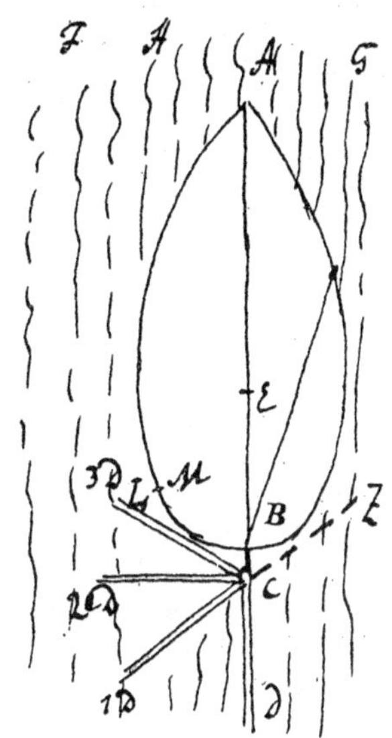
Fig. 158.

Supponimus autem, nihil referre, sive navis incurrat in aquam quiescentem, sive eadem celeritate et linea, sed contraria directione aqua incurrat in navem. Utrum enim fiat nulla ratione, quoad effectus discerni potest: pro certo etiam pono, navem ita flexam iri, ut minus quam ante motui aquae obsistat, sive ut minori aquae quantitati objiciat et facilius aquam secet. ponamus enim arborem in navi infixam esse, circa quam navis sit mobilis et arborem trahi fune per aquam; movebitur navis circa arborem ita, ut minùs quàm ante aquae obsistat, si quidem id fieri potest; itaque tamdiu movebitur circa hunc axem, donec ad situm commodissimum pervenerit. exempli causa navis AB cum clavo CD habeat foramen Q, per quod transeat arbor RS horizonti perpendicularis, qui trahatur fune TV. ducantur rectae FD et GX ipsi TV parallelae, extremae earum, quae per aliquod punctum navis transeunt. patet resistentiam navis contra aquam aestimandam esse ipsa FG latitudine rectanguli $DFGX$ ipsi navi (cum clavo) conscripti, quod longitudine sua FD cursui aquae vel motui navem trahenti sit parallelum. itaque si conversa in aliquam partem navis resistentia ista seu latitudo rectanguli circumscripti paralleli continuè imminuatur, in eam ubique partem fiet conversio, donec veniatur ad minimam resistentiam seu donec minimum latitudine rectangulum circumscriptibile navi cum clavo fiat cursui navis vel aquae parallelum. Hoc rectangulum ita invenietur; ex puncto D ducatur recta $D.10$ navem tangens, eique parallela 11.12, etiam navem tangens. erit latitudo à $D.12$ minima, quam triangulum circumscriptibile habere possit. Nisi eo casu, quo ipse clavus CD nimis sit brevis, ita scilicet ut extremitatem rectanguli navi circumscriptibilis non attingat, quo casu nihil etiam efficiet, nisi forte quatenus aqua post navem

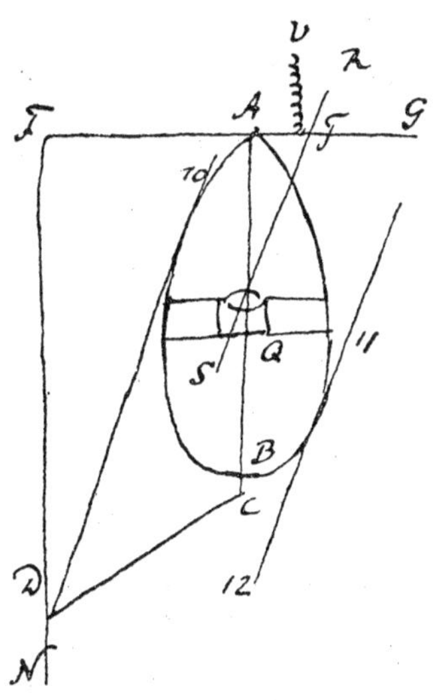
Fig. 159.

intercepta inter puppim et clavum nonnihil in eum impingit. Sed hoc exiguum est, aqua enim haec quodammodo inclusa in vase censeri potest. Tamdiu ergo fiat conversio navis, donec ipsa *D*.10 longitudo seu latus rectanguli minimum, quod sit navi circumscriptibile. fiat parallela ipsi *TV* cursui navis vel aquae, si jam arbor hujusmodi *TS* navi sit infixa, circa eam fiet conversio. Sin minùs conversio eo modo fiet, quo facillimè fieri potest, habita ratione tum resistentiae aquae, tum molis ipsius[1]) navis.

Ut si circa centrum *S* fiat conversio, tunc pro resistentia aquae sufficit considerari lineam *ASBCD*, tunc pars *AS* movebitur sinistrorsum, pars *SBCD* dextrorsum majoremque aquae resistentiam sentiet, quam altera, quia longior *SD* quam *SA*. itaque si sola resistentia aquae inspicienda sit in conversione, sumendum erit punctum *S* tale, ut *SA* et *SD* sint aequales. Verum spectanda est praeter resistentiam aquae ad motum conversionis etiam resistentia ipsius molis navis vel eius partium. Et manifestum est, nisi punctum *S* sit centrum gravitatis navis, tunc plus ab una parte, quam ab altera circumagi, adeoque majorem ratione molis movendae resistentiam esse. Ut ergo aequilibrium verum habeatur, medium aliquod punctum eligendum et considerationes ambae inter se conjungendae. quod accurate facere subtilissimae esset speculationis, comparandae enim inter se hae duae resistentiae una aquae, altera navis, ut sciatur, quae sit fortior et quanam ratione medium aliquod punctum pro centro conversionis sumi debeat. Ex his itaque apparet, rationem centri gravitatis navis et vectis ex hoc centro prodeuntis solam haberi non debere, quod verè doctis viris videbatur. Et si ea sit stigma navis, ut punctum medium inter *A* et *D* in recta *ABCD* sumtum longè differat à centro gravitatis *E*, poterit facile experientia ipsa ostendi, quod centri gravitatis solius hic ratio non habeatur.

Ex his jam judicari poterit de sententiis doctissimi viri Stephani Gradii[2]), propositis in dissertationum, quas Reginae Christinae inscripsit, prima de navium gubernaculis. praeterea autem non pauca, quae non satis intelligo, quod sine prolixitate exponi non possint, ut, quod initio ait (pag. 4.), ne clavum plus posse ad vertendam navem, quam remos. Etsi remi magis habeant rationem vectis, cum longe diversa sit harum duarum rerum ratio, illud potius considerabo, quod caput suae explicationis esse vult, clavum nescio quem impetum ab impulsu navigii eum trahentis concipere, quo conetur, ire in directum secundum suam ipsius lineam *CD* et hunc impetum conferre plurimum ad vertendam navem. Hinc contendit clavum perpendicularem lineae navis ut *CD* id minus posse, quam clavum obtusum *C*1*D* nam quia perpendicularis motui directe objiciatur, cessare motum in linea *CD*. imò si clavus angulum *C* faciat acutum, ut clavus *C*3*D* vult contrarium fieri et proram dextrorsum ituram idque se parva navicula expertum video. Vult suum obtusum pro clavo esse optimum, quod si ita esset, quo obtusior foret, eo foret agentior, cum tamen denique cum linea navis planè coincidat, qui casus est summae obtusitatis,

1) Über ipsius ist partium geschrieben.

2) Hier hat Leibniz mit anderer Tinte an den Rand geschrieben: Gradium refutavit Bernoullius in Libello de gravitate Aetheris. — Stefano Gradio (1613—1683) war Präfekt der Vatikanischen Bibliothek in Rom; er gab 1680 Dissertationes quatuor mathematicae heraus.

quae nullam vim habet. Concipit impetum quendam in corpore velut fomitem motus, eum esse ita comparatum, ut corpus non tantum propediatur ad mensuram primi motus, sed etiam aliter prout res exigit; usque adeò ut etiam motus sua sponte acceleretur impedimento saltem remoto, quod per solam continuationem determinationis sumtam ex principio naturae, quod se unumquodque in suo statu conservat, explicari non possit. Verum hoc falsum est, et experimentum, quod affert, de globulis plumatis, quos pueri jaciunt (volans): si plumae in medio cursu decidant, liberatos ab impedimento celerius ferri, quam initio, non puto esse verum, nisi de globulo decidente sit sermo, tunc enim novus impetus semper a gravitate imprimitur; at cum impressa initio vis manet, celeritas ob solum sublatum impedimentum non augetur. Nec principium falso ad suam ratiocinationem indiget, ea enim, quemadmodum tandem divinando assecutus mihi videor, huc redit, si frustum ligni 15.16 sit alligatum chordae trahenti AB, duabus chordis inaequalibus majore $B.15$, minore $B.16$, atque ita in aqua quiescente trahatur, flectit se magis à 16 versus A, seu dextra pars magis versus A inclinabitur, quam sinistra; hinc colligit, cum clavus C_1D in situ acuto eodem modo situs sit, eum etiam tendere seu vergere versus A, id est CZ versus A; adversam partem clavi imaginariam versus A ire, non puto enim aliter intelligi posse. Hunc autem impetum eundi versus A putove clavum exequi conari recto cursu, adeoque tendere in linea $1DC$ seu $1D$ versus C. his enim verbis utetur. Verget, ut dictum est, ad partes A et lationem, quam docet experientia, ad easdem partes recto cursu concipiet (recto cursu intelligit secundum ipsam DC lineam clavi) eamque in puppim incumbet (id est tendet ab $1D$ versus C non contra) quam iccirco dextrorsum impellet, indeque manifesto sequetur conversio prorae in partem sinistram. Atque in hoc (inquit) impulsu gubernaculi per eius lationem directe ab $1D$ versus C (ipse aliis utitur literis) administratam potissima ratio esse videtur virtutis, quam in illo ad gubernandos navium cursus inesse videmus. Eo vero tantum abest, ut hanc lationem veram credam, ut potius pro certo habeam, clavum per se spectatum tendere à C versus $1D$, et nisi à navi, in qua firmatus est, retineretur. aut si quo casu ab illa avellatur, illuc etiam iturum esse, etsi durante illa ipsa avulsione se conversus sit, ut C magis accessurum sit versus A, totius tamen clavis impetus erit abire ab A. Itaque si hoc quidem spectamus, quo clavus per se ire conetur, certum erit, eum potius puppim in sinistram agere conari, proram in dextram, sed ille conatus hîc eliditur.

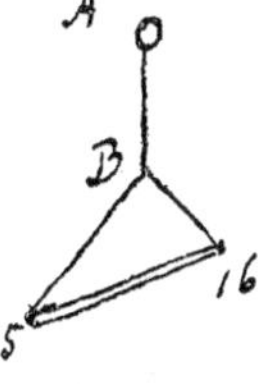

Fig. 160.

Sed pergit Gradius hoc modo: quod quidem (scilicet clavum e rectà sive secundum sui ipsius lineam conari ad partes A) ut eo manifestius deprehendas, flecte si placet clavum ad partes B, ita ut $C2D$ (accomodo meis literis) sit perpendicularis navi AB, multo debiliorem clavi virtutem factam experiere; (non addit quomodo expertus sit) cum tamen, si clavus operaretur solum per modum vectis, fortior et efficacior esse deberet, propter impetum aquae resistentis, quae virtutis motricis vim habet, multo validius est majore sui parte in clavum fronte et directè, quam ex transverso sibi oppositum incumbentem. quid ita? nempe quia, ut jam diximus, nulla hoc casu in clavis est vis ad impellentem dextrorsum recta et spontanea latione puppim navigii, cum nulla ratio sit, quamobrem planum clavi verti et per frontem in liquido procedens ad unam potius quàm alteram partem declinet. Et ita sola remanet in clavo vis operandi per motum vectis, quod si adhuc clavum ultra perpendiculum ad lineas directionis flectendo progredi facies, ita ut angulos acutos cum illis faciat ad partes B, ut est angulus $3DCB$, tunc non solùm neque puppis naviculae ad dextram, neque prora ad sinistram, ut antea ab illo impelletur, sed potius in contrarium puppis sinistrorsum, prora verò dextrorsum vertetur, idque nos experimento parvae naviculae ad hoc ipsius extructae comperimus. Hoc ille. Vult itaque clavum $C3D$ recto quodam impetu tendere à C versus $3D$, nempe quia extremo D ad partes A vergere nunc debet et ita puppim movere sinistrorsum ac proinde proram dextrorsum et licet vi vectis contrarium hic etiam agat clavus, tamen ex duabus illis viribus impetum directum secundum lineam clavi praevalere. Sed quis credat vi aquae ab A versus B tendentis, clavum impelli contrario conatu, seu contra ipsum primum motorem tendereque à C versus $3D$, vel ab $1D$ versus C. Experimentum, quod clavo acutum ad naviculam angulum faciente $3DCB$ prora dextrorsum circumacta sit, fallax fuisse judico; nec ullam eius rationem vel fingi posse arbitror. Nam sive consideres clavum velut per se, si à navi avulsum, aqua eum impellet à $3D$ versus C. ergo et hoc impetu navicula proram sinistrorsum aget. Sin vectis rationem habeas, conversio talis fiet utique concedente ipso Gradio, ut $3D$ recedat ab A illud unum aliquam speciem haberet, quod avulso clavo $3DC$, et à navi liberato ageretur linea $3D$, ipso puncto C recedente à linea BA, adeoque navicula, si ei alligata esset, impetum conversionis contrarium priori impressum iri, et proram ituram dextrorsum. Sed non habenda est ratio eius, quod avulso clavo fieret; nam prout varias avulsiones variis modis commiscerem, varii prodibunt effectus. Et generaliter ita conversionem fieri necessarium judico, ut tota navis post conversionem quantulamcunque paulo minus resistat aquae, quam ante conversionem. Nam ut aqua circumagat navem ideò, quia sibi obstat, et tamen eo ipso reddat magis, vel certè non minùs obstantem absurdum est. itaque experimentum, quod sumsit Gradius, necesse est tale fuisse, ut angulo existente acuto $3DCB$ is omnium situs ea naviculae figura esset, qua efficeretur, ut conversione prorae dextrorsum facta minus aquae, quam antea intercipiatur. Hoc unum enim in hoc argumento planè infallibile est

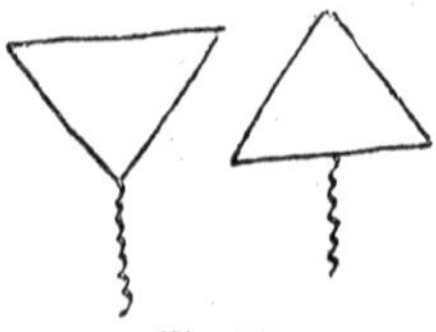
Fig. 161.

Cæterum etsi duae figurae aquae tantundem intercipiant, fieri tamen potest, ut una commodius eam secet, quam altera pro diverso situ aliisque circumstantiis. ita si duo sint triangula coincidentia, nisi quod si fune trahatur, in motu apicem, alterum basin aquae obvertit, ausim dicere, si impetus impellens sit debilis consultius aquae apicem obverti, seu partem tenuiorem, facilius enim hoc modo aqua dividetur; vel ideò quia tardius recedit. Sed si latior, pars aquae obvertitur aequa celeritate et dilabi atque cedere venienti debet, ideo fortiore impetu opus est. Sed cum viribus abundamus potius eas, quam promtissimè adhibemus, utibilius est, vim abundantem prope centrum, quàm longè à centro applicare, et videmus etiam naturam pisces satis celeriter natantes, ut delphinos capitibus crassioribus instruxisse, caudam autem capite crassiorem esse non solere, alioqui semper lentè et cum labore progrederentur, et velut syrma traherent, impetum verò facere non possent. Sed haec diligentius consideranda. Illud manifestum est, in piscibus caput solum firmitate indigere et ab aqua pulsari, reliquas verò partes à capite velut tegi, ita contra, si cauda esset crassior, omnes corporis partes aqua pulsarentur.

Anmerkung. Da die Schrift des Gradio 1680 erschien, so wird die Abfassungszeit der vorstehenden Abhandlung in die Mitte des vorletzten Jahrzehnts des 17. Jahrhunderts zu setzen sein, also in dieselbe Zeit, wie die übrigen die Schiffahrt behandelnden Arbeiten.

113. [1 Blatt 2°, ziemlich gut geschrieben.]

17. Julii 1678.

Vectoria canalis portatilis. quaestio elegans de fulcro.

Aliud est dato problemate invenire solutionem, aliud dato aliquo invento (sive sit problema, sive theorema) invenire eius usum et applicationem. Exempli causa multi norunt exiqua aquae quantitate immensam molem attolli posse, sed non norunt eius usum. Ut si $ACEG$ sit vas vel receptaculum interstitum, in quo aliud vas $BDFH$ infusa in $ABCDEFGH$ quantulacunque sit, id est quantulumcunque sit interstitum, attollet vas interius $BDFH$ cum maximo licet imposito pondere K; modo id pondus sit minus pondere aquae, quam vas $BDFH$ caperet. Hinc jam consequentiam mirabilem ducemus ad rem vectoriam de fluvio, sive si ita vis, canali portatili, re, ni fallor, hactenus inaudita. Attamen certa. Hujus canalis portatilis sectio secundum latitudinem sit $ACEG$, canalis sit impositus rotis MN et tractatur ab equis, pondus ejus exiguum, quia ex materia levi constare potest, nempe corio illo, quod aquam tenet: aqua etiam parva quantitas, ob intervalli angustias. Huic canali imposita sit navis, cujus sectio secundum latitudinem $BDFH$, et navi impositum pondus vehendum sanè maximum K. Quo majus autem est pondus majorque capacitas navis, DF vel BH, hoc magis apparet vecturae utilitas. Hoc enim minoris habetur pondus aquae interfusae. Dum trahitur canalis ab equis interea navis ope fulcrorum $BPQRHSTV$ quiescat in fundo vel campo et canalis progrediatur cum

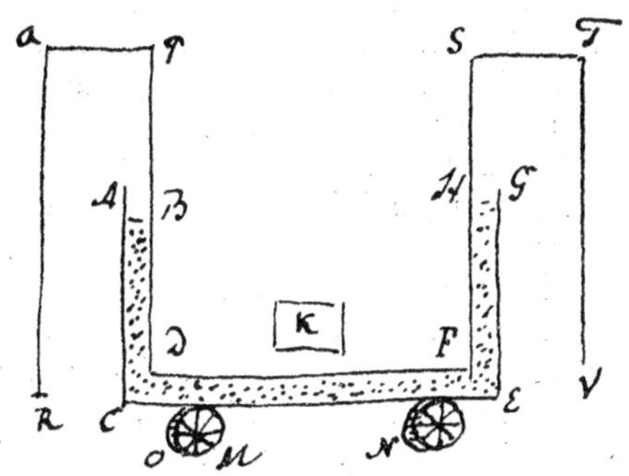

Fig. 162.

rotis, donec navis a extrema canalis et aquae attingant. [gatur.] Inde quiescente canali rotisque tractatur navis in canali una cum pondere imposito; tractatur ab equis iisdem, donec prora navis in canalis principium illidatur rursusque quiescente navi velut anchora jacta canalem progredi necesse sit. Verum enimvero venit in mentem tentamenti simplicis et ingeniosi, ut continuò procedat navis pariter et canalis, nec alteratione quietis ac motus sit opus, adeoque nec machinatione ad alternationem accessam. primum illud pono: sit vas aqua plenum, in eo ponatur pondus maximum in aqua natans: trahaturque vas, ajo pondus non sequi per omnem motum vasis et aquae, sed nonnihil restitare prorsus, ut aqua fluminis longe celerius movetur, quam trabs innatans a flumine propulsa. Itaque in quantum restitat, in tantùm equi, qui canalem trahunt, ipsum non trahunt. Itaque possent alii equi interim trahere pondus in canali. Atque ita procederent simul equi canalem pariter et navem in canali trahentes. Sed video, hoc esse speciosa magis et elegantia, quam vera. Nam quia tota massa quiescit in canali, hinc toto illo pondere currus gravatur ac proinde terrae fortiter applicatur, adeoque difficilis redditur pro tractu, nec quicquam mereamur, nisi navis interim alibi fulcrum habeat, dum canalis protrahitur, quod variis modis satis commodè fieri potest. Fulcra possunt esse ⁀ ‿ ferreae velut manus circulares vel ellipticae, ita magis vim sustinebunt; quae sponte sua demittantur et attrahantur, cum certum locum attingit navis. Illud tantum quaerendum superest. Sit pondus sustentatum in terra RV, idemque innatans aquae sub DF, quaeritur, an simul et terram RV et fundum aquae CE premat. Sanè si terra auferetur aqua, id sustineret, si aqua amoveatur, terra sustinet. Hoc ope ponderum explorandum est, si et fundus RV et vas CE separatum ex ponderibus sint suspensa. Sanè cum aquam in interstitio positam sursum premat, utique premet et fundum, cui aqua haec innititur. Itaque premet utique canalem, quod ut evitetur, necesse est, canalem CE demitti versus fundum ita, ut aqua descendente navis cum pondere suo tantum fulcro nitatur et aquam vix an ne vix quidem attingat, ubi illud quoque interesse videtur ad aestimandum, an aquae fundum premat, utrum profundè in eam sit immersum. Quae omnia accuratius inspicienda sunt, canali rursus sublato, etiam manus ferreae à terra attollentur, et navis canali soli innatans facile ducetur.

Hoc inventum mirè utile est maximis oneribus et tormentis amandandis, nam in exiguis opere pretium non est. Necesse est amplum esse canalem, non longum, neque altum, ita aquae molem lucrativam. Itaque vias etiam ei rei adaptare, arbores, quae obstant, exigere et aperto campo hic, communique via excedere, ubi angusta nimis sunt itinera, in nostra potestate esse debet. Alterum inventum meum, ubi aquae loco levigata superficies adhibetur, communi usui aptius est et ad rhedas quoque simplices transferri potest. Sed hoc jam alibi prolixius descripsi, neque huc transferri necesse est.

Anmerkung. Ähnliche Einrichtungen sind seit dem Ende des 18. Jahrhunderts mehrfach zur Ausführung gelangt.[1]) In betreff der Verbesserung der Wagen sehe man die folgende Arbeit Leibnizens.

---

1) Vgl. Freytag. Schiffahrtsschleuse und Schiffshebewerk. Zeitschr. des Vereins Deutscher Ingenieure 1894. Bd. 28. S. 1333.

Eine hierher gehörige Abhandlung Leibnizens vom 24. Dezember 1678, welche die Überschrift trägt: Navigare adverso flumine ipsa fluminis vi, teile ich nicht mit, da sie ihr Verfasser selbst am Schlusse für irrtümlich erklärt. Im Schiffe sollte parallel der Längsachse ein Kanal angebracht oder besser zwei Schiffe mit der Seite aneinandergelegt und in den Kanal bzw. Zwischenraum ein Rad mit rahmenartigen Schaufeln gehängt werden, welche die Strömung bewegen und dadurch das Schiff in einer ihr entgegengesetzten Richtung treiben sollte. Einer späteren Durchsicht entstammt offenbar die Bemerkung, die jetzt den Schluß des Schriftstückes bildet: prora et puppis non differunt, nec navis invehi debebit ad regrediendum, während er die Worte rückgehen secundo flumine durchstrichen und: imò error darüber geschrieben hat.

Wagenräder.

114. [1 Blatt 2°, zur Hälfte beschrieben. Schrift leserlich mit Korrekturen.]

La difficulté des voitures est sans doute une des plus grandes, qui se trouvent dans les marches des armées surtout dans des pays gras ou bas, dans le temps pluvieux, et dans la saison du printemps et de l'automne.

Et quoy qu'on pretendoit d'augmenter le nombre des chevaux (ce qui seroit d'ailleurs de grande depense) on n'obtiendroit pas son but par ce moyen, car la force ne croit pas à proportion du nombre des chevaux, parceque la grande multitude y cause de l'embarras, et qu'ils ne tirent point précisement en semble. Ce qui fait que six chevaux peuvent faire dans le beau temps, ce que 24 chevaux ne feroient point dans la mauvaise saison.

Cette difficulté empeche le transport des vivres, du gros bagage et sur tout de la grosse artillerie necessaire principalement pour les sièges et fort utile aussi pour maintenir les postes pour deloger les ennemis, pour passer des rivieres, et en plusieurs autres rencontres d'importance.

S'il y avoit un moyen de remedier à cette difficulté, et de rendre les grosses voitures beaucoup plus aisées, les premieres puissances, qui l'employeroient avant que l'ennemi s'en avisât, en tireroient des utilités très grandes; et seroient capables par ce moyen d'entrer en campagne plus tost que luy, de former des sieges et de prendre des places, avant qu'il fut en estat de secourir, et même de pourvoir ces places.

Et cette Methode serviroit sur tout dans les pays bas Espagnols, ou il est presque impossible en bien des endroits, de faire aller le gros canon et d'autres grosses voitures, quand les chemins sont rompus et quand on est obligé de s'eloigner des rivières et des canaux.

De plus les vivres, grains, fourages, munitions et autres necessités transportées plus aisement par ce moyen, ou seroit plus en estat de s'eloigner des magasins et de penetrer dans le pays de l'ennemi ou delà de son attente.

Mais quand l'invention sera publique un jour elle servira au genre humain en general, en augmentant ses forces, mais elle ne laissera pas d'estre plus utile dans la guerre au parti, qui doit estre sur l'offensive, puisque les sieges et les marches luy sont rendus plus faciles; et des qu'il a plus de quoy de loger l'ennemi de ses postes et retranchemens et en un mot de penetrer et de gagner pied dans son pays.

Je laisse quantité d'autres considerations plus particulieres, dont un homme du mestier se peut aviser aisement, pour dire maintenant, qu' une telle invention est toute trouvée, qu'elle est des plus singulieres et de plus simples, et que l'avantage y est evident.

On a jugé à propos d'en parler presentement, que la campagne est finie, à fin que ceux, qui tiennent le timon puissent, s'ils se trouvent à propos, prendre des mesures là dessus pour celle, qui vient et faire preparer pendant l'hyver tout se qui seroit necessaire pour s'en servir de bonne heure au printemps.

Apres en avoir fait l'essay en grand, en presence de personnes capables et affichées, on feroit faire dans un lieu écarté et par des gens qui ne sauroient pas d'abord ce qu'ils sont les pieces necessaires pour un grand nombre de voitures. Et quand le tout seroit fait, on le transporteroit par eau aux endroits, ou les pieces doivent estre assemblées et mises en estat de servir.

Anmerkung. Das Schriftstück ist in mehrfacher Abschrift vorhanden, die Urschrift nennt sich Extrait de la Lettre de M*. Sie war wohl bestimmt, den Heerführern in den damals nicht abbrechenden Kriegen vorgelegt zu werden. Was nun die Zeit betrifft, in die die Abfassung des obigen Briefes fällt, so scheint sie in das Jahr 1701 gesetzt werden zu müssen. Leibniz ist bekanntlich stets ein Gegner Ludwigs XIV. gewesen, er wird seinen Plan demnach wohl dessen Feind, dem Kaiser Leopold I., angeboten haben oder haben anbieten wollen. Er war bis gegen Ende des Jahres 1700 in Wien gewesen, wo er vom Kaiser mit mancherlei Aufträgen versehen worden war. Im Anfange 1701 aber hatte Ludwig XIV. die spanischen Niederlande bereits besetzt, und hier war also der voraussichtliche Kriegsschauplatz. Man könnte freilich auch an den Krieg von 1672 denken, den Ludwig XIV. an Holland erklärte. Dagegen spricht aber die Tatsache, daß Leibniz damals in Diensten des Herzogs Johann Friedrich von Hannover stand, der mit Ludwig ein Bündnis gegen Holland eingegangen hatte, während sein Nachfolger Ernst August treu zu Kaiser und Reich hielt. Auch würde dann die Betonung der spanischen Niederlande nicht recht verständlich sein.

115. [1 Blatt 8°, auf beiden Seiten ziemlich schlecht beschrieben.]

Si quis rotam vel polygonum regulare insistens plano horizontali impellat lineâ in centrum directa horizonti parallela GA, poterit fieri, ut ex CD

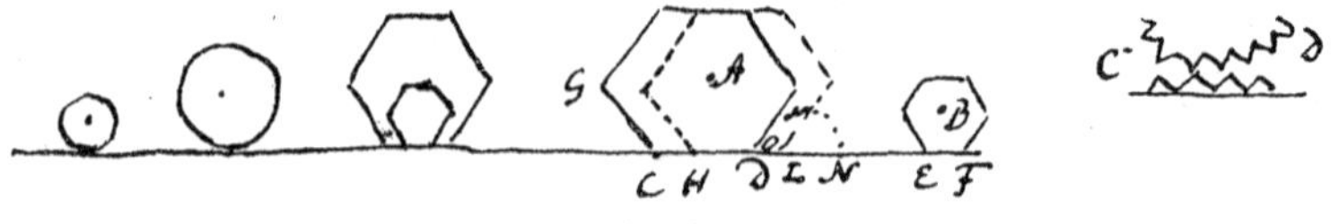

Fig. 163.

transeat polygonum in HL sine ulla volutatione; poterit etiam fieri, ut obstaculo aliquo reperto ad D, quale est m, volutetur polygonum super puncto D, praesertim si CD sit valde parva seu polygonum magni laterum numeri, ut vel paullum procedens A non ipsi CD, sed DN immineat. Manifestum est tamen, debere rotam nonnihil ascendere supra obstaculum, quatenus obstaculo non omnino depresso ad aequalitatem volutatur et quidem per modum vectis vel potius, si non ascendit super montaculum volutando saltem hoc modo facilius eum deprimit (nam elasticus est monticulus) et solo aequali, si per modum vectis agat, quam si eum velut terra radere debeat, quod fit cum recta transfertur CD in DL; monticuli enim per latera polygoni inseruntur vallibus plani et contra. Et quo majus est pondus incumbens, eo profundiores facit valles; Et quo maius est quoque polygonum remanente eodem laterum numero, eo minus est latus CD, eoque major frictio seu serratura. Cumque provolutioni aliqua semper misceatur processio, seu serratura, patet, hinc utilius esse, ut quidem maximè immineat atque incumbat illi rotae, quae minoris est ambitus seu minore sui parte planum attingit. Hinc utilius est, rotas quasdam esse minores, alias verò majores. Ut si anteriores sint minores, pondus maximè nitetur in anteriora. Nam si duobus fulcris ML, PN innitatur pondus Q, magis premet fulcrum minus ML, quia non aeque retinet NP, quam ML sistit. Ergo rota minor magis premetur, ergo utile minorem ibi esse frictionem. At rota, si parum a pondere prematur, non potest esse nimis magna. Hinc pondus, si exiguo niteris orbiculo, posset in cavitate concentrica rotae plano insistentis incedere, quod concavum interius potest esse semper politum et aequabile. ponamus enim, rotam certo pondere pressam in luto tenaci haerere, ut procedere nequeat, interea orbiculus cum pondere in ipsa rota quiescente promovetur, quo facto pondere suo efficiet ipse provolutionem etiam rotae.

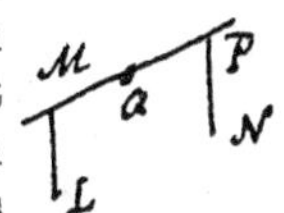

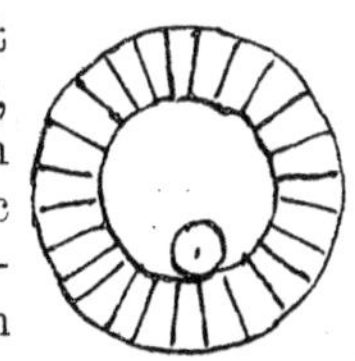

Fig. 164.

116. [1 Blatt 4°, auf beiden Seiten schlecht beschrieben.]

Optima ratio emendandi vecturam.

Efficiam, ut currus in via polita et aequabili semper incedat, viamque ipse suam secum ferat. Nempe rota currus minor incedat in majore B eamque intus tangat, secum nihilo minus propellat. Manifestum hoc modo, quantumcunque pondus currui impositum sit, non ideò rotam A difficilius incedere, quia rota B, dum politaque intus est, facilem minori viam praebet. ipsa autem B, etsi pondere totius massae prematur, tamen, cum promovenda est, ipsum non fecit, sed potius à pondere illo promovetur et, si resistat minusque in terram defixa sit, rota interior in ipsa procedens ipso currus pondere et exteriorem procedere cogit. Pondusque currus ejus rectum magis juvat, quam impedit. Debet iter rotae interioris in exterioris concavo esse excavatum, ita ut non facilè exorbitare interior rota possit, cum in finem paulo altior via sive ripa viae hujus cavae esset, per punctum A incedit axis more communi.

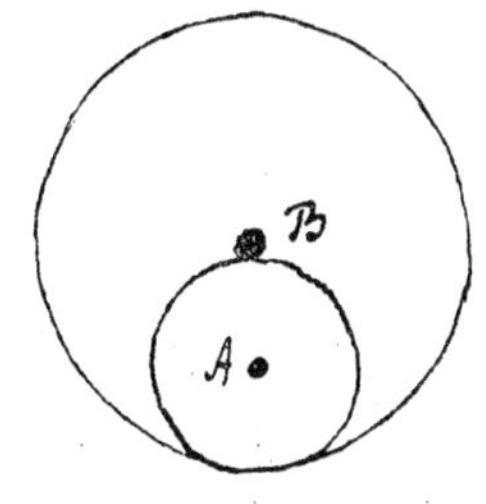

Fig. 165.

potest et esse axis rotae majoris per *A*; etsi enim immediatè circa eum non feratur, tamen id fit per consequentiam. semper enim aequalem à terra distantiam servat ejus centrum *B*, tantum axis paulo majorem, quàm alias libertatem habere debet, quia primum conatus rotae exterioris non est circa centrum, sed circa ipsum punctum, quo tangit terram. igitur hae rotae exteriores connexae erunt suis axibus inter se, ut interiores, imò connexae cum interioribus, ut simul cum illis moveantur. Ex axibus vel parte alia immobili potest aliquod surgere, quod rotae exterioris superius aliaque contineat, quo minus vacillet. Quamquam si axem habeat, id non sit necesse motum interiori cavendum, ne exteriore excedat. Potest surgere aliquid ex parte immobili insinuans sese supernè in cavitatem viae, quando circulatione sursum delata terram supina spectat, ut hoc insertum inde expellat lutum et capillos, quaeque alias motum morari possent. Si rota exterior axem habeat, debet interior dimidia minor esse. Sed jam video difficultatem, si axem habet et radios habebit, qui obstabunt minori. Remedium est ut duplices radios habeat ex axe ab utraque parte exeuntes, intra quos minor sub axe incedat. imò non est illius[1] locus, quia minoris axem impedient, nisi eum[1] faciamus dependere ac descendere ab axe superioris. sed an contrarium potius, vel maioris axis potius pendeat ab axe minoris, despiciendum.

117. [Ein Blatt 4°, auf beiden Seiten unordentlich und schlecht beschrieben.]

Das Rad *A* gehet im rad *B* und das rad *B* auffm Boden *C*. *CD* Diameter des rades *A*, ist etwas kleiner als *BC*, semidiameter des Rades *B*. damit die beiden räder *B* mit deren Axe *B* (*B*) zusammengefüget werden

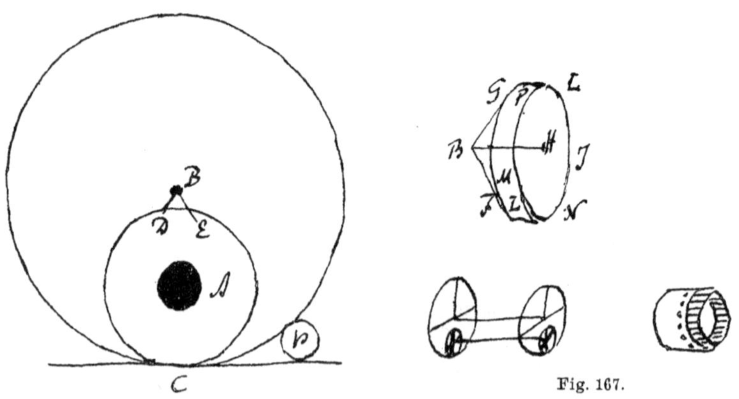

Fig. 166.

Fig. 167.

können und also nicht schwencken: damit auch das andere rad aus dem Kloben sich nicht gebe, so ist es aus der axe des oberen zwischen *D* und *E* gefasset, das rad *B* hat seine Speichen oder radios *BF*, *BG* etwas ausserhalb und ist an eben das rad *FMGN* mit Speichen *BF*, *BM*, *BG*, *BN*

1) So schreibt Leibniz. Man möchte eher illorum und eos, nämlich radios erwarten

ein anderes *HJLPH* angenagelt. wären doch beyde zusammen nicht breiter als sonst ein dickes wagenrad, etwa 9 Zoll grosser reiff, kondte etwas erhoben seyn, von guthem harten Holze, und gienge in die Kerbe des rades *B*, welches wie eine rolle seyn köndte. Doch vielleicht besser, wenn dieser vielmehr eine Kerbe hätte und das rad *A* darin gienge. Das rad *A* wäre nicht dick ausser seinem plano, wohl aber die Felgen dick im plano. Wenn ein stein *p* im Wege, so muss das Rad *A* auff *cp* hinauffsteigen und zwar gemächlicher.

[Andere Seite.]

An sic: Dass rad 4 Zoll breit, wie sonst, aber ein rad *CEFG*, so etwa 8 schuh hoch, daran wäre angesezet ein reiff *DHKL*, in welchem ginge die eiserne rolle *B*. durch die gehet die ax, worauff der wagen ruhet.

gesezt *CD* sey 2 schuh, *CE* 8 schuh, wovon also *DK* etwa 4 schuh.

Damit *B* nicht in die höhe, noch heraus springe, so kondte der Nagel der Axe, darauff der wagen ruhet, in einen einschnitt des reiffs *HKL* hinein gehen und wäre etwas vor drinn, dass er nicht wieder heraus könne, also in summa dieser wagen wäre dem ordinären wagen näher.

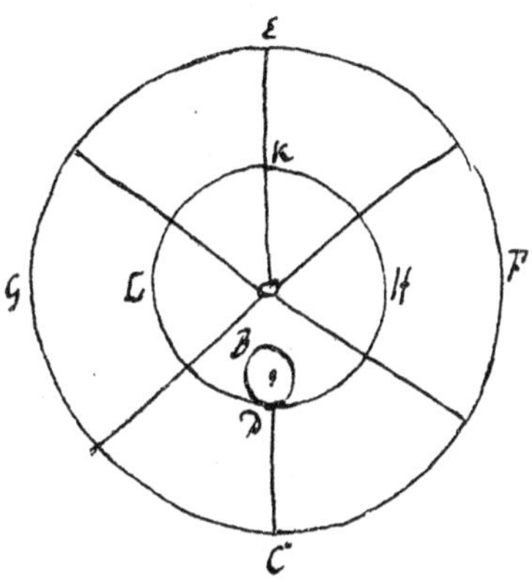

Fig. 168.

Die Höhe von *BC* gibt alles. Vielleicht *CD* vorn ein schuh, hinten 2.

118. [Blatt in 8°, auf beiden Seiten beschrieben.]

Mich dünket, obgleich scheinet, die walze *A*, darauff in meinem neu erfundenem Wagen die Last lieget, müsse continuirlich ein wenig über sich steigen, gleichsam den Berg *Ae* hinauff, so ist doch solches nicht also, sondern das steigen ist allezeit mit fallen vermischt, und so viel die last in etwas auff der inneren superficie des rings *B* von *A* nacher *B* hinauff steigen hat müssen, soviel küppet sie und fallet wieder von *c* nacher *d*, also dass sie sich vorwärts fallend selbst wiederumb soviel fürdert, alss sie das aufsteigen gehindert; ja krafft des herabfallens bekomt sie einen impetum, im schwung wieder hinauff zu steigen, und wird einigermassen der schwung oder die acceleration conservirt. Diese alternation des steigens und fallens ist so insensibel, dass die Bewegung auf einer vollkommenen Ebene zu geschehen scheinet, und also ist die Bewegung sehr beständig und ebenmässig, doch gleichwohl ist solche desto ebenmässiger, je grösser der ring *B* ist.

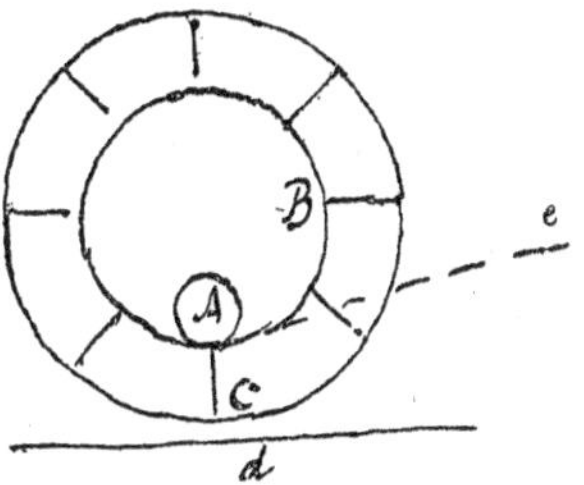

Fig. 169.

Fig. 170.

Die Axe g trägt ein stark gespalten Holz oder klaue, fgh, dazwischen die walze a gefasset nicht aus ihrer Bahne gehen kan, gh hat eine strebe. Es sind zweyerley Speichen, nach den schienen, theils von dem ring, theils von der Nab, welche letztere mit Punkten bezeichnet. Doch ist nicht nöthig, dass beyde an einerley speichen gehen. Der ring und die klaue sind Eisen beschlagen.

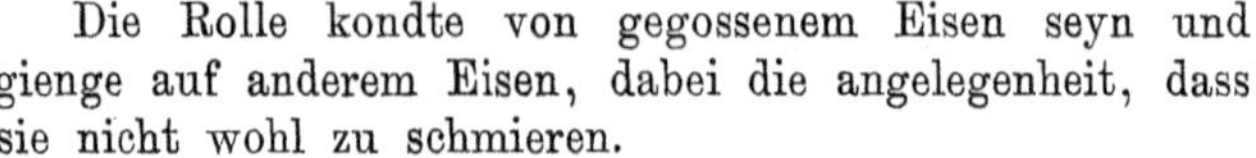

[An der Seite des Blattes ist bemerkt]

Die Rolle kondte von gegossenem Eisen seyn und gienge auf anderem Eisen, dabei die angelegenheit, dass sie nicht wohl zu schmieren.

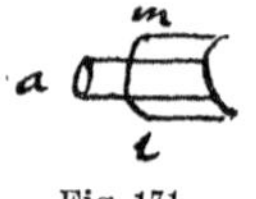

Fig. 171.

NB. besser vielleicht, dass keine rolle a, sondern ein nagel, so aber sehr rund gegossen, der gehe in einer Nabe lm, welche fest an der last; auss dieser nabe gehet etwas heraus in die klaue, so komt die klaue in die mitte der Axe.

119. [Ein Blatt 8°. Beide Seiten schlecht beschrieben.]

ab Eiserner Nagel oder Rolle, so auff dem hohlen ring des rades und in der Nabe cde des Wagens gehet. Es gehet b etwas tieff hinein, und die Nabe ist bei cd hohl. c und d gehen etwas nach dem centro von aussen zusammen, damit wenn man schmiert, das fett besser darin bleibe. Auff der Nabe des Wagens gehet herfür ein zapfen f und der gehet in die klaue gh an der axe des wagens mn, welche in der nabe des rades l gehet. die Klaue gh fasset f, damit der Nagel nicht auss dem ring heraus springen, sich weder darum hin und hehr, noch in die höhe gehen könne. Durch Splittnagels hinten und forn wird ab verbothen, sich in der nabe cde hin und hehr zu ziehen.

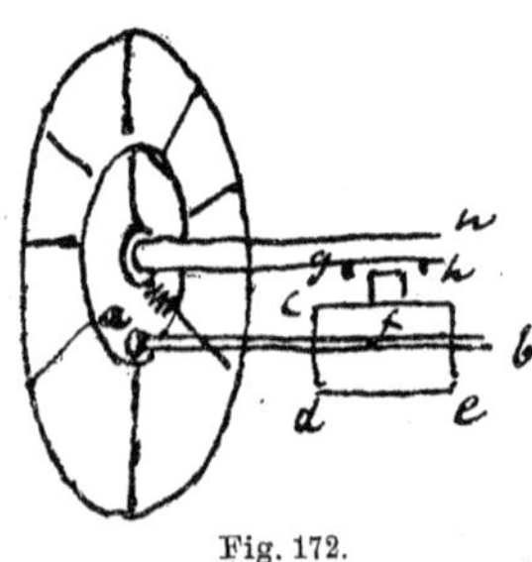

Fig. 172.

Nehmlich ab mus von einem rad zum andern gehen, ist dahehr eine neue axe ab, so beweglich, und wo sie auflieget, mit eisen beschlagen. der wagen liegt darauff, der orth, damit der wagen auffliegeт, köndte anstatt eisens ein stück Kieselstein seyn.

Wolte man aber, dass ab eine unbewegliche axe seyn solte, an beyden enden mit eisen beschlagen und liegend in zwey steinernen rollen, welche auff dem ring gingen, were alles desto beständiger und weniger schmierens vonnöthen. Doch halte ich auch, es könne es wohl gegossen eisen thun, wenn es allezeit genezet wird. Wenn etwas mangelbar werden solte, kondte man mit eben dem wagen auff gemeine weise fahren, wenn man den wagen auff mn ruhen liesse und an solche axen mit Ketten hängete.

Man dürffte nur einen anstatt der Schnell-Klauen, doch nicht rund, sondern cylindrisch geschliffenen Schieferstein in a und b ein fassen, und einen andern, so etwas ausgeründet in cde innewendig unter f legen, damit es mit dem stein auff ab liegen sollte, aber ab unbeweglich seyn, massen die 4 steine eine besondere Höhle seyn.

120. [Ein Blatt lang 8°. Auf beiden Seiten ziemlich schlecht beschrieben.]

[Erste Seite.]

Wenn das rad *A* im rade *B* umbgehet, söll es den bogen *de* vor sich hehr in der circumferenz des rades *B* fort treiben und damit den plaz darauff *A* marchiren soll, reinigen, dass kein Koth, sand, noch steinlein darinn hafften können. Ob rathsamer, dass *A* hohl und *B* erhaben oder das gegentheil, wäre zu untersuchen. Es mus verhindert werden, dass wenn der wagen starck gehet, und also hüpfet, das rad *A* nicht könne aus dem rad *B* heraus springen. ich glaube man brauche eben kein eisen dazu, sondern nur gut hart holz. Es ist auch zu bedencken, dass auff ungleichen wegen das grosse rad sich aus dem plano des kleineren zum öffteren wird geben und schieff stehen wollen, wenn das kleine gerade.

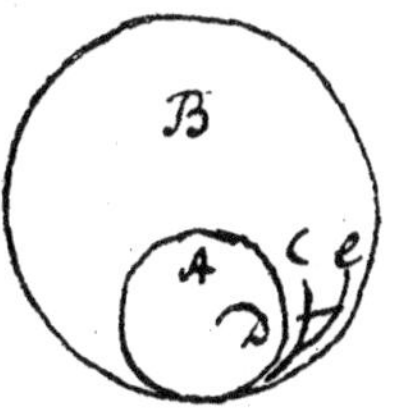

Fig. 173.

Anstatt *cd* vermittelst dessen *A* den bogen *de* forttreiben soll, könte in der inneren chaise oder höhle des rads *A* ein kleines rädgen oder röllgen gehen *f*, welches *de* fort triebe. Es ist aber zu besorgen, es werde das rad *A* zumahl bey geschwindem umblauff auff *f* steigen. wollte man die rolle oben sezen bey *g*, ist zu besorgen, es möchte sich *g* zwischen *a* und *b* klammern.

Fig. 174.

[Andere Seite.]

Si optimè eandem mihi correxisse videor in rotae *ABCD* cavitate concentrica *CB* super annulo *BECFB* (nonnihil extra planum prominente, ne radii *GC*, *GF*, *GB*, *GE* impediant) volvatur orbiculus *B*, sustinens axem, cui currus incumbit. In *G* autem concursu radiorum perforato, transeat axis, duas eiusmodi rotas conjungens inter se. ita non multum differet facies huius currus à communi Ex axe illo descendens perpendiculariter lignum atque ita incisum, ut orbiculi superiorem partem includat, serviet ad impediendum, ne exiliat orbiculus ille. ita etiam nihilo rota erit difficilior communi, nisi quod erit paulo maior, qualisque pro curribus altissimis adhiberi solet. Et polliceatur nihilominus, si ita e re esse videatur, anteriores rotae esse minores potest globus eius alium globulum propellere ante se cuius officium solummodo sit, viam purificare et arenulas aliaque obstacula amovere.

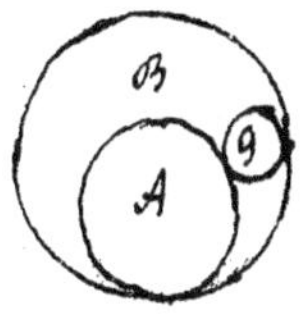

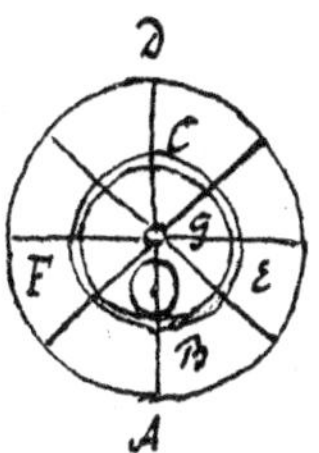

Fig. 175.

Fig. 176.

Der[1]) wagen schneidet so tief ein und hat eben so viel federn, als ein anderer.

Fig. 177.

Anmerkung. Da sich Leibniz in der Betrachtung über den Beginn des spanischen Erbfolgekrieges (Nr. 114), die wir in das Jahr 1701 setzen zu müssen glaubten, auf seine Erfindung bezieht, so werden die vorstehenden Betrachtungen über

1) Von hier an mit anderer Tinte geschrieben, also wohl späterer Zusatz.

die Wagenräder noch in das 17. Jahrhundert zu setzen sein. Seiner Gewohnheit gemäß[1]) teilt Leibniz dort nur mit, daß er einen verbesserten Transportwagen besitze.

Fuhrwerk.

121. [1 Blatt 4°.]

Wenn das Wagen- und fuhr-werck verbessert werden köndte, also dass eine grössere Last mit weniger Krafft zu ziehen wäre, würde solches nicht nur zur Lust und Bequemlichkeit, sondern auch fürnehmlich zur Nuzbarkeit dienen; massen wie bey amtes und Cammern mehr des zuviel bekand, was für ein ansehnliches durch die fuhren absorbiert wird, wie dann auch bey Feldzügen, sowohl Munition und proviand, als geschüze mit grossen Kosten und beschwehrung nachgefahren werden, der Landfuhren und Postwagen aniezo zu geschweigen.

Zu solchem ende düncket mich, ich habe ein ganz neues principium ausgefunden, so in folgendem bestehet: Es ist bekandt, mit was vor geschwindigkeit man vermittelst der schrittschuhe über das eiss fahren könne, auch dass ein pferd vermittelst eines schlittens auf dem schnee soviel könne ziehen, als sonst zwey. Zu geschweigen, dass ein pferd, so an einem schiff trecket, wohl so viel fortbringen kan, als 50 pferde zu land. Welches alles von dem glatten boden hehrrühret, wie dann eine Last auff einem vollkommenen plano leicht gezogen wird und dahehr auff einem stehenden Wasser nicht weiter widerstehet, als das wasser, so davon getheilet werden muss, ussträget. Wenn aber der Weg, ob er gleich weder auff noch abwärts gehet, gleich wohl rauh und steinigt, oder kothigt und tuff, so wird der Zug mehr von diesen Hindernissen, nehmlich dass der wagen an die steine anstosset und zurückprellet oder, wenn der boden zäh und lämicht, sich herausreissen muss, mehr als von der last an sich selbsten gehindert.

Auff meine weisse gehet der wagen allezeit auff glatten Boden, wie auff eise; und ob er gleich auff stein oder morast komt, so stosset er doch nicht an, und ist nicht schwehr heraus zuziehen.

122. [4 Seiten 2°.]

16 xbri 1686.

Eine Last durch rauhe und tuffe wege auff glatten fortschreitendem Boden und also sehr leicht zu führen.

Es soll eine Last, so auff 2 hintereinander stehenden rollen oder walzen *ee* oder *EE* ruhet, auff einen glatten Boden oder Schähmel *AB* oder *CD*, welcher auf den füssen *AF*, *BG* oder *CH*, *DL* stehet, fortgeführet werden dergestalt, dass wenn *ee* über *AB* gelangt, alsdann *EE* auff *CD* trete, darauff hingehe und zu diesem ende wieder (*A*) (*B*), so unterdessen fort- und vorgelauffen für sich finde, darauff abermals fort-

1) Vgl. hierüber Gerland, Leibnizens und Huygens' Briefwechsel mit Papin. Berlin 1881. S. 399.

gehet und zu dessen ende wieder (*C*) (*D*) antreffe und so weiter. Es sind aber zwey rollen hintereinander nöthig, als 1*e* und 2*e*, damit die Last, wenn sie nur auf einer liegen solte, nicht hin und her wancke. Desgleichen muss jeder Schähmel, als *AB*, doppelt seyn, damit die Last jedesmahl auff 4 füssen, als *AF* zweymahl und *BG* zweymahl stehe, daher auch der andere schähmel *AB*, so in der figur nicht zu sehen, ebenmässig zwey rollen von der Last tragen muss, 1*e* zweymahl und 2*e* auch zweymahl, also dass solche auff 4 rollen oder rädern gehet, wiewohl sie in dieser Figur nur einmahl zu sehen. Zum Unterschied nenne ich die rollen, so

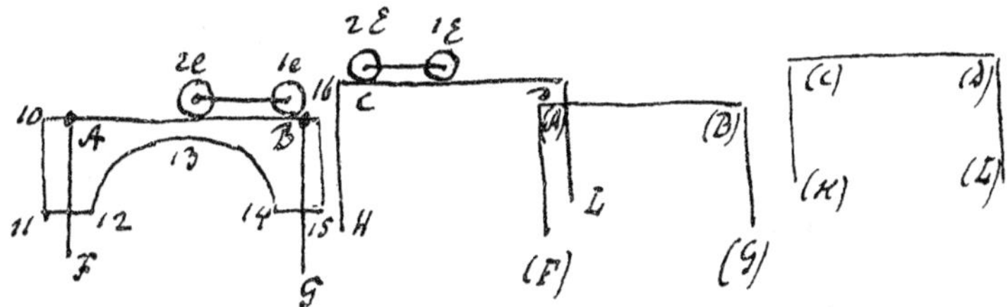

Fig. 178.

auff *AB* sind, *e* und, so auff *CD* sind, *E*, dieweilen auch in der that nicht die rolle *e* von *AB* auff *CD* tritt, sondern weil *AB* und *CD* nicht in einer Linie, sondern nebeneinander, so kan auch neben *e* eine andere rolle *E* gehen, davon die eine auff *AB*, die andere auf *CD* wechselsweise bei *H*.

Nota. weil zwey rollen 1*e*. 2*e* oder 1*E*. 2*E*, so ist die Last vertheilet und hat das mittel solche nicht allein zu tragen, im übrigen umb befestigung willen, und weil man gar grosse lasten führen will, so ist die figur des schähmels 10. 11. 12. 13. 14. 15. 16, damit das gewölbe 12. 13. 14 besser trage, aber 10. 11. 12 und 14. 15. 16 ist wie ein schafft des fusses *AF* oder *BG*, dadurch selbige mit einer schraube gehet, welche schraube zu der Zeit durch die fortgehende last und ein daran gelegtes radt auff und ab geschwind gedrehet wird zu der Zeit, da sich die füsse erheben oder niedergelassen werden sollen, doch iedesmahl zu der Zeit, wenn der schähmel von der Last nicht beschwehret, sondern solche nach dem andern schähmel, also dass dieser, dessen füsse auff oder ab gehen solln, auff jenem ruhen kan.

Damit aber 1*E*, wenn es näher *D* komt, alda (*A*) (*B*) wieder für sich finde, so folget, dass in wehrendem Lauff die rollen *E* auff dem Schähmel *CD* und unterdessen, dass *CD* auff seinen füssen fest stehet, der vorige Schähmel *AB* seine füsse erheben, und an dem Schähmel *CD* hin, in dessen schliz er gehet, fortgezogen werden müsse, solches aber kan nicht eher angehen, bis beyde rollen von ihm ab. Dahehr so lange 2*E* lauffet von *B*. 2*e* bis 2*E*, bleibt die rolle 2*e* noch auff *AB*, und also kan der schähmel *AB* nicht eher gezogen werden, als biss 1*E* in die mitte von *CD* kommt (wenn nähmlich die Distanz der rollen 1*e*, 2*e* oder 1*E*, 2*E* halb so lang als der Schähmel) derowegen in wehrender Zeit, dass 1*E* gehet von mittel des Schähmels *CD* bis nach *D*, alda er (*A*) für sich finden soll, muss *A* gehen bis nach (*A*), das ist viermahl so viel von

$1E$ bis D; das ist der Schähmel muss 4 mal so geschwind gehen, als die Last oder als die pferde, so solche Last fortziehen. Waren aber die rollen, als $1E$ $2E$ (NB.) nicht so weit, als der halbe Schähmel von einander, welches dann zu erlangen, wenn man die Schähmel desto länger machet, so konnte man etwa erlangen, dass der Schähmel dreimahl so geschwind gienge, als die Last. Wie der trieb geschehe, soll hernach gewiesen. Die Duplirung der Schähmel und Rollen ist aus der hierbey stehenden andern figur am besten zu sehen, wie nehmlich der wagen 8 rollen hat und bald auf die 4 äussern $1E$, $2E$, $2E$, $1E$ auff dem doppelten Schähmel CD, bald mit den 4 inneren $1e$, $2e$, $2e$, $1e$ auff dem doppelten inneren Schähmel AB gehet, und macht der Wagen mit seinen rollen oder rädern (so etwa 8 Zoll hoch) ein parallelogrammum rectangulum, dessen fronte $1E$, $1e$, $1e$, $1E$, so die axe aller 4 fordern rollen, der rücken aber ist $2E$, $2e$, $2e$, $2E$, so die axe aller 4 hintern rollen; man kan forderste beyde axen, wie offt man will, zusammenhangen in der mitten oder auch von $1E$ nach $2E$ und von $1e$ nach $2e$. So würde auch der wagen ohngefehr bei $1e$ $1e$ vermittelst der forderen axe von den Pferden MM gezogen. der innere doppelte Schähmel AB BA wird mit den Querbalken AA, BB zusammen gehalten; weil aber solches mit dem doppelten äussern schähmel nicht gehoben, sondern abgeschnitten würde, so werden dessen beyde theile CD und CD mit Bogen DSD oder CSC, so über den wagen oder über die ganze last herüber gehen, zusammengehalten.

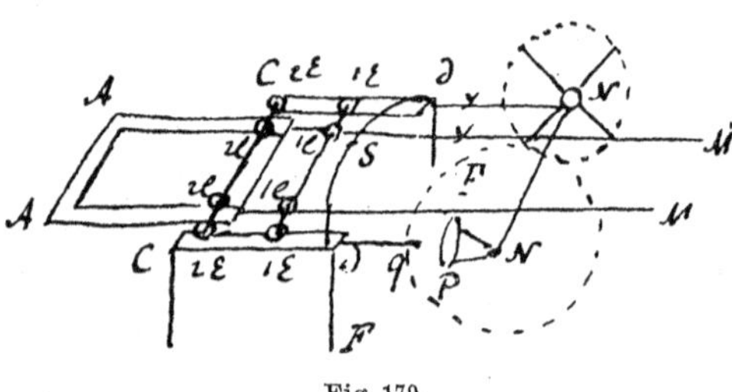

Fig. 179.

ferner ziehen die pferde zugleich eine Axe NN, daran zwey räder NN, deren radien etwa so hoch als am fuss DF. Diese räder haben nichts zu tragen und können also ganz schwach seyn, sind aber allein da, das gantze werck zu regiren und zu lencken, indem sie jedesmahl die gemeine Wagenspuhr (welche alhier auch da nöthig zu verändern, wenn man AA und BB kürzer zusammen zieht und also auch den bogen DD, so unveränderlich, unten einen etwas breiteren Fuss bei D haben lässet, damit D unter ihm sich dem andern D nähern könne) wahren beobachten oder wahren. Nun die Axe NN führet gleichsam schranken mit sich, zwischen welche die Füsse fallen müssen, dass sie nicht weit ausser der Spuhr zu stehen kommen und ist eigentlich vor die fordern Füsse, indem, wenn die wohlstehen, so richten sich die hintern des Schähmels, der sich stellen soll, nach den fordern des Schähmels, der schohn stehet. Ferner führet die NN auff ieder seite bei N einen Trichter P mit sich, innerhalb der räder, worein eine stange D von D oder B (auff ieder seite) gehet, nachdem D oder C voran; diese stange Dq lenket den Schähmel CD, ehe er noch seine Füsse fallen lassen und die Last empfange, so lang er noch am verlauffen ist, also dass er sich rechts, links, hoch oder niedrig geben muss nach dem Boden und der Wagenspur, daher sich C in B oder A in D etwas mus regen können, wenn ein Schähmel fast aus dem andern gezogen, also dass bey einer weiteren fahrt doch einer aus dem andern nicht komme, sondern nach der Lenkung wieder zurecht gewiesen werde. Umb dieser Lenkung willen mus auch die Axe des Wagens 2*E*. 2*e*. 1*e*. 1*E* in der mitte zwischen 1*e* 1*e* umb einen Nagel oder stehenden Baum, so am wagen fest ist, gehen, umb sich lenken zu können, so mus die hintere Axe auch mit der Last folgen und auff die seite gehen.

Die Schraube oder der fuss kondte auch wohl ohne räder durch blosse Ketten oder seil auf- und abgezogen werden. Eine Schraube an einem theile des schähmels wird so weit hinauff oder hinab geschraubt, als die andere, und der hinter Fuss des fordern schähmels wird gemeiniglich so tief in die Erde kommen, als der fordere Fuss des hinteren, denn sie stehen bey einander. Kan nun der fordere fuss des forderen Schähmels nicht auch so tieff in die Erde, so mus nothwendig der fordere schähmel sich forn darnach auffrichten, kan er aber tieffer in die Erde, so mus er sich nieder sencken. Es geschieht aber die treibung der schraube von der Last vornehmlich hinten oder beim hintern fuss, denn da komt die Last zuerst an. Es ist auch dieses zu bedencken, dass der trichter zwar den fordern schähmel forn richtet, ehe er seine füsse niederlasset und komt er alsdann dem mittel des rades gleich zu stehen oder zu dem mittelpunkt des trichters allein; wenn die Last hernach darauff allmählig komt, wird er immer tieffer sinken, doch kann solches nicht schaden, dann alsdann ist der trichter nicht mehr da und ist rathsam, dass der trichter wieder fort sey, ehe die Last aufftritt, denn sonst würde der trichter etliche massen tragen müssen. Sonsten anstatt der schraube war auch ein ander mittel zur hebung und niederlassung der füsse. als gesezt des Schähmels *AB* fuss *AF* oder 27*F* sey am Ende eines wagebalkens 25. 27, so bey 22 umb den unbeweglichen axem 23. 24 herumb gehet. Und weil bey *B* dergleichen wagebalcken 26. 28, so ist das ganze parallelogrammum 26. 25. 27, 28 beweglich um einen axem continuatum 24. 29, so entweder realiter von 23 bis 29 durchgeführet, oder doch imaginariè auff der axem, so bey 29 passet, also dass wenn der gantze Schähmel *AB* auff dem andern Schähmel *D* ruht, so kan die last *e*, so etwa im fortgehen die seite 25. 26 niederdrücket, den Fuss *AF* oder 27*F* in die Höhe heben oder auch niederdrücken, weil unterdessen die füsse als *AF* vermittelst der oberen inwendigen Höhle des ringes 22 auff 25. 27 lieget, hingegen wenn der fuss stehet und der Schähmel *AB* sonst nirgends ruht, so muss der Schafft 20 den Galgen und dessen Last tragen und 20 hangt mit 21 an der Axe 24. 23, so durch den Wagebalcken 25. 27 geht. Diese Axe aber liegt auf der untern innern Höhle des ringes 22 oder loches des wagebalkens, so alles tragen muss. Der aufgehobene Fuss mus vor der Zeit nicht wieder fallen.

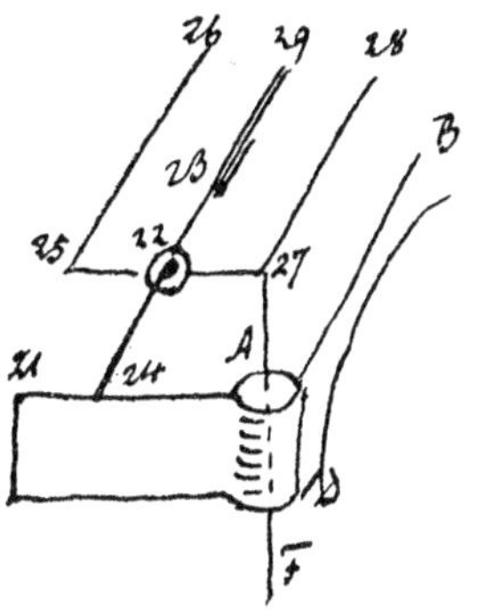

Fig. 180.

im übrigen man brauche diesen Modum des wagbalckens oder der schraube, so ist rathsam, dass man dem fuss ein gegengewicht gebe, so mit ihm in der wage und aufgehe, wenn er nieder geht et contra. so komt dessen last in keine consideration, so sonst wegen vielfältiger repetition des auffhebens gleichwohl etwas machet. || Sonsten ob gleich die füsse der beyden schähmel neben einander kommen, so ist doch rathsam, den fuss des innern schähmels unten also in etwas heraus zu biegen, dass er fast eben dahin in der Spuhr zu stehen komme, da der fuss des äussern schähmels || die füsse müssen auch unten nicht alzu spitzig, noch alzu breit seyn, doch unten enger, als oben, damit sie den Koth nicht mit sich in die Höhe heben. Es ist auch vielleicht rathsam, dass der Fuss unten nicht so platt sey, sondern die art einer portiunculae der radtfelgen habe, doch muss er rein seyn, wenn man eine schraube braucht, denn der soll sich in die Höhe drehen. Es soll auch billig jeder fuss sich etwas sperren und auswärts stehn, so steht er fester; weil auch vielleicht die lufft den fuss nicht gern auss dem Koth lassen will, weil er gerad heraus soll, so wäre ein löchlein durch den fuss guth, dass die lufft durch kondte, sonst wird er im Herausziehen gleichsam klatschen, sonderlich, wo die Erde zäh und nicht fliessend. doch wo sich der fuss, so auswerts gebogen, etwas regete, kassirte diese consideration, indem er nicht so gerad heraus gienge. Es ist aber sonst das gerade herausgehen gut, so darff er in der erde nicht pflügen.

Fig. 181.

Damit die rolle *E* auff *CD* nicht schleiffe, so drunter hingehen soll, in wehrender Zeit, dass die last mit der rolle *e* auff *AB* gehet, und also *CD* von *E* oder der Last nicht gedrücket werde, so kan man machen, dass es etwas niedriger von *E* weiter ab, wenn es auff *AB* lieget, als wenn *AB* auff ihm lieget, item, dass *CD*, so eine Breite hat, etwas kippe, nachdem sein fuss weg und also von *E* abgehe, item, dass *E* auff eine seite sich drehen lasse auff seiner axe, nicht auff die andere und vermittelst einer auffwärts gehenden schraube. Damit es in der axe, wenn es auch nur ein kleines theil vom gang umbgehet, sich alsbald etwas vom boden erhebe; wenn aber *E* contra wieder gehet, oder auff seinen schähmel *CD* zu gehen komt, dreht es sich sogleich wieder zu.

Man muss auch bedacht seyn zu verhüten, dass sich der schwebende Schähmel, so auffm stehenden fortgezogen werde, zwischen dem schliz, darinn er gehet, nicht klemme, welches zu besorgen ganz zum äussern und ganz zum ende des zuges, weil er alsdann weit hinaus stehet. wenn es bald gegen das rad gehet, köndte es der trichter verhüten (wiewohl selbiger nicht eben alzeit darauff passet, sondern zu Zeiten nieder drücket und also nicht tragen hilfft, zu geschweigen, dass er erst zuletzt in den trichter kommt) da er sich breiten kan und da keines Klemmens mehr gedacht; die last oder der wagen köndte mit einer vorn und hinten hinausgehenden stange vielleicht etlicher massen des äussern Schähmels bogen tragen und verhindern, dass er nicht könne zuviel untersinken, bis er so weit herfür, dass er im trichter und Zeit sich zu lenken. Doch will sich die Last nicht wohl dazu schicken, weil solche nicht wohl darauff passet, denn was hier tragen helffen und gegen das Klemmen soulagiren solte, müste perfect passen. Denn viel kan sich der schwebende schähmel ohne dem nicht niederlassen. Derowegen ist wohl das beste remedium, dass man allezeit einen schähmel viel in dem andern lasse, ie länger, ie besser und dann dass sich der herfür lauffende Schähmel mit dem herausragenden theil biegen und lencken könne. Und sehe ich nicht, was die oberflüssige länge hindere. Als gesezt, dass CD mit einer schneide, so seitwärts und horizontal, in einem schliz des schähmels AB gehe, so kondte anstatt AB die länge seyn $30.AB$ und anstatt CD die länge $31.CD$ und

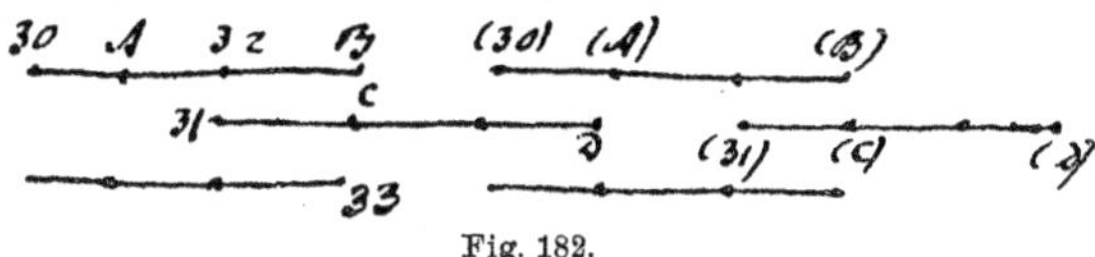

Fig. 182.

wenngleich CD so weit hinaus geführet, als es soll würde es doch mit $31.C$ (so vielleicht die helffte von CD) in dem schliz des schähmels AB bleiben. Hingegen, wenn CD stille steht und AB hinaus geführet wird nach (30)(A)(B), würde doch (A)(B) mit (30)(A) noch auff CD liegen und sich also desto weniger klemmen; die füsse aber sind unter AB, CD. Desgleichen ist auch die lenckung bei A und bey C. Ueberdiess so kan man machen, dass wie CD in einem schliz von AB, also wiederumb AB in einem schliz von CD gehen, und dann so können röllgens fast den schneiden und schlitzen gleich hinein geleget seyn am ende der schneide sowohl, als des schlizes, weilen der schwebende schähmel CD mit seynem ende 31 oben bei 32 anlieget, und daher müsste 33 auch ein röllgen haben.

Nun ist noch vornehmlich übrig nachzuweisen, welchergestalt der schwebende Schähmel fortgetrieben werde, dass er der last vorlauffe und solches bald mit dem einen, bald mit dem andern schähmel alternis geschehe. Solches aber besser zu verstehen, wird zuvor zu melden seyn, dass ein radt, so auff einer recta linea entweder volvendo oder vermittelst Zähne fortgehet, und doch auch zugleich nur seinen oder eines an seiner welle sitzenden rades Galgen (oder auch einem Seil) eine andere gerade Linie forttreibet oder ziehet, solche weiter treibe, als es still liegend umbgangen und also solche zugleich treibet und mit sich führet. Denn gesezt, dass umb den axem ⊙ gehen 2 räder 1, 2, 3 etc. und 10, 20, 30, 40, 50 etc., davon dieses noch eins so gross, als jenes oder sonst eine andere proportion habe und jenes als das kleinere griffe in eine unbewegliche Klammer oder Baum (1) (2) (3) etc., dieses aber als das grössere in einen beweglichen (10) (20) (30) (40) (50) etc. Wenn man nun entweder den wellbaum 34 fortziehen oder das radt 1 2 3 nach dieser ordnung umbdrehen will, so gehet dieses radt so wohl fort, als umb und misset gleichsam in seiner circumferenz volvendo den Kam̄baum (1) (2) (3). Nur wenn der Zahn des kleineren rades 3 auff den Kamm (3) seines Kammbaums, weil 50 gegen 3 über, nun stehet 3 unten bey (3), ergo 50 oben über 3, nehmlich bei D, ergo ist (50) auch geführet bis nach D, nehmlich durch die Distanz (50) (10) mit der Distanz (10) (D), das ist (50) (10) mit (1) (3) und also der weg, den das am beweglichen Kammbaum angreiffende Radt, wenn es stillstände, seinen Kam̄baum fortführen würde, mit dem wege, den das radt, so am

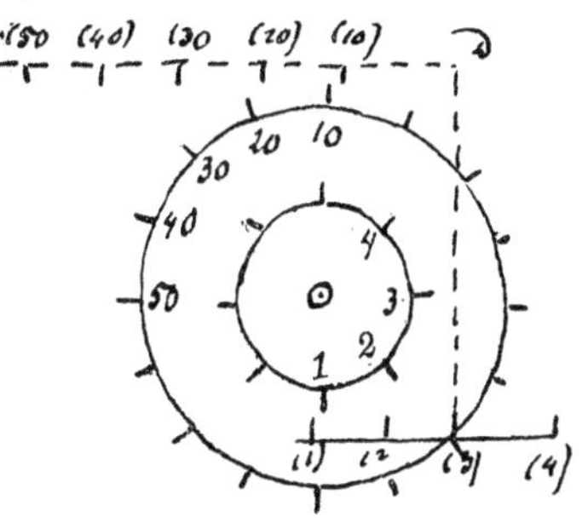

Fig. 183.

unbeweglichen Kammbaum lieget, selbst mit fortgehet. Derowegen, wenn man will, dass der Kammbaum (10)(50) soll viermal so geschwind gehen, als die axe ⊙, so muss seyn $50 \cdot 10 + 1 \cdot 3 = 4$ mahl $1 \cdot 3$, ergo $50 \cdot 10 =$ dreymal $1 \cdot 3$, ergo mus das radt $10 \cdot 50$ 3 mahl so hoch sein, als das radt $1 \cdot 3$, wiewohl es hier nur eins so hoch vorgestellet.

Das treibwerck zu erklären wird dienlich sein, einen orthographischen oder Seigerriss darzustellen, nehmlich wenn man den wagen von hinten ansiehet oder wenn man einen Vertikalschnitt thut, eben zu der Zeit, da die füsse *A*, *F* und *C*, *H* neben einander und die rollen *E* und *e* (deren diameter alhier nur die orthographische potenzieret) auff den schähmeln über *A* und *C*, wird man gegenwärtige section oder Standtriss bekommen, ausser dass die räder davon bald hernach in etwas hinter einander und nicht in einem plano verticali ad axem *Ee* parallelo. Von diesem also scheinenden Labyrinth zu evolviren, so ist der ausswendige Schähmel 40. 41. 42. 55. 43. 44. 45. 46. 47. 48. 49. 40, der inwendige aber ist 50. 51. 52. 57. 58. 53. 54. 55*A*, 42. 56. und gehet bei 55 mit einer schneide in einem schliz oder recessum des auswendigen Schähmels 44. 43, doch etwas fester hierin, als hier bedeutet. Der wagen der last oder desjenigen, so mit 2*e* fortgehet, geht herunter in etwas zwischen die beyden schähmels und trägt angewege. Darinn liegen die wellen, so horizontal, nehmlich die eine 60. 61. 62. 63, die andere 70. 71. 72. 73, jene etwas höher; diese etwas niedriger, und da es nöthig, etwas hinter der andern, damit die angewege von oben hinein vom wagen ab angebracht werden können. iede welle trägt zwei Räder, ein grosses und ein kleines. Nehmlich an der Welle 60 ist das kleine rad (oder Driliz) 64. 62. 63, das greifft in des schähmels *AB* Kammbaum, dessen einer Kamm, so oben repräsentirt, ist 57. Gesezt nun, dass der Schähmel *AB* aniezo unbeweglich sey, daher, wenn das radt 62 mit der axe *Ee* (alles von den pferden gezogen) fortgehet, so wälzet es sich unter dem Kammbaum 57 des unbeweglichen schähmels und umbgehende treibt es mit sich eine welle 60. 61. 63 und darauf das feste radt 60. 61. 67,

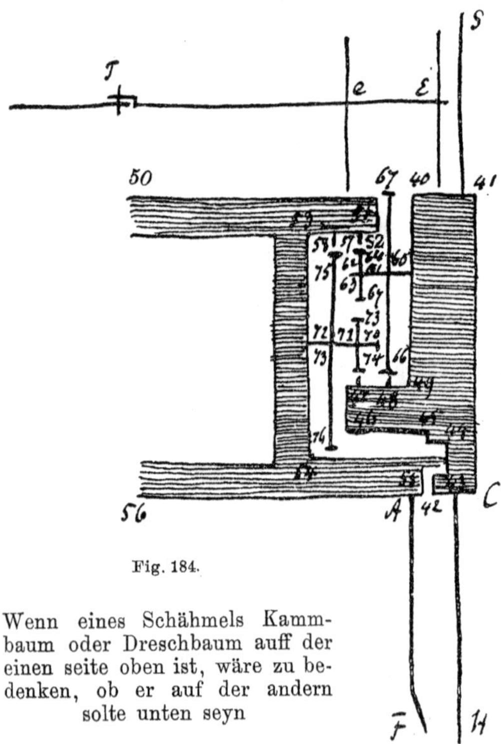

Fig. 184.

Wenn eines Schähmels Kammbaum oder Dreschbaum auff der einen seite oben ist, wäre zu bedenken, ob er auf der andern solte unten seyn welches unten bey 66 in den Kamm 48 (so den Kammbaum des iezo schwebenden oder beweglichen Schähmels bedeutet) greiffet und also solchen Schähmel *CD* forttreibet und zwar 4 mahl so geschwind, als die pferde oder *Ee* oder 61. 62 fortgehet, wenn das radt 66. 61. 67 3 mahl so gross ist, als das radt 64. 62. 63, wie aus dem folget, so pagina praecedente sub finem erwiesen. weilen aber aniezo die andern rädter an der welle 70 auch angreifen, welche sich ebenso verhalten, nur dass alhier das grosse radt 71 mit dem rade 74 in den Kammbaum 47 des Schähmels *CD* griffe, so würde das contrarium des vorigen herauffkommen, wenn die räder 71 und 72 mit einander giengen. Denn da vermöge der vorigen welle 60 der schwebende Schähmel *CD* 4 mahl so geschwind gehet, als die pferde oder als die centra der räder, so solte vermöge der welle 70 der schwebende Schähmel *CD* langsamer, als diese centra der räder gehen. Solche contradiction zu vermeiden, so müssen die räder 71 und 70, wenn deren ober ende 43. 75 retrorsum deorsum gehen, einander nicht mit ziehen, sondern frey indes vor sich umbgehen. Hingegen geschieht das contrarium, wenn der Schähmel *CD* unbeweglich und *AB* schwebend, alsdann gehen 73. 75 retrorsum deorsum und also diese räder nehmen einander mit und geschieht der effect, dass *AB* 4 mahl so geschwind geht, als die axes der räder, hingegen gehen alsdann die oberen räder 64. 67 der räder 62. 61 an der Welle 60 retrorsum deorsum und gehen also die räder jedes absonderlich, wie es kan, ohne einander zu führen, dass man zwey räder auff einer welle, wenn sie einen gewissen weg beyde gehen, als antrorsum deorsum (welches ebendas als retrorsum sursum) einander führen und zusammen tragen, wenn sie aber beyde contra, nehmlich retrorsum deorsum (oder antrorsum sursum) gehen, von einander abgesondert gehen können; welches schöhn herauskomt, wenn ein radt auf der welle fest, das andere aber, nehmlich das grosse, nur antrorsum sursum, nicht aber retrorsum deorsum von der welle gezogen wird.

Durch dieses mittel erlangen wir auch, dass die räder stets in ihren Kammbäumen bleiben und also gewiss gehen. anstatt der Kammbäume werden es vielleicht besser Dreschbäume seyn können mit Driebstöcken, also dass 57. 58 oben und 47. 48 unten jedes ein Driebstock sey, so können wir mit zwey Kammbäumen die 4 räder vorbringen, in maassen es just passet, dass 57. 58 oder 64. 79, so darin griffen, in einer linie, desgleichen, dass 47. 48 oder 74. 66, so darin griffen, auch in einer linie ratio, dieweil 74. 71 mit 72. 79 just soviel machet, als 64. 62 mit 61. 66. Solte nun gleich eine welle, als 70, etwas hinter die andere 60 kommen, köndte solches doch nicht hindern, weil der Kammbaum hinten, wie forn. Wie es nun auff der einen seite dieses fuhrwercks, so ist es auch auff der andern, obschohn die Hälffte nur in diesem Standriss vorgestellet. Die Axe daran 21 kan sich mitten umb den Nagel *T*, so perpendicular ist, lencken und scheint nunmehr alles zur genüge explicirt zu seyn.

Anmerkung. Das hier abgedruckte Manuskript Leibnizens trägt von seiner Hand rechts oberhalb der Überschrift die Bemerkung: Addatur Latina descriptio sed minus perfecta 12 xbri 1686. Wir haben hier also einen ähnlichen Fall zu verzeichnen wie bei der Verwendung der Kraft des Windes zum Betrieb von Pumpen. Die Abhandlung vom 12. Dezember 1686 ist in der Tat in Leibnizens Nachlaß vorhanden, doch ist von ihrem Abdruck abgesehen, da sie Leibniz selbst verwirft, der Gegenstand auch entfernt nicht das gleiche Interesse bietet wie seine Vorarbeiten zur endgültigen Lösung der eben genannten Aufgabe, an Länge ihr fast gleich kommt, in der Klarheit der Darstellung aber hinter ihr zurücksteht. Als Beispiel der Sorgfalt und Umsicht, mit der Leibniz seine technischen Entwürfe ausarbeitete, dürften die oben mitgeteilten Entwürfe zur Anwendung der Windkraft wohl genügen. Dazu kommt, daß einige weitere ziemlich umfangreiche Arbeiten Leibnizens über Rollfuhrwerk mitzuteilen sind, auf die er in der vorliegenden Arbeit in einer links über die Überschrift gesetzten Bemerkung, soweit sie leserlich ist, mit den Worten hinweist: „Man hat hiernach anstatt der räder Ketten machen wollen vid. Figuram zuletzt Majo 1697. Alle Räder mit Zähnen abgeschnitten."

123. [2 Seiten 2°, zur Hälfte beschrieben.]

Zwey Räder *aa* mit ihrer Axe, gestelle und Deistel *bbb*. Durch die Axe gehet ein Nagel *c* und selbiger Nagel gehet noch durch die Stange *cd*, welche den Rollwagen *effe*(*e*)(*f*)(*f*)(*e*) zieht. Nehmlichen der Rollwagen hat vorn Axe mit 4 rollen, deren 2, nehmlich *ee* sind auswendig und die andern *ff* inwendig, in dieser Axe mitten ist ein Loch, und gehet ein Nagel so wohl durch das Loch, als die stange *cd*. ein solcher Nagel ist fest in dem gerüste *gg* (*g*)(*g*), so auff dem Rollwagen lieget und die Last träget. Dieses gerüste oder parallelogrammum hat Hacken, desgleichen an (*g*)(*g*), beim Nagel in der mitte fest, der durch die hintere Axe (*e*)(*f*)(*f*)(*e*) gehet. Ueberdiess trägt solches Gerüste ein gestelle *hh*, darin 2 gezahnte Räder *k*, *l* in ihren Axen *m*, *n* gehen und zwar auff der einen seite sowohl, als auff der andern. An den Axen *nn*, daran die Räder *ll*, ist eine rolle *p*, daran ein Strick *pqq*, so vermittelst einer stange *rr* den Träger (davon hernach) ziehet, an der Axe *nn mm*, daran die Räder *kk* und 2 rollen *tt* vermittelst der stricke *sss* die stange *rr* und also den andern Träger[1]), davon hernach, ziehen können.

Der neue träger ist *wxz* 3456, steht auf 4 Füssen *wwww*, deren auff jeder Seite zwey, in seinen Tragbalken *x*3 ist eine Rinne *x* eingeschnitten, so längst an ihm hingehet, der absaz 666 dieses andern Trägers, wie eine leiste. Oben auff dem Träger ist auch eine Balze oder rinne 777 etc. Darin gehet die rolle *e*, item oben auff solchen Tragbalcken sind etwa 45 Zähne *zz*, darein das radt *l* greiffet, so etwa 22 Zähne hat, der Galgen oder der thorkel 454 hält die beiden Wagbalcken, deren einer auf der rechten, der andere auf der lincken seite ist, zusammen und trägt zugleich die beiden stangen *vv*, so von den Stricken gezogen werden.

Gleiche Bewandtnuss hat es mit dem inwendigen Träger, dessen füsse (*w*)(*w*), seine Zähne (*z*)(*z*), nur dass er keinen galgen hat, sondern seine beyden tragebalcken werden von unten zusammengehalten; hat auch nur eine stange *qq*.

---

1) Am Rande: Träger, alias Schemel.

Wenn man nun iezo an der Deistel *bb* und also an dem Rollwagen *efgh* ziehet, so wird die einzelne mittlere grosse Rolle *p* nachgezogen und also mit dem Strick *q* die stange *r* des inwendigen Trägers; inzwischen komt das radt *ln* auff die Zähne *z* des auswendigen iezo mit seinen Füssen *ww* stillstehenden Trägers und gehet also solches radt *ln* umb. Dadurch dann auch seine axe *nn* umbgehen muss und zugleich die mittlere grosse rolle *p*, welche den

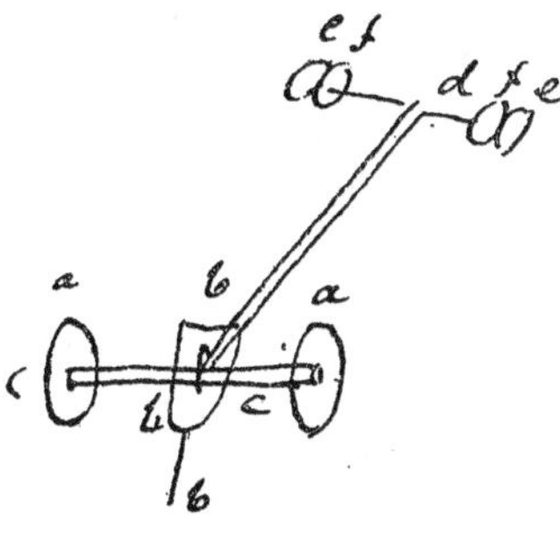
Fig. 186.

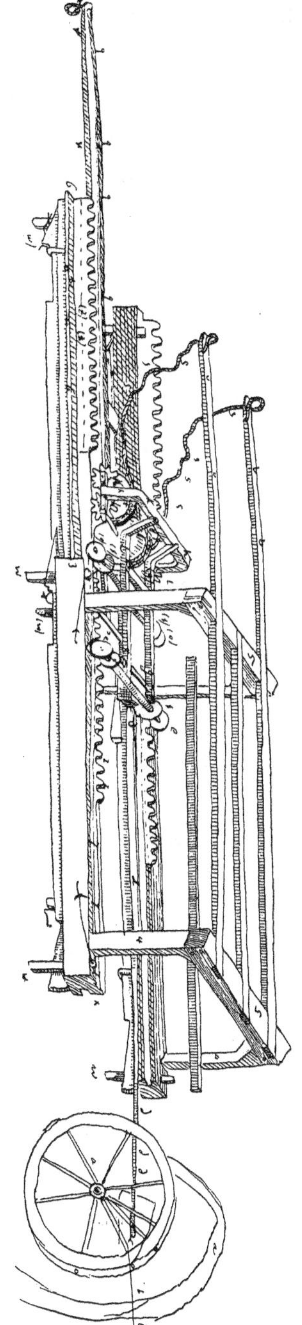
Fig. 185.

strick aufwickelt und also die stange *rr* mit sam̄t dem träger (*w*)(*w*) nach der Deistel zu gehen machet und zwar umb so viel desto geschwinder, dieweil die rolle *p* noch eins so gross ist, als die räder *ln*, daher ehe und bevor das radt *ln* auf den Zähnen *z* zu ende komen, der träger (*w*)(*w*) ganz hervor laufft, damit er hernach die von dem vorigen Male abtretenden rollen empfangen und wechseln könne; nehmlich aniezo gehet der Rollwagen mit freyen Rollen *e*(*e*) auff dem ruhenden Träger, dessen füsse *ww* auff dem boden ruhen, hernach aber soll derselbige träger seine füsse *ww* aufheben und hingegen der zuvor gehende seine füsse (*w*)(*w*) niederlassen und stillstehen, damit der Rollwagen mit den rollen *f*(*f*) auff ihn treten könne.

Den Wechsel betreffend, so ist unter jeden Tragbalcken *xz* eine Leiste 8. 9. 10. 11. 12. 13. 14, welche die füsse 14 *w* und 14 *w* in die Höhe

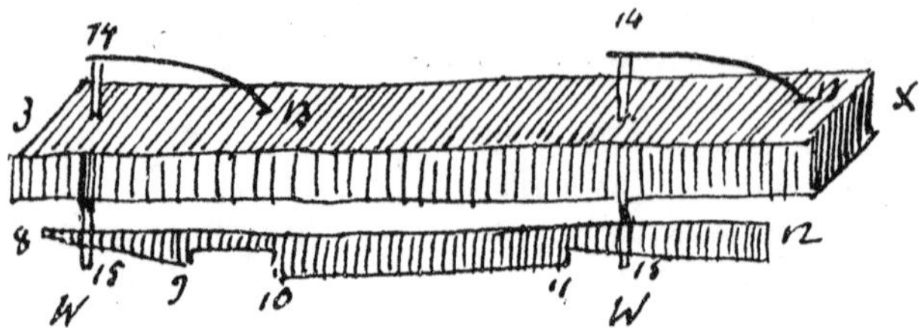

Fig. 187.

Es ist der fehler im Modell, dass die beyden Leisten des stehenden und gehenden trägers nicht ieder apart. eine feste hindernuss finde, so aber gegeneinander gehn, welches aber unrichtig, weil sie beyde einander weichen und daher nicht eben allemahl präcisè das nachgeben unter einander theilen, sondern der eine zu Zeiten mehr als der andere nachgibt, daher der Wechsel nicht richtig geschieht. Die stricke sind auch nicht allezeit gespannt, daher verwirrung entstehet, und also wären lauter räder viel besser.

heben wollen, so dann auch geschieht, wenn dieser träger gehen soll, und dann stehet die Leiste also, dass die schmahlen orther 8 und 11 über die Hacken 15 der Füsse *w* zu stehen kommen und also die Hacken hoch genug hinauff können. Wenn aber die leiste mit dem tragbalcken anders gehoben wird und die beiden orther 9 und 12 über die Hacken 15. 15 zu stehen kommen, so werden die Hacken samt den füssen und der feder dadurch niedergedrückt, so dann geschehen muss, wenn der träger ruhen und die last oder der Rollwagen auff ihm gehen soll.

Wenn es nun derowegen an dem ist, dass der wechsel geschehen soll, und der innenwendige träger zum exempel weit genug hinauss, das radt *l* auff die Zähne *zz* fast zum ende gelauffen, so muss die leiste des inwendigen oder annoch fortgehenden trägers an dem tragbalcken des auswendigen und annoch stillstehenden trägers eine hindernuss finden, damit sie mit ihren tragbalcken nicht fortgehen könne. So geht der wagbalcken selbst mitsamt dem Zahn (*w*) fort und der Hacken (15)(15) komt unter 11 und 12, dadurch wird er nieder gedrückt und der Fuss (14)(*w*) kommt zu stehen. Und ist der innewendige träger, so bis her gelauffen, nun mehr zum tragen geschickt. Hingegen damit der bishehr stillgestandene auswendige träger zum lauffen geschickt gemacht werde, muss er füsse in die höhe heben, welches geschieht, indem der innewendige annoch fortgehende träger in eben dem tempo, da seine füsse niedergelassen werden, oder vielleicht gleich darauff mit einem Hacken in die Leiste solches bisher stillgestandenen trägers greiffet und solchen mit sich hinaus ziehet, also 9 und 12, so über 15*w* und 15*w* gestanden, davon weg und hingegen 8 und 11 drüber kommen, so hebt der träger, so bisher gestanden, seine füsse vermittelst der federn 13. 14 in die höhe und ist zum gehen geschickt. Darauff dann die Rollen *ee* von ihm ab und hingegen die Rollen *ff* auff den inwendigen träger treten.

Es ist aber wegen des tempo zu beobachten, weilen zu besorgen, es dürffte wegen fortziehung der lasten zuviel spatii oder ein allzu langer Lauff erfordert werden, dass es mit kleinen rädern, die da nöthig, geschehen köndte.

Es ist noch zu machen, dass *ln* und *km* nicht einander gleich stehen, sondern *ln* mehr auswerts, und *km* mehr einwerts, damit jenes auff den Zähnen *zz*, und dieses auff den Zähnen (*z*)(*z*) gehen könne.

Anmerkung. Diese Zeichnung und ihre Beschreibung stammen wie die vorige aus dem Jahre 1686, wie sich aus einem Brief aus Scharzfeld vom 29. Januar 1687 ergibt, der allerdings keine Unterschrift trägt. Doch geht aus ihm hervor, daß Leibniz sich nicht mit seinem Entwurf und den ihn darstellenden Zeichnungen begnügt hat, sondern daß er ein Modell davon hat anfertigen lassen. Der Wortlaut dieses Briefes ist der folgende:

Den Herren Hofraht zu beirichten wehgen des ehrsten modelles, so bin ich so weit dermit kommen, das es beiginnet zu gehen, aber noch one fühsse, sondern rutzet auf dem Dische und lest gehward ich[1]), das der hinterschehmel so geschwint durchfahret, es wirt aber den kleinen gezahnten rehdern etwas sauer, den es hehbetet sich die last auf, also das es über die kammen weck rutzet, und mus also die last mit Blei beischwehren, das es nider gehalten wirt, ich werde aber alles auf das neue wieder anfangen müssen, weil ich in ein unt andern Dinge gefehlet habe, welches aber balt geschen kann, unt ich nuhn der arbeit besser kann abwarten; mich wundert das der Hofraht nichts geantwortet hat, da ich vermeldet, das es mit schnüren auf rollen anstatt der Zaanrähdern kan gezogen werden, der Her Hofraht lassen sich nicht verbangen, es sol geliebtes gott balt zum stande kommen

gott beifohlen gegehben Schartsfeld den 29 januar 1687.

Der Inhalt des Briefes beweist, daß es ein Modell des obigen Entwurfes war, das Leibniz in Arbeit gegeben hatte, die Orthographie des Briefes legt durch Vergleichung mit der von Leibniz angewendeten die Annahme nahe, daß ein Handwerksmeister den Auftrag erhalten hatte. Es ist nicht wahrscheinlich, daß das Werk damals zur Ausführung kam.

124. [3 Seiten 2°.]

initio anni 1697.

Das Rollwerck hat auff geder seite 2 räder, iedes von mittelmässiger grösse, sonst gehen sie zu schwehr in ihren axen und müssen zu offt umblaufen.

Diese Räder gehen auff balcken und zwar also wechselsweise, dass wenn der eine ruhet und auff seinen füssen stehet und also das Rollwerck träget, so laufft unterdessen der andere für.

Die Räder können gehen, entweder in dem Balcken, als in einem reiffen, oder auff dem Balcken, als auff einer schärffe und dergestalt wäre die reiffe in den Rädern.. Welches das beste, wäre zu überlegen, ich solte fast das letztere wählen. Doch müssen die Räder abtreten und gleichsam weg gehen im Wechsel, wenn sie von einem Balcken auf den andern sollen,

1) letzt bemerkte ich.

damit der gehende Balcken, so sich an den stehenden anschliessen soll, sich rechts und links, auff und nieder nach dem Grund und nach dem wege lencken könne, wiewohl diese Freiheit der Räder nicht zu gross seyn muss, damit sie hiernach sich wieder in die Spuhr des neuen Balckens finden.

Die Balken sind also in einander eingereiffet, dass sie wechselsweise an einander gehen und einander tragen können. Scheinet daher dienlich, dass iedes radt doppelt sey an einer Axe, damit bald das eine, bald das andere auff den Balcken, so gerade unter ihm ist, aufftreten, wenn aber der Balcken getragen wird und gehet, so hanget er etwas nieder und wird also von keiner rolle nicht gerühret, sondern gehet unter denselben hin. Doch wäre dieses zu überlegen, ob nicht die Pahren hinter einander seyn können und dem Radt auch nöthig sey und hernach der Balcken, so gehen soll, sich an die seite begebe.

Ohngeacht des einreiffens eines Balckens in den andern, muss doch gleichwohl einer an dem andern sich hencken können, wie schohn erwähnet.

An dem Rollwerck ist eine stange, darumb gehet eine Kette über Drillen. Und überdiess, so gehet diese Kette auf einer Drille mit gabeln, welche an der Axe des einen Rades des Rollwercks fest ist. Sie ist mit gabeln versehen, damit die Kette nicht darauff rutschen könne, also umb soviel gehet die Kette geschwinder als das Rollwerck. Doch wenn man die Bewegung der Kette gegen den Tragboden oder Balcken halten will, so hat sie eine doppelte Bewegung, denn sie gehet mit dem Rollwerck fort und noch dazu auff dem Rollwerck selbst, muss man also beydes zusammen nehmen, umb die rechte geschwindigkeit zu haben

Wenn das Rollwerck von dem einen Balcken abtritt und auf den andern gehet, alsdann ist es Zeit, dass der Balcken, so nunmehr frey worden, seine füsse in die Höhe ziehe. Solches geschieht, indem das Rollwerck oder eine stange, so daran etwas hinauss, auff den verlassenen Balcken an etwas stosset. Dadurch köndten die federn losspringen und die Füsse in die Höhe heben, solche federn köndten zugleich den Balcken verstercken und befestigen helffen.[1])

Man köndte auch wohl machen, dass die Füsse im Hinaufgehn den Koth abstreifen müssen, in dem sie durch ein loch gingen.

Indem nun solches aufheben der füsse geschieht, so hängt sich zugleich der erledigte Balcken an der Kette an, und wird von ihr an dem Reiffen des andern nunmehr stehenden Balckens fortgeschoben oder fortgetzogen.

Die Kette gehet, wie gedacht, umb eine stange herumb, und damit dasjenige, so von der Kette an den lauffenden Balcken herumbgehen soll, von den Rädern und deren Axen nicht abgeschnitten werde und vorbei könne, so muss solches über die Axe hingehen und also den äussern Balcken auswendig, den innern aber inwendig ziehn.

Wenn der lauffende Balcken sich an dem stehenden wieder angeschlossen, so müssen sich seine füsse wieder nieder geben, und er muss sich nach dem Boden und nach den strengen oder Pferden richten.

---

1) Am Rande: Ist die Frage, ob die Krafft des hebens von der stange oder von der feder zu verrichten.

Die Stange vom Rollwerck, darumb die Kette gehet, kan so breit über die Kette herauss lauffen, dass die strenge von den pferden daran gehen, und wird man sehen, ob rathsam, sie gespalten zu machen, dass doppelte strenge daran kommen. Solche Stange richtet sich also nach den pferden und kan die Stellung der tragbalcken regiren helffen.

Damit die stange, so den tragbalcken mit seinen füssen ab- oder ausspannet, nicht nöthig habe, so lang zu seyn, als der Balcken vorn und hinten hinausstehet, so köndte eine stange am tragbalcken seyn, so lang als *ne* [nötig], so umbgedrehet würde und dadurch die Ab- und Anspannung der füsse und was sonst zur anhengung nöthig zuwege brächte.

Weil die beiden stehenden tragebalcken gegeneinander über, nicht allemahl recht parallel gegen einander stehen können wegen des ungleichen Bodens, so wird nöthig seyn, dass sich die Axe mit ihrem radt und mit der stange am Rollwerck darnach richten und lencken, also etwas auff und ab, auch zur seite gehn könne. Und daher ist nicht nöthig, dass die Axen am Rollwagen vor beyde balcken quer durch gehn und also nur zwey axen seyn, sondern es könnten der axen viere seyn. welches nun am besten, dass die Axen ganz durchgehn, oder nicht, wäre zu überlegen.

[Das Folgende ist mit anderer Schrift und Tinte geschrieben, also wohl ein späterer Zusatz.]

Ob es auff lauter Walzen gehen? Re.[1]) nein, denn sie müssen einander treiben und also alle geschwind umblauffen, dabey kein Vortheil. Einander treiben müssen sie, umb das radt mit dem seil umbzutreiben.

Der galgen der zusammenhaltung, wenn er bleiben soll, muss in der mitte des gestelles seyn und das gestelle sich daran, als ein wagebalcken hencken können. Fragt sich, wie zu verhüten, dass der galgen nicht umbfalle, so zur vorbeylassung ist genug wegs oder länge.

Das radt, darauff die Kette gehe, muss dreymahl so hoch seyn, als das rollradt.

Wenngleich keine zusammenhaltung, wie am galgen, so würde es doch von der Kette nachgehoben und also der fehler, wo sich einer befände, corrigirt werden.

Zur Lenckung gerundet, . . .[2]) weit geworden und wieder enge, umb hinein zu lencken. Deistel lencket sich vorhehr und zwinget den wagen sich, sobald er kan, nachzulencken.

Stehende Walzen hinten und forn vom Rollwerck. 3 mahl so lang, als der halbe weg auff dem tragbalcken.

Anstatt einer rund umbgehenden Kette köndte eine Kette mit zwey enden seyn, damit das forderste radt am Rollwerck ziehe, das hinderste radt vorgestellet wird, wie sich ein seil oder eine Kette aufwickelt, so wickelt sich das andere ab.

Der galgen köndte vielleicht doppelt bleiben, doch dass das gestelle darauff spiele und sich nach dem ungleichen boden richten könne.

Anmerkung. Unter dem Datum am Kopf dieser Notiz hat Leibniz bemerkt: „Hernach den Majô besser. dabey wird es bleiben können, doch sind hier einige notationes, so auch zum folgenden guth.“ Mit dem Folgenden ist die sich hier anschließende Arbeit gemeint.

---

1) Respondeo. 2) Unleserlich, wohl Trichter s. Nr. 122.

125. [4 Blatt 2⁰ mit breitem Rande. Auf diesen hat Leibniz auf der ersten Seite die folgenden Bemerkungen gemacht, die als Einleitung voranstehen mögen.]

[Randbemerkung.]

Diess ist die dritte Art vom rollwerck und scheint die leichteste und sicherste. Die Erste vor mehr als 10 jahren von mir entworffen[1]), so mit zähnen oder schnühr, und ob sie wohl mit Zähnen von mir beschrieben, so ist doch mit der Kunst in etwas exequiret worden von Holz[2]), mit Zähnen aber von Eisen. Die andere Beschreibung ist etwa vor einem Halbjahr vorgenommen worden, mit Zähnen; aber bey der excellentior habe gesehen, dass solche Weisse viel ungelegenheiten habe. Und bin also letztens auf diese gegenwärtige gekommen. Bey der ersten mit der schnuhr war die angelegenheit, dass die schnuhr nicht allezeit gespannt, habe zwar mit faden verhütet werden können. Die jezige weise aber mit der gegenschnuhr ist besser. de qua vid § 28.[3])

Die sach wichtig, die Artillerie in bössen wegen als in Italien und flandern fort zu bringen. Davor sich der freund nicht hütet. Man würde auch auff diesen Wagen fahren, wie in einem schiff, ohne viel anstossen, also dass man schreiben köndte und andere Dinge verrichten.

Es wäre besser gewesen, wenn man nicht die forderen und hinteren Dinge mit einem Buchstaben benennet hätte, sondern die forderen anders als die hinteren, und hingegen die rechten und linken, so einander antworten, nehmlich beyde vorn seyn, oder beyde hinten mit einem Buchstaben, die rechten ohne, die linken in Parenthesi.

[Inhalt des Blattes selbst.]

Hanover 27 Maji 1697.

$\widehat{1}$. Das absehen des Rollwercks ist, dass die Last allezeit auf glattem Boden gehe.

$\widehat{2}$. Muss also der Boden mit der Last fortkommen.

$\widehat{3}$. weilen aber der boden und die last nicht zugleich fortgehen können, sonst gehöhrete der Boden zur Last, indem er mit samt der Last, die er traget, fortgezogen werden müsse.

So folgt $\widehat{4}$. dass entweder der Boden und die Last wechselsweise stillstehen, also dass wenn der Boden still, die Last auff ihm gehe; und wenn sie am ende des Bodens, alsdann sie die Last mit ihren eigenen füssen gleichsam aucher auff dem natürlichen oder Erdboden werffe und davon getragen werde; damit der künstliche oder glatte Boden inzwischen fortgehen und wieder fürlauffen könne und alsdann die Last von neuem empfangen; also dass sie zwar zu Zeiten auff dem natürlichen Boden ruhe, doch allezeit auff dem glatten Boden gehe.

Oder aber $\widehat{5}$to weilen auff solche weise die Last nur die halbe Zeit gienge und die andere helffte der Zeit ruhete, so müsse man, wenn die Last allezeit gehen soll, einen zweyfachen glatten Boden haben, dass sie wahrer weise gehen und stehen könne. Und welcher Boden traget, der

---

1) S. Nr. 122. 2) S. Anmerkung zu Nr. 123.

3) S. die vorliegende Arbeit weiter unten.

stehet still und inzwischen laufft der andere wieder vor, damit er die last empfangen könne, wenn sie von dem vorigen abtritt.

6to. Und daher lasset der Boden, so stehen oder ruhen und tragen soll, seine füsse fallen, der andere aber, so vorlauffen soll, hebet sie in die Höhe.

7mo. Man kan sich figuriren, dass ein ieder Boden doppelt oder aus zwei Balcken, als der Eine Boden ist *a* (*a*) und *b* (*b*), die zusammen gehöhren, damit die Last oder der Rollwagen, so von (*a*) nacher *a* gehen soll, mit den zwey rechten rädern auf *a* (*a*), mit den zwey linken aber auff *b* (*b*) gehe und *a* (*a*) hängt mit *b* (*b*) zusammen vermittelst der querbalcken *ab* und (*a*) (*b*) und diess ist der innere Boden.

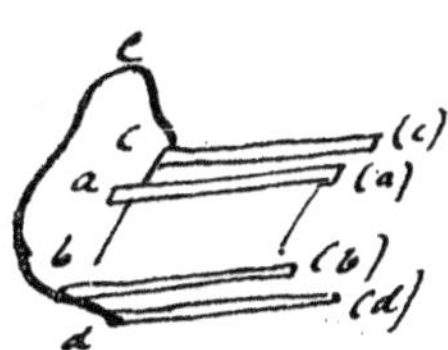

Fig. 188.

8. Der äussere Boden aber wäre *c* (*c*) *d* (*d*). Dem Boden *a* (*b*); auff dessen rechten Balcken *c* (*c*) gehen auch die rechten 2 räder des rollwagens, und auff dem lincken Balcken *d* (*d*) gehen die lincken räder.

9. und solche doppelte balcken sind nöthig, weil der rollwagen auff beyden seiten räder haben muss, umb besser getragen zu werden, sonst würde die Last kippen.

10. aber des äussern Bodens Balcken können unten durch keine Querbalcken zusammengehenget werden, weilen die füsse des inneren bodens, welche zu Zeiten niederfallen und auff der erde ruhn, solche abschneiden würden, massen also solche querbalcken oben zusammen gehen, über der Last oder über den rollwagen weg, als wie ein galgen *cefd* dergleichen auch (*c*) (*e*) (*f*) (*d*), man wolte dann dafür halten, dass nur einer in der mitte genug.

11. Diese beyden Bodens können ineinander eingereiffet seyn und der Balcken des einen an dem nechsten Balcken des andern gehen.

13. [1])Es folgt auch, dass der Rollwagen jede seiner vier Rollen doppelt haben müsse, nehmlich auff einer ax und einer seite der Rax[2]) sind zwey rollen, neben einander, welche den beyden tragbalcken antworten, als des Rollwagens rechtes forderradt bestehet auss zwey rollen, mit deren einer es (wechselsweise) auff *a*, mit dem andern aber auff *c* gehen könne, wenn es nehmlich von *a* abtritt. Damit nehmlich beym abtritt der Rollwagen oder der tragbalcken nicht nöthig habe, zur seite geschoben zu werden, sondern alles in einer linie bleibe.

14. aber diese beyden Rollen müssen nebeneinander seyn, aber nicht an einander fest, damit eine ohne die andere umblauffen könne und ob sie schohn gleich hoch, so kan man doch machen, dass wenn die eine aufstehet, die andere frey sey; indem der freye tragbalcken, indem er auff seinen füssen nicht steht, ein wenig nieder hüppet und also die rolle bis zu ihm nicht hinab rühret

1) Nr. 12 fehlt. 2) Wohl Schreibfehler für Rollwagen.

15. man siehet noch, dass die Rollen *a* und *c* sowohl, als die Rollen *b* und *d* auff einer axe sizen, nehmlich auf der forderen Axe. Es bestehet aber solche Axe selbst aus 2 theilen, nehmlichen weilen die innenrollen *a* und *b* miteinander gleich umbgehen sollen, so können sie an einem stück fest seyn; hingegen die Rollen *c* und *d* sollen auch mit einander umbgehen, köndten aber wohl auch an einem stück fest seyn, doch sehe ich, dass es eben nicht nöthig, sondern es kan eine iede rolle frey umbgehen.

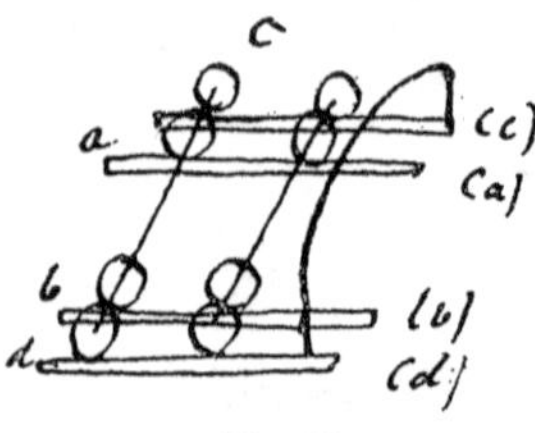

Fig. 189.

16. Nun ist die frage, wie man es machen müsse, dass ein Boden mit dem andern wechsele und ihm vorlauffe; welches zwar mit der Hand geschehen köndte, wenn iemand eigentlich darauff bestellet; weilen aber solches zu weitläufftig, muss auff Mittel gedacht werden, dass sich solches von selbsten thue.

17. Wir wollen nun den Rollwagen fürstellen. Seine doppelte forderrolle zur rechten Hand ist *ln*, die doppelte forderrolle zur linken Hand ist *mp*, die doppelte hinterrolle zur rechten Hand ist (*l*)(*n*), die doppelte hinterrolle zur lincken Hand ist (*m*)(*p*). Eine, nehmlich die forderaxe *nlmp* halte die zwey doppelte (oder 4 einfache) *nl mp* zusammen und die andere, nehmlich die hinteraxe (*n*)(*l*) (*m*)(*p*) halte die zwey doppelte (oder 4 einfache) hinterrollen (*n*)(*l*)(*m*)(*p*) zusammen. Die beyden axen *np* und (*n*)(*p*) hangen mit zwey tragbäumen, jede lang-weg zusammen *g* (*g*), *h* (*h*), umb die Last zu tragen, damit der Rollwagen beladen werden soll.

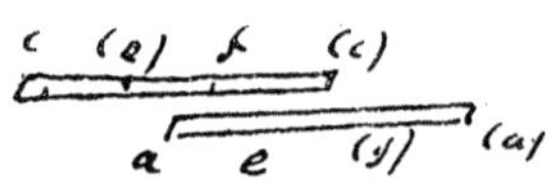

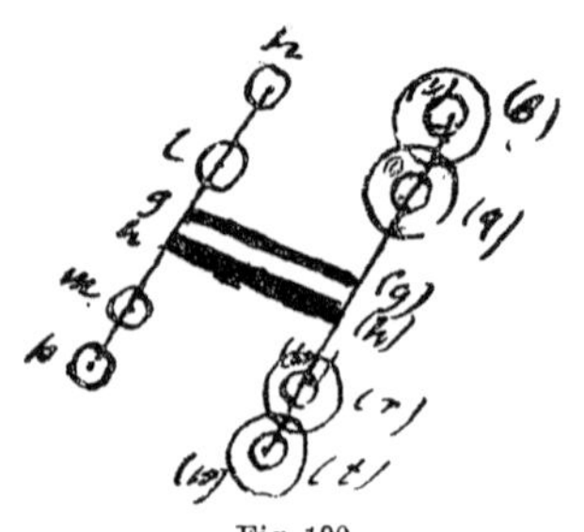
Fig. 190.

18. Weil es aber mit dem Rollwerck auff der einen Seite, wie auff der anderen, so ist genug, anietzo die eine seite zu betrachten. gesezt nun der Rollwagen stehe auf dem tragbalken *a* (*a*) bey *a* mit rolle *l* und auff eben dem tragbalcken bey *e* mit der hinteren rolle *l*. weilen nun der rollwagen forn bey *a* zum rade des inneren tragbalcken gekommen und doch weiter fortgezogen werden soll, so muss er nun von *a* (*a*) ab und auff *c* (*c*) hinüber kommen, nehmlich *c* (*c*) hat seine füsse schon fallen lassen und die füsse von *a* (*a*) werden in die höhe gehoben. Damit steht die rolle *n*, nehmlichen das äusserste an der forderen rechten doppelten rolle auff dem äusseren rechten tragbalcken *c* (*c*) bey *f*, so oben gegen *a* über. Und die rolle (*n*), nehmlichen das äusserste an der hintern rechten doppelten rolle, komt zu stehen auff den äussern rechten tragbalcken *c* (*c*) bey (*c*) und so viel *f* oder *a* von (*c*) oder *e*, so lang wird der Rollwagen und der innere rechte tragbalcken *a* (*a*); weil er nicht mehr auff füssen stehet, sondern an dem Nachbar *c* (*c*) schwebet, so küppet er ein wenig, so viel nöthig, dass die rollen *n* (*n*) nicht mehr auf ihm ruhen.

19. Nun aber, wenn der rollwagen fortgezogen war und von f nacher c oder von (c) nacher (e) gehet, so mus in wehrender solcher Zeit der wagbalcken $a\,(a)$ nicht nur nachgehohlet werden, sondern gar vorschiessen, damit ehe der weg fc oder $(c)\,(e)$ verrichtet ist, das hintere ende (a) von dem inneren tragbalcken $a\,(a)$ vor das fordere ende c des äusseren tragbalcken $c\,(c)$ zu stehen komme.

20. Zu solchem ende nun sizet an den hinteren rollen (n), (l) an ieder eine Drille, auff ieder Seite 2, nach forn 2 und hinten 2, summa 4, soviel als der hintern rollen, nehmlich bey den rollen $(l)\,(n)$, $(m)\,(p)$ kommen respectivè die Drillen $(q)\,(r)\,(s)\,(t)$.

21. Die Drille sizt an der welle ihrer rolle fest und geht mit ihr umb, ist aber umb soviel grösser, als nöthig, damit wenn die rolle auff den tragbalcken umbgehet, die Drille inzwischen soviel strick aufwinde, damit der zurückgelassene wagbalcken $a\,(a)$ nachgezogen werde.

22. wenn nun also der Rollwagen von ac auff $f(c)$ übergetreten und anstatt der rollen $l\,(l)$ nunmehr mit den rollen $n\,(n)$ aufstehet und nun ferner fortgezogen werden soll, so drehen sich die rollen n und (n) umb und mit der hinteren rechten äussern rolle (n) ihre Drille (s). Von dieser Drille (s), so nunmehr stehet bey (c), gehet ein strick oder kette biss (a), nehmlichen bis zum hinteren ende des benachbarten wagbalckens, also wenn $(n)\,(s)$ komt von (c) nacher (e), so wird (a) gezogen biss (e) und also wird der strick $s\,(a)$ fast ganz auff die Drille s aufgewickelt.

23. Weilen aber, gleich wie ein strick von der Drille s nacher (a) gehet, also ebenmässig ein strick von der Drille q nacher (c) gehen muss, und man gern sehen will, dass die stricke nicht schieff, sondern gerade gehen, damit sie sich nicht leicht ausheben, auch nicht nach der seite ziehen, so muss etwas bey (c) heraussgebauet werden zur seite nacher (q) und wider etwas von (a) dagegen zur seite nacher (s). damit aber diese beyden auslagen nicht gegen einander gehen und einander abschneiden, so kan das eine etwas niedriger, als die Drille, das andere aber etwas höher seyn, so gehet eine unter der andern weg. Es muss auch die säule, darauff die innere auslage stehet, etwas zur seite einwärts stehen, damit sie nicht gegen ihre die Drille überkomme. hingegen gehet oben die auslage über den arm von der säule herüber, biss er der gegendrille, von der angezogen werden soll, gleich stehet.

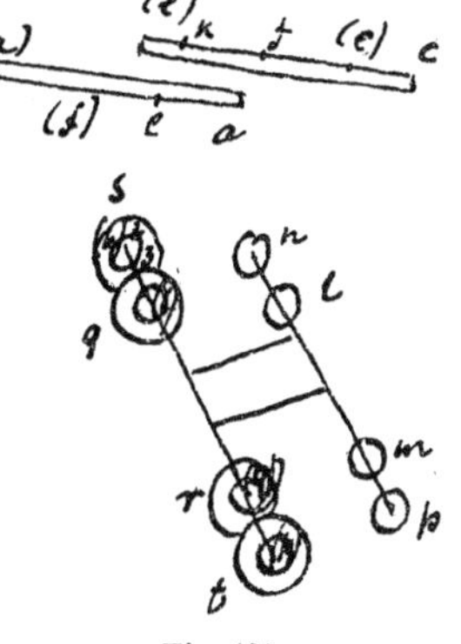

Fig. 191.

24. Nun ist die frage, umb wie viel die Drille höher seyn soll, als die Rolle, damit der zurückgebliebene Boden oder tragbalcken geschwind genugsam nach und vorschiesse und damit sein hinteres sich zeitlich genugsam bey dem vordern des benachbarten anfinde, umb die von diesem abtretende last zu empfangen.

25͡. Solches findet sich dergestalt, wenn man gegeneinander hält, wie viel weg der rollwagen und wie viel in wehrender solcher Zeit hingegen der tragbalcken zu gehen habe. Der Rollwagen stehet aniezo mit seinen hinteren rollen (*n*) bey (*c*) auff dem tragbalcken *c*(*c*); wenn er nun von dem Tragbalcken *c*(*c*) wieder auf den Tragbalcken *a*(*a*) abtreten soll, so muss er, der Rollwagen, mit seiner hinteren Rolle (*n*) gegangen sein von (*c*) biss (*e*). Hingegen muss in solcher Zeit das hintere Ende (*a*) des Tragbalckens *a*(*a*) gelauffen seyn soviel in der figur macht von (*a*) biss (*e*).

26͡. Darauss folgt nun, dass die Drille noch eins so hoch müsse seyn, als die rolle. Denn der Rollwagen gehet von (*c*) biss (*e*), ist so viel als die länge des Tragbalckens *c*(*c*) weniger die länge des Rollwagens (*e*)*e*. Hingegen soll der nachschiessende Tragbalcken von (*c*) nacher (*e*), nehmlich von (*a*) nacher *e*, und von *e* oder (*c*) nacher (*e*), deren jede soweit ist, als von (*c*) nacher (*e*).

27͡. Den Fortgang nun selbsten zu überlegen. Nachdem der rollwagen vom balcken *a*(*a*) auff den balcken *c*(*c*) getreten und nicht mehr mit den Rollen *l*(*l*) auff *ae*, sondern mit den rollen *n*(*n*) auf *f*(*c*) stehet, so gehet er nun auf dem Tragbalcken *c*(*c*) fort von (*c*) nacher *c* zu, das ist mit (*n*) von (*c*) nacher (*e*) und mit *n* von *f* nacher *c*. Inzwischen nun (*n*) also gehet, so drehet sich diese rolle von oben vorwerts niederwerts nach den Ziphern 23. (anstatt zu sagen von oben vorwerts niederwerts, von unten rückwerts auffwerts, von vorn niederwerts rückwerts, von hinten auffwerts vorwerts wäre schohn genug gesagt, von oben vorwerts oder von unten rückwerts, oder von vorn niederwerts oder hinten aufwerts, so dann dass das obere niederwerts, das untere auffwerts, das vordere rückwerts und das hintere auffwerts gehe, versteht sich ohne etc. Aus von oben vorwerts folgt von unten rückwerts, item aus von oben vorwerts folgt von vorn niederwerts etc.). wie nun die rolle geht, so gehet die Drille auch.

28͡. Ferner weil die geschwindigkeit der nachziehung daran henget, dass die Rolle sich gleichsam abmesse auff dem Tragbalcken und darauff alleine umbrolle, nicht aber schleiffe oder rutsche, weiln sonst sogestalt die Drille nicht genugsam mitlauffen würde, so muss man eine schnuhr oder kette an die rolle auff den tragbalcken legen. Vor der Hinlegung, wenn die Rolle auff dem still stehenden Tragbalcken fortgehet, denn soviel solche rolle auf dem Tragbalcken fortgehet, so viel wickelt sie nur schnuhr von sich ab und lasset solche auff dem Tragbalcken, nehmlich der untere Punkt 3 an der schnuhr so auff die rolle (*n*), komt zuerst auff den tragbalcken etwas weiter nacher *f* zu, als auff *k*, und komt also die schnuhr 32 zu liegen auf *ck* und so weiter, biss die ganze schnuhr 32 etc. auff *c*(*e*) zu liegen komt, welches ihre länge ist, und stehet dahin, wie gross man die Rolle machen will, dass die schnuhr mehr als einmal umbgehe nach guthfinden. weil nun also die Rolle nicht rutschen kan, wird sie gezwungen, so viel umbzugehen, als die schnuhr den weg *c*(*c*) mit sich bringt und folglich muss die Drille *s* auch so oft umbgehen, als die rolle (*n*) und weilen *s* grösser als (*n*), wird (*a*) desto geschwinder nachgezogen, wie schon gemeldet.

29. Inzwischen nun die rolle (*n*) von oben vorwerts geht und vermittelst ihrer Drille *s* das Ende (*a*) nach sich ziehet, so wollen wir nun die andere rolle (*l*) betrachten, welche anfangs bei *e* stehet, aber mit (*n*) von (*c*) nacher (*e*) fortgehet. inzwischen laufft das theil ihres Tragbalckens, nehmlich *e* (*a*) von *s* mit (*a*) gezogen unter ihr hin und die schnur von der Drille *q* nach dem ende (*c*) gehet, wickelt sich von der Drille *q* ab und bleibt in der lufft, dieweil sich *q* und (*c*) von einander entfernen nur so geschwind, als der rollwagen fortgehet, da doch die schnuhr so lang, dass sie sich noch eins so weit entfernen köndte. Damit aber diese schnuhr *q* (*c*) in der Luft gespannet bleibet, hätte man eine Feder, wie in den taschenuhren in einem tambour legen können, dass also die Drille allezeit mit gewalt gezogen werden müsse, und nicht über die gebühr vorlaufft und die schnuhr schlaff machen kan, wie sonst von der schnelligkeit des Zugs besorge. Denn wenn die schnur schlaff, geht sie von der Drille ab. alleine ohne solche feder oder gewicht am tragbalcken kan die sach durch eine blosse gegenschnuhr an der rolle (*l*) erhalten werden, welche nicht bei (*a*), wie die vorige, sondern bey *e* etwas gegen *a* hin fest ist, dann dergestalt so viel die rolle von der schnuhr abgewickelt und auff (*ae*) *e* gelassen, als sie von (*a*) nach *e* gangen, also viel wickelt sie iezo von der contra gehenden Gegenschnuhr ab, indem sie von *e* zurück nacher (*a*) geht, oder, welches eins, (*a*) unter ihr hin nacher *e* zu laufft und dergestalt, indem sich die gegenschnuhr von der rolle *g* abwickelt und von *e* nacher *a* auff den tragbalcken leget, so wickelt sich hingegen die vorige schnuhr von *e* biss (*a*) wider auf die rolle und komt also alles rückwerts, wie zuvor, also dass bey ieder hinterrolle 3 schnühren; zwey nehmlich die rollenschnuhr und die gegenschnuhr, sind auff ihren tragbalcken fest, wenn nun wieder die rollenschnuhr bei (*a*) oder (*c*), die gegenschnuhr bey (*c*) oder *e*; die dritte aber, nehmlichen die Drillenschnuhr, ist fest an der Drille *s* oder *q* und das ende (*a*) oder (*c*), umb solches ende nachzuholen.

Was vor schwührigkeiten von der Natur des Bodens hehrkommen können, davon absonderlich, nachdem er steinige, zähe erde, wasser, steil, abschüssig, convex, concav sich wendet, (in engen wegen dieses sich plötzlich wenden würde die sach nicht angehen). habe auch gehandelt von der Deistel und den zwei regirenden keine Last tragenden rädern, welche doch im Nothfall zu . . .[1]) fortbringen zu gebrauchen.

FINIS.

126. [Kleines Blatt.]

Wie ein Wagen auf glattem Boden gehen möge, habe ich unterschiedene Weisen. Die Schlechteste und Kürzeste ist vermittelst der centrischen Bewegung einer Walze oder eines rades, im rade dabey aber diese eingelagert sich annoch findet, dass gleich wohl die grossen Räder den Weg messen und sich durch selbigen schleiffen müssen. Der künstlichste und vollkommenste Weg vermittelst gewisser rollen, darauff der wagen gehet und mit denen er auff eisernen oder stählenen reiffen rotirt. Der Boden solcher reiffen aber gehet wechselsweise schritt vor schritt fort. Weilen aber diese

1) Unleserlich, vielleicht gebührendem.

Reiffen etwas künstlich und kostbar, bin ich auff ein ander bedacht geworden, dass der wagen auff gespannten Stricken gehe. Sie müssen kurz gespannt seyn, damit sie nicht schlaff seyn mögen. indem der wagen auf 2 Stricken gehet, ruhet der Grund, worauff solche gespannt und die zwei anderen Stricke mit samt ihrem stand werden etwas schlaff und gehen langsam mit ihrem stand fort und solches geschieht wechselsweise. Damit aber die Wagen um so leichter, gehn die Stricke unter Rollen, mit welchen der Wagen auf ihnen liegt.

Anmerkung. Wohl eine Ankündigung seiner Erfindung und deshalb etwas dunkel gehalten. Die Notiz ist offenbar nach der vorstehenden Abhandlung, also nach 1697 geschrieben.

In der Anmerkung zu Nr. 120 wurde die Folgerung gezogen, daß sich Leibniz schon im 17. Jahrhundert mit der Verbesserung des Fuhrwerks beschäftigt habe. Dies wurde durch die Nr. 122 bestätigt, die aus dem Jahre 1686 datiert ist, doch hat er sich bereits in den 70er Jahren des 17. Jahrhunderts um die Lösung der betreffenden Aufgaben bemüht, wie aus folgendem hervorgeht. 1678 war er im Auftrage des Herzogs Johann Friedrich nach Hamburg geschickt, um dort die von dem verstorbenen Arzte Martin Fogel hinterlassene Bibliothek anzukaufen.[1]) Er lernte dort den bekannten Johann Joachim Becher kennen, und „ließ[2]) in einer Unterhaltung mit ihm über Maschinenwesen unter anderem von einer Verbesserung an den Reisewagen, welche ihn im Entwurf beschäftigt hatte, etwas fallen. Als Becher einige Zeit nachher bei dem damals regierenden Herzog von Hannover auf dessen Liebe zur Chemie und Alchymie spekulierte, trat Leibnitz, von früher Jugend mit diesen Umtrieben nur zu sehr vertraut, Bechern zur rechten Zeit in den Weg. Dieser trug Leibnitzen es nach, und als er nach wenigen Jahren (1683) seine skurrile Schrift: Närrische Weisheit und weise Narrheit herausgab, worin er unter absichtlichen Uebertreibungen die paradoxen oder so erscheinenden Entwürfe und Erfindungen der ausgezeichnetsten Zeitgenossen bespottete, führte er als eine der weisen Narrheiten: „Leibnitzens Postwagen von Hannover nach Amsterdam in 6 Stunden zu fahren“ an und stellte ihn, der damals in den Kreisen des eigentlich gelehrten Publikums in Deutschland noch nicht recht bekannt, wenigstens nicht so, wie er es verdiente, war, als einen literarischen Abenteurer vor. Leibnitz that nichts, jene boshaften Anmuthungen zu widerlegen; doch in einem Briefe an den später regierenden Herzog Ernst August[3]), welchem Bechers Buch zugekommen war und seine Neugierde erregt hatte, erzählte er den wahren Hergang der Sache.“

Den Brief gibt Guhrauer[4]) in Übersetzung wieder. Die betreffende Stelle lautet: „Er (Becher) ist gegen mich aufgebracht gewesen, weil ich eine gewisse alchymistische Gaunerei, die er vorhatte, gehindert habe. Und indem er ein Mittel suchte, sich zu rächen, griff er zu einer Unterhaltung, welche wir vor einigen Jahren in Hamburg hatten, wo wir von Maschinen sprachen und ich ihm unter andern Dingen sagte, ich glaubte, daß man etwas an den Wagen verbessern könnte. Ich spreche nie aus freien Stücken

---

1) Guhrauer, Gottfried Wilhelm Freiherr von Leibnitz. Breslau 1846. Bd. I. S. 199. 2) Ebenda S. 200.

3) Johann Friedrich starb 1679. 4) A. a. O. S. 201.

von dieser Art von Materien, außer zu Personen, welche sich damit befassen. . . . Ich glaube jetzt, daß Becher . . . das für einen großen Entwurf nahm, was ich nur im Vorbeigehen gesagt hatte. . . . Was er von den sechs Stunden Weges sagt, in welchen dieser Wagen von Hannover nach Amsterdam gehen sollte, gehört zu seiner Erfindung . . ." Auf ähnliche Ursachen mag sich die Behauptung zurückführen lassen, Leibniz habe an einer Verbesserung der Schiebkarren gearbeitet. Daß man übrigens in damaliger Zeit dem Reisewagen, in dem man ja einen Teil des Lebens zu verbringen hatte, ein ganz anderes Interesse entgegenbrachte, wie in gegenwärtiger, folgt auch aus dem Briefwechsel von Huygens, der mehrfach Skizzen von Kutschwagen enthält. Mehrere Skizzen von solchen finden sich auch in Leibnizens nachgelassenen Papieren, sind aber wohl nicht seine Entwürfe.

Säge.

127. [1 Blatt 2°.]

Die hin und hehr gehende Säge *acdb* stehend in 1*a* trifft an daselbst den hin und hehr schieblichen und umb ein centrum herumbgehenden arm *ml*, stehend in 1*m* 1*l* und indem 1*a* gehet nach 2*a*, wird 1*m* 1*l* geführet nach 2*m* 2*l*; indem nun *a* geht ein wenig weiter von 2*a* bis 3*a*, so schnappet eine feder fort, also dass *m* gehet von 2*m* bis 3m. Darbey wird vom widerstand zwischen 2*m* und 3*m*, das *m* hinein und das *l* hinaus getrieben, *l* zuvor drinn seyn müssen von 1*l* bis 2*l*, damit 1*m* 2*m* von 1*a* 2*a* getrieben wurde und hingegen 2*l* von 2*b* ein freyes ineinandergehen nicht . . .[1]), so wurde . . .[2]) *l* heraushanget und in 3*l* stehet. geht *abdc* wieder zurück und *b* kommend von 3*b* nach 4*b*, trifft zwar *l* an in 3*l*, kann es aber nicht weiter treiben, sondern etwas kippen machen, davon sichs doch wieder stellt und

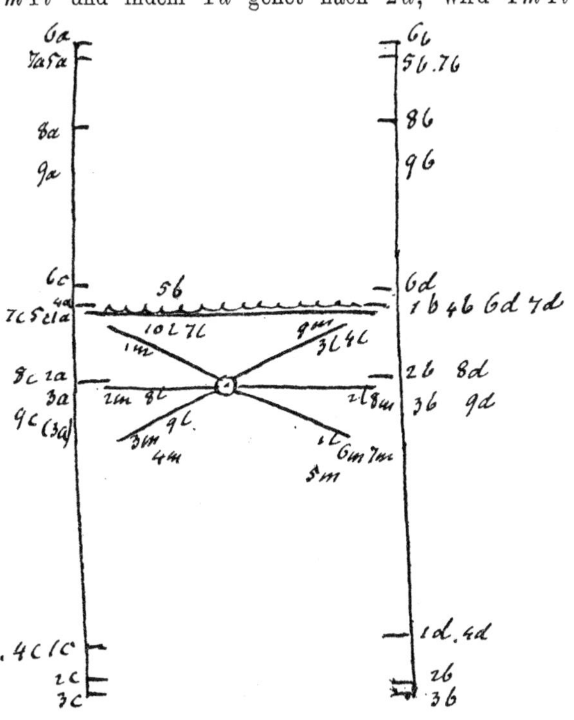

Fig. 192.

1) Unleserlich, wohl: erlaubet. 2) Unleserlich, vielleicht: gemachet, dass.

16*

bleibt in $3l$ oder $4l$. Von dannen gehet $4a\,4b\,4c\,4d$ nun weiter weg nach $5a\,5b\,5d\,5c$ und zugleich vermittelst eines tannenen Zapfen und schiebers, so nicht vorgestellet, die das Radt umtreiben, geht inzwischen l nach $5l$, indem c stehet bei $5c$, wo zuvor war $1a$, und indem $5c$ vollends gehet nach $6c$, so gehet $5l$ nach $6m$ und rencontriren also einander nicht. Es erscheinet also darauss, dass der Hub dergestalt etwas länger zunehme, weil hernach c von $6c$ bis $7c$ ledig gehet und nur von $7c$ bis $8c$, $9c$ arbeitet, und l von $7l$ nach $8l$, $9l$ treibet. inzwischen geht auch m von $7m$ nach $8m$, $9m$ und thut eben, was l zuerst gethan. Wird auch l zwischen $8m$ und $6m$ hinaus geschoben, indem l zwischen $8l$ und $9l$ hinein muss.

Von $9c$ gehet c nach $1c$, und in wehrender Zeit geht der krumme Zapfen fort und treibet $9m$ herüber nach $1m$. Da dann diese sich also zurichten, dass a, so in wehrender Zeit nacher $1a$ tritt, ein wenig hinter m bleibe, damit sie einander nicht begegnen.

Soll aber die Machina hinter sich gehen, so kan und wird es nicht geschehen in wehrender Zeit des weges von $6c$ bis $9c$ oder von $1a$ bis (3a), sondern zwischen selbigen geschieht es nur nach $4l$, zwischen $4l$ und $5l$, so wird ja l wieder zurück nach $4l$ geführet und alda von dem nach $4b$ oder $1b$ wieder zurückgehenden b eben also angetroffen, wie m in $1m$ von $1a$ und thut also $1b$ auff l, was zuvor $1a$ auff m, weil ja alles gleichsam umgekehrt und à dextro ad sinistrum transferirt worden. Dann ein wiederstand zwischen $1l\,2l$, also zwischen $2m\,3m$. Zwischen $7l$ und $9l$ geschieht auch kein rückgang, wo er aber geschieht zwischen $9l$ und $1l$, da scheint die Machina zu fehlen.

Nägel und Hämmern.

128. [Kleines Blättchen.]

Damit Nägel sich nicht leicht aus Holze ziehen, kan man solche in gestalt einer auswerts gespizten säge formiren, indem man einwerts hinein feilet, wie wohl nicht gar tieff, so gehen sie zwar leicht in das Holz, aber weilen das Holz sich etlicher massen herstellet und zwischen die sägenspizen hineintritt, und also rückwerts widerstehet, kan der Nagel schwehrlich wieder heraus.

Anmerkung. In derselben Weise befestigt man auch jetzt noch die Bolzen der Steinschrauben.

Fig. 193.

129. [Kleines Blättchen.]

Hämmern. Beym Goldschlagen und anderm Hämmern hat man den Vortheil, dass der Hammer selbst wieder zurück in die Höhe prallet, dahehr sich die Bewegung leicht unterhalten lässt, sonsten würde es unvergleichlich schwerer fallen.

Angeln.

130. [Kleines Blättchen.]

Eine Machina zu angeln köndte dergestalt gerichtet werden, dass sobald ein fisch an der Angel gezogen, solche hinauffgehe, mitsamt dem fisch, wenn er anders daran bleiben und eine andere an ihre stelle herunter falle. Also köndte man angeln ohne arbeit, aufsicht und zeitverlust.

Gefäß für flüchtige Flüssigkeiten.

131. [Kleines Blatt.]

Die Röhren *AB*, *CD* so enge als immer thunlich, gehen auff den Boden des Geschirrs, darinn die Spiritus des liquoris, über sich steigend nacher *E*, alda können keinen ausgang finden und also nicht ausdampfen, sondern der liquor conservirt sich. Es müssen aber der Röhren zwey seyn, sonst würde nichts heraus noch hinein wollen. wenn auch die Röhre nicht am ende sondern in der Mitte wäre als [in nebenstehender Figur] würde man oben dann nichts heraus schütten können, denn im umbkehren käme *G* über den liquorem, und müsste also selbiger nur allein sugendo herausgebracht werden.

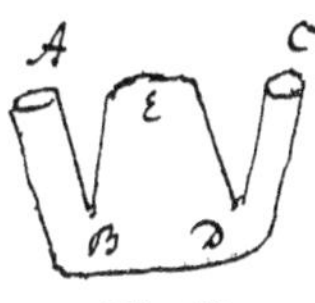

Fig. 194.

Fig. 195.

132. [Kleines Blatt.]

Glass, darauss die spiritus nicht leicht aussdampfen, ob es gleich offen. hier wird das fundament vorgestellet. Die Sache giebt sich nach belieben. $\frac{10}{20}$ Januarii 1688.

Durch *a* giesset man ein und muss nach aussen, da man will, durch *b*. *b* ist ein lufftloch. Kann auch zum Heber und aussgiessen dienen. Die Spiritus, anstatt nacher *a* und *b* zu kommen steigen nach *c*. *a* und *b* können oben so weit sein, als man will.

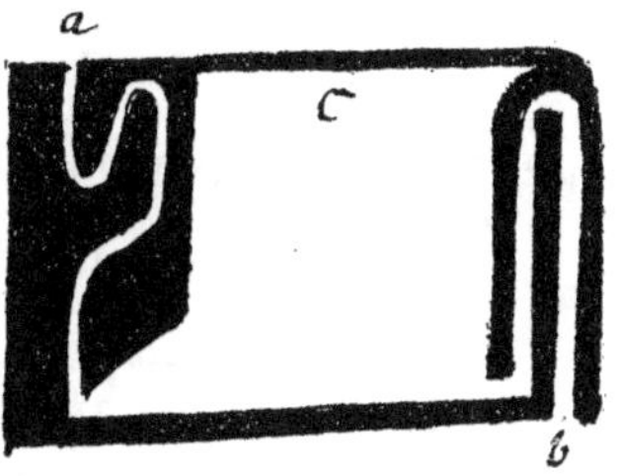

Fig. 196.

Anmerkung. Ein anderes kleines Blatt, das dasselbe Datum des 10./20. Januar 1688 trägt, enthält dieselbe Idee noch einmal, doch sind die dazu gehörigen Zeichnungen weniger zur Ausführung geeignet. Sie stellen also wohl die ersten Versuche der Ausführung jenes Einfalles vor, den Leibniz an dem durch das Datum bezeichneten Tage hatte.

Schornsteine.

133. [4 Zeichnungen von Leibnizens Hand.]

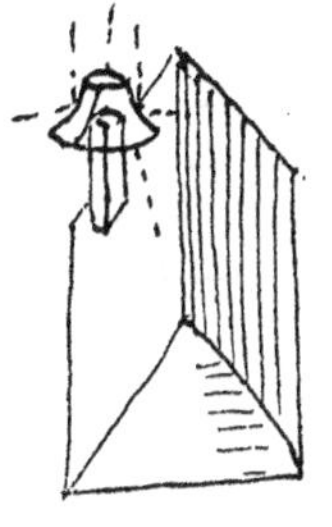
Schornstein, so wohl ziehet

Fig. 197.

Windzug

Fig. 198.

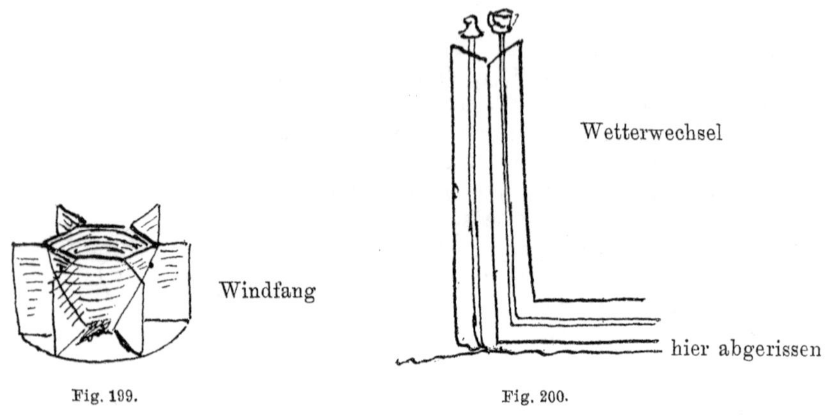

Fig. 199. Fig. 200.

Anhang.

134. [5½ Seiten 2°, zur Hälfte beschrieben. Auf die frei bleibende Hälfte hat Leibniz weitere Zusätze gemacht. Ganz unleserlich geschriebene Worte sind ergänzt und dann durch [?] kenntlich gemacht.]

Drole de Pensee, touchant une nouvelle sorte de REPRESENTATIONS.

Septembre 1675.

plustost Academie des Sciences.

La Representation, qui se fit à Paris Septembre 1675 sur la riviere, de Seine d'une Machine, qui sert à marcher sur l'eau[1]), m'a fait naistre la pensée suivante, la quelle, quelque drole qu'elle paroisse, ne laisseroit pas d'estre consequence, si elle estoit executée.

Supposons, que quelques personnes de consideration, etendues aux belles curiositez, et sur tout aux machines soyent d'accord ensemble, pour en faire faire des representations publiques.

Pour cet effet il faudroit, qu'elles pûssent avoir un fonds, à fin de faire des depenses necessaires; ce qui ne seroit pas difficile, si quelques uns au moins de ces personnes fussent en état d'avancer. Comme par exemple le Marquis de Sourdiac, Mons. Baptiste, Mons. le Brun[2]), ou peut estre quelque grand Seigneur comme Mons. de la Feulliade[3]), Mons. de

1) Wohl in der von Schwenter in Mathematische Erquickstunden 1636 nach Leurechon auf S. 465 abgebildeten Weise.

2) Vielleicht der bekannte erste Maler Ludwigs XIV., welcher die Deckendekorationen im Schloß zu Versailles hergestellt hat. Er lebte von 1629 bis 1690.

3) François d'Aubasson, Duc de Feuillade. War 1675 Marschall von Frankreich geworden. Geboren um 1625, gestorben 1691.

Roannez;[1]) ou même si vous voulez Mons. de Meclenbourg, Mons. de Mazarini[2]) et quelques autres. il voudroit pour tant mieux qu'on pût se passer des grand Seigneurs, et mêmes des gens puissans en cours et il seroit bon d'avoir des particulieres capables de soûtenir les frais necessaires. Car un seigneur puissant, si s'en rendrait maistre tout seul de l'affaire, lorsqu'il en verroit le succés. Les choses allans bien on pourroit tousjours avoir des protecteurs en Cour.

Outre les personnes capables de faire les frais, il en faudroit aussi, qui pussent de donner tousjours des nouvelles inventions. Mais comme le grand nombre fait naistre des desordres; je croy que le meilleur seroit, qu'il n'y en eût que deux ou trois associez, maistres du privilege, et que les autres fussent à leurs gages ou recens avec condition au à l'egard de certaines representations ou jusqu'. à un certain temps ou aussi long temps, qu'il plairoit aux principaux, ou jusqu' à ce qu'on leur auroit rendu certaine somme d'argent, qu'ils pourroient avoir fourni.

Les personnes qu'on auroit à gage seroient des peintres, des sculpteurs, des charpentiers, des horlogers et autres gens semblables. On peut adjouter de mathematiciens, ingenieurs, architectes, bateleurs, charlatans, Musiciens, poëtes, libraires, typographes, graveurs et autres, le tout peu à peu et avec le temps.

Les representations seroient par exemple des Lanternes Magiques (on pourroit commencer par là), des vols, des meteores contrefaites, toutes sortes de merveillage optiques; une representation du ciel et des astres; cometes; Globe comme de Gottorp au Jena; feux d'artifices, jets d'eau, vaisseaux d'estrange forme; Mandragores et autres plantes rares. Animaux extraordinaires et rares. Cercle Royal. Figures d'animaux. Machine Royale de cours de chevaux artificiels. Prix pour tirer. Representations des actions de guerre. Fortifications faites, elevées, de bois, sur le theatre, charité, cruauté etc. le tout à l'imitation du faiseur de l'art, que j'ai veus, un maistre de fortification expliqueroit l'usage de toute guerre contrefaite. Exercice d'infanterie de Martinet. Exercice de cavallerie. Brume [?] navale en petit sur un canal. Concerts extraordinaires. Instrumens rares de Musique. Trompetes parlantes. Chasse-Lustres et pierreries contrefaites. La Representation pourroit tousjours estre mellée de quelque histoire ou comedie. Theatre de la nature et de l'art. Luter. Nager. Danseur de cordes extraordinaires. Saut perilleux. Faire voir qu'un enfant leve un grand poids avec un fil. Theatre anatomique. Jardin de simples, Laboratoire suivront. Car outre les representations publiques, il y aura des particulieres comme des petites machines de Nombres, en autres Tableaux, medailles, bibliotheque. Nouvelles experiences à l'eau, air, vuide, pour les representations grandes serviroit aussi la machine de Mons. Guericke: de 24 chevaux etc., pour les petites fort globe. Quantité des choses de chez

1) Artus Gouffier, Herzog von Roanez. Starb 1696.

2) Arnoud Charles, Marquis de la Porte, Marquis de la Milleraye. Wurde durch seine Heirat mit Hortense Mancini, der Nichte des Kardinals Mazarin, auch Herzog von Mazarin. Um 1675 war er Gouverneur des Elsasses.

Mons. Dalencé;[1]) item pour l'aimant. Mons. Denis[2]), ou Mons. — les expliqueroient.[3]) On y distribueroit meme certaines raretez, comme ceux pixtriques etc. On y feroit l'operation de transfusion et infusion.[4]) item pour congé on donneroit aux spectateurs le temps, qu'il fera le lendemain, s'il pleuvra ou non; par le moyen d'un petit homme Cabinet du pere Kircher.[5]) On fera venir d'Angleterre l'homme, qui mange du feu etc. s'il est encore en vie. On feroit voir au soir la lune par un Telescope aussi bien que d'autres astres. On feroit chercher un beuueur d'eau.[6]) On feroit l'epreuve des machines, qui jetteroient juste sur un point donné. Des representations des muscles, nerfs, os, item machine representant le corps humain. Insectes de Mons. Schwammerdam[7]), Goedartis . . .[8]) Myrmeleon. Boutique de Mepitus Galinée et des Billets. Arts de Mons. Thevenot.[9]) Disputes plaisantes et colloques. Faire voire chambres obscures. Peintures, qui ne

---

1) Joachim d'Alencé (Dalencé) war zu Paris geboren und beschäftigte sich nach Hautefeuille als Sekretär des Königs mit Physik und Astronomie. Er starb 1707. Er gehörte zu den Gelehrten der damaligen Zeit, die mit anderen eifrig korrespondierten und so die Zeitschriften von heute ersetzten. 1687 gab er eine Schrift: Traité de l'aimant heraus, 1688 eine zweite Traittez des baromètres, thermomètres et notiomètres.

2) Denis Papin, der seit etwa 1671 Amanuensis bei Huygens war, wo ihn Leibniz, der sich von 1672—1676 mit Unterbrechungen in Paris aufhielt, kennen lernte. Papin führte damals für Huygens Versuche mit der Luftpumpe aus, die er 1674 unter dem Titel: Experiences du vuide veröffentlichte.

3) Hier hat Leibniz an den Rand geschrieben: on plus tost differentes chambres comme boutiques du palais dans une meme maison, dont les particuliers ayant des chambres louees feroient voir le raretez. Nouvelle rue la Ravignoy.

4) Zusatz von Leibniz an dieser Stelle: en pourroit estre plusieurs maisons en differens endroits de la Ville, et qui representeroient de diverses choses. Le privilige pourroit obliger tous ceux, qui voudroient representer de le faire dans l'Academie des representations. On pourroit à la fin recevoir et mettre en usage le privilege du bureau d'Adresse general, chose de grande importance, si elle avoit esté poussée comme il faut. Souvent on ne feroit point de frais en donnant seulement d'autres la liberté de representer dans la maison de l'Academie, pour un certain argent. Et ainsi on en auroit du profit, ce seroit du tousjours à l'academie: et on ne feroit point de depense.

peut estre en se chargant de l'execution de la fondation du college de 4 nations l'y pourroit joindre: on y tireroit au blanc. on y fonderoit des loteries et unre espece de (unleserlich, vielleicht givoco) on y vendroit quantité de petites curiositez.

5) Ein Wetterhäuschen, wie sie auch jetzt noch beliebt sind.

6) Auf einem Blatt in Quarto bemerkt Leibniz hierüber: „En quoy pourroit consister l'artifice du Beuueur d'Eau. Puisqu'il est asseuré que les liqueurs qu'il rendont non seulement la couleur mais encor l'odeur et le goust naturel, il n'est croyable qu'il change l'eau en telles liqueurs. il faut donc qu'il les ait avallées auparavant. la difficulté est comment il les a pû empecher de se confondre dans son estomac." Leibniz glaubt, daß er die Flüssigkeiten in dünnhäutigen Schläuchen bei sich habe, welche bis zum Magen reichten, deren obere Enden aber im Munde sich befänden, und die er mittelst eines Ventils durch die Zunge öffnen könnte.

7) Swammerdam, der berühmte Verfasser der Biblia naturae. Lebte in Amsterdam von 1637—1680.

8) Abgerissen, vielleicht Leeuwenhoek, der durch seine mikroskopischen Untersuchungen berühmt war. Lebte in Delft von 1632 bis 1723.

9) Thevenot (1620—1692), der Erfinder der Röhrenlibelle, Verfasser der Relations de divers voyages curieux.

se voyent, que d'un . . .[1]) de certaine maniere et d'un autre, de tout autre . . .[2]) d'un certain Mons. à l'isle, v. d. — fermes comme à Versailles qui bordent un Canal. Rejouissances publiques . . .[3]) peintures sur de papier huylé et des lampes ardents. On pourroit avoir des figures, qui marcheroient, illuminées peu dedans pour voir ce que seroit sur le papier. Pour le lampes magiques, on auroit non seulement des simples choses peintés sur du transparent, mais démembrables pour representer des mouvemens bien extraordinaires et grotesques, que les hommes scauroient faire.[4]) Ballets des chevaux. Courses de bague et de la teste de Turc. Machine des arts, telle que j'ay veu en Allemagne. Force du miroir ardent du feu Gilgeois de Callinius. Jeu d'Echec, . . .[5]) d'hommes sur un theatre. Comme dans Haychaffle. Aufzüge à la mode d'Allemagne. On y pourroit apprendre et representer d'autres especes de jeux en grand. Jouer une comedie entiere des jeux plaisans de toutes sortes de pays. Les gens les imiteroit [oient] chez eux. on auroit dans la maison jeu de paume et autres, et pour ce on inventeroit peut estre une nouvelle espece de jeux utiles. On y pourroit à la fin etablir des Academies d'Exercice et des colleges pour la jeunesse, peut estre la pourroit en joindre au college de 4 notions. Comedies des modes, disputes de chaque pays. Une comedie indienne, une Turque, une persane etc. Comèdies des metiers, une pour chaque metier, qui representeroit leur adresses, droleries [?], plaisanteries, chefs d'oeuvres, loix et modes particuliers ridicules. En autres bouffons Italiens, on chercheroit de bouffons françois qui joueroient quelques fois de bouffoneries. Dragons volans de feu etc. pouvoient estre de papier huylé, illuminé. Moulins a tout vent, l'aisseaux qui iroient contre le vent. le chariot à voiles de Hollande ou plus tost de Chine. Instruments qui joueroient eux memes. Caillous etc. Machine de Hauz d'une cavalerie et infanterie contrefaite, qui se bat.[6]) L'experience de casser un verre en criant. Petter devroit

1) Abgerissen, vielleicht instrument. 2) Abgerissen, vielleicht comme celle.

3) Abgerissen, vielleicht comme.

4) Hier hat Leibniz am Rande zugesetzt: j'aurois presque oublié, qu'on y pourroit establir une Academie des jeux ou plus generalement Academie des plaisirs. Mais le premier nom, me plaist d'avantage, parce qu'il est au goust du monde. On y joueroit aux cartes, aux dez, il y auroit une chambre de Landsquenes, une chambre de trente et quarante. Une chambre du Beclan, une chambre de l'Hombre enz. Une chambre des echecs ou dame. On feroit comme chez Fredoc. on distribueroit des marques à ceux, qui voudroient jouer la dedans; et ainsi ils ne joueroient point d'argent mais des marques, ce qui fait jouer les gens plus aisement. Ceux qui voudroient disner la dedans ne donneroient qu'une marque (louys d'or) par teste et seroient fort bien traitez. Ce seroit en meme temps un honneste cabinet comme chez Blyeme. On feroit voir la dedans des curiositez, on n'y pouvoit entrer sans une marque, on payeroit les marques au bureau. il y aurait une adresse ou subtilité pour rendre les marques en contrefaisables; il faudroit que leur nombre se rapportasse a quelque autre nombre [ein Wort abgerissen] il y auroit plusieurs maisons ou Academies de cette nature par la ville. ces maisons ou chambres seront batties de maniere que la maistre de la maison pourroit entendre et voir, tout ce qui se dit et fait sans qu'on l'appercoiasse par le moyen de miroirs et tuyaux, ce que seroit une chose tres importante pour l'estat et une espece de confessional politique [der Rest abgerissen].

5) Abgerissen, hieß wohl presentation.

6) Zusatz von Leibniz: Palais enchanté, isle enchantée. Theatre [abgerissen, vielleicht enchanté] de papier huylé en dedans dans un sombre lieu.

venir. Inventions de Monsieur Weigel.[1]) Faire voire l'egalité des battemens des pendules. Globe de Mons. Guericke.[2]) Tours de chasse passe. Tours de Carte. On pourroit faire entrer ces choses dans les comedies v. gr. jouer un bateleur. A la fin l'opera pourra estre jointe à tout cela; et bien d'autres choses. postures dans les comedies à la mode d'Italie et d'Allemagne seroit . . .[3]) Tirer le rideau ce ne seroit pas mauvais sçavoir pendant l'intervalle. On pourroit faire voire quelque chose dans l'obscurité. Et les lanternes magiques pourroient estre propres à cela. On pourroit faire representer ces actions de ces marionettes transparentes representées par quelques paroles ou chants. On pourroit faire une representation des antiquitez de Rome et autres. des hommes illustres. Enfin de toutes sortes de choses.

---

1) Erhard Weigel (1625—1699) seit 1653 Professor in Jena, Verfasser einer Reihe von Werken, deren Titel die Neugier erregten, wie Himmelspiegel (1661), Zeitspiegel (1664), Erdspiegel (1665), Vorstellung der Kunst und des Handwerks (1672), Neu erfundener Reiserat (1672), Pendulum ex tetracty deductum (1674), Wirkliche Probe der Feldkutsche (1674) usw.

2) Hier hat Leibniz zugesetzt: il faudroit empecher qu'a l'Academie on ne jurât point; n'y blasphemât point dieu. car c'est le pretexte pourquoy on a soupçoné les Academies. On trouveroit le pretexte, en faisant venir la mode d'estre beau joueur, si est adoré joueur sans emportement. Et que ceux qui s'emporteroient, donneroient quelque chose non pas aux cartes ou à la maison, car cecy paroistroit interessé moins au jeu. car pour la ce seroit l'interest de ceux, qui jouent, de faire observer la loy. Mais si on remarquoit une trouppe de joueurs tout emportez, ce qui est rare, qui se dispenseroit mutuellement de cette loy, on leur refuseroit la porte à l'ouvrir [?] et pres les avoir exdus [?] simplement. Il faudroit se servir non pas du pretexte de repousser [?] le vulgaire, le meprise, mais de la mode, et de l'art de qualité. Si NB on ne refuseroit à nulle trouppe, qui voudroit jouer dans la chambre publique; car ce seroit remarqué si une certaine trouppe de joueurs cherchoit une chambre, lorsque [?] cela leur seroit accordé; mais s'il s'y jugoient et se dispenseroient de la loy, on leur refuseroit une chambre particuliere qui [se] fera s'il faudroit permettre les tricheries au jeu. On pourroit distinguer selon que les personnes voudroient. En toute la tricherie estaut permise par leur accord d'une commune voix, on mettroit une peine sur celui, qui tricheroit et seroit decouvert, pour donner faut aux cartes. S'il n'y auroit de peine marquée, elle seroit censée permise. Mais si des joueurs le voudroient bannis absolument, ces seroient sans peine d'estre banni de compagnie ou d'une grande somme d'argent. Par ce moyen les tricheries seroient le plus souvent permises. ce qui feroit chercher le monde à mille adresses. Neantmoins je croy que cette tricherie d'apporter une carte estrangere devroit estre defendue absolument, de meme, que de se servir de dez estrangers. il faut mieux banni les tricheries, moins que les joueurs ne le veuillent permettre eux mêmes ou mettants seulement d'une somme d'argent. Le maistre du jeu pouvoit avoir a luy des joueurs apportes pour estre du parti. Mais cela pouvoit aussi miner la reputation [on pourroit aussi etablir une] espece de loterie avec un gain prisonable (qui se peut calculer) pour la maistre de loterie etc.

Cette maison deviendroit avec le temps un palais, et elle contiendroit meme ou dans son enclosé ou en bas des boutiques de toutes sortes des choses imaginables.

Le jeu seroit le plus beau pretexte du monde de commencer une chose aussi able au public que cellecy. Car il faudroit faire donner le monde dans le panneau, profiter de son faible et le tromper pour le guerir a t'il rien de si juste que de faire servir l'extravagance à l'establissement de la sagesse. C'est veritablement utile de faire à une personne un auxiliaire [?] on pouvoit avoir des chambres des masques. [Das übrige abgerissen.]

3) Wohl d'interest.

L'usage de cette entreprise seroit plus grand, qu'on ne se pourroit imaginer, tant en public, qu'en particulier. En public il ouvriroit les yeux aux gens, animeroit aux inventions, donneroit des belles vües, instruiroit le monde d'une infinité de nouveautez utiles ou ingenieuses. Tous ceux qui ouvrent une nouvelle invention, ou dessein ingenieux pourroient y venir, ils y trouveurent de quoy gagner leur [oeuvre pour] faire connoistre leur inventions en tirer du profit; ce seroit un bureau general d'adresse pour tous les inventions. On y auroit bientost un theatre de toutes les choses imaginables. Menagerie. Machines simples. Observatoire, theatre anatomique. Cabinets de raretez. Tous les curieux s'y adresseroient. Ce seroit le moyen de debiter les choses. On y joindroit des Academies, colleges, jeux de paume et autres, concerts, galeriees de tableaux. Conversations et conferences. Le profit en particulier seroit grand apparemment. Les curiositez optiques ne couteroient gueres et feroient une grande partie de ces inventions. Tous les honnestes gens voudroient avoir vu ces curiositez la, pour en pouvoir parler. Les dames de qualité mêmes voudroient y estre menées, et cela plus d'une fois. On seroit tousjours encouragé à pousser les choses plus loin, et il seroit bon, que ceux qui l'entreprissent, s'asseurassent du secret dans les autres grandes villes ou cours principales[1]), coṁe Rome, Venise, Vienne, Amsterdam, Hambourg; par des gens de leur dependance, ayant privileges des Roys et republiques. Cela serviroit meme a établir partout une assemblée d'Academie des sciences, qui s'entretiendroit d'elle meme, et qui ne laisseroit pas de produire des belles choses. Peut estre que des Princes curieux et des personnes illustres y contribueroient du leur pour la satisfaction publique et pour l'accroisement des sciences. Enfin tout le monde en seroit allarmé et comme eveillé et l'entreprise pourroit avoir des suites aussi belles et aussi importantes que l'on se sçauroit imaginer, qui peut estre seroit un jour admirée de la posterité.

Zum Schluß macht Leibniz noch den folgenden Zusatz: On y joindroit à la fin un bureau d'achat; Registre d'affiches et mille autres choses utiles. joignes les Marionettes du Marmis au les Pygmées. On pouvoit encor y adjouter les ombres, soit un theatre, [soit] au bout du costé des spectateurs. ou il y a lumiere et de petites figures de bois emuées qui jeteront leur ombre contre un papier transparent, derriere qu'il y aura de la lumiere aussi; cela fera [jeter] les ombres sur le papier d'une maniere fort eclatant et en grand. Mais a fin que les personnes des ombres ne paroissent pas toutes sur un même plan, la perspective pourra remedier par la grandeur diminuante des ombres. Elles viendront du bord vers le mileu et cela paroistra homme si elle renvient du fond en avant. Elles augmenteront de grandeur par le moyen de leur distance de la Lumiere; ce qui sera fort aisé et simple; il y aura incontinent des metamorphoses merveilleuses, de sauts perilleux, des vols. Circle Magierenne, qui transforme des enfens, qui paroissent. Apres cela tout d'un coup on obscuriroit tout; la même merveille serviroit, ou suppriseroit toute la lumiere, excepté cette

1) Hier hat Leibniz den folgenden Zusatz gemacht: Ayant un fond, il s'y feroient une espece de banques des rentes, a vie et autres; or de mons de pieté; des compagnies pour de nouvelles manufactures.

seule, qui est proche des petites figures de bois remuables. Ce reste de lumiere avec l'aide d'une Lanterne Magique jetteroit contre la muraille des figures admirablement belles et remuables qui garderoient les memes loix de la perspective. cela seroit accompagné d'un chant derriere le theatre. Les petites figures seroient remuées par en bas ou par leur poids, afin que ce qui sert à les remuer, ne paroisse pas. Le chant et la musique accompagneroient tout.

Anmerkung. Der vorstehende Entwurf enthält so viel für die Geschichte der Naturwissenschaften Interessantes, daß es wohl gerechtfertigt war, ihn hier aufzunehmen, obwohl sein Hauptinhalt in das Gebiet der Kulturgeschichte gehört. Nicht wenige von Leibnizens Vorschlägen, die er einen Drole nennt, sind jetzt längst verwirklicht. Man denke an den Kristallpalast in Sydenham und die Welt- und sonstigen Ausstellungen, aber auch an viele unserer zoologischen Gärten, an die Variététheater, bunte Brettel und nicht zuletzt an das Wertheimsche Warenhaus in Berlin. Den mehr der Verbreitung der Wissenschaft gewidmeten Teil des Programmes wiederum hat die Urania in Berlin zu dem ihrigen gemacht. So sind auch hier die Ideen Leibnizens, wenn auch von ihnen ausgehend, doch denen seiner Zeit weit vorausgeeilt. Lange nach seinem Tode, zum Teil erst in unseren Tagen sind sie verwirklicht worden. Höher aber noch ist ihm der sie durchwehende große Zug anzurechnen, welcher den Blick immer auf das allgemeine Wohl gerichtet hält und immer bestrebt ist, die sich sonst zersplitternden Einzelkräfte zu einem Ganzen zusammenzufassen, als dessen Teil sie erst ihre nützliche Wirkung voll entfalten können. Derselbe Grundgedanke ließ den Erfinder der Infinitesimalrechnung auch überall dahin wirken, daß die regierenden Herren seiner Zeit Akademien der Wissenschaften gründeten, ließ ihn zum Stifter der Berliner werden. Wie mannigfaltig er sich aber die Ziele einer solchen Akademie dachte, das beweist ein Auszug[1]) aus einem seiner Briefe an den Prinzen Eugen, den Besieger der Türken. Danach sollte deren Tätigkeit sich erstrecken auf historische Arbeiten und Untersuchungen von Diplomen und Handschriften, eine Bibliothek für die neuesten Erscheinungen in der Literatur, ein Münz- und Antikenkabinett, ein Theater der Natur und Kunst, ein chemisches Laboratorium, ein Observatorium, ein Modellen- und Maschinenmagazin, einen botanischen Garten, ein Mineralien- und Steinkabinett, Schulen für Anatomie und Chirurgie, eine jährliche physiko-medizinische Geschichte der Jahreszeiten und Statistik des Inneren, Reisen zu Untersuchungen im Gebiete der Kunst, Natur und Literatur, Gehalte für das dazu angewandte Personal, Ermunterung derjenigen, welche sich den Untersuchungen und Erfindungen widmeten, Preise und Belohnungen für Entdecker.

1) Guhrauer, Gottfried Wilhelm Freiherr von Leibnitz. Breslau 1846. Bd. II. S. 288.

Alphabetisches Namen- und Sachverzeichnis.

[Die Namen sind gesperrt gedruckt.]

M.

N.

O.

P.

R.

Druck von B. G. Teubner in Dresden.

C. G. J. Jacobi.

ABHANDLUNGEN ZUR GESCHICHTE DER MATHEMATISCHEN WISSENSCHAFTEN MIT EINSCHLUSS IHRER ANWENDUNGEN
BEGRÜNDET VON MORITZ CANTOR. XXII. HEFT

BRIEFWECHSEL ZWISCHEN C. G. J. JACOBI UND M. H. JACOBI

HERAUSGEGEBEN VON

W. AHRENS

IN MAGDEBURG

MIT ZWEI BILDNISSEN

VERLAG VON B. G. TEUBNER IN LEIPZIG
1907

Vorwort.

Der glückliche Umstand, dass von C. G. J. Jacobi, einem der tiefsten Denker der Menschheit und zugleich einem der geistvollsten, vielseitigsten und verehrungswürdigsten Menschen, eine ausgedehnte Korrespondenz vorlag mit einem ihm durch die engsten Bande des Blutes wie des Geistes verknüpften Manne, der selbst eine hervorragende Stellung in der wissenschaftlichen Welt einnahm, schien mir nicht ungenutzt bleiben zu dürfen. Zwar sind viele der wichtigsten Stellen des vorliegenden Briefwechsels, insbesondere solche, welche die wissenschaftliche Entwickelung C. G. J. Jacobis betreffen, in dem bekannten Werk Koenigsbergers[1]) bereits veröffentlicht. Man wird auch nicht einmal behaupten dürfen, dass solche Stellen, die dort naturgemäss zerstreut und chronologisch in die einzelnen Abschnitte des Werkes eingefügt vorkommen, in der hier veröffentlichten Korrespondenz nun wesentlich besser miteinander verknüpft erscheinen. Dazu ist der Briefwechsel der beiden Brüder, wie der Leser sehen wird, doch ein zu sporadischer gewesen und zudem auch nur fragmentarisch erhalten. Auf besonderen wissenschaftlichen Wert wird daher diese Publikation keinen Anspruch machen dürfen; man wird sie jedoch, wie ich hoffe, soweit es sich um C. G. J. Jacobi handelt, als eine nicht wertlose biographische Ergänzung zu dem Koenigsbergerschen Werk und anderenteils als eine Vorarbeit für eine bisher nicht existierende, von anderer Seite jedoch geplante Biographie M. H. Jacobis ansehen. Wenn der Umstand, dass dem Briefwechsel der fachwissenschaftliche Charakter in der Hauptsache abgeht, vielleicht dazu beitragen möchte, den grossen Mathematiker

1) Leo Koenigsberger, „Carl Gustav Jacob Jacobi" (Leipzig 1904). Die dort bereits veröffentlichten Partien sind hier nicht als solche angemerkt; auch auf Differenzen in Wortlaut und Schreibweise zwischen dort und hier ist nicht hingewiesen.

auch dem weiteren Publikum etwas näher zu bringen, so würde ich gerade dies mit Freuden begrüssen, da der in seinen Interessen, seinem Wissen und Treiben so vielseitige und überall bedeutende Mann auch ausserhalb der Fachkreise weit grösseres Interesse verdiente. Dass die Korrespondenz zweier Männer, die beide grosse Stellungen in der Wissenschaft und angesehene Positionen in zweien der grössten Akademien innehatten, wohl als ein nicht unwichtiger Beitrag zur Gelehrtengeschichte angesehen werden darf, kam für den Entschluss, den Briefwechsel zu veröffentlichen, weiter in Betracht. Allerdings hatte ich, da grössere Partien des Briefwechsels zu den mathematisch-physikalischen Wissenschaften in gar keinem, nicht einmal einem äusserlichen, etwa durch blosse Personenfragen geflochtenen Zusammenhange stehen, nicht unerhebliche Bedenken, ob die Veröffentlichung dem Vorschlage der Verlagshandlung gemäss überhaupt in der Sammlung von „Abhandlungen zur Geschichte der mathematischen Wissenschaften mit Einschluss ihrer Anwendungen" erfolgen dürfe; es erscheint daher denn auch der grösste Teil der Auflage unabhängig hiervon. Das nahe verwandtschaftliche Verhältnis der beiden Briefschreiber, die ungezwungene Art, mit welcher sich beide infolgedessen aussprechen, erhöht naturgemäss den psychologischen Wert der Briefe; sie spiegeln denn auch in der Tat beider Charaktere, die in mancher Beziehung recht verschieden waren, vorzüglich wider und erhöhen durch den so entstehenden Kontrast den Reiz der Lektüre.

An dieser Stelle mag es gestattet sein, ein Wort über das Verhältnis der beiden Brüder zu einander einzuflechten. Dass beide — vorübergehende Verstimmungen abgerechnet — einander mit herzlicher Liebe zugetan waren, dürften die Briefe zur Genüge zeigen, wenn auch M. H. Jacobi als der temperamentvollere seinen Gefühlen einen lebhafteren Ausdruck gibt, so dass die gelassenere Art des Bruders seinen Ansprüchen nicht immer ganz zu genügen vermag. Bisweilen ist wohl gar behauptet worden, C. G. J. Jacobi habe bei der, durch die Erfindung der Galvanoplastik (1838) und ihre technische Verwertung beständig wachsenden Berühmtheit des Bruders etwas wie Eifersucht empfunden. Demgegenüber darf jedoch zunächst daran erinnert werden, dass wissenschaftliche Entdeckungen von höchstem Wert den jüngeren Bruder bereits mit unverwelklichem Lorbeer, mit unsterblichem Ruhme gekrönt hatten, als noch nichts die glanzvolle Zukunft Moritz Jacobis ankündigte. Auch äussere wissenschaftliche Ehren hatte C. G. J. Jacobi bereits in reichstem Masse eingeerntet und gehörte z. B. auch der Akademie, in welcher der ältere Bruder später eine so bedeutende Stellung einnehmen sollte, schon seit Jahren (seit 1830; seit 1833 sogar als Ehrenmitglied) an, so dass der homo novus M. H. Jacobi in den Schriften eben dieser Akademie als „frère du célèbre géomètre“ eingeführt wird.[1]) Doch der vorliegende Briefwechsel zeigt am besten, dass C. G. J. Jacobi einerseits für die ungeheure Energie, den ausserordentlichen Ehrgeiz und die grossen Talente des Bruders die richtige Wertschätzung besass, andererseits ihn auf jede nur mögliche Weise zu eifrigem Vorwärtsstreben anzuspornen suchte, aber auch an seinen Erfolgen den freudigsten Anteil nahm. Die Stellung, welche der grosse Mathematiker im Kreise seiner Geschwister einnahm, schilderte die Mutter in den früheren Zeiten einmal, nachdem sie in Potsdam drei Monate hindurch die Gesellschaft des Sohnes genossen hatte, in einem an M. H. Jacobi gerichteten Briefe (8. August 1839) folgendermassen: „Diese 3 Monath möchte ich mit keinem Schatze in der Welt hingeben; denn mich dünkt ich habe ihn erst recht kennen lernen, wie moralisch gut er ist, die Liebe und Eintracht die ihn beseelt und wie väterlich er gegen seine Geschwister gesinnt ist, dieses macht mich sehr glücklich, wenn er von dir spricht so ist es nicht wie von einem Bruder, sondern wie ein Vater der stolz auf seinen Sohn ist.“ In der Tat ist denn auch M. H. Jacobi in seinem Entwickelungsgange direkt wie indirekt durch den Bruder gefördert worden, worauf etwas näher einzugehen hier gestattet sein möge: Dass zunächst das glänzende und ruhmvolle Beispiel, das der jüngere Bruder schon in so ungewöhnlich jungen Jahren gab, in dem älteren die Glut verzehrenden Ehrgeizes[2]) entfachte, der ihn zur Anspannung aller seiner Kräfte trieb und nicht eher in seinen Bemühungen ruhen liess, als bis auch er die Welt durch positive Resultate von seinen grossen Fähigkeiten überzeugt haben würde, sei nur beiläufig bemerkt. Die hohe Stellung, welche der jüngere Bruder sich bereits in der wissenschaftlichen Welt erworben, verschaffte dem älteren einen leichten Eintritt in die gelehrten Kreise, deren Interesse für seine Bestrebungen zu gewinnen ihm unter anderen Umständen gewiss schwerer ge-

1) Recueil des Actes de la Séance publique de l'Académie Impériale des Sciences de St.-Pétersbourg, tenue le 29 décembre 1837, Compte rendu pour l'année 1837, p. 19.

2) Vgl. die S. 8, Anm. 5 abgedruckte Tagebuchstelle; ferner S. 5/6 nebst Anm. 6 (S. 6).

worden wäre. So brachten Männer wie Bessel und Humboldt den in Königsberg (1834—1835) angestellten elektromagnetischen Versuchen von vornherein grosses Interesse entgegen (s. S. 23, Anm. 1), ein Interesse, das diese gewiss an sich verdienten und das nicht nur zu erhalten, sondern noch zu steigern Moritz J. verstanden haben wird[1]). So erwirkte Humboldt, der „ununterbrochen, seitdem er den grossen Namen zuerst von Legendre hatte aussprechen hören, die wärmste Zuneigung für die ganze Familie stets bewährte“[2]), diesen Untersuchungen die finanzielle Unterstützung seines Königs.[3]) So brachten auch andere Freunde und Amtsgenossen des berühmten Mathematikers dem Bruder von vornherein ein ganz anderes Interesse entgegen und erkannten dessen grosse Talente leichter und schneller. Schwerlich würde mit gleichem Eifer Franz Neumann ihm die Ehrenpromotion, Baer den Ruf nach Dorpat erwirkt haben (s. S. 61/62 und S. 24, Anm. 2). Doch auch direkt, möchte ich glauben, ist M. H. Jacobi in jenen Jahren durch den Bruder in seinen Untersuchungen gefördert worden, zwar vielleicht nicht in dem materiellen Teil seiner Arbeiten und ganz gewiss nicht in deren Details, wohl aber vielleicht in methodischer Hinsicht. Weshalb würde denn auch Moritz J., wenn er nicht selbst solche Förderung, sei es direkte, sei es indirekte, erwartet hätte, gegen den ausdrücklichen Wunsch der Mutter aus Potsdam fort und nach Königsberg gegangen sein (s. S. 21, Anm. 8 u. S. 23, Anm. 1)? Man lese die Briefe, in denen der grosse Mathematiker bezüglich der Versuche mit den elektromagnetischen Maschinen durch seinen Widerspruch die Selbstkritik des Bruders, auch nach dessen Fortgang von Königsberg fort und fort zu schärfen sucht (s. S. 54 f., 56, 61, 63). Hochinteressant ist es zu sehen, welches Interesse und welches Verständnis C. G. J. Jacobi hier den praktisch-technischen Aufgaben entgegenbringt und mit wie unerbittlicher Hartnäckigkeit und Schärfe er den Bruder gerade auf die praktisch-utilitarischen Forderungen, diese in richtigem Sinne verstanden, hinweist, er, der

---

1) Es braucht nicht gesagt zu werden, dass diese Untersuchungen auch anderweitige Beachtung fanden (s. z. B. S. 42: Schilling v. Canstadt).

2) S. den S. 65/66 abgedruckten Brief Humboldts an M. H. Jacobi (1840); vgl. a. den Brief Humboldts vom 10. Januar 1835, S. 24 (oben). — In einem noch früheren Briefe Humboldts an M. H. Jacobi (24. Dec. 1834) heisst es: „Ich werde auf die Wichtigkeit dieser sinnreichen Arbeit und das grosse Interesse hinweisen, welches dieselbe im Auslande erregt und das noch durch den Glanz der Ihrem Namen geworden ist, vermehrt wird.“

3) Vgl. S. 24 (oben).

Mann der reinen Theorie, derselbe Mann, der den Mut hatte, in der englischen Industrie-Metropole zu allgemeinem Entsetzen den Satz aufzustellen, „es sei die Ehre der Wissenschaft, keinen Nutzen zu haben“ (s. S. 90; vgl. a. S. 115, Anm. 9), er, der sich schwerlich jemals mit naturwissenschaftlichen oder gar technischen Fragen näher hatte beschäftigen, hierfür insbesondere in seiner Studienzeit neben dem offiziellen Studium der Philologie und Philosophie und dem privaten der Mathematik nichts hatte übrig haben können. Wir verzichten darauf, hervorzuheben, dass die weitere Entwickelung dem grossen Mathematiker Recht gegeben und seine Gesichtspunkte als ausschlaggebend, seine Bedenken als berechtigt erwiesen hat; denn auch ganz abgesehen hiervon und selbst wenn vielleicht einzelne Königsberger Freunde, wofür allerdings keinerlei Indizien vorliegen[1]), auf diese Ideenbildung nicht ganz ohne Einfluss gewesen sein sollten, selbst wenn Jacobi durch die Fachliteratur hierbei angeregt sein mag (s. S. 54), interessant und bedeutsam bliebe diese Erscheinung trotzdem. Jedenfalls darf man behaupten, dass C. G. J. Jacobi an den Arbeiten des Bruders in dieser frühen Periode grossen Anteil nahm, während das Umgekehrte naturgemäss kaum der Fall sein konnte.[2]) Andererseits soll und kann natürlich nicht behauptet werden, dass der ältere Bruder seine Ziele nicht auch ohne den jüngeren erreicht haben würde. Könnte es wohl überhaupt eine müssigere Frage geben als die, wie die Entwickelung eines Menschenlebens sich unter anderen (fingierten) Umständen gestaltet haben würde? — Wenn nun C. G. J. Jacobi wirklich einmal auf des Bruders zeitweilig grössere populäre Berühmtheit eifersüchtig gewesen wäre, so würde sich dies gewiss auch in den Briefen aussprechen. Die harmlos heitere Art dagegen, mit welcher er in den Briefen an seine Frau sowohl, wie den Bruder von den auf Reisen ihm häufig begegnenden Verwechselungen mit dem Bruder, „dem berühmten Jacobi“, erzählt,[3]) spricht gewiss nicht dafür. Allerdings hatte ein Mann, der als zwanzigjähriger Student schrieb: „Jeder der die Idee einer Wissenschaft in sich trägt, kann nicht anders als die Dinge darnach abschätzen, wie sich der menschliche Geist in ihnen offenbart: nach diesem grossen Massstab muss ihm daher manches als geringfügig vorkommen, was den andern ziemlich preiswürdig erscheinen kann“ (C. G. J. Jacobi, Werke, I, p. 24),

1) Die Stellen S. 54 u. 56 sprechen sogar für das Gegenteil.
2) Vgl. dazu S. 34 (unten), sowie a. S. 149.
3) s. S. 110 u. S. 115, Anm. 9—11; vgl. a. S. 68.

für Bewertung wissenschaftlicher Leistungen wahrlich einen wesentlich anderen Massstab als die durch utilitarische Rücksichten hierin bestimmte Menge, wird daher aber auf deren Urteile auch nicht gar viel gegeben haben. Zudem darf nicht übersehen werden, dass unter allen grossen Vertretern der abstrakten Wissenschaften gerade Jacobi, wenn auch in engeren Kreisen, so doch von sehr vielen bedeutenden Männern verschiedenster Berufe, als Forscher und Mensch, als Denker und Redner, als Lehrer und Freund bewundert, verehrt, geliebt, gefeiert worden ist.[1]) Dies würde ihm, sollte er wirklich einmal über den Mangel an populärem Ruhm Verstimmung empfunden haben — der Brief LXVII (S. 210) spricht nicht dafür —, gewiss reichlichen Ersatz geboten haben, und wenn auch z. B. Mary Somerville von seiner Existenz nichts ahnte und nur von Monsieur votre frère zu ihm sprach,[2]) so wiegt doch z. B. die Verehrung eines W. R. Hamilton („Jacobi, the great one of that name")[3]) gewiss eine Somerville auf.

Bei Veranstaltung dieser Herausgabe erfreute ich mich gütiger Unterstützung von verschiedenen Seiten. In erster Linie gebührt mein Dank Fräulein Margarethe Jacobi in Cannstatt, die mir die hier veröffentlichten Briefe zur Durchsicht und sodann zur Herausgabe gütigst überliess, mich auch durch weitere Briefe, unter denen ich insbesondere zwei für die Anmerkungen verwertete Kollektionen von Briefen C. G. J. Jacobis an seine Frau, nämlich von der italienischen Reise[4]) (1843/44) und von der Marienbader Reise (1839), hervorhebe, sowie durch andere auf meine Aufgabe bezügliche Mitteilungen verschiedener Art freundlichst unterstützte. Ein reiches Material an Briefen und sonstigen Dokumenten, unter denen ich namentlich ein, allerdings sehr lückenhaftes Tagebuch M. H. Jacobis, mir in Abschrift vorliegend, sowie seine Dienstliste anführe, stellte mir dessen Enkel, Herr P. N. v. Jacobi in Petersburg, aus seinem Familienarchiv[5]), gütigst zur

1) s. z. B. S. 21, Anm. 7; S. 91; S. 94, Anm. 21; S. 102, Anm. 7; S. 104, Anm. 5; S. 106, Anm. 4 am Ende; S. 144, Anm. 5; S. 156; S. 231f., Anm. 4 u. 5 etc.

2) s. S. 110 u. S. 115, Anm. 11.

3) Graves, „Life of Sir William Rowan Hamilton," vol. III, p. 432, Brief an De Morgan v. 18. Dez. 1852. — Hamilton war mit beiden Brüdern Jacobi auch persönlich bekannt geworden auf den britischen Naturforscherversammlungen der Jahre 1840 und 1842 (Tagebuch M. H. Jacobis, vgl. dazu hier S. 68, Anm. 4, und für C. G. J. Jacobi s. S. 142).

4) S. bezüglich dieser besonders stark benutzten Briefe S. 105, Anm. 1.

5) Bezüglich weiterer Dokumente derselben Provenienz sei auf das Verzeichnis der Abkürzungen, S. XVII (Manuskripte) und auf S. 2, Anm. 3 u. 4 und S. 63, Anm. 7 verwiesen.

Verfügung. Herr v. Jacobi liess es sich keine Mühe verdriessen, mir in einer ausgebreiteten Korrespondenz Mitteilungen verschiedener Art zu machen, die sich nicht nur auf einzelne Stellen des Briefwechsels, sondern insbesondere auf das in Anhang IV beigegebene Verzeichnis der Schriften M. H. Jacobis bezogen. Ein solches Schriftenverzeichnis aufzustellen, war mir zunächst mit Rücksicht auf den Inhalt der Briefe bei meiner Arbeit ein Bedürfnis. Abgedruckt wird es hier, da ich hoffe, dass es sich als eine nicht überflüssige Vorarbeit für die von der Petersburger Akademie „prinzipiell" beschlossene Herausgabe der Schriften M. H. Jacobis erweisen wird, wenn ich mich auch keineswegs der Illusion hingebe, als sei durch dies Verzeichnis schon etwas Abschliessendes geliefert. [1]) Das Verzeichnis der in russischer Sprache oder doch mit russischen Titeln erschienenen, hier aber mit deutschen Titeln aufgeführten Schriften ist ausschliesslich von Herrn v. Jacobi bearbeitet, da ich der russischen Sprache nicht mächtig bin. Aus demselben Grunde war mir die freundliche Unterstützung des Hrn. stud. phil. A. Rasim in Leipzig bei der Lektüre einiger russischer Druckschriften und Manuskripte sehr erwünscht. Mitteilungen resp. Auskünfte über einzelne spezielle Punkte verdanke ich, wie an den betreffenden Stellen angegeben, der Güte der Herren Proff. Amaldi-Modena und P. Dupuy-Paris, sowie der Redaktion der Königsberger Hartungschen Zeitung (Dr. Ludwig Goldstein) und der Verlagshandlung der „Grenzboten" (Fr. Wilh. Grunow-Leipzig).

Die Anhänge enthalten ausser dem schon erwähnten Verzeichnis der Schriften M. H. Jacobis (Anhang IV) zunächst als Anhang I die Widmung an Friedrich Wilhelm IV. aus den Opuscula mathematica C. G. J. Jacobis, deren Abdruck durch die mehrfache Erwähnung in den Briefen, sowie durch das Interesse motiviert sein dürfte, das sie, — „in einem wahren Lapidarstyl gehalten", wie Moritz J. (Brief LII, S. 149) mit Recht sagt, — auch für weitere Kreise besitzen muss, denen sie an der angegebenen Stelle jedoch ebenso fern liegt wie in den Ges. Werken C. G. J. Jacobis. Der Wiederabdruck (Anhang II) eines auch wohl in Fachkreisen durchweg unbekannten Artikels aus den „Grenzboten", der eine, wenn auch gewiss nicht in allen Punkten treffende, so doch nicht uninteressante Schilderung von C. G. J. Jacobi als Lehrer und Politiker gibt, dürfte wohl als zweckmässig anerkannt werden, zumal Jacobi selbst im Briefwechsel auf

1) S. Näheres hierüber, sowie über die an anderen Orten aufgestellten Verzeichnisse in den „Vorbemerkungen" zu Anhang IV, S. 250.

diesen Artikel aufmerksam macht.[1]) Ganz ähnliche Berechtigungsgründe darf auch Anhang III für sich geltend machen.[2]) Anhang V schliesslich bringt einen im Originaltext bisher nicht publizierten Brief M. H. Jacobis, dessen bekannteste wissenschaftliche Leistung betreffend, zur Veröffentlichung.[3])

Dem Briefwechsel beigegeben sind die Porträts der beiden Brüder Jacobi. Das von Moritz J. ist nach einer bereits an anderem Orte[4]) publizierten Photographie hergestellt, die ich Herrn v. Jacobi-Petersburg verdanke. Dagegen ist das hier beigegebene Porträt von C. G. J. Jacobi bisher nicht veröffentlicht. Es liegt ihm eine Photographie zu grunde, die mir Frl. M. Jacobi gütigst zur Verfügung stellte und die angefertigt ist nach einer Zeichnung, welche Frau Marie Jacobi nach dem Tode ihres Gatten an der Hand eines in Dirichlets Besitz befindlichen Stahlstiches, jedoch mit einigen eigenen Korrekturen, verfertigt hat.[5])

Es liegt auf der Hand, dass in dem Briefwechsel zweier Brüder Familienangelegenheiten einen breiten Raum einnehmen, die im allgemeinen des Interesses für weitere Kreise entbehren. Ich habe solche Dinge nicht prinzipiell und vollkommen ausgemerzt, wohl aber sehr stark beschnitten. Auch geschäftliche Mitteilungen, den Stand und die Auflösung des Potsdamer Geschäfts betreffend, das seit des Vaters Tode der jüngste Bruder Eduard fortführte und das den älteren, pekuniär daran beteiligten Brüdern schwere Sorgen und Verluste verursacht hat[6]), nehmen oft ganze Seiten, zumal in den Briefen C. G. J. Jacobis ein, der dem in Russland lebenden Bruder über diese Dinge genau zu berichten pflegte. „Wenn Potsdam einmal im Leben vorüber sein wird, dürfte unsere Correspondenz reichlicher und angenehmer ausfallen“, schreibt Moritz J. einmal[7]) in der Zeit, als zwar das Potsdamer Geschäft schon aufgelöst (1841), die Nachwehen aber noch lange nicht überstanden waren. Als dann in späteren Jahren solche geschäftliche Besprechungen, die hier natürlich grundsätzlich

1) S. 221/2; s. a. S. 192, Anm. 18.

2) s. a. S. 195, Anm. 7, sowie a. S. 192, Anm. 18.

3) s. a. S. XVIII (Zusatz zu S. 65, Anm. 2).

4) In einer Jubiläums-Schrift des russischen Ministeriums des Innern von 1901.

5) Nach Borchardt (s. Koenigsberger, l. c. p. 521) ist keins der von C. G. J. Jacobi existierenden Porträts als getroffen zu bezeichnen.

6) Vgl. S. 212 f, Anm. 2.

7) Die Stelle ist hier nicht mitabgedruckt; s. jedoch a. den letzten Brief der Sammlung (Nr. LXXVI, S. 235/6).

fortgelassen sind, mehr zurücktraten, gelangten, den Zeitverhältnissen entsprechend, an ihre Stelle neben den Familiennachrichten politische Mitteilungen und Erörterungen, die hier im allgemeinen, wenn auch häufig verkürzt, abgedruckt sind. Die Briefe dieser Zeit, der vierziger Jahre, nehmen, was hier allerdings, infolge der relativ viel stärkeren Streichungen aus den früheren Briefen, noch mehr hervortritt, z. T. einen beträchtlichen Umfang an, und man könnte versucht sein, in ihnen eine Abweichung von dem von Georg Steinhausen aufgestellten Satze zu erblicken, wonach in diese Zeit der vierziger Jahre des vorigen Jahrhunderts bereits das Ende der eigentlichen Geschichte des deutschen Briefes zu verlegen ist.[1]) Der Widerspruch ist jedoch mehr ein scheinbarer: der Charakter der neuen, rascher lebenden Zeit drückt auch den Briefen C. G. J. Jacobis ihren Stempel auf. „Dein Dir endlose Briefe schreibender Bruder" lautet zwar die Unterschrift von Brief LXVII, jedoch nehmen darin persönliche Angelegenheiten des Schreibers wie Empfängers den weitaus grössten Raum ein. An einer anderen, hier fortgelassenen Stelle heisst es dagegen: „Es lohnt jetzt gar nicht Briefe zu schreiben. Während man zusiegelt, kann sich alles ändern" oder: „Ich werde Dir wohl nicht mehr über die Zustände schreiben; denn wie der Brief einen Tag liegen bleibt, ist der Brief abgestanden und man kommt sich lächerlich vor ihn abzuschicken". Die Zeitungen empfingen infolge der neuen Verkehrsmittel (Eisenbahnen, Telegraphen) alle Nachrichten viel früher und verbreiteten sie aus demselben Grunde auch rascher, zumal sie jetzt auch häufiger und in viel grösserer Zahl erschienen. Bei M. H. Jacobi, der in einem von der neuen Zeitströmung fast unberührt gebliebenen Milieu lebt, zeigt sich dagegen in langen Erörterungen über allgemeine Fragen der Politik und Soziologie noch „die philosophische Redseligkeit"[2]), die nach Steinhausen dem deutschen Brief der früheren Epoche (des achtzehnten Jahrhunderts und der ersten Dezennien des neunzehnten) eigentümlich war.

Bedauerlicherweise ist der Briefwechsel, wie schon gesagt, nur sehr lückenhaft aufbewahrt. Verhältnismässig am besten erhalten sind die Briefe C. G. J. Jacobis. Es sind ihrer etwa doppelt so viele als von M. H. Jacobi, von dem Briefe insbesondere aus jenen Jahren, in denen er schon in Russland und der Bruder noch in Königsberg

1) Georg Steinhausen, „Geschichte des deutschen Briefes", Teil II (Berlin 1891), p. 408 u. 410.
2) l. c. p. 408.

lebte (1835—1843), fast ganz fehlen. Offenbar diente Königsberg damals vielfach als Durchgangsstation für den Briefverkehr zwischen Petersburg resp. vorher Dorpat einerseits und Potsdam-Berlin, wo die Mutter bis 1841, die Geschwister aber auch später noch lebten, andererseits: C. G. J. Jacobi sandte den Angehörigen nach Potsdam oder Berlin die von Moritz J. erhaltenen Briefe, die dort denn nicht aufbewahrt sind, und ebenso beweist der Inhalt des Petersburger Familienarchivs, dass auch das Umgekehrte häufig stattfand. Möglicherweise hat auch M. H. Jacobi auf die Aufbewahrung der Briefe von vornherein grössere Sorgfalt verwandt als der Bruder; denn es ist wohl nicht lediglich scherzhaft gemeint, wenn er sagt (Brief LXIII, S. 193): „dieser Briefwechsel wird wahrscheinlich das einzige werthvolle sein, was ich meiner Familie zur Herausgabe nach unserm Tode hinterlassen werde" oder an einer hier nicht abgedruckten Stelle aus Brief LXI: „Wenn nach unserem Tode unsere Briefe gedruckt werden". Wie viele Briefe fehlen, lässt sich mit Sicherheit für keinen Zeitabschnitt bestimmen; Hinweise auf nicht mehr vorhandene Briefe findet der Leser an folgenden Stellen des Buches: S. 2, Anm. 2; S. 4, Anm. 1; S. 205, Anm. 2; s. a. S. 138 f., Anm. 2, Briefe von C. G. J. Jacobi betreffend; — und S. 15, Anm. 8; S. 24, Anm. 4 (2 Briefe); S. 47, Anm. 1; S. 57, Anm. 1; S. 62, Anm. 6 (2 Briefe); S. 97/98 (Anm. 2 u. 8); S. 162, Anm. 4; S. 222, Anm. 3, Briefe von M. H. Jacobi betreffend. — Von den vorhandenen Briefen sind aus Mangel an allgemeinerem Interesse eine Reihe hier ganz ausgelassen; sie mögen jedoch wenigstens mit ihren Daten angegeben werden. Es sind 13 Briefe C. G. J. Jacobis: vom 20. Aug. 1831 (an die Eltern); 16. Jan. 1840; 18. Dez. 1842; 16. Jan. 1843; 3. Juni 1845; 10. Juni 1845 (die beiden letzten an Frau Annette Jacobi gerichtet und ebenso wie der jetzt folgende S. 127, Anm. 4 erwähnt); 27. Juni 1845; 14. Nov. 1845; 18. Febr. 1846; 28. März 1848 (vgl. S. 172, Anm. 1); 8. Okt. 1848; 14. April 1849; 19. Mai 1849; — und 5 Briefe M. H. Jacobis: vom 9./21. Mai 1845; 3./15. Dez. 1845; 29. Mai 1847 (a. St.); $\frac{\text{28. Sept.}}{\text{10. Okt.}}$ 1848 (vgl. S. 205, Anm. 5); Mai 1849 (vgl. S. 222, Anm. 2). — Die Originalbriefe sollen übrigens in Zukunft vereint in dem Petersburger Familienarchiv aufbewahrt bleiben.

Es liegt auf der Hand, dass bei den intimen Beziehungen der beiden Briefschreiber die Briefe vieles enthalten, das ohne Erläuterungen nicht verständlich ist. Dazu kommen, das Verständnis erschwerend, die vielen und grossen Lücken im Briefwechsel. Dies vernotwendigte viele Anmerkungen. Briefe müssen natürlich so weit erläutert werden, dass dem Leser nicht, wie bei vielen derartigen Briefausgaben der Fall ist, fortwährend Rätsel aufgegeben werden. Man wird jedoch mit Recht finden, dass zahlreiche Anmerkungen keineswegs unbedingt notwendig waren: Tritt in dem Koenigsbergerschen Werk das biographische Moment mehr zurück, so musste es in diesem Buche, sollte es eine Ergänzung zu jenem bilden, besonders stark hervortreten. Dieser Gesichtspunkt musste vornehmlich für die Anmerkungen in Frage kommen, in denen ich daher ein umfangreiches, oft anekdotenhaftes, bald hier, bald dort am Wege aufgelesenes Material, das Herr Koenigsberger teils verschmäht, teils nicht beachtet haben mag, unterzubringen bemüht war, wobei aber aus dem gleichen Grunde solche Dinge, die bereits bei Koenigsberger sich finden, im allgemeinen ausser Acht gelassen sind. Das für M. H. Jacobi mir zur Verfügung stehende Material dieser Art war leider spärlicher. So grossen Raum auch die Anmerkungen schon beanspruchen, ja so sehr man bereits befürchten muss, dass ihrer dem Leser schon zu viele sein werden, so sind doch noch vielerlei weniger wichtige und mit den Persönlichkeiten der beiden Briefschreiber und ihren Arbeiten nicht in Zusammenhang stehende Erläuterungen fortgelassen, doch kann hier, wie auch bezüglich der Hinweise von Briefstelle zu Stelle, oft das ausführliche Register aushülfsweise eintreten, da in dieses als Zusätze zu den einzelnen Personennamen noch viele biographische Daten eingefügt sind, die in dem Buche selbst entbehrlich oder unangebracht erschienen, die aber zusammen mit den betreffenden Stellen des Buches überall hinreichende Erläuterungen geben dürften. In den Abschnitten, welche politische Tagesereignisse betreffen, sind nur einzelne besondere Stellen von Anmerkungen begleitet. — Hinweise auf andere Stellen dieses Buches sind, wenn auch kaum Zweifel entstehen können, äusserlich überall dadurch gekennzeichnet, dass die betreffende Seitenzahl durch ein „S.“ bezeichnet ist, während bei Verweisen auf andere Werke statt dessen ein „p.“ gesetzt ist.

Die Briefe erscheinen hier in ihrer Originalschreibweise abgesehen von einzelnen noch gleich zu erwähnenden Änderungen, die ich vornehmen zu sollen glaubte, mit denen ich jedoch sehr sparsam gewesen bin. Ganz ungewöhnliche Schreibweise ist bisweilen durch ein zugesetztes „sic!“ hervorgehoben, aber auch, wo dieses fehlt, wolle der geneigte Leser nicht sofort Spuren des Druckfehlerteufels wittern. Auch die Interpunktion ist im allgemeinen beibehalten: wurden die Briefe in dieser Interpunktion sr. Zt. verstanden, so werden sie auch heute in dieser Form verständlich sein; nur an einzelnen Stellen schien mir die Rücksicht auf das Verständnis Änderungen dringender zu gebieten. Offenbare Schreibfehler, wie z. B. doppelt geschriebene Worte, fortgelassene Silben u. ähnliches habe ich ohne weiteres verbessert. Merkwürdig ist, dass in den Originalbriefen Eigennamen vielfach unrichtig geschrieben sind; so findet man in C. G. J. Jacobis Briefen z. B. Schreibweisen wie Humbold, Fourrier, Borchard etc. von den ihm weniger geläufigen Namen ganz abgesehen. Hier habe ich, mit Rücksicht auf das unantastbare Recht der Person auf gleichbleibende und von allen Wandlungen und Launen amtlicher und privater Orthographie unabhängige Schreibweise des Namens, gleichfalls ohne weiteres geändert und die richtige Schreibweise hergestellt, sofern nicht Charakteristisches dadurch zerstört wurde. Dagegen habe ich bei den russischen Eigennamen die Transskription der Briefschreiber resp. der citierten Autoren stets beibehalten, da ja naturgemäss hier Meinungsverschiedenheiten möglich sind. Für meine Anmerkungen wählte ich dagegen diejenige Transskribierung, die mir von sachkundiger Seite als die korrekteste bezeichnet wurde. Allerdings hat dies Verfahren den Übelstand zur Folge, dass die russischen Namen an verschiedenen Stellen nun häufig in verschiedener Schreibweise erscheinen. Während C. G. J. Jacobi für seine Briefe sich stets der gotischen Buchstaben bediente, schrieb M. H. Jacobi nur bis zu seiner Übersiedelung nach Russland (1835) so, von da ab aber stets lateinisch. Zugleich schrieb er von dieser Zeit ab den harten S-Laut stets als ß. Nachdem hierdurch nun doch der Unterschied zwischen ß und ss aufgehoben war, habe ich mich gezwungen gesehen, überall ss zu setzen, — wie dies bei Antiqua-Druck ja bis vor kurzem überhaupt üblich war, — also auch in den Briefen C. G. J. Jacobis, dessen Schreibweise in diesem Punkte ohnehin nicht ganz konsequent war. Auch sonst machte sich in M. H. Jacobis Schreibweise naturgemäss die Übersiedelung nach Russland, u. a. auch durch den von nun an häufigen Gebrauch des Französischen (s. dazu S. 26), bemerkbar, so z. B., indem er sehr oft statt des Umlauts nur den Grundvokal schreibt; hier habe ich gleichfalls ohne weiteres verbessert. Die Pronomina der zweiten Person sind in den Originalbriefen bald mit grossen, bald mit kleinen Anfangsbuchstaben geschrieben; ich habe hier übereinstimmend stets die Majuskel gewählt, wozu ich um so eher gezwungen war, als in sehr vielen Fällen, zumal bei der sehr kleinen Schrift C. G. J. Jacobis, eine Unterscheidung gar nicht möglich gewesen wäre. Die Anreden in den Briefen sind, um den Adressaten und damit den Briefschreiber sofort in einer einfachen und dem Leser bequemen Weise zu kennzeichnen, auf Vorschlag von Frl Jacobi, wenn nötig, so geändert, dass statt eines „Bruder“ der Rufname „Jacques“ [1]) resp. „Moritz“ gesetzt ist. Wo überhaupt die Anrede fehlte, ist sie hinzugesetzt, was durch eckige Klammern angedeutet ist, wie überhaupt eckige Klammern stets, auch bei denjenigen Briefstellen und sonstigen Citaten, die in den Anmerkungen verwertet sind, Zusätze des Herausgebers bezeichnen. Die Adressen der Briefe sind mit Rücksicht auf den Raum fortgelassen, was um so näher lag, als ohnehin sehr viele nicht erhalten sind. Die Überschrift des Briefes gibt neben der laufenden Nummer stets Ort und Datum des Briefes an, letzteres stets nach neuem Stil, was keiner weiteren Motivierung bedarf. Im Gegensatz dazu sind aber bei Stellen aus dem Tagebuch und der Dienstliste M. H. Jacobis die Originaldaten beibehalten, wie überhaupt bei Citaten aus russischen Schriften, z. B. denen der Petersburger Akademie, Daten, wofern nichts Näheres darüber gesagt ist, als nach a. St. angegeben anzusehen sind.

Magdeburg, Oktober 1906. **Der Herausgeber.**

1) Der Rufname „Gustav“ (vgl. die Unterschrift von Brief VII, S. 12) hat sich in der Familie nicht eingebürgert. C. G J Jacobi hiess bei Eltern und Geschwistern stets „Jacques“ und ebenso „Onkel Jacques“ bei der jüngeren Generation. „Möge er“, schreibt z. B. der Bruder Eduard an Moritz, indem er diesem zur Geburt eines Sohnes gratuliert, „so glücklich werden wie sein Vater, so klug wie sein *Onkel Jacques* und so schön und gut wie sein Onkel Eduard“. Jacobi selbst unterschrieb bekanntlich: C. G. J. Jacobi. Trotzdem findet man die Vornamen in der Literatur verschieden angegeben; so lese ich z. B. in ein und demselben Artikel der „Encyklopädie der mathem. Wissenschaften“ einmal „C.“, das andere Mal „C. G.“ und das dritte Mal „C. G. J.“. Das Königsberger Lektionsverzeichnis kannte sogar einen Dekan Carol. Guil. Jac. Jacobi, woraus dann später ein Carol. Guil. Jacobi wurde, und das Mitgliederverzeichnis des Böckhschen philologischen Seminars, dem Jacobi bekanntlich als Student angehörte, nennt ihn „C. Geo. Jacobi, Potsdam“ (S. 1822); s. Max. Hoffmann, „August Böckh“ (Leipzig 1901), p. 471.

Verzeichnis der Abkürzungen in den Citaten.

I. Druckschriften.

Ann. Phys. Chem. = Annalen der Physik und Chemie.

Briefe Gauss-Humboldt = Briefe zwischen A. v. Humboldt und Gauss, herausg. v. K. Bruhns (Leipzig 1877).

Briefe Lobeck u. Lehrs = Ausgewählte Briefe von und an Chr. A. Lobeck und K. Lehrs, herausg. v. A. Ludwich, Th. I, II (Leipzig 1894).

Briefw. Gauss-Bessel = Briefwechsel zwischen Gauss und Bessel, herausg. auf Veranl. der Königl. Preuss. Akad. der Wissensch. (Leipzig 1880).

Briefw. Gauss-Schumacher = Briefwechsel zwischen C. F. Gauss und H. C. Schumacher, herausg. v. C. A. F. Peters, Bd. I, II (1860), III (1861), IV (1862), V (1863), VI (1865). Altona.

Briefw. Olbers-Bessel = Briefwechsel zwischen W. Olbers und F. W. Bessel, herausg. v. A. Erman, Bd. I, II (Leipzig 1852).

Briefw. Schön = Briefwechsel des Ministers und Burggrafen von Marienburg Theodor von Schön mit G. H. Pertz und J. G. Droysen, herausg. v. Franz Rühl (Leipzig 1896).

Bruhns, „Encke" = C. Bruhns, „Johann Franz Encke" (Leipzig 1869).

Bull. phys.-mathém. = Bulletin de la Classe physico-mathématique de l'Académie Impériale des Sciences de St.-Pétersbourg I—XVII, 1843—1859.

Bull. scient. = Bulletin scientifique publié par l'Academie Impériale des Sciences de St.-Pétersbourg, I—X, 1836—1842.

C. R. = Comptes rendus de l'Académie des Sciences de Paris.

Falkson = Ferdinand Falkson, „Die liberale Bewegung in Königsberg (1840—1848)". (Breslau 1888).

Familie Mendelssohn = S. Hensel, „Die Familie Mendelssohn", 3. Aufl., I, II (Berlin 1882).

„Franz Neumann" = „Franz Neumann. Erinnerungsblätter von seiner Tochter Luise Neumann" (Tübingen u. Leipzig 1904).

Friedländer = L. Friedländer, „Aus Koenigsberger Gelehrtenkreisen", Deutsche Rundschau, Bd. 88 (1896), p. 41—62, 224—239.

Harnack = Adolf Harnack, Geschichte der Königlich Preussischen Akademie der Wissenschaften zu Berlin, Ausg. in einem Bande (Berlin 1901).

Iljin = A. A. Iljin, „Boris Semjonowitsch Jacobi. Historischer Umriss der Erfindung der Galvanoplastik" (St.-Petersburg 1889; russisch).

Journ. f. Math. = Journal für die reine und angewandte Mathematik.

Koenigsberger = Leo Koenigsberger, Carl Gustav Jacob Jacobi (Leipzig 1904).

Prutz = Hans Prutz, Die Königliche Albertus-Universität zu Königsberg i. Pr. im neunzehnten Jahrhundert (Königsberg 1894).

Recueil des Actes de la Séance tenue ... = Recueil des Actes de la Séance publique de l'Académie Impériale des Sciences de Saint-Pétersbourg, tenue ....

Rosenkranz, Gedächtnisrede = Karl Rosenkranz, „Rede zur Gedächtnissfeier Bessel's im Auditorium Maximum der Königl. Albertinauniversität am Tage nach seinem Begräbniss den 24. März 1846", Neue Preuss. Provinzial-Blätter, Bd. I (Königsberg 1846), p. 321—334.

Tableau général = Tableau général méthodique et alphabétique des matières contenues dans les publications de l'Académie Impériale des Sciences de St.-Pétersbourg depuis sa fondation. 1re Partie. Publications en langues étrangères. St.-Pétersbourg 1872.

Varnhagen = Tagebücher von K. A. Varnhagen von Ense, Bd. I, II (Leipzig 1861); III, IV, V, VI (Leipzig 1862); VII, VIII (Zürich 1865).

Werke I, II ... VII = C. G. J. Jacobi's gesammelte Werke, herausg. auf Veranlassung der königl. preuss. Akademie der Wissenschaften, Bd. I, herausg. v. Borchardt; Bd. II—VII, herausg. v. Weierstrass.

II. Manuskripte
(aus dem Petersburger Familienarchiv M. H. Jacobis).

Autobiographie = Fragment einer Autobiographie (Curriculum vitae) M. H. Jacobis (deutsch).

Dienstliste = Dienstliste M. H. Jacobis (russisch).

Tagebuch = Tagebücher M. H. Jacobis aus den Jahren 1831/32, 1837 (nur einige Zeilen), 1839—41; zum Teil mit grossen Unterbrechungen (deutsch).

Ergänzungen und Berichtigungen.

S. 5, Anm. 6: Der Name ist an anderen Stellen Huguenet geschrieben.

S. 8, Zeile 9 von Anm. 5: das Wort „doch" ist zu streichen.

S. 17, Zeile 3 von Anm. 4: lies „576" statt „756".

S. 20, Anm. 1: Statt „Ausarbeitung" lies „abschliessende Ausarbeitung". Vgl. zu dieser Anm. a. Koenigsberger, p. 380.

S. 21, Anm. 10: Jacobi hat jedoch auf grund des betr. Steinerschen Werkes dessen Ehrenpromotion bei der Königsberger philosophischen Fakultät beantragt und durchgesetzt.

S. 30, Zeile 7 von oben: Das „ungeheure Manuscript" ist die von Clebsch posthum herausgegebene Abhandlung „Über diejenigen Probleme der Mechanik, in welchen eine Kräftefunction existirt, und über die Theorie der Störungen" (Jacobi, Werke V, p. 217—395). Durch diese Briefstelle findet die von Weierstrass in Jacobis Werken (Bd. V, p. 514) für diese Abhandlung gegebene Zeitbestimmung ihre Bestätigung und die Vermutung über die Entstehungsgeschichte ihre Ergänzung.

S. 33, Anm. 18: statt „Wobagda", wie an verschiedenen Orten angegeben, ist vermutlich „Wologda" zu lesen.

S. 40, Zeile 12 von oben: lies „isoperimetrischen" statt „isoperimentrischen".

S. 42, Zeile 5/6 von oben: Schilling v. Canstadt führte 1835 in der Naturforscherversammlung zu Bonn einen von ihm konstruierten elektromagnetischen Telegraphen vor.

S. 48, Anm. 15: lies „Sobolewskij" statt „Sobolewskoy".

S. 48, Anm. 22: lies „Anm. 5" statt „Anm. 4".

S. 51, Anm. 9: lies „Anm. 5" statt „Anm. 4".

S. 65, Anm. 2: Der hier erwähnte Brief M. H. Jacobis an Fuss ist in Anhang V abgedruckt und zugleich ist dort in Anm. 2 Näheres über den hier nur kurz erwähnten Prioritätsstreit bezüglich Erfindung der Galvanoplastik angegeben.

S. 66, Zeile 7 von oben: lies „bewehrt" (sic!) statt „bewahrt".

S. 83, Anm. 2, Zeile 5: lies „Anm. 10" statt „Anm. 9".

S. 86, Zeile 4—6 von oben: Vgl. a. Recueil des Actes de la Séance tenue le 29. décembre 1843, p. 14/15.

S. 93, Anm. 6: Zu der hier citierten Schrift von R. J. Kosch vgl. jedoch Briefw. Gauss-Bessel, p. 551 (Brief Bessels v. 24. Nov. 1842).

S. 98, Anm. 11: lies „Anm. 8" statt „Anm. 7".

S. 105, Anm. 3: lies „Anm. 7" statt „Anm. 8".

S. 113, Anm. 2: lies „Anm. 10" statt „Anm. 9.

S. 117, Zeile 9—11 v. oben: Vgl. a. bei Koenigsberger, p. 173 einen Brief Bessels an Jacobi.

S. 127, Anm. 4, Z. 4: lies „sind" statt „hind".

S. 131, Anm. 3: lies „Neeff" statt „Neef".

S. 137, Anm. 5: lies „Brief LXVII (S. 209)" statt „Brief —".

S. 145, Anm. 10: Vgl. a. einen Brief Fuss' an C. G. J. Jacobi bei Koenigsberger, p. 446.

S. 179, Zeile 8 v. oben: lies „ein" statt „eine".

S. 195, Anm. 9, Zeile 6: lies „t. 33" statt „t. 23".

S. 234, Zeile 5 von oben lies „Zeitschr. Math. Phys." statt „Zeitschr. Math.-Phys.".

Chronologisches Verzeichnis der abgedruckten Briefe.

I. Göttingen, 1822. II. 27.

G. d. 27. Febr. 21.[1])

Lieber Jacques!

Deinen Brief vom 29ten Decemb.[2]) der sich mit dem Meinigen kreutzte habe ich erhalten, ich war immer in Erwartung eine Antwort auf die vielen Fragen die mein Schreiben enthielt zu erhalten, aber leider ist noch nichts erfolgt. Ich thue daher wieder einmal, u. hoffe dass mein guter Wille nicht wird verkannt werden, den ersten Schritt das Stillschweigen das unter uns herrscht zu brechen. Die Formel für das 17Eck wirst Du erhalten haben, das ist theoretischer Luxus sagt Thibaut. Was Du in diesem Semester getrieben hast, was für Collegia Du hörst das weiss ich noch nicht einmal. Was ich höre weiss ich leider, denn Thibaut wird so verwünscht langweilig[3]) u. macht so vielen Kohl, dass ich lieber mitunter wegbleiben möchte, wenn die Lücken in meinem Hefte[4]) mich nicht zum Gegentheil ermahnten. Da man doch einmal Hefte haben muss, so habe ich mit Gottes Hülfe bis jetzt schon $^1/_2$ Ries Pappier verschmiert. Die Analysis von Thibaut ist wirklich vortrefflich;[5]) ich habe nie gedacht, dass man alle analytischen Sätze u. Beweise durchaus aus den combinatorischen Grundlehren entwickeln könnte, dazu sind einem besonders die Variationen u. Combinationen zu bestimmten Summen sehr behülflich. Bis jetzt hat er die Combinationslehre, die Multiplication, Division u. Wurzelausziehung vorgetragen, auch etwas von der Methode Wurzeln einer Gleichung näherungsweise zu finden, die Kegelschnitte u. die Lösung cubischer Gleichungen mit Hülfe einer Parabel. Die Division in ihrer gänzlichen Allgemeinheit ist sehr nett.[6]) . . . . .

. . . . . Du findest das gewiss nicht in jeder Analysis.

Im Sommer werde ich die Differenz. bei ihm hören.[7]) Darauf freue ich mich sehr. . . . . .

Schreibe mir doch mit wem Du jetzt hauptsächlich kneipst. . . . .

1) Sic! Jedenfalls ein Schreibfehler statt 22, da im Brief von den Collegien, die C. G. J. Jacobi hörte, die Rede ist und dieser erst am 28. April 1821 die Universität bezog (s. Koenigsberger, p. 6). Auch das im Petersburger Familienarchiv aufbewahrte Fragment einer Autobiographie M. H. Jacobis gibt an, dass dieser von Okt. 1821 bis zum Jahre 1823 in Göttingen studierte (vgl. a. unten Anm. 3, 4 u. 7), nachdem er zuvor (seit 1820) in Berlin und zwar „bei dem damaligen ungeregelten und mangelhaften Zustande der Berliner Bauakademie" — an der Universität studiert hatte.

2) Nicht mehr vorhanden.

3) Im „Catalogus praelectionum" für W.-S. 1821/22 sind folgende Vorlesungen Thibauts angekündigt: „Mathesis pura", „Mathesis adplicata", sowie die weiterhin in diesem Brief erwähnte „Analysis, adiuncta Geometria analytica"; von diesen hörte M. H. Jacobi, seinem im Petersburger Familienarchiv aufbewahrten Abgangszeugnis zufolge, die beiden letzteren. Gauss, bei dem Moritz J. überhaupt nicht gehört hat, hielt bekanntlich vorwiegend astron. Vorlesungen und hatte für dieses Semester angekündigt: „Theoriam motus cometarum" und „Astronomiam practicam".

4) Das Petersburger Familienarchiv bewahrt noch drei Hefte M. H. Jacobis über Thibautsche Vorlesungen auf und zwar über „Analysis endlicher Grössen" und „Angewandte Mathematik", beide Anfang Nov. 1821 begonnen, und ferner ein drittes über „Höhere Mechanik" ohne Angabe des Semesters.

5) Auch in der oben (Anm. 1) erwähnten Autobiographie sagt M. H. Jacobi, dass er „durch den glänzenden Vortrag des Mathematiker Thibaut lebhafte Anregungen erhielt".

6) Die hier von Moritz J. in der Schreibweise der kombinatorischen Schule wiedergegebenen Formeln mitabzudrucken hat heute kein Interesse mehr: sie ergeben sich, indem man in dem Quotienten zweier Polynome dasjenige des Nenners als (— 1)te Potenz in den Zähler nimmt und nach dem polynomischen Satze entwickelt (s. etwa v. Ettingshausen, „Die combinatorische Analysis" (Wien 1826), p. 173).

7) Nach dem Abgangszeugnis (s. Anm. 3) auch ausgeführt (Differential- und Integralrechnung S.-S. 1822).

II. Potsdam, 1826. X. 5.

Potsdorf den 5ten 8^{br} 26.

Lieber Jacques!

— — — — — — — — — — — — — — — — — — — —

Wenn sich die transcendentale Universalität meines Geistes manifestirt, im Erkennen und Auffassen der Qualitäten, der Mauersteine, und des Gemäuers überhaupt, so wie auch vielleicht im Behandeln, der Mauergesellen etc. als potenzirte und sich erkannt habende Mauersteine, so machst Du mir oben erwähnte Universalität gewiss u. mit vollem Rechte streitig, indem Du durch u. in Deinem Briefe [1]) darlegst, mit welcher Leichtigkeit Du ein Feld bebauest, das bisher Deiner innersten Natur fremd zu sein schien. Astronomie u. Physik, ad 1 im kleinen Bären, Pendelversuche!! Dreiecksnetze und Karten! [2])

o Tannebaum! Aber so musste es kommen u. das freut mich, weil es mich vielleicht rächt, und Du erkennst, dass eben das nur Werth hat, was sich bethätigen lässt. Wir scheinen einigermassen die Rollen[3]) vertauscht zu haben, wovon weiter unten Proben.

Die wahrhaft begeisterte Schilderung von Bessel hat mich sehr ergötzt, ich glaube in ganz Potsdam giebt es nicht solch einen Mann! Aber was wird Steiner, was Rötscher,[4]) was Hegel sagen, wenn er hört, dass Du dem Werth beilegst, was das Resultat schlechter Wiederholung, beharrlicher Beobachtung ist. Erinnere Dich, wie ich eben solches in einer angefangenen Abhandl. rühmlichst erwähnte u. es auf Deinen Befehl streichen musste. Ob wohl die Qualität des Pöbels sich in Deiner Ansicht geändert hat, oder ist er was er ist u. bleibt u. s. w.? Mit Schrecken lese ich, welche demagogische Umtriebe Bessel im Sinne hat, es ist alles so hübsch in Ordnung mit den Massen, die Schwere u. Gravitation sind abgethan, was will man weiter, findet man dass etwas falsch ist, so muss man es lieber vertuschen um die doch statt findende Confusion nicht zu vergrössern u. den Leuten Mühe zu machen, alle neue Entdeckungen müssen desavouirt werden, das ist das beste.

Was die Fehler bei der Repetition betrifft, so hat wie ich glaube Dirksen in einer Abhandlung dieselben in Anregung gebracht u. gezeigt, dass bei einer gewissen Anzahl Repetitionen, der Fehler wieder grösser wird.[5])

Über die Methode der kleinsten Quadrate, findet sich wohl in Cauchy's und Fouriers Schriften etwas. Ich muss mich einmal darum bekümmern.

Es ist unrecht wenn man in einem Dreiecke mehr misst als nöthig ist, nur nicht zu viel Controllen, denn ohne diese stimmt immer alles recht gut, so ist es auch sehr vortheilhaft bei einer geschlossenen Figur die letzten Stücke gar nicht zu messen weil sie dann gewiss stimmt, auch despicirt Huguenel[6]) die Diagonalen oder Durchschlagslinien im höchsten Grade, u. mit Recht, wenn die Wahrheit abzuläugnen wäre, dass eine Linie eine nahmhafte Breite u. ein Punkt eine bedeutende Dicke hat, aber dieses rettet (sic!).

Wenn ich einmal Geld habe, so lasse ich der Dummheit u. Gewohnheit Altäre und einen Tempel bauen, denn sie verdienen es, weil sie es sind, welche die Welt tragen. Wie mir bekanntlich im Leben, und in der Erscheinungen Flucht, der ruhende Pol u. jeder sichere Halt fehlt, wie jede Consequenz u. jede erscheinende Kraft, mir nur immer mehr und mehr als ein bodenloses Oberflächliches erscheint, das mir den ruhenden Abgrund in grösserer Härte zeigt, wie dieses nun überhaupt einmal so ist mit mir u. nicht füglich geändert werden kann, so schmerzt es mich umso mehr, wenn ich sehe, wie das, was ich bisher für das stabilste u. sicherste gehalten, die Wissenschaft nämlich, sich unter meinen Händen in ein Chaos von unnennbarer Verwirrung verwandelt, in ein Gewirre, das ist, sich immer mehr in einander zu flechten, das wüste sich immer hin u. herbewegt, sich nirgends ergreifen lässt, keinen Anhaltpunkt und keinen Boden hat, u. einen hin u. her schleudert. Ich weiss nicht was ich will, was andere wollen, was die Wissenschaft will, was sie soll und um alles dieses zu erfahren, sowohl in der Wissenschaft als im Leben, habe ich mich geflüchtet — staune, doch erwiedere nichts! — zu Hegels Logik, denn diese wird doch wohl mit vielen Zeichen, Strichen, Ohren u. s. w. jetzt beständig auf meinem Tisch liegen. Natürlich wird jetzt die Confusion noch grösser, das bischen gesunder Menschenverstand geht in die Wicken, denn ich muss ja, wenn ich ihn verstehen will, über erwähnten Menschenverstand hinausgehen, aber verflucht will ich sein, wenn ich ausser einigen Anmerkungen, nur das geringste verstanden habe, nämlich bis jetzt, wird aber wohl noch kommen, denn die schönste Hoffnung ist da, indem Vater schon öfters gesagt hat „man hört jetzt nur lauter krumme Sachen von Dir". Neben Hegel, liegt Steffens Anthropologie[7]) u. diese beiden Bücher vertragen sich wie Matze[8]) u. Brodt. . . . . .

1) Nicht mehr vorhanden.

2) Es handelt sich hier um verschiedene Arbeiten, welche Bessel in diesen Jahren beschäftigten, wie die Bestimmung der Länge des Sekundenpendels für Königsberg (1825—1828), die Gradmessung in Ostpreussen (ausgeführt 1832—1836) und die Zonenbeobachtungen (1821—1833). Offenbar hatte, wie das folgende zeigt, C. G. J. Jacobi seinem Bruder über diese wissenschaftlichen Unternehmungen und Pläne Bessels geschrieben. Noch später hat J., wie Dirichlet in seiner Gedächtnisrede auf den Freund erzählt (Jacobi, Werke I, p. 6), oft dankbar erwähnt, dass die tägliche Anschauung des Feuereifers Bessels auf ihn selbst den mächtigsten Einfluss ausgeübt habe.

3) Hier mag aus einem nur wenig späteren Briefe von S. Jacobi an seinen Sohn C. G. J. Jacobi eine Stelle Platz finden: „Wenn Du", schreibt jener am 31. Mai 1827, „vor einigen Tagen hinter der Thür bei uns gestanden hättest, da konntest Du ein lebhaftes Gespräch welches ich mit Moritz hatte über Dein Studium mit anhören. Moritz hat ganz meine Ansichten und behauptet mit mir, dass die angewandte Mathematik weit ansprechender wäre und ihre grossen Vortheile hat. — Du bist freilich anderer Ansicht und ich wenigstens bin zu schwach darüber etwas zu urtheilen, weil Deine Gründe, welche Du entgegen

setzen möchtest, nur von einem in dieses Fach eingeweihten Gelehrten angenommen oder widerlegt werden können, und erlaube ich Dir gerne zu lächeln, aber nicht laut aufzulachen, dass ich nur entfernt gewagt habe darüber zu sprechen.“ Der Bruder Eduard fügt dem hinzu: „Moritz kocht und rührt jetzt den ganzen Tag, sitzt mit einer Menge Phiolen umgeben wie ein Alchymist in seiner Kammer und will von Deinen Differentialen nichts wissen.“ — Die Briefe des Vaters lauteten übrigens, da jetzt bekanntlich die glänzenden Entdeckungen C. G. J. Jacobis im Gebiete der elliptischen Funktionen Schlag auf Schlag folgten, sehr bald wesentlich anders (vgl. z. B. die bei Koenigsberger, p. 57 abgedruckte Stelle).

4) Heinr. Theodor Rötscher, 1803—1871, zeitweilig Docent der Philosophie, später Dramaturg und Aesthetiker, der hervorragendste Theaterkritiker seiner Zeit; er hatte in Berlin unter Böckh und Hegel studiert und war vermutlich in den Vorlesungen des einen oder anderen mit C. G. J. Jacobi bekannt geworden. Über seine Stellung in der Hegelschen Schule s. Kuno Fischer, „Gesch. der neuern Philosophie“, Bd. II, Th. I (Heidelberg 1901), p. 150.

5) E. H. Dirksen wirft in der Schrift „Historiae progressuum instrumentorum, mensurae angulorum accuratiori inservientium, inde a Tob. Mayeri temporibus, adumbratio, nec non de artificio multiplicationis“ (Göttingen 1819), p. 25 diese Frage für (wie schon der Titel sagt) Winkelmessungen nach dem Multiplikations- resp. Repetitionsverfahren von Tob. Mayer auf, lässt sie aber als nicht genügend erforscht unentschieden. — Vgl. etwa W. Jordan, „Handbuch der Vermessungskunde“, Bd. II, 6. Aufl., bearb. v. C. Reinhertz (Stuttg. 1904), p. 16.

6) Huguenel (?) kommt auch im Brief LVII vor.

7) Henrich Steffens, „Anthropologie“, 2 Bde (Breslau 1822). — Das Werk ist hervorgegangen aus Universitäts-Vorlesungen, in denen der berühmte Naturphilosoph seine Hörer ausserordentlich zu fesseln und zu begeistern verstand. Die Mannigfaltigkeit des Inhalts dieser Vorlesungen charakterisierte Schleiermacher, — allerdings mit bezug auf die spätere, Berliner Zeit Steffens' (1831—1845) — mit den Worten, die Vorlesungen „fingen mit den Metallen an und endigten mit dem Abendmahl“ (s. E. du Bois-Reymond, „Reden“, 2. Folge (Leipzig 1887), p. 364 u. 382).

8) Matze — das ungesäuerte Brot, das die Juden zu Ostern essen.

III. Potsdam, 1827. XII. 18.

[Lieber Jacques!][1])

Infandum[2]) jubes renovare jubilationem quam yesterday oh[3]) avuto. Ah quel plaisir, quels transports j'ai eu mon petit ange. Es geht mir immer so vor grosser Freude[4]) dass ich in allen mir zugänglichen Sprachen spreche u. schreibe. Legendre hat den Neid gemordet u. an den Galgen gebracht denn ist er es nicht, so darf niemand neidisch sein, selbst nicht einmal ich, der ich doch im 3ten Crelleschen mit meinem angewandten Windhundsflügel[5]) aufgetreten bin. Sancho Panza sagt „man muss nicht vergleichen“, das möchte ich den Leuten immerfort sagen, da ich zuviel dabei leide,[6]) indessen es liegt zu nahe u. macht den Leuten zuviel Spass u. da ich kein Spassverderber bin so muss ich schon alles ertragen. Auf Übersetzen[7]) bin ich nun einmal angewiesen u. ich will gern Ruhmesdrommette sein wenn ich nur erst wüsste wie ich echelle des modules[8]) affectees au nombre premier $\infty^{\infty^{\infty}}$ übersetzen sollte weil ich des Begriffs davon ermangele. . . . . . Nun lebe wohl u. sei fidel sehr baldiger Professor. . . . . .

Moritz.

1) Dieser Brief bildet nur einen Teil eines Familienbriefes der Potsdamer Angehörigen, von dem ein anderer Teil, von dem Vater herrührend, bei Koenigsberger p. 57 abgedruckt ist.

2) Sic! Bei Vergil (Aeneis II, 3) heisst es bekanntlich statt „jubilationem“: „dolorem“.

3) Sic statt vermutlich „ho“!

4) Die Veranlassung dazu gab folgende der Familie in Potsdam zu Gesicht gekommene Notiz der „Vossischen Zeitung“ (295. Stück, 17. Dec. 1827): „Paris, den 10ten Dezember. Hr. Legendre hat der Akademie der Wissenschaften mehrere wichtige Entdeckungen eines Königsberger Gelehrten, Hrn. Jacobi (erst 25 Jahre alt [tatsächlich erst 23 J.]), in mathematischen Analysen mitgetheilt. Derselbe hat Schwierigkeiten aufgelöst, die der berühmte Euler und Hr. Legendre für unübersteiglich gehalten hatten.“ Legendres bekannter Bericht über Jacobis erste Entdeckungen im Gebiete der elliptischen Transcendenten war im „Globe“ v. 29. Nov. 1827 erschienen und ist im Journ. f. Math., Bd. 80 (1875), p. 217—219, sowie in C. G. J. Jacobis Werken, Bd. I, p. 399/400 wiederabgedruckt.

5) Für die im zweiten Bande des Crelleschen Journals erschienene Abhandlung M. H. Jacobis s. das Schriftenverzeichnis (Anhang IV dieses Buches), No. 2.

6) Vgl. Anm. 5 zu Brief No. IV. — „Moritz“, heißt es nach C. G. J. Jacobis Ernennung zum a. o. Prof. in einem Familienbrief (16. Jan. 1828), „lässt Dich grüssen u. gratuliren, er ist noch zu zerschmettert vom Neide, um Dir schreiben zu können, aber nächstens sollst Du einen grossen Brief von ihm haben.“

7) s. No. 1. des Schriftenverzeichnisses.

8) Vgl. den in Anm. 4 citierten Bericht Legendres.

IV. Potsdam, 1831. IV. 5.

Potsdam den 5 April 31.

Mein lieber Jacques!

In welches Meer von Freude und Jauchzen Dein bedeutungsvoller Brief uns alle gestürzt hat, werden Dir die andern wohl erzählen, von mir nimm zuvörderst meinen herzlichsten innigsten Glückwunsch, und bringe Deiner Braut die wärmsten brüderlichsten Grüsse dar! Du bist fürwahr ein auserlesenes Glückskind, hast Dir schon früh die Fülle des Ruhmes und der Ehre unterthan gemacht u. Dir jetzt einen Schatz für das Leben erworben, der Dir schöpferisch seine reichlichen Hülfsquellen zu allem darbietet, was Du zu vollständiger harmonischer Entwicklung bedarfst. Aber Du verdienst es auch, denn Du bist ein wackrer, braver u. besonnener Junge, und ich behaupte immer, dass Deine elliptica Deine geringsten Eigenschaften sind. Es ist spasshaft, dass ich Therese[1]) schon längst mit Deiner Verlobung mystificirt habe, die Du mir in einer confidentiellen diplomatischen Note angeblich eröffnet hast. Dieser Mystification folgte diesesmal blitzschnell die Wahrheit. Wie gespannt wir übrigens auf die Erscheinung Deiner Marie sind, brauche ich Dir nicht erst zu sagen, sie hat schon zu manchem Streit zwischen mir u. Therese Anlass gegeben. Ich nenne sie vorläufig eine durchaus plastische Natur die weder Dein Lieblings- Schilling[2]), noch Clauren, noch Schaden[3]), sondern eben nur Goethe beschreiben könne, sie meint aber: auch Jean Paul, und hat bereits angefangen ihn ganz durchzulesen. Hilf uns ein wenig auf die Spur[4]) u. citire das Pagina wo ihr Schattenbild steht, denn zu etwas anderm kann es doch die Beschreibung nicht bringen, der die lebendige Unmittelbarkeit abgeht. Ich schreibe wahrhaftig, als wäre ich auch verliebt, aber zur Zeit ist dieses noch nicht der Fall, da ich in dem allgemeinen Gepräge der hiesigen Töchter nichts finden kann was meinem Sinne entspräche. —

Vielleicht macht es Dir Freude zu vernehmen, dass dieses glückliche Ereigniss mir gerade jetzt sehr à propos kam. Manche Widrigkeiten, die mich seit einem halben Jahre heimsuchten, hatten mein Haupt, mehr als es, wie Du weist, sonst bei mir der Fall ist gebeugt[5]), aber diese glückliche Nachricht hat es wieder emporgeschnellt, wie in dürren Tagen der Thau die — nun ich finde keine Blume mit der ich mich vergleichen könnte. Die Geschichte dieser Widrigkeiten werde ich Dir nicht vorenthalten, sie ist lehrreich, weil sie den Unterschied zwischen mathematischen u. physikalischen Prinzipien mir ad hominem demonstrirt hat. Dazu kam noch anderes — genug ich danke Dir.

Amare et sapere vix deo contigit sagt der Lateiner[6]), indessen brauchst Du auch fürs erste keine Abhandlung zu schreiben u. in der Folge werden sie Dir gewiss auf das wunderbarste gelingen, wie manchem „des Hexameters Maass“.[7]) Nun lebe recht wohl bester Bruder, gieb Deiner Marie einen herzlichen Kuss von mir. . . . . For ever!

Dein Bruder
Moritz.

1) Therese Jacobi, verehelichte Rhode, die einzige Schwester.

2) Friedrich Gustav Schilling, 1766—1839, schrieb Romane, welche durch komische lebendige Darstellung ausgezeichnet sind.

3) J. N. A. von Schaden, 1791 geboren, schrieb Theaterpossen, ferner „Lebensgemälde üppiger gekrönter Frauen der alten und neuen Zeit" (Berlin 1821) etc.

4) Vgl. die Briefstelle bei Koenigsberger, p. 118.

5) Am 19. Febr. 1831 schrieb M. H. Jacobi in sein Tagebuch: „Ich habe wieder einen Tag mit unnützen Grübeleien verbracht, wenn ich mich nicht bald an eine positive Arbeit mache, die mein Interesse auf das höchste spannt, so bin ich verloren, denn die hypochondrische Stimmung nimmt überhand. Aber hier [in Potsdam] ist es auch gar zu arg, weder das Haus noch die Natur, noch die Gesellschaft sind nur einigermassen anregend, sondern nur deprimirend. Ich fühle mich immer mehr, wie in einer ungeheuern Oede, und mein Herz zieht sich kalt und krankhaft in sich selbst zusammen. Wenn nur ein glücklicher Zufall mich herausreissen wollte, aber so sehe ich doch dass ich bald „die lieblich erbauten Luftschlösser zum Abbruch werde ausbieten müssen." Das ganze Unglück kommt daher, dass ein zu grosser Maassstab mir zu nahe liegt. Vom Glück und eigenem Talent werden nur wenige in so hohem Grade begünstigt wie Jacques. Ich aber kann mich noch nicht resigniren und mich nicht damit begnügen, dass ich zu so manchem zu gebrauchen bin und so manches gelernt habe, und dass auch meine Zeit kommen wird, möchte bald ein Windstoss die grüne Flagge am Schiffe meines Lebens erheben und lustig flattern lassen!!!"

6) „Amare et sapere vix deo conceditur". Publilii Syri Mimi Sententiae 22; s. etwa die Ausg. v. W. Meyer (Leipzig 1880).

7) „Des Hexameters Mass" — Goethe, Römische Elegien, V.

V. Königsberg, 1831. IX. 18 (?).

Mein theurer, geliebter Bruder Moritz;

Ich bin jetzt so von Liebe und Milde durchweicht, dass obgleich ich einer Congratulation zu meiner Hochzeit[1]) von Dir entbehren musste, ich es doch nicht unterlassen kann, Dir zu Deinem Geburtstag[2]) einen Schreibebrief zu schicken. Das Leben der Götter ist Mathematik, sagt Novalis[3]) mit Recht, denn mein Leben jetzt ist das Leben der Götter. Du aber bist was Du bist, aber bleibe nicht was Du bleibst. Mache, dass Du bald erkennen mögest, wie ich seit 8 Tagen, dass das Absolute kein Jenseits ist. Und somit ist der Inbegriff des höchsten Wunsches, den ich zu Deinem Geburtstage Dir hegen kann, Dir offenbart. Gross ist die Gnade Gottes, der in einer Zeit, die furchtdrohend wie ein Gespenst uns schon lange umängstigte[4]), mir das höchste Glück, dessen der Mensch hier auf Erden fähig ist, ein heissgeliebtes liebendes Weib werden liess, und es ist mein ernster Vorsatz, welcher erhört werden möge, dieses Glück durch Arbeit des Gedankens, muthiges Anstürmen zum Höchsten der Wissenschaft, unverdrossne Application aller mir gegebenen Kräfte einigermassen zu verdienen. Ist nun alles, was zur Decoration des Lebens gehört, durch die Fürsorge meiner Ältern und Schwiegerältern auf das Wünschenswertheste eingerichtet — wie Du Dir ein angenehmeres Quartier und geschmackvollere Einrichtung kaum denken kannst — so drängt es desto mehr, so viele Zurüstung nicht ohne Inhalt zu lassen, der jene allein entschuldigen kann. Mit meinen Arbeiten aber steht es so, dass ich viele Jahre nur zu schreiben brauchte, indem die seltensten Resultate gesammelt sind, bei vielem, was schon fleissig ausgearbeitet ist, nur die letzte Hand fehlt, aber ich konnte bisher nie die Freudigkeit finden, die zum Vollenden nöthig ist. Bin ich jetzt nun freudig, wie je, zu jeder Unternehmung und Arbeit, so ist Hoffnung für manches. . . . . Communication mit Berlin[5]) habe ich nicht; auch lohnt es nicht; auch mit Paris[6]) nicht; weil ich mich meiner bisherigen Faulheit schäme. Du bist jetzt viel auf der Chaussée[7]), was Deiner Genialität sauer werden muss. Dein Bruder Gustav.

1) 11. Sept. 1831; hiernach in Verbindung mit dem Folgenden die obige Zeitbestimmung für den Brief bei fehlendem Datum und Poststempel.

2) 21. September.

3) s. Novalis, Schriften, Ausg. v. Heilborn, Th. II, 1. Hälfte (Berlin 1901), p. 223.

4) Choleraepidemie 1831.

5) Mit Dirichlet war C. G. J. Jacobi seit 1829 persönlich bekannt (s. Koenigsberger, p. 100), mit Steiner schon viel länger (s. Anm. 5 zu Brief XXXVII, sowie Brief X am Ende und Brief II).

6) Im Jahre 1831 stockte der Briefwechsel zwischen C. G. J. Jacobi und Legendre allerdings vollständig; s. die im Journ. f. Math., Bd. 80, sowie in Jacobis Werken, Bd. I veröffentlichte „Correspondance mathématique entre Legendre et Jacobi."

7) Der Königl. Regierungs-Bauconducteur M. H. Jacobi hatte damals, vom 1. Juli 1831 bis Herbst 1832 (vgl. den Brief IX), ein Commissorium als Wegebaumeister in Gr. Schönebeck bei Liebenwalde; einer Tagebuchnotiz vom 24. Juni 1831 zufolge erblickte er hierin eine „Strafe und Verbannung". Nach dem Tagebuch v. 7. Jan. 1831 hatte er in einem Schreiben an das Ministerium selbst um eine Wegebaumeister-Stelle nachgesucht.

VI. Königsberg, 1831. XI. 27.

27 Nov. 31

Theuerste Ältern,[1])

Aus Eurem lieben Schreiben habe ich mit der grössten Betrübniss ersehen, dass der liebe Vater an einem verkappten Wechselfieber leidet, worüber ich sehr unruhig bin. . . . . . . Wenn wir man erst bei Euch wären; meine Frau hat solche ungeheure Lust, Euch alle zu sehn[2]) u. zu umarmen, dass sie mir wohl keine Ruhe lassen wird, obgleich ich, da ich jetzt erst wieder nach fast 3jähriger Pause mich in der alten Stimmung zur Arbeit befinde, erst einmal wieder etwas Tüchtiges geleistet haben mögte, ehe ich wieder auf Reisen gehe. Wir leben hier so glücklich und vergnügt, wie es nur sein kann, und möge es Dir, lieber Vater, in einsamer misgestimmter Stunde ein erheiternder Gedanke sein, wie mannigfachen Glückes Urheber Du bist. . . . . . Von Moritz habe ich lange nichts gehört, und weiss nicht, ob er noch bei Prenzlau ist[3]); . . . . . Des Professors Dirichlet Verlobung[4]) mit der reichen Mendelssohn wird ihn sehr interessirt haben; es ist zu wünschen, dass dieses schöne Talent durch ein glückliches häusliches Verhältniss, wie es mir geworden, sich mehr concentrire, denn er hat bis jetzt gewissenlos seine Kräfte ungenutzt ruhen lassen. Die Arbeit ist doch einmal unsre Bestimmung und der wahrste, tiefste Grund innerer Heiterkeit und Zufriedenheit; sie hat den doppelten Vortheil, dass sie uns selbst glücklich macht und auch jedes andern Glückes würdig macht, und uns so vor uns selbst und dem Schicksal rechtfertigt. . . . . .

Euer Gustav.

1) Dieser Brief ist offenbar von den Eltern an M. H. Jacobi, an den er auch tatsächlich zum Teil gerichtet, dessen Aufenthalt dem Bruder aber nicht mit Sicherheit bekannt war, gesandt und befand sich bei der dem Herausgeber überlieferten Sammlung; er gelangt daher auch hier mit zum Abdruck.

2) Frau Marie Jacobi kannte die Eltern und Geschwister ihres Mannes noch nicht. — Da ausserdem die Krankheit des Vaters sich sehr in die Länge zog, so reiste C. G. J. Jacobi in den Osterferien 1832 mit seiner Frau nach Potsdam und kam am 8. März dort an; in der Nacht vom 15. zum 16. März starb der Vater. Auf der Rückreise nach Königsberg wurde C. G. J. Jacobi in Berlin von dem von Gr. Schönebeck (s. S. 9, Anm. 7) dieserhalb nach Berlin gekommenen Bruder Moritz begrüsst. Dieser erwähnt in seinem Tagebuche (4. Mai 1832), auch Steiner und Dirichlet hätten sich zu dem gleichen Zweck in demselben Gasthofe eingefunden und Steiner habe ihn durch alte fatale Erinnerungen „sehr annuyirt". „Diese Missstimmung wurde noch dadurch vermehrt," fährt das Tagebuch fort, „dass Jacques mich kaum begrüsste und sich sogleich mit Dirichlet in eine Ecke stellte um zu untersuchen unter welcher Bedingung a eine Primzahl würde. . . . . . In meiner Missstimmung liess ich mich ziemlich gehen und machte Jacques einige Vorwürfe über seine Lieblosigkeit. Aber ich that ihm unrecht, später erkannte ich wie tief er gerührt war und wie besonders mein durch und durch zerrissenes Wesen ihn schmerzte. Er gab mir den Rath in angestrengtster ernster Beschäftigung Beruhigung zu suchen und eine Arbeit zu unternehmen die mich ganz in Anspruch nähme. Es wurde ausgemacht es müsse feste Lebensregel sein bei Allem wobei man ungewiss sei, solle man es thun oder nicht, es nicht zu thun. Früher that ich es dann erst recht und beging dadurch manche Dummheit. Ich wunderte mich

über Jacques tiefe Rührung beim Abschied. Sollte er eine Ahnung haben, dass wir uns nie wieder sehen."

3) s. S. 9 Anm. 7.

4) 5. Nov. 1831, s. „Familie Mendelssohn", 3. Aufl. (1882), Bd. I, p. 356 und 348.

VII. Königsberg, 1831. XII. 15.

[Lieber Moritz!][1])

. . . . . Was soll ich Dir schreiben? Von meinem Glücke weisst Du aus unsern Briefen an die Ältern; es hat dies so wohlthätig auf meine Arbeiten gewirkt, dass ich am Tage nach meinem Geburtstage[2]) . . . . . eine Abhandlung[3]) von 10 Bogen an Crelle absenden konnte, welche ich erst im Ehestande wenigstens auszuarbeiten angefangen hatte; dies ist mehr als ich in 3 Jahren geschrieben hatte, und ich hoffe, es wird so fort gehen. Der Engländer hat nun auch über die Elliptischen zu schreiben angefangen, u. macht sich mit dem, was er so eben mühselig u. nothdürftig gelernt hat, entsetzlich breit (M. Ivory in d. Philos. Transa.[4])). Als Ironie schreibt auch Gruithuisen[5]) darüber, der die Chausseen im Monde gesehen hat und Gesandtschaften welche sich auf denselben becomplimentirten, was aber geringer Wahnsinn gegen seinen Calcul ist. Von Steiner wirst Du wissen, dass ich ihn, da er die Infamie seiner Calomnien fortsetzte, wie Polignac, für bürgerlich todt erklärt habe; Du hast also mit ihm gar nicht über mich zu reden, da ich seine Existenz läugne, wozu ich gezwungen worden bin. Wenn Du es irgend vermeiden kannst, schreibe nie an einen Minister oder ein Ministerium, u. wenn es ganz unmöglich ist, es zu lassen, so lasse Dir von einem guten Freunde oder wo möglich Justizcommissarius den Brief aufsetzen; man vergiebt sich immer zu viel, u. schadet sich noch obendrein. Ich habe glücklicher Weise sehr lange es nicht nöthig gehabt, u. es jedesmal bereut. . . . . . Moser[6]) wird, denke ich, sehr ausgezeichnet werden, wenn er es noch nicht ist; er hat in Experimentalphys. 30—40 Zuhörer, was hier unerhört ist; Neumann ist als Docent nicht zu rechnen, obgleich er eine sehr grosse Gelehrsamkeit als Physiker besitzen soll; er ist absolut ungeschickt u. unverdaulich, seit seiner Verheirathung noch mehr; es ist sehr Schade, dass man nicht mit ihm umgehn kann[7]), da er viel bedeutendes hat. Am meisten gehen wir mit Bessels um. In Paris scheinen seit der Revolution die Wissenschaften noch mehr zurückzutreten, Arago hält schlechte

Reden; es ist ein Wunder, wenn sie nicht bald zu dem gerechnet werden, was man ersparen kann. . . . . . Meine Studenten habe ich tüchtig in die elliptischen Transcendenten eingearbeitet; die Oberlehrerarbeiten tragen davon die erfreulichsten Spuren; sie lernen das Ding ganz leicht weg u. bewegen sich auf das selbstständigste. . . . . .

Lebe wohl u. schreibe bald

Deinem ci-devant Jaques, jetzt Gustav.

1) Vorhergeht ein mit dem obigen Datum versehener Brief von Frau Marie Jacobi.

2) 10. Dec.

3) Die S. 15 Anm. 1 citierte und vom 9. Dec. 1831 datierte Abhandlung.

4) Jvory, „On the Theory of the Elliptic Transcendents", Philos. Transactions 1831, p. 349—377. Jvory behandelt hier Transformationen gerader Ordnung.

5) Den Astronomen Gruithuisen lernte C. G. J. Jacobi später auch persönlich kennen, nämlich auf einer Reise, die er (J.) 1839 nach dem Gebrauch der Marienbader Kur zusammen mit einem Obersten v. Wrangel vom russischen Generalstab unternahm. Jacobi schrieb seiner Frau damals (München, 10. Sept. 1839): . . . . . „dann was eine der interessantesten Episoden war zu Gruithuisen, der die Chausseen und Wirthshäuser im Monde gesehn hat. Es war ganz der Anblick eines alten Zeichendeuters, ein Riesenheiducke mit rothem Talar, schwarzem Barett, herabwallenden Haaren; da ich ihm nicht begreiflich machen konnte, wer wir wären, musste ich die Namen auf eine Schiefertafel schreiben; in seinem Auditorium waren auf ungeheurer schwarzer Tafel nicht nur die Formeln sondern auch die Worte aufgeschrieben; als er von dem ungeheuren 16 Meilen langen Walle erzählte, an dem die Mondbewohner ein Stück in neuerer Zeit angebaut und ich einiges Bedenken äusserte, sagte er mit unvergleichlicher Hoheit, das wären doch nur Hypothesen zur Wirklichkeit; dieser Mann ist angestellter Professor der Astronomie an der Münchner Universität; von meiner Existenz hatte er natürlich nie vernommen" . . . . .

6) Ludwig Ferdinand Moser, 1805—1880, ursprünglich Mediziner und Dr. med., wirkte seit S.-S. 1831 als Docent für Experimentalphysik neben dem Prof. ord. F. E. Neumann (vgl a. Brief XII, Anm. 9). Auf Antrag von Neumann und Jacobi hatte M. bei der Habilitation die phil. Doctorwürde hon. c. von der Königsberger Fakultät erhalten (s. Prutz, p. 164).

7) Später standen die beiden Familien in sehr nahen freundschaftlichen Beziehungen, wovon u. a. hier nicht abgedruckte Stellen dieses Briefwechsels, sowie auch ein noch vorliegender, beim Tode von Neumanns erster Frau (29. Dec. 1838) geschriebener Brief von Bessel an Frau Marie Jacobi Zeugnis ablegt. Vgl. a. „Franz Neumann", p. 253f., sowie W. Voigt, „Zur Erinnerung an F. E. Neumann", Gött. Nachr. 1895, Math.-phys. Kl., p. 254.

VIII. Rauschen, 1832. VIII. 9.

Stranddorf Rauschen 9. Aug. 1832.

Geliebter Moritz,

— —

Acht Tage vor meiner Abreise hierher, am 7^{tn} Juli habe ich hier disputirt, wozu ich die Einleitung meiner letzten grössern Abhandlung[1]) im Crelle nahm, von welcher Einleitung von $1^1/_2$ Bogen mir derselbe die nöthige Anzahl Exemplare hatte abziehn lassen; ich selbst liess dann hier Titel u. Theses vordrucken, von welchen die vielbesprochenste war: mathesis est scientia eorum, quae per se clara sunt. Man hat hier 2 Opponenten aus den Studenten, einen aus den Professoren[2]), u. einen Respondenten, der vor einem auf einem kleinen Catheder steht u. den ersten Anlauf abzuhalten hat. Die Disputation dauerte von $11^1/_2$ bis $3^1/_2$ Uhr, was mich einigermassen ermüdete, obgleich ich glücklicher Weise den Tag mich des besten Wohlseins u. trefflicher Laune zu erfreun hatte. Ein geistreicher u. bedeutender Arzt, mein specieller Freund, Professor Sachs[3]), opponirte extra ordinem gegen den Titel de transformatione integralis duplicis indefiniti, ein indefinitum könne nicht transformirt werden, da es keine forma habe. Er stellte seine Opposition dar als von der Seherin v. Prévost[4]) eingegeben, die nach obiger Thesis als clairvoyante der mathematischen Dinge verständig wäre. Es erregte einige Munterkeit, als ich ihn bat, mir doch mitzutheilen, was ich ihm geantwortet hätte, was ihm die Seherin wohl auch würde gesagt haben, u. worauf ich sehr begierig wäre. Das Ganze eröffnete ich mit einer fulminanten lateinischen Rede[5]), die mit grossem Pathos das Wesen der reinen Mathematik verherrlichte; auch musste noch jeder insbesondre von Opponenten u. der Respondent haranguirt und bedankt werden, was denn die Sache etwas langwierig macht. Desto froher bin ich, dass mir das Ministerium auf mein Ersuchen eine 2e. Disputation geschenkt hatte, denn sonst hätte ich die ganze Geschichte 2 Tage hinter einander halten u. aushalten müssen, für die ausserordentliche[6]) u. ordentliche Professur, wie dies immer geschieht. Nach der Disputation war bei mir ein ungeheurer Schmaus von 21 Personen, dem Marie auf Verlangen als Dirigentin beiwohnte; es war in allem das feinste, netteste u. eleganteste, was ich in der Art erlebt habe, sowohl durch die äussre Anordnung, Bedienung usw., als durch die Gesellschaft, so dass ich noch mit Vergnügen daran denke, so wie jeder, der daran Theil genommen. Marie rührte sich nicht vom Stuhl u. gab kaum einen leisen Wink, nirgends ein Anstossen, eine Störung, eine Agitation. Man sass an einer länglichten Tafel; die Gäste waren, wie sie von mir rechts folgten: der rector magnificus Schubert, Historiker; doch ich habe die Ordnung vergessen. Ich sass zwischen dem Rector u. Sachs; mir gegenüber der Curator Geheimrath Reusch u. Bessel, meine Frau behauptete das eine Ende, gegenüber sassen die Studenten. . . . . . Das Diner hatte meine Lebensgeister erfrischt, so dass ich in den 8 Tagen bis zu meiner Herreise eine kleine Arbeit von etwa $1^1/_2$ Bogen beenden u. an Crelle schicken konnte.[7]) Der Eintritt eines neuen Facultätsmitglieds beeinträchtigt gewissermassen immer die übrigen, indem gewisse Einnahmen auf eine grössre Zahl dann vertheilt werden; ich halte es daher für gut, diesen Act durch irgend eine versöhnende u. versüssende Maßregel zu begleiten. Es war eigentlich mein Plan, vorzugsweise meine Feinde zu bitten, aber die guten Freunde nahmen allen Platz fort.

Dein Brief mit der Beschreibung der pittoresken Scene[8]) hat mich sehr entzückt, zumal da Crelle von Abels Arbeiten wenig oder nichts hat lesen können; doch hat er allerdings durch einen glücklichen Instinct ungeheures Verdienst durch die Publication seiner Entdeckungen, so wie er ihn wohl auch pecuniär unterstützt hat. An Legendre hatte ich gleich nach meiner Ankunft[9]) hier geschrieben, u. mich für die Überschickung eines 3.ⁿ Supplements bedankt, womit er den 3.ⁿ Band seiner Ellipt. Transc. beschliesst, der die durch Abels u. meine Arbeiten nöthig gewordenen Ergänzungen enthält. Von diesem 3.ⁿ Supplement, das mir schon in Berlin Crelle mitgetheilt, hatte ich in Potsdam eine deutsche Anzeige gemacht, nicht ohne Tiraden, die am Ende des 8.ⁿ B. vom Journal steht.[10]) Ich habe auch seitdem schon eine sehr liebenswürdige Antwort vom alten Legendre erhalten, die mir zeigte, dass mein Schweigen von $1^1/_2$ Jahren ihn nicht, wie ich fürchtete gekränkt hat; zugleich schickte er mir wieder eine kleine Schrift über die Parallelentheorie.[11]) — Deine Abhandlung[12]) las ich einen Tag vor meiner Abreise nach Rauschen; sie erregte auch hier allgemeines Interesse; ich hatte bei den vielen technischen Ausdrücken, die ich nicht verstand, möglichst pfiffig auszusehn versucht; viele bedauerten, dass ich dem der Sitzung folgenden Abendessen nicht beiwohnte, um ihnen einige nähere Aufklärungen zu geben; ich hatte sie als Mittheilung eines abwesenden Freundes angekündigt, u. während des Lesens einiges zu rhetorische gemildert. . . . . . Stehst Du noch immer als Mensch in verdrüsslicher Querulanz Deinem hohen Vorgesetzten[13]) gegenüber? Es scheint wirklich besser, wenn einer keinen als einen Gedanken[14]) in seinem Leben hat, denn davon will er immer essen u. alles andre auch dazu zwingen; diejenigen, welche keinen haben, incommodiren wenigstens nicht; und incommodirt will vor allen Dingen die hohe Obrigkeit nicht sein. Von Poisson habe ich seine théorie de l'action capillaire erhalten, früher schon gekauft, also doppelt. . . . . .

Antworte bald, selbst auf die Gefahr, dass Du nur so dickes Papier hast, dass man bedeutende Capitalien daran setzen muss. Meine Marie grüsst Dich auf's schönste. Dein Calderon hat uns hier nach Rauschen begleitet.

Dein C. G. J. Jacobi.

---

1) Die im Journ. f. Math., Bd. 8 (1832), p. 253—279 und p. 321—357 abgedruckte Abhandlung „De transformatione integralis duplicis indefiniti" etc. (s. Werke III, p. 91—158).

2) Auf dem Titelblatt der „Commentatio de transformatione integralis" . . . sind nur die beiden Opponenten aus den Studenten und der Respondent angegeben.

3) Ludwig Wilhelm Sachs, 1787—1848. — „Der Professor der Medizin, Geheimrath Sachs, sarkastisch, von schärfstem und schonungslosestem Urtheil, von Allen gefürchtet, hatte nur Einen, den er selbst fürchtete, den Mathematiker Jacobi, dessen schlagfertigen Witz er als dem seinen überlegen anerkennen musste" . . . . . heisst es bei Falkson, p. 28.

4) Der württembergische Ort, nach dem die berühmte Somnambule genannt wird, heisst Prevorst.

5) Die im Nachlass von Franz Neumann vorgefundene Rede wurde erstmalig bei Koenigsberger, p. 131 ff. abgedruckt.

6) Zum ausserord. Prof. war J. schon am 28. Dec. 1827 (vgl. a. den Schluss von Brief III) und zum ord. Prof am 8. März 1829 (s. Koenigsberger, p. 88) ernannt worden.

7) Es ist die vom 12. Juli 1832 datierte berühmte Arbeit „Considerationes generales de transcendentibus Abelianis" (Journ. f. Math., Bd. 9, p. 394—403 = Werke II, p. 5—16), in der Jacobi zuerst den Ansatz für das Umkehrproblem der hyperelliptischen Integrale gab.

8) Der Brief ist nicht erhalten, jedoch sagt das Tagebuch M. H. Jacobis unter dem 4. Mai 1832 u. a.: „Bei Crelle den ich wie Dirichlet sehr witzig sagte auch körperlich sehr herunter fand traf ich Mitscherlich der eben von Paris zurückgekommen war. . . . . . Es konnte Crelle gewiss nichts angenehmeres widerfahren als er [M.] mit einem Male in feierlichem Tone zu schildern anfing welche ungeheuere Meinung man in Paris von Crelle habe besonders von seinem grossen Einfluss, man könne es ihm nicht genug danken dass er Abels Andenken gerettet und bewirkt habe, dass er nach Berlin gerufen worden wäre. Das ganze diente als Einleitung zum Besprechen der Wege welche man einschlagen müsse um Libri als Lehrer bei der in Berlin zu errichtenden polytechnischen Schule herzuziehen. Libri ist wegen politischer Umtriebe in den sardinischen Staaten geächtet und ein Preis ist auf seinen Kopf gesetzt; vor allen Dingen müsse also der preussische Staat ihm Schutz gewähren und die Auslieferung versagen. In Paris selbst fühlt er sich nicht sehr sicher weil er das Opfer jeder Reaction werden kann. . . . . . Crelle schmeichelte er besonders dadurch dass er ihm einen grossen Einfluss bei der polytechnischen Schule zuschrieb."

9) Nach der Rückkehr von der Potsdamer Reise, s. Anm. 2 zu Brief VI. — Den erwähnten Brief Jacobis an Legendre v. 27. Mai 1832 und dessen Antwort v. 30. Juni 1832 s. im Journ. f. Math., Bd. 80 (1875), p. 275—279.

10) Die berühmte Anzeige von Legendres „Théorie des fonctions elliptiques, troisième supplément" steht Journ. f. Math., Bd. 8 (1832), p. 413—417 = Werke I, p. 373—382.

11) Vermutlich: Legendre, „Nouvelle théorie des parallèles" (Paris 1803) [mir nicht zugänglich].

12) Sowohl in Nr. 159 der Königsberger „Hartungschen Zeitung" v. 10. Juli 1832 wie in Nr. 160 v. 11. Juli findet sich folgendes Inserat: „Zu einer öffentlichen Sitzung, welche am Freitage den 13.ten Juli um halb sechs Uhr beginnen wird u. in welcher Herr Professor Dr. Jacobi einen Vortrag über den Tunel halten . . . . . wird, ladet ergebenst ein die physikalisch-ökonomische Gesellschaft." [Nach freundlicher Mitteilung des Herrn Dr. Ludwig Goldstein von der Hartungschen Zeitung].

13) Vgl. Brief X nebst Anm. 5 dort.

14) Vgl. Brief X.

IX. Potsdam, 1832. XI. 26.

M. H. Jacobi an den Bruder und dessen Frau.

Potsdam den 26.ⁿ November 1832.

Verehrteste Schwester u. Bruder!

— — — — — — — — — — — — — — — — — — — —

Mein Commissorium in Gr. Schönebeck bei Liebenwalde ist zu Ende u. ich befinde mich feierlich wieder in Potsdam u. in einer angenehmen Laune, die aus dem, was ich durch disappointment ausdrücken will hervorgeht. . . . . .

— — — — — — — — — — — — — — — — — — — —

In dem Temps, von wann weis ich nicht,[1]) steht die Lebensbeschreibung eines gewissen Gallois eines wüthenden Republikaners vom 5/6 Juny[2]) von einem gewissen Chevallier mit dem Motto: „le fils du pauvre flotte d'un extrème à l'autre jusqu'à la morgue ou à l'echaffaud".[3]) Dieser Gallois soll der ausserordentlichste Mathematiker gewesen sein und unter andern die Unmöglichkeit der Auflösung höherer Gleichungen, wie Abel bewiesen haben, als Zeugen werden Jäck u. Gauss aufgefordert, deux arbitres dont la candeur est connue.[4]) Ich habe diese Notiz von Dove der, da er keine französische Zeitung ungelesen passiren lässt[5]), Dir die seltensten Dinge mittheilen könnte, wenn Du so gnädig wärst ihm auf seine Briefe einmal zu antworten. Vernachlässige doch Deine alten Freunde nicht so, er schrieb mir neulich in Bezug auf Dich u. bemerkte „lov' is so very timid when t'is new". Übrigens hört in Berlin niemand anders Physik als bei Dove.[6]) — Steiners erstes Heft wird nächstens vom Stapel laufen[7]), ihn selbst habe ich nicht gesprochen.

— —

Euer Euch herzlich liebender
Moritz.

1) Wie mir der Biograph Evariste Galois', Prof. P. Dupuy von der Ecole Normale gütigst mitteilt, ist in den Nummern des Temps v. 30. Okt. u. 8. Nov. 1832 nur ein wörtlicher Abdruck des Artikels aus der Revue encyclopédique (s. unten Anm. 4) enthalten.

2) Diese Angabe ist bekanntlich unrichtig: Galois war wenige Tage vor diesen Unruhen im Duell gefallen (30. Mai 1832). Allerdings durfte P. Dupuy nach der Vergangenheit Galois' nicht ohne Berechtigung sagen: „s'il n'avait pas péri dans son duel, c'eût été certainement aux journées de juin 1832" (Annales de l'École Normale Supérieure (3) XIII (1896), p. 251/2).

3) „L'enfant du pauvre, martyrisé par son génie, le coeur comprimé, les bras liés, la tête en feu, s'avance dans la vie de chute en chute, ou bien de supplice en supplice, vers la morgue ou vers l'échafaud", heisst es in der Revue encyclopédique (s. die nächste Anm.), p. 751.

4) Im Septemberheft des Jahres 1832 hatte die Revue encyclopédique (t. 55) den berühmten am Vorabend des Duells geschriebenen Brief Galois' an seinen Freund Auguste Chevalier veröffentlicht. Am Schlusse desselben (l. c. p. 756) heisst es: „Tu prieras publiquement Jacobi ou Gauss de donner leur avis, non sur la vérité, mais sur l'importance des théorèmes", und der Freund bemerkt in der „Nécrologie" hierzu (ibid. p. 750): „il fondait beaucoup d'espoir sur le jugement que devaient porter deux hommes célèbres, MM. Gauss et Jacobi; et c'est ici que, remplissant les dernières volontés de Galois, je prie publiquement ces savans de vouloir bien prononcer leur opinion sur ses travaux, avec la conscience et l'indépendance qui les distinguent." — Jedenfalls hat also C. G. J. Jacobi, auch wenn ihm Chevalier den Originalartikel nicht zugesandt hat, von dem an seine und Gauss' Adresse gerichteten Appell durch den obigen Brief seines Bruders erfahren; der „Temps" wird ihm jedoch unzugänglich gewesen sein. — Über eine Korrespondenz zwischen C. G. J. Jacobi und Galois' Bruder Alfred — bald nach der im Jahre 1846 erfolgten Veröffentlichung von Galois' berühmter Abhandlung — s. Koenigsberger, p. 435/6.

5) „Dove las täglich „bei Stehely", am Sammelplatz der Berliner Litteraten, die westeuropäischen Zeitungen", giebt Alfred Dove in „Allg. Deutsche Biogr.", Bd. 48, p. 67 an.

6) Für das S.-S. 1832 hatten dem Index lectionum zufolge 4 Extraordinarien, nämlich Dove, G. F. Pohl, E. L. Schubarth, C. D. Turte Experimentalphysik angekündigt; für das W.-S. 1832/33 kündigte ausser Dove nur noch Turte diese Vorlesung an, Pohl war inzwischen nach Breslau berufen. Der ord. Prof. P. Erman hielt gleichfalls physikalische Vorlesungen; übrigens gehörten der Fakultät noch die Privatdocenten G. Magnus und A. Seebeck an. — M. H. Jacobi hospitierte wohl gelegentlich in Doves Vorlesungen (Tagebuch, 5. Jan. 1831).

7) Der erste Teil der bekanntlich unvollendet gebliebenen „System. Entwickelung der Abhängigkeit geometrischer Gestalten von einander", dessen Vorrede von Sept. 1832 datiert und der in demselben Jahre in Berlin erschien (s. Steiner, Werke, Bd. I, p. 229—460).

X. Königsberg, 1832. XII. 28.

Geliebter Moritz

. . . . . Mit uns geht es zum Besten; seit dem Seebade bin ich fast gänzlich von Kopfschmerzen befreit; . . . . . Ich arbeite jetzt an einer grossen Abhandlung über die Anziehung der Ellipsoide, worüber ich selbst nach den Arbeiten von Neuton, Maclaurin, d'Alembert, Lagrange, Legendre, Laplace, Ivory, Gauss, die darüber gehandelt, viel Interessantes gefunden habe; doch macht mir die Ausarbeitung eine ungeheure Mühe[1]); denn es ist schwer, alles auf das beste zu machen, nachdem es gemacht ist, u. erstes verlangt man. Mit meiner akad. Wirksamkeit habe ich Grund, sehr zufrieden zu sein; so habe ich neulich mit einer eignen Abhandl. drei meiner Schüler an Crelle geschickt[2]), und mehrere sehr ausgezeichnete sind noch zurück. Dreien habe ich schon die Doctorwürde ertheilt, u. einer[3]) davon, den ich ganz gross gezogen habe, u. der in meine Richtung gänzlich einging, ist vor kurzem sogar hier schon Prof. extrao. geworden; u. ein andrer[4]) fängt Ostern zu lesen an. Dieses entschädigt einigermassen für die Fatigue des Collegialesens, worüber sich, so lange die Welt steht, u. es Professoren giebt, immer begründete Klage erhebt. Sonst lebe ich sehr eingezogen, u. gehe fast nur aus, um spazieren zu gehn; bin aber dafür fleissiger, als ich es lange sein konnte; ja ich fühle oft Momente der früheren guten Zeit, wo ich die Ell. Tr. bearbeitete.

Dein Disappointment u. seine Veranlassung hat mich betrübt. Doch kenne ich so wenig Deine amtliche Stellung, dass ich kein Urtheil habe, inwiefern von jener Seite ein Unrecht oder von Deiner eine Schuld Statt findet. Ich hoffe jedoch, dass Du, wenn Du Deine fausse position erkennst — u. in einer solchen ist man immer, wenn man sich der Behörde, mit der man gehn soll, gegenüber stellt — Du bald wirst Mittel in Dir finden, heraus zu kommen. Die Rolle eines Querulanten ist sehr traurig; vergleiche auch Hegels Phänomenologie des Geistes, die Tugend u. der Weltlauf, wo Du die Tugend bist u. Beuth[5]) der Weltlauf[6]). Doch ich thue, als wenn ich wüsste, dass ein Misverhältniss mit Beuth oder sonst Schuld ist, dass Du für jetzt nicht employirt bist, u. weiss doch von gar nichts. Hättest Du für gut gefunden, mir Deine Intentionen mitzutheilen, so wärst Du längst Hafeninspector in Pillau. Ich bin für mich zwar äusserst ungeschickt, u. habe gegen das Ministerium früher so dumme Streiche gemacht, als Du nur immer machen kannst; daher gewiss niemand nachsichtiger das Menschliche daran zu beurtheilen geneigt ist. Doch frägt es sich, ob Du gleiche Berechtigung zu dummen Streichen hast als ich; ob Du die Kraft in Dir fühlen kannst, die ich in mir fühlte, u. wodurch ich alles durch das Gewicht meiner Anstrengungen fast gewaltsam überwand. Und woher soll es kommen? Hast Du 10 Jahr Tag u. Nacht mit eiserner Zähigkeit einem Gegenstande nachgespürt, oder hast Du es wegen Deiner Examenarbeiten u. Berufsgeschäfte können, oder hast Du es etwa gewollt? Macht das, was Du zu treiben hast, so den Inhalt Deines Lebens, dass Du sagen kannst, ich bin die Sache, achtet ihr die Sache, müsst ihr mich auch achten? Oder willst Du nicht Dein Verdienst u. manchfache Qualification, wodurch Du Dich vor so vielen Deines Faches auszeichnest, veranschlagt wissen, sondern bloss Dein Dienstalter nach dem üblichen Geschäftsgang, so darfst Du nie als Mensch aufgetreten sein, grobe Briefe geschrieben haben, u. s. w. Denn wer wollte es den Leuten verdenken, solche zu employiren Bedenken zu tragen, die sich durch Stänkerei ankündigen. Es ist möglich, dass Dein Dampfmaschinengedanke sehr gut war, obgleich ein guter Gedanke kaum allein kommt; wer aber eine Welt in sich trägt, verschmerzt leichter, wenn der erste nicht anerkannt wird; jedenfalls hast Du verstanden, was andern Geld u. Stelle vielleicht gebracht hätte, durch Überschätzung so anzuwenden, dass es Dich beides kostet. Doch alles, was geschieht, was wir thun, selbst unsre Sünden u. Tugenden sind gleichgültige Elemente, aus denen wir in jedem Moment von vorn das Gute wie das Böse beginnen können, wie ich an mir u. andern wohl erfahren. So hängt es nur von Dir ab, u. Du wirst aus der jetzigen Verstimmung Deiner Verhältnisse mit Glorie hervorgehn; denn Naturen, die einen Inhalt haben, — u. dann zeigt es sich, ob sie einen haben —, wenn sie in den Dreck kommen, in den andre versinken, rufen ihren Genius bei seinem Namen, u. gehen mächtig daraus hervor; so mein Freund Barthold..., der nur vom Schulamt gejagt werden, oder ein bedeutender Mann werden konnte[7]). Wie sich nun das bei Dir machen wird, ob Du eine tiefere Arbeit mit durch den Drang verdoppelter Elasticität unternimmst, oder eine neue Beamtentüchtigkeit entwickelst weiss ich nicht[8]). Die Behörden vergessen leicht; u. da sie keine Personen sind, so hat man sich vor ihnen nie zu schämen; denn vor Sachen schämt man sich nicht. . . . . . Jetzt aber ist es mehr für Dich als je eine Ehrensache, in Deinem vorgerückten Alter[9]) nicht bloss das väterliche Erbtheil aufzuessen, u. der Mutter auf dem Halse zu liegen. Du sollst uns als Ältester allen vorangehn; bleibe nicht zurück.

Heut Morgen bekam ich Steiners Buch nebst einem Brief von ihm, der mich auf das Höchste erfreut hat; an unsern Jugendfreunden hängen wir doch mit einer Stärke, der nichts gleich kommt; ich kann nicht sagen, wie sehr mich die alten wohlbekannten Schriftzüge erfreuten. Ich werde mich bemühn, es zu ochsen, u. dann sehn, ob ich eine Anzeige davon machen kann[10]).

Inzwischen gratulire ich zum Neuen Jahr.

Dein Dich herzlich liebender Bruder
C. G. J. Jacobi.

Königsberg d 28 Dec 32.

1) Die Ausarbeitung ist auch unterblieben. Vgl. a. den nächsten Brief nebst Anm. 13 dort.

2) Die eigne Abhandlung ist die vom 1. Nov. 1832 datierte „De transformatione et determinatione integralium duplicium commentatio tertia" (Journ. f. Math., Bd. 10 (1833), p. 101—128 = Werke III, p. 159—189). Die 3 Arbeiten von Schülern Jacobis sind vermutlich a) eine gleichfalls vom 1. Nov. 1832 datierte Arbeit Sohnckes, Journ. f. Math., Bd. 10, p. 23—40; b) eine vom 30. Okt. 1832 datierte Note über das Malfattische Problem von Zornow, „professeur au Collège de Kneiphof, à Königsberg", ibidem, Bd. 10, p. 300—302; c) eine Abhandlung ohne Datum von A. Fischer „Regiomontanus" über die Gleichung $x^{257} - 1 = 0$, ibidem, Bd. 11 (1833), p. 201—218 oder aber auch eine kurze Note von Richelot ibidem, Bd. 9 (1832), p. 407/8, datiert vom 26. Nov. 1832.

3) Richelot habilitierte sich 1831 und wurde im Herbst 1832 a. o. Prof.

4) L. A. Sohncke.

5) P. Chr. W. Beuth, 1781—1853, dessen grosse Verdienste um die Industrie und den Handel Preussens bekannt sind, war schon damals innerhalb der preuss. Regierung der leitende Beamte in dem Ressort für Gewerbe, Handel und Bauwesen.

6) Den Inhalt des betreffenden Abschnitts von Hegels berühmtem Werk analysiert Ed. Zeller mit folgenden Worten („Gesch. der deutsch. Philosophie seit Leibniz" = Bd. XIII der Gesch. der Wissensch. in Deutschland (München 1873) p. 787/8): „Das Selbstbewusstsein zieht sich aus der Äusserlichkeit in sich selbst, in das eigene Herz zurück, und versucht das Gesetz des Herzens in der Welt durchzusetzen; allein es zeigt sich, dass dieses Gesetz nur der Eigenwille ist, welcher sich der allgemeinen Ordnung entgegenstemmt. Es unterwirft den eigenen Willen dieser Ordnung, so dass er zum tugendhaften Willen wird, und unternimmt es nun, von sich aus den Weltlauf zu bestimmen, dem Guten, welches es als seinen Zweck und sein Ideal in sich trägt, zur Wirklichkeit zu verhelfen. Aber die Schwäche dieser Tugend liegt in der Meinung, als ob das Gute noch keine Wirklichkeit habe, und sie erst durch die Thätigkeit des Subjekts erhalten müsse; in Wahrheit ist der Weltlauf vernünftiger, und daher auch mächtiger, als das Individuum, das ihn verbessern will."

7) Friedrich Wilhelm Barthold, 1799—1858, war ordentl. Lehrer am Friedrichscollegium in Königsberg, hatte jedoch in dieser Stellung Differenzen mit seinem Direktor (s. Briefe Lobeck und Lehrs, Th. I, p. 120) und nahm

1831 eine ihm infolge seines Werkes „Der Römerzug König Heinrichs von Lützelburg“ (Königsb. 1830—31) angebotene ausserord. Professur in Greifswald an (vgl. ibid. p. 199), die jedoch schon 1834 in eine ordentl. umgewandelt wurde. — In dem hier zuletzt citierten Briefe gedenkt Barthold Jacobis mit Verehrung und „mit Enthusiasmus“.

8) In einem Briefe, den C. G. J. Jacobi — anscheinend nicht lange zuvor (Nov.) — von seiner Mutter erhalten hatte, heisst es mit bezug auf eine Reise von Potsdam nach Königsberg, die Moritz J. plante: ... „wie mir Moritz meldet, wird er im Laufe dieses Monats zurückkommen [aus Gr. Schönebeck; s. S. 9, Anm. 7 u. S. 16], welches mir sehr lieb ist; auch will er, wie es scheint in Königsberg bleiben um da zu bauen. Damit bin ich gar nicht einverstanden und es wäre mir sehr unlieb, wenn er sich der Regierung ganz entzöge, denn sie lassen ihm in jeder Hinsicht Gerechtigkeit widerfahren, nur hat er die gehörige Subordination nicht beobachtet, daher seine jetzige Stellung. Es ist in jeder Sache überhäuft und ein jeder muss Geduld und Ausdauer haben; Moritz denkt, ihn betrifft es allein, daher seine Unzufriedenheit mit seiner Lage; ich bin überzeugt, wenn er sich immer bescheiden gehalten, hätte man ihn gewiss mehr berücksichtigt. Es wäre doch weit zweckmässiger, wenn er von der Regierung beschäftigt würde, es ist doch ehrenvoller und eine gewisse Anstellung ist doch weit besser. Also rede ihm nicht zum Munde, sondern nach Deinen Ansichten. Wenn er einmal auf einen guten Posten Ansprüche machen will, so darf er sich seiner Behörde nicht entfremden.“ — Vgl. im übrigen Anm. 1 zum nächsten Brief.

9) Moritz J. war damals 31, C. G. J. Jacobi erst 28 Jahre alt.

10) Die Anzeige des S. 17, Anm. 7 angegebenen Buches ist nicht erfolgt.

XI. Königsberg[1]), 1835. XI. 20.

Königsberg d. 20 Nov. 35.

Liebster Moritz,

Herzlichen Dank für Deinen Potsdamer u. Dorpater Brief u. Glückwunsch zum Antritt Deiner neuen Carriere[2]). . . . . . Von Deinem Mémoire[3]) ist Deinen hiesigen Freunden leider noch nichts zugekommen . . . . . Doch habe ich das Mémoire vom Buchhändler zugeschickt bekommen zur Ansicht, u. mich über die schöne Ausstattung gefreut. Deine Besorgniss wegen des Französischen ist höchst unbegründet; Humboldt freilich darf kein Versehn machen, da er für einen der ersten französischen Stylisten gilt; wenn Du also nur nicht die gleiche Prätention machen willst, so wird niemand als vielleicht Berliner, die weiter nichts zu thun haben, etwaniges Vorkommende bemäkeln. Freilich scheinst Du, was die wenigen französischen Worte betrifft, die Du neulich[4]) schriebst, in der Orthographie etwas zurück. Dove wird dafür sorgen, dass Dein Gyrotrop im Poggendorff beschrieben wird[5]). Da Fechner wegen seiner vielen Arbeiten das physikalische Repertorium aufgeben musste, hatte er

Dove viel aufgefordert es fortzusetzen[6]), der anfänglich keine Lust hatte, aber von Moser sich Courage machen liess. Sie werden es jetzt beide[7]) beim Buchhändler Veit in Berlin herausgeben; Moser wird zunächst Deine Maschine[8]) u. seine u. Gaussens magnetische Arbeiten[9]) beschreiben, Dove seine neuen meteorologischen[10]), Dirichlet hat versprochen, Poissons Théorie de la Chaleur anzuzeigen[11]) von Neumann hofft Moser eine Anzeige der Lichtarbeiten[12]), ich sogar soll mein Ellipsoid beibringen[13]). Das Honorar beträgt ℔ 10. Es wird beiden schreckliche Arbeit machen. Magnus und Rose waren in England u. haben Faraday besucht; die 10.e Reihe wird über die Manipulationen mit der Säule oder das Technische derselben handeln[14]), die 11te vom Fluor[15]). Faraday war Buchbinderbursch, brachte Davy ein Buch, u. als dieser böse war, dass es so verspätet sei, bat er ihn, dem Meister nichts zu sagen, es sei schon längst fertig gewesen, er habe sich aber Auszüge daraus gemacht[16]); dann begleitete er Davy als Bedienter auf einer Reise nach Italien. Er war diesen Herbst in Deutschland[17]), es hat ihn aber niemand gesehn, bei Gmelin in Heidelberg liess er eine Charte abgeben. — . . . . . Rosenkranz hält vor dem glänzendsten Publikum der Welt (über 200 Pers.) bei Schön[18]) über das Schöne alle Mittwoch Vorlesungen. — . . . . . Poissons Wärmebuch habe ich neulich erhalten, es kommen auch E. Tr. darin vor; er ist gegen Laplaces u. Fouriers[19]) Ansicht, die von der Oberfl. an zunehmende Temperatur rühre von einem glühenden Kern von vielen Millionen Grad, wogegen ich immer einen Abscheu hatte; ob seine Ansicht, sie käme von der Bewegung unsers Sonnensystems, wodurch die Erde in eine kältere Region käme, u. sich von der Oberfl. an allmählig abkühle, früher u. später würde das Gegentheil gewesen sein u. werden, die richtige sei, muss wohl bis die Verschiedenheit der Temper. des unendlichen Raumes erwiesen ist, dahingestellt bleiben. . . . . . Von Gudermann habe ich neulich einen tief demüthigen Brief erhalten; er ist in Münster, wollte nach Bonn, u. ist so wüthend, dass Plücker hinkommt, dass er unter seinem Namen in die Cölner u. Münsterzeitung mehrere Mal die Anzeige hat rücken lassen, dass die Studierenden der Rheinprovinzen u. Westphalens in Zukunft nur in Münster über höhere Mathematik Vorlesungen würden hören können. Einen Göttinger mathem. hat Herbart hergeschickt, Gauss liest gar nicht, Weber Semester für Semester nur dasselbe Collegium, Experimentalphysik. Libris[20]) Urtheile über Steiner haben lange nicht den Werth meiner

Urtheile über Deine Maschine. . . . . . Den Band der phil. Transact. habe ich erst vor Kurzem erhalten mit ausgezeichneten mathematischen Abhandlungen[21]) aus Cambridge, ...

. . . In jugendlichen Jahren, wie Du, in neue Verhältnisse zu treten[22]), ist von hohem Interesse u. erhöht unsre Spannkraft. Neigung u. Abneigung, die wir da finden, sind wechselnd u. zufällig u. es lässt sich nicht darauf bauen, aber eine ehrliche geleistete Arbeit giebt uns für uns die sicherste Basis u. gebietet andern die Achtung, welche für den sittlichen Menschen die Lebensluft ist, die er athmet. So habe ich es gefunden, u. so wirst Du es gefunden haben, u. finden.

. . . Bessel hatte beim Minister ausgewirkt, dass hier neben der Gehülfenstelle die Stelle eines Observators mit 500 ℛ errichtet würde[23]); Busch sollte es werden, u. wahrscheinlich dann Wilhelm[24]) Gehülfe. Aber die Sache scheint beim Könige Schwierigkeiten zu finden, so wie der auf 3000 ℛ veranschlagte Bau des an die Stelle der Hütte zu setzenden kleinen Hauses. Es soll jetzt in der Nähe des Königs eine Partei sein, die die Wissenschaften als gefährliche Privatneigungen darstellt; wenigstens klagt unser Minister, dass er keine 1000 ℛ vom Könige erhalten könne. Indess da der Scandal gegenüber der Berliner Ausstattung[25]) zu gross wäre, so wird sich die Sache wohl machen. Auch soll auf dem Hofe der Sternwarte ein grosser Mastbaum errichtet werden, um jeden aufzuhängen, der die Astronomie nicht für die erste Wissenschaft hält[26]), u. wegen Refractionsangelegenheiten[27]) Thermometer in verschiednen Höhen anzubringen.

Nun lebe wohl; ich bin sehr gespannt auf weitre Nachrichten von Dir.

Dein Dich herzlich liebender Bruder Jaques.

1) Der grosse Abstand zwischen diesem und dem vorhergehenden Briefe erklärt sich vorwiegend daraus, dass M. H. Jacobi 1833 aus dem Dienst der Königl. Regierung zu Potsdam, in dem er bis dahin gestanden, austrat, nach Königsberg übersiedelte und in den Dienst der dortigen Regierung eintrat und nun bis zu seiner Berufung nach Dorpat (s. Anm. 2) in Königsberg blieb. In der Autobiographie heisst es über diese Übersiedelung nach Königsberg: „Er wurde hierzu hauptsächlich durch den Wunsch veranlasst in der Nähe seines Bruders zu leben, der damals Professor der Mathematik an der dortigen Universität war, zugleich hoffte er hier mehr Musse zu haben einige wissenschaftliche Arbeiten die er vorhatte weiter ausführen zu können. Hier war es wo er zuerst die Idee fasste den Electromagnetismus als bewegende Kraft bei Maschinen anzuwenden, und wo er aus seinen eigenen beschränkten Mitteln Versuche über diesen Gegenstand anstellte, welche sich den hohen Beifall der dortigen Gelehrten und namentlich Bessels erwarben. Auch Alexander von Humboldt widmete diesen Versuchen bei seiner Anwesenheit in Königsberg im J. 1834 ein lebhaftes Interesse . . . . . Als Resultat der damaligen Versuche publicirte

Herr Jacobi im J. 1835 sein Memoire sur l'Application du Galvanisme au Mouvement des Machines" ...... Vgl. a. Iljin, p. 15/16. — Es sei gestattet, bei dieser Gelegenheit eine Stelle aus einem Briefe Humboldts an M. H. Jacobi v. 10. Jan. 1835 abzudrucken, welche neben anderen Beweis ablegt von dem Interesse, das H. diesen Bestrebungen entgegenbrachte: „Ich freue mich, Ihnen melden zu können, dass der König Ihnen heute und auf die freundlichste Weise sechs hundert Thaler zur Fortsetzung Ihrer wichtigen und sinnreichen magnetischen Arbeiten bewilligt hat. Dass bei dieser Gelegenheit Ihres Bruders gedacht worden ist, der die wissenschaftlichen Bahnen des deutschen Vaterlandes so glänzend erneuert hat, brauche ich Ihnen wohl nicht zu wiederholen."

2) M. H. Jacobi wurde 1835 auf Betreiben des ihm von Königsberg her bekannten Zoologen Karl Ernst v. Baer, der 1834 seine Königsberger Professur aufgegeben hatte und einem Rufe an die Petersburger Akademie gefolgt war, als ausserordentl. Professor der Civilbaukunst nach Dorpat berufen (nach der Autobiographie resp. dem „Nekrolog auf Boris Semjonowitsch Jacobi" in Nowoje Wremja No. 59, 3. März 1874 (russisch)). Nach der Dienstliste M. H. Jacobis erfolgte die Berufung am 4/16. Juni 1835 und der Dienstantritt in Dorpat am 28. Sept./10. Okt. 1835 (vgl. a. den nächsten Brief, No. XII).

3) „Mémoire sur l'Application de l'Électro-Magnétisme au Mouvement des Machines". Potsdam chez Riegel. 1835. — „Dein Memoire ist sehr schlecht fast gar nicht gegangen", schreibt der Bruder Eduard an M. H. Jacobi (27. V. 1835).

4) Vielleicht in einem der beiden eingangs erwähnten oder einem anderen gleichfalls nicht mehr erhaltenen Briefe; vgl. jedoch auch den viel älteren Brief IX.

5) s. Ann. Phys. Chem., Bd. XXXVI (1835), p. 366—369: „Jacobi's Commutator." — Bezüglich der Einrichtung des Jacobischen Gyrotrops vgl. a. etwa G. Wiedemann, „Electricität", Bd. I (2. Aufl. 1893), p. 268.

6) S. das von H. W. Dove verfasste Vorwort zu Bd. I (Berlin 1837) des „unter Mitwirkung der Herren Lejeune-Dirichlet, Jacobi, Neumann, Riess, Strehlke" von Dove und Moser herausgegebenen „Repertorium der Physik", wo auch die Verteilung des Materials unter die verschiedenen Mitarbeiter und als Ressort Jacobis Mechanik, als das Dirichlets Math. Physik etc. angegeben ist.

7) Aus technischen Gründen führte von Bd. II ab Dove die Redaktion allein, während Moser Mitarbeiter blieb (s. die Bekanntmachung der Verlagshandlung am Ende von Bd. II).

8) Bd. I (Berlin 1837), p. 278—281.

9) Bd. II (Berlin 1838), Achter Abschnitt.

10) Elfter Abschnitt in Bd. III (1839) u. besonders Bd. IV (1841), p. 175ff.

11) Das Referat über das 1835 erschienene Werk Poissons hat Dirichlet nicht erstattet, wohl aber ist in Bd. I des Repertorium, p. 152ff. Dirichlets berühmte Abhandlung „Ueber die Darstellung ganz willkührlicher Funktionen durch Sinus- und Cosinusreihen" zuerst erschienen und zwar als eine „Einleitung für spätere Berichte", wie Dove im Vorwort, p. V sagt, ohne dass jedoch Dirichlet weitere Beiträge für das Repert. geliefert hätte.

12) Diese „Hoffnung" hat sich nicht erfüllt: über „Neumann's Untersuchungen" berichtete Radicke in Bd. III (1839), 10. Abschn. („Theoretische Optik"), p. 178ff.

13) Dies ist unterblieben. Überhaupt ist in dem „Repertorium" nichts aus Jacobis Feder erschienen; schon in Bd. II (Berlin 1838) figuriert er nicht mehr unter den Mitarbeitern. Das Referat über Mechanik (s. oben Anm. 6) erstattete in Bd. V (Berlin 1844) Minding. Vgl. a. Brief XIV nebst Anm. 1.

14) Die „Tenth Series" von Faradays berühmten in den Philos. Trans. in 30 Reihen erschienenen „Experimental Researches in Electricity" gehört nicht

gerade zu den wichtigsten dieser Abhandlungen; sie führt die Inhaltsangabe: „On an improved form of the Voltaic Battery. Some practical results respecting the construction and use of the Voltaic Battery," (l. c. 1835, p. 263) und ist in deutscher Übersetzung in Nr. 126 von Ostwalds Klassikern der exakten Wissenschaften durch A. J. v. Öttingen herausgegeben.

15) Die 11. Serie handelt „on induction". — Über Faradays damalige Beschäftigung mit dem Fluor s. das in der folgenden Anm. citierte Werk von Jones, vol. II, p. 67 u. 68.

16) S. dagegen Faradays eigene, völlig andere Darstellung von seiner ersten Berührung mit Davy (Bence Jones, „The Life and Letters of Faraday" (London 1870), vol. I, p. 53/4, abgedruckt aus Paris, „The Life of Davy"); vgl. a. Tyndall, „Faraday as a discoverer" (London 1868), p. 4/5.

17) Vgl. dazu einen Brief Faradays in dem vorstehend citierten Werk von Jones, vol. II, p. 66.

18) Heinrich Theodor v. Schön war damals Oberpraesident der Provinz Preussen; besonders bekannt geworden ist er durch seine wesentliche Mitarbeit am Steinschen Verfassungswerk. Nach Friedländer, l. c. p. 57/58 „suchte Schön den Umgang mit Gelehrten und verkehrte mit ihnen in der zwanglosesten Weise, mit mehreren war er befreundet, wie mit Bessel und Jacobi, am meisten mit Rosenkranz"; s. auch „Preussens Staatsmänner. III. Schön" (Leipzig 1842), p. 31, sowie auch „Aus den Papieren des Ministers Theodor von Schön", Bd. III (1876), p. 104.

19) Über die Differenzpunkte zwischen Fouriers „Théorie analytique de la chaleur" (1822) und Poissons „Théorie mathématique de la chaleur" (1835) vgl. etwa auch Arago, Werke (deutsche Ausg.), Bd. II, p. 526 ff.

20) Graf Libri, 1803—1869, Mathematiker und Mitglied der Pariser Akademie, bekannt durch seine politischen Schicksale (vgl. S. 15, Anm. 8) und andere Begebnisse (Entwendung von Büchern u. Handschr. der Pariser Bibl.).

21) William Rowan Hamilton, „On a General Method in Dynamics; by which the Study of the Motions of all free Systems of attracting or repelling Points is reduced to the Search and Differentiation of one central Relation, or characteristic Function", Philos. Trans. 1834, p. 247—308; 1835, p. 95—144.

22) „Dass es Dir in Dorpat gefällt", schrieb nicht viel später H. W. Dove an M. H. Jacobi, „lässt sich leicht erklären. Verlobt, in angenehmen Verhältnissen, die noch dazu neu sind, was willst Du mehr! Höchstens eine Droschke mit einem Hufeisenmagnet ohne Pferd."

23) Vgl. für die Anstellung des bisherigen Gehülfen Busch als Observator einen Brief von Bessel an Gauss vom 24. Sept. 1835, Briefw. Gauss-Bessel, p. 513, sowie den in der folgenden Anm. citierten Brief an Olbers.

24) s. Brief XIV, Anm. 15, sowie einen Brief Bessels an Olbers v. 23. Sept. 1835, Briefw. Olbers-Bessel, Bd. II, p. 399.

25) Die von Schinkel erbaute neue Berliner Sternwarte wurde 1835 bezogen; Bessel war unter ihren ersten Besuchern (Bruhns, „Encke", p. 186 f.; vgl. a. ibidem p. 181 einen Brief Bessels an Encke).

26) Jacobi spielt hier auf eine Unterredung an, die er als Privatdocent bei seinem ersten Besuche bei Bessel mit diesem gehabt hatte, s. K. Th. Anger, „Popul. Vorträge über Astronomie" (Danzig 1862), Vorwort von G. Zaddach, p. IX, wiederabgedruckt bei W. Ahrens, „C. G. J. Jacobi und die Jacobi-Biographie", Mathem.-naturw. Blätter, 1. Jahrg., 1904, p. 170; vgl. a. Brief XIV nebst Anm. 17 dort.

27) Vgl. F. W. Bessel, „Astronomische Untersuchungen", Bd. I (Königsberg 1841), p. 153 ff.

XII. Königsberg, 1835. XII. 13.

Königsberg d. 13.ⁿ Dec. 1835.

Theuerster Moritz,

Es drängte mich, gleich nach Empfang Deines vorletzten Schreibens, welches ich sogleich nach Potsdam beförderte, Dir zu schreiben, u. Dir aus der Fülle meines Herzens meinen Glückwunsch abzustatten, aber anderseits war ich doch zu verdonnert, u. so verschob es sich bei Andrang von mancherlei Geschäften, die mich zu keiner Sammlung kommen liessen, von einem Tage zum andern. Meint doch Moser, man müsse wohl den Unterschied zwischen dem Datum des alten u. neuen Styls fest halten, damit Du Dich nicht noch vor Deiner Ankunft in Dorpat verlobt hast, u. so kann auch dieser Brief kaum eine grosse Verzögerung erfahren haben, da er erst 2 Monate nach Deiner Ankunft in Dorpat[1]) geschrieben wird. Möge dieser rasche Entschluss eben so zu Deinem Heile ausschlagen, wie der, dass Du nach Königsberg kamst. Ich könnte Dir aus dem reichen Schatze meiner eheständischen Erfahrungen mit manchem guten Rathe an die Hand gehn, aber da jede Ehe ein Individuum ist, so mag wohl jede ihre eigne Theorie haben. Ob Du auch zur griechischen Kirche[2]) übertreten wirst, hast Du nicht geschrieben; der Genuss eines einzigen ihrer Sacramente soll dazu genügen, u. daher namentlich bei der Armee mancher ohne es zu wissen u. zu wollen übergetreten sein. Falle man nicht, wenn Ihr nach dem Altar lauft. Wie das so alles in der Geschwindigkeit gekommen ist, wo die Bekanntschaft gemacht worden, das wäre wohl intressant, wenn Du darüber schriebest. Hast Du Dich denn gleich nach Deiner Ankunft in alle Mädchenschulen herumführen lassen? Die Fertigkeit Deiner Zukünftigen im Französischen ist für Dich wohl in vieler Hinsicht äusserst schätzenswerth; aber wird sie auch deutsch lernen, oder wirst Du, wenn wir Dich wieder sehn, nur noch gebrochen deutsch kennen [sic!].

Wie das ist, wenn man von den Sachen fast erdrückt wird, weiss ich wohl; aber ich sehe nicht ein, wie Deine jugendlich kindlichen Phantasieen Dir solches Gefühl geben, da die doch noch weit haben bis sie Sachen werden. Es gilt davon, was Nathan zu Recha sagt, wie viel leichter fromm schwärmen als gut handeln ist[3]). Faraday[4]) hat, wie es heisst, das Gesetz der Kette gefunden für Drähte von verschiedner Dicke; das ist eine gute Handlung, die ihm gewiss viel Mühe gemacht hat. Nun kommst Du, wenn Du so etwas hörst, u.

phantasirst darüber; das hilft zu nichts; das sind Idees u. keine Ideen. Zu genauen Versuchen hast Du wohl eine Haupteigenschaft, Ausdauer, Hartnäckigkeit u. den Enthusiasmus der Geduld; aber die Schule, die langjährige Übung, u. der zu allem sehr Genauen, ... nicht zu entbehrende algebraische u. numerische Calcul gehen Dir ab. Darum wird es immer besser sein, wenn Du Qualitäten, nicht Quantitäten nachjagst. Im système du monde soll bei den Kometen eine Polarkraft zur Erklärung der Ausströmungen nicht entbehrt werden können, worüber B. einen Aufsatz jetzt geschrieben.[5]) Ich würde nur mit langen Zähnen daran gehn.

Zu meinem Geburtstage hat mir meine liebe Marie die Kinder gezeichnet, den Leonhard stolz mit dem Degen an einer Seite u. die Peitsche in der Hand auf seinem Schaukelpferd, davor den stofflichen Nicolas, der mit einer Hand den Zügel fasst u. einen Fuss aufhebt um auf das Pferd zu steigen, umher mancherlei Stillleben. Das Bild ist sehr gelungen, was um so erfreulicher, da Marie im Zeichnen nach dem Leben keine Übung hat, u. bei den Kindern von Sitzen nicht die Rede war; beide sind ausserordentlich ähnlich ..... Wie schwer u. ungern ich mich auch von der Zeichnung trenne, wäre es doch unverantwortlich, wenn ich nicht Mutter die Freude machen wollte. Sonst bekam ich noch eine schöne Pfeife u. einen immerwährenden Fidibus, die neuste zu Weihnachten gemachte physikalische Entdeckung, die Moser von Berlin hergebracht hat. Abends war Madeweiss[6]), Sachs, Lehrs[7]), Neumann, Moser, Bessel bei mir ..... Staatsrath Struve, dem mich bestens zu empfehlen bitte, hat noch nicht an Bessel geschrieben; sage ihm doch, er möchte nicht vergessen, recht viel von Deiner Braut zu schreiben; solche Geschichten sind für Bessel ein grosses Machchen[8]). Ich bin sehr erfreut, dass Moser u. Neumann fortfahren in dem besten Vernehmen zu stehn[9]). ....

Nun lebe wohl, bester Bruder, u. empfiehl mich auf das angelegentlichste Deiner Zukünftigen. Es ist langweilig, an einen Verliebten zu schreiben, daher schliesse ich. .....

Dein Dich herzlich liebender Bruder Jaques.

---

1) s. S. 24 Anm. 2.

2) Die Braut, A. Gr. Kochanowskaja, gehörte der griechisch-orthodoxen Kirche an; s. Iljin, p. 24.

3) Lessing, Nathan der Weise, 1. Aufzug, 2. Auftritt.

4) Die berühmten Untersuchungen Georg Simon Ohms entbehrten damals

noch der gebührenden Beachtung. „Although the labours of Ohm were, for more than ten years, neglected, (Fischner [Fechner] being the only author who, within that time, admitted and confirmed his views,) within the last five years, Gauss, Leng [Lenz], Jacobi [z. B. Ann. Phys. Chem., Bd. 48 (1839), p. 26], Poggendorff, Henry, and many other eminent philosophers, have acknowledged the great value of his researches, and their obligations to him in conducting their own investigations" hiess es z. B. am 30. Nov. 1841 in einem Bericht der Royal Society of London (s. „Abstracts of the Papers of the Royal Society of London" vol. IV, p. 336).

5) F. W. Bessel, „Beobachtungen über die physische Beschaffenheit des Halley'schen Kometen und dadurch veranlasste Bemerkungen", Astron. Nachr., Bd. 13 (1836), No. 300, 301, 302, col. 185—232, s. besonders col. 200 ff.; verkürzter Abdruck in Ann. Phys. Chem., Bd. 38 (1836), p. 498—530.

6) v. Madeweiss, Major und Adjutant beim General-Kommando des ersten Armeekorps, Schwager von C. G. J. Jacobi.

7) Karl Lehrs, 1802—1878, hervorragender Philolog, war seit 1831 an der Albertina habilitiert (vgl. den nächsten Brief).

8) Sic! Wort unbekannten, wohl familiären Ursprungs, an welches in jüdisch-deutscher Mundart von Ausdrücken ähnlicher Bedeutung wohl nur Nāches = *Vergnügen* anklingt (s. Abr. Tendlau, „Sprichwörter und Redensarten deutsch-jüdischer Vorzeit" (Frankfurt a. M. 1860), Nr. 492, 521, 795, 991).

9) Beide besassen gleiche Anrechte auf Benutzung der allerdings nur wenigen physikalischen Instrumente der Universität (s. „Franz Neumann", p. 351).

XIII. Königsberg, 1836. II. 19.

Königsberg den 19 Febr. 1836 an Onkel Lehmanns Geburtstag.

Liebster Moritz,

Euer liebe Schreiben haben wir mit der grössten Freude u. der grössten Theilnahme gelesen, u. statten unsern herzlichsten Glückwunsch zur Feier Eures Ehebundes ab. Es kamen mir dabei lebhaft die Verhältnisse in Erinnerung, unter denen ich vor $4^1/_2$ Jahren diesen Schritt that, wo alles das düstre Gepräge der damals hier am ärgsten grassirenden Cholera[1]) trug; möge gleicher Segen u. gleiche Freudigkeit Dir daraus erblühen; das schöne Gemüth Deiner und unserer liebenswürdigen Annette sind dafür die festesten Bürgen.

— —

Das neuste, wenn Du es nicht schon von Potsdam erfahren hast, ist, dass ich mir ein Haus gekauft habe, das nämlich, worin ich jetzt wohne. . . . . . es ist das erste Haus der Sackheimer Hinterstrasse, noch der Katholischen Kirche gegenüber, ... die Aussicht ist entzückend.

Wegen der Zöglinge des Petersb. pädagogischen Instituts, die hier studiren sollen, hat mir bereits vor einiger Zeit Staatsrath v. Fuss geschrieben, u. habe ich auch demselben schon geantwortet. . . . . .

. . . . . Lehrs ist hier extraordinarius[2]) geworden, Dietz[3]) ordinarius; da sich die medizinische Facultät seiner Aufnahme in die Facultät widersetzte, so antwortete das Ministerium, es sei zwar wahr, dass sich derselbe höchst unanständig, obgleich nicht unerhört, betragen habe, da er aber versprochen habe, sich für die Zukunft anständiger zu benehmen, so könne seinem Eintritt in die Facultät nichts wesentliches entgegengesetzt werden.

Über die Eisenbahn von Berlin nach Potsdam wirst Du wohl in dem Hamburger Corresp. etwas näheres gelesen haben. Crelle hat sich während der ersten 5 Jahre seiner Direction unter anderm ℛ 600 jährlich u. freie Equipage, u. dann 300 ℛ jährlich lebenslänglich ausbedungen.

Nun lebe recht wohl, grüsse vielmal Deine liebe Annette von Deinem

Dich herzlich liebenden Bruder C. G. J. Jacobi.

---

1) Vgl. Brief V.

2) Ordinarius wurde K. Lehrs erst 1845, wovon C. G. J. Jacobi ihm Mitteilung machte in einem Briefe, der unter den „Briefen Lobeck u. Lehrs", Th. I, p. 416 abgedruckt ist.

3) Friedr. Reinh. Dietz, ein vielseitiger Gelehrter, der neben medizinischen Vorlesungen, z. B. über Pathologie, auch solche über neuphilologische Gegenstände (z. B. Byron, Calderon etc.) hielt, auch bedeutender Hippokrates-Forscher und Orientalist war, wurde 1836 (nach Prutz, p. 182 allerdings: 1835) ord. Prof. und Direktor des Königsberger Krankenhauses, starb jedoch schon am 5. Juni 1836 (geb. 1804).

XIV. Königsberg, 1836. IX. 17.

Königsberg d. 17.^{n} Sept. 1836.

Liebster Moritz,

Obgleich R . . . in einigen Tagen von hier abreisen will [nach Dorpat], so glaubte ich doch, dass es bei dem ersten Geburtstag, den Du in so weiter Entfernung u. in so neuen Verhältnissen erlebst, Dir lieb sein wird, wenn Du ein Zeichen zu dieser Zeit erhältst, dass man sich auch an andern Orten noch Deiner liebend erinnere. Du wirst freilich an diesem Tage sehn, dass es ein ganz ander Ding ist, wenn eine liebe Frau an diesem Tage uns ihre Glückwünsche bringt, wie Du denn immer mehr erfahren wirst, welch ein Seegen ein zufriedner

Hausstand ist. Nimm denn auch meine Glückwünsche als eine kleine Nebengabe freundlich an. Um Dir zunächst von meinem u. dann Deiner Freunde Ergehen zu berichten, so hatte ich, wie Du weisst, eine Anzeige von zwei Abhandlungen Hamiltons für das Dove-Mosersche Repertorium übernommen[1]). Dieses führte mich sehr tief in das Studium der wichtigsten mechanischen Theorien, wodurch ein ungeheures Manuscript anschwoll, an dessen Beendigung ich aber durch anhaltendes Kopfweh verhindert wurde, welches mich von Ostern an von allem suivirten Arbeiten abhielt. Ich entschloss mich daher wieder in der hiesigen Anstalt den Marienbader zu trinken, u. mich in dieser Zeit, so wie in den darauf folgenden 5 Wochen in Rauschen aller Arbeit zu enthalten, u. so viel es nur irgend möglich war, müssig zu gehn. Indem ich aber dabei ab u. zu in guten Augenblicken, namentlich in Rauschen, wo ich mich des vollkommensten Wohlseins erfreute, an meine mechanischen Arbeiten dachte, gerieth ich auf einige sehr abstracte Ideen[2]) über die Behandlung der Differentialgleichungen, welche in den Problemen der Mechanik vorkommen, indem diese Differentialgleichungen durch ihre besondre Form Erleichtrungen für die Integration zulassen, welche man noch nicht bemerkt hatte. Diese Betrachtungen werden desto wichtiger, wie ich glaube, werden, weil sie sich zugleich auf die Differentialgleichungen ausdehnen, welche bei den isoperimetrischen Problemen u. der Integration der partiellen Differentialgleichungen erster Ordnung vorkommen. Meine Arbeit hat dadurch einen ganz verschiednen Character bekommen, u. ich zweifle, dass Dove sie für sein Repertorium passend finden wird. . . . . . Wenn sie etwas von mir aufnehmen, so wird es erst in den zweiten Theil kommen, ... Obgleich hier Jacobson[3]) u. Simson[4]) Ordinarien geworden sind, so dass, was weder in Berlin noch Göttingen der Fall, hier 7 Ordinarien in der Juristenfacultät[5]), worunter aber kein einziger Germanist[3]), so ist Moser doch nicht Ordinarius geworden[6]), wenn gleich die Facultät auf Befragen Seitens des Ministeriums ihn dringend empfohlen hat; es muss diese Verzögerung von irgend welchen Zufälligkeiten abhängen. Richelots grosse, wichtige u. langwierige Arbeit über die Abelschen Transcendenten[7]) ist jetzt unter der Presse; von dem vielen, was ich daran geholfen, ist einiges angezeigt worden[8]); ich werde mich, so viel es irgend geht, vor solchen Helfereien in Acht nehmen, weil man dadurch nicht nur das Publicum, sondern die Leute selber betrügt, die sich einreden, sie hätten es gemacht, selbst wenn man ihnen die

Aufgabe mit sammt der Lösung giebt. Aber es ist ein Übelstand; wenn man a sagt, muss man auch b sagen...... sein Eifer übrigens, der von einem seiner ganzen Familie einwohnenden Ehrgeiz angespornt wird, ist sehr ehrenwerth. Bei uns ist jetzt der Teufel los wegen Lorinsers[9]) u. des Berliner Seminardirector Diesterweg[10]) Schriften gegen Gymnasien u. respective Universitäten; andres drohen die Pfaffen[11]). So hat der Dr. Niemeyer[12]) in Halle, unterstützt von dem frommisirenden Leo[13]), bei unserm Ministerium angetragen, wegen der in den Gymnasien einreissenden Gottlosigkeit Candidaten der Theologie zu Oberlehrerstellen auch ohne examen zuzulassen. Die hiesige Prüfungscommission sollte die Sache begutachten u. unser Pfaffe, Lehnerdt[14]), stimmte gleich in das Höre Israël Geschrei mit ein; mein Gutachten in dieser Sache hat hier einige Berühmtheit erlangt. Wilhelm Bessel[15]) hat sich endlich entschlossen, sich definitiv u. ernstlich dem Baufach zu widmen. Obgleich er meiner Meinung nach alle Kenntnisse u. Talente hatte, um ein geschickter Astronom zu werden[16]), so scheint doch sein Vater Anforderungen gemacht zu haben, die ihn abschreckten; auch muss es wohl grosse Reize für ihn haben, endlich aus dem immer beengenden väterlichen Hause zu kommen, weshalb er denn auch ganz glücklich über seinen neuen Entschluss ist. Er ist jetzt gleich mit einem Conducteur zum Vermessen nach Memel gegangen, um ein Attest zu kriegen, u. hofft, Ostern nach gemachtem ersten Examen nach Berlin zu gehn. Der Alte, den ich noch nicht gesprochen, da die Sache ganz neu ist, soll ebenfalls ganz zufrieden sein; er jammerte mir noch neulich seinen Gram vor, den Wilhelm zu Grunde gehn zu sehn, weil er statt practischer Astronomie mit reiner Mathematik[17]) sich beschäftige, meine Trostversuche, es sei dies doch nicht geradezu eine unanständige Beschäftigung halfen nichts; er hatte das billige Verlangen, der Wilhelm solle sich nur für irgend etwas entscheiden; er der Vater sei in seinen Wünschen schon so reduzirt, dass er selbst nichts dagegen hätte, wenn er Oberlehrer werden wolle. Es kam bald hierauf zu einer Erklärung zwischen Vater u. Sohn, von dem der gefasste Entschluss die Folge...... Meine Russen waren die Hundstagsferien in Kranz (Socoloff, Tychomandritzki, Spaszky[18]), jene Mathematiker, dieser Physiker, der 1.^{e} mir von Ostrogradsky[19]) mit Recht besonders empfohlen); sie besuchten mich in Rauschen, wir machten 2 Tage lang einige vergnügte Fahrten u. Kneipereien...... Sie haben bis jetzt mit grossem Eifer gelernt, u. sich, namentlich Socoloff, viel

Kenntnisse erworben; ob sie irgend productiv sein können, wird sich nun zeigen. . . . . . Staune! Robert Hagen[20]) soll Docent in der Chemie werden; er geht in wenigen Tagen zu seiner weitern Ausbildung nach Berlin; der 2.e Herrmann[21]), der jetzt zur Universität abgeht, soll sich ebenfalls der akademischen Carriere in der Medizin widmen. Lobeck meinte, wenn das so fortginge, würde man in 100 Jahren im Lectionscatalog Hagen nicht für einen Namen, sondern für ein Amt halten[22]). . . . . . Wenn wir uns doch bei etablirter Dampfschiffarth ein rendez-vous einmal in Petersburg geben könnten. Apropos, leidest Du denn dass diese colossalen Eisenbahnunternehmungen in Deinem neuen Vaterlande vor sich gehen, ohne dass Du die Hand dabei mit im Spiele hast? Bei uns fängt sich damit noch gar nichts an; Crelle schrieb mir neulich, dass so gut wie gar keine Aussicht dazu vorhanden wäre; jetzt soll wieder die Post die abenteuerlichsten Forderungen machen. Nun lebe wohl, bester Bruder. . . . . . Grüsse Deine liebe Frau von

Deinem Jaques.

---

1) s. Doves Ankündigung in Bd. I. des „Repertorium", Vorwort, p. IV. u. vgl. Anm. 13 zu Brief XI.

2) s. den folgenden Brief.

3) Heinr. Friedr. Jacobson, 1804—1868, las vorwiegend über preuss. Kirchenrecht, hielt jedoch auch deutschrechtliche Vorlesungen.

4) Eduard Simson, der später so berühmte Parlamentarier und Jurist (Reichsgerichtspräsident), war am 23. Mai 1836 zum ord. Prof. ernannt worden.

5) Zu den 7 Ordinarien der Juristenfakultät gehörte auch Ferd. Karl Schweikart, 1780—1859, der sich in früheren Jahren viel mit Untersuchungen über die Grundlagen der Geometrie beschäftigt und darüber ein Buch: „Die Theorie der Parallellinien, nebst Vorschlag zu ihrer Verbannung aus der Geometrie" (Leipzig 1808) geschrieben hatte. Gauss, dem einiges von den Resultaten Schweikarts brieflich mitgeteilt wurde, fand hieran „ungemein viel Vergnügen" und liess ihm darüber „recht viel Schönes sagen" (s. Gauss, Werke, Bd. VIII, p. 181; Brief an Gerling vom 16. März 1819). Da erscheint es denn befremdend, dass, so viel bekannt, nähere wissenschaftliche Beziehungen zwischen C. G. J. Jacobi und dem von 1820 bis zu seinem Tode in Königsberg lebenden juristischen Kollegen nicht bestanden zu haben scheinen, obwohl dieser über einer umfangreichen literarischen Tätigkeit auf dem Gebiet seines Lehrfachs das Interesse für jene geometrischen Fragen nicht verloren hatte und in Königsberg jedenfalls mit Bessel über diese Dinge verhandelt hat (s. eine Stelle aus einem Briefe Bessels an Gauss v. 10. Febr. 1829 in Gauss, Werke, Bd. VIII, p. 201; vgl. auch dazu den Schluss des Gerlingschen Briefes ibid. p. 180).

6) Moser (s. S. 12 Anm. 6), seit 1832 Extraordinarius, wurde am 24. Febr. 1839 Ordinarius.

7) Richelot, „De transformatione integralium Abelianorum primi ordinis commentatio, „Journ. f. Math., Bd. 16 (1837), p. 221—341.

8) l. c. p. 224; vgl. Koenigsberger, p. 419.

9) Über den sog. Lorinserschen Streit, hervorgerufen durch die Schrift des Medizinalrat Lorinser: „Zum Schutz der Gesundheit in den Schulen" (1836), welche auch von Friedrich Wilhelm III. beachtet wurde und überhaupt grosses Aufsehen erregte, s. z. B. K. A. Schmids „Encykl. des Erziehungs- u. Unterrichtswesens", Bd. IV, 2. Aufl. (Gotha 1881), p. 692ff. oder K. v. Raumer, „Gesch. der Pädagogik", 3. Th., 3. Aufl. (1857), p. 400ff. Dass in Königsberg diese Frage viel erörtert wurde, davon zeugen auch mehrere von Königsbergern verfasste Schriften, wie die von Gymn.-Direktor Gotthold und von Johann Jacoby; s. des letzteren Gesamm. Schriften und Reden (Hamburg 1872), Th. I, p. 43 u. 78.

10) Friedrich Adolf Wilhelm Diesterweg, 1790—1866, der bekannte Pädagog, seit 1832 Seminardirektor in Berlin; die betr. Schrift ist: „die Lebensfrage der Civilisation", deren „dritter Beitrag" (1836) sich „über das Verderben auf den deutschen Universitäten" verbreitet.

11) Über Bestrebungen dieser Art, welche einige Jahre später — nach dem Regierungsantritt Friedrich Wilhelms IV. unter dem Regime Eichhorn-Gerd Eilers — noch viel stärker hervortraten, sehe man etwa Theob. Ziegler, „Geschichte der Pädagogik" in Baumeisters Handb. der Erziehungs- und Unterrichtslehre für höhere Schulen (München 1895), p. 329ff.

12) Hermann Agathon Niemeyer, Direktor der Franckeschen Stiftungen in Halle.

13) Heinrich Leo, 1799—1878, der bekannte Historiker orthodox-kirchlicher Richtung, Professor in Halle.

14) Joh. Karl Lehnerdt, 1803—1866, damals Prof. d. Theol. in Königsberg, später Nachfolger Neanders in Berlin, dann Generalsuperintendent in Magdeburg.

15) Wilhelm Bessel, geb. 16. Juni 1814 in Königsberg, starb schon am 26. Okt 1840 als Studiosus des Baufachs in Berlin. Es sind einige astronomische Beobb. von ihm in Schumachers „Astron. Nachr." von 1835 und 1836 veröffentlicht. — „Ihr Pathe Wilhelm", schrieb F. W. Bessel 20. Nov. 1833 an Olbers (Briefw. Olbers-Bessel, Bd. II, p. 377), „treibt ausschliesslich Mathematik und wird wenigstens Baumeister werden. Astronomie muss er auch lernen und es macht mir besonderes Vergnügen, für ihn zu lesen und ihm privatim fortzuhelfen."

16) Vgl. Briefe Bessels an Gauss v. 24. Sept. 1835 u. 20. Jan. 1841, Briefw. Gauss-Bessel, p. 515 u. 536, sowie den S. 25 Anm. 24 citierten Brief an Olbers; vgl. a. einen Brief Schumachers an Gauss, Briefw. Gauss-Schumacher, Bd. III, p. 422.

17) „Ich bitte Gott, dass er mich nie wieder zu mathematischen Pfuschereien kommen lasse, sondern mir einen Ekel an allem, was nicht Astronomie ist, beibringe", schrieb Bessel an Jacobi später einmal (7. II. 1839), s. Koenigsberger p. 252/3; vgl. a. S. 23 u. Anm. 26 dazu.

18) Iwan Dmitriewitsch Socoloff, 1812—1873, aus Wobagda.
Michael Fedorowitsch Spasskij, 1809—1859, aus Orel.
Alexander Nikititsch Tichomandritskij, 1800—1888, aus Twer.

19) Michel Ostrogradskij, 1801—1861, der bekannte Petersburger Mathematiker u. Akademiker.

20) Robert Hagen (1815—1858), von 1843 an Lehrer am Cölln. Real-Gymnas. zu Berlin. — In den Briefen, welche C. G. J. Jacobi 1839 von Potsdam resp. Berlin aus an seine Frau schrieb, berichtet er mehrfach über Robert Hagen, z. B. dass Heinrich Rose „auf das vortheilhafteste" von dessen Dissertation gesprochen und „grosses persönliches Interesse" für ihn habe.

21) „der 2.e Herrmann", nämlich Hermann Hagen, der 2. Sohn des in der folgenden Anm. genannten Prof. Karl Heinr. H., dessen ältester Sohn der zuvor erwähnte Robert H. war. — Hermann Hagen, 1817—1893, studierte zunächst Medizin, wurde später Entomolog (Professor).

22) Im Lektionskatalog für S.-S. 1836 stehen zwei ordentl. Professoren Hagen, nämlich Karl Heinrich (Cameralia) und Ern. Aug. (Kunstgeschichte) und ein Privatdocent (Erhard) Hagen. Karl Gottfr. Hagen, der erste Vertreter der Familie im akadem. Lehramt und Vater der beiden vorstehend zuerst genannten, war 1829 gestorben (vgl. a. Anm. 2 zu Brief XXVI). Die Professur von August Hagen war erst für diesen errichtet worden.

XV. Königsberg, 1836. XII. 20.

Bester Moritz,

Die Krankheit meines Nicolas hast Du leichter genommen als sie war; sie dauert seit dem 20.ⁿ September, also bereits ein Vierteljahr, ... In der schlimmsten Zeit, die ziemlich lange anhielt, verliess ich fast das Krankenzimmer nicht, weil dies sehr zur Beruhigung meiner Frau diente. Dieses brachte mich selbst sehr herunter, ...

Ich habe diesen Sommer, so weit die vielfachsten durch diese Krankheit u. eignes Unwohlsein herbeigeführten Störungen es verstatteten, mich auf neuen Gebieten mit entschiednem Glücke bewegt. Ich habe die grosse Lücke[1]) in der Variationsrechnung, die Kriterien des Grössten u. Kleinsten in den isoperimetrischen Problemen betreffend, mit denen ich mich, wie Du weisst, seit einer Reihe von Jahren herumschlug, dadurch glücklich ausgefüllt, dass es mir auf unerwartete Weise gelang, die Systeme von Differentialgleichungen, deren Integration nach allen bekannten Methoden unmöglich schien, vermittelst einer neuen Anwendung der schönen Methode der Variation der Constanten vollständig zu integriren. Ich habe ferner in der Störungstheorie einen merkwürdigen Ausdruck der grossen Achse gefunden, der für alle Potenzen der Excentrizitäten des gestörten u. der Masse des störenden genau ist, u. auf welchen Freund Bessel grossen Werth legte. Endlich habe ich eine neue Methode, die Differentialgleichungen der Bewegung zu behandeln, erfunden, durch welche jedes Integral die Stelle von zwei Integrationen ersetzt[2]). Beim Schlusse des Jahres macht es mir einiges Vergnügen zu sehn, wie trotz bedeutender Verkümmerungen, wenn man nur immer kühn vorwärts dringt zu den höchsten Problemen u. jeden glücklichen Moment fleissigst benutzt, sich am Ende doch ein leidliches Resultat der gehabten Mühen herausgestellt findet. Ich habe von obigem einiges der Pariser u. Berliner Akademie mitgetheilt[3]). Darf ich Dir denn auch gelegentlich einige nähere Details unterbreiten, um Dich auf Augenblicke wenigstens Deiner praktischen Mathematik zu entziehn.

Dabei fällt mir ein, dass Euer vortrefflicher Bartels, der leider, wie mir ein freundlicher Alter von Euch, der hier durchreiste u. dessen Namen ich augenblicklich vergessen, erzählte, so weit sein soll, das facit seines Lebens zu ziehn[4]), dass Euer Bartels, sage ich, es eigentlich sehr gescheut machte u. viel gescheuter als wir oder ich wenigstens. Ich pflege meinen Jüngern, schon aus collegialischer Höflichkeit, den Rath zu ertheilen, doch auch bei meinen Collegen sich in den Anwendungen zu unterrichten, während mir derselbe Alte erzählte, dass Bartels durchaus nicht litt oder höchst ungern sah, wenn seine bessern Köpfe Anwendungen hören wollten, weil nichts dem wahren speculativen Interesse nachtheiliger ist. Der gute Alte, der selber bei Euch einen sehr talentvollen Sohn hat, den er Ostern hieher schicken will, u. auf den ich mich freue, wunderte sich um so mehr darüber, da die Bartelsche Professur die reine u. angewandte Mathematik vereinigt. Aber Bartels wusste wohl, dass diese Vereinigung ein innerer Widerspruch, für den jetzigen Zustand der Wissenschaft eine Unmöglichkeit ist, u. hat sich deshalb kurz u. gut entschlossen, das eine so gut wie ganz fahren zu lassen, um in dem andern Tüchtiges zu leisten. Dergleichen Vereinigung lässt sich heute nur durch den Mangel an Geld erklären, wo freilich alles aufhört; wie z. B. auf unsern Universitäten, da die Fonds durch eine Menge der mittelmässigsten Besetzungen, die der Minister in gutherziger Schwäche nicht hat abschlagen können — wir haben hier bei etwa 60 juristischen Studenten jetzt sieben juristische ordentliche Professoren — erschöpft sind, auch den schreiendsten Bedürfnissen, u. die unser Minister als solche anerkennt, nicht abgeholfen werden kann. Da aber Kaiserliches Gouvernement bei Euch so erstaunenswerthe Anstrengungen für allseitige Aufnahme der Wissenschaften macht, so ist es kaum glaublich, dass dies bei Euch wesentliche Schwierigkeiten machen könnte. Auch wäre es ja nur nöthig, Deine Professur zu einer ordentlichen zu machen, und die Professur der angewandten Mathematik damit zu verbinden[5]), die ja eigentlich von jeher Dein Hauptfach war; wozu doch nur immer eine Gehaltszulage nöthig wäre. Wenn der alte gute Bartels mit Tode abgehn sollte, würdet Ihr freilich Noth haben, ihn für die reine Mathematik zu ersetzen. Ich wüsste nur einen einzigen, ein eminentes Talent und ein Charakter von solcher Bravheit u. Bescheidenheit, wie in den Sitten der heutigen Welt nicht leicht wieder gefunden wird, den Dr. Kummer am Liegnitzer Gymnasium. Dieser sehr junge Mann, der schon das Bedeutendste in den tiefsten Theilen der Analysis geleistet, u. den ich über alle unsre mathematischen Universitätsdocenten setze — Dirichlet vielleicht ausgenommen — wäre schon längst zur Universität gezogen, wenn es nicht bei uns so stünde, dass z. B. an der Halleschen Universität gar kein ordentlicher Professor der Mathematik ist[6]), u. auf der Breslauer die Direction der Sternwarte u. die ordentliche Professur der Mathematik dem Professor der Physik Dr. Scholz[7]), der von beidem nichts versteht, mit übertragen ist. Wenn ich nun dem Minister schreibe, das sei ein Gräuel, so schreibt er wieder, das sei ein Gräuel, aber er habe kein Geld. Und wenn er sich endlich an den König wendet, so wird es ihm abgeschlagen, weil er Geld genug habe, aber nicht damit umzugehn verstehe, was leider nur zu wahr ist. Ich denke, ich habe Dir schon öfter von Kummer gesprochen; er griff eine Differentialgleichung 3ter Ordnung in meinen Fundamentis auf[8]), die so complicirt ist, dass ich weder selber das geringste damit anfangen konnte, noch auch glaubte, dass irgend ein andrer etwas damit würde anfangen können. Mit einer Kühnheit, die mich in die grösste Verwunderung setzte, machte er gerade diese zum Ausgangspunct seiner Untersuchungen, u. leitete daraus auf unerwartete Weise ähnliche Resultate für andre Transcendenten ab wie ich für die elliptischen gefunden hatte; eine der berühmtesten Arbeiten von Gauss ist der Ausdruck der Reihe $1 + \frac{\alpha . \beta}{1 . \gamma} x + \frac{\alpha . \alpha + 1 . \beta . \beta + 1}{1 . 2 . \gamma . \gamma + 1} x^2 + \ldots$ durch bestimmte Integrale, wenn $x = 1$; man glaubte, dieser Arbeit könne nichts mehr hinzugefügt werden, u. Kummer leistete[9]) dasselbe für *jeden* Werth von x; endlich hat er zuerst die Riccatische Gleichung integrirt[10]), die so lange den Anstrengungen der Analysten spottete, und die Liouville im Pariser Polytechnischen Journal um dieselbe Zeit vergeblich durch $n$fache Integrale zu beweisen bemüht war[11]), andere schöne Arbeiten dieses noch ganz jungen Mannes abgerechnet. Es wäre für Euch eine glänzende Acquisition, ich aber würde ihn mit Kummer ins Ausland gehn sehn, da bei einem Wechsel des Ministeriums solche Talente augenblicklich bei uns sehr gesucht u. vortheilhaft placirt werden würden, da daran grosser Mangel ist, u. ich keinen ihm an die Seite zu stellen weiss. . . . . . vor allem lass Du Dich nicht zur Professur der reinen Mathematik eventualiter präsentiren. Ich weiss recht gut, dass Du Dir bald das etwa fehlende so weit ergänzen könntest, um es mit vielen unserer rein-mathematischen Professoren aufzunehmen, ja sie zu überbieten; aber ich darf es nicht zugeben, dass der hohe Maassstab, den ich an diese Professur zu legen bemüht gewesen bin, von meinem eignen Bruder in etwas herabgesetzt werde. Bedenke, dass Du die Bahn, auf die durch manche Hindernisse und Kämpfe hindurch Neigung u. Fähigkeit Dich geführt haben, nicht ohne Reue würdest verlassen oder Dich von ihr ablenken lassen können. Bedenke Du das ungeheure Gebiet Deines Lieblingsfaches, der angewandten Mathematik, den schönen Standpunct, auf den sie durch Naviers, Coriolis u. namentlich meines Freundes Poncelets Arbeiten gestellt worden ist, in deren Arbeiten Du Dich mit angestrengter Geistesarbeit, wie fast kein andrer in Deutschland, einheimisch gemacht hast, u. deren höhere Prinzipien fortzuentwickeln u. in die Breite der Technik einzuarbeiten Dein eigentlicher u. wahrer Beruf ist. Ich fühle wohl, dass Sorge für die Familie, welche immer eine Ehrensache des Mannes ist, einen solchen Schritt rechtfertigen kann, und dass es bei den Banden, die Dich an Dein neues Vaterland fesseln, Dir vorzugsweise dort eine gesicherte Existenz zu finden wünschenswerth sein muss. Aber, wenn mich nicht alles täuschen sollte, kannst Du das feste Vertrauen haben, Dein Gouvernement werde Deine treuen u. tüchtigen Leistungen nicht verkennen und Deine Verhältnisse bald consolidiren.

Meine Petersburger Zöglinge machen mir viel Freude, u. haben mir einen hohen Begriff von dem Institut, in dem sie gebildet worden sind, beigebracht u. meine Hochachtung vor Ostrogradsky noch erhöht. Nur in den glücklichsten Fällen bringen wir allenfalls hier unsern Zöglingen solchen Umfang von Kenntnissen bei, sicher aber in den exacten Wissenschaften nirgends sonst in Deutschland. Und weisst Du wohl, bald wenn zu so ausgezeichneten Kenntnissen noch etwas mehr Muth zur Productivität kommt, werdet Ihr nicht mehr nöthig haben, Euch im Auslande umzusehn. Wie kurze Zeit ist es doch her, dass wir alle unsre guten Lehrer aus Sachsen nehmen mussten, u. jetzt nehmen die Sachsen sie von uns!

. . . Schreibe mir doch ja sogleich, wenn sich etwas in Deinen dortigen Verhältnissen ändern sollte; Du kennst meine Theilnahme für alles, was Dich betrifft.

Dein Dich herzlich liebender Bruder
C. G. J. Jacobi.

Königsberg 20.^{n} December 1836.

---

1) „Es ist mir gelungen", so sagt Jacobi in dem in der folgenden Anm. citierten Brief an Encke (s. Journ. f. Math., Bd. 17, p. 68), „eine grosse und wesentliche Lücke in der Variationsrechnung auszufüllen. Bei den Problemen des Grössten und Kleinsten nämlich, welche von der Variationsrechnung abhängen, kannte man keine allgemeine Regel, woran zu erkennen wäre, ob eine Lösung wirklich ein Grösstes oder Kleinstes giebt, oder keins von beiden."

2) Eine Darstellung dieser für die Mechanik ebenso wie für die Theorie der Differentialgleichungen wichtigen Untersuchungen hatte Jacobi wenige Tage zuvor (9. Dez. 1836) abgeschlossen in der Arbeit: „Über die Reduction der Integration der partiellen Differentialgleichungen erster Ordnung zwischen irgend einer Zahl Variabeln auf die Integration eines einzigen Systemes gewöhnlicher Differentialgleichungen", Journ. f. Math., Bd. 17 (1837), p. 97—162 = Werke IV, p. 57—127 = Journ. de mathém., t. III (1838), p. 60—96, 161—201 (in französ. Übersetzung), von deren Inhalt er schon zuvor in einem an Encke gerichteten und im Journ. f. Math., Bd. 17, p. 68—82 = Werke IV, p. 39—55 = (in französ. Übersetzung) Journ. de mathém., t. III (1838), p. 44—59 veröffentlichten Schreiben vom 29. Nov. 1836: „Zur Theorie der Variations-Rechnung und der Differential-Gleichungen" eine Übersicht gegeben hatte (s. a. Anm. 3).

3) Der Berliner Akademie teilte Jacobi in einem an Encke gerichteten Schreiben ein neues Integral mit „für den Fall der drei Körper, wenn man die Bahn des störenden Planeten kreisförmig annimmt und die Masse des gestörten vernachlässigt", s. Berliner Berichte 1836, p. 59/60; die der Pariser Académie des sciences vorgelegte Note, deren zweiter Teil im wesentlichen mit der vorstehend-erwähnten Berliner übereinstimmt, steht C. R., t. III. (1836), p. 59—61 = Werke IV, p. 35—38 („Sur le mouvement d'un point et sur un cas particulier du problème des trois corps.") — Von seinen Untersuchungen aus dem Gebiet der Variationsrechnung machte J. der Berliner Akademie in einer am 15. Dec. 1836 vorgelegten Note (Berichte 1836, p. 115—119) und der Pariser in einer am 7. Nov. 1836 vorgelegten Note (C. R., t. III (1836), p. 536) Mitteilung.

4) Joh. Mart. Christ. Bartels, geb. 1769, Prof. d. Math. in Dorpat, zuletzt pensioniert, ist am 19. Dez. 1836 n. St., also einen Tag vor dem Datumstage dieses Briefes, gestorben.

5) Moritz Jacobi war ausserord. Prof. der Civilbaukunst (s. S. 24 Anm. 2).

6) Otto August Rosenberger, 1800—1890, der von 1823—1826 Assistent von Bessel gewesen war, war (seit 1832) ord. Prof. der Math. u. Astr. an der Univ. Halle; Extraordinarien der Math. ebendort waren E. Gartz (seit 1823) u. L. A. Sohncke (seit 1835). Allerdings war für Scherk, der 1832 an der Universität Halle vom Extraord. zum Ordinarius aufgerückt, jedoch 1833 einem Ruf nach Kiel gefolgt war, kein Ordinarius wieder berufen. „Ich höre", hatte damals Rosenberger an K. Lehrs (13. IX. 1833) geschrieben, „dass man in Berlin unter andern auch daran denkt Jacoby hieher zu setzen. Ich kann nicht leugnen, dass mir das für meine Person sehr lieb und angenehm wäre, indem seine grosse Überlegenheit mich nicht sehr incommodiren würde, da ich es ein Mal gewohnt bin Andere weit über mir zu sehen und es dabei auf etwas mehr oder weniger nicht ankommt, im Gegentheil ein recht grosser Abstand leichter ertragen wird als ein weniger augenscheinlicher. Man soll besorgen, dass Jacoby Königsberg nicht wird verlassen wollen. Was denkst Du davon? — Ist es seine Absicht von Königsberg fort zu gehn und nach Halle zu kommen, so glaube ich, dass er es jetzt erreichen kann. Mir, wie gesagt, sollte es sehr erwünscht und angenehm sein" (Briefe Lobeck u. Lehrs, Th. I, p. 160).

7) Ernst Julius Scholtz, 1799—1841, war ord. Prof. d. Math. u. Dir. der Sternwarte (vgl. a. Poggendorffs biograph.-literar. Handwörterbuch, Bd. II);

Prof. ord. des. der Physik war der schon S. 17 Anm. 6 erwähnte G. F. Pohl.

8) E. E. Kummer, „De generali quadam aequatione differentiali tertii ordinis“, Progr. des Liegnitzer Gymn. 1834 = Journ. f. Math., Bd. 100 (1887), p. 1—9.

9) E. E. Kummer, „Über die hypergeometrische Reihe

$$1 + \frac{\alpha . \beta}{1 . \gamma} x + \frac{\alpha(\alpha+1)\beta(\beta+1)}{1.2.\gamma.(\gamma+1)} x^2 + \frac{\alpha(\alpha+1)(\alpha+2)\beta(\beta+1)(\beta+2)}{1.2.3.\gamma.(\gamma+1)(\gamma+2)} x^3 + \ldots,$$

Journ. f Math., Bd. 16 (1836), p. 39—83, 127—172. Diese Abhandlung war durch die in vorstehender Anm. citierte bereits vorbereitet und an deren Ende als abgeschlossen angekündigt. — „Es mögen jetzt einige zwanzig Jahre her sein“, sagte Encke als Sekretar der Berliner Akademie bei Kummers Eintritt in diese Körperschaft, „wo Sie, Hr. Kummer, in der Zeit des Dienstjahres, welches die Pflicht gegen das Vaterland Ihnen auferlegte, das lebhafte Erstaunen von Jacobi erregten, als Sie einen höchst werthvollen mathematischen Aufsatz als einjährig Freiwilliger ihm einsandten und damit die engere schriftliche Verbindung anknüpften, in welche Sie später mit Jacobi und Dirichlet traten. Gleich unter Ihren ersten veröffentlichten Arbeiten erschien diese vortreffliche Abhandlung von Ihnen, über die bekannte hypergeometrische Reihe von Gauss, welche diese wichtige und berühmte Abhandlung von Gauss so erweiterte und ergänzte, dass der Mangel einer ähnlichen von Gauss selbst herrührenden gehofften Ausführung, wenn auch immer schmerzlich empfunden, doch wenigstens nicht so fühlbar ward, wie bei manchen andern Untersuchungen, zu deren Fortführung und Beendigung die Zeit dem grossen Manne gefehlt hatte“ (Berliner Monatsber. 1856, p. 382/3). Nach E. Lampe, „Nachruf für Ernst Eduard Kummer“ Deutsche Mathem.-Verein. Jahresber. III, 1892/3, p. 16 zeigte Jacobi die von Kummer erhaltene Sendung in Königsberg mit den Worten: „Sieh da, jetzt machen schon preussische Musketiere mit ihren mathematischen Arbeiten den Professoren Concurrenz!“ — Über Jacobis eigene hiermit zusammenhängende Untersuchungen s. Koenigsberger, p. 228 ff.

10) E. E. Kummer, „Sur l'integration générale de l'équation de Riccati par des intégrales définies“, Journ. f. Math., Bd. 12 (1834), p. 144—147.

11) J. Liouville, „Mémoire sur l'équation de Riccati“, Journ. de l'École Polytechn., Tome XIV, Cahier XXII (1833), p. 1—19.

XVI. Königsberg, 1837. III. 5.

Sonntag den 5. März 1837.

Liebster Moritz,

Ich vermelde Dir in der Geschwindigkeit, dass meine liebe Marie vorgestern . . . . . von einem sehr starken und stämmigen Jungen glücklich entbunden worden ist. . . . . . Über meine Russen habe ich neulich an Deinen Herrn Minister einen Bericht geschickt, u. sogleich einen eigenhändigen, sehr freundlichen Brief darauf erhalten. Ich habe den Wunsch nicht unterdrückt, dass bei den Zöglingen etwas mehr auf eigne Productivität möge hingewirkt werden, von deren Möglichkeit sie bei umfassenden Kenntnissen keine Vorstellung, noch irgend eine Neigung dazu haben, bei der grössten Begierde alle Entdeckungen germanischer Völker zu fressen. — Dass ich so lange nichts von Dir gehört, lässt mich vermuthen, es sei dort irgend etwas im Werke, was Du abwarten willst. Melde mir doch sogleich, was Du über die Besetzung der dortigen ordentlichen Professur der Mathematik[1]) erfährst, weil diese Nachbarschaft eines Collegen für mich von Interesse. Ich habe in analytischer Mechanik, und zuletzt in der Zahlentheorie[2]) seit einem Jahre bedeutendes geleistet; eine ganz neue Theorie der Integration der partiellen Differentialgleichungen erfunden, welche für die Integration der Probleme der Mechanik von Wichtigkeit ist, und was das Kunstreichste wohl war, sämmtliche Differentialgleichungen integrirt[3]), von denen, wie Legendre u. Lagrange gezeigt haben, die Kriterien abhängen, ob die 2.e Variation in den isoperimentrischen Problemen immer dasselbe Zeichen behält oder ob ein max. oder minimum in diesen Problemen überhaupt möglich sei[4]), und deren Integration Lagrange nicht für möglich hielt[5]). Dies alles zwischen Leiden und Sorgen mancherlei Art. Ich zweifle nicht, dass dies alles bei grösserer Ausbildung der Technik noch viel besser gehn wird, wie ich durch Deine Rede[6]) überzeugt worden bin, welche aber nicht die technische Vollendung früherer hier von Dir gehaltnen Reden[7]) erreicht. . . . . .

. . . . . Aus einer Antwort von Gauss[8]) auf einen Brief von mir entlehne ich folgende Stelle: „Leider hat ein Wechsel andrer Arbeiten mich noch nicht dazu kommen lassen, an die Publikation zu denken, und eben gegenwärtigen Augenblick bin ich so mit andern, gewissermassen nur halb wissenschaftlichen Arbeiten (sic) obruirt, u. s. w.“ . . . . .

Dein Dich herzlich liebender Bruder Jaques.

1) E. Senff wurde 1837 nach dem Tode von Bartels (s. S. 38 Anm. 4) Extr. der Math. (vgl. Brief XXVIII nebst Anm. 9).

2) Diese Untersuchungen, bei denen es sich vorwiegend um Anwendung der Kreisteilung auf die Zahlentheorie, insbesondere die Theorie der höheren Potenzreste, handelte, gehen zu einem Teil schon sehr weit zurück. Es genügt hier, auf den Brief Jacobis an Gauss vom 8. Febr. 1827 (Werke VII, p. 393—400) zu verweisen. In der Zwischenzeit hatte Jacobi diese Untersuchungen mehrfach wieder aufgenommen, zumal als 1832 Gauss das von ihm in diesem Gebiete angewandte neue Prinzip, die Einführung der komplexen ganzen Zahlen, bekannt gab. In dem Wintersemester (1836,37), dem der obige Brief angehört, hielt Jacobi nur eine Vorlesung und zwar über „Zahlentheorie“ (s. Werke VII, p. 410), wodurch für ihn eine erneute eingehende Beschäftigung mit diesen Untersuchungen gegeben war, über deren einen Punkt er Gauss am 31. Jan. 1837 berichtet (Werke VII, p. 401 f.). Bezüglich der bis zu dieser Zeit erfolgten Veröffentlichungen Jacobis auf diesem Gebiete sei auf Bd. VI der Werke verwiesen; s. im übrigen Brief XVIII nebst Anm. 3 u. Brief XXXIV.

3) Vgl. hierzu S. 30 u. 34, sowie die Seite 38, Anm. 1—3 citierten Arbeiten Jacobis, zu denen im Jahre 1837 noch die „Note sur l'intégration des équations

différentielles de la dynamique", C. R., t. V (1837), p. 61—67 = Werke IV, p. 129—136 trat.

4) Legendre trat zuerst dieser Frage näher, („Mémoire sur la manière de distinguer les maxima des minima dans le calcul des variations", Mém. de math. et de physique, tirés des registres de l'Académie Royale des Sciences, Année 1786 (Paris 1788), p. 7—37), jedoch ist die von ihm angegebene Bedingung nicht hinreichend, worauf Lagrange in seiner „Théorie des fonctions analytiques" (s. Oeuvres, t. 9 (Paris 1881), p. 305) aufmerksam machte.

5) S. die in vorstehender Anm. citierte Stelle Oeuvres 9, p. 305.

6) Die unter Nr. 14 des Schriftenverzeichnisses aufgeführte Festrede vom 22. Aug. 1836. C. G. J. Jacobi spielt hier mit feiner Ironie besonders an auf eine Ziel und Zweck der Mathematik betreffende Stelle dieser Rede, S. 20f.

7) Zwei dieser Reden sind, da sie auch gedruckt sind, unter Nr. 6 u. Nr. 8 des Schriftenverz. aufgeführt.

8) Der betr. Brief Gauss' ist nicht mehr erhalten; der vorhergegangene Brief Jacobis an Gauss ist v. 31. Jan. 1837 und in Jacobis Werken VII, p. 401/2 abgedruckt.

XVII. Dorpat, 1837. VIII. 22.

Dorpat den 10/22.ten August 1837.

Lieber Jacques!

Obgleich Du, wenn ich nicht irre, mir noch eine Antwort auf meinen letzten Brief[1]), worin ich Dir zur Geburt Deines Knaben Glück-wünschte, schuldig bist, und ich Dir später eine Abhandlung zugeschickt hatte, von deren Ankunft und günstiger Aufnahme, ich Notiz erwartete, so kann ich doch nicht länger zögern Dir zu schreiben, da ich Dir manches mitzutheilen habe, was von Wichtigkeit für mich, also wie ich glaube von Interesse für Dich sein möchte.

Chamisso sagt einmal, es träte im Leben an die Stelle einer That nicht selten ein Ereigniss[2]), und das habe ich im Laufe meines Lebens oft erfahren; ich hebe also davon an, wie die gedruckte Abhandlung[3]) und noch einiges andere was ich der Akademie mitgetheilt hatte dort sehr vielen Beifall fand, und günstiges Urtheil, wie der Minister hierdurch und durch die anderweitigen günstigen Berichte unseres Curators, vortheilhaft für mich gestimmt, und wie gerade in höchsten Kreisen, zufällig von meinen Bemühungen öfters die Rede war. Indessen wäre so etwas kaum von einer nachhaltigen Wirkung gewesen, wenn nicht der Zufall auch das seinige dazu beigetragen hätte. Wie Struve nämlich dieses Frühjahr in Petersburg war, wurde er beim Finanzminister Grafen Cancrin[4]) zu Tische geladen. Im Vorzimmer befand sich ein Bekannter von ihm, der Baron

Schilling von Canstadt,[5]) ein sehr merkwürdiger, interessanter Mann der zugleich eine bedeutende Stellung in der Welt einnahm. Dieser hatte meine Arbeiten immer mit grosser Aufmerksamkeit verfolgt, und hätte mich schon im Jahre 1835 in Kbrg.[6]) besucht, wenn er nicht erfahren hätte, er würde mich in Bonn bei den Naturforschern treffen. Es lag ihm also nahe sich bei Struve nach dem Verfolg meiner Arbeiten u. s. w. zu erkundigen. Struve erwiedert ihm darauf dass es mir leider am Besten am Gelde nämlich fehle, um die Versuche fortzusetzen. „Wenn weiter nichts ist, das ist eine Kleinigkeit." Der Gegenstand wird also bei der Tafel auf das Tapet gebracht, der Alte (Cancrin) horcht auf, und das Resultat war, dass er seine Mitwirkung zusagte. Ich muss hierbei hinzufügen, dass hier zu Lande, da wo von Gelde die Rede ist, die Einwilligung des Finanzministers ein höchst wichtiger Punkt ist, weil man gewohnt ist, ihn wie ein Cerberus die Staatsschätze bewachen zu sehen. Indessen meinte er, er könne doch unmittelbar nichts für die Sache thun, ich stände unter dem Minister der Volksaufklärung, der Antrag zur Unterstützung für mich, müsse von ihm ausgehn, und er wolle gern dem Herrn von Uvarow[7]) die Versicherung geben, dass er alles was in seinen Kräften stände thun würde um den Gegenstand zu fördern. Unser Minister darüber sehr erfreut giebt sogleich unserm Curator der eben in Petersburg anwesend war den Auftrag, er solle mich auffordern, ein Exposé zu entwerfen, worin ich ihm den gegenwärtigen Standpunkt der Sache und das was geschehen müsse um denselben weiter zu bringen, aus einander setzen solle, ich möge ihm das selbst überreichen und so schnell als möglich nach Petersburg kommen.[8]) Dieses Exposé war nicht schwer zu entwerfen, da es nur reine Facta enthalten durfte, welche den strengen Prüfstein der Akademie aushalten konnten. Es seien vor allen Dingen suivirte wissenschaftliche Untersuchungen nöthig, welche nicht schnell abzumachen sondern etwa auf 5 Jahre auszudehnen wären. Ich müsse mir ein eigenes Attelier anlegen wozu ich 10,000 Rbl. = 3000 ₰ bedürfe, zur Unterhaltung eines Mechanikers, Anstellung der Versuche wären jährlich 8000 Rbl. nöthig u. s. w. „Wenn es nicht mehr ist als 50,000 Rbl. die will ich wohl geben, aber wenn es nur genug ist!" sagte Cancrin. — Während ich nun mit Vorbereitungen zur Reise beschäftigt war erschien mit einemmale der Baron von Schilling selbst in Dorpat, er hatte keine Ruhe mich kennen zu lernen, und wollte mich antreiben. Diese Bekanntschaft war mir sehr erfreulich, denn in der

That ich bedurfte eines gewissen Impulses, um die mir angeborene schüchterne Zaghaftigkeit, welche durch mannigfache drückende Verhältnisse in denen ich mich von je befand, verstärkt worden ist, um diese schüchterne Zaghaftigkeit meine ich zu überwinden. Ich solle gleich mit ihm reisen meinte der Baron, er kehre zwar nicht directe nach Petersburg zurück und würde einige Tage auf dem Gute seines Vetters des Grafen von Benkendorff[9]) bei Reval zubringen, aber die Bekanntschaft des Grafen würde mir nicht allein interessant sondern auch nützlich sein können. Graf Benkendorff ist General der Infanterie, Generaladjutant des Kaisers, und dessen entschiedener Liebling, er geniesst die ungetheilte Gunst des Kaisers, eine Gunst, die sich in ihrer rein menschlichen Seite, auf eine rührende Weise, während einer schweren Krankheit Benkendorffs, durch die unmittelbarste Pflege und Hülfsleistung bethätigt hat. In Folge der Empfehlung eines so nahen Verwandten des Hauses wurde ich in Fall (der Namen des Gutes) mit der vorzüglichsten Gastfreundschaft aufgenommen und brachte daselbst 5 sehr angenehme Tage zu, die mir unvergesslich bleiben werden. Von Reval reisten wir auf dem Dampfbote nach St. Petersburg. — Du wirst es mir ersparen Dir die Stadt und den Eindruck den sie auf mich machte, zu schildern [;] er war in jeder Beziehung grossartig, aber ich fühlte mich in Petersburg nicht fremd, ja gewissermassen heimisch, einmal weil in Bezug auf allgemeine Physionomie Petersburg und Berlin sehr viel Aehnlichkeit haben, dann auch, weil eine gewisse Grossartigkeit der Umgebung mir von je ein inneres Bedürfniss war. Ich wohnte beim Baron Schilling, der von der ausgebreitetsten Bekanntschaft, mich sogleich in die bedeutendsten Verhältnisse lancirte, mit der haute volée bekannt machte, und mich den hohen und höchsten Notabilitäten, auf eine Weise empfahl die mir den wohlwollendsten und freundlichsten Empfang vorbereitete. Ich habe durch ihn sehr interessante und in Bezug auf mein weiteres Unternehmen sehr wichtige Bekanntschaften gemacht z. B. mit Fürst Menzikoff[10]), Seeminister, Generallieutenant von Kowalewski[11]) Director des Bergcorps, Generallieutenant v. Wilson[12]) Chef der Krons-Fabriken, der mit der gleichgültigsten Miene unendliche Hufeisen und namenlose Zinkplatten walzen lässt; u. s. w. Leider legte sich der Baron Schilling 3 Tage nach unserer Ankunft in Petersburg, quälte sich die ganze Zeit dass ich bei ihm war, über 5 Wochen mit einer schmerzhaften Krankheit (Carbunkel) und starb 8 Tage nach meiner Abreise von dort.[5]) Wegen seiner Wohlwollenheit, seiner Localkenntniss, und seines practischen Tacts, ist dieses ein unersetzlicher Verlust für mich, den ich schwer verwinden werde. . . . . .

Der Empfang den ich beim Minister hatte liess nichts zu wünschen übrig. Ich habe, so redete er mich in reinem Deutsch an, eine wahre Freude in der Academie verbreitet, als ich ihr mittheilte dass ich Sie würde nach Petersburg kommen lassen.[13]) Ich trug ihm mein Exposé vor das er mit sehr vielem Beifalle hörte, es wurde darauf mehreres näher besprochen, die Errichtung einer Commission, dass ich meine Versuche in Petersburg anstellen müsse, weil ich dort mehr scientifische und technische Hülfsmittel hätte, in Dorpat aber weder das eine noch das andere. Excellenz haben vollkommen Recht, meinte ich, aber ich fürchte die grossen Kosten, welche mein Aufenthalt in Pet. machen wird, da ich mich nicht auf so lange Zeit von meiner Familie trennen könnte. „Dafür lassen Sie mich sorgen, da ich wünsche, dass Sie sich diesem Gegenstande ganz und mit ungetheilter Thätigkeit hingeben mögen; ich werde das alles dem Kaiser vortragen. Darauf gab er mir einen Brief an den Finanzminister mit, um einiges nöthige mit demselben zu verabreden. Ich wurde da sehr gut aufgenommen und hatte obgleich er am Tage vor seiner Abreise sehr beschäftigt war dennoch eine Audienz von länger als einer Stunde bei ihm. Aber ich habe doch etwas Anstoss gegeben und den Finanzminister beleidigt als ich bei der Explication meinte ob es wohl anginge dass einige Stücke mit Platin könnten garnirt werden. Sie können ja ganz und gar aus Platin gemacht werden. „Wenn Sie für 100000 Rbl. Platin brauchen, so können Sie auch das bekommen es verbleibt ja doch der Krone". So hat der Akademiker Kupffer[14]) zu Etalons und Gewichten für 70000 Rbl. Platin erhalten. Mir brach der Angstschweiss aus, als ich zur Probe beim Obrist Sobolewsky[15]) eine Platte von 20″ Länge u. 10″ Breite bestellte. „Wie dick soll sie sein?" so dick. „Nicht dicker" ja freilich das wäre besser. Wenn ich es nämlich als besser erprobe so lasse ich ganze Batterien aus Platin machen. — Ich habe vergessen Dir zu sagen dass ich auf Schillings Instanz meine Maschine mit nach Petersburg nahm; ich würde dort wohl eine taugliche Batterie vorfinden, damit hatte ich anfänglich grosse Noth, und war in entsetzlicher Verlegenheit als ich die Maschine nicht in einen anständigen Gang zubringen vermochte, bis zufällig der Graf Kuschelew Besborodko[16]), einer der reichsten Standesherren, mir eine Batterie von 24 Plattenpaaren à 56 □″ lieh die vortrefflich eingerichtet war, und die obgleich sie nur mit 3% Säure geladen war einen Effect hervorbrachte, der mich selbst als etwas unerwartetes unendlich überraschte. Ich hatte übrigens auch alle Dräthe herunterreissen und überspinnen lassen, weil der Lack abgesprungen war, wodurch sich eine Menge Nebenschliessungen gebildet hatten. Durch diese vortrefflichen Leistungen gewann ich eine grosse Zuversicht und die Commission wurde vollkommen befriedigt da der gegenwärtige Effect den, im Exposé angegebenen um das 4fache übertraf. Der Effect würde am niedrigsten auf $^1/_2$ Pferdekraft, oder 3 Menschenkräfte taxirt, und ich hatte nur zu thun um zurückzuhalten damit man nicht gleich ins Maasslose ginge. Der Minister war auch da und besuchte mich um sich selbst von allem zu überzeugen. Beim Abschiede sagte er; je me glorifie de ce jour et en géneral d'avoir fait votre connaissance. Was soll ich nun weiter erzählen, die Sache ist so rasch, so glatt, so ohne Weitläuftigkeiten, so ohne Quärel, so ganz ohne Mühe von meiner Seite gegangen, dass ich ganz perplex und befangen wurde, als der Minister mir sagte, er habe mein Exposé dem Kaiser vorgetragen, der es mit grossem Vergnügen und Aufmerksamkeit angehört habe, der Kaiser habe alle seine Vorschläge genehmigt und bestätigt, er wünsche nur dass man seine vorzügliche Aufmerksamkeit auf die Benutzung dieses Motors zur Schiffahrt richten und dass man vor allen Dingen rasch zu Werke gehen solle. Dadurch wäre nun die practische Richtung bestimmt, und von theoretischen Fragen sei nur so viel aufzunehmen, damit das Tatonnement in etwas vermindert werde, ich solle zwar Professor in Dorpat bleiben, aber während meines Aufenthalts in P. auf 12000 Rbl. = 3600 ℛ gestellt werden, solle noch 1500 Rbl. zur Equipage erhalten etc. etc. Das musste den Potsdammer der gewohnt war, wenn er wie ein Pferd gearbeitet hatte, sich dennoch seine Diäten erbetteln oder erkämpfen zu müssen, wirklich etwas verblüffen, und er konnte nur antworten, dass er fürchte, man werde auch seine Ansprüche hiernach steigern. Nein, sagte der Minister, ultra posse nemo obligetur. Ich kehrte bald darauf nach Dorpat zurück, um erst einige nothwendige Geschäfte zu beendigen, denn ich habe mir auch hier ein sehr anständiges Denkmahl durch den Bau eines sehr schönen Portals mit Viaduct am Domberge gesetzt. In der künftigen Woche hoffe ich nun mit meiner lieben Annette und meinem rüstigen Knaben, die Reise nach P. anzutreten und meine Arbeiten so schnell und eifrig wie möglich zu beginnen.[17])

An Lenz[18]) hoffe ich eine bedeutende Stütze zu erhalten, denn dieser freut sich sehr so manche Versuche gemeinschaftlich mit mir anzustellen, und ist der Sache vollkommen mächtig; ich werde das Meinige thun, und der Himmel wird, hoffe ich, Gedeihen schenken Wenn das Resultat meiner Arbeiten, auch nicht exorbitanten sanguinischen Hoffnungen entspricht, so sind interessante wissenschaftliche Resultate immer ein unzweifelhafter Gewinn. . . . . . Du siehst . . dass es hier nicht so arg ist, als es auswärtige Zeitungen zu schildern sich bemühen, diese Artikel enthalten theils entstellte, theils völlig unwahre Facta und strotzen von den infamsten Lügen, sie sind von solchen ausgegangen, die theils mit den veralteten und somit höchst verderblichen Verhältnissen der Ostseeprovinzen einverstanden sind, theils von solchen welche weder die Fähigkeit noch das Bedürfniss zu wissenschaftlicher Thätigkeit haben, dagegen gern durch administrative Leistungen glänzen möchten. Ich will nicht behaupten dass diese propagandistischen Artikel von der Universität ausgegangen wären, dennoch aber finden sie hier, je toller sie sind, desto mehr Anklang, und zwar bei den weniger gut gesinnten d. h. solchen, die einen Orden oder eine Belohnung die sie erwarten nicht erhalten haben, denn darauf beschränkt sich, das was teutscher Sinn und Nationaler Geist genannt wird. Man könnte vor Gott ein Zeugniss ablegen dass bis jetzt nicht das Mindeste geschehen ist um den wissenschaftlichen Geist auf der Universität zu gefährden, dass vielmehr jedem wissenschaftlichen Bedürfnisse auf das schnellste entgegengekommen wird.[19]) Ich liebe, so sagte der Minister zu mir, bei den Professoren und Gelehrten, die göttliche Einseitigkeit wie Schlegel[20]) sich ausdrückt, und wünsche dass sie sich ausschliesslich mit ihrer Wissenschaft befassen, deshalb habe ich die Universität von der Schulcommission befreit[21]), denn es ist mir doch lieber wenn Struve seine mensurae micrometrices[22]) verfasst als dass er mir Berichte macht über die Hosen des Mitauer Gymnasiums u. s. w. Es sollte mir daher leid thun wenn Ihr meinetwegen besorgt wäret, dass man mich hier spiessen würde, ich versichere Euch, dass ich mich hier sehr wohl befinde,[23]) warne Euch aber zugleich Ihr möget Euch vorsehen, dass Euch die russischen Zustände, auch in wissenschaftlicher Beziehung nicht über den Kopf wachsen, und nicht etwa glauben, Ihr könnet Euch auf Euern deutschen Lorbeern ausruhen, sie würden Euch doch nicht entrissen werden. Es sind hier ungemein tüchtige Elemente und allseitigste Thätigkeiten vorhanden. . . . . . Alle Freunde und Bekannte bitte herzlich zu grüssen vor allen Madeweiss, Dulk,[24]) Hagen,[25]) Bessel und Moser. Es thut mir sehr leid dass der Briefwechsel mit ihm so ganz und gar abgebrochen ist, weiss auch nicht was ich ihm gethan habe um seine Verläumdungen zu verdienen. Er ist und bleibt ein Kaurech.[26]) Es wäre mir lieb, wenn ich seine schöne Rede[27]) am Geburtstage des Königs könnte zu lesen bekommen. Ob er sich sonst noch thätig erweist? .....

Dein Dich herzlich liebender Bruder Moritz.

Man hätte es gern Bessel zu gefallen gethan und Erman[28]) zum correspondirenden Mitgliede der Akademie erwählt, auch war die heftige Opposition beinah besiegt als aus Moskau ein Pappier einlief, wonach E. bei der Bestimmung der Höhe von Moskau, Toisen und Meter oder sonst etwas unglaubliches verwechselt hatte. Indessen wird es dennoch wie ich hoffe einmal durchgehen.

— — — — — — — — — — — — — — — — — — — —

M.

1) Nicht mehr vorhanden.

2) Chamisso, Peter Schlemihl, VII. Cap.

3) Die gedruckte Abhandlung ist das „Mémoire sur l'application de l'électromagnétisme au mouvement des machines" (Potsdam 1835); das „andere" sind zunächst Mitteilungen an die Akademie: „Expériences électro-magnétiques" etc. Bull. scient., t. II, No. 2 v. 24. Febr. u. No. 3 v. 2. März 1837 (a. St.), col. 17—31, 37—44, sowie ein Brief an Lenz (Schriftenverz. No. 17).

4) Graf Georg Cancrin, geb. 1774 Hanau, † 1845, russ. Finanzminister.

5) Pawel Lwowitsch Baron Schilling v. Canstadt, russ. Diplomat u. corresp. Mitgl. der Petersburger Akademie, geb. 1786; er starb am 25. Juli 1837 (a. St.) (Bull. scient., t. II (1837), col. 320).

6) s. S. 23 Anm. 1 .

7) Graf Sergij Semjonowitsch Uwaroff, 1785—1855, Minister für Volksaufklärung.

8) Nach der Dienstliste wurde M. H. Jacobi zum ersten Mal nach Petersburg gerufen am 13. Mai 1837 (a. St.).

9) Graf Alexander Khristoforowitsch Benkendorff, Generadadjutant, seit 1827 Ehrenmitglied der Petersburger Akademie der Wissensch., † 11. Sept. 1844.

10) Fürst Menschikoff, 1789—1872, Marineminister, seit 1831 Ehrenmitglied der Petersburger Akademie.

11) Vielleicht der spätere Minister der Volksaufklärung Ewgraf Petrowitsch Kowalewskij (1790—1886).

12) Über v. Wilson war Näheres nicht zu ermitteln.

13) Der Akademie wurde in der Sitzung v. 7. Juli (a. St.) 1837 durch ihren Sekretär mitgeteilt, dass der Kaiser auf einen Bericht des Ministers hin angeordnet habe, Versuche im Grossen über die treibende Kraft magnetelektrischer Maschinen, insbesondere in Anwendung auf Schiffahrt, anstellen zu lassen und zwar durch M. H. Jacobi unter der Leitung einer Kommission, bestehend aus dem Vice-Admiral Krusenstern, den Akademikern P. H. Fuss, Kupffer, Ostrogradkij und Lenz, dem wirkl. Staatsrat Baron Schilling v. Canstadt u. dem Oberst Sobolewsky, s. Bull. scient., t. II, col. 320; vgl. a. Recueil des Actes de la Séance tenue le 29 décembre 1837, Compte rendu pour l'année 1837, p. 20.

14) Adolf Theodor Kupffer, 1799—1865, war eins der tätigsten Mitglieder der Kommission zur Fixierung der Maasse und Gewichte (s. Bull. scient., t. X (1842): „Compte rendu pour l'année 1841", p. 10).

15) Peter Grigorjewitsch Sobolewskoy, † 1841, Oberst im Corps der russ. Berg-Ingenieure.

16) Graf Kuscheleff-Besborodko, Wirklicher Staatsrat, seit 1830 Ehrenmitglied der Petersburger Akademie der Wissensch., † 6. April 1855 in Moskau.

17) Nach dem Tagebuch reiste M. H. Jacobi am 25. Aug. 1837 (a. St.) von Dorpat nach Petersburg ab und traf am 28. Aug. dort ein.

18) Heinr. Friedr. Emil Lenz (1804—1865), der bekannte Physiker und Petersburger Akademiker; über die gemeinsam mit M. H. Jacobi ausgeführten Arbeiten s. das Verzeichnis der Schriften M. H. Jacobis.

19) „Nirgends, im ganzen cultivirten Europa wie hier, wird so freudig und gern dem wahrhaften Bedürfniss der Wissenschaft entgegen gekommen, kein Opfer gescheut, wo es der Erreichung von Zwecken gilt, deren Nutzen und deren Bedeutung erkannt ist", sagt M. H. Jacobi in der unter Nr. 14 des Schriftenverzeichnisses aufgeführten Festrede (p. 5) von 1836. Auch Dove gegenüber hat M. H. Jacobi sich vermutlich ähnlich geäussert, da es in einem Briefe jenes v. 15. Juli 1838 an Jacobi heisst: „da Du doch durch Deine eigne Erfahrung bewiesen hast, dass Russland das Land sei, wo einer hinziehen muss, dessen Hafer in Preussen nicht mit dem Glanze blüht, wie es der Vortrefflichkeit seines Kornes entsprechen sollte." (vgl. a. Anm. 2 zu Brief XXIX). — Eine sehr abfällige Beurteilung erfährt dagegen die Universitäts-Politik des Ministers Uwaroff in der Schrift „Die Deutsche Universität Dorpat im Lichte der Geschichte und der Gegenwart", 3. Aufl. (Leipzig 1882), wofür gerade auf ein Dokblad (Vorlage) des Ministers aus jener Zeit (7. Juni 1838) bezug genommen wird (l. c. p. 44 ff.).

20) Über die Friedr. v. Schlegels „Lucinde" entlehnte „göttliche Grobheit" s. Büchmann, „Geflügelte Worte", 20. Aufl. (Berlin 1900), p. 246.

21) Die bei der Universität Dorpat von 1803 bis 1837 bestehende Schulkommission, der 5 Professoren und der Rektor der Universität angehörten, besorgte u. a. auch die Verwaltung aller Angelegenheiten des Schulwesens in den drei Ostseeprovinzen und revidierte durch ihre Delegierten die Schuldirektoren in den Städten Dorpat, Riga, Reval und Mitau; durch eine Verfügung vom 19. Sept. 1836 wurde sie aufgelöst und eine andere Organisation geschaffen (s. „Die Kaiserliche Universität Dorpat während der ersten funfzig Jahre ihres Bestehens und Wirkens. Denkschrift zum Jubelfeste am 12ten und 13ten December 1852", p. 117 f.). Unter den Mitgliedern der Kommission ist Struve (l. c. p. 91) jedoch nicht genannt.

22) Sic! Vgl. Anm. 4 zu dem nächsten Brief.

23) Das Vertrauen der Ostseeprovinzialen zu dem gründlich und fein gebildeten Minister Uwaroff, „einem der allergefährlichsten Todfeinde der Deutschen Ostseeprovinzen" wird in der in Anm. 19 (am Ende) citierten Schrift, p. 44 als Zeichen von Verblendung gerügt.

24) Friedrich Philipp Dulk, 1788—1852, Prof. der Chemie.

25) Karl Heinr. Hagen, s. S. 34 Anm. 22.

26) Kaurech Wort unbekannten, vielleicht familiären Ursprungs, das, wenn es etwa dem Judendeutsch entlehnt resp. nachgebildet ist, vielleicht mit Koure = das Krähen (s. Feitel Stern, „Lexicon der jüdischen Geschäfts- und Umgangssprache", München 1833) oder mit kour = schändlich, hässlich (s. Joh. Chrph. Vollbeding, „Handwörterbuch der jüdisch-deutschen Sprache", Lpz. 1804) oder auch mit Koorech = Korah (s. die S. 28 Anm. 8 citierte Schrift) zusammenhängen könnte.

27) Nach Nr. 180 der Königsberger „Hartungschen Zeitung" v. 4. Aug. 1837 las Moser zur Feier des Geburtstags des Königs Friedr. Wilh. III. (3. Aug.) in der „Deutschen Gesellschaft" „einen sehr interessanten Aufsatz 'über das Klima der Erde und dessen Veränderung seit Jahrhunderten', in welchem er nachwies, dass sich die Erdwärme in 2000 Jahren kaum um $^1/_{200}$ Grad Reaum. vermindert habe" [Mitteilung des Herrn Dr. Goldstein].

28) Adolf Erman, 1806—1877, Prof. in Berlin, war verheiratet mit Marie Bessel, der ältesten Tochter F. W. Bessels. Corresp. Mitgl. der Petersb. Akad. ist E. nicht geworden (vgl. a. Brief XLII am Ende), obwohl er Sibirien und Kamtschatka bereist hatte (vgl. a. Anm. 3 zu Brief XLII). Vgl. zu der obigen Briefstelle bezüglich des von E. begangenen Irrtums auch einen Brief Bessels an Gauss v. 28. Mai 1837, Briefw. Gauss-Bessel, p. 519.

XVIII. Königsberg, 1837. IX. 14.

Liebster Moritz,

Mit dem grössten Entzücken haben wir Deinen längst ersehnten Brief erhalten; wir hatten schon viel früher durch Struve ungefähre Nachrichten, und waren desto gespannter auf den Hergang; in der That war es wohl unrecht, bei so wichtigen Ereignissen uns so lange warten zu lassen, und gar zu rechnen, wer dem andern einen Brief schuldig ist. Die halbe Pferdekraft hat mich und alle in hohes Erstaunen gesetzt, das ist schon commensurabel mit den höchsten Effecten und giebt für diese eine bedeutende Probabilität. Wissen möchte ich, ob das dabei angewandte Modell noch das hiesige[1]) ist . . . . .

. . . . . Versäume doch nicht, nachdem Du uns zuerst den grossen Umschwung mitgetheilt hast, uns näheres und ausführlicheres recht bald zu schreiben, sowohl was Deine ferneren Unternehmungen in Bezug auf Deine Maschine betrifft als auch über die Einrichtung Deines Petersburger Lebens. Gern möchte ich Dich dort einmal besuchen. Es hatte sich einmal vor einiger Zeit ein unbestimmtes Zeitungsgerücht verbreitet, als wenn man in Nordamerika bereits mit electromagnetischen Schiffen führe. Bessel meint, ich sollte Dir schreiben, ob Du Dich nicht mit dort in Correspondenz setzen wolltest . . . . .

Neues hat sich hier in den Wissenschaften nicht begeben, ausser dass die Geheimräthin Bessel in andern Umständen ist, was wohl nicht zu verwundern, da Bessel seit seiner letzten grössern Krankheit vor einigen Jahren[2]) so productiv wie fast noch nie früherhin ist. . . . . Was meine Studien betrifft, so habe ich seit einem Jahre mehr erfunden, das heisst von andern erfundne Schwierigkeiten gelöst als seit langer Zeit; die analytische Mechanik, die Variationsrechnung, und die Zahlentheorie sind diesmal der Schauplatz, in letztrer bin ich dabei eine grosse Abhandlung von gegen 20 Bogen zu beenden[3]; auch habe ich endlich angefangen, einiges aus meiner Theorie der Störungen von guten Freunden[4]) in Zahlen ausführen zu lassen. Struves colossales Prachtwerk[5]) hat Bessels Herz gerührt[6]); eine sehr decente Recension davon (wie er sich curios ausdrückt) ist von ihm für die Hegelzeitung gefertigt[7]); die grosse Arbeit hat die Bestimmtheit, mit der Struve die constante Differenz in den Messungen der Doppelsterne auf Bessels wirft, weniger empfindlich gemacht; er ist bereits dabei, die Richtigkeit seiner Messungen seinerseits ausser Zweifel zu stellen[8]); so wie Struves Arbeit auch seinerseits aufs neue eine Beschäftigung mit der Parallaxe der Fixsterne veranlasst[9]) ..... Moser's Zorn auf Dich rührt daher, dass Du in einem Privatbriefe an Poggendorff Dich geäussert, wie einiges im Repertorium wohl anders geworden, wenn Du zur Zeit in Kön. anwesend gewesen wärest; gedruckte oder ihm mitgetheilte Angriffe nähme er nicht übel; solche Weise lasse aber keine Vertheidigung zu wie jene. Du verwunderst Dich, dass M. und D.[10]) (letzter im drückenden Schulamt) nichts grosses leisten in der Wissenschaft; ach, lieber Bruder, dazu gehört viel; Ms Übelstand ist, und er weiss das selbst sehr gut, dass es ihm zu viel bloss daran liegt, ein guter Kopf genannt zu werden; er könnte mehr sein. . . . .

K. d. 14. Sept. 1837. Dein C. G. J. Jacobi.

Tausend Glück zu Deinem Geburtstage, der angenehmer ist als vor 3 Jahren, wo ich ihn am Tage meiner Ankunft in Potsdam feierte.[11])
Der Contrast ist glänzend und wohlthuend.

1) Die Königsberger Maschine, welche M. H. Jacobi in einer Mitteilung an die Pariser Akademie von 1834 beschrieben hat (s. No. 10 des Schriften-Verz.), wurde von ihm anfänglich auch noch in Petersburg benutzt; s. jedoch Anm. 21 des nächsten Briefes.

2) Herbst 1834, s. Briefw. Olbers-Bessel, Bd. II, p. 387/388.

3) Auch in einer die Theorie der Differentialgleichungen betreffenden Mitteilung (s. S. 40, Anm. 3) an die Pariser Akademie sagt Jacobi: „j'ai été entraîné par des questions sur la théorie des nombres . . . et ce ne sera qu'après avoir publié les résultats obtenus dans cette matière, que je reviendrai à mon travail sur la dynamique" (Werke IV, p. 131). Abgeschlossen und publiziert wurde jedoch von diesen Untersuchungen, bezüglich deren man S. 40 Anm. 2 vergleichen möge, zunächst (16. Okt. 1837) nur ein Auszug unter dem Titel „Über die Kreistheilung und ihre Anwendung auf die Zahlentheorie", Berliner Berichte 1837, p. 127—136 = Journ. f. Math., Bd. 30 (1846), p. 166—182 = Werke VI, p. 254—274. Bei der Redaktion nahmen diese Untersuchungen immer grösseren Umfang an (vgl. Jacobis Brief vom 31. Okt. 1837 an seinen Vetter Hauptmann Schwinck bei Koenigsberger, p. 236/7); zu weiteren Veröffentlichungen aus diesem Gebiete kam Jacobi vorläufig (bis 1839) aber nicht:

die oben erwähnten „20 Bogen" blieben in der Hauptsache unveröffentlicht und fanden sich auch in Jacobis Nachlass nicht (Koenigsberger, p. 234). Dirichlet der 1843 die inzwischen weiter angeschwollenen zahlentheoretischen Manuscripte Jacobis zur Durchsicht von Königsberg mitnahm (s. Brief XXXIV), sagt in seiner Gedächtnissrede auf den verstorbenen Freund: „Obgleich Jacobi die . . angeführten Untersuchungen und andere damit zusammenhängende, die ich nicht einmal andeutungsweise bezeichnen kann, in den Jahren 1836—39 vollständig niedergeschrieben hat, so ist er doch nie dazu gekommen, sie durch den Druck zu veröffentlichen. Seine Zögerung entsprang aus dem Wunsche einigen seiner Resultate eine grössere Ausdehnung zu geben, wozu er, von so vielen andern Arbeiten in Anspruch genommen, die nöthige Musse nicht gefunden hat. Ein Teil seiner Forschungen und namentlich die . . . . Beweise der Reciprocitätsgesetze sind jedoch einigen deutschen Mathematikern durch Nachschriften der Vorlesungen bekannt geworden, welche er im Winter 1836—37 in Königsberg über die Kreistheilung und deren Anwendung auf die Theorie der Zahlen gehalten hat" (s. Jacobi, Werke, I, p. 17/18).

4) Hierzu gehörte wohl der Astronom u. Theolog Wilh. Lehmann, geb. 1800 Potsdam, † 1863, der viele ausgedehnte Rechnungen für Jacobi ausgeführt hat; s. Allg. Deutsche Biogr., Bd. 18, p. 139, sowie Felix Eberty, „Jugenderinnerungen eines alten Berliners" (Berlin 1878), p. 279f. u. 287f.

5) „Stellarum duplicium et multiplicium mensurae micrometricae per magnum Fraunhoferi tubum anno 1824—1837 in spec. Dorp. institutae" (Petropoli 1837).

6) Bessel pries Struves Werk „mit Enthusiasmus", s. Rosenkranz, Gedächtnisrede, l. c., p. 328.

7) s. Berliner „Jahrbücher für wissenschaftliche Kritik", Jahrg. 1837, 2. Bd., col. 619—640 = „Recensionen von Friedrich Wilhelm Bessel", herausg. v. R. Engelmann (Leipzig 1878), p. 361—377.

8) Struves berühmte Messungen von Doppelsternen ergaben gegenüber den Besselschen eine constante Differenz in den Distanzen; jeder suchte nun die Richtigkeit seiner Resultate zu erhärten.

9) Bessel bestimmte bekanntlich zuerst eine jährliche Fixsternparallaxe und zwar für 61 Cygni (vgl. hierzu den schönen Brief C. G. J. Jacobis an Bessel bei Koenigsberger, p. 317); W. Struve gab sodann in einem Anhang zu dem in Anm. 4 oben angeführten Werke fast gleichzeitig eine zweite derartige Bestimmung: „Disquisitio de parallaxi α Lyrae."

10) Dove, der 1829 nach Berlin gekommen war und dort 12 Jahre lang vorwiegend auf Schulunterricht in Math. u. Phys. angewiesen war, so dass er in diesen Jahren einschliesslich seiner Universitäts-Vorlesungen 24—30 Lehrstunden wöchentlich hatte (s. Allg. Deutsche Biogr., Bd. 48, p. 57).

11) s. Anm. 2 zu Brief LXVII.

XIX. Königsberg, 1838. VI. 9 u. IX. 10.

den 9ten Juni 1838

Liebster Moritz,

Da es Dein Wille zu sein scheint, dass wir uns nur schreiben, wenn wir uns die Niederkunft unsrer Frauen anzeigen, so beehre ich mich Dir die gestern früh um 1 Uhr erfolgte glückliche Entbindung meiner lieben Marie von ihrem 4ten Sohne anzuzeigen. . . . . . Indem ich mit dieser Anzeige zugleich den Glückwunsch zur Entbindung Deiner lieben Frau verbinde, und hoffe, dass Ihr Euch allseitig im besten Wohlsein befindet, mache ich Dir den Vorschlag, ob wir uns nicht, wie ich bereits voriges Jahr den Anfang gemacht[1]), auch zu unserm Geburtstag schreiben wollen, damit man doch des Jahrs 2 Briefe von einander hat.

Ehe ich zur Beantwortung der wichtigern Theile Deines Briefes schreite, will ich Dein Verlangen wegen Stadtneuigkeiten erfüllen. .... Richelot hat . . . seine schöne Tuchhändlertochter Pauline Bredschneider heimgeführt. . . . . . R. war Weihnachten nach Berlin gereist, und seine Liebesverzweiflung hatte dem Minister noch 200 Rthlr. ausgepresst, ... Neumann . . . . . hat in diesen Tagen eine sowohl in rein mathematischer Hinsicht höchst merkwürdige Entdeckung gemacht, als die auch der allerwichtigsten Anwendungen fähig ist.[2]) . . . . . Dass die Bessel vorigen November mit einem Sohne niederkam, wirst Du gehört haben; er lief überall vor Freude herum, das könnte ein Astronom werden; zu unser aller Betrübniss starb das Kind nach 3 Tagen ganz plötzlich, ohne dass irgend einer etwas ahnete, während er Collegia las; . . . . . Wenige Wochen vorher feierten sie in kleinem Kreise, in dem wir auch waren, ihre silberne Hochzeit. Wir schickten ihnen früh einen schönen Kranz von Myrten und Lorbeer auf reich vergoldeten Porzellantellern, und oben lag von mir . . . . . [ein] sonettirendes Carmen. . . . . . Mein Verhältniss zu Bessel ist, wie Du siehst, noch immer das wünschenswertheste. Es ist mir daher auch sehr unangenehm, dass dieser förmliche und gewaltsame Bruch zwischen ihm und Encke vor sich gegangen ist, indem ich mit dem letztern nur Veranlassung habe in gutem Vernehmen zu stehn[3]), zumal da ich jetzt bei der Berliner Akademie 25—30 Bogen Tafeln[4]), die eine Fortsetzung ähnlicher Ostrogradskyschen[5]) sind, drucken lasse, die mir hier ein pensionirter Kanonierunteroffizier berechnet hat, und wobei Encke manche Mühe und Besorgung oblag[6]); auch ist er sonst immer sehr gefällig gegen mich gewesen. Es war ein lange heimlich unterschworner Zwist; Bessels beiläufige[7]) Bemerkung, die um einen Tag jedes mal frühere Wiederkehr des Enckeschen Kometen könne von *hundert* (sic!) andern Ursachen[8]) eben so gut als von einem widerstehenden Äther herrühren war um so kränkender je berühmter Encke diese sogenannte Entdeckung des Äthers gemacht hatte[9]), die von der Astronomical Society feierlich proclamirt war; hierauf Replik und Gegenreplik in Schum.

astronomischen N.[10]); dann Briefwechsel, der noch mehr aigrirte. Nach längerer Pause unvermutheter Angriff von Encke[11]); bei Bessels Bestimmung der Berliner Pendellänge war ein Besselsches Passageinstrument gebraucht worden, das bei der Gradmessung vollkommen brauchbar war und in Berlin, wo Encke an demselben für Bessel die Zeit bestimmen sollte, wegen mangelnder festen Aufstellung verworfen werden musste. Bessel untersucht den Grund bei seiner Rückkehr und glaubt ihn in der von ihm in Berlin angewandten Einkittung des Instruments auf der Unterlage zu finden wegen der ungleichen Ausdehnung des Kitts und Messings; Encke sagt im Berliner Jahrbuch von dieser Erklärung, sie enthalte einen *innern Widerspruch*, und so ging das fort, bis zu den äussersten Gränzen.[12]) Es versteht sich dass der wissenschaftliche Gegenstand nur ein zuzufälliger Vorwand ist.[13]) . . . . . Da Du für Deine Kaiserliche Familie eine besondre Verehrung trägst, so wird es Dir erfreulich sein, zu erfahren, dass meine Schwägerin Madeweiss von allen hiesigen Damen allein das Glück hatte von Ihrer Majestät der Kaiserin befohlen zu werden. In Tilsit frug die hohe Frau den Oberpräsidenten[14]), ob von der Familie Schwinck noch jemand lebe, und als derselbe erwiderte, die Majorin v. Madeweiss und die Professorin Jacobi, sagte sie, die kenne ich nicht, lebt die Antoinette und die Charlotte noch; worauf der O. Pr. sagte, die Antoinette nicht mehr, die Charlotte ist aber äqual der Majorin v. Madeweiss, die Höchstsie darauf in Königsberg zu sehn verlangte und freundlich umarmte . . . . . Die Kaiserin . . . . . erinnerte sich huldreichst der Jugendjahre, wo man in meines Schwiegervaters[15]) Gärten zusammenspielte . . . . . Was mich selbst betrifft, so bin ich jetzt in einer unglücklichen Periode, mehrere grössre Arbeiten $^3/_4$ fertig zu machen, und dann zu ihrer gänzlichen Beendigung die Geduld zu verlieren; vielleicht kommt wieder einmal eine Periode in welcher ich gerade umgekehrt alles beendige. . . . .

Wenn wir die Sache bei Lichte betrachten, so haben wir von Dir seit Deiner Abreise von Königsberg auch nicht die allergeringste nähere Notiz über den Gang Deiner Arbeiten erhalten; wir wissen nicht, ob Du den allergeringsten wesentlichen Fortschritt gemacht hast oder ob Du die Hauptschwierigkeiten bereits hinter Dir hast; es scheint, doch müssen wir auch dies nur vermuthen, dass Du bis jetzt noch Dein hiesiges Modell benutzt hast.[16]) Nur von der grossen Wirkung, die eine sehr starke Batterie bei Deinem Versuche vor der

Akademie hervorbrachte, hast Du einmal geschrieben. Es wäre glaube ich sehr gut gewesen, wenn Du von Zeit zu Zeit eine Übersicht über die geglückten oder missglückten Versuche die Du angestellt mir mittheiltest, welche später einmal für Dich selber interessant und lehrreich sein müsste. Du hättest dieses um so unbedenklicher thun können als ich selbst nichts oder so gut wie nichts von der Sache verstehe, und auch seit der Zeit da Du zu Moser in ein schiefes Verhältniss getreten bist, aufgehört habe über Dich betreffende Dinge mit ihm zu reden. Gleichwohl würde ein gewisser Instinct mich von der Art Deiner Fortbewegung belehrt haben. Freilich müsstest Du mich nicht so ärgern, wie dieses durch einen passus Deines letzten Schreibens geschehn ist. Denn ich glaube dass es niemanden auf der Welt giebt der nicht finden wird, dass hier in wenigen Zeilen so viel Unsinn steht, wie man sonst nur in bei weitem mehr Zeilen zu lesen gewohnt ist. „Du musst mich übrigens recht verstehn" schreibst Du „es frägt sich eigentlich nur: Sind die electromagnetischen Maschinen (denn die electromagnetischen Maschinen *sind*[17])) nicht viel umständlicher und vielleicht kostspieliger als die Dampfmaschinen und sind sie *allgemein* anwendbar?" Du hast bis jetzt nichts veröffentlicht oder gemacht, was Deine Behauptung, dass die magn. M. sind rechtfertigen könnte, was um so nöthiger wäre, da viel Engländer sowohl wie Deutsche (z. B. Steinheil in Dingler[18])) ihre Unmöglichkeit behaupten. Was in diesem Moment ganz gleichgültig ist, ob die elm. M. 10 Mal so umständlich ist und 20 Mal so viel kostet, wenn sie nur ist, hebst Du als Hauptfrage hervor, und während fast niemand glaubt dass sie irgend wie anwendbar sind sagst Du es handle sich eigentlich nur darum, ob sie allgemein anwendbar sind. Watt hast Du mir glaub ich erzählt hielt die Anwendung der Dampfm. auf Schiffahrt für unthunlich,[19]) spät kamen die Dampfwagen hinzu; bis vor 2 Jahren hielt man für unmöglich mit Dampfschiffen Amerika zu erreichen, Du aber lässt Dich nur auf electromagnetische Maschinen ein, wenn sie *allgemein* anwendbar sind. Es wäre wirklich Zeit, dass Du die Thatsache feststelltest, dass elm. Maschinen möglich sind. Aber dazu scheint etwas mehr Courage zu gehören, und vielleicht oder wahrscheinlich nur diese. Du musst durchaus mit der Sache aus Deiner Stube auf die Strasse. Auf einem der Märkte Petersburgs muss sich ein ungeheurer hölzerner Verschlag erheben, in welchem Deine Maschine construirt wird und eventualiter arbeitet, wobei Du diejenige Art von Arbeit zu erdenken hast, welche sich für die Maschine am meisten passt, damit sie zuerst nur irgend eine Arbeit verrichtet. Nur dann, wenn Du die Sache wirklich ernsthaft anfängst können Dir die wahren Aufgaben entgegen treten. Du schreibst zwar, es sei unglaublich, welche Masse von Details bei der Ausführung im Grossen erledigt werden müssen, und Du müsstest gestehn, dass diese Dich am meisten abmatten. Soll das nun heissen, dass Du wirklich an eine Ausführung im wirklich Grossen, das heisst, was nicht mehr in Deine Stube hineingeht, gegangen bist. Und wenn Du weiter schreibst, Deine neuerdings construirten Modelle seien von erstaunlicher Wirkung im Verhältniss zu ihrer Grösse, so giebst Du weder das eine noch das andre an, noch ob die Construction wesentlich modificirt ist. Ein Mathematiker liebt einen praecisern Ausdruck von Verhältnissen als das Wort *erstaunlich.* Noch neulich las ich in Bezug auf die E. M. Maschinen im Philos. Magazin die Warnung, sich vor jedem Schluss von Modellen auf wirkliche Maschinen zu hüten,[20]) und daher habe ich keine Ruhe, und kann die Existenz nicht eher anerkennen bis sie wirklich existiren, und nicht mehr mit dem Thee herumpräsentirt werden. Zuvörderst aber ist nöthig, dass Du grossartigere Ansichten über die Kosten bekommst, so wie sie Deine Regierung bei so wichtigen Dingen zu haben gewohnt ist. Was Dir ausgesetzt ist, ist recht gut bei Deinen Stubenexperimenten, aber Du musst durchaus dem Finanzminister, der wahrscheinlich sich schon längst wundert dass es nicht geschieht, die wahre Sachlage eröffnen dass bei Versuchen im Grossen es auf 20—30000 ℛ oder wenn Du lieber willst 50000 Rubel oder mehr nicht ankommen darf. Du wirst selbst erst den rechten moralischen Halt bekommen, wenn Du Dich den grandioseren Massen gegenübersiehst und die physikalischen Spielereien fahren lässt.

Ein Vierteljahr später; den 10. September 1838.

Es scheint, dass das Schicksal doch will, dass wir uns jährlich nur einmal schreiben, da es meinen Brief von der Niederkunft meiner Frau bis zu Deinem Geburtstag hat liegen lassen. Obgleich es nun sonst fast unmöglich ist, einen so alten Brief abzuschicken, so mistraue ich mir doch jetzt so sehr im Puncte des Briefschreibens, dass ich lieber den alten fortsetze. Ich habe seit der Zeit das Vergnügen gehabt, Staatsrath Struve bei seiner flüchtigen Durchreise zu sprechen, und er hat mir die neusten Nachrichten von Euch gebracht; und dass Du und Lenz die Hoffnung habt, wenn nicht ganz unvorhergesehne

Hindernisse eintreten, noch vor dem Zufrieren der Newa ein 12rudriges Boot darauf fahren zu lassen.[21]) Ich sehe daraus, dass Du den Muth besitzest, der zu Deinem Unternehmen unumgänglich nothwendig ist. Dann werden wir uns in die Arme fallen und rufen: die electromagnetischen Maschinen existiren. Dann werden wir daran denken, wie sie allmählig bequemer und wohlfeiler gemacht werden können. Es wäre eine grosse, eine ungeheure Sache. Ich möchte Dir aber, ehe ich es vergesse, noch eins rathen. Da es nämlich zu erwarten steht, dass zu Deinen Zwecken immer bedeutendere Gelder durch Deine Hände gehn, namentlich wenn alles nach Wunsch geht, über diese Summen eine pedantische Rechnung zu führen, und die Belege über deren Verwendung in der grössten Ordnung zu halten. Dir wird jetzt von vielen Seiten Deine glückliche Position verziehn, weil man denkt, es wird nicht gehn; so wie es gelingt, tritt der Neid ein und die in Russland allmächtige Cabale, und da ist es gut, keinen Angriffspunct irgend einer Art darzubieten.

Von Deinen wissenschaftlichen Arbeiten kann ich natürlich nicht das geringste beurtheilen; da ich natürlich auf Mosers Urtheil als einer Parthei nichts würde geben können, so muss ich mir die Sache a priori construiren. Da denke ich mir denn, dass es mit einem Wunder zugehn müsste, wenn Du bei fortwährender Beschäftigung mit *einem* Gegenstande, bei Ausführungen im Grossen, wie sie nur wenigen zu Geboten stehn, bei Bekanntschaft mit den Problemen, u. s. w. u. s. w. nicht dieses oder jenes interessante bemerkst; es scheint mir aber auch nothwendig, dass Du dann auf diese Bemerkungen oder von andern abweichenden Ansichten ein grösseres Gewicht legst, weil sie Deinen ganzen Reichthum ausmachen in wissenschaftlichen Dingen, und deshalb diejenigen, die Deiner Meinung nach in diesen Dingen irrig sind, mit grossem aplomb anfährst. Moser hat sich doch immer nur sehr transitorisch mit der Sache beschäftigt und daher würde mich ein Irrthum von seiner Seite nicht wundern, selbst wenn er noch viel bedeutender wäre. Es ist nur auffallend, dass Du immer die Form einer Polemik gegen ihn wählst, als wolltest Du Dich absichtlich an ihm reiben,[22]) was mir unangenehm ist; ich denke Du könntest ohnedies sagen, was Du zu sagen hast. Wenn er Dich mit seinem Satze: „man täusche sich nicht über die Kraft seiner Magnete“ [23]) geärgert, so hast Du doch immer angefangen. Moser beendigt jetzt ein grösseres Werk über Mortalität, Wittwencassen, Leibrenten u. s. w.[24]) Er hat eine grosse Entdeckung gemacht, ein einfaches Gesetz für die Mortalität gefunden, worüber man lange das fabelhafteste versucht hat. Es ist nämlich die Summe der Todten, die von einer gewissen Anzahl neugebornen bis zu einem gewissen Jahre sterben proportional *der vierten Wurzel* der Jahre; von N neugebornen sterben in x Jahren $a\sqrt[4]{x}$, dies gilt sowohl für die einzelnen Wochen des ersten Jahres als für alle spätern bis etwa 35 Jahre; für noch spätre wird die Formel $a\sqrt[4]{x} + b\sqrt[4]{x^9} + c\sqrt[4]{x^{17}}$, wo b, c überaus klein sind und nur für die höhern Jahre Werthe geben; für den 1ten Tag giebt die Formel $a\sqrt[4]{x}$ die Zahl der Todtgebornen; ich schreibe Dir dies, was ich an den besten Tafeln selbst verificirt habe, weil es gewiss dort viele, z. B. Ostrogradsky, interessirt. . . . . . Dirichlet hat in der letzten Zeit, indem er die Fourierschen Reihen auf die Zahlentheorie anwandte darin Resultate gefunden die an das Höchste des menschlichen Scharfsinns gränzen.[25]) . . . . . Struve und Bessel scheinen beide respective über den 3.n Adler und 3.n Stanislaus nicht gerade sehr entzückt, insofern sie die 2.n Klassen gerade nicht übel genommen hätten. . . . .

Dein Jaques.

1) s. Brief XVIII am Ende; der sodann erwähnte Brief M. H. Jacobis ist nicht mehr vorhanden.

2) s. F. E. Neumanns Arbeit „Über eine neue Eigenschaft der Laplace'schen $Y^{(n)}$ und ihre Anwendung zur analytischen Darstellung derjenigen Phänomene, welche Functionen der geographischen Länge und Breite sind", Astron. Nachr. No. 355 (13. Sept. 1838), col. 313—323, wiederabgedruckt Math. Ann., Bd. 14 (1879), p. 567—576.

3) Später, 25. April 1839, schreibt C. G. J. Jacobi seiner Frau von Potsdam aus: „An Bessel brauchst Du gerade nichts was Encke betrifft zu erzählen da er in diesem Puncte rast; Bessels intimste u. zärtlichste Freunde haben durch den Bruch zwischen beiden in nichts ihr Verhältniss zu Encke geändert."

4) Die auf Kosten der Berliner Akademie herausgegebenen Tafeln für die Primzahlen-Reste: „Canon arithmeticus sive tabulae, quibus exhibentur pro singulis numeris primis vel primorum potestatibus infra 1000 numeri ad datos indices et indices ad datos numeros pertinentes."

5) s. Anm. 3. des nächsten Briefes.

6) Vgl. C. G. J. Jacobi, „Canon arithmeticus", Introductio, p. XL. Über die Revision der Tafeln, die unter Enckes Leitung vor sich ging, bemerkt Jacobi in einem Brief v. 23. März 1839 an seine Frau: „Als Zeichen dass ich wirklich einige gute Freunde habe ist es mir lieb, dass die vollständige Revision der Kanoniertafeln in Berlin vollendet ist; es hatten sich hinlänglich viel zusammengefunden, um die halbe Million Zahlen einer Controlle zu unterwerfen; auch Dirichlets Frau und Mutter haben dabei geschwitzt."

7) Bei Gelegenheit der Veröffentlichung seiner Beobachtungen des Halleyschen Kometen, s. Astron. Nachr., Bd. XIII, No. 289 v. 17. Okt 1835, col. 6.

8) Hierbei dachte Bessel vor allem an die im Brief XII (vgl. a. Anm. 5 dort) erwähnten Ausströmungen (s. den in der vorstehenden Anm. citierten Artikel Bessels).

9) Die Ansicht, die Verkürzung der Umlaufszeit des Enckeschen Kometen (um einige Stunden) sei vielleicht auf ein widerstehendes Mittel zurückzuführen, war zuerst von Olbers ausgesprochen und dann von Encke weiter ausgeführt worden. Das Hauptverdienst Enckes um diesen von Pons entdeckten Kometen besteht darin, die Identität der Kometen von 1786, 1795, 1805 und 1818/9 nachgewiesen und seine Annäherung an den Merkur zur Bestimmung der Masse dieses Planeten benutzt zu haben (vgl. etwa R. Wolf, „Handb. der Astron.," Bd. II (1892), p. 516—518).

10) Replik Enckes in Astr. Nachr. No. 305 v. 7. April 1836, col. 265—274 und Gegenreplik Bessels ibid. No. 310 v. 11. Juni 1836, col. 345—350.

11) In dem „Berliner Astronom. Jahrbuch für 1839", herausg. v. J. F. Encke (Berlin 1837), p. 268—269; s. im übrigen die nächste Anmerkung.

12) Es handelte sich um ein von dem jüngeren Repsold verfertigtes Passage-instrument der Königsberger Sternwarte, das Encke, da die eben fertig werdende Berliner Sternwarte noch keine festen Instrumente besass, während eines Monats, u. a. auch zu Zeitbestimmungen für die Besselschen Pendelversuche, benutzte. Encke war mit den Leistungen dieses Instruments aber wenig zufrieden, während Bessel es für vortrefflich hielt (Astron. Nachr., Bd. XV, No. 344 vom 25. Jan. 1838, col. 121 ff.). Allerdings habe es die Unbequemlichkeit, dass man seinen Collimationsfehler durch Umlegen nicht bestimmen könne, weil es bei Umlegungen das Azimuth seiner Achse gewöhnlich etwas verändere; man habe daher Umlegungen stets vermieden, was bekanntlich keine Schwierigkeit habe. Er (Bessel) habe jedoch in Veranlassung der Enckeschen Klagen das Instrument auseinandergenommen, genau untersucht und gefunden, dass auch dieser Mangel ausserhalb des Instruments läge und beseitigt wäre, wenn man die Fussplatten des Instruments lose auf den Pfeiler lege, statt, wie bisher, sie darauf festzukitten. Dies habe er übrigens Encke schon früher mitgeteilt und dieser hätte daher ihm nicht, wie er im „Berl. Astron. Jahrb." [s. die vorherige Anm.] getan, „einen innern Widerspruch" vorwerfen sollen, ohne jene Mitteilung wiederzugeben und den Widerspruch nachzuweisen. Encke erwiderte (ibid. No. 346 vom 22. Febr. 1838, col. 173—178), er habe nur provozieren wollen, dass Bessel die ihm privatim gemachte Mitteilung vor der Öffentlichkeit wiederhole. „Ich fordere, und werde bei jeder ähnlichen Gelegenheit fordern, dass der, durch dessen Fehler einem wichtigen Resultate ein auch noch so geringer Nachtheil erwachsen ist, auch diesen seinen Fehler selbst öffentlich vertritt und entschuldigt. Da Bessel es bisher nicht gethan, so war eine Erinnerung nothwendig, und es freut mich, dass diese Erinnerung nicht fruchtlos geblieben ist." Eine Zerlegung und Untersuchung des Instruments in Berlin habe Bessel mit der Behauptung, der Fehler liege ausserhalb des Instruments, hartnäckig verweigert. Bessel replizierte nochmals und zwar mit folgender „Erklärung" vom 3. März 1838 (ibid. No. 349 vom 7. April 1838, col. 231/2): „Herr Professor Encke hat . . . . . gewünscht, dass ich meine Pflicht gethan hätte, ohne dass er mich daran erinnerte. Wenn er für meine Pflicht hält, mich über meine Arbeiten über die Pendellänge für Berlin weiter zu äussern, als in der dieselben betreffenden Abhandlung schon geschehen ist, so willfahre ich ihm hiermit, indem ich noch erkläre, dass ich sie zu den zuverlässigsten Arbeiten zähle, welche ich ausgeführt habe. Ich selbst halte aber für meine Pflicht, auf diesen neuen, oder auf jeden andern Angriff des Herrn Professors nichts zu entgegnen."

13) Ähnlich spricht sich Encke in einem Brief an Gauss v. 27. Juli 1838 aus (s. Bruhns, „Encke", p. 270). Ausser diesem Abschnitt der Encke-Biographie (l. c. p. 267—287) vergleiche man zu diesen Differenzen zwischen Bessel u. Encke auch etwa J. H. v. Mädler, „Friedrich Wilhelm Bessel", Westermanns Monatshefte, Bd. XXII (1867), p. 612, sowie Briefe Gauss-Humboldt, p. 39 u. 46.

14) Th. v. Schön, s. S. 25 Anm. 18.

15) Des Kommerzienrat Schwinck in Königsberg; s. über ihn Koenigsberger, p. 118; vgl. a. hier S. 89, Anm. 8.

16) s. Anm. 1 des vorhergehenden und Anm. 21 dieses Briefes.

17) Auch in der Akademie-Sitzung vom $\frac{\text{29. Mai}}{\text{10. Juni}}$ 1840 erklärte M. H. Jacobi die Zukunft der elektromagnetischen Maschinen für gesichert (s. Bull. scient., t. VII (1840), col. 227) und derselbe Satz wie dort findet sich in dem 1840 in Glasgow gehaltenen Vortrage (s. Schriftenverz. No. 29, Brit. Assoc. Rep. 1840 (pt. 2), p. 24). Später gab J. seine sanguinischen Ansichten dann auf und sagte z. B. mit bezug auf die Stöhrerschen magnetoelektr. Maschinen in einer Note vom 12. Juni (a. St) 1846: „Langjährige Bemühungen hatte ich auf die Benutzung galvanischer und electro-magnetischer Kräfte zur Bewegung von Maschinen verwendet. Was war das Resultat dieser Bemühungen? Dass sie sich in ihr Gegentheil verkehrten. Der Dampfkessel wird nicht durch die galvanische Batterie sondern diese durch jenen verdrängt" (s. No. 57 des Schriftenverz.: Bull. phys.-mathém., t. V (1847), col. 319/320; vgl. a. ibidem col. 99 (Sitzg. v. 6. Febr. a. St. 1846), sowie t. IX. (1851), col. 303, wo J. sich jedoch dagegen verwahrt, dass seine früheren Anschauungen als Illusionen zu bewerten seien). Seine Modelle von Maschinen stellte J. alsdann in die Archive; eins befindet sich noch in dem physik. Kabinett der Univers. Petersburg (s. Iljin, p. 17).

18) Dinglers Polytechn. Journal, Bd. 67 (1. Quartalsband des Jahrg. 1838), p. 392.

19) Dies ist doch wohl nicht ganz richtig. Muirhead, „The Life of James Watt" (London 1858), p. 434 sagt hierüber: „A subject which naturally excited a deep, and, indeed, at one time, rather an anxious interest in the breast of the great engineer, when resting in his latter days from the severer labours of his life, — „A guisa di leon quonda si posa", was that of steam-navigation. With every confidence in the probable success of such a system, he seems never in any very especial manner to have directed the force of his own mind to the details requisite for carrying it out" . . . . .; vgl. a. l. c. p. 440—442.

20) Francis Watkins, „On Electro-magnetic Motive Machines", Philosophical Magazine, vol. XII (Jan.—Jun. 1838), p. 190—196, insbesondere p. 195: „I am well aware it frequently occurs in the application of a philosophical principle or a mechanical arrangement that there is a considerable difference between a model and that of a large working machine" . . . . .

21) Bekannntlich wurde dieser Plan auch ausgeführt und zwar am 13. Sept. 1838 a. St. (vgl. St. Petersburgische Zeitung No. 11 v. 14./26. Jan. 1839). Es ist dieser Versuch bekanntlich deswegen berühmt geworden, weil hier zum ersten Mal eine elektromotorische Maschine zu wirklicher Arbeitsleistung verwandt wurde (vgl. F. Rosenberger, „Geschichte der Physik", Th. III (Braunschweig 1887—1890), p. 279). Natürlich reichte aber für diese Versuche das Königsberger Modell von 1834 (vgl. S. 50 Anm. 1) nicht aus, was Rosenberger a. a. O. auch wohl nicht behaupten will; es war vielmehr für das elektromagnetische Boot eine Maschine in grösserem Massstabe gebaut worden. Im Jahre 1839 wurden die Versuche auf der Newa mit einem ganz neuen Boot und einer stärkeren Maschine fortgesetzt (s. M. H. Jacobis Glasgower Vortrag, No. 29 des Schriftenverz., p. 22 resp. den Abdruck in Ann. Phys. Chem., Bd. 51 (1840), p. 365 f.). Eine genauere historische Darstellung aller dieser Versuche hat N. B. Jacobi, ein Sohn v. M. H. Jacobi, gegeben in einer russischen Schrift

über „das elektromagnetische Boot von M. H. Jacobi" (aus den Abhandlungen der Kaiserl. Russ. Technisch. Gesellsch., Petersburg 1903).

22) Vgl. Bull. scient., t. IV., No. 79 v. 10. Mai 1838, col. 102 ff. und No. 86 v. 14. Aug. 1838, col. 212 ff.

23) Anscheinend ist folgende Äusserung Mosers in Doves „Repertorium der Physik", Bd. II (Berlin 1838), p. 144 gemeint: „Auf dieselbe Weise ertheile ich auch stählernen Hufeisen eine sehr starke Kraft. Wenn es anderen Experimentatoren nicht gelungen ist, mittelst der electromagnetischen Kraft stärkere Magnete zu erhalten, so lag dies einentheils wahrscheinlich in der ungünstigen Art, wie der Magnet vom electromagnetischen Hufeisen abgehoben wurde, anderntheils aber auch vielleicht darin, dass man sich über die Electromagnete häufig täuscht, und daher grösseres von ihnen erwartet, als sie zu leisten vermögen."

24) L. Moser, „Die Gesetze der Lebensdauer" (Berlin 1839); für die im Brief angegebenen Formeln s. besonders p. 281 und 309/10.

25) Jedenfalls hatte Dirichlet an Jacobi briefliche Mitteilungen über seine Untersuchungen zur Bestimmung der Klassenanzahl der quadratischen Formen bei gegebener Determinante gesandt. Die berühmte Abhandlung (Dirichlet, Werke I, p. 411—496) ist allerdings erst 1839 u. 1840 (Journ. f. Math., Bd. XIX, p. 324—369 u. XXI, p. 1—12, 134—155) erschienen.

XX. Königsberg, 1839. II. 1.

K. d. 1.^{n} Febr. 39.

Liebster Moritz,

— —

Deiner gütigen Aufforderung, mich auch mit Mathematik zu beschäftigen neben den Sonetten bin ich bisher in so weit nachgekommen, dass ich eigentlich, um meine Manuscripte los zu werden, fünf Bücher nach einander herausgeben muss; wozu ich aber keine Möglichkeit sehe, als dass ich drucken zu lassen anfange. Wahrscheinlich geschieht dies noch in diesem Monat. Ich rede hierbei nicht von einem sechsten, obgleich dies gerade dasjenige ist, über welches ich schon vor längerer Zeit mit einem Buchhändler contrahirt. Ferner rede ich hierbei nicht von einem so eben auf Kosten der Akademie gedruckten Tafelwerke über die Primzahlen von etwa 35 Bogen[1]); die 30 Bogen Tafeln hat mir hier ein pensionirter Kanonierunteroffizier (subcenturio ballistarius)[2]) berechnet ausser den beiden ersten, welche Ostrogr. bereits in den Petersb. Memoiren herausgegeben hat[3]); die 5 andern sind Einleitung von mir. Ich rede hierbei ferner nicht von vielen einzelnen Abhandlungen, die ich fast fertig habe, und welche einen eignen Band unter dem Titel Opuscula Analytica bilden könnten. Die Abh., die ich bisher, ausser meinen

Fundam. herausgegeben, betragen etwa 100 Bogen. Aber ich werde wohl noch viel Mühe haben, um jene Opera in einer Form erscheinen zu lassen, wie sie Deines Bruders würdig sind. . . . . . Sage Ostrogr. meinen herzlichen Dank für seine Abh. „sur les déplacements instantanés." [4]) Ich werde mir die Freiheit nehmen, ihm und der Pet. Ak. ein Exemplar der Tafeln zukommen zu lassen. Die Einleitung enthält eine Methode, die Tafeln zu berechnen, ohne dass man eine primitive Wurzel kennt.

Spassky und Tychom. haben sich hier die allgemeinste Liebe erworben; doch wird wohl nur der erste zu wissenschaftlichen Arbeiten zu brauchen zu sein. Socoloff scheint ein wenig von Ostr. verdorben und überschätzt; er verschlingt mit einer gewissen Gier alles Analytische, ohne dass ich ihm Production zutraue. Mit ihren Probevorlesungen wird man, denke ich, zufrieden gewesen sein. . . . . . Dass Du Corresp. der P. Ak. geworden [5]) hat mich sehr gefreut, nicht weil die Ehre so übertrieben ist, als weil das Gegentheil einen Mangel an Wohlwollen von Seiten der Ak. gezeigt hätte. . . . . .

. . . . . Von Deinem so höchst interessanten vorigen [6]) Brief habe ich Auszüge mitgetheilt, die allgemeine Theilnahme fanden. . . . . . Was die Hauptfrage ist, die ich und die übrigen an Dich richten möchten, und um deren Beantwortung ich Dich vor allem bitte, ist, wie Du das verstehst, wenn Du schreibst,

> jetzt aber stellen sich die electromagnetischen Maschinen, im ungünstigsten Falle, mit den Dampfmaschinen gleich. Ein Factum ist es, dass keine Dampfmaschine von gewöhnlicher Construction das Boot besser treiben oder hier die electrom. Maschine ersetzen würde.

Meinst Du mit letzterm, eine Dampfmaschine, wie man sie überhaupt auf solchem Boot anbringen könnte oder eine die nicht mehr kostet oder eine die nicht mehr wiegt oder eine die keinen grössern *Umfang* einnimmt. Ich stimmte dafür dass Du das letzre meinst; weil Du ihre allerdings sehr kleinen Dimensionen genauer angiebst. Sehr viel Kopfbrechen und Conjecturen hat auch das mystische Enoncé veranlasst, womit Du schliessest, von einer Entdeckung, welche zeigt,

> dass die Benutzung nicht das andre der galvanischen Kraft, sondern sie selbst ist oder dass die Benutzung das andre von der Wärme ist.

Auch von dieser anders als warmen Benutzung schweigst Du in Deinem Letzten. Neumannen versprichst Du immer; Du könntest die versprochne Batterie auch dem Kabinet als Gegengabe für den honoris causa[7]) schicken, der das erste Signal zu aller nachherigen Gloria war.

..... Den tendre baiser, den mir die süsse Schwägerin in Deinem vorletzten giebt, möchte ich mir wohl gelegentlich holen, zugleich möchte ich Dich doch darauf ansehn, wie Du auf Deine alten Tage noch so adorable geworden bist, um es Dir nachmachen zu können. Du schreibst, Dein Aufenthalt in Pet. scheine sich zu verlängern etc.; ich glaubte, er wäre gleich von vorn herein vom Kaiser auf 5 Jahre bewilligt[8]). Die Dorpater haben sich etwas beklagt, Du habest Deine dortigen Verhältnisse bei Deiner Übersiedlung nach Petersb. mit zu grossem Übermuth u. Verachtung behandelt; auch Deinen besten Freunden, bei denen Du fast täglich gewesen, nicht ein einziges Mal geschrieben. . . . .

Dein Dich liebender Bruder Jaques.

1) s. den vorhergehenden Brief, Anm. 4.

2) s. Canon arithmeticus, Introductio p. XXXII: „homo accuratus, subcenturio ballistarius (Kanonier-Unteroffizier), nomine Kraemer“ . . . . . Über den Titel dieses Werkes schrieb Schumacher an Gauss (11. Sept. 1844; Briefw. Bd. IV., p. 290): „Jacobi sagte, als er mir seinen Canon arithmeticus gab, er habe ihn eigentlich Canon genannt, weil er von einem Canonier berechnet sei, dem auch die lange Liste von Rechnungs- und Druckfehlern zur Last falle.“

3) Ostrogradsky, „Tables des racines primitives pour tous les nombres premiers au dessous de 200, avec les tables pour trouver l'indice d'un nombre donné, et pour trouver le nombre d'après l'indice,“ Mém. de l'Académie Impériale des sciences de St.-Pétersbourg, 6 ième série, Sciences mathém., phys. et naturelles, t. III = Sciences mathém. et phys., t. I (1838), p. 359—385, der Akademie vorgelegt d. 22. April 1836 (s. a. Bull. scient, t. I, col. 32). In einem Wien, den 14. Aug. 1839 datierten Briefe an seine Frau erzählt C. G. J. Jacobi, er habe in Prag den Prof. d. höhern Mathematik Kulik besucht, der ihn interessierte, weil er die „Kanoniertafeln“ doppelt so weit berechnet hätte als in dem eben herausgegebenen „Canon arithmeticus“, „was ungefähr die vierfache Arbeit ist“. „Ich fand“, heisst es dort, „an ihm ein oft wiederkehrendes Phänomen, einen Menschen der die furchtbarsten haarsträubendsten, reine Geduldarbeiten nicht mit Enthusiasmus, sondern mit Fanatismus unternimmt, gern ohne was verdienen zu wollen noch alles Geld das er hat zugiebt, um seine Tafeln gedruckt zu sehn“ . . . . S. die erwähnten Kulikschen Tafeln im Journ. f. Math., Bd. 45 (1853), p. 55—81.

4) Ostrogradsky, „Mémoire sur les déplacemens instantanés des systèmes assujettis à des conditions variables“, Mém. de l'Académie Impér. des Sciences de St.-Pétersburg, 6 ième série, Sc. math., phys. et natur., t. III = Sc. math. et phys., t. I (1838), p. 565—600.

5) Die Ernennung ist erfolgt in der Sitzung vom 29. Dec. 1838 (a. St.) und veröffentlicht in dem Bull. scient., t. V, No. 107 v. 7. Febr. 1839, col. 176.

6) Dem obigen Brief (No. XX) müssen 2 Briefe M. H. Jacobis vorhergegangen sein, die beide nicht mehr vorhanden sind.

7) M. H. Jacobi wurde auf grund seiner verschiedenen Schriften („propter eximiam architecturae rei machinariae et technologiae cognitionem scriptis variis comprobatam"), besonders aber wohl wegen seiner Abhandlung über den Elektromagnetismus (s. S. 24, Anm. 3 resp. Schriftenverz. No. 12) und der dazu gehörigen in Königsberg angestellten Experimente von der philos. Fakultät der Univ. Königsberg 1835, kurz vor seiner Übersiedelung von dort nach Dorpat, zum Dr. hon. c. promoviert. Im Petersburger Familienarchiv existiert noch das Diplom, sowie von der Hand M. H. Jacobis das Konzept eines an den Dekan der Fakultät gerichteten Dankschreibens, dem darunter C. G. J. Jacobi eine andere Redaktion gegeben hat.

8) Vgl. S. 42 u. 45.

XXI. Königsberg, 1840. IV. 8.[1]

Theuerster Moritz

Mit dem grössten Entzücken habe ich die Nachricht erhalten, wie Du plötzlich zu einem Vermögen durch Deine Erfindung[2]) gekommen bist, ... Ich habe mir die Freiheit genommen in die Hartungsche Zeitung einrücken zu lassen: „Der Professor Jacobi in Petersburg hat vom Russischen Gouvernement für die freie Benutzung seiner Erfindung, der Galvanoplastik eine Entschädigung von 25000 Silberrubeln (27400 ℛ) erhalten".[3]) Auch habe ich Mutter deshalb gratulirt u. an Humboldt die Sache mitgeteilt.[4]) . . . . . Ich würde aber in Deiner Stelle, da Du siehst, dass auch andre Anwendungen als auf Schiffahrt belohnt werden, und da der Kaiser es gewiss nicht in der Weise gemeint hat dass durch eine zu frühe Anwendung auf Schiffahrt der naturgemässe Gang der Entwicklung solcher neuen technischen Momente präcipitirt werde, meine ganze Tätigkeit auf die Errichtung einer grössern *festen* Maschine richten, um nicht durch dem Prinzip fremdartige Complicationen meine Aufmerksamkeit zu zerstreuen und die Thätigkeit meiner Gedanken von der Hauptsache, der Vervollkommnung des Prinzips abzuziehn. Denn müsstest Du Dich am Ende auch begnügen der electromagnetische Watt[5]) zu sein, so ist dieser doch weltbekannt, während es der doch nicht ist, der die Maschine zuerst auf ein Schiff setzte; auch können für dereinstige Anwendungen auf Schiffahrt die von Dir hierin gemachten erfreulichen Erfahrungen immer grosse Wichtigkeit behalten. Auch scheint mir thue man solchem neuen Prinzipe Unrecht, wenn man es mit der Wirkung der Dampfkraft in der heutigen Ausbildung der Sache vergleicht; man müsste doch um den Vergleich billig anzustellen in den Dampfmaschinen 30—40 Jahre zurückgehn. Das neue Prinzip müsste denn ein Hercules sein der schon in der Wiege Schlangen erdrückt.

Ich quäle mich seit langer Zeit mit der Ausarbeitung und immer wiederholten Umarbeitung der Einleitung eines grossen „Phoronomia sive de solutionum finitarum problematum mechanicorum natura et investigatione“ betitelten Werkes; sobald diese etwa 10 Bogen betragende Einleitung fertig ist, will ich den Druck beginnen lassen.[6]).....

Ich musste hold über Deine Gutherzigkeit lächeln dass Du mir gern auch etwas für meine pädagogischen Studenten zukommen lassen möchtest. Spassky ist glaube ich Extraord. der Physik in Moskau;.... die beiden andern von denen Socoloff noch in Petersburg, ohne Anstellung[7]), Tychomandritski in Kiew Professor-Adjunct ist, kamen mit schönen Kenntnissen her, aber leider mit gänzlicher Unfähigkeit etwas allein zu arbeiten, ... Ich schrieb daher auch an den Minister, von dem ich zwei sehr gütige Schreiben besitze, dass ihre Spontaneität nicht in gleichem Verhältniss mit ihrer Receptivität ausgebildet wäre. Ich habe in dieser Beziehung viel an Socoloff gearbeitet, bei dem es mir am meisten zu lohnen schien; er hielt mir immer die gewöhnliche Rede entgegen, wie er denn an eigne Untersuchungen denken könne da ihm noch so viele Kenntnisse fehlen, worauf ich ihm einmal entgegnete, wenn seine Familie von ihm verlangen würde dass er sich verheirathen solle ob er denn auch antworten würde, wie er sich denn verheirathen könne da er noch nicht alle Mädchen kennen gelernt. Erst in der letzten Zeit gelang es mir etwas sie zu eignen Bemühungen zu bringen aber da mussten sie fort. Jetzt zeigt sich dieser Übelstand da sie eine Doctorarbeit machen sollen, wozu doch meine u. Neumanns Collegia ihnen reichen Stoff geben[8]); ich weiss nicht ob Spasski u. Socoloff schon promovirt haben, mit Tich. schien es nach einem Schreiben das ich vor Kurzem von ihm erhielt noch etwas weit im Felde damit. Vielleicht will der Minister dies abwarten ehe er ein Zeichen der Anerkennung[9]) meiner sehr geringen durch seine Schreiben schon überflüssig belohnten Bemühungen giebt; übrigens müsste sich dies doch auf alle damals entlassne pädagogische Studenten gleichmässig beziehn, u. also Böckh[10]) und mich zu gleicher Zeit treffen. Was Socoloff von hier mitnahm u. wovon er lebhaft ergriffen zu sein schien das war das Bild wissenschaftlicher Untersuchung; wenn er auch vielleicht nie selbst es erreicht, so wird es doch von grossem Wert für ihn sein es einmal geschaut zu haben. Ich glaube er wird einmal durch gewandte Darstellungen der höhern Theile der Mathematik seinem Vaterlande wichtige Dienste leisten.[11])

Verzeihe diese Weitläuftigkeiten über Dinge die Dich nicht interessiren können; ich bin aber zu beschäftigt um kurz zu sein..... Richelot lässt Dich bestens grüssen wenn ein so reicher Mann sich noch seiner erinnert; ..... Bessels Gesundheit ist seit seiner grossen Krankheit im vorigen Sommer durchaus noch nicht ganz wiederhergestellt.

Dein Dich innig liebender Bruder
C. G. J. Jacobi.

Ich hörte einmal es wäre die Rede davon für Dich eine Stelle für Technologie bei der Petersb. Akademie der W. zu gründen;[12]) das wäre mir wohl das allerliebste.

— —

Du schreibst vom erhöhten Rang; bist Du Hofrath geworden?[13]) ...

J.

1) Ohne Datum; Poststempel: Königsberg, 8/4, 3—4.

2) Von der Erfindung der Galvanoplastik benachrichtigte M. J. Jacobi die Petersburger Akademie durch einen an Fuss gerichteten Brief (Sitzung vom 5/17. Okt. 1838), in dem diese Erfindung als die Folge eines glücklichen Zufalls hingestellt wird (Bull. scient., t. IV, No. 95 v. 26. Okt. 1838, col. 368). Später gab M. H. Jacobi in einem Briefe an Becquerel (Annales de Chimie XI, p. 239—241) eine genaue Beschreibung, wie die zufällige Beobachtung einer von ihm zunächst anders ausgelegten Erscheinung an seinen Daniellschen Elementen ihn im Febr. 1837 in Dorpat zu dieser Erfindung führte. Bekanntlich wurden von anderer Seite Prioritätsansprüche erhoben und auf der britischen Naturforscherversammlung in Glasgow 1840, an der M. H. Jacobi teilnahm (s. den nächsten Brief, Anm. 4), entspann sich eine Diskussion darüber (s. Ann. de Chimie, t. XI, p. 246 Anm., sowie British Assoc. Report, tenth meeting, Glasgow August 1840, Notices and abstracts, p. 89). Für diese Frage mag hier nur verwiesen werden auf Becquerel, „Résumé de l'histoire de l'Électricité et du Magnétisme" (Paris 1858), p. 274—277; s. a. Iljin, p. 7 ff.; 27 ff., sowie eine Schrift über die von der kaiserlich russischen techn. Gesellschaft 1889 zur 50-Jahrsfeier der Erfindung veranstaltete „Galvanoplastische Ausstellung" (russisch); vgl. a. The Athenaeum 1839, p. 334, 780 f., 795, 811, 949.

3) Königsberger Hartungsche Zeitung No. 83 v. 7. Apr. 1840, p. 672. — Dem Tagebuch zufolge beabsichtigte M. H. Jacobi auf Drängen eines Freundes ursprünglich, ein Patent auf seine Erfindung zu nehmen. Der Ankauf durch die russ. Regierung erhielt die kaiserliche Bestätigung am 15. März 1840; über den ihm von der Akademie verliehenen grand prix Démidoff s. Brief XXIV.

4) Dies letztere hatte M. H. Jacobi schon selbst getan. Humboldt richtete hieraufhin folgendes Schreiben (Berlin, den 11. April 1840) an M. H. Jacobi: Empfangen Sie, Verehrtester Herr Professor, meinen innigsten Glückwunsch bei Gelegenheit der grossartigen Belohnung von Seiten des, den Wissenschaften so huldreichen Monarchen für Ihre schöne Erfindung. Als Gelehrter muss ich mich doppelt freuen, eine Zeit erlebt zu haben wo geistreichen Männern, wie Ihnen, in den höchsten Regionen eine solche Theilnahme geschenkt wird. Solche Handlungen wirken elektrisch und heilbringend in der Ferne: sie wirken auch „galvanisch" reizend durch Contraste und dieses Reizmittels bediene ich

mich in diesem Augenblick, um endlich einmal Ihren weltberühmten Bruder in Königsberg, der mir sein volles Zutrauen (aber weil er meine Lage kennt, auch seine freundschaftlichste Nachsicht schenkt) seine „res angustae domi“ zu erweitern [vgl. S. 77, Anm. 1]. Ich habe, seitdem ich den grossen Namen, den Sie das Glück haben, zu führen, von Le Gendre zuerst aussprechen hörte, ununterbrochen die wärmste Zuneigung für Ihren Bruder in Königsberg, für Sie, für Ihre ganze liebenswürdige Potsdamer Familie in allen Verhältnissen des Lebens bewahrt. Ich habe mich, bis in mein 70stes Jahr, immer dadurch zu heben gesucht, dass ich keinem der wichtigen Männer unter meinen Zeitgenossen das lebendigste Interesse versagt habe. Um so schmerzlicher ist es mir gewesen in Ihrem letzten Briefe vom 2ten April einen gewissen Ausdruck verhaltener Bitterkeit zu finden, die ich glaube, nicht zu verdienen. Sie loben „die ausgezeichnete Discretion“ mit der ich die Beschreibung Ihres Verfahrens der Academie nicht mitgeteilt habe, „Sie haben aufs neue erfahren, dass unerfüllte Wünsche mitunter ihre guten Früchte tragen.“ Heisst dies, dass ich gern verheimliche was Ihnen rühmlich ist, so antworte ich mit freiem Ernste, dass in Ihrem Briefe, der vor mir liegt und die Beschreibung Ihres sinnreichen Vervielfältigungs-Processes enthält, oft der König und Prinz Albrecht, aber die Academie mit keiner Silbe genannt ist, dass ich das Product Ihrer Vervielfältigung überall und mit Freuden gezeigt, aber dem Prof. Mitscherlich allein das Verfahren anvertraut, mich aber zu der Mitteilung an die Academie und an Prof. Poggendorff so wenig berechtigt geglaubt habe, als Arago das Daguerrische Verfahren früher beschreiben durfte. Ich habe gehandelt, wie ich es glaubte, Ihnen schuldig zu sein. Was die Verhältnisse mit dem Cabinet Sr. Maj. betrifft und was darin Ihnen missfälliges geschehen sein kann, so bedaure ich tief, Alles was dazu Veranlassung gegeben, aber ich bin nicht der responsable Minister von Dingen die mir fremd liegen. Meine Wünsche die (wie ich Ihnen neulich schrieb) ich dem König hatte vorlegen lassen, sind unerfüllt geblieben. Die verspätete Antwort von meiner Seite ist meine Schuld. Ich habe Sie deshalb um eine Verzeihung gebeten, die Sie, der Sie höhere Lebensansichten haben, mir gewiss schon geschenkt haben. Bei dem Hass, den ich gegen alles Briefdiktieren habe, bei 1500 bis 1800 Briefen, die ich jedes Jahr empfange, bei einer vom Orinoco her gelähmten Hand, die mir alles Schreiben zum Zahnweh macht, bei einer Lebensweise, die nicht von mir abhängt zu ändern, handle ich lieber, als ich schreibe, werde aber oft dafür schuldig gefunden, wo ich am liebsten Milde und Nachsicht erwartet hätte. Die Galvanoplastik hat mir Unglück gebracht, ich hoffe, Sie werden unser Potsdam noch einmal besuchen, ehe ich ganz fossil bin. Sie werden mir dann zeigen, dass Sie nicht mehr zürnen. Das menschliche Leben ist nicht freudig genug, als dass man es sich da verbittern sollte, wo gegenseitig keine Ursache zum Hader ist.“

5) Diese Benennung — „James Watt des Elektromagnetismus“ — legte E. du Bois-Reymond mit Recht Werner Siemens, dem Erfinder des dynamoelektrischen Prinzips, bei dessen Eintritt in die Berliner Akademie (2. Juli 1874) bei (s. Berliner Monatsber. 1874, p. 477).

6) Jacobi gab den Plan eines solchen Werkes später ganz auf (s. Brief XXVI).

7) Sokoloff hielt später anscheinend Vorlesungen über Mechanik in Charkow; auch bezüglich Spasskijs und Tichomandritskijs sind die obigen Angaben zutreffend.

8) Von Sokoloff findet sich in dem Bull. scient., t. IV (1838), col. 179—184 eine „Note sur la diffraction de la lumière“ (lue le 27 avril 1838) und von Spassky ibidem, t. V. (1839), col. 195—199 eine „Note sur l'intensité absolue des forces magnétiques terrestres (horizontales) à St.-Pétersbourg“ (lue le 14

décembre 1838), sowie v. dems. eine „Note über das Nicol'sche Prisma" in Ann. Phys. Chem., Bd. 44, 1838, p. 168—176. Man geht wohl nicht fehl, wenn man annimmt, dass diese Arbeiten von Franz Neumann inspiriert worden sind. Auch bei P. Volkmann, „Franz Neumann" (Leipzig 1896), p. 60 sind die 3 Russen unter den Schülern Neumanns aufgeführt. — Spasskij schrieb am 4. VII. 1840 an M. H. Jacobi, er sei mit seiner Dissertation beschäftigt (Petersb. Familienarchiv).

9) Vermutlich hatte M. H Jacobi in einem der nicht mehr erhaltenen Briefe dem Bruder ein solches in Aussicht gestellt; vgl. a. Brief XXVIII, S. 81.

10) s. Brief XXVIII.

11) An der weiteren wissenschaftlichen Entwickelung dieses Schülers dürfte C. G. J. Jacobi jedoch kaum sonderliche Freude erlebt haben: In der Sitzung der Petersburger Akademie vom 3. (15.) Febr. 1843 wurde eine dem Sekretär der Akademie überreichte russische Abhandlung mit dem Bemerken erwähnt, dass Ostrogradsky darin angegriffen sei. „Sur cela", fährt der Bericht der Sitzung fort, „M. Ostrogradsky déclare qu'il connaît déjà la rédaction russe ..... des leçons de M. Jacobi de Koenigsberg. Elle est précédée, en effet, de remarques que le rédacteur, M. Sokoloff, paraît avoir destinés à éclaircir les principes du calcul des variations et qui ne sont qu'un amalgame d'idées empruntées, mais mal digérées, et d'aperçus incohérents propres au rédacteur. C'est dans cet espèce de préambule que M. Sokoloff attribue à M. Ostrogradsky, en termes assez incongrus, deux erreurs de nature différente, et dont l'une aurait pourtant corrigé l'autre. Les remarques de M. Sokoloff sur les principes du calcul des variations ne méritent, selon M. Ostrogradsky, aucune attention" (Bull. phys.-mathém., t. I, 1843, No. 17/18). — Vgl. hierzu auch den vorhergeh. Brief.

12) M. H. Jacobi, bis dahin noch nominell Prof. an der Universität Dorpat (vgl. S. 45) und „membre correspondant" der Petersburger Akademie (vgl. S. 61 u. S. 62, Anm. 5) war am 29. Nov. (a. St.) 1839 zum „adjoint pour la mécanique appliquée" ernannt (s. Bull. scient., t. VI, No. 144 v. 19. Febr. 1840; sowie a. t. VIII, Second supplément, col. 4). Am 7. Mai 1842 wurde Jacobi sodann „académicien extraordinaire pour les mathématiques appliquées" (Bull. phys.-mathem., t. I (1843), col. 48) und am 5. Juni 1847 ordentl. Akademiker für Technologie u. angew. Chemie, vertauschte aber am 21. Sept. 1865 den Fauteuil für Technologie gegen einen für Physik (s. Tableau général, p. 420).

13) M. H. Jacobi war — nach der Dienstliste am 23. Dec. 1839 — Hofrat geworden (veröffentlicht Bull. scient., t. VII, No. 163 v. 12. Sept. (a. St.) 1840, col. 288).

XXII. Königsberg, 1840. Anfang Mai.[1])

Liebster Moritz,

— —

Ich erwarte mit grosser Begierde dass Du mir recht bald eine ausführliche Epistel über Dein sich gegenwärtig in grössern Kreisen bewegendes Thun und Treiben schickst; es ist grausam von Dir Deine nächsten Freunde darüber in Ungewissheit zu lassen womit der „unermüdliche" Jacobi jetzt umgeht.

In den nächsten Jahren werde ich mich wohl nicht von der Stelle rühren[2]); desto erfreulicher war mir die Nachricht dass Du für immer in Petersburg bleiben wirst. Ich erhielt neulich, so wie Bessel auch wohl Struve, eine Einladung vom Lord Prevost[3]) in Glasgow zur dort im Sept. Statt findenden Versammlung[4]). Derselbe hat an Schumacher[5]) geschrieben derselbe möchte ihm doch melden wenn er höre dass ausländische Gelehrte hinkommen wollten, damit er denselben Einladungen zugehn liesse. Diese Einladungen enthalten die exquisitesten Elogen litographirt.

— —

Es machte mir neulich[6]) Vergnügen auf der Candidatenliste bei der Wahl zum Pariser Associé zu stehn; für Olbers wird es wohl Bessel.

. . . . . Steiner u. Dirichlet waren diesen Sommer[7]) in Paris; ich traf hernach mit Dirichlet zufällig in Göttingen[8]) zusammen wo wir 8 Tage mit Weber u. Gauss verlebten.

Überall auf meiner Reise erweckte ich das lebhafteste Bedauern dass Du es nicht warst.

— —

Dein Dich vielliebender Bruder C. G. J. Jacobi.

1) Der Brief ist ohne Datum und Poststempel. — Die Zeit ergibt sich aus den Angaben über die Pariser akad. Wahlen (vgl. Anm. 6), sowie daraus, dass dieser Brief nur der Begleitbrief für ein anliegendes Schreiben Crelles v. 29. Apr. 1840 ist.

2) 1835 war C. G. J. Jacobi um Versetzung nach Bonn als Nachfolger von Diesterweg eingekommen, jedoch abschlägig beschieden worden (s. Koenigsberger, p. 173 f.). 1841 beantragte J. seine Versetzung nach Berlin, aber auch ohne Erfolg (s. Koenigsberger, p. 278). Vgl. a. S. 38 Anm. 6.

3) Auch M. H. Jacobi verzeichnet in seinem Tagebuch (2. Juni 1840) eine solche Einladung des Lord Prevost.

4) C. G. J. Jacobi nahm an der britischen Naturforscherversammlung in Glasgow (August 1840) nicht teil, wohl aber M. H. Jacobi (s. Bull. scient., t. VII., No. 167, col. 337, séance du 7 (19) août 1840, sowie t. VIII, Second supplément, p. 9; vgl. a. Anm. 2 zu dem vorhergehenden Brief).

5) Vgl. Briefw. Gauss-Schumacher, Bd. III, p. 362, sowie a. p. 360/361.

6) Es handelte sich um einen Nachfolger für den am 22. Jan. 1840 verstorbenen Blumenbach: Zum ersten Mal befand sich Jacobi unter den von der betreffenden Kommission vorgeschlagenen Kandidaten und zwar — ebenso wie auch Bessel — unter den in zweiter Linie praesentierten. Bei der Wahl (s. C. R., t. 10, p. 657, séance du 20 avril 1840) erhielt Jacobi keine Stimme, Bessel dagegen 6; gewählt wurde Leopold v. Buch. — Bei der nächsten, durch den Tod Olbers' eingetretenen Vakanz wurde, wie Jacobi im obigen Brief erwartet, der an erster Stelle empfohlene Bessel gewählt, während Jacobi sich wieder unter den in zweiter Linie vorgeschlagenen Kandidaten befand, ohne bei der Wahl eine Stimme zu erhalten (C. R., t. 10, p. 751, séance du 11 mai 1840). Bei der nächsten Gelegenheit, nach dem Tode de Candolles, war Jacobi wieder in zweiter Linie mit aufgestellt und erhielt bei der Wahl 2 Stimmen, während der an erster Stelle empfohlene Oersted mit 37 von 45 Stimmen gewählt wurde

(C. R., t. 14, 1842, p. 533 u. 568). Für die Nachfolge Daltons schlug sodann die Kommission vor:

1. Jacobi.
2. („Ex aequo") Brewster und Faraday.
3. („Par ordre alphabétique") Buckland, Herschel, Liebig, Melloni, Mitscherlich, Tiedemann.

Gewählt wurde jedoch Faraday mit 34 Stimmen, während Jacobi 19 und Buckland und Melloni je eine Stimme erhielten (C. R., t. 19, 1844, p. 1373 u. 1392). Bei der nächsten Vakanz, die durch Bessels Tod entstanden war, wurde Jacobi, wieder an erster Stelle vorgeschlagen, in der Sitzung vom 1. Juni 1846 mit 46 von 47 Stimmen gewählt (C. R., t. 22, 1846, p. 889 u. 920; vgl. a. Brief XLVI).

7) Sommer 1839 natürlich. 1840/41 hielt Steiner sich allerdings auch u. zwar ein ganzes Jahr lang in Paris auf (s. J. Lange, „Jacob Steiners Lebensjahre in Berlin 1821—1863" (Berlin 1899), p. 59 f. und hier Anfang von Brief XXXI).

8) Die grössere Reise, welche C. G. J. Jacobi 1839 nach Beendigung der Kur in Marienbad machte, hatte ihn von Pyrmont (Naturforscher-Vers.) auf einige Tage nach Göttingen geführt, „um Gauss zu sehen, da es doch möglich ist, weil er über 60, dass das nicht wieder geschehn kann" (Brief Jacobis an seine Frau, Pyrmont 22. Sept. 1839). — Zehn Jahre später war Jacobi wieder in Göttingen zu Gauss' 50-jähr. Doctor-Jubiläum (s. Brief LXXV).

XXIII. Königsberg, 1840. VI. 17.

Theuerster Moritz,

Ich habe vor einigen Tagen erfahren dass Du wegen Deiner Schrift über die Galvanoplastik den Demidoffschen Preis erhalten hast[1]) u. beeile mich Dir dazu meinen herzlichen Glückwunsch abzustatten. . . . .

— —

Solltest Du vielleicht die Idee haben ein Exemplar Deiner Galvanoplastik[2]) an Gauss zu schicken so mache Dir den Spass ihm ein russisches Exemplar zuzusenden.[3]) Er hat nämlich seit einiger Zeit angefangen russisch zu lernen weil er wie er mir sagte sehen wolle ob er in seinem Alter noch etwas ganz neues zu erlernen im Stande sei.[4]) Seine Aufnahme[5]) war nicht besonders freundlich; daher war ich doppelt erfreut als mir Dein alter Freund Hausmann[6]), Secretär der Göttinger Societät, deren Director Gauss jetzt nach Blumenbachs Tode[7]) ist anzeigte dass dieselbe mich einstimmig an Poissons[8]) Stelle zum auswärtigen Mitgliede erwählt hat.[9])

Mit der Einleitung zu meiner Phoronomie, die etwa 12 Bogen betragen wird, hoffe ich nun endlich bald fertig zu sein; hoffentlich wird die letzte Redaction beim Werke selbst mir nicht dieselbe Mühe machen[10]). Wir sind jetzt alle gespannt auf die Ernennung des neuen

Cultusministers an die Stelle des vor längerer Zeit verstorbnen Altensteins; es wird dies die erste wichtige Ernennung des neuen Monarchen sein. Ich habe in Marienbad öfters bei ihm gegessen u. viel mit ihm gesprochen.[11]) Vielleicht wird Humboldt Minister[12]) wenn die geistlichen Angelegenheiten die man ihm nie geben wird getrennt werden; aber er wird diesen Sommer 71 Jahr. Bessels Gesundheit scheint sich nach dem furchtbaren Sturm den sie vorigen Herbst ausgehalten hat, jetzt endlich wieder zu befestigen. . . . . .

Solltest Du nicht für zweckmässig halten mir endlich auch eines Deiner galvanoplastischen Kunstwerke zukommen zu lassen; der durchreisende Staatsrath zeigte mir neulich so schöne auf die ich u. Marie mit Neid sahen. Ich werde so viel bestürmt deshalb u. möchte mich gerne prahlen.

— —

Gauss erzählte mir dass er im Anfange dieses Jahrhunderts zweimal[13]) einen Ruf nach Petersburg gehabt hat, wo man wahrscheinlich durch ihn die Zeiten Eulers wiederaufleben lassen wollte. Die Errichtung der Göttinger Sternwarte mit der er beauftragt wurde hielt ihn davon ab ihn anzunehmen; wahrscheinlich würde die Mathematik auf einem ganz andern Flecke stehen, wenn nicht die praktische Astronomie diesen colossalen Genius von seiner glorreichen Laufbahn abgelenkt hätte. Es ist Schade dass Gauss jetzt schon in den 60er ist, sonst wäre er jetzt leicht zu acquiriren u. würde gern Göttingen verlassen[14]) zumal wenn man den kleinen Weber mit nähme, der ihm zu seinen magnetischen Arbeiten u. um seine jüngste Tochter zu heirathen unentbehrlich ist[15]); jetzt muss er besorgen dass Weber bald wie Ewald u. Albrecht an einer andern Universität fixirt wird.

— —

Dein Dich herzlich liebender Bruder C. G. J. Jacobi.

Kön. d. 17.^{n} Juni 1840.

1) s. hierüber den folgenden Brief.

2) s. das Schriftenverz. No. 28.

3) Nach dem Tagebuch (12. Juni 1840 a. St.) führte M. H. Jacobi dies aus. Gauss tut dessen jedoch in dem in der folgenden Anm. citierten Briefe an Schumacher v. 8. Aug. 1840 merkwürdigerweise keine Erwähnung (vgl. jedoch ibidem den Schluss des Briefes v. 12. Aug. 1840).

4) Vgl. Briefw. Gauss-Schumacher, Bd. III, p. 242 f. — Gauss klagt in seinen Briefen mehrfach über Mangel an geeigneter russischer Lektüre. „Unsre Bibliothek hat Neueres gar Nichts und von ältern Sachen auch nur trockene Bücher, Ukasensammlungen und dergleichen, was ich freilich nicht lesen mag", schreibt er z. B. an H. C. Schumacher (Briefw. Bd. III, p. 394/5; Brief v. 8. Aug. 1840).

Er wandte sich daher wegen Besorgung geeigneter Lektüre an verschiedene Freunde wie Schumacher (an den beiden angeg. Stellen, vgl. dazu l. c. p. 247 f. u. 403) und Dirichlet (1853; s. Dirichlet, Werke, Bd. II, p. 385). Auch C. G. J. Jacobi hatte ihm eine mathematische Abhandlung in russischer Sprache im Frühjahr 1840 zugehen lassen (s. Briefw. Gauss-Bessel, p. 530).

5) s. S. 68 nebst Anm. 8 (S. 69). — Vgl. dagegen einen Brief Dirichlets an Gauss in Dirichlets Werken II, p. 383.

6) M. H. Jacobi hatte als Student in Göttingen die Vorlesungen Hausmanns gehört; ein diesbezügliches Heft über Geognosie aus dem S.-S. 1822 befindet sich im Petersburger Familienarchiv.

7) Hier ist Zutreffendes und Unzutreffendes mit einander gemengt: Das Direktorat bei der Göttinger Societät war ein periodisches Amt von Jahresdauer und wechselte unter den ältesten Mitgliedern aus jeder der 3 Klassen (phys., math., histor.-philol.) ab. Seit dem Tode Tobias Mayers d. J. (1830) bekleidete daher Gauss als ältestes Mitglied der math. Kl. dieses Amt alle drei Jahre, so auch zur Zeit des obigen Briefes (Mich. 1839 — Mich. 1840); s. J. St. Pütter, „Versuch einer academischen Gelehrten-Geschichte von der Georg-Augustus-Universität zu Göttingen“, Th. IV, verf. v. Oesterley (Göttingen 1838), p. 92/3. Blumenbachs Nachfolger als Klassensenior konnte G. übrigens schon deswegen nicht werden, weil beide verschiedenen Klassen angehörten. — Über das von Blumenbach verwaltete Sekretariat und seine Nachfolge in diesem Amt schrieb dagegen der auch nach seiner Amtsentsetzung (1837) noch in Göttingen lebende Wilh. Weber an Wilh. Grimm (Februar 1840): „Hausmann ist provisorisch zum Secretär der Societät ernannt. Blumenbach [† 22. Jan. 1840] hatte vor Weihnachten schon abgedankt und Gauss war an seine Stelle ernannt worden. Gauss fühlt unter so traurigen Verhältnissen sich ausser Stand, die Societät wieder zu beleben, und hat darum den Antrag ausgeschlagen. Hausmann scheint sich darin mehr zuzutrauen“ (s. „Briefw. zw. Jacob u. Wilhelm Grimm, Dahlmann u. Gervinus“, herausg. v. Ed. Ippel, Bd. I (Berlin 1885), p. 380).

8) Poisson † 25. Apr. 1840.

9) Jacobis schönes Dankschreiben (29. Juni 1840) an die Göttinger Gesellschaft der Wissensch. ist bei Koenigsberger, p. 265 f. z. T. abgedruckt.

10) s. S. 64, nebst Anm. 6 (S. 66), sowie S. 76 (unten).

11) „Gestern war hier die erste Reunion“, schreibt C. G. J. Jacobi seiner Frau aus Marienbad, 24. Juli 1839. „Auch ich hatte das Glück, nachdem ich mich früher, wie hier die Preussen thun, auf der Promenade dem Kronprinzen hatte vorstellen lassen, mit ihm zu reden. Es ist eine eigne Verlegenheit; nach der ersten Frage, wie geht es ihnen, wie bekommt die Cur, bleibt er stehn, u. weiss nichts weiter zu fragen. Ich entschloss mich daher kurz und gut, da er nicht frug, ihn zu fragen: wie bekommt die Kur K. Hoheit? brauchen Sie die Schlammbäder? . . . . . Ist der Bau der Bonnener Sternwarte schon vorgerückt? Jetzt wird die grosse Petersburger Sternwarte eingeweiht u. s. w. Auf alles dieses erhielt ich denn grosse und weitläuftige Antworten und es war ein ziemlich langes Gespräch, das ich noch weiter hätte fortsetzen können. Der Brunnen bekäme ihm sehr wohl, erhitze ihn nicht, sondern rege nur seine Faulheit auf, er brauche nur die Wasserbäder, ganz leichte, mehr zum Vergnügen, und wie er sich zu sagen schäme, damit er nicht nöthig hätte, sich des Morgens vollständig zu waschen (O!) . . . . . Über den Bau der Bonnener Sternwarte habe er den grössten Ärger, er rücke nicht vorwärts, er habe schon so viel intriguirt, so durch kleine Handbillets, er habe denselben Arzt wie Altenstein (Rust, der auch hier ist) und habe es durch diesen zu machen gesucht. („K. H. müssen das Intriguiren nicht verstehn.“) Von der

Gegend, in der die neue Petersb. Sternwarte errichtet ist, gab er eine sehr schöne, fast romantische Beschreibung. In die Worte solches Herrn legt man so viel Geist, wie bei einer Geliebten, so viel nur irgend hinein geht." Am 3. August, dem Geburtstage des Königs, wurde Jacobi zu der vom Kronprinzen veranstalteten Festlichkeit eingeladen. Hierbei wurde Jacobi von der Prinzess Wilhelm, ohne dass er sich zuvor ihr hatte vorstellen lassen, ins Gespräch gezogen, wobei die Prinzessin sich nach Bessel erkundigte und Jacobi Grüsse für diesen auftrug. „Man muss übrigens der Prinzess den Ruhm lassen", schreibt Jacobi seiner Frau (4. Aug. 1839), „dass sie mit der äussersten u. bemühtesten Huld an jeden verschiednes und suivirtes, auf ihn passendes zu richten verstand. . . . . . Vom Kronprinzen trug ich nur ein beglückendes: ‚wie geht's Jacobi, haben Sie guten Appetit mitgebracht' davon" . . . . . — Das Interesse Friedrich Wilhelms IV. für den grossen Mathematiker bekundete sich in dieser Zeit auch bei einer anderen Gelegenheit: als er nämlich von einer Explosion hörte, die in dem Potsdamer Elternhause bei Eduard Jacobi stattgefunden (s. Vossische Zeitung Nr. 286 v. 5. Dez. 1840), fragte er sofort: „der grosse Bruder ist doch nicht beschädigt worden?" (Brief von Eduard J. v. 7. Dec. 1840).

12) In einem Briefe an Bunsen, wenige Stunden nach dem Tode Altensteins (14. Mai 1840), zieht Friedrich Wilhelm IV., damals noch Kronprinz, verschiedene Kandidaturen in Erwägung, nämlich die von Bodelschwingh, Anton Stolberg, Ladenberg II., Bischof Neander, Eichhorn, Savigny, tut jedoch Humboldts keine Erwähnung; s. Leopold v. Ranke, „Aus dem Briefwechsel Friedrich Wilhelms IV. mit Bunsen" (Leipzig 1873), p. 86; vgl. a. Varnhagen, Bd. I, p. 175, 184, 208, 209. — Der Nachfolger Altensteins wurde bekanntlich Eichhorn.

13) In den Jahren 1802 und 1804, s. das Nähere im Briefw. Gauss-Olbers in „Wilhelm Olbers, Sein Leben u. seine Werke", herausg. v. C. Schilling, Bd. 2 (1900), p. 102—105, 118 f., 120, 155 f., 192, 199; vgl. a. Briefw. zw. Gauss u. W. Bolyai, herausg. v. Schmidt u. Stäckel (Leipzig 1899), p. 46 u. 55.

14) Die Zustände an der Göttinger Universität waren seit dem Staatsstreich von 1837 und der Amtsentsetzung der „Sieben" höchst unerquickliche, und die Universität befand sich in entschiedenem Niedergang. Besondere Qualen verursachten auch der Universität wie dem ganzen Lande in den folgenden Jahren die auf grund der neuen Ordnung der Dinge ausgeschriebenen Kammerwahlen, denen überall mit jeder nur möglichen Obstruktion begegnet wurde. Gauss, der zwar der „Protestation" der Sieben nicht beigetreten war, jedoch als Anhänger des durch Staatsstreich umgestossenen Staatsgrundgesetzes von 1833 angesehen werden darf, enthielt sich bei den Universitätswahlen zumeist seiner Stimme oder blieb ganz fern, nahm auch eine auf ihn gefallene Wahl nicht an. Trotz aller mehrfach aufgetretenen Gerüchte von einem beabsichtigten Fortgang Gauss', z. B. nach Paris, blieb dieser „der armen Georgia Augusta" bekanntlich auch in diesen trüben Zeiten treu. — Vgl. a. oben Anm. 7 am Ende.

15) Wilh. Weber blieb unverheiratet; Gauss' jüngste Tochter Therese heiratete erst nach des Vaters Tode, s. Näheres in dem in Anm. 13 cit. Briefw. Gauss-Bolyai, p. 161.

XXIV. Petersburg, 1840. Sommer.[1])

Lieber Jacques,

— —

Deinen Glückwunsch über den mir zuerkannten Demidoffschen

Preis nehme ich mit Dank an; es bedarf aber noch einiger nothwendigen Erläuterungen zu diesem Texte, deren Resultat darauf hinausläuft dass es diesesmal nur die Ehre war, deren ich mich erfreute und dass ich in Grossmuth auf die damit verknüpften 5000 Rbl. B° A. verzichtete, um dieselben zu Versuchen und Forschungen über Galvanismus und Magnetismus zu bestimmen.[2]) Aber auch diese Grossmuth bedarf der Erläuterung denn sie war zum Theil unfreiwillig und au fond eine Art Feigheit, denn ich hatte mich, auf Deutsch gesagt etwas in's Bockshorn jagen lassen, und zwar wie sich von selbst versteht durch meine Freunde. Diesen zu trotzen ist wirklich überall schwerer, als seinen Feinden die Stirn zu bieten. Letzteres kann ein jeder, des erstern sind aber nur Wenige fähig. Noch ehe ich in die Academie trat, war ich nämlich von derselben förmlich aufgefordert worden mit meiner Schrift über Galvanoplastik zum Demidoffschen Preise zu concurriren, und zwar war diese Aufforderung so gestellt, dass sie schon als eine Zuerkennung, die Publication der Schrift aber nur als eine noch zu erfüllende Form zu betrachten war. Einige Monate später wurde ich zum Mitgliede d. Ac. gewählt, konnte aber nicht gleich eintreten weil die Bestätigung des Kaisers vorher einzuholen war. Während dieser Zeit erhoben sich Stimmen welche meine Demidoffsche Concurrenz für unzulässig und den Statuten zuwider erklärten, welche die Academiker von der Concurrenz ausschlössen. Ich wurde dadurch veranlasst förmlich bei der Academie in dieser Beziehung anzufragen und mich auf die an mich ergangene Aufforderung als auf ein praecedens zu berufen. Die Entscheidung der Academie fiel zu meinen Gunsten aus mit 21 Stimmen gegen 3, unter welchen letztern sich natürlich die meiner Freunde Baer und Lenz befanden.[3]) Dem erstern sagte ich, er bewiese durch seine schwarze Kugel, wie sehr er mein Freund wäre[4]), da man von Feinden immer mehr Grossmuth und Nachsicht zu gewärtigen habe. Nachdem ich nun förmlich in die Acad. eingetreten auch der bedeutenden Munifizenz des Monarchen theilhaftig geworden war, kam endlich die Sitzung heran, in welcher die Demidoffschen Preise discutirt werden sollten. In dieser Sitzung welcher ich beiwohnte musste auch meine Angelegenheit zur Sprache kommen. Ich sah voraus dass sich eine lebhafte vielleicht unangenehme Discussion engagiren würde, weil man sich aller möglichen Subtilitäten und Formwidrigkeiten zu bemächtigen dachte, unter andern: „die demidoffsche Anerkennung habe mit zum Zwecke die Galvanoplastik publikes Eigenthum werden zu lassen, Concurrent durfte daher eigentlich kein Privilegium bei der Behörde mehr nachsuchen; eins schlösse das andere aus" etc. etc. Da mir nun eine Niederlage mehr Ärger als ein Sieg Freude gewährt haben würde, so entschloss ich mich kurz und schrieb vor der Sitzung an den beständigen Secretär, worin ich auf die Zuerkennung des vollen Preises als mein Recht bestand, dann aber hinzufügte dass in Betracht der mir gewordenen grossmüthigen Entschädigung der demidoffsche Preis mich weder belohnen noch aufmuntern könne; dass aber die Idee des Stifters zugleich sei, dadurch der Entwicklung der Wissenschaften förderlich zu sein. Dieses Motif schien mir allein Anwendung zu finden und ich bat daher die Academie den mir zuzuerkennenden Preis zur Förderung der Theoretischen und practischen Untersuchungen über Electromagnetismus bestimmen zu dürfen. Hierdurch wurden die meisten Einwände paralysirt, und nachdem noch einige Fehler in der Form die aus einer verzögerten Erscheinung meines Werks entstanden waren zur Erörterung kamen, erhielt ich endlich den Sieg unter Opposition der meisten Mitglieder der historischen Classe, welche den freigewordenen Preis gern einem ihres Faches bestimmt hätten. Diesesmal befand sich Lenz unter den weissen, Baer aber immer noch unter den schwarzen, was meiner Liebe zu ihm indessen keinen Eintrag thut. Durch dieses procédé wurde die Academie sowohl als das Publicum vollkommen befriedigt, welches letztere gewöhnlich über die Vertheilung der Preise das Maul reisst; ich aber gewann mir eine Aureole. War das Opfer das ich brachte eine Art Ring des Polycrates, so habe ich wenigstens den Fisch gerettet und die 5000 Rbl. meinen Arbeiten vindicirt.

---

1) Nach Tagebuchnotizen M. H. Jacobis ist dieser nur z. T. erhaltene Brief (ohne Datum und Poststempel) vermutlich in die Zeit Juni/Juli 1840 zu setzen.

2) s. Bull. scient., t. VII, col. 180, Acte public du 18 (30) mai 1840; vgl. dazu auch Bull. t. IX, 1841, col. 135, sowie Bull. phys.-mathém., t. II, 1844, col. 256.

3) Als Gewährsmann hierfür gibt das Tagebuch (17. Dec. 1839) Ostrogradskij an. Dieselben beiden Akademiker hatten auch gegen M. H. Jacobis Wahl zum Adjunkten der Akademie (s. S. 67 Anm. 12) gestimmt resp. gesprochen (Tagebuch v. 2. und 21. Dec. 1839).

4) Vgl. a. S. 24 Anm. 2.

XXV. Königsberg, 1840. VIII. 26.[1])

Liebster Moritz,

. . . . . ich danke Dir für das was Du mir von Deinem Treiben und Ergehn mitgetheilt hast; ich hätte noch etwas von dem Gesetz der Bewegung der electrom. Maschienen zu erfahren gewünscht von dem die Zeitungen meldeten dass Du seine Entdeckung der P. A. angezeigt.[2] .....

In einem Briefe von Humboldt den ich gestern erhielt findet sich die Nachschrift:

„Die Ordensverleihung, die galvanoplastische[3], welche zu einer andern Zeit, trotz meiner Bestrebungen nicht erlangt wurde, scheint mir jetzt gesichert, und zwar auf anständige Weise. Ich habe in Sanssouci dem Min. v. Rochow etwas schriftliches darüber gegeben und wünsche dass Sie meinen schwachen guten Willen belächeln mögen. Es gehört zur Behaglichkeit des Lebens." [4]

Ihn selber erwarten wir morgen; ich will aber den Brief nicht aufhalten. .....

Dein Dich herzlich liebender Bruder
C. G. J. Jacobi.

1) Ohne Datum und Poststempel, jedoch mit Adresse und dieser zufolge an [den von der britischen Naturforscherversammlung (s. S. 68 Anm. 4) zurückkehrenden] M. H. Jacobi nach Hamburg gerichtet. Da nun Humboldt am 27. August 1840 zu den bevorstehenden Krönungsfestlichkeiten in Königsberg eintraf (s. Königsberger Hartungsche Zeitung v. 28. Aug. 1840, Nr. 201), so ergibt sich als wahrscheinliches Datum des Briefes nach dessen Schlusspassus das hier angenommene.

2) s. Bull. scient, t. VII, col. 225—228, séance du 29 mai (10 juin) 1840; vgl. a. ibid. t. X, col. 75 f.

3) Nach Bull. scient., t. VIII, No. 174 v. 4. Dec. (a. St.) 1840, col. 96 hat M. H. Jacobi den preuss. roten Adlerorden III. Kl. erhalten.

4) An M. H. Jacobi hatte Humboldt nach Empfang der Schrift über Galvanoplastik (Schriftenverz. No. 28) einen Brief (Sanssouci, 11. VIII. 1840) gerichtet, der in russischer Übersetzung in der S. 65 Anm. 2 citierten Schrift über die „Galvanoplastische Ausstellung" p. 12/13 fast vollständig abgedruckt ist und aus dem hier folgenden Auszug wiederzugeben erlaubt sei: „Die Schrift hat das Verdienst der grössten Klarheit und edelsten Einfachheit der Darstellung. Der Kreis der technischen Anwendungen Ihrer schönen sinnigen Entdeckung hat sich auf das Grossartigste erweitert. Selbst die, welche anfangs an der allgemeinen praktischen Anwendung zu zweifeln schienen, sind von ihrem Irrthume zurückgekommen und lassen dem galvanoplastischen Processe volle Gerechtigkeit wiederfahren. Eine solche Entdeckung ist aber nicht blos wichtig durch das, was dieselbe unmittelbar schafft, sie ist es als belebendes Princip, als Mittel der Verbreitung wissenschaftlicher Kenntnisse unter einer Volksklasse, wo sie bisher nicht hingelangten, sie erzwingt bei den sogenannten niederen Ständen, wie bei dem zahlreichen, vornehmen Pöbel, Achtung für die, welche das nützliche finden, indem sie das wahre suchen; sie lehret, dass in dem Erkennen eine Macht liegt. ..... Ich habe Ihre hiesige Familie noch gestern besucht und Ihrer vortrefflichen Frau Mutter gesagt, dass es ein Luxus ist, jenseits der Weichsel 2 solcher Söhne zu haben. Der neue Monarch wird sich freuen, eine Schuld abzutragen über deren Nicht-Abtragung ich einst klagte." .....

XXVI. Königsberg, 1841. I. 9.

Liebster Moritz,

— —

Durch eine ungeheure Ironie bin ich seit meiner Zulage in spe[1]) — denn noch nach 5 Monaten sind wir ganz ohne alle Nachricht! — in grössrer Klemme als seit lange so dass es mir ordentlich Spass macht und diese gute Laune hat auch auf meine Arbeiten vortheilhaften Einfluss. Denn Dir zum Trotz — wie mich auch neulich schon Liebig unter den Physikern aufführte die hier vom alten Hagen[2]) gebildet wären[3]) — habe ich mich in die Astronomie gestürzt und neulich an Th. Clausen[4]) in Altona einen Stoss scheusslicher Formeln abgehen [lassen] zur numerischen Berechnung. Ich habe aber von ihm noch keine Nachricht ob er gleich an die Arbeit geht (denn er wird auch von Encke vielfach beschäftigt; Du weisst dass die Akademie 250 ℛ︀ für die Ausführung meiner Formeln bewilligt); in diesem Falle würde ich rasch vorwärts kommen. Du kannst Ostrogradsky mit vielen Grüssen von mir erzählen[5]): que je m'occupe à développer analytiquement les formules de perturbation sans faire usage d'aucune Quadrature Mécanique et sans procéder suivant les différens ordres des excentricités et inclinaisons, que les formules sont simples et très convergentes et que l'on peut les pousser d'après une loi facile jusqu'à telle limite numérique qu'il plaira. Pour montrer l'usage de ma méthode dans un problème difficile j'ai pris pour exemple la détermination de la grande inégalité de Jupiter et de Saturne et M. Clausen s'occupe à présent à évaluer en nombres les formules qui donnent cette inégalité. Le fondement de ma Méthode n'est pas tiré des fonctions elliptiques mais d'une double substitution que j'ai imaginée pour cet effet et que j'ai exposée dans toute sa généralité il y a dix années dans le 8 Vol. du Journal de Crelle[6]) („De transf. integr. duplicis“ etc.).

Da Du in London[7]) Libris Invective gegen mich[8]) gelesen, so muss ich Dir dagegen Liouvilles Lobpreisung erzählen der im mathem. Journal sagt „On appréciera facilement la justesse et l'importance de la remarque de M. Jacobi“ etc.[9]) Ich habe es jetzt aufgegeben, ein grösseres mechanisches Werk unter dem Titel Phoronomie zu schreiben, denn ich habe nicht gehörig langen Athem dazu, Zwanzig Abhandlungen wer weiss wie viele Jahre noch zurückzuhalten bis noch zwanzig andre dazu geschrieben. Ich werde in irgend einer

Form alles was ich fertig habe in einzelnen Abhandlungen vom Stapel laufen lassen, und wenn nur erst der astronomische Dämon, der übrigens das Prioritätsrecht hat da diese astronomischen Hirngespinste sehr alt sind, mich losgelassen, so soll eine wahre Sündfluth kommen. Laplace hat 30 Jahr Memoiren über die Méc. C. geschrieben ehe der 1te Band davon erschien[10]), u. so hoffe ich auch später einmal mit grösserer Leichtigkeit alles zu ganzen Werken zusammenzustellen, denn freilich ist der Nutzen dieser ein ganz andrer. Leider aber habe ich schon von diesen Werken gesprochen[11]) obgleich es das sicherste Mittel war dass nichts daraus wurde und so fühle ich mich tief beschämt, dass Liouville sagt[12]), Tous les géomètres verront avec plaisir M. Jacobi annoncer la publication prochaine (!!) du grand ouvrage qu'il prépare depuis plusieurs années sur la Mécanique analytique. Les fragmens que l'auteur a laissé échapper à diverses reprises[13]) montrent suffisamment que cet ouvrage soutiendra ou même augmentera encore la gloire de son illustre auteur. Désireux de faire passer dans l'enseignement quelques unes des belles découvertes de M. Jacobi, j'ai rédigé depuis long-temps la Note suivante qui a servi de texte à une de mes Leçons etc. Ich muss Dir schon etwas unter die Nase reiben was Du für einen Bruder hast dessen Sachen in der Pariser Polyt. Schule bereits gelehrt werden, denn Du scheinst seit einiger Zeit gar nicht mehr den alten Respect zu haben.

— —

Bei grösster Lust zu arbeiten werde ich bisweilen durch eine grosse Befangenheit des Kopfes gehindert die fast schwindelartig ist. Ich gehe daher viel, was bei der jetzigen Kälte (gestern hatten wir 25^0) nicht zu den Annehmlichkeiten des Lebens gehört. . . . .

Dein Jaques.

Kön. d. 9.^{n} Januar 1841.

1) Der König Friedrich Wilhelm IV. zeichnete bei seinem Aufenthalt in Königsberg 1840 anlässlich der Krönungsfeierlichkeiten, durch Humboldt bewogen, Bessel und Jacobi persönlich durch Gehaltszulagen von 500 Thalern p. a. aus (s. Karl Bruhns, „Alexander v. Humboldt", Bd. II (1872), p. 326 u. Koenigsberger, p. 266; s. a. hier S. 66, oben); vgl. hierüber weiter den Anfang von Brief XXVIII.

2) Medizinalrath Karl Gottfried Hagen, 1749—1829, ursprünglich Apotheker, vertrat an der Albertina lange Jahre hindurch zugleich Physik, Chemie, Mineralogie, Botanik und Zoologie. Er war der Schwiegervater von Bessel und F. E. Neumann; vgl. a. S. 34, Anm. 22.

3) „Königsberg ist berühmt als die trefflichste Schule für mathematische Physik; Ehre dem wackern Lehrer, der in Neumann, Jacobi, Dove, Strehlke, Moser und Ries [sic!] und anderen Bereicherern der Wissenschaft den göttlichen Funken geweckt und genährt hat," ist die betreffende Stelle bei Liebig: „Über das

Studium der Naturwissenschaften und über den Zustand der Chemie in Preussen" (Braunschweig 1840), p. 40 = J. v. Liebig, Reden und Abhandlungen (Leipzig u. Heidelberg 1874), p. 31. Zu Schülern Hagens stempelt Liebig hier anscheinend ohne weiteres fast alle Mitarbeiter des Doveschen Repertoriums (vgl. S. 24 Anm. 6), selbst Peter Riess(?), der in Königsberg weder studiert noch sonst sich aufgehalten hat. — Jacobi wird auf diese Liebigsche Schrift, wenn nicht schon vorher, so durch Neumann aufmerksam gemacht worden sein, welcher der preussischen Regierung ein Gutachten darüber zu erstatten hatte (s. „Franz Neumann", p. 348/9).

4) Thomas Clausen, 1801—1885, bekannter Astronom, 1824—1827 Assistent bei der Sternw. in Altona, 1842 Observator und 1865 Direktor der Sternw. in Dorpat. — „Ich weiss von Bessel, dass Jacobi nicht rechnen kann, oder nicht rechnen will (er drückt sich zweideutig aus)," schreibt aus diesem Anlass Schumacher an Gauss (22. I. 1842), Briefw. IV, p. 50.

5) M. H. Jacobi machte der Petersburger Akademie in der Sitzung vom 5. (17.) Febr. 1841 mit denselben Worten von diesen Arbeiten seines Bruders Mitteilung (Bull. scient., t. 9, No. 198/199, ausgeg. 28. Aug. 1841, col. 76/77); vgl. a. d. nächsten Brief. — Bezüglich Ostrogradskij vgl. S. 94, Anm. 15.

6) Vgl. hierzu die Mitteilung Jacobis an die Berliner Akademie vom 5. Febr. 1843, Werke VII, p. 94—96.

7) Vgl. S. 68 Anm. 4.

8) Libri (s. S. 25 Anm. 20) bemerkte bei Gelegenheit einer gegen Dirichlet gerichteten Polemik in der Sitzung der Pariser Akademie vom 24. Febr. 1840 (C. R., t. 10, p. 314), er (Libri) habe vor Abel die Gleichung, von der die Lemniskatenteilung abhängt, aufgelöst, wofür er sich beruft auf ein im Journ. f. Math., Bd. 10 (1833), p. 168 abgedrucktes Certifikat Aragos über eine von Libri der Pariser Akademie am 13. Juni 1825 eingereichte Arbeit, sowie auf eine Stelle in den Mémoires prés. par divers savans à l'institut, V (1838), p. 71. Er würde sich daher, sagt er, sehr geschmeichelt gefühlt haben, wenn Jacobi ihn im Journ. f. Math., Bd. 19 (1839), p. 315 [= Jacobi, Werke VI, p. 276] „à la suite de l'illustre géomètre de Christiania" citiert hätte. Liouville antwortete ihm in der Sitzung vom 2. März (l. c. p. 345), der eigentliche Erfinder sei überhaupt Gauss, ebenso wie Abel derjenige sei, der zuerst etwas darüber publiziert hätte.

9) Liouville druckte aus den C. R., t. 11 (1841), p. 529/530 den Brief Jacobis über ein mechanisches Theorem Poissons in seinem Journal de mathém., t. 5 (1840), p. 350/1 ab und begleitete diesen Abdruck mit einer Zusatznote (l. c. p. 351—355), die mit den obenstehenden Worten beginnt.

10) Bezüglich einer anderen Materie schreibt C. G. J. Jacobi an seinen Schüler Otto Hesse (29. Mai 1845): „Ich bin jetzt dafür, alles so viel wie möglich in kleine selbständige Abhandlungen zu theilen" (s. Koenigsberger, p. 336).

11) In dem in Anm. 9 citierten Brief C. R., t. 11 (1841), p. 530 = Journal de mathém., t. 5 (1840), p. 351.

12) l. c. (Anm. 9) p. 352.

13) Hier verweist Liouville in Anm. auf die in C. R., t. 3 (1836), p. 59—61 [= Werke IV, p. 35—38]; C. R., t. 5 (1837), p. 61—67 [= Werke IV, p. 129—136]; Journal de mathém., t. 3 (1838), p. 44—59 [= Werke IV, p. 39—55]; ibidem, p. 60—96, 161—201 [= Werke IV, p. 57—127] abgedruckten Arbeiten.

XXVII. Königsberg, 1841. II. 28.

K. d. 28. Febr. 1841.

Liebster Moritz

— —

In Bezug auf Dein perpetuum stabile[1]) sagte mir Neumann weiter nichts als dass sich in beiden Fällen ein fester Magnetismus erzeuge, dass es aber ein allgemeiner Grundsatz sei (also ein Integral) dass keine Kraft welche bloss von der Entfernung abhängt wie bei solchem Magnetismus der Fall ist eine drehende Bewegung hervorbringen könne. Ich weiss nicht ob dieses zu genügen vermag.

Ob die Rechnungen welche Clausen für mich machen will fortschreiten weiss ich leider nicht[2]); Schumacher schrieb er hätte an sehr heftigen Kopfschmerzen gelitten die ihn die Arbeit zu unterbrechen gezwungen u. schien für seine Gesundheit besorgt, was denn auf meine Arbeiten für physische Astronomie nicht ohne Einfluss wäre: Hätte ich gewusst dass Du meiner Privatmittheilung die Ehre angedeihen lassen würdest sie Deiner Akademie vorzulegen[3]) so hätte ich mich weiter ausgelassen. So z. B. hätte ich bemerkt dass die Schwierigkeit des Problems hauptsächlich von der Grösse eines Elementes abhängt auf welches man in der Planetentheorie bisher keine Rücksicht genommen, nämlich von der Entfernung der Mittelpuncte beider Bahnen.[4])

. . . . . Dass Schelling mit 5000 ℔ schon zum April in das Unterrichtsministerium treten soll wobei Vorlesungen in sein Belieben gestellt sind hast Du wohl gehört[5]); er ist aber schon 66 Jahr; die Leute schreien deshalb fürchterlich; ich weiss nicht warum. Sie meinen er sei vocirt weil er durch eine ganz neue Anschauung das Christenthum aus der Philosophie ableiten will; doch ist er jedenfalls ein gebildeter Mann und davon kann ein Ministerium nie genug haben, auch hat er in seinen jetzigen Gelegenheitsreden grossen Enthusiasmus für positive Wissenschaften gezeigt. Bedeutend ist die Vocation von Cornelius mit 4000 ℔ Gehalt wie es heisst.

— —

. . . . . Bessel ist jetzt in's Kneipen gekommen und intendirt Mittwoch u. Sonnabend immer in Sprechan[6]) Kaffee zu trinken u. zu kegeln[7]). Gestern sind wir, meine Frau u. ich, Bessels u. Hagens zu Schlitten nach Holstein[8]) gefahren u. haben da Mittag gegessen und das soll nächstens wiederholt werden. Bessel will mehrere Bände astronomischer Abhandlungen, zum Theil schon früher publicirte, herausgeben[9]); den

1.ⁿ Band von 40 Bogen der fast ganz neu ist, hat er so eben in den Druck gegeben. Er ist jetzt wieder sehr wohl u. kräftig.

Nun lebe wohl bester Bruder, küsse Deiner Gattin in meinem Namen die Hand u. behalte lieb

Deinen treuen Bruder C. G. J. Jacobi.

1) Es handelt sich um eine von Lenz u. Jacobi gegebene wesentliche Verbesserung der bekanntlich zur Messung galvanischer Stromstärken dienenden elektromagnetischen Wage von Becquerel (s. Bull. scient., t. IV (1838), col. 339/340 = § 2 von Nr. 104 des Schriftenverz.; vgl. dazu a. G. Wiedemann, „Elektricität“, Bd. III (Braunschweig 1895), p. 349/350).

2) s. Jacobi, Werke VII, p. 96 u. Briefw. Gauss-Schumacher IV, p. 50.

3) s. Anm. 5 des vorhergehenden Briefes.

4) Vgl. Jacobi, Werke VII, p. 147.

5) Ebenso Varnhagen, Bd. I, p. 274 (15. Febr. 1841), s. a. p. 241. Diese Gerüchte waren jedoch verfrüht in die Öffentlichkeit gedrungen; die Verhandlungen waren damals noch nicht zum Abschluss gekommen (s. Schellings Brief an seinen Bruder Karl v. 5. Febr. 1841 in dem Werke „Aus Schellings Leben. In Briefen“, Bd. III (Leipzig 1870), p. 161 f). Tatsächlich ging Sch. auch erst im Herbst 1841 und zwar vorläufig nur mit Urlaub (auch Sch. hatte seines Alters wegen Bedenken, l. c. p. 167) von München nach Berlin und nahm dann Okt. 1842 seine definitive Entlassung aus bayerischen Diensten, woraufhin er zum preussischen Wirkl. Geh. Oberregierungsrath ernannt wurde. Vgl. a Varnhagen, Bd. I, p. 291, 295; Bd. II, p. 119.

6) Besuchtes Gasthaus bei Königsberg; vgl. a. Rosenkranz, Gedächtnisrede auf Bessel, l. c., p. 325.

7) Undeutlich geschriebenes Wort, anscheinend: kekeln.

8) Über die beliebten Pregelschlittenfahrten nach Holstein unweit der Pregelmündung s. Karl Rosenkranz, „Königsberger Skizzen“, 2. Abth. (Danzig 1842), p. 194.

9) F. W. Bessel, „Astronomische Untersuchungen“, 2 Bde. (Königsberg 1841 u. 1842).

XXVIII. Königsberg, 1841. V. 1.

K. d. 1. Mai 1841.

Liebster Moritz,

..... Im Februar schrieben Bessel und ich gemeinschaftlich an den Minister, er möchte doch die hiesige Universitätscasse anweisen uns die beiden rückständigen Quartale der Kön. Zulage[1]) zu bezahlen, worauf wir denn wirklich 1 Quartal von Neujahr an erhielten, über das andre behalte er sich seine Entschliessung vor; darauf erhielten wir dann weiter den Bescheid, dass auf seine Requisition der Finanzminister die Auszahlung vom 1. September bewilligt, aber auch hierauf warten wir schon wieder 4 Wochen. Die Universität ist förmlich desorganisiert, da die vielen bettelhaft gestellten Professoren heisshungrig seit October auf die Vertheilung der vom Könige bewilligten Erhöhung des Universitäts-fonds um

7000 $\mathscr{f}$ vergeblich warten. Der Winterschlaf des Murmelthiers, wie sich Humboldt von Altenstein ausdrückte, hat sich in einen Todesschlaf verwandelt.[2]) Böckh der mit mir und Liebig die 3.e Anne kriegte[3]) (als ich nach Hause schrieb, ich hätte die dritte Anne bekommen, wurde bedauert, dass meine Frau nicht selbst nähren könne) ist diese mit dem 4.n Wladimir umgetauscht, wie mag dies zusammenhängen?

— —

Nun lebe wohl, bester Bruder, schreibe bald und behalte in geneigtem Andenken

Deinen Dich herzlich liebenden Bruder C. G. J. Jacobi.

Die Turiner Akademie hat mich neulich zum Mitglied gemacht, die Cambridger (Sitz der Mathematik in England) hat mir ihre Memoiren geschickt. Wie mag es mit Adolph Philippis[4]) Sache stehen; E.[5]) hatte unglücklicher Weise ein Wort von Deinem Brief an Philippi fallen lassen, u. nun glauben sie, Du hintertriebest die Sache; Adolph ist ein so braver und ehrlicher Kerl und so gelehrt wie man nicht leicht unter den Theologen findet[6]), und da es auf einen Mucker mehr oder weniger nicht ankommt, so wäre wohl gerade kein Grund dazu. Der Mädler ist ein göttlicher Kerl; in die Hamburger Zeitung[7]) hat er schon einen Artikel einrücken lassen, dass keinesweges das deutsche Wesen in den O. Pr. unterdrückt würde; das so wie die Reden macht ihm seine Frau, die hannöversche Sappho. In Dorpat[8]) wäre es am besten wenn Senff[9]) die Professur der Physik[10]) bekäme und Dr. Kummer als Mathematiker berufen würde. . . . . .

1) s. S. 77, Anm. 1.

2) Unter Altensteins († 1840) Nachfolger Eichhorn. — Weitere ähnliche Humboldtsche Epitheta für preussische Ministerien findet man bei Karl Bruhns, „Alexander von Humboldt“, Bd. II (1872), p. 323, 326, 353.

3) Vgl. S. 64.

4) Friedrich Adolf Philippi, 1809—1881, ging Ende 1841 als Prof. theol. nach Dorpat, wurde von dort 1852 in gleicher Eigenschaft nach Rostock berufen, wo er bis zu seinem Tode lehrte. — Auf den Entwickelungsgang dieses jüngeren Vetters ist C. G. J. Jacobi von grossem und entscheidendem Einfluss gewesen: Philippi hatte als Schüler, da die Mathematik ihm anfänglich Schwierigkeiten machte, bei seinem Vetter Jacobi Unterricht erhalten und war, wie Philippis Biograph und Rostocker Kollege, Ludwig Schulze („Friedrich Adolf Philippi“ (Nördlingen 1883), p 11) erzählt, von diesem genialen Lehrer so weit gefördert, dass er zeitweilig daran dachte, sich demselben Fache zu widmen; doch noch in anderer Richtung machte sich der Einfluss des Lehrers und älteren Verwandten geltend: „Der beständige Umgang mit ihm“, heisst es a. a. O. p. 12/13 weiter, „war für Philippi der entscheidende Anstoss auf dem Weg zum

Glauben geworden. Jacobi, gleichfalls jüdischer Geburt, war damals für die Seinen unerwartet zum Christentum übergetreten, wie dies in den zwanziger und dreissiger Jahren zu Berlin sehr oft geschah. Freilich in den zunächst betroffenen Kreisen, namentlich in den altgläubigen Familien erregte solche Konversion nicht bloss Erstaunen, sondern oft ja meist, wenigstens anfangs die grösste Erbitterung. . . . . . Und so war es auch wohl nur die Stimme des Hauses, welche aus dem Munde des jungen Philippi wiedertönte, als er seinem Vetter nach der ersten Begegnung zum Unterricht und im Gespräch über dessen Schritt die Worte ins Gesicht schleuderte: „Du hast es doch nur gethan, um Karrière zu machen." Es lag nahe; Jacobi habilitierte sich sehr bald hernach als Dozent für Mathematik in Berlin. Aber er war eine tiefe, ernste und edle Natur. Sind auch seine Motive nicht bekannt, so ist doch bekannt, dass er mit sittlicher Entrüstung des Knaben Vorwurf zurückwies. Wenn es auch nicht ein tieferes Heilsverlangen war, was ihn getrieben haben dürfte, so doch die Überzeugung, die er bei seinen Studien der klassischen Philologie, der Geschichte und Philosophie gewonnen, dass das Judentum sich überlebt, das Christentum die höhere, wohl gar höchste Stufe der religiösen Vollendung sei." Das Vorbild des Vetters, der zudem Philippi auf das Lesen des neuen Testaments verwies und den 15-jährigen Knaben darin bestärkte, nähere Beziehungen zu dem Hofprediger und Prof. Strauss zu suchen, veranlasste Philippi, trotz des entschiedenen Widerstandes seiner Eltern denselben Schritt zu tun, und wurde so für seinen Lebensberuf entscheidend (a. a. O. p. 13 ff.; vgl. a. den Artikel von Philippis Sohn in Allg. Deutsche Biogr., Bd. 26 (1888), p. 73). — Die vermutlich auf späteren Erzählungen Philippis beruhende obige Darstellung darf noch durch den Zusatz ergänzt werden, dass schon der 20-jährige Jacobi so viel innere Kraft in sich fühlte, um zu wissen, dass Genie und Fleiss ihm unter allen Umständen, auch ohne Konversion, ja trotz „dummer Streiche" (s. dieses Buch S. 18/19), den Weg ebnen bezw. eine „Karrière" erschliessen würden.

5) Eduard Jacobi.

6) Die Schrift „Die Deutsche Universität Dorpat im Lichte der Geschichte und der Gegenwart" (Leipzig 1882), in der die hervorragenderen Lehrer dieser Hochschule von 1802 an aufgeführt sind, nennt Philippi den bedeutendsten unter diesen Theologen (p. 74).

7) Über diesen Artikel aus dem Hamburger Correspondenten wurde, wie ein Dorpater Professor an Moritz J. schreibt, dort viel „scandalisirt".

8) Joh. Jak. Friedr. Wilh. Parrot (geb. 1791), Prof. der Physik an der Univ. Dorpat, war am 3/15. Jan. 1841 gestorben.

9) Karl Eduard Senff, 1810—1849, seit 1837 Prof. extr., seit 1839 ord. der reinen u. angew. Mathem. a. d. Univ. Dorpat.

10) s. den folgenden Brief, sowie Anmerkungen 2, 3, 4 dort.

XXIX. Königsberg, 1841. VI. 1.

3.ⁿ Pfingsttag 41.

Liebster Moritz,

— —

Moser ist seit Ostern in Berlin und wie es heisst bearbeitet er dort eine Vocation nach Dorpt[1]); da Dove dieselbe wegen Verbesserung die er erhalten abgelehnt[2]), so hat das Conseil sich durch

Senff an Neumann gewendet der die Stelle auch nicht annehmen wird[3]) und will sich dann an Kämtz[4]) wenden; ich weiss nicht ob Weber in Vorschlag gebracht werden kann der wie es zu gehen pflegt der unschuldigste[5]) von allen und allein[6]) ohne Anstellung geblieben ist. Die Grimms sind beide zusammen[7]) — sie haben gemeinschaftliche Kasse — mit 3000 ℛ︀ in B. fixirt; sie halten als Mitgl. d. Ak. Vorles. an der Univ. und Jacob begann die seinigen unter erschütterndem Vivat von 600 Zuhörern[8]). Er war nach Paris für einen Lehrstuhl der deutschen Sprache eingeladen . . . . . Statte Ostrogradski meinen unterthänigen Glückwunsch zur Excellenz ab und schreibe mir gelegentlich ob Fuss schon Excellenz ist. Hier scheint es sollen die Geheimrathstitel vermindert werden indem der König sie gern mit andern vertauscht.

— — — — — — — — — — — — — — — — — — — —

Dein Dich herzlich liebender Bruder Jaques.

— — — — — — — —

1) Dorpt, Doerpt etc., ältere Formen für Dorpat.

2) H. W. Dove schrieb über den aus Dorpat an ihn ergangenen Ruf an M. H. Jacobi (8. April 1841): „Es fehlte ein Haar und der Name Russe [s. Anm. 4 zu Brief XL] wurde auch auf einen andern als den, dessen Bruder das lumen Regiomontanum ist, ausgedehnt. Nun aber bleibe ich hier gebe aber meine Schule [s. S. 51 Anm. 9] auf und bin von Michaelis an wieder wirklicher Mensch. . . . . . Über die grossartige Anständigkeit russischer Professuren bin ich erstaunt. Wenn man die Hungerleiderei in Deutschland 15 Jahre mit angesehen hat, so glaubt man zu träumen wenn man sieht, was dort geschieht. Etwas jünger, sans femme, sans enfants wäre ich blos hingegangen, um mich an dieser Anständigkeit einmal zu freuen.“

3) Den Brief Senffs an Neumann vom 26. April 1841, sowie die weitere Entwickelung dieser Berufung s. in: „Franz Neumann“, p. 349 ff.

4) Ludwig Friedrich Kämtz, 1801—1867, seit 1834 ord. Prof. d. Physik a. d. Univ. Halle, dann (1842—1865) ord. Prof. a. d. Univ. Dorpat.

5) „Weber muss von allen übrigen der Sieben durchaus unterschieden werden, wovon ich selbst meinen Schwiegersohn [Ewald] nicht ausnehme, sondern höchstens allein den jüngeren [Wilh.] Grimm. Weber hat schlechterdings nichts weiter gethan, als die fünf Buchstaben seines Namens mit unter die für Göttingen so unglücklich gewordene Eingabe . . . . . zu setzen,“ schrieb Gauss an Humboldt (13. V. 1838), s. Heinrich Weber, „Wilhelm Weber“ (Breslau 1893), p. 65.

6) Auch Dahlmann war von den „Sieben“ noch ohne Anstellung und wurde erst 1842 nach Bonn berufen. — Bezüglich Webers vgl. S. 92.

7) Auch der Antrag des Ministers Eichhorn v. 2. Nov. 1840, an Jakob Gr. gerichtet, lautete dementsprechend, s. „Briefw. des Frhrn. v. Meusebach mit J. u. W. Grimm“, herausg. v. C. Wendeler (1880), p. 297 und dazu „Briefw. zw. J. u. W. Grimm, Dahlmann u. Gervinus“, herausg. v. E. Ippel, Bd. I (1885), p. 439.

8) Über Jac. Grimms Antrittsvorlesung in Berlin s. etwa Varnhagen, Bd. I, p. 298 (5. Mai 1841).

XXX. Königsberg, 1841. IX. 21.

Liebster Moritz

Es wird mir sehr angenehm sein, wenn Du Herrn S. Slonimski[1]) einen sehr unterrichteten Mathematiker, dessen Bekanntschaft uns[2]) hier sowohl seiner Kenntnisse als seiner ingeniosen Rechenmaschine[3]) wegen sehr erfreulich ist, bei den Zwecken welche er in St. Petersburg verfolgen will, behülflich sein kannst.[4]) Namentlich wäre es von Interesse wenn die Fonds herbeigeschafft werden könnten, damit seine grosse Logarithmenmaschine, mit der er von 14stelligen Zahlen die Logarithmen auf 14 Stellen berechnet, zur Ausführung kommt. Bitte auch den Herrn Staatsrath von Fuss, den diese Erfindungen gewiss auch interessiren werden, sich des Herrn Slonimski anzunehmen.

Königsb. d. 21.ⁿ Sept. 1841. C. G. J. Jacobi.

1) Ch. Z. Slonimsky aus Bialystok in Russland erläutert im Journ. f. Math., Bd. 28 (1844), p. 184—189 („Allgemeine Bemerkungen über Rechenmaschinen, und Prospectus neu erfundenen Rechen-Instruments") die Nachteile älterer und die Vorzüge seiner Rechenmaschine. R. Mehmke (Encykl. der math. Wissensch., Bd. I, p. 956, Anm. 93) nennt jedoch die von Slonimskij a. a. O. gegebene Beschreibung der Maschine ungenügend und ist daher bezüglich der Einrichtung z. T. auf Vermutungen beschränkt. Die a. a. O. beschriebene Maschine — Sl. hat deren mehrere konstruiert (s. die am Ende unserer Anm. 4 angegebenen Stellen) — diente nach dortigen Angaben zur Ausführung von Multiplikationen und Divisionen, sowie zur Berechnung von Quadratwurzeln, und beruhte auf einem zahlentheor. Satze, den Crelle im Journ. f Math., Bd. 30 (1846), p. 215—229 bewies, vgl. a. Berliner Ber. 1845, p. 384—385.

2) Ausser Jacobi auch Bessel jedenfalls, s. unten Anm. 4.

3) Auch Crelle nennt (Journ. f. Math., Bd. 28 (1844), p. 190) die ihm vorgeführte Slonimskijsche Rechenmaschine „ungemein sinnreich und höchst einfach", und auch Mehmke erblickt in ihr einen „wesentlichen Fortschritt" gegenüber früheren Apparaten dieser Art (l. c. p. 956).

4) Mit Empfehlungen von Humboldt, Bessel, C. G. J. Jacobi, Encke und Crelle versehen, durfte Slonimskij am 4. (16.) Apr. 1845 seine Maschine der Petersburger Akademie vorführen, die ihm auf den Bericht zweier Akademiker hin einen halben Preis Demidoff zuerkannte (s. Bull. phys.-mathém., t. IV, 1845, col. 175 u. 303 oder Recueil des Actes de la Séance tenue le 29 décembre 1845, C. R. pour l'année 1845, p. 9); vgl. dazu auch noch Bull., t. V, 1847, col. 32 u. 59.

XXXI. Königsberg, 1842. II. 12.

Kön. d. 12. Febr. 1842.

Liebster Moritz,

— —

. . . . . Ich bekam neulich von Steiner der in Berlin wieder ist nach einjährigem Aufenthalte in Paris[1]), seine dort verfertigte Litographie die mir grosses Vergnügen macht. . . . . .

— —

Ich schmiere jetzt ungeheuer und bin ganz Redacteur, nur dass ich manchmal wie jetzt 14 Tage durch Briefschreiben in meinen Arbeiten unterbrochen werde. Ich hoffe nächsten Monat eine Abhandlung von 20 Bogen zu beendigen: „theoria nova multiplicatoris systematis aequationum differentialium vulgarium applicata ad aequationes differentiales partiales primi ordinis problemataque mechanica et isoperimetrica.“ [2]) Es wird darin unter andern folgender Satz bewiesen, welcher fast ein neues und sehr allgemeines Prinzip der Mechanik abgiebt. „Wenn man irgend ein Problem der Mechanik in welchem keine Widerstandskräfte (d. h. von den Geschwindigkeiten abhängige) wirken, auf eine Diffgleichung 1ter Ordnung zwischen zwei Variabeln gebracht hat, so kann man immer nach einer allgemeinen in der Abhandlung gegebnen Regel den Multiplicator derselben finden, sie also auf Quadraturen zurückführen“.[3]) Einen ähnlichen Satz hatte ich früher aus einer andern Quelle für den Fall angekündigt wenn der Satz von der lebendigen Kraft gilt[4]); dieser aber setzt nur voraus dass die Kräfte irgend welche Functionen der Coordinaten sind. . . .

. . . . . Grüsse die liebe Annette und die Kinder vielmal von

Deinem Dich liebenden Bruder Jaques.

— — — — — — — —

1) Vgl. S. 69 Anm. 7.

2) Die berühmte Abhandlung, deren letzter Teil am 26. Juli 1845 abgeschlossen wurde, erschien im Journ. f. Math., Bd. 27 (1844), p. 199—268 und Bd. 29 (1845), p. 213—279 u. p. 333—376 unter dem Titel „Theoria novi multiplicatoris systemati aequationum differentialium vulgarium applicandi“ (Werke IV, p. 317—509). — Wenn auch der obige Titel nicht genau beibehalten ist, so ist doch das gestellte Thema durchgeführt, indem das allgemeine Prinzip auf die partiellen Differentialgleichungen erster Ordnung, die Differentialgleichungen der Mechanik und zum Schluss die der isoperimetrischen Probleme angewandt wird.

3) Diesen berühmten Satz von der Herleitung des letzten Integrales eines mechanischen Problems leitet Jacobi in der in vorstehender Anm. citierten Abhandlung her. Eine vorläufige Bekanntmachung erfolgte allerdings schon bald nach dem obigen Brief, nämlich in der vom 27. März 1842 datierten Abhandlung „De motu puncti singularis“, Journ. f. Math., Bd. 24 (1842), p. 12 = Werke IV, p. 272 f., sowie in dem in Manchester (Juni 1842) gehaltenen Vortrage „On a New General Principle of Analytical Mechanics“ (Report of the twelfth meeting of the British Association for the advancement of science: Transactions of the Sections, p. 2/3) und dem im wesentlichen damit übereinstimmenden Pariser Vortrage (1. Aug. 1842) „Sur un nouveau principe général de la Mécanique analytique“ (C. R., t. 15, p. 202 = Werke IV, p. 291). Auch der Vortrag von

der italienischen Naturforscherversammlung (Lucca, Sept. 1843) „Sul principio dell' ultimo moltiplicatore e suo uso come nuovo principio generale di meccanica“ (Giornale arcadico, tomo 99 (1844), p. 140 f. = Werke IV, p. 519 f.), sowie eine am 3. Jan. 1844 (n. St.) der Petersburger Akademie vorgelegte Note „Nouveau principe de dynamique“ (Bull. phys.-mathém., t. III (1845), col. 33—37; s. a. t. II (1844), col. 383) sind hier zu nennen.

4) s. den S. 38, Anm. 2 citierten Brief an Encke, Jacobis Werke IV, p. 51 f.

XXXII. St. Petersburg, 1842. IV. 15.

[Lieber Jacques!][1])

Es kommt bei meinem Telegraphen[2]) eine sonderbare Aufgabe vor, deren Lösung ich wohl, Deiner Sagacität anvertrauen möchte: Es sind die 9 Zahlen 1 . 2 . 3 etc. 9. gegeben. Aus diesen sollen Combinationen, Variationen mit Wiederholungen bis zu n Ziffern und zwar in verschiedenen Classen gebildet werden, und zwar nach folgendem Schema: I Classe enthält bloss Zahlen in aufsteigender Ordnung 3 . 5 . 7 z. B. lexicographisch geordnet, so dass jede Zahl grösser ist als die vorhergehende. Die II Classe soll *ein Paar* neben einander [stehender] Zahlen enthalten, die entweder gleich sein können oder wo die nachfolgende kleiner ist als die vorhergehende 3 4 7 6 8. 8 9 1 2 4 5. 6 7 7 8 9 u. s. w. Die dritte Classe kann zwei solcher Paare die 4te Classe 3 solcher Paare die n[te] Classe $n - 1$ solcher Paare enthalten z. B. $6\underset{1}{\smile}7\underset{1}{\smile}8\underset{2}{\smile}5\underset{3}{\smile}4\underset{4}{\smile}3\underset{5}{\smile}2\underset{5}{\smile}7\underset{6}{\smile}7$ ist von der 6[ten] Classe, $3\underset{1}{\smile}4\underset{2}{\smile}4\underset{2}{\smile}5\underset{2}{\smile}6\underset{2}{\smile}8\underset{3}{\smile}4\underset{4}{\smile}3\underset{5}{\smile}3\underset{5}{\smile}7$ von der 5ten Classe. Es ist eine allgemeine Formel zu finden, wonach berechnet werden kann, wie viel Combinationen von 2, 3 etc. Ziffern sich in jeder Classe befinden.[3]) Diese Aufgabe soll, wie man sagt sehr schwer sein, wenn sie ganz allgemein gelöst werden soll.

Sprich doch einmal mit Neumann über folgende Aufgabe: Lenz und ich, haben eine Reihe von Versuchen mit Eisenstangen angestellt, die von verschiedener Länge aber von gleicher Dicke waren. Wir hatten dieselben gleichförmig mit Spiralen aus Kupferdrath der ganzen Länge nach bewickelt durch welche ein constanter Strom ging. Der Magnetismus dieser Stangen wurde an verschiedenen Stellen untersucht, aber nicht der freie Magnetismus, sondern die ganze Quantität der zerlegten magnetischen Materie.[4]) Construirt man nun eine Curve deren Ordinaten diese Magnetismen sind, so erhält man eben so wie durch Rechnung eine der Parabel sehr nahe stehende Curve, die wie es mir scheint zur Natur der Kettenlinien gehört.[5]) . . . .

. . . .

Da Ihr in Königsberg doch wahrscheinlich das Bulletin scientifique haben werdet, so verweise ich auf einen Aufsatz von Ostrogradski Tom. V p. 346,[6]) der eine von mir gemachte Hypothese behandelt hat. Wenn Neumann sich damit befassen wollte, würde ich ihm alle unsere Beobachtungen schicken.

Der Donner der Kanonen von der Festung herab verkündet uns endlich Liszt's Ankunft. Du sollst ihm ja nach den Zeitungen die wunderbarste Rede von der Welt gehalten haben[7]), und ich hoffe dadurch wenn nicht Frei- doch wenigstens Billete zu erhalten, was man für eine reine Unmöglichkeit hält. Ich hoffe unsere Petersburger Melomanen werden denjenigen jenseits des Niemen nicht nachstehn. Les contrastes se rencontrent; gleichzeitig hört man von einer Gesellschaft die sich in Kbrg. unter Motherby's[8]) Auspicien zum Genuss des Pferdefleisches constituirt hat. Schreibe mir doch die Details, da mich der Gegenstand sehr interessirt; auch wäre es gar nicht übel wenn es Deinem Einflusse gelänge, meinen Kutscher der ein Tartar ist, zum auswärtigen Mitgliede zu machen. Überhaupt scheint es, dass man in Kbrg besonders deshalb ungehalten gegen Russland ist, weil es eine Vormauer gegen eine neue Invasion der Hippophagen bildet, die man als Lehrer gewiss dort mit offnen Armen empfangen würde. Gott mag übrigens wissen, ob es nicht Motherby's patriotische Tendenzen am Ende noch zum Andropophagismus [sic!] bringen werden.

Nun lieber Bruder, falle ich Dir zu Füssen, umklammere Deine Kniee und richte eine recht, recht herzliche Bitte an Dich. Entschliesse Dich kurz und komme diesen Sommer zu mir. Die Reise hierher lässt sich auf den neu eingerichteten Diligencen, in der kürzesten Zeit . . . . . machen. Du musst doch endlich meine Familie kennen lernen[9]) und ich verspreche Dir mindestens ein Paar sehr angenehme Monate in unseren Kreisen. . . . . . Wer weiss wie lange man noch lebt, und ich hoffe, Du wirst mir eine günstige Antwort zukommen lassen. . . . . . .

Dein Dich herzlich liebender Bruder
Moritz.

. . . . . Steiners drollige Lithographie zu erhalten, würde mich sehr glücklich machen.

1) Von dem Briefe ist nur ein Blatt — ohne Überschrift und Datum — erhalten; die Zeitbestimmung ergibt sich nach Anm. 7 (am Ende) in Verbindung mit der zugehörigen Partie des Briefes.

2) 1842 führte M. H. Jacobi eine Telegraphenanlage aus zwischen dem Winterpalais des Kaisers und dem Hôtel des Ministers der öffentl. Arbeiten (Rede über „Electro-Telegraphie" v. 1843, Schriftenverz. No. 45, p. 23).

3) Die Veranlassung zu dieser Fragestellung war für M. H. Jacobi die folgende: Auf der Scheibe eines Zeigertelegraphen sind die neun Ziffern 1, 2 . . 9 in natürlicher Reihenfolge verzeichnet; vor ihnen rotiert der Zeiger, der bei jeder Ziffer arretiert werden kann. Bei einer vollen und im Anfangspunkt der Ziffernreihe beginnenden Umdrehung des Zeigers sind durch Arretierungen dieses offenbar nur Kombinationen „I. Kl.", bei zweien auch solche „II. Kl." zu erhalten u. s. w.; s. dies bei V. Bouniakowsky („Solution d'un problême relatif à un genre particulier de combinaisons", Mémoires de l'Académie de St.-Pétersbourg, 6 ième série, Sciences mathém. et physiques, t. III (1844), p. 297). Bouniakowskij untersuchte auf Veranlassung M. H. Jacobis diese Frage und gab in der citierten Abhandlung (l. c. p. 297—326) wenigstens für die ersten 3 Klassen die betreffenden Formeln an, die für den in Frage stehenden praktischen Fall völlig ausreichten, während bei weiterer Fortsetzung die Formeln ausserordentlich kompliziert werden würden; vgl. hierzu auch die in Anm. 2 citierte Rede M. H. Jacobis, p. 20.

4) S. die unter No. 104 des Schriftenverzeichnisses aufgeführte Arbeit von E. Lenz u. M. H. Jacobi, Ann. Phys. Chem., Bd. 61 (1844), p. 275 ff. u. 448 ff.

5) Vgl. E. Lenz und M. H. Jacobi an der in vorstehender Anm. citierten Stelle, p. 277, sowie G. Wiedemann, „Electricität", Bd. III (2. Aufl. 1895), p. 401/2 u. 547.

6) Ostrogradsky, „De l'aimantation mutuelle entre des barres disjointes," Bull. scient., t. V (1839), col. 346—352.

7) Franz Liszt berührte auf seinem Triumphzuge durch Europa, von Berlin kommend und nach Russland weiterreisend, auch Königsberg und gab in der Pregelstadt vier Concerte, davon eins in der Universitätsaula für die Studierenden. Am 14. März 1842, dem Tage der Abreise von Königsberg, erschien eine aus den Professoren Jacobi, Rosenkranz und Dulk bestehende Deputation der philosophischen Fakultät bei Liszt, um ihm das Doktordiplom zu überreichen. Ein aus dieser Veranlassung von Liszt an Jacobi gerichteter und noch erhaltener Brief lautet folgendermassen:

Hochgeehrtester Herr,

Empfangen sie meinen wärmsten, innigsten Dank für die, auf ihre Veranlassung und Vorwortung, für mich so schmeichelhafte und Ehrenvolle Auszeichnung welche sie mir gütigst anzeigen. Nachdem sie nun die Zeit gegen 1 Uhr bestimmt haben, werde ich die Ehre haben von 1/4 vor 1 Uhr an, sie hier zu erwarten.

Mit ausgezeichnester Hochachtung
ihnen dankbar
ergeben
14 März 1842 F. Liszt.

Über das Weitere berichtet Karl Rosenkranz als Ohrenzeuge („Aus einem Tagebuch. Königsberg Herbst 1833 bis Frühjahr 1846" (Leipzig 1854), p. 363/4): „Jacobi, als Dekan, ergoss sich in einer längern Rede, die vortrefflich war, vom Bunde zwischen Kunst und Wissenschaft handelte und an die Verehrung erinnerte, welche die antiken Philosophen der Musik gewidmet hätten. Auch wusste er eine schöne Charakteristik Liszt's und der Wirkungen seines Spiels auf die Jugend einzuflechten. Liszt antwortete uns Deutsch, sehr gefühlvoll und in sehr gewählten, elegant seelenvollen Ausdrücken."*)

Die Rede C. G. J. Jacobis bei Überreichung des Diploms ist später veröffentlicht von K. Lehrs, „Franz Liszt Ehrendoctor der philosophischen Facultät der Universität zu Königsberg", Wissenschaftl. Monatsbl., herausg. v. Oskar Schade, Jahrg. IV (1876), p. 175/6 und wiederabgedr. bei L. Ramann, „Franz Liszt. Als Künstler und Mensch", Bd. II, Abth. I (Leipzig 1887), p. 183.

In dem Schreiben**), das Liszt von Mitau aus am 18. März 1842 an die philos. Fak. richtete, heisst es u. a.:

„Die Doktor-Würde aus der Verleihung einer Facultät, in der sich wie in der ihrigen, Männer von Europäischer Bedeutung versammeln, macht mich glücklich und würde mich stoltz machen, wenn ich nicht auch des Sinnes gewiss wäre in dem sie mir verliehen worden.

Ich wiederhole, dass ich mit dem ehrenvollen Namen eines Lehrer der Musik ...., dessen Sie, hochverehrte Herren, mich würdigen, die Verpflichtung unablässigen Lernens und unermüdlicher Arbeit übernommen zu haben mir wohl bewusst bin. .....

In der stetten Erfüllung dieser Pflicht und jedem Erfolg der mir etwa gegönnt ist, wird sich auch die Erinnerung an Ihr Wohlwohlen lebendig erhalten, und an die rührende Weise, in der ein berühmtes Mitglied Ihrer Facultät***) mich davon unterrichtet hat."

Rosenkranz' Angabe, Jacobi sei Dekan gewesen, ist übrigens unrichtig. Diese Würde bekleidete vielmehr der Historiker Drumann, doch konnte man diesem nicht wohl zumuten, als Sprecher der Fakultät aufzutreten. Wusste man doch, dass er die Musik für eine eines Mannes durchaus unwürdige Beschäftigung hielt. Man fürchtete daher sogar, dass Drumanns Einspruch die für Ehrenpromotionen erforderliche Einstimmigkeit des Fakultätsbeschlusses verhindern würde; als er jedoch gefragt wurde, ob er sich entschliessen könne zuzustimmen, antwortete er: „Warum nicht? Man promovirt ja jetzt auch Chemiker" (s. Friedländer, l. c. p. 49). —

In Petersburg traf Liszt am 15. April 1842 n. St. ein (L. Ramann, a. a. O. p. 185).

*) In der Königsberger „Hartungschen Zeitung" Nr. 62 v. 15. III. 1842 heisst es: „Hr. Liszt, sichtbar erschüttert [durch die „ergreifende Rede" Jacobis], vermochte nur in abgebrochenen Worten seinen Dank auszusprechen." [Mitteil. des Hrn. Dr. Ludwig Goldstein von der „Hartungschen Zeitung"].

**) s. K. Lehrs a. a. O., p. 176, sowie L. Ramann, a. a. O., p. 184 resp. „Franz Liszts Briefe", ges. u. herausg. v. La Mara, Bd. I (Lpz. 1893), p. 45/46; vgl. dazu a. „Eduard v. Simson. Erinnerungen aus seinem Leben," zusammengestellt von B. v. Simson (Leipzig 1900), p. 69.

***) Hierzu ist von La Mara a. a. O. eine Anmerkung gemacht, die nach unseren vorstehenden Angaben der Verbesserung bedarf.

8) William Motherby, früher Arzt in Königsberg, seit 1832 Landwirt in der Umgegend und Direktor des Vereins zur Beförderung der Landwirtschaft. M. hatte in Kön. eine hervorragende gesellschaftliche Rolle gespielt, war mit C. G. J. Jacobis Schwiegervater, dem Kommerzienrat u. Gutsbesitzer Schwinck, befreundet gewesen und war auch ein Freund Bessels; s. A. Hagen, „Gedächtnissrede auf William Motherby", Neue Preuss. Provinzialbl. III. (1847), p. 131—144 (p. 141 bezügl. der Hippophagen).

9) Zu einer Reise C. G. J. Jacobis nach Petersburg — schon in Brief XVIII, S. 49 war davon die Rede gewesen — ist es weder jetzt noch später gekommen. Dagegen kamen Moritz Jacobis Familie und dieser selbst 1845 nach Berlin (s. Brief XLI nebst Anm. 4 dort).

XXXIII. Königsberg, 1842. IX. 25—X. 2.

Theuerster Moritz Sonntag d. 25. Sept. 1842

Ich weiss nicht, ob wir Dir schon geschrieben, wie sonderbar und zufällig unsere Reise zu Stande gekommen ist. Wir hatten seit einem Jahre immer verschoben eine nöthige Visite bei Schön zu machen da die Ministerin mit ihren Töchtern uns mehrmals besucht hatten. Als wir endlich eines Abends hingehen bringt mir unterweges der Postbote die jährliche Einladung zur Association u. da sich Schön für alles englische interessirt[1]), zeige ich sie ihm. Er gleich Feuer u. Flamme, Bessel und ich müssten hin, Preussens Gelehrte dort repräsentiren, schreibt gleich an den König und fordert 1500 ₰ Reisegeld für jeden von uns, weil wir auch über Paris zurücksollten. Der König schreibt[2]) sogleich darunter das sei ein guter Gedanke u. weist das Geld hier bei der Regierung an. Wir hatten beide nicht die mindeste Lust, was freilich sehr unvernünftig war. Nach und nach kam mir der Gedanke da es mir sündlich schien für mich allein in kurzer Zeit so viel Geld auszugeben, zumal ich erst vor 3 Jahren solche Reise gemacht[3]), meine Frau mitzunehmen. Bessel ermunterte mich dazu und da wir früher die Reise in seinem Wagen zusammenmachen wollten forderte er jetzt Erman auf ihn zu begleiten und gab endlich auch dem Bohren der Familie nach Elisen mitzunehmen . . . . . Nachdem wir den 11.ⁿ Juni ausgelaufen, sind wir den 12.ⁿ September glücklich hier wieder angelangt. Das einzige Unangenehme unterweges war die ungeheure Hitze, die wir in Paris und auf der Rückreise hatten, 4 Wochen lang 28—30^0, eine afrikanische Hitze wie man sich deren in Paris selbst nicht erinnern konnte und die natürlich die Thatkraft und Unternehmungslust bedeutend beeinträchtigte. . . . . . Du hast eine ganz falsche Vorstellung gehabt, dass in Manchester der Hauptsitz Deiner Feinde sei. Es war im Gegentheil alles voll Enthusiasmus für Dich und bei Joseph Lockett engraver for calico printer, in dessen Landhause wir wohnten[4]) wurde fast täglich Deine Gesundheit getrunken, da er Deine Galvanoplastik bei Anfertigung der Caliko-Drucker-Walzen vielfach anwendet; z. B. um einen Raum auszusparen auf einer Walze auf der bereits die Maschine den Grund getüpfelt hat, wird das Ganze mit einem Firniss beschmiert, dann an dem auszusparenden Raum der Firniss weggekratzt, durch den galvanischen Prozess dort Kupfer angesetzt und weggebrochen und der Firniss wieder abgewischt. Du wirst lächeln dass in Manchester sogar ich technisch werde. Ich hatte den Muth dort den Satz geltend zu machen es sei die Ehre der Wissenschaft keinen Nutzen zu haben, was ein gewaltiges Schütteln des Kopfes hervorbrachte. In London assen wir bei dem Herzog v. Sussex[5]) an den der König einen eigenhändigen Brief über uns geschrieben hatte; . . . . . Wenn ich in England ganz neben Bessel verschwand[6]) — Herschel hatte an die Association geschrieben, er wolle nach Manchester kommen wenn Bessel hinkäme, if it were but to touch the garment of this gentleman, wenn er dessen werth wäre, es lebe kein Mann in Europa für welchen er den halben Weg machen würde — aber in Paris waren meine Reiche. Dort ist jeder Winkel meiner Arbeiten besser gekannt als ich je vermuthet hätte, eine grosse Aufmunterung aber auch eine schwere Aufgabe das Erworbne zu conserviren. Man gab es mir auch sehr zu hören ich könne wohl mit dem Ansehn zufrieden sein in welchem ich dort stünde und insbesondere Liouville dass er über 50 Meilen nach Paris (von einem Landaufenthalte bei Metz) gekommen wäre um mich zu sehen was bei einem ehemaligen Feinde aller Ehren werth ist. Auch war es mir überaus lieb seine Bekanntschaft zu machen, da er eine ungeheure Gelehrsamkeit besitzt und einen vortrefflichen Character. Schreibe mir doch ob Fuss einen Brief von mir erhalten über Eulers Briefe an Lagrange die ich bei Libri gefunden.[7]) In Manchester sprach Faraday viel mit mir von Dir; er reiste ab als die eigentliche Versammlung anfing, weil er menschenscheu sein soll, woraus man fabelte er sei in einem Irrenhause.[8]) Wenn es in Deinen Plänen liegen sollte auf die Correspondentencandidatenliste der Pariser Ak. zu kommen solltest Du bisweilen etwas hinschicken[9]); die Section Mechanik besteht fast ganz aus guten Freunden von mir. Vorzüglich geschätzt wird der junge Piobert[10]) der glücklich die Differenzialgleichungen für das Pulver integrirt hat woran Lagrange und Poisson scheiterten; er ist natürlich auch ein College von Dir, d. h. Artillerist. Meinen alten Freund Poncelet wieder zu sehen freute mich sehr; er hatte seit einem halben Jahre geheirathet und unsre Frauen machten gute Bekanntschaft. Von allen Gelehrten welche ich kennen gelernt, haben den bedeutendsten Eindruck auf mich gemacht, Brewster und Arago. Für letztern schwärmt meine Frau und vergleicht alle andern neben ihm mit Krähen. Er übt in der That einen Zauber aus, durch den zu erklären wie der preussische Courtisan von dem Republikaner nicht los lassen kann[11]). Auch den high tory Bessel der noch einige Stunden mit ihm zusammen war hat er ganz entzückt[12]). Ich habe in Manchester und Paris das vorgetragen[13]) wovon wie Du schriebst Ostrogradsky und Fuss die Petersb. Akad. zu unterhalten die Güte hatten[14]), nur in einer piquanten Form wie es einem reisenden Taschenspieler ziemt, ausserdem aber noch in Paris eine vielleicht wichtige Abhandlung über die Elimination der Knoten in dem Problem der drei Körper welche Ostrogr. jetzt wohl schon im Compte rendu gelesen hat[15]); sie scheint auch Bessel in hohem Grade zu interessiren. In Cöln lernte Marie auch Onkel Lehmann[16]) kennen, für den Marie immer ein grosses Vorurtheil hatte da sie behauptet alles was wir wären verdankten wir ihm. Ich war jetzt zum ersten Mal einen halben Tag auch in Bonn, wo ich Argelander, Plücker und meinen alten Freund Riese[17]) sah, der diesen Frühjahr zum ersten Mal 200 Rt Gehalt erhalten. In Coblenz und Bingen machten wir einigen Aufenthalt und von dort einige entzückende Ausflüchte. Wir waren auch zwei Tage in Dresden, ... Ich war während der ganzen Reise wunderbar rüstig und unternehmend geworden, während ich sie in grosser Melancholie antrat. . . . . . In Leipzig sprach ich den ältesten Weber[18]); sein Bruder W. kommt mit grösserm Gehalt als sein früheres Ostern nach Leipzig; seine Stellung ist unabhängig von Fechners Wiederherstellung[19]). Dieser war nicht eigentlich blind, aber sein Auge konnte kein Licht ertragen; in der Dämmerung dagegen konnte er die Pflastersteine unterscheiden; aber sein ganzer Körper war zerrüttet so dass man an seinem Aufkommen zweifelte; er soll sich aber unerwartet erholt haben. Ich habe weder auf der Hin- noch Rückreise Humboldt oder den König gesehen, der Dir ja viel Freundlichkeit in P. bezeigt hat, wie in der Staatszeitung ausführlich gestanden haben soll.[20]) Die Zeitungen hatten sich ausgedacht, ich würde nach Berlin versetzt werden, wovon aber weder ich noch der Minister noch Humboldt etwas wissen; es war aber allgemein verbreitet u. wurde als ausgemacht angenommen, daher Du auch vielleicht davon gehört hast. H. erwiderte auf Bessels Befragen, sollte einmal davon die Rede sein, so würde er dagegen sein; denn als ein geistreicher Mann würde ich viel in Berlin in Gesellschaft kommen und meine Arbeiten darunter leiden[21]). Mit dem Englischen ging es mir sehr schlecht; Anfangs machte es sich leidlich, aber nach den 5 Wochen die wir in England waren . . . . . hatte ich alles vergessen u. sprach reines Plattdeutsch. Meine Frau dagegen hat sich dort wie in Frankreich mit Ruhm bedeckt.

— —

. . . . . Schreibe recht bald und viel . . . . . Ich weiss nicht ob Du weisst dass Du Dir jetzt bisweilen einen abstract praecisen Styl angewöhnt hast der die Mitte hält zwischen Onkel Lehmann und Goethe. Doch in jedem Style werden Deine Briefe angenehm sein

Deinem Dich zärtlich liebenden Bruder Jaques.

. . . . . .

Den 2.ⁿ October.

Steiner der in Kissingen war habe ich nicht gesehen; er soll sehr hypochondrisch sein und alle Lust am Arbeiten verloren haben.

1) Minister v. Schön (vgl. S. 25 Anm. 18) hatte in seiner Jugend einige Zeit studienhalber in England gelebt.

2) Humboldt meldete dies an Schön durch einen Brief v. 10. Mai 1842 (Vierteljahrschrift für Volkswirthschaft, Politik und Kulturgeschichte, Bd. 66 (1880), p. 21), in dem es dann weiter u. a. heisst: „welch ein Stolz für Preussen, in zwiefacher Inkarnation von Bessel und Jacobi im Auslande auftreten zu können."

3) s. S. 69 Anm. 8.

4) Vgl. auch in der S. 65 Anm. 2 citierten Schrift über die „galvanoplastische Ausstellung", p. 14 einen Brief von Lockett an M. H. Jacobi v. 17. Febr. 1844, in dem L. für die von englischer Seite angefochtene Priorität M. H. Jacobis bezüglich der Erfindung der Galvanoplastik eintritt.

5) Augustus Frederick, Duke of Sussex, 1773—1843, sechster Sohn Georgs III., 1830—1839 Präsident der Royal Society.

6) Wenn der Minister Theodor v. Schön an Gustav Schwinck, einen Vetter v. Frau Marie Jacobi, schreibt: „Prof. Jacobi soll aber glücklich in England gewesen seyn, Bessel weniger," (s. Briefw. Schön, p. 66 (7. Aug. 1842)), so soll sich dies jedenfalls auf das körperliche Befinden beziehen; vgl. die Schrift „Bessel's letzte Krankheit" von R. J. Kosch, Bessels Arzt (Königsb. 1846), p. 7/8.

7) P.-H. Fuss sagt in der von ihm herausgegebenen „Correspondance mathématique et physique de quelques célèbres géomètres du 18ème siècle" (Petersb. 1843), t. I, Préface p. XXXV: „M. Jacobi, de Königsberg, qui a bien voulu s'intéresser vivement à cette publication et m'encourager de ses conseils, m'a fait espérer toute une collection de lettres d'Euler à Lagrange, lettres qu'à sa prière, M. Libri veut bien mettre à ma disposition, à l'effet de les publier." Diese Briefe Eulers, 18 an der Zahl, nebst einem in seinem Auftrage von Lexell gleichfalls an Lagrange geschriebenen Briefe wurden von N. Fuss 1862 in Eulers „Opera postuma mathematica et physica", T. I, p. 555—588 veröffentlicht, während Boncompagni 1877 unter dem Titel „Lettres inédites de Joseph-Louis Lagrange à Léonard Euler, tirées des Archives de la salle des Conférences de l'Académie impériale des Sciences de Pétersbourg" 11 Briefe von Lagrange an Euler publizierte. Beide Briefsammlungen wurden als „Correspondance de Lagrange avec Euler" wiederabgedruckt in den Oeuvres de Lagrange, t. XIV (Paris 1892), p. 133—245.

8) s. a. einen Brief von Berzelius an Wöhler v. 2. Aug. 1842 („Briefw. zw. J. Berzelius u. F. Wöhler", herausg. v. O. Wallach (Leipzig 1901), Bd. II, p. 316); vgl. dazu Silvanus P. Thompson, „Michael Faradays Leben und Wirken", deutsche Ausg. (Halle 1900), p. 133 u. p. 171/2.

9) Vgl. hierzu die Briefe XLIX u. L.

10) Piobert, Guillaume, 1793—1871, wurde 1845 colonel d'artillerie, 1852 général de division. Über die betr. Arbeit, sowie auch über Lagrange und Poisson s. den „Rapport" in den C. R., t. 3 (1836), p. 222.

11) Fast mit denselben Worten sprach sich Humboldt selbst einmal über den Freund aus: „Wenngleich antiministeriell, radical, übt er einen persönlichen Zauber in Frankreich aus;" s. K. Bruhns, „Alex. v. Humboldt", Bd. II (Lpz. 1872),

p. 32, wo man p. 31—33 u. 63 f. zugleich Näheres über das intime Freundschaftsverhältnis beider nachsehen möge. Vgl. a. E. du Bois-Reymond, „Reden", 1. Folge (Leipzig 1886), p. 498.

12) „Paris war ihm [Bessel] als Stadt nicht sehr anziehend gewesen; Arago aber nannte er doch einen Menschen in dieser Welt künstlicher Schaustellung", sagt Rosenkranz, Gedächtnissrede l. c., p. 328.

13) In Manchester hielt Jacobi einen Vortrag „On a New General Principle of Analytical Mechanics (British Association Report twelfth meeting, Manchester 1842, Transactions of the Sections, p. 2—4), den er in Paris wiederholte und unter dem Titel „Sur un nouveau principe général de la mécanique analytique" in den C. R., t. 15, p. 202—205 (= Werke IV, p. 289—294) erscheinen liess. J. deutet hier schon das Prinzip vom letzten Multiplicator an. Vgl. S. 85 Anm. 3.

14) Im „Bulletin" der Petersburger Akademie ist dessen keine Erwähnung getan, wie auch aus einer nicht abgedruckten Stelle des nächsten Briefes erhellt; s. jedoch bezüglich einer später dort vorgelegten Note Jacobis S. 85/86 Anm. 3.

15) „Sur l'élimination des noeuds dans le problème des trois corps", C. R., t. 15, p. 236—255, séance du 8 août 1842 = Journ. f. Math., Bd. 26 (1843), p. 115—131 = Astron. Nachr., Bd. XX, No. 462 (1. Dez. 1842) = Werke IV, p. 295—314. — Ostrogradskij las anscheinend nicht deutsch (s. Brief XLIX, sowie a. XXVI).

16) Der Onkel Lehmann, welcher den Geschwistern Jacobi den ersten Unterricht erteilt hatte (vgl. Dirichlets Gedächtnissrede auf C. G. J. Jacobi, Jacobis Werke I, p. 4/5), war zur Zeit dieses Briefes Calculator bei der Provinzialsteuerverwaltung in Cöln.

17) F. C. v. Riese, damals Prof. extraord. der Math. in Bonn, geb. 1790, † 1868.

18) Ernst Heinrich Weber, zwar nicht unter allen Brüdern Wilhelm Webers, wohl aber unter den dreien, die Professoren waren, der älteste (s. Heinrich Weber, „Wilhelm Weber" (Breslau 1893), p. 2 Anm.).

19) Vgl. die in der vorhergehenden Anm. citierte Schrift, p. 75/76.

20) Allg. Preuss. Staats-Zeitung, No. 209 v. 30. Juli 1842. Friedrich Wilhelm IV. besichtigte bei seiner Anwesenheit in Petersburg im Juli 1842 auch die Pulkowaer Sternwarte. Bei dieser Gelegenheit überreichte der Minister Uwaroff (s. S. 47, Anm. 7) eine goldene galvanoplastische Votivtafel, worauf der König am nächsten Tage M. H. Jacobi eine Audienz gewährte. — Die Akademie liess dem Könige in Pulkowa durch ihren Sekretär die damals noch unpublizierten Briefe Friedrichs des Grossen an Euler vorlegen.

21) Jacobi selbst war entgegengesetzter Ansicht (s. Brief XLI u. Anm. 3 dort). Die Einseitigkeit, welche in Humboldts damaliger, später allerdings aufgegebener Beurteilung der Versetzungsangelegenheit liegt, erhellt wohl am besten aus der Schilderung, die Ad. Harnack, der Historiograph der Berliner Akademie, von C. G. J. Jacobis akademischer Wirksamkeit giebt. „Jacobi's Genie", heisst es bei Harnack, p. 703, „offenbarte sich nicht nur den engeren Fachgenossen; wer ihn kennen lernte, war bezaubert von dem Reichthum seines Geistes. . . . . . Bereits wenige Monate nach seiner Übersiedelung nach Berlin war er der Mittelpunkt eines grossen Kreises, immer bereit auf wissenschaftliche Fragen aller Art einzugehen, denn nicht nur die Geschichte seiner eigenen Wissenschaft war ihm genau bekannt, sondern über sie hinaus interessirten ihn alle humanistischen Studien, und er folgte ihnen mit aufgeschlossenem Geiste. So hat er im Engeren wie im Weiteren, in fruchtbarster Arbeit am Schreibtisch und in unvergesslichen Anregungen im persönlichen Verkehr das Ideal des Akademikers verwirklicht." Um auch das Zeugnis eines Akademikers anzurufen,

der noch in die Zeit des grossen Mathematikers hineinragt, diesen persönlich gekannt und lange Zeit hindurch eine selten hervorragende und einflussreiche Stellung in der Akademie innegehabt hat, sei erwähnt, dass Emil du Bois-Reymond am 8. Juli 1858 die Tiefe des Schmerzes, den die Akademie über den Tod von Johannes Müller empfand, nicht besser zum Ausdruck zu bringen wusste als durch die Erinnerung, dass „seit Jacobi's Tod [1851] diese Akademie und die ihr eng verbundene Hochschule kaum einen schmerzlicheren Verlust erlitten", wie er auch die Vielseitigkeit der Begabung des geliebten Lehrers nicht in ein helleres Licht stellen konnte als indem er ihr nachrühmte, sie sei „wie die Jacobi's, der Art gewesen, dass sie Einen irre machen konnte im Glauben an specifische Talente" (s. E. du Bois-Reymond, „Reden", 2. Folge (Leipzig 1887), p. 144 und 292).

XXXIV.[1]) Königsberg, 1843. V. 14.

Kön. d. 14 Mai 1843
bei heftigem Schnee

Geliebtester Moritz

Meinen herzlichen Dank für Deine liebevollen und theilnehmenden Zeilen,[2]) denen ich es nicht versagen kann, wie grosse Unlust ich auch sonst dazu habe, Dir nähere Nachricht über mein Befinden zu geben. Dieses ist Gott sei Dank so gut wie man es nur unter solchen Umständen wünschen kann und leide ich nur noch häufig an einer von Schwäche herrührenden grossen Müdigkeit in den Beinen. Das Übel ist gewiss schon alt, gewiss vor meiner Reise schon dagewesen. Ein fortwährender ungeheurer Durst, eine solche Trockenheit im Munde dass ich nach den Vorlesungen die ich deswegen nur mit Mühe halten konnte, zahllose Flüssigkeiten verschlang, Schlaflosigkeit und Abmagerung, so wie die dem vielen Trinken entsprechenden[3]) Ergiessungen des entgegengesetzten Pols liessen mir, da ich aus einem Compte rendu bei Gelegenheit der nach Biot angestellten Versuche über die Drehung des Polarisationswinkels die hierbei Statt findenden Symptome kennen gelernt hatte[4]), schon vor meiner Reise kaum einen Zweifel; indessen wurde da ich Unlust hatte und Cruse[5]) nicht drängte ein entscheidendes Experiment unterlassen. Einen Hauptknacks hatte ich meinem Gefühl nach i. J. 1841 in Potsdam[6]) bekommen, wenigstens ward ich von der Zeit an auffallend mager. Die Reise trat ich nur mit grosser Angst an, ... indessen . . . . wenn auch ganz allmählig legten sich der Durst mit seinen Folgen, ... Ich kam hier gänzlich hergestellt an und hatte auch wieder ziemlich zugenommen. Indessen wenn auch allmählig stellten sich nach

2 Monaten die alten Übel wieder ein. . . . . . Bald darauf als auch Sachs heftig insistirte es nicht länger aufzuschieben den Harn von Dulk untersuchen zu lassen, geschah endlich das entscheidende Experiment was eine grosse Menge Zucker ergab. Meine ärztlichen und nicht ärztlichen Freunde geriethen in die grösste Bestürzung. Dulk was mir sehr unangenehm war lief in seinem Feuereifer Haus bei Haus mit der Nachricht umher. Es wurde nun die hiebei übliche reine Fleischdiät angeordnet, ... Es wurde das besondre Brod bereitet, zu welchem durch wiederholte Waschungen das Mehl von aller Stärke befreit wird. Die Wirkung war wundervoll und augenblicklich. Bei einer zweiten Probe nach wenigen Tagen zeigte sich nur noch sehr wenig Zucker; Neumann fand durch den Polarisationsapparat nur eine unbedeutende Drehung von $1\frac{1}{2}^{\circ}$; beim nächsten Versuch einige Tage darauf fanden beide nichts mehr. Das specifische Gewicht war von der sehr hohen Zahl 1046 auf die normalmässige 1024 gefallen, wo es sich jetzt erhält. Bei einer angestellten Probe, wo ich wieder gewöhnliches Brod ass, fand sich kein nachtheiliger Einfluss, so dass ich auch jetzt zur Hälfte gewöhnliches Brod esse. . . . . Die Pfeife schmeckt mir besser wie seit vielen Jahren.[7]) . . . .

Übrigens habe ich den ganzen Winter meine diesmal grossen und schwierigen Vorlesungen über meine neuen Methoden der analytischen Mechanik gehalten. Auch geht es eigentlich mit dem Arbeiten ziemlich, aber bloss hier und da herumzuwühlen, wogegen ich den absolutesten Widerwillen habe irgend etwas auszuarbeiten.[8]) Dies ist nun sehr schlimm, weil ich viele hundert Bogen liegen habe, welche nur die sogenannte letzte Hand erwarten. Es haben sich mehrere jüngere Freunde erboten mir bei der Redaction behülflich zu sein, selbst Dirichlet; ich weiss aber nicht ob sich dies wird realisiren lassen, wie uns Fuss berichtet hat dass sein Vater Eulern 3—400 Abhandlungen geschrieben, zu denen ihm dieser nur die Ideen und Hauptformeln angab.[9]) Ich weiss nicht warum von allen neuern physikalischen Wundern mir nichts so die Phantasie beschäftigt als dies Benutzen der natürlichen Flüsse respective des Weltmeers als Leiter. Ich glaube ich wäre im Stande wenn an mir nicht Hopfen und Malz verloren wäre um solches Wunders allein mich zu bekehren.

Dirichlets 16tägiger Aufenthalt[10]) hier ist mir eine grosse Erquickung gewesen; leider war ich viel matter als jetzt und er zu viel aus, da er ununterbrochen zu jeder Tageszeit eingeladen war und erst um 9 Morgens aufsteht. Er soll auch ganz entzückt über

Königsberg sein. Er fuhr von hier mit dem Dampfschiff nach Elbing, wobei 6 Mathematiker ihn bis Holstein[11]) begleiteten, Bessel mit seinen beiden Töchtern um 7 Uhr Morgens ans Schiff kam um ihm zu sagen dass er ihm Heliotropenlicht nachschicken würde. Er hat etwa 60 Bogen Zahlentheorie[12]) von mir mitgenommen um zu sehen wie viel noch bis zur Herausgabe dabei zu thun ist, denn ich bin ganz ausser Stande so etwas jetzt auch nur anzusehen. Neumann wird den 31.ⁿ Mai die Schwester[13]) des Geh. Ob. Bauraths Hagen heirathen; beide zusammen sind nach Bessels Rechnung circa 90 Jahr alt.[14]) Dirichlet ist ebenfalls über Fusss Briefwechsel sehr entzückt. Er bemerkte dass gleich der 1.ᵉ Brief 1.ⁿ Bandes mit einer Formel anfange die man bis jetzt Gauss zugeschrieben.[15]) Auch sagt er er besitze *eine zweite Ausgabe* von Eulers theoria motus corporum rigidorum (er besitzt auch die erste) von der ich nie gehört und die auch Fuss bei Eulers Werken nicht aufführt[16]). Grüsse Fuss, dem Du dies sagen kannst, auf das eifrigste von mir und sage ihm meinen grössten Dank für den übersendeten Briefwechsel und die Opuscula Analytica[17]) die ich glücklich erhalten. . . . .

. . . Ich schicke eine kleine Note mit die die ganze Theorie der Abelschen Transcendenten auf den Kopf stellt, ich machte die Bemerkung während Dirichlets Anwesenheit und sie kann ins Bulletin kommen wenn Ihr meint.[18]) . . . .

— —

Nun grüsse Deine Annette, küsse Deine Kinder und behalte lieb

Deinen Dich herzlich liebenden Jacques.

— —

1) Dieser Brief ist (zum grössten Teil) facsimiliert bei Koenigsberger veröffentlicht.

2) Nicht mehr erhalten; s. Anm. 8 unten.

3) Vgl. dazu jedoch etwa A. Strümpell, „Lehrbuch der speciellen Pathologie und Therapie der inn. Krankheiten", Bd. II (Leipzig 1895), p. 559.

4) s. A. Bouchardat, „Nouvelles recherches sur le diabète sucré ou glucosurie", C. R., t. 13, p. 942—952 (séance du 15 novembre 1841).

5) Wilh. Cruse, 1803—1873, Arzt und Professor in Königsberg.

6) Vgl. Brief LXVII Anm. 2.

7) Jacobi war ein passionierter Raucher (vgl. Koenigsberger p. 514) und scheint wenigstens als solcher in England auch „neben Bessel" (vgl. den vorhergehenden Brief, S. 91) Beachtung gefunden zu haben. Man liest nämlich bei Karl Rosenkranz, „Aus einem Tagebuch" (Leipzig 1854), p. 368: „Mein College, der Mathematiker Jacobi, erzählte mir heute mit seinem unvergleichlichen Humor einen kostbaren Passus aus seiner englischen Reise. Er fuhr von London zu Schiff nach Edinburg. Unterwegs zündete er sich gemüthlich seine Pfeife an, indem er Stahl, Stein und Schwamm hervorholte. Neugierig sammelten

sich um ihn einige Yankees aus Boston und Neuyork, folgten gespannt jeder seiner Manipulationen und bewunderten schliesslich diese ‚ingeniose Methode' als eine ‚new invention'."

8) In einem ausführlichen ärztlichen Bericht, den Cruse am 27. April 1843 über den Zustand des Patienten an M. H. Jacobi erstattet hatte und der diesen zu einem nicht mehr erhaltenen Briefe an den Bruder (s. den Anfang des obigen Briefes) veranlasst haben wird, heisst es: „Ein 14 tägiger Besuch von Prof. Dirichlet, der bei Ihrem Bruder wohnte, hat ihn sehr aufgeheitert u. den Beweis geliefert, dass seine Arbeitskraft oder vielmehr seine Geisteskraft durchaus nicht gelitten hat; denn Dirichlet war voll von den glänzenden Sachen die Ihr Bruder in dem kurzen Zusammenleben gefunden hat [s. a. das Ende des obigen Briefes]. Allerdings kann er jetzt nicht so anhaltend arbeiten, als sonst, es strengt ihn doch an" . . . . .

9) P. H. Fuss berichtet dies von seinem Vater Nic. Fuss in der „Correspondance mathém. et physique de quelques célèbres géomètres du 18 ème siècle", t. I (Pétersbourg 1843): „Notice sur la vie et les écrits de Léonard Euler", p. XLI; vgl. dazu a. einen Brief Eulers an Lagrange v. 9/20. III. 1770 (Oeuvres de Lagrange, t. XIV, 1892, p. 219).

10) Vgl. oben Anm. 8 und Koenigsberger, p. 306 f. — „Professor Düreclée, den Sie gewiss kennen, kann Ihnen viel von Königsberg erzählen. Wir freuen uns, ihn auch persönlich kennen gelernt zu haben", schrieb Th. v. Schön (28. April 1843) an den Hauptmann und Lehrer der Artillerieschule Gustav Schwinck in Berlin; s. Briefw. Schön, p. 73/74.

11) Vgl. S. 80 Anm. 7.

12) Vgl. S. 40 nebst Anm. 2, sowie besonders S. 49/50 nebst Anm. 3.

13) Wilhelma Kunigunde Hagen, 1802—1877, Tochter des Konsistorialrats Ludwig Hagen und Schwester von dem 1884 als Oberlandesbaudirektor in Berlin verstorbenen Gotthilf Hagen, dem Erbauer des Pillauer Hafens (nach P. Volkmann, „Franz Neumann" (Leipzig 1896), p. 11 und Luise Neumann, „Franz Neumann", (Tüb. u. Leipz. 1904), p. 301 u. 363).

14) Franz Neumann 1797 geb. — Bessels Frau war eine Cousine von dieser zweiten Frau F. E. Neumanns und eine Schwester von dessen erster Frau.

15) Die betreffende in dem ersten Brief Eulers, gerichtet an Goldbach „Petropoli d. 13. Octobr. A. 1729" („Corresp. mathém. et physique de quelques célèbres géomètres du 18 ème siècle"), stehende Formel ist das unendliche Produkt

$$\frac{1\,.\,2^m}{1+m}\cdot\frac{2^{1-m}\,.\,3^m}{2+m}\cdot\frac{3^{1-m}\,.\,4^m}{3+m}\cdot\frac{4^{1-m}\,.\,5^m}{4+m}\ \text{etc.}$$

das die Zahlen $n!$ darstellt und vor allem eine Interpolation von $n!$ liefert. Im Wesentlichen dieselbe Darstellung hatte Gauss in der berühmten Abhandlung über die hypergeometrische Reihe gegeben (s. Gauss, Werke III, p. 145/6). Dieses Gausssche unendliche Produkt bezw. der reziproke Wert desselben bildete wieder für Weierstrass den Ausgangspunkt zur Bildung seiner „Primfunktionen" (s. Weierstrass, Werke II, p. 91).

16) P. H. Fuss führt in der in vorstehender Anmerkung citierten „Correspondance mathém. et phys." allerdings nur die Rostock 1765 erschienene Ausgabe von Eulers „Theoria motus corporum solidorum seu rigidorum" (No. 442 der „Liste systématique des ouvrages de Léonard Euler") auf; auch J. G. Hagen „Index Operum Leonardi Euleri" (Berlin 1896), p. 35 gibt nur diese Ausgabe („Rostochii et Gryphiswaldiae 1765") an. Gemeint ist in dem obigen Brief offenbar folgende Ausgabe: Editio nova, desideratissimi auctoris supplementis locupletata et emendata. Gryphiswaldiae. Litteris et impensis A. F. Röse. 1790.

Mit einer Vorrede von Wencesl. Joh. Gustav Karsten in Bützow. Beigefügt sind in dieser Ausgabe die in dem Hagenschen Index unter No. 447, 448, 523, 527, 524, 526 verzeichneten Eulerschen Schriften. — Dass Fuss diese Ausgabe nicht aufführt und auch Hagen sie ebensowenig wie eine von J. Ph. Wolfers (Greifswald 1853) veranstaltete deutsche Ausgabe aufgenommen hat, wird darin seinen Grund haben, dass beide nur die entweder von Euler selbst oder aus seinem Nachlass herausgegebenen Schriften, nicht aber die von anderen veranstalteten Neu-Ausgaben aufnehmen wollten. Fuss hat daher diese Anregung Jacobis auch bei Vervollständigung seines Verzeichnisses („L. Euleri Commentat. arithm. coll.“ (1849), Prooemium, p. XXIV ff.) unberücksichtigt gelassen.

17) Vermutlich „Leonhardi Euleri Opuscula Analytica“, I, II (Petropoli 1783, 1785).

18) „Note sur les fonctions Abéliennes“, Bull. phys.-mathém., t. II, 1844, No. 29—31, col. 112*) (von dem Sekr. Fuss vorgelegt in der Sitzg. v. 19. Mai a. St. 1843, s. Bull. col. 48) = Journ. f. Math., Bd. 30 (1846), p. 183—184 = Werke II, p. 83—86.

*) Infolge eines — übrigens auch in die Werke Jacobis übergegangenen — Druckfehlers steht a. a. O. 96 statt 112.

XXXV. Königsberg, 1843. VII. 3.[1]

Liebster Moritz

Da ich in einigen Tagen eine grössere Reise antrete, welche mich den Winter über von hier fern halten wird, so beeile ich mich Dir noch vor meiner Abreise zu schreiben. Dirichlet hatte hier Cruse bewogen, für Schönlein[2]) meine Krankheitsgeschichte auszuarbeiten. Dieser war mit derselben und der ganzen Behandlung sehr zufrieden, und theilte Cruses Ansicht dass für den Winter ein südlicherer Aufenthalt mir wünschenswerth wäre. Ich sollte Ende Juni nach Berlin kommen und dort wolle er selber mich beobachten ob mir eine Molkenkur in der Schweiz dienlich wäre; dann sollte ich Ende Augusts über die Alpen gehen um mich noch vor dem Winter in Oberitalien zu acclimatisiren. Wenn es nach meinem Wunsche geht, würde ich den Winter in Neapel zubringen. Dirichlet entwickelte einen an ihm bisher noch nie gekannten Eifer, reiste sogleich zu Humboldt herüber[3]), u. schrieb mir auf das dringendste, ich möchte unverzüglich an den König schreiben u. den Brief an Humboldt schicken. Dieser begleitete ihn mit ein Paar Worten wie sie ihm sein Herz eingab und nach 8 Tagen schon hatte ich ein gnädigstes Kabinetschreiben; H. hatte auf 1500 ℛ angetragen, der König sie aber für den Fall des Bedarfs auf 2000 ℛ erhöht[4]), was sehr verständig war, da meine Abwesenheit doch vielleicht nicht viel unter einem Jahre dauern wird. Das beste bei der Sache ist aber ein ausgezeichneter Begleiter der mir geworden ist; ein junger liebenswürdiger talentvoller unabhängiger u. sehr vermögender Mathematiker Namens Borchardt welchen ich gestern promovirt habe, und welcher dazu besonders nach Königsberg gekommen war[5]). Mais il y a plus, sagt Cauchy.[6]) Dirichlet wird den ganzen Winter mit seiner Familie ebenfalls in Italien zubringen, um die Nerven seiner Frau zu stärken; und da ist es doch sehr wahrscheinlich dass wir uns zusammenthun werden.

Ich habe mich übrigens ganz erstaunt erholt und jetzt höre ich erst von den Leuten, wie heruntergekommen sie mich gefunden hatten. Ich muss mir jetzt alle Westen und Röcke weiter machen lassen, die ich mir voriges Jahr zur Reise machen liess. Aber was hilft es; auch vorigen Sommer war ich so wieder heraufgekommen und fühlte mich frisch und kräftig wie nie und in zwei Monaten hier war alles vorbei. Ich wusste es vorher dass es so kommen würde und graute mich vor der Rückkehr, was Bessel auf der Reise immer für eine Hypochondrie hielt.

— —

. . . . . ich denke den $10.^{n}$ in Berlin einzutreffen[7]), weiss aber nicht wie lange ich dort bleiben werde. Jedenfalls kannst Du einen Brief an Dirichlet adressiren, der wohl erst Ende August seiner Frau nachreist die ihn bei Genf[8]) erwartet.

Nun lebe wohl; grüsse Fuss u. Ostrogradski und die lieben Deinigen

Dein Dich herzlich liebender Bruder Jacques.

Ich bin neulich von der Polizei wegen einiger Deiner Personalien angefragt worden und ob ich nichts gegen Dein Ausscheiden aus hiesigem Unterthanenverbande[9]) einzuwenden hätte.

1) Ohne Datum; Poststempel: Königsberg, $\frac{3}{7}$, 4—5.

2) Johann Lucas Schönlein, 1793—1864, der berühmte Kliniker und Leibarzt des Königs.

3) Nach Potsdam.

4) s. a. K. Bruhns, „Alexander v. Humboldt“, Bd. II (1872), p. 326.

5) Borchardt war zum ersten Mal im Frühjahr 1839 nach Königsberg gegangen, um unter Bessel, Neumann und besonders Jacobi zu studieren. Bei letzerem hatte er in dem ersten Semester allerdings keine Vorlesung hören können, da Jacobi beurlaubt war und sich in Potsdam und später zur Kur in Marienbad aufhielt (vgl. S. 68 u. S. 69, Anm. 8). Borchardt hatte ihn jedoch damals schon in Berlin durch Dirichlet kennen gelernt; über eine dieser ersten Begegnungen schrieb C. G. J. Jacobi (Potsdam, 13. IV. 1839) seiner Frau: „Da es gestern im Zimmer zu heiss u. die Luft leidlich war, ging

ich gegen 12 etwas aus u. nach der Eisenbahn, ob jemand Bekanntes käme. Ich hatte meine Berliner Freunde ausdrücklich gebeten, jeder einzeln zu kommen, weil man sonst mit keinem ordentlich reden kann. Bald sah ich wie aus der Arche Noah kommen Dirichlet, Encke, Gans, einen mathematischen Studenten [Borchardt], den ich schon kannte u. der in 14 Tagen nach Königsberg abgeht, u. einen mathematischen Oberlehrer der mich kennen lernen wollte. Sie waren in der That alle einzeln gekommen und hatten sich erst auf der Eisenbahn getroffen; nur den Student hatte Dirichlet mitgebracht"..... Die Dissertation, auf grund deren Borchardts im Brief erwähnte Promotion 1843 erfolgte, ist nicht gedruckt, fand sich auch nicht in seinem Nachlass vor (s. G. Hettner, Vorrede zu C. W. Borchardts Gesamm. Werken).

In den Briefen, welche Jacobi von der jetzt gemeinsam mit Borchardt unternommenen italienischen Reise an seine Frau richtete, erwähnt er seinen Reisebegleiter und Schüler natürlich sehr häufig; einige dieser Stellen mögen hier Platz finden. „Borchardts kindlicher Enthusiasmus", schreibt er nach der Reise durch das Berner Oberland (Zürich, August 1843), „mit dem er unermüdlich alles verschlang und um irgend einen neuen Punct, eine neue Aussicht zu erreichen keine Anstrengung scheute, machten es mir schmerzlich, wenn er so oft seine Wünsche auf die liebenswürdigste Art aufgab. . . . . . Hier angekommen, ging er sogleich natürlich ins Theater, und stattete der [hier gastierenden Schröder-] Devrient den andern Morgen einen Besuch ab. Auch sie gehört zu den passirten Frauen, für die er wenigstens eine Passion hat. Doch Ihr alle in Kön. werdet bei ihm von der Dr. H . . . ausgestochen ..... Traurig ist es aber dass ich wenigstens zur Zeit keine Jungfrau in Königsberg kenne, der man diesen liebenswürdigen Jüngling gönnen möchte" . . . . . In einem späteren Briefe (Rom, 17. Dec. 1843) sagt Jacobi von ihm: „Er ist so schrecklich unreif, dass Rebecca [Dirichlet] und ich oft erstaunen wie man in unserm Jahrhundert noch so kindlich sein kann; mir kommt vor als wäre ich zu keiner Zeit meiner Knabenjahre so gewesen. Dass er nie auf einem Gymnasium gewesen und durch die moderne Judenbildung jedes Sinnes für ein religiöses Element entbehrt dient ihm auch nicht; namentlich kann man hier in Italien keinen wahren Genuss an den grossen Meisterwerken haben, wenn man sich in den religiösen Sinn in dem sie die Maler schufen gar nicht versetzen kann. Bei dem allen ist es ein netter Mensch, so nett dass man wünscht er wäre mehr. Von gemeinschaftlichen Arbeiten ist natürlich nicht die Rede."*) — Schliesslich heisst es in einem Brief vom April 1844 bei Beschreibung des römischen Carnevals: „Man war so wüst dass es uns alle erquickte als ich einmal nach solchem Spectakel bei Dirichlets $1^1/_2$ Gesänge aus der Odyssee vorlas, denn ich bin dort als Vorleser angestellt. Nur Borchardt ging ganz in diesen Wogen auf und unter, es war wirklich ein Vergnügen einen Menschen zu sehen dem die Götter gewährt haben über die gewöhnliche Zeit so jung zu bleiben — denn er wurde in dieser Zeit 27 Jahr. Er konnte gar nicht begreifen wie man einen andern Gedanken haben könnte. Er hatte die Hälfte eines Balcons gemiethet, zu dem er mich auch einlud aber ohne dass ich Gebrauch davon machte, und täglich einen Wagen. Den Morgen brachten er und sein Diener damit zu Blumen in ungeheuersten Massen nebst Confect etc. zusammenzukaufen oder ein buntes Band am Hut anbringen zu lassen. Dann ging die Arbeit los und er war manchmal da er immer der erste auf dem Corso war von dem zweistündigen Werfen so erhitzt und ermüdet dass er ganz bleich und erschöpft sich zu Bett legen musste, zumal nach Mitternacht die Festinos angingen von denen er keins versäumte. Da war er denn seelig wenn eine Maske Pips zu ihm sagte und konnte nicht aufhören von den einzigen Intriguen zu erzählen, die bei ihm sehr unschuldig sind. Wir waren alle etwas für seine Gesundheit besorgt und deshalb froh dass die Sache ein Ende nahm" . . . . .

*) Dass Jacobi trotzdem im Verkehr mit Borchardt wissenschaftliche Fragen auch in dieser Zeit erörtert haben wird, dürfte, wenn es nicht schon von vorneherein anzunehmen wäre, auch aus Borchardts späterer, bekanntlich überhaupt durch Jacobi sehr beeinflusster wissenschaftlicher Entwickelung erhellen; so stehen z. B. schon seine beiden frühesten Publikationen, die beiden Abhandlungen über die sogen. Gleichung der säkularen Störungen (Journ. f. Math., Bd. 30 (1846) resp. Journ. de mathém., t. 12 (1847)), in engem Zusammenhang mit einer „Roma, 7 marzo 1844" datierten und zuerst im Giornale Arcadico veröffentlichten Abhandlung Jacobis (s. Werke III, p. 459 ff.).

6) Anscheinend findet sich diese Wendung in Cauchys Schriften verhältnismässig häufig (vgl. z. B., um eine Stichprobe aus damaliger Zeit zu nehmen, eine kurze Note Cauchys in C. R., t. 15 (1842), p. 912 u. p. 913).

7) Jacobi reiste nach dort über Danzig und Stettin. Über den Aufenthalt an ersterem Orte berichtet die „Schaluppe zum ‚Danziger Dampfboot'" („Allgem. humorist. Unterhaltungs- u. Volksblatt für die Provinz Preussen") in ihrer No. 82 v. 11. Juli 1842, p. 655: „Die Anwesenheit des berühmten Mathematikers, Professors Jacobi (Ritters des Civil-Verdienst-Ordens) gab am 7. d. M. zu einer Vereinigung von dreissig und einigen Freunden der Wissenschaft Anlass, welche sich auf die Aufforderung der Herren Professor Anger und Oberlehrer Czwalina und Tröger, welche in dem gefeierten Gaste ihren Lehrer verehren, in dem Schröderschen Gartenlokale im Jäschkenthal versammelt hatten, um demselben ihre Verehrung und Achtung zu erkennen zu geben. Bei dem mit den heitersten Gesprächen gewürzten Mittagsmahle liess Hr. Prf. Anger den „Euler unseres Jahrhunderts" hoch leben, worauf dieser das Wohl der Stadt Danzig, welche die Vorzüge einer schönen Natur und ernster wissenschaftlicher Bestrebungen in sich vereinigt, ausbrachte. Hr. Prof. Jacobi, der auf einer Erholungsreise nach Italien begriffen, ist am 8. von hier nach Berlin abgegangen." Jacobi selbst schrieb seiner Frau (Stettin, 9. VII. 1843) darüber: „In Danzig wurden wir von meinen Freunden sehr herzlich empfangen. Insbesondre sagte der gute Czwalina, es sei sonderbar wenn man sich auf einen so recht freue, ihm wären als er mich im Postwagen gesehen vor Freuden die Thränen in die Augen gekommen. Das Diner was Anger veranstaltet war sehr glänzend. Ich sass zwischen dem Gouverneur, Rüchel-Kleist Excell. und dem Oberbürgermeister Weickhmann, der Perle von Danzig, einer jener edlen und feinen Figuren, wie sie immer seltner werden. Anger brachte auf mich einen Toast, ich auf die Stadt Danzig und der Consistorialrath Bressler einen auf Dich aus; alle drei waren mit schönen Reden begleitet. Nach Tische bestiegen wir noch die Anhöhen, die so wunderschöne Fernsichten bieten. Am meisten machte mir Spass, dass Strehlke, der Director der Petrischule, den Jungen den Nachmittag frei gegeben, wodurch ich wohl noch lange in ihrem Herzen fortleben werde."

8) Über das schon in Freiburg i. B. erfolgte Zusammentreffen s. „Familie Mendelssohn", Bd. II, p. 221.

9) Tatsächlich wurde M. H. Jacobi erst 1848 russischer Untertan.

XXXVI. Leipzig, 1843. VII. 28.

Leipzig d. 28.ⁿ Juli 1843.

Theuerster Moritz

— —

Steiner[1]) der mit mir hier im Gasthof[2]) ist und nach Karlsbad geht, lässt Dich sehr grüssen, eben so der kleine Wilhelm Weber[3]), der hier auf dem Sofa sitzt. Steiner wird wahrscheinlich auch nach Italien kommen und den Winter dableiben; ob wir in Rom oder Florenz oder dergleichen die Wintermonate zubringen werden, weiss ich noch nicht. Mit meiner Gesundheit geht es wohl recht gut; freilich hat ein in organischen Analysen sehr geschickter Chemiker Dr. Simon[4]) noch Spuren von Zucker, wenngleich in unangebbarer Quantität, und auch nicht jeden Tag gefunden. Der Anfang mit Berlin kannst Du Dir denken ist gerade der Gesundheit nicht sehr förderlich gewesen, und erst wenn ich 100 Meilen davon sein werde, werde ich mich freier fühlen.[5]) . . . . . In Berlin habe ich Oersted, Schelling, Cornelius kennen gelernt. Weber meint, dass ihn Dein Versuch mit Glasröhren[6]) sehr in Erstaunen gesetzt; ob es nicht noch zur grössern Consolidirung ginge ganz oder an den Bindungsstellen die Röhren in Kautschuk einzuhüllen, was man jetzt mit Leichtigkeit könne, doch würdest Du dies freilich nicht übersehen haben.[7]) . . . .

Dein Dich herzlich liebender Bruder Jacques.

1) „Steiner den ich seit 4 Jahren nicht gesehn fand ich ziemlich übel aussehen; es hatten sich bei ihm kleine Nierensteine gefunden, doch will Schönlein nicht viel daraus machen. Er soll nach Karlsbad gehn, dann in ein Bad nach Graubünden und will auch den Winter in Italien sein. Es ist traurig dass alles dieses ohne rechte Lust u. Muth geschieht, doch wird es sich vielleicht noch finden“ schreibt C. G. J. Jacobi von Berlin aus an seine Frau (17. Juli 1843).

2) „Rheinischer Hof“ nach dem Briefpapier.

3) In einem von Baden-Baden (5. August 1843) datierten Briefe schreibt C. G. J. Jacobi seiner Frau: „In Leipzig hatte ich einige recht vergnügte Tage, durch die Güte des Professors Weber, eines der Sieben, der jetzt in Leipzig angestellt ist. Er bemächtigte sich Steiners und meiner, so viel mir meine . . Briefe Zeit liessen. Vorzüglich Borchardts wegen machte es mir Vergnügen dass er einen Mittag auch Felix Mendelssohn einlud den dieser noch nie so nahe kennen gelernt.“

4) Johann Franz Simon, geb. 1807, gest. 23. X. 1843, 1843 Privatdocent a. d. Univ. Berlin, zugleich Chemiker an der Charité.

5) Vgl. S. 105, Anm. 2. — Über sein Leben während des Aufenthalts im Dirichletschen Hause in Berlin schreibt C. G. J. Jacobi seiner Frau u. a.: „Da Dirichlet selbst hier von Wohlthaten lebt, indem er in der Regel bei seiner Schwägerin Hensel isst, so lebe ich gewissermassen von Wohlthaten zweiter Hand. Ich habe einmal bei der Hensel, ... dann bei [Eduard] Heines Schwester, einer jungen, schönen, liebenswürdigen Frau die an der Dirichlet Bruder Paul verheirathet ist, bei Therese, [A.] Erman, Crelle und mit Steiner gegessen. . . . . . Bei Böckh, der hier im Hause wohnt, war ich in glänzender Abendgesellschaft, wo ich Marheinecke, den Jurist Dirksen, Meyer Beer u. s. w. sprach, auch die jetzt so fromme Hegel sah. Felix [Mendelssohn] war gerade bei meiner Ankunft hier u. sehr freundlich gegen mich“ (17. Juli 1843); ferner von Leipzig aus (28. Juli 1843): „Ich habe

in Berlin niemand vom Ministerium besucht, obwohl den G. R. Schulze oft am dritten Orte gesprochen . . . . . Bei einem Diner neulich habe ich Schelling u. Cornelius kennen gelernt und mehrere andre mir interessante Männer"; schliesslich von Baden-Baden aus (5. August 1843): . . . . . „in der letzten Zeit hat sich mit mir eine Änderung in der Art zugetragen, dass wenn mir früher die grösste Stadt und das bewegteste Leben am liebsten gewesen wäre, ich jetzt das stillste und zurückgezogenste Leben in einer anmuthigen Gegend mit Dir und den Kindern und meinen Arbeiten am meisten vorzöge. Daher ist es mir auch in Berlin eigentlich zu viel gewesen, obgleich ich gar nicht sagen kann, wie freundlich dort und überall die Leute gegen mich gewesen sind, so dass man sich ordentlich zusammen nehmen muss, um nicht verwöhnt und albern zu werden. Ich bin daher sehr glücklich an Dir, Mutter, Dirichlet und Steiner Freunde zu haben die mir aufrichtig meine Fehler sagen, denn die andern verleiten einen mehr dazu als dass sie einem davon helfen."

6) M. H. Jacobi legte damals für unterirdische galvanische, zumal telegraphische Leitungen die Drähte in Glasröhren, da Metallröhren in Petersburg nicht leicht zu erlangen waren, zudem „den Nachtheil haben, die Chancen der Nebenverbindungen zu vermehren und gefährlicher zu machen" (s. M. H. Jacobi, „Einige Notizen über galvanische Leitungen", Bull. phys.-mathém., t. I, No. 9, ausgeg. 13. Nov. (a. St.), 1842, col. 131); vgl. jedoch z. B. Werner Siemens in Berliner Monatsber. 1874, p. 795.

7) „Die Enden sind . . . . . mit einander durch Kautschukröhren verbunden, so dass das ganze System leicht jeder Bewegung des [hier ausserordentlich beweglichen] Terrains folgen kann" heisst es bei M. H. Jacobi, l. c. col. 132 u. 131.

XXXVII. Petersburg, 1844. III. 21.

[Lieber Jacques!]

St. Petersburg den 9/21 März 1844

In einer Viertelstunde geht ein Courrier nach Rom, der Dir theuerster Bruder, diesen geflügelten Gruss von mir mitbringen wird, der Dich bei der besten Gesundheit und beim besten Wohlergehen antreffen möge. Ich habe zwar seit geraumer Zeit keine Nachricht über Dich aus Königsberg[1]), dagegen sind die Bulletins über Dich, die sich häufig in den Zeitungen vorfinden vollkommen befriedigend.[2]) Ich halte jetzt allein Deinetwegen den Hamburger Correspondenten. Wie glücklich wäre ich aber nicht wenn ich unmittelbar von Dir, Nachrichten erhalten könnte. Und ist es nicht unbillig von Dir, diese Nachrichten an den Umstand zu knüpfen, ich solle zuerst schreiben; *ich* dem jede Feder, ich weiss nicht warum, jetzt ein Gräuel geworden ist, der von Morgens bis Abends von Arbeiten occupirt ist, der sich vergangnen Sommer bis tief in den Herbst hinein unendlich hat quälen müssen[3]) und der jetzt etwas sehr abgemattet ist. Dir der im dolcesten farniente in Rom lebt, umgeben von allen Annehmlichkeiten, des Climas, der Kunst und Bildung[4]), der vor dem von mir so beneideten Müssiggange nicht weiss was er anfangen soll, und der sich glücklich schätzen müsste, seinem bei 25⁰ Kälte vegetirendem Bruder, wenigstens reizende Bilder hinzuzaubern, in die er sich dann mit geschlossenen Augen, recht hinein denken könnte. Daneben noch das Glück von seinen Freunden und Bekannten umgeben zu sein. Wie ich vermuthe ist auch Steiner in Rom. Natürlich, wo der König ist, muss auch sein Schweif und sein Fliegenwedel sein.[5]) Denn in der That welchen höhern Ruhm könnte er je erwerben, als dem Rex[6]) bei seiner Sieste, Kühlung zuzufächeln die Fliegen zu verscheuchen, und wenn er befiehlt, den Sorbet und die Pfeife zu reichen. Nur allein dafür hat er das kleine silberne Kreuz[7]) verdient, das man ihm angehängt hat, während andere Leute[8]) mit 4 Stück emaillirten Kreuzen herumlaufen, und bald noch andere haben werden. Während Steiner und ich noch leben, müssen wir uns durchaus noch einmal sehen und uns in's Gesicht lachen. Nach unserm Tode wäre es zu spät. Es heisst Du wollest Dich nach Bonn versetzen lassen.[9]) Schreibe mir doch darüber. . . . . Fuss gedenkt Deiner mit vieler Verehrung und Liebe.[10]) Es sind noch eine ansehnliche Anzahl vollständige Abhandlungen aufgefunden worden. Ich hoffe, es wird nun bald dahin kommen eine vollständige Ausgabe der Werke Eulers zu veranstalten.[11])

Nun lebe wohl theuerster Bruder, der Himmel erhalte Dich und schenke Dir Gesundheit und Wohlergehen. Vergiss nicht Deines

Dich herzlich liebenden Bruders

Moritz.

1) Während der italienischen Reise C. G. J. Jacobis erhielt Moritz J. gar keine direkten, wohl aber häufigere indirekte Nachrichten über den Bruder durch die damals in Königsberg lebende Mutter und zwar auf grund der Briefe C. G. J. Jacobis an seine in Königsberg zurückgebliebene Frau; zur Ausfüllung dieser Lücke im Briefwechsel sind daher zahlreiche Stellen aus diesen höchst interessanten und umfangreichen Briefen hier in die Anmerkungen aufgenommen.

2) „Nur hier erst", schreibt C. H. J. Jacobi seiner Frau aus Rom (Mitte Dez. 1843), „fühle ich mich so kräftig, dass wenn ich zugleich bei Dir sein könnte und mit dieser fast wieder jugendlichen Kraft, Lust und Heiterkeit nur 10 Jahr lang arbeiten, ich die Welt mit mathematischen Abhandlungen ersticken würde. Steiner fand einen grossen Unterschied zwischen meiner Mattigkeit in Berlin u. wie er mich in Florenz traf; aber auch zwischen Florenz u. hier will er einen sehr grossen Unterschied merken, den er der Aufsicht zuschreibt, die er über mich führt."

3) Vermutlich infolge der 1843 ausgeführten Telegraphen-Anlage Petersburg—Tsarskoïe-Sselo (s. Brief XL, S. 122 nebst Anm. 8, S. 124).

4) Jacobis Leben in Italien gestaltete sich in der Tat höchst interessant und vielseitig: nicht nur genoss er den Umgang der Gelehrten- und Künstlerkreise, sondern er machte auch ausserhalb dieser Kreise viele interessante Bekanntschaften und Studien. So hörte er z. B. mit wahrer Begeisterung Predigten der berühmtesten Kanzelredner, insbesondere die des Gioachino Ventura (1792—1861) oder er liess sich von dem hannöverschen Ministerresidenten August v. Kestner, einem Sohn der Charlotte Kestner, geb. Buff, der den geistvollen Kopf des grossen Mathematikers zu porträtieren wünschte, zur Belohnung für die gewährte Sitzung die damals nur einem kleinen Kreise bekannten und erst 1854 veröffentlichten Briefe Goethes an Kestners Eltern vorlesen, worüber Jacobi seiner Frau sehr eingehend und interessiert schreibt. Um auch einige der von Jacobi im nächsten Briefe beiläufig erwähnten „Tyrannen" anzuführen, so sei bemerkt, dass er in einer Gesellschaft beim preuss. Ministerresidenten Baron v. Buch den Erbprinzen v. Lippe-Detmold kennen lernte, dass der Grossherzog v. Toskana ihn in längerer Audienz empfing (s. Anm. 3 zu Brief LXIV), ihn auch bei einer zweiten Begegnung seinem angehenden Schwiegersohn, dem Prinzen, heutigen Prinzregenten Luitpold v. Bayern, vorstellte, der Jacobi sehr dringend einlud, ihn, falls er über München zurückkehre, dort zu besuchen (Brief Jacobis v. 14. Dez. 1843). Auch der Papst Gregor XVI. empfing Jacobi und Dirichlet in besonderer Audienz (28. Dez. 1843), worüber u. a. der von Moritz J. oben citierte „Hamburgische Correspondent" (No. 11 v. 12. Jan. 1844) berichtet. Vgl. im übrigen den nächsten Brief (XXXVIII) nebst den Anmerkungen, vor allem Anm. 4, 6, 8, 9, 11, 14, 17. — Über seine näheren römischen Freunde schrieb C. G. J. Jacobi kurz vor seiner Abreise aus Italien (Neapel, 25. April 1844) seiner Frau: „Ich bin nicht ohne Wehmuth von Rom geschieden; meine Mathematiker, besonders der padre Chelini, hätten mir gerne die Hände untergelegt; Braun [s. die nächste Anm.] und seine Frau haben mir bis zuletzt die allergrösste Freundlichkeit bewiesen [vgl. a. Brief LXXV nebst Anm. 4 dort]. Wenn Ihr zu Hause gegen mich unfreundlich seid, gehe ich gleich wieder nach Rom. Denn der padre Chelini hat es mir nie nachgetragen, wenn ich ihn angeschnautzt, worüber mir Steiner oft die grössten Vorwürfe gemacht hat."

5) Tatsächlich verkehrte C. G. J. Jacobi in Italien vorwiegend mit Steiner; es seien hierfür nur einige Stellen aus Briefen Jacobis an seine Frau wiedergegeben. „Dirichlets", schreibt er von Florenz aus (21. Nov. 1843), „sind schon vergangnen Mittwoch vor 8 Tagen abgereist; dafür ist aber seit 14 Tagen Steiner angekommen, der mir vom grössten Nutzen ist, indem er täglich mit mir ungeheure Spaziergänge auf die umliegenden reizenden Höhen macht. Er wohnt mit uns [Borchardt u. J.] in demselben Hause." — „Den [gestrigen] Abend waren Steiner und ich", so heisst es in dem ersten aus Rom datierten Briefe (11. Dez. 1843), „beim Dr. Braun eingeladen, dem ersten Secretär des archäologischen Instituts, der auf dem Capitol in der casa tarpea wohnt und hier die Hauptperson für mich ist. Er ist 12 Jahr in Rom, kennt alles und alle und macht täglich von 2 bis 5 Excursionen mit mir und einer Menge junger Archäologen, wo die Büsten, Statuen, Hermen, Basreliefs oder die Ruinen discutirt werden und ich ausser dem Interesse an den Sachen noch die Neugierde befriede zu sehen wie es mit dem archäologischen Studium steht. . . . . . Ist die Excursion etwas weit, so holt er mich in seinem Wagen ab. Steiner nimmt auch daran Theil; B. habe ich nicht dazu aufgefordert, weil er den Kribbel in den Beinen hat, nur am Rennen Befriedigung findet und die höchste Ungeduld zeigt so wie bei etwas länger verweilt wird." „Du musst Dir diese Besichtigungen", so heisst es in einem der umfangreichen brieflichen Berichte, „etwas dramatisch denken. Zum Beispiel wir erscheinen vor einer wundervollen

colossalen weiblichen Figur die auf einem Arm gestützt schläft; Kopf, Stellung, Gewänder reizend u. meisterhaft. Braun fängt an für wen alles diese Figur von den verschiednen Gelehrten gehalten worden, bis dann Welcker aus Vergleichung mit Gemmen in denen ganz dieselbe Stellung vorkommt unwiderleglich bewiesen dass es eine Ariadne sei. Er rühmt die Kunst der Arbeit, wie schön die Flächen mit einander verbunden, die Drapperie des Gewandes u. die Faltenfülle ausgeführt. Um so grössre Verwundrung, sagt er, hat es erregt dass ein so grosser u. so denkender Künstler wie offenbar der Verfertiger dieser Statue war, einen so ungeheuern Fehler begehen konnte; denn Sie sehen ganz deutlich, dass die ganze Lage nur möglich ist, wenn das eine Bein ein Loch in das Gewand macht. Hier lege ich mich in das Mittel und erkläre, das sei ganz u. gar unmöglich; das könne der Künstler nicht begangen haben; Steiner beweise einmal dass diese Stellung recht wohl bestehen kann ohne das Loch anzunehmen; worauf denn Steiner möglichst die Stellung der schlafenden Ariadne nachahmend seinen Mantel so zu drappiren sucht dass er auf die in die Augen springendste Weise überzeugt und den Künstler rettet" (25. Jan. 1844). — „Seit Dirichlets Abreise von Florenz", so hatte Jacobi schon vorher (Rom, 14. Dez. 1843) über den Aufenthalt in Florenz berichtet, „machte ich alle Besichtigungen mit Steiner zusammen, was manches interessante hat. Zunächst das mir liebste, dass er nicht wie die andern zuerst immer in das Buch sieht ob etwas schön ist, sondern sich die Sachen selber ansieht, wobei ihn sein scharfes Auge u. eine lebendige sinnliche Anschauungskraft sehr unterstützen. Dabei hat er alle biblische Geschichten im Kopf u. hat grosses Interesse für das stoffliche; nur ist er immer empört u. will von dem schönsten Bilde nichts wissen wenn es gegen die Geschichte u. die Möglichkeit verstösst, wie wenn nach dem Herkommen bei der Leidensgeschichte die spätern Märtyrer u. Heiligen u. Päbste mit figuriren. Da ich bei früherm Aufenthalt in Berlin immer nur wenig mit ihm zusammensein konnte, so setzt sich eigentlich erst jetzt nach 20 Jahren unsre frühere Jugendbekanntschaft fort. Leider hat ihm die Reise nicht so viel geholfen wie mir u. er sieht oft recht leidend aus was auch auf seine Stimmung bisweilen Einfluss hat, um so mehr als es immer der Fähigkeit bedurfte seine Eigenthümlichkeit aufzufassen, wozu die Dirichlet und Borchardt noch nicht kommen konnten. Da auch ich jetzt reizbarer bin als vor 20 Jahren, so kriegt auch er bisweilen das mir selbst unbewusste Gesicht zu sehen das Dich 24 Tage krank macht und frägt dann: sage mal, wenn Du die Schnauze machst, ärgerst Du Dich dann auch innerlich? Er hat sich auch einen Adjutanten mitgebracht, einen Lehrer Schläfli aus dem Canton Bern von etwa 30 Jahren, der zu Dirichlet nach Berlin gehen wollte, und dem wir nun hier Aufgaben geben, ein merkwürdiges Individuum, das alle Wissenschaften verschlingt, dabei aber so gutmüthig, unschuldig und dumm wie ein Kind ist, so dass ihm Steiner auf der Reise einredete u. er fest daran glaubt, der Conducteur der Schnellpost sei der Kronprinz von Sardinien; dieser macht die reisende mathematische Menagerie vollständig. Er hat mir hier einige Bogen abgeschrieben, die ich aufs neue zum 10. Mal hier umgearbeitet habe und wahrscheinlich in diesen Tagen von hier aus an Crelle schicken werde. Steiner und ich machten mehrmals bei dem schönsten Wetter grössre Fussparthien in die himmlische Umgegend von Florenz." In demselben Briefe heisst es weiterhin: „Steiner hat eine grosse Force in alten Ställen u. schlechten Gebäuden eingemauerte alte dorische Säulen zu entdecken, die so für das gemeinste Bedürfniss gedankenlos verwendet worden, wodurch man aber am deutlichsten gemahnt wird dass man auf klassischem Boden wandelt." — Die Art des Zusammenlebens mit Steiner in Rom erhellt schliesslich am besten aus der von Jacobi dort beobachteten

Tageseinteilung, die er seiner Frau am 25. Jan. 1844 so angibt: „Um $8^1/_2$ Uhr gehe ich nach dem Vatican auf die Bibliothek, der etwa $^1/_2$ Stunde entfernt ist bis 12; um 2 Uhr dann gehe ich aufs Capitol zu Dr. Braun, wohin auch Steiner kommt und wir treiben uns dann bis 5 antiquarisch umher. Dann ess ich mit Steiner in einer Restauration Namens Lepre, wo fast alle Fremden in Rom essen. . . . . . Nach dem Essen gehe ich nach Hause, schlafe wohl eine halbe Stunde, und um 8 pflegt Steiner zu kommen, mit dem ich dann die gelehrtesten geometrischen Gegenstände verhandle, so dass wenn er um 10 fortgeht ich oft noch bis 12 rechne um seine Aufgaben zu lösen.“ Über die wissenschaftlichen Unterhaltungen, die Jacobi mit Steiner in Rom geführt hat, geben fragmentarische Tagebuchnotizen, die Jacobi hauptsächlich für seine Frau bestimmt niedergeschrieben, nur geringe Auskunft. So lautet für 9. Jan. 1844 eine Eintragung: „Abends immer mit Steiner Curven 3. O. verhandelt“; für 17. Jan. 1844: „Abends Steiner, Schwerpunctsfläche 4. O.“ An sonstigen wissenschaftlichen Gesprächen führt das Tagebuchfragment, wie beiläufig bemerkt sein mag, nur noch auf: 2. Jan. 1844: „mit Dir. über Cauchys Continuitätsprincip verhandelt.“

6) Steiner pflegte C. G. J. Jacobi „Rex“ zu nennen, s. einen von E. Jahnke veröffentlichten Brief Steiners an J. (Arch. der Math. u. Phys. (3) IV (1903), p. 269 ff.).

7) Der rote Adlerorden 4. Kl.

8) M. H. Jacobi besass nach der Dienstliste damals 4 Orden: 2 russische, einen preussischen (vgl. S. 75 Anm. 3) und einen dänischen.

9) Moritz Jacobis erste Quelle für diese Nachricht ist vermutlich Fuss (s. die nächste Anm.) gewesen (vgl. jedoch auch die Anm. 20 zu dem nächsten Briefe): C. G. J. Jacobi sagt nämlich in einem an seine Frau aus Florenz gerichteten Briefe vom Nov. 1843, er habe von Zürich aus an Humboldt in einer besonderen Angelegenheit schreiben müssen und hierbei erwähnt, dass seine Freunde in ihn drängen, sich ein milderes Klima zum Aufenthalt zu suchen; hierbei habe er „bloss in geographischer Rücksicht“ Bonn genannt. Diesen Brief nun hatte Humboldt Fuss gezeigt, was Jacobi „nicht angenehm“ war, da er darin von Fuss gesprochen. „Es ist“, schreibt er, „eine schreckliche Manie von Humboldt dass er jeden Brief wo möglich circuliren lässt und wenn ich die Vorsicht brauche eine Grobheit anzubringen die er nicht vor andern sich sagen lassen möchte, so macht er aus dem Briefe einen Auszug.“ — Vgl. übrigens bezüglich einer Versetzung nach Bonn auch S. 68, Anm. 2.

10) „Hier in Bern“, schreibt C. G. J. Jacobi seiner Frau den 17. Aug. 1843, „hatte ich gestern die Überraschung dass der Staatsrath v. Fuss aus Petersburg, Sekretär der Petersb. Akad. d. Wiss., der mit seinem Bruder in Paris gewesen war und zufällig von meiner Anwesenheit hörte zu mir ins Zimmer trat. Da ich längre Zeit mit ihm in Correspondenz stehe, so war es mir lieb auch seine persönliche Bekanntschaft zu machen. Wir werden sogar, so ist wenigstens unsre Absicht, die Reise durch das Berner Oberland . . . . . bis Zürich zusammen machen, was etwas über 8 Tage dauern dürfte. Hierbei wird Borchardt mit dem jüngern Fuss die schwierigern Gebirgspartien allein machen, während wir uns bei den practicableren bescheiden.“ In dem nächsten Brief (Zürich, 28. Aug. 1843) heisst es sodann: „Mein Reisegefährte, Staatsrath v. Fuss, war sehr liebenswürdig, mehr als man irgend von den in solchen Stellungen leicht prahlerischen Russen erwarten konnte . . . . . Freilich reise ich mit B. doch noch lieber, aber wie vortrefflich auch der eine und der andre sein mögen, wenn ich so allein in einer bequemen Chaise durch diese zauberhaften Gebirgsthäler fuhr, hätte ich weinen mögen, dass Du nicht bei mir sassest an ihrer Stelle.“

11) P. H. Fuss fand 1843 ein Bündel unedierter Eulerscher Abhandlungen, die zwar von der Familie aufbewahrt, aber für bereits abgedruckte Manuskripte gehalten waren (s. „Leon. Euleri Comment. arithm. coll.“, Prooemium, p. VII). In der Akademiesitzung vom 8. März 1844 (a. St.) machte Fuss nähere Mitteilungen über seinen Fund und regte bei der Gelegenheit zugleich an, eine Gesamtausgabe der Werke Eulers zu veranstalten, ein Plan, der zwar schon oft erwogen und für den insbesondere von Ostrogradskij in privaten Zirkeln der Petersburger Akademiker stets eifrig agitiert sei. Nun sei ihnen sogar eine Gesellschaft belgischer Mathematiker zuvorgekommen („Oeuvres complètes en français de L. Euler“, Bruxelles 1839), das Unternehmen allerdings nach Erscheinen einiger Bände gescheitert. „Dans le voyage que j'ai fait l'année dernière [s. die vorstehende Anm.], je n'ai pas rencontré de géomètre qui, à la première entrevue, ne m'ait adressé la question de savoir si l'Académie ne songeait pas à une édition des oeuvres d'Euler? Je ne vous nommerai que les coryphées de la science, MM. Gauss, Bessel, Jacobi. Le dernier surtout a tant de fois renouvelé ses vives instances à ce sujet, que je lui ai donné ma parole d'en faire la motion à l'Académie“ (Bull. phys.-mathém., t. III, 1845, col. 77/78). In der Tat beschloss man damals auf diese Anregung hin eine Gesamtausgabe aller Eulerschen Schriften und nahm hierfür 25 Bände à 80 Bogen resp. à 640 Seiten Grossquart in Aussicht (s. „Leon. Euleri Comment. arithm. coll.“, I, Prooemium, p. VIII). Das Unternehmen fand jedoch nicht genügende finanzielle Unterstützung, und man beschränkte sich später auf das in Anm. 9 zu Brief LXVI angegebene.

XXXVIII. Berlin, 1844. XI. 25.

Berlin d. 25. November 1844.

Theuerster Moritz,

Es war von Leipzig aus auf meiner Hinreise nach Italien dass ich das letzte Mal Dir schrieb. Seitdem erhielt ich in Rom von Dir ein Briefchen, ich glaube das erste seit mehreren Jahren, voll kleiner heitrer Scherze, nicht das Geringste wesentliche von Dir, Deinen Arbeiten u. Verhältnissen, wie man etwa an seine alte Kinderfrau aus Gutmüthigkeit schreibt. Es hat wenigstens das Gute dass man sich bei Dir gar nicht zu entschuldigen braucht. Herr Palmieri[1]) hat auf Deine Recommendation mich u. Steiner dazu zu Tisch geladen u. mit einem ungeheuern Gerichte Maccaroni bewirthet, auch als es finster wurde uns seinen Funken[2]) zeigen können. Melloni[3]), welcher in Neapel u. fast in Italien der einzige Mensch ist, machte nicht sehr viel davon obgleich er einen lobenden Bericht der dortigen Akademie erstattete. Er veranstaltete für uns, Steiner, Dirichlet nebst Gattin u. Sohn, mich u. mehrere andre Herrn u. Damen an einem prächtigen Tage eine Cavalcade auf den Vesuv, wo er uns an dem Fusse des Kegels bei dem grossartigen dort von ihm gegründeten meteorologischen Hause ein solennes Frühstück gab, nach welchem mir das Besteigen des Kegels doppelt schwer wurde. Steiner und die Eselin auf der er sass zankten sich wer eigensinniger, er musste aber nachgeben. In Neapel, wo eine alte von Fergola gegründete Schule synthetischer Geometrie herrscht[4]), traten Dir. u. ich ganz gegen Steiner zurück, welcher der Held des Tages war.[5]) Wir die wir italiänisch konnten waren in Neapel übel daran, Steiner der durch ganz Italien nur mit Händen u. Füssen gesprochen, hatte es da weit besser. Neapel hält keinen Vergleich mit Rom aus, ist auch höchst ungesund, weil in einem Tage dreimal der Wind sich dreht, und dann bald die Luft mit den Eistheilchen der Schneeberge, bald mit erstickendem Sirocco füllt. Humboldt was mich wunderte zog selbst die Natur in der Umgegend Roms der von Neapel vor. Für mich bleiben Rom u. Paris die ersten Städte der Welt, u. ich war mit schrecklich langen Zähnen dorthin gegangen. Genaue Freundschaft habe ich mit Carl Buonaparte, Prinz von Musignano u. Canino, Lucians ältestem Sohne geschlossen, der mich auch schon hier in Berlin besucht[6]) u. mir von Florenz aus geschrieben hat, von dem mir Humboldt sagte, er hätte mehr Detailkenntnisse in Zoologie als Lichtenstein. So theilen sich die Napoleoniden in die exacten Wissenschaften.[7]) Auf der Rückreise interessierte es mich sehr Plana in Turin kennen zu lernen der viel besser als seine Schriften ist.[8]) Das grosse Volk war überall wieder in wahrer Verzweiflung, dass ich es war und nicht Du[9]); Monsieur, nous avons beaucoup profité ici de vos procédés de dorure. Pardon, Monsieur etc.[10]) Deine Verehrerin Mistress Somerville, ein gutmüthiges altes Frauchen, war ganz stolz dass Du ihr von den ersten Platten geschickt, die sie sich nach Florenz kommen liess u. damit den Grossherzog in Erstaunen setzte; sie sprach so immerfort bloss von Dir, dass Dirichlet u. ich dadurch in die grösste Heiterkeit kamen, und mir die Dirichlet zu Weihnachten um ihr Geschenk schrieb, al fratello del celebre Jacobi.[11]) Aber die Palme trug doch ein neapolitanischer Anatom davon, der mir sagte, ein Anatom in Pavia heisse Jacopi[12]), schreibe sich aber mit einem p, *ihr Bruder* (sic!) schreibt sich mit einem b. Wenn ich mit einem Tyrannen oder Minister zu sprechen hatte, trug ich immer erst Sorge, ihn zuvor enttäuschen zu lassen. Wenn ich wieder einmal auf Reisen gehe, wird mir die Sache lästig u. ich spiele ganz einfach Deine Rolle, so dass wenn Du nach Italien kommst, man Dich für den unächten hält. In Neapel hintertrieb eine Cabale, dass man uns beide[13]) und Steiner zu Mitgliedern der

Academie während meiner Anwesenheit dort ernannte. Der Präsident wählt da nämlich allein, ohne Zuthun der Academie; ein Mitglied machte aber die Neuerung, die Academie solle befragt werden u. der Minister des Innern S. Angelo[14]), bei dem es darüber klagt, ist auch der Meinung, da er das Herkommen der Academie nicht kennt; der Präsident fordert seine Entlassung, worauf man ihm bewilligt es während seiner Amtsführung beim Alten zu lassen, er aber um keine Collision zu veranlassen, während derselben gar keine Ernennung zu machen beschliesst. Melloni hat recht die Perlen vor die Säue geworfen, dass er Steiner u. mir seine Hauptexperimente vorgemacht hat. In Paris zieht man ihn Faraday vor, in Deutschland Faraday ihm. Von Moser will niemand etwas wissen.[15]) Bei Matteucci[16]), der ein sehr liebenswürdiger, aber etwas verlebter junger Mann u. Professor in Pisa ist, verlebte ich einen sehr angenehmen Tag in den Bädern bei Lucca.[17]) Der Italiäner wird für sociale Verhältnisse erst brauchbar, wenn er im Auslande gelebt hat.

Die 18 Jahre in Königsberg, deren letzte ich mich dort so übel befunden, hatten mich königsbergmüde gemacht. An Schönleins Hülfsarzt, Dr. Philipp, schrieb ich von Italien Klagen, dass je wohler ich mich in Italien befände, desto grösser meine Furcht sei, dort wieder in's alte Übel zurückzufallen.[18]) Da ich zugleich etwas menschenscheu geworden war, dachte ich mir eine Zurückgezogenheit in oder bei Bonn sehr angenehm.[19]) Schönlein machte dies privatim mit dem Könige ab, aber da ich nicht das geringste offizielle erfuhr, sondern alles nur gesprächweise war, so machte mich diese Ungewissheit in meiner letzten Zeit in Italien sehr unruhig u. ungeduldig, zumal da meine Frau und Mutter von mir wissen wollten woran sie wären.[20]) So machte ich mich denn Ende Mai auf, obgleich ich noch gern länger dort geblieben wäre. Humboldt war gar nicht zu brauchen gewesen, denn, wie ich mir gedacht, hatte ihn Bessel paralysirt, der durch fortwährende Briefe die Sache zu hintertreiben suchte. Er liebt mich wirklich zärtlich, ist aber, wie Du siehst, ein schlimmer u. despotischer Freund.[21]) Humboldt wollte nun, als ich zurückkam, durchaus nichts von Bonn wissen; ich würde es da nicht zwei Jahre aushalten. Hier hat man mich überall mit grosser Freundlichkeit und ohne Neid[22]) aufgenommen. Namentlich war mir sehr wohlthuend, dass Dirichlet u. seine ganze Familie die Sache möglichst gefördert haben. Auch Steiner wollte durchaus, ich sollte nach Berlin u. nicht nach Bonn, und so bin ich denn hier. Die Form ist aber etwas unangenehm geworden. Denn um die Königsberger Fonds herbeiziehen zu können, hat man die Sache als Urlaub gemacht. Ich soll mich bis zu meiner gänzlichen Wiederherstellung in Berlin aufhalten u. mich mit Vorlesungen an der Universität nur so weit betheiligen als ich selber glaube dass es ohne Nachtheil meiner Gesundheit und andern wissenschaftlichen Arbeiten geschehen könne. Auch werde ich das erste Jahr nicht an der Universität lesen; da aber Dirichlet durch Krankheit in Florenz zurückgehalten ist, so gebe ich[23]) zwei Mal die Woche zwei Stunden für ihn an der Kriegsschule bis er wiederkommt, was wohl vor Frühjahr nicht sein wird. Da ich von meinen alten Sachen in Königsberg wenig mitnehmen konnte, so musste ich mich hier ganz neu einrichten, ... und ich weiss noch nicht ob ich auch eine Kleinigkeit vergütigt erhalte. Sonst bekomme ich hier 1000 ℛ Zulage, die sich aber, weil 350 ℛ Nebeneinnahmen in Königsberg abgehen, auf 650 ℛ reduziren. Du siehst, wir machen aus unsern Angelegenheiten nicht solche Geheimnisskrämerei wie Du; aber freilich lohnt es bei mir auch nicht der Mühe.

— — — — — — — — — — — — — — — — — — — —

Da Deine Spezialität in den Academien keine Vertreter findet, so kommst Du in academischen Ehren zu kurz. Hier hat man in der math.-phys.-naturhistorischen Abtheilung die Zahl der Correspondenten auf 100 fixirt u. sie auf die verschiednen Fächer vertheilt. Man will Dich nur mit Lenz zusammen wählen, aber zuerst noch Daniell, Seebeck, Wheatstone, Regnault, Bunsen, Pelouze.[24]) Wahrscheinlich wird Dich Magnus vorschlagen. Dass Deine wichtigsten Arbeiten nicht diejenigen sind, welche Du bekannt machen kannst, ist freilich nicht fördersam. . . . .

Bei meiner Rückkehr nach Königsberg[25]) fand ich meine Frau noch sehr herunter von der anstrengenden Pflege bei Nicolas Krankheit im vorigen Winter, wo sie 2 Monate nicht von seinem Bette kam, da kein andrer ihm nahen durfte, und jede Hoffnung so von Cruse aufgegeben war, dass alle ihr die grössten Vorwürfe machten wenn sie bisweilen eine leise Hoffnung fassen wollte, wobei sie dem Kranken doch ein freundliches Gesicht machen musste. Da für ihn Beschäftigung wesentlich war, er selber aber auch zur kleinsten Bewegung zu schwach war, so fand sie das Auskunftsmittel, auf seinem Bette zu zeichnen, wo er dann jeden Strich mit der grössten Theilnahme verfolgte. In welcher Seelenstimmung hat sie so eine Menge der allerliebsten

Zeichnungen angefertigt. Meinen Zustand in Rom bei diesen Nachrichten kannst Du Dir denken. Jetzt geht der Junge in eine nahe Realschule, denn die Schule ist ihm wesentliches Bedürfniss, u. er wird da mit vieler Theilnahme behandelt. . . . .

. . . . . Bei mir finden Rose, Magnus, Mitscherlich durch Analyse und im Polarisationsapparate zwar geringe, aber doch immer noch erkennbare Quantitäten Zucker; auch will sich seit der Rückkehr aus Italien eine gewisse Angegriffenheit der Nerven wieder einfinden. Es scheint als würde man bei vorkommenden Fällen nicht mehr solchen Widerstand entgegenzusetzen haben; so lange aber alles leidlich sonst ist, wird man sich auch wohl noch durchschlagen.

— —

Dein Dich liebender Bruder Jaques.

Grüsse mir Fuss recht sehr; ich werde ihm nächstens schreiben, vielleicht einige Euleriana schicken. . . . . .

1) Luigi Palmieri, 1807—1896, Prof. d. Physik in Neapel.

2) s. S. 125, Anm. 9 zu Brief XL.

3) Der berühmte Physiker Melloni (1798—1854) war Direktor des Conservat. der Künste u. Gewerbe in Neapel; s. a. die nächste Anm.

4) Über das gelehrte Publikum Neapels schrieb C. G. J. Jacobi seiner Frau von dort, April/Mai 1844: „Die honneurs macht uns hier der Cavaliere Flauti, Sekretär der Akad. d. W., Mathematiker aber von einer etwas veralteten Richtung, ein vermögender und hier sehr angesehner Mann, etwa 62 J. alt, der wenigstens bemüht ist nach Neapel mathematische Bücher kommen zu lassen. Er widmet uns viel Zeit, und hat einen jungen Mathematiker Trudi eigens als unsern Adjutanten uns attachirt. . . . . . Wir haben auch zwei Sitzungen der Ak. d. W. beigewohnt*), in deren ersterer Abhandlungen gelesen wurden die mit Steiners u. meinem Namen gespickt waren. . . . . . .

Die Mathematiker, die hier etwas zurück sind, theilen sich hier in zwei feindliche Parteien und Schulen, deren eine, Herrn Flauti an der Spitze, die Akademie besetzt hält, u. keinen von der andern, welche die Militärschule occupiren heranlässt. Diese zweite Partei lernte ich bei Melloni kennen, der mich gleich in den ersten Tagen . . . . . zu Tische lud, wo ich meine Bekanntschaft aus Lucca [s. Anm. 17, S. 116] mit Madame Melloni erneuerte . . . . . In den beiden Stuben, die ich im Anfange im Gasthofe mit Steiner inne hatte, befanden sich bisweilen die beiden feindlichen Hauptschriftsteller der beiden Parteien, der eine in der einen, der andre in der andern, was sehr komisch war; jetzt müssen sie sich manchmal bei mir zusammen vertragen. Alte von Steiner und mir vor 17 Jahren gemachte Sachen bildeten zufällig den Hauptgegenstand der Fehde. Jede Partei hat ihr Exemplar des Crelleschen Journals aus dem sie ihre Weisheit schöpft.“

M. Chasles sagt in seinem „Aperçu historique sur l'origine et le développement des méthodes en géométrie“, Mémoires couronnés par l'Académie royale de Bruxelles (Bruxelles 1837), p. 46 über die Schule des Fergola: „Le goût de cette Géométrie [ancienne], qui a donné tant d'éclat aux sciences mathématiques jusques il y a près d'un siècle, surtout dans la patrie de Newton, s'est affaibli depuis, et aurait presque disparu, si les géomètres italiens ne lui fussent restés fidèles. On doit, de nos jours, au célèbre Fergola, et à ses disciples, MM. Bruno, Flauti, Scorza, plusieurs écrits importans sur l'analyse géométrique des Anciens, qui s'y trouve rétablie dans sa pureté originaire." — Dagegen sagt Gino Loria in dem Werk „Il passato ed il presente delle principali teorie geometriche," Seconda edizione (Torino 1896), p. 19: „... la ‚Scuola napoletana' tanto pregiata da Chasles(1), che ebbe a duce supremo Nicola Fergola (1753—1822) e per capi secondarî o gregarî Annibale Giordano, Vincenzo Flauti (1782—1863), Felice Giannattasio (1759—1849), Giuseppe Scorza (1781—1843) ed altri i cui nomi per brevità si tacciono(2); scuola la quale sarebbe da collocarsi fra quelle che ebbero ben piccola influenza sulla geometria ove non dovesse invece, secondo il nostro modo di vedere, ritenersi per rappresentante uno stadio che la matematica del mezzogiorno d'Italia doveva necessariamente attraversare prima di essere pronta a combattere per la conquista di nuovi veri."

(1) Aperçu historique, 2e éd. (Paris, 1875), p. 46 [= 1. éd. (Bruxelles 1837), p. 46].

(2) Per ulteriori notizie rimando al mio lavoro intitolato Nicola Fergola e la scuola dei matematici che lo ebbe a duce (Genova, 1892).

*) s. Rendiconto delle adunanze e de' lavori dell' Accademia delle scienze, sezione della società reale Borbonica di Napoli, t. III (1844), p. 196 u. 197.

5) s. Atti della Accademia delle Scienze, sezione della Società reale Borbonica, volume VI (Napoli 1851), p. XXI f.

6) Charles Buonaparte, Prinz von Canino und Musignano, 1803—1857, Verfasser vieler zoologischer Werke und Abhandlungen, 1843 Ehrenmitglied der Berliner Akademie und 1844 Correspondant de l'Académie des sciences de Paris. — C. G. J. Jacobi lernte den Prinzen auf der Versammlung der italienischen Naturforscher in Lucca (s. Anm. 17, S. 116) kennen und schrieb seiner Frau (Florenz, 7. Okt. 1843): „Interesse erregten auch in Lucca die beiden Buonaparte, der älteste u. jüngste Sohn Lucians; der älteste, der Prinz von Musignano, ist etwas grossmäulig und laut; er war dort Präsident der geologischen Section und veranlasst auf seine Kosten schätzenswerthe geologische Arbeiten; obgleich ich jetzt nie Champagner trinke, so war es mir doch zu interessant um nicht mit ihm ein Glas zu trinken." . . . . . In einem Brief aus Rom vom 25. Jan. 1844 heisst es dann weiter: „Meine Bekanntschaft aus Lucca, Prinz v. Canino, Napoleons Neffe, traf ich hier auf der Strasse; ich hatte ihn die ganze Zeit über hier versäumt zu besuchen u. musste nun in seine Soiree kommen, die er jeden Sonnabend giebt. . . . . . Canino der auch ein Stück von Gelehrter ist u. sich viel darauf einbildet, überhäufte mich mit Freundlichkeit u. lud mich gleich zum andern Tag zum Essen in seinem Familienkreise ein. Er überraschte mich mit mehreren meiner italiänischen Bekannten [Tortolini etc.], die er schnell noch eingeladen" . . . . . Schliesslich schreibt Jacobi auf der Rückreise aus Italien von Berlin aus (7. Aug. 1844): „Neulich hatte ich eine grosse Freude und es kamen alle meine römischen Erinnerungen über mich, als in meine kleine Gasthausstube plötzlich Canino trat . . . . . Er nahm Theil an einem Festessen das die Akademie Humboldt zur Feier seiner 40jährigen Rückkehr nach Europa gab [5. VIII. 1844], u. ich war den andern Tag noch in einem kleinen Mittagszirkel bei Humboldt mit ihm zusammen."

7) Der dritte der fünf Söhne Lucians, Luigi Luciano, beschäftigte sich mit Chemie, mehr allerdings noch mit Philologie. Vermutlich denkt Jacobi aber hier auch an den Prinzen Louis Napoleon, den späteren Napoleon III., von dem die Comptes rendus der Pariser Akademie nicht lange zuvor eine Note über galvanische Elemente gebracht hatten (l. c. t. XIII, 1843, p. 1180—1181).

8) Plana, 1781—1864, Prof. der Astronomie an der Universität zu Turin. — Er veröffentlichte schon 1829 in den Turiner Memoiren eine Abhandlung

über Jacobis neue Theorie der Transformation der elliptischen Funktionen (vgl. A. Enneper, „Elliptische Functionen. Theorie und Geschichte" (Halle 1876), p. 294). — „In Turin verbrachte ich recht vergnügte $1^1/_2$ Tage mit Herrn Plana, dem Haupte der italiänischen Mathematiker, den ich bei persönlicher Bekanntschaft mehr schätzen lernte als ich es bis dahin durch seine Arbeiten gethan hatte. Ich bekam von ihm sein 20 Pfund schweres Werk über die Theorie der Bewegung des Mondes [J. Plana, „Théorie du mouvement de la Lune". Turin 1832. 3 Vol. in 4.⁰] geschenkt, das ich bis dahin mir nicht hatte anschaffen können, weil es bei uns über 50 ℛ𝓉 kostet," schreibt Jacobi an seine Frau (Frankfurt a. Main, 13. Juni 1844).

9) Vgl. a. das Ende von Brief XXII, S. 68. — „Moritz steht . . . . . hier in Italien ebenso wie in England und Deutschland in dem allgemeinsten Renommé, so dass ich hier sein Bruder bin, während er in Frankreich der meinige ist," schreibt C. G. J. Jacobi seiner Mutter im Nov. 1843 von Florenz aus und in einem Briefe aus Rom (Dez. 1843) erzählt er seiner Frau: „Ich habe hier auch einem Malerfeste beigewohnt das sie Cornelius zu Ehren gaben, der mich eingeladen hat ihn zu besuchen. . . . . . Bei dem Corneliusschen Diner brachte ein Maler [Hallmann; s. S. Hensel, „Die Familie Mendelssohn", 1. Aufl., Bd. III (1879), p. 78], ehemaliger Conducteur, die Gesundheit von Dir[ichlet] u. mir aus die hier die Wissenschaft verträten, die ächte, practische Wissenschaft. Dies war mir zu toll; ich erklärte den Toast nicht anzunehmen, indem das Höchste der Wissenschaft wie der Kunst immer unpractisch wäre u. ich dies anstrebte; die Maler begriffen dies u. brachten einen Toast auf die unpractische Kunst aus. Jener hatte mich natürlich für Moritz gehalten u. eine Artigkeit beabsichtigt. Die Vergolder hier sind ganz untröstlich dass ich nicht Moritz bin. Man kann wirklich sagen dass populärer berühmt jetzt nicht so leicht jemand ist."

10) „Pardon, Monsieur, je ne suis pas moi, je suis mon frère" oder ähnliches erwiderte C. G. J. Jacobi alsdann wohl.

11) Über seinen und Dirichlets Besuch bei der „berühmten englischen Mathematikerin u. Physikerin" schrieb C. G. J. Jacobi (Rom, 25. Jan. 1844) seiner Frau: „Es machte uns vielen Spass, dass auch hier wieder ich nur durch Moritz Interesse bekam, der ihr gleich nach seiner Entdeckung eine galvanoplastische Platte mit einer an sie gerichteten Inschrift geschickt hatte welche sie noch mit Stolz aufbewahrt. Es war für Dir. und mich höchst komisch dass sie jede Phrase mit Mr. votre frère anfing und ich wurde dadurch in so heitre Laune versetzt dass als ich nachher mit Dir. nach Hause ging die Dirichlet über meine Liebenswürdigkeit ganz entzückt war, und versprach mir über dieselbe bei Dir ein Attest auszustellen"; s. a. „Familie Mendelssohn", Bd. II, p. 272. — Einer anderen Dame gab Jacobi auf die Frage „Sind Sie der Bruder des berühmten Jacobi?" die Antwort: „Nein, das ist mein Bruder" (s. „Sebastian Hensel. Ein Lebensbild aus Deutschlands Lehrjahren" (2. Aufl. 1904), p. 135).

12) Giuseppe Jacopi, 1779—1813, Prof. der vergl. Anatomie und Physiologie in Pavia (Aug. Hirsch, „Biograph. Lexikon der hervorragenden Ärzte aller Zeiten und Völker", Bd. III, 1886, p. 367).

13) M. H. Jacobi wurde laut Dienstliste am 1. Aug. 1844 Korrespondent der Akademie der Wissenschaften zu Neapel.

14) Jacobi sagt in einem Brief aus Neapel v. 25. April 1844, dass er dem dortigen „mächtigen Minister des Innern San Angelo, der auch Unterrichtsminister ist u. mit Humboldt in Correspondenz steht," vorgestellt sei und mit ihm „$1^1/_2$ Stunden ein nicht uninteressantes Gespräch in italiänischer Sprache" geführt habe.

15) „Moser hat es wirklich zu Stande gebracht, durch seine schöne Entdeckung [vgl. S. 130, Anm. 2; sowie S. 118, Anm. 22] sich den übelsten Ruf in der Welt zu verschaffen. Denn es ist gar nicht möglich mit mehr Verachtung von ihm zu sprechen als es in Frankreich u. Italien geschieht", sagt C. G. J. Jacobi in einem Brief an seine Frau (Florenz, Nov. 1843); vgl. dazu z. B. Rosenberger, „Gesch. der Physik", Th. III (1887—1890), p. 454 f.

16) Carlo Matteucci, 1811—1868, Prof. d. Physik in Pisa, 1862 Unterrichtsminister; über seine wissenschaftlichen Beziehungen zu M. H. Jacobi s. Ann. Phys. Chem., Bd. 66 (1845), p. 207 f.

17) Über diesen Teil der Reise, insbesondere die Versammlung italienischer Naturforscher und Mathematiker in Lucca berichtet Jacobi seiner Frau (Florenz, 8. Okt. 1843) u. a. folgendes: „Die Einrichtungen sind natürlich nicht so vollkommen wie sie in Manchester waren, wozu wohl noch einige politische Vorsicht kommen mag, so dass ich um ein Eintrittsbillet als scienzato zu erhalten meine documenti vorweisen sollte und mich das erste Mal mit dem Billet eines amatore begnügen musste, was hernach viel Gegenstand der Heiterkeit wurde. Von namhaften Gelehrten die mich interessirten waren nur Melloni, Mossotti, Matteucci, Carlini, Bianchi da, von denen jedoch nur der erstre eine grössere wissenschaftliche Bedeutung hat, da der sonst berühmte Astronom Carlini ziemlich altersschwach ist. Ich hatte die Kühnheit einmal eine Vorlesung in französischer Sprache zu improvisiren; es schien mir Sache der Artigkeit irgend eine Mittheilung zu machen und etwas aufzuschreiben hatte ich weder Zeit noch Ruhe; man erkannte dies auch durch Beifallklatschen an als ich auftrat, was hier nicht so häufig zu sein scheint als es in Manchester war weil ich es sonst nicht gehört hatte. Bei den mancherlei Ehrenbezeigungen die mir hier widerfahren, ist es eine unliebliche und abkühlende Bemerkung dass vielleicht in ganz Italien nicht ein einziger*) ist, der auch nur eine Zeile von meinen Arbeiten gelesen hat; sie sprechen es alle den Franzosen nach und mein ganzer Ruhm, da man die alte Legendresche Geschichte nicht mehr kennt, rührt von den viel verbreiteten Comptes rendus her welche die Pariser Academie von ihren Sitzungen herausgiebt und worin meine Arbeiten häufig citirt werden. In Lucca frägt mich der Präsident der mathematisch-physik. Section ob ich schon etwas publizirt hätte. Ein andrer bedauert hier gegen Dirichlet nichts von seinen Arbeiten haben lesen zu können, weil er kein Deutsch verstünde; D. hat aber nur französisch geschrieben. Bei mir kommt nun noch die ewige Verwechslung mit Moritz hinzu...... Da die italiänischen Gelehrtencongresse nicht wie die deutschen und englischen 6, sondern 14 Tage dauern, so warteten wir das Ende nicht ab, sondern gingen nach dem 3 Meilen entfernten Pisa, einer schönen aber jetzt ungeheuer todten Stadt am Arno." . . . . .

*) Vgl. jedoch eine spätere Äusserung Jacobis bezüglich des Abbé Tortolini bei Koenigsberger, p. 316.

18) Das Königsberger Klima erfreut sich keines guten Rufes. Lobeck sagte, man habe dort 9 Monate Winter und 3 Monate Mücken (Friedländer, l. c., p. 43) und dem von Halle nach Königsberg übersiedelnden Philosophen Rosenkranz sagte der berühmte Chirurg Dieffenbach, ein geborener Königsberger, er solle sich das dortige Klima als feuchte Kellerluft vorstellen (Rosenkranz, „Von Magdeburg bis Königsberg" (Berlin 1873), p. 481).

19) Vgl. S. 108, Anm. 9.

20) „Du ängstigst mich ordentlich mit den Details über die Bonnener Reise", schreibt C. G. J. Jacobi seiner Frau von Rom aus im April 1844, „da sich doch möglicher Weise noch gar nichts anfängt oder doch alles noch weit im Felde ist. Alle*) Nachrichen stammen aus einer Quelle, einer mündlichen

Äusserung**) des Königs gegen Schönlein. Durch diesen ist, wie ja auch aus Deinem Brief erhellt, alles verbreitet. Nichts ist durch eine Mittheilung von Humboldt und gänzlich ungewiss ob dieser irgend die Sache in die Hand genommen oder nicht gar dagegen ist. Zwischen solcher Äusserung des Königs und der wirklichen Ausführung liegen noch Berge, zum Beispiel der Finanzminister . . . . . Ich habe unterweges und von hier 3 Briefe an H. geschrieben ohne eine Antwort zu haben und genire mich daher wieder zu schreiben; werde es aber doch thun, indem ich ihm einige italiänische Abhandlungen schicke, deren ich 4 hier drucken lasse. Es sollte mich gar nicht wundern, wenn Bessel an Humboldt und Eichhorn schriebe um die Sache zu hintertreiben, denn seine Freundschaft ist bisweilen wunderlicher Art." „Was Du mir mittheilst", schreibt er sodann von Neapel aus (25. Apr. 1844), „dass H. an B. geschrieben ist mir sehr wichtig da ich daraus sehe dass die Sache in Gang ist, u. wäre mir sehr wichtig gewesen diese Nachricht etwas früher zu haben. Was vernünftiges werde ich doch wohl erst erfahren, wenn ich selber in Berlin bin. . . . . . Auf meine Bitte dass einer von der Dirichlet Familie in Berlin sich mündlich bei H. über meine Angelegenheiten erkundigen möchte, war, da Felix [Mendelssohn] nach England abgereist, sogleich Hensel zu H. hingegangen. Dieser sagte ihm, über meine Versetzung sei noch nichts bestimmt; er glaube ich würde nach Berlin kommen; jedenfalls stünde es in gar keinem Zweifel dass ich hinkönnte wo ich hinwollte. Letzters scheint fast in der hofmännischen Sprache das zu bedeuten, dass er gegen meinen Fortgang aus K. ist***). Wie dem auch sei, sehe ich, dass ich selbst in B. sein muss um nur irgend etwas zu hören. . . . . . Einen Brief v. Humb. erwarte ich nach obigem nicht mehr, u. es ist ihm offenbar die Anfrage unangenehm u. es thut mir leid eine gethan zu haben." Am 17. Juni 1844 in Berlin angelangt, schrieb Jacobi sodann (Donnerstag, den 20. Juni 1844): „Bei Humboldt war ich gleich Dienstag früh in Potsdam, den Minister hab' ich erst gestern Abend gesprochen. Beide waren so freundlich gegen mich wie man nur wünschen kann. Aber die ganze Sache muss doch erst gemacht werden und möchte ich Dir . . . . . nicht gerne eher in die Arme stürzen bis alles definitiv gemacht ist. Nach der Audienz blieb ich beim Minister zum Thee, wo grosse Gesellschaft war, u. ich viel mit dem neuen Finanzminister Flottwell, mit Savigny etc. verkehrte. . . . . . Der Minister meinte wir sollten in der Lennéstrasse im Thiergarten wohnen, wo eine Gelehrten- u. Künstlercolonie ist, die Grimms, Cornelius etc.; doch räth er für die Annehmlichkeit des Aufenthalts mehr für Bonn. . . . . . Was ich bedenken muss ist, dass ich immer würde von Berlin nach Bonn, aber nicht von Bonn nach Berlin können. H. meinte, ich würde es nach einigen Jahren in Bonn nicht aushalten [s. a. oben im Brief, S. 111], dann nach Berlin wollen u. nicht können." Am 26. Juli 1844 schrieb dann Jacobi seiner Frau: „Ich darf wohl jetzt meine Versetzung nach Berlin an die Akademie der Wissenschaften mit 3000 ℛ︀ Gehalt (mit Erlaubniss ohne Verpflichtung an der Universität zu lesen) als ein fait accompli ansehen" . . . . .

*) Auch Dirichlets u. Borchardt hatten von ihren Berliner Angehörigen diese Nachricht erhalten.

**) „Ich bin nicht so egoistisch um denselben [Jacobi] in Berlin behalten zu wollen" (nach einem an Moritz J. gerichteten Briefe der Mutter v. 9. III. 1844).

***) An Eduard Jacobi schrieb Humboldt (Mai 1844) bei einer anderen Veranlassung: „Ich habe den Wunsch Ihres Herrn Bruders für Bonn gar nicht; dass das Klima dort wärmer, als in Berlin sei, ist nach Zahlen eine Illusion und sein grosser Name gehört nach Berlin, aber er selbst will Bonn." Vgl. a. S. 92 sowie S. 108, Anm. 9.

21) Vgl. oben Zeile 9 ff. auf dieser Seite — In einem Brief vom 7. Aug. 1844 schreibt C. G. J. Jacobi seiner Frau: „Bessel wäre mir, sagte Humboldt nach einem

letzten Briefe von Bessel, mehr persönlich attachirt als er es andern Leuten ist, damit meinte er ihn. Und doch geht ihm seine Rechthaberei vor Erfüllung meiner Wünsche." — „Die schönste Zeit seines öffentlichen Wirkens", sagte Rosenkranz von Bessel bei der Gedächtnisfeier am Tage nach dessen Beerdigung (l. c., p. 331), „die Culmination seiner Lehrvirtuosität, seiner wissenschaftlichen Geselligkeit, war vielleicht die, als Jacobi bei uns der Mathematik, auch in ihrem kühnsten Fortbau einen seltenen Glanz verlieh. Mit innigster Wehmuth sah Bessel ihn scheiden und die geist- und gemüthvollen Worte, mit denen er im Deutschen Hause Jacobi aus unserer Mitte entliess [s. Koenigsberger, p. 326 bis 328], sind die letzten gewesen, die wir, meines Wissens, öffentlich von ihm vernommen haben."

22) Dieser Passus wird erst verständlich durch folgende auf das frühere Verhältnis zu den Königsberger Amtsgenossen bezügliche Briefstelle: . . . „sie sind alle neidisch auf mich, ausser Dulk, Neumann, Lehrs, Rosenkranz, auch Meyer ist es, und zwar sind sie es nicht darauf, dass ich da Gauss seit 10 Jahren schweigt und die andern bessern todt sind in meinem Fache jetzt für den ersten gelte, sondern auf diese kleinen Auszeichnungen, die wenn jenes wirklich der Fall ist in den wesentlichsten Puncten mich in sehr kümmerlicher Lage lassen... Die Ansicht von Meyer über das Prorectorat, die er jetzt auch Sachs beigebracht zu haben scheint, war mir wohlbekannt; aber naiv ist das Eingeständniss dass sie nicht aus Achtung oder Zutraun mir diese Ehre ertheilen wollen, sondern andrer Ursachen wegen. Ich sagte dem König er möchte zum Jubiläum das andre Jahr sein Bild der Universität schenken, erhielt aber von ihm zur Antwort, da müsste er erst mit der Universität mehr zufrieden sein. Da er sich gerade malen liess, so wollte ich nicht ernsthaft in die Sache eingehen, sondern sagte, wir thäten ja alles mögliche, erfänden dunkles Licht [s. S. 130, Anm. 2], wodurch H[umboldt] genöthigt wurde dem Könige der natürlich noch nie Mosers Name gehört hatte seine Erfindung auseinanderzusetzen . . . . . Du siehst aus diesem Exempel dass der Posten nicht ganz angenehm wäre." So schrieb Jacobi (Rom, Dez. 1843) nachträglich über eine Unterredung mit dem König, die er im Sommer 1843 gehabt und zu der er zufällig, bei Gelegenheit eines Humboldt abgestatteten Besuches, gekommen war. Es ergibt sich aus dieser Stelle zugleich, dass man in Königsberg damit umging, für das wegen der Dreihundertjahrfeier der „Albertina" so bedeutsame Jahr 1844 Jacobi zum Prorector zu wählen. Inzwischen tauchte nun das Project der Versetzung Jacobis nach Berlin auf. Nach Königsberg kehrte er nur noch für einige Wochen zurück, allerdings noch kurz vor Beginn der erwähnten Festlichkeiten, die er jedoch, wie er am 7. Aug. 1844 schreibt, „als Gast, aber nicht als Acteur" mitzumachen hoffte.

23) Vgl. „Familie Mendelssohn", Bd. II, p. 341.

24) Von den hier genannten wurden alle mit Ausnahme des bald darauf (1845) verstorbenen Daniell zu korrespond. Mitgl. der Berliner Akademie gewählt und zwar

Seebeck († 1849) am 23. Jan. 1845
Bunsen († 1899) am 19. März 1846 (auswärt. Mitgl. 3. März 1862)
Regnault († 1878) am 15. April 1847 (ausw. Mitgl. 11. Juli 1863)
Pelouze († 1867) am 6. Febr. 1851
Wheatstone († 1875) am 8. Mai 1851
Lenz († 1865) am 24. Febr. 1853
M. H. Jacobi († 1874) am 7. Apr. 1859.

25) Am 13. Aug. 1844. — Bei G. F. Hartung, „Akademisches Erinnerungsbuch für die welche in den Jahren 1817 bis 1844 die Königsberger Universität

bezogen haben" (Königsberg 1844), p. 227 heisst es: „Am 13. August 1844 wurde dem aus Italien zurückgekehrten Prof. Jacobi ein Ständchen gebracht"; s. a. Königsb. Hartungsche Zeitung Nr. 192 v. 17. Aug. 1844.

XXXIX. Petersburg, 1844. XII. 10.

St. P. den 28ⁿ Nvbr 44.

Theuerster Jacques.

— —

Indem man mir eben die deutsche Petersburger Zeitung bringt, sehe ich zu meinem Erstaunen, dass der 28[e] November a. St. mit dem 10.[n] Dbr n. St. zusammentrifft. Ich kann also gleich meine herzlichsten Wünsche zu Deinem Geburtstage hinzufügen. Mögen Dir die Götter Gesundheit, langes Leben und recht viel Vergnügen verleihen. Ich habe nämlich die neue Theorie, die bei mir leider noch nicht in die Praxis übergegangen ist, dass der Mensch nichts würdigeres erstreben kann als Vergnügen. Alles andere ist Quark und namentlich die Wissenschaft und namentlicher noch, die Anwendungen der Wissenschaft auf das Wohl der Menschheit. Hierüber nächstens mehr . . . .

Dein Dich herzlich liebender Bruder
Moritz

— —

XL. Petersburg, 1845. I. 6—13.

St. Petersburg den 25[n] December 1844
6 Januar 1845.

Liebster Jacques,

Ich will doch nun endlich die Musse des heutigen ersten Weihnachtstages benutzen, um das langgefühlte Bedürfniss zu befriedigen, einmal gründlich an Dich zu schreiben. . . . . Mit meiner Gesundheit geht es so passabel. Ich leide oft an Schlaflosigkeit und Erschöpfung . . . . . Da ich die feste Überzeugung habe, dass ich an derselben Krankheit leide wie Du, so gebrauche ich die Vorsicht meinen Urin nicht untersuchen zu lassen. Derlei Untersuchungen solltest Du aber auch aufgeben, da ich überzeugt bin, dass sich selten ein Urin findet worin sich durch genaue chemische Analyse nicht Zucker nachweisen liesse.[1]) Aber willst Du dennoch darauf bestehen, so betreibe die Sache regelmässig, wie wir gewöhnlich Beobachtungsreihen zu machen pflegen. Stelle die Beobachtungen zusammen, trage sie graphisch auf, und ich bin überzeugt Du wirst nicht nur finden, dass für ein positives t, $\frac{d^2y}{dt^2} = +$ ist sondern dass auch Deine individuelle Sacharia die Axe der t zur Assymptote hat. Die Veränderungen des Clima's, sofern sie wie billig nicht etwa zum blossen Vorwande einer Veränderung der Verhältnisse genommen werden, haben noch niemand in sanitätischer Beziehung gründlich und nachhaltig geholfen. Die Natur ist, vielleicht mit Ausnahme der Gegenden unter den Wendekreisen, überall so capriciös, dass man sich ihr keinesweges vertrauen darf. Und dann ist sie auch boshaft; sie lässt den Menschen das heimathliche Clima dem sie entfliehen wollen, mit sich schleppen. Darum wird es bei uns wärmer weil so viel Deutsche und Franzosen herkommen, in Italien und Frankreich aber schneit es, weil es dorten von Russen wimmelt. In dieser Beziehung tragen Dampfschiffe und Eisenbahnen vielleicht mehr zu einer Veränderung und respective Ausgleichung der Climate bei, als eine eventuelle Verrückung der Erdachse. Humboldt hat wahrscheinlich keine Ahndung davon, dass seine Isothermen[2]) oder Isochimenen, geradezu durch Reisende andere Biegungen erhalten könnten. —

Dass ich bloss Feiertage als Mussetage betrachte, klingt etwas zu handwerksmässig, als dass ich Dir nicht eine Erklärung darüber geben sollte. Diese aber ergiebt sich darin, dass ich bei mir im Hause ein mechanisches Attelier eingerichtet habe, worin 4 Menschen fortdauernd beschäftigt sind, Apparate, Instrumente u. s. w. anzufertigen, die theils zu meinen eigenen Arbeiten, theils zu andern Zwecken bestimmt sind. . . . . . Ich dirigire die Arbeiten selbst, modificire und verändere, was während der Arbeit selbst, sich als unzweckmässig erweist . . . . Diese Einrichtung hat aber das Übel, dass sie mich zu sehr von andern Arbeiten abzieht, mich zu sehr in Anspruch nimmt und zerstreut. Da nun lauter neue Dinge bei mir angefertigt werden, und selten zwei ganz gleiche, so ist des Nachfragens und Nachdenkens kein Ende, das nicht selten allein darauf gerichtet ist, mit den eigenen vorhandenen etwas beschränkten Mitteln auszukommen, welche letztere, wie ich hoffe in der Folge eine grössere Ausdehnung erhalten werden. Ich hatte zwar immer einen Mechaniker bei mir im Hause, der aber nur zur Hülfsleistung bei meinen Versuchen und zu eventuellen Veränderungen der neuen, bei andern

Mechanikern angefertigten Maschinen und Apparate bestimmt war. Bei meinen Versuchen und Beobachtungen habe ich aber jetzt dienstthuende Officiere zur Hülfsleistung[3]), und von der Nothwendigkeit alles Neue unter meinen Augen anfertigen zu lassen, bin ich durch hinlänglich unangenehme Erfahrungen überzeugt worden. Gerade jetzt werden zwei neue Telegraphen nach einem besondern Systeme, zum Gebrauche Sr Majestät des Kaisers bei mir angefertigt. Diese haben mir viel Kummer und Sorgen verursacht, weil es mir Billigkeit und höhere Rücksichten zu erfordern scheinen, alles zu vermeiden, was den Gebrauch solcher Instrumente dem Kaiser unangenehm machen könnte. Es handelt sich also hierbei nicht um die blossen Principien eines Apparates, sondern um vieles Detail und viele zu berücksichtigende Particularitäten. Meine hohe Stellung (!) bringt natürlich auch viele Sorgen mit sich. Wie viel leichter hätte ich es nicht, aber wie tief müsste ich auch erniedrigt worden sein, wäre ich genöthigt meine genialen Schöpfungen dem Pöbel z. B. einem Steiner, preis zu geben, einem Menschen der kaum den rothen Adlerorden 4ter Classe besitzt; der so tief unter mir steht, dass er selbst vor der scharfen Sehkraft meiner Augen verschwindet. Aber dennoch: wie die Bewohner des schottischen Hochlands, besonders in den untergeordneten Klassen, nicht selten die Gabe des second sight besitzen, so vielleicht auch mancher schweizer Bauer. Und hat mir dieser nicht richtig prophezeit? Hat er nicht selbst gesehen, wie das abendländische Reich von Constantin[4]) dem Grossen beherrscht wird. Er mag nach Morgenland gehen und wird auch da meinen Scepter empfinden. Wer ist nun der Sieger geworden? Wo Steiner geht und steht, wohin er auch flieht, immer wird er von mir verfolgt, von mir belästigt, an mich erinnert. Ich versichere ihm heilig, dass er mich nirgends incommodirt, mich auch auf meinen Reisen nicht incommodirt hat. Wer kennt ihn, wer spricht ihn aus seinen Namen? Wer ist der Mann!!! Nach dieser humoristischen Digression will ich mich wieder zu ernsteren Dingen wenden.

Den 29ten December.

Die Telegraphen sind heute fertig geworden, und vortrefflich gerathen. Ich habe aber so viele Unruhe und Besorgnisse gehabt, dass es mir unmöglich war, den Brief an Dich früher fortzusetzen.

Diesen vergangenen Sommer war ich ausnehmend mit der Ausführung eines neuen Systems galvanischer Minen beschäftigt, das vortrefflich gelungen ist, und sich als äusserst wichtig erwiesen hat.

Zur Belohnung dafür und mit Rücksicht auf meine zahlreiche Familie hat Se Majestät der Kaiser auf Vorstellung des Grossfürsten Michael mir eine jährliche Gehaltszulage von 2000 Rbl. Silber = circa 2200 ℳ zu bewilligen die Gnade gehabt. Ich habe diese Realia, einem Orden oder einer Rangerhöhung vorgezogen, weil diese doch von selbst kommen werden, bin aber von Leuten welche den Rummel verstehen getadelt worden, meine Sachen so wohlfeil fortgegeben zu haben. Ich bin aber mit dieser Belohnung vollkommen zufrieden, denn hätte ich mehr erlangen wollen, so hätte es vielleicht nur auf Unkosten meiner Gesinnung und meines Characters geschehen können, die ich aufzuopfern vorläufig noch keine Lust habe. Uebrigens hatte ich diese Zulage nicht einmal gefordert, sondern sie war mir ganz von selbst gegeben worden. Es war indessen hohe Zeit, wieder einige Subsidien zu erhalten, denn mein Schiff fing schon an leck zu werden.

Es ist jetzt im Werke eine Telegraphenlinie nach Moskau[5]) anzulegen, was mir viel wird zu thun geben, da die Strecke beinah 100 Meilen lang ist. Eine solche Aufgabe ist aber hier zu lösen ungleich schwieriger als in andern Ländern, da man aus administrativen und andern Rücksichten gezwungen ist, die Dräthe unter der Erde fortzuführen und nicht wie anderswo über hohe Pfosten in freier Luft gehen zu lassen. Bei der von mir anzuwendenden Methode kommen eine Masse wissenschaftlicher Untersuchungen vor, die nicht jedermann's Sache sind, während die von Wheatstone und Steinheil befolgten Methoden viel leichter ausführbar sind, dagegen weder als ein wissenschaftlicher noch als ein technischer Fortschritt sondern gewissermassen nur als ein pis aller zu betrachten sind.[6]) Denn eine angemessene Sicherheit der galvanischen Leitungen kann nur erhalten werden, wenn man die Dräthe in die Erde legt. Auf 3½ deutsche Meilen also von Berlin nach Potsdam oder von hier nach Zarskoe-Selo habe ich mein System bereits mit Erfolg ausgeführt.[7]) Da der Genuss den mir diese Arbeiten gewähren, hauptsächlich in den wissenschaftlichen Untersuchungen liegt, die sie begleiten, so lasse ich auch keine Gelegenheit hierzu vorübergehen. Ich habe eine Masse Material gesammelt, das nur der gehörigen Redaction harret. Damit geht es mir aber leider nicht sehr von der Hand, denn ich observire und experimentire lieber den ganzen Tag ununterbrochen, als dass ich 2 Stunden schreibe. Hätte ich immer gleich alles redigirt und beschrieben[8]), so hätte ich meine Reputation bei weitem erhöhen können, aber so muss ich oft sehen, dass andere mir zuvorkommen.

Ich will aber nun ernstlich daran denken tabula rasa zu machen und hoffe in diesem Jahre viel zu schreiben.[9])

den 1/13 Januar 1845.

...... Und dann habe ich die Marotte nicht alles was ich auffinde sogleich auch aufzuschreiben und drucken zu lassen, sondern ich begnüge mich mit der Publication dessen, was ich gewissermassen für einen wahrhaften Fortschritt in der Wissenschaft oder für wirklich neu halte. So z. B. hättest Du, oder *hast* Du vielleicht schon im Jahre 1834—35, die Maschine von Palmieri[10]) und die damit angestellten Versuche bei mir in Königsberg[11]) sehen können. Wenn ich meine alte erste Maschine auf gewisse Weise gegen den magnetischen Meridian orientirte so erhielt ich durch Umdrehen derselben mit der Hand, ohne dass der Galvanismus auf irgend eine Weise damit im Spiele war, Ablenkungen der Magnetnadel; wenn ich das feste System von Hufeisen electromagnetisirte erhielt ich auch Funken und chemische Zersetzungen. Ich hielt es aber nicht der Mühe werth, Vorrichtungen zur schnelleren Drehung des beweglichen Systems meiner Maschine anzubringen, um alle diese Erscheinungen allein durch den terrestrischen Magnetismus hervorzubringen. Ich habe darüber nirgends etwas erwähnt, im Gegentheile Palmieri protegirt und encouragirt. Solche Dinge sind eigentlich nur für den Pöbel und für die Zeitungen. — Endlich und das ist eigentlich das schlimmste, lege ich einen zu strengen Maassstab an meine Arbeiten. So hat z. B. Wheatstone in der letzten Zeit einen Aufsehn machenden Aufsatz[12]) publicirt, der beinah wörtlich in meinem Beobachtungsjournal zu finden ist, ich habe aber denselben noch nicht bekannt gemacht, weil die Beobachtungen nicht den erforderlichen Grad von Übereinstimmung haben und aus Ursachen unter einander abweichen die mir noch nicht ganz klar sind. Wheatstone dagegen hat seine Beobachtungen interpolirt und wie sich leicht beweisen lässt, infam gelogen, oder solche grobe Messinstrumente benutzt auf denen man am Ende ablesen kann, was man will. Eben so geht es auch wahrscheinlich mit dessen Messungen der Geschwindigkeit der Electricität.[13]) Man[14]) hat diese Versuche, deren Methode allerdings sehr gut ausgedacht ist, mit vorzüglichen Messinstrumenten in Paris wiederholt, das Wheatstone'sche Resultat aber nicht erhalten. Auf solche Weise ist es wirklich desolant die Masse von Physikern zu lesen die mir als Correspondenten vorgezogen werden sollen. Ich hätte geglaubt dass wenigstens Dove, sich meiner annehmen würde, schon aus

Dankbarkeit für die grosse Mühe die ich mir gegeben, ihn als hiesigen Correspondenten durchzubringen.[15]) Ich läugne nicht, dass ich gern Correspondent der Berliner Academie würde, und authorisire Dich in dieser Beziehung wenn es nöthig sein sollte, selbst einige Intriguen zu machen, aber wenn es mir zu lange dauert und wenn zu viel Pöbel mir vorgezogen werden sollte (z. B. Bunsen) so räche ich mich auf meine Weise, mache vorzügliche Arbeiten, beleidige aber zugleich Eure Classe auf irgend eine eclatante Weise, damit sie mich gar nicht wählen kann[16]). Ueberhaupt ist mir diese infame Cliquenwirthschaft bei Euch, im höchsten Grade zuwider und diese gegenseitige Lobversicherungs- und Verdienstausschreiungsanstalt die sich überall aufthut. Dagegen werden viele wichtige Resultate meiner und unserer Arbeiten benutzt, ohne irgend einmal die Quellen zu citiren. Also, um mir nicht zu böses Blut zu machen, intriguire auch einmal ein bischen zu meinen Gunsten. Aber es scheint als wenn, von dem jetzt herrschenden Nationalhasse auch die Gelehrten und Gelehrtenwürden afficirt werden, und dass namentlich der Umstand dass Humboldt sich vom Kaiser nicht geliebt weiss[17]), uns vielen Schaden thut. Beweis davon die damalige Vertheilung des ordre pour le mérite.[18])

— —

Dein Dich herzlich liebender Bruder Moritz.

1) Ob der normale Harn Traubenzucker enthält, ist nach J. Munk (Eulenburgs Real-Encyklop. der ges. Heilkunde, 3. Aufl., Bd. 26 (1901), p. 501) nicht mit Sicherheit entschieden, während ibid. Bd. V (1895), p. 597 es (nach Abeles-Wien) von C. A. Ewald als „zweifellos feststehend" bezeichnet wird, dass der gesunde Mensch Zucker, etwa 0,1—0,3 %, im Blute hat und Spuren desselben durch den Harn entleert.

2) Sic und nicht etwa „Isotheren", wie man im Gegensatz zu „Isochimenen" vermuten möchte.

3) Vgl. z. B. Bull. phys.-mathém., t. IV (1845), col. 127 und t. VI (1848), col. 34.

4) In früheren Jahren — vor M. H. Jacobis Berufung nach Dorpat — nannte Steiner diesen immer „Constantin" und „den Russen", eine Prophezeihung, auf die später häufig hingewiesen wurde (briefl. Mitteilung von Frl. M. Jacobi-Cannstatt).

5) Anscheinend führte M. H. Jacobi 1845/46 nur eine unterirdische „Probelinie" bis zur Alexandroffskischen Fabrik aus, die jedoch etwas abseits von der Linie Petersburg-Moskau liegt.

6) Vgl. die als No. 49 des Schriftenverz. aufgeführte Arbeit, Bull. phys.-mathém., t. IV (1845), col. 116f.

7) s. die in dem Schriftenverzeichnis unter No. 44 aufgeführte Note, sowie auch No. 45, p. 17 u. 23 f.

8) Vgl. H. Wild, „Rede zum Gedächtniss an M. H. von Jacobi, gehalten am 29. December 1875 in der feierlichen Sitzung der Akademie der Wissenschaften", Bull. de l'Academie impériale des sciences de St. Pétersbourg, t. XXI, 1876, col. 262, sowie col. 264, wo z. B. daran erinnert ist, dass M. H. Jacobi nichts über Minenzündung publiziert hat, obwohl er auf diesem Gebiet wichtige Erfahrungen gemacht und wertvolle Verbesserungen angebracht hat (s. diesen Brief S. 121 unten).

9) Diese Pläne wurden erst 1846 ausgeführt; s. S. 141, Anm. 5.

10) Die Möglichkeit der Erzeugung von Induktionsströmen durch den Erdstrom hat zuerst Faraday 1832 nachgewiesen; vgl. hierüber, sowie über die einen sichtbaren Funken liefernde Maschine von Palmieri und Santi Linari (1843) die „Elektricität" von G. Wiedemann, Bd. IV (2. Aufl. 1898), p. 37—41.

11) s. S. 23, Anm. 1.

12) Gemeint ist jedenfalls die berühmte Arbeit aus den Philos. Trans. 1843, p. 303—327, übersetzt in den Ann. Phys. Chem., Bd. 62 (1844), p. 499—543, in der Wheatstone seine Methoden zur Bestimmung von elektromotorischen Kräften und Widerständen beschreibt. Er berührt sich hier mehrfach mit M. H. Jacobi und verweist selbst darauf (§ 2 und § 4, Anm.). So hatte Jacobi ebenso wie Wheatstone einen Rheostaten konstruiert, den er „Agometer" nannte (s. Nr. 34 u. 38 des Schriftenverz. resp. Ann. Phys. Chem., Bd. 54, p. 340ff. u. Bd. 59, p. 145ff.). Die Unabhängigkeit der Wheatstoneschen Erfindung von der seinigen erkannte J. jedoch in der Arbeit Nr. 29 des Schriftenverz. (Ann. Phys. Chem., Bd. 51, p. 364/5) ausdrücklich an, ebenso die Priorität W's für die von beiden angewandte Methode zur Bestimmung der elektromotorischen Kraft (Ann. Phys. Chem., Bd. 54, p. 347; vgl. dazu Ann. Phys. Chem., Bd. 57, p. 89 nebst einer Anm. Poggendorffs). Auf andere Teile der fraglichen Arbeit Wheatstones, z. B. die wichtige Brückenmethode zur Widerstandsbestimmung, darf man die obige Briefstelle jedenfalls überhaupt gar nicht beziehen.

13) Wheatstone, „An Account of some Experiments to measure the Velocity of Electricity and the Duration of Electric Light," Philos. Transactions 1834, p. 583—591 = Ann. Phys. Chem., Bd. 34 (1835), p. 464—480.

14) In Paris wurden, so viel ich ersehe, nur von Fizeau und Gounelle derartige Versuche angestellt, jedoch wurden diese erst 1850 abgeschlossen resp. publiziert (C. R., t. XXX (1850), p. 437—440 = Ann. Phys. Chem., Bd. 80 (1850), p. 158—161). Wenn man also nicht annehmen will, dass diese Versuche schon mindestens etwa 6 Jahre vor der Publikation begonnen wurden und M. H. Jacobi schon damals von ihren Resultaten Kenntnis erhielt, so bleibt zweifelhaft, was gemeint ist.

15) Dove wurde 1842 zum correspond. Mitgliede der Petersburger Akademie ernannt für Physik, s. Recueil des Actes des Séances tenues le 31 décembre 1841 et le 30 décembre 1842 (Petersb. u. Leipzig 1843), p. XVIII; s. a. Bull. phys.-mathém., t. I, 1843, col. 288.

16) Unmittelbar zuvor, am 1. Jan. 1845, hatte H. W. Dove an M. H. Jacobi geschrieben: „Bei den gespannten elektischen Verhältnissen zwischen der Petersburger Akademie und der société d'Arceuil, welche sich jeden Donnerstag nach der Sitzung unsrer Akademie bei Magnus zum Caffee versammelt, ist der Austausch wissenschaftlicher Mittheilungen zwischen den beiden feindlichen Lagern so selten geworden, dass ich von Dir und Deinen Arbeiten nur aus den Anzeigen des Bulletins und dem Compte rendu etwas ersehe." Vgl. a. Briefe L und LVII.

17) Vgl. Varnhagen, Bd. II, p. 82.

18) Vgl. hierzu einen Brief Humboldts an Gauss v. 3. Juli 1842 (Briefe Gauss-Humboldt, p. 50), in dem Humboldt, der erste Kanzler des Ordens, sich

beklagt, „für den responsablen Minister des Friedens-Ordens" der Ernennungen wegen mit Unrecht angegriffen zu werden. Vgl. a. Varnhagen, Bd. II, p. 81/82. Unter den ausländischen Rittern des Ordens waren übrigens „im Gebiete der Wissenschaften" 2 Russen, von denen der eine der S. 47 Anm. 13, sowie in Brief XLIX erwähnte Krusenstern war.

XLI. Berlin, 1845. Sommer.[1])

Liebster Moritz

Es ist mir leider jetzt ganz unmöglich Dir zu schreiben. Seitdem ich fast seit 1839 am ruhigen Arbeiten verhindert war, habe ich die jetzigen günstigen Momente[2]) benutzt, um mich mit einer Art von Wuth wieder hineinzustürzen, um so mehr, als wahrscheinlich den Winter wieder die Freude vorbei sein wird. Hinzu kommt, dass ich jetzt auch darin schwelge, an meinem Druckort selber mich zu befinden, und immer während des Druckes arbeite.[3]) Ohne diese triftigen Gründe hätte ich Dir schon längst dafür gedankt, dass Du uns aus Euerm Patrimonialstaat Annetten[4]) herüber gesendet, einen Character, der einen zum Panslavismus verleiten könnte. Keine süsse Sentimentalität, Ernst des Wollens und Handelns mit bewusster Bestimmtheit, sich als Herrin, aber den Mann als ihren Gott wissend, die Kinder an ihren rechten Ort stellend ohne jene Verweichlichung, nach der bei uns jetzt allein die Kinder einen Willen haben, kurz ein Inbegriff aller Tugenden, welche, wenn sie ganz allgemein in Russland würden, machen könnten, dass Europa sich ihm mit Freuden unterwirft. Von einem so schönen und bedeutenden Stoffe wenig und kurz zu schreiben, bin ich ausser Stande, und kann daher diesen Punct jetzt gar nicht berühren. Auch verdirbt man sich die Freude, wenn man sie, während des Genusses, noch beschreiben will.

Dove[5]) und Erman sind in England und sollen sich dort versöhnt haben.

Dein Dich herzlich liebender Bruder
C. G. J. Jacobi.

Schreibe doch, wie es mit der Ausgabe von Eulers Werken Seitens Eurer Akademie steht.[6]) Sobald ich wieder zu mir selbst komme, möchte ich auch an Fuss, den ich einstweilen zu grüssen bitte, einen ellenlangen Brief schicken.[7])

1) Ohne Datum und Poststempel. Die Zeit bestimmt sich nach den Anm. 4 u. 5 in Verbindung mit der zugehör. Partie des Briefes.

2) „Jacobi, der alte Semper idem, der sich ungemein wohl fühlt und von Witz sprudelt, *πολλῶν ἀντάξιος ἄλλων* [Ilias XI, 514]“ heisst es in einem Brief J. Horkels an K. Lehrs v. 27. IX. 1845 (Briefe Lobeck u. Lehrs, Th. I, p. 426).

3) Schon vor der Versetzung nach Berlin schrieb C. G. J. Jacobi seiner Frau von Italien aus (Nov. 1843): „Da mit Fuss [auf der gemeinsamen Reise durch das Berner Oberland, s. S. 108 Anm. 10] häufig von der Publication meiner Arbeiten die Rede war, von denen ich schon so lange so vieles angekündigt da es mehr als $^3/_4$ fertig war, ohne dass doch etwas erscheint, so kam auch das wiederholt zur Sprache, dass ich glaube ich würde gewiss das Vierfache publiziren wenn ich an dem Druckorte selber wäre. In der That wenn 20 oder 30 Bogen fast ganz fertig sind und ich soll nun das Ganze so fertig durchsehen dass jedes Komma, jeder Punct richtig ist, jedes Wort das richtige ist und an seiner rechten Stelle steht, so ergreift mich nachdem ich schon von der mehrfachen Umarbeitung müde bin ein solcher Widerwille dass ich das Ganze liegen lasse und etwas andres anfange. Wenn ich aber am Druckorte bin, so macht sich diese Arbeit bei den einzelnen Bogen mit der grössten Annehmlichkeit und ich kann die ersten drucken lassen ohne dass schon die letzten die letzte Feile erhalten haben und werde dann durch ein lebendiges Interesse zum Ende getrieben.“ Vgl. dazu a. Koenigsberger, p. 476.

4) Frau Annette Jacobi war im Sommer 1845 einige Monate in Berlin; ihr Gatte holte sie von dort ab (vgl. den nächsten Brief, S. 128). — Drei dem obigen vorhergehende Briefe C. G. J. Jacobis, die sich auf diese Reise und auf Vorbereitungen für den Aufenthalt der Verwandten in Berlin beziehen, hind hier fortgelassen. Zwei der Briefe sind an die Schwägerin gerichtet, der dritte und letzte (27. VI. 1845) dagegen an den Bruder und betrifft eine im Tiergarten gelegene Wohnung, die C. G. J. Jacobi ursprünglich für die Familie seines Bruders in Aussicht genommen hatte und über welche er diesem schreibt: „Dicht daneben wohnt Winter und Sommer Schönlein, woraus Du siehst, dass die Geographie der Gattin des Erfinders der Galvanoplastik würdig ist.“

5) Dove war 1845 in London und auf der Naturforscherversammlung in Cambridge (s. den Artikel von Alfred Dove in der Allg. Deutsch. Biogr., Bd. 48, p. 63).

6) s. S. 109, Anm. 11.

7) Dies scheint jedoch erst 1848 geschehen zu sein; vgl. Briefe XLVI (S. 137), LIII (S. 153) u. LXII (am Ende).

XLII. Petersburg, 1845. XII. 3 u. 12.

St. Petersburg den 21 Nvbr / 3 Dbr. 45.

Theuerster Jacques.

— —

. . . . . Mir fällt ein gelesen zu haben, dass **Dulk** zum Landstande gewählt worden ist.[1]) Nehmt es Euch ja zur Regel, niemandes zu spotten. Unser gute ehrliche Freund **Dulk**, wird sich am Ende noch einmal an die Spitze eines Revolutionstribunals stellen, und Euch alle hinrichten lassen; vor allen Dingen aber wird er in die Preussische Charte folgende Artikel hineinbringen: 1) alle reinlichen

Experimente sind verboten. 2) Niemand soll der beste Chemiker sein wollen. 3) Auf der Rednerbühne wird die grösste Freiheit bei Aussprache der Sylben ei und eu, e und ö beobachtet. 4) Wer an das dunkle Licht[2]) nicht glaubt wird geköpft u. s. w.

Gehe doch zu Erman[3]) Bastardowitsch und lasse Dir von ihm das 7te Bändchen der Beiträge zur Kenntniss des Russischen Reiches geben, es steht darin ein Aufsatz von Dahl über den Kumyss. Es scheint mir daraus, dass der Kumyss dieses bekannte Getränk der Kirgisen und anderer Steppenvölker von vorzüglicher Wirkung gegen den Diabetes sein müsse[4]) und ich schwärme dafür, dass Du einen oder ein Paar Sommer hindurch in die Steppe zu den Kirgisen selbst ziehest und dort eine gründliche Kumysscur gebrauchest. Für Empfehlungen an den General-Gouverneur von Orenburg und an die andern Behörden, so wie für Dolmetscher u. s. w. würde ich schon sorgen. Die Gefahr eines solchen Aufenthalts ist nicht bedeutend, besonders wenn Du nicht viel Kostbarkeiten mit nimmst und Dich enthältst an den Raubzügen der Kirgisen Theil zu nehmen. . . . . . Es versteht sich natürlich dass Du Steiner mitnehmen müsstest, einmal um ihn selber von seiner Hypochondrie zu heilen, dann auch um Dich zu beschützen. *Da* übrigens würde er zeigen können, was die Gewalt seiner Natur vermag, und ob es ihm gelänge auch die wilden Kirgisennaturen so zu unterjochen, wie es ihm bei den civilisirten Berliner Freunden bereits gelungen ist. Auch könnte er sehen, ob die Kirgisenmädchen eben so empfindlich für seine verfluchte Teufelskünste sind, als jene Französinnen von denen er mir erzählte. Aber dieser ganze Vorschlag ist in der That nicht so sehr mein Scherz als es vielleicht den Anschein haben möchte.

Das schönste was ich von Berlin[5]) mitgebracht habe, ist offenbar Dein Porträt.[6]) Es hängt über meinem Schreibetisch und lächelt mich freundlich an. Fuss findet es ungemein ähnlich. Dir und der lieben Mutter meinen herzlichsten Dank dafür.

Den 30n Nvbr.

Die Unterbrechung dieses Schreibens thut mir um so mehr leid, als ich gewünscht hätte, dass wenigstens dieses Mal[7]), die allerherzlichsten Glückwünsche zu Deinem Geburtstage, a tempo gekommen wären, aber auch so verspätet, nimm dieselben, ich bitte Dich auf das freundlichste auf. Lass uns beide vornehmen, dass durch häufigern brieflichen Verkehr das Eintreten einer Missstimmung wie sie im v. J. einigemal eintrat, fortan unmöglich gemacht werde. Obgleich solche

Missstimmungen der lebendigen Gegenwart sogleich weichen müssen, so ist doch ein gegenseitiges Besprechen ein zu rares Factum, als dass man es darauf anlegen solle künstlichen Zankstoff zu creiren.

— —

Wir haben bis vor einigen Tagen hier abscheuliches Wetter gehabt, wodurch ich darauf aufmerksam geworden bin, wie der Einfluss meteorologischer Zustände, auf die Totalität meines Befindens sich von Jahr zu Jahr vergrössert. Es ist merkwürdig dass man gerade den Wissenschaften die man am tiefsten verachtet, zum Opfer fallen muss. . . . .

Wie steht es denn bei Euch mit der Politik und mit der Religion? Schreibe mir einiges hierüber aber in mässigen Deiner conservativen Gesinnung gemässen Ausdrücken. Wie sich doch in den Zeitungen alles anders ausnimmt, als in der That! So waren vor einiger Zeit alle Blätter angefüllt von dem tiefen Eindrucke den v. Raumers Rede in der öffentlichen Sitzung der Academie[8]) gemacht habe, und von der tiefen Bedeutung die diese Rede für die gegenwärtigen Zustände habe. Aber weder von diesem tiefen Eindrucke, noch von dieser tiefen Bedeutung ist irgend etwas bei mir zum Bewusstsein gekommen, aber auch bei keinem andern unserer Freunde, denn so viel ich mich erinnere, ist auf der nachherigen avantsoirée[9]) bei Magnus, von dem Inhalte dieser Rede nicht die leiseste Notiz genommen worden.

Wenn Du Alexander Humboldt siehst, so entschuldige mich doch recht angelegentlich, dass ich nicht Abschied von ihm nehmen konnte. Er war wirklich so freundlich und zuvorkommend gegen mich, dass ich um alles in der Welt nicht ungezogen erscheinen möchte. . . . .

. . . . . Im Geheimen sage ich Dir: Auch hier will es mit Bastardowitsch nicht gelingen. Er sollte zum correspondirenden Mitgliede vorgeschlagen werden[10]), aber es war unmöglich den zum Vorschlage nöthigen motivirten Bericht zusammen zu setzen. An gutem Willen fehlte es gewiss nicht aber er scheiterte am Mangel an Stoff. . . . .

. . . Was hörst Du von Bessel?[11]) Schreibe mir doch sobald Du etwas Näheres über die neue Faradaysche Entdeckung[12]) vernimmst.

Dein Dich herzlich liebender Bruder
Moritz.

— —

1) Vgl. Brief LIII, Anm. 14 (S. 155).

2) L. Moser nahm zur Erklärung der von ihm untersuchten „Hauchbilder" latent gewordenes Licht an; vermutlich war Dulk für diese sofort von verschiedenen Seiten angefochtene Hypothese (vgl. a. S. 111 u. S. 116, Anm. 15, sowie Rosenberger, an dem dort angeg. Orte, p. 453 ff.) eingetreten.

3) Adolph Erman, der Herausgeber des „Archiv für wissenschaftliche Kunde von Russland."

4) Dr. W. F. Dahl-Orenburg führt in seinem Artikel „Über den Kumyss", Beiträge zur Kenntniss des russischen Reiches ....., herausg. von K. E. v. Baer und Gr. v. Helmersen (Petersburg 1845), p. 27—39 den Diabetes nicht unter den Krankheiten auf, für die ihm eine Kumyskur indiciert erscheint. — Kefir und Kumys enthalten viel weniger Milchzucker, als die gewöhnliche Milch, da ein grosser Teil des Zuckers durch die Kefirpilze in alkoholische Gärung eintritt. Sie werden daher heute, wenn auch nicht als Heilmittel gegen den Diabetes, so doch allenfalls als dem Diabetiker erlaubte Getränke angesehen; s. z. B. E. v. Leydens „Handb. der Ernährungstherapie und Diätetik", Bd. II (Leipzig 1904), p. 246.

5) s. Anm. 4 des vorhergehenden Briefes.

6) Es ist dies ein Profilporträt C. G. J. Jacobis, das Kaselowsky neben dem in der Koenigsbergerschen Biographie veröffentlichten Porträt (s. Brief XLIV) in Rom 1843/4 gemacht hat und das sich im Besitz der Petersburger Familie befindet. M. H. Jacobi liess hiervon nach dem Tode des Bruders galvanographische Reproduktionen herstellen (Briefl. Mitteilung von Frl. M. Jacobi).

7) Vgl. Brief XXXIX (1844), S. 119.

8) Zur Feier des Geburtstags des Königs (16. Okt. 1845). — Ein Referat über die Rede s. etwa Vossische Zeitg. No. 244 v. 18. Okt. 1845. Die Rede selbst s. in: Friedrich v. Raumer, „Vermischte Schriften", Bd. I (Leipzig 1852), p. 71—76.

9) Vgl. S. 125, Anm. 16.

10) Vgl. S. 47 u. S. 49, Anm. 28.

11) Vgl. die Briefe XLIV (S. 132) und XLV (S. 134).

12) Es handelt sich um die Drehung der Polarisationsebene des Lichts unter magnetischer oder elektrischer Einwirkung, eine Erscheinung, die Faraday vor allem an dem „schweren Glas" (kieselborsaurem Bleioxyd) nachwies.

XLIII. Petersburg, 1846. I. 22.

St. Petersburg den 10/22 Jan. 1846.

Liebster Jacques,

..... Dass Du selbst Dich Gott sei Dank wohl befindest, habe ich aus den Zeitungen ersehen. Schicke mir nun recht bald Deine berühmte Vorlesung[1]) in einigen Exemplaren ..... Steiner bitte ich mir noch einmal seine geometrica[2]) zu schicken, damit ich sie der Academie vorstellen kann. Die mir gegebenen Exemplare habe ich für mich behalten. Von solchen Schätzen trennt man sich nicht leicht. ..... An Poggendorff schicke ich ... einen vor 2 Jahren gehaltenen öffentlichen Vortrag über Electro-Telegraphie . . . . . Ich habe p. 21 eine Stelle angestrichen die sich auf meine Priorität bezieht die Brummfliege zur Telegraphie benutzt zu haben.[3]) — — — — — — — — — — — —

Lenz und ich wir glauben nicht an Faraday's Entdeckung[4]). Mir wäre es wichtiger wenn dieselbe sich so auslegen liesse: Alle Substanzen erfahren durch den Magnetismus oder die Electricität mehr oder weniger starke Molecularveränderungen, die eben beim Glase am leichtesten wahrgenommen werden können. Bei den andern Substanzen würde bis dato noch das Reagens fehlen.

— — — — — — — — — — — — —

Dein Dich herzlich liebender Bruder Moritz.

1) „Über Descartes' Leben und seine Methode die Vernunft richtig zu leiten und die Wahrheit in den Wissenschaften zu suchen", Vortrag, gehalten in der Singakademie in Berlin am 3. Jan. 1846; s. Werke VII, p. 309—327. — „Des Mathematikers Jacobi Rede über Descartes", schreibt Varnhagen am 14. Jan. 1846 (l. c., Bd. III, p. 284), „ist gedruckt und liest sich gut. Es sind ein paar scharfe Stellen darin."

2) Vielleicht hatte M. H. Jacobi bei seiner vorjährigen Anwesenheit in Berlin (s. S. 127, Anm. 4) von Steiner einige von dessen Abhandlungen, z. B. die — allerdings schon 1841/2 (französisch) erschienene — über Maxima und Minima ebener Figuren (vgl. Steiner, Werke, Bd. II, p. 177—308) bekommen.

3) Es handelt sich um die Rede No. 45 des Schriftenverzeichnisses. An der „angestrichenen" Stelle (p. 21) spricht M. H. Jacobi von einer besonderen Art akustischer Telegraphen, die er unter Benutzung eines ähnlichen Prinzips wie es dem Neefschen Hammer zu grunde liegt, konstruiert habe und zwar bevor Neef seinen für therapeutische Zwecke bestimmten Apparat erdacht habe.

4) s. S. 129, sowie Anm. 12, S. 130.

XLIV. Berlin, 1846. I. 24.

Berlin
den 24^{n} Januar 1846

Theuerster Moritz

— —

Mir ist zu Weihnachten die sehr angenehme Anzeige geworden, dass ich mit meinem Gehalte nicht mehr die Königsberger Fonds belaste[1]), sondern alles hier von der General-Staatscasse beziehe. Auch höre ich, dass vor 14 Tagen der König eine Kabinetsordre an Eichhorn erlassen hat, dass bei nächster Vacanz eines Gehaltes ich auf die Berliner Universitätsfonds kommen soll, also hier Universitätsprofessor werde, was natürlich meinen Hintermännern unlieb sein müsste, aber mir aus manchem Grunde lieb wäre.

Im Dezember habe ich wieder meinen vorjährigen Schwindel gekriegt, der mich wieder an anhaltendem Arbeiten hindert; doch ist es nicht so schlimm wie vorigen Winter.

Am 3.^{n} Januar habe ich im wissenschaftlichen Verein in der Singakademie einen Vortrag gehalten[2]; es sind da wohl 900 Personen; der König war nicht da, aber Prinz u. Prinzessin v. Preussen . . . . . Du wirst vielleicht in der Vossischen die weitläuftige aber recht gute Anzeige[3] gelesen haben.

Ich bin neulich beim Ordensfeste zum Essen eingeladen gewesen, wo ich Deine Aufträge an Humboldt bestellt. Heute esse ich wieder beim Könige, wo das jährlich am 24.^{n} Januar stattfindende Ordenpourlemeritessen ist, mit dem der König seine persönlichen Beziehungen zu den Gelehrten erledigt.

— —

Die Königsberger Professoren sind in Untersuchung[4], bei der aber nichts herauskommen kann. . . . . . .

Von Bessel bekam ich vor 8 Tagen einen sehr langen Brief mit den günstigsten Nachrichten. Aber leider schreibt mir gestern Madeweiss . . . . dass alles wieder schlimmer wie je ist.

Weber hat uns hier in den Weihnachtsferien erfreut. Ich bin jetzt sehr mit der mathematischen Theorie der Induction beschäftigt, indem Neumann eine Abhandlung[5] darüber vom höchsten Werth in der Akademie drucken lässt, die ich corrigire und dabei Formeln u. Constructionen umarbeiten muss, da beide in einer ganz unverständlichen Form oft erscheinen. Er ist darüber sehr gerührt.

— —

Mit Steiner bin ich seit 1 Monat böse, d. h., er mit mir; er kommt auch deshalb zu Dirichlet nicht, mit dem er gut ist. Steiner hat bei mir zu Gevatter gestanden.

Faradays Entdeckung ist bei Magnus zu sehen, aber in so schwacher Farbennuance, dass er gesteht, er würde es nicht bemerkt haben, wenn er es auch gesehn hätte, wenn er nicht darauf aufmerksam gemacht worden wäre. Wahrscheinlich hat Faraday Mittel, es palpabler darzustellen.

— —

Mein andres Bild[6] aus Rom ist angekommen u. hat fast allgemeines Entsetzen erregt. . . . . . Deine Güte, dass Dir das von

Dir entführte Bild Spass macht, hat mich tief gerührt. Anekdote: „Der König erwähnt den russischen Kultusminister Uwaroff, im Gegentheil E. Maj, sagt Humboldt, er ist Minister der Volksaufklärung.“ 7)

. . . . . Alles erkundigt sich immer mit grosser Theilnahme nach Dir. Auch Humboldt sprach neulich mit grosser Distinction von Deinen rein-wissenschaftlichen Arbeiten.

In der neusten Ausgabe des Brockhausschen Conversationslexicon 8) steht ein Artikel über mich, in dem merkwürdiger Weise alle kleinen Umstände mit diplomatischer Genauigkeit treu sind. Nur ganz am Schluss kommt kurz das Entsetzliche: in weitern Kreisen wurde er 1836 durch seine Entdeckung der Galvanoplastik bekannt.

— — — — — — — — —

Dein treuer Bruder C. G. J. Jacobi.

P. S. Als der König sich nach Dir erkundigte, erzählte ich, über die ungeheure Entwicklung, die Du seit Deinem letzten Aufenthalt 1840 überall getroffen, habest Du Dich gar nicht zufrieden geben können. Der König war verwundert, dass Du in so kurzer Zeit solchen Unterschied bemerkt.

1) s. S. 112.

2) Vgl. den vorstehenden Brief; die beiden Briefe haben sich gekreuzt (s. a. die Daten). Der mit Gelegenheit geschickte Brief XLIII kam dem Adressaten sogar erst nach Monaten zu Gesicht.

3) Vossische Zeitung No. 3, 5. Jan. 1846; s. a. Haude u. Spenersche Zeitung No. 3, 5. Jan. 1846.

4) Das Nähere s. bei Prutz, p. 215—220; vgl. a. Briefw. Schön, p. 82 u. 86/87. „Einige profezeien uns wenigstens Suspension“, schrieb Lobeck (23. XII. 1845), „und mich ergötzt der Gedanke dass man vielleicht nach Jahrhunderten in einer lateinischen Chronik der Universität Königsberg lesen wird anno domini 1846: decem professores ordinarii suspensi sunt, woraus eine noch spätere Nachwelt auf eine grosse Strenge der Criminaljustiz in unserm Zeitalter schliessen wird, oder auch auf grosse Entartung der Professoren“ (Briefe Lobeck u. Lehrs, Th. I, p. 435). Die in Aussicht gestellte Disziplinaruntersuchung unterblieb.

5) F. E. Neumann, „Allgemeine Gesetze der inducirten elektrischen Ströme“, in der Berliner Akademie vorgelesen 27. Okt. 1845, Abhandl. der Berliner Akad. 1845, Physik. Abhandl. S. 1—87, von neuem herausg. von C. Neumann in Ostwalds Klass. der exakten Wissensch. No. 10.

6) Das bei Koenigsberger veröffentlichte Porträt, s. S. 130 Anm. 6.

7) Ein wenig anders erzählt in: „Briefe von Alexander von Humboldt an Varnhagen von Ense“, 4. Aufl. (Leipzig 1860), p. 170.

8) Neunte Originalauflage, Bd. 7 (1845), p. 587.

XLV. Berlin, 1846. IV. 10.

d. 10.^{n} April 1846.

Theuerster Moritz,

— —

Der letzte Brief, den ich von Bessel habe, ist vom Ende Januars; er hatte damals ernstliche Hoffnung einer wenn gleich langsamen Wiederherstellung, da er sich fast den ganzen Dezember vollkommen wohl gefühlt u. ein Ende Dezember eintretender Anfall von kürzerer Dauer wie gewöhnlich war. Er schrieb mir über meine Abhandlung über die Säcularstörungen[1]), die er gelesen, auch dass er selber wieder arbeite, nur nichts zu Ende brächte. Die Ärzte aber sahen bald, dass die Anfälle von der Art waren, dass es nun zu Ende gehen würde. Bessels Wunsch, des Königs Porträt ganze Figur zu besitzen, habe ich glaube ich zuerst[2]) ungefähr jetzt vor einem Jahr dem Könige mitgetheilt. Dass man den Enthusiasmus, mit dem er das Bild aufnahm, das ihn allein an's Leben fesseln könnte, während er doch Frau, Kinder u. Wissenschaft hatte, so publique gemacht hat, wie Schumacher es gethan[3]), ist vielleicht zu tadeln, indem man die krankhafte Stimmung nicht in Anschlag bringen wird[4]); Bessel vor 30 oder 40 Jahren hatte andere Dinge als diesen Bilderdienst im Kopf. Er hatte seine letzte gute Zeit dazu benutzt „Erinnerungen aus seinem Leben" aufzusetzen, hat aber nicht einmal das erste Kapitel „Meine ersten 25 Jahre" beendigt. Aber sein Bremer Aufenthalt ist ganz fertig u. soll höchst interessant sein. Sein Bruder[5]) in Cleve, der gerade aus dieser ersten interessanten, mehr verborgnen, Bremer Zeit einen reichen Briefschatz von Bessel besitzt, hat die Absicht, seine ganze Correspondenz herauszugeben, wo denn die 3 oder 4 Bogen, die fertig geworden sind, wohl vorgedruckt werden werden.[6]) Encke wird, vielleicht im Juli zur 200jährigen Feier von Leibnitzens Geburstag, sein wissenschaftliches Eloge halten[7]), was gewiss sehr lehrreich sein wird, da Encke ihn von Lilienthal an in allen seinen Arbeiten verfolgt hat. Von seiner Correspondenz sagte mir B. öfter, dass sie eine ziemlich vollständige Geschichte der Astronomie in diesem Jahrh. enthielte. Vielleicht schreibe ich Dir für Struve . . . . . den ärztlichen Sectionsbericht[8]) ab, den mir Cruse geschickt hat.

. . . . . . Neumanns Abhandlung wird weder ein Mathematiker noch Physiker verstehen, wie viel ich auch für die Deutlichkeit gethan habe, so dass ich z. B. eigenmächtig mehrere Definitionen hinzusetzte. — Peter und Magnus sind jetzt böse; Dove sagt, man müsste das nicht aus dem Gesichtspuncte eines Zankes zwischen zwei Gelehrten, sondern der Rivalität zweier Geldmächte[9]) betrachten. — ..... Steiner ist noch unversöhnt; leider scheint sein körperliches Befinden an seiner Stimmung Schuld; er hat fast mit allen gebrochen. Ich bin einmal bei ihm gewesen und habe ihm dann zwei Briefe geschrieben, aber umsonst. ....

Dein Dich herzlich liebender Bruder C. G. J. Ji

---

1) „Über ein leichtes Verfahren, die in der Theorie der Säcularstörungen vorkommenden Gleichungen numerisch aufzulösen", datiert d. 9. Aug. 1845; Journ. f. Math., Bd. 30 (1846), p. 51—94 = Jacobi, Werke VII, p. 97—144.

2) Die unmittelbare Veranlassung wird in den „Neuen Preussischen Provinzial-Blättern" 1846, Bd. I, p. 317 so angegeben, dass Bessel während seiner Krankheit an Humboldt geschrieben hatte, er blicke in seinen Leiden zu den Bildern seiner ruhmwürdigen Freunde an den Wänden seines Studierzimmers wie zu glänzenden Sternen auf und fühle sich in ihrer Gemeinschaft weniger verlassen und weniger unglücklich. Humboldt las diesen Brief dem König vor, der darauf durch sein eigenes Bild das Museum des Kranken vergrössern zu wollen erklärte.

3) s. die Astron. Nachr. Schumachers, Bd. 24, No. 556 v. 8. April 1846, wo der Herausgeber den Lesern den am 17. März 1846 eingetretenen Tod Bessels anzeigt und einen Brief dieses abdruckt, betreffend das von Prof. Krüger für Bessel gemalte Porträt des Königs und das gnädige Handschreiben des letzteren an Bessel. In einem weiter dort abgedruckten Briefe von Bessels Tochter heisst es, Bessel habe sich am Todestage noch einmal das Bild vor das Bett stellen lassen. „Er hatte sich in den letzten Tagen davon getrennt, damit Jedermann es sehen könne, und es machte ihm grosse Freude, wenn wir ihm erzählten, wie es Alle entzückte. Wäre für ihn Hülfe möglich gewesen, die Freude über das Geschenk des Königs hätte ihm geholfen, das, wie er zu sagen pflegte, den Menschen noch an das Leben zu fesseln im Stande sei." S. a. den langen Brief Bessels an Humboldt v. 12. Febr. 1846 in: „Briefe von Humboldt an Varnhagen", 4. Aufl. (1860), p. 198 ff., sowie Briefw. Schön, p. 86. Nach dem Werk „Eduard von Simson", herausg. v. B. v. Simson (Leipzig 1900), p. 72 bewirkte Simson, der juristische Kollege und Freund Bessels, eine Zeitungsanzeige von der Bessel zu teil gewordenen Gnade, jedoch ist die dortige Darstellung nach dem soeben citierten Briefe Bessels zu ergänzen.

4) Auch eine andere, Bessel aus England (1845) von den Lords of the Admirality zugegangene Auszeichnung hatte eine ähnliche Wirkung auf den Kranken hervorgebracht, s. Briefw. Schön, p. 82/83; vgl. dagegen Kosch, in der Anm. 8 unten zit. Schrift, p. 20.

5) Der älteste unter den 3 Brüdern, Landgerichtspräsident in Cleve.

6) Dieser ganze Plan ist nicht ausgeführt, dagegen ist der erwähnte autobiographische Abriss veröffentlicht von A. Erman im Briefw. Olbers-Bessel, Bd. I, p. IX—XXX; vgl. a. ibid. Vorwort, p. VII.

7) s. Abhandl. der Berliner Akademie 1846, p. XXI—XLII.

8) s. die von Bessels Arzt Kosch herausgegebene Schrift „Bessel's letzte Krankheit“ (Königsberg 1846), p. 25—28: „Leichenbefund“.

9) Beide, Peter Riess (1804—1883), wie Gustav Magnus (1802—1870), stammten aus sehr begüterten Kaufmannsfamilien.

XLVI. Berlin, 1846. VII. 9.

Liebster Moritz!

. . . . . . Poggendorff hat versprochen, Du solltest mit ihm zufrieden sein[1]). Da aber seine wissenschaftlichen Urtheile weniger von ihm als von seiner Frau abhängen, so würde ich der Kürze halber rathen, seiner Frau einigen russischen Thee zu schicken, und welchen für mich beizulegen. . . . .

— —

Ich finde, dass die Herrn Astronomen von dem Unsinn in Mädlers Centralsonne, durch die er die Dorpter Sternwarte verfinstert, mehr von wegen der Person eine dunkle Ahndung haben, als die Einsicht in seine Unermesslichkeit. Denn es handelt sich gar nicht darum, dass dies oder jenes falsch ist, sondern es ist, wie wenn einer aus dem Werth einer willkührlichen Constante, die bei der Integration einer Differentialgleichung vorkommt, der eben willkührlich ist, etwas über die Beschaffenheit der Differentialgleichung selber finden will. Sollte Herr Staatsrath Struve zu einem beliebigen Zweck wünschen, dass ich ihm darüber recht klar schreibe, so stehe ich gern zu Diensten. Was hilft die Suprematie von Pulkowa[2]), wenn man solcher Creatur nicht sagen kann, sie soll sich nicht unterstehen, ein mathematisches Räsonnement zu publiciren, wenn nicht Clausen sein probatum est darunter gesetzt. Freut Euch nicht, dass Ihr Mädler nach Kön. los werdet; es ist jetzt Hoffnung, dass Hansen hinkommt.[3]) Für meine 3.e Anne[4]) wird Struve nicht den pourlemerite kriegen[5]), auch nicht für die 2.e; es frägt sich, was er mir dafür geben will; aber ohne Stern thue ich es nicht. Der König hat nämlich unsrer Akademie ein Vorschlagsrecht für die auswärtigen gegeben.[6])

. . . . . Von meiner Wahl in Paris[7]) hatte ich schon Sonnabend in aller Frühe Nachricht, da sie Montag Abend geschehen war. Die Unanimität ausser 1 Stimme für Mitscherlich hat mir viel Freude gemacht. Liouville dem ich es wohl hauptsächlich zu verdanken habe, schrieb mir während der Sitzung[8]). Denke Dir, dass ich von dem so viel Billet schreibenden[9]) Humboldt kein Zeichen freundlicher

Theilnahme erhalten. Grüsse Fuss. Wenn ich einmal Musse und Lust bekomme, schreibe ich an ihn oder Hrn. v. Ouwaroff einen grossen Brief über die Nothwendigkeit der Herausgabe der Eulerschen Werke, und wie sie ohne Unbequemlickkeit zu leisten ist. Mir fehlen sie überall. Fuss sagte mir, Collins[10]) Wittwe hätte ein Exemplar der alten Petersb. Memoiren[11]), aber es ist wohl schon verkauft, sonst könntest Du es mir zum Geburtstag schenken.

Dein J. 9ⁿ Juli 46.

1) Vielleicht (?) handelt es sich um Wiederabdruck der am 17. April (a. St.) 1846 in der Petersburger Akademie gelesenen Abhandlung M. H. Jacobis, Schriftenverzeichnis No. 58 (4. Reihe, 1. Abth. der „galvanischen und electromagnetischen Versuche"). Die früheren „Reihen" sind in Poggendorffs Annalen abgedruckt, diese Abhandlung jedoch nicht (s. Brief LVII).

2) Die Hauptsternwarte von Pulkowa, unter Leitung Struves, der bis dahin (1839) Direktor der Dorpater Sternwarte gewesen war, erbaut und mit den vorzüglichsten Hülfsmitteln ausgerüstet.

3) „Bessel wird wohl durch Hansen ersetzt werden, so dass Argelandern Königsberg, Hansen (der freilich zum Beobachten minder geneigt aber weit mehr mathematisch unterrichtet ist) Bonn angeboten würde", schrieb Al. v. Humboldt an Gauss (7. April 1846), s. Briefe Gauss-Humboldt, p. 53.

4) Vgl. S. 81.

5) Vgl. Brief —, sowie S. 143, wie a. S. 138.

6) Vgl. Harnack, p. 699 u. A. Dove bei K. Bruhns, „Alexander v. Humbold", Bd. II (1872), p. 332.

7) Vgl. S. 68/69, Anm. 6.

8) Der v. 1. Juni 1846, dem Tage der Wahl, datierte Brief ist von E. Jahnke veröffentlicht im Archiv der Math. u. Phys. (3), Bd. 5, p. 41.

9) Humboldt erhielt und schrieb jährlich etwa je 3000 Briefe (s. „Briefw. u. Gespräche Al. v. Humboldt's mit einem jungen Freunde" (Berlin 1861), p. 59); s. jedoch a. Humboldts Brief an M. H. Jacobi S. 66, Anm. 4.

10) Collins, 1791—1840, Petersburger Akademiker für reine Mathematik; er war ein Enkel von J. A. Euler, also ein Urenkel Leonhard Eulers.

11) Gemeint ist hier anscheinend nur Bd. XI der Mémoires de l'Académie Impériale des Sciences de St. Pétersbourg, der 1830 mit dem Untertitel „Mémoires posthumes de L. Euler, F. T. Schubert et N. Fuss ci-devant membres de l'Académie Impériale de St. Pétersbourg" erschien und 14 Abhandlungen von L. Euler neben 4 von Schubert und 13 von Fuss enthält; jedoch auch die früheren Bände dieser Serie, deren erster 1809 „avec l'histoire de l'Académie pour les années 1803—1806" erschien, enthalten posthume Abhandlungen Eulers.

XLVII. Petersburg, 1846. VIII. 29.

Theuerster Jacques,

— —

Wir haben hier einen himmlischen Sommer gehabt und haben jetzt noch himmlisches Wetter. . . . . . Die ältesten Leute erinnern sich nicht eines solchen Sommers, und niemand darf erwarten ihn wieder zu erleben. Ich sage zu dem Publicum es möge nicht verzweiflen, solche Sommer würden öfters wiederkehren, seitdem die Centralsonne entdeckt wäre. Ich sende Dir einliegend eine gedruckte Erklärung von Mädler, soll Dich vielemale von Struve grüssen der Dir nächstens schreiben und Dir ein Exemplar der Beschreibung[1]) der Pulkowaer Sternwarte schicken wird. Er selbst will des Friedens wegen nicht gegen Mädler auftreten, und die Sache lieber in sich selbst zerfallen lassen. Wir alle sähen es aber nicht ungern wenn Du einen diesen Gegenstand betreffenden Artikel, für das Bulletin herschicken wolltest.[2]) Dass Du Struve oder mir Deine Stimme zum O. p. l. m. geben wirst erwarte ich, da ich doch wenigstens das Verdienst von Daguerre habe dem v. H.[3]) um Arago zu schmeicheln ihn umgehängt hat. . . . . . Ich hatte mir ein Verzeichniss der vorhandenen Memoiren und ihres Preises geben lassen habe dasselbe aber leider verlegt. Schreibe mir genau, was für Memoiren Du haben willst. Vielleicht wird sich Rath schaffen lassen. Übrigens wundre ich mich dass Du immer noch nicht Bücher genug hast. . . . . Durch Professor Magnus wirst Du 3 Pakete erhalten. Das eine davon ist von Deiner Frau in Empfang zu nehmen und enthält 12 p kasansche Pantoffeln, davon ist aber abzugeben an Mutter, Therese, Madame Poggendorff (1 P) Madame Magnus (1 P); wenn Deine Frau will so kann sie auch Madame Riess, Madame Dove und Madame Erman begnadigen. Von Madame Rose würde sich Heinrich scheiden lassen, wenn sie russische Pantoffeln tragen wollte. . . . . Das grössere Kistchen Thee ist für Madame Poggendorff bestimmt. Hilft das nicht, so bleibt mir nichts anderes übrig als exprès nach Berlin zu kommen und P. durchzuprügeln. . . . . .

Dein Dich herzlich liebender Bruder Moritz.

St. Petersburg den 17/29 August 46.

---

1) Vgl. S. 142 u. S. 144, Anm. 3.

2) Ob dies geschehen ist und ob mit dem im nächsten Brief erwähnten „Mädler-Brief" eine durch obige Stelle veranlasste weitere Zusendung gemeint ist oder aber nur wieder der Brief XLVI v. 9. Juli 1846 dürfte kaum noch mit Sicherheit festzustellen sein. Die im nächsten Briefe erwähnten zwei „Abdrücke" des Mädler-Briefes sind im Petersburger Familienarchiv nicht mehr vorhanden. Mehrfach „mitgeteilt", wie es dort heisst, wurde dieser erste Brief (v. 9. Juli 1846) allerdings auch, so von Struve an Schumacher, von diesem wieder an Gauss (1. Aug. 1846; s. Briefw. Gauss-Schumacher, Bd. V, p. 185 f.), während für einen

etwaigen zweiten diesbezüglichen Brief C. G. J. Jacobis, der natürlich in eine spätere (zwischen dem obigen und dem nächsten Brief vom 2/14. Dec. liegende) Zeit zu setzen wäre, derartige Belege nicht bekannt sein dürften. Der hier abgedruckte wie der unabgedruckte Inhalt des Briefwechsels spricht allerdings eher für als gegen die Annahme, dass ein Brief C. G. J. Jacobis aus dieser Zeit fehlt, zumal in diese Zeit auch der Geburtstag M. H. Jacobis (21. Sept.) fällt (vgl. hierzu den Anfang des nächsten Briefes). — Vgl. hierzu a. bei Koenigsberger, p. 376 einen Brief Schumachers an C. G. J. Jacobi.

3) Vgl. S. 125/6, Anm. 18, sowie „Briefe von Alexander von Humboldt an Varnhagen von Ense“, 4. Aufl. (1860), p. 120/1. — Daguerre war übrigens nicht „im Gebiete der Wissenschaften“, sondern in dem der Künste — neben Liszt, Thorwaldsen u. a. — zum Ritter des Ordens pour le mérite ernannt worden.

XLVIII. Petersburg, 1846. XII. 14.

St. Petersburg den 2/14 Dbr. 1846.

Theuerster Jacques,

Ich kann mich nun einmal nicht mit dem Kalender des nichtrussischen Europas befreunden, und habe wieder[1]) die Nachlässigkeit begangen den 28ten November als Deinen effectiven Geburtstag zu versäumen. Welcher Mensch kann auch verlangen, dass am 20ten November eine Glückwunschepistel geschrieben werde, die zum 10.n Dbr. bestimmt ist. Du siehst also dass nichts dringender nöthig ist, als unsern Kalender auch bei Euch, sei es mit Gewalt der Waffen einzuführen......

Das wichtigste was ich Dir zu schreiben habe, ist mein grosser Unwille darüber, dass die Loose nicht herausgekommen sind; Ich hatte Dir als einem guten Calculator den Ankauf derselben anvertraut, aber Deine Kenntnisse in der Zahlentheorie die jedermann rühmt, haben sich nicht bewährt. . . . . .

Dein Mädler-Brief hatte in der Classe viel Aufsehn erregt. Er ist abgedruckt aber hernach unterdrückt worden, angeblich weil Graf Ouvaroff die Protection die er früher Mädlern angedeihen lassen, nicht so plötzlich und auf so fulminante Weise wollte desavouirt sehen Die Sache ist aber *so* viel interessanter, denn jeder theilt dem andern unterm Siegel der Verschwiegenheit den Inhalt Deines Briefes mit; Theils durch List, theils durch Überredungskunst habe ich mir 2 Abdrücke dieses Briefes verschafft, welche ich meinen Nachkommen hinterlassen werde, welche in etwa 100 Jahren, diese Briefe an einen Engländer für eine enorme Summe zu verkaufen, testamentlich verpflichtet werden. Indessen habe ich Fuss auf die Hostie zuschwören müssen, bei Lebzeiten keinen Misbrauch mit diesem

Briefe zu treiben. Mädler ist fürchterlich klebrig, man kommt bei ihm mit wissenschaftlichen Auseinandersetzungen nicht durch, deshalb fürchtet sich wohl jeder mit ihm anzubinden.

Du wirst von einer Entdeckung gehört haben, die ich so glücklich war zu machen[2]; Ich erlaube Dir davon als von etwas Wichtigem zu sprechen, das auch den schärfsten Beobachtern entgangen wäre.[3] Wenn Du aber versprichst, recht verschwiegen zu sein, so will ich Dir sagen, dass ich solcher kleinen Münzen noch mehr in meinen Schreibebüchern aufgezeichnet habe. Ich weiss nicht wie ich mir es aus und zurechte legen soll; ist es Reichthum oder Armseligkeit welches die Berliner Physiker so gierig nach solcher kleinen Münze macht?

Ich bin bis diesen Augenblick mit der Anlage einer telegraphischen Linie[4] beschäftigt gewesen, die ich gern noch in diesem Jahre fertig haben wollte. . . . . Kannst Du mir nicht etwas darüber schreiben oder Dove veranlassen, mich zu benachrichtigen ob die Berliner Potsdamer Linie bereits im Gange ist, und wie die Dräthe gelegt sind? Ich habe in diesem Jahre viel gearbeitet und Manches zum Drucke vorbereitet.[5]

Galvanoplastik, Schiessbaumwolle, Leverrierscher Planet sind Beweise, dass die Wissenschaften aufhören individuell zu werden, und sich bereits in die Massen einfiltrirt haben.

— —

Sage doch Marie, sie dürfe nicht mehr so stolz und exclusiv sein. Auch in der Familie ihres Gemahls existire ein Staatsrath, und dieser Staatsrath sei — ich. S.e Majestät der Kaiser hat nämlich geruht mich zu diesem Range zu erheben.[6] Der nächste Schritt ist nun dass ich das Praedicat Excellenz[7] erhalte. Von da ab aber hört jede Liaison mit der Crapule auf, dann fange ich an Mensch zu werden und mich von den Negern abzuscheiden. Lasse Dich doch bis dahin auch zu etwas machen, damit ich nicht genöthigt werde, den Umgang mit Dir aufzugeben. Theile doch der lieben Mutter meine Rangerhöhung mit, natürlich nebst vielen innigen Grüssen. Sie wird sich gewiss darüber freuen. . . . . .

Dein Dich innigst liebender Bruder Moritz.

— —

1) Vgl. Briefe XXXIX (1844) und XLII (1845).

2) M. H. Jacobi entdeckte, dass ohne Anwendung besonderer Kautelen eine wesentliche Fehlerquelle beim Gebrauch der Voltameter in der Möglichkeit

des allmählichen Verschwindens der gewonnenen Gase (infolge Absorption durch die verdünnte Säure und Wiedervereinigung an den Platinelektroden) beruhe, und machte der Petersburger Akademie hiervon am 23. Okt. (4. Nov.) 1846 Mitteilung (s. Bull. phys.-mathém., t. VII, 1849, col. 50, sowie Recueil des Actes de la Séance tenue le 11 janvier 1847 (Pétersb. 1847), p. 26). Gleichzeitig (5. Nov. (n. St.) 1846) teilte er dies Poggendorff in einem Briefe mit, der in dessen Annalen für Phys. u. Chem., Bd. 70 (1847), p. 105 zum Abdruck gelangte. In der unter No. 63 des Schriftenverz. aufgeführten Arbeit publizierte J. diese Beobachtungen sodann ausführlich; vgl. hierzu etwa G. Wiedemann, „Electricität", Bd. II (2. Aufl. 1894), p. 476 u. 553.

3) Vgl. die in Anm. 2 citierte Stelle aus dem Recueil des Actes.

4) Vermutlich die S. 124, Anm. 5 erwähnte Linie.

5) Im Laufe des Jahres 1846 legte M. H. Jacobi der Petersburger Akademie alle Artikel der Serie „Galvan. u. electromagn. Versuche" mit Ausnahme des ersten (1844) und des letzten (1848), so wie noch zwei weitere Arbeiten vor; s. die Abhandlungen des Jahres 1846 im Schriftenverz. unter No. 54—63.

6) Nach der Dienstliste M. H. Jacobis erfolgte diese Ernennung am 25. Okt. 1846.

7) Dies Praedikat erhielt M. H. v. Jacobi mit dem Range eines Wirklichen Staatsrats am 20. Dec. 1852; am 1. Jan. 1867 wurde er Geheimrat.

XLIX. Berlin, 1846. XII. 31.

Theuerster Moritz

Zuvörderst meine herzlichsten Glückwünsche zu Deiner Rangerhöhung, an welche sich die von Marie, Mutter und Therese schliessen. . . . . . Durch diese Rangerhöhung trittst Du aus der exceptionellen Stellung heraus, in der Du bisher verweilt hast, wie hier Encke, Ehrenberg und ich dadurch dass wir nicht geheime Regierungsräthe sind. Übrigens erweise ich Dir noch immer eine Ehre mit Dir zu correspondiren, denn ich habe noch an niemand in Russland geschrieben, der nicht Excellenz war.

— —

Die Differenz des Russischen und unsers Datums ist mir gerade recht angenehm; denn wenn ich Euch wie hiemit geschieht zu Neujahr zu Neujahr gratulire, so kommt es noch zu rechter Zeit *zu Neujahr* bei Euch an.

— —

An Mädler rügte man ausser seiner Gewohnheit, allem eine Abgeschmacktheit beizumischen, dass wenn man ihm seine Albernheit nachgewiesen, er doch noch immer fortsprach, nach der richtigen Voraussetzung, dass die meisten nichts von der Sache verstehen und annehmen, so lange einer nur fortspricht, sei es noch unentschieden, wer Recht hat. Man scheint dort bei Euch bereits dieselbe Erfahrung gemacht zu haben.

Als ich in Manchester Hrn. Hamilton über seine Arbeiten über analytische Mechanik becomplimentirte, sagte er mir, er hätte dieselben wieder bereits vergessen. Dies kam mir wie ein irischer Bull vor, da er nicht so viel gemacht hatte, um das Recht zu haben, diese Arbeiten zu vergessen.[1]) Ich fürchte dass Deine Rede über Deine Mittheilung an Pogg. als von kleiner Münze wovon Du vieles in Deinem Portefeuille hättest, ein ähnlicher irischer Bull ist. Solltest Du wirklich vieles dergleichen haben, so würde, wenn Du diese Münze unter's Volk wirfst, dies unfehlbar Deine schleunigste Kaiserkrönung zum Correspondenten zur Folge haben. Pogg. musst Du nachsichtig beurtheilen, weil seine Annalen ihm fast alle Zeit wegfressen; ich glaube wirklich, dass er bei mehr Musse und Mitteln etwas Nachhaltigeres machen würde. Aber versäume doch nie, wenn Du etwas namhaftes hast, es in den Comptes R. der Pariser Ak. abdrucken zu lassen, die doch das grösste Publicum haben.[2]) Ich habe gestern nach Paris geschrieben um mich wegen der Ernennung zum Associé zu bedanken; ich hatte dies bisher verschoben, da ich noch immer keine officielle Anzeige oder Diplom erhalten habe. . . . . . Hrn. v. Struve sage meinen herzlichsten Dank für die Übersendung seines Prachtwerkes.[3]) Dabei fällt mir ein, dass die Petersburger Akademie nie mehr Preisaufgaben zu stellen scheint; nicht als ob ich sie lösen wollte, denn ich muss leider die Zeit in der ich arbeiten kann zu sehr wählen, um für einen bestimmten Termin arbeiten zu können, auch darf ich mich nicht der Arbeitswuth überlassen, in die man leicht bei solchen Anlässen fällt. Ein hübsches Thema wäre folgendes:[4]) „Die Hülfsmittel der heutigen Analysis anzugeben, um die reciproke Distanz zweier Planeten, in den Fällen, in welchen beide Excentrizitäten oder wenigstens eine keinen sehr erheblichen Werth haben, nach den Vielfachen der excentrischen Anomalien zu entwickeln.“ Die Berliner Ak. hat jetzt ihren Preis von 50 Dukaten auf 100 D. erhöht, was immer noch sehr lumpig ist; denn es ist nichts lächerlicher, als wenn Akademieen manchmal für ein Paar Dukaten die höchsten Träume der Wissenschaft realisirt sehen wollen.

Welche Telegraphenlinie Du absolvirt, schreibst Du wieder nicht. Weber ist hier, ich esse daher heute mit ihm bei Riess und sehe dort vielleicht Dove, dem ich wegen des Berlin-Potsdamer Telegraphen sagen werde, in dessen Commission (d. h. in der Commission über denselben) er ist. Der Telegraph ist schon lange in Gang und befindet sich in seiner unerreichbaren Lufthöhe wohl . . . . Er giebt den Eisenbahnen Zierde und Relief. . . . .

— —

Was mich selbst betrifft, so hatte ich seit Juli, woich die letzte Abh. publizirte, wahrscheinlich in Folge der zu grossen und anhaltenden Hitze, der ich mich zu sehr aussetzte, mehrere schlechte Monate. Endlich war ich dazu gekommen ein grosses Mémoire über analytische Mechanik zu schreiben, welches Ostrogr. hoffentlich so rühren wird, dass er deshalb deutsch lernen wird. Eben als ich die letzte Hand daran legen wollte, erging an mich von Humboldt eine Reihe Fragen über griechische Mathematik. Nun ist bei mir das Unglück, dass mich alles gleich in einen Ocean von Untersuchungen stürzt, so dass ich ohne H's Fragen zu beantworten, doch 2 Monate nur unter diesen Studien verbrachte.[5]) Dann bekam ich Schnupfen und Halsschmerzen, die ich dazu verwandt habe, seit 3 Wochen ununterbrochen Briefe zu schreiben, da ich dieses Jahr über vieles hatte aufsammeln lassen. Ich hoffe nun bald wieder zu meinen Arbeiten zurückzukehren. — H. hat sich ernstlich verbeten, ihn in meinen Briefen mit Excellenz zu tractiren. Du wirst es daher auch Dir gefallen lassen müssen, dass ich es zur Zeit nur auf die Adresse setzen werde. — Die Akademie hat neulich an Krusensterns[6]) Stelle Brewster für den Orden p. l. m. gewählt mit ungeheurer Majorität; Leverrier und Baer hatten die nächsten Stimmen. Russen- und Jesuitenhass liessen Struve und Cauchy nicht aufkommen.[7]) — Sage Fuss meinen grossen Dank für die gefällige Übersendung der Arbeit von Kausler[8]), deren Druck zur Zeit sehr interessant gewesen wäre. Wenn ich den Diophantus[9]) griechisch herausgeben und es dabei für zweckmässig finden sollte, die (revidirte) Übersetzung oder etwas von Kauslers Bearbeitung zu publiziren, werde ich die P. A. erst um Erlaubniss dazu befragen. — Der übersandte Probedruck für die Sammlung von Eulers arithmetischen Arbeiten[10]) hat meine Begierde, dass dieselbe zu Stande komme, sehr gesteigert. . . . . Wenn es Fuss wünscht, würde ich ihm Abschriften mehrerer nicht uninteressanter Briefe Eulers schicken können, obgleich man wohl schwerlich solche finden wird, welche so bedeutend wie die von Fuss bereits herausgegebnen sind.

Dove sagt mir, der Telegraph sei durch eine Eingabe des Uhrmachers Leonhardt[11]) angeregt worden, der sich anheischig gemacht, ihn in der Erde zu legen. In der deshalb errichteten Commission habe er, Dove indess gesagt, wenn man auf alle Fälle sicher einen el. T. haben wolle, möge man ihn erst ausserhalb der Erde legen, wie geschehen und wie er seit einem halben Jahre im besten Gange ist. Man hat nun anfangen wollen, einen *in* die Erde zu legen, ist aber durch den eingetretnen Frost daran verhindert worden; es scheint dies aber sogleich mit dem Frühjahr geschehen zu sollen. . . . . . .

Dein Dich zärtlich liebender Bruder C. G. J. Jacobi.

Madame et chérie Staatsräthin! mille remercimens de Votre aimable lettre. . . . . . Se mettre en harmonie avec soi-même et avec tout ce qui nous entoure, n'est pas si aisé, comme Vous le pensez. Déjà dans le duo de deux épous il arrive que chaque partie prétend que l'autre chante le faux; mais dans notre contact avec le monde il nait souvent un brouhaha détestable. Je me suis donc posé le principe de flatter tout le monde ce qui est une douce harmonie à toutes les oreilles. Mais Vous me confondez ce principe, charmante sœur; car voulant Vous flatter, on est tout étonné de n'avoir dit que la vérité. Toutefois conservons bonne amitié et fraternité pour l'an naissant et pour tous les suivants.

Votre tout devoué frère

B. ce 31 Déc. 1846. C. G. J. Jacobi.

1) S. a. Briefw. Gauss-Schumacher, Bd. VI, p. 55 u. vgl. Graves, „Life of Sir William Rowan Hamilton", vol. III (1889), p. 89, 250 u. 274. Nach der letzten Stelle, an der Hamilton auch von seinen Quaternionen dasselbe bemerkt („one thing puts another out of my head"), wird man annehmen dürfen, dass Jacobis Eindruck doch der unrichtige war. — Übrigens schrieb in demselben Jahr (1846) Th. v. Schön an G. Schwinck: „Jacobi muss mich wie eine gelöste mathematische Aufgabe vergessen haben" (Briefw. Schön, p. 85).

2) Vgl. S. 116, Anm. 17; sowie a. S. 91.

3) F. G. W. Struve, „Description de l'Observatoire astronomique central de Poulkova" (St.-Pétersbourg 1845).

4) C. G. J. Jacobi wiederholt diese Aufforderung in dem Brief LXXV. Gestellt wurde diese Aufgabe allerdings nicht; überhaupt stellte die Petersburger Akademie für den Zeitraum 1839—1857 keinerlei mathem. oder naturwissensch. Preisaufgabe (s. Tableau général: „Questions mises au concours et prix décernés", p. 365).

5) „Jacobi hat neuerdings etwas gekränkelt, befindet sich aber wieder gut, und sitzt mitten in griechischen Mathematikern aller Zeiten, für die er ein zärtliches tendre gefasst hat", schrieb der junge Philolog J. Horkel an K. Lehrs am 27. XII. 46 und am 16. X. 1847 derselbe an denselben: „Jacobi danke ich manche interessante Stunden. . . . . . Er steckt im Diophant [s. unten Anm. 9] und konjecturirt wie ein alter Holländer, er ist ganz von griech. Mathematik umgeben und ich habe viel von ihm gelernt. Sonst ganz der alte." (Briefe Lobeck u. Lehrs, Th. I, p. 456 u. 471/2). — Humboldt hatte „in seiner Un-

wissenheit", wie er sagte, von diesen Aufzeichnungen Jacobis „weniger Gewinn ziehen können, als die Ausarbeitung Jacobi Anstrengung gekostet hatte" (s. K. Bruhns, „Alexander von Humboldt", Bd. III, p. 12). Vgl. dagegen eine sehr abfällige spätere Äusserung Humboldts in einem Brief an Böckh (Sept. 1847) bei Max Hoffmann, „August Böckh" (Leipzig 1901), p. 436f. Obwohl schon Humboldt im „Kosmos" (Bd. II, 1847, p. 348) bedauerte, dass diese Untersuchungen Jacobis „leider noch handschriftlich" seien, so ist das Manuskript doch bis vor kurzem ganz unveröffentlicht geblieben: Borchardt hatte auf seine Bitte (1869; s. Koenigsberger, p. 519/20) eine Abschrift erhalten; diese ist jedoch zunächst unbenutzt geblieben. Erst von Koenigsberger (p. 386—395) sind grössere Bruchstücke des Manuskripts, wohl aus dem Original, veröffentlicht.

6) Adam Johann Ritter von Krusenstern, 1770—1846, russischer Seemann und Reisender (vgl. S. 47, Anm. 13).

7) Vgl. Brief LXVII, sowie a. S. 136 u. 138.

8) Chr. Friedr. Kausler, Prof. d. französ. Sprache, † 1825 in Stuttgart, war seit 1797 korresp. Mitgl., seit 1798 Ehrenmitgl. der Petersb. Akad. — Im Brief handelt es sich, wie ersichtlich, um ein ungedrucktes Manuskript; über die zahlreichen in den Petersburger Akademieschriften erschienenen, vorwiegend zahlentheoretischen Abhandlungen Kauslers s. das „Tableau général".

9) Für Jacobis damalige Diophantstudien s. die der Berliner Akademie am 5. August 1847 vorgelegte Abhandlung, Werke VII, p. 332—344; s. a. Koenigsberger, p. 464, sowie p. 319 u. 414. — Vgl. a. oben Anm. 5.

10) Vgl. Brief LXVI, Anm. 9.

11) C. G. F. Leonhardt, Uhrmacher und Fabrikant in Berlin.

L. Petersburg, 1847. I. 28 u. II. 4.

St. Petersburg den 16/28 Jan. 47.

Lieber Jacques,

. . . . [es] liegt doch etwas belehrendes darin, wenn man die Schicksale und Lebensrichtungen seiner Jugendbekannten und Freunde verfolgt. . . . . . . Je älter man wird, desto grösser wird der Riss der einen von der Vergangenheit scheidet. Was das Geschick schon von selbst zur Genüge thut, sollte man nicht noch künstlich zu vermehren suchen. Es berührt vielleicht eine wunde Stelle bei Dir, wenn ich Dich frage, ob Du mit Steiner noch nicht wieder versöhnt bist[1]). Einmal habe ich ihm geschrieben, aber keine Antwort von ihm erhalten. Was mich betrifft so bin ich ausserordentlich duldsam und versöhnlich geworden. Wenn mir Deine Versöhnung mit St. schon um Deinetwillen lieb wäre, so ist es auf der andern Seite unmenschlich, ihn mit seiner gallichten hypochondrischen Leber allein herumlaufen und verkommen zu lassen.

— —

Über einen Gegenstand, lieber Bruder, bitte ich Dich, mir nicht mehr zu schreiben. Weil ich mich möglichst frei von jeder Selbsttäuschung zu halten mich bemühe, und selbst einen sehr strengen Maassstab an meine eigene Arbeiten anlege, erkenne ich über dieselben keinen höhern Richter, als mich selbst. Finden dieselben ausserdem noch Anerkennung, so freut es mich allerdings, halte mich aber nicht berechtigt, meine mir kostbare Zeit auf die besondere Erjagung solcher Anerkennungen zu verwenden. Dieses wäre aber der Fall, wenn ich meine Arbeiten ins Französische übersetzen wollte, um dieselben dem Urtheile der Pariser Academie zu unterwerfen und dieselben zum Gegenstande eines „rapport" gemacht zu sehen. Ausserdem aber würde mir dieses ein gewisser Chorgeist [sic!] verbieten, der mir noch vom Studenten her anklebt. Ich selbst nämlich habe das Glück, Mitglied einer höchst geachteten Academie zu sein und selbst einige Reputation zu besitzen, so dass schon meine Stellung mir eine gewisse Zurückhaltung auferlegt. Fremden Academieen bin ich um so weniger geneigt die Cour zu machen, als ich aus eigner Erfahrung weiss von wie vielen zufälligen Umständen solche öffentliche Anerkennungen abhängen. Da übrigens meine Arbeiten im hiesigen Bulletin scientifique und ausserdem noch in Poggendorff's Annalen publicirt werden, so erhalten sie Verbreitung genug. Was nun die Berliner Academie betrifft, so gestehe ich Dir, es wäre mir ganz lieb, wenn sie mich zu ihrem Correspondenten erwählte, um so mehr, da ich die Überzeugung habe, dass dieses schon längst geschehen wäre, wenn ich ein Franzose, ein Engländer oder selbst in Berlin wäre. Wenn ich nun aber, auch nicht die kleinste Arbeit, die mich selbst befriedigt, für diese Ehre aufopfern würde, so habe ich mir wenigstens vorgenommen, vorläufig keinem Deutschen der in unserer Academie zum Correspondenten vorgeschlagen würde, meine Stimme zu geben. Es ist dieses zwar nur eine Stimme, die wenn es Berliner Gelehrte[2]) beträfe, der ungeheuern Majorität gegenüber verschwinden würde, die aber doch wenigstens die Unanimität verhinderte. Dass ich Dove zu unserm Correspondenten[3]) zu machen mich abgemüht habe, war eine Schwäche, welche abzubüssen ich mir selbst nächstens einige Ruthenstreiche ertheilen werde. Dieses magst Du ihm wiedersagen. Über andere Dinge mögest Du discret sein, und mir keinen Unfrieden erregen.

Mit der kleinen oder wenn Du willst, mit der grossen Münze hat es allerdings seine Richtigkeit und ist dieselbe keinesweges ein „irish bull". Indessen verlange ich nicht dass dieselbe einen Cours oder eine Geltung habe, bevor dieselbe ausgeprägt d. h. abgedruckt ist. Hierbei tritt nun der üble Umstand ein, dass mir erstens das Redigiren meiner Arbeiten, ein langweiliges und unangenehmes Geschäft ist, und 2tens dass es an sich schwer ist die Dinge zu irgend einem Abschlusse zu bringen, weil eine Untersuchung die andere entrainirt. Hierzu kommt dass ich ungeheuer peinlich und meiner Natur nach eigentlich ein Pedant bin. Ueber viele Punkte kann ich nicht hinweg, die andere mit Leichtigkeit überschreiten, oder umgehen; und nöthigt mich doch endlich die Gewalt der Dinge, diese Hindernisse bei Seite oder die Probleme ungelöst zu lassen, so geschieht dieses mit Thränen und Angst u. s. w.

Den 23.n Januar.

— —

In der Beilage der Haude u. Spenerschen No. 13 bist Du ja zweimal als „Begriff" und nicht als Mensch aufgeführt. Das einmal, soll es Dir zur Entscheidung vorgelegt werden ob 2 × 2 wirklich 4 ist.[4])

Dein Dich herzlich liebender Bruder Moritz.

1) s. S. 132.

2) In den „Recueils des Actes" finden sich im „État du Personnel" statistische Übersichten der Zahlen der korrespond. u. Ehrenmitgl. nach den Nationalitäten, wobei in jenen Jahren Preussen an erster, Frankreich an zweiter, das übrige Deutschland (ohne Österreich) an dritter Stelle zu stehen pflegt, während eine Rangordnung nach Städten Paris an die erste, Berlin an die zweite Stelle gebracht hätte.

3) s. S. 123/24 u. S. 125, Anm. 15.

4) s. ein „Eingesandt" auf Seite 2, Spalte 1 von No. 13 der Haude u. Spener'schen Zeitung („Berlinische Nachrichten"), 16. Jan. 1847; die andere Stelle s. auf S. 1 ders. Beilage, wo aus den „Berliner Jahrbüchern für Erziehung und Unterricht" [Herausg. v. mehreren Lehrern Berlins. III. Jahrg., 1847, Januarheft, p. 71] einige scherzhafte grammatische Bestimmungen mitgeteilt sind und es u. a. heisst: . . . . . „Liebe und Mädchen sind Geschlechtswörter, Verstand ist ein Nebenwort, Michaelis und Jacobi sind Zahlwörter" . . . . . (Ein Dr. Michaelis war allerdings damals Lehrer der Math. am Friedr.-Werd.-Gymn., jedoch wäre vielleicht auch an den Kalenderbegriff als Zahlungstermin zu denken).

LI. Berlin, 1847. II. 12.

Liebster Moritz

— —

Du wirst mir erlauben, dass auch ich zu Deiner 2.n Anne[1]), die man um den Hals trägt, nicht Dir, sondern dem Staate gratulire, der Verdienste zu belohnen weiss.

Ich ersehe aus Deinem Briefe, dass Du es als eine persönliche Beleidigung nimmst, dass die Pariser Comptes Rendus alles am meisten und schnellsten verbreiten. Sie sollen es nicht mehr thun.

— — — — — — — — — — — — — — — — — — — —

Otto[2]) habe ich zu Ostern, wo er ausgelernt hat, eine sehr gute Stelle [als Apotheker-Gehülfe] in Dresden verschafft. Ich habe dazu Seebecks[3]) Vermittlung in Anspruch genommen. Du siehst, dass die deutschen Physiker zu etwas gut sind. . . . .

Beiliegendes Protocoll der ersten Sitzung der B. A., in welcher Euler gegenwärtig gewesen, bitte ich Hrn. v. Fuss mitzutheilen.[4]) . . .

Den Artikel in der Haude und Spenerschen, den Du mir bezeichnet, werde ich auftreiben, um meinen Begriff kennen zu lernen. . . .

Berlin d. 12. Febr. 47.

Dein Dich innig liebender Bruder
C. G. J. Jacobi.

— — — — — — — — — — — — — — — — — — — —

In Bezug auf Steiner ist nicht nur alles was menschenmöglich geschehen sondern viel mehr. Er sieht keinen seiner frühern Freunde, auch nicht Pogg. und Nobiling[5]); kommt auch nicht mehr in die Akademie.

— — — — — — — — — — — — — — — — — — — —

Die Pantoffeln[6]) habe ich ganz nach Deinen Befehlen vertheilen können. . . . . . . Ich habe theils durch persönliche Übergabe theils durch die Zartheit der übermachenden Briefe den materiellen Werth sublimirt. . . . . . .

Dein Obiger.

1) Nach der Dienstliste am 8. Dez. 1846 erhalten.

2) Schwestersohn Jacobis.

3) August Seebeck, 1805—1849, war Direktor der technischen Bildungsanstalt in Dresden.

4) P. H. Fuss sagt in dem Prooemium, p. XX zu Eulers „Commentationes arithmeticae collectae" (Petersburg 1849) = Bull. phys.-mathém., t. VII (1849), col. 359: „Cl. Jacobius, qui inter viros Germaniae mathematicos incepto nostro singulari favebat studio, ultro in se suscepit laborem diaria Academiae Berolinensis deinceps perscrutandi."

5) s. Anm. 8 zu Brief LX, S. 173.

6) s. S. 138.

LII. Petersburg, 1847. IV. 13.

St. Petersburg den 1/13 April 1847

Theuerster Jacques.

Dein letzter Brief vom 12.ⁿ Februar traf mich bereits mit den Vorbereitungen zu einer Krankheit beschäftigt . . . . . . Endlich habe ich den 1ⁿ Band Deiner mathematischen Werke[1]) erhalten und die Dedication nicht allein gelesen, sondern vielfach vorgelesen. Es ist ein wahrer Lapidarstyl in welchem diese Dedication gehalten ist. Indessen hast Du dem Könige geradezu das Schwert auf die Brust gesetzt. Da keine nominelle Marquisate in Preussen existiren, so bleibt dem Könige nicht anders übrig, als Dir eine Virilstimme auf dem nächsten Landtage zu ertheilen und dieselbe mit einer Herrschaft in Schlesien oder im Posenschen zu dotiren. Schlesien wäre wohl am Besten. Aber in der That diese Dedication ist höchst imponirend und hat hier ungemein gefallen, mehr als der Inhalt, der für mich keineswegs so unterhaltend war, um mir die 10000 Bände Romane zu ersetzen die ich während meiner Krankheit durchgelesen habe. Es ist doch unglaublich wie viel schlechte Bücher es giebt.

Nachdem mir der Anfang dieses Jahres Rang[2]), Orden[3]), Pocken gebracht hatte, ist mir noch etwas höchst angenehmes wiederfahren. Du weisst dass ich bisher extraordinairer Akademiker war[4]) und nur zu einer ordentlichen Stelle gelangen konnte, wenn in der mathematischen oder physikalischen Abtheilung eine Vacanz eingetreten wäre. Indessen war schon seit längerer Zeit zwar keine Stelle aber doch ein ordentliches Gehalt dadurch vacant geworden, dass der Herr v. Hamel[5]), welcher quasi Technologe ist, sein Gehalt aus dem Reichsschatze erhielt. Nachdem nun Fuss die Einwilligung des Ministers der sehr bereitwillig war, [erlangt hatte,] machten Hess[6]), Lenz und Kupffer den Antrag bei der Classe, mir die Stelle für technische Chemie zu verleihen. Das in der nächsten Sitzung der Classe darauf erfolgende Scrutinium ergab Einstimmigkeit und in der allgemeinen Sitzung sämmtlicher Classen 25 + und 2 —. Die Sache war übrigens sehr gefährlich, da Fritzsche[7]) auf diese Stelle ambirt hatte. Diesem selbst und allen andern die mir zweifelhaft waren, hatte ich aber den Tod gedroht, wenn Sie negative Kugeln legen würden. Dieses Ereigniss, bei dessen glücklichem Ausgange ich Fuss sehr viel verdanke ist mir ausserordentlich lieb und vermehrt beiläufig meine Revenuen um 5—600 R. Silber. Die Sache wäre schon früher im Gange gekommen, wenn nicht Hess dessen Mitwirkung durchaus nöthig war, mit Fuss sehr gespannt gewesen wäre, und immer gleichsam eine opposition par principe gebildet hätte. Ich war aber mit beiden gut und sprach immer höchst versöhnlich mit beiden von beiden. Eine vollkommne Aussöhnung und Verständigung hatte kurz zuvor Statt gefunden.

Nachdem ich Dir nun von den Geheimnissen unserer Academie Einiges geschrieben, mache ich Dir heftige Vorwürfe, dass Du mich so ganz auf dem Trocknen sitzen lässt. Beinah hätte ich Lust Dir aus dem Zeitungsblatte zu melden, was Du schaudernd selbst erlebt.[8]) Im vorigen Jahre[9]) als ich in Berlin war habe ich Raumer von fern nicht an seinem Gesichte, wohl aber an der Mattigkeit seiner Rede erkennen können. Eine seit 36 Jahren privilegirte Mittelmässigkeit die mich schon als Student ennuyirt hat. Nach meiner Meinung ist das ganze eigentlich eine gesellschaftliche Ungezogenheit, indem es hergebracht ist einem Gaste keine versteckte oder offne Grobheiten in's Gesicht zu sagen.[10]) Wüsstet Ihr z. B. der engl. oder franz. Gesandte würde in die Academie kommen, und wollte einer exprès eine Rede halten, wo auf Engl. oder Franzosen geschimpft würde! Raumer scheint indessen in seiner Rede die versteckte Absicht gehabt zu haben, die früher durch Förster[11]) inne gehabte Stelle eines Hofdemagogen zu occupiren. Uebrigens hat man ja Raumer zu Ehren Festessen gehalten und zu Ehrenbechern für ihn gesammelt.

Du bist in Deinen Briefen allzu zurückhaltend und ich bitte Dich inständigst mir über dieses und jenes und namentlich über den Landtag manches zu schreiben was man nicht in den Zeitungen liest. Lass uns nur geschoren, über preussische Zustände kannst Du mir schreiben was Du willst ohne Dich und mich zu compromittiren.

— —

Dein Dich herzlich liebender Bruder Moritz.

— —

1) Den 1846 erschienenen Bd. I der Opuscula mathematica, deren 2. Bd. Dirichlet 1851 nach Jacobis Tode und deren 3. Bd. Borchardt 1871 herausgab. Vgl. a. S. 60, Zeile 2 v. unten. Die in diesem und mehreren späteren Briefen erwähnte Dedikation ist in Anhang I dieses Buches abgedruckt.

2) s. das Ende von Brief XLVIII (2. XII. 1846 a. St.), S. 140.

3) s. Anfang von Brief LI, S. 147 und Anm. 1, S. 148.

4) Vgl. S. 67, Anm. 12, wo als offizielles Datum der Ernennung M. H. Jacobis zum ordentl. Akademiker das des 5. Juni 1847 angegeben ist.

5) Hamel, Joseph, geb. 1788 Sarepta, † 1862 London, 1829 ordentl. Akademiker für Technologie u. angewandte Chemie.

6) Hess, Herm. Heinr., 1802—1850, 1834 ord. Akademiker f. Chemie.

7) Fritzsche, Karl Julius, 1808—1871, 1838 Adjunkt, 1844 ausserord., 1852 ordentl. Akademiker für Chemie.

8) Ersparen Sie's, uns aus dem Zeitungsblatt
Zu melden, was wir schaudernd selbst erlebt.
Wallenstein zu Questenberg.
„Die Piccolomini", 2. Aufl., 7. Auftr.

9) 1845; vgl. S. 127, Anm. 4 u. S. 129.

10) Für diese zumal in Tagesblättern viel erörterte Angelegenheit muss auf Harnack, p. 704 ff. verwiesen werden, wo zum ersten Male eine quellenmässige Darstellung der ganzen Angelegenheit gegeben ist. Hier sei nur kurz folgendes bemerkt: Raumer hielt als Sekretar der Akademie 1847 am 28. Januar, dem Friedrichs-Tage, eine Lobrede auf den grossen König (s. Friedr. v. Raumers Vermischte Schriften, Bd. I (Lpz. 1852), p. 77—85), in der er ihn gegen die damals von theologischer Seite erhobene Kritik in Schutz nahm. Dabei ging Raumer selbst zum Angriff gegen diese über und gebrauchte in der Polemik Wendungen, die dem Gegenstande wie dem Ort der Rede wenig angemessen waren; vor allem aber enthielten mehrere Stellen der Rede unverkennbare Anspielungen auf die der Fridericianischen entgegengesetzte Religions-Politik Friedrich Wilhelms IV. „In Gegenwart des Monarchen", sagt Harnack (p. 707), „über die Pflichten und die Stellung der Könige in den grossen Geistesfragen sich zu verbreiten, war taktlos und anmaassend. . . . . . Der Schlusssatz der Rede konnte den König zwar einigermassen versöhnen und hätte es vielleicht gethan, wenn das Publicum nicht bei den Kraftstellen laut hinter dem Rücken des Monarchen gelacht hätte. Tief gekränkt, bemerkte er beim Hinausgehen zu Humboldt: ‚Über Dinge, die zum Weinen wären, muss man lachen hören.' An den Minister Eichhorn schrieb er, er sei zum letzten Mal zu solchen ‚Spässchen' in die Akademie gekommen. . . . . . Die ganze Akademie war empört: sie hatte den König nicht eingeladen, um sich über seine Regierungsmaximen belehren zu lassen."

11) Friedrich Christoph Förster, 1791—1868, Dichter, Freund Theod. Körners und dessen Genosse im Lützowschen Corps, später Custos an der Berliner Kunstkammer und trotz seiner durch Hegel geleiteten freieren Gesinnung als Gelegenheitsdichter vom preussischen Hof oft verwandt und daher vielfach „Königl. Hof-Demagoge" genannt.

LIII. Berlin, 1847. VI. 11.

Theuerster Moritz.

Obgleich ich den ganzen Tag die Staatszeitung lese und daher keine Zeit habe Dir zu schreiben, will ich den Stimulus einer guten Gelegenheit benutzen es doch zu thun. Dass Leonard[1]) die Staatszeitung verschlingt[2]), versteht sich von selbst, aber auch Marie vergisst darüber beinahe ihre heiligsten Pflichten. Die Litthauerinnen schreiben die erhabensten, druckfähigsten Briefe an ihre nach ihren Gütern und Pferden sich zurücksehnende Männer, in ihrer Pflicht auszuharren.[3]) . . . . . Die geheime Seele von allem ist, wie Du wohl schon errathen haben wirst, Karl Nobiling[4]), bei dem ich heute Abend mit Beckerath, Mevissen, Milde, Auerswald[5]) etc. esse, die ich schon früher kennen gelernt habe. Es ist das merkwürdige Schauspiel, Kaufleute[6]) zu sehen, die Idealisten, Schwärmer, Hegelianer, Marquis Posas sind. Man hat sich doch früher nicht so gedacht, dass so viel Bildung in der Nation wäre; und man erhält ein wahres Volksbild, wenn man in der Staatszeitung die Namen bei den Abstimmungen mit ihrem Stande hintereinander abgedruckt findet. Es ergiebt sich, dass der König die Bildung des Volks unterschätzt, wenn er sie nach der seiner Minister abschätzt, von denen nur Bodelschwingh, obgleich ohne grössere Ideen, doch in entschiedner Tüchtigkeit dasteht. Seit dem letzten Sonnabend (5. Juni) ist eine neue Phase eingetreten, indem da die Minister solche Proben von Unfähigkeit gegeben haben, dass die Deputirten, das Land, der Hof darüber erschrocken sind, in welchen Händen die Regierung liegt; es wagte nach dem keiner mehr für die Regierung das Wort zu nehmen, sondern alle Anträge der Opposition gingen im Sturmschritt mit ungeheurer Majorität durch. Hansemann frägt zum Scherz, ob denn nicht darin dass die öffentlichen Kassen die Bankscheine nähmen eine Garantie läge, worauf der Finanzminister v. Duesberg (bis vor Kurzem Director der katholischen Angelegenheiten in Eichhorns Ministerium, ein Katholik) und der Justizminister Uhden (nur ein halbes Jahr Kammergerichtsrath, dann Kabinetsrath einige Jahr und sogleich, obgleich entschiedner Schwachkopf, Justizminister)[7]) erwiderten, es stände zwar auf den Bankscheinen, sie würden angenommen, aber nicht, dass sie müssten angenommen werden, und es seien schon die Gerichte instruirt, nicht zuviel davon anzunehmen. Bodelschwingh schlug sich die Hände vors Gesicht[8]) und schlug vor diese Erklärung nicht zu drucken, was aber noch schlimmer gewesen wäre. Der König hat nun eine Kabinetsordre[9]) erlassen, seine Minister hätten ihn falsch verstanden und Uhden hat schon widerrufen. An der Börse lachte man darüber, weil immer das doppelte Kapital in vom Staat garantirten Papieren in der Bank liegen muss, und die Staatsgarantie nicht sicherer wäre. Aber das Ganze hat doch einen sehr unangenehmen Eindruck gemacht. Die grossen unerwarteten Erfolge der Stände verdankt man allein den Rheinländern; denn die Preussen — und die Posener machten mit ihnen gemeinschaftliche Sache — kamen gänzlich verstimmt an, und wollten durchaus gleich wieder nach Hause gehen. . . . Es mag wohl auch bei ihnen mitgewirkt haben, dass sie in dieser Nothzeit nicht ihre Güter und Familien gern allein liessen, und desto ungerner dieses Opfer brachten, wenn wie sie annahmen doch nichts Kluges herauskäme. Jetzt ist es ihnen wohl sehr lieb, dass sie auf das dringende Zureden der Rheinländer geblieben sind. Es sind darunter interessante Figuren, wie Diergardt[10]), ein Predigersohn, der eine ungeheure Industrie geschaffen und seine 3 Millionen commandirt. Beckerath ist Mennonit[11]), und hat eine eigne Salbung in seinem Vortrag, wie ich bei einigen Tischreden an ihm selber erlebt habe. Bei einer solchen Gelegenheit brachte einmal Mevissen[12]) den Toast aus, dass Berlin, bisher nur durch Wissenschaften berühmt, auch zur praktischen Politik erstarken möge. Der Bürgermeister Naunyn drängte mich, die Ehre der abstracten Wissenschaft zu wahren, was ich obgleich zitternd ziemlich kräftig that, worauf mir ein gerade anwesender badischer Deputirter Bassermann[13]) in einer sehr schönen Rede antwortete, worin er unter anderm sagte, man solle bei ihnen den Kriegsminister fragen, er würde nicht mit ihnen zufrieden sein, aber früge man die Universität Heidelberg, die wäre mit ihnen zufrieden. . . . . . Doch was soll ich vom Landtag noch reden, da Du hoffentlich im Vollbesitz der Pr. Allgemeinen Zeitung bist, in welcher in einer noch nie dagewesnen Art alles gedruckt wird. Man ist der Meinung, dass wenn der König alles von 1815 und 1820 bis aufs Haar bewilligt hätte, ohne diese nie versprochne Öffentlichkeit, er weniger gegeben hätte als jetzt durch diese. Übrigens sind die Sachen nur in dieser Zeitung zu lesen. Dulk[14]) steht immer mit 1. Die Loyalen sind böse, dass sie beim Druck der namentlichen Vota mit Nullen bezeichnet werden.[15])

. . . . . Durch den plötzlichen Tod der Hensel hat Berlin und insbesondere wir einen grossen Verlust erlitten; ich war ihr spezieller Anbeter.[16]) . . . . . . Ich weiss nicht ob ich Dir zu Deinen letzten Promotionen gratulirt habe; wo nicht, so geschieht es hiemit von ganzem Herzen.

Morgen Mittag werde ich wieder im Hotel de Russie, wo Beckerath wohnt[17]), einem grossen Diner mit Ständen beiwohnen. . .

Der König hat meine Dedication nicht gelesen; Humboldt hätte sie ihm vorgelesen, wenn der ihn betreffende Passus nicht darin gewesen wäre. Die Freude und der Dank, den er mir dafür bezeigt hat, haben mich vollständig entschädigt. Übrigens habe ich dadurch nur Deine höhern Befehle erfüllt, indem Du mir einmal auftrugst, Humboldt unsern Dank zu bezeugen.

Ich habe Fuss sehr viel Euleriana zu schreiben, komme aber zu nichts. Ich kann ihm sagen, wo sein Grossvater[18]) mütterlicher Seite jeden Tag in Petersburg gegessen hat, und kann in alle seine Familiengeheimnisse dringen. Denn J. A. Euler hat seinem Onkel Formey[19]) ein regelmässiges Tagebuch geschrieben, welches jetzt die Formeyschen Erben der hiesigen Königlichen Bibliothek geschenkt haben, von der ich die Briefe bei mir habe, sie aber noch nicht habe durchstudiren können.

10 [3] Dank für das kostbare Nass, das ich eben erhalte.

. . . . . Dein Dich herzlich liebender

Berlin d. 11.ⁿ Juni 1847 C. G. J. Jacobi

---

1) S. Leonard Jacobi, der älteste Sohn C. G. J. Jacobis, geb. 1832, wurde später Rechtsanwalt und Privatdocent (Prof.) an der Berliner Universität, gest. 1900; s. Näheres in A. Bettelheims Biograph. Jahrbuch, Bd. V (1903), p. 241 f.

2) Karl Biedermann, der einige Wochen zuvor (April 1847) in Berlin weilte, fand damals „die Theilnahmlosigkeit der Berliner Bevölkerung angesichts der Eröffnung des Vereinigten Landtags auffallend" („Mein Leben und ein Stück Zeitgeschichte" (Breslau 1886), Bd. I, p. 190).

3) Als Landtagsabgeordnete. — Der Landtag sollte ursprünglich am 5. Juni (1847) geschlossen werden, wurde jedoch erst am 26. Juni geschlossen.

4) Nobiling, s. S. 173, Anm. 8 zu Brief LX, sowie S. 148.

5) Alfred von Auerswald, geb. 1797, war 1830—1844 Landrat, gehörte 1847 dem Ersten Vereinigten Landtage an; 1848 war er vom 19. März bis 25. Juni Minister des Innern. Bezüglich der übrigen s. die folg. Anm.

6) Von den zuvor genannten Abgeordneten z. B. sind in dem Mitgliederverzeichnis in „Der Erste Vereinigte Landtag in Berlin 1847", Th. I, p. 733 ff. angegeben

Beckerath als „Banquier zu Krefeld" (vgl. Anm. 11 u. S. 157/8, Anm. 3)
Mevissen als „Kaufmann zu Dülken, Kreis Kempen" (vgl. Anm. 12)
Milde als „Kaufmann zu Breslau".

Über die weitere politische Laufbahn der genannten sei hier nur gesagt, dass Beckerath und Mevissen auch der deutschen Nationalversammlung als Mitglieder und ebenso beide dem Reichsministerium von 1848/49 und zwar ersterer als Finanzminister, letzterer als Unterstaatssekretär im Handelsministerium angehörten, während Milde Praesident der preussischen Nationalversammlung war und später der erste preussische Handelsminister wurde.

7) Auch Leopold v. Gerlach spricht in seinen „Denkwürdigkeiten (Bd. I (Berlin 1891), p. 128) von dem „subalternen Duesberg" und dem „schwachen Uhden."

8) Auch Bodelschwingh hatte zu dieser Frage ursprünglich eine etwas andere oder wenigstens nicht ganz klare Stellung eingenommen (s. „Der Erste Vereinigte Landtag in Berlin 1847", Th. III, Verhandl. nach den stenogr. Ber., p. 1397); gegen Ende der Debatte kam er jedoch nochmals „auf die unangenehme Materie der Bankscheine" zurück (p. 1409). Bezüglich der Einzelheiten, insbesondere der Ausführungen der beiden anderen Minister, sowie des Abg. Hansemann muss hier gleichfalls auf die stenogr. Ber. verwiesen werden.

9) Kabinetsordre vom 9. Juni 1847; s. an dem in vorstehender Anm. citierten Orte p. 1575.

10) Diergardt steht in dem in Anm. 6 citierten Mitgliederverzeichnis p. 740 als „Geheimer Kommerzienrath zu Viersen, Kreis Gladbach"; vgl. a. Varnhagen, Bd. II, p. 333; Bd. III, p. 62.

11) s. Hugo Kopstadt, „Hermann von Beckerath. Ein Lebensbild" (Braunschweig 1875), p. 9. — „Der Glaube an das Göttliche ist der letzte Grund

des Beckerath'schen Wesens", sagt R. Haym („Reden und Redner des ersten Preussischen Vereinigten Landtags" (Berlin 1847), p. 273).

12) Gustav Mevissen, 1815—1899, s. im übrigen Anm. 6. — „Ein Jünger der modernen deutschen Wissenschaft, so soll er uns diese vor Allem repräsentiren", so sagt R. Haym an dem in vorhergehender Anm. citierten Orte, p. 4 von Mevissen und schildert ihn, der sich autodidaktisch umfangreiche wissenschaftliche Kenntnisse erworben hatte, in seinen Anschauungen und seinen Reden als Jünger der Hegelschen Philosophie (l. c. p. 235 u. 227).

13) Friedrich Daniel Bassermann (1811—1855), der bald darauf (12. Febr. 1848) durch seine in der badischen Kammer gehaltene Rede, welche den ersten Anstoss zu einer deutschen Nationalversammlung gab, sehr berühmt wurde.

14) Vgl. S. 127. — In den Verhandlungen des vereinigten Landtags trat Dulk nicht hervor mit einer Ausnahme: er beantragte (6. Mai 1847) ein Amendement, das jedoch von verschiedenen Abgeordneten als unverständlich bezeichnet und abgelehnt wurde (s. „Der Erste Vereinigte Landtag in Berlin 1847", Th. I, p. 371 f.). Über Dulks politische Tätigkeit s. a. Falkson, p. 142 u. 145.

15) „Der besseren Übersicht wegen haben wir zur Bezeichnung des Ja und Nein bei den namentlichen Abstimmungen zwei verschiedene Zeichen, für jenes 1 für dieses 0, gewählt. — D. Red. der Allg. Pr. Ztg." Allgem. Preussische Zeitung [das offizielle Organ der Regierung], No. 156 v. 7. Juni 1847, 1. Beilage.

16) Fanny Hensel, geb. Mendelssohn, † 14. Mai 1847. — „Jacobi verehrt Dich, wie sich's gebührt, und hat gestern eine Rede über Deine Augen gehalten, ganz schwärmerisch", schrieb Rebecka Dirichlet an ihre Schwester Fanny Hensel (s. „Familie Mendelssohn", Bd. II, p. 221), und C. G. J. Jacobi schrieb (Berlin 1844, nach der italienischen Reise und kurz vor Übersiedelung seiner Familie von Königsberg nach Berlin) seiner Frau: „Am liebsten und meisten bin ich .... bei Hensels; sie spielt mir jedesmal, wenn ich da bin, eine Beethovensche Sonate vor, die man sonst gar nicht zu hören kriegt. Ich denke Du sollst Dich, da es ganz nahe bei uns ist, da auch manchmal erquicken, denn so allein ist es viel besser als in ihren Gartenconcerten. Unter seine Zeichnung von mir schrieb ich:

Auf verschlungnen Lebenswegen,
In dem bunten Weltgewühl,
Trat ich manchem frei entgegen,
Und floh bald das Maskenspiel.

Lasst in Eurem Kreis mich weilen,
Eurem kunstverklärten Reich,
Und, — muss ich von dannen eilen, —
Bleib' mein Schattenbild bei Euch."

Andererseits schrieb Fanny Hensel Ende 1846: „Jacobi's sind mir ein überaus angenehmer Gewinn; sein überlegener Geist zeigt sich in jeder Art, und da er uns gern zu haben scheint, benimmt er sich gegen uns auf's Liebenswürdigste; unter Anderm kann man nicht mit mehr Verständniss Musik hören, als er" (s. „Familie Mendelssohn", Bd. II, p. 364/5).

17) „Die rheinischen Liberalen hatten ihren Sammelpunkt (wenn ich mich recht entsinne) im Russischen Hof" — Karl Biedermann, „Mein Leben und ein Stück Zeitgeschichte" (Breslau 1886), Bd. I, p. 188.

18) Joh. Alb. Euler. — Nicolaus Fuss (1755—1826), der Vater des im Brief genannten P. H. Fuss (1797—1855), war der Schwiegersohn von Joh. Albert Euler (1734—1800) gewesen.

19) Formey, 1711—1797, der bekannte langjährige Sekretar der Berliner Akademie.

LIV. Berlin, 1847. VII. 3.

Berlin 3^{n} Juli 1847

Liebster Moritz

— — — — — — — — — — — — — — — —

Das Fieber des Landtages ist nun vorüber.[1]) . . . . . .

— —

. . . . . Vincke ist wohl das erste Talent, ohne Phrasen in parlamentarischen Formen, allezeit paukfertig dringt er mit unerbittlicher Dialektik gerade auf die Sache ein und reisst allen Widerstand nieder.[2]) . . . . . Meine Frau ist leider um den interessantesten u. liebenswürdigsten, Hrn. v. Beckerath[3]) gekommen; wir assen gerade bei Peter zu Mittag . . . . ., als er uns zum Abschied besuchte. Ich habe neulich bei einem Diner von etwa 100 Personen mit vielen Ständen durch einen Toast, den ich Dir auf dem andern Blatte abschreibe, überaus grosses Furore gemacht, und die durch die akademische Angelegenheit compromittirte Gelehrtenehre gerettet. Heinrich[4]) weinte 14 Tage lang vor frommer Rührung darüber; Poggendorff sagte in seinem Enthusiasmus zu Böckh die Grobheit, ich hätte seinen Brief[5]) wieder gut gemacht. Der Hr. v. Rath[6]), ein immens reicher rheinischer Stand, antwortete mit den Worten „Der beredte Redner den wir leider nicht da gesehen haben, wo er hingehört, etc.“ Der Toast folgte Beckeraths, was schwer ist.

— —

Dein J.

Meine Herren von den Ständen!

Ihre Wiege hat neben dem Webstuhle der Zeit gestanden.* Sie haben ihr mächtiges Sausen vernommen, Sie haben sich gross gesogen an ihren Gedanken, und sich zu tüchtigen Werkleuten herangebildet. Es ist Ihnen jetzt beschieden worden, Zeugniss abzulegen von dem Geiste, welcher Sie beseelt; die Gedanken der Zeit auch auszusprechen. Sie haben dies gethan. Sie haben dies gethan mit männerehrendem Muthe. Sie haben es gethan mit patriotischem Herzen, mit dialektischer Schärfe, in künstlerischer Form, mit poetischem Feuer.

Meine Herren!

Als der liebe Gott den zehnjährigen Grundbesitz**) austheilte, hat er die Preussischen Gelehrten vergessen. (Ungeheure Explosion von Applaus, der den Redner lange nicht fortfahren liess.) Aber wenn wir auch nicht zu Ihnen gehören, bleiben Ihnen treu und warm die Sympathien der Wissenschaft. Die Wissenschaften brauchen und lieben die Zurückgezogenheit; sie werden leicht eingeschüchtert von dem Lärm der materiellen Interessen. Sie haben die schöne, grosse und schwere Aufgabe gelöst, die materiellen Interessen zu vergeistigen, sie mit idealem Hauch zu veredeln. Und so darf ich mein Glas erheben, und Sie bitten, mit mir anzustossen

auf die gegenseitige Durchdringung der geistigen und materiellen Interessen in dem ersten grossen preussischen Parlament.

* Anspielung auf Beckeraths schöne Worte auf Vinckes Pochen auf die durch seine Ahnen erworbnen Rechte: „meine Wiege hat neben dem Webstuhle meines Vaters gestanden.“ 7)

** Erforderlich zur Wahl.

1) s. Anm. 3 des vorhergehenden Briefes.

2) Ähnlich wird Vinckes parlamentarische Tätigkeit auch sonst charakterisiert, z. B. von Robert v. Mohl, der („Lebenserinnerungen“ (1902), Bd. II, p. 51/52) von ihm als Mitglied der Frankfurter Nationalversammlung u. a. sagt: „Auch der Gegner musste anerkennen, dass sein Wissen gründlich und ausgebreitet, seine Ansichten durchdacht, seine Auffassungen staatsmännisch seien. Aber nicht dies machte ihm seine Stellung und seinen Ruhm, sondern seine unbarmherzige Kriegführung. Hier war er denn unübertrefflich. Ausgerüstet mit einem staunenswerten Gedächtnisse, welches treu alle Sünden der Gegner bewahrte, und wären der noch so viele gewesen, mit beissendem Witz und mit der Gleichgültigkeit des Wundarztes gegen die Schmerzen der Operierten, nahm er Mann für Mann in rascher Reihenfolge und mit einer kaum verfolgbaren Schnelligkeit der Sprache vor Im Handumdrehen war einer abgethan, beiseite geworfen und der nächste schon unter dem Messer. Schreien half da nichts, und die Streiche drangen um so tiefer, als es keineswegs leere Possenreisserei war, sondern tiefer Ernst zu Grunde lag. Die Ehrenhaftigkeit des Mannes war so gross, dass selbst die von ihm Mitgenommenen — und er verschonte keine Seite — ihm nicht leicht grollten.“ — Treitschke nennt Vincke („Deutsche Gesch. im Neunzehnten Jahrh.“, Th. V (1894), p. 621) „den grössten aller Parlamentsredner der preussischen Geschichte.“

3) Über Beckerath vgl. S. 153 u. 154/5 Anm. 11; ferner etwa R. v. Mohl, „Lebenserinnerungen“ (1902), Bd. II, p. 56 u. 89 f., sowie Heinr. Laube, „Das erste deutsche Parlament“ (Lpz. 1849), Bd. II, p. 77. — Da die beiden hervorragendsten Oppositionsführer, Vincke und Beckerath, hier und weiter unten neben einander genannt sind, so darf zu ihrer Charakteristik einiges aus einer von R. Haym („Reden und Redner des ersten Preussischen Vereinigten Landtags“ (Berlin 1847), p. 279—282) zwischen beiden gezogenen Parallele hier Platz finden: „An Wirkung vielleicht kömmt Beckerath's Auftreten dem von Vincke nicht gleich ..... An politischer Bedeutung steht Vincke, an sittlicher Beckerath höher; wir bewundern jenen und wir lieben diesen. ..... Der Eine voll tiefen Gemüths, der Andre voll scharfen Verstandes ..... Vincke ist der Mann der Historie, Beckerath der Mann der Idee ..... Vincke pocht überall auf das Recht, aber Beckerath geht vor Allem auch auf das Wesen, auf den Begriff einer ... Verfassung etc. ein. Vincke überall bestimmt und scharf und unbedingt, Beckerath milde auch wo er entschieden, unbedingt nur in der Tiefe der Überzeugung, in der Begeisterung der Wahrheit, aber nicht

unbedingt im Aufstellen, im Behaupten und Fordern ..... Jetzt trivial und jetzt erhaben ist Vincke's, immer edel, oft wahrhaft schön ist Beckerath's Ausdruck."

4) Heinrich Rose, der schon mehrfach erwähnte bekannte Chemiker, 1795—1864.

5) Böckh hatte das Entschuldigungsschreiben verfasst, das die Berliner Akademie der Raumerschen Rede wegen (s. S. 151, Anm. 10) an den König richtete (s. den Wortlaut z. B. bei Harnack, p. 709). Hierüber sagt Harnack p. 709/710: „Ton und Haltung dieses Schreibens befriedigen nicht ..... Nicht vergessen darf man andererseits, dass die Akademie ihr Schreiben als ein nur für den König bestimmtes betrachtete und natürlich Manches anders gefasst haben würde, wenn sie geahnt hätte, dass das Schriftstück an die Öffentlichkeit kommen werde: das Verhältniss, in welches sich der König als Protector zu ihr gesetzt hatte, war in der That ein so huldvolles und enges, dass sie ihrer Entschuldigung einen lebhaften Ausdruck geben musste. Dabei ist sie aber zu weit gegangen." Abschriften des Briefes hatte die Akademie den Ministern Eichhorn und Savigny übersandt, von denen der erstere das Schreiben in den Zeitungen publizieren liess, um den Lobreden der liberalen Presse auf Raumer ein Ende zu machen; Raumer hatte nämlich selbst der Akademie für ihre Behandlung der Angelegenheit seinen Dank ausgesprochen. Jetzt erhob sich in der Presse ein Entrüstungssturm gegen die Akademie, und manche Akademiker wurden gewahr, dass man jenes Schreiben doch vielleicht überstürzt und manches besser anders gefasst hätte (Harnack, p. 711), dass man sich also von Böckh gewissermassen hatte überrumpeln lassen.

6) Peter v. Rath, Rittergutsbesitzer zu Lauersfort (Kreis Geldern) nach: „Der Erste Vereinigte Landtag in Berlin 1847", Th. I, p. 740.

7) Der Abg. Freih. v. Vincke sagte am Schluss einer Landtagsrede vom 31. Mai 1847: „Ich erinnere mich mit gerechtem Stolze, dass meine Vorfahren den Acker des Rechtes seit vielen hundert Jahren gepflügt und demselben viele köstliche Früchte abgewonnen haben, werthvoller, als die materiellen Güter dieser Erde" (s. „Der Erste Vereinigte Landtag in Berlin 1847", Th. III, p. 1136), wobei das Bild von dem Pflügen des Rechtsackers einerseits durch ein vorher von demselben Redner citiertes Wort Friedrich Wilhelms IV. veranlasst war, andererseits eine Anspielung auf das Wappenbild der Vinckes — eine Pflugschar — enthielt. In der Sitzung vom 4. Juni 1847 kam der Abg. v. Beckerath hierauf zurück mit den Worten: „Ich kann mich nicht, wie von dieser Stelle ein Mitglied der Ritterschaft von Westphalen gethan hat, auf meine Vorfahren berufen, — ich ehre das Gefühl, mit dem er es gethan hat, — ich meinestheils habe keine lange Reihe von Ahnen aufzuzählen, meine Wiege stand am Webstuhl meines Vaters; aber ich habe deshalb nicht einen geringeren Antheil an der grossen Errungenschaft unseres Volkes von meinen Vätern geerbt, und ich fühle, dass der Zeitpunkt gekommen ist, diese unschätzbaren Güter auf immer zu sichern" (l. c., p. 1387).

LV. Petersburg, 1847. X. 7.

St. Petersburg den $\frac{25^{\text{ten}}\text{ September}}{37\text{'' Septbr.}}$ 1847.

Theuerster Jacques,

— —

Ich war den ganzen Sommer über verstimmt, und bin es zum

Theil noch. Warum? weiss ich eigentlich nicht genau zu sagen. Auch will es mit den Arbeiten nicht recht vorwärts. Am 21. Septbr. a. St. also gerade 12 Tage nach meinem Geburtstage, trat hier ein furchtbarer Schneefall ein und vernichtete einen grossen Theil der noch mit ungewöhnlich frischem Laube bedeckten Bäume. Dicke Stämme sind auf eine mir unerklärliche Weise zertrümmert worden. Seitdem haben wir schon 2—3^0 Kälte. Eine hübsche Aussicht wenn das so fortgeht. Man muss daran denken sein Haus zu bestellen. Die Cholera nährt sich schon mit raschen Schritten dem moskowischen Gouvernement, und wird wenn sie dieses erreicht hat, auch bald hier sein.[1]) . . . . . Man scheint diesesmal das Kind mit dem Bade auszuschütten, da gar keine Quarantänen angeordnet sind. . . . . . Leider sind die Aerzte keine Physiker und blind gegen unwiderlegliche Facta. Dass sie sich miasmatisch fortpflanzt, so dass das kranke Individuum gewissermassen das Laboratorium bildet wo sich das Miasma erzeugt, scheint unzweifelhaft; eben so, dass die Seuche, eine, durch irgend einen atmosphärischen Einfluss veranlasste allgemeine Praedisposition vorfindet. Es lassen sich beinah überall die Individuen namhaft machen durch welche die Seuche verschleppt worden ist. Ein krankes Individuum kommt nach einem bisher völlig cholerafreien District und stirbt dort. Den Tag oder ein Paar Tage darauf, stirbt jemand in derselben Strasse an derselben Krankheit und so geht es weiter und weiter. Die in diesem Jahre schnellere Verbreitung rührt auch wohl daher, dass seit 1831 die Lebhaftigkeit der Communication ausserordentlich zugenommen hat. . . . . . Da damals sogar der „abstracte Begriff“ [2]) der Cholera unterlag, so ist wohl überhaupt an kein Aufhalten zu denken. Lassen wir übrigens Cholera Cholera sein und sprechen von etwas anderm. Struve behauptet, unfehlbar würde Encke im nächsten Jahre hierherkommen.[3]) Ich küsse Dir die Füsse und bitte Dich „komm mit“[4]). In höchstens drei Tagen kannst Du von Deiner Stube in meiner sein. Mache uns alle glücklich und komm. Versprich uns wenigstens Du wollest kommen; wir können dann wenigstens in der Hoffnung leben und das ist auch etwas.

— —

. . . . . Poggendorff fängt schon wieder an persönlich zu werden.[5]) Siehe Heft No. 7 p. 393 (Astronomer Royal ist ein Titel und hat wohl nicht die aristocratische Bedeutung die P. ihr unterlegt. So etwas ist kleinstädtisch.) . . . . . Du hast es mit Annette verdorben, weil Du einmal geschrieben Nicola[6]) habe eine geistvolle und keine slavische Physionomie[7]). Leiste Abbitte!

Lebe wohl lieber Bruder
Dein
M. H. Jacobi

1) Nach Haeser, „Geschichte der Medicin", 3. Bearb., Bd. III (Jena 1882), p. 832 brach die Cholera in Petersburg am 17. Okt. 1847 aus.

2) Hegel erlag bekanntlich 1831 der Cholera.

3) Diese Reise ist nicht ausgeführt; bald darauf trat — für einige Jahre — eine geringe Entfremdung zwischen Encke und Struve ein (s. das Ende des nächsten Briefes und auch Brief LVII, sowie Bruhns, „Encke", p. 303—305).

4) s. S. 89, Anm. 9.

5) Poggendorff reproduzierte in seinen Annalen f. Phys. u. Chem., Bd. 71 (1847), p. 393ff. (7. Heft des Jahres 1847) in deutscher Übersetzung eine Polemik zwischen Brewster und Airy aus dem Philosophical Magazine, Ser. III, Vol XXX und setzte zu der Stellenangabe des Artikels von Airy hinzu, dass dessen Überschrift im Original „ächt aristokratisch wörtlich so lautet: The Astronomer Royal on Sir David Brewster's New Analysis of Solar Light." Der Artikel Airys hat jedoch die Form eines an die Herausgeber des Blattes gerichteten Briefes und die Überschrift war dem Artikel wohl von den Herausgebern, eventuell sogar von dem an erster Stelle unter ihnen stehenden Brewster selbst, gegeben. — Moritz J. scheint allerdings andererseits gegen Pogg. etwas voreingenommen gewesen zu sein (vgl. a. Brief LVII, S. 166). „Sage mir nur, was hast Du denn stets mit Poggendorff vor? Können sich denn nicht zwei Männer auf Einem Felde bewegen, ohne sich stets mit dem Ellbogen zu stossen? So eng sind denn doch die Standpunkte nicht", schreibt Peter Riess an M. H. Jacobi („Berlin, $\frac{3}{-9}$ October 1842").

6) Der schon S. 59 Anm. 21 erwähnte dritte Sohn Moritz Jacobis, geb. 1839, gest. 1902 in Tsarskoïe-Sselo als Geheimrat und Senator.

7) Die betreffende, hier nicht abgedruckte Stelle aus Brief LIII lautet: „Das Gesicht sticht unter den Slavischen Physiognomien ganz besonders durch seine feine Intelligenz ab."

LVI. Berlin, 1847. X. 20.[1])

Liebster Moritz,

Ich habe lange und viel darüber nachgedacht, um einen Ausdruck Annettes, den mir Mutter aus Ihrem Briefe mitgetheilt, zu verstehen. Endlich schien es mir, ich müsse mich in einem frühern Briefe, wo ich von Eurem lieben Colas sprach, verschrieben haben. Ich hatte darin seine geistvolle ächt slavische Physiognomie gerühmt. Du weisst, dass die Tartaren lange Zeit Russland erobert und beherrscht haben, und ihr Blut oft mit dem rein slavischen vermischt worden ist. Daher pflegte Napoleon zu sagen: Quand on gratte le Russe, vient le Tartare. Darum erfreut es das Herz, wenn man wie bei Annette und Colas das schöne slavische Ideal einmal ganz rein ausgeprägt findet. Noch neulich kam mir von dem berühmten Honoë Wronsky ein Prachtwerk von ungeheurer Ausdehnung, le Messianisme[2]) betitelt, zu Gesichte, worin er nachweist, dass bei der Verbildung aller übrigen Nationen der reine Slave von der Vorsehung bestimmt sei, das absolut vollkomne Volk darzustellen. Bis dahin sei es aber nöthig, vorläufig alle Wissenschaften fertig zu machen, was er mit der Mathematik und einigen andern Wissenschaften gethan habe. Der erste erschienene Band enthält die fertige Mathematik. . . . . . Was ich geschrieben haben kann, ist mir rein unerklärlich, denn ich wollte meine Verehrung und Anbetung ausdrücken, und so waren, wenn die Feder gefehlt haben sollte, meine Gedanken loyal.

— — — — — — — — — — — — — — — — — — — —

Was Du mir von Ostrogradsky's gütiger Meinung über meine Abh. über den neuen Multiplicator[3]) geschrieben[4]), hat mich im höchsten Grade gefreut. Es giebt Arbeiten, die so stofflich wichtig sind, dass dies jedes Kind einsieht. Hier aber besteht das Interesse in der Durchführung eines einfachen Gedankens durch die ganze Mathematik; worüber man denken sollte dass kaum $\frac{1}{2}$ Bogen geschrieben werden könnte, darüber sind 22 gedrängte und lehrreiche Bogen geschrieben, die alle diesen einfachen Gedanken behandeln. Es steckt eine ungeheure Arbeit darin, denn so etwas muss auch gut dargestellt werden, während ein Gedanke, der eine grosse Erfindung ist, grob und ungeschlachtet hineinplatzen kann wie er will. Wir haben auch in diesem groben Genre oft nur wenige Zeilen geschrieben, die Überschriften neuer Disciplinen geworden sind. Hiezu bildet nun jene Abhandlung den reinen Gegensatz, und ich hatte nicht erwartet, dass sich dafür der feine Kenner finden würde, der nöthig ist, um auch so etwas breites zu schätzen.

. . . . . Ich beabsichtige diesen Winter zu lesen, nachdem ich zwei Semester pausirt. Deine Liebe, die sich in Deiner Aufforderung nach Petersburg zu kommen, so warm ausspricht, hat mich tief gerührt. Dass Encke hinkommen wird, glaube ich nicht. Er hat gegen die A. Stellaire[5]) eine sehr lange Abh. geschrieben, ich weiss aber nicht ob er sie drucken wird. Die A. St. scheint zu mädlisiren; man baut die abertheuerlichsten Hypothesen auf einander und sagt dann, alles aus den Beobachtungen allein. Das kommt davon, wenn Bessel stirbt.

Dein Dich herzlich liebender Bruder C. G. J. Jacobi.

— —

1) Ohne Datum; Poststempel: Berlin. 21/10. 7—8 M.

2) Hoëne Wronski, „Messianisme ou Réforme absolue du savoir humain", t. I (Paris 1842) [mir nicht zugänglich].

3) s. S. 85 Anm. 2.

4) Die betr. Mitteilung ist nicht mehr vorhanden.

5) W. Struves „Études d'Astronomie stellaire" (Petersburg 1847). — Enckes Abhandlung erschien in den Astron. Nachr., Bd. 26, No. 622 v. 10. Jan. 1848, col. 337—350. Encke urteilt dort ähnlich wie der obige Brief.

LVII. Petersburg, 1848. II. 13—19.

St. Petersburg 1/13 Febr 48.

Lieber Jacques,

Im November 1846 hatte ich der Classe einen Aufsatz[1]) vorgetragen, dessen vollständige Redaction, erst im November 1847 beendigt worden ist. Dieses einfache Factum diene Dir zum Belege, entweder meiner Nachlässigkeit oder meines Mangels an Musse, oder was am sichersten ist, einer abwechselnden Einwirkung dieser beiden mächtigen Potenzen. Wenn Lust, dann keine Musse; wenn Musse — dann keine Lust. Ersteres ist aber, besonders seit dem Herbste v. J. in überwiegendem Maasse der Fall. Die practischen Ansprüche[2]) die von vielen Seiten an mich gemacht werden, haben sich seitdem ausnehmend gehäuft und sind um so unabweisbarer, als oft zugleich wissenschaftliche Untersuchungen damit verknüpft sind, die mir auf dem Wege liegen. Ich kann Dir dieses, ohne zu weitläuftig zu werden nicht näher auseinander setzen, finde aber immer bei der Gelegenheit, dass der Mensch ein recht ärmliches Subject ist, weil er, seitdem er existirt, und das ist doch schon eine geraume Zeit her, so ausnehmend wenig fertig zu machen d. h. in bestimmte unveränderliche Regeln zu bringen gewusst hat. So wie etwas gebraucht wird und nöthig ist, ist es nicht da, muss erst discutirt oder vom abc her entwickelt werden, und weil das zu viel Zeit kostet, muss man sich gewöhnlich mit halben Resultaten begnügen. So geht es nicht allein in der Wissenschaft und Technik, sondern besonders auch da, wo die Menschen ihr Verhältniss unter sich und zu der Natur auf irgend eine Weise zu reguliren haben. Es wird z. B. von mächtiger Civilisation gesprochen während Irland und Schlesien durch Hunger decimirt werden. Ich glaube wirklich die verachteten Chinesen* haben den Vorzug vor uns, manches was bei uns noch schwebt in bestimmte seit Jahrtausenden sich bewährt habende Formeln gebracht zu haben. Die Mathematik ist wohl das einzige, bei dem das bischen was sie hinter sich hat, wenigstens fertig ist z. B. die Regula de tri, die elliptischen Transcendenten u. s. w. — Das Resumé dieser Diatribe gegen die gesammte Menschheit, ist eigentlich mein persönlicher Unwille, dass wenn ich etwas machen will oder soll, sei es auch nur ein Hufeisen mit Drath bewickeln, erst grosse Untersuchungen angestellt werden müssen, wie es am besten zu bewirken sei, bei welchen Untersuchungen, das Unbedingte keineswegs zum Loche herauskommt, sondern sich gewöhnlich immer tiefer und tiefer verbirgt. Aus diesem verdrüsslichen Grunde also, habe ich Dir so lange nicht geschrieben, den herzlichsten Glückwunsch zu Deinem Geburtstage versäumt, den Glückwunsch zum neuen Jahre ungebührlich verzögert. Sind nun am Schlusse des Jahres immer eine Menge formeller Geschäfte abzumachen, Berichte zu schreiben, Rechnungen zu ordnen u. s. w.; ist ausserdem Petersburg ein Ort, wo sich mehr als vielleicht irgendwo die Zeit zersplittert und in Formalitäten auflöst, so sind dieses alles weitere Gründe meines langen Stillschweigens, Gründe denen eine relative Geltung zugestanden werden muss. Absolute Entschuldigungen sind aber die Nothwendigkeiten, französische Romane (deutsche giebt es nicht mehr) lesen, die Theater und Gesellschaften besuchen, und sein Geld am Spieltisch riskiren zu müssen. . . . . . .

— —

Nimm also, für meine Rechnung regelmässig, von jetzt angefangen 1/4 Loos . . . Schreibe mir aber unter keiner Bedingung die Nummer, weil ich mich zu sehr über die Schlangenwindungen ärgere, welche gewisse Zahlen (Nieten genannt), mit äusserster Kunst machen, um ja nicht auf Gewinnste zu stossen. Hast Du einmal eine Zahl gewählt, welche so ungeschickt war, in die Hände des Ziehenden zu fallen, so schreibe es mir.

An dem scherzhaften Missverständnisse in Betreff Nicola's Physionomie, war eigentlich ich Schuld, da ich statt ächt slavisch, nicht slavisch gelesen hatte.[3]) Bei solchen wichtigen Dingen muss man immer recht deutlich schreiben. Indessen ist meine liebe Annette

* bei den Chinesen sind auch die Hungersnöthe organisirt und in ein System gebracht, nicht um ihnen zu steuern sondern sie zu fördern, weil dadurch das Uebermaass der Bevölkerung vermieden wird.

jetzt versöhnt und wird Dir nächstens schriftliche Zeichen des geschlossenen Friedens übersenden. . . . . .

— —

. . . . . Mein Verhältniss zur Kunst existirt nur noch wie ein Stern in dämmernder Nacht. Tief war es übrigens nie, weil ich nur bei den Elementen stehen geblieben bin. In den plastischen Künsten, Bildhauerkunst, Malerei interessirt mich weniger Form, Zeichnung und Colorit als das Motiv; in der Musik die Melodie. Die italienische Oper hierselbst besuche ich selten. Den Besuch des Don Juan aber, der immer auch einmal im Jahre gegeben wird, betrachte ich wie eine Art Gottesdienst, obgleich die Italiener diese Musik nicht zu singen verstehen. . . . . .

Warum schreibst Du an Struve immer in einem so gespreizten Curialstyle, der gewissermassen beleidigend ist. Unter uns nehmen wir von so etwas keine Notiz. Gäbest Du nicht so viel auf Titulaturen, und fürchtete ich nicht Deine Vorwürfe wenn ich es verschwiege[4]), so würde ich Dir gar nicht einmal schreiben, dass auch Herr von Baer neulich das Praedikat Excellenz erhalten hat. Ostrogradski besitzt es schon längst.[5]) — Unterm Siegel der tiefsten Verschwiegenheit vertraue ich Dir, dass am Pulkowaer Himmel, wegen Besetzung der 2ten Astronomenstelle[6]), schwere Zerwürfnisse Statt gefunden haben, die obwohl gegenwärtig applanirt, doch von spätern Folgen sein dürften. Bist Du klug, so lege Dir den Brief den St. Dir neulich schrieb und den er mir vorlas, gehörig zurechte. Ich dachte dabei an Talleyrands berühmtes Dictum „que dieu nous a donné la parole pour deguiser nos pensées.[7]) Struve wird auf Encke's Erwiederung repliciren.[8]) Ich glaube es ist ein Streit de lana caprina. Struve legt seinen Beobachtungen und den Folgerungen die er daraus zieht den Werth bei, dass seine Resultate eine grössere Wahrscheinlichkeit besitzen als die Herschelschen. Encke aber meint diese Resultate wären noch nicht wahrscheinlich genug um in populaire Schriften aufgenommen werden zu dürfen. Die Frage ist daher sehr relativ. Die Astronomen haben es übrigens vortrefflich verstanden sich in die Meinung des Publicums als untrüglichste Orakel einzuschmuggeln. Frägst Du den Publicus, so redest Du ihm nicht aus, dass die Welt bis auf Fusse, Zolle und Linien richtig vermessen worden ist. Die Haupteinschmeichelung kommt wohl daher, dass die Astronomen zugleich den Kalender machen und namentlich die Osterfeiertage bestimmen. . . . . . Sage doch an Poggendorff ich wunderte mich nicht darüber dass er meinen letzten Aufsatz nicht aufgenommen habe[9]), obwohl ein vielleicht interessanter Auszug daraus hätte gegeben werden können. Aus diesem Aufsatze mögen übrigens die Herren ersehen, dass meinen practischen Arbeiten der Geist der Wissenschaftlichkeit und Gründlichkeit keineswegs fremd ist, zugleich aber auch mit wie grossen Schwierigkeiten ich dabei zu kämpfen habe. Wer ruhig im Zimmer sitzt und alles aburtheilen zu können glaubt, dem rufe ich zu „hic Rhodus, hic salta". Was ich durchzumachen habe und bereits durchgemacht habe, macht mir sobald keiner nach. Das sage ich Dir im Vertrauen, mit der Bitte es nicht weiter zu sagen, weil die andern denken könnten es sei eine Prahlerei. Aber in der That ist es ein ungeheurer Unterschied, etwas zu wissen und etwas zu thun und im Kampfe mit den verschiedenartigsten Elementen die das zu machende von allen Seiten attakiren und stören dennoch Sieger zu bleiben. Versuche von denen sehr viel abhängt, deren Berechnung auf einer Messerschneide schwebt, in Gegenwart Allerhöchster Personen, mitten im bewegten brausenden Meere, mit eben der Sicherheit und Ruhe anzustellen[10]), als geschähe es im einsamen Laboratorio, ist keine Kleinigkeit. Grossfürst Michael fühlte mir während derselben den Puls um zu sehen ob er etwas fieberhaft schlüge. Aber mir geht es mitunter wie dem Spieler der ganz ruhig sein va banque ruft. Die Emotionen in beiden Fällen mögen sich ziemlich gleich und sowohl bei mir als bei jenem ein gewissermassen nothwendiges Bedürfniss sein.

Aus der Liste der Correspondenten der Wiener Academie[11]) wirst Du ersehen haben, dass unsere Academie hierbei völlig ignorirt worden ist. Ich hatte eigentlich darauf gerechnet, mein Freund Ettingshausen[12]) würde mich nicht vergessen, aber es scheint dieses Ignoriren eine vorher bestimmte feindselige Demonstration sein zu sollen, veranlasst durch einen frühern, überaus heftigen und von vielen Mitgliedern unserer Academie gemissbilligten Streit zwischen Herrn von Hammer[13]) und unseren Orientalisten namentlich Schmidt und Fraehn.[14]) Ich kann solche Repressalien nur billigen wenn sie bewiesen dass in der neuen Academie viel esprit de corps herrsche. Vielleicht ist [es] aber nur eine servile Furcht vor Hammerschlägen. Wenn es nach mir ginge würde natürlich unsere Academie in keinerlei Verkehr mit der wiener treten, und ich werde wahrscheinlich deshalb nächstens einen förmlichen Antrag machen, schon um meinen, durch Huguenel in mich gepflanzten Corps-Geist zu retten. So konnte wohl Cato nie dringender die Zerstörung Carthago's beantragen, als ich, die allgemeine Anerkennung des Verschisses in welchen ich Deutschland aus eigner Machtvollkommenheit gethan habe. In Bezug auf Berlin verstärkt sich, Poggendorff sei Dank, meine Parthei fast täglich und es bedarf nur Eurerseits noch einiger Infamieen, die hoffentlich nicht ausbleiben werden, um uns das Uebergewicht zu verschaffen. So ist schon in Lenz, die Milch seiner frommen Denkart in gährend Drachenblut[15]) verwandelt worden. Wenn ich nun nach dieser hostilen Manifestation Dir sagte, dass ich mir aus der Anerkennung des Auslandes nichts machte, so würde ich Dir einen wohlfeilen Witz, vom Fuchse und von der Weintraube in den Mund legen. Aber ich bitte Dich zu bedenken, ob denn solche Anerkennungen wirklich den Werth haben, den man ihnen beilegt; ob nicht Zufall, Local und andere Verhältnisse, eine mehr oder weniger freundlich oder feindlich gesinnte Journalistik u. s. w. nicht bedeutend ihre Hände dabei im Spiele haben? Der Nachwelt wird es schwer werden, schwerer wie je, werden zu unterscheiden das was der Mann war, von dem was er galt, weil jetzt, so vielfach sich bemüht wird, die Geschichte schon in ihren Quellen zu vergiften. Hauptsache bei allen Bemühungen bleibt immer sich selbst und den strengen Richter in sich zu befriedigen; das Problem das man sich gestellt hat, oder zu dem man durch Instinct geführt worden, zu lösen oder seiner Lösung nahe zu kommen. Drucken muss man freilich lassen, schon um die einzelnen Theile vor sich selber zu begrenzen und abzuschliessen um nicht in's Unbegrenzte zu zerfliessen.

— — — — — — — — — — — — — — — — —

Zu Dove's schöner, die Faraday'sche umkehrende Entdeckung[16]), meinen herzlichsten Glückwunsch. Nur Dove konnte es einfallen und gelingen durch abgelenktes polarisirtes Licht Electromagnete hervorzubringen. Ich sehe einer Zukunft entgegen wo mächtige Maschinen nur durch a piece of heavy glass[17]) getrieben werden.

— — — — — — — — — — — — — — — —

Es sieht ja wieder sehr unruhig in der Welt aus. Ich glaube überhaupt dass das Jahr 1848 ein verhängnissvolles sein wird, Cholera, Komet, Krieg, eine grosse Entdeckung in der Wissenschaft, Ludwig Philipps Tod. Alles das weil es ein Schaltjahr ist. Nun man muss die Ohren steif halten.

— —

Dein Dich herzlich liebender Bruder

Moritz

Geschlossen den 7/19 Febr.! . . . . .

1) Nr. 60 des Schriftenverz., vorgel. 27. Nov. 1846 (a. St.), abgedruckt in der am 16. Febr. 1848 ausgegebenen Nummer des Bulletin.

2) Die Berichte über die Sitzungen der Petersburger Akademie in deren „Bulletins", um nur die Aufträge von Seiten der Akademie zu erwähnen, legen Beweis ab von den vielerlei „Rapports", die M. H. Jacobi über wissenschaftlich-technische Fragen zu erstatten hatte; vgl. a. das Schriftenverzeichnis, sowie ferner Iljin, p. 25 f.

3) Vgl. jedoch S. 160, Anm. 7; s. a. ibid. Anfang von Brief LVI.

4) Mit dieser wohl scherzhaft zu nehmenden Bemerkung spielt M. H. Jacobi möglicherweise an auf einen in diesem Buche fortgelassenen Passus aus dem Brief No. XX (1. II. 1839), wo C. G. J. Jacobi schreibt: „Baers Schwester schrieb hierher, er sei Staatsrath geworden, doch erwähnst Du davon nichts."

5) s. Bull. scient., t. IX, No. 195, ausgeg. 6. Juni 1841 (a. St.), col. 44. In einem Brief aus damaliger Zeit (s. S. 83) erwähnt C. G. J. Jacobi dies auch bereits.

6) Otto v. Struve, ein Sohn des Direktors der kaiserl. Haupt-Sternwarte in Pulkowa Wilhelm v. Struve, war — anscheinend zu Anfang des Jahres 1848 — „zweiter Astronom" der Sternwarte geworden, während er bis dahin eine der Observatorenstellen inne gehabt hatte. Der 2. Astronom, der Vertreter des Direktors im Behinderungsfalle, wurde nach § 12 des „Règlemens de l'Observatoire astronomique central" auf den Bericht des Direktors hin von der Akademie unter den 4 Adjunkten gewählt und vom Minister bestätigt (s. Recueil des Actes de la séance tenue le 29 décembre 1838, p. 63 ff.). Ursprünglich war nun die Reihenfolge der 4 Adjunkten bei der neubegründeten Sternwarte die folgende: G. Fuss, G. Sabler, O. Struve, Chr. Peters (vgl. Recueil des Actes de la séance tenue le 29 décembre 1839, p. XI, sowie ibid. Compte rendu pour l'année 1838, p. 15 und C. R. pour l'année 1839, p. 10, sowie Bull. scient., t. V, col. 192; t. VI, col. 64 u. 192). Nach einer Tagebuchnotiz M. H. Jacobis v. 8 April 1840 sagte W. Struve, Georg Fuss sei einer, der das Unglück habe, mit zwei linken Händen geboren zu sein.

7) s. etwa Büchmann, „Geflügelte Worte", 20. Aufl. (1900), p. 509.

8) Eine Replik Struves ist anscheinend nicht erfolgt; s. jedoch den in dieser Angelegenheit zwischen ihm u. Encke geführten Briefwechsel bei Bruhns, „Encke", p. 303—305.

9) s. S. 137 Anm. 1.

10) C. G. J. Jacobi schreibt (Mai 1839) von Potsdam aus seiner Frau: „Dove hatte einen grossen Brief von Moritz durch Gelegenheit erhalten ..... Moritz beschreibt nach seiner gewohnten Art sehr ergötzlich seine Verzweiflung und seine Leiden auf dem Schiff, wenn alle Schwefelsäure verschüttet wird, alle Gefässe lecken, der dumme Mechanikus rathlos steht, dazu Regen u. Sturm und ein auf das Gelingen wartendes Publicum."

11) Die Wiener Akademie wurde durch Patent vom 30. Mai 1847 gestiftet. Unter allen bei ihrer Begründung ernannten Ehren- und korrespond. Mitgliedern beider Klassen findet sich kein Gelehrter aus Russland (s. Sitzungsber. der kaiserl. Akad. der Wissensch., Bd. I (1848), 1. Heft, p. 39—42). C. G. J. Jacobi gehörte neben Encke, Bunsen, Poggendorff, Wilh. Weber, Steinheil, Melloni u. a. zu den korrespondierenden, während Gauss, Berzelius, Faraday, Humboldt, Liebig u. a. zu Ehrenmitgliedern ernannt waren.

12) v. Ettingshausen war General-Secretär der neugegründeten Akademie (s. Sitzungsber. l. c. p. 6). Über seine Beziehungen zu M. H. Jacobi vgl. z. B. Bull. phys.-mathém., t. III (1845), col. 288; vgl. a. ibidem t. IX (1851), col. 307.

13) Joseph Frhr. von Hammer-Purgstall, der berühmte Orientalist, auf dessen Initiave hin vornehmlich die Gründung der Wiener Akademie erfolgte,

war auch ihr erster Praesident (s. Sitzungsber. l. c. p. 6, sowie Allg. Deutsche Biogr., Bd. 10 (1879), p. 485); übrigens war Hammer seit 1823 Ehrenmitglied der Petersburger Akademie.

14) s. Bull. scient. t. IV (1838), col. 106—111 (Brief von Hammer-Purgstall an den Sekretär der Akademie, Fuss, und Antwort Fraehns hierauf); s. a. ibid., t. III (1838), col. 315 f.; ferner Jahrbücher der Literatur, Bd. 79 (Wien 1837), p. 17 und Journal asiatique, 3ième série, t. IV (Paris 1837), p. 199/200. Die Polemik war in der Tat „überaus heftig", indem z. B. Fraehn seinem Gegner (Bull. scient., t. IV, col. 108) „baroke Erklärungen", „baaren Nonsens" u. s. w. vorwirft.

15) Sic! Bei Schiller („Wilhelm Tell", IV. Aufz., 3 Sc.) bekanntlich: „Drachengift".

16) Diese Entdeckung hat sich jedenfalls nicht bestätigt. In seinem Buche „Farbenlehre und optische Studien" (1853) erwähnt Dove anlässlich der Faradayschen Entdeckung (p. 134) hiervon nichts.

17) Vgl. S. 130 Anm. 12.

LVIII. Petersburg, 1848. III. 24.

St. Petersburg den 12/24 März 1848.

Theuerster Jacques,

Gerüchte über Berliner Vorgänge, welche in Folge Telegraphischer Depeschen seit einigen Tagen hier verbreitet sind, beunruhigen mich im höchsten Grade. Gieb mir daher so schnell wie möglich ein Lebenszeichen. Sage mir auch etwas über die praegnantesten Momente der dortigen Zustände und wie Du glaubst dass sich die nächste Zukunft gestalten werde. Schreibe aber vorsichtig damit Du Dich nicht compromittirst. Alle diese ungeheuern Ereignisse. Ich kann sie nicht fassen! Ich lebe wie im Traum, bin aber bis in den Tod betrübt. Ich sehe im Geiste eine tabula rasa vor mir. Die Resultate der Civilisation, die Errungenschaft anderthalbtausendjähriger Arbeit — rasirt. Wie wenig Widerstand die Dinge zu leisten im Stande sind haben wir an der antiken Welt gesehen, die mit den wunderbaren Elementen die sie in sich trug, kahl abrasirt werden konnte. Ist es nöthig dass von unserer Civilisation mehr übrig bleibe, als von der indischen, aegyptischen, griechischen, römischen? Aber es werden so furchtbare Blutbäder vorausgehen, wie sie die Geschichte nie erlebt hat. Ich bin ungeheuer muthlos und lebensmüde geworden und ich glaube in der That, es geht vielen eben so.

Ich wünsche dass die Agitation[1]) in welcher Du wie ich vermuthe Dich befindest auf Deine Gesundheit keinen zu nachtheiligen Einfluss haben möge.

Dein Dich herzlich liebender Bruder
Moritz

— — — — — — — —

1) Die politischen Aufregungen resp. „Anregungen" wirkten vielmehr auf C G. J. Jacobis Gesundheit günstig ein, vgl. den Brief LXII, S. 185/6.

LIX. Petersburg, 1848. III. 28.

Theuerster Jacques,

Obgleich ich erst vorigen Sonnabend den 13/25. März an Dich geschrieben, so wiederhole ich doch heute wieder meine dringende Bitte, mir umgehend Nachrichten von Euerm Befinden zu geben, weil ich mich sonst zu Tode ängstige. Es sind schon Briefe vom $20.^{n}$ März n. St. hier; ich habe aber noch kein Lebenszeichen von Euch erhalten. Da es nun möglich ist, dass Ihr an mich geschrieben, der Brief in der Verwirrung aber verloren gegangen, so schreibe lieber gleich wieder. Vorigen Sonntag den 14/26. kam hier der erste Courrier an, der die erste detaillirtere Nachricht von dem furchtbaren Kampfe brachte. Dass mir heisse Thränen aus den Augen stürzten brauche ich Dir nicht erst zu sagen. Musste es dahin kommen!!! So ausführliche ungenirte Nachricht wie möglich, erwarte ich später aber bestimmt von Dir zu erfahren, jetzt ist es mir indessen hauptsächlich nur um Lebenszeichen zu thun.

Dienstag den 16/28 März 48. Moritz

LX. Berlin, 1848. IV. 3.[1])

[Lieber Moritz.]

— —

Hier bei uns draussen[2]), war [am 18. März] die tiefste Ruhe[3]); man hörte nur von halb-fünf an 12 Stunden lang das Pelotonfeuer mit dem darauf folgenden Hurrah der Soldaten, und das fortwährende Schiessen mit Kanonen und Kartätschen. Von Bekannten von mir ist ein Dr. Heine, ein Bruder der Paul Mendelssohn, Licentiat der Theologie, der lange im Escurial scholastische Theologie aufgesucht[4]), geblieben. . . . . . . Die Truppen, die bereits wegen kleiner Emeuten mehrere Tage und Nächte zuvor auf den Beinen gewesen waren, seit 36 Stunden nichts warmes genossen hatten, waren Sonntag Morgen so erschöpft, dass sie trotz ihrer grossen Bravour den Kampf Sonntag, der sich fürchterlicher erneuert hätte, nicht ausgehalten hätten. . . . . . Da die Bürger meistens nur Naturwaffen hatten, so kamen mehr Verwundungen, wenig Tödtungen des Militärs vor. Bürger sind den 22.n 183 Leichen beerdigt worden. Der eine deutsche Meile lange Trauerzug war imposant. Eine Bevölkerung von 300000 Menschen, die auf den Beinen war, verhielt sich still wie in der Kirche. Ich folgte bei der Universität der sich auch Humboldt angeschlossen...... Die Bürger entwickeln durch Wachen und Patrouillen ungemeine Thätigkeit, so dass man nie so ruhig hat schlafen können, nie so wenig Diebstähle verübt wurden. Ich werde wohl auch nächstens auf die Wache ziehen und patrouilliren müssen. Leonhard[5]), der beinahe so gross als ich ist, und sich einen Säbel zu leihen gewusst hat, brennt mich zu ersetzen. Seit 6 Tagen schläft der König ruhig, bloss von Bürgern bewacht; er geht allein im Thiergarten spaziren. Dagegen ist Erbitterung gegen ihn von Seiten der Gardeoffiziere, die es nicht haben verwinden können, dass sie haben die Stadt räumen müssen, wobei einige Schmeicheleien ihnen nachgerufen wurden, wie pommerscher Schweinehund, was das süsseste war. Von einer Proclamation riss man mit ächt Berliner Laune die Worte „An meine liebe Berliner“ ab und klebte sie über eine in der breiten Strasse an einem Brunnen stecken gebliebne Granate.[6]) . . . . Freitag den 17n Abend war die Deputation von Cöln angelangt; damals glaubte man noch, man hätte zu allen Änderungen Zeit; da man ja durch die Kanonen das Heft in Händen hätte und mit dem ersten Kartätschenschuss der Pöbel zerstieben würde. Sonnabend Morgen um 9 erklärte die Deputation dem König, es sei vielleicht jetzt schon zu spät; wenn aber binnen 4 Stunden nicht der Telegraph die Bewilligung von den und den Forderungen nach Cöln gebracht hätte, so hätten die Rheinprovinzen aufgehört, nicht deutsch, aber preussisch zu sein. Da erschienen 3 alles bewilligende Patente. In das Jubelgeschrei der das Schloss umringenden Menge mischten sich einzelne revolutionäre Stimmen, die Anlass zum Säubern des Platzes gaben, was so unsanft geschah, dass sich mit Blitzesschnelle die grösste Erbitterung der ganzen Stadt bemächtigte. Es war da nicht mehr an Politik gedacht, sondern es wurde lediglich der Hass gegen das Militär ausgefochten[7]). Die Gebliebnen sind fast alles Handwerker, Gesellen und Meister; aber ordentliche, gut angezogne, in blauen Überröcken mit Handschuhen, kein zerlumptes Gesindel. Doch waren auch viele Referendare, Assessoren etc. betheiligt. . . . . . Nobiling[8]) hat in der Schreckensnacht mit Lebensgefahr den Vermittler zwischen Thron und Stadt zu spielen versucht, und geniesst jetzt bei beiden grosses Ansehn. Merkwürdig ist wohl, dass bei einer solchen Gelegenheit der Polizeipräsident v. Minutoli[9]) sich so populär zu erhalten wusste, dass man ihn zum Chef des Bürgermilitärs gewählt hat, das sich jetzt zu organisiren anfängt. . . . . Ja, mein Freund, die drei Farben, schwarz, roth, gold, gegen die Du so oft ritterlich angekämpft hast, hat der König jetzt als Panier ergriffen, das er Deutschland voranträgt; meine Jungen haben sie als Kokarden an ihren Mützen, und spielen mit solchen Fahnen. — Der flüchtig gewordne Prinz v. Preussen hat sich den Volkshass ganz muthwillig zugezogen; er hat nichts commandirt und nichts zu commandiren gehabt. Aber er ritt mit jeder Schwadron Dragoner vor und ermahnte die Artillerie beim Schloss, nicht das Pulver zu sparen, und den Pöbel mit Kartätschen zu bedienen. Sehr leid thut mir die Prinzess, die man im Publicum gar nicht kennt, und die sich bloss durch gewisse Manieren, durch die Art wie sie im Theater sitzt, verhasst gemacht hat; sie hat ihrem Sohn eine Erziehung gegeben als sollte er einmal sein Brod selbst verdienen, wie sie sich ausdrückte. Seit der Pariser Revolution sah sie alles kommen; während ihr Mann über die Vertreibung der Orleans so verblendet war zu jubeln, war sie immer in Thränen; sie bezeichnete den einzigen Weg, der einzuschlagen war, aber man that immer das Gegentheil von dem was sie rieth. Der Sohn ist in Potsdam, sie auch in der Nähe; *er* scheint sich mehrfacher Verkleidungen bedient zu haben, um nach Hamburg zu entkommen. — Bis Freitag [d. 17. März] hatte ich ruhig Collegia gelesen; als ich Montag wieder nach der Universität ging, wo aber die Auditoria geschlossen waren, fand ich vor mehreren Häusern Attroupements; man riss überall die Schilde weg, auf denen Hoflieferant des Prinzen von Preussen stand. Bei Schilden wo Hofl. des Prinzen Wilhelm stand, war beigeklebt: Onkel S. M. d. Königs. Als ich vor das Palais des Prinzen kam, stand mit Kreide überall angeschrieben Nationaleigenthum. Es war das einzige Mittel das Palais zu retten, was allerdings wegen der angränzenden K. Bibliothek sehr wünschenswerth war; mir scheint aber das Mittel viel schlimmer als das Übel; denn es würde doch wohl bloss das Mobiliar zerstört worden sein, ohne dass man Feuer angelegt hätte, und jenes hätte sich leicht ersetzen lassen, ohne dass man solche Präcedenz aufgestellt hätte. . . . . . Polizei und Gensdarmen sind verschwunden; man kommt sich wie in der Londner City vor dass man keinen Soldatenrock sieht. Berlin raucht auf der Strasse und im Thiergarten. Von der Polizei gilt, was Du mir[10]) immer sagtest: sie creirt sich Schwierigkeiten, um sie zu lösen. — Der Adel entflieht feige auf seine Güter; hoffentlich wird er bald wiederkommen. — Wenn Österreich, Hannover, Meklenb. und die Hansestädte sich dem Zollverein anschliessen, wie es scheint, dass sie müssen, so ist wohl etwas bleibendes gewonnen. Auch kann man sich nur freuen, wenn durch gleichmässige Lohnerhöhung und Arbeitserleichterung in England, Frankreich und Deutschland die am meisten und furchtbarsten gedrückten Fabrikarbeiter ein erträglicheres Loos erhalten. Übermüthige Forderungen, wie sie wohl vorkommen, werden leicht zurückgewiesen, wenn man nur keine Furcht zeigt, die leider zu sehr noch bei allen Bekanntmachungen durchblickt.

— — — — — — — — — — — — — — — — — — — —

.... Die Kartätschen wurden nur zum Einschiessen der Barrikaden und Säubern der Fenster gebraucht; man sieht daher in manchen Strassen ihre Spuren an den Häusern; hiebei kamen natürlich viel unschuldige um, Köchinnen, die ruhig am Heerde standen, u. s. w. Sechs Frauen waren unter den am 22. Begrabenen.

Donnerstag d. 30.ⁿ u. folgende Tage ist wieder Militär eingerückt; Helme u. Gewehre mit Grün bekleidet; nicht ohne Besorgniss. Die wüthendsten Redner suchten am Potsdamer Thor die Arbeiter aufzuwiegeln, wieder Barrikaden zu errichten; aber die Arbeiter, besonders die Borsigschen, sind nebst der Bourgeoisie eminent conservativ; auch Altpreussen u. Pommern von den Provinzen. Jacoby in Kön. hatte grosse Unannehmlichkeiten. Julius Curtius[11]), der die Pflasterer haranguirte, ward neulich von ihnen gezwungen, 4 Stunden mitzurammen. . . . . . . Leonhard hat für mich den ersten Patrouillendienst von 7—12 Abends geleistet. Überall bilden sich Klubs verschiedner Farben, in denen man bisweilen gut spricht, und die, wenn auch ohne alle Consequenz, da die Thaten jetzt immer den Reden voraneilen, als Schule dienen können. . . . . . . — Soll ich Dir einmal eine pragmatische Geschichte der Nothwendigkeit des Geschehenen schicken, und wie alles schon längst bis auf den äussern Durchbruch fertig war; ganz vom objectiven Standpunct. Denn persönlich bete ich den König an.

Dein J.

1) An diesem Tage wurde der ohne Datum u. Poststempel vorliegende Brief beendet, wie aus einer hier fortgelassenen Stelle erhellt. Auf den ersten der beiden vorhergehenden Briefe (Nr. LVIII) hatte C. G. J. Jacobi bereits durch einen Brief v. 28. III. 1848, von dem der letzte Teil erhalten ist, geantwortet. Er hatte jedoch nur Familienangelegenheiten darin besprochen, „um den Brief nicht durch politica zu gefährden", wie es in dem obigen heisst.

2) C. G. J. Jacobi wohnte seit dem 9. März 1848 Tiergartenstr. 11 (vorher Potsdamerstr. 13 und anfänglich, Herbst 1844 bis 1. April 1845, Anhaltstr. 10).

3) Frau Marie Jacobi war jedoch gerade am Nachmittag des 18. März (3 Uhr) aus Frankfurt a. O., wohin sie wegen eines Todesfalls in der Familie ihres Schwagers, des Präsidenten v. Wissmann, gereist war, nach Berlin zurückgekehrt. „In der Leipziger Strasse wurde ihre Droschke zweimal angehalten um zur Barrikade gebraucht zu werden; da man aber sah, dass sie besetzt war, liess man sie weiter fahren," schreibt C. G. J. Jacobi in dem obigen Brief an einer sonst hier fortgelassenen Stelle.

4) Gotthold Heine; von seinen spanischen Studien legt ein 1848 posthum erschienenes Werk Zeugnis ab.

5) Geb. 1832; s. S. 154, Anm. 1.

6) Varnhagen Bd. IV, p. 345.

7) Vgl. zu dieser Darstellung den Anhang III, sowie S. 184 und S. 211.

8) C. Nobiling, Färbereibesitzer, Major a. D. und Stadtrat von Berlin, verfasste auch eine Schrift: „Die Berliner Bürgerwehr in den Tagen vom 19ten März bis 7ten April 1848."

9) Julius v. Minutoli, 1805—1860, 1847—1848 Polizeipräsident von Berlin.

10) „Mir" vermutlich = „von mir"; vgl. a. S. 49, Zeile 3 v. u.

11) Julius Curtius, Mitredakteur der Spenerschen Zeitung, † 1849.

LXI. Petersburg, 1848. IV. 23.

St. Petersburg 11/23 April 11h Abends

Theuerster Jacques

. . . . . . Ich sage Dir zuerst meinen herzlichsten Dank für Deinen höchstinteressanten Brief. Er enthält zwar wenig neue Facta, die ich nicht auch aus den Zeitungen erfahren hätte, aber das Wesentlichste der Ereignisse ist darin so überaus klar und übersichtlich zusammengestellt, wie ich es noch nirgends gefunden habe. Zugleich hat aber dieser Brief einen gewissen beruhigenden Eindruck auf mich und andere hervorgebracht . . . . . Du hast mir den Mund recht wässrig gemacht auf die Pragmatik dieser Ereignisse die Du mir versprichst. Ich erlasse Dir dieselbe nun und nimmermehr[1]) und erwarte dieselbe sobald wie möglich. . . . . . Was soll ich Dir aber schreiben? der ich aus der Sphäre dieser Wellenbewegungen gänzlich herausgerückt bin und mich in altgewohntem Geleise bewege; mit der Ausnahme vielleicht dass ich Statt französischer Romane unglaublich romanhafte Zeitungen lese und bisweilen nachdenke um „the very age and body of the time it's form and pressure" zu verstehen. Das ist aber wahrlich jetzt nicht leicht und doch am Ende wohl nicht so schwierig wenn man sich keinen Illusionen hingiebt, und sich die Dinge von ferne und von einem objectivern Standpunkte aus beschaut. Nun aber bin ich ein Mensch der Analogieen; es verwirrt mich, dass wenn ich die Gegenwart eine Frage an die Geschichte richten lasse, diese verstummt, denn eine so plötzliche und so entschiedene Umwandlung aller Verhältnisse und Dinge hat in der That kein Blatt der Geschichte aufzuweisen. Nur da vielleicht als der Begriff eines einzigen Gottes und des Christenthums in der antiken Welt lebendig wurde, mochte eine ähnliche Bewegung der Gemüther Statt gefunden haben. Dieser Begriff aber kostete die ganze herrliche antike Bildung. Gewiss nicht allein durch die Völkerwandrung, mehr noch an diesem Begriff ist sie zu Grunde gegangen. Wird nun, so frage ich Dich, wird unsere jetzige Civilisation diesem sittlich sowohl als durch äussere Nothwendigkeit vollkommen berechtigtem Drange nach socialer Umgestaltung, wird unsere Civilisation diesem Drange widerstehen können? — Ich glaube — nicht. (So eben donnern die Kanonen von der Festung, alle Glocken läuten, ganz Petersburg beleuchtet sich, den auferstandenen Christus[2]) zu begrüssen.)

Wir erhalten hier alle Zeitungen ziemlich unverkürzt und nicht unter strengerer Censur als etwa früher in Preussen. Ich selbst vollbringe die sauere Arbeit die Augsburger allgemeine, die Haude und Spenersche und die Staatszeitung regelmässig zu lesen um au courant der Ereignisse zu bleiben. Ich will mir daher auch erlauben etwas zu politisiren und Dir meine Ansicht der Dinge aphoristisch und früher mittheilen als ich die Deinige kenne.

Den gegenwärtigen Revolutionen liegen so scheint es mir 3 Hauptmomente zu Grunde 1) das politische, 2) das nationale 3) das sociale. In Deutschland und den andern Ländern sind vorläufig noch die beiden ersten vorwaltend[3]), in Frankreich entschieden das letztere. Hier ist die Staatsform etwas gleichgültiges geworden, ob Republik, ob absolute oder beschränkte Monarchie, hierauf kommt es in Frankreich nicht mehr an. Die sociale Frage soll gelöst, wenigstens der Versuch hierzu gemacht werden. In den andern Ländern wird ehe ein oder einige Jahrzehnde vergehen ebenfalls diese Frage die mächtigste geworden sein und alle andern absorbiren. Die friedliche Lösung derselben scheint mir aber eine reine Unmöglichkeit und zwar bei dem besten Willen von beiden Seiten; der Besitzenden ihren Besitz zu opfern, der Besitzlosen, sich zu begnügen. Arm werden die Reichen werden, das ist gewiss; aber die Armen werden verhungern, welches letztere wenn es in Masse geschähe in der That das Zweckmässigste wäre; nur müsste man die Gefälligkeit haben, sich so weit zu resigniren. Die jetzigen französischen Zustände zeigen das hohle aller oekonomischen, finanziellen und creditlichen Verhältnisse im grellsten Lichte, der Verhältnisse welche den Boden aller staatlichen und individuellen Beziehungen bildeten und auf welche man sich als auf eine Errungenschaft so viel zu Gute that. Jetzt sieht die Welt mit Entsetzen, dass sie sich durch Jahrhundertelange Arbeit und mit aller ihrer Intelligenz, einen Kegel erbaut hat mit nach unten gewendeter Spitze, dessen labiles Gleichgewicht bisher durch wunderbare Jonglerieen aufrecht erhalten worden, der aber unaufhaltsam umstürzt, sobald er nur einmal in's Wanken geräth. Nimm das 2te Differenziale von der jetzigen Weltlage und untersuche das Zeichen. Du wirst finden dass es + ist. — Und schaust Du auf den Orient, dessen Geschichte uns leider zu wenig bekannt ist, und auf dessen Institutionen, als auf etwas die Bewegung des freien Geistes[4]) hemmendes herabgeblickt wird; hier siehst Du auch Pyramiden, aber mit festem Unterbaue und himmelanstrebender Spitze. Wie bei uns die Geschichte nach Dezennien, zählt sie dort nach Aeonen. Wo es bei uns stürzte und unterging, wurde es dort kaum erschüttert. Perser konnten Aegypten, Mongolen und Tartaren China erobern, aber Aegypten blieb Aegypten, China blieb China. Alles Fremde wurde durch die Macht der Institutionen vollkommen resorbirt. Im Laufe der Zeit aber welcher Zeit! ist natürlich die Spitze dieser Pyramiden verwittert und zerbröckelt, die Basis mit Schutt und Moos bedeckt. Das aber muss man den Orientalen wenigstens lassen; das Bauen und Erhalten haben ihre Gesetzgeber verstanden.

Bei uns ist die Sache eigentlich die, dass man bei aller Menschenliebe doch am Ende genöthigt ist an der Menschheit zu verzweifeln. Der Mensch ist nicht nur, wie Steffens sagt[5]), wunderbar beschränkt, sondern wie die Urkunden unserer Geschichte darthun, völlig unfähig seine Verhältnisse unter sich und zu den Naturbedingungen, auf adaequate Weise zu reguliren. So sind es in der That nicht eigentlich die Dinge und ihre Begriffe welche sich nothwendig in ihr Gegentheil verkehren, sondern die eigne Verkehrtheit der Menschen ist es, welche diese Umkehrung vollbringt. Im gesunden Organismus existirt eigentlich gar kein Organ, weil sie alle im Totalorganismus aufgehen müssen; sobald aber z. B. die Leber beweisen will, dass sie ist, wird der Mensch gelb und kann an diesem Beweise sterben, besonders wenn noch andere Organe zur Beweisführung ihrer Selbstständigkeit geneigt sind d. h. wenn sie sich selbst zum Zwecke setzen. In der organischen Masse die fault und gährt und von Würmern agitirt wird, ist übrigens auch kein Organ selbstständig, und doch Bewegung — des freien Geistes — der Würmer. — Während ihres Verlaufs weist die Geschichte und namentlich die Culturgeschichte gewiss eine recht ansehnliche Menge Gedanken, Ideen und Begriffe nach, welche ursprünglich von hoher Einfachheit und wunderbarer Vernünftigkeit durch ihre Verzerrung zum Fluche geworden sind, und dadurch dass sie sich zum alleinigen Zwecke setzten, eine Auflösung der Gesellschaft herbeiführten. In der neuesten Zeit giebt es nun auch gewisse Dinge, die an sich sehr vernünftig, doch an der jetzigen Weltlage eine schwere Verschuldung tragen z. B. die Maschinen. Ist der Mensch ein vernünftiges Wesen und wie man annimmt zu höherer Entwicklung berufen, so ist es eigentlich ein herrlicher Gedanke, er sei von der blossen materiellen Arbeit zu erlösen, über die blosse Naturkraft zu erheben und an der Arbeit, mit dem Geiste zu beteiligen. Der Mensch soll am Ende mehr sein, als ein Wasserfall, ein Scheffel Steinkohlen oder ein Ochse. Hiergegen ist gewiss nichts einzuwenden. Von diesem Gesichtspunkte aus, kann man sich, als wäre man auf einem religiösen Gebiete, für die Maschinen fanatisiren. Aber die Ironie der Sache ist nun die, dass die Maschinen um sich geltend zu machen, einerseits eine bis in's Ungeheuere gesteigerte Production, die ihnen gar nicht abgefragt wird hervorrufen, andrerseits aber, weil und so lange ihre Organe selbst noch der nöthigen mechanischen Vollendung entbehren, sie dennoch die bisherigen Mittel zu Hülfe zu nehmen, genöthigt sind — jedoch in anderer Form. Statt früher vom Menschen seine Schwere und Muskelkraft, wird jetzt der Bau seines Fingers benutzt, um z. B. zerrissene Fäden mit einander zu verknüpfen u. s. w. Die Sache ist also im Grunde dieselbe geblieben oder hat sich vielmehr verschlimmert. Denn der Gebrauch des Menschen als Triebkraft, ist doch immer an eine gewisse kräftige Organisation gebunden, wodurch schon an sich das Quantum der Production beschränkt wird. Bei Individuen aber, die Zangen oder Pincetten repraesentiren sollen, bedarf es keiner besonders sorgfältigen Wahl. Auch sind um desto mehr solcher Zangen erforderlich, je mehr sich die Production steigert. Man nimmt daher Frauen, Kinder. Diese Betrachtung ist nicht abstract, aber leider sehr concret. Für die Emancipation des Geschlechts vermittelst der Maschinen, ist also bei bewandten Umständen vorläufig wenig Aussicht vorhanden. — Der Handel. Der vulgärste aber richtigste Begriff des Handels ist eine Vermittlung zwischen Production und Consumtion abzugeben. Als solche ist der Handel den Organen zu vergleichen, welche bei Maschinen gebraucht werden, um die Bewegung vom Kraftpunkte zum Arbeitspunkte fortzupflanzen. Durch solche Organe entsteht wie man weiss immer eine sterile Arbeit und ein Verlust an Kraft. Je unmittelbarer daher, ohne Beeinträchtigung der Kraft oder Arbeit, die Einwirkung dieser beiden Punkte auf einander sein kann, um desto vortheilhafter ist die Maschine construirt. Statt dessen hat sich der Handel als etwas Eigenes, als productive Kraft geltend zu machen gesucht und sich durch ganz falsche und verkehrte Begriffe bei den Staaten mächtige Anerkennung verschafft. Oder vielmehr weniger durch falsche Begriffe, als dadurch dass er es den Staaten erleichterte, zu ihren particulären Zwecken, oder zur Realisirung ihrer eigenen falschen Begriffe, die Mittel sich zu verschaffen. Um diese Stellung aufrecht zu erhalten ist es aber nöthig eine künstliche Consumtion und künstliche Bedürfnisse hervorzurufen, was um so leichter ist als die Maschinen eine unbegrenzte Production in Aussicht stellen. Diese Richtung ist an sich kein Uebel, ja gewissermassen nothwendig. Der Schmuck des Lebens kommt zur Berechtigung, sobald sein Ernst und seine Arbeit erfüllt ist. Wenn aber im Laufe der Zeit, ein ansehnlicher Theil der Gesellschaft sich gebildet, für den das Leben keinen Ernst und keine Arbeit hat, welcher der Gesellschaft keinerlei Aequivalent seiner Existenz bietend, von der Arbeitskraft und ihrer Production, ein Maass in Anspruch nimmt, was das um welches sie sich steigert bei weitem übertrifft, so tritt, besonders bei rascher Zunahme der Bevölkrung, ein Zustand ein, der um so unhaltbarer wird, je mehr Gefahr und Schwierigkeit vorhanden ist, die nur zur materiellen Existenz erforderlichen Bedingungen zu erfüllen. Man wendet oft ein, der Theil der Gesellschaft von dem ich spreche, sei im Grunde zu geringfügig, um in Betracht zu kommen. Dem ist nicht so. Das der Gesellschaft gebotene Aequivalent ist meistens nur scheinbar. Du kannst bei einer Maschine statt zweier Räder ihrer hunderte anbringen. Jedes dieser Räder erfüllt seinen Zweck und ist an seiner richtigen Stelle. Du erblickst ein vortrefflich organisirtes Ganze; sobald Du nur eins dieser Räder wegnimmst, stockt die Maschine. Aber das ist die Illusion, die Stelle dieser Räder und ihr ganzer Zweck, ist nicht nothwendig. Du wirst mir sagen: also Vereinfachung der Verwaltung, die würden Euere Constitutionen Euch schon verschaffen. Ich meine aber noch mehr: Vereinfachung aller Mittel und Herabsetzung derselben auf ihre eigentliche Bedeutung. Wie der Zustand der Gesellschaft welcher der actuelle ist, herbeigeführt worden, wie allmählig alle Verhältnisse ihre natürlichen Bedingungen verloren, darüber liesse sich ein recht dickes Buch schreiben. Abstracte staatswirthschaftliche Perpetuummobilisten haben gewiss nicht wenig hierzu beigetragen. — Noch andere sehr vernünftige Dinge sind nicht minder karrikirt worden z. B. der Gedanke, die Communicationsmittel zu erleichtern; auf Credit gegründete Circulationsmittel zu bilden etc. Durch die falsche Auffassung und Anwendung dieser Mittel, die zum Theil von den Gouvernements selbst ausging und die gegenwärtig den Fluch dieser falschen Auffassung empfinden, ist zugleich ein ungeheuer demoralisirendes Element in die Gesellschaft gekommen — die Speculation. Eine Bande Hazardspieler, die sich um hohle, aus Schweiss und Blut gebildete Seifenblasen erwürgen ...... Wie diese maasslosen und durchaus verschobenen Verhältnisse wieder einzufügen seien, ohne dass alles zusammenbreche und zusammenkrache und jede Errungenschaft unserer Civilisation in den Abgrund mit herabgerissen werde, ist die grosse Aufgabe, welche, wie zu fürchten weder durch Arbeiterministerien noch durch Arbeiterparlamente, noch durch constitutionelle Formen zu lösen ist. Daher der Passus in Deinem Briefe höchst naiv klingt, wo Du von einer gleichmässigen Lohnerhöhung der gedrückten Arbeiterclasse sprichst. Hic Rhodus, hic salta! Das rechne aus wie das geschehen könne und entwickle dafür die Formel. Sie wird leider mit $\sqrt{-1}$ behaftet sein und einen unendlichen Trichter bezeichnen. — Absolute Monarchieen, die ohne sich irgend einer Illusion hinzugeben, ihre ganze Sorgfalt, den untern Schichten der Gesellschaft zuwendeten, würden am Ende noch die beste Garantie für Erhaltung und Wahrung der natürlichen und vernünftigen Bedingungen einer gesellschaftlichen Ordnung bieten. Aber ein neuer Macchiavelli müsste in einer neuen Auflage des Werkes „del principe“ dem Staatsoberhaupte, eigene Beschränkung durch Gewissen und Vernunft, recht dringlich anempfehlen.

Wendet man von dieser trüben Zukunft seinen Blick auf die Gegenwart; so bietet sich dem der auf einem objectiven Standpunkte stehend, von keinem Partheiinteresse berührt wird, in der That ein reicher Stoff zur Heiterkeit dar. Michel dem der überrheinische Nachbar Courage gemacht hat, ahmt alle jenseitigen Saltomortale's in possierlichen Affensprüngen nach, aber mit der tiefernstesten Miene und entwickelt dabei die göttlichste Grobheit, indem er dabei das Maul ungeheuer weit aufreisst. Die Lösung aller socialen Probleme ist ihm ein Kinderspiel. Auf speculative Weise und auf dem Boden des Gedankens wird das alles abgemacht. Er jubelt darüber dass er doch endlich eine deutsche nationale Flagge habe, die Flotte würde schon nachkommen; wie Moritzchen der immer in Sporen mit Reitpeitsche ging ohne eine Pferd zu haben. Der nach manchen Betrügereien aus Petersburg entlaufene Buchhändler Pelz[6]), ertheilt in Frankfurt die deutsche Kaiserkrone! Wie früher „ist denn kein Dalberg da?"[7]) wird man in Zukunft nach einem Pelze fragen! A. Erman erlässt der directen Wahlen wegen eine Adresse[8]) an — Perleberg. Schade dass der König genöthigt worden auf Dove zu *verzichten*[9]): er hätte in Ffurth eine unerschöpfliche Quelle von Witzen gefunden. Schicke mir doch das Maass von Dove's Vatermördern nie unter 4 Zoll! Wenn Altenstein lebte und sähe die! Breiteste Grundlage! „Getretener Quark wird breit, nicht stark." Thyrsusschwinger die Menge! Keine Energumenen! — Russenfresserei und kein Ende! Auf die Ffurther Nationalversammlung[10]) sind jetzt natürlich alle Blicke gerichtet, aber ihre bisherigen Reden und ihre bisherige parlamentarische Haltung, giebt wenig Hoffnung dass aus ihr eine, doch am Ende so nöthige solide Gestaltung der Dinge hervorgehen werde. Gegen den vorjährigen vereinigten Landtag steht diese Versammlung, in Bezug auf Bildung und Tüchtigkeit unendlich weit zurück. Aber was will man auch da erwarten, wo alle Maasshaltung verschwindet und das Unbedingte Gesetz ist? In jedem Individuo ist bekanntlich eine gewisse Quantität latenter Dummheit und Niederträchtigkeit vorhanden, die durch einen gegenseitigen Inductionsprocess in um so grösserm Maasse frei wird, als die Coercitivkraft sich vermindert. Oh! sässe jetzt auf Preussen's Throne ein Otto, ein Heinrich, ein Friedrich Barbarossa oder ein grosser Kurfürst. Aber Wasser thut's freilich nicht, auch nicht — Champagner[11]). — Was werden denn die Wissenschaften bei diesen Bewegungen gewinnen? Ich glaube am meisten indirect dadurch, dass viele die doch nichts Gescheutes machten, sich lieber auf die Politik werfen werden, weil es leichter ist, darin zur Geltung zu kommen e. g. A. Erman. Es scheint übrigens doch dass unter den Gelehrten sich wenig Antheil für die öffentlichen Angelegenheiten zeigt, Dove[12]), Erman und ein Mediziner[13]), sind bis jetzt die einzigen von denen ich gelesen habe. Ein Dr. Riess beim Handwerkervereine ist doch nicht etwa unser Peter[14])? Da es Ernst wird scheint sogar H. Rose still zu sein. In der Haude und Spenerschen war ja schon ein Artikel über unnütze Gelehrte und Dichter. Wahrscheinlich waren damit Schelling, Rückert, Tieck, Cornelius gemeint. Mache nur geschwind eine nützliche Anwendung der elliptischen Transcendenten. Constitutionelle Kammern verlangen das und erwarten dass man ihnen eben so oder noch viel mehr den Hof mache als den Monarchen. Extraordinarien und Privatdocenten haben sich so schon gegen Euch verschworen.[15]) . . . . .

Ein Feldgeschrei wobei niemand sich etwas positives denkt und das eine grosse Confusion anrichtet ist „Nationalität". Nur das mag werth und würdig sein, in der Gegenwart erhalten zu werden, was seine eigene Bildungskraft zu bewähren im Stande ist. Könnten sich wohl jetzt noch Nationalitäten im vulgären Sinne bilden? In unserer Zeit! wo von nichts die Rede ist, als vom Aufheben aller Unterschiede und aller Particularitäten, wo Handel, Industrie, Eisenbahnen, schon von selbst in Bezug auf Sprache, Sitte, Verwaltung u. s. w. dahin arbeiten. Und die altgriechischen Staaten, ungeachtet ihrer einheitlichen Nationalität, wie haben die sich gegenseitig befeindet und bekriegt? Also auch hier confuse Widersprüche. Wenn es jetzt den Völkern gestattet wäre, sich ganz nach ihren zufälligen Sympathieen zu vereinigen und zu Staaten zu gestalten, so würde das noch keine Garantie für die Zukunft bieten. Die Gewalt der Eroberung und die Macht der Verträge haben doch hinundwieder dauerndes geschaffen, Elsass und Lothringen mit Frankreich, Schlesien mit Preussen assimilirt etc. Geschichtliches Recht, wenn man sich darauf beruft, weiss nicht wo es anfängt und wo es aufhört. Sympathieen sind heute die, morgen andere. Aus Staaten würden bald Städte werden. Die Ostseeprovinzen gehören zu den, dem Kaiserhause ergebensten Provinzen, würden um keinen Preis eine Vereinigung mit Deutschland eingehen. — Michel hat der Welt einen grossen Dienst mit seinen albernen Sympathieen für Polen geleistet, denn dieses hat sich noch ehe diese Sympathieen reif werden konnten, beeilt seine völlige Unwürdigkeit von neuem zu zeigen. Dieses edele unglückliche Volk wie es jetzt immer heisst, hat im Grunde nie ein sittliches Moment in der Weltgeschichte abgegeben, und nur in einigen Fällen die untergeordnete Tugend der Bravour, ich sage nicht der Tapferkeit, geübt. Willisen's[16]) Dummheiten verdienen eine

Bürgerkrone, denn bessere Resultate hätten nie erzielt werden können. Sei Deutschland froh, dass Russland Polen niederhält, denn selbstständig geworden, würde es vieleher eine Avantgarde für als eine Schutzmauer gegen Russland abgegeben haben. Letzteres scheint übrigens vor der Hand nicht nöthig zu sein, da unser Cabinett leider keine Eroberungspläne hat, und es wäre doch so schön in Constantinopel zu leben. Es ist übrigens merkwürdig wie es verkannt wird, dass Russland allein unter allen slavischen Völkern, ein organisirendes Staatsprincip mit sittlicher Basis besitzt. Ich glaube, hierbei macht sich seine normännische Beimischung geltend.

1) Vgl. Brief LXIII nebst Anm. 7 dort.

2) Vgl. S. 191, Anm. 10.

3) Biedermann, „Das erste deutsche Parlament“ (Breslau 1898), p. 20 findet, dass die vereinzelten revolutionären Ausschreitungen des Jahres 1848 in Deutschland „mehr einen socialen als einen politischen Charakter hatten“; vergleiche dazu noch ibid. p. 13 bezüglich der nationalen Richtung des öffentlichen Geistes.

4) Hier im Brief eine auf das Schlagwort vom „freien Geist“ bezügliche Anmerkung, die jetzt kein Interesse mehr hat.

5) Henrich Steffens, „Anthropologie“ (Breslau 1822), Bd. I, p. 123; vgl. a. hier S. 4 (Brief II) und S. 5, Anm. 7.

6) Ed. Wilh. Pelz (Treumund Welp), ehemals Buchhändler, 1829 wegen Fälschungen in Untersuchung gezogen (s. „Anzeiger für die politische Polizei Deutschlands auf die Zeit vom 1. Jan. 1848 bis zur Gegenwart“ (Dresden 1854), p. 50).

7) „Ist kein Dalberg da?“ — s. etwa Buchmann, Geflügelte Worte“, 20. Aufl. (1900), p. 530.

8) Dr. A. Erman, Professor steht als erster von vieren unter einem Aufruf v. 18. April 1848, den das Berliner Volkswahlcomité an die Kreise der Provinz zur Veranstaltung von Demonstrationen gegen indirekte Wahlen erliess (s. Ad. Wolff, „Berliner Revolutions-Chronik“, Bd. II (Berlin 1852), p. 216).

9) Dove war unter den von den brandenburgischen Ständen am 7. April 1848 für die deutsche Nationalversammlung gewählten Abgeordneten-Stellvertretern (s. das in vorstehender Anm. citierte Werk von Wolff, Bd. II, p. 76). Diese Wahlen wurden jedoch infolge eines Beschlusses der Bundesversammlung vom Könige annulliert; in der betreffenden, dem Vereinigten Landtage am 10. April mitgeteilten königl. Botschaft hiess es: „Se. Maj. sehen sich hierdurch bewogen, auf die Abordnung der von dem V. Landtage Gewählten zu *verzichten.*“ (Wolff, a. a. O. p. 88).

10) Nach dem Datum des Briefes kann es sich nur um das am 31. März 1848 eröffnete Vorparlament resp. den Fünfziger-Ausschuss handeln, da die deutsche Nationalversammlung erst am 18. Mai 1848 zusammentrat.

11) „Englische und französische Witzblätter stellten König Friedrich Wilhelm IV. gewöhnlich mit einer Champagnerflasche in der Hand dar, und doch war nicht ein wahres Wort an diesen Schmählichkeiten. Der König war ungemein mässig im Trinken“, sagt der bekannte Vorleser des Königs, Louis Schneider („Aus meinem Leben“, Bd. II (Berlin 1879), p. 253/4).

12) „Mit Dove, den ich auf der Promenade traf, und der jetzt hier sehr eifrig in der Politik arbeitet, hatte ich eine sehr heftige Debatte. Er sprach

mit grosser Bitterkeit über die jetzigen Zustände, die er allein der vorigen Regierung zur Last legte; ich antwortete ihm, dass ich sie noch mehr der Eitelkeit, dem Hochmuth und der anmasslichen, wählerischen Kritik *seiner* Partei, den zahmen Liberalen, Schuld gebe. Er wollte sich gegen die Pille wehren, aber er musste sie herunterschlucken," schrieb der spätere Kriegsminister v. Roon am 7. Mai 1848; s. „Denkwürdigkeiten aus dem Leben des General-Feldmarschalls Kriegsministers Grafen v. Roon", Bd. I (3. Aufl. 1892), p. 157.

13) Vermutlich Rud. Virchow. „In dem Friedrich-Wilhelmstädtischen Casino waren es der Professor Ermann und der Prosektor Virchow namentlich, welche die Demokratie leiteten," heisst es bei Robert Springer, „Berlin's Strassen, Kneipen und Clubs im Jahre 1848" (Berlin 1850), p. 79.

14) Nein, sondern ein Dr. M. Ries; s. a. Brief LXVII nebst Anm. 15 dort.

15) Vgl. z. B. ein „Insertum" in No. 95, Beilage (20. IV. 1848) der Haude- und Spenerschen Zeitung, sowie Artikel in No. 89 v. 13. April 1848, sowie auch später in No. 125, 30. Mai 1848; vgl. a. z. B. „Adresse der zum Senate nicht gehörenden akademischen Lehrer an den Illustren Senat der Universität Jena" (Jena, März 1848).

16) Wilhelm v. Willisen, † 1879 als Generallieutenant, 1848 königl. Commissarius für die Provinz Posen.

LXII. Berlin, 1848. VI. 16—22.[1])

Liebster Moritz,

Da es hier wieder unruhig ist, so schreibe ich Dir, damit Dich falsche oder übertriebne Nachrichten nicht wieder ängstigen. Seit längerer Zeit hatte man das Volk unter Vorspieglung zu befürchtender Reactionen aufgeregt, Waffen zu fordern, da diese nur an etwa 24000 Bürger oder Bürgersöhne ausgetheilt waren, die die sogenannte Bürgerwehr constituiren. Man hatte deshalb mit besonderm Misstrauen die Abführung von Waffen aus dem hiesigen Zeughause angesehen, u. es waren dabei, wie Du wissen wirst, Excesse vorgekommen. Ein projectirtes Gesetz über Volksbewaffnung hätte dies reglen können, man wartet aber vielleicht die Francfurter Beschlüsse darüber ab.* Vor-

* In den letzten Tagen waren an die besten Arbeiter, besonders an die Borsigschen, einige Tausend Gewehre gegeben; die andern Arbeiter aber sagten, sie wären eben so gut. Der Hauptgrund der Unzufriedenheit in Bezug auf die Bewaffnung des Volks liegt in der Aristokratie der Bourgeoisie, die sich auf dem Lande wiederholt. Der Meister will nicht mit dem Gesellen zusammen die Wache beziehen und in der Compagnie marchiren, und die Gesellen, unter denen viele einen sehr tüchtigen und besonnenen Sinn haben, jünger und rüstiger sind, würden viel besser zur Aufrechterhaltung der Ordnung beitragen können, als alte Philister die Kehrt machen wo es scharf hergehen könnte.

gestern, wo eine Polizeiverfügung gegen Attroupements die Menge wild gemacht hatte, wurde dann ein Angriff auf das Zeughaus unternommen. Unsere Bürgerwehr war durch innere Zwistigkeiten und Mangel an Commando gänzlich desorganisirt. Die wenigen Truppen, die hier sind, hatten den allgemeinen Befehl, bei ausbrechenden Unruhen, sogleich mit Sack und Pack Berlin zu verlassen, und nur einzuschreiten, so weit sie von der Bürgerschaft erbeten würden. Eine Compagnie Bürgerwehr, die vor dem Eingange des Zeughauses aufgestellt war, wurde verhöhnt, und es gaben endlich, als man ihnen die Gewehre fortnehmen wollte, einige auf Commando Feuer, wobei vier blieben und einige verwundet wurden; die übrige Bürgerwehr aber erklärte nicht feuern zu wollen und zog ab. Es wurde nun der Handwerkerverein und Studenten in das Zeughaus postirt und etwa 100 Mann vom 24.ⁿ Infanterieregiment, die es immer besetzt hielten, darin gelassen. Ausserdem war es überaus fest verrammelt. Um von den vielen ungewissen Gerüchten zu etwas Gewissem zu kommen, verfügte ich mich nach 9 Abends selbst auf den Kriegsschauplatz. Es war den ganzen Nachmittag durch Allarmblasen die Bürgerwehr zusammengerufen worden, und ich fand die Thore stärker besetzt, und auf den Strassen und Plätzen hie und da kleine Abtheilungen davon; nirgends eine compacte Masse derselben. Der General Aschoff war vom Commando weggebissen worden, und ein mauvais sujet, der Major Blesson[2]), ... ein ganz unfähiger und schwacher Mann hatte sich provisorisch an die Spitze gestellt. Am Opernhause angelangt fand ich, — die übrigen Strassen waren alle ziemlich verödet, — eine grössere Menschenmasse, worunter auch viel anständige Frauenzimmer. Bürgerwehr war kein Mann zu sehen. Dagegen hörte man das Donnern der Massen gegen die Eingangsthüren des Zeughauses. Wie fest etwas ist, giebt es am Ende nach, wenn mehrere Tausende beim Demoliren gar nicht incommodirt werden, und so erschallte denn nach einiger Zeit der Siegesjubel über den erbrochnen Eingang. Die Soldaten, die sich nicht vertheidigen konnten oder wollten zogen unter Vivat das 24te Regiment ab, der Handwerkerverein suchte das Vertheilen der Waffen zu regeln, zog dann aber auch heraus, und es begann die Plünderung. Es wurde hiebei mancher Muthwille getrieben; alte Fahnen zerrissen, kostbare Kabinetsstücke alterthümlicher Gewehre entwendet; grosse Bleimassen wurden auf den Vorhof der Universität geschleppt und zum Theil entwendet; die gamins boten so und so viel Flintenkugeln für 1 Sgr. aus. Es wurde mehr Schaden angerichtet als wirklich der Zweck sich zu bewaffnen erreicht. Denn die brauchbaren Gewehre, die genommen wurden, waren meist nach einer neuen Construction, die zum Gebrauch besondere Instruction oder auch eine eigne Gattung Zündhütchen erfordert. Mehrere wurden für wenige Sgr. von denen, die sicher gehen wollten, wieder verkauft; viele nahmen den damit nach Hause gehenden die Patrouillen der Bürgerwehr ab; denn wer eine Waffe trägt, ohne die Parole zu kennen, dem wird sie abgenommen. Dieser Anblick der Plünderung war etwas so trauriges für mich, dass ich noch den ganzen andern Tag davon krank war; es war etwas viel schlimmeres wie der 18te März, wo ein allgemeiner Zorn die Bevölkerung ergriffen hatte. Hier war die schrankenlose Herrschaft des aus der momentanen Übermacht hervorgegangnen Übermuthes der physischen Gewalt, ohne irgend einen Versuch eines Widerstandes oder Kampfes. Endlich, nachdem sich schon viele von der Menge verloren hatten und mit ihrer Beute nach Hause gegangen waren, zogen von allen Seiten einige Tausend Mann Bürgerwehr herbei, und im Lauf ein herbeigerufnes Bataillon des 24ten Regimentes, etwa gegen Mitternacht. Nachdem die Plünderer durch Trommelschlag aufgefordert waren, das Zeughaus zu verlassen, wurden Colonnen formirt und das Bataillon drang mit gefälltem Bajonet in das Zeughaus ein.* Die Plünderer, in einer Mausefalle gefangen, stürzten sich, ohne die Waffen los zu lassen, zum Theil nicht ohne Beschädigung aus den Fenstern oder suchten mit Leitern zu entkommen. Unten wurden ihnen die Waffen abgenommen[3]) und viele verhaftet. — Bei dem allen war die persönliche Sicherheit sehr gross; nur wenn man ein vernünftiges Wort reden wollte, hatte man die Anwartschaft Prügel zu kriegen. Gegen 1 Uhr ging ich durch die ruhigen Strassen und den öden Thiergarten friedlich nach Hause.[4]) Es frägt sich aber, ob dies immer so bleiben wird. Da eine wohlberechnete Combination allen Bewegungen zu Grunde zu liegen scheint, — die von den Polen auszugehen scheint, die ihr Heil nur in der Anarchie anderer Staaten mit Recht sehen, weil sie in keinerlei Art Regiment hineinpassen, und zu diesem Zwecke auch Geld austheilen sollen, — so kann es kommen, dass man erst, um nur Waffen zu erhalten, quasi politische

* Die Bürgerwehr hatte doch nach den jetzt eingegangnen autenthischen Nachrichten, noch ehe das Militär kam, das Zeughaus wiedergenommen. Sie kam von selbst von allen Seiten ohne Befehl, als sie von der Plünderung hörte.

Motive vorgiebt und alle Angriffe gegen das Eigenthum, wenigstens gegen das Privateigenthum vermeidet. Wenn aber erst die sogenannten Bummler Waffen haben, wird man ihnen sagen: ihr habt jetzt die Gewalt, ihr habt Waffen, wenn man eure billigen Forderungen nicht befriedigt und euch hungern lässt, so ist es eure Pflicht und euer Recht selbst zuzugreifen.

Gestern war alles verhältnissmässig ruhig. Der Kriegsminister hat 3 Bataillone Landwehr einberufen, um im Verein mit der Bürgerwehr die Ruhe und Ordnung zu erhalten; es ist schon deshalb gut, um die Waffen unterzubringen und nicht wieder plündern zu lassen.* Die meisten Truppen bivakiren vor den Thoren; nach Spandau und Charlottenburg sind Verstärkungen herangezogen. Hier im Thiergarten im Grünen lagern auch Abtheilungen, und werden reichlich mit Lebensmitteln versorgt.** In der Stadt ist wohl nur das Zeughaus von Truppen inwendig besetzt, was überaus leicht selbst von einer kleinen Truppenzahl vertheidigt werden könnte, wenn man kein Blutvergiessen scheute, was man aber auf's äusserste vermeidet. . . . . — Heute ist alles ruhig; sogar die gewöhnlichen Menschenhaufen unter den Linden fehlen. Die Nothwendigkeit hat die Behörden aus ihrem Schlummer erweckt und ihnen einige Energie gegeben. Es ist grosses Vertrauen unter die Bürgerschaft eingekehrt; viele, die die Stadt verlassen wollten, bleiben. . . . . .

Um nun auch die nächste Vergangenheit zu berühren, so weit sie mich persönlich betrifft, — denn ich höre von Dir zu meiner Freude, dass Du Dich aus den Zeitungen über das Allgemeine sehr gut unterrichten kannst, — so bin ich einigemal, wie Du vielleicht auch aus der Spenerschen[5]) weisst, als Redner aufgetreten. Die erste Schuld trägt mein Doctor. Obgleich die politischen Aufregungen meiner Gesundheit eher genützt als geschadet haben, so musste ich doch vielfach noch immer meine abgespannten Nerven, die mir im Winter die Schwäche häufig bis zum Schwindel steigerten, durch Chinin und andere remedia unterstützen. Mein Dr. meinte nun, ich könnte das Chinin durch die Anregungen ersetzen, die mir das Be-

* Es war wohl ein Unsinn, das Hauptwaffendepot des Landes in einer offnen Stadt wie Berlin zu lassen. Jetzt ist sehr viel fortgeschafft.

** Jetzt ist alles wieder in die Stadtquartiere zurückgekehrt. Dieses Aufstellen des Militärs vor der Stadt scheint eine sehr heilsame Massregel zu sein; es übt eine Wirkung dadurch, dass es gezeigt wird.

suchen des damals von Crelinger geleiteten constitutionellen Klubs verursachen würde, und so liess ich mich überreden, einige Mal hinzugehen, was auch die beabsichtigte Wirkung hatte. Da kam es einen Freitag vor, dass dort mehrere ihr Glaubensbekenntniss ablegten, um sich als Deputirte zu empfehlen, bei welcher Gelegenheit Dove, den es glücklich machte als Comitemitglied dort eine Rolle zu spielen, — obgleich er als Redner ganz unfähig ist, — im Vorbeigehen mich aufforderte auch zu sprechen, und als ich nicht abgeneigt war, dies sogleich von der Tribune verkündete.

(Montag d. 17ten. . . . .)

So von der Nothwendigkeit gepresst, hielt ich aus dem Stegreif eine Rede, wie ich sie vielleicht nicht wieder halten werde. Eine dreimal wiederholte Salve endlosen Beifalls ertönte am Schluss; dreimal musste ich vom Platz aufstehen und wie ein Comödiant mich nach allen Seiten verbeugen. Schelling sagte mir, sein Sohn, der viel die alten griechischen Redner studirt, habe ihm gesagt, dass sie die grössten Muster erreichte. Zwölf Buchhändler schrieben mir sogleich wegen des Drucks, aber ich wusste durchaus nicht mehr genau, was ich gesagt, ja nicht einmal den Faden, zumal da wohl keiner darin war. Aber die Sache sollte ein Ende mit Schrecken nehmen.

In der nächsten Sitzung Sonnabend, der ich nicht beiwohnte, da ich nur sehr unregelmässig hinging, wurde ungestüm der Druck meiner Rede verlangt. Da stürzte Crelinger vor, der eine absolute Gewalt über die Gesellschaft ausübte. Meine Herrn, rief er, was thun sie, bedenken sie, was sie thun. Sie lassen sich von einer Rede hinreissen, die doch nur aus glänzenden Aphorismen, aus Phrasen aus der griechischen und römischen Geschichte bestand. Kennen Sie denn die politischen Antecedenzien dieses Mannes? Als grosser Beifall seinen Worten folgte, sagte er, gestern schenkten sie diesem Redner einen Beifall, der nie enden wollte, heute wieder mir; ich will ihren Beifall nicht, wenn sie so inconsequent sind.

Mir war gleich unmittelbar nach meiner Rede etwas bange geworden, und ich hatte das unbestimmte Gefühl, dass eine grosse Anstrengung dagegen gemacht werden würde. Crelinger stand mit dem Ministerium in Verbindung; es liess sich bisweilen Anträge von dem constitutionellen Klub machen, um für das, was es beabsichtigte, einen Anknüpfungs- und Anhaltepunct zu haben. Meine Rede war vollkommen unabhängig gewesen. Sie rühmte die Minister als edle und ehrliche Männer, im Finanzfach ausgezeichnet, wünschte aber, dass sie sich durch einen Politiker ergänzten. Bedenklicher war noch ein anderer Punct, zumal ich wohl in der Hast der Improvisation den Gedanken nicht ganz klar ausgesprochen haben mag. Wie ich ihn später entwickelte, war er so: „Ich wäre zwar für eine constitutionelle Monarchie, lege aber auf die Verfassungen überhaupt nicht den grossen Werth. Absolute Monarchieen hätten Grosses für die Völker geleistet, aber auch bei dem Namen einer Republik überliefe mich keine Gänsehaut. Es käme immer am meisten auf den patriotischen Sinn des Volkes an." Diese Gänsehaut[6]) — das pommersche Bild, wie Prutz sagte — ist so famos geworden, wie früher meine wirklichen, aber nicht vernünftigen Geheimräthe. Da jetzt jeder Reactionär oder Republicaner heisst, so bin ich dadurch ich weiss nicht wie in die letztre Klasse geworfen worden. Das Ministerium oder Auerswald[7]), der einen Studenten Aegidi[8]) (Sohn des Königsberger Homöopathen) an der Hand hatte, der ihm immer rapportiren musste, scheint Crelinger aufgefordert zu haben, zumal bei dem bedenklichen Beifall, zu reagiren, was dieser dann auf die angegebne Art that.

Dienstag. 20.n Juni. Von dem hinter meinem Rücken gegen mich gerichteten Attentat wurde ich unterrichtet, und es bildete sich in einer Weissbierkneipe[9]) um mich eine immer grösser werdende Partei, mit der die zu ergreifenden Massregeln verabredet wurden. In der nächsten Sitzung Sonntag[10]) interpellirte ich Crelinger über Äusserungen, die er über meine Rede und Person gemacht haben sollte. Er redete sich heraus, er habe gar nichts gegen mich persönlich gesagt, sondern nur den allgemeinen Grundsatz aufgestellt, nicht bloss nach einer Rede zu urtheilen, sondern man müsse die ganze Vergangenheit untersuchen. Ich wollte mich schon zufrieden gestellt erklären, da trat Prutz auf und erzählte was ihm Crelinger privatim über mich gesagt. Ich gab die nöthigen Erklärungen, aber nach einander fiel nun alles über mich her um mich todt zu hetzen. Es war ein furchtbarer Sturm, die höchste Aufregung. Denke Dir immerfort gleichzeitig 300 klatschen und 300 trommeln, und den Präsidenten mit dem Hammer die Tribune zerklopfen um Ruhe zu schaffen. Gleichwohl wurde auch von den wüthendsten Gegnern immer meiner Rede, deren Eindruck mir noch heute unerklärlich ist, mit einer Art Bewunderung gedacht. „Diese glänzende Rede, sagte Crelinger, und weil glänzend, desto gefährlichere, also diese gefährliche Rede.“ „Das sei der Mann, sagte ein anderer, der in dem Moment wo in Francfurt vielleicht alles auf dem Spiele stände, durch die Gewalt seiner Rede alles in den Verderben bringenden Abgrund mit sich fortreissen könnte.“ Und so weiter. Ich stand unter dreierlei Anklage, 1) früher servil gewesen zu sein und nun eine plötzliche Schwenkung gemacht zu haben, 2) von jeher ein eingefleischter Jacobiner gewesen zu sein, und 3) von Crelinger, der als kluger Mann allein das richtige traf, des politischen Indifferentismus. Du siehst, da hiess es, incidit in Scyllam qui vult vitare Charybdim; es war unmöglich sich gegen eine Anklage zu vertheidigen ohne der andern Recht zu geben. Die Wuth meiner Freunde ging so weit, dass sie einen Artikel der Magdeburger Zeitung[11]) vorbrachten, wo auf die Wichtigkeit der moralischen Unbescholtenheit der Clubsprecher hingewiesen wurde. Crelinger hatte als Assessor an einem Vormundschaftsgericht einer kleinen Stadt das Unglück gehabt, 200 ℛ die eingegangen waren, sich zuzueignen und eine falsche Quittung darüber auszustellen; wahrscheinlich hoffte er sie bald ersetzen zu können; als Oberlandesgerichtsrath nach Breslau versetzt, wurde er von seinem Nachfolger Landgerichtsrath F . . . ., der das Falsum entdeckte, denunzirt, und entging er der gerichtlichen Untersuchung, die aber über ihm schweben blieb, nur dadurch dass er ganz aus dem Justizdienst schied ausserdem dass er die 200 ℛ ersetzte; er diente sogar $1^1/_2$ Jahr als Schreiber in Breslau bei einem J. Commissarius G . . . . .; dann kam er, weil ihn viele begünstigten und sein Schicksal Bedauern einflösste, als Justizcomm. nach Königsberg, jedoch mit der Verwarnung, so wie er zur Unzufriedenheit Anlass gäbe, ohne weitere Untersuchung entfernt werden zu können, was denn auch später wegen liberaler Umtriebe geschah, wo er denn herkam, und sich als Vertheidiger im Polenprocess[12]) auszeichnete[13]). Auf diese falsche Quittungsgeschichte spielte der Zeitungsartikel an. Die Waffe war etwas unwürdig, aber die rücksichtslose, heftige, ja niederträchtige Art wie ich von fast sämmtlichen Comitemitgliedern angegriffen wurde, hatte meine Parthei erbittert. Die Sache wurde den Abend nicht beendigt, sondern auf die nächste Sitzung Dienstag verschoben. Im Ganzen war die Stimmung gegen mich die vorherrschende geblieben; auch musste ich zweimal zu heftige oder unparlamentarische Ausdrücke zurücknehmen; ich war ermüdet und durch die Menge, die über mich herfiel, etwas verwildert. Den Dienstag, wo Marie und Therese der Sitzung beiwohnten, ging es besser. Der Zudrang von Menschen war ungeheuer; es hatten sich zu dieser Sitzung allein 200 neue Mitglieder aufnehmen lassen; die Buffets mussten den andringenden Damen eingeräumt werden. Es waren hauptsächlich folgende Sachen, die gegen mich vorgebracht wurden; dass ich mich immer an den König in Königsberg herangedrängt[14]) und ihm sogar zu wiederholten Malen die Hand geküsst hätte, was den Tag nach der Huldigung geschehn war, wo ganz Deutschland ihm zu Füssen lag; dass ich den Brief der Akad. in der Raumerschen Sache unterschrieben, und die Dedication an den König in meinen Opusculis Mathematicis. Diese, deren letztre Hälfte den Sonntag vorgelesen war, hatte wegen des ungewöhnlichen Stils einen für mich günstigen Eindruck besonders bei dem weiblichen Publicum gemacht, das mich offenbar begünstigte. Was ich den Dienstag gesagt, davon habe ich jetzt keine Ahnung; in der Berliner Zeitungshalle[15]) sind gute und unpartheiische Auszüge dieser Sitzungen; auch steht über diese Dienstagssitzung ein Artikel in der Spenerschen[16]), den Du vielleicht gelesen hast[5]), wo behauptet wird, ich hätte mich stellweise bis zur Höhe classischer Beredsamkeit erhoben; wenn es wahr ist, soll es mir angenehm sein, doch ist dieser Umstand bei Partheiartikeln Nebensache. Auch diesen Tag wurde die Sache nicht beendet, sondern auf den Donnerstag verschoben. Obgleich die Sitzungen um 6 erst angehen, waren die Plätze der Damen schon seit 2 besetzt, so dass Marie und Therese nur durch einen Betrug eines Comitemitgliedes, das sie erkannte, als sie um 5 kamen, eingeschmuggelt werden konnten. Diesen Tag hatte sich das Blatt vollständig gewendet. Alle meine Gegner zogen mehr oder weniger zurück. Auch traten 2 sehr gute Redner für mich auf, besonders ein Hr. Oldenberg[17]) mit einer im höchsten Grade ausgezeichneten Rede, die alle entzückte. In Bezug auf den Brief der Akademie sagte er: „die grossen Lichter der Wissenschaft setzten wie andere Lichter bisweilen Schnuppen an; man müsste sie dann putzen aber nicht auslöschen.“ Zuletzt zwang ich noch Crelinger, sich durch meine Erklärungen für befriedigt zu erklären, sprach aber nur überhaupt ein Paar Worte. Bei der schliesslichen Abstimmung erhoben sich gegen mich nur 4—6 Hände. — Die ganze Sache war eigentlich eine Kinderei, da Beifall oder Tadel dieses Klubs die gleichgültigste Sache der Welt ist; sie war mir aber doch interessant und lehrreich, indem ich dabei mancherlei Erfahrungen machte; auch trat ich etwas aus dem absoluten Dunkel, in dem ich mich bei meiner zurückgezognen Lebensweise befinde, heraus, wozu jeder jetzt das Bedürfnis fühlt, ja die Verpflichtung hat. Denn schon Cicero schreibt den Untergang des römischen Staates daher, dass sich die anständigen Leute zurückzögen und andern das Feld überliessen. Aus demselben Grunde zu meiner Übung und Erfahrung nahm ich es auch an, als vor einigen Wochen an mich die Aufforderung erging, bei einem Verein für Wahrung der Volksrechte[18]) das Sprecheramt zu übernehmen; ich habe dasselbe jedoch jetzt, da ich gewisse Bedingungen stellte, die nicht eingehalten wurden, niedergelegt.[19]) Es haben sich hier noch Bezirksvereine gebildet, in denen ich bisweilen spreche; es sind die Bezirke, welche die Wahlmänner und Stadtverordneten wählen, und dienen dazu, die Urwähler mit einander bekannt zu machen, da man jetzt die Leute wählen musste, ohne sie im Geringsten zu kennen oder nach einem Paar Worten die sie sprachen. Vor dem Sprechen fühle ich mich immer unbehaglich, aber so wie ich ein Paar Minuten geredet habe, wird mir gleich frei und wohl zu Muthe und bleibe ich, wie es auch den Eindruck macht, vollkommen ruhig. In der stürmischen Woche war ich mit meinem 20 Seiten langen Brief an Fuss beschäftigt, den dieser will's Gott erhalten hat; es steckt viel Arbeit darin[20]) und es wäre deshalb vielleicht Schade, wenn er verloren gegangen wäre. . .

Mittwoch. d. 21. Juni. . . . .

Übrigens lese ich, freilich vor sehr wenigen Zuhörern, 3 Mal die Woche höhere Algebra; mein 2ter Theil rückt aber sehr langsam vorwärts. . . . . . .

— — — — — — — — — — — — — — — — — — — —

Mit einer Republik hat es keine Noth. Sie wäre nur in einem Falle möglich, wenn uns von Osten Hülfe käme.

Liouville und Poncelet sind aus ihren Departements zu Mitgliedern der franz. Deputirtenkammer gewählt.

— — — — — — — — — — — — — — — — — — — —

Zur Aufregung hatte man das Gerücht verbreitet, aus dem Staatsschatz seien 50 Millionen über Seite geschafft, die Frucht der Geheimhaltung selbst vor den Finanzministern. Ein Mann steckt sich bei mir auf der Strasse den Cigaro an und fragt wüthend, wo ist aber der Staatsschatz geblieben. Ich sagte: es wären zu den Rüstungen im J. 1830 20 Millionen, im J. 1840 10 Mill. verbraucht worden, woraus man ein tiefes Geheimniss gemacht hätte; da sei er geblieben. Sie sind ein rechtschaffner Mann, sagt er, und geht weiter. . . . . .

. . . . . Magnus war eine Zeitlang Chef des Studentencorps[21]); es sind darin aber jetzt solche Zerwürfnisse, dass sich ein Dozent nicht gut dabei betheiligen kann. Unter den 100000 Witzen hier war der beste ein Antrag, die Deputirten sollten nicht auf Tagelohn, sondern auf Accord arbeiten.

— — — — — — — — — — — — — — — — — — — —

Dein Dich liebender Jaques.

1) Der von dem letzten Tage allein herrührende kurze Schluss des Briefes ist hier ganz fortgelassen; das fehlende Datum des ersten Teils ergibt sich ohne weiteres aus dem Inhalt (Zeughaussturm 14. Juni 1848).

2) Gerade am Tage des Briefes, 16. Juni, beschäftigte sich der Bürgerwehr-Club mit der „Blesson-Frage", wobei auch Jacobi sich an der Debatte beteiligte (s. die in Anm. 15 unten citierte Revol.-Chronik v. Ad. Wolff, Bd. III (Berlin 1854), p. 350/1).

3) „Meistens gegen Empfang einer Ohrfeige", berichtet Rudolf Gneist („Berliner Zustände. Politische Skizzen aus der Zeit vom 18. März 1848 bis 18. März 1849" (Berlin 1849), p. 19), dessen Schilderung des Zeughaussturmes man überhaupt mit der obigen vergleichen wolle.

4) Jacobi wohnte seit kurzem Tiergartenstr. 11; vgl. S. 173, Anm. 2.

5) Vgl. Brief LXI, Absatz 2, S. 174 und Brief LXIII, Ende von Absatz 1, S. 193, sowie S. 192, Anm. 16.

6) Selbstverständlich soll Jacobi hiermit nicht als Urheber dieses Bildes an sich hingestellt werden (s. über dessen Vorkommen in der Literatur, z. B. bei Hans Sachs etc., das Grimmsche Wörterbuch).

7) Alfred von Auerswald, damals Minister des Innern, s. S. 154, Anm. 5.

8) Ludwig Aegidi (1825—1901) wurde später Geh. Legationsrat u. Honorarprofessor für Staatsrecht, Völkerrecht u. Kirchenrecht an der Berliner Univ. Der Vater, Medizinalrath Dr. Julius Aegidi hatte krankheitshalber sein Amt als Kreisphysicus niederlegen müssen, war dann von Hahnemann, dem Begründer der Homöopathie, behandelt und wiederhergestellt und darauf dessen Anhänger geworden. Ludwig Aeg. hatte in Königsberg, wohin der Vater 1835 übergesiedelt war, studiert, jedoch einer studentischen Demonstration wegen dort das consilium abeundi erhalten. Von März bis Nov. 1848 bekleidete er als Student in Berlin bei den Ministern Alfred und Rudolf v. Auerswald (vgl. S. 154, Anm. 5 und S. 199, Anm. 9) und Graf Dönhoff eine Sekretärstelle. Er wurde später im norddeutschen Reichstag zusammen mit Grf. Bethusy-Huc Begründer der freikonservativen Partei. 1871—1877 war er Vortragender Rat in der politischen Abteilung des auswärtigen Amts. (Nach Bettelheims „Biograph. Jahrbuch und deutsch. Nekrolog", Bd. VI (Berlin 1904)), p. 264 ff.

9) „Professor Glaser vereinigte in Wassmann's Lokal in der Leipziger Strasse die Partei Jacobi's, um einen förmlichen Operationsplan zur Berathung zu bringen." Robert Springer, „Berlin's Strassen, Kneipen und Clubs im Jahre 1848" (Berlin 1850), p. 185.

10) Am ersten Ostertage, den 23. April (1848).

11) „Magdeburg. Zeitung", No. 98 vom 23. April 1848 unter „Berlin, 21. April".

12) Der wegen versuchter Insurrektion am 2. Aug. 1847 eröffnete sogenannte „Riesenprozess".

13) Vgl. z. B. von Äusserungen der Tagespresse „Magdeburg. Zeitung", No. 183, 9. Aug. 1847, Beylage; sonst etwa Treitschke, „Deutsche Geschichte im Neunz. Jahrh.", Th. V (Lpz. 1894), p. 563. Auch in Königsberg hatte Cr. als

Anwalt für eine „Kapacität ersten Ranges" gegolten, s. Falkson, p. 87. Vgl. a. Treitsche, l. c. p. 210.

14) Falkson (l. c.) würde dies gewiss nicht unerwähnt gelassen haben, da er doch auch berichtet, dass Alex. v. Humboldts Benehmen, der bei den Einzugsfeierlichkeiten (1840) in Gegenwart des Königs und der Königin nur Hofmann gewesen sei, die Königsberger Professoren „zu halblauten, bezeichnenden Bemerkungen veranlasst" habe (p. 41). A. a. O. wird Jacobi bei Beschreibung dieser Festlichkeiten nur in folgender Scene erwähnt (p. 34): „Wie der König zur Seite des Wagens der Königin Elisabeth ritt und die Strassenjugend jubelnd seine Steigbügel berührte, da beugte er sich lächelnd hernieder und streichelte die Flachsköpfe. Sieh! sieh! — so rief mir Albert Dulk [Sohn des Chemie-Professors, später bekannter philos. u. polit. Schriftsteller], vor dessen Vaterhause wir standen, begeistert zu — er spielt mit den Kindern! während Professor Jacobi, der Mathematiker, mit seinem stereotypen Lächeln dareinschaute."

15) Diese Berichte der „Berliner Zeitungs-Halle" sind wiederabgedruckt in der „Berliner Revolutions-Chronik" von Ad. Wolff, Bd. II (Berlin 1852), p. 266 ff., fehlen aber in der 1898 von C. Gompertz veranstalteten verkürzten „Jubiläums-Volksausgabe" dieses Werkes. Gleichfalls abgedruckt sind die Berichte der Zeitungs-Halle in einer von dem Herausgeber dieses Briefwechsels verfassten kleinen Schrift: „C. G. J. Jacobi als Politiker" (Leipzig 1906), zuerst erschienen in der „Bibliotheca mathematica" (3), Bd. 7 (1906), p. 157 ff. unter dem Titel „Ein Beitrag zur Biographie C. G. J. Jacobis."

16) In diesem Artikel aus No. 99 der Haude- u. Spenerschen Zeitung, 27. Apr. 1848 heisst es: „Vorgestern setzte der constitutionelle Club ..... die Verhandlungen über die Candidatur des Professor Jacobi fort, und derselbe legte in einer sehr ausführlichen Rede Rechenschaft über seine öffentliche Wirksamkeit und seine politischen Gesinnungen seit seinem 21sten Jahre ab, es ging daraus im Ganzen hervor, dass Hr. Jacobi seine politischen Grundsätze nur geltend gemacht, wenn er durch seine Stellung in der Wissenschaft oder durch sein Amt dazu aufgefordert war, dass er sich aber von allen kleinlichen Treibereien, namentlich von dem ‚blossen Reiben an der Regierung ohne einen bestimmten Zweck und eine factische Grundlage, nach Art des Königsberger Liberalismus, fern gehalten habe.' Die Mittheilung dieser Rede durch den Druck würde ein sehr schätzbarer Beitrag zu der Biographie des grossen Gelehrten seyn, und man kann nicht leugnen, dass sie sich in einzelnen Partieen zur Höhe der Classicität erhob. Deutschland würde sich Glück wünschen können, wenn es viele solcher Vertreter in seine Parlamente zu schicken hätte. Der Angriff des Hrn. Aegidi, dass der Prof. Jacobi nicht als Vertreter der constitutionellen Ansicht, und somit nicht als Empfohlener des Clubs gelten könne, war zu wenig geeignet über den Werth dieses bedeutenden Mannes ein genügendes Urtheil abzugeben, dem gewiss nichts geraubt ist, wenn ihn der constitutionelle Clubb auch nicht empfiehlt." .....

17) Ein Oldenberg aus Königsberg bezw. Ostpreussen, der in der Berliner politischen Bewegung von 1848 eine wichtige Rolle spielte, wird in den „Briefen Lobeck u. Lehrs", Th. I, p. 500 erwähnt; vermutlich ist er identisch mit dem bei Varnhagen VI, p. 155 genannten Redakteur der „Deutschen Reform."

18) Über Jacobis Tätigkeit in diesem Verein s. den in Anhang III dieses Buches abgedruckten Auszug aus der oben in Anm. 15 citierten Wolffschen Chronik, sowie den in Anhang II abgedruckten Grenzboten-Artikel, diesen letzeren zugleich auch wegen des Auftretens in den Bezirksvereinen.

19) Am Tage, bevor dies geschrieben wurde (19. Juni), s. Anm. 14 zu Anhang II.

20) Angefangen wurde dieser Brief an Fuss schon früher, wie auch eine hier nicht abgedruckte Stelle aus dem Brief LX besagt. Der „enorme Brief", wie es dort schon heisst — C. G. J. Jacobi schrieb ausserordentlich klein und eng und benutzte meistens Quart-Briefbogen —, wird die Herausgabe der Eulerschen Schriften betroffen haben; vgl. S. 209 nebst Anm. 12, S. 213. Vermutlich ist der „ellenlange Brief", den J. schon 1845 plante (S. 126) kein anderer (s. a. S. 137, sowie a. 153).

21) Magnus legte dies Amt auf Aufforderung am 16. Mai (1848) nieder, s. die in Anm. 15 oben citierte Revol.-Chronik v. Ad. Wolff, Bd. II, p. 545. — „Der Herr Professor Magnus will sich nach der Angelegenheit vom Sonntag den 14. d. in dem Camphausen'schen Hotel, wo er den Studenten den Rath gab, die Waffen zu verstecken und sich heimlich zu drücken, fortan Parvus nennen", heisst es im „Krakehler", No. 2 (24. Mai 1848).

LXIII. Petersburg, 1848. VII. 1.

Lieber Jacques,

Für Deinen höchst interessanten Brief, meinen innigsten Dank, er kam gerade a propos um ein vehementes Schreiben meinerseits zu verhindern, das mit gerechten Beschwerden wegen Deines langen Stillschweigens angefüllt gewesen wäre. Unterdessen hattest Du aber mehrere Briefe an Graf Uvaroff geschrieben[1]), wie mir derselbe sagte und einen 20 Seiten langen Brief an Fuss. Hattest Du also beim Schreiben an russische Minister und wirkliche Staatsräthe keine Gänsehaut[2]) bekommen, so durfte Dich diese auch nicht überfallen, wenn Du an Deinen russischen Bruder und ordinären Staatsrath schriebest. So argumentirte ich und war um so ungehaltener auf Dich. Könntest Du wenigstens alle 3 oder 4 Wochen an mich schreiben, so würdest Du damit ein gutes Werk verrichten, theils wegen des Interesses das ich an der Gegenwart nehme, theils weil dieser Briefwechsel wahrscheinlich das einzige werthvolle sein wird, was ich meiner Familie zur Herausgabe nach unserm Tode hinterlassen werde. Deine Reden bitte ich mir, wenn sie irgendwo, wenn auch nur im Auszuge gedruckt sind[3]), durch Voss[4]) zu schicken. In der allgemeinen Augsburger[5]) und in der Spenerschen[6]) standen nur einzelne Andeutungen. Ich bin sehr begierig darauf. Auch entlasse ich Dir nicht die mir versprochene pragmatische Geschichte[7]) der Berliner Revolution, und wie alles schon bis auf den äussern Durchbruch fertig war.

— —

Hier sehen wir uns die Entwicklung der Dinge, die wenn es so fortgeht ganz unvermeidlich zur Anarchie führt, mit grösster Seelenruhe an. Solange es geht, wird man Frieden halten, geht es aber nicht mehr, so wird eine ungeheuere allgemeine Paukerei beginnen.... Die Verbesserung des materiellen Wohls der arbeitenden Classe ist zwar ein humaner Wunsch, aber bei unserm jetzigen Rechtsbegriff von Besitz und Eigenthum eine Utopie. Soll dieser aufrecht erhalten werden und das muss er, wenn man nicht der grässlichsten Anarchie entgegen gehen soll, so darf es auf ein Paar Tropfen Blut nicht ankommen d. h. es muss auf eine materielle Verminderung des Proletariats gedacht werden. Da Ihr zu schwach oder zu human seid, Euch der Kartätschen oder Shrapnells gründlich zu bedienen oder nur den Willen dazu zu zeigen, so bleibt Euch nichts übrig, als Euch abschlachten zu lassen oder in einem Kriege oder sonstigem Kampfe Euer Heil zu versuchen. Man mache sich keine Illusionen, bei dem jetzigen Zustande der Dinge muss es dahin kommen. In England hat man das Bewusstsein hiervon und wird gewiss die Sache halten, so lange es menschenmöglich ist. In starken imponirenden Massen hat sich dort der Stand der Besitzenden um das Gouvernement gesammelt. Das Verfassungswerk, wenn es noch dazu kommen sollte, muss durchaus dahin arbeiten, alle communistischen Elemente auszuschliessen und die festeste unauflöslichste Verbindung zwischen dem Gouvernement und dem Besitzstande zu bilden; wozu auch gehört, dass alle Antipathie zwischen Adel und Bourgoisie verschwinde. Das Oberhaus hat deshalb bei Verwerfung der Judenbill[8]) einen dummen Streich begangen, denn Juden wenn sie einmal Rechte haben, sind immer eminent conservativ.

Man schreit immer, Deutschland müsse stark nach aussen sein, das wird sich scheint es mir finden, wenn erst das Räthsel gelöst worden, stark im Innern zu sein.

Vielleicht wird es bei Euch ruhiger werden, wenn Ihr erst den Besuch eines Gastes erhält der sich seit einer Woche ungefähr bei uns aufhält. Ich meine nämlich die Cholera ...... Übrigens hat die Regierung höchst kluge und wohlthätige Massregeln ergriffen. ...... Aber leider lässt sich das Volk von dem Glauben an Vergiftungen nicht abbringen und selbst gebildetere sind in dieser Beziehung mitunter höchst leichtgläubig. Die Polen sollen natürlich hierbei eine Rolle spielen, die in ganz Europa die Antithesen der Ruhe und Ordnung sind.

In Wissenschaften wird bei Euch wohl jetzt wenig gemacht?

Es ist nicht zu verwundern wenn bei so grossen Fragen, wissenschaftliche Untersuchungen etwas schaal erscheinen. Das ärgste aber ist, dass man irre wird ob Wissenschaft und Bildung die eigentliche Substanz oder nur die aristocratische Würze der Civilisation ausmachen.

— —

Erkundige Dich doch bei Poggendorff ob mein Widerstandsetalon[9]) noch vorhanden oder vielleicht bei den Revolutionen als Projectile verwandt worden ist. Dove soll ja sein schönes Barometer aus dem Fenster auf die Treppen geworfen und mehrere damit getödtet haben.

— —

Dein Dich herzlich liebender Bruder M H Jacobi

— — — — — — — — — —

St. Petersburg den $\frac{\text{19 Juni}}{\text{1 Juli}}$ 1848.

1) Vermutlich betreffs der Ausgabe der Eulerschen Schriften, vgl. S. 137.

2) Vgl. S. 187.

3) Gedruckt ist jedenfalls eine derartige Rede Jacobis mit dem Inhalt: Die Denkfaulheit der Menschen — ihre Erbsünde (Mitteilung v. Frl. M. Jacobi), jedoch war es mir nicht möglich, diese Rede, die wohl als anonyme Flugschrift erschienen ist, möglicherweise auch schon einer früheren Zeit angehört, aufzufinden.

4) Leopold Voss-Leipzig, der Buchhändler der Petersburger Akademie.

5) „Berlin, 26. April. . . . . . Der Mathematiker Jacobi ist mit seiner Bewerbung übel gefahren, man hat ihm harte Vorwürfe gemacht, zum Theil ganz frivole z. B. dass er einst dem Könige die Hand geküsst! Auch Professor Dove scheint zu wanken, dagegen erhält Raumer sich in Gunst.“ [Augsburger] Allgemeine Zeitung, No. 122, p. 1942, 1. Mai 1848.

6) Vgl. z. B. S. 192, Anm. 16.

7) Vgl. den Schluss von Brief LX und den Anfang von LXI. — Die Darstellung hat C. G. J. Jacobi dem Bruder bedauerlicherweise anscheinend nicht gegeben. Um einen, wenn auch nur unzureichenden Ersatz hierfür zu bieten, gelangt in Anhang III dieses Buches ein Referat über eine diesbezügliche Klubrede Jacobis zum Abdruck.

8) Durch dieses Gesetz sollte den Juden der Eintritt in das englische Parlament ermöglicht werden, was dann erst 1858 durchging; die im Brief erwähnte Bill war am 4. Mai 1848 vom Unterhause in dritter Lesung angenommen, wurde aber dann vom Oberhause verworfen.

9) M. H. Jacobi hatte 1846 einen Kupferdraht von bestimmten Dimensionen als Masseinheit für elektr. Widerstände vorgeschlagen und seinen hierfür hergestellten Widerstandsetalon an Poggendorff zur Vergleichung mit anderen Widerstandsmessern und zur entsprechenden Weitergabe an andere Physiker versandt. Der diesbezügliche Brief M. H. Jacobis an Poggendorff ist später auch in den C. R., t. 23 (1851), p. 281 (No. 70 des Schriftenverz.) abgedruckt. Die Jacobische Einheit gelangte bekanntlich zur allgemeinen Annahme, wurde aber in der Folgezeit durch andere Masse wieder verdrängt.

LXIV. Berlin, 1848. VIII. 2 u. 4.

Berlin d. 2.n Aug. 1848

Theuerster Moritz

Du kannst Dir denken, wie viel wir um Euch sorgen, seit dort die Cholera so heftig ist ...... Wir erwarten mit Sehnsucht Briefe von Euch, über Eure Stimmung, sowohl moralische als gastrische ......

— —

Berlin erfreut sich jetzt im Allgemeinen einer sehr grossen Ruhe, und wenn der dumme Krieg wegen Schleswig nicht wäre, würde der Handel und Credit sich schon wieder sehr gehoben haben. Eigentlich ist mit Limburg dieselbe Geschichte, und man könnte auch mit Holland Krieg anfangen. Deine Circularnote scheint überall grossen Beifall gefunden zu haben.[1]) Die gemässigte Sprache im Osten und Westen sticht sehr erfreulich gegen das grosse Maul in Francfurt ab, das es auch nicht thut. Es ist ganz die Sprache des Convents, aber ohne Robespierre, der 1 Million Soldaten hinterdrein marchiren lässt. Es hätte viel für Deutschlands Einheit erreicht werden können, man hätte sich viel gefallen lassen, ehe man sich entschlossen hätte sich zu separiren oder zu remonstriren, aber die dortigen Enormitäten mussten einen Rückschlag hervorbringen. . . . . Ein mittelmässiger Mann wie unser eins ist jetzt übel daran, weil alles gleich ins Gegentheil überschlägt, und man bald rechts bald links ist. Haben die Francfurter sich über die Stimmung hier getäuscht, so kann man allerhöchsten Ortes sich leicht wieder im andern Sinne täuschen; denn man kann sagen, dass hier die preussische und deutsche Gesinnung sich ungefähr die Wage halten, und weiter nach N. Ost oder S. West das eine oder das andere prävalirt. Ganz besonders gilt dies von den Rheinprovinzen, wo selbst die aristokratischsten Gutsbesitzer fanatisch deutsch sein sollen. Jede zu crasse Provocation Seitens unserer Regierung könnte wieder viel Unheil machen. . . . .

— —

d. 4.n August

Was wohl am meisten hier und mit Recht erbittert hat, ist dass Preussen für die grossen Opfer, die es der deutschen Sache gebracht, nur Hass und Hohn geärndtet hat. Man rechnet, dass der Zollverein wegen des bei der Vertheilung der Einnahmen gewählten Prinzips der Kopfzahl Preussen jährlich 2 Millionen kostet, welches bis dato eine Summe von 30 Millionen macht, die wir dafür den süddeutschen Staaten ausgezahlt haben. Diese verconsumiren verhältnissmässig sehr wenig Kaffee, Zucker u. französische Weine, wofür wir ihnen daher theilweise den Zoll bezahlen müssen. Ausserdem sind sie bei Abwehren des Einschmuggelns sehr nachlässlich, da ihre Unterthanen dabei den ganzen Zoll verdienen, während, wenn er zur Vertheilung kommt, nur sehr wenig davon auf die einzelnen kleinen Staaten käme. . . . .

. . . . Für den Ruin unserer Ostseehäfen wird uns Deutschland nicht entschädigen; aber wenn wir auch darauf verzichten, so durften wir doch erwarten, nicht verhöhnt zu werden, und dass ein allgemeines Gelächter in Fr. entsteht, wenn man Preussen zum Reichsverweser vorschlägt.[2]) Gleichwohl ist diese deutsche Einheitssache so ins Volk gedrungen, dass es der Regierung unmöglich sein würde, sich davon zurückzuziehen. . . . .

. . . . . Karl Albert [v. Sardinien] weiss die italiänische Einheit besser auszubeuten als Preussen die deutsche. Denn er lässt alles zu Grunde gehen, bis man ihn zum Könige wählt. Hätte der Grossherzog v. Toscana meinen Rath befolgt, den ich ihm im J. 1843 gab[3]), für alle Eventualitäten sich eine Armee anzuschaffen, so könnte er jetzt den ganzen Kirchenstaat bekommen.

. . . . . . Aragos ältesten Sohn[4]), der hier Gesandter ist, habe ich öfters das Vergnügen gehabt zu sehen. Es heisst, er wäre hergeschickt worden, um sich etwas abzukühlen, da er Ultrarepublicaner[5]) ist. Er hat nicht den Geist seines Vater, aber seine Länge und ist wenn auch nicht so, doch für uns hinlänglich liebenswürdig. Er schwärmt hier für das alte Kind Bettine[6]), die er kennen gelernt hat.

Also unser Freund Rosenkranz wäre auf ein Haar Minister[7]) geworden; da Gruson[8]), der unter mir wohnt und mit dem ich die innigste Freundschaft geschlossen, sein Schwiegervater ist, so habe ich ihn öfters gesehen und war dadurch von den Verhandlungen unterrichtet. Ausser einer Reaction der Beamten gegen ihn haben es die Katholiken gehindert, weil er in die Berliner Jahrbücher einmal einen Aufsatz geschrieben, worin er den Katholicismus für in der Auflösung begriffen und seinem Ende nahe erklärte. Er steht jetzt bloss unter dem Ministerpräsidenten Auerswald[9]), der in Kön. Oberbürgermeister war, u. ihn von da kennt; für diesen macht er Gutachten. Er bekommt 3000 ℛ︁ und wenn es ihm nicht mehr oder er nicht mehr gefällt, 2000 ℛ𝔱 und kann dann überall wieder lesen. . . . . .

— — — — — — — — —

Dein Dich herzlich liebender Bruder

4/8 48 C. G. J. Jacobi

1) Dieser eingestreute Satz ist durch den Schluss des vorhergehenden Briefes veranlasst; bezüglich der „Circularnote“ s. S. 195, Anm. 9.

2) „Als es sich um die Wahl eines Reichsverwesers handelte, schlug ein Abgeordneter aus Preussen . . . . mit schüchterner Stimme seinen Landesherrn dazu vor. Das erregte allgemeine Heiterkeit, und auf die Unterstützungsfrage erhoben sich kaum ein paar Mitglieder“, K. Biedermann (bekanntlich Mitgl. u. zeitweilig Vicepraesident der deutschen Nationalversammlung), „Das erste deutsche Parlament“ (Breslau 1898), p. 57; vgl. a. „Eduard von Simson. Erinnerungen aus seinem Leben“, zusammengestellt von B. v. Simson (Leipzig 1900), p. 105.

3) Über seine damalige Unterredung mit dem Grossherzog von Toscana hatte Jacobi seiner Frau sr. Zt. von Florenz aus (8. Okt. 1843) berichtet: „Da die Regierung von Toscana so viel es Österreich erlaubt liberal ist (man hat hier alle französischen Zeitungen die bei uns verboten sind), so dass man hier ordentlich aufathmet, während in Mailand und Genua überall der schrecklichste Druck auf den Italiänern lastet — so machte es mir viel Freude den Grossherzog von Toscana zu sprechen. Ich war fast 2 Stunden bei ihm, ganz allein, ohne dumme Adjutantengesichter sehn zu müssen; wir sassen an einem einfachen Tisch auf dem 2 Wachslichter brannten; dann brannten auf seinem Arbeitstisch noch zwei, das war die ganze Erleuchtung. Er sprach deutsch, wenn auch nicht sehr gut, und auch ich sprach sehr langsam, weil er es sonst schwer verstand. Wir sprachen erst über das Studium der Mathematik, dann brachte ich das Gespräch auf die Errichtung eines Zollvereines in Italien, dann sprachen wir von der Stellung Toscanas, von unserm König, von der Regierungskunst. Es wäre keinesweges uninteressant das Gespräch aufgeschrieben zu lesen; leider fehlt mir zum Behalten des Details das Gedächtniss. Da er der Stifter der Versammlungen der italiänischen Gelehrten ist, so nahm er es hoch auf dass ich nach Lucca [s. S. 116 Anm. 17] gekommen war.“ Später traf Jacobi (Brief vom 14. Dez. 1843) den Grossherzog nochmals, als J. zusammen mit Dirichlet und Borchardt den Prof. Corridi besuchte, der den Sohn des Grossherzogs in Mathematik unterrichtete. Vgl. a. S. 106, Anm. 4.

4) Emanuel Arago, 1812—1896, der bekannte französische Politiker, war 1848 einige Monate franz. Gesandter in Berlin.

5) s. dagegen einen Brief v. François Arago an Humboldt v. 3. VI. 1848 in: „Briefe von Alexander v. Humboldt an Varnhagen von Ense“, 4. Aufl. (Leipzig 1860), p. 279.

6) Bettina v. Arnim, 1785—1859, die Verfasserin von „Goethe's Briefwechsel mit einem Kinde“. — Auch die Tageszeitungen (z. B. Magdeb. Zeitg. Nr. 174, 26. VII. 1848) berichteten, Em. Arago verkehre viel in dem Hause Bettinens, das ein Sammelpunkt der Demokraten sei.

7) Unterrichtsminister; statt dessen bekam R. eine Nebenstellung als Rat 1. Kl., s. Varnhagen, Bd. V, p. 118, 127, 128, 141; vgl. a. ibid. p. 185 u. Bd. VI, p. 393, sowie Briefe Lobeck u. Lehrs, Th. I, p. 493.

8) Philipp Grüson, Akademiker u. Prof. der Math. an der Univers., der Bau-Akademie u. am Cadettenhause, war der Mutterbruder und der Schwiegervater

des Philosophen Rosenkranz (s. des letzteren Autobiographie „Von Magdeburg bis Königsberg" (Berlin 1873), p. 121, 155 u. 405).

9) Rudolf von Auerswald, Bruder von Alfred v. A. (vgl. S. 154, Anm. 5), geb. 1795, war Oberbürgermeister von Königsberg gewesen (bis 1842), wurde am 25. Juni 1848 zum Ministerpräsidenten und Minister der auswärtigen Angelegenheiten ernannt.

LXV. Berlin, 1848. IX. 21.[1])

Liebster Moritz

Wenn auch nicht zu, so will ich Dir doch an Deinem Geburtstage schreiben, da ich an ersterem durch ein kleines Zahngeschwür verhindert worden war. Möge der grundgütige Gott, der bisher Dein Schiff so glücklich durch die Wogen des Lebens gesteuert, auch fernerhin Dein Pilot sein.

Wir haben hier[2]) diesen ganzen Sommer in idyllischer Ruhe zugebracht, und nur ab und zu aus den Erzählungen der Menschen und den Zeitungen von den vielfachen Bewegungen in unserer nächsten Nähe vernommen. Die freie weite Aussicht und die reinere Luft scheinen meiner Gesundheit zuträglich gewesen zu sein. Seit vielen Jahren war dies das erste Semester,. an dem ich keine Stunde meine Vorlesungen auszusetzen nöthig hatte. Einigen Theil daran hat wohl auch der Omnibus, der mich von meiner Thür nach der Universität fährt. . . . . .

— —

Mir drohte in der letzten Zeit eine Gefahr . . ., die sich vielleicht nur augenblicklich verzogen hat. Hansemann[3]) hatte beschlossen, mir mein halbes Gehalt zu streichen[4]); der Widerstand des interimistischen Ministers Hrn. v. Ladenberg[5]) war vergeblich gewesen, und ich konnte täglich die amtliche Zuschickung erwarten. Die Sache hing so zusammen. Nach einem kürzlich erneuten Gesetz[6]) werden entbehrliche aber noch rüstige Beamte auf Wartegeld gesetzt. Jetzt sagt H.: den für die Wissenschaften nöthigen Dienst bestreitet der Etat des Unterrichtsminister[iums]. Wer daher seinen Gehalt aus der General-Staatscasse bezieht und nicht aus diesem Etat, ist ein entbehrlicher Gelehrter und kommt daher auf Wartegeld. Zu dieser Kategorie gehören ausser mir[7]) Schelling, Rückert, die Grimms; aber auch zum Theil aus dem Auslande ordentlich an die Universität vozirte Personen, wie Huber[8]), Gelzer[9]) etc., kurz fast alle, die seit des Königs Regierungsantritt von demselben vozirt sind. Wenn darunter schofle Personen sind, wie die zuletzt genannten[10]), so ändert dies an der Sache nichts. Mir aber schadet es allerdings, dass unter allen, mit denen ich so zusammengespannt bin, kein einziger[11]) Name jetzt einen guten Klang hat. Einen Artikel[12]) in der Spenerschen Zeitung v. 10ten Sept. unter „Wissenschaft- und Kunstnachrichten" wollte Spiker[13]) nur meinetwegen, der ein braver Kerl wäre, aufnehmen, da er sich nicht dazu hergeben könnte, für einen der andern etwas zu thun. Der Artikel ging in dem Lärme wichtigerer Interessen unbemerkt vorüber. Wenn auch jetzt die Gefahr beseitigt ist, so schwebt sie doch wie ein Damoclesschwert über dem Haupt. Auerswald[14]), den ich durch Rosenkranz[15]) interpelliren liess, schob alle Schuld auf die Budgetcommission; es sei eine Unwürdigkeit, die der König nicht zugeben würde. Ach der König hätte einem so gewaltsamen Menschen wie Hansemann gegenüber vielleicht wenig remonstrirt. Eigentlich wollte dieser die Massregel schon vom 1.n Oct. beginnen lassen; und was mich besonders betrifft, da ich 1000 ℛ zu meinem Gehalt von 1667 ℛ als ausserordentlichen Kön. Zuschuss beziehe, diese 1000 ℛ ganz streichen, und mir nur vom andern die Hälfte bewilligen, so dass ich von 2667 ℛ auf $833\frac{1}{2}$ ℛ gekommen wäre. Beides[16]) hat Ladenberg mit Mühe verhindert, so dass vom 1.n Jan. an ich die Hälfte des Ganzen zu erwarten gehabt hätte. Schelling wäre von ℛ 5500 auf 2000 ℛ gekommen.

Den Hans v. Auerswald[17]), den sie in Francfurt todtgeschlagen haben, haben wir sehr gut gekannt. Er war von dem schönen Geschlecht trotz seiner Gespensterhaftigkeit sehr angebetet und hat sehr viel angebetet. . . . . . . Mein Barbier erzählt mir eben, dass es heute hier losgehen soll. Die Bürgerwehr hat scharfe Patronen erhalten und ist sehr in Bewegung. . . . . . .

. . . . . . Ich gehe zu Mutter, um ihr zu Deinem Geburtstag zu gratuliren.

Dein Dich herzlich liebender Bruder C. G. J. Jacobi.

Die Revolution ist abgesagt; die Führer der demokratischen Parthei sind so klug, den Rückschlag der Francfurter Ereignisse zu vermeiden. Die Bürgerwehr ist gegen sie aufgebracht und die Soldaten sollen kaum zurückzuhalten sein darunter zu schlagen. Jene fühlen, dass sie jetzt ecrasirt werden würden.

1) Das Datum des ohne solches vorliegenden Briefes ergibt sich aus dem Anfang in Verbindung mit S. 9, Anm. 2.

2) Vgl. S. 173, Anm. 2.

3) Der bekannte Politiker war damals (seit 25. Juni 1848) preuss. Finanzminister.

4) „Schelling's, Rückert's, des Mathematikers Jacobi etc. grosse Gehalte will Hansemann vom 1. Oktober an kürzen, auf die Hälfte und noch mehr herabsetzen. Dies findet grosse Missbilligung und wird nun wohl unterbleiben. Von Ludwig Tieck war dabei die Rede nicht". Varnhagen, Bd. V, p. 187/8 (9. Sept. 1848).

5) Adelbert v. Ladenberg, 1798—1855, verwaltete das Kultusministerium Juli—Nov. 1848 interimistisch und übernahm es in dem von Brandenburg neugebildeten Ministerium (8. Nov. 1848) definitiv.

6) Allerhöchster Erlass v. 14. Juni 1848 (Preuss. Ges.-Sammlung, p. 153/4).

7) s. S. 131 (Anfang von Brief XLIV).

8) Victor Aimé Huber, 1800—1869, wurde 1843 auf eine um seinetwillen gegründete Professur der abendländischen Sprachen von Friedrich Wilhelm IV. an die Berliner Universität berufen, legte aber 1851 seine Professur nieder. Die Universität hatte in mehreren Eingaben gegen seine Berufung protestiert.

9) „Der Baseler Protestant Gelzer, ein ernst gläubiger, keineswegs engherziger Literaturhistoriker wurde, kaum nach Berlin berufen, sofort als geheimer Jesuit verlästert." Treitschke, „Deutsche Gesch. im 19. Jahrh.", 5. Th. (1894), p. 226.

10) Vgl. Varnhagen, Bd. II, p. 224; Bd. III, p. 37, 367; Bd. IV, p. 341; vgl. a. Bd. VI, p. 468; Bd. VII, p. 96; Bd. VIII, p. 49.

11) Bezüglich Schellings s. etwa Varnhagen, Bd. I, p. 378 f.; Bd. II, p. 4, 25, 36 f., 64, 104, 179, 190, 202 f., 220, 232; Bd. III, p. 362, sowie Bd. II, p. 377/8 u. Bd. VII, p. 166, letztere beiden Stellen zugleich bezüglich Rückerts; vgl. dazu auch hier S. 227 nebst Anm. 17, S. 233. Bezüglich der Brüder Grimm ist zu erinnern an deren bekannte Erklärung gegen Hoffmann v. Fallersleben (1844), die auch bei ihren nächsten Freunden Missbilligung fand, z. B. bei Dahlmann (s. A. Springer, „Friedr. Chr. Dahlmann", Bd. II (Lpz. 1872), p. 136 ff.), bei Bettine v. Arnim (s. Varnhagen, Bd. III, p. 299; vgl. a. ib. Bd. II, p. 270, 277); s. dazu auch einen Brief Humboldts an Gauss v. 14. Juni 1844 (Briefe Gauss-Humboldt, p. 51).

12) In diesem Artikel (No. 212 des cit. Blattes) wird die „Entbehrlichkeit" der in Betracht kommenden wenigen Personen, unter denen „namhafte und berühmte Gelehrte" seien, bestritten; „denn Preussens Stern ist nicht so tief gesunken, um die Förderung der Wissenschaften für entbehrlich zu halten"; s. das Nähere a. a. O.

13) Dr. Samuel Heinrich Spiker, Königl. Bibliothekar, Eigentümer und Leiter der Spenerschen Zeitung.

14) Ministerpräsident Rudolf von Auerswald, s. S. 197 nebst Anm. 9, S. 199.

15) Vgl. den vorhergehenden Brief nebst Anm. 7 dort.

16) Dass *Beides*, nämlich eine völlige Entziehung des „Zuschusses" und eine Herabsetzung des Gehaltes auf die Hälfte, zugleich eintrete. Dies verhinderte, wie im Brief gesagt, Ladenberg; es sollte hiernach also höchstens das Eine, die Herabsetzung des ganzen Gehalts auf die Hälfte, eintreten.

17) Hans von Auerswald, Generalmajor, geb. 1792, Bruder des obengenannten Rudolf v. A., sowie von Alfred v. A. (vgl. S. 154, Anm. 5), wurde bekanntlich am 18. Sept. 1848 zusammen mit dem Fürsten Lichnowsky in Frankfurt a. M. im Strassenkampf erschlagen.

LXVI. Petersburg, 1848. XII. 24—29.[1])

St. Petersburg 12/23 [sic!] Dbr. 1848.

Theuerster Jacques,

Mit der tiefsten Betrübniss habe ich den Tod[2]) unserer guten, von mir so innig geliebten Mutter erfahren. . . . . . . Ich wurde um so mehr von der Todesnachricht überrascht, als . . . . die Briefe die wir vor nicht gar langer Zeit von der lieben Mutter erhalten, von einer Frische des Geistes zeugten wie sie bei einer 75jährigen Frau (so schätze ich nämlich ihr Alter) gewiss sehr selten sind. Einen Trost gewährt es, dass sie wenig gelitten hat und dass sie das gescheuteste gethan, was man in der jetzigen trüben Zeit nur thun kann, nämlich zu sterben. . . . . . .

So ist denn wiederum ein Band der innigsten Art zerrissen, das mich an mein Vaterland gekettet hat. . . . . . .

Ich hätte von Dir erwartet, Du würdest die wichtigen politischen Ereignisse der letzten Zeit nicht so ganz gegen mich mit Stillschweigen übergangen haben, aber Du wirst mit Deinen Briefen immer karger und karger, obgleich Du weisst wie viel Freude und Genuss mir dieselben gewähren. Ihr habt jetzt in Berlin Ruhe, obgleich es traurig ist, *das* durch exceptionelle Massregeln[3]) bewirkt zu sehen, was vielleicht durch eine kraftvolle Anwendung der bestehenden Gesetze eben so gut hätte erreicht werden können. Man müsste es, so scheint es mir vermeiden, die Gewohnheit solcher exceptionellen Massregeln anzunehmen, welche eigentlich eine französische Erfindung sind. Wann wird doch endlich einmal die Zeit kommen, wo auch ohne Anwendung brutaler Gewalt die sittlichen Mächte sich Geltung und Anerkennung verschaffen mögen! Wie ganz anders ist es doch um einen gesunden gentil geführten Krieg zwischen fremden Nationen, als um solche Bürgerkriege und Brudermorde wie sie das westliche Europa jetzt als trauriges Schauspiel darbietet; für solchen Krieg wäre ich Enthusiast, während jene andere Form in mir das höchste Entsetzen erregt. Alle jene unendlichen Ströme Blutes welche in den ewig denkwürdigen Völkerschlachten der Jahre 1812—1815 vergossen worden, schreien nicht so gen Himmel als die gegenwärtigen Gräuel in Frankfurt und Wien. Die Furcht vor ordentlichen regelmässigen Kriegen hat Europa in's Unglück gestürzt. Vielleicht wird Louis Napoleon es wieder retten. Warum soll man sich nicht auch einmal die Satisfaction verschaffen die Resultate dessen zu zeigen, was man seit 30 Jahren unablässig und mit der grössten Sorgfalt geschaffen und gelernt hat. Ein Krieg wäre gewissermassen die practische Verification der seitdem ausstudierten besondern Formeln. Die persönlichen Unbequemlichkeiten die dabei vorkämen, wären dabei nicht in Rechnung zu bringen, da das Publicum sich leicht davon erholt. Ich predige also Krieg als den einzigen Retter in dem gegenwärtigen verworrenen Zustande. — Einstweilen aber habt Ihr eine octroyirte Verfassung erhalten. Der König konnte nach meiner Meinung nicht anders umhin, denn aus der sogenannten Vereinbarung wäre nun und nimmer etwas Vernünftiges geworden. An dieser Verfassung habe ich aber zu tadeln . . . dass sie viel zu liberal und auf viel zu breiten Grundlagen ist. Deutschland, besonders aber das Volk der Intelligenz, das preussische nämlich, hat, unter uns gesagt, so vollständig seine politische Unmündigkeit dargethan, in seinen Vertretern nach beiden Richtungen hin, so viel Unfähigkeit, ja Unwürdigkeit gezeigt, dass es durch längere Uebung im Sinne des ersten vereinigten Landtages erst hätte geschult werden müssen. Hätte der König damals sich und die Nation verstanden, so hätte er mit dem hundertsten Theile dessen fortkommen können, was zu bewilligen er jetzt genöthigt war. . . . . Ich bin jetzt durchaus der Meinung, dass es das beste wäre wieder in den frühern Zustand zurückzukehren, was angebahnt ist, wieder abzubahnen, und die Errungenschaften wieder abzuringen. Man sage nicht, das sei unmöglich. Mit Geduld und etwas Salpeter überwindet man sogar Sauerkraut. . . . . . . Bei aller Intelligenz ist man doch in Berlin sehr kindisch und ordinär, so wie auch sehr nachäfferisch. Hat doch Wrangel sogar die Abzeichen der rothen Republik verbieten müssen. Also bis zur rothen Kokarde hat es die Nachahmungssucht gebracht. Da bekommt man wirklich eine Gänsehaut.[4]) Nur in einem wünsche ich dass Ihr die Franzosen nachahmet. Frankreich wird gewiss bald wieder seinen Kaiser haben; wählet Ihr also auch so schnell wie möglich den König von Preussen zum deutschen Kaiser. Das glaube ich wäre das Erspriesliehste was Deutschland thun könnte, denn ich liebe den König persönlich von ganzem Herzen und ganzer Seele. Nach dieser mit Wahrheit und Dichtung gemengten politischen Expectoration will ich nur noch hinzufügen, dass wir hier in der grössten Ruhe leben, und dass der Kaiser durch seine kräftige, versöhnliche und friedliche Politik mehr wie je angebetet wird. Auch im Auslande scheint diese Politik immer mehr und mehr Anerkennung zu finden; wenigstens haben die Invectiven gegen Russland, wovon manche Blätter allein lebten beinah ganz aufgehört. Man mag pranzeln wie man wolle, am Ende ist es doch die materielle Macht die vorläufig wenigstens ein grosses Gewicht in die Wagschale legt, und die Macht des gewaltigen russischen, wohldisciplinirten, durch und durch kriegrischen, mit unendlichen Hülfsmitteln ausgerüsteten und mit allem was Wissenschaft und Technik zu leisten vermögen, versehenen Heeres ist in der That ungeheuer. Kennte man im Auslande diese compacte Macht, so ganz wie sie ist, man würde die Mässigung unseres Kaisers noch mehr bewundern.

Du hast mich noch nicht beglückwünscht dass mir der Kaiser den Wladimir Orden dritter Classe zu verleihen[5]) die Gnade gehabt hat. Es war die letzte Freude die ich der guten Mutter bereiten konnte.

Obgleich Du den meinigen ganz vergessen hattest[6]), so wünsche ich Dir doch von Herzen Glück zu Deinem Geburtstage, so wie zum neuen Jahre. Möge der Himmel Dich nur gesund und guten Muthes erhalten. So sehr viel Zukunft hat man am Ende doch nicht mehr vor sich, möge man daher die Spanne Zeit die einem übrig bleibt, so würdig wie möglich benutzen. Schon diese Rücksicht geböte Dir conservativ zu sein, und Dich dem Könige der Dir so manche Gnade erwiesen, so eng wie möglich anzuschliessen. Es ist immer am besten seinen Sympathieen zu folgen. Der König ist ein durchaus edler geistreicher Mann, und Du bist wenigstens in Deiner Wissenschaft, so monarchisch und absolutistisch gesinnt wie nur einer. Mit dem Pöbel Dich zu befassen, darin hast Du Gott sei Dank gleich beim debut ein Haar gefunden, und an Herzweh[7]) für das Wohl der ganzen Menschheit hast Du so viel ich weiss nie gelitten. Als Du Dich vom Kitzel eines bon-mots hinreissen liessest, dachtest Du gewiss in Erinnerung Deiner philologischen Studien an das Alterthum, und glaubtest ein edleres Material, als der „getretene Quark" [8]) wäre vorhanden aus dem der freie Geist sich seine Wohnung errichten könne. Wer in der Welt war wohl geistig freier als Du z. B. in Deinen Verhältnissen vor dem März. Erst nachdem die Freiheit erfunden war, wurdest Du unfrei. Wenn Du das Glück oder Unglück haben solltest, Deputirter zu werden (und warum solltest Du nicht daran denken?), so hoffe ich Dich im rechten Centro glänzen, mit Sarcasmen haushälterisch umgehen, und Deinen edlen Character und Deine feste Gesinnung im schönsten Lichte zeigen zu sehen.

Herr von Fuss wird Dir wohl nächstens schreiben, auch Dir die bald zu erscheinenden 2 Bände von Eulers Werken[9]) zuschicken. Leider befindet sich unsere Academie in keiner sehr günstigen finanziellen Lage, so dass ich für die Fortsetzung dieses Unternehmens sehr besorgt bin.

— — — — — — — — — — — — — — — — — — — —

..... Was hat es mit der Entdeckung des Dr. du Bois-Reymond auf sich? Welches Multiplicators oder welcher sonstiger Mittel bedarf es um den, durch Ausstrecken der Armmuskeln erregten Strom wahrzunehmen?[10])

— — — — — — — —

Dein Dich herzlich liebender Bruder
Moritz.

— — — — — — — —

1) Der Brief ist am 17. Dez. a. St. abgeschlossen, wie eine nicht abgedruckte Stelle am Ende sagt.

2) 9. Dez. 1848. — C. G. J. Jacobi hatte am selben Tage den Bruder benachrichtigt und den Brief mit einem kurzen Begleitschreiben an P. H. Fuss gesandt. Der Brief selbst ist nicht mehr erhalten, wohl aber das Begleitschreiben.

3) Verlegung und Vertagung resp. Sprengung der preuss. Nationalversammlung, Verhängung des Belagerungszustandes über Berlin (Nov. 1848).

4) Vgl. S. 187, sowie S. 193.

5) In einem früheren, hier fortgelassenen Briefe (v. „28/40 Septr. 48") mitgeteilt.

6) Vgl. den Anfang des vorhergehenden Briefes.

7) Vgl. S. 223 nebst Anm. 2 dort.

8) Vgl. S. 179.

9) „Leonardi Euleri Commentationes arithmeticae collectae", I, II (Petersburg 1849), herausg. von P. H. Fuss und N. Fuss als 1. Abth. der damals geplanten Ausgabe von „Leonardi Euleri Opera minora collecta". Bekanntlich wurde dies Unternehmen jedoch nicht fortgesetzt, so dass N. Fuss nach dem Tode seines Vaters sich veranlasst sah, wenigstens „Leonardi Euleri Opera postuma mathematica et physica" in 2 Bänden (Petersburg 1862) herauszugeben.

10) s. das 1848 erschienene, S. 214 Anm. 23 citierte Buch du Bois-Reymonds. M. H. Jacobi war hierauf offenbar durch die kurze Anzeige, welche Poggendorff in seinen Ann. Phys. Chem., Bd. 75 (1848), p. 463 f. von dem Buche gemacht hatte, aufmerksam geworden.

LXVII. Berlin, 1849. I. 21—30.[1])

Sonntag d. 21ten Januar 1849.

Theuerster Moritz

Therese sagt mir, dass sie Dir einen ausführlichen Brief über die letzten Tage unserer geliebten Mutter geschrieben. Es muss Dir ein angenehmes und beruhigendes Gefühl sein, dass Du in den letzten

$1\frac{1}{2}$ Jahren so wesentlich beigetragen hast, dass sie trotz der von allen Seiten eindrängenden pecuniären Anfälle nicht nöthig hatte, ihre alten Gewohnheiten aufzugeben und sorglos leben konnte. Eben so freut es mich, dass ich in den verhängnissvollen Jahren 1834 und 41 solche Anordnungen hatte treffen können[2]), die ihre Zukunft eine lange Reihe von Jahren hindurch sicher stellten . . . . . Ganz besonders glücklich aber macht mich der providentielle Zufall, dass ich noch am letzten Abend ohne besondere Veranlassung mehrere Stunden bis gegen 10 Uhr bei ihr in Heiterkeit zubrachte. Ähnliches und noch grösseres Glück war mir bei Vater widerfahren, zu dem ich mit meiner Frau von so weit her kam, und noch die letzten 8 Tage[3]), in denen er ungewöhnlich froh war, mit ihm verlebte. Es ist ein ganz eigen Ding, jemand zu verlieren, der einen nicht, je nachdem man sich beträgt, sondern unter allen Umständen lieb hat. Seit dem letzten Anfall war ich in steter Angst und besonders wenn ich, wie oft, die Nacht wachte, quälte mich die Sorge, ob nicht Mutter wieder einen Anfall hätte. Da sie nun auch gesagt hatte, dass sie dabei immer gedacht, dass sie mich nicht mehr sehn würde, hatte ich die Veranstaltung getroffen, dass immer wenn nach dem Doctor, auch gleich zu mir geschickt würde; aber durch einen zufälligen Umstand, dass der Bote trotz meiner genauen Instruction den Nachtwächter in einer falschen Strasse suchte, verspätete er sich so, dass ich Mutter nicht mehr fand.

— — — — — — — — — — — — — — — — — — — —

Montag d. 22.ⁿ Jan.

Den Brief, den ich als Urwähler gestern angefangen, setze ich heute als Wahlmann fort, (wenn nicht anders meine Wahl zum Wahlmann angefochten[4]) wird.) Die Affaire war sehr heiss. Es war nicht mehr die Gleichgültigkeit des vorigen Jahres. Beide Partheien waren auf das strengste disciplinirt. Dies war mehr als wie bei den an Unterordnung gewöhnten Geheimräthen bei uns schwierig, die wir den Pöbel bildeten, wie Du ihn im Coriolan von Shakespeare verherrlicht findest. Der Barbier, der Lohnbediente, der Fuhrmann war eine Macht. Mit jenem vornehmen Pöbel konnte ich nicht stimmen, weil er niemand acceptirt, der nicht im Herzen die absolute alte Herrschaft wieder will, und keinen Compromiss statuirt. Hiebei kam es nicht bloss darauf an, dass wir unter uns die 4 Namen festsetzten, die wir wählen wollten, sondern genau auch in welcher Ordnung. Das gleiche hatten die andern gethan. Ich war der erste auf unserer Liste: ich hatte 3 grosse Reden gehalten, die für Kammerreden hätten gelten können, und war unerbittlich gegen die Schmach des Belagerungszustandes gewesen. Ich hatte den Kampf mit dem Geh. Regierungsrath v. Mühler[5]), Sohn des ehemaligen Justizministers, zu bestehen. Es waren 229 Stimmzettel; nur wenige Stimmen hatten sich zersplittert; wie beim Wettrennen war bald der bald jener dem andern um eine Kopflänge vor, bis ich endlich gerade mit 115 Stimmen, der absoluten Majorität, schloss; mein Gegner hatte es bis zu 105 Stimmen gebracht. Ich werde zum Wahlmann vom Wahlcommissar proclamirt, was mit einem Hurrah und 3maligem Vivathoch von meinen Freunden aufgenommen wird. Da tritt ein G. Rath Maclean[6]) mit der triftigen Bemerkung auf, es wäre ein Fehler vorgegangen, indem die Summe der Stimmen mit denen, die sich zersplittert, 230 statt 229 ergäben. In der That scheint der Protocollführer einen Zettel für mich zweimal gezählt zu haben. Es hätte nun eigentlich noch einmal abgestimmt werden müssen, aber wie sehr ich auch bat, mein Pöbel war nicht zu bewegen; er liess sich nicht ausreden, dass das eine Intrigue der Reactionärs sei; sie schäumten vor Wuth, und wären nicht davon abzubringen gewesen, darunter zu schlagen, wo sie des Sieges gewiss waren, wenn man die Abstimmung hätte durchaus erneuern wollen. Sie waren schon vorher nur mit Mühe davon abzubringen gewesen, gleich Stöcke mitzubringen. Bei einigen Vorbesprechungen und heutigen Wahlen, wie ich höre, hat man sich wirklich geprügelt. Ich halte dies für einen wesentlichen Fortschritt; denn in England selten, in Amerika nie geht es ohne Prügelei ab. Ob es möglich sein wird, dies Interesse lange ohne frei Bier und Cigarren zu erhalten — denn es ist für den Arbeitsmann lästig, zeitraubend, und auch kostspielig, da er einen Arbeitstag daran setzen muss, — weiss ich nicht. . . . . Was Du auch sagst von meinem mangelnden Weltbürgerthum, so finde ich doch so viel gesunden und nüchternen Sinn unter den arbeitenden Klassen, so tiefe Verderbtheit unter den besitzenden, dass ich glaube, dass eine Auffrischung der letztern durch die erstern wünschenswerth wäre. — Ich habe nun eine furchtbare Arbeit vor mir; die gleiche für die Wahlen der Wahlmänner zur 1.^{n} Kammer, und die Wahl der Deputirten. Bisher hatte ich nur einige späte Abende daran zu setzen gehabt, aber bei letzterm Geschäft, gehen zu den Vorbereitungen, dem Anhören der Candidaten und Partheiversammlungen die ganzen Tage hin. . . . . . Es war für Kinder und Domesticale ein grosser Jubel als beim Nachhausegehen die Bande vor meinem Hause ein Vivat ausbrachte. Der spanische Gesandte Hr. Zarco del Valle[7]), der mir zum 2.ⁿ Mal Visite machte, wäre beinahe damit zusammengetroffen, was einen interessanten Contrast gemacht hätte.

Mittwoch d. 24.ⁿ Jan.

...... Wie stark die Partheien vertreten sein werden, kann niemand wissen. Ich glaube aber, dass die Centren überwiegend sein werden. Denn auch von meiner Parthei will fast alles Ordnung und Abschluss; glaubt aber sehr verständig, dass durch gewaltsames Gegenstemmen gegen die Freiheiten, die am Ende doch bewilligt werden müssen, dieses nur aufgehalten wird, so dass es gar nicht abzusehn ist, wann wir in Ruhe kommen sollen. Sehr beredt setzte mir dies ein Gärtner auseinander, der seinen Rotteck gelesen hatte, und mich noch am Abend der Wahl besuchte, um mir seine Freude zu bezeigen.

Donnerstag d. 25.ⁿ Jan. 49

Meine Wenigkeit.

Ich bin seit vergangnem Frühjahr mit meiner Gesundheit zufriedner als früher ..... Ich bekam regelmässig[8]) Ende November eine Art schwindliger Stimmung, die mich den Winter über von ernsteren mathematischen Arbeiten abhielt. Das gleiche pflegte im Lauf des Sommers einmal einzutreten. Dies Jahr bin ich zum ersten Mal fast ganz frei davon geblieben. Hiervon kommt auch, dass ich Dir weniger geschrieben habe. Denn da ich die kurze gute Zeit doppelt benutzen musste, um nur etwas vorwärts zu kommen, verschob ich das Briefschreiben und ähnliches auf die unfehlbar eintretende schlimme. Ich habe daher auch dieses Jahr verhältnismässig viel gearbeitet, zuletzt einiges astronomische in Schumachers A. N. publicirt[9]), womit ich ab und zu fortfahren werde.[10]) Meine Arbeiten über Störungen würden gewiss 100 Bogen betragen, wenn ich dazu käme, sie vollständig zu publiziren. Die Menge der Arbeiten, die ich liegen habe, und welche nur die letzte Redaction erwarten, übertrifft alles, was Du Dir vorstellen kannst. Aber mir fehlen die physischen Kräfte, es zu bewältigen. Denn weniger am Inhalt als an der Schnelligkeit der Arbeit merkt man die Jahre. Die frühere Besorgniss über meine Gehaltsverhältnisse ist jetzt gehoben, indem ich von Neujahr an mein Gehalt von dem Etat unsers Ministeriums und nicht mehr von der General-Staatscasse beziehe; auch ist durch Beschluss des Staatsministeriums erklärt worden, dass man das

(Hansemannsche) Wartegeldgesetz falsch und zu weit ausgedehnt habe. Wir ziehen Ostern einmal wieder aus . . . . . nach der Bellevuestr. 11ª . . . . ., so dass wir doch noch Aussicht auf den Thiergarten haben. Der Preis ist derselbe wie jetzt 300 ₰, obgleich die Wohnung unendlich anständiger ist . . . . Nur durch die jetzigen Zeitverhältnisse ist die Miethe so gering u. habe ich deshalb gleich auf 3 Jahr Contract gemacht. . . . . .

— —

. . . . . Es wäre sehr Schade, wenn die Pet. Akademie das ruhmvolle u. überaus nützliche Unternehmen der Herausgabe der Eulerschen Schriften[11]) wieder aufgäbe. Wie nützlich in gewisser Hinsicht für den Augenblick die periodischen Schriften sind, so werden doch die Werke in ihnen begraben, und Euler würde erst dadurch wieder auferstehn. Es ist wunderbar, dass man noch heut jede seiner Abh. nicht bloss mit Belehrung, sondern mit Vergnügen liest. Die Kosten würden ganz gedeckt werden durch den Absatz, wenn nicht dort Druck u. Papier so theuer wäre; aber auch so werden sie durch den Absatz bedeutend vermindert werden. Nur müsste wohl die Akad. eine Subscription veranstalten, weil sie durch das Geben in Commission schon die Hälfte verliert. Ich habe wegen der grossen Nützlichkeit des Unternehmens vergangnen Frühling eine sehr grosse Arbeit von 6 Wochen daran gesetzt[12]), deren Resultate ich Fuss mitgetheilt, um mich über die zweckmässigste Anordnung des ungeheuern Stoffes zu orientiren. Die Subscription müsste von den berühmtesten periodischen Schriften, Crelle, Schumacher, Liouville, Cambridge and Dublin Mathematical Journal ausgehen, u. die Ak. direct dorthin die Exemplare senden. Nach England glaube ich wäre ein bedeutender Absatz zu erwarten, wenn es gerade gut einschlägt und der rechte Weg getroffen wird.

Klatschgeschichten. Die Ak. hatte neulich für Chateaubriand u. Berzelius je 3 Candidaten zum o. p. l. m. vorzuschlagen, aus denen der König wählt. Für Ch. wurde nach der Ordnung Burnouf[13]), v. Baer, Guizot; für Berz. Cauchy u. Struve in derselben Linie u. dann Leverrier vorgeschlagen. Du siehst, die Ak. hat es diesmal mit den Russen gut gemeint. Der König hat Guizot u. Cauchy gewählt. — An Webers Stelle in Leipzig hat die dortige Universität nach dem Gebrauch dem Minister als die 3 Candidaten Poggendorff, Seebeck und Reich in Freiberg vorgeschlagen; letzterer hat viel Aussicht, weil man ihn gern von seiner

Freiberger Stelle, wo er in allen möglichen Objecten unterrichten muss, befreien möchte. Die Stelle trägt 1500 ℔ und ist mit einem ausgezeichneten Laboratorium u. Apparat versehn. Man[14]) verdenkt es Weber sehr, dass er fortgeht. Pogg. hat darauf hier 200 ℔ Zulage an der Universität gekriegt zu den 200 ℔, die er schon hatte, was mit den ℔ 700 von der Akad. ℔ 1100 macht. Als Dozent macht er kein Glück, aber es wäre ein Verlust für Berlin, wenn mit ihm das Journal translocirt würde. — Peter hat in Verzweiflung, dass er mit einem Demokraten Dr. Riess[15]) und seine Frau mit dessen Frau, dem Chef des weiblichen Demokratinnenvereins verwechselt würde, vom Minister Ladenberg deshalb den Professortitel zur Unterscheidung erhalten, und besucht jetzt häufiger seine Freunde, um, wenn er sie nicht zu Hause findet, seine alten Visitenkarten loszuwerden. . . . . . .

Freitag d. 26.ⁿ J.

Dass ich jetzt nicht die geringste Probabilität zum Deputirten habe[16]), und daher über den einzunehmenden Platz nicht zu reflectiren brauche, scheint mir sicher. Du hast gar keine Vorstellung, wie fern unser eins dem Volke steht, und selbst solchen, von denen man es doch meinen sollte, ist unsere Existenz ganz unbekannt. Der Orden p. l. m. bewirkte, dass einige der berühmtesten Gelehrten den Ministern[17]) wenigstens dem Namen nach bekannt wurden. Ich fange jetzt erst an, meine Existenz von der des Dr. Jacoby zu detachiren.[18]) Auch ist es mir unmöglich, Schritte zu thun, um mich hervorzudrängen, nicht aus mangelndem Ehrgeiz, sondern aus Bequemlichkeit. Es ist mir vorläufig genug, dass alle, die mich kennen, meinen, ich hätte die Qualification, und zwar mehr als die meisten. Ich werde auch keine Gelegenheit vorüberlassen, wenn ich einmal in einer Wahlversammlung bin, meine Meinung mit allem Feuer, Beredsamkeit und Rücksichtslosigkeit eines klar erfassten politischen Gedankens auszusprechen. Und so kann es wohl allmählig im Laufe der Jahre, wenn ich nach und nach immer bekannter werde, dazu kommen. Das Opfer, das ich durch Aufgabe meiner Arbeiten und vielleicht durch meine Gesundheit bringen müsste, ist so gross, dass ich mir den Aufschub oder Aufhub gefallen lassen kann.

Die pourlemeriter werden sonst alle Jahre d. 24.ⁿ J. als Friedrichs II Geburtstag beim Könige zu Tisch eingeladen. Dies ist diesmal unterblieben.

Von politicis zu schreiben habe ich keine Lust. Nur zur Berichtigung Deiner Vorstellungen, dass die Aufläufe, die man zum Vorwand genommen hat, ganz unbedeutend waren, und mit dem kleinsten guten Willen hätten vermieden werden können. Am Morgen nach dem 31.ⁿ October frug der Bürgerwehrchef bei der Nationalvers. an, ob sie ihm nicht erlauben wollte, etwas zu ihrem Schutze zu thun, was sie gestattete. Es war also bis dahin nicht einmal der Versuch dazu gemacht worden, und es reichte ein kleines Commando Bürgerwehr dazu hin, seitdem die vollkommenste Ruhe auf dem Gensd'armenmarkt zu bewahren. Zehn Tage nachher, ohne dass inzwischen der geringste Exzess gemacht war, kommen alle diese Gewaltmassregeln, die durch die Weisheit und Mässigung des Pöbels sich darauf beschränken müssen, abwechselnd den Krakehler[19]) und den Kladderadatsch zu verbieten. Eine standrechtliche Behandlung des Civils war übrigens durch die vor 3 Jahren neu gemachten Kriegsgesetze unmöglich, da nach denselben die Appellation der Civilpartei an das Generalauditoriat Statt findet, welches in volksfreundlichen Händen ist; dies brächte einen Aufschub von $^1/_2$ Jahr zu Wege, wodurch jedes solches Verfahren illusorisch wird. Alle Vorwürfe, die man der Berliner Nationalversammlung macht, treffen jede andere eben so, und nur die Berliner hat man auf eine solche Weise behandelt. Es war unpolitisch nach der Persönlichkeit des Königs die Attribute der Krone anzugreifen. Das Abschaffen von Gottes Gnaden hat seinen Widerstand, den er der ihn drängenden Reaction, die nur im Verbrennen Berlins eine réparation d'honneur für den März sah, bis dahin geleistet, gebrochen. Es sind schon oft Gesetze verletzt worden; der 18—19.ᵉ März war vom Volke eine That des Zornes, wie Moses den Egypter erschlug; aber mit kaltem Blute lange alle Massregeln vorbereiten, um durch berechnete Provocationen Gelegenheit zu erhalten, Bürgerblut in Strömen zu vergiessen, ist wohl kaum in der Geschichte vorhanden. Gott ist unserm Könige sehr barmherzig gewesen, dass er seinem Andenken in der Geschichte und seinen Träumen dieses Blutmal erspart hat. Die allgemeine Bestürzung der Reaction über ihre vereitelte Hoffnung war fast komisch. Übrigens ist von den schauderhaftesten Wühlern und Bassermannschen Figuren[20]) nie so auf den König geschimpft worden, wie von diesen treuen Dienern[21]), so lange der König ihnen widerstand. Man konnte nicht in ihrer Gesellschaft bleiben, weil man sich eines Verbrechens schuldig machte, ihre hochverrätherischen Äusserungen nicht zu denunziren. Dass er den Verstand verloren, war das wenigste, was sie sagten; jetzt werden sie wohl finden, dass er ihn wiedererhalten hat.

— — — — — — — — —

Sonntag d. 28.^{n} Jan.

Doves Versuche mit der Drathleitung durch Gutta-Percha zeigten, dass bei feuchtem Wetter die vergrabne Leitung entschiedne Vorzüge hat, hingegen bei sehr trocknem die Luftleitung vielleicht etwas besser ist, wenn auch beinahe gleich. Der Drath ist bis Francfurt a. M. gelegt. Doves Versuche sind vor, in und nach dem Winter mit gleichem Erfolg angestellt; die Verschiebung[22]) in unserm Terrain daher unerheblich; absolut isolirt kein Überzug. Für telegraphische Zwecke übertrifft aber eine sorgfältige Isolirung durch Gutta - Percha alle Erwartungen. . . . .

. . . Dubois, der auf eine schriftliche Anfrage heut Nachmittag zu mir kam . . . . . hat den beifolgenden Aufsatz so eingerichtet, dass er, wie er wünscht, in das Bulletin kommen kann; er wusste nicht, dass dasselbe ganz französisch erscheint, sonst hätte er es selbst gleich so abgefasst; Ihr könnt es wohl leicht übersetzen, wenn Ihr es sonst einrücken wollt. Dubois zeigt hier die Versuche an einem Multiplicator der 24000 Umwicklungen hat, woran er 3 Wochen mit einer Drehbank gewickelt[23]), und den er zu seinen andern Untersuchungen gebraucht; jenes hat er aber an einem Multiplicator von nur 4600 Umwicklungen[24]) gefunden. . . . . . .

— —

Dein Dir endlose Briefe schreibender Bruder
Jacques.

1) Der letzte, „Dienstag d. 30. J." datierte Teil des Briefes ist hier ganz fortgelassen.

2) Im Jahre 1834 hatte das väterliche Bankgeschäft in Potsdam, das seit des Vaters Tode (1832) der Sohn Eduard leitete, bedeutende Verluste gehabt; im Jahre 1841 war es ganz zusammengebrochen (vgl. a. Koenigsberger, p. 277 u. 279/80, sowie Briefw. Gauss-Bessel, p. 538). Beide Male reiste C. G. J. Jacobi, obwohl durch wissenschaftliche Arbeiten sehr in Anspruch genommen, auf die dringenden Bitten der Mutter und des Bruders Eduard nach Potsdam. Auf die zweite Reise bezieht sich ein Brief des letzteren v. 21. Sept. 1841, in dem es heisst: „Dir, lieber Jacques, wünschte ich später mehr durch die That zu danken als jetzt durch Worte was Du an mir gethan; mehr noch als für pecuniäre Opfer für die geistigen Opfer, die Du mir gebracht. Dein Zustand in dieser ganzen traurigen Epoche ging mir immer sehr nah und mehr als mein eigener jammerte es mich immer, wenn ich Dich bei Tage und oft bei Nacht sitzen und über Gerichtsordnung und Gläubiger brüten sah!" In einem Brief der Mutter an M. H. Jacobi heisst es darüber (Königsberg, 20. Sept. 1841): „jetzt empfinde ich erst, was mir der liebende Sohn durch seinen langen Aufenthalt in P. für Opfer gebracht; denn Du mein geliebter Moritz kannst Dir von dieser

Schreckenzeit keine Vorstellung machen, die der arme Mensch erlebt hat. Den ganzen Tag war er auf den Beinen, da ging er zu Justiz-Kommissaren, zu Curatoren, Creditoren, es war ein ewiges Treiben, uns war allen so zu Sinn, dass ohne seine Gegenwart nichts zu stande kann gebracht werden, ein jeder hat ihn verehrt und geschätzt, seine Ruhe, Vorsicht war für mich so beruhigend, dass ich auf sein Resultat Häuser hätte bauen können"....

3) s. S. 10, Anm. 2

4) Bei den Abgeordneten-Wahlen wurde gegen Jacobis Teilnahme protestiert, seine Eigenschaft als Wahlmann (der 90. Abtheilg.: Thiergartenstr., Bendlerstr. etc.) jedoch von dem Wahlmänner-Collegium anerkannt (s. Haude- u. Spenersche Zeitung No. 31, 6. Febr. 1849).

5) H. v. Mühler, Geh. Regierungsrath, vortr. Rath im Minister. der geistl. etc. Angelegenheiten, später (1862) Kultusminister.

6) Mac Lean, Geh. Regierungsrath u. vortr. Rath beim Handelsamt.

7) Don Antonio Remon Zarco del Valle, General-Lieutenant und General-Inspektor des Geniecorps, seit Mai 1848 (s. z. B. Nationalzeitung v. 5. Mai 1848) ausserordentl. Gesandter Spaniens in Berlin. Vermutlich ist er mit dem General Zarco del Valle, der damals Praesident der Akademie der Wissenschaften in Madrid war, identisch.

8) s. z. B. S. 132 u. S. 185.

9) s. die im Brief LXXV, sowie Anm. 33 dazu angeführte Abhandlung aus Astron. Nachr., Bd. 28, Nr. 653 u. 654 (27. Nov. resp. 4. Dez. 1848) = Werke VII, p. 145—174.

10) s. die in Jacobis Werken VII, p. 175—188 abgedruckte Abhandlung aus Astr. Nachr., Bd. 28, Nr. 665 (12. März 1849), sowie auch die Abhandlung Werke VII, p. 189—245 aus Astr. Nachr., Bd. 30, Nr. 709—712 (1850).

11) Der „Opera minora", s. S. 205, Anm. 9.

12) s. S. 190 u. 193, Anm. 20. — C. G. J. Jacobi hat überhaupt keine Mühe gescheut, wenn es sich darum handelte, Ausgaben Eulerscher Schriften zu fördern. Hiervon zeugen nicht nur viele weitere Stellen dieses Briefwechsels, z. B. S. 91, 113, 126, 137, 148, 153 f., sowie andere hier fortgelassene, sondern man vergleiche auch Fuss' Äusserungen hierüber (S. 93, Anm. 7 und S. 109, Anm. 11, sowie im Prooemium zu Eulers „Comment. arithm. coll.", p. XI, XVIII, XX, XXI, XXIV, ferner Bull. scient., t. IX, col. 285, séance du 24 sept. (6 oct.) 1841); vgl. a. eine Stelle aus einem amtlichen Schreiben C. G. J. Jacobis bei Koenigsberger, p. 465.

13) Eugène Burnouf, 1801—1852, der berühmte Orientalist.

14) Hiermit ist wohl in erster Linie Poggendorff gemeint, der an Weber anlässlich dessen Rückberufung von Leipzig nach Göttingen geschrieben hatte: „Willst du meinen Rath befolgen? Gehe nicht! was hast du dort? Allerdings Gauss. Aber auch weiter gar nichts, und Gauss ist ein alter Mann, der jeden Tag sterben kann, und wenn er auch nicht sobald sterben sollte, der mit jedem Tage älter und stumpfer wird. In Leipzig bist du wohl gelitten, im Kreise der Deinen, umgeben von reichen Hülfsmitteln, die du nicht erst von neuem zu schaffen brauchst", s. Heinr. Weber, „Wilhelm Weber" (Breslau 1893), p. 89; vgl. dazu a. einen Brief Gauss' an Weber v. 16. Apr. 1848, ibid. p. 87/88.

15) Vgl. S. 180 u. S. 182, Anm. 14.

16) Vgl. Anhang II nebst Anm. 16 dort. — Am 31. Jan. 1849 praesentierte sich Jacobi einer Versammlung der Wahlmänner seines Wahlbezirks (I.) jedenfalls noch mit einer Kandidatenrede (s. Haude- u. Spener'sche Zeitung No. 27, 1. Febr. 1849).

17) „Humboldt erzählt, als die Vorschläge für die Friedensklasse des Ordens pour le mérite gemacht wurden, habe Eichhorn gegen den Mathematiker

Jacobi, von dessen anerkannten Verdiensten er nichts wusste, Bedenken erheben wollen, die der König gleich unterdrückt habe mit dem unwilligen Ausrufe: ‚Ach schweigen Sie nur still, von dem, seh' ich wohl, weiss ich mehr als Sie!'" Varnhagen, Bd. II, p. 358. Diese Hochachtung des Königs vor den wissenschaftlichen Leistungen Jacobis ist gewiss z. T. auf Humboldts Einfluss zurückzuführen. Denn wenn dieser auch häufig in Privatbriefen in befremdend abfälliger Weise über Jacobis Person sich geäussert hat (s. z. B. den S. 145, Anm. 5 citierten Brief an Böckh, ferner Briefw. Gauss-Schumacher, Bd. VI, p. 68/69, sowie a. Briefe Gauss-Humboldt, p. 48 u. 56), so befähigte ihn doch ein gewisses, in langjährigem Umgange mit den grossen französischen und deutschen Mathematikern gewonnenes „Ahnungsvermögen", wie er selbst sagte, dazu, die grosse wissenschaftliche Bedeutung Jacobis zu ermessen, und es entspricht gewiss der Wahrheit, wenn er noch 3 Jahre nach dem Tode des grossen Mathematikers an Böckh schreibt: „Ich kann Ihnen beschwören, dass ausser dem seit Jahren in des Königs Gesellschaft stets männlich ausgesprochenen Saze, wie es doch eigentlich nur 4—5 Männer von ächt europäischem Ruf in Berlin gebe (Rauch, Jacobi, Böckh, L. v. Buch)" . . . . . . (s. Max Hoffmann, „August Böckh" (Lpz. 1901), p. 450).

18) Joh. Jacoby, der 1841 durch seine „Vier Fragen" mit einem Schlage populär und berühmt gewordene Politiker, prakt. Arzt in Königsberg, und C. G. J. Jacobi sind sehr häufig und zwar nicht nur zur Zeit ihres gleichzeitigen Aufenthalts in Königsberg verwechselt worden, wofür selbst aus der neueren Literatur Belege beigebracht werden könnten. — „Hier hielt man Dich und hält theilweise noch für den Verfasser der 4 Fragen; an dem Tage, wo der Annenorden [s. S. 81] in der Zeitung stand, wurde ich gerade danach gefragt und sagte: ja wohl, er hat dafür vom Kaiser einen Orden erhalten!" so schreibt der Bruder Eduard an C. G. J. Jacobi. — Vgl. a. z. B. den Anfang des im Anhang II abgedruckten Grenzboten-Artikels.

19) Ein damals entstandenes, viel gelesenes Witzblatt; vgl. S. 193, Anm. 21.

20) Bezüglich des Abg. Bassermann, auf dessen Rede vom 18. Nov. 1848 im Frankfurter Parlament dieser bald geflügelt gewordene Ausdruck (s. G. Büchmann, „Geflügelte Worte", 20. Aufl. 1900, p. 563) zurückzuführen ist, s. S. 153 u. 155, Anm. 13.

21) S. a. Varnhagen, Bd. VI, p. 241; vgl. a. Bd. VII, p. 114 u. 146.

22) Vgl. S. 104, Anm. 7. — C. G. J. Jacobi schrieb diese Mitteilungen, wie er an einer hier fortgelassenen Stelle sagt, nach dem Diktat Doves, der auf eine Anfrage (vgl. S. 140 u. 142) zu ihm gekommen war. Publiziert hatte Dove hierüber nichts.

23) Vgl. E. du Bois-Reymond, „Untersuchungen über thierische Elektricität", Bd. II (Berlin 1849), p. 480.

24) s. du Bois-Reymond, l. c. Bd. I (Berlin 1848), p. 164.

LXVIII. Petersburg, 1849. II. 14—17.

St. Petersburg den 2/14 Februar 1849

— —

Theuerster Jacques,

Ich war eben im Begriff Dir einige Zeilen zu schreiben, um Dir meine Verwunderung auszudrücken, dass Du an jedermann ausser an mich geschrieben hattest, als ich gestern Deinen Brief erhielt, den ich auch ungesäumt beantworten will......

Ich bleibe dabei, es hilft alles nichts. Wie einem durchweg krankhaften Organismus auch die gesundeste Nahrung zu Gift wird, so trägt alles, auch das Vernünftigste was geschieht, gehe es von den Regierungen oder von den Völkern aus, nur dazu bei, die Auflösung und Verwirrung zu beschleunigen und zu befördern, in der das westliche Europa begriffen ist. Mit furchtbarem Hohne hat das Fatum alles gepackt und verwandelt das Absichtliche in sein Gegentheil. Wo kann da einer so zuversichtlich sein um sich im Besitze eines klar erfassten politischen Gedankens zu wissen, wäre dieser Gedanke auch nur auf das Nächste gerichtet? Wo will es einer wagen, sitze er auf der äussersten Rechten oder auf der äussersten Linken, die Verantwortlichkeit zu übernehmen für alle logischen Consequenzen welche sich aus dem ziehen lassen, was er denkt und spricht und thut? Ich bleibe immer bei meiner alten Ansicht, dass die moderne Zeit sich von der alten hauptsächlich durch den Gedanken scheidet, die Naturkräfte zur Verrichtung menschlicher Arbeiten herbeizuziehen, dass die gegenwärtigen Zustände aus der Entwicklung, vielleicht auch aus der Verzerrung dieses Gedankens hervorgegangen sind, der als Träger das tief liegende Bedürfniss der menschlichen Natur nach innerer und äusserer Harmonie hat. Wer lesen und schreiben kann, will besser essen und trinken und gekleidet sein, als der es nicht versteht; wer früher schwer bepackt im Kothe daher keuchte und jetzt auf der Eisenbahn, zusammen mit dem Könige dahin fliegt, will auch ein König sein. Es ist die alte Geschichte mit jenem braven Mann, der zu seinem Unglücke von einer Freundin ein Paar glänzend gestickte Pantoffeln geschenkt bekam, und nun sich, seine Umgebungen und Gewohnheiten reformiren musste um seine Existenz mit diesen Pantoffeln in Harmonie zu bringen. Es ist bezeichnend, dass die französische Revolution mit der Entwicklung der Dampfmaschine zusammenfällt. Die grosse Frage ist nun, was ist zu hemmen und was zu fördern. In der Haltung der richtigen Linie bestünde die Weisheit. Ich habe schon früher einmal über den in vieler Beziehung gewiss beneidenswerthen Conservatismus des Orients und namentlich China's geschrieben, in welchen Conservatismus mich natürlich die Angst vor der gegenwärtigen Unruhe und vor dem tiefen Dunkel der Zukunft hineingejagt hat. Sollte es nicht möglich sein, Wissenschaften und Künste, materielles, sittliches und geistiges

Wohlsein zu entwickeln und zu fördern ohne dass gleich alles drunter und drüber in Trümmer zerschlagen würde? Hätte sich z. B. die chinesische Regierung auf geheimnissvolle Weise in den Besitz aller europaeischen Fortschritte gesetzt, so könnte sie nach und nach und in Folge weisester Erwägung dieses oder jenes zum Geschenk machen und die Benutzung dieses Geschenks überwachen. Sie hätte sich dann auch sehr leicht in die gehörige Fassung setzen können die Invasion der rothen Barbaren abzuweisen. Bei uns ist aber alles gleich ein Sprung zum Halsbrechen. In China z. B. würden Eisenbahnen eingeführt. Auf diesen dürften nur Mandarine fahren und diese müssten sehr hohe Preise bezahlen. Der Pöbel dagegen der früher zu Fusse lief, dürfte nun mit Ochsen fahren, und brauchte dafür nur ein Minimum zu zahlen. Nach Einführung der Luftballons würde dann der Pöbel die Eisenbahnen in Besitz nehmen, und endlich die Luftballons, wenn der Mandarin auf einem electrischen Leitungsdrath oder mit den Flügeln des Gedankens dahin führe. Jeder Stand müsste immer einen Pas vor dem andern voraushaben, und wäre eine absolute Unmöglichkeit vorhanden, dass die Stände sich gegenseitig durchdrängen, so würde kein Gelüste dazu dasein und jeder wäre resignirt und zufrieden. Das Gericht aber, das man jetzt aus Milch, Zwiebeln, Honig, Kwass (Weissbier) und Kaviar zu bereiten sich bemüht, wird der Welt noch viele Leibschmerzen bereiten. Ich merke eben dass ich viel Unsinn geschrieben habe und fühle in der That, dass ich schläfrig und geistig fatiguirt bin. Ich will Dir daher nur noch ein Räthsel[1]) aufgeben, das Du obgleich ein grosser Arithmeticus, vielleicht eben so wenig lösen wirst als Europa seine Fragen:

	hierzu die Zahlenstellung
Uno e quattro danno l'estremo	
Otto e sette vengon poi	4 1 6
Giuocatori dite voi	5 7
Sei con cinque che farà?	8 3 1

— —

Für Deine Notizen meinen herzlichen Dank. Dubois Notiz habe ich mit Interesse gelesen, nur kann ich dieselbe nicht im Bulletin geben[2]), weil die Zeichnungen worauf sich bezogen ist, mir noch unbekannt sind. Ich muss daher so lange warten, bis Dubois Buch mir zu Gesichte gekommen ist, was ich als hommage de l'auteur durch Voss[3]) erhalten könnte. . . . . .

. . . . Was die Telegraphen betrifft, so werden dieselben nach meinen nicht publicirten Constructionen, in meinem eignen Attelier auf das Vollkommenste ausgeführt. Von den unterirdischen Leitungen habe ich nur die unendliche Qual gehabt[4]), während andere das Vergnügen davon haben werden. Merkwürdig ist es, dass häufig gerade dann, wenn der Mensch es gebraucht, die Natur es ihm liefert. Gutta Percha wird wie ich glaube eine grössere Zukunft haben, als dem Kautschuk geworden ist.[5])

— —

Ich habe an diesem Brief 5 Tage schreiben müssen, weil ich, sobald ich mich nur hinsetzte, immer durch geschäftliche Störungen unterbrochen wurde, ... des Abends war ich dann schläfrig und abgespannt und förderte nur chinesischen Unsinn zu Tage.

— —

. . . . . . Dass ich Dein so wohlgetroffnes Bildniss besitze, ist mir so unschätzbar dass ich es Dir gar nicht aussprechen kann. Es hängt über meinem Schreibbureau und ich sehe es recht oft, sehr oft an. Schicket mir daher Theresens Porträt.[6]) . . . . .

Dein Dich herzlich liebender Bruder

den 5 Febr. 1849. Moritz.

1) Wie mir Herr Prof. Amaldi-Modena gütigst mitteilt, ist dies mystische Rätsel vermutlich einem der unter dem Namen „Cabala" gehenden Büchelchen entnommen, deren sich manche Lottospieler bedienen, um aus mehr oder weniger sinnlosen Versen die günstigen Zahlen zu erraten.

2) Auch späterhin ist nichts darüber im „Bulletin" der Petersburger Akademie erschienen.

3) s. S. 195, Anm. 4.

4) M. H. Jacobi nahm z. B., da er sich auf Substituten nicht verlassen „konnte oder wollte", bei der 1843 ausgeführten Tsarskoïe-Sseloer Leitung (vgl. S. 105, Anm. 3) allein die Prüfung von mehr als 50 Werst Drähten vor, „eine Arbeit die nicht zu den deliciis scientiae gehört, und die mich die ganze Stufenfolge electrophysiologischer Erschütterungen vollkommen kennen lehrte" (Bull. phys.-mathém., t. VI (1848), col. 25; s. a. ibidem t. II (1844), col. 258 f., sowie den Vortrag über „Electro-Telegraphie" von 1843 (Schriften-Verz. Nr. 45), p. 24). Auch in dem Vortrag v. 9. Okt. 1857 über die von ihm im Bereich der Telegraphie ausgeführten Arbeiten (russisch) spricht M. H. Jacobi von den grossen Schwierigkeiten, welche er bei diesen Arbeiten zu überwinden hatte. Als er einmal bei einer solchen Gelegenheit ungeduldig wurde, sagte der Kaiser zu ihm: „Gradatim, gradatim magice!", in Erinnerung dessen Jacobi seit seiner Erhebung in den erblichen Adelsstand (1850) das „Gradatim" im Wappen führte. — Vor allem wurden aber Jacobis diesbezügliche wissenschaftliche Arbeiten von der Bureaukratie oft gehemmt und seine Anordnungen durchkreuzt, so dass er 1848 seine Stellung bei den telegr. Arbeiten der Moskauer Eisenbahnlinie (vgl. S. 122) aufgegeben hatte.

5) Diese Erwartung hat sich bekanntlich bestätigt: die seit 1843 in Europa bekannt gewordene und seit 1846 auf Vorschlag von Werner Siemens für Kabelisolation benutzte Guttapercha wird noch jetzt vorwiegend als die geeignetste

isolierende Hülle für Telegraphenkabel benutzt. Vgl. jedoch M. H. Jacobis soeben (Anm. 4) citierten Vortrag über Telegraphie v. 9. Okt. 1857.

6) Aus dem Nachlass der Mutter.

LXIX. Petersburg, 1849. III. 21.

St. Petersburg den 9/21 März 1849

Theuerster Jacques,

Wir haben wieder[1]) recht grosses Elend und Unglück erlebt. Die beiden jüngsten Knaben, in einer Woche verloren. Von 8 Kindern sind nur 3 übrig geblieben.[2]) . . . . . Von Annettens Schmerz brauche ich Dir nichts zu sagen. Auch ich war wie zerschmettert und gerädert. Doch unser einer hat seine Geschäfte, Zerstreuungen und erholt sich leichter. Zum Glück hatten die beiden andern auch die Masern erhalten; die Krankenpflege gewährte meiner Frau doch wenigstens *einige* Zerstreuung und hinderte sie, ihrem Schmerze ausschliesslich nachzuhängen. Merkwürdig ist — erzähle es Deinen medizinischen Freunden — Alle Kinder die ich verloren, hatten ein kleines Geburtsmal, einen kleinen, etwas länglichten nicht durchgehenden Stich am rechten oder linken Ohre, am Obertheile nahe an der Stelle wo sich der Ohrknorpel vom Kopfe trennt. Die übrig gebliebenen, haben ein solches Mal nicht aufzuweisen. Ich halte die Sache für sehr sonderbar und einen Zusammenhang um so wahrscheinlicher, als doch alle an ähnlichen krampfhaften Erscheinungen der Athmungswerkzeuge gestorben sind. . . . . . .

Dein Dich herzlich liebender Bruder

Moritz

— — — — — — — — — — —

1) Im Jahre 1845 hatte M. H. Jacobi 2 Kinder innerhalb 8 Tagen verloren.

2) Ausser den in obigem Briefe und vorstehender Anmerkung erwähnten Verlusten hatte M. H. Jacobi im Jahre 1838 den Tod eines nur wenige Monate alten Sohnes zu beklagen gehabt.

LXX. Berlin, 1849. III. 24.

Theuerster Moritz! [1])

— —

Du solltest doch einmal sehen, eine Nummer der Neuen Preussischen Zeitung zu Gesicht zu bekommen; es sind mehrere

Exemplare in Petersburg. Sie ist mit einer Entschiedenheit geschrieben, wovon die Zeitungspresse kaum ein Beispiel hat. Sie weiss alles[2]); besonders auch, wie oft die Deputirten der Linken zum Mädchen gehen. Unser Freund Rosenkranz, der in der ersten Kammer tagt, ist neulich darin (in der Zeitung) gelobt worden. Hätte ich weniger zu schreiben, schriebe ich mehr ..... Crelle hat zu Neujahr seinen Abschied genommen, obgleich sein Geschäft bloss im Abgeben einiger Gutachten über Bücher bestand[3]), bloss um freie Hand zu haben, flüchten zu können; todtgeschlagen zu werden, sagt' er, daraus mache er sich nichts, aber das Martern; er lebt grossentheils in Dresden. ...... Ich bin jetzt zum Volksredner gänzlich verdorben, da mir seit einem halben Jahr zu meinem grossen Gram vier schöne ganz gesunde Vorderzähne ausgefallen sind, wodurch mir ferner beissend zu werden unmöglich fällt. .....

Berlin d. 24.[n] März 1849

Dein Dich zärtlich liebender Bruder C. G. J. Jacobi.

1) Das Folgende ist die Nachschrift eines im übrigen hier fortgelassenen Briefes, der sich mit Brief LXIX gekreuzt hat.

2) „Neue Preussische Zeitung" (Kreuzzeitung); die Rubrik „Berliner Zuschauer" zumal liefert viele Belege für die obige Briefstelle. Trotzdem machte Encke, wie der bekannte Kreuzzeitungsredakteur Hermann Wagener erzählt („Erlebtes" (Berlin 1884), p. 19), der Redaktion den überraschenden Vorwurf, dass sie noch immer zu höflich seien. — Bei dieser Gelegenheit mag auch hingewiesen werden auf eine diesen Tagen angehörende Notiz in der Beilage zu Nr. 61 des genannten Blattes (14. III. 1849), wo die Redaktion ihren Lesern das Erscheinen des Lektions-Katalogs der Berliner Universität anzeigt und hierbei nach kurzen statistischen Angaben die Bemerkung nicht unterdrücken kann: „Das rothe Contingent des Lehrerpersonals bilden die Namen" und nun 17 Dozenten aufzählt, darunter „Gneist, Virchow, Dirichlet, Jacobi, A. Ermann". „Herr Professor Marx macht dazu die demokratische Musik."

3) Die offizielle amtliche Stellung A. L. Crelles (1780—1855) war die eines Geh. Oberbaurats u. Mitglieds der Oberbaudirektion, jedoch wurde er seiner Lieblingsneigung entsprechend seit 1824 von Staatswegen nur noch zu mathematischen Arbeiten für das Unterrichtsministerium verwandt.

LXXI. Berlin, 1849. IV. 2.

Theuerster Moritz

Die Nachricht von dem harten und ganz ungewöhnlichen Schicksal, das Dich betroffen, hat mich und uns alle auf das tiefste erschüttert. Wir können gar nicht aufhören, an Dich und die liebe Annette zu denken ..... Könntet Ihr doch nur etwas gründliches zu Eurer Geistesstärkung thun; denn die Arbeit und neue Sorge ist oft nur eine augenblickliche Betäubung, wenn gleich sie allerdings eine Sammlung des Gemüthes herbeiführen. . . . . .

— —

Ich schreibe in der grössten Bedrängniss mitten im Wirrwar des Ziehens [1]); daher entschuldige diese wenigen Zeilen heut, die ich ja durch endlose Briefe sonst compensire. Du musst deshalb auch Marie entschuldigen, die unter andern die Grossmuth gehabt hat, meine sämmtliche Bibliothek auszuklopfen u. bereits im neuen Quartier selbst aufzustellen. Sie drückt Dich u. Annette voll Theilnahme an ihr schwesterliches Herz.

Dein treu ergebener Bruder C. G. J. Jacobi

B. 2^{n} April 1849

— — — — — — — — — —

1) Vgl. S. 209.

LXXII. Berlin, 1849. IV. 28.

Berlin d. $28.^{n}$ April 1849

Liebster Moritz

. . . . . . Die Kiste von Fuss ist glücklich arrivirt. Dirichlet und ich studiren eifrig im Euler u. haben schon in den ineditis mehrere durch Induction gefundne Theoreme ermittelt, die zu Gauss berühmtesten Entdeckungen gehören. Sage ihm vorläufig unsern wärmsten Dank für das prächtige Geschenk [1]); sobald wir noch mehr darin studirt, werden wir ausführlich schreiben [2]). Ich glaube, dass die Herausgabe dieser Werke einen entschiednen Einfluss auf die Entwicklung der Mathematik in Russland haben wird, u. darum bitte ich Dich, so viel Du kannst, diese Sache, die Russland in so hohem Grade zur Ehre gereicht, bei der Akademie zu fördern.

Die Auflösung der Kammern hat gestern kleine Emeuten verursacht, die sich wohl fortsetzen werden. . . . . . Die Hannoverschen Kammern sind gleichfalls aufgelöst, die Sächsischen und Baierschen werden es ebenfalls, nach gemeinschaftlicher Abrede, um freie Hand zu haben, in einem Kongress der Könige [3]) die deutsche Sache festzustellen. Das wird alles kaum Schwierigkeiten haben . . . . . Sollte aber einmal im Westen die jetzige conservative Politik umgerannt werden, so dürfte kaum jemand noch im Stande sein, eine Bewegung zu verhüten, welche die sogenannten constit. Mon. über den Haufen wirft, u. dann können wir sehn wo wir bleiben. Das ist jetzt die Sorge und Angst der Gemässigten. Man glaubt selbst oben, auf das Militär sicher nur noch einige Jahre rechnen zu können, und will diese benutzen, um wo möglich den Karren in ein festes Geleise zu bringen.

— — — — — — — — — — — — — — — — — — — —

Dein Dich zärtlich liebender Bruder
C. G. J. Jacobi

1) s. S. 205 nebst Anm. 9.

2) In einem bei dieser Sammlung befindlichen, aber nicht abgedruckten kurzen Schreiben, das C. G. J. Jacobi (Berlin, 23. Mai 1849) aus Sorge über das Befinden seines damals schwer erkrankten Bruders an P. H. Fuss richtete, heisst es: „Von Dirichlet, dem schreibfaulsten Menschen der Welt, bekommen Sie wohl nächstens einen Brief, der Sie interessiren wird, da er wenigstens die Absicht hat, in das Detail der reichen Schätze, die Sie uns gegeben, einzugehen. Wir sprechen sehr oft und viel darüber."

3) Dem sogen. Dreikönigsbündnis v. 26. Mai 1849.

LXXIII. Berlin, 1849. Ende Mai od. Anf. Juni.[1]

Theuerster Moritz

Du hast mich in solche Angst gesetzt[2], dass ich mich noch gar nicht beruhigen kann. Mit wie grossem Jubel ich die ersten Zeilen[3], welche eine Bessrung Deines Zustandes verkündeten, empfing, kann ich Dir gar nicht sagen. . . . . . Ich muss Dir aber nur sagen, dass man hier sehr unzufrieden damit ist, dass Du Chinin bekommst. . . . . . . Du solltest doch einen der famoseren Ärzte Petersburgs consultiren. Mir wurde von competenten Richtern ein Dr. Thielemann[4] (wenn ich den Namen recht behalten) gerühmt, der früher wenigstens Director des Peter-Paulshospitals war . . . . . Ihr scheint mit Euern Ärzten etwas leicht zu sein, aber es mag dort noch mehr wie hier unmöglich sein, die grössten Namen zu erlangen[5]. Euer Lichtenstädt[6] soll doch sehr unbedeutend gewesen sein, und er hat doch bei Euch das entschiedenste Unglück gehabt.[7] . . . . .

— — — — — — — — — — — — — — — — — — — —

Dein Dich herzlich liebender Bruder C. G. J. Jacobi

Wenn Ihr Euch einmal etwas von Voss wieder kommen lasst, lasst Euch doch No. 18 der Gränzboten mitschicken, wo von mir als Universitätslehrer und Volksredner eine sehr weitläuftige Charakteristik ich weiss nicht von wem[8]) steht, unpartheiisch und in gemässigtem Sinne geschrieben, aber so dass ich im Ganzen zufrieden sein kann, und vieles wunderbar getroffen, wie meine Frau meint. . . . . . .

1) Ohne Datum und Poststempel; s. jedoch den Anfang dieses Briefes und dazu Anm. 2 des vorhergehenden Briefes.

2) Durch einen vom Krankenbett aus diktierten, hier nicht abgedruckten Brief.

3) Nicht mehr vorhanden.

4) Karl Heinrich Thielmann, 1802—1872, wurde 1837 Oberarzt des Peter-Paul-Hospitals in Petersburg und 1850 zum Ehren-Leiboculisten des Kaiserl. Hofes ernannt.

5) C. G. J. Jacobi denkt hier jedenfalls an seine eigenen Erlebnisse mit Schönlein, den er vor seiner italienischen Reise konsultierte (s. „Familie Mendelssohn“, Bd. II, p. 218).

6) Jeremias Rudolph Lichtenstaedt, geb. 1792, liess sich 1830 in Petersburg nieder, zuvor Prof. e. an der Univ. Breslau, starb 1849 in Breslau.

7) s. Brief LXIX (S. 218) nebst Anm. 1. u. 2.

8) Der ungenannte Verfasser des in Anhang II dieses Buches abgedruckten Artikels war auch bei freundlichstem Entgegenkommen seitens der Verlagshandlung der „Grenzboten“ nicht mehr zu ermitteln.

LXXIV. Petersburg, 1849. VI. 30.

Theuerster Jacques,

Mehr noch als Dein Brief an sich hat mich die lebhafte Theilnahme erfreut, die Du meinem leidenden Zustande schenkst. Ich habe zwar nie an Deiner Liebe gezweifelt, freue mich aber dennoch so lebhafte Beweise davon zu erblicken. Ich will Dir vor allen Dingen sagen, dass ich so ziemlich wieder hergestellt bin. . . . . . . Ich danke, entre nous soit dit, meinem Schöpfer dass ich Lichtenstaedt los geworden bin, indem derselbe Petersburg verlassen hat. Ich habe zwar eigentlich zu keinem Arzte grosses Zutrauen, zu ihm aber das wenigste gehabt. Auch hat er viel von mir leiden müssen, indem ich mich nicht genirte, seine Recepte scharf zu critisiren, oder ihm Formeln zu dictiren die ich mir aus Sobernheim's Arzneimittellehre[1]) ausgesucht hatte. . . . . Gegen Dr. Thielemann den Du mir empfiehlst, habe ich eine rancune, weil er einmal als ich ihn in einer Augenkrankheit zu Rathe zog, unbeschreiblich grob gegen mich gewesen ist. Er hat übrigens sehr viel Praxis und ein bedeutendes Renomée. Uebrigens ist eigentlich unter den hiesigen Ärzten kein bedeutendes Lumen, auch unter den Hofärzten nicht. . . . .

— — — — — — — —

Von Politik schreibst Du mir gar nichts und das wundert mich nicht, da man leicht übersehen kann dass binnen Jahr und Tag alles wieder in's ganz alte Gleise kommen wird. Auch scheint's mir in der That, dass Ihr am Besten thun werdet, alle Verfassungsgedanken vorläufig ad acta zu legen, denn neue Flicken auf einem alten Rocke zerreissen diesen noch mehr. Das materielle Wohl ist am Ende aller Enden die Hauptsache. Wer sich wohl befindet, suche seinen Zustand zu conserviren und hülle sich, wenn es sein muss, in den Egoismus des épicier. Weltschmerzen hat nur der hungerige oder der Phantast, und das Herzweh für das Wohl der Menschheit ist schon von Hegel[2]) persiflirt worden. Der Staat hat nur die Aufgabe die sich auch jeder Einzelne stellen muss, den Hungrigen nicht so hungrig werden zu lassen, dass er den andern todt schlägt, auch nicht durch Ueberbildung und Ueberfeinerung zuviel, besonders ideelle Bedürfnisse rege werden zu lassen.

— —

Dein Dich herzlich liebender Bruder

St. P. den 18/30 Juny 1849 Moritz

— — — — — — — — — —

1) Jos. Friedr. Sobernheim (Arzt in Berlin), „Handbuch der praktischen Arzneimittellehre“ (Berlin 1836; 5. Aufl. 1844).

2) „Phaenomenologie des Geistes“ in dem Abschnitt: „Das Gesetz des Herzens und der Wahnsinn des Eigendünkels“, Werke, Bd. II (Berlin 1832), p. 275 ff. — Vgl. S. 20, Anm. 6.

LXXV. Berlin, 1849. IX. 18—25.

Dienstag d. 18.^{n} Sept. 1849.

Theuerster Moritz

Zuerst Euch allen meinen und Mariens herzlichen Glückwunsch zu Deinem Geburtstag. Mögen die nächsten Jahre Dir herzbrechendes Leid und lebennagende Krankheit fernhalten.

Nun zu meinen fatis. Ich weiss nicht, ob Du Dich erinnerst, dass der alte Wanschaff[1]) seinem Sohn schrieb, da er nicht mit 500 ℛ auskommen könne, so würde er in Zukunft nur 300 ℛ erhalten. Ganz ähnlich ist es mir ergangen.[2]) Ganz im Stillen hege ich Deinen Gedanken, es werde möglicher Weise mit 2^{m} besser als mit 3^{m} gehen.

Da man jetzt bei uns mit dem einen anfängt, und dann zu dem

andern fortschreitet, so konnte man nach einiger Zeit sagen, da Du erklärst, Deiner Gesundheit wegen nicht nach K. zurückgehen zu können, so sehen wir [uns] genöthigt, Dich zu pensioniren. Ich habe daher, weit entfernt mich zu beschweren oder zu protestiren, bei dem Minister v. Ladenberg bloss angefragt, ob vielleicht bei meinem Verbleiben in Berlin eine mir unbekannte Gefahr auch dem unverkürzten Auszahlen meines Gehaltes[3]) drohe. Derselbe hat mich beschieden, dass dies nicht der Fall sein würde, wenn ich nicht eine Veranlassung dazu gäbe, oder in Folge einer allgemeinen Massregel (allgemeine Gehaltsabzüge, Einkommensteuer).

Meine Familie werde ich in Gotha unterbringen. Ich hatte schon seit längerer Zeit gewünscht, mich einige Zeit dort aufhalten zu können, da ich für meine Störungsmethoden einen Astronomen brauche, der Rechner und celestischer Mechaniker zugleich ist, und mir wohlwollend gesinnt, und in diesen Hinsichten Hansen der einzige ist, der mir in dem astronomischen Detail zu Hülfe kommen und zugleich die Ausführbarkeit meiner Methoden beurtheilen kann. Es ist die gutmüthigste Familie, die es giebt. Ich habe sie auf meiner Reise nach Italien kennen gelernt[4]), und die Frau war so glücklich darüber, dass sie ihren Mann, wie sie sagte, noch nie so heiter wie in den zwei Tagen meines Dortseins gesehen hatte, dass sie mir auf der Rückkehr in Abwesenheit ihres Mannes, der in London war, eine Mittagsgesellschaft einlud, was das ausserordentlichste ist, was mir in solchen Dingen von einer Frau vorgekommen ist. Ihr Bruder ist der Dr. Braun in Rom, und verdanke ich ihrer Empfehlung wohl die übergrosse Güte, die derselbe dort für mich gehabt hat.[5]) Die Kinder sind etwa in gleichem Alter, so dass meine Familie dort gleich einen befreundeten Anhalt findet.[6]) Es ist dort ein sehr gutes Gymnasium, an dem der berühmte Philologe Rost[7]) Director ist, und ein noch bessres Realgymnasium, das früher fast Universitätartig war[8]); ausserdem eine vortreffliche Töchterschule mit einer lebendigen Französin als Lehrerin. Im Winter Oper, die gut sein soll, da der Herzog selbst welche componirt. Ich werde Ostern 2 Monat, Michälis 3 Monat dort sein, und könnte auch Pfingsten und Weihnachten hin, wozu 10 Stunden hinreichen, und werde diese Zeit für jene Branche meiner Studien bestimmen. Da Hansen sehr dunkel schreibt, so hoffe ich auch den Vortheil zu gewinnen, durch ihn selbst in seine Arbeiten eingeführt zu werden.

Wir batten noch 2½ Jahr Contract für unsere jetzige Wohnung[9]), haben sie aber sogleich wieder vermiethet. Marie war vor einigen Wochen selbst allein in Gotha, um dort eine zu miethen, hat aber leider keine ihr einigermassen zusagende gefunden, und sich mit einer begnügen müssen, über die sie etwas ausser sich ist, obgleich die Gothaer selbst sie gar nicht so schrecklich finden sollen. Es sind auch in Folge der letzten Ereignisse mehrere Familien nach Gotha gezogen, wodurch sogleich die Wohnungen knapp geworden sind. Marie hat nur bis Ostern gemiethet, weil sie hofft, vielleicht zu Ostern eine bessre Wohnung erhalten zu können. Übrigens ist ganz Gotha ein Garten, so dass man nur ein Paar Schritt aus dem Hause zu setzen braucht, um sich in den angenehmsten Umgebungen zu befinden.....

21. Sept.

Was nun mein Unterkommen betrifft, so werde ich mich Deinem früheren Rathe gemäss in einem Gasthof in Pension geben, und zwar in der Stadt London (am Dönhofsplatz)[10]), wie Du Dir der künftigen Adresse wegen merken kannst. Da ich von Italien her gern hoch wohne, so habe ich 2 Zimmer 3 Treppen hoch mit einer schönen Aussicht auf den Dönhofsplatz genommen, und bezahle dort für alles, Kaffee mit Butter und Brod, Tasse Bouillon zum 2.n Frühstück, table d'hôte incl. Schoppen Wein und Tasse Kaffee, Abendbrot, Bedienung, Betten, Wohnung täglich 1 ℛ 5 sgr; wenn ich fort bin, 10 sgr. für die Wohnung. Es essen dort auch Bodelschwingh und der ehemalige Minister Landrath v. Auerswald[11]). Ersterer ist eigentlich an meiner ganzen misère Schuld; denn er setzte es gegen Unterrichts- und Finanzminister und den König selbst, die mir ein festes Gehalt von 3000 ℛ geben wollten[12]), durch, dass mir nur zu meinem K.berger Gehalt von 1600 ℛ für die Dauer meines Aufenthaltes in Berlin bis zu meiner gänzlichen Wiederherstellung 1000 ℛ jährlich zugeschossen würden[13]), welche mir nun unter dem Vorwande genommen sind, man hätte bei dieser Bewilligung nicht geglaubt, dass meine Wiederherstellung so lange dauern würde. „S. M. hätten sich um so eher dazu bewogen gefunden, als es mir selbst, bei meiner politischen Richtung gegen Allerhöchstdieselben, nicht wünschenswerth sein könne, von Allerhöchstdenselben eine Wohlthat anzunehmen." Der constitutionelle Minister deckt sich, indem er mir dies *im Allerhöchsten Auftrage* anzeigt. Gegen die politische Richtung gegen Allerhöchstdieselben habe ich sogleich in einem Schreiben an S. M. protestirt. Ich erkenne darin an, „bei den Wahlgelegenheiten mich gegen einige Massregeln der Regierung mit aller Stärke, die die Erregtheit des Augenblicks eingegeben, mit gleicher Stärke aber auch gegen die Anträge der Nationalversammlung, die Anerkennung der Revolution, Vermahnung des Militärs[14]), Abschaffung von Gottes Gnaden[15]), Adel und Orden, so wie gegen das ewige Pochen auf eine Volkssouveränität, die ich mir höchstens als ideale, unsichtbare Macht denken könne, ausgesprochen zu haben. Propaganda für meine Meinung zu machen, habe ich niemals gesucht, und diese meine politische Richtung mit meiner warmen Anhänglichkeit an die Person Sr. M. (so wie mit meiner Vorrede) vereinbaren zu können geglaubt, und wie ich oftmals früher meine Hoffnungen und Wünsche Sr. M. in kindlichem Vertrauen zu Füssen gelegt, so möge S. M. auch aus diesen wenigen Zeilen über ein reiches Thema zu ersehen geruhen, dass dieses Vertrauen in meiner Seele nicht erloschen sei.“ In Bezug auf die *Wohlthat* kommt der passus vor „Indem ich mich unter dem harten Schlage, der mich getroffen, beuge, danke ich E. M. für die mir bisher bewiesne Güte und Gnade, und suche mich in dem Gedanken zu stärken, dass ich, wie mir Mit- und Nachwelt bezeugen werden, durch Erhöhung des preussischen und deutschen Namens in der Wissenschaft diese Gnade redlich zu verdienen bemüht gewesen bin.“ Es war mir ein Bedürfniss, mein persönliches Verhältniss zu dem Könige nicht durch einen zu grellen Misston zu endigen, und zugleich ohne Trotz zu zeigen, dass ich noch aufrecht stehe. Vorzüglich wünschte dies auch meine Frau.

Ein Paar Monate vor der ergriffnen Massregel hatte der Minister an mich die zweischneidige Frage gerichtet, ob meine Gesundheit wieder hinlänglich hergestellt sei, um alle Pflichten eines ordentlichen Professors zu übernehmen. Dem Bejahen wäre die Rückkehr nach K.berg, dem Verneinen die Pensionirung gefolgt. Ich antwortete, dass wenn ich nur das mir gefährliche Klima von K.berg miede, Hoffnung bliebe, dass mein wenn auch vielleicht nie ganz heilbares Übel wie bisher in solchen Schranken sich halten würde, dass meine gelehrte Thätigkeit nicht gehemmt würde, worauf ich eine pomphafte Beschreibung meiner umfassenden und vielseitigen Thätigkeit hinzufügte[16]), u. dann mit der bescheidnen Erklärung schloss, dass ich, wenn durch mein Verbleiben hier mein Übel in den bisherigen Schranken gehalten würde, Kräfte genug übrig hätte, um als Lehrer und Gelehrter dem Staate mit Nutzen dienen zu können. Hieraut wurde dann das Auskunftsmittel ergriffen, mir die 1000 ℛ zu nehmen, ohne mich von Berlin zu vertreiben. Dies wurde 3 Wochen lang so geheim im Kabinet verhandelt, dass H[umboldt] nichts davon erfuhr.

Übrigens ist doch die grosse Frage, ob die Sache nicht unter allen Umständen geschehen wäre. Was nicht niet- und nagelfest ist, wird der Ersparnisse wegen eingezogen, angeblich weil man es vor den Kammern nicht vertreten könne. Rückert, mit 3000 ℛ an der Univers. angestellt, mit der Erlaubniss nur den Winter zu lesen, der aber solches fiasco [17]) machte, dass er nicht wieder kam, was man bisher nachgesehn hatte, ist mit 1500 ℛ, die er auch im Auslande verzehren könne, pensioniert. Ich wünschte, mir wäre dieses geschehen. Dann wäre ich gleich bei Dir Hauslehrer geworden. Um diese günstigen Bedingungen zu erhalten, hatte R. zu des Königs Geburtstage ein Carmen [18]) gemacht, der aber übel nahm, dass er ihm darin Muth zugerufen. Der Deutsche Massmann [19]) ist von 2400 ℛ, die man ihm freilich nur immer auf 1 Jahr bewilligte, auf ℛ 800 gekommen. Archivrath Riedel [20]) soll einen Posten von 2000 ℛ verloren haben. Mit Schellings Pensionirung soll man umgehn. Ich bemerke, dass Ladenberg Eichhorns Todfeind ist, der ihn unterdrückte, und Eichhorns Sohn Schellings Tochter hat. Wer weiss ob nicht auch H. von 6000 ℛ auf 2000 ℛ gesetzt würde, wenn er nicht dem Könige wie sein Schatten folgte. Der König spricht nie mit ihm über Politik [21]); man sähe daraus, sagt H., dass Freundschaft und Vertrauen verschieden seien.

Was nun meine Stimmung betrifft, so schwankt sie der Natur der Sache nach; im ersten Augenblick etwas fieberhaft wegen des Schweifes; wie unangreifbar stände man doch da, wenn man allein wäre, aber man würde vielleicht zu übermüthig sein. Bald aber fasste ich ganz ungewöhnliche Zuversicht und Heiterkeit, so dass ich auch sehr viel arbeitete. Auf meine Gesundheit scheint der Einfluss nicht nachtheilig gewesen zu sein. . . . . . .

Dass ich mit Dirichlet zu Gauss Jubiläum war, wirst Du wohl wissen [22]). Ich hatte dort den Ehrenplatz neben ihm und hielt einen grossen speech. Du weisst, er hat in den 20 Jahren weder mich noch D. jemals citirt; diesmal aber wurde er nach einigen Gläsern süssen Weines so über sich weggerissen, dass er zu D., der sich gegen ihn rühmte, mehr vielleicht als irgend ein andrer seine Schriften studirt zu haben, sagte, er habe sie nicht bloss studirt, er sei weit darüber hinausgegangen. Ein wissenschaftliches Gespräch ist mit G. nicht mehr gut zu entriren; er sucht es zu vermeiden, indem er in continuirlichem Fluss die uninteressantesten Dinge spricht. Ausser Hansen und Gerling aus Marburg war niemand[23]) da; unsere Reise war daher wichtig, um eine Manifestation zu Ehren der Mathematik doch einigermassen zu stützen[24]). Auf der Rückreise habe ich mich unter den Handschriften der Wolfenbüttler Bibliothek 1 Tag aufgehalten, und mehrere mich interessirende entdeckt, z. B. eine lateinische Übersetzung der noch unedirten Schrift, in der zuerst 200 J. vor Christus die Formel $\Delta = \sqrt{(s(s-a)(s-b)(s-c))}$ aufgestellt und wundervoll geometrisch bewiesen wird.[25])

Dass meine Frau sich in dieser ganzen Angelegenheit, die sie eigentlich mehr als mich tangirt, classisch genommen hat, fühle ich mich gedrungen, ausdrücklich zu bemerken. . . . . . . Neumann und Richolot waren in Töplitz; ersterer Reactionär, Stadtverordneter und thätiges Mitglied aller ehrbaren Vereine, z. B. des Gustavadolphsvereins ist schon wieder zurück; R. noch hier.

Grüsse Ostrogradski und sage ihm, die Note in den Comptes Rendus über die Rotation hätte ich nur für ihn geschrieben.[26]) Sie gehört auch zu den Dingen, die trotz ihrer nicht abzusehenden Wichtigkeit und innern Schönheit n'ont pas même le mérite d'une difficulté vaincue. Man nennt das idées simples, die immer am schwersten sein sollen. (Eine idée simple war, als Harriot und Descartes alle Glieder einer Gleichung auf eine Seite brachten, womit Algebra und Analysis erst anfangen konnten; früher brachte man die Gleichung so in Ordnung, dass auf beiden Seiten nur positive waren.) Wichtige Complicationen, wie über die Abelschen Tr., machen meine Schüler[27]) mit einer Kraft, der ich schon wegen meiner physischen Kräfte nicht nachkann. Sage O., dass man die Rotation eines schweren[28]) Revolutionskörpers eben so behandeln könne, nur kämen da drei[29]) Periodische Bewegungen. Sehr schön würden auch die Formeln für die Geodäsie; die Basis der ganz neuen Formeln hiefür wäre, wenn man bei Legendre Traité des F. E.[30]) S. 361 setzt

$$\omega = \text{am}\,(u),\quad \vartheta = \text{coam}\,(a, k'),\quad \psi_1 = \psi - \frac{d \lg (i a + k)}{d a}\, u,$$

die Formel

$$\sin \varphi \cdot e^{i\psi_1} = \frac{\Theta (k)\, \Theta (u + i a)}{\Theta (k + i a)\, \Theta (u)},$$

wo $i = \sqrt{-1}$. Beides hoffe ich nächstens auszuarbeiten oder eigentlich niederzuschreiben[31]), was mir sehr sauer wird.

Lass doch von der Petersburger Akademie folgende Aufgabe stellen[32]), deren Schönheit und Wichtigkeit in ihrer Begränzung liegt: „alle Hülfsmittel anzugeben, welche die Analysis besitzt, die reciproke Distanz zweier Planeten nach den Cosinus und Sinus der Vielfachen ihrer excentrischen (sic) Anomalien zu entwickeln.“ Ich habe darüber ganz ungemein viel neues seit mehr als 20 Jahren, und möchte einen äussern Impuls, um es loszuwerden. Der von Bessels Abschrift abgedruckte Aufsatz[33]) in Schum. A. N. war nur ein praeludium.

Neu wird Dir meine Beschäftigung mit der ägyptischen Sprache sein. In den Berliner Monatsberichten vom August findest Du eine Note von mir: über das Vorkommen eines demotischen Bruchnamens in Ptolemaeus Geographie[34]). Viel habe ich mich mit der berüchtigten Zahl in Platos Republik beschäftigt, in der das Geheimniss der Dauer der Staaten liegt[35]); ich glaube in der That die betreffende Stelle, in der alles ein Räthsel ist, vollständig aufgeklärt zu haben. Wenn sich einer bei Euch für dergl. interessirt, so schreibe es mir.

— — — — — — — — — —

Deine Idee, mich zu miethen, ist gut, aber nicht neu; schon *ein* Russe hat sie gehabt. Professor Braschmann, glaub' ich, heisst er, der in Moskau grosse Töchterschulen leitet, machte mir in Manchester sonderbare Offerten, die ich nicht verstand; er wolle mir für jeden Bogen rß 60 geben, die Sachen dann lehrbuchhaft verarbeiten, und mich dabei nennen. Er war ein sehr unterrichteter Mann und galt in Manchester ziemlich viel[36]); ich habe seitdem nichts wieder von ihm gehört.

Die meisten Akademiker nehmen sich gegen mich nicht zum allerbesten, aber am elendsten Rose, der die ganze Bornirtheit, die man seiner Gutmüthigkeit und Geschicklichkeit zu gut hielt, manifestirte. Ich irre selten, wenn ich bei den meisten nach der Intensität ihrer Reactionswuth die Höhe der Geldverluste bemesse, die sie erlitten. Dieses ist ganz in der Ordnung, und so schliesse ich auch, dass es bei R. der Fall ist; dieser scheint aber anders Gesinnte so zu betrachten, als seien sie persönlich an seinen pecuniären Verlusten Schuld, und so geschieht es, dass, obgleich wir nie den kleinsten Wortwechsel gehabt haben, er mich schon lange nicht mehr grüsst. Mg. und Pg.[37]) bewiesen sich ähnlich albern, fangen aber an, einzulenken, wie es scheint; doch dürfte dies seine Schwierigkeiten haben. Die Kriegsschule ist seit dem März v. J. sistirt; da die Anstellung jährlich ist, haben Dirichlet, Dove und andere Freunde dadurch grosse Verluste.

— —

d. 25.ⁿ September. Den 22ten gingen die guten Möbel mit dem Möbelwagen nach Gotha voraus. Abends war bei Eduard Kindtaufe ...... Pathen waren bloss ich und der Redacteur der Kreuzzeitung Wagener[38]), Gäste Therese ...... Da letztere stumm waren, so führten W. und ich das Gespräch allein. Wir waren gebildet genug, die extremen Seiten unserer Ansichten zu vermeiden. Eigentlich stehen diese Leute auf dem Standpunct von Robespierre, und würden dessen Schreckensherrschaft, auf das Prinzip der innern Nothwendigkeit gestützt, einige Jahre, etwa zwei, zur Rettung des Staates d. i. des Absolutismus walten lassen. Sonst giebt er zu, dass die jetzt herrschende Parthei darin fehle, dass sie, wie die Demokratie, zu viel an ihre Rechte, u. zu wenig an ihre Pflichten dächte. Morgen siedle ich nach meinem Hotel über, dann werden die übrigen Sachen auf die Eisenbahn gebracht, und Sonntag d. 30ⁿ wills Gott bring ich meine Familie nach Gotha, wo ich den October über zu bleiben denke.

— —

.... Dem guten Crelle haben sie auch 200 ℛ jetzt abgezwackt, die er für seine beiden Journale seit 24 Jahren erhielt; wären sie Bedürfniss, so brauchten sie diese Unterstützung nicht, schreiben der Handels- und Finanzminister. — Er war beständig auf der Flucht zwischen hier u. Dresden ...... — Die Leute behaupten alle, die doppelte Wirthschaft würde mir noch theurer zu stehen kommen. Sie bedenken aber nicht, dass es moralisch unmöglich ist, an demselben Orte und ungeänderten Umgebungen, wenn schon alles auf Heller u. Pfennig berechnet war, plötzlich den Tag 3 ℛ weniger auszugeben. Dergleichen ist nur unter ganz veränderten Verhältnissen denkbar und möglich.

Wir rühmen uns immer die treffendsten Citate bei der Hand zu haben, aber die Jugend beschämt uns. Ein junger Aristokrat, Freund meines Leonhard, schrieb ihm aus König Johann in's Stammbuch:

Denn wenn das Glück dem Menschen wohlthun will,
So sieht es ihn mit droh'nden Blicken an[39]);

was ich so ins Griechische übersetzt habe:

Βροτοὺς γὰρ, ἣν εὐεργετεῖν θέλῃ τύχη,
Ἐξ ὀμμάτων δέρκουσα[40]) δεινῶν προςβλέπει.

— — — — — — — — — Auf Tod und Leben

Dein Dich zärtlich liebender Bruder

B. 25 Sept. 1849 C. G. J. Jacobi.

1) Ein Wahnschaffe war anscheinend ein Jugendbekannter M. H. Jacobis resp. beider Brüder.

2) „Der Mathematiker Jacobi hat seine Familie nach Gotha gebracht. Er selbst bleibt hier angestellt, doch verliert er die Zulage von Tausend Thalern, die er aus des Königs Schatulle bezog. Begünstigte verlieren solche Zulage nicht. Kleinlich!“ Varnhagen, Bd. VI, p. 396 (15. Okt. 1849). — „Ist die neuliche Zeitungsnachricht, dass Jacobi'n sein Gehalt entzogen sei und er von Berlin nach Gotha übersiedeln wolle, gegründet?“ schreibt Gauss an H. C. Schumacher (22. Sept. 1849; s. Briefw. Gauss-Schumacher, Bd. VI, p. 37), worauf dieser entgegnet (26. Sept. 1849; ibidem, p. 40/41): „Jacobi will wirklich nach Gotha gehen. Die Frau ist schon drei Tage bei Hansen gewesen, um eine Wohnung zu wählen und zu miethen. In den Zeitungen habe ich bloss seine Correspondenz mit dem Minister des Inneren [Cultusminister] gesehen . . . . . Ich bedauere Hansen, denn Jacobi ist kein Mann, mit dem man in Ruhe leben kann.“ Deplazierter als dies „Bedauern“ kann wohl nichts sein, da Hansen selbst sich nichts weniger als bedauernswert vorkam, wie die nachstehenden Anmerkungen 4—6 zu vollster Evidenz zeigen.

3) „Gehaltes“ — im Gegensatz zu dem ausserord. „Zuschuss“; s. S. 200 nebst Anm. 16, wo auch von einer geplanten Herabsetzung des „Gehalts“ auf die Hälfte die Rede ist; s. jedoch S. 208/9. S. a. diesen Brief S. 225.

4) Über diese erste Begegnung mit P. A. Hansen hatte C. G. J. Jacobi (Baden-Baden, 5. Aug. 1843) seiner Frau geschrieben: „zwei der interessantesten Tage habe ich in Gotha zugebracht mit dem dortigen Astronomen Hansen . . . . Wir sind in der Theorie der himmlischen Störungen Nebenbuhler, freilich in der Art dass er immerfort die umfassendsten Arbeiten darüber publizirt und ich zu meinen Publicationen noch immer nicht gekommen bin. Es gab daher viele interessante Berührungspuncte und er entwickelte gegen mich grosse Freundschaft und Herzlichkeit; wenn mir irgend etwas auf meiner Reise zustiesse, sollte ich zu ihm kommen und bei ihm wohnen, es wären die glücklichsten Tage seines Lebens gewesen [vgl. a. die nächste Anm.]. Er ist übrigens 48 Jahr, ... war früher Uhrmacher und hat sich so heraufgearbeitet. . . . . Ich habe ihm versprochen, etwas von meinen Methoden mitzutheilen“ . . . . Sodann bittet J. seine Frau, das Manuskript einer Abhandlung an Hansen zu schicken, von welcher Bessel sich eine Abschrift genommen und mit welcher jedenfalls die in dem obigen Brief (S. 229), sowie in Anm. 33 unten erwähnte Abhandlung gemeint ist, über die J. der Berliner Akademie zu Anfang desselben Jahres (5. Febr. 1843) berichtet hatte (s. Werke VII, p. 94—96).

5) Vgl. S. 106 Anm. 4 u. 5. — Der am letzteren Orte citierte Brief Jacobis vom 11. Dez. 1843 fährt nach der dort abgedruckten Stelle folgendermassen fort: „Braun ist der Bruder von Hansens Frau und brachte mir, da er eben jetzt von einer Reise nach Deutschland zurückkam, Hansens neustes Buch mit. Ich weiss nicht warum es mich so freute als er mir wiederholte was Hansen mir gesagt und ich bloss für eine Redensart gehalten, Hansen habe die 3 Tage meines Aufenthalts für die 3 seligsten seines Lebens erklärt u. seine Frau

habe immer gefragt ob ich nicht bald wieder käme, denn sie habe ihren Mann noch nie so glücklich gesehn. Auch war ich damals im Gegensatz mit meiner Melancholie dort in der besten Laune ..... Als ich zu Braun kam war ich im höchsten Erstaunen mich beglückwünscht zu sehen so dass die Gesellschaft bloss mir zu Ehren war [s. a. „Dr. Johannes Horkel's Reden und Abhandlungen" (Berlin 1862), p. XIII/XIV u. XV, Briefe v. 9. resp. 16. XII. 1843]; ich weiss nicht ob ich einmal gesagt mein Geburtstag [10. Dez.] wäre ein Tag nach Winckelmanns oder ob er es im Convers. L. neuster Zeit gelesen."

6) Über die Beziehungen der Familien C. G. J. Jacobis und P. A. Hansens schreibt des letzteren älteste Tochter, Frau Marie Hansen-Taylor, die Gattin des bekannten Dichters und zeitweiligen amerikanischen Gesandten in Berlin Bayard Taylor, in ihren Lebenserinnerungen „Aus zwei Weltteilen" (Stuttgart und Leipzig 1905), p. 15/16:

Einer der bedeutendsten Gelehrten, mit dessen Familie wir in engere Beziehungen treten sollten, war der Mathematiker C. G. J. Jacobi. Zwei mathematische Genies, wie er und mein Vater, waren zeitig mit einander bekannt geworden und verstanden sich auf das beste. Dann trat nach dem Jahre 1848 ein Umstand ein, der ihn uns näher brachte. [Es folgt jetzt nach Angaben von Frau Marie Jacobi eine kurze Darstellung der Angelegenheit der Zuschussentziehung.] Was uns betraf, so hatten wir den Gewinn davon. Im Oktober 1849 brachte Jacobi Frau und Kinder nach dem kleinen Gotha, wo durch Vermittlung meiner Eltern eine Wohnung für die Familie gemietet worden war, während der berühmte Mathematiker in Berlin sich auf ein Gasthofzimmer beschränkte und nur so oft und so lange es anging, zum Besuch bei den Seinigen in Gotha weilte. Er stand damals in den vierziger Jahren, war von hoher Statur und wohlbeleibt, sein rundes Gesicht mit den dunkeln, geistvollen Augen umrahmte schwarzes Haar. Man merkte ihm im gewöhnlichen Umgang die tiefe Gelehrsamkeit kaum an, doch trat sein sprühender Humor häufig zutage, wenn er in lebhafte Unterhaltung geriet. Jacobi fühlte sich in der stärkenden Thüringer Luft sehr wohl, doch hatte er gleich meinem Vater nicht allzuviel Sinn für Naturschönheiten; letzterer schon deshalb nicht, weil er farbenblind war — Bäume und Ziegeldächer hatten für ihn dieselbe Färbung, die er rot nannte. — Jacobi aber äusserte eines Tages, als eine Bergpartie im Vorschlag war, er „liebe von den Bergen die Täler". Leider starb dieser bedeutende Mann schon am 18. Februar 1851 an den Blattern, und zwar gerade zu der Zeit, als man ihm in Berlin, damit er nicht die Berufung nach Wien annähme, alle seine Forderungen bewilligte, und er die Aussicht hatte, sich wieder ganz mit den Seinen zu vereinigen. Jacobis Familie blieb nach seinem Tode eine lange Reihe von Jahren in Gotha wohnen, wo die geistreiche Witwe mit ihren begabten Kindern einen anregenden Faktor im dortigen geselligen Leben bildete. Ihre Beziehungen zu unserm Hause waren die freundschaftlichsten, und mir besonders war der Umgang mit der durch edle Bildung ausgezeichneten Frau von grossem Gewinn. Noch heute, an der Scheide des Jahrhunderts, lebt die Hochbegabte, eine neunzigjährige Greisin, in Süddeutschland und besitzt, nachdem überaus schwere Lebensschicksale sie heimgesucht, eine Geistesfrische und einen Frieden des Gemüts, die einen mit dem Alter auszusöhnen imstande sind.†)

†) Seitdem dies niedergeschrieben wurde, ist die Vierundneunzigjährige aus dem Leben geschieden.

7) Valentin Christian Friedrich Rost, 1790—1862, Lexikograph des Griechischen, 1841—1859 Direktor des Gothaer Gymnasiums, daneben Direktor der Gothaischen Lebensversicherungsbank.

8) Der erste Mathematiker dieser Anstalt, Bretschneider, der früher Jurist

und als solcher Privatdocent an der Universität Leipzig gewesen war, trat nach dem in der Zeitschr. für math. u. naturw. Unterr., Bd. 10 (1879), auf ihn erschienenen Nekrolog mit C. G. J. Jacobi bei dessen häufigen Aufenthalten in Gotha in regen wissenschaftlichen Verkehr und wusste dem grossen Mathematiker „schnell hohe Achtung abzugewinnen" (l. c. p. 311).

9) s. S. 209.

10) Jerusalemerstr. 36—37.

11) s. S. 154, Anm. 5.

12) vgl. S. 117, Anm. 20 am Ende.

13) s. S. 112.

14) Der bekannte Steinsche Antrag v. 9. Aug. 1848: „Der Herr Kriegsminister möge in einem Erlasse an die Armee sich dahin aussprechen, dass die Offiziere allen reactionairen Bestrebungen fern bleiben, nicht nur Conflicte jeglicher Art mit dem Civil vermeiden, sondern durch Annäherung an die Bürger und Vereinigung mit denselben zeigen möchten, dass sie mit Aufrichtigkeit und mit Hingebung an der Verwirklichung eines constitutionellen Rechtszustandes mitarbeiten wollen," war von der preuss. Nationalversammlung mit dem Zusatz-Amendement: „und es denjenigen, mit deren politischer Überzeugung diess nicht vereinbar ist, zur Ehrenpflicht machen, aus der Armee auszuscheiden" angenommen, während der Behrends'sche Antrag auf Anerkennung der Revolution streng genommen nicht acceptiert, sondern unentschieden geblieben war. Die übrigen oben erwähnten Beschlüsse: Beseitigung der Formel „Von Gottes Gnaden", Abschaffung des Adels und der Orden waren bei Beratung des Verfassungsentwurfs (Okt. 1848) gefasst.

15) Vgl. a. hier S. 211.

16) s. dies von einem ärztlichen Attest, anscheinend des Dr. Philipp (vgl. S. 111), begleitete Schreiben Jacobis v. 5. Juni 1849 bei Koenigsberger, p. 463—465. Über Jacobis Wirken als Akademiker s. a. S. 94, Anm. 21.

17) Über Rückert als Lehrer vgl. jedoch a. Max Müller, „Alte Zeiten, alte Freunde" (Gotha 1901), p. 67—69.

18) s. C. Beyer, „Friedrich Rückert" (Frankfurt a. M. 1868), p. 225.

19) Hans Ferd. Massmann, 1797—1874, Deutsch-Philolog und Turner, dem man 1842 die allgemeine Organisation des Turnunterrichts und 1846 daneben eine ausserordentliche Professur an der Universität übertragen hatte.

20) Ad. Friedr. Joh. Riedel, 1809—1872, ausserord. Prof. der Staatswissenschaften und Vorstand des „Geheim. Ministerialarchivs", Mitglied der preuss. Nationalversammlong 1848, sowie der zweiten preuss. Kammer, 1868 zum „Historiographen der Brandenb. Geschichte" ernannt. Vgl. hierzu auch Varnhagen, Bd. VIII, p. 50, 56 f., 155, 217 f.

21) s. a. Varnhagen, Bd. III, p. 259/260 (29. Nov. 1845); vgl. a. ibid. Bd. II, p. 247 u. 267, sowie Alfred Dove bei K. Bruhns, „Alexander von Humboldt", Bd. II (1872), p. 290.

22) Z. B. aus Zeitungsberichten, s. etwa Beilage zu Nr. 204 der (Augsburger) Allgemeinen Zeitung v. 23. Juli 1849, p. 3153.

23) Der vorstehend citierte Zeitungsbericht nennt ausserdem noch Miller aus Cambridge, der allerdings Prof. der Mineralogie war.

24) Das diesbezügliche Glückwunschschreiben der Berliner Akademie an Gauss s. Berliner Berichte 1849, p. 207—209 und Gauss' Antwort ibid. p. 275/6.

25) Die Stelle, wo diese Formel zuerst sich findet, ist bekanntlich Herons Schrift περὶ διόπτρας, die zuerst 1858 von A. J. H. Vincent herausgegeben wurde in den „Notices et extraits des manuscrits de la bibliothèque impériale et autres bibliothèques", t. XIX, seconde partie, p. 157—337. — Allerdings ist

Jacobis Angabe: „200 J. vor Christus" wenigstens zu verbessern in: „im 2. Jahrh. vor Chr." resp. „100 J. vor Chr." (vgl. M. Cantor, „Gesch. der Mathem.", Bd. I (2. Aufl. 1894), p. 348). Den Heronischen Beweis „in seiner vollen, schönen Klarheit" wolle man bei Hultsch, „Der Heronische Lehrsatz über die Fläche des Dreiecks als Function der drei Seiten", Zeitschr. Math.-Phys., Bd. IX (1864), p. 226 resp. bei Cantor, l. c. p. 359/60 nachlesen.

26) Bezüglich Ostrogradskijs s. S. 94, Anm. 15. — Die erwähnte Note steht C. R., t. XXIX (1849), p. 97—103: „Rotation d'un corps"; eine entsprechende Mitteilung an die Berliner Akademie erfolgte am 16. Aug. 1849 (Berl. Ber. 1849, p. 226).

27) In erster Linie Rosenhain; vgl. a. eine Stelle aus einem Brief dieses (Febr. 1849) an Jacobi bei Koenigsberger, p. 461.

28) Vgl. hierzu Berl. Ber. 1850, p. 77. — In der in Anmerkung 26 genannten Note geht J. von der Annahme aus, dass der Körper keinerlei beschleunigenden Kräften unterworfen sei.

29) Statt zwei.

30) Legendre, Traité des fonctions elliptiques, t. I (Paris 1825), p. 361 (kürzeste Linien auf dem Rotationsellipsoid).

31) Bezüglich der geodätischen Formeln s. die „Berlin, 1849 Nov. 7" von Jacobi datierte, posthume Abhandlung Werke II, p. 423 f.

32) Vgl. S. 142 und S. 144, Anm. 4.

33) „Versuch einer Berechnung der grossen Ungleichheit des Saturns nach einer strengen Entwickelung", Astron. Nachr., Bd. 28 (1849), Nr. 653 u. 654, col. 65—94 = Werke VII, p. 145—174.

34) „Über das Vorkommen eines ägyptischen Bruchnamens in Ptolemäus Geographie", gelesen in der Berliner Akademie 16. Aug. 1849, s. Monatsber. 1849, p. 222—226 = Jacobi, Werke VII, p. 346—350. Bezüglich des Aegyptischen stützt sich Jacobi dabei auf ein Werk von Brugsch, sowie auf die berühmten Forschungen von Champollion und Young.

35) Plato Πολιτεία, VIII, 546. S. über diese Frage M. Cantor, „Gesch. der Mathem.", Bd. I (2. Aufl. 1894), p. 210. — Jacobi las am 1. Nov. 1849 in der Berliner Akademie „über die platonische Zahl" (Berichte 1849, p. 277; s. a. Werke VII, p. 436), jedoch ist diese Abhandlung nicht gedruckt. S. über das nachgelassene Fragment Koenigsberger, p. 473.

36) Professor Braschmann - Moskau war „Corresponding member" der British Association und hielt auf der Versammlung in Manchester (Juni 1842) einen Vortrag „Considerations on the Principles of Analytical Mechanics" (Report of the twelfth meeting of the British Association for the advancement of Science (London 1843), p. XI und Notices and abstracts of communications to the British Association, p. 4—7).

37) Magnus u. Poggendorff.

38) Hermann Wagener (vgl. S. 219, Anm. 2). — Eduard Jacobi, der jüngste der 3 Brüder, leitete damals den von ihm begründeten volkswirtschaftlichen Teil der Kreuzzeitung.

39) . . . . when fortune means to men most good,
She looks upon them with a threatening eye.
Shakespeare, „King John", Act III, Scene IV (Pandulph).

40) So des Versmasses wegen statt der sonst im Praesens allein vorkommenden medialen Verbalform. — Schon als Primaner, im Alter von noch nicht 16 Jahren, hatte Jacobi bei einer Schulfeier ein selbstverfasstes griechisches Epos vorgetragen (s. E. Kusch, „Jacobi und Helmholtz auf dem Gymnasium" (Potsdam 1896), p. 18).

LXXVI. Petersburg, 1851. März/April.[1])

M. H. Jacobi an Frau Marie Jacobi.

Theuerste Marie,

Wenn ich nach dem Eintritt eines für uns eben so schrecklichen als unerwarteten Ereignisses, Ihnen gegenüber die Sie davon am nächsten getroffen worden bis jetzt geschwiegen, so haben Sie das vollste Recht mich der Theilnahmlosigkeit zu beschuldigen. In der That hatte ich mit mir selbst und meinem Schmerze so viel zu thun, dass ich vorläufig an das Unglück anderer um so weniger denken mochte, als ich mich für den am trostbedürftigsten hielt. Jetzt aber nachdem die Zeit die erste Schärfe des eigenen Schmerzes in tiefe Wehmuth verwandelt hat, tritt der Gedanke an Sie liebe Verlassene, an die ihres Vaters beraubten Kinder in sein volles Recht. Therese.... wird Ihnen gesagt haben, dass ich den Tod[2]) meines Bruders beinah ganz ohne Vorbereitung zuerst aus den Zeitungen erfahren habe[3]), zu einer Zeit, wo körperliches Unwohlsein und eine damit verbundene muthlose höchst trübe ja verzweifelte Stimmung sogar jeder Freude den Zugang zu meinem Gemüthe erschwert hätte das um so mehr für jedes Leid empfänglich war. Ich mache mir jetzt die in der letzten Zeit statt gehabte lange Unterbrechung unserer gegenseitigen Mittheilungen zum schweren Vorwurfe, um so mehr als diese Unterbrechung nun plötzlich eine ewige geworden ist. Sie haben vollständig begriffen theuerste Marie, dass ich nicht für eine letzte Umarmung, nein nur für eine letzte Zeile des Abschiedes mit Freuden einen Theil meiner Existenz hingegeben hätte.[4]) Ein Verhältniss das seiner Natur nach ein so tiefes und inniges war, in welchem die natürlichen Beziehungen durch gegenseitige Achtung ja Ehrfurcht ihren höchsten Werth erhalten hatten, ein Verhältniss zwischen zwei Männern, die in der Welt eine bedeutende Stelle einnehmen und zugleich Brüder sind, ein solches Verhältniss so ganz ohne Abschluss zerrissen zu sehen musste im ersten Augenblicke Bitterkeit Zorn und Entrüstung erregen, die nur durch die trostlose Betrachtung bemeistert werden konnten, dass es überall so sei, dass die Brutalität der natürlichen Welt, die nicht weiss was sie thut von der Brutalität der sittlichen Welt die dieses weiss, ja noch überboten werde.

Es ist Jammer und Schade dass die Correspondenz mit meinem verstorbenen Bruder durch leidige Familienangelegenheiten fortwährend einen unangenehmen Beischmack erhalten hatte. Wie viel genussreicher wäre sie nicht ohne diesen Beischmack geworden, und unter Verhältnissen die ein ungehindertes Aussprechen über die wichtigsten Angelegenheiten der Zeit gestattet hätten, So bin ich über seine letzten Beziehungen zu Berlin, seitdem das Materielle wieder hergestellt worden war, ganz im Unklaren, eben so über die Ursache seiner fortgesetzten Trennung von seiner Familie. . . . . . . Ein Mann wie er, ohne bestimmtes Domicil! Und wenn ich ihm schrieb, wohin sollte ich den Brief richten, nach Gotha oder nach Berlin und wenn dahin, nach welchem — Gasthofe. Jetzt hat er nun ein bestimmtes Domicil aber meine Briefe werden doch nicht zu ihm gelangen...

— —

Lassen Sie mich ein ernstes Wort an Sie richten. Ich zweifle nicht dass Ihnen durch den Tod meines Bruders manche Illusion geraubt, ja manche Demüthigungen bereitet sind. Nehmen Sie sich solche Dinge nicht zu Herzen, sondern betrachten Sie dieselben wie sie eben sind. Die richtige Auslegung solcher Erfahrungen wird nicht mehr Ihnen aber Ihren Kindern zu Gute kommen. Der Schlüssel hierzu liegt in der Richtung welche die Zeit seit dem Anfange dieses Jahrhunderts mit Riesenschritten genommen hat. Sie wendet sich mehr und mehr von den idealen Interessen ab und den materiellen Interessen zu. Der Inhalt der uns durch und durch erfüllte und beschäftigte ist nicht mehr der ihrige. Sein ganzes Leben der Wissenschaft hingeben, sich an der Sache selbst alles gelegen sein lassen, der Aufgabe die einem geworden sich mit allen Kräften zu widmen, sind Dinge und Gesinnungen die jetzt schon als antiquirt zu betrachten sind, die aber wenn noch 25 Jahre verflossen sein werden das Individuum das von ihnen besessen wäre unter Vormundschaft, mit dem 20ten Jahrhunderte aber in's Irrenhaus führen würden. Erwerb ohne grosse Mühe, Ansehn und Macht ohne entschiedene Würde, Ruhm ohne blutigen Schweiss, Muth wo er etwas einbringt, endlich Genuss ohne erworbene Berechtigung, das wird die Praxis der Zukunft sein. . . . . .

— —

Ihr

M H J.

1) Mir liegt das Konzept des Briefes vor; das Original ist nicht mehr erhalten.

2) „Jacobi ist in der Nacht vom Dienstag zum Mittwoch gestorben, und zwar an der furchtbarsten Krankheit, die es nur giebt, den schwarzen Pocken. Ich erlasse Dir und mir alle sonstigen Beschreibungen des Gräuels und Ent-

setzens dieser letzten Tage, genug, dass er dahin, und die Welt um einen gewaltigen Geist ärmer ist, und dass dieser gewaltige Geist mit allen seinen grossen Fehlern und Tugenden uns nahe stand," schrieb Frau Dirichlet an einen Neffen (s. „Sebastian Hensel. Ein Lebensbild aus Deutschlands Lehrjahren", 2. Aufl. (Berlin 1904), p. 134). — Vgl. a. Anm. 6 des vorhergehenden Briefes.

3) Eduard Jacobi hatte jedenfalls am 19. Febr. 1851, dem Tag nach dem Tode, an den Bruder geschrieben: „Die Veranlassung zu diesem Briefe ist eine sehr betrübte, die schrecklichste, die Du nur zu erwarten im Stande bist und die zu vernehmen Du Deiner ganzen Fassung bedarfst. Ich würde Dich erst heute darauf vorzubereiten suchen, wenn ich nicht fürchten müsste, Du würdest es auf anderem Wege, vielleicht aus den Zeitungen früher erfahren; ich kann daher die zögernde Feder nicht länger zurückhalten: unser Jacques ist nicht mehr! Nachdem er erst etwas Grippe gehabt und davon durch einige russische Bäder glücklich geheilt war, fing er in der vorigen Woche etwas zu fiebern an, bis es am Sonnabend [15. Febr.] Therese erfuhr, die ihn am Sonntage gleich aus dem Gasthofe, wo er seitdem Marie von hier fort ist wohnte, zu sich nahm; sein Arzt der Dr. Philipp brachte da noch den Geheimrath Wolff mit der so wie er ihn sah, sogleich erklärte, er könne keine 3 Tage mehr leben, da er die Pocken hätte und leider ist es so eingetroffen. Gestern Abend um 11 Uhr ist er von uns geschieden; sein Körper war durch seine frühere Krankheit (diabetes) so geschwächt, dass die Pocken nicht einmal ordentlich herauskommen konnten und diese Krankheit erfordert, sie zu überwinden, einen starken gesunden Körper. Therese hatte sich gleich impfen lassen, um ihn pflegen zu können . . . . . . Ich persönlich verliere an ihm unendlich viel, denn er war mir ein treuer Freund und bei seinem guten theilnehmenden Character ein aufrichtiger Rathgeber". . . .

4) Aus dem Antwortschreiben von Frau Marie Jacobi (Gotha, 2. Mai 1851):

„Ihren unendlichen und unheilbaren Schmerz kann ich nur zu gut verstehn, da mir ja leider auch der letzte Blick und das letzte Wort fehlen. Dass er uns so früh entführt worden ist, kann ich aber bei ihm, wie bei andern bevorzugten Geistern, die früh dahingeschieden, nur so ansehn, als habe ihn die Vorsehung reif befunden für einen höheren edleren Beruf und ihn deshalb der beschwerenden irdischen Hülle und der hemmenden irdischen Verhältnisse entkleidet. Einer solcher herrlichen Geister war er gewiss die mit ihrer Klarheit reinere und grössere Verhältnisse zu erfassen und zu durchdringen fähig sind, als wir hier können, wenn ihnen die Flügel befreit werden.". . . .

Anhang I.[1]

Allerdurchlauchtigster König,

Grossmächtigster König und Herr!

Eurer Königlichen Majestät gefeierter Urgrossoheim hat während seiner Regierung die Hauptstadt Preussens zu einem Mittelpunct der mathematischen Welt gemacht. Sogleich nach seiner Thronbesteigung berief er die Heroen der Mathematik an die erneuerte Akademie der Wissenschaften; von Basel Johann Bernoulli nebst seinen drei Söhnen, Euler von Petersburg, später Lagrange von Turin. Die ersten Mathematiker ihrer Zeit müssten auch bei dem grössten Könige sein, lautete der Lagrange berufende Brief des preussischen Ministers. Jene berühmte Mathematikerfamilie hielt das hohe Alter ihres Hauptes zurück. Euler hat in den zwanzig Jahren, in denen er der mathematischen Classe der Berliner Akademie als Director vorstand, die gesammte Mathematik umgestaltet. In andern zwanzig Jahren erhob sein Nachfolger Lagrange die Wissenschaft der mathematischen Analysis durch reiche Entdeckungen und vollendete Form zur glänzendsten Höhe. Der tiefsinnige und vielseitige Lambert wurde eine Zierde unserer Akademie. Auch an der Universität in Halle folgte dem zurückgerufenen Wolf der berühmte Segner. Durch den Preussenkönig wurde Frankreich auf D'Alembert aufmerksam.

Aber der Aufschwung der mathematischen Wissenschaft ist damals noch bei uns ein vorübergehender gewesen. Sie war noch kein Lebensbaum geworden, der in dem Boden des Preussischen Volkes Wurzel geschlagen. Nach Friedrichs des Zweiten Tode wandte sich Lagrange nach Paris, wo er dem mit der Revolution hereinbrechenden Elend erlegen wäre, wenn nicht Eurer Königlichen Majestät Grossvater Majestät durch edelmüthige Unterstützung in der Ferne den Mathematikern ihren ersten Stern erhalten hätte. Nach dem Vorübergange des Schreckens erhob die Mathematik in Frankreich rasch wieder ihr Haupt. Da es dort keine Schulen mehr gab, so traten die Mathematiker des ganzen Landes, Lehrer und Schüler, sechstausend an der Zahl, zusammen und beriethen, wie für die Zukunft der mathematische Unterricht einzurichten wäre. Die aus diesen Berathungen hervorgegangene Pariser polytechnische Schule hat dort wesentlich dazu beigetragen, die höheren mathematischen Kenntnisse in weiten Kreisen zu verbreiten. Napoleon stellte zuerst den Grundsatz auf, dass dem Genie in der Wissenschaft und Kunst eben die höheren Ehren und Belohnungen des Staates gebührten, welche den bei der Verwaltung, Rechtspflege und dem Kriegswesen betheiligten Dienern zu werden pflegen. Der ehemalige Director unserer Akademie wurde von ihm in den Grafenstand und zum Senator erhoben. Seinen greisen Vater in Turin beglückwünschte eine Deputation der Regierung im Namen der französischen Nation zu dem Besitz eines solchen Sohnes. Mit diesem glänzten dort fünf andere mathematische Namen ersten Ranges, und es schien Frankreich, wie in den Waffen, so auch in der Mathematik unüberwindlich.

Nachdem es nun aber auf dem Kriegsfelde glücklich besiegt worden, haben wir, wie in der Sage von der Hunnenschlacht die Schatten in den Lüften fortkämpften, in den Regionen des Gedankens weitergekämpft, unterstützt von der heiligen Allianz mit dem Geiste, die Preussen geschlossen, und manchen glorreichen Sieg in den Wissenschaften erstritten. Und so rühmen wir uns auch in der mathematischen Wissenschaft, nicht mehr die zweiten zu sein.

Seit dem Regierungsantritt des Zweiten Friedrichs ist das Jahrhundert abgerollt, und auf's neue sehen wir hoch auf dem Gipfel seiner Zeit, als eine Leuchte Gottes, den König, und auf's neue unter Seiner schirmenden Aegide Sein Preussenland einen bewunderten Mittelpunct der wissenschaftlichen Welt. Aber es sind jetzt nicht mehr Fremde, welche kommen, um den Glanz ihres wissenschaftlichen Ruhmes in dem Glanze des Thrones zu spiegeln, und weiterziehen. Es sind die Kinder des eignen Volkes; aus dem Osten, dem Westen, aus den Marken, aus allen Gauen des Reiches Eurer Majestät sind sie zusammengetreten, um den Dom der Wissenschaft aufzubauen und seinen hohen Chor immer höher zu wölben. Als sichtbares Zeichen allem Volke, dass die Ehre wissenschaftlichen Werkes solle hochgehalten werden, hat der Königliche Bauherr jene in ihrer Art einzige Ordensstiftung gestellt, welche zugleich ein Band um die Werkmeister aller Länder schlingt. In der Nähe Seines Thrones sehen wir freudig den weisen Altmeister, den vielgewanderten, in allen Zungen und Welttheilen gepriesenen, dessen Name das Symbol jeder Wissenschaftlichkeit ist.

An dem ruhmvollen Werke freute auch ich mich Theil zu haben, als mich eine unheilvolle Krankheit von der Arbeit hinwegzunehmen drohte. Eurer Königlichen Majestät fürsorgende Gnade hat zur Wiederherstellung meiner Gesundheit mir einen längeren Aufenthalt in Rom, die Zurückversetzung in meine Heimath gewährt, mir die Mittel zur Subsistenz gesichert, hat gewollt, dass ich in Musse die wiedergewonnenen wenn auch erschütterten Kräfte ganz meinem wissenschaftlichen Berufe zuwenden soll. Es hat mich gedrängt, ein Buch, zu dessen Anfang und Vollendung ich die Kraft allein durch diese Gnade Eurer Majestät gefunden habe, Eurer Königlichen Majestät als ein Zeichen meines innigen Dankgefühls zu Füssen zu legen. Aber ich habe gezweifelt, ob eine aus allen Theilen der Mathematik zusammengefügte Mosaikarbeit sich den Augen Eurer Majestät darstellen dürfte; ob ich nicht die Vollendung einer der von mir vorbereiteten, vielleicht minder unwerthen, Arbeiten abwarten sollte, welche in mehr künstlerischer Einheit einen Hauptzweig der Wissenschaft abschliessen. Eurer Königlichen Majestät dieses mein Werk, wie es ist, als Dankesopfer darzubringen, ermuthigte mich, wie ich gestehe, der Vorgang, dass sich auch Name und Bildniss Friedrichs des Zweiten vor der Sammlung mathematischer Abhandlungen Johann Bernoullis findet. Und so habe ich es gewagt, mit dem erhabnen Namen Eurer Königlichen Majestät auch mein Buch zu zieren; das Bild ist dem Innersten meines Herzens eingeprägt.

In tiefster Unterwürfigkeit ersterbe ich
Grossmächtigster König und Herr
Eurer Königlichen Majestät
unterthänigster Diener

C. G. J. Jacobi,
Professor und Mitglied der Berliner Akademie der Wissenschaften.

Berlin,
den 30. August 1846.

1) C. G. J. Jacobi, Mathematische Werke (Opuscula mathematica), Bd. I (Berlin 1846) = Werke, Bd. VII (Berlin 1891), p. 371—375. — Vgl. hier S. 150, Anm. 1.

Anhang II.[1])

Porträts der Berliner Universität.

2. Jacobi.

Jacobi erzählte kürzlich, wenn er Wohnungen miethen gehe, werde er immer gefragt, ob er ein Verwandter des berühmten Jacobi sei. Unter dem berühmten Jacobi versteht Berlin nämlich den „Feind des Hauses Hohenzollern“, dem das Volk von Berlin in den Novembertagen[2]) einen solennen Fackelzug brachte. Unser Jacobi ist nur der unbekannte Professor der Mathematik, der sich glücklich fühlen mag, einen Namensvetter von berühmtem Namen zu besitzen.

Jacobi ist 1804 in Potsdam geboren. Er schwankte längere Zeit, ob er sich der Mathematik vorzugsweise widmen solle und beschäftigte sich viel mit philosophischen und philologischen Studien. Nachdem er sich der Mathematik ganz zugewendet hatte, errang er unglaublich schnelle Lorbeeren. 1824[3]) habilitirte er sich als Privatdocent in Berlin, 1827 erhielt er in Königsberg eine ausserordentliche, 1829 eine ordentliche Professur der Mathematik. Durch das Zusammenwirken von ihm, Bessel und Neumann wurde die Königsberger Universität der Hauptsitz der Mathematik in Deutschland. Fast um dieselbe Zeit wurden dieser Anstalt ihre ersten Koryphäen entrissen, durch den Tod Bessel's und durch die Ernennung Jacobi's zum ordentlichen Mitglied der Berliner Akademie. — Die Mathematik befindet sich in diesem Augenblick noch nicht auf dem Punkte der Entwickelung, wo das Material erschöpft ist und es sich um die formale Abrundung, um die systematische Gliederung handelt. Vielmehr sind gerade in neuerer Zeit ganz neue Gebiete entdeckt, neue Wege eröffnet worden, und die Bemühungen der grössten Mathematiker sind dahin gerichtet, den Blick in die Zahlen- und Formelnwelt immer weiter auszudehnen, den schon gemachten Eroberungen neue und kühnere hinzuzufügen. Zu dieser Richtung gehört auch Jacobi. Seine Vorlesungen haben in der Regel einen sehr schwierigen Inhalt.

Er überlässt sich ganz seinem Genius, beginnt mit leichten und einfachen Deduktionen und befindet sich plötzlich auf einem Gebiet, wohin ihm nur der kleinere Theil folgen kann. Er selbst hat die verwickelsten Formeln mit bewunderswürdiger Klarheit in seinem Kopfe und braucht keine Tafel, um mit ihnen zu rechnen; seine Zuhörer sitzen versteinert da und bringen oft nichts Anderes nach Hause, als das Gefühl ihrer Unbedeutenheit. Dieser Nachtheil ist, wie ich glaube, nicht hoch anzuschlagen. Fast in allen Wissenschaften, namentlich aber in der Mathematik, lässt sich das Positive aus Büchern erwerben. Soll der Universitätsunterricht einen Zweck haben, so muss er in den Händen von Männern sein, die durch das Hervorragende ihrer Persönlichkeit, durch die individuelle Form, in der sie ihr Wissen geben, auf die Studirenden wirken.[4]) Die lebendige Thätigkeit eines grossen Geistes belauschen zu können, ist tausendmal fruchtbringender, als einige Formeln mehr zu wissen. — Es gibt viele Gelehrte, die kein Interesse haben an der unmittelbaren Belebung ihres Wissens durch Unterricht; zu ihnen gehört Jacobi nicht. In Königsberg gründete er mit Neumann gemeinschaftlich ein mathematisch-physikalisches Seminar; in Berlin hält er unausgesetzt[5]) Vorlesungen, obgleich er als Mitglied der Akademie nicht dazu verpflichtet ist. Nur freilich darf man nicht von ihm voraussetzen, dass er sich dadurch gebunden fühle. In Königsberg kündigte er einmal absichtlich eine so schwierige Vorlesung an, dass sich nur Wenige dazu meldeten, und diesen Wenigen rieth er dann wegen der Schwierigkeit des Gegenstandes ab, daran Theil zu nehmen[6]). Er macht überhaupt den Eindruck, als ob er sich nicht leicht zu etwas zwinge.

Interessant war es, Jacobi vom Katheder auf die Tribünen der Clubs steigen zu sehen. Warum sollte Deutschland nicht auch seine Arago's und Bailly's haben? Er hätte freilich schon längst Gelegenheit dazu gehabt, denn in Königsberg war zu der Zeit als Jacobi dort lebte, ein reges politisches Leben, (d. h. eine rege politische Kannegiesserei); — damals zog er sich in die stolze Einsamkeit des Gelehrten zurück.

Sein Äusseres macht zunächst einen befremdenden Eindruck. Ein beständiges Lächeln schwebt um seine Lippen, nur dem Grade nach verschieden, ein Lächeln, halb ironisch, halb gutmüthig. Bei der freundlichen Art, die er gegen Jedermann hat, kann man ihm eigentlichen Hochmuth nicht zuschreiben; er interessirt sich nicht blos für sich, auch nicht blos für die Wissenschaft, auch für Menschen und namentlich für die Bildung der Menschen hat er Herz und Sinn. Daneben aber hat er, wie es sich nicht anders erwarten lässt, das Gefühl von der Überlegenheit seines Geistes, und dies prägt sich nicht minder in seinem Aeussern, als in seinen Reden aus. Er spricht gern[7]) von seinen theils vornehmen, theils gelehrten Verbindungen, er erwähnte einst in einer Rede, dass er Mitglied fast aller grossen Akademien Europa's sei; dann freilich hüllt er sich auch wohl in den Mantel der Bescheidenheit, lässt unbedeutenden Menschen grosse Anerkennung wiederfahren, ja die unebenbürtigsten Gegner habe ich ihn mit merkwürdiger Schonung behandeln sehen. Diese eigenthümliche Mischung von Selbstgefühl, Geringschätzung und Wohlwollen drückt sich in seinem Aeussern aus, daneben eine ungemeine Behaglichkeit und Ruhe. Als seinetwegen die erbittertste Aufregung im Mielentz'schen Saale unter tausend Zuhörern herrschte, stand er mit der grössten Ruhe[8]) auf der Tribüne, sprach mehr als eine Stunde, eben so langsam und behäbig, wie gewöhnlich, auch nicht in dem Ton der Stimme war eine Spur der Aufregung zu entdecken.

Ein Redner ist Jacobi nicht, und doch macht seine Rede Eindruck durch die Eigenthümlichkeit des Geistes, die vor uns tritt. Er spricht nicht nur langsam und schwerfällig, er verliert auch oft den Faden des Vortrags, bringt ungelenke Sätze zusammen, schweigt längere Zeit gänzlich und überlegt, wie er die Rede weiter führen soll. Seine Reden haben aber stets Inhalt, Zusammenhang und tragen den Stempel der innern Geistesthätigkeit. Er legt sich zuweilen kurz vorher die Hauptgedanken, die er erörtern will zurecht und dann ist sein Vortrag fliessender; oft spricht er ganz improvisirt. Er liebt es, über kleine, ganz unbedeutende Fragen das Wort zu ergreifen, namentlich wenn Alles überzeugt ist, dass kein Einziger darüber sprechen werde. Er pflegt dann nicht gerade etwas besonders Erhebliches vorzubringen, aber man hat doch vor seiner Person so viel Achtung, um die Sache ernstlicher in Erwägung zu ziehen.

Als in der ersten Hälfte des Monats April der constitutionelle Club gegründet wurde, traten gleich anfangs drei verschiedene Klassen von Mitgliedern hervor; erstens diejenigen, die bisher dem alten Systeme treu und ergeben gedient hatten und nun die Maske des Constitutionalismus vorzunehmen für zweckmässig hielten, sodann die aufrichtig und gemässigt Constitutionellen, endlich solche, die eigentlich auf dem Boden der Demokratie standen und dem politischen Club nur darum nicht beitraten, weil es ihnen dort nicht fein genug war.

Zu welcher dieser drei Klassen Jacobi gehört hat, der von Anfang an ein regelmässiger[9]) Besucher der Club-Sitzungen war, wissen wir nicht. Er hielt sich indess lange Zeit hindurch passiv; zum erstenmale betheiligte er sich bei der Polendebatte durch eine Bemerkung vom Platz aus. Ein Redner donnerte in die Versammlung hinein: Ist Jemand in diesem Saal, der die Theilung Polens nicht für ein schmähliches Unrecht hält? Alles schwieg, nur von einem Platze aus hörte man in ruhigem und gleichgiltigem Tone: Ich — es war Jacobi[10]). — Sein erstes eigentliches Auftreten war zur Zeit der Wahlen. Der constitutionelle Club hatte es unternommen, Candidaten zur Deputirtenwahl in Vorschlag zu bringen. Jacobi bewarb sich um die Unterstützung des Clubs. Er hielt eine kurze Rede, in der er unter Andern sagte, er halte die constitutionelle Verfassung [Monarchie] für die zeitgemässeste, obschon ihn bei dem Worte Republik gerade keine Gänsehaut überlaufe; man müsse sich aber von jetzt an gewöhnen, mit gewissen Worten einen andern Sinn zu verbinden, z. B. mit dem Worte Ordnung; das hätten die früheren Regierungen stets den Liberalen vorgehalten: ihr werdet um die Ordnung und Ruhe kommen; ja, fügte er hinzu, um die Ordnung und Ruhe der früheren Zeit sind wir gekommen und sollen wir kommen, denn das war eine Kirchhofsruhe, von jetzt an ist Ordnung und Ruhe nicht mehr denkbar ohne freie Bewegung der Geister. — Seine Gegner benutzten diese Stellen, um ihn in den Ruf eines Republikaners zu bringen und zu dem Vorwurf, er habe die heiligsten Begriffe frech verhöhnt. Er bekämpfte aber eben nur die Unterdrückung der geistigen Freiheit unter dem alten Regime, und war nicht so kurzsichtig, um nicht zu sehen, dass auch die äussere Physiognomie der Gesellschaft eine bewegtere sein müsse, wenn die Schranken der individuellen geistigen Freiheit fallen sollten. Gerade auf diesen Punkt kommt er oft zurück; er fasst die Freiheit von dem Standpunkt aus, von dem sie für den Mann der Wissenschaft das meiste Interesse hat; man soll die Menschen nicht hindern, ihre Überzeugungen zu haben, sie auszusprechen und für sie zu wirken. Er scheint die Gefahren, die aus einer unbeschränkten derartigen Freiheit hervorgehen, da er sich ihrer unzweifelhaft bewusst ist, entweder nicht zu fürchten, oder für ein nothwendiges Uebel zu halten. Er geht aber offenbar dabei von einer sehr idealen Auffassung aus; was ihm als Frivolität ausgelegt wurde, ist gerade der edelste, der echt humane Zug, der durch seine politische Anschauung durchgeht. — Jacobi erlangte damals wenigstens eine Art von Erfolg. Den heftigen Angriffen, die Crelinger und andere Königsberger gegen die Redlichkeit seines Charakters richteten, der Aufregung, die dadurch im constitutionellen Club entstand, ist vorzugsweise das so plötzliche Sinken dieses Clubs zuzuschreiben. Theils wollte nach den so leidenschaftlichen und heftigen Sitzungen, die die Jacobi'sche Angelegenheit hervorgerufen hatte, der trockene Verlauf der folgenden Debatten nicht mehr zusagen, theils war eine persönliche Verstimmung eingetreten, die das Ausscheiden Crelingers und vieler andern Mitglieder zur Folge hatte. Während der Streitigkeiten über Jacobi's Charakter schmolz die Zahl der Mitglieder auf mehr als tausend an; als sie beendet waren, betrug die Zahl der Anwesenden selten mehr als hundert. Wir gehen auf die Untersuchung, ob einem Manne Redlichkeit des Charakters zuzutrauen sei, der dem Könige die Hand geküsst, eine ehrfurchtsvolle Dedikation geschrieben habe, und nun erkläre, dass ihn bei dem Worte Republik keine Gänsehaut überlaufe, nicht ein.

Im Laufe des Sommers schied Jacobi aus dem constitutionellen Club und ward Vorsitzender in dem eben erst entstandenen Verein für Volksrechte, einem aus den radikalsten Elementen der Berliner Demokratie bestehenden Club.[11]) Dass Jacobi, als er den Vorsitz übernahm und sich verpflichtete, ihn einen Monat lang zu führen, die eigentlichen Tendenzen des Clubs nicht kannte, erhellt daraus, dass er, nachdem dieser Monat verflossen war, nicht nur sein Amt niederlegte, sondern aus dem Club gänzlich schied. Man hatte, um den Club in die Höhe zu bringen, einen berühmten Namen an die Spitze stellen wollen, und hatte schon gleich anfangs daran gedacht, ihn später fallen zu lassen. Da Jacobi die Sache einmal angefangen hatte, hielt er so lange aus, als seine Verpflichtung ging, bemühte sich übrigens redlich, den Verein in eine bessere Bahn zu lenken[12]). Er wagte es einmal[13]), einen Zweifel darüber zu äussern, ob der Proletarier, der von einem Tage zum andern lebe, dieselben politischen Rechte in Anspruch nehmen dürfe, wie derjenige, der zwar ein geringes, aber festes Einkommen habe. Alles war ausser sich über diesen Verrath an der Demokratie, wohl zehn Redner nacheinander stürzten auf die Tribüne und überboten sich in Worten der Entrüstung.

Nachdem Jacobi auch aus diesem Club ausgeschieden war[14]), beschränkte er sich auf seinen Bezirk und bemüht sich in diesem auch noch jetzt theils zu belehren, theils zu politischer Bedeutung zu gelangen. Ich habe ihn hier unter Männern, Frauen und Kindern, die meist aus dem Handwerkerstande waren, einen sehr populären Vortrag über das Verhältniss Deutschlands zu Preussen halten hören. Offenbar sah man die Absicht, belehrend und bildend zu wirken, doch verschmäht Jacobi auch nicht die Künste, die einen Redner bei der grossen Menge beliebt machen. Mit grosser Gemüthsruhe machte er Witze in der Art des Krakehlers und anderer solcher Blätter; Knaben von 8—10 Jahren[15]), die zunächst an der Tribüne standen, tobten Beifall; diese Umgebung genirt ihn nicht. Und doch ist er im Ganzen zu ernst und selbstständig, als dass er sonderliches Glück machte. Die Gebildeteren schieben ihn vor, um mit ihm zu prunken. Er repräsentirt mehr, als dass er wirklich bedeutenden Einfluss hätte. — Im Januar trat er als Candidat für die zweite Kammer auf. Seine Rede machte einen sehr günstigen Eindruck. Durch die Antwort aber, die er auf eine an ihn gerichtete Interpellation gab, verlor er Alles, was er gewonnen hatte. Als er nämlich gefragt wurde, ob er für die Gemeindeverfassung das unbedingte Wahlrecht haben wolle, erbat er sich 14 Tage Bedenkzeit zur Beantwortung dieser Frage. Da schon in 8 Tagen die Deputirtenwahl stattfinden sollte, so hatte er natürlich keine Chancen mehr, gewählt zu werden.[16])

Der höchste politische Grundsatz, den Jacobi hat, scheint, wie ich eben schon angedeutet habe, die Forderung zu sein, dass ein Jeder sich frei entwickeln und in der Äusserung seiner Meinung nicht beschränkt werden dürfe. Es ist klar, dass man von diesem Standpunkt aus einerseits sehr radikal, andererseits den eigentlichen Wünschen des Volkes sehr entgegengesetzt sein kann. Jacobi ist radikal, aber er verleugnet nie den vornehmen Geist, der mit den Edelsten seiner Zeit und aller Zeiten in stetem Verkehr steht, der dem Volke sich nicht nähert, um ihm zu schmeicheln, sondern um es zu der Höhe, die er selbst errungen, heranzubilden. Aber eben daran scheitern seine Bemühungen, eine politische Stellung zu erreichen; keine Partei traut ihm, keine Partei liebt ihn. Für Geister, wie Jacobi, ist die Monarchie ein günstigerer Boden; er ist zu selbstständig und auch wieder in anderer Art zu biegsam, um von den grossen Massen getragen und gehoben zu werden.

G. B.

1) Aus: „Die Grenzboten", 8. Jahrg. I. Sem. II. Band (Leipzig 1849), Nr. 18, p. 176—181. — Vgl. dazu hier S. 221/22 nebst Anm. 8 dort.

2) 5. Nov. 1848.

3) 1825.

4) Für die epochemachende Bedeutung, welche Jacobis Auftreten für den

deutschen mathematischen Universitätsunterricht besitzt, sei etwa verwiesen auf das Sammelwerk von W. Lexis, „Die Deutschen Universitäten" (Berlin 1893), p. 8/9, wo Felix Klein von „jener Lehrtätigkeit, welche an anregender Kraft wie an Erfolgen im Gebiete der reinen Mathematik bis heute unübertroffen da steht", sagt: „Das neue Moment ist, dass Jacobi ausschliesslich über diejenigen Probleme vorträgt, an denen er selbst arbeitet, und nichts anderes anstrebt, als den Zuhörer in seinen eigenen Gedankenkreis einzuführen."

5) s. dagegen S. 161.

6) Diese Angabe ist wohl irrtümlich und vielleicht auf folgende Begebenheit zurückzuführen: Jacobi kündigte einmal im Interesse der ihm von Dirichlet empfohlenen „Berliner" Ludwig Seidel und Eduard Heine eine höhere Vorlesung, nämlich über die Mechanik des Himmels, an, wobei er den eigentlichen Königsberger Studenten abriet zu kommen, da sie doch nicht folgen könnten. Die Vorlesung wurde daher nur von vier Zuhörern besucht. (s. F. Lindemann, „Ludwig Seidel", Jahresbericht der Deutschen Mathem.-Vereinig. VII, 1897/8, p. 27). — Möglicherweise ist auch an die für S. S. 1837 angekündigte, aber nicht zustandegekommene achtstündige Vorlesung über Variationsrechnung gedacht.

7) Der Verf. denkt hier offenbar daran, dass Jacobi in den Debatten im konstitutionellen Klub seine Beziehungen zu liberalen Politikern und liberalen, zumal italienischen Gelehrten erwähnte (25. April 1848), und weiterhin daran, dass er ebendort bei einer anderen Gelegenheit (23. April) anführte, er sei einer der 8 Associés étrangers der Pariser Académie des Sciences; s. A. Wolff, „Berliner Revolutions-Chronik", Bd. II (Berlin 1852), p. 271 u. 267.

8) Auch die Mutter schreibt einmal an M. H. Jacobi: „Wäre Dir doch von Jacq seiner Ruhe etwas zu Theil geworden." Vgl. a. hier S. 190.

9) s. dagegen Brief LXII, S. 186.

10) Vgl. a. Brief LXII, S. 184 unten.

11) „Im Verein für Volksrechte hierselbst ist am 24. d. M. der berühmte Mathematiker, Prof. Dr. Jacobi, der Freund Arago's, fast einstimmig zum Praesidenten erwählt worden." Haude- und Spenersche Zeitung Nr. 123, 27. Mai 1848. In der „Berliner Revolutions-Chronik" von Ad. Wolff, Bd. II, p. 367 wird die am 19. Mai 1848 auf Anregung von Dr. Glaser, dem Führer der Partei Jacobi (s. S. 191, Anm. 9), vollzogene Gründung dieses Klubs überhaupt als eine Folgeerscheinung der Debatten des konstit. Klubs über die Kandidatur Jacobi hingestellt.

12) Vgl. dazu a. Ad. Wolff, l. c., Bd. III (Berlin 1854), p. 228/29, sowie Anhang III hier.

13) Am 26. Mai 1848; s. Ad. Wolff, l. c., Bd. III, p. 229 Anm.

14) Am 19. Juni 1848, s. Ad. Wolff l. c., Bd. III, p. 509. — Vgl. a. hier S. 190.

15) ?

16) Vgl. S. 210. — Die obige Darstellung erscheint recht unwahrscheinlich. Bei Falkson (p. 87/88) findet man folgende, offenbar auf dieselbe Begebenheit bezügliche Erzählung: „Ein wissbegieriger Wahlmann interpellirte den berühmten Gelehrten, wie er über das allgemeine directe Wahlrecht denke. Jacobi antwortete unter stürmischer Heiterkeit, dass er sich für diese wichtige Frage eine vierundzwanzigstündige Bedenkzeit ausbitten müsse. Natürlich erschien Jacobi und wohl der Mehrzahl der damaligen Politiker dies Wahlrecht als die gewagteste und gefährlichste Massregel, die erdacht werden könne, lediglich geschaffen, Proletarier und Klubredner zu Abgeordneten zu machen. Mit welchem Staunen hätte Jacobi es erlebt, dass Bismarck ohne langes Kopfzerbrechen dies Wahlrecht in's Leben rief, das viel häufiger Fürsten, Grafen und Geheime Commerzienräthe zu Abgeordneten macht, als Vertreter der misera contribuens plebs."

Anhang III.[1])

Diesem Verein [für Volksrechte] war seit dem 25. [Mai 1848][2]) der Professor Jacobi, früher Mitglied des constitutionellen Clubs, beigetreten. Der berühmte Mathematiker wurde noch in derselben Sitzung zum Praesidenten des Vereins gewählt. Den Vorstand bildeten neben ihm: sein Stellvertreter Dr. Glaser[3]), und die HH. Hoffmann[4]), Herzfeld[5]), Pietsch[6]), Streber[7]), Assessor Wolff[8]), Dehnicke und Streckfuss[9]). . . . . .

In der Sitzung vom 30. Mai stellte der Student Dehnicke den Antrag, der Verein möge dahin wirken, dass, um dem ganzen Volk die Revolution des 18. März in's Gedächtniss zu rufen, eine Demonstration, in Form einer Todtenfeier auf dem Friedrichshain für die gefallenen Märzkämpfer veranstaltet würde. Nur wenige Redner unterstützten den Antrag, gegen denselben sprachen die HH. Pietsch, Streber, Weisse[10]), Streckfuss und Jacobi. Der Vortrag des Letzteren wurde mit grossem Beifalle aufgenommen; er bestimmte den Antragsteller, seinen Antrag zurückzunehmen. Jacobi hatte ausgeführt, dass die Revolution nicht vom 18. März zu datiren sei; der Strassenkampf habe zwar seine grosse Bedeutung, aber er schliesse nicht die ganze Revolution in sich. Sie habe begonnen mit jener berühmten Erklärung Camphausen's[11]) auf dem (1.) Vereinigten Landtage. Die preussischen Stände seien der Regierung bis an die äusserste Grenze der Möglichkeit entgegengekommen, ja noch weit über diese Grenze hinübergebogen, hätten sie ihr die Hand gereicht. Die Regierung aber habe diese Hand unwillig von sich gestossen. Das sei die Verkündigung der Revolution gewesen. Als nun die französische Revolution ausgebrochen, darauf in Süddeutschland die Aufregung erfolgt sei, und der Bundestag die Pressfreiheit gewährt habe, da hätte die preussische Regierung, welche sich bis dahin immer gebrüstet, sie wolle Pressfreiheit, sie könne aber nicht des Bundes wegen, erklärt, der Bund habe zwar Pressfreiheit erlaubt, aber sie müsse sich erst mit Metternich verständigen. Früher schon habe man gewusst, die preussische Regierung scheue sich zu thun, was sie für recht finde, ohne Metternich's Billigung; aber so geradezu in's Gesicht sei es noch nicht gesagt worden. Diese Erniedrigung habe in den rheinischen Provinzen die Revolution gezeitigt; am 17. Abends sei die rheinische Deputation hier angekommen; durch Bodelschwingh, „das Bollwerk, über das man stolpern oder fallen musste, wenn man zum Könige wollte", sei sie erst am 18. Morgens zum Könige gelassen worden; hier habe sie erklärt, sie wisse nicht, ob es noch Zeit sei: melde aber der Telegraph nicht innerhalb vier Stunden die Gewährung der verlangten Concessionen, so hätten die Rheinlande aufgehört, nicht deutsch, aber preussisch zu sein. Das sei die Revolution gewesen. Die Concessionen seien gegeben worden, aber die Generale und Minister in des Königs Umgebung hätten gemeint, die Concessionen seien nun zwar nothwendig geworden, mit ihrer Ausführung habe es jedoch Zeit; schlimmsten Falls seien ja die Kanonen da. Um dieses Argument zu widerlegen, sei der Kampf der Waffen nothwendig gewesen, er hätte gezeigt, dass die Kanonen nicht die letzte Vernunft[12]), sondern die höchste Unvernunft der Könige seien. Das sei die Bedeutung des 18. März; dieser einzelne Tag sei nur ein Theil der Revolution; und die *Revolution* anerkennen, sei mehr, als *ihn* anerkennen.

1) Aus A. Wolff, „Berliner Revolutions-Chronik", Bd. III (Berlin 1854), p. 119/120. — Vgl. dazu hier S. 195 Anm. 7; s. a. S. 192 Anm. 18.

2) Vgl. S. 247, Anm. 11 u. S. 245.

3) Joh. Carl Glaser, 1845 Privatdocent, 1864 Prof. Univ. Berlin; s. a. S. 191, Anm. 9 u. S. 247, Anm. 11.

4) C. W. Hoffmann, Königl. Landbaumeister.

5) C. A. Herzfeld, Kammerger.-Assessor.

6) Pietsch, Architekt.

7) F. L. Streber, Justizcommissar (Rechtsanwalt).

8) C. L. C. Wolff, Kammerger.-Assessor.

9) Streckfuss, Adolf Carl, † 1895 (Schriftsteller-Pseudonym: Adolph Carl).

10) T. H. Weisse, Literat (?).

11) In seinem Kampf für eine einzige periodisch wiederkehrende reichsständische Versammlung Preussens.

12) Ultima ratio regis — die bekannte Inschrift auf preussischen Kanonen.

Anhang IV.

Verzeichnis der Schriften M. H. Jacobis.

Vorbemerkungen.

Bei den vielen kleineren und z. T. in entlegeneren Zeitschriften oder Tagesblättern erschienenen Publikationen M. H. Jacobis wage ich kaum zu hoffen, dass das nachstehende Verzeichnis absolut vollständig ist (vgl. a. Vorwort, S. IX). Jedenfalls dürfte es aber alle wesentlichen Schriften enthalten und vollständiger und vor allem auch korrekter sein als die an anderen Orten erschienenen Verzeichnisse, wie z. B. das des Royal Society Catalogue, das des Poggendorffschen Wörterbuchs, das in der Schrift von Iljin, das des Brockhaus-Efron-Lexikon (russisch) etc. Titel und Stellenangaben sind soweit wie möglich von mir selbst nachgeprüft. Dort, wo mir das betreffende Material unzugänglich war, dagegen Herr P. N. v. Jacobi diese Kontrole ausgeführt hat (vgl. Vorwort S. IX), ist dies durch einen * vor dem betr. Titel resp. vor der einzelnen Stellenangabe angedeutet. Diejenigen aus anderen Verzeichnissen entnommenen Angaben, die keiner von uns beiden nachprüfen konnte, sind durch ** markiert. Von anderen vorgenommene Übersetzungen und Auszüge aus Arbeiten M. H. Jacobis habe ich, so weit sie mir aufgestossen sind, zwar auch aufgeführt, habe hier jedoch von vornherein, zumal bezüglich der blossen Referate, auf Vollständigkeit verzichtet. Inwiefern die Wiederabdrucke verkürzt oder mit Nachträgen des Verfassers resp. Anmerkungen der Redaktion (z. B. Poggendorffs) versehen sind, ist im allgemeinen nicht angemerkt worden. Abhandlungen, welche in der Petersburger Akademie zwar vorgelegt, resp. gelesen, aber anscheinend nicht gedruckt sind (z. B.: „Die barycentrische Kippe", eine Abhandlung, von der drei gedruckte Figurentafeln ohne Text existieren, s. a. Bull. 5, 1863, col. 117, oder „Über das Telegraphiren der Zeit", s. Bull. 8, 1850, col. 381), sind nicht aufgeführt. Unbeachtet gelassen ist ferner, dass viele der Abhandlungen M. H. Jacobis aus den Bulletins der Petersburger Akademie übergegangen sind in deren „Mélanges physiques et chimiques", da diese auf ausserrussischen Bibliotheken wohl sehr wenig vorkommen dürften und es sich hier nicht einmal um einen selbständigen Wiederabdruck handelt. Von den vielen Berichten, die der Petersburger Akademie von Commissionen erstattet sind, denen M. H. Jacobi angehörte, sind alle diejenigen fortgelassen, in denen ein anderes Kommissionsmitglied als „Rapporteur" bezeichnet ist. Für Teil II, das von mir nicht zusammengestellte Verzeichnis der russischen Schriften (vgl. Vorwort S. IX), konnten die vorstehenden Grundsätze leider nicht beobachtet werden; es muss daher z. B. hier unentschieden bleiben, ob für alle dort aufgeführten Berichte M. H. Jacobi als der Verfasser anzusehen ist. — Ausser den in dem allgemeinen Abbreviaturen-Index des Buches (S. XVIf.) bereits aufgeführten Abkürzungen sind hier noch folgende verwandt:

Archives de l'Électr. = Archives de l'Électricité, par Mr A. de la Rive. Supplément à la Bibliothèque universelle de Genève. Paris.

Brit. Assoc. Rep. = Report of the British Association for the Advancement of Science.

Bull. = Bulletin de l'Académie Impériale des Sciences de St-Pétersbourg.

Bull. scient. }
Bull. phys.-mathém. } s. das allgemeine Abkürzungen-Verzeichnis.

Dingler, Polytechn. Journ. = Polytechnisches Journal, herausg. von J. G. Dingler. Stuttgart.

Erdm. Journ. Prak. Chem. = Journal für praktische Chemie, herausg. von Otto Linné Erdmann und Richard Felix Marchand. Leipzig.

L'Institut = L'Institut, journal général des sociétés et travaux scientifiques de la France et de l'étranger.

London, Electr. Soc. Proc. = Proceedings of the London Electrical Society, during the Sessions 1841—2 and 1842—3. Edited by Charles V. Walker. London 1843.

Majocchi, Ann. Fis. Chim. = Annali di Fisica, Chimica, e Matematiche, col Bulletino dell' Industria meccanica e chimica, diretti dall' Ingegnere Gio. Aless. Majocchi.

Mém. = Mémoires de l'Académie Impériale des Sciences de St.-Pétersbourg.

Phil. Mag. = The Philosophical Magazine, or Annals of Chemistry, Mathematics, Astronomy, Natural History, and General Science.

St. Pétersb. Acad. Sci., Compte rendu = Compte rendu de l'Académie Impériale des Sciences de St.-Pétersbourg.

St. Petersb. Zeitg. = St. Petersburgische Zeitung.

Sturgeon, Ann. Electr. = The Annals of Electricity, Magnetism, and Chemistry and Guardian of experimental Science. Conducted by William Sturgeon. London.

Taylor, Scientif. Mem. = Scientific Memoirs, selected from the Transactions of foreign Academies of Science and learned Societies, and from foreign Journals. Edited by Richard Taylor. London.

I. Die nichtrussischen Schriften.

1. **Robertson Buchanan,** Praktische Beiträge zur Mühlen- und Maschinen-Baukunst. Nach der zweiten von Thomas Tredgold verbesserten und vermehrten Ausgabe. Aus dem Englischen übersetzt und mit Zusätzen und Anmerkungen versehen von **M. H. Jacobi,** Königl. Preussischem Regierungs-Conducteur. Berlin 1825. XX u. 392 S. 246 Abbildungen auf 26 Tafeln.
2. Über die Construction schief liegender Räderwerke.
   Journ. f. Math. **2**, 1827, p. 276—285.
3. **Carl Normand.** „Vergleichende Darstellung der architectonischen Ordnungen der Griechen und Römer und der neueren Baumeister." Erste deutsche berichtigte Ausgabe von **M. H. Jacobi,** Königl. Preuss. Regierungs-Bau-Conducteur. Potsdam 1830. 43 S. u. 65 Kupfertafeln.
4. **M. H. J....i.** Über die Vergrösserung des National-Vermögens durch Chaussée-Anlagen.
   Allgemeine Preussische Staats-Zeitung, No. 243 v. 1. Sept. 1832, p. 973.
5. Litterarische Notizen über Dampfmaschinen.
   Crelles Journ. für die Baukunst **6**, 1833, p. 83—94.
6. Über das Verhältniss der neuern Baukunst zur alten. Vorgetragen in der Sitzung des Kunst- und Gewerbe-Vereins zu Königsberg in Pr. am 23. Januar 1834. Besonders abgedruckt aus den *Preussischen Provinzialblättern.* Königsberg, Hartungsche Hofbuchdruckerei. 23 S.
   Preussische Provinzialblätter **11**, 1834, p. 236—255;
   **Der Refractor. Ein Centralblatt deutschen Lebens in Russland,* gedr. beim Univ.-Buchdrucker J. C. Schünmann in Dorpat, No. 1, 2, 3, 4, 5, 7 (2. Mai—13. Juni 1836).
7. Notiz über Elektromagnete. Aus einem Schreiben des Hrn. Baumeisters **M. H. Jacobi.**
   Ann. Phys. Chem. **31**, 1834, p. 367—368.
8. Über die Benutzung der Naturkräfte zu menschlichen Arbeiten. Rede, Königsberg 14. Juni 1834.†)
   Vorträge aus dem Gebiete der Naturwissenschaften und der Oekonomie gehalten vor einem Kreise gebildeter Zuhörer in der physikalisch-ökonomischen Gesellschaft zu Königsberg, erstes Bändchen, herausg. v. K. E. v. Baer (Königsberg 1834), p. 99—123.

   †) s. *Preuss. Provinzialbl.* **11**, 1834, p. 162.
9. Betrachtungen über Chausseen, Wasserverbindungen und Eisenbahnen.†)
   Preuss. Provinzialblätter **11**, 1834, p. 484—497.

   †) Anonym. — Ein am Schluss angekündigter zweiter Artikel über diesen Gegenstand scheint nicht erschienen zu sein.
10. Sur une machine magnétique, dans laquelle le magnétisme est employé comme force motrice.
    L'Institut **2**, 1834, p. 394—395.
11. Jacobi's Commutator.
    Ann. Phys. Chem. **36**, 1835, p. 366—369.
12. Mémoire sur l'Application de l'Électro-Magnétisme au Mouvement des Machines. Potsdam 1835 chez Riegel. VI et 54 p. Avec une planche.
    Wörtl. Abdruck: *Archives de l'Électr.* **3**, 1843, p. 233—277.
    Wörtl. Übers.: *Taylor, Scientific Mem.* **1**, 1837, p. 503—531.

13. Über electromagnetische Motoren.
St. Petersb. Zeitg. v. 22. I./3. II. 1836, No. 17, S. 72.
14. Über die Bedeutung der innern Communication. Festrede am Krönungs-Tage Sr. Majestät des Kaisers und Herrn Nicolai Pawlowitsch, am 22. August 1836 gehalten im grossen Hörsaale der Kaiserlichen Universität Dorpat. Dorpat 1836. Gedruckt bei J. C. Schünmann. 34 S.
15. Expériences électro-magnétiques, formant suite au Mémoire sur l'application de l'électro-magnétisme au mouvement des machines.
Bull. scient. **2**, 1837, col. 17—31, 37—44;
Taylor, Scientif. Mem. **2**, 1841, p. 1—19.
16. Über Becquerel's einfache Sauerstoff-Kette.
Ann. Phys. Chem. **40**, 1837, p. 67—73;
Bibliothèque Universelle de Genève **14**, 1838, p. 171—175.
17. [Über den Nutzen der Kammersäule]. Extrait d'une lettre de M. **Jacobi** à M. Lenz.
Bull. scient. **2**, 1837, col. 60—64;
Ann. Phys. Chem. **43**, 1838, p. 328—336.
18. [Über die Zeit zur Entwicklung eines elektrischen Stroms.] Lettre de M. **Jacobi** à M. Fuss.
Bull. scient. **3**, 1838, col. 333—335;
Ann. Phys. Chem. **45**, 1838, p. 281—285.
19. *Electro-magnetische Telegraphen. (Geschr. St. Petersburg $\frac{\text{20. Febr.}}{\text{4. März}}$ 1838).
Oesterreichischer Beobachter (Verleger: Anton Strauss) v. 6. April 1838, p. 465—466.
20. Über den galvanischen Funken.
Bull. scient. **4**, 1838, col. 102—106;
Ann. Phys. Chem. **44**, 1838, p. 633—638.
21. Über die Inductions-Phaenomene beim Öffnen und Schliessen einer Voltaschen Kette.
Bull. scient. **4**, 1838, col. 212—224;
Ann. Phys. Chem. **45**, 1838, p. 132—149.
22. [Première communication sur la découverte de la Galvanoplastie]. Extrait d'une lettre de M. **Jacobi** à M. Fuss.
Bull. scient. **4**, 1838, col. 368.
23. [Über den Commutator Jacobi's und den „Inversor" Poggendorff's]. Lettre de M. **Jacobi** à M. Fuss.
Bull. scient. **5**, 1839, col. 318—320.
24. Über das chemische und magnetische Galvanometer.
Bull. scient. **5**, 1839, col. 353—377;
Ann. Phys. Chem. **48**, 1839, p. 26—57.
25. On the Method of producing Copies of engraved Copper-plates by Voltaic Action; on the supply of mixed Gases for Drummond's Light, by Electrolysis; on the Application of Electromagnetism as a motive power in Navigation, and on Electromagnetic Currents. Letter (June 21, 1839) to Mr. Faraday, communicated by Dr. Faraday.
Phil. Mag. **15**, 1839, p. 161—165.
26. Mesure comparative de l'action de deux couples voltaïques, l'un cuivre-zinc, l'autre platine-zinc.
Bull. scient. **6**, 1840, col. 369—371;

Phil. Mag. **17**, 1840, p. 241—243;
Ann. Phys. Chem. **50**, 1840, p. 510—512;
Sturgeon, Ann. Electr. **8**, 1842, p. 18—20.

27. Notice sur l'emploi du platine dans les batteries de Volta. *Supplément d'Intérieur. Extrait du journal de St. Pétersbourg* 1840, p. 17—20.

28. Die Galvanoplastik. Nach dem russischen Originale. St. Petersburg 1840. VIII + 63 S.; 1 Figurentafel.
[Mit einer Widmung an den Kaiser Nicolai Pawlowitsch].
Galvanoplastik translated from the german edition by William Sturgeon. *Sturgeon, Ann. Electr.* **7**, 1841, p. 323—328, 337—344, 491—498; **8**, 1842, p. 66—74, 168—173; hiernach als* besondere Schrift Manchester 1841, VI + 39 S. 1 Tafel. Mit Notizen des Übersetzers aus anderen Werken (p. 1—2).
*Russische Ausgabe. St. Petersburg 1840. XII + 66 S. 1 Figurentafel.
Auch eine französ. Übers. v. 1840 wird aufgeführt.

29. Über die Principien der electromagnetischen Maschinen.
Brit. Assoc. Rep. 1840 (pt. 2), p. 18—24;
The Athenaeum 1840, p. 842—844;
Ann. Phys. Chem. **51**, 1840, p. 358—372;†)
Sturgeon, Ann. Electr. **6**, 1841, p. 152—159;
***Majocchi, Ann. Fis. Chim.* **8**, 1842, p. 163—174.
†) Mit einem „Berlin, 11. Nov. 1840" datierten Nachtrag (l. c., p. 370—372).

30. Sur les forces comparatives de différents éléments voltaïques, *C. R.* **11**, 1840, p. 1058—1060.

31. Rapport sur le procédé galvanoplastique de M. Audinet.
Bull. scient. **7**, 1840, col. 210—212.

32. **M. H. Jacobi** annonce la découverte des lois des machines électromagnétiques.
Bull. scient. **7**, 1840, col. 225—228.

33. Sur les remarques de M. Becquerel relatives à ma mesure comparative de l'action de deux couples voltaïques, l'un cuivre-zinc, l'autre platine-zinc.
Bull. scient. **8**, 1841, col. 261—266;
Ann. Phys. Chem. **53**, 1841, p. 336—343 [mit Zusatz von Poggendorff l. c. p. 343—346];
Sturgeon, Ann. Electr. **8**, 1842, p. 21—26;
London, Electr. Soc. Proc. 1843, p. 35—41.

34. Über einige electromagnetische Apparate. [1841].
Bull. scient. **9**, 1842, col. 173—187;
Ann. Phys. Chem. 54, 1841, p. 335—353;
London, Electr. Soc. Proc. 1843, p. 191—193, 206—217.
Vgl. a. *L'Institut* **10**, 1842, p. 117—118 [Auszug].

35. Über meine electro-magnetischen Arbeiten im Jahre 1841.
Bull. scient. **10**, 1842, col. 71—79.
Vgl. a. *L'Institut* **10**, 1842, p. 469—470.

36. Rapport sur la Galvanographie.
Bull. scient. **10**, **1842**, col. 91—95;
Erdm. Journ. Prak. Chem. **27**, 1842, p. 210—215;
Dingler, Polytechn. Journ. **86**, 1842, p. 360—364.

37. Eine Methode die Constanten der Volta'schen Ketten zu bestimmen.
Bull. scient. **10**, 1842, col. 257—267;

Ann. Phys. Chem. **57**, 1842, p. 85—100;
Archives de l'Électr. **2**, 1842, p. 575—590.
Vgl. a. *L'Institut* 11, 1843, p. 67—68.

38. Beschreibung eines verbesserten Voltagometers.
Bull. scient. **10**, 1842, col. 285—288;
Ann. Phys. Chem. **59**, 1843, p. 145—149.
Vgl. a. *L'Institut* 11, 1843, p. 217—218.

39. Bericht über die Entwicklung der Galvanoplastik. [1842].
Bull. phys.-mathém. **1**, 1843, col. 65—71;
Erdm. Journ. Prak. Chem. **28**, 1843, p. 176—183.
Vgl. a. *L'Institut* 11, 1843, p. 218.

40. Bericht über die galvanische Vergoldung. [1842].
Bull. phys.-mathém. **1**, 1843, col. 72—78;
Erdm. Journ. Prak. Chem. **28**, 1843, p. 183—190.

41. Einige Notizen über galvanische Leitungen. [1842].
Bull. phys.-mathém. **1**, 1843, col. 129—141;
Ann. Phys. Chem. **58**, 1843, p. 409—423;
Archives de l'Électr. **3**, 1843, p. 415—429.

42. Zusatz zu der dritten Abtheilung des Aufsatzes†) „über die Gesetze der Electromagnete". [1843].
Bull. phys.-mathém. **2**, 1844, col. 108—111;
Ann. Phys. Chem. **62**, 1844, p. 544—548.
†) No. 104 dieses Verzeichnisses.

43. Sur la pile à effet constant du Prince P. Bagration. [1843].
Bull. phys.-mathém. **2**, 1844, col. 188—192;
L'Institut **12**, 1844, p. 65—66.

44. Notice préliminaire sur le Télégraphe électromagnétique entre St.-Pétersbourg et Tsarkoïé-Sélo. [1843].
Bull. phys.-mathém. **2**, 1844, col. 257—260;
L'Institut **12**, 1844, p. 204.

45. Über Electro-Telegraphie. [1843]. Aus dem „Recueil des Actes de la Séance publique tenue le 29 décembre 1843" wiederabgedruckt. St.-Petersburg 1900.†) 25 S. [1843].
Franz. Übers.: *Archives de l'Électr.* **5**, 1845, p. 574—595.
Russisch: **Journ. der Post u. Telegraphen* 1901, No. 1, p. 1—18.
†) Ein kaiserl. Erlass v. 28. April 1844 verbot, von den elektrotelegr. Arbeiten M. H. Jacobis etwas zu drucken, da man die Benutzung der Telegraphie durch unliebsame Elemente befürchtete. Der obige Vortrag, der bereits gedruckt und in den „Recueil des Actes" (Ausg. 1844, p. 73ff.) eingesetzt war, wurde aus allen Exemplaren herausgenommen mit Ausnahme eines auf der Bibliothek der Akademie befindlichen, nach welchem der Neudruck 1900 ausgeführt wurde.

46. *Für Galvanoplastiker.
St. Petersb. Zeitg. 1844, No. 131.

47. *Einige Bemerkungen zu dem Aufsatze über electromagnetische Telegraphen in der Beilage zur A. a. Zeitung†) vom 24. Juni 1844.
St. Petersb. Zeitg. 1844, No. 147.
Dieser Artikel ist in Nr. 51, 2. Abt. eingefügt.
†) *Augsburger Allgemeinen Zeitung.*

48. Über galvanische Messing-Reduction.
Bull. phys.-mathém. **2**, 1844, col. 296—300;
Ann. Phys. Chem. **62**, 1844, p. 230—233;
Erdm. Journ. Prak. Chem. **32**, 1844, p. 249—252;
***Majocchi, Ann. Fis. Chim.* 18, 1845, p. 221—223;
L'Institut **12**, 1844, p. 294—295.

49. Galvanische und electromagnetische Versuche. Erste Reihe. „Über electro-telegraphische Leitungen.“ [1844].
Bull. phys.-mathém. **4**, 1845, col. 113—135;
Ann. Phys. Chem. **66**, 1845, p. 207—234.
50. *Die Galvanographie.
St. Petersb. Zeitg. 1845, No. 9.
51. Acten eines gegen mich erhobenen Prioritätsstreites.†)
Als Anhang zu *Bull. phys.-mathém.* **3**, 1845. 8 S.
†) Über die Benutzung des Erdbodens zur Rückleitung bei Telegraphenanlagen.
52. Remarques relatives à un Mémoire récent de M. Pouillet sur des appareils destinés à mesurer la vitesse des projectiles. (Lettre de M. **Jacobi** à M. Arago).
C. R. **20**, 1845, p. 1797—1798.
53. [Invention de la galvanoplastique]. Lettre adressée à M. Becquerel. [St.-Pétersbourg, mars 1846].
Annales de Chimie et de Physique (4) **11**, 1867, p. 238—248.
54. Galvanische und electromagnetische Versuche. Zweite Reihe, erste Abtheilung. „Über die Leitung galvanischer Ströme durch Flüssigkeiten.“ [1846].
Bull. phys.-mathém. **5**, 1847, col. 86—91;
Ann. Phys. Chem. **69**, 1846, p. 181—187.
55. Galvanische und electromagnetische Versuche. Zweite Reihe, zweite Abtheilung. „Über Magneto-electrische Maschinen“. [1846].
Bull. phys.-mathém. **5**, 1847, col. 97—113;
Ann. Phys. Chem. **69**, 1846, p. 188—206.
56. Galvanische und electromagnetische Versuche. Dritte Reihe, erste Abtheilung.†) „Über einige neue volta'sche Combinationen.“ [1846].
Bull. phys.-mathém. **5**, 1847, col. 209—224;
Ann. Phys. Chem. **69**, 1846, p. 207—222.
†) Eine zweite Abtheilung der dritten Reihe ist nicht erfolgt.
57. Vorläufige Notiz über galvanoplastische Reduction mittelst einer magneto-elektrischen Maschine. [1846].
Bull. phys.-mathém. 5, 1847, col. 318—320.
58. Galvanische und electromagnetische Versuche. Vierte Reihe. Erste Abtheilung. „Über electrotelegraphische Leitungen.“ [1846].
Bull. phys.-mathém. **6**, 1848, col. 17—44.
59. Über eine Vereinfachung der Uhrwerke, welche zur Hervorbringung einer gleichförmigen Bewegung bestimmt sind. [1846].
Bull. phys.-mathém. 6, 1848, col. 104—106;
Ann. Phys. Chem. **71**, 1847, p. 390—393.
60. Galvanische und electromagnetische Versuche. Vierte Reihe. Zweite Abtheilung. „Über die Polarisation der Leitungsdräthe.“ [1846].
Bull. phys.-mathém. **7**, 1849, col. 1—21.
61. On the reabsorption of de Mixed Gases in a Voltameter. By Professor **M. H. Jacobi**, in a letter to Michael Faraday. Communicated by Dr. Faraday [February 25, 1847].
Abstracts of the Papers communicated to the Royal Soc. of London, 1843—1850, **5**, 1847, p. 667;
***Majocchi, Ann. Fis. Chim.* **28**, 1847, p. 89—90.
Vorläufige Ankündigung von No. 63 dieses Verzeichnisses.
62. Aus einem Briefe des Hrn. Prof. **Jacobi.** [St. Petersburg, 5. Nov. (a. St.) 1846].
Ann. Phys. Chem. **70**, 1847, p. 105.
Kurze Mitteilung über den Inhalt von No. 63 dieses Verzeichnisses.

63. Galvanische und electromagnetische Versuche. Fünfte Reihe. Erste Abtheilung. „Von der Resorption der Gase im Voltameter." [1846].
Bull. phys.-mathém. **7**, 1849, col. 161—170.

64. Note sur les télégraphes électriques. [1847].
Bull. phys.-mathém. **7**, 1849, col. 30—32.

65. Galvanische und electromagnetische Versuche. Fünfte Reihe. Zweite Abtheilung. „Das Quecksilber-Volt'agometer." [1848].
Bull. phys.-mathém. **8**, 1850, col. 1—17;
Ann. Phys. Chem. **78**, 1849, p. 173—196.

66. Note sur la recomposition des gaz mixtes développés dans le voltamètre.
C. R. **27**, 1848, p. 628—630;
Annales de Chimie et de Physique (3) **25**, 1849, p. 215—218.
Auszug aus No. 63 dieses Verzeichnisses.

67. Note sur le procédé imaginé par M. Peschel pour produire des copies d'images daguériennes par la voie galvanoplastique. [1850].
Bull. phys.-mathém. **9**, 1851, col. 131—132.

68. Sur la théorie des machines électro-magnétiques. [1850].
Bull. phys.-mathém. **9**, 1851, col. 289—310;
Annales de Chimie et de Physique (3) **34**, 1852, p. 451—480;
Krönigs Journ. für Phys. u. phys. Chem. **3**, 1851, p. 377—408.

69. Note préliminaire sur la mesure du courant galvanique par la décomposition du sulfate de cuivre. [1850].
Bull. phys.-mathém. **9**, 1851, col. 333—336;
Annales de Chimie et de Physique (3) **34**, 1852, p. 480—484.

70. Sur quelques points de la galvanométrie.
C. R. **33**, 1851, p. 277—282.

71. Détermination de l'épaisseur du noyau de fer d'un électro-aimant donné.
C. R. **33**, 1851, p. 297—298.

72. Discours sur les travaux scientifiques de feu son Altesse Impériale Monseigneur Maximilien Duc de Leuchtenberg.
St. Pétersb. Acad. Sci., Compte rendu 1852, Suppl. I, p. 69—79;
**St. Petersb. Zeitg.* 1853, No. 34 [deutsch]. Französ. im *Journal de St.-Pétersbourg.*

73. Die galvanische Pendeluhr. [1856].
Bull. phys.-mathém. **15**, 1857, col. 25—32.

74. Description d'un télégraphe électrique naval, établi sur la Frégate à vapeur le Polkan. [1856].
Bull. phys.-mathém. **15**, 1857, col. 145—150.

75. Sur la nécessité d'exprimer la force des courants électriques et la résistance des circuits en unités unanimement et généralement adoptées. [1857].
Bull. phys.-mathém. **16**, 1858, col. 81—104.

75a, b. Anscheinend von **M. H. Jacobi** herrührend sind auch folgende, in Separatabzügen aus dem Petersburger Familienarchiv mir zugegangene Artikel:
Einige Worte über den Gebrauch der Decimalwagen.
St. Petersb. Zeitg. 1857, No. 275.
Der Controlapparat [zur Messung weingeistiger Flüssigkeiten].
St. Petersb. Zeitg. 1858, No. 26 (über einen Apparat von Lelowski); **Petersb. Senatskija Wedomosti* 1863, No. 32, p. 97 (Apparat v. M. H. Jacobi).

76. Einige Bemerkungen über das submarine Boot des Herrn Wilhelm Bauer. [1858].
Bull. phys.-mathém. **17**, 1859, col. 101—106.

77. Sur quelques expériences concernant la mesure des résistances. [1858].
Bull. phys.-mathém. **17**, 1859, col. 321—324.

78. Note sur l'emploi d'une contre-batterie de platine aux lignes électro-télégraphiques.
C. R. **49**, 1859, p. 610—614;
Annales télégraphiques* **2, 1859 (Paris), p. 591—596.

79. [Note sur des alliages de platine et d'iridium fondus par les procédés de MM. H. Sainte-Claire-Deville et Debray].
C. R. **49**, 1859, p. 896—897.

80. Beschreibung eines neuen Apparates, „Separator" genannt. [1859].
Bull. **1**, 1860, col. 85—89.

81. *Sur le platine et son emploi comme monnaie.†)
Brochure. St.-Pétersbourg 1860. Imprimerie de F. Bellizard. 43 p.

†) Auf der letzten Seite steht: „Extrait du Journal de Saint-Pétersbourg." Dieselbe Schrift ist auch russisch gedruckt in der Druckerei der Kaiserl. Akademie (1860; 57 S.).

82. De la nécessité d'introduire dans les calculs de la Mécanique céleste une nouvelle force en dehors de la gravitation, remarque présentée par M. **Jacobi** à l'occasion d'une communication récente de M. Faye.
C. R. **50**, 1860, p. 936—937.

82a. *[Über Alkoholometer.]
Dieser vom Dez. 1861 datierte Artikel (4 S.), welcher eine Entgegnung zu einem Artikel aus Nr. 261 der *Allgem. Preuss. Zeitung* v. 30. Nov. 1861 bildet, scheint in der *St. Petersb. Zeitg.* erschienen zu sein.

83. Rapport sur le degré d'exactitude que présentent les alcoholomètres fabriqués à Berlin et poinçonnés par la Commission royale des vérifications. [1861].
Bull. **4**, 1862, col. 394—395.

84. Note sur quelques expériences avec une cible électro-magnétique.
Bull. **6**, 1863, col. 327—330.

85. Note sur un appareil inventé par l'auteur destiné à mesurer des liquides, soit les esprits de vin . . . . d'après leurs quantités et leurs forces.
Bull. **6**, 1863, col. 376—377.

86. Rapport sur l'ouvrage de M. le Général Konstantinoff sur les fusées de guerre. [1863].
Bull. **7**, 1864, Supplément I. 19 p.

87. Notice sur quelques expériences faites sur un mesureur de liquides.
Bull. **7**, 1864, col. 320—322.

88. Recherches sur les alcoomètres du système d'Atkins.
Bull. **7**, 1864, col. 438—451.

89. Note sur les surfaces hyperboliques de contact. [1864].
Bull. **8**, 1865, col. 221.

90. *Galvanoplastie. Exposition Universelle de 1867. Rapports du Jury International publiés sous la direction de Michel Chevalier. Paris 1867. Imprimerie de Paul Dupont. 33 p.
Dasselbe auch russisch, gedruckt in der Druckerei der Petersburger Akademie, 1869, 32 S.

91. Lecture publique faite par M. **de Jacobi** au Conservatoire impérial des Arts et Métiers dans la Soirée du 6 Juin 1867.
Annales du Conservatoire impérial des Arts et Métiers **7**, p. 541—556.

92. *Rapport concernant l'Uniformité des Poids et Mesures. Exposition Universelle de 1867. Comité des Poids et Mesures et des Monnaies. Paris le 15 juin 1867. Imprimerie Impériale. 1867. 18 p.
Dasselbe auch russisch, gedruckt (1868) in der Druckerei Majkoff (20 S.); ferner französisch wiederabgedruckt als besondere Broschüre „Unité des Poids et Mesures" mit einer „Introduction" und 4 „Annexes" und einem „Résumé", St.-Pétersbourg 1868, Impr. de l'Acad. Impér., 40 p. Russische Übersetzung dieser letzteren Broschüre in dem unter Nr. 126 dieses Schriftenverz. aufgeführten *Kalender 1869,* p. 306—329.

93. *Rapport présenté à l'Acad. Impér. des Sciences (Séance du 28 Nov. 1867; *Bull.* **12**, p. 209—220) relativement à la Mission que M. **Jacobi** a rempli à l'exposition universelle de Paris de 1867 (J. de St. Pétersb. No. 61).
Dasselbe auch russisch, gedruckt in der Druckerei der Petersburger Akademie (12 S.) und in *Mém. de l'Acad. de St.-Pétersb.* (russ. Ausg.) **12.**

94. Rapport sur les procédés de Galvanoplastie employés dans la fabrique Royale Néerlandaise d'orfèvrerie de M. J. M. van Kempen à Voorschoten, présenté à la Commission Impériale de l'Exposition Universelle de 1867 à Paris.
Bull. **12**, 1868, col. 563—578.
*Dasselbe auch russisch, gedruckt in der Druckerei der Petersburger Akademie, 1869, 19 S. Französ. ebenda als besondere Broschüre; 24 S. + Annexe (p. 25—28).

95. Note sur la production des dépôts de fer galvanique. [1868].
Bull. **13**, 1869, col. 40—43.

96. Note sur la confection des étalons prototypes, destinés à généraliser le système métrique.
C. R. **69**, 1869, p. 854—857.

97. Notiz über die Wasserstoffabsorption des galvanischen Eisens. [1869].
Bull. **14**, 1870, col. 252—253.

98. *Rapports adressés à l'Académie Impériale des Sciences de St.-Pétersbourg concernant la nomination d'une commission internationale pour la création de prototypes équivalents aux étalons métriques des Archives de France et destinés à l'usage de toutes les nations civilisées. (Confidentiel).
St.-Pétersbourg. Impr. de l'Acad. Imp. des Sciences 1870. Brochure. 42 p.

99. Vorläufige Notiz über die Anwendung secundärer oder Polarisations-Batterien auf electromagnetische Motoren. [1870].
Bull. **15**, 1871, col. 510—517;
Ann. Phys. Chem. **150**, 1873, p. 583—592.

100. Note sur la fabrication des étalons de longueur par la Galvanoplastie.
Bull. **17**, 1872, col. 309—314.

101. Recherches sur les courants d'induction produits dans les bobines d'un électro-aimant, entre les pôles duquel un disque métallique est mis en mouvement.
C. R. **74**, 1872, p. 237—242.

102. Untersuchungen über die Construction identischer Aräometer und insbesondere metallischer Scalen- und Gewichts-Alcoholometer nebst Anhang über den Einfluss der Capillaritäts-Erscheinungen auf die Angaben der Alcoholometer. [1871].
Mém. (7) **17**, 1872, No. 5. 70 S.
*Russische Übersetzung in *Mém. de l'Acad. de St.-Pétersb.* **20**, Beilage Nr. 4, 1872, p. 1—97.

103. Eine galvanische Eisenreduction unter Einwirkung eines kräftigen electromagnetischen Solenoids. [1872].
Bull. **18**, 1873, col. 11—18;
Annales de Chimie et de Physique (4) **28**, 1873, p. 252—260;
Ann. Phys. Chem. **149**, 1873, p. 341—349.

*103a. Über die Polarisations-Batterie. Von dieser Abhandlung, der letzten **M. H. Jacobis**, sind nur noch zwei Figurentafeln gedruckt, während der Text nicht mehr zum Druck gelangt ist. [1874].

---

104. **Jacobi, M. H.** und **E. Lenz.** Über die Gesetze der Electromagnete. [1838 resp. 1843].
Bull. scient. **4**, 1838, col. 337—367; *Bull. phys.-mathém.* **2**, 1844, col. 65—108;
Ann. Phys. Chem.†) **47**, 1839, p. 225—266; **61**, 1844, p. 254—280, 448—466;
L'Institut **12**, 1844, p. 100—102; *Archives de l'Électr.* **5**, 1845, p. 569—574. } Verkürzte Berichte des 2. Teils (*Bull. phys.-mathém.* 2, 1844).
†) Die Figuren sind hier nicht reproduziert.

105. **Jacobi, M. H.** et **Hess.** Note sur la préparation et l'emploi du gaz oxygène et hydrogène.
Bull. scient. **5**, 1839, col. 193—194.

106. **Jacobi, M. H.** und **E. Lenz.** Über die Anziehung der Electromagnete.
Bull. scient. **5**, 1839, col. 257—272;
Ann. Phys. Chem. **47**, 1839, p. 401—418.
Fortsetzung der ersten Abtheilung von No. 104 dieses Verzeichnisses.

107. **Jacobi, M. H.** et **Zinine.** Rapport sur la machine de M. Chandor. [1862].
Bull. **5**, 1863, col. 313—321.

108. **Jacobi, M. H.** et **E. Lenz.** Rapport sur le paratonnère inventé par M. Orlofski et destiné à protéger les lignes télégraphiques.
Bull. **6**, 1863, col, 115—116.

109. **Jacobi et Fritzsche.** Note sur l'application du bronze d'aluminium à la confection des alcoomètres.
Bull. **7**, 1864, col. 370—372.

II. Russische Schriften bezw. Schriften mit russischen Titeln.

110. **Jacobi** und **Kupffer,** Rezension der vom Corpsingenieur Generalmajor Ansoff verfassten Abhandlung: „Über Stahlgattungen". (11. Demidoffpreis). (Deutscher Text).
Zuerkenntniss der Demidoff-Preise 1842, p. 229—236.

111. Rezension der von Digo verfassten Abhandlung: „Über die gewundene Transmission". (12. Demidoffpreis). (Deutscher Text).
Zuerkenntniss der Demidoff-Preise 1842, p. 267—280.

112. Rezension des vom Architekten Swijaseff verfassten Werkes: „Leitfaden zur Architektur". (12. Demidoffpreis). (Deutscher Text).
Zuerkenntniss der Demidoff-Preise 1843, p. 267—276.

113. **Jacobi** und **Peters,** Bericht über das zur Bewerbung um den 18. Demidoffpreis von Jermakoff vorgelegte Handplanimeter (Deutscher Text).
Zuerkenntniss der Demidoff-Preise 1849, p. 273—280.

114. Rezension des von Bosherjanow verfassten Werkes „Theorie der Dampfmaschinen“ (19. Demidoffpreis).
Zuerkenntniss der Demidoff-Preise 1850, p. 169—175, 177—190.
Deutscher Text von Jacobi und Lenz, russischer von Glasenapp.

115. **Jacobi, Lenz** und **Fritzsche,** Rezension des von Iljenkoff verfassten Werkes: „Cursus der chemischen Technologie“.
Zuerkenntniss der Demidoff-Preise 1852, p. 81—85.

116. **Jacobi** und **Lenz,** Rezension der von Sawelijeff verfassten Abhandlung: „Über die galvanoplastische Leitungsfähigkeit flüssiger Körper“.
Zuerkenntniss der Demidoff-Preise 1853, p. 81—87.

117. **Jacobi** und **Böhtlingk,** Begutachtung der von Jochim erfundenen Herstellungsart galvanoplastischer Lettern.
Zuerkenntniss der Demidoff-Preise 1854, p. 43—47.

118. **Jacobi, Bunjakowsky, Struve** und **Tschebyschoff,** Begutachtung der von P. Sarubin erfundenen Grenzmessungsinstrumente.
Zuerkenntniss der Demidoff-Preise 1854, p. 137—147.

119. **Jacobi** und **Tschebyschoff,** Begutachtung zweier von Sarubin erfundenen Instrumente: „Planimeter-Selbstroller und Transformator“.
Zuerkenntniss der Demidoff-Preise 1856, p. 241—249.

120. Bericht über die telegraphischen Arbeiten. Vortrag in der Akademie, 9. Okt. 1857.
Post- und Telegraphen-Journal 1895, Nr. 4 (April), p. 1—8.
Vgl. *Bull.* **16**, col. 285.

121. **Jacobi** und **Sinin,** Denkschrift zur Frage, ob nicht die Anwendung weissen Phosphors bei Herstellung von Zündhölzern verboten sein müsse. [22. Aug. 1862].

122. Berichterstattung über die in Paris erschienene Broschüre „L'Estacade flottante“. [19. Juni 1863].
Bull. **6**, 1863, col. 378.

123. **Bunjakowsky** und **Jacobi,** Kurze Übersicht des Werkes von Jaenisch: „Traité des applications de l'analyse mathématique au jeu des échecs“.
Mém. **5**, 1863, *Livre 1*, p. 13—16; voir aussi *Bull.* **6**, col. 378.

124. **Jacobi** und **Lenz,** Berichterstattung über ein Projekt betreffend die Anbringung eines Blitzableiters über dem Pulverkeller im St. Petersburger Ruderbootshafen. [11. Dez. 1863].

125. Berichterstattung über den Vorschlag des Bauern Alexander Kuwaldin aus dem Dorfe Wassiljewskoje, Kreis Schuja, zur Anwendung der Galvanoplastik für die Herstellung von Zylindern zum Abdruck von Farbenmustern auf Zitzzeugen. [1868].

126. Verschiedenes aus dem Gebiete der Physik, der Metrologie etc.
Russischer Kalender für 1869, p. 49, 128—149, 176—188, 269—330.
Abteil. I: Erläuterungen zur Tabelle der Sonnenauf- und Untergänge (p. 49),
Abteil. IV: Geographische Tabellen (p. 128—149),
Abteil. VI: Tabellen aus dem Gebiete der Physik (p. 176—188),
Abteil. XI: Metrologische Mitteilungen (p. 269—330).

127. **Jacobi, Wild, Helmersen, Wesselowsky, Struve** und **Schrenk,** Vorschlag zur Verbesserung des Systems der meteorologischen Beobachtungen in Russland.
Mém. **16**, 1869, *Livre 1*, p. 35—52.

128. Berichterstattung über den Apparat von Karmanoff. [1869].
129. Berichterstattung über die von Prof. R. Lenz der Akademie vorgelegte Abhandlung über den Einfluss der Temperatur auf die Wärmeleitungsfähigkeit einiger Metalle [1869].
130. Berichterstattung aus Anlass der Sammlung der zur Zeit der Beobachtungen in Kew von Balfour-Stuart erhaltenen magnetischen Kurven. [1869].
131. Berichterstattung in betreff der Probestücke der Photometallotypie Skamonis nebst einer Denkschrift über diese Erfindung. [1869].
132. Traktat aus Anlass der Abhandlung von Favre über die Entstehung der Wärme, die sich bildet, wenn die einem Kreise mitgeteilte Bewegung infolge der Einwirkung eines Elektromagnets aufhört. [1871 und ergänzender Traktat 1872].
133. Rezension der von Bernet verfassten Denkschrift über die Messung des Luftdruckes in St. Petersburg.

Hinweis auf diejenigen Stellen des Buches, an denen die einzelnen Schriften des vorstehenden Verzeichnisses citiert sind, wobei die grosse Zahl die Seite, die kleine die Anmerkung angibt. Die Stellen des Brieftextes sind, wofern sie sich aus den citierten zugehörigen Anmerkungen bereits ergeben, hier nicht mehr aufgeführt.

Nr.	Seite u. Anm.	Nr.	Seite u. Anm.
1.	6_{7}.	38.	125_{12}.
2.	6_{5}.	41.	$104_{6, 7}$.
6.	41_{7}.	44.	124_{7}; 217_{4}.
8.	41_{7}.	45.	$88_{2, 3}$; 124_{7}; 131_{3};
10.	50_{1}.		217_{4}.
12.	$24_{1, 8}$; 47_{3}; 63_{7}.	49.	116_{16}; $124_{3, 6}$.
14.	41_{6}; 48_{19}.	53.	65_{2}.
15.	47_{3}.	55.	59_{17}.
17.	47_{3}; 267_{3}.	57.	59_{17}.
20.	60_{22}.	58.	124_{3}; 137_{1}; 165;
21.	60_{22}.		217_{4}.
22.	65_{2}.	60.	167_{1}.
24.	28_{4}.	62.	141_{2}.
28.	70_{2}; 75_{4}.	63.	141_{2}.
29.	$59_{17, 21}$; 125_{12}.	68.	59_{17}; 167_{12}.
32.	59_{17}; 75_{2}.	70.	195_{9}.
34.	125_{12}.	104.	80_{1}; $88_{4, 5}$.
35.	75_{2}.	120.	217_{4}; 218_{5}.
37.	125_{12}.		

Anhang V.

Brief[1]) M. H. Jacobis an P. H. Fuss, die Erfindung der Galvanoplastik betreffend.

Ew. Excellenz

Erlaube ich mir anbei ein galvanisches Kunstproduct zu überreichen, mit der ganz ergebensten Bitte, es hochgeneigtest der Akademie präsentiren zu wollen, als Beweis, dass der Galvanismus nicht nur im Stande ist, Maschinen in Bewegung zu setzen, sondern dass er auch seine ästhetische oder vielmehr artistische Seite hat. Was den vielfachsten Bemühungen der Kupferstecherkunst nicht gelungen ist: Metallplatten en relief zu graviren, das hat das stille Walten der Natur in höchster Vollendung zu vollbringen gewusst.

Zu diesem Gegenstande, der meinen anderweitigen Beschäftigungen zu fern liegt, konnte mich natürlich nur der Zufall führen.[2]) Die galvanischen Apparate nämlich, deren ich mich gegenwärtig bediene, sind auf dem Prinzipe gegründet, das ich in einem Briefe näher beschrieben habe, den ich mir erlaubte, noch von Dorpat aus, an den Herrn Akademiker Lenz zu richten[3]), und der im Bulletin der Akademie Nr. II,4 abgedruckt ist. Diese galvanischen Ketten haben bekanntlich das eigenthümliche, dass das Wasserstoffgas, welches sich sonst bei andern voltaischen Apparaten an der negativen oder Kupferplatte entwickelt, hier zur Reduction einer gesättigten Auflösung von Kupfervitriol verwendet wird. Der Aggregatzustand, in welchem dieses Kupfer erscheint, hängt von der Stärke des galvanischen Stromes ab; ist derselbe schwach, und die Wirkung allmählig, so kann man es in vollkommen cohärenter Form, mehr oder weniger dicht erhalten; ist der Strom stark und die Reduction schnell, so erhält man es in unordentlich gruppirten Körnern, deren Textur auf eine krystallinische Tendenz hindeutet. Unter besonderen Umständen kann man aber auch wie Becquerel gezeigt hat, vollständig ausgebildete regulinische Krystalle erhalten. Diese Phaenomene haben etwas ähnliches mit den altbekannten Metallreductionen, sind aber mit diesen nicht zu verwechseln. Bei der Reinigung der galvanischen Apparate nun bemerkte ich öfters, dass das an der Kupferseite reducirte Kupfer sich in vollständig cohärenten Platten ablösen liess, in der Art, wie die Probe, die ich mir erlaubt habe, hier beizulegen; zugleich bemerkte ich aber auch, dass sich auf diesen reducirten Kupferplatten, alle zufälligen Unebenheiten, Hammerschläge, Feilstriche u. s. w. in umgekehrter Form wiedergaben. Das war allerdings sehr merkwürdig, weil es auf eine grosse Ruhe und Constanz dieser Molecularaction schliessen liess. Es lag also eigentlich ziemlich nahe, einmal den Versuch zu machen, wie sich eine gravirte Kupferplatte benehmen würde, wenn man sie statt einer gewöhnlichen in die voltaische Combination brächte. Der Erfolg fiel, wie zu erwarten war, günstig in Bezug auf die Schärfe und Genauigkeit der widergegebenen Züge, ungünstig aber insofern aus, als es nicht gelang, das Reduct vollständig von der gravirten Kupferplatte loszulösen. Man konnte nur immer einzelne Bruchstücke erhalten, wobei denn gelegentlich auch die gravirte Kupferplatte verdorben wurde. Eine solche verdorbene Kupferplatte habe ich mir erlaubt, ebenfalls beizulegen, weil es möglich wäre, dass diese Platte am Ende noch mehr wissenschaftliches Interesse darböte, als die andere wohlgelungene, und in einen gefälligen Rahmen gefasste Kunstplatte. Es hat sich nämlich bei jener das Reduct so innig mit der Kupferplatte verbunden, dass es unmöglich ist es zu detachiren, und beide erscheinen so vollkommen identificirt, wie es sonst nur durch Schmelzung geschehen könnte. Das scheint auf eine mächtige tief eingreifende Molecularaction hinzudeuten, die auch das fertige Individuum zu ergreifen vermag, das völlig in sich abgeschlossen, schon längst dem statui nascenti [sic!] entrückt ist. Hier ist von keiner chemischen Einwirkung die Rede, welche die negative Platte erlitte, sie zeigt keine Spur irgend einer Veränderung, aber die Contactelectricität ist so mächtig, dass sie diese, ich möchte sie plastische Molecularaction nennen, hervorzubringen vermag. — Wie verschieden ist diese Bildung von der gewöhnlichen Krystallformation, welche der grössten Ruhe bedarf um schön hervorzutreten; aber so determinirt ist die galvanische Action in ihrer Richtung, dass selbst die unregelmässigsten Bewegungen der flüssigen oder festen Erreger, ja selbst ein immerwährendes Schütteln, das ruhige Fortschreiten der Action und die regelmässige Bildung nicht hindern. Man kann die Flüssigkeit in immerwährendem hochaufwallendem Kochen erhalten, und dennoch wird die Metallreduction in höchster Schönheit und Regelmässigkeit vor sich gehen. — Zu wie vielen Conjecturen gäbe nicht dieser räthselhafte mysteriöse Process Veranlassung! und wie schöne poëtische und naturphilosophische Reflectionen liessen sich nicht daran knüpfen! aber ich muss diese gewissermassen gewaltsam zurückdrängen, einer Akademie gegenüber, welche auf dem Boden der Besonnenheit und des Positiven fortzuschreiten gewohnt ist.

Wieder zurückkehrend zu dem vorliegenden Natur oder Kunstproducte, erlaube ich mir noch auf die Schärfe und Correctheit der Züge aufmerksam zu machen, die man am besten durch eine Loupe beobachten kann. Wenn sich jemand mit diesem Gegenstande weiter befasste, so zweifle ich gar nicht, dass es gelingen würde, auf diese Weise Relief-Kupferplatten zu bilden, welche wie Holzschnitte abgedruckt werden könnten; man hätte dann noch den Vortheil die Stempel selbst beliebig vermehren zu können, denn es bedürfte nur der einen gravirten Modell-Platte.

Die Art und Weise wie diese Platten gebildet werden, ist einfach folgende:

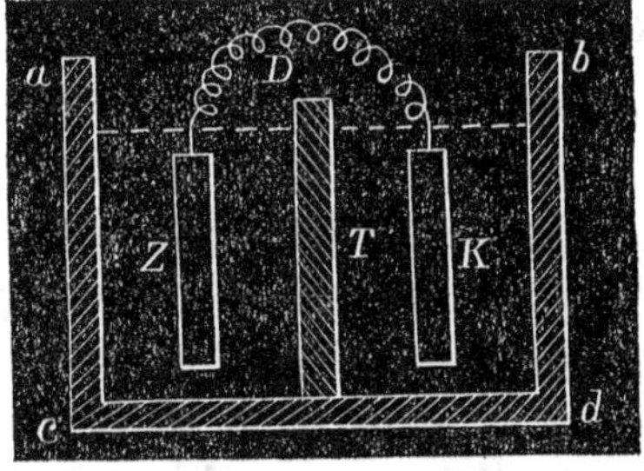

abcd ist ein wasserdichter hölzerner Kasten, der durch eine Scheidewand von schwach gebranntem Thon oder durch eine Membrane in zwei Theile getheilt wird. In einer dieser Abtheilungen befindet sich eine Zinkplatte *Z*, in der andern die gravirte Kupferplatte *K*, mit der gravirten Seite der Zinkplatte zugewendet. Beide Platten sind durch einen mehr oder weniger langen Schliessungsdraht *D*, in welchen, wenn man will, ein Multiplicator eingeschaltet werden kann, mit einander verbunden. In die Abtheilung *Z* giesst man Wasser mit einem kleinen Zusatz von Schwefelsäure oder Salmiak, in die andere Abtheilung *K* aber, eine immer concentrirt zu erhaltende Kupfervitriollösung. Nun überlässt man das Ganze sich selbst, und kann nach einigen Tagen die gebildete Platte von der Platte K ablösen. Das vorliegende Exemplar ist in ungefähr $2^1/_2$ Tagen formirt worden. Zu bemerken ist, dass die Originalplatte nicht vollkommen rein und blank sein darf, sie muss mit einer äusserst dünnen, gleichsam hauchartigen Fett oder Oelschicht bedeckt sein. Die beigefügten Exemplare bitte ich mir gelegentlich zurückerstatten zu wollen, indem ich mir später erlauben werde, sie in dieser oder einer andern Form einer der Sammlungen der Akademie überreichen zu dürfen.

Ew. Excellenz bitte ich die Versicherungen der ausgezeichnetsten Ehrerbietung zu genehmigen, womit ich die Ehre habe zu verharren

Ew. Excellenz
ganz ergebenster Diener
Professor Dr. Jacobi.

St. Petersburg
den 4. October 1838.

1) Von dem Brief, dessen Original sich im Archiv der Petersburger Akademie befindet, während das Familienarchiv eine offiziell beglaubigte Copie besitzt, sind bisher nur ganz kurze Auszüge im Bull. scient., wie bereits S. 65, Anm. 2 angegeben, sowie in der St. Petersburger deutschen Zeitung v. 30. Okt 1838 erschienen. Allerdings ist er schon in der S. 65, Anm. 2 citierten Festschrift zur „Galvanoplastischen Ausstellung" (p. 9—11) veröffentlicht, jedoch in russischer Übersetzung; übrigens ist diese Schrift auch sehr selten.

2) Mit Rücksicht auf die bereits S. 65, Anm. 2 erwähnten Prioritätsstreitigkeiten zwischen M. H. Jacobi und Thomas Spencer mögen hier zwei, bisher in deutscher Sprache noch nicht publizierte Certificate (russisch das erstere bei Iljin, p. 32 und beide in der Festschrift zur „Galvanopl. Ausst." (s. vorstehende Anm.), p. 8) über die Erfindung M. H. Jacobis abgedruckt werden:

Ich Endesunterzeichneter bezeuge hiermit, dass ich einer der ersten war, welcher von der interessanten Entdeckung der Galvanoplastik in Kenntniss gesetzt wurde. Im Frühjahr 1837 nämlich zeigte mir Herr Academiker, Hofrath Jacobi einen sehr gelungenen galvanoplastischen Abdruck einer Russischen Kupfermünze, welchen er durch einen galvanischen Process gewonnen hatte. Ich erinnere mich Herrn Jacobi bei dieser Gelegenheit aufmerksam gemacht zu haben, welche Gefahr er laufen könne, wenn er Abdrücke von Russischen Münzen mache. Wir beide ahndeten damals nicht, zu welchen wichtigen Resultaten diese ersten Anfänge führen würden.

Professor, Hofrath C. Claus
aus Kasan.

Es freut mich das umstehende Zeugniss meines Freundes Claus bestätigen zu können; auch ich habe im Frühjahr 1837 das Verfahren gesehen, durch welches es Herrn Jacoby, damals Professor in Dorpat, gelang auf galvanischem Wege den ersten Abdruck eines Zweicopekenstückes hervorzubringen, und erinnere mich zugleich der Äusserung Herrn Jacoby's, die sich in der Folge so vollkommen bestätigt hat, dass dieses Verfahren einer bedeutenden technischen Entwickelung fähig wäre.

Dr. Ernst Hofmann
Hofrath & Professor an der St. Wladimir-Universität zu Kiew.

St. Petersburg
5. Januar 1842.

Um auch das Resultat jener in Glasgow 1840 geführten Debatten zu charakterisieren, sei erwähnt, dass es diesbezüglich in „The Glasgow Argus", Nr. 795, September 24. 1840 heisst: „The Chairman said, the public looked upon the priority of publication as establishing a claim to priority of discovery; but he had no doubt that both gentlemen had made the discovery quite independent of each other", und in „The Athenaeum", Nr. 678, October 24. 1840, p. 846: „...He [Mr. Spencer] did not, however, publish an account of them till 1839; so that Prof. Jacobi is undoubtedly entitled to the claim of priority of discovery, as far as publication is concerned, which usually determines the question."

3) Nr. 17 des Schriftenverzeichnisses.

Register.

Die grossen Ziffern geben die Seitenzahlen an, während eine kleine danebenstehende die Nummer einer Anmerkung der betr. Seite ist.

Abkürzungen: Math.er = Mathematiker, Phys.er = Physiker, u. = und, ü. = über.

C.

F.

G.

I. und J.

M.

Druck von Theodor Hofmann in Gera.

Cantor, Moritz, IV. Band. [In Vorbereitung.]

Inhalt: S. Günther, Geschichte der Mathematik, Klassikerausgaben, Wörterbücher; V. Bobynin, Lehrbücher der Elementargeometrie, Praktische Geometrie (Feldmeßkunst), Elementargeometrische Einzeluntersuchungen, Parallelenlehre; A. v. Braunmühl, Trigonometrie, Polygonometrie, Tabellen (trigonometrische, logarithmische und andere); F. Cajori, Rechenkunst und Buchstabenrechnung, Algebra (Lehre von den Gleichungen), Zahlentheorie; E. Netto, Reihen, Kombinatorik, Wahrscheinlichkeitsrechnung, Imaginäres; G. Loria, Darstellende Geometrie; V. Kommerell, Analytische Geometrie der Ebene und des Raumes; G. Vivanti, Lehrbücher der Infinitesimalrechnung, Einzeluntersuchungen der Infinitesimalrechnung, Bestimmte Integrale, Transzendenten; C. R. Wallner, Totale und partielle Differentialgleichungen, Variationsrechnung, Differenzen- und Summenrechnung; M. Cantor, Entwicklung der Mathematik zwischen 1759 und 1799, Geschichte der Ideen in diesem Zeitraume.

Curtze, M., Urkunden zur Geschichte der Mathematik im Mittelalter und der Renaissance. A. u. d. Titel: Abhandlungen zur Geschichte der mathematischen Wissenschaften mit Einschluß ihrer Anwendungen. Begründet von Moritz Cantor. XII. u. XIII. Heft.

I. Teil. [X u. 336 S.] gr. 8. 1902. geh. n. ℳ 16.—

II. Teil. [IV u. 291 S.] gr. 8. 1902. geh. n. ℳ 14.—

Diophantus, des, **von Alexandria** Arithmetik und die Schrift über Polygonalzahlen. Übersetzt und mit Anmerkungen begleitet von G. Wertheim [X u. 346 S.] gr. 8. 1890. geh. n. ℳ 8.—

Engel, Friedrich, und **Paul Stäckel**, Urkunden zur Geschichte der nichteuklidischen Geometrie. Mit vielen Figuren im Text. In 2 Bänden. gr. 8. geh.

I. Band: **Nikolaj Iwanowitsch Lobatschefskij,** zwei geometrische Abhandlungen, aus dem Russischen übersetzt, mit Anmerkungen und mit einer Biographie des Verfassers von Friedr. Engel. I. Teil: Die Übersetzung. Mit einem Bildnisse Lobatschefskijs und mit 194 Figuren im Text. II. Teil: Anmerkungen. Lobatschefskijs Leben und Schriften. Register. Mit 67 Figuren im Text. [XVI, IV u. 476 S.] 1899. geh. n. ℳ 14.—, in Halbfranz geb. n. ℳ 15.40.

II. Band: **Wolfgang und Johann Bolyai,** geometrische Untersuchungen, herausgegeben von Paul Stäckel. Mit einem Bildnisse Wolfgang Bolyais. [In Vorbereitung.]

Euklid und die sechs planimetrischen Bücher. Mit Benutzung der Textausgabe von Heiberg. Von Dr. Max Simon, Professor an der Universität Straßburg i. E. A. u. d. T.: Abhandlungen zur Geschichte der mathematischen Wissenschaften mit Einschluß ihrer Anwendungen. Begründet von Moritz Cantor. XI. Heft. Mit 192 Figuren im Text. [VII u. 141 S.] gr. 8. 1901. geh. n. ℳ 5.—

Fiorini, Matteo, Erd- und Himmelsgloben, ihre Geschichte und Konstruktion. Nach dem Italienischen frei bearb. von Dr. Sigmund Günther, Professor an der Kgl. Technischen Hochschule zu München. Mit 9 Textfiguren. [VI u. 138 S.] gr. 8. 1895. geh. n. ℳ 4.—

Galilei, Galileo, Dialog über die beiden hauptsächlichsten Weltsysteme, das Ptolemäische und das Kopernikanische. Aus dem Italienischen übersetzt und erläutert von Emil Strauß. [LXXXIV u. 586 S.] gr. 8. 1891. geh. n. ℳ 16.—

Gauß, Carl Friedrich, Werke. Herausgegeben von der Kgl. Gesellschaft der Wissenschaften in Göttingen. 10 Bände. gr. 4. kart.

Band I: Disquisitiones arithmeticae. 2. Abdr. [478 S.] 1870. n. ℳ 20.—

— II: Höhere Arithmetik. 2. Abdr. [528 S.] 1876. n. ℳ 20.—. Nachtrag z. ersten Abdr. des 2. Bandes. [33 S.] 1876. n. ℳ 2.—

— III: Analysis. 2. Abdr. [499 S.] 1876. n. ℳ 20.—

— IV: Wahrscheinlichkeitsrechnung u. Geometrie. 2. Abdr. [492 S.] 1880. n. ℳ 25.—

— V: Mathematische Physik. 2. Abdr. [642 S.] 1877. n. ℳ 25.—

— VI: Astronomische Abhandlungen. 2. Abdr. [664 S.] 1874. n. ℳ 33.—

— VII: Theoria motus und theoretisch-astronomischer Nachlaß. 1906. n. ℳ 30.—

— VIII: Fundamente der Geometrie usw. [III u. 458 S.] 1900. n. ℳ 24.—

— IX: Geodätische Nachträge zu Band IV; insbesondere Hannoversche Gradmessung. [IV u. 528 S.] 1903. n. ℳ 26.—

Band X wird biographische Angaben und interessante Stücke des Briefwechsels bieten.

Gauß, C. F., und **Wolfg. Bolyai,** Briefwechsel. Mit Unterstützung der Kgl. Ungarischen Akademie der Wissenschaften herausgeg. von Franz Schmidt und Paul Stäckel. [XVI u. 208 S.] 4. 1899. In Halbkalblederband n. ℳ 16.—

Koenigsberger, Dr. **Leo,** Professor an der Universität Heidelberg, Carl Gustav Jacob Jacobi. Festschrift zur Feier der hundertsten Wiederkehr seines Geburtstages. Mit einem Bildnis und dem Faksimile eines Briefes. [XVIII u. 554 S.] gr. 8. 1904. In Leinwand geb. n. ℳ 16.—

——— Carl Gustav Jacob Jacobi. Rede zu der von dem internationalen Mathematiker-Kongreß in Heidelberg veranstalteten Feier der hundertsten Wiederkehr seines Geburtstages, gehalten am 9. August 1904. Mit einem Bildnis Jacobis. [II u. 40 S.] 4. 1904. geh. n. ℳ 1.20.

Leibniz, G. W., nachgelassene Schriften physikalischen, mechanischen und technischen Inhalts. Herausgegeben und mit erläuternden Anmerkungen versehen von Dr. E. Gerland, Professor an der Kgl. Bergakademie zu Klausthal. Mit 200 Figuren im Text. A. u. d. T.: Abhandlungen zur Geschichte der mathematischen Wissenschaften mit Einschluß ihrer Anwendungen. XXI. Heft. [VI u. 256 S.] gr. 8. 1906. geh. n. ℳ 10.—

Lobatschefskij, N. I., imaginäre Geometrie und Anwendung der imaginären Geometrie auf einige Integrale. Aus dem Russischen übersetzt und mit Anmerkungen herausgegeben von Dr. Heinrich Liebmann, Professor an der Universität Leipzig. A. u. d. T.: Abhandlungen zur Geschichte der mathematischen Wissenschaften mit Einschluß ihrer Anwendungen. Begründet von Moritz Cantor. Heft XIX. Mit 39 Figuren im Text und auf einer Tafel. [XI u. 187 S.] gr. 8. 1904. geh. n. ℳ 8.—

Loria, Dr. **Gino,** Professor der höheren Geometrie an der Universität Genua, die hauptsächlichsten Theorien der Geometrie, in ihrer früheren und jetzigen Entwickelung. Historische Monographie. Unter Benutzung zahlreicher Zusätze und Verbesserungen seitens des Verfassers ins Deutsche übertragen von Fritz Schütte, Oberlehrer am Gymnasium zu Düren. Mit einem Vorworte von Professor R. Sturm. [VI u. 132 S.] gr. 8. 1888. geh. n. ℳ 3.—

Macfarlane, Dr. **Alexander,** Professor in Chatham (Ontario Canada), Vorlesungen über britische Mathematiker des 19. Jahrhunderts. A. u. d. T.: Abhandlungen zur Geschichte der math. Wissenschaften mit Einschluß ihrer Anwendungen. Begründet von Moritz Cantor. gr. 8. [In Vorbereitung.]

Marinelli, Dr. **G.,** Professor an der Universität Padua, die Erdkunde bei den Kirchenvätern. Vortrag, gehalten in der italienischen geographischen Gesellschaft zu Rom am 12. März 1882. Deutsch von Dr. Ludwig Neumann, Professor am Gymnasium zu Heidelberg. Mit einem Vorwort von S. Günther. Mit Holzschnitten im Text und 2 lithographierten Karten. [VIII u. 87 S.] gr. 8. 1884. geh. n. ℳ 3.60.

Müller, Dr. **Conrad H.,** in Göttingen, Studien zur Geschichte der Mathematik, insbesondere des mathematischen Unterrichts an der Universität Göttingen im 18. Jahrhundert. Mit einer Einleitung: Über Charakter und Umfang historischer Forschung in der Mathematik. (Sonderabdruck aus dem XVIII. Heft der Abhandlungen zur Geschichte der mathematischen Wissenschaften mit Einschluß ihrer Anwendungen.) [92 S.] gr. 8. 1904. geh. n. ℳ 2.—

Müller, Dr. **Felix,** Professor in Friedenau, Zeittafeln zur Geschichte der Mathematik, Physik und Astronomie bis zum Jahre 1500, mit Hinweis auf die Quellen-Literatur. [IV u. 104 S.] gr. 8. 1892. In Leinwand geb. n. ℳ 2.40.

——— Vocabulaire Mathématique, français-allemand et allemand-français. Mathematisches Vokabularium, französisch-deutsch und deutsch-französisch. Enthaltend die Kunstausdrücke aus der reinen und angewandten Mathematik. [XV u. 316 S.] Lex.-8. 1900/1901. In Leinwand geb. n. ℳ 20.—

Wurde in 2 Lieferungen ausgegeben:

I. Lieferung: [IX u. 132 S.] 1900. geh. n. ℳ 8.—

II. — [IX—XV u. 133—316.] 1901. geh. n. ℳ 11.—

——— Karl Schellbach. Rückblick auf sein wissenschaftliches Leben. Nebst zwei Schriften aus seinem Nachlaß und Briefen von Jacobi, Joachimsthal und Weierstraß. Mit einem Bildnis Karl Schellbachs. A. u. d. T.: Abhandlungen zur Geschichte der mathem. Wissenschaften mit Einschluß ihrer Anwendungen. XX. Heft. [86 S.] gr. 8. 1905. geh. n. ℳ 2.80.

Neumann, Franz, gesammelte Werke. In 3 Bänden. II. Band. Bei der Herausgabe dieses Bandes sind tätig gewesen die Herren: E. Dorn (Halle), O. E. Meyer (Breslau), C. Neumann (Leipzig), C. Pape (früher in Königsberg), L. Saalschütz (Königsberg), K. Von der Mühll (Basel), A. Wangerin (Halle), H. Weber (Straßburg). Mit einem Bildnis Franz Neumanns aus dem 86. Lebensjahre in Heliogravüre. [XVI u. 620 S.] gr. 4. 1906. geh. n. ℳ. 36.—

Poincaré, Henri, Membre de l'Institut, Wissenschaft und Hypothese. Autorisierte deutsche Ausgabe mit erläuternden Anmerkungen von F. und L. Lindemann. 2., verbesserte Auflage. [XVI u. 346 S.] 8. 1906. In Leinwand geb. n. ℳ. 4.80.

——— der Wert der Wissenschaft. Mit Genehmigung des Verfassers ins Deutsche übertragen von E. Weber. Mit Anmerkungen und Zusätzen von H. Weber, Professor in Straßburg i. E., und einem Bildnis des Verfassers. [V u. 252 S.] 8. 1906. In Leinwand geb. n. ℳ. 3.60.

Rudio, Dr. F., Professor am Polytechnikum zu Zürich, Geschichte des Problems von der Quadratur des Zirkels von den ältesten Zeiten bis auf unsere Tage. Mit vier Abhandlungen (in deutscher Übersetzung) über die Kreismessung von Archimedes, Huygens, Lambert, Legendre. Mit Figuren im Text. [VIII u. 166 S.] gr. 8. 1892. geh. n. ℳ. 4.—, in Leinwand geb. n. ℳ. 4.80.

Simon, Dr. Max, Professor an der Universität Straßburg i. E., über die Entwicklung der Elementar-Geometrie im XIX. Jahrhundert. Bericht erstattet der Deutschen Mathematiker-Vereinigung. (A. u. d. T.: Jahresbericht der Deutschen Mathematiker-Vereinigung. Ergänzungsband I.) Mit 28 Figuren im Text. [VIII u. 278 S.] gr. 8. 1906. geh. n. ℳ. 8.—, in Leinwand geb. n. ℳ. 9.—

Suter, Dr. Heinrich, Professor am Gymnasium zu Zürich, die Mathematiker und Astronomen der Araber und ihre Werke. A. u. d. T.: Abhandlungen zur Geschichte der mathematischen Wissenschaften mit Einschluß ihrer Anwendungen. X. Heft. [IX u. 278 S.] gr. 8. 1900. geh. n. ℳ. 14.—

Verhandlungen des III. internationalen Mathematiker-Kongresses in Heidelberg vom 8. bis 13. August 1904. Herausgegeben von dem Schriftführer des Kongresses Dr. A. Krazer, Professor an der Technischen Hochschule Karlsruhe i. B. Mit einer Ansicht von Heidelberg in Heliogravüre [X u. 756 S.] gr. 8. 1905. In Leinwand geb. n. ℳ. 18.—

Weber, Dr. H., Professor in Straßburg, und Dr. **J. Wellstein,** Professor in Straßburg, Encyklopädie der Elementar-Mathematik. Ein Handbuch für Lehrer und Studierende. In 3 Bänden. gr. 8. I. Band. Elementare Algebra und Analysis. Bearbeitet von H. Weber. 2. Auflage. Mit 38 Textfiguren. [XVIII u. 539 S.] 1906. In Leinwand geb. n. ℳ. 9.60. II. Band. Elemente der Geometrie. Bearbeitet von H. Weber, J. Wellstein und W. Jacobsthal. Mit 280 Textfiguren. [XII u. 604 S.] 1905. In Leinwand geb. n. ℳ. 12.— (Bd. III. Anwendungen der Elementar-Mathematik. Unter der Presse.)

Weinstein, Dr. B., Professor an der Universität Berlin, die philosophischen Grundlagen der Wissenschaften. Vorlesungen gehalten an der Universität Berlin. [XIV u. 543 S.] 8. 1906. In Leinwand geb. n. ℳ. 9.—

Wölffing, Dr. Ernst, Professor an der Kgl. Technischen Hochschule zu Stuttgart, mathematischer Bücherschatz. Systematisches Verzeichnis der wichtigsten deutschen und ausländischen Lehrbücher und Monographien des 19. Jahrhunderts auf dem Gebiete der mathematischen Wissenschaften. In zwei Teilen. I. Teil: Reine Mathematik. Mit einer Einleitung: Kritische Übersicht über die bibliographischen Hilfsmittel der Mathematik. A. u. d. T.: Abhandlungen zur Geschichte der mathematischen Wissenschaften mit Einschluß ihrer Anwendungen. Begründet von Moritz Cantor. Heft XVI, 1. [XXXVI u. 416 S.] gr. 8. 1903. geh. n. ℳ. 14.—, in Leinwand geb. n. ℳ. 15.—

Zeuthen, Dr. H. G., Professor an der Universität Kopenhagen, Geschichte der Mathematik im 16. und 17. Jahrhundert. Deutsch von Raphael Meyer. A. u. d. T.: Abhandlungen zur Geschichte der mathematischen Wissenschaften mit Einschluß ihrer Anwendungen. Begründet von Moritz Cantor. Heft XVII. [VIII u. 434 S.] gr. 8. 1903. geh. n. ℳ. 16.—, in Leinwand geb. n. ℳ. 17.—

ABHANDLUNGEN ZUR GESCHICHTE DER MATHEMATISCHEN WISSENSCHAFTEN MIT EINSCHLUSS IHRER ANWENDUNGEN.
BEGRÜNDET VON MORITZ CANTOR. XXIII. HEFT.

DAS 200-JÄHRIGE JUBILÄUM DER DAMPFMASCHINE

1706—1906

EINE HISTORISCH-TECHNISCH-WIRTSCHAFTLICHE BETRACHTUNG VON

KURT HERING
INGENIEUR

MIT 13 FIGUREN IM TEXT

LEIPZIG
DRUCK UND VERLAG VON B. G. TEUBNER
1907

Vorwort.

Das 200jährige Jubiläum der Dampfmaschine erschien mir wichtig genug, über den Werdegang der Erfindung und ihre wirtschaftlichen Folgen die vorliegende kleine Schrift zu verfassen und der Öffentlichkeit zu übergeben. Keineswegs den Anspruch erhebend, alle zur Verfügung stehenden Dokumente und Quellen benutzt und angeführt zu haben, war es mir nur darum zu tun, die Erfindungsgeschichte — über welche leider noch so viele irrige Ansichten bestehen — in großen Zügen historisch und technisch darzustellen. Nach Möglichkeit versuchte ich die historische Wahrheit durch Quellenstudien festzustellen. Wo dies nicht möglich war — z. B. bei PAPINS sog. Dampfschiffahrt —, habe ich mich dem mir richtig erscheinenden Beweise bereits vorliegender Druckschriften angeschlossen. Wer der Materie größeres Interesse entgegenbringt, möge in den Quellen, welche am Schlusse in einem Literaturnachweis angeführt sind, studieren.

Herrn Diplomingenieur NAUMANN, sowie Herrn K. PISTOR bin ich für gütige Unterstützung beim ersten und letzten Teile der Arbeit sehr verbunden.

Darmstadt, Januar 1907.

Kurt Hering.

Inhaltsverzeichnis.

Einleitung.

Kriegs- und Heldentaten von Fürsten und Mannen werden schon seit grauer Vorzeit in Poesie und Prosa verherrlicht, aber erst die neuere Zeit ist dazu übergegangen, auch den Helden der Wissenschaft und der Technik Denkmäler aere perennius zu errichten. Wie berechtigt ist daher der Ausspruch TH. CARLYLES: „The true Epic of our time is not Arms and the Man, but Tools and the Man, an infinitely wider kind of Epic." — „Das wahre Epos unserer Zeit ist nicht mehr Waffe und Mensch, sondern Werkzeug und Mensch, — eine unendlich umfassendere Art von Epos."

Haben unsere Vorfahren ihre Kriegshelden verherrlicht, so ist es unsere Pflicht, der Männer, die auf unsere Kultur fördernd gewirkt haben, mit Dankbarkeit und Verehrung zu gedenken.

Der Schwerpunkt unserer ganzen Kultur ist aber mit Beginn des Maschinenzeitalters zu Anfang des 18. Jahrhunderts auf das technische Gebiet verschoben worden, und zwar bezeichnet die Erfindung der Maschine im allgemeinen, der Dampfmaschine im besonderen, den Anfang dieser Umwandlung.

Der Erfinder der Dampfmaschine verdient deshalb Gegenstand allgemeiner Verehrung zu sein; doch wer war der Erfinder dieser wichtigsten Maschine der Neuzeit? Nicht als das Werk eines einzelnen, sondern als das Produkt vieler Gelehrten und Praktiker der verschiedensten Nationen tritt uns die Dampfmaschine entgegen.

Die Verdienste, die sich ein JAMES WATT um die Verbesserung der Dampfmaschine erworben hat, sind wohl schon in die weitere Öffentlichkeit gedrungen. Weniger bekannt dagegen dürften die Arbeiten des Marburger Professors DIONYSIUS PAPIN sein, der vom wissenschaftlichen Standpunkte aus die Prinzipien der Dampfmaschine erforschte und festlegte, ja sogar selbst einige brauchbare Dampfmaschinen baute und so den Grundstein legte zu dem Gebäude, das ein JAMES WATT und andere auszubauen und zu vollenden berufen waren.

200 Jahre sind nun verflossen, daß PAPIN mit einer größeren betriebsfähigen Dampfmaschine in die Öffentlichkeit trat (1706).

Anläßlich dieses Jubiläums soll die vorliegende Schrift dazu beitragen, den Namen und den Ruhm des geistigen Erfinders der Dampfmaschine in weitere Kreise zu tragen.

I. Vorgeschichte.

Um uns ein Urteil bilden zu können, was Papin der Welt an Ideen gegeben hat, müssen wir zunächst die Fundamente betrachten, auf die er das Gebäude seiner Erfindung aufzubauen versuchte. Wir wollen also eine kurze Übersicht aller der Gedanken und Experimente geben, die wir im Altertum und Mittelalter als Vorläufer der Dampfmaschine bezeichnen können und von denen wir annehmen müssen, daß sie dem Marburger Professor nicht unbekannt geblieben sind. Es sind deren allerdings herzlich wenige. Von einer Kraftmaschine im Altertume kann man nicht reden. Ein wirtschaftliches Bedürfnis nach einer solchen war nicht vorhanden, Menschenkräfte standen in genügender Menge und Billigkeit zur Verfügung. Der Grundsatz: „Zeit ist Geld" ist eine Erfindung unseres Zeitalters. Die Kräfte des Wassers und des Windes wurden wohl schon ausgenutzt. Aber da die Wasserkräfte an einen bestimmten Ort gefesselt sind, so hatten sie in einer an Transportmitteln so armen Zeit nur beschränkte Bedeutung. Die Windkräfte finden wegen ihrer Unbeständigkeit auch heute nur im Mühlenbetriebe Verwendung. Doch wir wollen uns auf die Vorläufer der Dampfmaschine beschränken. Es handelt sich hier um Spielereien, bestenfalls um Versuche, die man infolge der geringen Naturerkenntnis nicht zu deuten und auszuwerten verstand.

Die erste praktische Verwendung der Dampfkraft soll dem berühmtesten Ingenieur des Altertums gelungen sein, Archimedes von Syracus, der dort um das Jahr 212 v. Chr. seine bekannten Kriegsmaschinen baute. Wie uns Leonardo da Vinci berichtet, hat er in einer Dampfkanone die Expansionskraft des Dampfes dazu benutzt, um eine Kugel von einem Talent Gewicht sechs Stadien (ca. 1100 m) weit zu schleudern.

Weitere Versuche machte Heron der Ältere, der um 120 v. Chr. in Alexandria lebte. Es handelte sich bei ihm hauptsächlich um Spielereien und Zauberkunststückchen, deren Ausführung dazu dienen sollte, das Ansehen einer mächtigen Priesterkaste beim gläubigen Volke noch mehr zu erhöhen; von einem ernsten, wissenschaftlichen Naturstudium kann man bei ihm nicht reden, noch weniger hatte er eine Ahnung von den Möglichkeiten, welche die Anwendung der Naturkräfte in sich barg. Aus dem oben erwähnten Zwecke, den er mit seinen Kunststückchen verfolgte, erklärt es sich auch, daß diese geheim gehalten wurden und nur eine geringe Ausbreitung erfuhren. Immerhin finden wir bei ihm eine Anzahl recht hübscher Gedanken, von denen einige sogar an ganz moderne Konstruktionen anklingen. So stellt seine Drehkugel das Urbild unserer Dampfturbine dar. Eine hohle Metallkugel ist in zwei Stützen gelagert und um eine horizontale Achse drehbar. Senkrecht zu dieser sind am Umfange zwei kurze Ansatzröhrchen untergebracht, die sich gegenüberstehen und von denen das eine nach vorne und das andere nach hinten umgebogen ist. Der Dampf wird von einem Dampferzeuger durch eine der Stützen, welche hohl ist, in die Kugel geleitet und strömt durch die Ansatzröhrchen ins Freie hinaus, Durch seine Reaktionswirkung versetzt er die Kugel in Rotation.

Ein anderes Beispiel für die Benutzung des Wasserdampfes zur Erzeugung einer Bewegung bietet die tanzende Kugel, die durch ausströmenden Dampf in die Höhe geworfen und in hüpfende Bewegung versetzt wird. Endlich benutzte Hero den ausströmenden Dampf dazu, einen Trompeter blasen, einen Vogel pfeifen und einen Tierkopf das Feuer anfachen zu lassen. Der hierzu verwandte Dampferzeuger ähnelt im hohen Maße einem Flammrohrkessel mit Gallowayröhren. Wenn sich auch in diesen und ähnlichen Spielereien des Hero ein für jene Zeit sehr bemerkenswertes technisches Geschick kund tut, so liegt ihm der Gedanke an eine Dampfmaschine gewiß noch sehr fern.

In den Jahren 16—13 v. Chr. schrieb Marcus Vitruvius Pollio, der Baumeister und Ingenieur unter Cäsar und Augustus war, ein Buch: De architectura. Darin findet sich die erste Erwähnung der sogenannten Aeolipyle. Es war dies eine hohle Metallkugel mit kleiner Öffnung. Wurde diese über einem Feuer erwärmt, so entstand in ihrem Inneren ein luftverdünnter Raum. Hielt man nun die Öffnung unter Wasser, so füllte sich die Kugel mit der Flüssigkeit. Wurde nun die Kugel abermals erwärmt, so bildete sich Wasserdampf, der mit kräftigen Blasen der Öffnung entströmte. Vitruv spricht die Ansicht aus, daß das aus dem erhitzten Wasser aufsteigende Gas atmosphärische Luft sei, die durch das Feuer aus dem Wasser getrieben werde. Denselben Gedanken vertritt der Italiener Gambettista della Porta, der 1558 sein Werk „Magna naturalis" schrieb. „Diese Ansicht", schreibt Beck in seinen „Beiträgen zur Geschichte des Maschinenbaues", „hat sich bis gegen das 15. Jahrhundert erhalten. Nichtsdestoweniger ist die Aeolipyle, welche früher in keinem physikalischen Kabinett fehlte, von historischem Interesse, weil sie allmählich zu besserer und allgemeiner Kenntnis der Dampfkraft führte."

Derartige Aeolipylen finden im Mittelalter mehrfach Erwähnung, z. B. bei Albertus Magnus in seiner Abhandlung „De Meteoris". Der byzantinische Geschichtschreiber Agathias erzählt von Anthemios von Tralles, dem Erbauer der Sophienkirche: Anthemios lebte mit dem über ihm wohnenden Redner Zeno in großer Feindschaft. Um diesem einen gewaltigen Schrecken einzujagen, ersann er folgenden Apparat: In großen Becken, die nach oben hin mit trompetenförmigen Lederschläuchen verschlossen waren, wurde Wasser erhitzt. Die Schläuche waren an der Decke befestigt, und der in großer Menge sich entwickelnde Dampf strömte gegen dieselbe und versetzte, keinen Ausweg findend, die Balken des ersten Stockwerks mit mächtigem Getöse in heftige Erschütterungen. Zeno glaubte, die Erde erbebe in ihren Grundfesten, und stürzte im größten Schrecken auf die Straße.

Eine solche Aeolipyle war auch die sogenannte Dampfmaschine des Salomon de Caus, in dem der berühmte französische Gelehrte Arago den Erfinder der Dampfmaschine entdeckt zu haben glaubte. In seinem Buche über „Die Ursachen der bewegenden Kraft bei verschiedenen ebenso interessanten als nützlichen Maschinen", das 1615 zu Frankfurt a. M. erschien, beschreibt Salomon de Caus seinen Apparat ausführlich.*) Es war eine hohle Metallkugel, die zwei durch Hähne verschließbare Öffnungen hatte. Die eine diente zum Einfüllen des Wassers, die andere bildete das Mundstück einer Röhre, die tief ins Innere des Gefäßes hineinragte. Füllte man nun das Gefäß mit Wasser, schloß den ersten Hahn, öffnete den zweiten und erhitzte dann das Gefäß, so wurde das Wasser durch den sich entwickelnden Dampf in starken Strahlen herausgetrieben. Salomon de Caus, der Gartenbaumeister Ludwigs XIII. war, verwandte diesen Apparat zum Betriebe von Springbrunnen. Die Geschichte seines traurigen Endes — er soll wegen der Tollheit seiner Erfindung von Richelieu ins Irrenhaus geworfen worden sein — ist ins Bereich der Legende zu verweisen.

Giovanni Branca, der Erbauer der Kirche von Loretto, berichtet von einem Apparat, bei dem der Dampf gegen die Schaufeln eines Rades blies, wodurch dieses in Umdrehung versetzt wurde und einen Bratenwender, ein andermal ein Stampfwerk zum Farbenzerkleinern betrieb. Die Erfindung des spanischen Schiffskapitäns Blasco de Garay, der 1543 ein Dampfboot gebaut haben soll, hat sich als ein Schiff mit Schaufelrädern erwiesen, das durch Menschenkraft fortbewegt wurde.

1630 hat ein gewisser Ramseye in England ein Patent auf die Idee erhalten, „Wasser durch Feuer in tiefen Bergwerken zu heben". Sonst

*) Beck, Beiträge zur Geschichte des Maschinenbaues.

wissen wir von ihm gar nichts, über die Art seiner Pläne und über deren Ausführung schweigt die Überlieferung.*)

In würdiger Weise schließt die Reihe derer, denen fälschlicherweise der Ruhmestitel des Erfinders der Dampfmaschine zuerkannt worden ist, der MARQUIS VON WORCESTER ab. Das 68. Kapitel seiner Schrift „A Century of the names and scientlings of the Marquis of Worcesters Inventions" handelt von der Anwendung der Dampfkraft. Schon die Art und Weise, in der er seine Erfindung beschreibt, muß zu Bedenken Anlaß geben. Wir lassen seine Worte folgen:

„Ich habe ein Stück von einer ganzen Kanone, deren Ende zersprungen war, genommen und zu drei Viertel mit Wasser gefüllt, und nachdem ich das zerbrochene Ende, sowie das Zündloch verstopft und verschraubt und ein anhaltendes Feuer darunter gemacht hatte, barst es nach 24 Stunden mit einem lauten Knall, so daß, nachdem ich ein Mittel gefunden hatte, meine Gefäße so zu machen, daß sie durch die Kraft darin verstärkt werden und sich eins nach dem andern füllt, ich das Wasser in einem andauernd 40 Fuß hohen Springbrunnen-Strahle ausströmen sah. Ein Gefäß, das durch Feuer verdünnt wird, treibt 40 Gefäße kaltes Wasser in die Höhe, und ein Mann, der den Apparat bedient, hat nur zwei Hähne zu drehen, damit, wenn ein Gefäß voll Wasser verbraucht ist, ein anderes zu drücken anfängt und so sich wieder mit kaltem Wasser füllt und so abwechselnd, wobei das Feuer gewartet und gleichmäßig erhalten wird, was dieselbe Person gleichfalls in der Zwischenzeit zwischen den notwendigen Umdrehungen der genannten Hähne besorgen kann."**) Einerseits erscheint es uns hierbei verwunderlich, daß das Kanonenrohr geborsten und nicht die Verstopfung hinausgeflogen sein soll, andererseits muß uns die Länge der angegebenen Zeit stutzig machen. Auch die Beschreibung der Maschine ist höchst unklar und rechtfertigt das Urteil, das Dr. E. GERLAND über ihn fällte: „Die begeisternden Erklärungen des Erfinders haben dieselbe Beweiskraft für den kühnen Flug seiner Phantasie, wie gegen die wirkliche Ausführung seiner Maschine."

Allen diesen zum Teil ganz hübschen Versuchen fehlte vollständig die wissenschaftliche Auswertung, die nur auf dem Boden einer klaren Naturerkenntnis erfolgen konnte. Nur auf einem solchen konnte die Erfindung der Dampfmaschine emporwachsen. Sie zu schaffen, war erst jener Epoche beschieden, die wie auf allen Gebieten menschlicher Tätigkeit, so auch hier eine neue Periode selbständigen geistigen Schaffens und Strebens her-

---

*) MATSCHOSS, Die Geschichte der Dampfmaschine S. 30. Aus BECK S. 265.

**) BECK, Beiträge zur Geschichte des Maschinenbaues.

aufführte: der Renaissance. Weit wichtiger als jene physikalischen Spielereien dürften demnach für PAPIN die großen naturwissenschaftlichen Forschungsergebnisse jener Zeit gewesen sein. TORRICELLI entdeckte 1643 die Schwere der Luft und wies die Möglichkeit eines luftleeren Raumes nach, an der man bisher gezweifelt hatte. Durch die Erfindung der Luftpumpe und die bekannten Experimente des Magdeburger Bürgermeisters OTTO VON GUERICKE wurden weitere unerläßliche Vorbedingungen für PAPINS Arbeiten erfüllt. Jetzt war die Zeit gekommen, in der der Erfinder der Dampfmaschine geboren werden mußte.

II. Die Erfindung der Dampfmaschine.

Dionysius Papinus, Medicin. Doctor, Mathes. Prof. Publ. Marburgensis, Consiliarius Hassiacus ac Regiae Societatis Londinensis socius, war der Mann, der die erste betriebsfähige Dampfmaschine zu bauen und die wissenschaftliche Grundlage zu deren weiterem Ausbau zu legen berufen war. Geboren am 22. August 1647 zu Blois in Frankreich besuchte er das Gymnasium seiner Vaterstadt und bezog schon mit 15 Jahren die Universität in Angers. Dort widmete er sich dem Studium der Medizin, doch trieb er daneben auch Mathematik und Physik. Im Jahre 1669 promovierte er bereits zum Doktor der Medizin. Nach seiner Promotion ließ er sich in Angers als Arzt nieder, ging aber bald nach Paris und wir können als ziemlich sicher annehmen, daß der junge Gelehrte seit 1671 seinen ständigen Wohnsitz in Paris hatte. In Paris lernte Papin den berühmten holländischen Astronomen und Physiker Christian Huygens van Zuilichem kennen. Huygens war Mitglied der Akademie der Wissenschaften. Papin wurde Ammanuensis (Assistent) bei Huygens und es begann für ihn eine reiche wissenschaftliche Tätigkeit. Das Erbe Galileis hatte Huygens angetreten und besonders auf dem Gebiete der Astronomie, Mathematik und Physik Hervorragendes geleistet. Der vom Magdeburger Bürgermeister Otto von Guericke beziehungsweise von Robert Boyle erfundenen Luftpumpe hafteten noch verschiedene Mängel an, welche zur Durchführung wirklich genauer Versuche erst beseitigt werden mußten. Durch Hinzufügung des Tellers, sowie einiger anderer Verbesserungen und durch Verwendung der Barometerprobe gelang es Huygens, eine Luftpumpe zu schaffen, mit welcher auch messende und vergleichende Versuche ausgeführt werden konnten. Mit Durchführung dieser Versuche wurde Papin beauftragt. Bei dieser Gelegenheit trat sein Geschick für Experimentalphysik, sowie sein Talent im Anfertigen von Instrumenten zum erstenmal zutage. Die Untersuchungen erstreckten sich zunächst auf das Verhalten von Pflanzen, Früchten, Tieren und Schießpulver im luftverdünnten Raum; besonders erwähnenswert sind die Versuche, Fleisch und Früchte unter Luftabschluß zu konservieren.

In diese Zeit seines Pariser Aufenthaltes fällt auch ein Ereignis, welches für Papin später von weittragendster Bedeutung werden sollte: Leibniz kam nach Paris und wurde dort zuerst auf Papin und seine Arbeiten aufmerksam und verfolgte seitdem die weiteren Schicksale des jungen Gelehrten mit großem Interesse. Lange währte jedoch Papins Aufenthalt im Huygensschen Laboratorium nicht. Im Jahre 1674 wandte er sich nach England „spe quadam inductus, ut conditionem hic loci, genio suo accommodam nancisceretur [Experimentorum novorum Physico-Mechanicorum Continuatio II Genevae 1682, praefatio]", und um mit Boyle zusammen an der Verbesserung seiner aus Paris mitgebrachten Luftpumpe zu arbeiten. Der Erfolg der gemeinschaftlichen Versuche war der Bau der ersten zweistiefeligen Luftpumpe, die somit Papin und nicht, wie man bisher fälschlicherweise annahm, Hooke zuzuschreiben ist.

Am 16. Dezember 1680 wurde Papin auf Robert Boyles Vorschlag von der Royal Society zu ihrem Mitgliede ernannt. Aus Dankbarkeit widmete er im folgenden Jahre der Society sein Werk: A New Digester or Engine, for softaing Bones, containing the Description of its Make and Use in Cookery, Voyages at Sea, Confectionary, Making of Dinks, Chymistry and Dying. etc.

Der in dieser Schrift beschriebene Digestor war es, welcher den Namen Papins in weitere Kreise trug. Die Einrichtung desselben war im wesentlichen die unserer heutigen Dampfkochtöpfe. Die mit diesem Apparat angestellten Versuche, welche zum größten Teile der Royal Society vorgeführt wurden, verfolgten hauptsächlich den Zweck, an Brennmaterial zu sparen. Sodann versuchte er damit die „flüchtigen" Bestandteile des Fleisches zu erhalten und Früchte zu konservieren. Die verschiedenen Experimente mit dem neuen Apparat teilte er ein in „Experiences, pour les Cuisiniers, pour les Confiseurs, pour les Brasseurs, pour les Chymistes, pour les Teinturiers". Während Papin noch mit diesen Arbeiten beschäftigt war, lernte er den Senatssekretär der Republik Venedig, Sarotti, kennen, der nach London gekommen war und die Absicht hatte, nach dem Vorbild der Royal Society eine Akademie zu gründen, „ad indagandas res naturales, et promovendas magis magisque vitae humanae commoditates". Sarotti trug Papin die Mitgliedschaft an der neuen Akademie an und Papin ging darauf ein. Über Paris, wo ihm ein ehrenvoller Empfang zuteil wurde, begab sich Papin 1681 nach Venedig. An der neuen „Academia publica di scienze filosofiche e matematiche" setzte Papin seine Experimente mit der Luftpumpe fort. Lange blieb der Franzose nicht in Venedig, denn im Jahre 1684 war er schon wieder in London. In sein früheres Verhältnis zu Robert Boyle trat er nicht wieder, sondern er wurde zum „temporary curator of experiments" mit einer Vergütung von 30 Pfund Sterling ernannt. In seiner neuen Stellung hatte er die Aufgabe, für jede Sitzung der Royal Society Experimente vorzubereiten. Die Stellung scheint PAPINS Wünschen sehr entsprochen zu haben, denn er blieb in derselben bis zu seinem Weggange von London. Die von PAPIN ausgeführten Experimente sind teils in den Protokollen der Royal Society, teils in den Philosophical Transactions niedergelegt. Die Untersuchungen waren mannigfaltigster Art. Eingehende Versuche mit Filtern, der Konstruktion eines Hebers, sowie einer Pumpanlage, bei welcher das Wasser durch verdünnte Luft zum Steigen gebracht wurde; Verbesserungen an seinem Digestor und an der Luftpumpe waren die hauptsächlichsten Arbeiten, mit denen sich PAPIN während seines zweiten Londoner Aufenthaltes beschäftigte. Auch erfand er in dieser Zeit ein Sicherheitsventil, welches er bei seinen späteren Experimenten benutzte.

Inzwischen war nun ein Ereignis eingetreten, welches damals durchgreifende Veränderungen vor allem in Frankreich hervorrief. Ludwig XIV., der allerchristlichste König, hatte am 18. Oktober 1685 das Edikt von Nantes aufgehoben. Wenn auch PAPIN von den Folgen dieses Machtspruches nicht unmittelbar berührt wurde, so war ihm doch jegliche Rückkehr in sein Vaterland abgeschnitten.

Seine Verwandten hingegen mußten Frankreich verlassen. PAUL PAPIN, ein Bruder unseres Gelehrten, ging nach England, seine Tante MADELEINE PAPIN mit Tochter und Schwiegersohn nach Marburg, wohin letzteren, JACOB DE MALIVERNÉ, der Landgraf Karl von Hessen als Professor für französische Sprache, Geographie und Heraldik berufen hatte. Gleichzeitig mit dieser Berufung erging an DENIS PAPIN der ehrenvolle Ruf des hessischen Fürsten, den Lehrstuhl für Mathematik und Hydraulik in Marburg zu übernehmen. PAPIN nahm gerne an und teilte seinen Entschluß am 22. November 1687 der Royal Society brieflich mit. Gegen Ende des Jahres reiste PAPIN von London über Holland nach Deutschland. Im Haag besuchte er HUYGENS, welcher seit 1681 in die Heimat zurückgekehrt war, und ging dann nach Kassel, um sich dort dem Landgrafen vorzustellen. Zu Beginn des Jahres 1688 habilitierte sich der neue Professor in Marburg. Aus einer brieflichen Mitteilung an HUYGENS und aus seiner Antrittsrede ersehen wir, daß PAPIN in vierstündiger Vorlesung Hydraulik vortrug.

In Marburg setzte PAPIN, da ihm seine Kollegien wenig Zeit wegnahmen, seine in Paris und London begonnenen Arbeiten fort. Als erste seiner Erfindungen müssen wir die Zentrifugalpumpe nennen, deren ausgedehnte Verwendungsfähigkeit erst die moderne Technik erkannt hat. Der Landgraf Karl war zu jener Zeit damit beschäftigt, die Karlsaue, einen

Lustpark nach französischem Muster, auf einem zwischen den beiden Fuldaarmen bei Kassel gelegenen Gelände anzulegen. Die Entwässerung des Parkes gestaltete sich sehr schwierig, da das Grundwasser so rasch nachdrang, daß es mit gewöhnlichen Pumpen nicht bewältigt werden konnte. Da Papin die Idee der Zentrifugalpumpe bereits von London mitgebracht hatte, so bot sich ihm eine willkommene Gelegenheit, die Leistungsfähigkeit seines Apparates auszuprobieren. Er machte dem Landgraf den Vorschlag, seine neue Pumpe für die Entwässerungsanlage zu benützen. Der Landgraf war mit diesem Projekt einverstanden, und bei einem Besuche des Fürsten in Marburg kurz nach Papins Habilitierung konnte der Professor seinem Landesherrn die fertige Maschine vorführen. In den acta eruditorum vom Jahre 1689 S. 317 ist die Erfindung unter dem Titel „Dion. Papini Rotalis Suctor et Pressor Hassiacus in serenissima Aula Casselana demonstratus et detectus“ veröffentlicht.

Da man naturgemäß zu der notwendigen schnellen Rotation eine andauernde und gleich stark bleibende Kraft bedurfte, so reichten Menschenkräfte nicht aus, um die Maschine im Betrieb zu erhalten. Papin mußte daher sein Augenmerk auf mechanischen Antrieb richten.

Die Lösung dieses Problems gab den Anstoß zum Bau der ersten Dampfmaschine. Er griff deshalb zunächst auf Versuche, welche er seiner Zeit in Paris im Laboratorium Huygens gemacht hatte, zurück. 1674 hatte er dem französischen Minister Colbert die angeblich vom Abbé von Hautefeuille erfundene, von Huygens aber verbesserte Maschine, welche durch die Explosivkraft des Pulvers in Tätigkeit gesetzt wurde, vorgeführt. Diese Pulvermaschine verbesserte Papin zunächst, doch mußte er sich bald überzeugen, daß auch seine verbesserte Maschine, welche er in den acta 1688 veröffentlichte, nicht den Anforderungen genügte, die man an einen zuverlässigen Kraftmotor stellen mußte. Da erinnerte er sich an seine Versuche mit dem Digestor in London, und er beschloß, beide Erfindungen zu kombinieren. Kolben und Zylinder hatte er bei der Schießpulvermaschine, die Dampfkraft bei dem Digestor verwandt, und bald stand vor seinem geistigen Auge das Bild einer Maschine, bei welcher der Kolben durch die Dampfkraft emporgehoben werden sollte.

Im Jahre 1690 veröffentlichte er eine neue Schrift: „Nova methodus ad vires motrices validissimas levi pretio comparandas“ „Neue Methode die größten Triebkräfte mit leichter Mühe zu erzeugen“ war die Abhandlung über die neue Maschine in den acta von 1690 überschrieben: „ea sit aquae proprietas, ut exigua ipsius quantitas vi caloris in vapores conversa vim habeat elasticam instar aeris, superveniente autem frigore in aquam iterum ita resolvatur, ut nullum dictae vis elasticae vestigium remaneat; facile credidi, construi posse machinas, in quibus aqua mediante calore non valde intenso, levibusque sumptibus, perfectum illud vacuum efficeret, quod pulveris pyrii ope nequaquam poterat obtineri." „... Das Wasser besitzt die Eigenschaft, daß, sobald es durch Wärme in Dämpfe verwandelt ist, schon eine kleine Menge desselben so elastisch wird wie Luft, wenn aber Kälte hinzukommt, es sich wieder in Wasser auflöst, so daß es vollständig aufhört elastisch zu sein; ich glaubte nun, daß man leicht Maschinen bauen könnte, in denen das Wasser mittels mäßiger Wärme und bei geringem Kostenaufwand jenes vollkommene Vakuum hervorbrächte, dessen Erzeugung mit Hilfe des Schießpulvers noch nirgends gelungen ist."

Die in den acta befindliche Zeichnung dieser Maschine ist in Fig. 1 wiedergegeben. Die Bauart der Maschine ist analog der Huygensschen Pulvermaschine, welche Papin ja als Ausgangspunkt benutzte. Es kam ihm vor allem darauf an, den Mangel der Pulvermaschine, nur einen unvollkommenen luftleeren Raum erzeugen zu können, zu beseitigen. Er ersetzte daher das Schießpulver durch Wasser, welches er erhitzte. Bei der Verdampfung vergrößert sich nun das Volumen, „vim habet elasticam", und bei der nachfolgenden Abkühlung des Zylinders schlagen sich die Wasserdämpfe derart nieder, daß ein vollkommen luftleerer Raum entsteht (perfectum illud vacuum [Vakuum!] efficeret). Durch Verwendung des Wassers fiel die umständliche Erneuerung des sich ausdehnenden Stoffes, des Schießpulvers bei der Huygensschen Maschine, weg, da das einmal im Zylinder befindliche Wasser immer wieder verwendet werden konnte. Die Konstruktion der Maschine war sehr einfach: In das zylindrische Gefäß (siehe Figur) wird

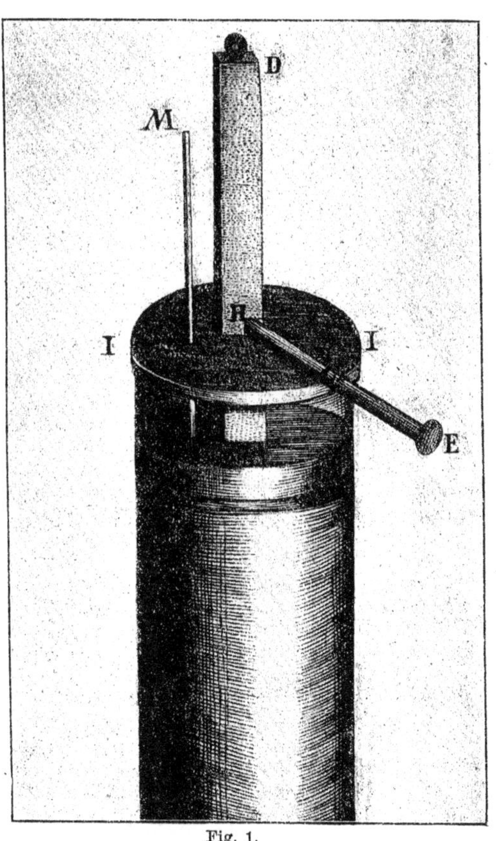

Fig. 1.
Die atmosphärische Maschine vom Jahre 1690.

eine kleine Menge Wasser gegossen, „3 bis 4 Linien Höhe"; hierauf wird der genau eingepaßte, mit Wasser gedichtete Kolben *BB* herabgestoßen, hierbei entweicht die komprimierte Luft durch die im Kolben angebrachte kleine Öffnung. Hat man den Kolben nun völlig herabgestoßen, so wird die kleine Öffnung durch eine Eisenstange *M* geschlossen. Der Zylinder selbst ist oben offen, hat aber noch einen Ansatz bezw. Aufbau, an welchem eine kleine kreisrunde Eisenplatte *II* derartig befestigt ist, daß eine Geradeführung der rechteckigen Kolbenstange *DD* und der kleinen Eisenstange bewirkt wird. An der Kolbenstange *k* befindet sich eine Nut *H* in der Weise angebracht, daß in dem Moment, in welchem der Kolben seinen höchsten Stand erreicht hat, ein durch eine Spiralfeder bewegter Hebel *E* mit lautem Geräusch einschnappt Der Arbeiter, welcher die Maschine zu bedienen hatte, nahm nun den ganzen Zylinder vom Feuer hinweg, worauf sich die Wasserdämpfe im Innern des Zylinders niederschlugen und ein Vakuum entstand. Durch Lösung des Hebels wurde der vorher arretierte Kolben frei, und der in der Atmosphäre herrschende Luftdruck drückte den Kolben in das Innere des Zylinders, wodurch Arbeit geleistet wird. Zur Übertragung der Kraft war am freien Ende der Kolbenstange ein Ring zur Aufnahme eines Taues angebracht. Über die Wirkungsweise dieser Maschine äußert sich PAPIN ausführlich in den „acta" und es soll an anderer Stelle näher darauf eingegangen werden.*)

Zu einer betriebsfähigen Ausführung dieser Dampfmaschine von 1690 scheint es nicht gekommen zu sein, zumal in den nächsten Jahren PAPINS Leben durch andere Dinge: Erfindung einer Taucherglocke, verschiedener Ofenkonstruktionen, Streitschriften gegen LEIBNIZ und andere Gelehrten derartig ausgefüllt war, daß er für seine Lieblingsidee, die Vervollkommnung der Dampfmaschine, keine Zeit mehr übrig hatte.

Wie sich PAPINS persönliche Verhältnisse in Marburg gestalteten, können wir aus dem Briefwechsel mit seinem früheren Lehrer HUYGENS ersehen. Wir erfahren, daß sich PAPIN schon um 1690 nicht mehr behaglich in Marburg fühlte. Die Verhältnisse erschienen dem weitgereisten und vielerfahrenen Manne zu kleinbürgerlich. Zwistigkeiten mit Amtskollegen, der schlechte Besuch seiner Kollegien machten ihm den Aufenthalt in Marburg nicht angenehm. „Weil die geringe Anzahl Studenten", schreibt er 1690 an HUYGENS, „welche hierher kommt, allein hier sind, um es dahin zu bringen, ihr Leben durch das Studium der Theologie, des Rechts und der Medizin zu fristen, und nach der Art, wie diese Wissenschaften bis jetzt

*) Siehe S. 31 f.

betrieben werden, die Mathematik hierzu nicht nötig ist“, blieben seine Kollegien zum großen Teile leer. Zudem war der Landgraf durch die fortwährenden Kriege mit Frankreich abgehalten, den Arbeiten Papins das Interesse entgegenzubringen, das der Gelehrte erwartet haben mochte. Auch seine geringen Einnahmen mögen seine Unzufriedenheit noch mehr erhöht haben. Betrug doch sein Gehalt in den ersten Jahren nur 150 fl., wenn ihm auch eine baldige Erhöhung in Aussicht gestellt war. Als er sich nun zu Anfang des Jahres 1691 mit seiner Cousine, der Witwe des inzwischen verstorbenen Professor Maliverné verheiratete, reichte sein geringes Gehalt nicht mehr aus und er kam beim Landgrafen um Gehaltserhöhung ein. Sein Gesuch wurde aber abschlägig beschieden. „Die Einkünfte der Akademie“, schreibt er an Huygens, „sind sehr mittelmäßig und infolge des Krieges im voraus schwer zu erhalten, so daß ich glaube, daß es diesen Herren großes Vergnügen machen würde, wenn sich ihnen ein anständiges Mittel böte, sich meiner zu entledigen.“ Im Jahre 1692 reichte Papin, da ihm die in Aussicht gestellte Gehaltserhöhung nicht zuteil wurde, sein Abschiedsgesuch ein; dieses wurde jedoch nicht genehmigt, es hatte vielmehr lediglich die Folge, daß er die in Aussicht gestellte Gehaltszulage von 40 fl. jährlich bekam.

Auch Streitigkeiten, welche innerhalb der französischen Gemeinde in Marburg aus kleinlichen Anlässen entstanden, machten Papins Stellung nicht gerade angenehmer. So entstand mit dem Perückenmacher Boiseviel ein Streit, welcher zur Folge hatte, daß Papin auf einige Zeit von dem Abendmahlsgenusse der reformierten Gemeinde ausgeschlossen wurde. Erst durch Intervention des Landgrafen wurde der Konflikt beigelegt.

Solche unleidliche Ereignisse veranlaßten wohl Papin sich schon zu Beginn der 90er Jahre mehr und mehr in Kassel am Hofe des Landgrafen aufzuhalten. Infolgedessen wurde auch dort ein großer Teil seiner Experimente durchgeführt.

Seit 1695 hielt sich nun Papin dauernd in Kassel auf und erfreute sich der Gunst des Landgrafen in hohem Maße, wenn auch der fürstliche Gönner infolge auswärtiger Kriege und Unternehmungen den wissenschaftlichen Bestrebungen Papins nicht dasjenige Interesse entgegen bringen konnte, das notwendig gewesen wäre, um die Entdeckungen und Erfindungen des genialen Franzosen zu dem Erfolge zu führen, der ihnen von rechtswegen gebührte.

So kam es, daß erst im Jahre 1698 Papin die Arbeiten an seiner Dampfmaschine wieder aufnahm, und zwar veranlaßt durch den Landgrafen Karl. Im Gebiete des Landgrafen waren salzhaltige Quellen entdeckt worden, der Fürst ließ Versuche anstellen, um die Ursache dieses Salzgehaltes festzustellen. Das Wasser dieser Quellen mußte zu diesem Zwecke gehoben werden: Papin, der mit dieser letzteren Aufgabe betraut war, erschien dazu „la force du feu“ am geeignetsten. Er schreibt, er habe mit ihr schon einige erfolgreiche Versuche angestellt, so daß er überzeugt sei, daß man diese Kraft noch für wichtigere Dinge als zum Heben von Wasser verwenden könne.

Er beabsichtigte dabei nicht allein die Saugwirkung sondern auch die Druckwirkung des Dampfes zur Krafterzeugung zu verwenden, wie dies aus seinem am 23. Juli 1698 an Leibniz gerichteten Briefe hervorgeht:

„Je le fais à present, d'une manière plus facile a bien executer que celle que J'ay publiée: et de plus, outre la suction dont Je me servoit, J'emploie aussi la force de la pression que l'eau exerce sur les autres corps en se dilatant .....“ *)

Wir sehen, daß Papin sich bereits vollständig über das Prinzip der Hochdruckmaschine klar war, und er sah sich nun vor die Aufgabe gestellt, seine Kenntnisse von den Eigenschaften des Dampfes in eine praktische und betriebssichere Maschine zu verwerten. Es galt also zunächst den Bau einer solchen Maschine zu verwirklichen.

So einfach ihm auch die Herstellung seiner Maschine theoretisch vorkam, so stellten sich doch der praktischen Ausführung ungeahnte Schwierigkeiten in den Weg. Denn die Herstellung der für die Maschine benötigten großen Zylinder konnte mit den bisherigen Ofenkonstruktionen nicht bewerkstelligt werden. Es mußte deshalb zuerst ein neuer Ofen konstruiert werden, welcher die Herstellung von Zylindern auch in größeren Dimensionen ermöglichte. Diese Aufgabe hatte Papin bald zur Zufriedenheit gelöst. Er war jetzt in der Lage große Zylinder fabrizieren zu können, doch fehlte es ihm jetzt an einem definitiven Auftrag zur Ausführung der neuen Dampfmaschine. In seiner Hoffnung, vom Landgraf bald mit der Herstellung der zur Hebung der Salzquellen nötigen Maschine betraut zu werden, sah er sich getäuscht. Auch ein anderes Projekt, Wasser aus der Fulda zu heben, schien anfangs gescheitert zu sein, denn er schreibt am 25. Juli 1898 an Leibniz: „Obgleich der Landgraf sehr befriedigt schien über alles das, was ich über diesen Gegenstand gearbeitet habe, so weiß ich nicht, aus welchem Grunde Seine Durchlaucht mir nicht die Ehre erwiesen hat, mich bei dem Plane zu verwenden, welcher bezweckte, das

*) „Ich erreiche dasselbe auf eine viel bequemere als auf die (1690) veröffentlichte Art: denn außer der Saugwirkung, deren ich mich bisher bediente, verwende ich auch den Druck (Spannung), welchen das Wasser bei seiner Ausdehnung (Verdampfung) auf die andern Körper ausübt.“

Wasser der Fulda auf einen der Türme seines Schlosses zu heben." LEIBNIZ suchte jedoch seinen Schützling PAPIN zu trösten, denn er erwidert ihm hierauf: „Ich glaube den Grund zu kennen, warum Seine Durchlaucht der Landgraf einen andern damit beauftragt hat, Wasser auf den Turm seines Schlosses zu heben, es dürfte wohl der sein, daß der Fürst es vorzieht, Ihnen die Erledigung außergewöhnlicher Aufgaben zu überlassen, als Sie zu Dingen zu verwenden, die ein anderer auch machen kann." . . .

Bald zeigte sich, wie recht LEIBNIZ mit seinen Ausführungen hatte. Denn als PAPINS „Konkurrent" seine Pumpe fertig gestellt hatte, zeigte es sich, daß sie nicht imstande war, die geforderte Arbeit zu leisten. Nun sollte PAPIN zeigen, was er konnte. Der Landgraf erteilte ihm den Auftrag, für dieselbe Pumpanlage eine Maschine nach seinen Plänen zu bauen. Im November 1698 war die neue Maschine so weit gediehen, daß man an die Aufstellung denken konnte. Leider sollte sie nie vollendet werden. Das Fundament, welches die Maschine tragen sollte, war im Flußbett der Fulda errichtet, aber nicht genügend befestigt und geschützt, so daß ein ungewöhnlich früher Eisgang im November 1698 dasselbe wegriß und die Fundamentplatte in den Fluten begrub. Mag sein daß PAPIN selbst einen Teil der Schuld an diesem Mißerfolg trifft, etwa dadurch, daß er nicht genügende Vorsichtsmaßregeln getroffen hatte. Immerhin war ein derartig früher Eisgang etwas Ungewöhnliches. Auch der Landgraf wollte PAPIN nicht für das Unglück verantwortlich machen und widmete dem Unternehmen nach wie vor sein Interesse. Die Arbeiten an der Maschine gerieten jedoch durch eine Reise des Landgrafen nach Baden, sowie durch eine längere Abwesenheit PAPINS selbst in Stockungen. Auch der anregende briefliche Gedankenaustausch mit LEIBNIZ stockte und wurde erst gegen Anfang des Jahres 1702 auf Veranlassung LEIBNIZENS wieder aufgenommen. Die Arbeiten an der Dampfmaschine schienen in weite Ferne gerückt, denn der Kasseler Gelehrte befaßte sich — in den Jahren 1698 bis 1704 — mit der Konstruktion neuer Wurfmaschinen, um, wie er sich naiv ausdrückt: „finir bientot les malheurs de la guerre."

So waren zwar die Grundlagen geschaffen, theoretisch, wie praktisch war alles für die neue Maschine vorbereitet, doch sollte es noch einige Jahre dauern, bis PAPIN seine Erfindung ausbauen und vollenden konnte.

„Herr Doktor SLARE", schreibt PAPIN 1699 an LEIBNIZ, „hat mir vor kurzem aus England mitgeteilt, daß man in Gegenwart einer Parlamentskommission eine Maschine geprüft hat, um Wasser mit Feuerskraft zu heben, aber man war weit davon entfernt, den Erfolg zu erzielen, welchen der Erfinder erwartet hatte: Leider hat er mir über die Konstruktion nichts mitgeteilt."

Dies waren die ersten Nachrichten, welche PAPIN von der SAVERYschen Maschine aus England erhielt. Aus der Briefstelle geht hervor, daß ihm 1699 über die Konstruktion der SAVERYschen Maschine noch nichts bekannt war, während er schon 1698 das Prinzip seiner Hochdruckmaschine festgelegt hatte. Betrachten wir dazu die ganze Entwicklung PAPINS: die Schießpulvermaschine, die Maschine von 1690 und 1698, so kommen wir zu der Überzeugung, daß sich PAPIN seine Kenntnisse von dem Verhalten der Gase und Dämpfe aus eigener Anschauung erworben hatte. Seine Priorität dürfte demnach über allen Zweifel erhaben sein. Ob dagegen SAVERY PAPINsche Ideen seinen Experimenten zugrunde gelegt hat, vermögen wir nicht zu entscheiden, da uns das entsprechende historische Material nicht zur Verfügung steht.

Die eigentliche Erfindungsgeschichte der Dampfmaschine deckt sich sonach mit der Entstehungsgeschichte der PAPINschen Maschine von 1706. Im folgenden soll diese näher dargestellt werden.

Über die Natur der Dämpfe waren sich PAPIN und LEIBNIZ in ihrem ausgedehnten Briefwechsel klar geworden. Insbesondere hatten sie den Begriff der Spannkraft (fulmination) festgelegt. Durch die Versuche mit der Maschine von 1698 waren PAPINS Kenntnisse noch wesentlich erweitert worden. Die Herstellung großer Zylinder war ermöglicht durch PAPINS Ofenkonstruktion. Versuche, bei denen die Wandstärke der eisernen Zylinder bestimmt werden sollte, waren glücklich abgelaufen. Die notwendigen Vorbereitungen zum Bau einer größeren brauchbaren Maschine waren getroffen, alles in schönster Ordnung, als wieder ein neues Hindernis sich der definitiven Ausführung in den Weg stellte. Das Interesse des Landgrafen schien erloschen. Mag nun der Grund für diese plötzliche Interesselosigkeit des Fürsten in den lange Jahre sich hinziehenden Vorbereitungen zu suchen sein, oder war er durch politische Angelegenheiten so sehr in Anspruch genommen, daß er keine Zeit mehr für die Experimente hatte, welche nur in seinem Beisein stattfinden durfte, Papin blickte wieder kurz vor dem Ziele trostlos in die Zukunft. Da kam der Zufall dem genialen Franzosen zu Hilfe. Am 6. Januar 1705 sandte Leibniz eine Zeichnung der Maschine Saverys ohne jegliche Beschreibung, so wie er sie aus England erhalten hatte an Papin. (Für diesen selbst bot diese Maschine ja nichts Neues, er hatte den Übelstand welcher der Saveryschen Maschine noch anhaftete, daß nämlich die heißen Dämpfe auf das kalte Wasser trafen, bei seinen Entwürfen schon längst beseitigt, und hielt die Einrichtung, daß die Maschine das Wasser selbst ansaugen mußte, für mangelhaft.) Die Zeichnung, welche er von Leibniz erhalten hatte, legte Papin seinem Fürsten vor und „der Anblick der englischen Zeichnung", schreibt er an Leibniz, „erinnerte meinen gnädigen Herrn an die Experimente, welche er mich vor Jahren unter Zugrundelegung desselben Prinzipes hatte machen lassen . . . . . . und Seine Hoheit hatte mir die Ehre erwiesen, mich damit zu beauftragen, diese Kraft (Dampfkraft) zum Betriebe einer Getreidemühle anzuwenden."

Der Auftrag zum Bau der ersten Hochdruckdampfmaschine war damit erteilt. Ob den Landgraf dabei der Ehrgeiz getrieben hat, nicht hinter den englischen Versuchen zurückzubleiben, oder ob er den eindringlichen Bitten seines Rates endlich nachgegeben und die Mittel zum Bau der neuen Maschine bewilligt hat, kann unberücksichtigt bleiben. Papin sah sich plötzlich dem Ziel seiner Wünsche erheblich näher gerückt und machte sich mit neuem Eifer ans Werk. Über den Verlauf der Vorarbeiten berichtet er am 23. März 1705 an Leibniz: „Ich kann es Ihnen versichern, je mehr ich vorwärts komme, umsomehr sehe ich mich im Stande, den Wert dieser Erfindung zu schätzen, die der Theorie nach die Kräfte des Menschen ins Unendliche steigern muß. Was aber die praktische Seite anbelangt so glaube ich ohne Übertreibung sagen zu dürfen, daß mit Hilfe dieses Mittels ein einziger Mensch die Arbeiten von Hunderten ohne dasselbe verrichten wird. Allerdings gebe ich zu, daß Zeit dafür erforderlich sein wird, um es bis zu dieser Vollendung zu bringen. Sie können überzeugt sein, daß ich mein möglichstes tun werde, damit die Sache gut und zur Zufriedenheit von statten geht, obwohl man hier nur mit großer Mühe brauchbare Arbeiter erhalten kann. Indessen hoffe ich, daß mit Gottes Hilfe die Geduld endlich über alle Schwierigkeiten triumphieren wird."

Während des Baues entwickelt sich nun ein sehr anregender und lehrreicher Briefwechsel zwischen Papin und Leibniz, aus welchem wir interessante Einzelheiten über den Werdegang der ersten Dampfmaschine entnehmen können.

„Nach der ganzen Art der Anordnung besteht die Hauptschwierigkeit darin, genügend starke Röhren zu erhalten, welche imstande sind dem Druck zu widerstehen“, schreibt Papin am 23. Juli 1705 an Leibniz. Wie wir später hören, stellte er auch alsbald Versuche an, um die Wandstärke seiner Gefäße durch das Experiment zu bestimmen; wenn er auch über das Resultat seiner Untersuchungen keine näheren Mitteilungen macht, so können wir doch annehmen, daß er bald die nötige Stärke des dampferzeugenden Gefäßes, des Dampfzylinders und des Steigrohres, welche er zur Anfertigung seiner Maschine benutzte, festgestellt hatte.

Über die Anwendung des Dampfkolbens verbreiten sich sowohl Papin als auch Leibniz ausführlich. In dem oben angeführten Briefe vom Juli 1705 legt Papin die Gründe dar, welche ihn veranlaßten einen Kolben zu verwenden: „Ich entdeckte“, sagte er, „bei diesen Versuchen auch andere überraschende Erscheinungen, die mich zum Nachdenken veranlaßten, um ihre Ursache ausfindig zu machen. Ich bin überzeugt, daß es nicht von Vorteil sein werde, wenn man versucht, das Wasser nur unter Anwendung des direkten Dampfdruckes auf große Höhen emporzudrücken, weil die gasförmigen Dämpfe, sobald sie heftig auf das kalte Wasser stoßen, wie dies notwendig ist, um das hohe Steigen zu veranlassen, unmöglich ihre Energie bewahren können; denn sie kondensieren sofort infolge des kalten Wassers und je heißer sie sind, um so heftiger bläst das Sicherheitsventil ab; und zwar derartig, daß das Sicherheitsventil, welches von selbst infolge der unter ihm befindlichen Spannkraft ‘schlägt’, eine große Bewegung im Wasser verursacht: das also in Bewegung geratene Wasser ist viel eher geneigt eine große Menge Dampf zu kondensieren, als wenn seine Oberfläche in Ruhe bleibt, daher glaube ich sicher, daß dies der Grund ist, warum die Leistung im Wasserheben vermindert werde, wenn die Wärme zunimmt, wie ich Ihnen oben gesagt habe. — Ich habe geglaubt, es ist das Beste so zu konstruieren, daß die Dämpfe nicht unmittelbar das Wasser berühren, sondern ihre Stoßkraft durch Vermittlung eines Kolbens ausüben, welcher sich bald erwärmen wird und dann nur wenig Dampf kondensiert. — Das Experiment hat meine Behauptung bestätigt: Mit Hilfe dieses Kolbens ist die Wirkung viel besser, als wenn die Dämpfe unmittelbar mit dem Wasser in Berührung kommen.“

Über die Konstruktion dieses Kolbens selbst sagt Papin, daß die Schwierigkeiten mit dem genauen Kolben aus dem Wege geschafft seien. Leibniz wundert sich hierüber und frägt daher bei Papin an, wie er denn imstande gewesen sei, Kolben mit großer Genauigkeit herzustellen: „Ich sehe,“ antwortet er, „daß Sie geglaubt haben, ich hätte noch eine neue Erfindung mit sehr genauen Kolben gemacht. Ich habe nicht im entferntesten daran gedacht; denn, wenn ich gesagt habe, daß keine Schwierigkeiten mehr mit dem genauen Kolben beständen, so kommt das daher, daß die Dämpfe, welche den Kolben nach unten stoßen, um das Wasser aus der Pumpe zu treiben, mehr Kräfte haben als das Wasser, welches getrieben wird: und so kann das Wasser, trotzdem der Kolben nicht ganz dicht ist, nirgends über den besagten Kolben treten, weil der Dampfdruck es daran hindert. Ich habe die Wirkung in einer Röhre von 16 Zoll Durchmesser beobachtet, und es ist kein Grund vorhanden, zu zweifeln, daß die Sache in dickeren Röhren genau so vor sich geht.“

Mit Staunen haben wir aus der eben angeführten Briefstelle ersehen, daß Papin bereits die Wirkungen einer — sit venia verbo — kombinierten Oberflächen- und Einspritzkondensation beobachtet: „das also (durch das Schlagen des Sicherheitsventils) in Bewegung geratene Wasser ist viel eher geneigt eine große Menge Dampf zu kondensieren, als wenn seine Oberfläche in Ruhe bleibt“. Eingehend werden ebenfalls die Vor- und Nachteile dieser Kondensation erörtert. Um bei Beginn des Hubes keine Kondensation zu haben, hatte er den Kolben eingefügt. Dies hatte aber den Nachteil, daß der Dampf nach Beendigung des Hubes sehr lange brauchte, um zu kondensieren. Doch schlug er den Gewinn durch die Vermeidung der Kondensation bei der Expansion höher an als die durch die Kondensation entstehende Saugwirkung: „Ich habe noch zwei Ideen,“ schreibt er am 17. September 1705 an Leibniz, „die man mit Vorteil bei der Feuermaschine verwenden kann. Die erste ist, Vorkehrungen zu treffen, daß man nicht mehr nötig hat, die Maschine erkalten zu lasten, um neues Wasser emporzutreiben. Es ist wahr, daß man dadurch die Saugwirkung verliert, welche entsteht durch die Luftleere, welche die sich niederschlagenden Dämpfe erzeugen. Aber dieser Verlust ist eine Kleinigkeit im Verhältnis zum Gewinn auf der anderen Seite: denn wenn der Dampfzylinder (vaisseau d'ou on chasse l'eau) so heiß ist, daß man Wasser auf große Höhe treiben kann, braucht man auch sehr viel Zeit, um ihn wieder erkalten zu lassen, und darnach braucht man wieder viel Dampf, um ihn auf das höhere Temperaturniveau zu bringen; dagegen wenn der Zylinder warm bleibt, braucht man nur wenig frischen Dampf, um den Vorgang zu wiederholen und eine gute Wirkung hervorzurufen. Dieser Gedanke ist bereits geprüft und hat sich bewährt.“

Papin hatte also ganz richtig erkannt, daß der Zylinder möglichst warm gehalten werden müsse, und der später von Watt ausgesprochene Grundsatz: Der Zylinder muß so warm gehalten werden wie der Eintritts-

2*

dampf, war ihm schon zu Bewußtsein gekommen, wenn er ihn auch noch nicht aussprach. Ja, wir können sagen, Papin war schon einen Schritt weiter gegangen: nämlich zur Verwendung des überhitzten oder Heißdampfes. Wie unglaublich diese Behauptung auch klingen mag, so sehe man sich doch die folgende Einrichtung der Papinschen Maschine etwas näher an. Am 17. September 1705 schreibt er an Leibniz: „Der zweite Gedanke ist folgender: Man bringt in den Dampfzylinder immer ein rot glühendes Eisen, so daß die Dämpfe, bei ihrem Eintritt unter Druck, noch Kraft gewinnen können durch ihr Zusammentreffen mit dem glühenden Eisen. Ich habe die Ehre gehabt, Ihnen kürzlich von dem ohrenbetäubenden Geräusch berichten zu können, welches ein Tropfen Wasser verursacht, der sich auf einem Stück glühenden Eisens befindet, wenn man mit dem Schmiedehammer darauf schlägt. Diese Beobachtung brachte mich zu der Überzeugung, daß diese neue Idee imstande sei, die Wirkungsweise (der Maschine) bedeutend zu erhöhen, einen geringen Dampfverbrauch zu erzielen, und demgemäß auch an Feuermaterial zu sparen. Daran arbeite ich jetzt mit allem Eifer.“ Vier Wochen später, am 19. Oktober 1705, hatte Papin die Wirkung dieses glühenden Eisenstückes bereits erprobt, und er teilte das Resultat seines Versuches Leibniz mit: Die glühenden Eisenstücke haben auch eine gute Wirkung; aber diejenigen, welche ich benutzte, sind zu klein und verloren bald ihre Wärme, so daß man schlecht sagen kann, wie groß der durch sie entstehende Vorteil ist: doch habe ich die Absicht, sie auch bei einer anderen Maschine anzuwenden, und Stücke von 20—30 Pfund Gewicht zu benutzen, welche imstande sind, eine sehr ausgiebige und andauernde Wärme zu spenden, und trotz ihres Gewichts ebenso leicht ausgewechselt werden könnten wie die von 1 und 2 Pfund. Ich bin überzeugt, daß man, wenn man diese Erfindung richtig ausbeutet, bald ganz erhebliche Wirkungen erzielen wird.“

Wenn auch auf der Hand liegt, daß die Anordnung dieser glühenden Eisenstücke keinen großen Vorteil ergab, so können wir doch hierin wohl die Uranfänge unserer modernen Heißdampfmaschinen erblicken, obgleich wir uns über die Art und Weise ihrer Verwirklichung eines Lächelns nicht enthalten können. Ein kleiner Schritt weiter, und erhebliche Vorteile wären erzielt worden. An die nahe liegende Trennung von Zylinder, Kondensator und Überhitzer dachte Papin nicht! Theoretisch hatte er die Aufgabe ja gelöst, aber beim Umsetzen in die Praxis wurden durch die ungeschickte Anlage und Ausführung die erhofften Vorteile wieder zu nichte. Die praktische Hand des Maschinenbauers war noch nicht ausgebildet und die Praxis konnte dem genialen Flug der Theorie noch nicht folgen.

— Im Briefe vom 19. Oktober 1705 nimmt Papin auch Stellung zu der Frage: Wie kann die hin- und hergehende Bewegung des Kolbens in eine kontinuierliche Rotation umgewandelt werden? Da die Papinsche Maschine, wie wir später sehen werden, eine Art Dampfpumpe (l'invention pour elever l'eau par la force du feu) war, so war das Problem der Kontinuität der Bewegung verhältnismäßig einfach zu lösen: „Ich erziele", schreibt er an Leibniz, „ein ununterbrochenes Fließen, da ich die holländische Feuerspritze nachahme; ich habe es so eingerichtet, daß meine Maschine das Wasser in ein großes kupfernes Gefäß pumpt, in welchem Luft komprimiert wird, und diese Luft drückt dann ihrerseits wieder das Wasser in eine eigens zu diesem Zwecke angebrachte Ausflußleitung." Durch Wahl geeigneter Querschnitte und mit Hilfe der komprimierten Luft konnte man also ein ununterbrochenes Fließen erzielen.

Soweit über den konstruktiven Teil.

Aus dem Briefwechsel können wir ferner ersehen, daß Papin alles aufbot, um Leibniz zu veranlassen, beim Kurfürsten von Hannover sich für Anschaffung einer Papinschen Dampfmaschine zu verwenden. Denn Papin hatte wohl erkannt, daß man in Kassel seiner Erfindung nicht das Interesse entgegenbrachte, welches ihrer Bedeutung entsprach. Er versuchte daher mit dem Kurfürsten von Hannover in Verbindung zu kommen. Doch scheiterte Papins Plan an Leibniz' Vorsicht, welcher sich einer Ablehnung einer diesbezüglichen Anfrage von seiten seines Fürsten nicht aussetzen wollte. In seinen immer dringlicher werdenden Briefen setzt deshalb Papin ausführlich die Leistung, den Brennmaterialverbrauch, die Rentabilität seiner Maschine auseinander, er kommt auch auf die mannigfache Anwendungsmöglichkeit zu sprechen. Ferner wird die Frage der Kraftübertragung eingehend erörtert, um auch hiermit Leibniz zu veranlassen, seinem Fürsten die Anschaffung einer Maschine nahe zu legen. Die Leistung seiner Maschine wollte Papin, wie er in seinem Briefe an Leibniz äußert, mit Menschenkräften vergleichen. Leibniz wendet hiergegen ein, man könne besser nach Pferdekräften beurteilen. Dieser Ansicht schließt sich Papin an. Er schreibt am 31. Dezember 1705: „Daß ich nicht von der Kraft der Pferde gesprochen habe, um sie mit der Leistung der Feuermaschine zu vergleichen, hat in folgendem seinen Grund: ich glaube nicht, daß für den größten Teil der Maschinen ein Unterschied besteht zwischen der Kraft der Pferde und der Kraft der Menschen (für die Fahrzeuge liegt die Sache anders). Auf diesen Gedanken hat mich die folgende Überlegung gebracht. Die Pferde übertragen ihre Kraft auf die Maschinen in Form einer Drehbewegung, wodurch sie nach kurzer Zeit zugrunde gehen; ferner nötigt das zur Anwendung von Zahnrädern und von

Göpeln, die häufigen Anlaß zu Reparaturen geben und außerdem einen Teil der Kraft verzehren. Weiter muß man mehrere Pferde haben, die sich ablösen, weil ein einziges nicht längere Zeit hintereinander arbeiten könnte, endlich muß man stets die Kosten für einen Wärter tragen, der die Pferde zum Arbeiten antreibt. Alles dies zusammen wiegt fast die Vorteile auf, die man aus dem großen Kraftaufwand erzielt, den das Pferd vor dem Menschen voraus hat. Ich will mich über diesen Punkt nicht weiter verbreiten, und ich glaube, es ist besser, wenn ich an Sie die Bitte richte, da Sie ja mehrere Stellen kennen, wo man Wasser durch Pferdekraft hebt, gütigst eine exakte Berechnung darüber aufzustellen, welche Leistung ein Pferd abgeben kann, wie hoch die Kosten für das Futter sind, wie lange Pferde von einem bestimmten Preise die Arbeit aushalten und endlich, wie hoch die Ausgaben für das Räderwerk sind, und welchen Lohn die Leute, welche die Arbeit der Pferde überwachen, erhalten. Ich hoffe Ihnen dann neue einwandfreie Vorschläge machen zu können. Mir ist bekannt, daß es in der Geschichte der königlichen Akademie eine Aufstellung gibt, die der ungefähr entspricht, welche ich in der Sache der Feuermaschine fordere. Aber ich habe dies Buch nur kurze Zeit in der Hand gehabt und der Besitzer hat es wieder von hier mitgenommen, daher sehe ich mich gezwungen, meine Zuflucht zu Ihnen zu nehmen und Sie zu bitten, mich über diese Dinge aufzuklären.“ Leider erfahren wir von den Endergebnissen dieser von Leibniz angestellten Versuche über die Leistungsfähigkeit und die Unkosten des Pferdebetriebes nichts Näheres. In seinem folgenden Briefe setzt Papin ausführlich die Rentabilität seiner Maschine auseinander. Er schreibt am 23. März 1706: „... Unterdessen hatte ich Muße, eine kleine Abhandlung über diese Maschine zu schreiben und mit Sorgfalt zu untersuchen, was man von ihr erwarten kann, mit dem Erfolg, daß ich zur Zeit viel verwegener bin, und ohne die Antwort abzuwarten, die man Ihnen über die im Harz verwendeten Pferdestärken geben wird, will ich es wagen Ihnen auf meine Kosten eine neue Maschine anzubieten, wie ich es Ihnen am 2. November unterbreitet habe. Ich bin bereit, dieselbe selbst nach Hannover zu bringen. Wir wollen zunächst feststellen, wieviel eine gewisse Wassermenge auf eine gewisse Höhe mit Pferdekraft zu pumpen kostet. Stellt es sich dann heraus, daß unsere Maschine nicht dieselbe Leistung um den vierten Teil billiger macht, bin ich damit einverstanden, daß man sie mir zur Verfügung stellt, ohne mich für meine Kosten, die ich gehabt habe, zu entschädigen. Dagegen für den Fall, daß sie imstande ist, dasselbe um den vierten Teil billiger zu leisten, glaube ich wohl, daß es der Mühe wert sein dürfte, sie zu kaufen. Denn abgesehen von der Kostenersparnis ist man von der Unzulänglichkeit des Pferdebetriebes befreit, da die Pferde immer allerlei Zufällen ausgesetzt sind und täglich altern. Für einen derartigen Kauf verlange ich 300 Taler. Aber für den Fall, daß es sich herausstellt, daß besagte Maschine mehr leistet, als ich zu behaupten wage, verlange ich noch, daß man außer der kontraktlichen Leistung, welche ich garantiere, feststelle, welche Wassermenge sie in einem Jahre mehr gehoben hat, als man dem Kaufvertrag zugrunde gelegt hat: und daß man mir gibt, was es kosten würde, um dieses Wasser mit Pferdekraft zu heben. Ich höre, daß man die Größe der Leistung ebenso gut nach der Höhe wie nach der Menge des Wassers bemessen kann. Ich glaube, ich kann hier, was ich schon in einem vorhergehenden Briefe gesagt habe, wiederholen: Es scheint mir, daß Seine Hoheit der Kurfürst, wenn er diese Vorschläge annimmt, nur das Risiko hat, zu gewinnen aber nicht zu verlieren. Da er nur den Nutzen eines Jahres zu bezahlen hat, während er ihn immer genießt, und da er außerdem nur für eine solche Maschine zu bezahlen hat, die ihm auch als Modell dienen kann, um danach mehr als zwanzig andere zu machen, die er aufstellen kann, wo es nötig ist. Und so glaube ich, daß dieser große Fürst, ohne seiner Klugheit zu schaden, mir die Ehre erweisen könnte, die in Vorschlag gebrachte Maschine auch anzuwenden.“ So günstig diese Bedingungen auch waren, vermochten sie doch nicht den allzu vorsichtigen Leibniz zu veranlassen, die Anschaffung der Maschine seinem Kurfürsten zu empfehlen.

Während die dem Kurfürsten von Hannover offerierte Maschine dazu dienen sollte, Wasser zu heben, waren sowohl von Papin als auch von Leibniz noch andere Verwendungsmöglichkeiten ins Auge gefaßt worden. Nämlich die Anwendung als Schiffsmaschine *) und als Motor für Landfuhrwerke: „— falls der Raum für die mitzuführenden Heizungsmaterialien nicht zu groß ist“, schreibt Leibniz, „müßte meiner Vorstellung nach die Feuermaschine für die Galeeren vorzüglich geeignet sein. Wenn man sie dahin bringen würde, das gleiche zu leisten wie die Pferde, würde ihr auch die Fortbewegung der Wagen eine ausgezeichnete Verwendung sichern“. Papin erwidert ihm hierauf: „Es war immer meine, Absicht einen Versuch mit der Anwendung auf Wasserfahrzeuge zu machen. Ich bin überzeugt, daß man durch die Anwendung dieser Kraft Schiffe gewinnen könnte, die immer, trotz Sturm und widrigen Winden, ihren Kurs einhalten könnten. Auch glaube ich wohl, daß man mit der Zeit dazu kommen würde dieselbe Kraft für Landfahrzeuge anzuwenden, aber man kann nicht alles auf einmal machen.“

Was die Kraftübertragung anbetrifft, so wird dieselbe von beiden Gelehrten sehr eingehend behandelt. Papin ist für Zentralisierung der An-

*) Siehe S. 31.

triebskräfte, d. h. Anlage einer großen Zentrale, und von dort Übertragung der Kraft nach den Verwendungsstellen, während LEIBNIZ mehr dazu neigt, an jeder einzelnen Verwendungsstelle eine Feuermaschine aufzustellen. Am 17. September 1705 schreibt PAPIN an LEIBNIZ: „— zum Schlusse glaube ich, daß es vorteilhafter ist, Wasser mit einer einzigen Pumpe z. B. auf 500 Fuß Höhe zu treiben, als genötigt zu sein 10 Pumpen anzuwenden, von denen jede das Wasser 50 Fuß hoch treibt, denn man würde dann an Pumpen sparen und an Arbeitern, welche sie bedienen müßten. Was die Kraftübertragung auf weite Entfernung anbelangt, so möchte ich Ihnen sagen, daß ich in meinen Briefen an den Grafen v. GREIFFENSTEIN zwei verschiedene Methoden hierfür angegeben habe, die eine mit Luftverdünnung, die andere mit Luftverdichtung. Aber ich glaube nicht, daß es notwendig ist, zu derartigen Mitteln gegenwärtig seine Zuflucht zu nehmen, denn die Feuermaschine kann überall da, wo man will, große Kräfte erzeugen, und sie ist so billig, daß es eine überflüssige Ausgabe wäre es anders zu machen.“ Hierauf erwidert ihm LEIBNIZ: „Was die Kraftübertragung auf beträchtliche Entfernungen anbelangt, so bin ich der Ansicht, daß man überall Feuermaschinen aufstellen kann. Trotzdem können Fälle eintreten, wo die Kraftübertragung von Nutzen ist, da ein und dieselbe Feuermaschine mehrere Verrichtungen zu gleicher Zeit bei räumlicher Entfernung vornehmen kann und bei denen es nicht der Mühe wert oder nicht bequem möglich ist, eine eigene Feuermaschine aufzustellen. Dies ist der Fall bei unseren Bergwerken, wo eine Kraftquelle 20 Pumpen nacheinander treiben muß, die im Bergwerk verstreut sind.“

Dank der Anregung aus diesem Briefwechsel nahmen die Arbeiten an der Dampfmaschine guten Fortgang, und im Hochsommer 1706 war die Maschine vollendet.

„Ars nova ad aquam ignis adminiculo efficacissime elevandam, Authore Dionysio Papin. Med. Doctore, Mathes. Profess. Publ. Marburgensi Consiliario Hassiaco ac Regiae Societatis Londinensis socio, Lipsiae 1707“ lautet der Titel des neuen Werkes, welches PAPIN über seine Dampfmaschine veröffentlichte und dem wir die Fig. 3 entnommen haben. Fig. 4 zeigt den rekonstruierten Längsschnitt durch die Maschine. Als Dampfkessel diente der kupferne Kessel AA, welcher eine elliptische Form hatte und vom Erfinder „Retorte“ genannt wurde. Der kleine Durchmesser des Ellipsoids betrug etwas mehr wie 20 Zoll, während der große Durchmesser etwa 26 Zoll betrug. Der Kessel war jedenfalls eingemauert und unter ihm eine Feuerung angebracht. Wasser wurde dem Kessel durch das Sicherheitsventil CC zugeführt. Aus dem Dampfraum des Kessels führte eine Rohrleitung BB, welche mit einem Absperrhahn versehen war, nach dem

Zylinder der Maschine. Dieser Dampfzylinder hatte einen Durchmesser von 20 Zoll bei 15 Zoll Höhe. Im Zylinder selbst befand sich ein hohler aus Blech zusammengesetzter Kolben (FF) von hutförmiger Gestalt; in die zylindrische Vertiefung des Kolbens (JJ) konnte man das aus Papins Briefen an Leibniz bekannte glühende Eisenstück einsetzen. Unter dem Kolben befand sich Wasser, welches durch den Trichter (GG) in den knieförmigen Zylinderansatz (HH) eingeführt wurde, und welches den Kolben in die Höhe hob. Auf der andern Seite des Zylinderansatzes begann das Steigrohr (MM), welches in ein hochstehendes Wasserreservoir (NN) mündete. Die Inbetriebsetzung und Wirkungsweise der Maschine war folgende: Nachdem das Feuer unter dem Dampfkessel angezündet war, ließ der mit der Wartung der Pumpe beauftragte Arbeiter durch den Trichter (GG) Wasser in den Zylinder einströmen. Dieses Wasser hob den Kolben (FF) in die Höhe bis er seinen höchsten Stand erreicht hatte. Hierauf wurde durch die Öffnung (L) das in der Feuerung bis auf Rotglut erhitzte Eisenstück in den Kolben eingeführt. Nun konnte man den Hahn (E) öffnen und der mittlerweile in (AA) erzeugte Dampf strömte in Zylinder über, expandierte und drückte den Kolben nach unten. Das unter dem Kolben befindliche Wasser wurde nun durch das Steigrohr (MM) in das Reservoir (NN) gedrückt, in welchem die darin befindliche Luft allmählich komprimiert wurde. Am Fuße des Wasserreservoirs war noch ein Hahn (X) angebracht, aus welchem das Wasser ausströmen und ein Mühlrad in Bewegung setzen konnte. War ein Hub der Maschine vollendet, so wurde durch den Arbeiter der Hahn (E) geschlossen und der kleine am

ARS NOVA
AD
AQUAM
IGNIS AD-
MINICULO
EFFICACISSIME
ELEVANDAM,
Authore
DIONYSIO PAPIN,

Fig. 2.
Titelblatt der „ars nova“. in welcher Papin seine Dampfmaschine veröffentlicht.

Dampfzylinder befindliche Hahn (*u*) geöffnet, so daß der verbrauchte Dampf ausströmen konnte. Das in (*GG*) enthaltene Wasser öffnet nun selbsttätig das Rückschlagsventil (*S*) und fließt durch (*H*) nach (*D*), hebt den Kolben wieder empor und ein neuer Arbeitsprozeß konnte vor sich gehen. Außerdem waren noch die Hähne (*R*) und (*Y*) angebracht, welche den Zweck hatten, aus (*R*) den Dampf und aus (*Y*) das Wasser ablassen zu können.

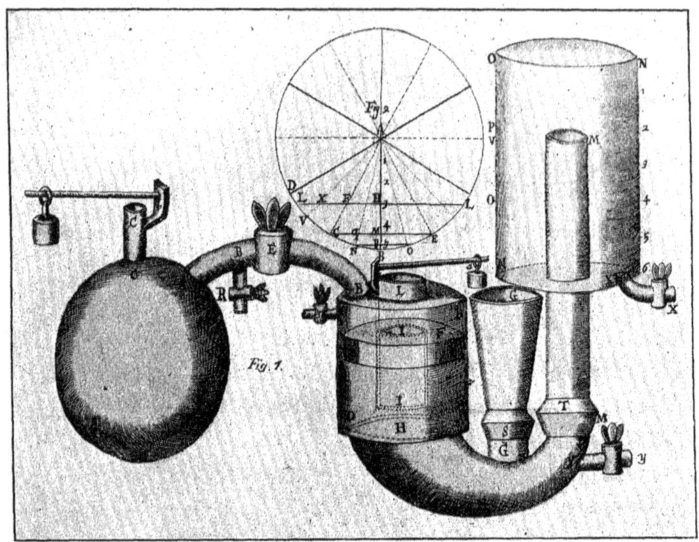

Fig. 3.
Die in der „ars nova" enthaltene Zeichnung der Dampfmaschine vom Jahre 1706.

Um die Größenverhältnisse dieser ersten Dampfmaschine besser beurteilen zu können, sind in der folgenden Tabelle die Maße unter Zugrundelegung des im früheren Kurfürstentum Hessen geltenden Maßsystems:

1 Normalfuß zu 12 Zoll = 287 mm

nochmals zusammengestellt.

Kessel, kleine Achse	ca.	480 mm,
„ große „	„	620 „
Zylinderdurchmesser	„	480 „
Zylinderlänge	„	360 „
Kolbenhub	„	300 „
Anzahl der Hube pro Minute	„	5—6 „
Steigrohr-Durchmesser	„	120 „
„ -Länge	„	20300 „
Wasserreservoir-Durchmesser	„	550 „
„ -Höhe	„	990 „

Betrachten wir uns die Wirkungsweise der Maschine etwas näher, so könnte man auf den ersten Blick glauben, die Maschine hätte unmöglich mit Erfolg arbeiten können, da der Druck der komprimierten Luft im Wasserreservoir schnell zunehmen wird. Sehen wir jedoch genauer zu, so werden wir gerade hierin das Genie Papins bewundern müssen. Denn seine Maschine war derartig konstruiert, daß der Dampf in dem Augenblicke, in welchem man es von ihm verlangte, auch seine größte Kraft entfalten konnte, in dem er gezwungen wurde, zu expandieren. Die in *NN* komprimierte Luft

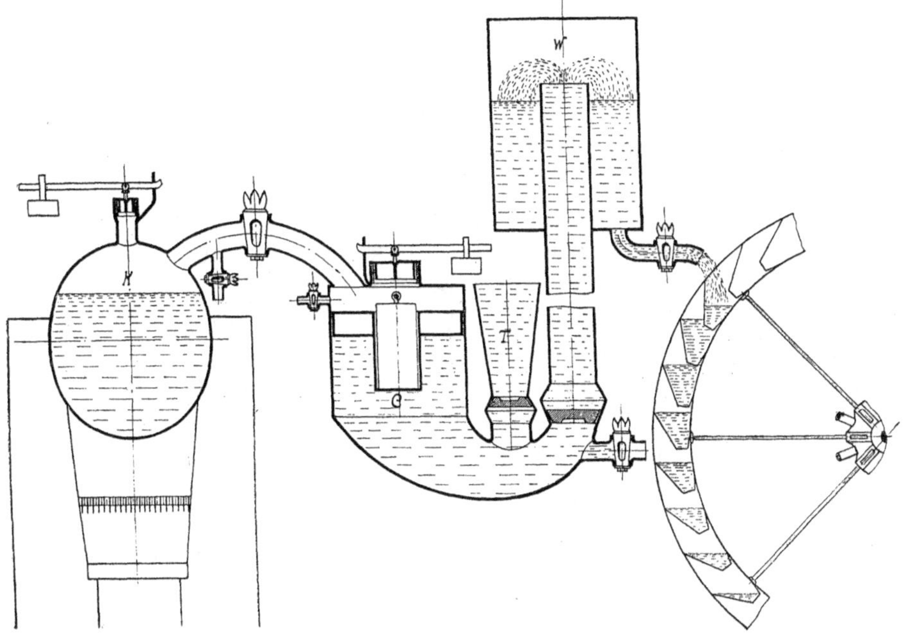

Fig. 4.
Rekonstruktion der Papinschen Dampfmaschine von 1706.

reduzierte auch die Stöße der Maschine auf ein Minimum. Gleichzeitig diente die Luft dazu, am Schluß des Hubes das Rückschlagsventil schneller zu schließen.

Im Juli wurde die neue Dampfmaschine dem Landgrafen Karl im Treppenhause des 1695 erbauten Kunsthauses im Betriebe vorgeführt. Am 19. August berichtete Papin über den Ausgang dieser Versuche an Leibniz: „Man benutzte starke gußeiserne Röhren, weil man glaubte, daß ihre Verwendung das Beste und Bequemste wäre. Was mich anbetrifft, so erklärte ich von vornherein, daß diese Röhren unmöglich Widerstand leisten könnten, weil man die Verbindungsstellen mit Kitt hergestellt hatte; aber andere widersprachen: und als man zum Versuch kam, sah man, daß in der Tat das Wasser aus allen Verbindungsstellen heraustrat, und das geschah an der untersten Stelle in derartigem Maße, daß Seine Durchlaucht bald erklärte, dieser Versuch könne nicht gelingen, aber ich bat ihn sehr untertänig, ein wenig zu warten, weil ich glaubte, daß die Maschine trotz der großen Verluste an den zahlreichen Verbindungsstellen genug Wasser liefern würde. Und in der Tat, als wir die Operationen fortsetzten, sahen wir vier- oder fünfmal das Wasser oben aus dem Steigrohr treten. Man wollte hierauf die Röhren neu verkitten, aber da der Kitt warm war, drang eine große Menge in das Steigrohr und fiel auf das Rückschlagsventil, so daß sich dieses bei dem zweiten Versuch, den man anstellen wollte, nicht mehr genau schloß. Infolgedessen gab Seine Hoheit den Befehl, man solle Steigrohre aus kupfernen Platten anfertigen. Wenn diese Röhren aneinander geschweißt sind, werden sie nicht mehr den Grund für dieselben Unzuträglichkeiten bilden wie die gußeisernen, und ich glaube, daß ich mit Hilfe dieses Mittels ihren Anforderungen werde genügen können. Jedoch ist die Abwesenheit Seiner Durchlaucht der Grund für die Verzögerung, denn die Arbeiter schaffen gegenwärtig nicht daran, trotzdem sie nichts anderes zu tun haben. Auch ist es ganz ungewiß, wann Seine Hoheit zurückkehren werde. Die meisten glauben nicht vor St. Michaelis. Beim genauen Messen der Höhe des Hauses, auf welches wir das Wasser emporgetrieben haben, fanden wir, daß dieselbe 70 Fuß betrug, und kam ich zur Einsicht, daß die Höhe, bei welcher wir die Versuche vor acht Jahren machten und die man auch auf 70 Fuß schätzte, kaum die Hälfte gewesen sein wird. Was meine Abhandlung über diese Maschine anbelangt, so glaube ich, daß man dieselbe in Allendorf druckt.“

Am 29. November 1706 konnte Papin ein Exemplar seiner Druckschrift, die „Ars nova etc.“ an Leibniz senden und ihm die Einzelheiten seiner Erfindung auseinandersetzen. In dem nun folgenden Briefwechsel zwischen Leibniz und Papin werden Fragen und Erörterungen aufgeworfen, die uns sehr modern anmuten. So die überaus wichtige Frage der Erneuerung des Wassers im Kessel, während die Maschine in Betrieb war. Leibniz schlägt zu diesem Zweck einen mit einer Nische versehenen Hahn vor. Papin dagegen macht, um den Dampfverlust zu vermeiden, einen besseren Vorschlag. Er wendet ein Zuleitungsrohr mit zwei Hähnen an. War der Raum zwischen beiden mit Wasser gefüllt und öffnete man den unteren Hahn, so fiel das Wasser in den Kessel, während an seine Stelle Kesseldampf trat. Dieser Dampf ging jedoch nicht verloren, sondern er diente gleichzeitig zum Vorwärmen des folgenden Wasserquantums. Was die Frage der Verwendung des Auspuffdampfes, an welchem der die

Maschine bedienende Arbeiter sich leicht die Hand verbrennen konnte, anbelangt, beabsichtigte Papin diesen Dampf zur Erwärmung der Retorte zu verwenden, während Leibniz den Vorschlag machte, denselben in den oberen Teil des Windkessels strömen zu lassen, um die Expansion der Luft zu erhöhen.

Doch wie zahlreich die Verbesserungsvorschläge auch gewesen sein mögen, zur praktischen Ausführung sind sie nie gekommen, denn Papin durfte seine Versuche nur in Gegenwart des Landgrafen vornehmen, und da der Fürst durch andere Geschäfte derartig in Anspruch genommen war, daß er die Verbesserungen an der Dampfmaschine nur abends besichtigen konnte, fand Papin keine Zeit Verbesserungen anzubringen. Als Papin so ein halbes Jahr hingehalten wurde, ohne Neues leisten zu können und im Februar 1707 die Arbeiter, welche mit der Herstellung des neuen Steigrohres beschäftigt waren, dasselbe noch obendrein grundlos wegnahmen, da riß auch Papin die Geduld. Er reichte dem Landgrafen sein Entlassungsgesuch ein. Leibniz gegenüber rechtfertigte er seinen Entschluß in einem Briefe vom 27. April 1707: „. . . Aber weit entfernt Vorbereitungen getroffen zu haben für die Versuche, welche nötig wären, um alles zu bestimmen, was man von unserer Maschine sowohl in bezug auf ihre Leistungsfähigkeit als auch in bezug auf die Unbequemlichkeiten, welche ihr noch anhaften, erwarten kann, muß ich sehen, daß man sie uns auseinandergenommen hat, um einen Versuch mit dem weiten Rohr, welches bis oben in das Gebäude reicht, anzustellen. Indem ich ferner sehe, mit welcher Gleichgültigkeit man diese Erfindung betrachtet, und wie wenig Wert man darauf legt, muß ich glauben, daß meine Feinde hier noch die Oberhand haben, ebenso wie bei Gelegenheit der Maschine mit der Granaten geworfen werden sollten. Wenn es Zeit ist, in allem Ernste an der Maschine zu arbeiten, dann verläßt man sie ganz. Alles was ich sagen kann, ist, daß man die Welt nehmen muß, wie sie ist.“ Einige Wochen später schreibt er an denselben: „Sie wissen, daß ich mich bereits seit langer Zeit beklage, daß ich hier viele und mächtige Feinde habe, doch faßte ich mich in Geduld, aber seit kurzem habe ich ihren Groll in solcher Weise erfahren, daß ich allzu verwegen wäre, wenn ich unter so viel Gefahren noch länger zu bleiben wagen wollte. Ich bin gleichwohl überzeugt, daß ich recht behalten hätte, wenn ich einen Prozeß hätte beginnen wollen; aber ich habe bereits zu viel Zeit Seiner Durchlaucht für meine unbedeutenden Angelegenheiten in Anspruch genommen, und es wird besser sein, zu weichen und den Platz zu räumen, als allzuoft genötigt zu sein, einem so großen Fürsten zur Last zu fallen. Ich habe ihm deshalb mein Gesuch eingereicht, mich mit seiner Erlaubnis nach England zurückziehen zu dürfen, und Seine Durchlaucht hat in solcher Art zugestimmt, daß ich glauben darf, dieselbe hat noch, wie sie es immer hatte, mehr Wohlwollen für mich als ich verdiene."

So waren die Würfel gefallen; Papin, welcher eingesehen hatte, daß er in Kassel nur seine wertvolle Zeit vergeude, hatte den Entschluß gefaßt, Deutschland zu verlassen. Sein Entlassungsgesuch war inzwischen genehmigt worden. In England hoffte er größeres Verständnis für die Bedeutung und Tragweite seiner Maschine vorzufinden.

Nachdem PAPINS Hoffnungen in Kassel so schnöde zunichte geworden waren, raffte er seine wenigen Habseligkeiten zusammen, um so schnell wie möglich nach England zu gelangen. Er beabsichtigte die Reise auf dem Wasserwege zu machen, hauptsächlich deswegen, um ein kleines Schiff mit Ruderrädern, welches er sich in Kassel erbaut hatte, mitnehmen zu können. Dieses Schiff bildete den Anlaß zu dem Märchen von der Dampfschiffahrt PAPINS, wie wir es in mehreren Geschichtswerken vorfinden. Eine Abhandlung in den acta eruditorum vom August 1690 über die Möglichkeit und den Nutzen der Dampfschiffahrt mag wohl dazu beigetragen haben, den Anschein zu erwecken, als wäre PAPIN im Besitz eines Dampfschiffes gewesen. PAPIN sagt an der angeführten Stelle: „Quomodo jam vis illa ad extrahendam ex fodinis aquam aut mineram, ferreos globos ad maximam distantiam projiciendos, naves adverso vento provehendas, atque ad alios ejusmodi usus quam plurimos applicari queat, longum nimis foret hic recensere: verum unusquisque, pro data occasione, machinarum fabricam excogitare debet proposito suo accommodatam. Hic tamen obiter annotabo, quot nominibus ad naves in mari movendas ejusmodi vis vulgaribus remigibus anteponenda foret:

1. enim vulgares remiges pondere suo triremem praegravant, ineptioremque ad motum reddunt;

2. multum loci requirunt, atque ita magno sunt in navi impedimento;

3. non semper datur tot ejusmodi homines reperire, quot necessitas postulat;

4. denique remigibus, sive in alto desudent, sive in portu quiescant, necessarium semper alimentum est suppeditandum, quo sumptus non parum augentur.

Nostri vero tubi exiguo admodum pondere navem retardarent, ut supra dictum: exiguum quoque locum occuparent: possent etiam in sufficienti quantitare facile comparari, si semel opificium in hunc finem extructum et instructum foret: ac denique pro dictis tubis nullum nisi operationis tempore lignum consumeretur, in portu autem nullos sumptos requirerent. Quoniam autem remi vulgares minus commode ab ejusmodi tubis moveri possent adhibendi foret remi rotatiles, quales meminime vidisse in machina Serenissimi Principis Ruperti Palatini jussu, Londini constructa, quae ab equis remorum eiusmodi ope in motum agebatur quaeque cymbam regiam sedecim remigibus instructam longo post se intervallo relinquebat: sic procul dubito, remi axi alicui infixi commodissime circumagi possent a tubis nostris, si nimirum manubria pistillorum dentibus instruerenteur, qui rotulas itidem dentatas axi remorum affixas necessario circumverterent: necesse foret duntaxat, ut tres vel quattuor tubi eidem axi applicarentur, quo posset ipsius motus sine interruptione continuari: dum enim pistillum aliquod ad fundum tubi sui pertingertet, adeo ut non posset amplius axem circumagere, antequam ad tubi summitatem vi vaporum iterum propelleretur: posset statim amoveri retinaculum pistilli alius, cuius descendendo vis eiusdem axis motum continuaret: et sic deinceps aliud adhuc pistillum deprimeretur, vimque suam in eundem axem exereret, interea dum pistilla prius depressa vi caloris ad summitatem iterum elevarentur, sicque novam movendi dicti axis vim acquirerent, modo superius descripto. unica autem fornax mediocri igne instructa ad omnia illa pistilla successive elevanda sufficeret. Verum objiciet forsan aliquis, dente manubriorum impactos dentibus rotarum ascendendo et descendendo debere motus oppositos axi nostro impertiri, atque ita pistilla ascendentia descendentium, aut descendentia ascendentium motum impeditura esse. Levissima vero est haec objectio: notissimum enim est apud autumatopoeos artificium, quo rotulae dentatae axi ita affiguntur, ut versus unam partem circumactae axem necessarios secum ducant; at versus alteram partem circumeuntes nullum eidem axi motum impertiantur, sed illum motu opposito liberrime circumverti permittant. Praecipua igitur difficultas constitit in obtinendo opificio illo ad praegrandes tubos ‚facili negotio configendos'."*)

*) „Da nun jene Kraft (die Dampfkraft) zur Förderung von Wasser und Erzen, zum Schleudern eiserner Kugeln, zum Fortbewegen von Schiffen gegen den Wind, und zu einer Menge anderer derartiger Sachen verwendbar ist, so ist folgende Ansicht berechtigt: Jeder einzelne kann in der Tat je nach Gelegenheit eine seinen Bedürfnissen entsprechende Maschine konstruieren. An dieser Stelle will ich mich darüber verbreiten, wie groß die Vorzüge bei der Schiffahrt im Vergleich zur gewöhnlichen Ruderkraft sind:

1. gewöhnliche Ruderer belasten durch ihr Gewicht das Schiff und machen es schwerfälliger;

2. sie beanspruchen viel Platz und sind überall auf dem Schiffe im Wege;

3. nicht immer ist es möglich die Bemannung vollzählig zu bekommen;

4. schließlich müssen die Ruderer, sei es, daß sie auf hoher See ausruhen, sei es, daß das Schiff im Hafen liegt, ernährt werden, wodurch die Kosten nicht wenig steigen.

Durch das geringe Gewicht unserer Zylinder würde das Schiff erleichtert,

Zur dieser Frage der Dampfschiffahrt PAPINS haben viele, Berufene und Unberufene, Stellung genommen.

„Seit der berühmten Fahrt PAPINS auf dem Fuldastrom von Kassel nach Münden am 24. September 1707 erhielt sich in den historischen Erinnerungen der Stadt Kassel ein gewisser Glorienschein, daß in unserer Stadt das erste Dampfschiff erbaut worden sei, daß die Fulda das erste Dampfschiff getragen habe." Also beginnt Dr. B. STILLING in der Zeitschrift des Vereins für hessische Landeskunde (1880) seine Abhandlung, in

---

wie oben bewiesen: auch erfordern sie nur wenig Raum. Man könnte sie nämlich in genügender Anzahl leicht herstellen, wenn man nur einmal eine Fabrik zu diesem Zwecke erbaut und eingerichtet hätte, und außerdem würde durch besagte Zylinder im Betriebe nur Holz verzehrt. Im Hafen würden sie keinerlei Aufwand erfordern.

Da nun die gewöhnlichen Ruder schlecht durch derartige Zylinder in Bewegung gesetzt werden können, müßte man Ruderräder anwenden, wie ich sie gesehen habe bei einer Maschine, welche auf Befehl Seiner Durchlaucht des Fürsten Ruprecht von der Pfalz in London erbaut wurde, und bei welcher durch Pferde derartige Ruder in Bewegung gesetzt wurden, und welche eine königliche Galeere, die mit 16 Ruderern bemannt war, weit hinter sich ließ. Es unterliegt keinem Zweifel, daß man die Ruder sehr bequem auf einer Achse befestigen und diese mit unseren Zylindern in Umdrehung versetzen kann, wenn man nur an dem Kolben eine Zahnstange anbringt, welche in ein auf gleiche Weise gezähntes Rad, das auf der Ruderräderachse befestigt ist, eingreift, und dieses zwangläufig in Bewegung setzt. Es wäre nur notwendig drei oder vier Zylinder auf eine Achse wirken zu lassen, wodurch eine Rotation ohne Unterbrechung erzeugt würde.

Während nämlich ein Kolben am Boden des Zylinders angelangt ist, so daß er die Welle nicht mehr drehen kann, bevor er durch die Dampfkraft nicht wieder emporgehoben ist, müßte ein anderer Kolben Arbeit verrichten, und zwar derartig, daß durch ihn die Bewegung der Welle ohne Unterbrechung fortgesetzt würde, und dann müßte wieder ein anderer Kolben seine Kraft auf dieselbe Welle abgeben. Inzwischen würde der erste Kolben wieder durch die Dampfkraft gehoben sein, so daß er neue Kraft zum Bewegen der besagten Welle besitzen würde, wie oben beschrieben. Ein einziger Ofen mit mäßigem Feuer würde genügen, um alle diese Kolben der Reihe nach zu heben. Es könnte jemand einwenden, daß die Zähne der Zahnstangen, welche in die Zahnräder eingreifen, durch die im Auf- und Niedergehen verschiedenartige Bewegung der Welle hinderlich wären, und so die aufsteigenden Kolben die Bewegung der niedergehenden und die niedergehenden die Bewegung der aufsteigenden hindern könnten. Die Erwiderung auf diesen Einwand ist sehr leicht. Es ist nämlich sehr bekannt, daß man bei den 'Automatopoeen' eine Vorrichtung anwendet, wodurch die Zahnräder derartig auf der Achse befestigt werden, daß sie in der einen Richtung die Welle zwangläufig mitführen, in der anderen Richtung aber auf dieselbe Achse keine Bewegung übertragen, sondern der Achse jegliche Bewegungsfreiheit in entgegengesetzter Richtung gestatten. Die Hauptschwierigkeit besteht in der Errichtung einer Fabrik, um große Zylinder mit leichter Mühe erzeugen zu können."

welcher er den Beweis zu führen versucht, daß PAPIN tatsächlich bei seiner Fahrt auf der Fulda 1707 ein Dampfschiff benutzt habe. An gleicher Stelle befindet sich eine ebenso scharfe wie beweiskräftige Entgegnung aus der Feder E. GERLANDS, welcher den Nachweis führt, daß PAPIN niemals ein Dampfschiff gebaut, geschweige denn auf einem solchen im Jahre 1707 bis Münden gefahren sei.

Nach eingehendem Studium beider Arbeiten, insbesondere auch der von beiden benützten Quellen, kann es keinem Zweifel mehr unterliegen, daß GERLAND mit seiner Behauptung recht hat, und das Märchen von der Dampfschiffahrt PAPINS nur durch Sage und dunkle Überlieferung sich in Schriften, wie „PIDERITS Geschichte der Stadt Kassel“ eingeschlichen haben kann. Ein Brief PAPINS vom 13. März 1704 an LEIBNIZ, welcher in der königlichen Bibliothek zu Hannover aufbewahrt ist, beseitigt jeden Zweifel. PAPIN schreibt: „J'ay pourtant entrepris de faire un batteau qui peut porter environ quatre mille livres, et Je pretens que deux hommes pourraient le faire monter facilement et vite contre le courant de la rivière, par le moyen d'une roue que J'y ay ajustée pour servir des rames. Je n'ay fait cette entreprise que sur un petit traité, que J'ay divisé en trois section. Dans la première j'examine la resistance que rencontrent les corps, qui se meuvent dans l'eau, et Je conclus que le doit être la meilleure construction des vaisseaux. Dans la seconde section J'examine la manière ordinaire de rames et les défauts, qui s'y trouvent: et dans la troisième Je donne les moiens pour remedier à ces défauts et Je trouve par mon calcul qu'on pourrait faire un vaisseau qui porteroit une plus grande charge qu'une Galere et qui avec 7 ou 8 rameurs, sans l'aide du feu court plus vite que les Galeres ordinaires ne vont avec 250. J'ay assez envie de faire quelques experiences pour confirmer ma théorie; mais Je considère que si je fais porter mon bateau à l'eau il sera negligé aussi bien que la machine aux grenades. Je ne porrais le garder sur la rivière: et se seroit un grand embarras de démonter pour le faire rapporter chez moi: ainsi J'aime mieux le garder ou il est jusques à ce que je sois mieux assisté ou que J'aye occasion de m'en servir moy même. Je n'ay point préparé celui ci pour y emploier la force du feu: parceque ce n'est pas à moi d'entreprendre trop des choses à la fois: J'ay même emploié plus d'un an à mettre ce batteau dans l'état qu'il est, et il ny a pour tant rien qui ne pût se faire en peu de semaines.“

Ist damit auch der Beweis geliefert, daß PAPINS Boot kein Dampfschiff gewesen war, so ist dem Boot doch als einem der ersten Schiffe mit Ruderrädern immerhin einige Bedeutung zuzumessen. Auf einem solchen Boot fuhr nun PAPIN am 24. September 1707 von Kassel nach Münden, um von dort auf der Weser nach Bremen weiter zu fahren. Die Schiffergilde der Stadt Münden besaß nun zu jener Zeit ein ausgedehntes Stapelrecht, und trotz Passierschein des Drostes von Münden und Reisepasses seines Landgrafen wurde PAPINS Boot ans Land gezogen und von den Schiffern „vorheert“, wie es in den Akten des Magistrats von Münden über diesen Vorfall heißt.

Durch diesen Gewaltakt sah sich PAPIN in eine schlimme Lage versetzt, er mußte zusehen, wie sein Boot, von dem er sich so viel versprochen hatte, von den unverständigen Schiffern in Trümmer geschlagen wurde. Der Verlust war schwer, auch waren seine Reisedispositionen empfindlich gestört, und statt des bequemen Seeweges mußte er die beschwerliche Landroute über Holland nach England nehmen.

Die Vernichtung des Ruderschiffes bildete den Wendepunkt in PAPINS Leben, sie war gleichsam ein Symbol für die Folgezeit; denn an dem Tage, an welchem das Boot in einen Trümmerhaufen verwandelt war, war auch der Schiffbruch seines Lebens vollendet. Es häufte sich nun Unglück auf Unglück, Mißgeschick auf Mißgeschick.

In London angekommen versuchte PAPIN zunächst mit Hilfe eines Empfehlungsbriefes von LEIBNIZ bei der Royal Society die ihm vor zehn Jahren angetragene Stelle eines Experimentators zu erlangen. Doch vergebens. Auch seine Bitte, die Vorteile seiner Dampfmaschine gegenüber der SAVERYschen nachweisen zu dürfen, wurde abgeschlagen.

Vier Jahre mühte sich der greise Erfinder ab durch Experimente und Vorschläge, die er der Royal Society machte, kärglich sein Leben zu fristen, denn die Hoffnung, noch eine Dampfmaschine bauen zu können, hatte er längst aufgegeben. Im Jahre 1712 machte der Tod seinem an Mühsalen und Enttäuschungen reichen, an Erfolgen und Ehren aber armen Leben ein Ende.

So war zu Anfang des 18. Jahrhunderts in Kassel ein Werk entstanden, welches die Grundlage bilden sollte für eine Maschine, die berufen war, eine vollständige Umwälzung auf dem Gebiete des Verkehrs und der Industrie hervorzurufen.

Die Technik und der praktische Maschinenbau jener Zeit waren aber nicht imstande, die Ideen und Konstruktionen, welche das Genie eines PAPIN erfunden hatte, in Wirklichkeit umzusetzen. Und doch wäre dies erforderlich gewesen, um einen rationellen Betrieb mit der Dampfmaschine schon zu jener Zeit zu erzielen.

PAPIN hatte das Unglück, 100 Jahre zu früh gelebt zu haben, denn seine Zeitgenossen vermochten nicht, den Wert seiner Erfindungen auch nur zu ahnen. Wie wenig man seiner Zeit selbst in Kassel von ihm gehalten hat, möge eine Stelle aus Uffenbachs Reisebeschreibungen beweisen:

„... Wir langten daselbst (Kassel) am 11. November des 1709. Jahres an, nachdem wir am 8. dieses Monats aus unserer Vaterstadt (Frankfurt) abgereist waren ... Nachdem kamen wir von dem Herrn Papin zu reden, von dem ich, wegen eines und andern, und sonderlich seiner Erfindungen erkundigte. Ich mußte aber mit Verwunderung vernehmen, daß er mit schlechtem Kredit von hier hinweggekommen. Er wurde beschrieben als ein Schwätzer und kühner Unternehmer, der hunderterley theils zum Schaden und Gefahr Ihro Durchlaucht und seiner selbsten, ohne Erfahrung aus purer Spekulation vorgenommen. Seine zwo letzte Unternehmungen, welche ihn auch von hier gebracht sind diese: Erstlich, daß er sich unterstanden, mit einem Schiff ohne Ruder, sondern nur mit Rädern, auch ohne Segel allein zu schiffen, welches ihm auf der Fulda, zu geschweigen auf dem großen Meere, darauf er in England schiffen wollte, bald sein Leben gekostet hätte. Das andere und das größte ist, daß er mit Wasser wie mit Pulver zu schießen unternommen, er leichtlich ein großes Unglück angerichtet hätte: denn, indem die dazu bereiteten Maschinen gesprungen, haben sie nicht allein das Laboratorium guten Theils über einen Haufen geworfen, verschiedene Menschen tötlich verwundet, und einem unter anderen den Kinnbacken hinweggeschmissen, sondern es hätte auch Ihro Durchlaucht selbsten treffen, und als einen sehr curieusen Herren, der alles gar genau in Augenschein nehmen will, das Leben kosten können, wann nicht von ungefähr Ihro Durchlaucht von Geschäften abgehalten etwas später gekommen wären, weswegen er dann auch seinen Abschied bekommen."

III. Die Entwicklung der Dampfmaschine bis zur Neuzeit.

Die weitere Entwicklung der Dampfmaschine vollzieht sich ausschließlich in England, dem einzigen Lande, in dem ein wirtschaftliches Bedürfnis nach einer Kraftmaschine wirklich vorhanden war. Vor allem war es der Bergbau, der nach einer solchen verlangte und der mittels der damals gebräuchlichen „Roßkünste" das eindringende Grubenwasser nicht mehr zu bewältigen mochte. Diesem Bedürfnis suchte ein Engländer abzuhelfen, THOMAS SAVERY, der wie schon erwähnt, im Jahre 1698 ein Patent erhielt und der von vielen als der Erfinder der Dampfmaschine bezeichnet wird. Das Projekt seines Apparates, einer Hochdruckmaschine mit Kondensation, stimmt im wesentlichen mit dem ersten Plan PAPINS überein. Offenbar hat aber SAVERY PAPINS Maschine nicht gekannt, da er sonst einen wesentlichen Fehler seiner Konstruktion vermieden hätte: bei SAVERYS Maschine fehlt der Kolben vollständig, der heiße Dampf trifft unmittelbar auf das kalte Wasser. Die Folge davon war, das ein großer Teil des Dampfes kondensierte, ehe er überhaupt zur Kraftentfaltung gelangen konnte. Dagegen weist seine Maschine auch einen Vorzug auf: SAVERY wandte zum erstenmal die Oberflächenkondensation an. Die Priorität der Erfindung aber kann er PAPIN nicht streitig machen. Die Veröffentlichung seines Projektes fällt zeitlich später als die Ausführung PAPINS erster Maschine, die erste Ausführung seiner Maschine fällt in dasselbe Jahr wie die von PAPINS zweiter Maschine und endigt im Gegensatz zu dieser mit einem Mißerfolg. Infolge des oben erwähnten Übelstandes nämlich vermochte die Maschine den Druck der Wassersäule, die sie heben sollte, nicht zu bewältigen. Als SAVERY dies durch Anwendung höheren Drucks erzwingen wollte, explodierte der Kessel und zerschlug die Maschine. Wenn auch SAVERYS Maschine für einen wirtschaftlichen Betrieb infolge ihrer hohen Dampfverluste nicht zu gebrauchen war, so war sie doch die erste, die für kleinere Leistungen, zur Wasserlieferung für Wasch- und Badeeinrichtungen, für Springbrunnen und dergleichen zu dauernder Verwendung gelangte.

Weitere Verbesserungen führte der Grobschmied NEWCOMEN aus Darthmouth ein, der seit etwa 1710 zusammen mit dem Glaser CAWLEY Versuche mit der damals sogenannten Feuermaschine machte. Die SAVERYsche Maschine hatte er aus eigener Anschauung kennen gelernt. Auf PAPINS atmosphärische Maschine wurden sie durch den Gelehrten HOOKE aufmerksam gemacht. Der Kolben, eine starke eiserne Platte, wurde erst durch ein besonderes Dichtungsmaterial, später durch Wasser abgedichtet. Diese Wasserdichtung führte NEWCOMEN durch einen glücklichen Zufall auf die Erfindung der Einspritzkondensation. Bei einem der Versuche war durch ein Loch im Kolben Wasser ins Zylinderinnere getreten. Die dadurch bewirkte schnellere Kondensation hatte eine Steigerung der Hubzahl zur Folge, die NEWCOMEN beobachtete und richtig deutete. Ein weiterer Fortschritt war die von POTTER zuerst erdachte und durch HENRY BEIGHTON 1718 verbesserte selbsttätige Steuerung. Eine ganze Reihe von Verbesserungen führte der Ingenieur JOHN SENCATIN ein, er versah den Kolben mit einer mit Öl getränkten Hanfdichtung. Vor allem gelang es ihm, rechnerische Grundlagen für die Konstruktion seiner Maschinen zu finden. Hierdurch vermied er es, seinen Maschinen falsche Dimensionen zu geben und erhöhte dadurch deren Leistungsfähigkeit. Die NEWCOMENsche Maschine stellt demnach die erste wirtschaftlich einigermaßen brauchbare Maschine dar.*) Sie fand in vielen Bergwerken Aufstellung und ermöglichte es, teilweise bis zur doppelten Tiefe hinabzugehen. Sie wurde bis zu Leistungen von 80 Pferdestärken gebaut. Trotzdem ist es falsch NEWCOMEN als den Erfinder der Dampfmaschine zu bezeichnen. Wir müssen uns hier den Worten GERLANDS anschließen: „NEWCOMEN, CAWLEY und POTTER waren intelligente Arbeiter, die sich bei sonst beschränktem Gesichtskreis in das Wesen der sie interessierenden Maschine hineingelebt hatten und jede Abweichung vom Gewohnten sorgfältig beobachtend, durch die Maschine selbst zu Verbesserungen geführt wurden, die sie auf anderen Wegen nie gefunden hätten." NEWCOMEN hätte, wenn er nicht PAPINS Entwurf gekannt hätte, aus sich selbst heraus die Dampfmaschine nie erfunden, das ergibt die Art, wie er zu seinen Verbesserungen gelangte, mit aller Deutlichkeit.

So hatten die Ingenieure des 18. Jahrhundert, unter Zugrundelegung PAPINscher Ideen, eine Maschine geschaffen, die zum Auspumpen von Bergwerken leidlich brauchbar, jedoch von unseren heutigen Konstruktionen noch weit entfernt war. Das Verdienst, sie auf diesem langen Wege am weitesten gefördert zu haben, gebührt dem Engländer JAMES WATT, der bisher wohl am häufigsten als der Erfinder der Dampfmaschine genannt wurde. Er hat sich 1764 zum erstenmal mit der Dampfmaschine beschäftigt und

*) MATSCHOSS Gesch. der Dampfmaschine.

fand die Papinschen und Newcomenschen Ideen schon vor. Wenn wir ihn also auch nicht als den eigentlichen Erfinder bezeichnen können, so muß doch die geniale Art und Weise, in der er das Vorgefundene auszugestalten und lebensfähig zu machen wußte, die ungeteilteste Bewunderung erregen.*)

„Vergleichen wir diese durch Watt geschaffene Maschine mit der denkbar vollkommensten atmosphärischen Maschine jener Zeit," sagt Matschoss, „so sehen wir einen Fortschritt, wie er in so kurzer Zeit selten, durch einen einzigen Menschen aber wohl nie erreicht worden ist. Da über Watts Lebensarbeit noch mancherlei Unklarheit herrscht, so dürfte hier wohl der Platz sein, auch über ihn einige Worte zu sagen, zumal ein Vergleich zwischen ihm und Papin vielerlei Interessantes bietet und ihre Erfindungstätigkeit viel Ähnlichkeiten aufweist.

Watt wurde am 19. Januar 1736 zu Greenwich in Schottland als Sohn eines Schiffszimmermanns geboren. Er war von Beruf Feinmechaniker, hatte sich aber durch eifrige Studien eine Menge gründlicher naturwissenschaftlicher Kenntnisse angeeignet. Robison, der spätere Professor der Physik, der damals in Glasgow studierte, besuchte Watt und war erstaunt, statt eines Handwerkers einen Gelehrten zu finden, der über bedeutende Kenntnisse in Mathematik und Mechanik verfügte. Robison war es auch, der Watts Aufmerksamkeit zum erstenmal auf die Dampfmaschine lenkte. Seine ersten Experimente machte der junge Mechaniker mit einem Papinschen Topfe, bald gelang es ihm jedoch, das Modell einer Newcomen-Dampfmaschine in Reparatur zu bekommen. Auf Grund einer Reihe von Verdampfungsversuchen kam er zu einer Kritik der Newcomen-Maschine, vollkommen richtig erkannte er, daß die hohen Dampfverluste jener Maschine einmal herbeigeführt wurden durch die starke Kondensation des Eintrittsdampfes, der mit der durch das Kondenswasser abgekühlten Zylinderwand in Berührung kam, dann durch den starken Wärmeverlust an das Kondenswasser im Zylinder. Der von Watt ausgesprochene Grundsatz: „Der Zylinder muß so heiß gehalten werden wie der Eintrittsdampf", führte ihn mit logischer Notwendigkeit zu den meisten und wichtigsten seiner Erfindungen und Verbesserungen. Der erste Schritt war die Erfindung des vom Zylinder getrennten Kondensators, aus dem Luft und Wasser mittels einer Pumpe entfernt wurden. Weiter umgab er den Zylinder mit einem Dampfmantel, zum Abdichten des Kolbens und zum Schmieren benutzte er Öl. Der Plan der neuen Maschine war fertig, nun kam die Ausführung. Hier stieß Watt auf ähnliche Schwierigkeiten wie vor ihm Papin. Haupt-

*) Dr. E. Gerland: Die Dampfmaschine im 18. Jahrhundert in Deutschland. Sammlung gemeinverständlicher wissenschaftlicher Vorträge von Virchow und Holtzendorff.

sächlich war es der Mangel an geschickten Arbeitern, der ihm viele Schwierigkeiten bereitete. Seine eigenen Mittel waren durch den Bau seiner Versuchsmaschinen bald erschöpft. Glücklicherweise fand er die Unterstützung des Großindustriellen Dr. Roebuck, die es ihm ermöglichte, 1769 seine erste Maschine zu vollenden und ein Patent darauf zu nehmen. Sie wies jedoch keinen Erfolg auf, da sich bei dem niedrigen Stande der Metalltechnik eine genügende Dichtung des Kondensators nicht erzielen ließ. Da mußte Dr. Roebuck, dessen Kohlengruben unter Wasser standen, den Konkurs anmelden. Nun übernahm Matthieu Boulton das Patent, der nicht nur in finanzieller, sondern auch in geistiger Hinsicht zu den ersten englischen Großindustriellen jener Zeit zu zählen ist. In Soko bei Birmingham entstand die erste Dampfmaschinenfabrik in Firma Boulton und Watt. 1774 siedelte der Erfinder nach Soko über. In rastloser Tätigkeit arbeiteten nun die beiden Männer, die durch enge Freundschaft verbunden waren, daran, die Dampfmaschine zu wirtschaftlicher Brauchbarkeit umzugestalten und ihre Einführung in die Industrie zu sichern. Watts Patent wurde bis 1800 verlängert. Die erste Maschine wurde 1776 an den Eisengießer John Wilkensen in Bersham geliefert. Nun folgten in rascher Reihenfolge eine Menge von Verbesserungen, die alte Newcomensche Maschine war bald völlig verdrängt. 1781 wurde der Kurbelmechanismus eingeführt, damit war die neue Maschine auch für die Industrie brauchbar geworden.

Die Einführung der doppeltwirkenden Maschine ermöglichte Watt durch die Erfindung seiner bekannten Gelenkgeradeführung. Der Forderung der Anpassung an die jeweilige Arbeitsleistung wußte er durch die Einführung des Zentrifugalregulators zu begegnen, der schon im Mühlenbetriebe bekannt war und den er auf eine Drosselklappe wirken ließ. 1786 wurde in London eine große Dampfmühlenanlage gebaut, die leider 1791 durch böswillige Hand in Brand gesteckt und vernichtet wurde. Doch der Widerstand derjenigen, die durch die Einführung der neuen Maschine ihr Brot zu verlieren fürchteten, vermochte deren Siegeslauf nicht aufzuhalten. Es machte sich jetzt eine gewaltige Nachfrage geltend, besonders von seiten der Mühlenbesitzer, der Brauereien und der Walzwerke. 1785 endlich begann die Fabrik Überschüsse abzuwerfen, nachdem Boulton das für jene Zeit enorm hohe Kapital von 800000 M. für das Unternehmen aufgewandt hatte. Von diesem Jahre an widmete sich Watt nur noch der Leitung der Konstruktionsbureaus. Durch seine Lebensarbeit hat er seinem Vaterlande jenen gewaltigen wirtschaftlichen Vorsprung verschafft, den es auf vielen Gebieten bis in neuere Zeit zu wahren gewußt hat.

Es ist nun interessant, einen Vergleich zwischen dem Schicksal Papins und Watts zu ziehen. Das Beispiel des letzteren zeigt uns mit beredter

Deutlichkeit, wie nicht nur das Genie und die rastlose Tätigkeit des Erfinders nötig war, um das Werk den langen Weg von der Idee bis zur praktischen Brauchbarkeit durchlaufen zu lassen; vielmehr mußte jenen Eigenschaften ein ausgesprochenes wirtschaftliches Bedürfnis, ein gewisses naturwissenschaftliches Verständnis und ein höheres technisches Können der Zeitgenossen, sowie ein mächtiges Kapital zur Seite stehen. Alles dies waren Erfordernisse, die Papin fehlten und die sich bei dem genialen Engländer in glücklichster Weise zusammenfanden.

Auch in den übrigen Ländern ist es vor allem der Bergbau, von dessen Seite sich gebieterisch der Ruf nach einer Kraftmaschine erhebt. In unserem Vaterlande ließ 1715 Karl von Hessen, der Gönner Papins, eine kleine Springbrunnenmaschine bauen, wahrscheinlich Saveryscher Konstruktion. Die erste Feuermaschine stellte 1745 der Landbaumeister Kessler in Bernburg auf. Sie war für das dortige Kohlenbergwerk bestimmt. Aus den Abhandlungen des Mathematikprofessers Eberhard in Halle, die er 1773 erscheinen ließ, geht hervor, daß die Feuermaschine in diesem Jahre schon häufigere Anwendung in Deutschland gefunden hatte. Die Aufstellung der ersten Maschine Wattscher Konstruktion geschah 1785 zu Hettstädt in Mansfeldischen, auf Veranlassung Friedrichs des Großen. Die Maschine war vollständig im eigenen Lande hergestellt und infolge des Mangels an Erfahrungen gelang es erst nach einigen Schwierigkeiten, sie zu wirtschaftlicher Brauchbarkeit umzugestalten. 1788 wurde in Schlesien die erste englische Maschine aufgestellt. Als erster deutscher Dampfmaschinenfabrikant ist Friedrich August Holtzhausen anzusehen, der in den Jahren 1794 bis 1825 mehr als 50 Dampfmaschinen baute. Die Aufstellung der ersten Maschine für industrielle Zwecke erfolgte 1799 in der Königlichen Porzellanmanufaktur zu Berlin. Auch in den übrigen Ländern entstanden gegen das Ende des 18. Jahrhunderts Dampfmaschinenfabriken, in Rußland 1786 durch den Schotten Gascoigne, in Frankreich durch den Mühlenbesitzer Perrier. Die Dampfmaschine des sibirischen Schichtmeisters Boljunow, die dieser unabhängig von Papin und Watt erfunden und in Hüttenwerke zum Betriebe von Gebläsen angewandt hatte, war nach seinem Tode der Vergessenheit wieder anheimgefallen. Dasjenige Land, das am spätesten die neue Erfindung annahm, war merkwürdigerweise Amerika. Dort existierten etwa am Ende des 18. Jahrhunderts 3—4 Dampfmaschinen. Für alle Länder war England der Ausgangspunkt des Dampfmaschinenbaues.

Dort schritt die Entwicklung rüstig weiter. Im Jahre 1800 verfiel Watts Patent. Nun entstanden allerorts Dampfmaschinenfabriken, die indessen nur langsam den Vorsprung einholen konnten, den sich die Firma

Boulton und Watt durch ihre langjährigen Erfahrungen gesichert hatte. Die neuere Entwicklung wollen wir nur in den allergröbsten Umrissen skizzieren. Einmal dürfte sie ja bekannter sein, dann würde eine ausführliche Darlegung den Rahmen dieses Buches weit überschreiten, dessen Zweck ja in erster Linie eine Klarstellung der Verdienste Papins und seiner Stellung in der Geschichte ist. Den nächsten Schritt bildete die Einführung höheren Drucks, die schon Watt in seinem Patent vorgesehen, von deren Einführung er aber wegen der Schwierigkeiten einer genügenden Abdichtung selbst abgeraten hatte. Mit hohen Drucken hatten ja auch schon Papin und Savery gearbeitet. In Amerika baute Evans, in England Trevithick und Vivian die ersten Hochdruckmaschinen. Die Versuche des Engländers Perkins, der bei seinen Versuchsmaschinen Drucke von 30 Atmosphären angewandt haben soll, trugen nur dazu bei, das Publikum gegen die Neuerungen mißtrauisch machen. Das Verdienst, die Hochdruckmaschinen zu wirklicher technischer Vollkommenheit ausgebildet zu haben, gebührt einem Deutschen: Dr. Ernst Alban. Auch er versuchte es zunächst mit Dämpfen von der enormen Spannung von 70 Atmosphären, mußte aber bald die Unmöglichkeit der Verwendung einer solchen einsehen. Er ging auf 10 Atmosphären herab und es gelang ihm, einen technisch sehr brauchbaren Wasserrohrkessel und eine ebenso brauchbare Hochdruckmaschine zu konstruieren. Auch die Einführung der Expansion gewann mit der Einführung hohen Dampfdruckes praktische Bedeutung.

Die Anfänge der Mehrzylindermaschine fallen ebenfalls noch ins 18. Jahrhundert, schon 1790 führte Hornblower die erste Zweizylindermaschine aus. Bessere Erfolge erzielte Arthur Woolf, der 1804 die Hornblowersche Maschine doppelt wirkend, mit Kondensation und höherem Dampfdruck arbeiten ließ. Es dauerte jedoch noch lange, bis es den Maschinen gelang sich allgemeine Verbreitung zu erringen. Das Verdienst, die erste Verbundmaschine im Schiffbau eingeführt zu haben, gebührt dem Holländer Roentgen. Zur Ausführung von 3- und 4fach Expansionsmaschinen schritt man erst in den 70er Jahren.

Eine weitere Vervollkommnung erfuhr die Dampfmaschine durch die Ausbildung der verschiedenartigsten Steuerungen. Die ersten Schiebersteuerungen wandte Murray im Jahre 1802 an. 1836 wurde die Farcotsche Schleppschiebersteuerung, 1842 die Meyersche Doppelschiebersteuerung erfunden. Besonders die letztere hat eine große Verbreitung erlangt, eine Einwirkung des Regulators auf das Steuerungsorgan ist jedoch auch hier nur in unvollkommener und unvollständiger Weise zu erreichen. Eine nach modernen Begriffen vollkommene Steuerung erreichte erst Corliss 1843 durch die Erfindung seiner Ausklinksteuerung, die auch den Namen der

Präzisionssteuerung erworben hat. Seine Erfindung bezeichnet den Beginn eines neuen Abschnittes im Zeitalter des Dampfmaschinenbaues, denn jetzt erst war eine wirklich wirtschaftlich arbeitende Maschine geschaffen, die ihre Kraftlieferung der jeweilig geforderten Leistung anzupassen vermochte.

Als weitere bedeutungsvolle Neuerungen sind die Kulissensteuerungen der Engländer Gooch, Allan und Trick, sowie vor allem die Doppelschiebersteuerung des Amerikaners Rider zu bezeichnen. Die alte Ventilsteuerung, die schon Watt angewandt hatte, vermochte durch die Erfindungen von Sulzer und Collmann, die Ventilpräzisionssteuerungen, in erfolgreiche Konkurrenz mit dem Corlisschen Rundschieber zu treten. Die neueste Zeit erhält durch zwei Erscheinungen ihr Gepräge: den Bau von schnellaufenden Maschinen, insbesondere Dampfturbinen, der vor allem durch die Forderungen der Elektrotechniker zur Notwendigkeit wurde, und die Anwendung des überhitzten Dampfes. Den ersten Schnelläufer führten T. Porter und John Allan 1862 auf der Ausstellung in London vor, den ersten Anstoß zur Anwendung des überhitzten Dampfes gab Gustav Adolf Hirn durch seine Versuche, seit deren Veröffentlichung nunmehr gerade 50 Jahre verflossen sind. Durch die Arbeiten des Engländers Parson und des Schweden Laval in den 80er Jahren wurden die Grundbedingungen gelegt zur Verwendung des Dampfes in Turbinen, und unsere moderne Dampftechnik ist im Begriffe, sich immer mehr dieser Maschinengattung zuzuwenden.

IV. Einzug der Dampfmaschine in das Wirtschaftsleben.

Haben wir bis jetzt die technische Vervollkommnung der Dampfmaschine historisch darzustellen versucht, so drängt sich uns nun die Frage auf, welche Vorbedingungen die Einführung der Dampfmaschine in das Wirtschaftsleben ermöglichten und welche Neuerungen dieses Ereignis in demselben hervorgerufen hat.

Als man am Ende des 18. Jahrhunderts allgemein zur Handels- und Gewerbefreiheit überging, mußte sich ein jeder nach neuen Mitteln und Wegen umsehen, um den Kampf mit der immer schärfer werdenden Konkurrenz aufnehmen zu können. Überall machte sich deshalb ein wirtschaftliches Bedürfnis nach Vereinfachung und Verbilligung der Produktionskräfte geltend, und energischer denn je versuchte man, die teuere Lohnarbeit durch Anwendung anderer Kräfte zu umgehen. Ein in dieselbe Zeit fallender Aufschwung der Technik schuf die Möglichkeit, Handarbeit durch Maschinenarbeit zu ersetzen, und dem Zusammenwirken aller dieser Umstände ist es zuzuschreiben, daß gerade in dieser Zeit die Maschinen ihren Einzug in das Wirtschaftsleben hielten. Muß man auch zugeben, daß gerade die Erfindung der Dampfmaschine hier bahnbrechend wirkte, so darf man doch nie außer acht lassen, daß nur dem Zusammenwirken aller vorerwähnten Elemente es gelingen konnte, wirtschaftliche Revolutionen von solcher Tragweite hervorzurufen. Eine Darstellung des Einflusses speziell der Dampfmaschine auf die Volkswirtschaft begegnet daher großen Schwierigkeiten, weil eine Trennung der Wirkungen dieser Erscheinungen nahezu unmöglich ist, und doch nur hierdurch die besondere Wirkung der Erfindung der Dampfmaschine klargestellt werden kann.

Als Resultat menschlicher geistiger Arbeit, und zwar nicht der eines einzelnen, sondern der Arbeit vieler unserer „Größten", die alle von der einen Idee durchdrungen waren, tiefeingreifenden wirtschaftlichen Nöten abzuhelfen, erregt die Erfindung der Dampfmaschine schon an und für sich volkswirtschaftliches Interesse. Um so größerer Wert ist ihr aber beizumessen, als ihr ein wirtschaftlicher Erfolg zur Seite steht, wie er größer wohl noch nicht erreicht ist. Hat sie doch Wirkungen ausgeübt, die auf allen Produktionszweigen fühlbar waren und zu Revolutionen in des Wortes eigenster Bedeutung führten, so daß die Staaten sich zu Verboten der Maschinenanwendung genötigt sahen. Aber wie bei allen Reaktionsversuchen gegen natürliche geschichtliche Entwicklung, so hat sich auch hier die Ohnmacht der rechtssetzenden Gewalt gegen den unaufhaltsamen Strom des Kulturfortschrittes gezeigt. Trotz Verboten und Einschränkungen ist das moderne Maschinenzeitalter kraftvoll erstanden und hat sich alle Wirtschaftsgebiete schnell erobert.

Vor allem das Handels- und Verkehrswesen ist durch das Maschinenzeitalter und zwar speziell „das Zeitalter des Dampfes" von Grund aus umgestaltet worden. Haben doch allein die Eisenbahnen derartigen Einfluß auf den Verkehr gehabt, daß sich ein Kind unserer Zeit von den Zuständen vor den Eisenbahnen kaum noch einen Begriff machen kann. Und doch sind noch nicht hundert Jahre seit Einführung der Dampfmaschine verflossen!

Den Vorzügen, welche die Eisenbahnen mit sich brachten, konnten die Posten bald nicht mehr standhalten und mußten dem neuen Verkehrmittel weichen. Die Haupterfordernisse des Verkehrs, wie Schnelligkeit, Regelmäßigkeit und Billigkeit, konnten von der Eisenbahn in weit größerem Maße erfüllt werden, und dies erklärt am besten ihren raschen Siegeslauf.

Die Dauer und die Kosten der Personenbeförderung haben sich erheblich vermindert und die Bewegungsfreiheit des einzelnen und besonders der unteren Klassen hat sich außerordentlich gesteigert. Die S. 46 folgenden Statistiken mögen diesen Unterschied zwischen einst und jetzt einigermaßen veranschaulichen.

Doch nicht nur für den Personenverkehr, auch für die Güterbeförderung ist die Schnelligkeit von derselben Bedeutung, und auch bei ihr haben sich die Kosten erheblich verringert. (In Rheinland und Westfalen z. B. betrugen die Kosten für Kohlenbeförderung: mit Frachtfuhrwerk 40 Pf. für den Tonnenkilometer, bei Einführung der Eisenbahn sank dieser Satz schon auf 13—14 Pf., heute beträgt er nur noch 2,2—1,25 Pf.) Es sind damit engere Beziehungen der Menschen auch auf große Strecken und Austausch aller Kulturgüter selbst auf die weitesten Entfernungen möglich geworden.

Nicht allein schneller und billiger können jetzt Menschen und Güter befördert werden, auch die Regelmäßigkeit und Sicherheit des Verkehrs ist gewachsen. Hing früher die Beförderung von dem Wetter und dem Wasserstand ab und konnte kein Verkehrsunternehmer zu ihr gezwungen werden, so garantiert heute die technische Vervollkommnung, die Größe des Betriebes und die gemeinwirtschaftliche Natur desselben für Bewältigung auch des größten Verkehrs. Weiter ist durch gründlich ausgebildete zum Teil

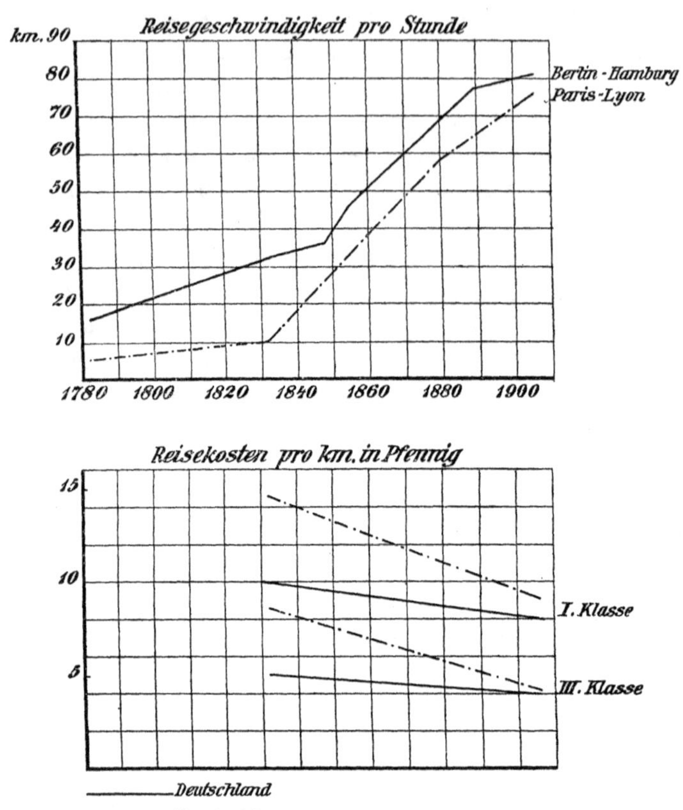

mechanisch wirkende Sicherheitsvorrichtungen bei dem Eisenbahnverkehr erreicht, daß die Gefährlichkeit der Reise beträchtlich abgenommen hat. Ein Vergleich für die französischen Bahnen ergibt, daß bei dem Postbetrieb in den Jahren 1846—1855 bei 355 000 Reisende schon ein Todesfall, auf 29 510 Reisende schon eine Verwundung eintrat, während in den Jahren 1855—1875 beim Eisenbahnbetrieb auf 5 Millionen Reisende erst ein Todesfall, auf 580 000 Reisende erst eine Verwundung kam. Einen technischen Fortschritt gegenüber der Post bedeutet schließlich noch die gesteigerte Massenhaftigkeit der Transportmengen. Die gleiche Zugkraft kann auf glattem Schienenwege bei horizontaler Lage des Planums jetzt etwa das 12fache leisten, verglichen mit dem Transport auf guter Landstraße; eine große Ersparnis der bewegenden Kraft ist damit erreicht und die Beförderung verbilligte sich; Geschwindigkeit, Regelmäßigkeit, Sicherheit und Billigkeit, diese Hauptforderungen des Verkehrs, konnten also durch die Eisenbahnen in ganz anderem Umfange erreicht werden wie durch den Postverkehr und für den einzelnen haben sich somit viel günstigere Verkehrsbedingungen entwickelt. Es kann deshalb nicht wundernehmen, wenn der gesamte Personen- und Güterverkehr immer mehr gewachsen ist und hierdurch trotz Verringerung der Ausgaben des einzelnen für seine Verkehrsbedürfnisse die Einnahmen des Eisenbahnunternehmers, d. h. im Staatsbahnsystem des Staates, erheblich stiegen. Immer größere Strecken wurden dem Eisenbahnverkehr dienstbar, ein Weltbahnnetz entstand, und die Einnahmen der Gesamtwirtschaft mehrten sich beträchtlich. Die folgenden Statistiken mögen besser als Worte diese Tatsachen belegen.

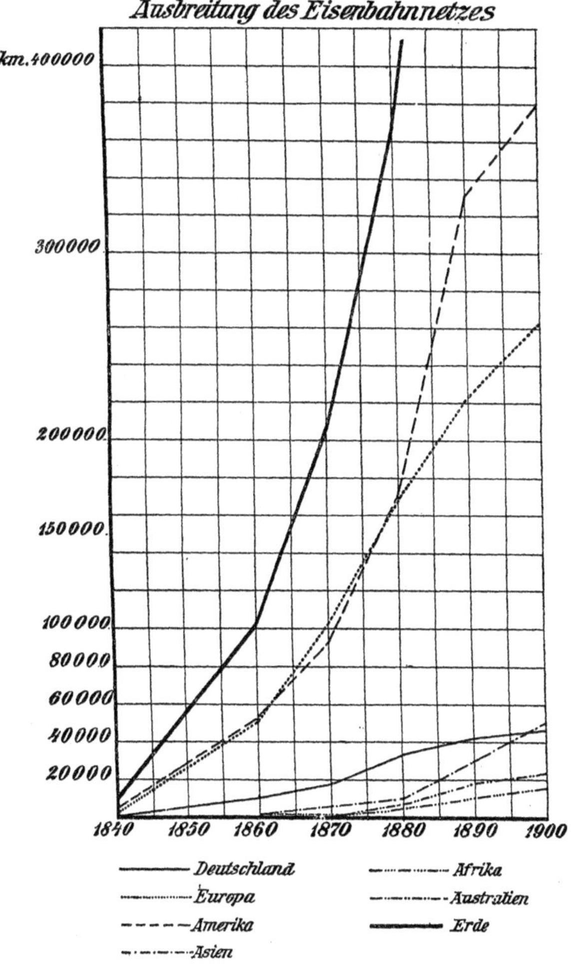

Nicht zu allen Zeiten war man sich über die Bedeutung der Eisenbahnen so klar wie jetzt, und diesem Umstand ist es auch zuzuschreiben,

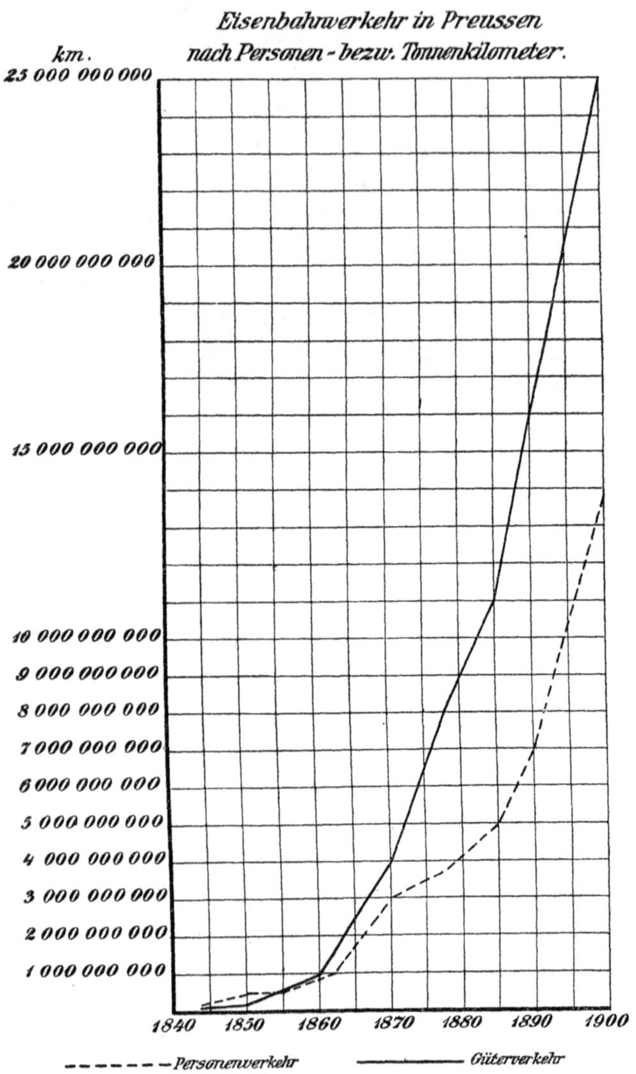

daß ihre Entstehung meist Privatunternehmungen zu verdanken ist. Doch hatte sich schon bei den Posten das Bedürfnis bemerkbar gemacht, daß der Betrieb in Hände von Großunternehmern und besonders solcher Großunternehmer übergeleitet wurde, die öffentliche Interessen wahrnahmen, so machte sich dies bei dem gesteigerten Verkehr der Eisenbahn noch viel stärker fühlbar. Der Unternehmer, der diesen Anforderungen am besten genügen konnte, war der Staat. Für diesen erschien ein Eingreifen ohnedies um so notwendiger, als die volkswirtschaftliche Bedeutung dieser Verkehrunternehmung beständig wuchs. In vielen Ländern wurde eine Übernahme seitens des Staates noch dadurch erleichtert, daß die meisten Privatunternehmungen ihre Zwecke ohne Übertragung von Hoheitsrechten und materielle Unterstützung seitens des Staates (wie Verleihung des Rechtes der Enteignung, Kapitalbeteiligung und Zinsgarantien) nicht erreichen konnten.

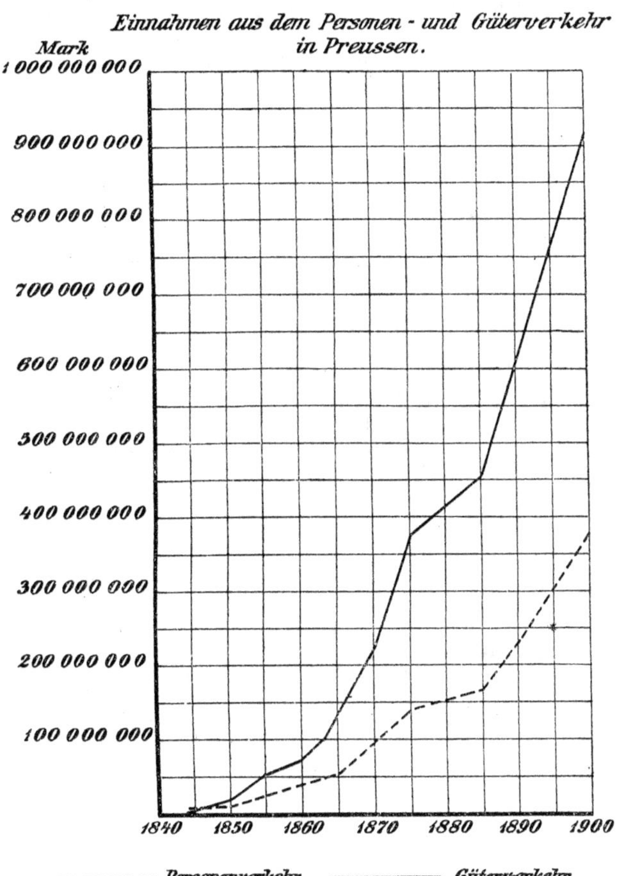

Schon bei der Konzessionierung der Bahnen behielt sich daher der Staat weitgehende Aufsichtsrechte besonders gegenüber dem Tarifwesen vor, diesem, nach Schmoller, der staatlichen Handelspolitik gleichwertigen Gebiete. Den Anlaß zur Übernahme durch den Staat gaben dann oft drohender Untergang volkswirtschaftlich wichtiger Bahnlinien und nicht genügende Berücksichtigung großer militärisch-politischer Bedeutung derselben. So entstand in den meisten Ländern das sogenannte „gemischte System", welches dann vielfach den Übergang zu dem reinen Staatsbahnsystem gebildet hat oder noch bildet. Während früher nur die Beaufsichtigung der Selbstunternehmer die Aufgabe des Staates gegenüber dem Verkehr bildet, übt der Staat in den Ländern des Staatsbahnsystemes jetzt als Inhaber der kapitalkräftigsten Anstalten einen direkten Einfluß auf die ganze Produktion und insbesondere den Handel aus. Seine Stellung gegenüber der Volkswirtschaft

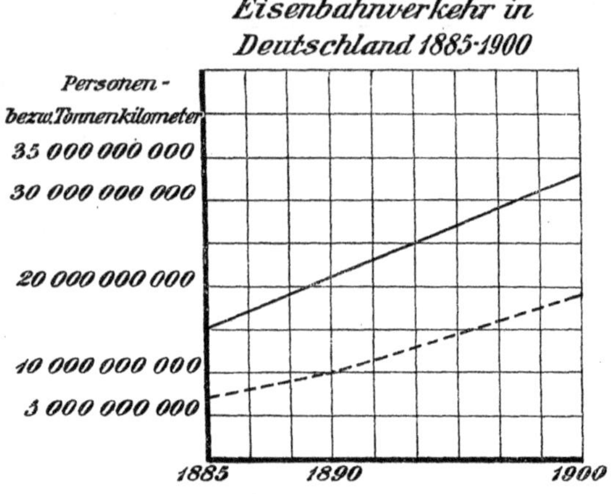

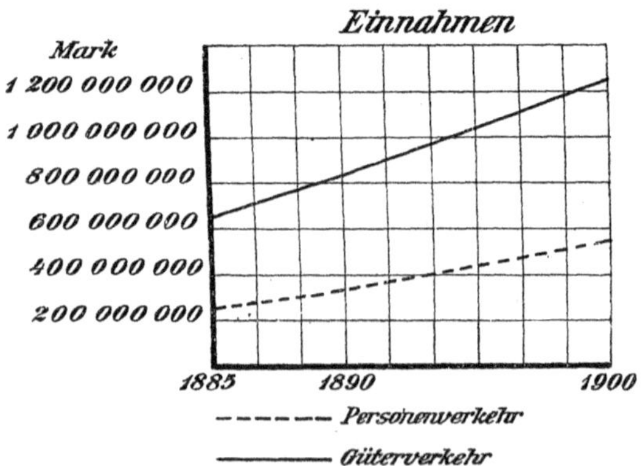

ist durchaus verändert. Die Anfänge der staatssozialistischen Politik sind durch das Staatsbahnsystem gemacht worden. Nicht allein eine Umgestaltung des ganzen Verkehrswesen von Grund aus, auch eine ganz neue Wirtschaftspolitik ist durch Einführung der Dampfmaschine in den Landverkehr, wenn auch nur indirekt, verursacht worden.

Nicht ganz so große Wirkungen lassen sich bei der Einführung der Dampfkraft in den Wasserverkehr feststellen, obgleich auch hier technische Vollendung der Maschine außerordentlich Großes geleistet hat. Der Hauptgrund hierfür ist, daß auf den Wasserwegen die Konkurrenz des Windes zu überwinden ist, der abgesehen von dem Aufwand für Segel und Takelage unentgeltliche Arbeitet leistet, und dessen Arbeitskraft im Gegensatz zu den bewegenden Kräften auf dem Land stets dieselbe geblieben ist. Dazu ist die Entwicklung des Wasserverkehrs ungleich schwerer und nur viel ungenauer zu verfolgen, da ein der vortrefflichen Eisenbahnstatistik entsprechendes Hilfsmittel nicht vorhanden ist. Besonders gilt dies für die Binnenschiffahrt, für die statistische Nachweise nahezu gänzlich fehlen. Trotzdem hat die Dampfkraft auch für die Binnenschiffahrt ganz erhebliche Vorteile gebracht. Vor allem im Personenverkehr auf dem Binnenwasser ist das Segelschiff nahezu gänzlich verdrängt worden. Aber auch für den Güterverkehr gewährt die Möglichkeit größerer Kraftentwicklung eine Steigerung der Massenhaftigkeit der Transportmengen und durch Einwirkung der Dampfschleppschiffahrt stieg die Größe der Binnenschiffe, die noch 1840 75—400 Tonnen betrug, 1877—1897 auf 80—600 Tonnen durchschnittlich, und in manchen Gebieten, besonders auf dem Rhein, auf 600 ja 1000 bis 2000 Tonnen Die Stromregulierung mag allerdings hierbei auch einigen Einfluß gehabt haben. Die Steigerung des Binnenwasserverkehrs 1875—1895 um 143%, 1895—1898 um 43% ist sicher zum großen Teil den Dampfschiffen zuzuschreiben, die, erst in den 20er Jahren in den Binnenwasserverkehr eingeführt, schon 1878 im Deutschen Reich auf 673 Schiffe mit zusammen 52840 PS und einem Netto-Raumgehalt von 25517 Tonnen gestiegen waren. Die Tatsache, daß besonders auf dem Rhein ganze Industriezweige ihre Güter, wenn angängig, ausschließlich auf dem Wasserwege befördern, ist nicht zum mindesten der Unabhängigkeit des Dampfschiffes von Wind und Wetter zuzuschreiben, welche erst einen geregelten Verkehr auf dem Wasser möglich gemacht hat.

Schon besser steht es mit den Erfolgen der Dampfkraft auf der See.

Hier hat die Beschleunigung und größere Regelmäßigkeit den Dampf große Eroberungen machen lassen, wenn auch ein Monopol der Seedampfschiffahrt noch nicht entfernt erreicht ist. Der Grund dafür ist eben, wie schon erwähnt, in der starken Konkurrenzfähigkeit des Windes zu suchen, der noch heute dieselbe unentgeltliche Arbeit wie früher leistet. Wollte deshalb die Dampfmaschine diese Konkurrenz überwinden, so mußte sie Vorteile bieten, welche die Verteuerung der bewegenden Kraft wieder aufhoben. So wurden auch hier wieder Beschleunigung, Regelmäßigkeit und Sicherheit, welche das Dampfschiff viel besser gewährte als das größte Segelschiff, die ausschlaggebenden Faktoren für die Entscheidung zugunsten des Dampfschiffes. Brauchte ein transatlantischer Postdampfer zu einer Reise von Liverpool bis Newyork 1840 noch 15 Tage, so hat 1899 der „Kaiser Wilhelm der Große", eines der größten Schiffe der Welt, diese Fahrt in

5 Tagen 18 Stunden und 5 Minuten zurücklegen können. Hängt die Fahrt des Segelschiffes immer von der Richtung und Stärke des Windes ab, der ständig wechselt, ja oft überhaupt nicht weht, und muß dieses Schiff schon bei der Ausfahrt erst auf günstigen Wind warten, so ist das Dampfschiff nahezu unabhängig vom Wetter und kann selbst bei entgegengesetztem Winde denselben Weg noch mit großer Geschwindigkeit zurücklegen. Im Stückgüterverkehr, bei dem es auf regelmäßige und schnelle Beförderung ankommt, ist infolgedessen das Segelschiff schon gänzlich verdrängt worden. Nur dem Dampfschiff ist es schließlich zu verdanken, wenn heute ein regelmäßiger Postverkehr über die ganze Welt stattfindet zu Preisen, wie sie früher im Landverkehr auf kurze Strecken nicht möglich waren. Es kann deshalb auch nicht erstaunen, daß die Dampfschiffe im Seeverkehr ständig zunehmen, während die Segelschiffe immer weniger werden. Die folgende Statistik mag den Beweis dafür liefern:

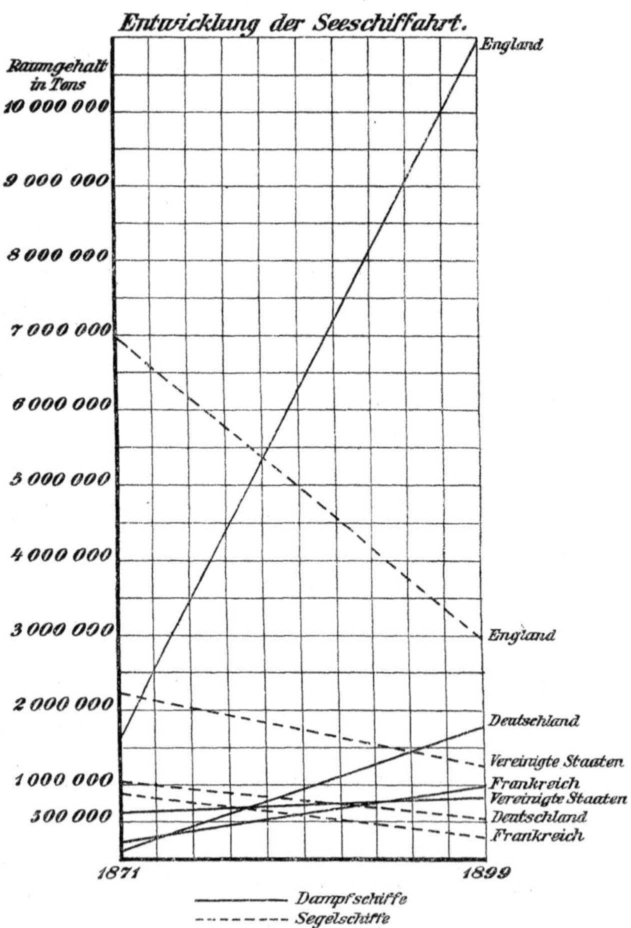

Also nicht allein auf dem Lande, auch zu Wasser hat die Dampfmaschine einen Sieg über die alten Verkehrsmittel erfochten, der die Umgestaltung des ganzen Verkehrswesens zur Folge hatte. Von der Postkutsche zum Expreßzug, von der Segelbarke zum Schnelldampfer, nur solche Riesenschritte konnten genügen, um ein wirksames Heilmittel gegen die drohende Übervölkerung zu werden. Die gewaltig gesteigerten Bedürfnisse der ständig wachsenden Bevölkerung forderten Erschaffung neuer Lebensquellen. Ein weit über die Grenzen der Staaten hinausgehender Markt entstand, und die auf das Doppelte gestiegene Bevölkerung konnte mit Nahrungsmitteln und Gütern aller Art versorgt werden. Neue Absatzgebiete, neue Einnahmequellen wurden erschlossen, eine weit über die nationalen Grenzen hinausgehende internationale Arbeitsteilung wurde ermöglicht. Der Welthandel war die ebenbürtige Folge des Einzuges der Maschinen in unsere Kultur.

Haben wir im vorigen darzustellen versucht, welchen Einfluß die Dampfmaschine auf den Handel und Verkehr hatte, und damit die Wirkungen der Maschinenanwendung auf den Güterumsatz geschildert, so wollen wir die folgenden Zeilen dazu benutzen, einen Überblick darüber zu geben, welchen Einfluß die Maschine und speziell die Dampfmaschine auf die Gütererzeugung und zwar insonderheit die Gewerbe und die Landwirtschaft ausübte. Denn besonders das Gewerbe ist durch die Maschinen von Grund aus umgestaltet worden.

Wie schon oben erwähnt, erregte ein Bedürfnis nach Vereinfachung und Verbilligung der Produktionskräfte in den Gewerben den Drang nach Ersatz der Handarbeit durch Maschinenkraft. Die mechanischen Kräfte, welche bisher in den Gewerben Verwendung fanden, waren Wind- und Wasserkraft. Die Windmühlen, Wasserräder und später die Turbinen schufen die Möglichkeit diese Kräfte für die Stoffveredlung zu benutzen. Doch bei beiden spielte wieder das Wetter eine entscheidende Rolle. Wehte der Wind einmal nur schwach oder gar nicht, versagten infolge Trockenheit einmal die Wasser, so traten schon empfindliche Störungen in diesen Betrieben ein. Dazu konnte Wind- und Wasserkraft nur an ganz bestimmten Orten Verwendung finden: die Windmühle konnte nur an stark dem Winde ausgesetzten Plätzen, weiten Ebenen oder zugigen Höhen, die Wassermaschinen nur in Gegenden angebracht werden, welche starkes Gefälle aufwiesen, also hauptsächlich Gebirgen und Tälern. Nur wo solche Landstrecken auch andere für die Existenz der Gewerbe notwendige Bedingungen, wie Nähe des Rohmaterials, erfüllten, konnten die Naturkräfte für den Betrieb der Gewerbe ausgenützt werden. Dem gegenüber war die Dampfmaschine von jeder örtlichen Fessel nahezu befreit. Nur die Beschaffung des Heizmaterials konnte im einzelnen Falle Schwierigkeiten machen; diese waren jedoch durch geeignete Verkehrsanlagen jederzeit zu umgehen. In allen Gewerben, in welchen die Stärke der vorhandenen Kräfte nicht mehr ausreichte, wie im Berg- und Hüttenbau, oder bei welchen die Art der Fabrikation nur irgend Mechanisierung zuließ, stand daher nach Erschaffung der Dampfmaschine kein Hindernis im Weg, die Dampfkraft zu benutzen und die teure Handarbeit durch Maschinenarbeit zu ersetzen. Kein Wunder, daß die neuen Maschinen rasch ausgedehnte Abnahme fanden.

Die folgenden Statistiken liefern den Beweis dafür, wie rasch die Dampfmaschinen sich in den Gewerben ausbreiteten:

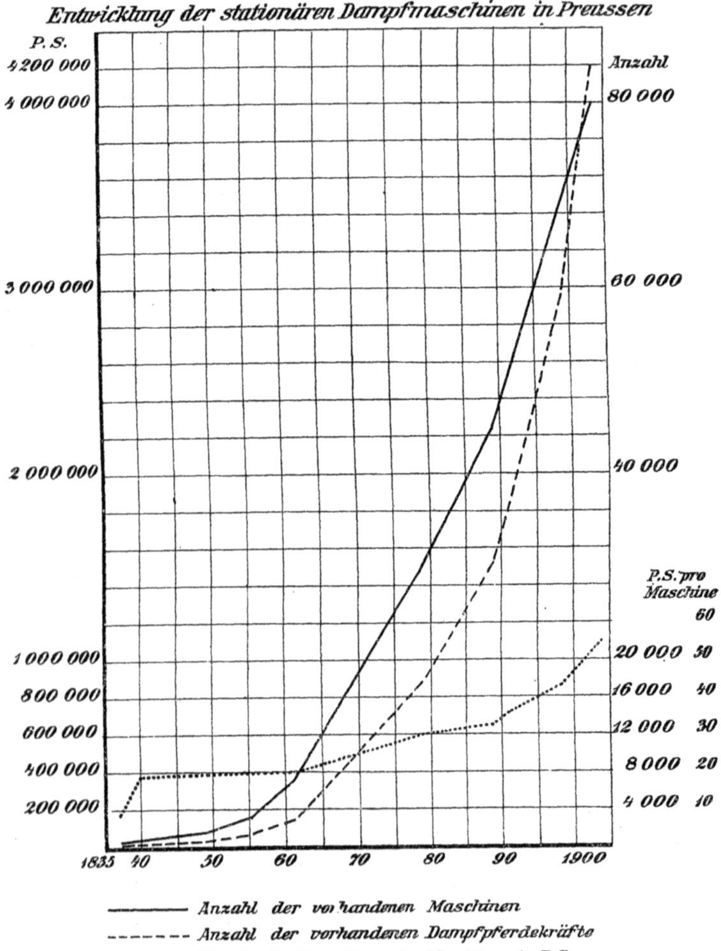

Diese rasche Zunahme der Maschinen hatte jedoch auch nachteilige Folgen. Wo Maschinen eingeführt wurden, konnten viele menschliche Arbeitskräfte plötzlich entbehrt werden und schon früh erblickten alle Arbeitenden in der Maschine die Ursache von Arbeits- und Brotlosigkeit. Der Haß der Arbeiter gegen diesen verdienstraubenden Konkurrenten führte daher zu

Ausbreitung der Dampfmaschine in den Gewerben.

	1878	1895
1. Bergbau, Hütten- und Salinenwesen	508 357 PS	968 020 PS
2. Industrie der Steine und Erden	24 107 „	176 257 „
3. Metallverarbeitung	22 544 „	108 208 „
4. Industrie der Maschinen, Werkzeuge	20 499 „	162 646 „
5. Chemische Industrie	10 415 „	74 841 „
6. Industrie der Heiz- und Leuchtstoffe	6 727 „	22 010 „
7. Faserstoffindustrie	87 147 „	?
8. Papier- und Lederindustrie	24 569 „	105 390 „
9. Industrie der Holz- und Schnitzstoffe	22 907 „	119 971 „
10. „ „ Nahrungs- und Genußmittel	110 018 „	392 827 „
11. „ „ Bekleidung und Reinigung	2 358 „	16 668 „
12. Baugewerbe	786 „	43 821 „
13. Handelsgewerbe	268 „	43 066 „
14. Textilindustrie	?	446 289 „

regelrechten Aufständen und damit zu staatlichen Eingriffen, ja behördlichen Verboten der Maschinenanwendung. Doch wie kurzsichtig waren diese Maßnahmen, die doch nur dem Vorteil der Menschen entgegenarbeiteten! Bedeuten diese momentanen Übelstände doch nichts anderes als die Äußerung einer Verschiebung der wirtschaftlichen Organisation. War diese erst einmal vollzogen, so verschwanden diese nachteiligen Folgen schon von selbst.

Wurden auch durch die Maschinenverwendung eine ganze Reihe von Arbeitskräften für ihre bisherige Beschäftigung überflüssig (in der Maschinenindustrie waren es in den 20er Jahren nahezu 70%), so steigerte sich durch den Maschinenbetrieb die Gesamtproduktion so erheblich, daß immer neue Arbeitsgelegenheit entstand. Dazu vergrößerte der zunehmende Handel die Absatzgebiete auch für die der Maschinenanwendung weniger zugänglichen Betriebe, ja schuf ganz neue Betriebe, so daß auch auf diesen Gebieten die Nachfrage nach Arbeitskräften immer mehr stieg. Durch die gesteigerte Gesamtproduktion wurden andererseits die Einzelunternehmungen auf dem Weltmarkte bedeutend konkurrenzfähiger: Sie konnten größere Geschäfte abschließen, entsprechend mehr einnehmen und auch mehr Lohn bezahlen. Durch günstige ausländische Absatzgebiete kam mehr Geld in das Land als ausgeführt wurde, mit anderen Worten die Zahlungsbilanz erhöhte sich und der Nationalwohlstand wurde vermehrt. In letzter Konsequenz wurden somit auch die nachteiligen Folgen der Maschinenanwendung, die sich in wachsender Arbeitslosigkeit zeigten, wenn auch nicht aus der Welt geschafft, so doch erheblich gemindert und durch andere Vorzüge wieder gut gemacht.

Die bei den Maschinen notwendige Ausnützung einer Kraftquelle bedingte die Konzentrierung des Betriebes und für dieses Erfordernis war die Unternehmungsform des dezentralisierten Handwerkerstandes ungeeignet. Nur die Fabrik konnte diesen Anforderungen vollauf genügen, bei der Fabrik war auch die für die Massenproduktion notwendige Arbeitsteilung in geeigneter Weise durchzuführen. Aus vielen kleinen selbständigen Werkstätten wurden deshalb zentralisierte Fabriken, Großunternehmungen wurden gegründet, welche die kleinen Betriebe in sich aufnahmen, und statt des selbständig besitzenden Handwerkerstandes die neue Klasse des Lohnarbeiterstandes erzeugten. Die wirtschaftliche Organisation der Gewerbe wurde damit verändert, mit einem Wort, durch den Einzug der Maschinen in die Gewerbe ist die moderne Großindustrie entstanden.

Diese Entwicklung der Gewerbe, welche ganze Staaten von Ackerbau- zu Industriestaaten stempelte, blieb nicht ohne Einfluß auf die Landwirtschaft. Dieses Schmerzenskind der modernen Staaten hatte unter der gewerblichen Konkurrenz viel zu leiden, umsomehr als die Sonderinteressen der Industrie durch die Wichtigkeit derselben immer stärkere Beachtung verlangten und meist im Widerspruch mit denen der Landwirtschaft standen. Auch die Landwirtschaft mußte sich deshalb nach neuen Mitteln umsehen, um nicht zurückzubleiben und damit ihrem Untergang entgegenzugehen. Auch bei ihr haben die Maschinen gute Hilfe geleistet. Wurden in der Industrie die kleinen Betriebe durch die Großunternehmungen immer stärker eingeschränkt, so machte auch in der Landwirtschaft die Möglichkeit der Maschinenanwendung den Großgrundbesitz gegenüber der Kleinbauernwirtschaft rentabler. Wo der Dampfpflug Verwendung finden konnte, wurde die Feldbestellung durch Massenbetrieb erheblich verbilligt, und die landwirtschaftlichen Produkte konnten konkurrenzfähiger auf den Märkten erscheinen. Dazu ersparte die Dreschmaschine Zeit und Arbeit, so daß auch hierdurch das fertige Produkt viel billiger verkauft werden konnte. Allerdings hielt in der Landwirtschaft die Einführung der Maschinen nicht entfernt Schritt mit deren Einführung in den Gewerben. Es erklärt sich dies aber nicht zum mindesten daraus, daß der stark konservative Charakter der landwirtschaftlichen Bevölkerung diesen Neuerungen viel unzugänglicher gegenüberstand. Trotzdem brachten die Maschinen nicht allein Verbesserungen für die Landwirtschaft, auch die Lebensfähigkeit ganzer landwirtschaftlicher Betriebe hängt heute von der Maschinenanwendung ab. Nur

Literaturnachweis.

1. Acta eruditorum, Lipsiae 1689, 1690, 1691, 1698, 1706, 1707.
2. Arago, oeuvres complètes, M. J.-A. Barrah, Paris, Leipzig 1855.
3. Zeitschrift des Vereins für hessische Geschichte und Landeskunde. Neue Folge. Band 8. Kassel 1880.
4. Zeitschrift des historischen Vereins für Niedersachsen 1850. Hannover 1854.
5. Wiedemanns Annalen. Neue Folge. Band 8. Leipzig 1879.
6. v. Uffenbach, Merkwürdige Reisen. Frankfurt und Leipzig 1753.
7. Papin D., Ars nova ad aquam ignis adminiculo efficacissime elevandam. Lipsiae 1707.
8. De la Saussaye, La vie et les ouvrages de Papin. Paris-Blois 1869.
9. Gerland, Leibnizens und Huygens Briefwechsel mit Papin. Berlin 1881.
10. Gerland, Die Dampfmaschine im 18. Jahrhundert in Deutschland.
11. Matschoss, C., Geschichte der Dampfmaschine, Berlin 1901.
12. Beck, Th., Beiträge zur Geschichte der Dampfmaschine.
13. Schmoller, G., Grundriß der allgemeinen Volkswirtschaftslehre. 1901.
14. Conrad, Dr. J., Leitfaden zum Studium der Volkswirtschaftspolitik
15. Reuleaux, F., Kurzgefaßte Geschichte der Dampfmaschine. 1891.
16. Engel, Das Zeitalter des Dampfes, Berlin 1880.
17. Kulischer, J., Die Ursachen des Übergangs von der Handarbeit zur maschinellen Betriebsweise. Jahrb. f. Ges. u. Verw. 1906.
18. Vater, R., Dampf und Dampfmaschine 1905.

der Verwendung des Dampfpfluges ist es z. B. heute zu verdanken, wenn die Baumwollkultur in vielen Ländern große Erfolge erringt. Sind auch bei der Landwirtschaft die Folgen der Maschinenanwendung viel geringer geblieben als bei anderen Produktionszweigen und konnten auch die Maschinen dieselbe nicht vor einem Niedergang bewahren, so ist doch schon jetzt entschieden ihr Einfluß zu spüren, und dieser wird noch größer werden, je mehr die Bevölkerung den Vorteilen der Maschine zugänglich wird.

Anmerkung: Die Textfiguren sind photographische Reproduktionen aus den acta eruditorum (Figur 1) und aus der ars nova (Figur 2 und 3). Die Aufnahmen wurden vom Verfasser gemacht mit gütiger Erlaubnis der großherzoglichen Hofbibliothek zu Darmstadt, in deren Besitz sich die beiden Werke befinden.

www.ingramcontent.com/pod-product-compliance
Lightning Source LLC
LaVergne TN
LVHW011244110826
845149LV00001B/42

* 9 7 8 1 4 1 8 1 8 5 9 6 1 *